Ausgeschieden von den Büchereien Wien

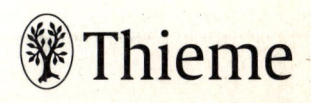

Thieme

Der Autor

1927 in Magdeburg geboren, studierte Wilhelm Nultsch Biologie, Chemie, Philosophie und Pädagogik an der Martin Luther-Universität in Halle-Wittenberg, wo er 1953 bei Johannes Buder zum Dr. rer. nat. promovierte. 1959 Habilitation in Halle, 1960 – 1966 Dozent bei Erwin Bünning, Botanisches Institut der Eberhard-Karls-Universität Tübingen. 1966 Berufung auf den Lehrstuhl für Botanik an der Philipps-Universität Marburg und Bestellung zum Direktor des Botanischen Instituts und Gartens. Von 1966 – 1995 Ordinarius an der Universität Marburg. Von 1994 – 1998 Direktor der Biologischen Anstalt Helgoland, Zentrale Hamburg.

Wilhelm Nultschs Forschungsschwerpunkte liegen auf den Gebieten der Pflanzenphysiologie, Photobiologie und Meeresbotanik. Er ist Autor von ca. 150 Originalpublikationen in internationalen Fachzeitschriften sowie des „Mikroskopisch-botanischen Praktikums". Seine 1964 erstmals erschienene „Allgemeine Botanik" stellte ein Novum dar. Es war das allererste Lehrbuch, das als wissenschaftliches Taschenbuch verlegt wurde.

Für seine Verdienste um die Vertretung der Botanik in Forschung und Lehre erhielt Wilhelm Nultsch zahlreiche Ehrungen und Auszeichnungen. 1996 wurde ihm das Bundesverdienstkreuz verliehen. Wilhelm Nultsch war von 1985 – 1994 Präsident der Deutschen Botanischen Gesellschaft, 1991 – 1993 Präsident der European Society for Photobiology, 1994 – 1995 Präsident der Union Deutscher Biologischer Gesellschaften und hat durch seine langjährige Fachgutachtertätigkeit bei der DFG, seinen Vorsitz in verschiedenen wissenschaftlichen Beiräten und Berufungskommissionen die deutsche Botanik in 3 Jahrzehnten entscheidend mitgeprägt. Wilhelm Nultsch ist im Mai 2011 verstorben.

Allgemeine Botanik

Wilhelm Nultsch

12., unveränderte Auflage

366 Abbildungen in 615 meist farbigen Einzeldarstellungen
 20 Boxen

Glossarium mit 803 Stichworten

Georg Thieme Verlag
Stuttgart · New York

Prof em. Dr. Wilhelm Nultsch †
Hasenmoor 6
25462 Rellingen

Bibliografische Information
der Deutschen Nationalbibliothek
Die Deutsche Nationalbibliothek verzeichnet diese Publikation in der Deutschen Nationalbibliografie; detaillierte bibliografische Daten sind im Internet über http://dnb.d-nb.de abrufbar

Ihre Meinung ist uns wichtig! Bitte schreiben Sie uns unter
www.thieme.de/service/feedback.html

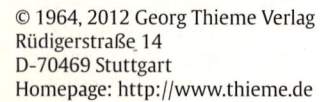

© 1964, 2012 Georg Thieme Verlag
Rüdigerstraße 14
D-70469 Stuttgart
Homepage: http://www.thieme.de

Printed in Germany

Zeichnungen:
  Ruth Hammelehle, Kirchheim/Teck
  Günther Bosch, Münsingen
Umschlaggestaltung:
  Thieme Verlagsgruppe
Satz: epline, Kirchheim/Teck
Druck: Offizin Andersen Nexö Zwenkau, Leipzig

1. Auflage 1964
2. Auflage 1965
3. Auflage 1968
4. Auflage 1971
5. Auflage 1974
6. Auflage 1977
7. Auflage 1982
8. Auflage 1986
9. Auflage 1991
10. Auflage 1996

1. holländische Auflage 1968
2. holländische Auflage 1973
3. holländische Auflage 1976

1. polnische Auflage 1968
2. polnische Auflage 1973

1. spanische Auflage 1968
2. spanische Auflage 1975

1. französische Auflage 1969

1. englische Auflage 1971

1. belgische Auflage 1999

1. portugiesische Auflage 2000

Geschützte Warennamen (Warenzeichen) werden *nicht* besonders kenntlich gemacht. Aus dem Fehlen eines solchen Hinweises kann also nicht geschlossen werden, dass es sich um einen freien Warennamen handele.

Das Werk, einschließlich aller seiner Teile, ist urheberrechtlich geschützt. Jede Verwertung außerhalb der engen Grenzen des Urheberrechtsgesetzes ist ohne Zustimmung des Verlags unzulässig und strafbar. Das gilt insbesondere für Vervielfältigungen, Übersetzungen, Mikroverfilmungen und die Einspeicherung und Verarbeitung in elektronischen Systemen.

ISBN 3-13-383312-7   2 3 4 5 6

Vorwort zur 11. Auflage

Ein Lehrbuch, von dem in 36 Jahren 10 Auflagen erschienen sind (zahlreiche unveränderte Nachdrucke nicht gerechnet) und das in mehreren Auflagen in sechs Fremdsprachen übersetzt wurde, braucht seine Existenzberechtigung wohl nicht mehr nachzuweisen. Zum Sommersemester 2001 wird nun die 11. Auflage vorliegen. Der bewährte Aufbau, der vom Molekül über die Struktur zur Zelle und über deren Differenzierung zur Histologie, Anatomie und Morphologie und schließlich zu den physiologischen Leistungen führt, wurde beibehalten. Dies trifft auch für den Titel zu, da ich die Scheu mancher jüngerer Kollegen, ihr Fachgebiet als Botanik zu bezeichnen, nicht teile. Der Terminus „βοτανική" geht auf den griechischen Arzt und Naturforscher Dioskurides zurück und bezeichnet insgesamt die Pflanzenkunde oder Pflanzenwissenschaft, ungeachtet der jeweils benutzten methodischen Ansätze.

Der Text wurde gründlich überarbeitet, zahlreiche neue Befunde wurden eingearbeitet, sowie Hypothesen und Theorien dem derzeitigen Wissensstand angepasst. Viele Abschnitte und Unterkapitel wurden neu geschrieben oder neu aufgenommen. Getreu dem Pestalozzischen Prinzip, dass die Anschauung das absolute Fundament der Erkenntnis sei, wurde die Anzahl der Abbildungen durch Aufnahme zahlreicher, bisher unveröffentlichter Raumdiagramme, lichtmikroskopischer sowie transmissions- und rasterelektronenmikroskopischer Aufnahmen drastisch erhöht. Der Anschauungswert wurde auch noch dadurch erheblich verbessert, dass nicht nur zahlreiche Abbildungen im Vierfarbdruck wiedergegeben sind, sondern das inhaltliche Konzept des Buches insgesamt vierfarbig angelegt ist. Die in der 10. Auflage eingeführte didaktische Gestaltung wurde aufgrund des positiven Echos in modifizierter Form beibehalten.

Zahlreichen Kolleginnen und Kollegen sowie Studentinnen und Studenten danke ich für förderliche Hinweise und Anregungen, denen ich im Rahmen des Möglichen Rechnung getragen habe. Herrn Prof. Dr. Wilhelm Barthlott danke ich für die Überlassung von Unterlagen und Abbildungen zum sogenannten Lotus-Effekt. Mein besonderer Dank gebührt Herrn Prof. Dr. Gerhard Wanner, der mir eine große Anzahl der oben erwähnten, neu aufgenommenen Abbildungen aus seinem reichhaltigen Archiv zur Verfügung gestellt hat, sowie seinen Mitarbeitern. Dem Georg Thieme Verlag, insbesondere meinem Freund und Verleger Dr. med. h. c. Günther Hauff, danke ich für die nun schon über 3½ Jahrzehnte währende Betreuung und Pflege dieses Buches, Frau Margrit Hauff-Tischendorf für die konstruktive und vertrauensvolle Zusammenarbeit. Frau Ruth Hammelehle danke ich für die ausgezeichneten Grafiken und Herrn Bernhard Walter von der Firma epline für die professionelle Satzarbeit. Last not least danke ich meiner Frau für ihre unverzichtbare Hilfe beim Lesen der Korrekturen und bei der Anfertigung des Registers.

Rellingen, im Dezember 2000 — Wilhelm Nultsch

Aus dem Vorwort zur 1. Auflage

An ausführlichen Lehrbüchern der Botanik bzw. der Allgemeinen Botanik mangelt es z. Z. nicht. In zunehmendem Maße macht sich jedoch im Unterricht das Fehlen einer kurzen Einführung in die Allgemeine Botanik bemerkbar, die dem Studenten eine erste Orientierung über die Grundlagen und Probleme dieses Teils der Biologie ermöglicht. Bekannte und bewährte Bücher dieser Art haben ihr Erscheinen eingestellt bzw. liegen nicht in neuerer Auflage vor. So ist der Student, der Allgemeine Botanik als Nebenfach zu belegen hat und dem das Studium umfangreicher Werke nicht zugemutet werden kann, fast ausschließlich auf die Vorlesung angewiesen, um sich das für die Prüfung notwendige Rüstzeug zu erwerben.

Diesem Mangel soll das vorliegende kurze Lehrbuch abhelfen. Es ist in erster Linie für den Studenten der Medizin geschrieben und beruht auf den Erfahrungen und Unterlagen einer Vorlesung über Allgemeine Botanik, die seit einer Reihe von Jahren an der Tübinger Universität speziell für Mediziner gelesen wird. Bei der Niederschrift wurden jedoch auch solche Teilgebiete, deren genaueres Studium man von einem Studenten der Medizin weniger erwarten wird, wie Morphologie, Anatomie und Histologie, etwas stärker als im Unterricht berücksichtigt, so daß das Buch auch Studenten der Naturwissenschaften, die eine Prüfung in Allgemeiner Botanik zu absolvieren haben, wie Mikrobiologen, Biochemikern und Pharmazeuten, die nötigen Kenntnisse zu vermitteln vermag. Schließlich sollte es auch für den Biologen als einleitende oder doch zum mindesten ergänzende Lektüre geeignet sein, werden hier doch manche Probleme angeschnitten, die in den Lehrbüchern der Botanik üblicherweise nicht oder doch nur am Rande behandelt werden.

Dieser Aufgabe entsprechend wurden ganz bewußt die Ergebnisse und Probleme der Allgemeinen Biologie, wie sie uns vor allem in der Cytologie, der Physiologie und der Genetik entgegentreten, in den Vordergrund der Betrachtung gerückt, während andere interessante Fragen der Ökologie, der Entwicklungsgeschichte u. a. Gebiete nur hier und da kurz angeschnitten werden konnten. Aus dem gleichen Grunde wurden bei der Besprechung physiologischer und genetischer Probleme häufig Mikroorganismen als Beispiele gewählt, was nicht bedeutet, daß in vielen Fällen andere Objekte dafür nicht genauso geeignet wären. Der Kritiker mag jedoch bedenken, daß sowohl die Stoffauswahl als auch die Stoffanordnung naturgemäß subjektiv sein müssen.

Einige Worte zum Aufbau des Buches: Ausgehend von der Erfahrung, daß die Hörer des Kollegs über Allgemeine Botanik nur in seltenen Fallen die für das Verständnis der Lebensvorgänge nötigen Kenntnisse in der Chemie und der Physik besitzen, wurde an den Anfang des Buches ein kurzes Kapitel über den molekularen Aufbau des pflanzlichen Organismus gestellt. In diesem werden alle wichtigen Verbindungen und Verbindungsklassen, deren Kenntnisse

Aus dem Vorwort zur 1. Auflage

in den folgenden Kapiteln vorausgesetzt werden muß, kurz erklärt und abgeleitet. Dieser Abschnitt muß natürlich nicht notwendigerweise zu Beginn gelesen werden. Vielmehr finden sich im folgenden Text zahlreiche Seitenhinweise, mit deren Hilfe es möglich ist, sich auch zu einem späteren Zeitpunkt, wenn die betreffende Verbindung im Text erscheint, über ihre wichtigsten Eigenschaften zu informieren. Um Mißverständnissen vorzubeugen, sei betont, daß dieses Kapitel das sorgfältige Studium der einschlägigen chemischen und biochemischen Lehrbücher weder ersetzen soll noch ersetzen kann. Es soll dem Studenten im Gegenteil die Wichtigkeit ausreichender chemischer und biochemischer Kenntnisse für das Studium der Biologie deutlich vor Augen führen und ihn zu eingehenderen Studien in diesen Fächern anregen.

Auch sollte endlich mit der leider immer noch weitverbreiteten Ansicht gebrochen werden, daß die Verwendung chemischer Formeln und Reaktionsgleichungen für den Anfänger zu schwierig sei und der Chemie bzw. Biochemie, letzten Endes also späteren Semestern, vorbehalten bleiben müßte. Je weiter wir bei der Analyse der Lebensvorgänge in die molekulare Dimension vorstoßen, um so weniger ist es möglich, auf die Behandlung der den Lebenserscheinungen zugrundeliegenden chemischen Vorgänge zu verzichten. Jedenfalls werden die komplizierten chemischen Umsetzungen, die sich im lebenden Organismus abspielen, gewiß nicht dadurch besser verständlich, daß man auf eine formelmäßige Wiedergabe verzichtet. Auch muß der Anfänger begreifen, daß die chemische Formelsprache in Wirklichkeit eine großartige Vereinfachung ist, die ein tieferes Eindringen in die Problematik des Haushaltes der Zelle überhaupt erst ermöglicht. Aus diesem Grunde ist ein erheblicher Teil der im vorliegenden Buch besprochenen chemischen Verbindungen und Umsetzungen durch entsprechende Strukturformeln bzw. Reaktionsgleichungen belegt. Das bedeutet natürlich nicht, daß jede dieser Formeln und Reaktionsgleichungen auswendig gelernt werden müßte. Wieweit ihre Kenntnis verlangt wird, liegt letztlich im Ermessen des betreffenden Dozenten.

Von dem strukturellen Aufbau des Protoplasten und seiner zellulären Gliederung führt ein gerader Weg von der Einzelzelle über die verschiedenen Organisationsformen zum Kormus und seinem Aufbau. Hier wurden die Kapitel über den Stoff- und Energiehaushalt angeschlossen. Als ungewöhnlich mag mancher empfinden, daß die Fortpflanzung erst nach dem Stoffwechsel behandelt wird, doch hat diese Anordnung den Vorteil, daß Fortpflanzung, Vererbung und Entwicklung so eine Einheit bilden. Im übrigen kann das Fortpflanzungskapitel durchaus auch vor dem Stoffwechsel gelesen werden. Den Abschluß bildet eine Übersicht über die pflanzlichen Bewegungserscheinungen.

Tübingen, im März 1964   Wilhelm Nultsch

Das Konzept

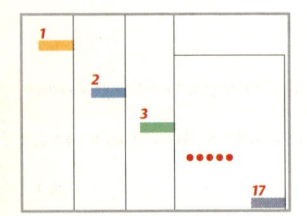

Einleitungen zu den **17 Hauptkapiteln** bilden den roten Faden, der sich durch das ganze Buch zieht. Sie stellen den Kontext zu dem vorausgegangenen Kapitel her und leiten zur neuen Thematik über.

Kurzübersicht — Die blaue **Kurzübersicht** zu Beginn eines jeden Unterkapitels dient der raschen Information und verweist in knapper Form auf den Inhalt des folgenden Textes.

Merksatzlogos markieren grundlegende Aussagen und erleichtern die systematische Erarbeitung des Stoffes.

Zusammenfassung — **Zusammenfassungen** am Kapitelende ermöglichen die schnelle Rekapitulation der wichtigsten Inhalte. Sie dienen der Überprüfung des erarbeiteten Wissens.

Box — Die **Boxen** ergänzen den Lehrstoff einer Grundvorlesung, schildern aktuelle Forschungsentwicklungen und weiterführende Konzepte.

Glossarium — Das **Lexikon** im Buch ist mit seinen kurzen und prägnanten Definitionen die unerläßliche Hilfe bei der Kurzorientierung über zentrale Begriffe und Fachausdrücke. Es ergänzt die näheren Begründungen im Text.

Der Inhalt

Einleitung

Molekularer Aufbau des pflanzlichen Organismus **1**

Struktureller Aufbau des Protoplasmas **2**

Zelle **3**

Differenzierung der Zelle **4**

Organisationsformen der Pflanzen **5**

Innere und äußere Organisation der Sprossachse **6**

Blatt **7**

Wurzel **8**

Wasser- und Salzhaushalt, Stofftransport **9**

Energieumwandlung und Syntheseleistungen autotropher Pflanzen **10**

Dissimilation **11**

Haushalt von Stickstoff, Schwefel und Phosphor **12**

Heterotrophie **13**

Fortpflanzung **14**

Vererbung **15**

Wachstum und Entwicklung **16**

Bewegungserscheinungen **17**

Glossarium, Literatur, Sachverzeichnis

Inhaltsverzeichnis

Einleitung ··· *1*

1 Molekularer Aufbau des pflanzlichen Organismus ··· *3*

1.1 Elementare Zusammensetzung des Pflanzenkörpers ··· *4*
1.2 Kohlenstoff ··· *4*
1.3 Entstehung der Moleküle ··· *7*
1.4 Die wichtigsten molekularen Bausteine ··· *9*
1.5 Makromoleküle ··· *20*
1.5.1 Evolution der Makromoleküle ··· *20*
1.5.2 Proteine ··· *21*
1.5.3 Nucleinsäuren ··· *28*
1.5.4 Polysaccharide ··· *34*
Zusammenfassung ··· *38*

2 Struktureller Aufbau des Protoplasmas ··· *39*

2.1 Evolution der Strukturen ··· *40*
2.2 Wasser ··· *43*
2.3 Grundstruktur des Protoplasmas ··· *47*
2.4 Biomembranen ··· *48*
2.4.1 Chemische Zusammensetzung ··· *49*
2.4.2 Membranmodelle ··· *50*
2.4.3 Funktionen der Biomembranen ··· *52*
2.4.4 Diffusion und Osmose ··· *53*
2.4.5 Permeabilität und Transport durch Membranen ··· *55*
2.5 Cytoskelett ··· *61*
2.5.1 Mikrotubuli ··· *61*
2.5.2 Mikrofilamente ··· *65*
2.5.3 Centrine ··· *67*
Zusammenfassung ··· *67*

3 Zelle ··· *71*

3.1 Evolution der Zelle ··· *72*
3.2 Cytoplasma ··· *74*
3.2.1 Zellmembran und Plasmodesmen ··· *74*
3.2.2 Endoplasmatisches Reticulum ··· *76*
3.2.3 Golgi-Apparat ··· *80*
3.2.4 Microbodies ··· *84*
3.2.5 Coated Vesicles ··· *85*
3.2.6 Ribosomen ··· *86*
3.3 Mitochondrien ··· *88*
3.4 Plastiden ··· *91*
3.4.1 Chloroplasten ··· *92*
3.4.2 Chromoplasten ··· *106*
3.4.3 Leukoplasten ··· *108*
3.5 Zellkern ··· *111*
3.5.1 Organisation des Zellkerns ··· *111*
3.5.2 Chromosomen ··· *116*
3.5.3 Kern- und Zellzyklus ··· *124*
3.5.4 Somatische Polyploidie ··· *130*
3.6 Zellwand ··· *133*
3.6.1 Chemie der Zellwand ··· *133*
3.6.2 Submikroskopischer Aufbau der Zellwand ··· *137*
3.6.3 Mikroskopischer Aufbau der Zellwand ··· *138*
Zusammenfassung ··· *144*

4 Differenzierung der Zelle ··· *147*

4.1 Gewebetypen ··· *148*
4.2 Bildung der Zellsaftvakuole ··· *149*
4.3 Zellinhaltsstoffe ··· *151*
4.3.1 Reservestoffe ··· *152*
4.3.2 Sekrete und andere Zellinhaltsstoffe ··· *155*
4.4 Differenzierung durch Zellwandwachstum ··· *159*
4.4.1 Isodiametrische Zelle ··· *165*
4.4.2 Prosenchymatische Zelle ··· *169*

4.4.3	Zellfusionen ··· 173		6.3.2	Metamorphosen der Sproßachse ··· 246
4.5	Sekundäre Veränderungen der Zellwand ··· 179			Zusammenfassung ··· 250
4.5.1	Verholzung ··· 180		**7**	**Blatt** ··· 253
4.5.2	Mineralstoffeinlagerung ··· 181		7.1	Entwicklung des Blattes ··· 254
4.5.3	Cutinisierung, Verkorkung, Ablagerung von Wachsen ··· 181		7.2	Anordnung der Blätter an der Sproßachse ··· 255
	Zusammenfassung ··· 190		7.2.1	Blattstellung ··· 255
			7.2.2	Blattfolge ··· 257
5	**Organisationsformen der Pflanzen** ··· 193		7.3	Anatomischer Bau des Laubblattes ··· 259
5.1	Stammbaum der Pflanzen ··· 194		7.3.1	Bau der Spaltöffnungen ··· 260
5.2	Prokaryonten ··· 196		7.3.2	Leitbündelanordnung ··· 264
5.2.1	Eubakterien (Eubacteria) ··· 197		7.4	Metamorphosen des Blattes ··· 266
5.2.2	Archaebakterien (Archaea) ··· 206			Zusammenfassung ··· 268
5.2.3	Prochlorophyta ··· 207		**8**	**Wurzel** ··· 271
5.3	Eukaryotische Einzeller ··· 208		8.1	Wurzelscheitel ··· 272
5.4	Thallus ··· 212		8.2	Primärer Bau der Wurzel ··· 274
5.4.1	Zellkolonie ··· 212		8.3	Seitenwurzeln ··· 277
5.4.2	Coenoblast ··· 214		8.4	Sekundäres Dickenwachstum der Wurzel ··· 279
5.4.3	Fadenthallus ··· 214		8.5	Metamorphosen der Wurzel ··· 280
5.4.4	Flechtthallus ··· 216			Zusammenfassung ··· 281
5.4.5	Gewebethallus ··· 217			
5.5	Organisationsformen der Bryophyten ··· 219		**9**	**Wasser- und Salzhaushalt, Stofftransport** ··· 283
5.6	Kormus ··· 222		9.1	Wasserhaushalt der Zelle ··· 284
	Zusammenfassung ··· 224		9.2	Wasseraufnahme ··· 288
			9.3	Wasserabgabe ··· 290
6	**Innere und äußere Organisation der Sproßachse** ··· 227		9.4	Leitung des Wassers ··· 294
			9.5	Aufnahme der Mineralsalze ··· 297
6.1	Gewebedifferenzierung und primärer Bau der Sproßachse ··· 228		9.6	Stofftransport und Stoffausscheidung ··· 300
6.1.1	Bau des Leitsystems ··· 228		9.6.1	Ionentransport ··· 300
6.1.2	Primärer Bau ··· 231		9.6.2	Transport organischer Substanzen ··· 300
6.2	Sekundäres Dickenwachstum der Sproßachse ··· 233		9.6.3	Stoffausscheidungen ··· 302
6.2.1	Holz ··· 236			Zusammenfassung ··· 303
6.2.2	Bast ··· 241			
6.2.3	Periderm ··· 241			
6.2.4	Dickenwachstum der Monokotylen ··· 244			
6.3	Morphologie der Sproßachse ··· 244			
6.3.1	Verzweigung ··· 245			

10 Energieumwandlung und Syntheseleistungen autotropher Pflanzen ··· 307

10.1	Stoffumsetzung und Energieübertragung in der Zelle ··· 308	
10.2	Biokatalyse ··· 311	
10.3	Photosynthese ··· 316	
10.3.1	Strahlungsabsorption ··· 318	
10.3.2	Lichtreaktionen ··· 320	
10.3.2.1	Nicht-zyklischer Elektronentransport ··· 321	
10.3.2.2	Zyklischer Elektronentransport ··· 327	
10.3.2.3	Photophosphorylierung ··· 327	
10.3.3	Regulation der Energieverteilung ··· 328	
10.3.4	Reduktion des Kohlendioxids und Synthese der Kohlenhydrate ··· 329	
10.3.5	Photorespiration ··· 333	
10.3.6	Bakterienphotosynthese ··· 335	
10.3.7	Photosynthese am natürlichen Standort ··· 337	
10.4	Chemosynthese (Chemolithoautotrophie) ··· 340	
10.5	Verwertung der Assimilate ··· 341	
10.5.1	Fettsynthese ··· 341	
10.5.2	Sekundäre Pflanzenstoffe ··· 344	
10.5.2.1	Glykoside ··· 345	
10.5.2.2	Terpene ··· 347	
10.5.2.3	Gerbstoffe ··· 348	
10.5.2.4	Alkaloide ··· 348	
	Zusammenfassung ··· 349	

11 Dissimilation ··· 353

11.1	Bereitstellung des Ausgangssubstrates ··· 354
11.1.1	Hydrolyse der Stärke ··· 354
11.1.2	Phosphorolyse der Stärke ··· 354
11.2	Oxidativer Abbau der Kohlenhydrate ··· 355
11.2.1	Glykolyse ··· 355
11.2.2	Oxidative Decarboxylierung der Brenztraubensäure ··· 357
11.2.3	Citratzyklus ··· 358
11.2.4	Endoxidation ··· 360
11.2.4.1	Atmungskette ··· 360
11.2.4.2	Atmungskettenphosphorylierung ··· 362
11.3	Fettabbau und Glyoxylatzyklus ··· 364
11.4	Anaerobe Dissimilation, Gärungen ··· 367
11.4.1	Alkoholische Gärung ··· 367
11.4.2	Oxidation des Alkohols ··· 368
11.4.3	Milchsäuregärung ··· 369
11.4.4	Anaerobe Atmung ··· 370
11.5	Oxidativer Pentosephosphatzyklus ··· 371
11.6	Kreislauf des Kohlenstoffs ··· 373
	Zusammenfassung ··· 373

12 Haushalt von Stickstoff, Schwefel und Phosphor ··· 375

12.1	Stickstoffhaushalt ··· 376
12.1.1	Stickstoffquellen ··· 376
12.1.2	Einbau des Stickstoffs ··· 376
12.1.2.1	Fixierung des elementaren Stickstoffs ··· 377
12.1.2.2	Nitratreduktion ··· 378
12.1.2.3	Einbau des reduzierten Stickstoffs in organische Kohlenstoffverbindungen ··· 379
12.1.3	Abbau der Stickstoffverbindungen ··· 381
12.1.3.1	Proteinabbau ··· 381
12.1.3.2	Um- und Abbau der Aminosäuren ··· 382
12.1.3.3	Ammoniakentgiftung ··· 384
12.1.4	Kreislauf des Stickstoffs ··· 385
12.2	Schwefelhaushalt ··· 386
12.3	Phosphor ··· 387
	Zusammenfassung ··· 388

13 Heterotrophie ··· 391

13.1	Saprophyten ··· 392
13.2	Parasiten ··· 392
13.3	Symbiose ··· 396
13.3.1	Wurzelknöllchen ··· 396
13.3.2	Flechten ··· 400
13.3.3	Mykorrhiza ··· 403
13.4	Carnivoren ··· 408
	Zusammenfassung ··· 412

14 Fortpflanzung ··· 415

- 14.1 Vegetative Fortpflanzung ··· 416
- 14.1.1 Brutorgane ··· 416
- 14.1.2 Mitosporen ··· 417
- 14.2 Sexuelle Fortpflanzung ··· 419
- 14.2.1 Meiosis ··· 419
- 14.2.2 Bildung der Gameten und Syngamie (Befruchtung) ··· 424
- 14.3 Generationswechsel ··· 427
- 14.3.1 Isomorpher Generationswechsel ··· 428
- 14.3.2 Heteromorpher Generationswechsel ··· 429
- 14.4 Fortpflanzung der Pilze ··· 431
- 14.4.1 Zygomycetes ··· 431
- 14.4.2 Ascomycetes ··· 431
- 14.4.3 Basidiomycetes ··· 433
- 14.5 Generationswechsel der Archegoniaten ··· 434
- 14.5.1 Bryophyten ··· 434
- 14.5.2 Pteridophyten ··· 436
- 14.6 Generationswechsel der Spermatophyten ··· 438
- Zusammenfassung ··· 442

15 Vererbung ··· 445

- 15.1 Genbegriff der klassischen Genetik ··· 446
- 15.2 Chemische Natur der Gene ··· 450
- 15.2.1 Primärstruktur der DNA und genetischer Code ··· 451
- 15.2.2 Genom der Prokaryonten ··· 453
- 15.2.3 Viren und Bakteriophagen ··· 456
- 15.2.4 Genom der Eukaryonten ··· 460
- 15.3 Replikation der DNA ··· 461
- 15.3.1 DNA-Replikation bei Prokaryonten ··· 462
- 15.3.2 DNA-Replikation bei Eukaryonten ··· 463
- 15.4 Mutationen ··· 464
- 15.4.1 Genommutationen ··· 464
- 15.4.2 Chromosomenmutationen ··· 465
- 15.4.3 Genmutationen ··· 466
- 15.4.4 Verwendung von Mutanten ··· 468
- 15.5 Transgene Pflanzen ··· 470
- 15.6 Gen-Expression ··· 472
- 15.6.1 Transcription ··· 472
- 15.6.2 Translation ··· 474
- 15.7 Geschlechtsbestimmung ··· 478
- 15.8 Extrachromosomale Vererbung ··· 479
- 15.8.1 Plastidengenom (Plastom) ··· 480
- 15.8.2 Mitochondriengenom (Chondriom) ··· 483
- 15.9 Genetische Grundlagen der Evolution ··· 483
- 15.9.1 Mutation ··· 483
- 15.9.2 Rekombination ··· 484
- 15.9.3 Selektion ··· 485
- 15.9.4 Isolation ··· 486
- Zusammenfassung ··· 486

16 Wachstum und Entwicklung ··· 489

- 16.1 Wachstum von Einzellern ··· 490
- 16.1.1 Wachstumsfaktoren ··· 491
- 16.1.2 Antimetabolite ··· 493
- 16.1.3 Antibiotika ··· 494
- 16.2 Wachstum der höheren Pflanze ··· 498
- 16.2.1 Phytohormone ··· 498
- 16.2.1.1 Auxine ··· 499
- 16.2.1.2 Gibberelline ··· 502
- 16.2.1.3 Cytokinine ··· 504
- 16.2.1.4 Abscisine ··· 506
- 16.2.1.5 Jasmonsäure ··· 507
- 16.2.1.6 Ethylen ··· 507
- 16.2.1.7 Brassinosteroide ··· 508
- 16.2.2 Zellteilungswachstum ··· 509
- 16.2.3 Streckungswachstum ··· 509
- 16.2.4 Differenzierungswachstum ··· 510
- 16.2.4.1 Genregulation bei Prokaryonten ··· 511
- 16.2.4.2 Genregulation bei Eukaryonten ··· 513
- 16.3 Die Steuerung der Organentwicklung ··· 515
- 16.3.1 Polarität ··· 515

16.3.2	Determination und Differenzierung ⋯ 518	17.1.8	Gleitbewegungen ⋯ 563
16.3.3	Morphogenese ⋯ 520	17.1.9	Intrazelluläre Bewegungen ⋯ 563
16.3.4	Restitutionen ⋯ 523	17.2	Autonome Bewegungen ⋯ 563
16.3.5	Pflanzenkrebs ⋯ 523	17.2.1	Circumnutationen ⋯ 563
16.4	Einfluß äußerer Faktoren auf die Entwicklung ⋯ 525	17.2.2	Tagesperiodische Bewegungen ⋯ 564
16.4.1	Strahlung ⋯ 526	17.3	Induzierte Bewegungen ⋯ 564
16.4.2	Temperatur ⋯ 534	17.3.1	Auslösung von Erregungsvorgängen und Bewegungsreaktionen ⋯ 566
16.4.3	Schwerkraft ⋯ 537		
16.4.4	Chemische Einflüsse ⋯ 538		
16.5	Entwicklungsrhythmen ⋯ 539	17.3.2	Strahlungswirkungen ⋯ 568
16.5.1	Photoperiodismus ⋯ 539	17.3.2.1	Richtungsbewegungen ⋯ 570
16.5.2	Die physiologische Uhr ⋯ 542 Zusammenfassung ⋯ 544	17.3.2.2	Reaktionen auf zeitliche Änderungen der Strahlungsintensität ⋯ 577

17 Bewegungserscheinungen ⋯ 547

17.1	Bewegungsmechanismen ⋯ 548	17.3.2.3	Einflüsse der Strahlung auf intrazelluläre Bewegungen ⋯ 578
17.1.1	Quellungsbewegungen ⋯ 548		
17.1.2	Turgorbewegungen ⋯ 548		
17.1.2.1	Spaltöffnungsbewegungen ⋯ 549	17.3.3	Einflüsse der Schwerkraft ⋯ 579
		17.3.4	Chemische Einflüsse ⋯ 586
17.1.2.2	Blattbewegungen ⋯ 555	17.3.5	Mechanische Reize ⋯ 594 Zusammenfassung ⋯ 597
17.1.3	Schleuderbewegungen ⋯ 557		
17.1.4	Kohäsionsmechanismen ⋯ 558		
17.1.5	Wachstumsbewegungen ⋯ 558		
17.1.6	Geißelbewegungen ⋯ 558		
17.1.7	Amöboide Bewegungen ⋯ 562		

Anhang ⋯ 601

Glossarium ⋯ 603

Literatur ⋯ 641

Sachverzeichnis ⋯ 645

Verzeichnis der Boxen

Boxen

1.1	Chaperone	··· *27*
1.2	Z-DNA	··· *31*
1.3	Ribozyme	··· *34*
2.1	Lectine	··· *50*
2.2	Protonenpumpen (ATPasen)	··· *59*
3.1	Cytochrom-P450-System	··· *80*
3.2	Thioredoxine	··· *104*
4.1	Synthese von UDP-Glucose	··· *161*
4.2	Der Lotus-Effekt	··· *186*
5.1	Antigene	··· *203*
10.1	Freie Energie, Enthalpie und Entropie	··· *309*
12.1	Ubiquitin	··· *383*
13.1	Mykorrhiza der Ericales	··· *404*
15.1	DNA-Klonierung	··· *451*
15.2	DNA-Sequenzierung	··· *452*
15.3	Molekulare Ursachen der Genmutationen	··· *467*
16.1	Ti-Plasmide	··· *524*
16.2	Hitzeschock-Streß-System	··· *536*
17.1	Patch-clamp-Methode	··· *551*
17.2	Magnetotaxis	··· *596*

Einleitung

Die europäische Naturwissenschaft beginnt mit Aristoteles (384–322 v. Chr.). Da dessen botanische Schriften jedoch verlorengegangen sind, gilt als Begründer der wissenschaftlichen Botanik sein Schüler Theophrastos (371–285 v. Chr.). Er hat zwei umfassende botanische Werke verfaßt, von denen das erste mit dem Titel „Ursachen des Pflanzenwachstums" als erstes Lehrbuch der allgemeinen und angewandten Botanik angesehen werden kann. Ein weiteres bedeutendes Werk verfaßte Dioskurides (= Dioskorides, 1. Jahrhundert n. Chr.). Dessen 5 Bände sind vor allem der Arzneimittellehre gewidmet und enthalten keine wesentlichen neuen botanischen Erkenntnisse. Dennoch sind diese beiden Werke bis in das späte Mittelalter die Grundlagen der Botanik und Arzneimittellehre geblieben.

Über zwei Jahrtausende war die Botanik eine vorwiegend descriptive Wissenschaft, die sich der Beschreibung der Pflanzen widmete, aber auch angewandte Themen wie Landwirtschaft, Gartenbau und Arzneimittelkunde behandelte. Einen entscheidenden Fortschritt brachte im 17. Jahrhundert die Entwicklung eines leistungsfähigen Mikroskopes durch Robert Hooke. Zwar hatten die Ergebnisse der mikroskopischen Untersuchungen, die von Marcello Malpighi in der „Anatome plantarum" und von Nehemia Grew in „The Anatomy of Plants" veröffentlicht wurden, naturgemäß ebenfalls descriptiven Charakter, doch machten sich die Autoren sehr wohl Gedanken über die Funktionen der beobachteten Strukturen. Die ersten physiologischen Experimente wurden im 18. Jahrhundert durchgeführt, z. B. von Stephen Hales zur Frage der Wasserleitung und Transpiration und von Jan Ingen-Housz zur Photosynthese. Entscheidende Fortschritte brachte das 19., das sogenannte „naturwissenschaftliche" Jahrhundert, und zwar auf allen Gebieten der Botanik, weshalb sich eine Auflistung der Befunde und die Nennung von Namen von selbst verbietet. Diese Entwicklung setzte sich im 20. Jahrhundert fort, wenn auch in der ersten Hälfte durch zwei Weltkriege stark beeinträchtigt.

Um so stürmischer war die Entwicklung in der zweiten Hälfte. Hatten bereits die Untersuchungen der klassischen Cytologie gezeigt, daß die so sehr ins Auge fallenden Unterschiede zwischen Tier und Pflanze geringer werden, wenn man in die Dimension der Zelle vordringt, so trifft dies in weit stärkerem Maße für den submikroskopischen Bereich zu, der uns durch die Entwicklung hochauflösender mikroskopischer Techniken erschlossen wurde. Hier zeigt sich, daß pflanzliches und tierisches Plasma im wesentlichen die gleiche Grundstruktur besitzen und daß es nur wenige Strukturelemente gibt, die die pflanzliche von der tierischen Zelle unterscheiden. Durch die Entwicklung immer exakterer, subtilerer und aufwendigerer physikalischer und chemischer Techniken, insbesondere auch durch den ständig zunehmenden Einsatz der elektronischen Datenverarbeitung, ist es heute möglich, den molekularen Aufbau biologischer Strukturen sowie die Primär-, Sekundär- und Tertiärstruktur der sie aufbauenden Moleküle aufzuklären und die Verwandtschaftsverhältnisse zwischen den einzelnen Organismen zu ermitteln. Diese Entwicklung ist noch keineswegs abgeschlossen. Fast täglich wird über neue Befunde berichtet, die es nötig machen, unsere bisherigen Vorstellungen zu revidieren oder zu ergänzen. Jeder Bericht und jedes Buch kann deshalb nur ein Bild vom augenblicklichen Stand unseres Wissens vermitteln.

Molekularer Aufbau des pflanzlichen Organismus

Alle Lebewesen sind aus Molekülen aufgebaut, die ihrerseits aus Atomen bestehen. Diese lassen sich zwar in noch kleinere Bausteine wie Protonen, Neutronen und Elektronen zerlegen, doch ändert sich mit einem Eingriff am Atom selbst auch dessen stofflicher Charakter. Im Hinblick darauf ist es selbstverständlich, daß sich jede Veränderung im molekularen oder atomaren Gefüge der Körpersubstanzen auf die Lebensvorgänge eines Organismus auswirken muß, wie sich andererseits alle physiologischen Vorgänge letztlich auf irgendwelche biochemischen und biophysikalischen Vorgänge zurückführen lassen. Wollen wir deshalb einen Organismus und seine Lebensäußerungen wirklich begreifen, so müssen wir versuchen, diese bis in die molekulare oder gar atomare Dimension zu verfolgen.

Im atomaren, also ungebundenen Zustand liegen die Elemente im allgemeinen als Ionen, d.h. als Träger von Ladungen vor, die Metalle Natrium und Kalium z.B. als einwertige Kationen $Na^{\oplus}$ bzw. $K^{\oplus}$, Calcium und Magnesium als zweiwertige Kationen $Ca^{2\oplus}$ bzw. $Mg^{2\oplus}$. Auch Nichtmetalle kommen in Ionenform vor, z.B. Chlor als einwertiges Anion $Cl^{\ominus}$ oder Schwefel als zweiwertiges Anion $S^{2\ominus}$. Meist bestehen die Anionen jedoch aus mehreren Elementen, wie z.B. Nitrat $NO_3^{\ominus}$ oder Sulfat $SO_4^{2\ominus}$.

Die Elemente Kohlenstoff, Wasserstoff und Sauerstoff, soweit sie nicht in anorganischer Form als Bicarbonation $HCO_3^{\ominus}$, Wasser H_2O oder Kohlendioxid CO_2 vorliegen, sind die Hauptbestandteile der organischen Substanzen, die außerdem Stickstoff, Schwefel, Phosphor u.a. Elemente enthalten können. Häufig tragen sie funktionelle Gruppen, die sie zu bestimmten Reaktionen befähigen und als Grundlage einer Klassifizierung dienen können, z.B. Alkohole, Aldehyde, Säuren usw.. Die wichtigsten Bausteine der Organismen sind Lipide, Zucker, Aminosäuren und Nucleotide. Sie sind Biomonomere, aus denen Biopolymere aufgebaut werden können wie Polysaccharide, Proteine und Nucleinsäuren. Entsprechend ihren verschiedenen Eigenschaften erfüllen sie in der Zelle ganz verschiedene Funktionen: Gerüst- und Speichersubstanzen, Träger der Spezifität sowie der Speicherung und Weitergabe von Informationen.

1 Molekularer Aufbau des pflanzlichen Organismus

1.1 Elementare Zusammensetzung des Pflanzenkörpers

Chemische Elementaranalysen verschiedener höherer Pflanzen haben gezeigt, daß die nach Entfernung des Wassers zurückbleibende Trockensubstanz hauptsächlich aus den Nichtmetallen Kohlenstoff C, Sauerstoff O, Wasserstoff H, Stickstoff N, Schwefel S und Phosphor P besteht. Diese liegen überwiegend in Form organischer Verbindungen, zum Teil aber auch als Ionen vor. Darüber hinaus finden sich noch zahlreiche weitere Elemente, und zwar ebenfalls entweder als Bestandteile organischer Verbindungen oder in Form von Ionen.

Das Vorkommen eines Elementes in einer Pflanze ist natürlich noch kein Beweis dafür, daß es für diese wirklich lebensnotwendig ist. Einerseits gibt es Elemente, die nur für bestimmte, an besondere Standorte angepaßte Arten charakteristisch sind, wie z. B. das Natrium im Falle der Salzpflanzen (Halophyten). Andererseits stellen manche Elemente möglicherweise nur Ballaststoffe dar, ohne eine spezifische Funktion im Stoffwechsel zu erfüllen.

Die Notwendigkeit eines Elementes für die Pflanze läßt sich nur in streng kontrollierten Kulturversuchen ermitteln. Diese haben ergeben, daß die höheren Pflanzen in größeren Mengen stets die bereits genannten Elemente C, O, H, N, S und P und außerdem die Metalle Kalium K, Calcium Ca, Magnesium Mg und Eisen Fe benötigen. Diese werden, sprachlich nicht ganz glücklich, als **Makroelemente** bezeichnet. Darüber hinaus brauchen die höheren Pflanzen, wenn auch meist in sehr geringer Menge (Spuren), weitere Elemente, die Spuren- oder **Mikroelemente,** zu denen Bor B, Mangan Mn, Zink Zn, Kupfer Cu, Chlor Cl, Molybdän Mo sowie in einzelnen Fällen auch Natrium Na, Selen Se, Cobalt Co und Silicium Si gehören. Ihr Fehlen ruft schwere physiologische Schäden hervor (S. 298).

Die Ansprüche der niederen Pflanzen weichen von denen der höheren in manchen Fällen stark ab. So ist Calcium für viele Algen eher ein Mikro- als ein Makroelement, und für manche Pilze scheint es sogar ganz entbehrlich zu sein. Diatomeen (Kieselalgen) brauchen Silicium nicht nur für den Aufbau ihres Kieselpanzers, sondern auch für das Funktionieren ihres Stoffwechsels. Braunalgen (Tange) können große Mengen Jod speichern, dessen Bedeutung jedoch nicht bekannt ist.

1.2 Kohlenstoff

Von allen genannten Elementen überwiegt sowohl an Menge als auch an Bedeutung der Kohlenstoff. Diese Sonderstellung hat ihre Ursache vor allem in der Eigenschaft der Kohlenstoffatome, sich gegenseitig bindend Ketten oder Ringe zu bilden, eine Eigenschaft, die keines der anderen bekannten Elemente in diesem Maße besitzt. Sie gibt die Möglichkeit zur Bildung großer Moleküle, die eine unerläßliche Voraussetzung für die Entstehung einer potentiell unbegrenzten Anzahl verschiedener Stoffe während der Evolution und damit für die Spezifität der die Organismen aufbauenden Substanzen sind.

In allen seinen Verbindungen tritt der Kohlenstoff vierwertig auf, d. h. ein Kohlenstoffatom vermag vier einwertige Atome zu binden, z. B. vier Wasserstoffatome im Methan CH_4. Die Vierwertigkeit erklärt sich daraus, daß der Kohlenstoff nur vier Valenzelektronen besitzt, also noch vier weitere Elektronen aufzunehmen vermag, um eine Schale von acht Außenelektronen, die Edelgaskonfiguration (Oktett), zu erhalten, die sich durch eine besondere Stabilität auszeichnet. Geht der Kohlenstoff nun eine Verbindung mit einem anderen Element, im Falle des Methans mit Wasserstoff, ein, so wird seine äußere Schale durch die Elektronen des anderen Elementes aufgefüllt. Da jedes Wasserstoffatom nur ein Valenzelektron besitzt, verbinden sich also insgesamt vier Wasserstoffatome mit einem Kohlenstoffatom. Das Kohlenstoffatom hat dann mit jedem Wasserstoffatom je ein Elektronenpaar gemeinsam, und da die innerste Schale (K-Schale) maximal zwei Elektronen aufnehmen kann, sind auch die Schalen der vier Wasserstoffatome aufgefüllt. Jedes gemeinsame Elektronenpaar entspricht einer einfachen Bindung, d. h. einer Valenz. Da sich die Verwendung der Valenzstriche anstelle der Elektronenpaarschreibweise allgemein eingebürgert hat, soll sie auch hier beibehalten werden. Man bezeichnet Bindungen dieser Art als **kovalente Bindungen.** Sie sind sehr fest und etwa von der gleichen Größenordnung wie die **Ionenbindungen** zwischen einfach entgegengesetzt geladenen Ionen, z. B. $Na^{\oplus}$ und $Cl^{\ominus}$. Kovalente und Ionenbindungen werden deshalb auch als primäre oder Hauptvalenzen bezeichnet.

Entsprechend liegen die Verhältnisse, wenn die Kohlenstoffatome Ketten bilden. Da sich jedes C-Atom bei der Bildung unverzweigter Ketten nur mit zwei weiteren Atomen seiner Art verbindet, fehlt bei zwei Elektronen die Ergänzung zum Paar, d. h. es bleiben zwei Valenzen frei, die wieder von anderen Elementen, z. B. von Wasserstoff, eingenommen werden können.

Bei verzweigten Ketten steht allerdings auch an mindestens einer dieser beiden Valenzen ein C-Atom. Die auf diese Weise entstehende Verbindungsklasse trägt den Namen Kohlenwasserstoffe. Die Anfangsglieder dieser Reihe sind: Methan CH_4, Ethan C_2H_6, Propan C_3H_8 usw., d. h. die einzelnen Glieder folgen der allgemeinen Formel: C_nH_{2n+2}. Sie werden als gesättigte Kohlenwasserstoffe oder **Alkane** bezeichnet. Ungesättigte Kohlenwasserstoffe mit einer oder mehreren Doppelbindungen nennt man **Alkene** bzw., wenn sie eine Dreifachbindung enthalten, **Alkine.**

> Die Doppel- und Dreifachbindungen sind reaktionsfähiger als die einfachen Bindungen und neigen daher zu Additions- und Polymerisationsreaktionen. Außerdem können die Kohlenstoffatome auch Ringe aus drei, vier, fünf, sechs und mehr Gliedern bilden (isozyklische Ringe). Enthalten diese Ringe ein oder mehrere Nichtkohlenstoffatome, nennt man sie heterozyklisch.

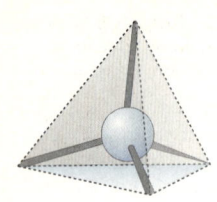

1 Molekularer Aufbau des pflanzlichen Organismus

Abb. 1.1 Tetraedermodell des Kohlenstoffatoms.

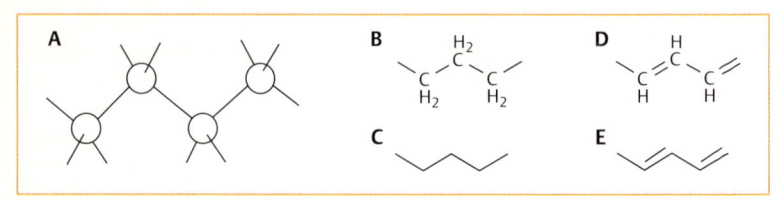

Abb. 1.2 **A** Kette von Kohlenstoffatomen, dem Valenzwinkel entsprechend geknickt, **B** formelmäßige Darstellung einer gesättigten Kohlenwasserstoffkette, **C** wie **B** in vereinfachter Schreibweise, **D** ungesättigte Kohlenwasserstoffkette mit konjugierten, d. h. durch einfache Bindungen getrennten Doppelbindungen, **E** wie **D** in vereinfachter Schreibweise.

Nun liegen allerdings die vier Valenzen des Kohlenstoffs nicht in einer Ebene, sondern sind räumlich so angeordnet, daß bei Verbindung der Enden der vier Valenzstriche ein reguläres Tetraeder entsteht, in dessen Mittelpunkt sich das Kohlenstoffatom befindet (Abb. 1.1). Die Kohlenstoffketten sind also nicht geradegestreckt, sondern, dem Valenzwinkel entsprechend, zickzackförmig ausgebildet (Abb. 1.2). Auch die Häufigkeit der Ringsysteme aus fünf und sechs Kohlenstoffatomen erklärt sich aus der Leichtigkeit, mit der sich solche Ringe infolge der Größe des Valenzwinkels bilden, während alle kleineren Ringsysteme unter einer mehr oder weniger großen Spannung stehen. Abb. 1.3 **A** zeigt einen Cyclopentanring, der aus fünf C-Atomen besteht. Der aus sechs C-Atomen bestehende Cyclohexanring liegt, dem Valenzwinkel entsprechend,

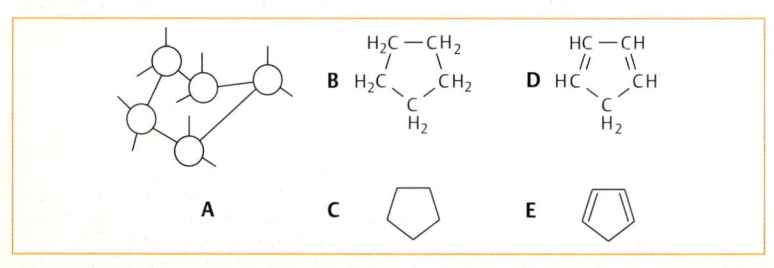

Abb. 1.3 **A** Fünfgliedriger Ring von Kohlenstoffatomen, **B** in formelmäßiger Darstellung, **C** wie **B** in vereinfachter Schreibweise, **D** Fünfring mit 2 Doppelbindungen, **E** wie **D** in vereinfachter Schreibweise.

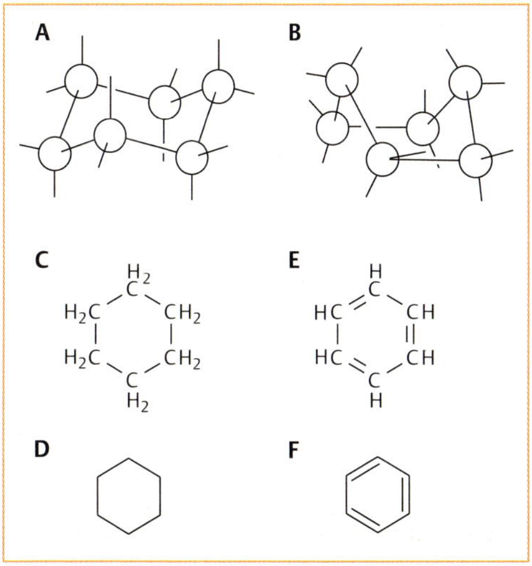

Abb. 1.4 Ring aus 6 Kohlenstoffatomen. **A** Sesselform, **B** Wannenform, **C** Cyclohexanring. C-Atome mit Wasserstoff gesättigt, **D** wie **C** in vereinfachter Schreibweise, **E** Benzolring mit 3 Doppelbindungen, **F** wie **E** in vereinfachter Schreibweise.

entweder in der sogenannten Sesselform (Abb. 1.4A) oder in der Wannen-(Boot-)form (Abb. 1.4B) vor. Die letztere besitzt meist einen höheren Energiegehalt als die Sesselform und ist daher nicht begünstigt, weshalb sie nur bei wenigen Reaktionen von Bedeutung ist.

1.3 Entstehung der Moleküle

Wie bereits erwähnt, vermögen die Atome sowohl eines als auch verschiedener Elemente Moleküle zu bilden, indem sie sich unter Auffüllung ihrer Elektronenschalen gegenseitig binden. Meist tun sie dies jedoch nicht spontan, sondern erst, wenn sie unter Energieaufnahme in einen energiereicheren Zustand übergegangen sind. Eine solche Energiezufuhr kann in Form von Strahlung, elektrischer Entladung, Wärme usw. erfolgen.

Wird ein Atom von einem **Quant**[1] ausreichender Energie getroffen, so kann sich sein energetischer Zustand, je nach Energiegehalt des Quants, in verschie-

---

[1] Unter einem Lichtquant (h·ν) oder **Photon** verstehen wir den kleinstmöglichen absorbierbaren Anteil elektromagnetischer Strahlung, d. h. ein Molekül absorbiert entweder ein ganzes Quant oder keines. Dabei ist h die Plancksche Konstante und ν die Frequenz der Strahlung. Die Energie eines Quants beträgt $E = 1240{,}3 : \lambda$, wobei E die Energie in Elektronenvolt (eV) und λ die Wellenlänge in nm ist. Die Energie eines Quants elektromagnetischer Strahlung ist also um so größer, je kürzer die Wellenlänge ist. Die Energie je Mol Photonen liegt im sichtbaren Bereich zwischen 168 und 293 kJ (40 und 70 kcal). Man bezeichnet die Mengen von einem Mol Photonen auch als 1 Einstein (1 E).

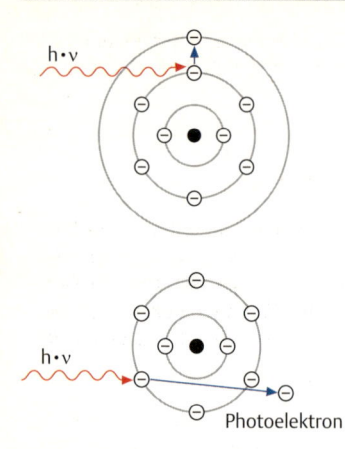

Abb. 1.5 Anregung. Durch Energiezufuhr wird ein Elektron eines Atoms auf ein höheres Energieniveau gehoben.

Abb. 1.6 Photoelektrischer Effekt. Das einfallende Photon überträgt seine gesamte Energie auf ein Elektron, das als Photoelektron die Energiesphäre des Atoms verläßt (nach Fritz-Niggli).

dener Weise ändern. Entweder wird ein Elektron des getroffenen Atoms auf eine höhere Schale, d. h. auf ein höheres Energieniveau, angehoben (Abb. 1.5), ein Vorgang, den man als **Anregung** bezeichnet, oder ein Elektron wird ganz aus dem Atom herausgeworfen (Abb. 1.6). Unter Übernahme der gesamten Energie des Quants kann es als **Photoelektron** andere Atome anregen. Solcherart angeregte Atome sind sehr reaktionsfähig und vermögen miteinander reagierend Moleküle zu bilden oder, wenn sie bereits Teil eines Moleküls sind, dies zu weiteren Reaktionen zu veranlassen oder aber auch seinen Zerfall herbeizuführen. Derartige Anregungszustände sind die Ursache vieler biochemischer und physiologischer Vorgänge. Darüber hinaus sind sie auch die Vorbedingung für die chemische Evolution, d. h. für die abiotische Bildung organischer Substanzen aus anorganischen, die ihrerseits die Voraussetzung für die Entstehung der Lebewesen, die Biogenese, ist.

Die **chemische Evolution** hat wahrscheinlich schon sehr bald nach Abkühlung der Erdoberfläche begonnen. Durch Reaktionen zwischen den Atomen der vorhandenen Elemente entstanden zunächst kleinere Moleküle wie Ammoniak NH_3, Methan CH_4, Schwefelwasserstoff H_2S, Cyanwasserstoff HCN sowie Spuren von Kohlendioxid CO_2 bzw. Kohlenmonoxid CO. Da elementarer Sauerstoff fehlte, herrschte also eine reduzierende Uratmosphäre. Andere Elemente lösten sich als Kationen bzw. Anionen im Urmeer. Unter diesen Bedingungen dürften größere „organische" Moleküle entstanden sein.

Die hierzu nötige Anregungsenergie mag zunächst thermischer Natur gewesen sein, doch haben sicherlich auch die Strahlungsenergie der Sonne, vor allem das UV, sowie gewitterartige elektrische Entladungen dazu beigetragen. Daß die Entstehung organischer Substanzen auf diese Weise möglich ist, haben zahlreiche Experimente gezeigt, in denen unter Einfluß ultravioletter, ionisierender oder radioaktiver Strahlung sowie elektrischer Entladungen oder starker Hitze aus Gemischen von H_2O, NH_3, H_2 und CH_4 organische Substanzen wie Carbonsäuren, Aminosäuren, Zucker, Nucleotidbasen u. a. hergestellt wurden. Viele von ihnen sind am Aufbau der Lebewesen beteiligt und werden deshalb als **Biomonomere** bezeichnet.

1.4 Die wichtigsten molekularen Bausteine

Die Kennzeichnung der vorgenannten Verbindungen als Säuren, Aminosäuren usw. läßt erkennen, daß sie durch bestimmte Eigenschaften charakterisiert sind. Diese gehen auf Atomgruppierungen zurück, die zu bestimmten Reaktionen befähigt sind und deshalb als **funktionelle Gruppen** bezeichnet werden. Die wichtigsten dieser Gruppen und der durch sie charakterisierten Verbindungen werden nachstehend kurz besprochen.

Hydroxylgruppe – OH: Sie ist die funktionelle Gruppe der Alkohole. Tritt sie in Einzahl auf, sprechen wir von einwertigen Alkoholen, sind mehrere vorhanden, von mehrwertigen Alkoholen.

Einwertige Alkohole sind z. B. Methanol und Ethanol, mehrwertige Glycerin, Ribit und Mannit. Die Polyalkohole mit fünf Gruppen werden als Pentite, die mit sechs als Hexite bezeichnet. Ein Hauptcharakteristikum der alkoholischen Hydroxylgruppe ist die Fähigkeit, mit organischen Säuren, die in der Carboxylgruppe ebenfalls eine HO-Gruppierung besitzen, unter Wasserabspaltung Ester zu bilden. Wie Isotopenversuche gezeigt haben, stammt der Sauerstoff des

```
        R—CH₂—OH           H₃C—OH            H₃C—CH₂—OH
        Alkohol            Methanol          Ethanol

        H₂C—OH             H₂C—OH            H₂C—OH
        |                  |                 |
        HC—OH              H—C—OH            HO—C—H
        |                  |                 |
        H₂C—OH             H—C—OH            HO—C—H
                           |                 |
                           H—C—OH            H—C—OH
                           |                 |
                           H₂C—OH            H—C—OH
                                             |
                                             H₂C—OH

        Glycerin           Ribit             Mannit
```

Alkohol + Säure ⇌ Ester (– H₂O / + H₂O)

bei der Veresterung abgespaltenen Wassers nicht aus der Hydroxylgruppe des Alkohols, sondern aus der Carboxylgruppe der Säure. Es besteht also keine einfache Parallele zwischen Veresterung und Salzbildung. Den rückläufigen Vorgang, d. h. die Spaltung eines Esters in seine Komponenten unter Wasseraufnahme, bezeichnet man als Verseifung.

Oxogruppe $=O$: Sie ist in den Carbonylverbindungen in Form der Carbonylgruppe $>C=O$ enthalten. Zu diesen gehören zwei Verbindungsklassen: die **Aldehyde** (z. B. Glycerinaldehyd) und die **Ketone** (z. B. Dihydroxyaceton).

$$H_3C-CH_2-OH \quad \underset{+2H}{\overset{-2H}{\rightleftharpoons}} \quad H_3C-C\overset{O}{\underset{H}{\diagdown}}$$

Ethanol **Acetaldehyd**

Aldehyd   **Glycerinaldehyd**   **Keton**   **Dihydroxyaceton**

Im Stoffwechsel entstehen die Aldehyde, die meist durch die Endsilbe -al gekennzeichnet werden, durch Abspaltung von Wasserstoff (Dehydrierung) aus primären Alkoholen, z. B. Acetaldehyd aus Ethanol. Entsprechend entstehen die Ketone, die an der Endsilbe -on zu erkennen sind, durch Dehydrierung sekundärer Alkohole. Die Ketone lassen sich von den Aldehyden formal dadurch herleiten, daß man ein Wasserstoffatom an der Carbonylgruppe durch einen weiteren organischen Rest (in der Formel R^2) ersetzt. Wenn eine einfache Bindung zwischen zwei Kohlenstoffatomen durch einen Sauerstoff überbrückt wird, spricht man von einer **Epoxygruppe:**

$$-CH-CH-\text{ mit } O \text{ Brücke}$$

Die Oxogruppe ist auch die funktionelle Gruppe der Kohlenhydrate, deren Grundkörper die Zucker sind. Diese kann man formal aus den entsprechenden Polyalkoholen dadurch ableiten, daß man diese an einem C-Atom dehydriert, und zwar meist am C_1- oder C_2-Atom.

Je nachdem, ob die Zuckermoleküle aus 3, 4, 5, 6 usw. Kohlenstoffatomen bestehen, werden sie als Triosen, Tetrosen, Pentosen, Hexosen usw. bezeichnet. Bei den **Aldosen** steht die Oxogruppe am C_1-Atom des Zuckers (Aldehydform), wie bei der D-Glucose, D-Galaktose, D-Mannose, L-Rhamnose usw., bei

1.4 Die wichtigsten molekularen Bausteine

α-D-Glucose (Halbacetalform)
D-Glucose (Aldose)
β-D-Glucose (Halbacetalform)
D-Fructose (Ketose)

Projektionsformel-Schreibweise

α-D-Glucose (Pyranoseform)
β-D-Glucose
β-D-Fructose (Furanoseform)

Schreibweise nach Haworth

α-D-Glucose → **α-D-Glucose** (vereinfachte Schreibweise)

Sesselform-Schreibweise

den **Ketosen** dagegen am C_2-Atom, wie bei der D-Fructose. Tatsächlich verhalten sich die Zucker in mancher Hinsicht wie Aldehyde bzw. Ketone, doch liegen diese Formen nur in sehr geringer Konzentration vor. Sie stehen im Gleichgewicht mit den Halbacetalformen, die das Ergebnis innermolekularer Umlagerungen sind, indem die Hydroxylgruppe des C_5-Atoms mit der Oxogruppe reagiert, wobei eine weitere Hydroxylgruppe und ein sauerstoffhaltiger Sechsring (Pyran) entstehen. Erfolgt die Ringbildung, wie im Falle der D-Fructose, zwischen dem C_2- und dem C_5-Atom, entsteht ein sauerstoffhaltiger Fünfring (Furan). Man muß daher zwischen **Pyranosen** und **Furanosen** unterscheiden. Heute bevorzugt man allerdings meist die Ringschreibweise nach Haworth. Bei dieser ist der Ring senkrecht zur Papierebene liegend gedacht, was man durch die perspektivische Schreibweise zum Ausdruck zu bringen versucht, und die Substituenten zeigen entsprechend nach oben oder unten. Das ursprünglich die Oxogruppe tragende C_1-Atom unterscheidet sich jedoch auch weiterhin in seiner Reaktionsfähigkeit von den übrigen C-Atomen und wird als **glykosidisches C-Atom** bezeichnet. Durch die Halbacetalbildung wird auch das C_1-Atom zu einem asymmetrisch substituierten Kohlenstoffatom[2], wobei die neugebildete Hydroxylgruppe in der Projektionsformel rechts oder links bzw. in der Ringschreibweise unten oder oben, bezogen auf die Hydroxylgruppe des C_4-Atoms also entweder auf der gleichen oder auf der entgegengesetzten Seite steht, ein scheinbar geringer, biologisch jedoch bedeutsamer Unterschied. Diese beiden Formen werden als α- und β-**Glucose** voneinander unterschieden.

Allerdings wird auch die Ringschreibweise nach Haworth den tatsächlichen Verhältnissen nicht ganz gerecht. Vielmehr liegen die Zucker meist in der Sesselform (Abb. 1.**4 A**) vor, von der es wiederum zwei Varianten gibt. Die energetisch günstigere und deshalb wohl auch bevorzugte Sesselform ist auf S. 11 dargestellt. In der Regel wird jedoch die vereinfachte Schreibweise benutzt, bei der auf die Wiedergabe der Wasserstoffsubstituenten verzichtet wird.

D-Ribulose	D-Ribose	D-Desoxyribose	D-Xylose	L-Arabinose
$H_2\overset{1}{C}-OH$	$O=\overset{1}{C}-H$	$O=\overset{1}{C}-H$	$O=\overset{1}{C}-H$	$O=\overset{1}{C}-H$
$\overset{2}{C}=O$	$H-\overset{2}{C}-OH$	$H-\overset{2}{C}-H$	$H-\overset{2}{C}-OH$	$H-\overset{2}{C}-OH$
$H-\overset{3}{C}-OH$	$H-\overset{3}{C}-OH$	$H-\overset{3}{C}-OH$	$HO-\overset{3}{C}-H$	$HO-\overset{3}{C}-H$
$H-\overset{4}{C}-OH$	$H-\overset{4}{C}-OH$	$H-\overset{4}{C}-OH$	$H-\overset{4}{C}-OH$	$HO-\overset{4}{C}-H$
$H_2\overset{5}{C}-OH$	$H_2\overset{5}{C}-OH$	$H_2\overset{5}{C}-OH$	$H_2\overset{5}{C}-OH$	$H_2\overset{5}{C}-OH$

---

[2] Infolge der Tetraederanordnung der Valenzen am Kohlenstoffatom (Abb. 1.1) ergeben sich in den Fällen, in denen das Kohlenstoffatom vier verschiedene Substituenten trägt (asymmetrisch substituiertes Kohlenstoffatom), bei Projektion des Tetraeders in die Ebene zwei mögliche Formeln, die sich wie Spiegelbilder verhalten, also nicht miteinander zur Deckung gebracht werden können (**Spiegelbildisomerie**). Die entsprechenden Substanzen unterscheiden sich in der Regel nur durch die optische Drehung (links- und rechtsdrehende Form). Einer Konvention gemäß bezeichnet man die Zucker, in deren Projektionsformel das am höchsten oxidierte Kohlenstoffatom oben und die OH-Gruppe am untersten asymmetrisch substituierten, der $HO-CH_2$-Gruppe also benachbarten C-Atom rechts steht, als die **D-Form** und die spiegelbildisomere Form entsprechend als **L-Form**. Da der tatsächliche Drehungssinn nicht immer mit dieser Konfigurationsbezeichnung übereinstimmt, muß man ihn in den Fällen, in denen er von Bedeutung ist, zusätzlich durch die Angaben + (rechtsdrehend) bzw. – (linksdrehend) kennzeichnen.

Auch bei den Pentosen gibt es Aldosen (z. B. D-Ribose) und Ketosen (z. B. D-Ribulose). Die D-Desoxyribose unterscheidet sich von der D-Ribose dadurch, daß ihr Molekül am C_2-Atom um ein Sauerstoffatom ärmer ist. Andere biologisch wichtige Pentosen sind D-Xylose, ihre Ketoform, die D-Xylulose sowie L-Arabinose.

Werden, formal betrachtet, zwei, drei, mehrere oder viele einfache Zuckermoleküle (**Monosaccharide**) unter Wasserabspaltung (Kondensation) miteinander verbunden, so erhält man Di-, Tri-, Oligo- oder Polysaccharide. Da das Gleichgewicht jedoch auf der Seite der Monosaccharide liegt, kann die Verknüpfung von Zuckern in der Zelle nur unter Energieaufwand und Mitwirkung von Enzymen erfolgen. Der reduzierende Charakter des gebildeten Saccharids wird dadurch bestimmt, zwischen welchen Kohlenstoffatomen der beteiligten Monosaccharide die Bindungen ausgebildet werden. Im Falle von 1→1-Bindungen werden die glykosidischen C-Atome beider Zucker für die Herstellung der Bindung „verbraucht", weshalb das entstehende Disaccharid keine reduzierenden Eigenschaften mehr besitzt. Wird dagegen eine 1→4-Bindung ausgebildet, bei der die C-Atome 1 und 4 zweier benachbarter Ringe miteinander verbunden werden, so bleibt der reduzierende Charakter erhalten. In diesem Falle schließt das gebildete Disaccharid auf der einen Seite mit einem glykosidischen C_1-Atom, auf der anderen Seite dagegen mit einem C_4-Atom ab. Die Polarität zwischen einem reduzierenden und einem nicht-reduzierenden Ende bleibt also erhalten. Entsprechendes gilt für die Oligo- und Polysaccharide.

Disaccharide sind die Maltose und die Cellobiose, die beide aus je zwei Glucosemolekülen bestehen, die durch 1→4-Bindungen miteinander verknüpft sind, und zwar im ersten Falle α-, im letztgenannten β-glykosidisch. Da bei dem nichtgebundenen C_1-Atom α- und β-Form miteinander im Gleichgewicht stehen und somit keine Konfiguration angegeben werden kann, ist die Hydroxylgruppe durch eine Wellenlinie mit dem Ring verbunden. Ist in der Cellobiose die zweite Glucoseeinheit 180 Grad um die Längsachse gedreht, so ist das resultierende Molekül weitgehend linear, während die beiden Glucosemoleküle in der Maltose einen Winkel miteinander bilden. Dies hat Konsequenzen für die entsprechenden Polysaccharide, die Cellulose und die Stärke. Saccharose (Rohrzucker) ist ein Disaccharid aus je einem Molekül Glucose und Fructose. Ein **Trisaccharid** ist die Raffinose, die aus je einem Molekül Galaktose, Glucose und Fructose aufgebaut ist. Häufig kommen in der Natur Zuckerderivate vor, die andere funktionelle Gruppen tragen. Hier sind die **Zuckersäuren** zu nennen, die eine Carboxylgruppe (s. unten) besitzen. Einige davon spielen im Stoffwechsel der Pflanze eine wichtige Rolle, z. B. die Gluconsäure (S. 371), die in der C_1-Position anstelle der Aldehydgruppe eine Carboxylgruppe trägt, sowie die Glucuronsäure und die Galakturonsäure (S. 133 f.), bei denen die Carboxylgruppe die C_6-Position einnimmt. Die Aminozucker tragen eine Aminogruppe, die ihrerseits mit weiteren Gruppen verknüpft sein kann, z. B. mit dem Acetylrest im Falle des N-Acetyl-glucosamins.

Saccharose   **N-Acetyl-glucosamin**

■ **Carboxylgruppe** $-C\underset{OH}{\overset{O}{\|}}$: Die Carboxylgruppe ist die funktionelle Gruppe

der organischen Säuren. In wäßriger Lösung liegt sie weitgehend dissoziiert vor, indem sie durch Abgabe eines Protons eine negative Ladung erhält[3].

Monocarbonsäuren, wie die Ameisen-, Essig- und Buttersäure, tragen eine, Dicarbonsäuren (Bernsteinsäure) zwei und Tricarbonsäuren (Citronensäure) drei Carboxylgruppen. Häufig tritt die Carboxylgruppe am gleichen Molekül neben anderen funktionellen Gruppen auf, z. B. zusammen mit der Hydroxylgruppe bei den Oxysäuren (Milchsäure, Äpfelsäure), mit der Oxogruppe bei den Oxosäuren (Brenztraubensäure, 2-Oxoglutarsäure) oder mit der Aminogruppe bei den Aminosäuren.

Die langkettigen Carbonsäuren, wie z. B. die Palmitinsäure mit 16, die Stearinsäure mit 18 und die eine Doppelbindung tragende, also ungesättigte Ölsäure mit ebenfalls 18 C-Atomen, sind Bestandteile der Fette, in denen sie als

---

[3] Aus didaktischen Gründen werden die Säuren allerdings in diesem Buch häufig in der undissoziierten Form geschrieben.

1.4 Die wichtigsten molekularen Bausteine

$$R-COOH \rightleftharpoons R-COO^{\ominus} + H^{\oplus}$$

H–COOH	H$_3$C–COOH	H$_3$C–CH$_2$–CH$_2$–COOH
Ameisensäure	**Essigsäure**	**Buttersäure**

H$_2$C–COOH
|
H$_2$C–COOH

Bernsteinsäure

H$_2$C–COOH
|
HO–C–COOH
|
H$_2$C–COOH

Citronensäure

H$_2$C–COOH
|
H$_2$C
|
O=C–COOH

2-Oxoglutarsäure

OH
|
H$_3$C–CH–COOH

Milchsäure

HO–CH–COOH
|
H$_2$C–COOH

Äpfelsäure

H$_3$C–C(=O)–COOH

Brenztraubensäure

Fettsäuren + Glycerin ⇌ Triglycerid (–3 H$_2$O / +3 H$_2$O)

Glycerinester (Glyceride) vorliegen. Sie werden deshalb auch als **Fettsäuren** bezeichnet. Der Sauerstoff des bei der Veresterung abgespaltenen Wassers stammt aus der Carboxylgruppe der Fettsäure. Als Ester lassen sich die Fette durch Verseifung wieder in Glycerin und Fettsäuren zerlegen.

Den Fetten bis zu einem gewissen Grade ähnlich sind die **Lipoide,** die als Bausteine der Biomembranen (S. 48 ff.) eine wichtige Rolle spielen. Sie werden mit den Fetten und den Wachsen zur Gruppe der **Lipide** zusammengefaßt. Man unterscheidet Phosphatide, Sphingolipide und Glykolipide.

Phosphatide: Sie sind Di-ester der Phosphorsäure, die im Falle des Phosphatidylcholins (Lecithin) einerseits mit Glycerin, andererseits mit dem Aminoalkohol Cholin verestert ist. Die beiden freien Hydroxylgruppen des Glycerins sind mit langkettigen Fettsäuren verestert, wobei die in Endstellung stehende meist gesättigt (z. B. Palmitinsäure), die in Mittelstellung ungesättigt (Ölsäure)

1 Molekularer Aufbau des pflanzlichen Organismus

Phosphatidylcholin

Cholin — Phosphorsäureanion — Glycerin — Palmitinsäure / Ölsäure

hydrophiler Pol — hydrophober (lipophiler) Pol

ist. Diese Anordnung hat die Ausbildung eines hydrophilen und eines hydrophoben (lipophilen) Poles zur Folge.

Sphingolipide: Bei ihnen treten an die Stelle des Glycerins die Aminoalkohole Sphingosin mit 2 bzw. Phytosphingosin mit 3 Hydroxylgruppen.

Glykolipide: Bei dieser Gruppe wird der hydrophile Pol von einem Zucker, meist Galaktose, eingenommen. Dies ist auch bei Sphingolipiden möglich. Ein **Glyko-sphingolipid** ist z. B. ein aus Weizen isoliertes Cerebrosid. Durch Variation der verschiedenen Komponenten entsteht eine Vielzahl von Derivaten, die in den Zellstrukturen meist als Gemische vorliegen.

Cerebrosid

Galaktose — Phytosphingosin / Fettsäure

hydrophiler Pol — hydrophober Pol

Auch die **Sterole,** das sind Steroide, die am C_3-Atom des A-Ringes eine Hydroxylgruppe tragen, können mit langkettigen Fettsäuren verestert sein. Das Cholesterin ist häufig Bestandteil plasmatischer Membranen in tierischen Zellen. Bei höheren Pflanzen kommt es jedoch selten vor. Hier finden sich die **Phytosterole,** z. B. Stigmasterin und Sitosterin. Die Sterole gehören zu den Triterpenen (S. 348).

1.4 Die wichtigsten molekularen Bausteine

Stigmasterin

▪ **Aminogruppe** –NH_2: Diese Gruppe hat basischen Charakter, da sie unter Aufnahme eines Protons ($H^\oplus$) eine positive Ladung erhält und dadurch die Protonenkonzentration herabsetzt. Sie ist die charakteristische Gruppe der Amine, doch bleibt der basische Charakter auch erhalten, wenn das Stickstoffatom in einem heterozyklischen Ring steht, wie in dem Pyrimidin- und Purinring.

Diese Ringsysteme liegen einer Reihe wichtiger Naturstoffe zugrunde, und zwar das **Pyrimidin**ringsystem dem Thymin (T), Cytosin (C) und Uracil (U), das **Purin**ringsystem dem Adenin (A) und Guanin (G). In den Nucleinsäuren, vor allem in der transfer-RNA (S. 32), kommen verschiedene Derivate der oben genannten Basen vor. Sie werden irreführend als „seltene" Basen bezeichnet. Tatsächlich sind sie jedoch nicht selten, sondern kommen zwar in geringer Menge, aber mit großer Regelmäßigkeit vor. Das 5-Methylcytosin ist in der Zellkern-DNA der höheren Pflanzen enthalten. Es macht hier etwa 5–7% der gesamten Cytosinmenge aus.

Pyrimidin   Thymin   Cytosin   5-Methylcytosin   Uracil

9H-Purin   Adenin   Guanin

Aminosäuren: Sie sind eine weitere wichtige, durch den Besitz einer Aminogruppe ausgezeichnete Stoffklasse. Da sie zugleich auch die Carboxylgruppe tragen, haben sie sowohl basischen als auch sauren Charakter, können also, je nach pH-Wert[4], als Kation oder Anion fungieren. Sind keine Überschußladungen vorhanden, so liegen die Moleküle vorwiegend als **Zwitterionen** vor (isoelektrischer Punkt). Die undissoziierte Form tritt in Lösung nicht auf.

$$\underset{\text{Kation}}{H_3\overset{\oplus}{N}-\underset{R}{\underset{|}{C}}-H\underset{|}{\overset{COOH}{|}}} \underset{+H^\oplus}{\overset{-H^\oplus}{\rightleftarrows}} \underset{\text{Zwitterion}}{H_3\overset{\oplus}{N}-\underset{R}{\underset{|}{C}}-H\underset{|}{\overset{COO^\ominus}{|}}} \underset{+H^\oplus}{\overset{-H^\oplus}{\rightleftarrows}} \underset{\text{Anion}}{H_2N-\underset{R}{\underset{|}{C}}-H\underset{|}{\overset{COO^\ominus}{|}}} \quad \underset{\text{undissoziiert}}{H_2N-\underset{R}{\underset{|}{C}}-H\underset{|}{\overset{COOH}{|}}}$$

Aminosäure

Bei den in Proteinen vorkommenden Aminosäuren befindet sich die Aminogruppe an dem der Carboxylgruppe benachbarten C-Atom (α-Stellung). Konventionsgemäß steht bei den L-Aminosäuren die Aminogruppe in der Projektionsformel links, bei den D-Formen rechts. In den Proteinen kommen nur L-Aminosäuren vor. Die wichtigsten proteinogenen Aminosäuren sind auf S. 19 wiedergegeben. Unter den Formeln sind die Namen, deren Abkürzungen und ihr Ein-Buchstaben-Code angegeben. Letztere wurden notwendig, um Sequenzen von vielen hundert Aminosäuren einigermaßen übersichtlich darstellen zu können. Außer diesen etwa 20 allgemein verbreiteten Aminosäuren gibt es einige weitere, die aus selteneren, meist sehr spezialisierten Proteinen isoliert wurden, z. B. das Hydroxyprolin aus den pflanzlichen Zellwandproteinen (S. 135 f.). In anderen Naturstoffen, z. B. den Peptidoglycanen (S. 202), kommen auch D-Aminosäuren vor. Einige der Aminosäuren tragen zusätzliche geladene Gruppen: die sauren Aminosäuren Asparaginsäure und Glutaminsäure eine weitere Carboxylgruppe, die basischen Aminosäuren Lysin, Arginin und Histidin eine zusätzliche basische Funktion. Reine Kohlenwasserstoffseitenketten haben Glycin, Alanin, Valin, Leucin, Isoleucin, Prolin und Phenylalanin. Sie können daher, mit Ausnahme des Glycins, hydrophobe Bindungen bilden. Die übrigen nicht genannten Aminosäuren besitzen nichtionisierte, polare Gruppen, die an der Ausbildung von Wasserstoffbrückenbindungen beteiligt sein

---

[4] Der **pH-Wert** (potentia hydrogenii) gibt die Konzentration der Wasserstoffionen bzw., richtiger, der Hydroniumionen (S. 46) und damit den Säuregrad (die Acidität) einer Lösung an. Er ist definiert als der negative dekadische Logarithmus der Wasserstoff- bzw. Hydronium-Ionenkonzentration: $pH = -\log c(H^\oplus)$ bzw. $-\log c(H_3O^\oplus)$. Da bei Zimmertemperatur (22 °C) das Ionenprodukt des Wassers $c(H_3O^\oplus) \cdot c(OH^\ominus) = K = 10^{-14}$ beträgt, ist am Neutralpunkt die Konzentration der Hydroniumionen gleich der Konzentration der Hydroxidionen, also $c(H_3O^\oplus) = c(OH^\ominus) = 10^{-7}$, der pH-Wert also 7. Ist der pH-Wert kleiner als 7, überwiegen die Hydroniumionen, d. h. die Lösung reagiert sauer. Umgekehrt ist der pH-Wert alkalischer Lösungen größer als 7.

1.4 Die wichtigsten molekularen Bausteine

L-Threonin (Thr) [T]

L-Prolin (Pro) [P]

L-Arginin (Arg) [R]

L-Serin (Ser) [S]

L-Histidin (His) [H]

L-Lysin (Lys) [K]

L-Isoleucin (Ile) [I]

L-Tryptophan (Trp) [W]

L-Glutamin (Glu-NH₂ oder Gln) [Q]

L-Leucin (Leu) [L]

L-Methionin (Met) [M]

L-Glutaminsäure (Glu) [E]

L-Valin (Val) [V]

L-Cystin (Cys-Cys) [C-C]

L-Asparagin (Asp-NH₂ oder Asn) [N]

L-Alanin (Ala) [A]

L-Asparaginsäure (Asp) [D]

Glycin (Gly) [G]

L-Cystein (Cys) [C]

L-Tyrosin (Tyr) [Y]

L-Phenylalanin (Phe) [F]

können. Besondere Erwähnung verdienen noch die schwefelhaltigen Aminosäuren Methionin, Cystein und Cystin, von denen die beiden letztgenannten für die Ausbildung von Disulfidbindungen verantwortlich sind.

1.5 Makromoleküle

Obwohl sich schon aus relativ wenigen Elementen durch verschiedene Kombinationen von Atomen und funktionellen Gruppen eine relativ große Anzahl verschiedener Verbindungen synthetisieren läßt, ist die hohe Spezifität der vielen, zum Teil nur ganz bestimmten Arten von Organismen eigenen Substanzen damit nicht zu gewährleisten. Wenn wir bedenken, daß allein etwa 400 000 Arten pflanzlicher Organismen bekannt sind, von denen jede neben den vielen allgemein verbreiteten Produkten des Primär- und Sekundärstoffwechsels auch eine große Anzahl artspezifischer Substanzen besitzt, und daß jedes äußerlich erkennbare, charakteristische Merkmal eines Organismus auch eine spezifische stoffliche Basis haben muß, so wird klar, welches hohe Maß an Spezifität, d. h. also an molekularen Kombinationsmöglichkeiten, hierfür erforderlich ist. Diesen Anforderungen vermögen nur Makromoleküle gerecht zu werden.

Die Makromoleküle sind aus einer zahlenmäßig begrenzten Gruppe verschiedener, meist relativ einfacher molekularer Bausteine aufgebaut. Sowohl durch Veränderung der Anzahl dieser Bausteine im Molekül (Molekülmasse) als auch durch die Änderung ihrer Aufeinanderfolge (Sequenz) ist eine praktisch unbegrenzte Zahl von Kombinationen möglich. Auf diese Weise kann der Syntheseapparat der Organismen mit relativ geringem Aufwand an Material und Energie ein hohes Maß an Spezifität bewältigen, eine Bedingung, die schon aus stoffwechselökonomischen Gründen unerläßlich ist.

Neben diesen Funktionen als Informationsträger bzw. Strukturelemente der Lebewesen werden Makromoleküle auch als Gerüstsubstanzen benötigt, da sie sich zu langgestreckten, fibrillären Elementen „verspinnen" und netzartig verflechten lassen, ein Umstand, der besonders für den mechanisch stark beanspruchten Vegetationskörper der höheren Pflanze von Wichtigkeit ist. Schließlich wird durch die Zusammenlagerung zahlreicher Monomere zu einem Polymer auch die Anzahl der Moleküle verringert. Da das osmotische Potential einer Lösung (S. 54) nicht von der Gewichtsmenge des gelösten Stoffes, sondern von der Zahl der gelösten Teilchen abhängt, bietet die Bildung von Makromolekülen die Möglichkeit, größere Substanzmengen in eine osmotisch nahezu unwirksame Form zu überführen und zu speichern.

1.5.1 Evolution der Makromoleküle

Der zweite Schritt in der chemischen Evolution war daher die Evolution der Makromoleküle, d. h. die Bildung von Biopolymeren aus den oben genannten

Biomonomeren. Nach vorläufigen Schätzungen soll dies vor etwa $4 \cdot 10^9$ Jahren geschehen sein.

> Die Biopolymerbildung erfolgt meist durch Polykondensation, d. h. durch Zusammenlagerung der Monomeren unter Abspaltung von Wasser. Liegen reaktionsfähige Doppelbindungen vor, können Makromoleküle auch durch Polymerisation, d. h. durch Zusammenlagerung der Monomeren unter Aufspaltung der Doppelbindungen ohne gleichzeitige Wasserabspaltung entstehen.

Die Möglichkeit der abiotischen Synthese von Biopolymeren ist in mehreren Laboratorien demonstriert worden. So lassen sich aus Methan und Ammoniak Substanzen herstellen, die Energie aus ionisierender und ultravioletter Strahlung speichern. Sie enthalten Doppelbindungen oder Dreifachbindungen zwischen Kohlenstoff und Stickstoff. Unter geeigneten Bedingungen können sie Aminosäuremoleküle unter Dehydrierung zu Kondensationsreaktionen veranlassen, die zu Oligopeptiden führen. Verwendet man für derartige Untersuchungen Aminosäuregemische, so stellt man fest, daß zwischen bestimmten Aminosäuren besonders starke Affinitäten bestehen. Diese stimmen recht gut mit den Werten überein, die man bei den heute bekannten Proteinen ermittelt hat, indem man die Häufigkeit des benachbarten Auftretens zweier Aminosäuren bestimmt. Man darf daher annehmen, daß die damals abiogen entstandenen Polypeptide den heutigen sehr ähnlich waren. Ein anderer Weg zu den Polypeptiden führt über Aminosäureadenylate, das sind Verbindungen von Aminosäuren mit Adenosinnucleotiden. Bringt man diese verhältnismäßig energiereichen Verbindungen mit Hydroxyapatit, einem natürlich vorkommenden calciumphosphathaltigen Mineral, zusammen, so entstehen Polypeptide, die bis zu 40 Aminosäuren enthalten können. Für die Oligonucleotidsynthese in einem Nucleotidgemisch verwendet man Montmorillonit, ein hydroxidhaltiges Aluminiumsilikat. Die Adsorption an die Oberfläche der Mineralien ist eine unerläßliche Voraussetzung für die erfolgreiche Synthese. Diese Versuche zeigen, daß die abiotische Synthese von Biopolymeren bestimmter Sequenz auch ohne Enzyme und Informationsträger möglich ist. Polypeptide und frühe Proteine können also durchaus vor der Entstehung eines informationsspeichernden und -übertragenden Systems entstanden sein.

Drei Typen von Makromolekülen sind allgemein verbreitet: die Proteine, die Nucleinsäuren und die Polysaccharide. Darüber hinaus gibt es weitere Typen mit recht spezifischen Funktionen, die nur bei bestimmten Pflanzengruppen vorkommen und daher später besprochen werden.

1.5.2 Proteine

> Die Makromoleküle der Proteine (Eiweiße) sind aus Aminosäuremolekülen aufgebaut, die durch Peptidbindungen miteinander verknüpft sind. Diese kann man sich durch Reaktion der Aminogruppe eines Aminosäuremoleküls

mit der Carboxylgruppe eines anderen unter Wasserabspaltung entstanden denken, so daß das Reaktionsprodukt wiederum ein Aminoende mit einer NH$_2$-Gruppe und ein Carboxylende mit einer freien COOH-Gruppe hat, also die gleiche Polarität aufweist wie die einzelnen Aminosäuren.

$$\underset{\text{Aminosäure}}{\begin{array}{c}H\\|\\N-CH-C\\/\quad|\quad\backslash\\H\quad R^1\quad OH\end{array}\!\!\!\overset{O}{\diagup\!\!\!\diagdown}} + \underset{\text{Aminosäure}}{\begin{array}{c}H\\|\\N-CH-C\\/\quad|\quad\backslash\\H\quad R^2\quad OH\end{array}\!\!\!\overset{O}{\diagup\!\!\!\diagdown}} \underset{+\,H_2O}{\overset{-\,H_2O}{\rightleftarrows}} \underset{\text{Dipeptid}}{\begin{array}{c}H\quad R^1\quad\;\; O\;\;R^2\\|\quad|\quad\diagup\!\!\!\diagdown\;\;|\\N-CH-C\quad CH-C\\/\qquad\quad\backslash\;/\qquad\backslash\\H\qquad\quad N\qquad OH\\\qquad\qquad|\\\qquad\qquad H\end{array}\!\!\!\overset{O}{\diagup\!\!\!\diagdown}}$$

Das Gleichgewicht dieser Reaktion liegt jedoch auf der Seite der Aminosäuren, was in der Reaktionsgleichung durch Strichelung des einen Pfeiles zum Ausdruck gebracht ist. Deshalb ist die Verknüpfung der Aminosäuren zu Peptiden und Proteinen nur unter Energieaufwand und Mitwirkung von Enzymen möglich (S. 312). Mit Hilfe der Peptidbindungen sind die Aminosäuren zu Ketten der Folge

$$-NH-\overset{\overset{R}{|}}{CH}-CO-$$

verbunden, an denen, wie der Ausschnitt aus einem Proteinmolekül zeigt, als Seitenketten die Reste R der Aminosäuren stehen. Entsprechend der Zahl der Aminosäureglieder spricht man von Dipeptiden (2), Tripeptiden (3) usw., bis zu etwa 10 von Oligopeptiden und bei vielen von Polypeptiden. Diese leiten zu den Proteinen über, doch ist die Grenze nicht scharf zu ziehen. Die Molekülmassen der Proteine liegen zwischen 10 000 und einigen Millionen **Dalton**[5].

Wie bereits erwähnt, sind die Proteine aus etwa 20 verschiedenen Aminosäuren aufgebaut. Nehmen wir an, daß jede von ihnen in einer Peptidkette aus 20 Gliedern nur einmal vertreten wäre, so ergeben sich bereits 2,4 Trillionen Kombinationsmöglichkeiten. Da aber die Eiweißmoleküle aus mehreren hundert oder gar tausend Aminosäuremolekülen bestehen, ergibt sich eine praktisch unbegrenzte Anzahl von Kombinationsmöglichkeiten. Somit erfüllen die Eiweiße in geradezu vollkommener Weise die oben gestellte Bedingung höchster Spezifität bei geringem Aufwand, nämlich eine unbegrenzte Anzahl von Verbindungen bei nur etwa 20 Bausteinen. Im Hinblick darauf ist es nicht

---

[5] Die Molekülmasse (genauer: Molekülmassenzahl) gibt die Masse eines Moleküls (u) an. Sie ist gleich der Summe der Atommassenzahlen der im Molekül enthaltenen Elemente. Die Atommasseneinheit ist als $1/12$ der Masse des Kohlenstoffisotops ^{12}C definiert. Sie beträgt $1,66 \cdot 10^{-24}$ g und wird als ein Dalton (Da) bezeichnet. Bei großen Molekülen verwendet man allerdings meist Kilo-Dalton (kDa = 1000 Da). Als relative Molekülmasse (M_r) bezeichnet man das Verhältnis der Molekülmasse zur atomaren Masseneinheit, die als relative Größe dimensionslos ist. Sie wurde früher als Molekulargewicht bezeichnet.

überraschend, daß jede Tier- und Pflanzenart ihre spezifischen Proteine besitzt.

Ausschnitt aus einem Proteinmolekül

Tyrosin | Alanin | Leucin | Glycin | Asparaginsäure | Cystein

Primärstruktur: Die Sequenz der Aminosäuren im Proteinmolekül bezeichnet man als dessen Primärstruktur. Ihre Ermittlung erfolgt heute unter Anwendung automatisch arbeitender Verfahren. Infolgedessen ist die Primärstruktur einer großen Anzahl von Proteinen bereits bekannt.

Sekundärstruktur: Im natürlichen Zustand liegen die Proteine allerdings nicht als gestreckte Peptidketten vor. In bestimmten Bereichen nehmen ihre Moleküle unter Ausbildung von Wasserstoffbrückenbindungen zwischen benachbarten CO- und NH-Gruppen der Peptidbindungen die Gestalt eines Faltblattes oder einer Schraube, z. B. einer α-Helix, an. Man bezeichnet dies als die Sekundärstruktur der Proteine. Ob und welche Sekundärstruktur in einem bestimmten Molekülabschnitt ausgebildet wird, hängt von der Aminosäuresequenz ab. Somit ist also durch die Primärstruktur auch die Sekundärstruktur bereits festgelegt. Bei den meisten Proteinen gehört nur etwa die Hälfte der Aminosäuren eines Moleküls Bereichen an, die eine Sekundärstruktur zeigen.

Die schraubenförmige α-**Helix** ist in Abb. 1.7 als Raummodell dargestellt. Wie ersichtlich, entfallen auf eine Windung 3,6 Aminosäuren, wobei jeder folgende Aminosäurerest gegenüber dem vorhergehenden um einen Winkel von 100 Grad und in Richtung der Längsachse der Schraube um 0,15 nm verschoben ist. Dabei bilden sich zwischen der CO-Gruppe einer jeden Aminosäure und der benachbarten NH-Gruppe der jeweils viertnächsten Aminosäure Wasserstoffbrückenbindungen aus, die das Molekül stabilisieren. Die Aminosäurereste weisen nach außen. Die Gesamthöhe einer Windung beträgt 0,54 nm.

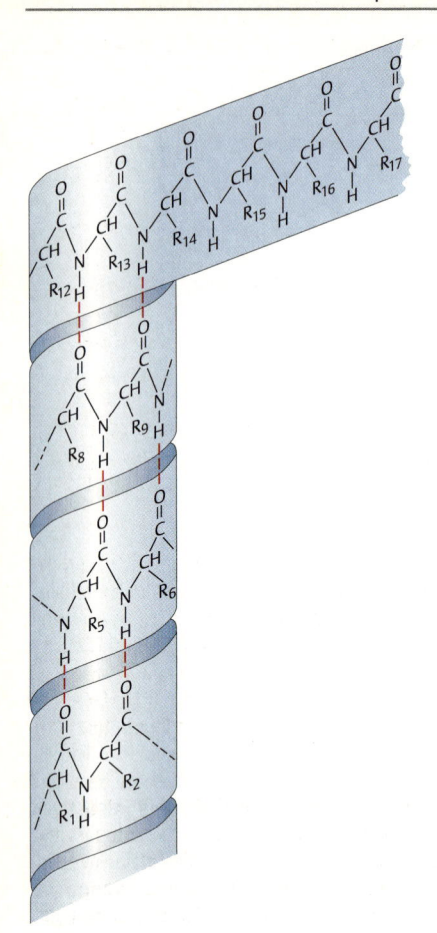

24   1   Molekularer Aufbau des pflanzlichen Organismus

Abb. 1.7 Raummodell der α-Helix eines Proteins. Man kann sich dieses Modell sehr leicht selbst herstellen, indem man die –NH–CH–CO-Ketten der Aminosäuren in regelmäßigen Abständen auf einen Streifen Papier schreibt und, wie im Modell gezeigt, schraubig so aufrollt, daß die CO-Gruppe einer Aminosäure der NH-Gruppe der viertnächsten Aminosäure gegenübersteht. Zwischen diesen bilden sich Wasserstoffbrückenbindungen (rot) aus. Die Seitenketten der Aminosäuren R weisen nach außen, was bei Verwendung von etwas festerem Material am Modell durch eingesteckte Nadeln kenntlich gemacht werden kann.

Tertiärstruktur: Die asymmetrische dreidimensionale Anordnung der Peptidketten im Proteinmolekül, die Tertiärstruktur, wird durch Bindungen zwischen den Aminosäureseitenketten bestimmt. Daran können sowohl Haupt- als auch Nebenvalenzen beteiligt sein (Abb. 1.8). Je nachdem, ob es sich um polare, hydrophile (Carboxyl-, Hydroxyl-, Oxo-, Aminogruppe) oder um apolare, hydrophobe Gruppen (Methyl-, Ethyl-, Isopropyl-, Phenylrest) handelt, können wir die Bindungstypen wie folgt klassifizieren:

Kovalente Bindungen: Die für die Tertiärstruktur der Proteine wichtigste Hauptvalenz ist die Disulfidbrücke –S–S–, die durch Dehydrierung, d. h. Ab-

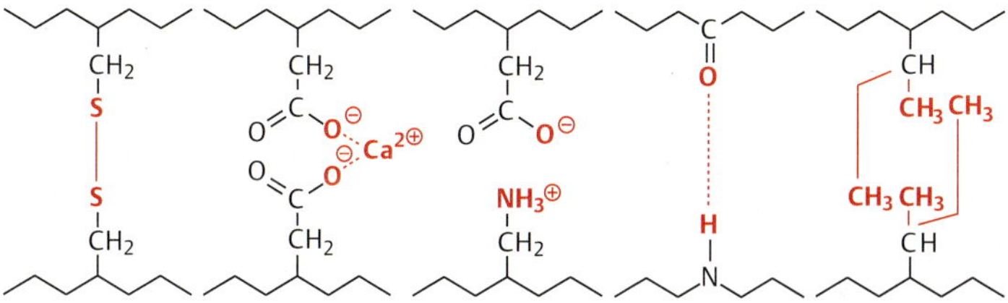

Disulfid-Bindung Ionenbindungen Wasserstoff-brückenbindung Hydrophobe Bindung

Abb. 1.**8** Möglichkeiten der Ausbildung der Haupt- und Nebenvalenzen bei Proteinmolekülen.

spaltung von Wasserstoff zwischen den HS-Gruppen zweier benachbarter Cysteinmoleküle, zustandekommt (Abb. 1.**9**). Als Hauptvalenz ist sie sehr fest und kann unter physiologischen Bedingungen nur unter Mitwirkung von Enzymen gelöst werden.

Ionische Bindungen: Eine typische Ionenbindung ist die Brückenbildung zwischen zwei negativ geladenen Carboxylgruppen durch zweiwertige Kationen, etwa Calcium- oder Magnesiumionen. Obwohl derartige Bindungen relativ fest sind, können sie wegen ihrer pH-Abhängigkeit unter physiologischen Bedingungen leicht gelöst werden. Eine weitere, für die Proteinstruktur sicherlich bedeutsamere Bindung ist die zwischen der $NH_3^{\oplus}$- und der $COO^{\ominus}$-Gruppe. Obwohl sie ebenfalls ionischen Charakter hat, ist sie doch schwächer und entspricht eher einer Nebenvalenz.

Wasserstoffbrückenbindungen und Dipole: Als Wasserstoffbrückenbindungen, oft auch kurz Wasserstoffbindungen genannt, bezeichnet man elektrostatische Wechselwirkungen. Sie bilden sich zwischen HO- oder HN-Gruppen und einem einsamen Elektronenpaar eines O- oder N-Atoms aus, wenn sich die Gruppen bis auf eine Entfernung von 0,28 nm nähern. Dabei pendelt gewissermaßen ein H-Atom zwischen zwei elektronegativen Atomen, im vorliegenden Falle O und N, obwohl es an eines der beiden kovalent gebunden ist. Die Wasserstoffbrückenbindungen zählen zu den Nebenvalenzen. Ihre Stärke beträgt nur etwa $\frac{1}{10}$ der einer Hauptvalenz, in gewissen Fällen sogar noch weniger. Da sie jedoch in den Proteinmolekülen, z. B. der α-Helix, gehäuft auftreten, leisten sie einen erheblichen Beitrag zur Molekülstruktur. Auch durch Wechselwirkungen von Dipolen mit Dipolen, induzierten Dipolen sowie ionischen Ladungen entstehen Bindungskräfte. So können z. B. auch Hydratationshüllen, die sich in den elektrischen Feldern geladener Gruppen ausbilden, zu einer Bindung beitragen.

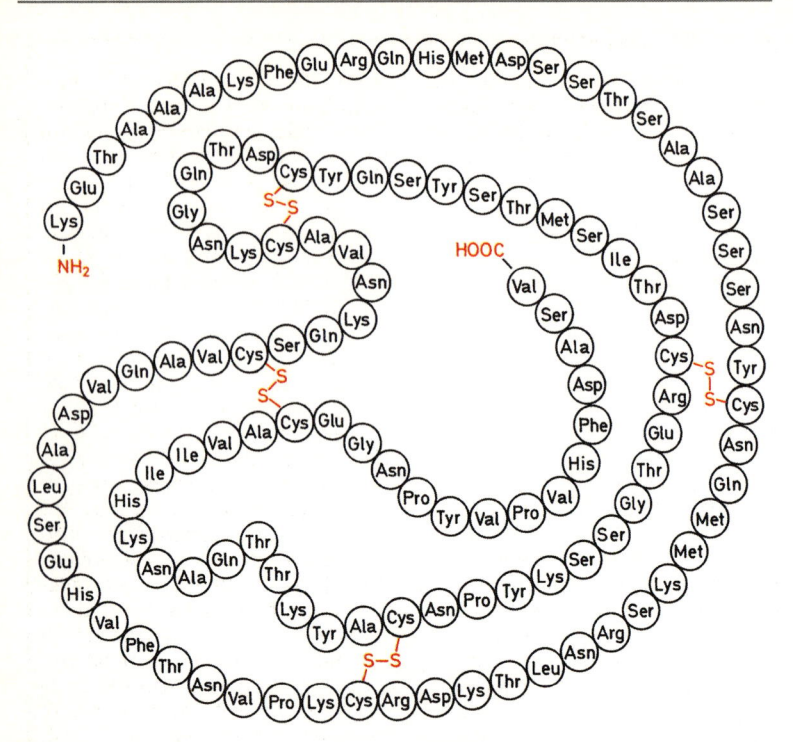

26 1 Molekularer Aufbau des pflanzlichen Organismus

Abb. 1.9 Schematisches Diagramm eines Ribonucleasemoleküls. Zur Demonstration der Aminosäuresequenz und der Disulfidbrücken ist es in eine Ebene projiziert. In Wirklichkeit ist es räumlich aufgeknäult, wobei bestimmte Abschnitte eine Sekundärstruktur zeigen. Am Aminoende steht ein Lysin, am Carboxylende ein Valin.

Hydrophobe Bindungen: Sie entstehen, wenn apolare Gruppen der Aminosäureseitenketten (S. 18) miteinander in Kontakt treten und sich auf diese Weise der wäßrigen Phase gewissermaßen entziehen. Sie haben ihre Ursache in van der Waalschen Kräften zwischen den apolaren Gruppen und werden stark durch das umgebende Medium beeinflußt. Da es sich nicht um Bindungen im eigentlichen Sinne handelt, spricht man heute meist von hydrophoben Wechselwirkungen.

Da die Möglichkeit zur Bildung derartiger Bindungen bzw. Wechselwirkungen von der Lage der beteiligten Aminosäuren zueinander abhängt, z. B. die Ausbildung einer Disulfidbrücke von der Nachbarschaft zweier Cysteinreste, ist auch die Tertiärstruktur bis zu einem gewissen Grade bereits durch die Aminosäuresequenz determiniert. Dennoch erfolgt die „Faltung" der Peptidkette und somit die Ausbildung der räumlichen Gestalt bei den meisten Pro-

Box 1.1 Chaperone

Die Chaperone werden auch als PCB-Proteine (Polypeptide Chain Binding) bezeichnet. Sie binden vorübergehend nicht-kovalent an die entstehenden, noch ungefalteten Peptidketten und verhindern auf diese Weise unerwünschte Wechselwirkungen mit anderen Proteinen. Sie können auch beim Zusammenbau der Monomeren zu einer Quartärstruktur beteiligt sein, z. B. bei der Synthese der RubisCO (S. 104). Schließlich spielen sie auch bei dem Transport von Proteinen durch Membranen, bei dem die Proteine linear vorliegen müssen, eine Rolle, z. B. beim Einschleusen von Proteinen in Chloroplasten, Mitochondrien und in das ER. Chaperone sind spezifisch, d. h. sie müssen „ihre" Polypeptidkette erkennen, an sie binden, solange dies erforderlich ist (für die Synthese oder den Transport), und sich dann von ihnen so ablösen, daß das Protein seine richtige Konformation erhält. Hierzu ist Energie in Form von ATP erforderlich, das die Chaperone zu spalten vermögen. Sie haben also den Charakter von ATPasen (S. 58). Zu den Chaperonen zählen auch die Hitzeschock-Proteine (S. 535 f.). Die wichtigsten sind die HSP60, HSP70 und HSP90. Da sie auch normalerweise, d.h. unabhängig von Hitzeschocks, im Cytosol bw. in den intrazellulären Kompartimenten vorkommen, werden diese bisweilen auch als HSC (C von cognate = verwandt) von den HSP unterschieden. Mit Hilfe eines Bindungsproteins, das bei Chloroplasten und Mitochondrien als HSP bzw. HSC10, bei den Eubakterien als GroEL-Faktor bezeichnet wird, bilden sie hochmolekulare Komplexe, die Chaperonine. Sie bestehen aus zahlreichen Untereinheiten, die bei den Eubakterien eine Siebenersymmetrie (z. B. 14 HSC60 und 7 GroEL), bei den Archaebakterien und Eukaryonten hingegen eine Achtersymmetrie aufweisen. Mit Hilfe von Elektronenmikroskopie und Röntgenkristallographie wurde nachgewiesen, daß die Chaperonine eine offene oder geschlossene Käfigstruktur haben. Die synthetisierte ungefaltete Polypeptidkette wird von dem offenen Chaperon aufgenommen, innerhalb des Käfigs gefaltet und dann wieder freigesetzt. Um ein Protein in die endgültige, funktionsfähige Struktur zu bringen, können auch mehrere solcher Zyklen notwendig sein.

---

teinen nicht spontan, sondern unter Mitwirkung von „Helferproteinen", den Chaperonen (Box 1.1). Dies gilt auch für die **Quartärstruktur,** worunter man die räumliche Anordnung mehrerer Peptidketten zueinander versteht. Sie ist homogen, wenn die einzelnen Peptidketten, die Monomeren, gleichartig, bzw. heterogen, wenn sie verschieden sind.

Jedem Protein kommt somit eine charakteristische Gestalt zu, die als **Konformation** bezeichnet wird. Danach kann man **fibrilläre** und **globuläre Proteine** unterscheiden. Die ersteren sind unlöslich, von langgestreckter Gestalt und finden meist als Gerüstsubstanzen Verwendung, weshalb sie auch den Namen **Skleroproteine** führen. Die globulären **Sphäroproteine** sind aufgeknäult und haben eine mehr oder weniger kugelige Gestalt. Sie sind in Wasser oder Salzlösungen löslich. Im Inneren der Proteine bildet sich ein hydrophober, wenig hydratisierter Bereich aus. Die geladenen Gruppen finden sich meist an der Oberfläche. Sie umgeben sich in wäßriger Lösung mit einer Hydrathülle, so daß das Molekül etwas größer erscheint. Als dritte Gruppe kann man die **Proteinkomplexe** abgrenzen, die außer einem Eiweißanteil auch nicht-eiweißartige prosthetische Gruppen enthalten. So liegen z. B. viele pflanzliche Pigmente als Chromoproteine vor, d. h. die den Farbstoffcharakter bedingende Gruppe, der Chromophor, ist als prosthetische Gruppe an ein Protein gebunden. Entsprechendes gilt für die Verbindungen von Proteinen mit Lipiden (Lipoproteine), Zuckern (Glykoproteine) u. a.

Da die Proteine aus Aminosäuren aufgebaut sind, haben sie manche Eigenschaften mit diesen gemeinsam. So gibt es auch für die Proteine einen isoelektrischen Punkt, an dem sie die gleiche Zahl positiver und negativer Ladungen tragen. An diesem Punkt sind sie verhältnismäßig instabil und neigen dazu, aus der Lösung auszuflocken. In saurer Lösung werden sie unter Aufnahme ebensovieler Wassermoleküle, wie bei der Peptidbildung frei wurden, gespalten (Hydrolyse).

1.5.3 Nucleinsäuren

Im Gegensatz zu den Proteinen, die nur aus einer Klasse von Molekülen zusammengesetzt sind, gehören die molekularen Bausteine der Nucleinsäuren nicht alle der gleichen Stoffklasse an. Vielmehr bestehen ihre als **Nucleotide** bezeichneten Bauelemente aus drei Komponenten: Phosphorsäure, Zucker (Pentose) und Base (Purine und Pyrimidine).

Diese sind, wie aus Abb. 1.**10** ersichtlich, in der Reihenfolge: Phosphorsäure – Pentose – Phosphorsäure – Pentose – miteinander zu Polynucleotiden verbunden, wobei die Verknüpfung über die Kohlenstoffatome 3′ und 5′ der Pentose erfolgt. Infolgedessen weisen die Polynucleotidstränge ein 3′- und ein 5′-Ende auf, sind also polar gebaut. Die Basen stehen seitlich am Zuckermolekül.

Grundsätzlich können wir zwei Typen von Nucleinsäuren unterscheiden, die sowohl hinsichtlich ihrer Zuckerkomponente als auch in der Basenzusammensetzung voneinander abweichen.

Die **Desoxyribonucleinsäure** enthält als Zucker die D-Desoxyribose sowie als Basen Thymin, Cytosin, Adenin und Guanin (S. 17), die **Ribonucleinsäure** als Zucker die D-Ribose und als Basen Uracil, Cytosin, Guanin und Adenin. Bei der Ribonucleinsäure ist also Thymin durch Uracil ersetzt. Dies ermöglicht es der Zelle, zwischen Original und Kopie zu unterscheiden. Anstelle der deutschen Abkürzungen DNS und RNS werden heute, in Anlehnung an das Anglo-amerikanische, allgemein die Abkürzungen DNA und RNA benutzt.

Die Verbindungen zwischen Basen und Zuckern nennt man **Nucleoside** und bezeichnet sie, den Basen entsprechend, als Adenosin, Cytidin, Guanosin und Uridin, wenn als Zucker die Ribose vorliegt. Handelt es sich dagegen um die Nucleoside der Desoxyribose, so ist die Silbe „Desoxy" voranzusetzen, d. h.

Desoxyadenosin usw. Thymidin bezeichnet stets das Desoxyribosid. Liegen die Nucleoside in Verbindung mit ein, zwei oder drei Phosphatresten vor, so spricht man von Nucleotiden. Z. B. können wir im Falle des Adenins Adenosinmono-, di- und triphosphat unterscheiden (S. 340), die als AMP, ADP und ATP abgekürzt werden. Entsprechendes gilt für die anderen Nucleotide, also für die Guanosinphosphate GMP, GDP, GTP, für die Cytidinphosphate CMP, CDP, CTP usw. Die Desoxyribose enthaltenden Nucleotide werden durch Vorsetzen des Buchstabens d kenntlich gemacht, also dAMP, dGMP und dCMP.

Sonderformen sind die zyklischen Nucleotide, vor allem das Adenosin-3′,5′-monophosphat (Formel), das auch als zyklisches Adenosinmonophosphat, cyclo-AMP oder cAMP bezeichnet wird. Es wird durch das Enzym Adenylat-Cyclase unter Abspaltung von Pyrophosphat (PP_i) aus ATP gebildet. Durch das Enzym Phosphodiesterase kann es wieder gespalten werden. Das entstandene AMP kann dann wieder zu ATP phosphoryliert werden. Sowohl bei Pro- als auch bei Eukaryonten spielt cAMP eine wichtige Rolle als Signalsubstanz. Sein Vorkommen in höheren Pflanzen ist allerdings nach wie vor umstritten.

Adenosin-3′,5′-monophosphat = cyclo-AMP

DNA: Bei der quantitativen Analyse der DNA hat sich gezeigt, daß die Anzahl der Pyrimidinbasen stets gleich der der Purinbasen ist. Sowohl das molare Verhältnis von Thymin zu Adenin als auch das von Cytosin zu Guanin beträgt 1. Dagegen ist das Verhältnis von Thymin zu Cytosin oder, was auf dasselbe hinausläuft, von Adenin zu Guanin bei den einzelnen Organismen starken Schwankungen unterworfen. Hieraus folgt, daß eine spezifische Basenpaarung Thymin-Adenin und Cytosin-Guanin vorliegt. Auf der Grundlage dieser Befunde entwarfen Watson und Crick das nach ihnen benannte Strukturmodell der DNA, das in Abb. 1.10 wiedergegeben ist. Danach besteht die DNA aus zwei unverzweigten Polynucleotidsträngen, die in Form einer rechtsgewundenen Doppelschraube (Doppelhelix) um eine gemeinsame Achse laufen, während die Basen etwa senkrecht zur Längsachse der Helix angeordnet sind. Außer dieser sogenannten B-Konformation ist auch die Ausbildung anderer DNA-Konformationen möglich, z. B. die Z-Konformation (Box 1.2).

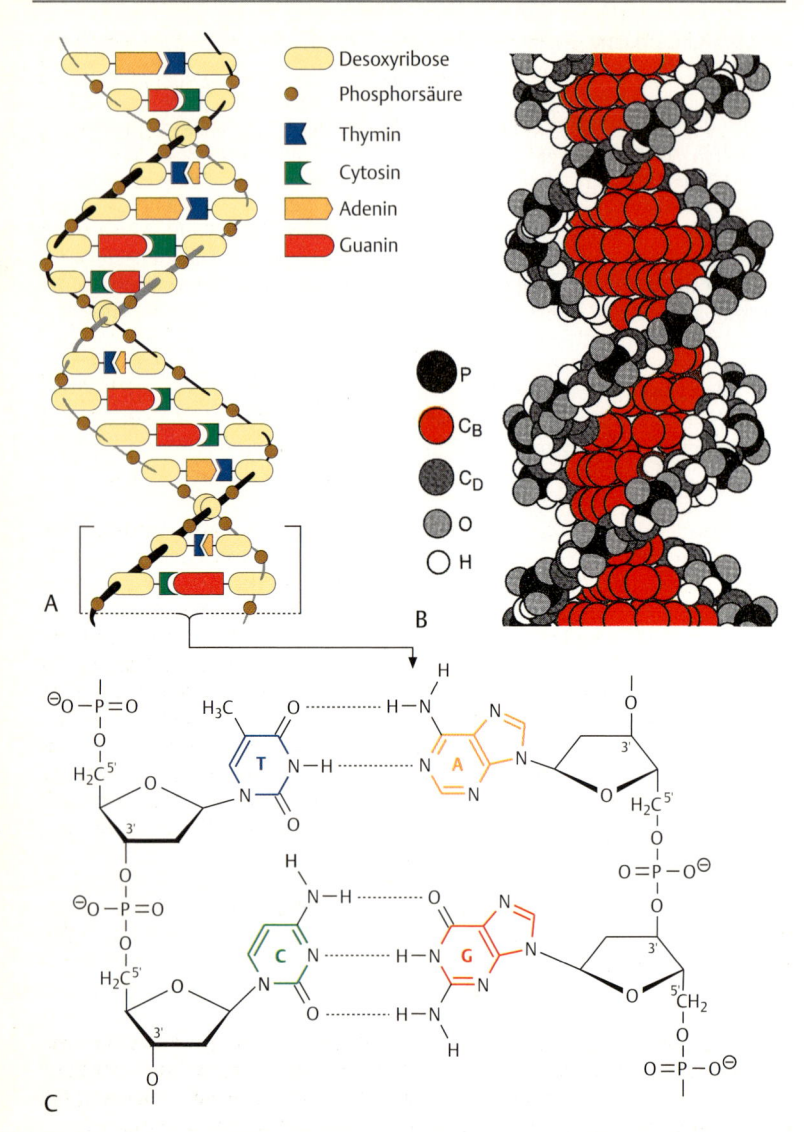

30 1 Molekularer Aufbau des pflanzlichen Organismus

Abb. 1.**10** Watson-Crick-Modell der DNA. **A** Aufbau des Doppelstranges, **B** Kalottenmodell, **C** spezifische Basenpaarung. C_B = C in Basen, C_D = C in Desoxyribose (**B** nach Foghelman).

Box 1.2 Z-DNA

Unter bestimmten Bedingungen läßt sich *in vitro* eine linksgewundene Doppelschraube erzeugen, die 12 Basenpaare pro Windung aufweist. Aus sterischen Gründen stehen die Nucleotidketten jedoch unter einer gewissen Spannung. Infolgedessen sind die Windungen nicht so glatt wie bei der B-DNA, sondern gewissermaßen zickzackförmig verformt, weshalb diese Konformation als Z-DNA bezeichnet wird. Ihre Ausbildung ist begünstigt, wenn die DNA reich an G-C-Basenpaaren ist.

Inzwischen wurde nachgewiesen, daß die Z-DNA auch *in vivo* vorkommen kann, z. B. in den Chromosomen eukaryotischer Dinoflagellaten, die als recht ursprünglich angesehen werden, wie z. B. *Prorocentrum micans*. Diese Formen zeigen einen ungewöhnlichen Zellzyklus, bei dem die Kernhülle nicht aufgelöst wird und die Chromosomen kondensiert bleiben. Das Auftreten von Z-DNA wird hier durch das Fehlen von Histonen und Nucleosomen, einen hohen Gehalt an Guanin und Cytosin, die relative Häufigkeit des Auftretens einer seltenen Base, nämlich Hydroxymethyl-Uracil, sowie durch zweiwertige Kationen, die die DNA-Superschraube stabilisieren, begünstigt.

Wie Abb. 1.**10C** zeigt, ist bei dem einen Strang das 5′-Ende nach oben, bei dem anderen nach unten gerichtet. Die beiden Stränge weisen also eine entgegengesetzte Polarität auf: sie sind antiparallel. Eine Schraubenwindung umfaßt etwa 10 Nucleotidbausteine je Strang. Die Phosphatgruppen liegen nach außen und sind für Kationen leicht zugänglich, während die Basen rechtwinklig zur Achse nach innen stehen, wobei das Thymin stets dem Adenin, das Cytosin dem Guanin gegenübersteht. Wie aus Abb. 1.**10C** ersichtlich, bestehen zwischen den benachbarten Amino- und Oxogruppen der entsprechenden Basen Wasserstoffbindungen, die aus räumlichen Gründen eine andere Basenpaarung unmöglich machen. Die beiden Stränge sind also nicht miteinander identisch, sondern komplementär. Sie können linear vorliegen oder in sich geschlossen, also zirkulär sein. Letzteres ist z. B. für die DNA aus Bakterien, Plastiden und Mitochondrien nachgewiesen worden.

Trotz der geringen Zahl von nur vier verschiedenen Nucleotidbausteinen besitzen die DNA-Moleküle eine hohe Spezifität. Sie ist in der Sequenz der Nucleotide begründet, deren hohe Anzahl eine nahezu unbegrenzte Variation von Kombinationen erlaubt.

So beträgt, um ein Beispiel zu nennen, die Zahl der Nucleotide bei der DNA von *Escherichia coli* etwa 3,6 Millionen. Für höhere Organismen wurden erheblich größere Werte gefunden (10^9–10^{11}). Mit Hilfe der Sequenzierungstechnik (S. 452) ist es gelungen, die Nucleotidsequenz, d. h. die Primärstruktur zahlreicher DNA-Moleküle zu ermitteln. Da die DNA außerdem die Fähigkeit zur Autoreplikation (S. 461 ff.) besitzt, ist sie als genetische Substanz geradezu prädestiniert.

RNA: Die Ribonucleinsäure tritt überwiegend in Gestalt einfacher Nucleotidketten auf, doch kommen auch Doppelstränge vor. Die meisten Zellen enthalten zwei- bis achtmal soviel RNA wie DNA. Nach der Größenordnung ihrer Molekülmassen können wir drei Fraktionen unterscheiden:

Transfer-RNA (tRNA): Sie wird auch lösliche oder soluble RNA (sRNA) genannt und hat Molekülmassen M_r der Größenordnung von 23000–28000, was 73–93 Nucleotidbausteinen und einem Sedimentationskoeffizienten von etwa 4 S[6] entspricht. Ihr Anteil an der Gesamt-RNA einer Zelle beträgt bei *Escherichia coli* etwa 16%. Die Aufgabe der tRNA besteht in der Übertragung (Transfer) von Aminosäuren bei der Proteinbiosynthese.

Daher gibt es für jede der 20 proteinogenen Aminosäuren mindestens eine, meist sogar mehrere tRNA-Molekülarten. Von den verschiedenen, für die gleiche Aminosäure spezifischen tRNA-Molekülen kommen offenbar in den Mitochondrien und in den Plastiden andere Formen vor als im Cytoplasma.

Bei *Escherichia coli* sind etwa 60 tRNA-Molekülsorten nachgewiesen. Alle tragen am 5′-terminalen Ende das Guanosin und am 3′-terminalen Ende die Nucleotidsequenz Cytidin-Cytidin-Adenosin. Auf eine freie Hydroxylgruppe dieses Adenosins wird bei der Proteinbiosynthese enzymatisch eine Aminosäure übertragen, wodurch die beladene Form der tRNA, die Aminoacyl-tRNA, entsteht. Die so aktivierte Aminosäure wird auf die wachsende Polypeptidkette am Ribosom übertragen.

Die Basensequenz, d. h. die Primärstruktur der meisten tRNA-Moleküle, ist inzwischen aufgeklärt. Ihre Basen liegen zu 60–70% in Gestalt einer Doppelhelix vor, was eine Schleifenbildung und eine spezifische dreidimensionale Konformation zur Folge hat. Bei der Projektion in eine Ebene ergibt sich ein charakteristisches Bild, das als Kleeblattstruktur bezeichnet wird (Abb. 1.**11 A**). Das entsprechende Raumdiagramm zeigt Abb. 1.**11 B**. Das Anticodon (S. 451) und das 3′-Ende ragen aus dem Molekül heraus.

tRNA-Moleküle können bis zu 10% der oben erwähnten „seltenen" Basen enthalten. Deren Aufgabe scheint u. a. darin zu bestehen, daß sie in bestimmten Bereichen des tRNA-Moleküls eine Basenpaarung verhindern und somit für die Schleifenbildung und die charakteristische dreidimensionale Struktur verantwortlich sind.

Messenger-RNA (mRNA): Sie wird auch Matrizen-RNA genannt. Es handelt sich um eine höhermolekulare Form mit Molekülmassen M_r zwischen 25000 und 1 Million, was etwa 75–3000 Nucleotidbausteinen entspricht. Die Sedimentationskoeffizienten liegen zwischen 6 S und 25 S. Ihr Anteil an der gesamten RNA einer Zelle beträgt bei *Escherichia coli* etwa 2%, bei höheren Organismen bis zu maximal 10%. Bei der Proteinbiosynthese überträgt sie

---

[6] S = 1 **Svedberg** = Einheit des Sedimentationskoeffizienten, definiert als Geschwindigkeit der Sedimentation bei 20 °C, bezogen auf die Zentrifugalbeschleunigung (10^{-13} s).

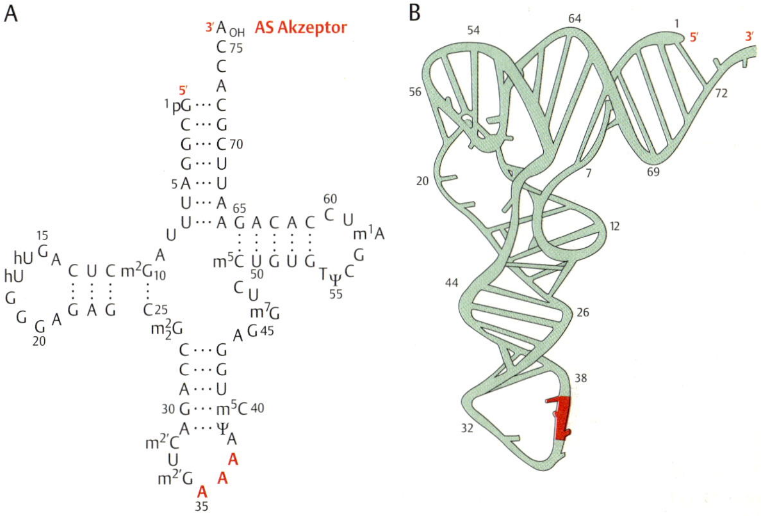

1.5 Makromoleküle

Abb. 1.11 Struktur der aus 76 Nucleotiden bestehenden, Phenylalanin übertragenden transfer-RNA der Hefe (tRNA^phe). **A** „Kleeblatt"-Modell des in eine Ebene projizierten Moleküls. A = Adenosin, C = Cytidin, G = Guanosin, U = Uridin, P = Phosphat, OH = Hydroxylgruppe. Die anderen Symbole kennzeichnen „seltene" Nucleotide, und zwar: hU = Dihydrouridin, Gm = Methyl- bzw. Dimethylguanosin, T = Ribothymidin und ψ = Pseudouridin. Man beachte die abweichenden Basenpaarungen G-U im Aminosäure- und A-ψ im Anticodonarm. Die drei Nucleotide des Anticodons sind rot hervorgehoben. Die Numerierung beginnt am 5′-Ende. **B** Raumdiagramm der gleichen tRNA. Anticodon rot. Die Numerierung erlaubt den Vergleich mit der Kleeblatt-Schreibweise (nach Kim u. Mitarb.).

die genetische Information von der DNA, wo sie in einem als Transcription (S. 472 ff.) bezeichneten Prozeß gebildet wird, an die Ribosomen.

Ribosomale RNA (rRNA): Sie macht bei *Escherichia coli* etwa 82 % der Gesamt-RNA der Zelle und etwa 65 % des Gesamtgewichts der Ribosomen aus. Bei Prokaryonten wurden 3, im Cytoplasma der Eukaryonten 4 rRNA-Typen gefunden, deren Molekülmassen M_r zwischen 35 000 und über 2 Millionen liegen, was Sedimentationskoeffizienten zwischen 5 S und 28 S entspricht (S. 86 f.).

In den Ribosomen liegen die Polynucleotidstränge der rRNA zu 60–70 % in Form einer Doppelhelix vor.

Ribozyme: Ribozyme sind kurzkettige RNA-Moleküle, die andere RNA-Moleküle, z. B. m-RNA, zu binden und mit hoher Sequenzspezifität zu spalten vermögen. Sie sind daher geeignete Werkzeuge zur Hemmung der Genexpression

Box 1.3 Ribozyme

Ein Ribozym besteht aus drei Bereichen: einem nucleolytischen Bereich (Helix II), der die Spaltung katalysiert, und zwei sogenannten antisense-RNA-Bereichen (Helices I und III), die den nucleolytischen beidseitig flankieren (Schema). Sie sind für die Erkennung spezifischer RNA-Sequenzen verantwortlich (Targetspezifität).

Am besten untersucht ist das wegen seiner Struktur so genannte Hammerkopf(hammerhead)-Ribozym. Es kann die Basensequenzen GUC, GUA, GUU, CUC und UUC schneiden. Können sich die Ribozyme nach erfolgter Spaltung des Targets von den Teilstücken lösen, sind sie in der Lage, weitere RNA-Targets zu spalten. Ribozyme können von außen in die Zellen eingeschleust oder durch Transcription eines integrierten Vektors in der Zelle synthetisiert werden.

A: Darstellung eines Ribozym-Substrat-Komplexes. A = Adenosin, C = Cytidin, G = Guanosin, H = Adenosin, Cytidin oder Uridin, N = beliebiges Nucleotid, U = Uridin. Blau = Ribozym, rot = RNA. Fettgedruckte Nucleotide: nicht veränderbar. Pfeil: Spaltstelle. **B**: Mechanismus der Spaltungsreaktion.

(s. S. 472 ff.). So können sie z. B. die Virusreplikation und die Vermehrung von Tumorzellen hemmen, sind aber auch zur Analyse zellulärer Genfunktionen geeignet (Box 1.3).

1.5.4 Polysaccharide

Die Makromoleküle der Polysaccharide werden durch die Endung „-ane" gekennzeichnet, also als Glucane, wenn sie aus Glucose, als Galaktane, wenn sie aus Galaktose aufgebaut sind usw., allgemein als Glycane. Homoglycane bestehen nur aus einer, Heteroglycane aus mehreren Zuckersorten.

Häufig liegen 1→4-Bindungen vor, doch sind andere Bindungstypen, wie etwa die 1→3-Bindungen, keineswegs selten. In beiden Fällen zeigen die Polysaccharidmoleküle die bereits erwähnte Polarität zwischen einem reduzierenden und einem nicht-reduzierenden Ende. Auch Verzweigungen, meist vom 1→6-Typus, kommen vor. Möglichkeiten einer Variabilität liegen somit in der Verwendung verschiedener Zuckermoleküle als Bausteine, in der Art der Verknüpfung der Glieder und in der Kettenlänge. Die potentielle Vielfalt der Polysaccharide ist also ebenfalls groß. Da aber die Moleküle der Heteroglycane aus verhältnismäßig kleinen, sich periodisch wiederholenden Einheiten bestehen und von den theoretisch möglichen Bindungstypen nur eine begrenzte Anzahl tatsächlich vorkommt, ist ihre Vielfalt, gemessen an der der Proteine und Nucleinsäuren, ungleich geringer. Die Polysaccharide werden von den Pflanzen überwiegend als Gerüst- und Speichersubstanzen benutzt.

Cellulose: Die Cellulose ist ein β-1→4-Glucan, d. h. ihre Makromoleküle sind aus D-Glucosemolekülen aufgebaut, die in β-1→4-Bindung vorliegen.

Cellulose

Formal betrachtet ist der Grundbaustein also das Disaccharid Cellobiose. Ist deren zweiter Ring jeweils um 180 Grad um die Längsachse gedreht, entstehen langgestreckte, unverzweigte Fadenmoleküle. Diese können mehrere tausend Glucosemoleküle umfassen. Die höchsten bisher gefundenen Werte liegen bei 15 000, was einer Molekülmasse M_r von etwa 2,5 Millionen entspricht. Da ein Glucosemolekül in der Kette einen Raum von etwa 0,5 nm beansprucht, ergibt dies eine Moleküllänge von etwa 7,5 µm.

Außer der Cellulose finden auch andere Polysaccharide als Wandsubstanzen Verwendung, und zwar vor allem bei niederen Pflanzen. Bei Algen wurden u.a. β-1→4-Mannane und β-1→3-Xylane mit Mannose bzw. Xylose als Baustein gefunden. Die charakteristische Wandsubstanz zahlreicher Pilze ist das Chitin, dessen Makromoleküle aus dem Aminozucker N-Acetyl-glucosamin aufgebaut sind. Sie liegen in β-1→4-glykosidischer Bindung vor. Bei einigen Pilzen findet sich β-1→3-Glucan als Wandsubstanz. Wegen der fädigen Gestalt ihrer Moleküle sind alle diese Polysaccharide als Gerüstsubstanz hervorragend geeignet. Ganz anders liegen die Verhältnisse bei der Grünalge *Chlamydomonas* (Abb. 5.**6**, S. 209), deren Zellwand aus Glykoproteinen besteht.

Chitin

> **Stärke:** Auch die Stärke ist aus D-Glucose aufgebaut, die jedoch in α-1→4-glykosidischer Bindung vorliegt. Ihr Grundbaustein ist also die Maltose.

Infolgedessen ist das Stärkemolekül nicht langgestreckt, sondern gleichmäßig schraubig gewunden, wobei jede Windung etwa sechs Glucosemoleküle umfaßt.

In den pflanzlichen Speichergeweben kommen zwei Arten von Stärke in wechselnden Anteilen vor: die Amylose, deren Moleküle die Gestalt einer unverzweigten Schraube (Abb. 1.12 A) haben und aus einigen hundert Glucoseeinheiten bestehen, und das Amylopektin, dessen Moleküle aus mehreren tausend Glucoseeinheiten aufgebaut und vielfach verzweigt sind (Abb. 1.12 B). Der Abstand der Verzweigungen beträgt im Mittel etwa 25 Glucoseeinheiten.

Infolge ihres Molekülbaues ist die Stärke als Gerüstsubstanz ungeeignet. Sie gibt jedoch der Pflanze die Möglichkeit, die als Energievorrat wertvolle Glucose ohne größere Veränderungen am Molekül in eine unlösliche und damit osmotisch unwirksame Form zu überführen, aus der sie sich jederzeit wieder mobilisieren läßt. Die Stärke ist deshalb der am weitesten verbreitete Reservestoff der Pflanzen (S. 152 f.).

Stärke

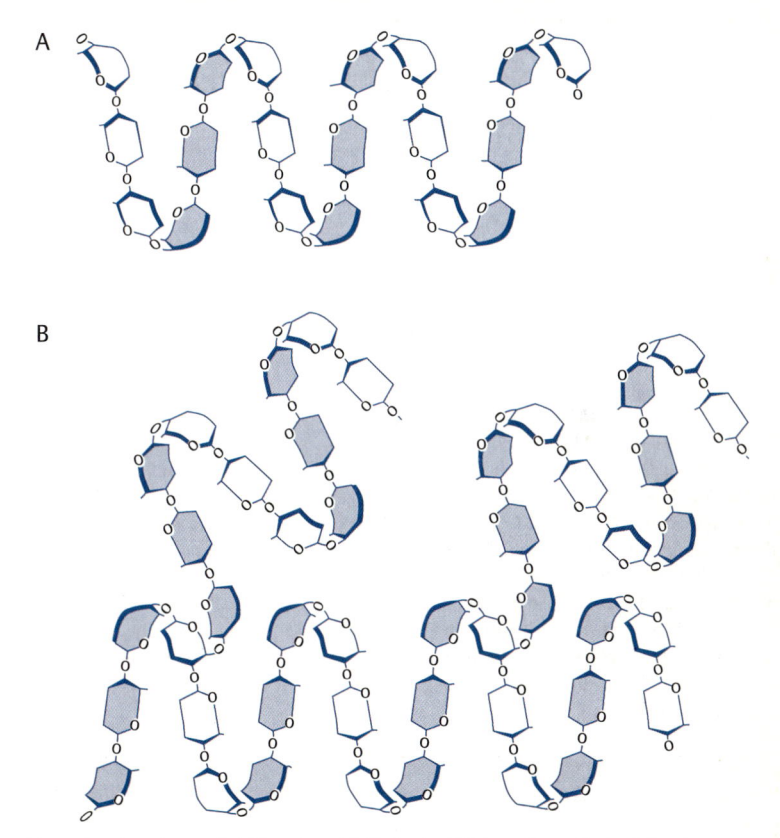

Abb. 1.12 Anordnung der Glucosemoleküle in der Stärke, schematisch. **A** Amylose, **B** Amylopektin.

Andere pflanzliche Polysaccharide: Neben der Stärke finden im Pflanzenreich noch weitere Polysaccharide als Reservestoffe Verwendung. Das Glykogen, das bei Bakterien, Cyanobakterien und Pilzen vorkommt, ist ebenfalls ein α-1→4-Glucan, doch sind seine Moleküle noch stärker verzweigt als die des Amylopektins. Bei den in Algen vorkommenden Kohlenhydraten Laminarin, Leukosin (= Chrysolaminarin) und Paramylon (S. 96) sind die Glucosemoleküle durch β-1→3-Bindungen verknüpft. Zusätzlich kommen bei den beiden erstgenannten vereinzelt auch 1→6-Bindungen vor. Sie sind also schwach verzweigt. Die Moleküle des für einige höhere Pflanzen charakteristischen Inulins sind aus etwa 30–40 Fructosemolekülen aufgebaut, wobei jedes Molekül mit einem Glucosemolekül beginnt. In der Kallose liegen β-D-Glucosemoleküle in 1→3-

Bindungen vor. Die offenbar unregelmäßige Anordnung der Glucosemoleküle hat zur Folge, daß die Kallose keine kristalline Struktur zeigt und homogen erscheint. Kallose-Ablagerungen dienen dem schnellen Verschluß von Poren, z. B. von Plasmodesmen nach mechanischen Verletzungen oder von Siebporen im Phloem. Auch bei der Resistenz von Pflanzen gegen pathogene Pilze spielen Kallose-Ablagerungen eine wichtige Rolle.

Auch saure Polysaccharide, deren Monosaccharidbausteine die Uronsäuren (S. 14) sind, sind im Pflanzenbereich weit verbreitet. Die Galakturonsäure ist der Hauptbestandteil der Pektine, während die Alginsäure der Braunalgen, die bis zu 40% der Trockensubstanz der Zellwände ausmachen kann, aus Mannuronsäure und Guluronsäure besteht. Einige Zellwandpolysaccharide der Algen tragen auch Sulfatgruppen (Agar).

Zusammenfassung

- Die höheren Pflanzen benötigen zu ihrer Ernährung die Elemente C, O, H, N, S, P, K, Ca, Mg und Fe sowie in äußerst geringen Mengen Spurenelemente wie B, Cl, Cu, Mn, Zn, Mo u. a. Sie liegen in der Pflanze überwiegend in Form organischer Substanzen, zum Teil aber auch als Ionen vor.

- Nach unseren derzeitigen Vorstellungen sind die den Organismus aufbauenden Substanzen, die Biomere, im Verlaufe der chemischen Evolution auf abiotischem Wege entstanden. Manche dieser Schritte können im Laboratoriumsexperiment simuliert werden.

- Bei den Organismen allgemein verbreitete Biomonomere sind organische Säuren, Polyalkohole, Zucker, Lipide, Aminosäuren sowie Pyrimidin- und Purinbasen. Hieraus sind durch fortschreitende chemische Evolution die Biopolymere entstanden: die Proteine, Nucleinsäuren und Polysaccharide.

- Die Proteine sind aus zahlreichen Aminosäuren aufgebaut, die durch Peptidbindungen untereinander verknüpft sind. Ihre hohe Spezifität, die auf der Sequenz der 20 proteinogenen Aminosäuren basiert, prädestiniert sie als Strukturelemente der lebenden Substanz. Zusammen mit den Lipoiden bilden sie die Biomembranen.

- Die Nucleinsäuren, deren Spezifität in ihrer Nucleotidsequenz begründet ist, dienen der Zelle überwiegend als Informationsträger und -übertrager.

- Die aus Zuckermolekülen bestehenden Polysaccharide, die nicht diesen hohen Grad an Spezifität besitzen, finden als Gerüstsubstanzen und osmotisch weitgehend unwirksame Speicherstoffe Verwendung.

Struktureller Aufbau des Protoplasmas

Das Leben ist an ein Substrat gebunden, das wir seit Hugo von Mohl (1856) als Protoplasma bezeichnen. Aus einer Fülle verschiedener molekularer Bausteine aufgebaut, ist es doch nichts weniger als eine zufällige Anhäufung von Molekülen, eine Vorstellung, die man leicht gewinnen könnte, wenn man das flüssige und in Bewegung befindliche Plasma mancher Zellen betrachtet. Vielmehr liegen die das Protoplasma aufbauenden Moleküle in bestimmten Ordnungszuständen vor, die labil sind und gegen das **Entropie**gefälle (S. 309) nur unter ständiger Zufuhr „freier Energie" aufrechterhalten werden können.

Die Entropie ist ein Maß für den Zustand der Materie und der Energie. Nach dem zweiten Hauptsatz der Thermodynamik sind ungeordnete Zustände, d. h. Zustände zufallsbedingter Verteilung, wahrscheinlicher als geordnete. Infolgedessen verlaufen physikalische und chemische Prozesse immer gerichtet, und zwar so, daß die Entropie des Systems und seiner Umgebung im Ganzen gesehen zunimmt, also in Richtung der größtmöglichen Unordnung. Dennoch ist die Herausbildung eines höheren Ordnungszustandes bzw. der Aufbau eines thermodynamischen Potentials in einem System durchaus möglich, und zwar dann, wenn diese Entropieabnahme durch eine Entropiezunahme an anderer Stelle kompensiert wird. Entscheidend ist, daß die Gesamtentropie des Systems und seiner Umgebung zunimmt. Ein Lebewesen kann also durch Aufbau molekularer Ordnungszustände die Entropie seiner Materie auf Kosten einer Entropiezunahme in seiner Umgebung verringern.

Eine unerläßliche Voraussetzung für die Lebensvorgänge ist somit das Vorhandensein eines energetischen Apparates, da die Lebewesen die thermische Energie, dem zweiten Hauptsatz der Thermodynamik entsprechend, nicht nutzen können. Sie verwenden chemische Energie, die durch Umsetzung geeigneter Moleküle in Prozessen verfügbar wird, deren Gesamtheit wir Stoffwechsel nennen. Eine weitere Aufgabe des Stoffwechsels besteht in der Produktion von Strukturelementen, die die Zelle in verschiedene Reaktionsräume aufteilen bzw. das Cytoskelett bilden: die Biomembranen, die Mikrotubuli und die Mikrofilamente.

Allerdings ist durch den Stoffwechsel allein das Leben noch keineswegs vollständig charakterisiert. Weitere Kriterien sind das Wachstum und die Fortpflanzung, d. h. Prozesse, die das Vorhandensein eines informationsspeichernden und -übertragenden Apparates zur Voraussetzung haben. Schließlich ist noch die Reizbarkeit zu nennen, d. h. die Fähigkeit, Umwelteinflüsse zu perzipieren und mit Entwicklungs- bzw. Bewegungsvorgängen darauf zu reagieren. Dies erfordert einen entsprechenden Wahrnehmungs-(Perzeptions-)Apparat sowie ein Signalverarbeitungssystem.

2.1 Evolution der Strukturen

Die molekularen Ordnungszustände des Protoplasmas finden ihren sichtbaren Ausdruck in der Ausbildung funktionsspezifischer **Strukturen**, die häufig schon lichtmikroskopisch, in der Regel jedoch elektronenmikroskopisch nachweisbar sind. In chemischer Hinsicht sind sie nicht einheitlich. Vielmehr bestehen sie aus verschiedenen Klassen von Molekülen, von denen aber nur ein Teil aktiv, d. h. funktionell unmittelbar beteiligt ist, während andere wohl nur als Strukturträger bzw. als formbestimmende Komponenten fungieren. Die Plasmastrukturen sind funktionsspezifisch, d. h. sie können nur ganz bestimmte, von Fall zu Fall verschiedene Funktionen ausüben, doch ist nicht selten ein und dieselbe Struktur zu mehreren verschiedenen Funktionen befähigt. Die Ausbildung komplexer, funktionsspezifischer Strukturen ist zweifellos ein entscheidender Schritt in der **Biogenese** gewesen. Wie sie entstanden sind, ist noch unbekannt. Zwar sind, basierend auf Modellversuchen unter Laborbedingungen, mehrere Hypothesen vorgeschlagen worden, doch ist noch völlig offen, ob gleichartige Prozesse unter den Bedingungen der Ur-Erde hätten ablaufen können.

Allgemeine Übereinstimmung besteht darin, daß die abiotisch gebildeten Biomeren sich im Urmeer gelöst und allmählich zu einer „Ursuppe" angereichert haben. Da die Makromoleküle unter den Bedingungen, unter denen sie entstehen, leicht wieder zerfallen, mußten sie sofort nach ihrer Bildung stabilisiert werden. Dies kann auf verschiedene Weise geschehen sein, im einfachsten Falle z. B. durch die Adsorption an die Oberflächen von gewissen Tonmineralien. Oparin nimmt die Bildung von Koazervaten an, das sind tropfenförmige Entmischungen gleichartiger oder verschiedener Moleküle in verdünnten kolloidalen Systemen. Schließlich ist als erster Schritt auch die Bildung von Mikrosphären vorgeschlagen worden, die sich bei Abkühlung konzentrierter Lösungen von Proteinoiden (proteinähnlichen Verbindungen) spontan ausbilden.

Es ist denkbar, daß bei der Bildung der **Koazervate** eine Anzahl kleinerer Biomonomere mit eingeschlossen und hierdurch den Einflüssen der Umgebung bis zu einem gewissen Grade entzogen wurde. Allerdings darf nicht jeglicher Kontakt mit der Umgebung unterbunden sein. Vielmehr ist, um eine weitere Evolution zu ermöglichen, die Ausbildung besonderer Grenzschichten notwendig, die einerseits als Barrieren das Innere eines Koazervates gegen die Umwelt abschirmen, indem sie den Durchtritt gewisser Moleküle unterbinden, andererseits aber auch Poren enthalten, die gewissen Molekülen den Eintritt und anderen den Austritt ermöglichen. Solange hierbei keine Konzentrationsgradienten errichtet werden, genügen einfache Schleusen. Soll jedoch eine Aufnahme oder Abgabe gegen das Konzentrationsgefälle erfolgen, sind Pumpen notwendig, die unter Energieverbrauch arbeiten.

▪ In dieser Phase der Evolution müssen also die **Biomembranen** entstanden sein, die sich wahrscheinlich rein zufällig durch die Anhäufung und Ausrichtung von Molekülen, die einen hydrophilen und einen hydrophoben Pol besitzen, an Phasengrenzen ausgebildet haben.

Hierbei könnte es sich grundsätzlich schon um Lipoide gehandelt haben, die abiotisch unter dem Einfluß von energiereicher Strahlung oder elektrischer Entladung entstanden zu denken wären. Die oben erwähnten Versuche mit Mikrosphären haben jedoch gezeigt, daß sich bei diesen unter bestimmten pH-Bedingungen eine äußere Membran bilden kann, die den Biomembranen insoweit ähnelt, als sie eine doppelschichtige Struktur aufweist. Sie besteht allerdings nicht aus Lipiden, die in dem Reaktionsgemisch nicht vorhanden sind, sondern aus Aminosäuren mit unpolaren Resten, die sich spontan in ähnlicher Weise anzuordnen vermögen wie die Lipoide. Da die mit einer Membran versehenen Mikrosphären in Salzlösungen höherer Konzentration schrumpfen, in Lösungen sehr niedriger Konzentration bzw. in Wasser hingegen anschwellen, ist anzunehmen, daß sie, gleich den Lipoidmembranen, semipermeabel sind.

▪ Gleichzeitig mit den Membranen muß ein **System der Energiefreisetzung** entstanden sein, da eine Stoffakkumulation und damit eine Erhöhung der Konzentration über die Konzentration der Außenlösung hinaus nur mit Hilfe von membranständigen Pumpen und Energiezufuhr möglich ist.

Dabei konnte es sich nur um chemische Energie handeln, da die gebildeten Strukturen sehr kompliziert und gegen physikalische Energie empfindlich geworden waren. Deshalb war die Entstehung bzw. Weiterentwicklung dieser Strukturen nur möglich, nachdem eine gewisse Abkühlung erfolgt und Bedingungen entstanden waren, unter denen die energiereiche Strahlung weitgehend abgeschirmt wurde. Da noch kein elementarer Sauerstoff vorhanden war, muß dieses energetische System ein Gärungsstoffwechsel, also eine Art Urglykolyse gewesen sein. Hierfür, wie auch für zahlreiche weitere Prozesse, waren **Enzyme** erforderlich, deren Entstehung wiederum zur Voraussetzung hatte, daß die unter abiotischen Bedingungen gebildeten Polymere in ihre **Sekundär-** und **Tertiärstruktur** überführt wurden. Diese sind notwendige Voraussetzungen dafür, daß die Biopolymere ihre Funktionen als Katalysatoren und Strukturelemente erfüllen können.

Stellt man Koazervattröpfchen her, in die Enzymmoleküle eingeschlossen sind, und fügt der Lösung das Substrat des betreffenden Enzyms hinzu, so finden im Inneren des Koazervates Stoffumsetzungen statt, die als Modell eines primitiven Stoffwechsels angesehen werden können.

▪ Da die katalytische Funktion von Enzymen die Mitwirkung besonderer **prosthetischer Gruppen** erfordert, ist anzunehmen, daß die Biopolymere mit anderen Elementen in Wechselwirkung getreten sind, z. B. mit Eisenionen, denen selbst schon eine gewisse katalytische Wirkung zukommt.

Eisen ist in vielen Komponenten der Elektronen- und Wasserstofftransportketten (Ferredoxin, Cytochrome) enthalten. Die abiotische Entstehung derartiger prosthetischer Gruppen ist durchaus vorstellbar. So wurde z. B. die Entstehung von porphyrinähnlichen Verbindungen in einem Gemisch aus Methan, Ammoniak und Wasserdampf durch elektrische Entladungen nachgewiesen. Auch die Entstehung dimerer Eisen-Sulfid-Strukturen, die dem Ferredoxin eigen sind, erscheint unter abiotischen Bedingungen möglich, da das Eisen-Schwefel-Mineral Pyrit in der Erdkruste und Schwefelwasserstoff in der Uratmosphäre vorhanden waren.

Haben derartige Koazervate bzw. Mikrosphären infolge einer stärkeren Stoffakkumulation eine gewisse Größe erreicht, können sie in kleinere Tröpfchen zerfallen. Sollen diese mit dem „Muttertropfen" im wesentlichen identisch sein, müssen sie dieselben Molekülsorten enthalten. Das setzt voraus, daß von jeder Molekülsorte mehrere identische Kopien vorhanden sind. Dennoch hat eine solche Vermehrung als Resultat eines Wachstums Zufallscharakter, d. h. die Wahrscheinlichkeit, daß in dem einen oder anderen „Tochtertropfen" gewisse Moleküle nicht vorhanden sind, ist sehr groß.

> Eine unerläßliche Voraussetzung für eine identische Reduplikation ist daher die Evolution eines **informationsübertragenden Systems.** Hierfür kommen nur Substanzen mit hoher Spezifität in Frage, von denen wir zwei kennengelernt haben: die Proteine und die Nucleinsäuren.

Die Frage, ob zuerst die Proteine und dann die Nucleinsäuren entstanden sind oder umgekehrt, ist bis heute kontrovers. Einerseits konnte gezeigt werden, daß lysinreiche Proteinoide sich selektiv mit PolyC- und PolyU-Nucleotiden assoziieren, argininreiche hingegen mit PolyA- und PolyC-Nucleotiden. Das beweist, daß im Prinzip die in der Aminosäuresequenz eines Proteins liegende Information in eine Nucleotidsequenz überführt werden könnte. Andererseits wissen wir, daß bei der Proteinbiosynthese die Nucleotidsequenz einer Nucleinsäure in eine Aminosäuresequenz übersetzt wird. Somit erfüllen beide Biopolymersorten die Voraussetzungen, die von den ersten informationstragenden Makromolekülen zu erwarten wären. Allgemein wird angenommen, daß die ersten Nucleinsäuren dem RNA-Typus angehört haben, da die Existenz einer freien Desoxyribose in der „Ursuppe" wegen ihrer hohen Reaktivität kaum denkbar ist. Auch sind alle bisherigen Experimente einer matrizengesteuerten Polymerisation von Desoxyribonucleotiden erfolglos verlaufen. Jedenfalls erscheint eine abiotische Entstehung des heutigen genetischen Codes nach dem derzeitigen Stande unseres Wissens durchaus möglich.

Eine weitere Schwierigkeit für jede Hypothese der Biogenese besteht darin, daß in den Zellen der rezenten Lebewesen für die identische Replikation der Informationsmoleküle Enzyme benötigt werden, deren Bildung wiederum die Existenz eines informationsübertragenden Systems zur Voraussetzung hat. Um aus diesem Dilemma herauszukommen, setzen manche Hypothesen die Möglichkeit einer enzymlosen Replikation der Nucleinsäuren unter frühirdischen Bedingungen voraus. In diesem Zusammenhang sei erwähnt, daß gewisse RNA-Moleküle selbst katalytische Eigenschaften haben können (Ribozyme, S. 33 f.).

Diese Vorstellung hat insofern eine experimentelle Grundlage, als sich in Simulationsexperimenten proteinähnliche Polymerisate herstellen lassen, denen gewisse enzymatische Aktivitäten zukommen, wie etwa die Hydrolyse von ATP, die Decarboxylierung von Pyruvat, aber auch eine schwache replikative Aktivität. Allerdings sind die Umsatzraten derartiger proteinoider Enzyme ungleich geringer als die unserer heutigen Enzyme, doch darf man davon ausgehen, daß die zur Biogenese führenden präbiotischen Prozesse ohnehin erheblich langsamer abliefen als etwa Stoffwechsel- und Replikationsprozesse in den heute lebenden Organismen.

Auf der Basis dieser Spekulationen und Simulationsexperimente wäre somit der Vorläufer der einzelligen Lebewesen, der **Protobiont,** ein von einer Membran umgebenes zellähnliches Gebilde, das aus abiotisch gebildeten Proteinen, Nucleinsäuren und anderen organischen Substanzen entstanden ist und bereits mit primitiven Apparaten zur Energiegewinnung und Informationsübertragung ausgestattet war.

2.2 Wasser

Der Anteil des Wassers an der plasmatischen Substanz ist verhältnismäßig hoch. Er liegt normalerweise zwischen 60 und 90 %, kann in Extremfällen bei einigen Wasserpflanzen sogar 98 % erreichen. Im Hinblick darauf ist es verständlich, daß viele Eigenschaften des Protoplasmas entscheidend durch die Struktur und die Eigenschaften des Wassers bestimmt werden.

Trotz seiner einfachen chemischen Zusammensetzung als Dihydrid des Sauerstoffs (H_2O) ist das Wasser in mehrfacher Hinsicht eine ungewöhnliche Substanz. Sein Schmelzpunkt, sein Siedepunkt und der Wert für die molare Verdampfungswärme liegen im Vergleich zu anderen Dihydriden (H_2S, H_2Se, H_2Te) unverhältnismäßig hoch. Seine Wärmekapazität ist 2- bis 3mal so groß wie die vieler anderer Lösungsmittel, weshalb es Temperaturschwankungen ungleich langsamer folgt als diese. Seine hohe Dielektrizitätskonstante macht es zu einem guten Lösungsmittel für ionische Substanzen, und seine hohe Oberflächenspannung ist für die Ausbildung plasmatischer Grenzflächen von großer Bedeutung. Schließlich sei noch daran erinnert, daß das Wasser sein Dichtemaximum nicht bei 0 °C, sondern bei +4 °C erreicht, weshalb Eis schwimmt. Daher frieren Gewässer von oben und nicht von unten her zu, was für die Lebensbedingungen in ihnen von entscheidender Bedeutung ist. Alle diese Eigenschaften haben ihre Ursache in der Struktur des Wassers.

> Obwohl die Wassermoleküle neutral sind, ist die Ladungsverteilung im Molekül wegen des Valenzwinkels am Sauerstoffatom, der 104,5 Grad beträgt, nicht gleichmäßig, sondern auf der einen Seite überwiegt die positive, auf der anderen Seite die negative Ladung (Abb. 2.1 A). Das Wassermolekül ist also ein **Dipol.**

Benutzt man zur Darstellung des Wassermoleküls die Elektronenpaarschreibweise, so wird ersichtlich, daß das Sauerstoffatom im Wassermolekül zwei ungeteilte („einsame", S. 25) Elektronenpaare besitzt. Diese können gewissermaßen als „Akzeptor"-Stellen für die Wasserstoffatome anderer Wassermoleküle dienen (Abb. 2.1 B), was zur Ausbildung von Wasserstoffbrückenbindungen führt. Auf diese Weise können zahlreiche Wassermoleküle zu einem dreidimensionalen Netzwerk verbunden werden. Jede Änderung dieser Struktur, z. B. durch die Herausnahme eines Wassermoleküls, erfordert mehr Energie, als wenn alle Wassermoleküle solitär vorliegen würden. Dies ist die Erklärung für die oben genannten physikalischen Eigenschaften, aber auch für die starke innere Kohäsion des Wassers.

Wie Abb. 2.1 C zeigt, ist in kristallinischem Eis jedes Wassermolekül mit vier benachbarten Wassermolekülen durch Wasserstoffbrückenbindungen verknüpft. Obwohl die Stärke einer einzelnen Wasserstoffbrückenbindung mit 18,8 kJ/mol (4,5 kcal/mol) verhältnismäßig klein ist, sind sie bei gehäuftem Auftreten insgesamt doch recht stark. Beim Schmelzen des Eises werden nur etwa 10% der Wasserstoffbrückenbindungen gebrochen. Folglich müßte das Wasser eigentlich eine relativ hohe Viskosität haben, was jedoch bekanntlich nicht der Fall ist. Hierfür gibt es zwei mögliche Erklärungen: Entweder werden die Wasserstoffbrückenbindungen ständig gebrochen und wieder neu gebildet, oder das Wasser besitzt im flüssigen Zustand keine durchgehend kontinuierliche Struktur. Es wäre z. B. denkbar, daß nur ein Teil der Wassermoleküle durch Wasserstoffbrückenbindungen untereinander vernetzt ist, so daß gewissermaßen Schwärme (sogenannte „cluster", Abb. 2.1 D) entstehen, die durch solitäre Wassermoleküle voneinander getrennt und somit gegeneinander verschiebbar sind.

> Sind Ionen im Wasser gelöst, so üben sie infolge ihrer elektrischen Ladung eine Anziehungskraft auf die Wasserdipole aus und umgeben sich mit einer Wasserhülle, in der je nach Ladungssinn entweder die positiven oder negativen Pole der Wassermoleküle den Ionen zugekehrt sind (Abb. 2.1 E und F). Diesen Vorgang bezeichnet man als **Hydratation.**

Auch elektrisch neutrale Teilchen können Hydrathüllen ausbilden, wenn sie eine ungleichmäßige Ladungsverteilung aufweisen, also selbst Dipole sind (Abb. 2.1 G). Dies trifft z. B. für die Plasmaproteine zu. Die Größe der Hydrathüllen hängt sowohl von der Anzahl der Ladungen als auch von der Größe der Teilchen ab, d. h. also von der Ladungsdichte an der Oberfläche. Sehr deutlich demonstriert dies die Reihe der Alkaliionen. Da bei ihnen innerhalb der Reihe

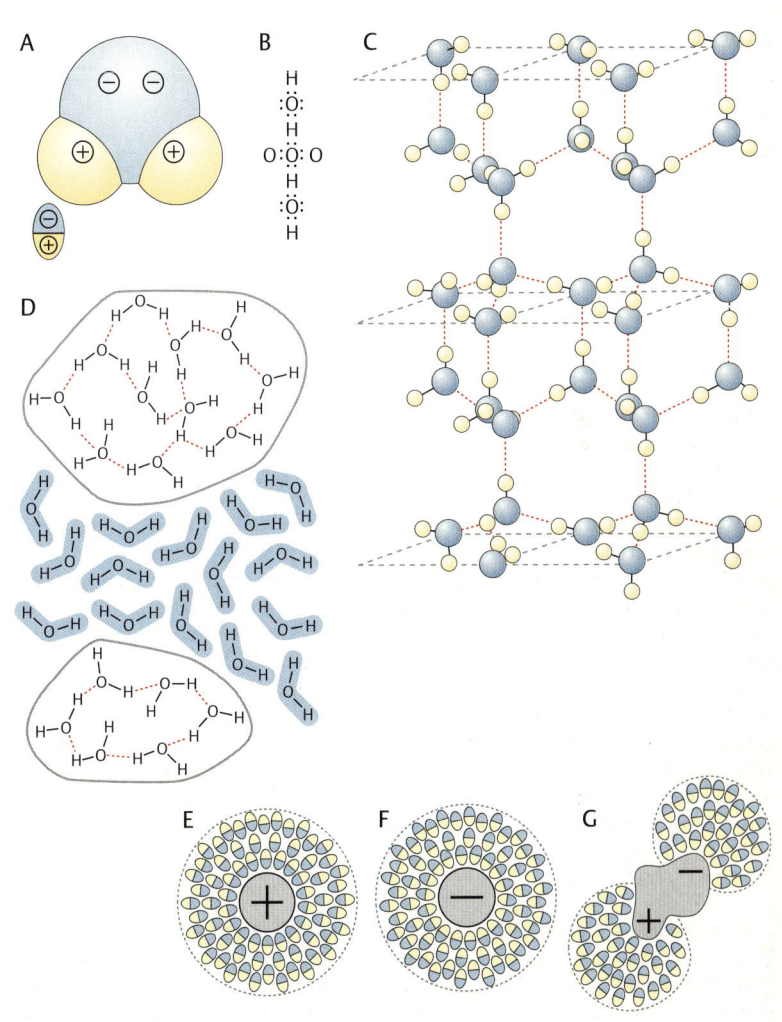

Abb. 2.1 Wasserstruktur und Hydratation. **A** Wassermolekül als Dipol (Sauerstoff blau, Wasserstoff gelb), **B** Vernetzung von Wassermolekülen durch Wasserstoffbrückenbindungen (in C und D rot), **C** Anordnung von Wassermolekülen im kristallinen Eis, **D** dreidimensional vernetzte Strukturen aus Wassermolekülen („cluster"), dazwischen frei bewegliche solitäre Wassermoleküle (blau), **E** Kation mit Hydrathülle, **F** Anion mit Hydrathülle, **G** hydratisiertes, elektroneutrales Teilchen mit ungleicher Ladungsverteilung (Dipol) (**C** nach Watson, **D** nach Nemethy u. Scheraga).

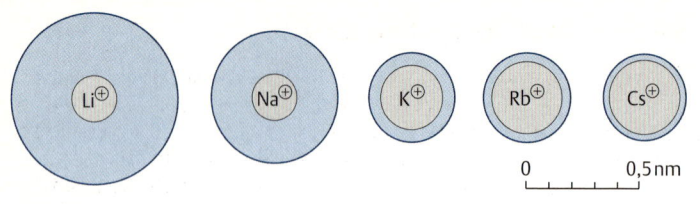

Abb. 2.2 Hydrathüllen (blau) der Alkaliionen (nach Frey-Wyssling).

die Ladung konstant ist, nimmt mit zunehmendem Ionendurchmesser die Ladungsdichte an der Oberfläche und damit auch der Durchmesser der Hydrathülle ab (Abb. 2.2).

Es ist leicht einzusehen, daß durch die Ausbildung von Hydrathüllen um gelöste Teilchen die Struktur des Wassers weitgehend zerstört wird, was in einer Änderung seiner Eigenschaften zum Ausdruck kommt. So verursacht die Auflösung von Substanzen in Wasser eine der Konzentration des gelösten Stoffes entsprechende Gefrierpunkterniedrigung, Siedepunkterhöhung und Dampfdruckerniedrigung. Außerdem nimmt mit steigender Konzentration der potentielle osmotische Druck der Auflösung zu. So erzeugt z. B. eine 1-molare Lösung eines nicht-dissoziierenden Stoffes im Osmometer (S. 54) einen osmotischen Druck von 22,7 bar (= 22,4 atm). Schließlich ist zu beachten, daß im Protoplasma ein großer Teil des Wassers gebunden oder auf andere Weise mit Proteinen assoziiert ist, so daß sein Diffusionskoeffizient erheblich reduziert wird. Das Protoplasma ist also keineswegs einer wäßrigen Lösung gleichzusetzen. Wie bereits erwähnt (S. 18), ist das Wasser, wenn auch nur zu einem sehr geringen Teil, in Ionen dissoziiert.

> Da Protonen ein sehr großes elektrisches Feld haben und in wäßrigen Systemen mit einem Molekül H_2O zu $H_3O^{\oplus}$ (Hydroniumion) reagieren, dissoziiert das Wasser nicht nach der Gleichung $H_2O = H^{\oplus} + OH^{\ominus}$, sondern nach der Gleichung $2\,H_2O = H_3O^{\oplus} + OH^{\ominus}$, also in Hydronium- und Hydroxidionen.

Allerdings spricht man oft auch heute noch von Wasserstoffionen. Die Hydroxidionen liegen ebenfalls in hydratisierter Form vor. Tatsächlich existiert ein einzelnes $H_3O^{\oplus}$-Ion in wäßriger Lösung nur sehr kurze Zeit (etwa 2,2 ps), da das Proton sehr leicht von einem auf ein anderes H_2O-Molekül übertragen wird. Hierbei wird jedoch nicht eigentlich ein Proton bewegt, sondern es springt lediglich die Bindung um. Wiederholt sich dieser Vorgang über eine Kette von Wassermolekülen, so resultiert ein scheinbarer Protonentransport, der jedoch in Wirklichkeit nur eine Verschiebung von Ladungen ist. Dies erklärt die hohe Geschwindigkeit, mit der Protonen „transportiert" werden können, was für die Lebensvorgänge von großer Bedeutung ist.

2.3 Grundstruktur des Protoplasmas

Entfernt man das Wasser durch Trocknen bis zur Gewichtskonstanz, so erhält man die Trockensubstanz des Protoplasmas, die zu etwa 50 % aus Proteinen und zu 2–3 % aus Lipoiden besteht. Der Rest entfällt auf Kohlenhydrate, Fette, Nucleinsäuren, anorganische Salze und zahlreiche andere Verbindungen, deren Anteil von Fall zu Fall sehr verschieden sein kann. Soweit sie nicht Bestandteile plasmatischer Strukturen sind, liegen sie entweder gelöst oder in kolloidähnlicher Dispersion vor.

Wegen ihrer großen Molekülmasse und der damit einhergehenden Molekülgröße[1] werden die in wäßriger Phase vorliegenden Proteine meist zu den Kolloiden gezählt, deren Teilchendurchmesser nach der von Ostwald gegebenen Definition zwischen 1 und 100 nm liegt. Tatsächlich haben sie manche Eigenschaften mit den Kolloiden gemein. Wir müssen jedoch beachten, daß die Teilchen eines Kolloids Aggregate kleinerer Einheiten darstellen, die noch weiter zerteilt werden können, während Proteinlösungen in der Regel molekulardispers sind, also einzelne, wenn auch große Makromoleküle enthalten, die nicht weiter zerlegt werden können, ohne ihre spezifischen Eigenschaften einzubüßen.

Da die Proteinmoleküle sowohl Dipolcharakter haben als auch Ladungen tragen können, umgeben sie sich mit einer Hydrathülle, d. h. sie liegen im nativen Zustand gequollen vor.

> Unter **Quellung** versteht man die reversible Einlagerung von Molekülen des Lösungsmittels, im vorliegenden Falle also des Wassers, zwischen die Moleküle des quellbaren Körpers, was eine reversible Volum- und Gewichtszunahme zur Folge hat.

Hierbei handelt es sich um einen rein physikalischen Prozeß, der durch eine positive Wärmetönung (Quellungswärme) gekennzeichnet ist. Infolge der Volumenzunahme entfaltet ein quellender Körper einen Druck, den Quellungsdruck τ, der vor allem in der Anfangsphase der Quellung beträchtliche Werte (bis zu 1000 bar) erreichen kann. Befindet sich ein quellbarer Körper nicht in direktem Kontakt mit dem betreffenden Lösungsmittel, so daß er keinen akuten Quellungsdruck entfalten kann, spricht man von seinem potentiellen Quellungsdruck τ^* bzw. korrekter von seinem Quellungspotential ψ_τ. Man unterscheidet unbegrenzt und begrenzt quellbare Körper. Bei den ersteren führt der Quellungsvorgang zu einer Lösung der Moleküle, die schließlich in moleklardisperser Verteilung vorliegen. Im zweiten Fall sind der Einlagerung des Lösungsmittels zwischen die Moleküle infolge von deren Vernetzung Grenzen gesetzt.

---

[1] Die Molekülgröße hängt allerdings nicht nur von der Molekülmasse, sondern auch von der Gestalt des Moleküls ab. Eine strikte Parallelität besteht also nicht.

Bis zu einem gewissen Grade entspricht eine molekulardisperse Proteinlösung also einem kolloidalen Zustand, der als Sol bezeichnet wird. Liegen die Proteine in höheren Konzentrationen vor, so können sie auch in einen gelartigen Zustand übergehen, indem sie sich untereinander vernetzen und ein lockeres Gerüstwerk bilden, dessen kapillare Zwischenräume von Wasser erfüllt sind. Auch das Protoplasma kann sowohl sol- als auch gelartige Konsistenz zeigen, je nachdem, ob die Moleküle überwiegend monodispers vorliegen oder untereinander vernetzt sind. Dennoch ist die Zusammensetzung wie auch die Struktur des Protoplasmas viel zu kompliziert, als daß es einem einfachen Kolloid gleichgesetzt werden könnte.

Die Struktur des Protoplasmas wird durch äußere Faktoren in verschiedener Weise beeinflußt. Jede Ladungsänderung, etwa infolge von Veränderungen des Ionenmilieus oder des pH-Wertes, wirkt sich wegen der Abhängigkeit des Hydratationsgrades von der Ladungsstärke (S. 44) zwangsläufig auf die Größe der Hydrathüllen und damit auf den Quellungszustand aus. Die Wirkung der Ionen hängt von der Größe ihrer Hydrathüllen ab. Liegen sie in geringer Konzentration vor, was im natürlichen Zustand der Fall ist, so wirken sie um so stärker entquellend, je kleiner ihre Hydrathülle ist und je stärker sie sich somit den Proteinen nähern und diese entladen können. Im Falle der Alkaliionen nimmt daher die entquellende Wirkung von $Li^{\oplus}$ nach $Cs^{\oplus}$ zu (Abb. 2.2). Zweiwertige Kationen wirken infolge ihrer doppelten Ladung auf die Plasmaproteine stärker entladend und somit stärker entquellend als einwertige Ionen. Für den Quellungszustand des Protoplasmas ist das Verhältnis von ein- zu zweiwertigen Ionen, im Falle des pflanzlichen Organismus vor allem von $K^{\oplus}$ zu $Ca^{2\oplus}$, von entscheidender Bedeutung (**Ionenantagonismus**).

Sowohl infolge des Einflusses von Außenfaktoren als auch aus inneren Ursachen heraus ist also der Zustand des Protoplasmas starken Änderungen unterworfen. Schon in relativ kurzen Zeiträumen können gelartige in solartige Zustände übergehen und umgekehrt, indem die Proteinmoleküle sich vernetzen oder wieder voneinander lösen. Das Protoplasma besitzt also eine dynamische Struktur. Dies gilt auch in chemischer Hinsicht, da seine Strukturelemente und die sie aufbauenden Moleküle einem ständigen Auf-, Ab- und Umbau unterliegen.

2.4 Biomembranen

Untersucht man das im Lichtmikroskop homogen erscheinende Protoplasma mit dem Elektronenmikroskop, so zeigt es sich von zahlreichen Strukturen durchsetzt. Vorwiegend handelt es sich dabei um Biomembranen, deren Anteil bis zu 80 % der Trockensubstanz ausmachen kann. Sie treten bei hoher Auflösung als dunkle Doppellinien hervor, die einen hellen Zwischenraum einschließen (Abb. 2.3). Ihre Dicke schwankt, je nach Objekt, Membrantypus und Darstellungsverfahren, zwischen 6 und 11 nm. Schon die unterschiedliche Dicke und die verschieden starke Kontrastierung lassen erkennen, daß sich die

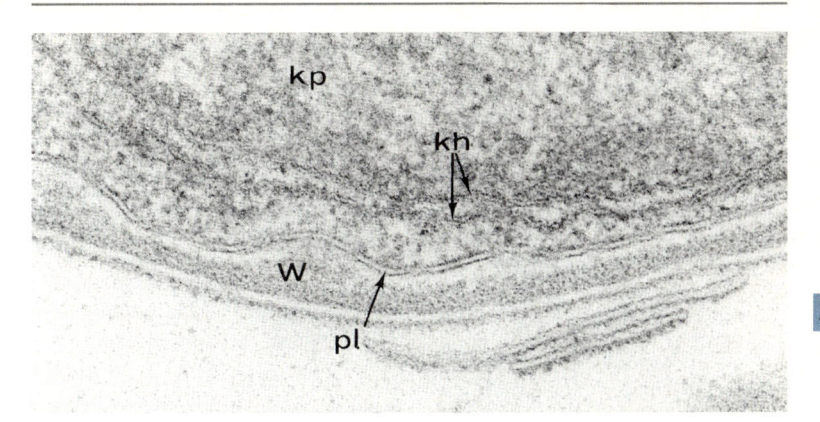

Abb. 2.3 Querschnitt durch das Plasmalemma (pl) des Flechtenpilzes von *Normandina pulchella*. Oberhalb des Plasmalemmas ist ein Teil der aus zwei Biomembranen bestehenden Kernhülle (kh) zu sehen. Ein Vergleich mit dem Plasmalemma zeigt die geringere Dicke der Einzelmembranen. kp = Karyoplasma, w = Zellwand. TEM-Aufnahme (s. Anhang), Vergr.: ca. 160 000fach. (Originalaufnahme: K. Kowallik).

verschiedenen Membrantypen in ihrer molekularen Architektur unterscheiden. In noch weit stärkerem Maße gilt dies für ihre Funktion.

2.4.1 Chemische Zusammensetzung

Wie groß die Unterschiede in der Zusammensetzung tatsächlich sind, zeigt die chemische Analyse. Zwar sind die Biomembranen im typischen Falle aus Proteinen und Lipoiden aufgebaut, wozu in einigen Fällen noch Kohlenhydrate kommen, doch sind die Mengenverhältnisse der einzelnen Komponenten von Fall zu Fall außerordentlich verschieden. Bei vielen Membrantypen liegt der Lipidanteil in der Größenordnung von 40 % und der Proteinanteil bei etwa 60 %, doch sind auch Membranen mit wesentlich geringerem (25 %) bzw. höherem (80 %) Proteinanteil isoliert worden. Auch hinsichtlich der Zusammensetzung der einzelnen Fraktionen können sich die verschiedenen Membrantypen sehr stark unterscheiden. In manchen Fällen machen die Hauptmenge der Lipidfraktion die Phosphatide aus, wie in der Plasmamembran von *Escherichia coli*, die zu 100 % aus Phosphatidylcholin besteht. Einige tierische Membranen sind verhältnismäßig reich an Cholesterin, während der Anteil an Sterolen bei pflanzlichen Membranen in der Regel ungleich geringer ist. Die Membranen der Chloroplastenhülle und die Thylakoide sind reich and Glykoglycerolipiden, die als Zucker ein oder zwei Galaktosemoleküle tragen. Die Kettenlänge der meist ungesättigten Fettsäuren variiert zwischen C_{14} und C_{24}. Die Anzahl der Doppelbindungen kann bis zu 6 betragen.

Jeder Membrantyp ist somit durch ein spezifisches Lipidmuster charakterisiert, dessen genaue Zusammensetzung wiederum artabhängig ist.

Box 2.1 Lectine

Lectine sind Proteine nicht-immunogenen Ursprungs, die sehr spezifisch Zucker bzw. Polysaccharide erkennen und binden, auch wenn diese an Lipide oder Proteine gebunden sind. Sie sind bei allen lebenden Organismen weit verbreitet. Bei Pflanzen kommen sie vor allem bei Hülsenfrüchtlern vor, z. B. Bohnen, Sojabohnen und Linsen, aber auch in Kartoffeln, Weizenkeimen und *Ricinus*. Charakteristisch für die Lectine ist ihre Fähigkeit der Agglutination von Erythrocyten, die auch zum Nachweis benutzt wird. Im Gegensatz zu Immunglobulinen und Antikörpern, die erst auf einen Reiz hin gebildet werden, sind die Lectine organismenspezifische Inhaltsstoffe. Sie sind Proteine oder Glykoproteine mit Molekülmassen zwischen 8 500 und 300 000, die aus mehreren (2–8) Untereinheiten bestehen. Die Aminosäuresequenzen verschiedener pflanzlicher Lectine zeigen oft eine große Übereinstimmung. Am längsten bekannt ist das Concanavalin A, ein Metallprotein aus vier identischen Untereinheiten, die jeweils eine Molekülmasse von 26 000 besitzen und aus 238 Aminosäureresten, je einem $Ca^{2\oplus}$- und $Mn^{2\oplus}$-Zentrum sowie einer Bindungsstelle für Kohlenhydrat bestehen, aber keinen kovalent gebundenen Zucker enthalten, also keine Glykoproteine sind. Concanavalin A kommt in den Samen der Fabacee *Canavalia ensiformis* in großer Menge vor und stellt sicher ein Speicherprotein dar. Ob es noch eine andere spezifische Funktion hat, ist nicht bekannt.

Die äußeren Membranen tierischer Zellen sowie mancher Bakterien und Pilze besitzen auf ihrer Außenfläche Kohlenhydrate in Form von Oligosacchariden, die als Glykolipide oder Glykoproteine vorliegen (Glykokalyx). Sie verleihen der Zelloberfläche eine gewisse Spezifität und ermöglichen so die Erkennung von Zellen, aber auch deren Anheftung. Sie werden spezifisch durch **Lectine** gebunden, was zur Agglutination führt (Box 2.1).

2.4.2 Membranmodelle

Da alle Membranen spezialisiert sind, stehen der Konstruktion eines allgemeingültigen Modells gewisse Schwierigkeiten entgegen. Nach der von Davson und Danielli entwickelten Vorstellung bestehen die Biomembranen aus einem bimolekularen Lipoidfilm, in dem die lipophilen Pole einander zugekehrt sind, während die hydrophilen Pole, die von einer Hydrathülle umgeben sind, nach außen weisen und von Proteinen bedeckt sind. Eine Modifikation dieser Vorstellung ist das **„Fluid-mosaic"-Modell** (Abb. 2.4), das heute allgemein anerkannt ist.

> Nach dem Fluid-mosaic-Modell ist die Basismembran ebenfalls ein bimolekularer Lipoidfilm, der jedoch von den **integralen Proteinen** quer durchsetzt ist (Transmembran- oder Tunnelproteine), wohingegen die **peripheren Proteine** nur locker an die Membranoberfläche gebunden sind.

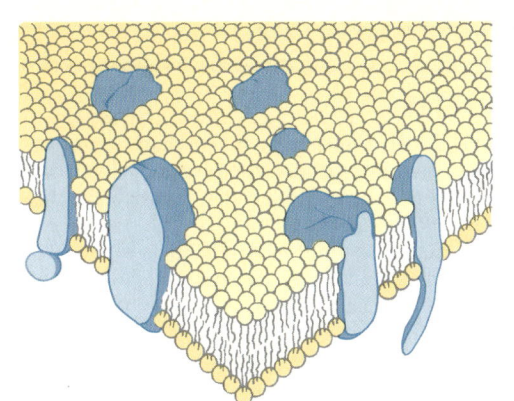

Abb. 2.4 Fluid-mosaic-Modell einer Biomembran. Die bimolekulare Phospholipidschicht ist von Proteinen (blau) durchsetzt, die auf beiden Seiten über die Membran hinausragen oder einseitig in die Membran eingebettet sind. Die Proteine sind in der Phospholipiddoppelschicht lateral beweglich (nach Singer u. Nicolson).

Infolgedessen unterscheiden sich die Membranproteine in ihrem Extraktionsverhalten: während die peripheren Proteine relativ leicht abgelöst werden können, z. B. durch Erhöhung der Ionenkonzentration, ist die Isolierung integraler Proteine nur durch Denaturierung der Membranen, etwa mit Hilfe von Detergentien, möglich. Der Anteil der integralen Proteine liegt in der Größenordnung von 70% der gesamten Membranproteine. Sie weisen im allgemeinen einen hohen α-Helix-Anteil auf.

Betrachtet man eine Biomembran unter dem Elektronenmikroskop von der Fläche her, so sind die globulären Proteine deutlich zu erkennen. An manchen Stellen erscheint ihre Anordnung regellos, während sie in anderen Bereichen ein bestimmtes Muster aufweisen.

Die Biomembranen sind in der Regel asymmetrisch gebaut. Die Asymmetrie kommt u. a. darin zum Ausdruck, daß die dem Cytoplasma zugewandte P-(Plasmatic-)Seite sich strukturell von der vom Cytoplasma abgewandten E-(Exoplasmatic-)Seite unterscheidet. So ist die P-Seite oft wesentlich dichter mit Proteinen, wahrscheinlich Enzymproteinen, bedeckt als die Außenseite. Bei Anwendung der Gefrierbruchtechnik (S. 76) brechen nicht selten die beiden Halbschichten des bimolekularen Lipoidfilms auseinander, so daß wir vier Flächen unterscheiden müssen: die beiden Oberflächen, die mit S (Surface), und die beiden Bruchflächen, die mit F (Fracture) bezeichnet werden. Insgesamt ergibt sich daraus die folgende Flächenbezeichnung (von innen nach außen): PS, PF, EF, ES. In diesen Halbflächen fallen sogenannte intramembranäre Partikel von etwa 5–20 nm Durchmesser ins Auge, denen an der komplementären Stelle der anderen Bruchhälfte eine entsprechende Vertiefung gegenübersteht. Diese Partikel sind integrale Transmembranproteine, die bei der Spaltung der Biomembran in der einen Halbschicht verankert bleiben. Die morphologische Asymmetrie ist ein sichtbarer Ausdruck der funktionellen Asymmetrie der Membranen.

Die Sequenzierung der integralen Proteine hat ergeben, daß die die Lipoiddoppelschichten durchsetzenden Abschnitte α-Helices sind, die aus etwa 20–25 unpolaren Aminosäuren bestehen, wie etwa Alanin, Valin, Phenylalanin, Leucin u. a. (S. 18). Die helikale Anordnung, bei der die Aminosäurereste außen liegen, ermöglicht hydrophobe Wechselwirkungen zwischen dem transmembranen Proteinabschnitt und den ihn umgebenden Membranlipoiden. Viele Proteine haben mehrere solcher membrandurchsetzender, hydrophober Abschnitte (S. 59, Abb. 17.**24**), bis zu 24 bei Ionenkanälen.

Wie der Name erkennen läßt, setzt das Fluid-mosaic-Modell voraus, daß sich der bimolekulare Lipoidfilm in einem halbflüssigen Zustand befindet, wobei die Fluidität bei verschiedenen Temperaturen weitgehend von dem Gehalt an ungesättigten Fettsäuren abhängt. Infolgedessen sind nicht nur die Lipoidmoleküle selbst, sondern auch die eingebetteten Proteine in lateraler Richtung beweglich. Dagegen stehen dem Hindurchtreten von Lipoidmolekülen durch die Membran erhebliche Schwierigkeiten entgegen, weshalb ein transversaler Austausch von Molekülen zwischen Außen- und Innenschicht (sogenannter „Flip-flop"-Mechanismus) praktisch ausgeschlossen ist. Allerdings ist für den Einbau von Lipoidmolekülen, die im Cytoplasma neu synthetisiert wurden, in die extraplasmatische Halbschicht ein Passieren der plasmatischen Lipoidhalbschicht unerläßlich. Es wird durch das Enzym Flippase ermöglicht. Die halbflüssige Konsistenz erklärt zugleich die Leichtigkeit, mit der die Biomembranen durch Einlagerung weiterer Lipid- und Proteinkomponenten (Intussusception) wachsen bzw. durch deren Herausnahme eingeschmolzen werden können.

Für den Zusammenhalt der Membranen sind neben elektrostatischen vor allen Dingen hydrophobe und Dipol-Wechselwirkungen verantwortlich, die einerseits zwischen den hydrophoben Polen der Lipoidmoleküle wirksam sind, andererseits, wie bereits erwähnt, zwischen diesen und den hydrophoben Gruppen der integralen Proteine.

2.4.3 Funktionen der Biomembranen

Die Biomembranen haben keine freien Ränder, sondern sind stets in sich geschlossen. Sie sind also keine flächigen Gebilde, sondern umschließen einen Raum, ein **Kompartiment.** Auf diese Weise wird die Zelle in Reaktionsräume aufgegliedert. Als deren Grenzflächen haben sie einerseits die Funktion von Schranken, indem sie das Kompartiment gegen seine Umgebung abschirmen und den unkontrollierten Durchtritt gelöst vorliegender Stoffe verhindern. Andererseits erfüllen sie Transportfunktionen, da es notwendig ist, daß die umzusetzenden Stoffe in das Kompartiment eintreten und die Reaktionsprodukte es wieder verlassen können. Schließlich sind sie auch Träger der Enzyme und Redoxysysteme für die im Kompartiment ablaufenden chemischen Reaktionen und Synthesen. Weitere Aufgaben sind Energiekonservierung, Signalaufnahme und -leitung sowie Informationsspeicherung.

Die Schrankenfunktion von Biomembranen hat deren Unpassierbarkeit (**Impermeabilität**) für die betreffenden Substanzen zur Voraussetzung. Diese ist allerdings nicht absolut, sondern relativ. Offenbar können sehr kleine Moleküle, deren Molekülmasse $M_r < 75$ ist, frei durch die Membranen diffundieren, während größere zurückgehalten werden. Dies gilt nicht in gleichem Maße für Ionen, da diese eine Hydrathülle haben und außerdem die Membranen ihrerseits Träger von Ladungen sind. Deshalb hängt die Permeabilität der Ionen sowohl von ihrer Ladung als auch von dem Ionenradius ab (**selektive Ionenpermeabilität**). Schließlich spielt auch die Lipoidlöslichkeit eine wesentliche Rolle, da hydrophobe Substanzen den bimolekularen Lipoidfilm leichter passieren können als hydrophile. Die Biomembranen sind also nicht im strengen Sinne des Wortes semipermeabel (s. unten), sondern **selektiv permeabel**. Dennoch können sie sich, zum mindesten innerhalb kürzerer Zeiträume, wie semipermeable Membranen verhalten, was für die osmotischen Eigenschaften der Pflanzenzellen von Bedeutung ist.

2.4.4 Diffusion und Osmose

Unter **Diffusion** versteht man das Bestreben eines gasförmigen oder gelösten Stoffes, sich in dem zur Verfügung stehenden Raum bzw. Lösungsmittel gleichmäßig zu verteilen. Sie hat ihre Ursachen in der thermischen Bewegungsenergie der Moleküle.

Die thermische Bewegungsenergie der Moleküle eines Lösungsmittels findet ihren Ausdruck in der **Brownschen Molekularbewegung**. Bei lichtmikroskopischer Betrachtung zeigen suspendierte Teilchen bzw. emulgierte Tröpfchen, die kleiner als 5 µm sind, eine ständige zitternde Bewegung, die durch den Aufprall von Lösungsmittelmolekülen verursacht wird.

Werden zwei Lösungen verschiedener Konzentration, von denen die eine auch reines Wasser sein kann, übereinandergeschichtet, so diffundieren die Teilchen vom Ort höherer zum Ort niedrigerer Konzentration. Die Diffusion folgt dem **1. Fickschen Diffusionsgesetz**:

$$\frac{d_m}{d_t} = -D \cdot q \, \frac{\delta_c}{\delta_x}$$

Danach ist die Diffusionsrate, d. h. die in der Zeiteinheit d_t diffundierende Substanzmenge d_m, proportional dem Konzentrationsgradienten δ_c/δ_x, wobei δ_c in mol/cm^3 und δ_x in cm angegeben wird. q ist die Austauschfläche und D die Diffusionskonstante in cm^{2}s^{-1}. Das negative Vorzeichen beschreibt die Richtung des Vorganges. Werden die beiden Lösungen durch eine **permeable Membran** getrennt, die sowohl das Lösungsmittel als auch den gelösten Stoff durchläßt, so ist die Gleichung um den Faktor P, die Permeabilitätskonstante der betreffenden Membran, zu erweitern. Auch in diesem Fall ist die Diffusionsrate dem Konzentrationsgradienten proportional, zeigt also keine Sättigung (s. unten).

▎ Als **Osmose** bezeichnet man die Diffusion durch semipermeable Membranen.

Eine **semipermeable** (halbdurchlässige) **Membran** ist zwar für das Lösungsmittel, nicht aber für den gelösten Stoff durchlässig. Trennt man nun zwei Lösungen verschiedener Konzentration durch eine solche Membran, so wird dem Diffusionsbestreben der gelösten Moleküle bzw. Ionen Einhalt geboten. Infolgedessen verursacht das bestehende Diffusionspotential den Durchtritt des Lösungsmittels, im vorliegenden Fall des Wassers, durch die Membran zur Seite der höheren Konzentration. Der Wassereintritt in ein osmotisches System hat eine Volumenzunahme zur Folge, die einen Ausdehnungsdruck erzeugt, den **osmotischen Druck** (π).

Der osmotische Druck kann mit Hilfe eines **Osmometers** gemessen werden, das im einfachsten Falle aus einer Glasglocke besteht, der ein Steigrohr aufgesetzt und die unten durch eine semipermeable Membran, z. B. eine Schweinsblase oder Kollodiummembran, verschlossen wird. Nach Einfüllen der zu messenden Lösung taucht man den unteren Teil der Glocke in Wasser. Infolge des Wassereintritts steigt die Wassersäule im Steigrohr so lange an, bis der von ihr entwickelte hydrostatische Druck gleich dem osmotischen Druck (π) ist. Den osmotischen Druck, den eine Lösung im Osmometer entwickeln würde, nennt man ihren potentiellen osmotischen Druck (π^*) bzw. ihr osmotisches Potential (ψ_π, S. 284).

Da die vorgenannten Membranen nicht streng semipermeabel sind, hat Pfeffer ein nach ihm benanntes System entwickelt, in dem als semipermeable Membran eine in den Kapillaren eines Tonzylinders erzeugte Niederschlagsmembran von Kupferhexacyanoferrat-II $Cu_2[Fe(CN)_6]$ fungiert. Die zu messende Lösung wird in die Pffersche Zelle eingefüllt und der osmotische Druck an einem Quecksilbermanometer abgelesen (Abb. 2.**5**).

Durch derartige Messungen wurden gewisse Gesetzmäßigkeiten ermittelt, die in der van't Hoffschen Theorie der Lösungen zusammengefaßt werden:
1. Bei konstanter Temperatur ist der osmotische Druck proportional der Konzentration.
2. Bei konstanter Konzentration ist der osmotische Druck proportional der absoluten Temperatur.
3. Äquimolare Lösungen, d.h. Lösungen, die die gleiche Anzahl von Teilchen enthalten, sind isosmotisch (isotonisch). Dies gilt allerdings nur für ideale Lösungen. Bei Elektrolytlösungen, die weitgehend in ihre Ionen dissoziieren, sowie bei höher konzentrierten Nicht-Elektrolytlösungen (etwa > 0,2 M) erhält man abweichende Werte, die durch den osmotischen Koeffizienten (g) berücksichtigt werden müssen.

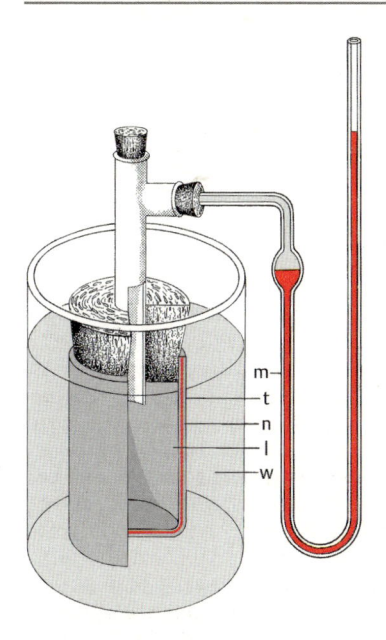

Abb. 2.5 **Pfeffersche Zelle.** Aus dem Vorderteil des Tonzylinders und des Aufsatzrohres ist ein Viertel herausgeschnitten. l = zu messende Lösung, m = Quecksilbermanometer, n = Niederschlagsmembran (rot), t = Tonzylinder, w = Wasser. Quecksilber rot.

Insgesamt gilt für den osmotischen Druck somit die Beziehung $\pi = (c_1 - c_2) \cdot R \cdot T$, wobei c_1 und c_2 die Konzentrationen der Innen- bzw. Außenlösung in mol/l, T die absolute Temperatur und R die Gaskonstante ist. π wird in Pascal (1 Pa = 10^{-5} bar, 1 bar = 0,987 atm) angegeben. Für nicht-ideale Lösungen gilt entsprechend: $\pi = (c_1 - c_2) \cdot g \cdot R \cdot T$ bzw., wenn die eine Lösung reines Wasser ist, $\pi = c \cdot g \cdot R \cdot T$.

Während c die Molarität einer Lösung angibt, bezeichnet das Produkt g·c die **Osmolarität.** Bei einem Salz, das aus einem Kation und einem Anion besteht und zu 100% in seine Ionen dissoziiert, wäre also die Osmolarität um den Faktor 2 höher als die Molarität, da doppelt so viele Teilchen in der Lösung vorliegen wie bei einem Nicht-Elektrolyten.

2.4.5 Permeabilität und Transport durch Membranen

Der Durchtritt von Ionen und organischen Molekülen durch eine Biomembran kann auf verschiedene Weise erfolgen: entweder auf passivem Wege durch Diffusion oder durch aktiven Transport. Wie bereits erwähnt, können nur sehr kleine Moleküle ($M_r < 75$), z. B. Wasser, die Biomembran auf dem Wege der freien Diffusion passieren, wobei der Durchtritt nicht durch Poren im engeren Sinne, sondern durch kurzlebige Störstellen erfolgt, die infolge der thermischen Bewegung der Lipoidmoleküle in dem halbflüssigen Lipoidfilm zwangs-

2 Struktureller Aufbau des Protoplasmas

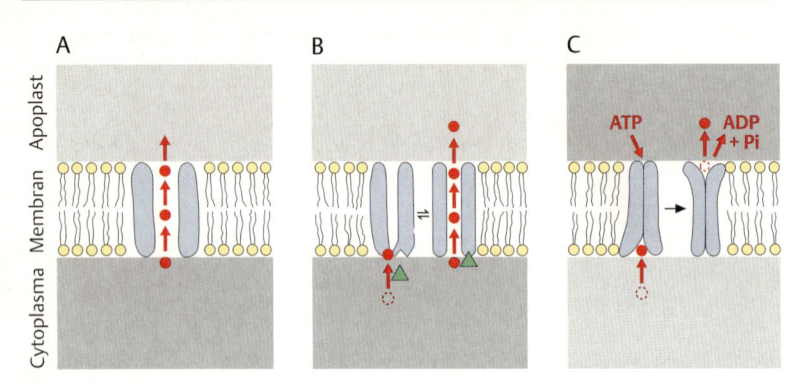

Abb. 2.6 Membrantransportmechanismen. **A** Passive Diffusion durch einen ständig geöffneten Kanal, **B** katalytische Permeation durch einen Kanal, dessen Öffnung durch einen Effektor (grünes Dreieck) bewirkt wird, **C** aktiver Transport gegen das Konzentrationsgefälle, der durch Konformationsänderung eines Carriermoleküls unter Hydrolyse von ATP bewerkstelligt wird. Hellgrau = niedrigere, dunkelgrau = höhere Konzentration, Translokatoren blau, Substratmolekül rot.

läufig entstehen. Alle größeren Moleküle und Ionen benötigen zum Passieren der Biomembranen integrale Transportproteine, die als **Kanäle, Translokatoren** (Carrier) oder **Pumpen** fungieren. Wird nur eine Molekül- bzw. Ionenart transportiert, spricht man von **Uniport**. Es können jedoch auch zwei verschiedene Substrate gleichzeitig durch die Membran befördert werden, und zwar beim **Symport** beide in der gleichen, beim **Antiport** in entgegengesetzter Richtung. Der Transport beginnt mit der Bindung des Substrates an eine spezifische Bindungsstelle an der äußeren (oder inneren) Seite der Membran. Durch eine Konformationsänderung des Transportproteins gelangt das Substrat nach innen (oder außen), wo es freigesetzt wird.

> **Katalytische Permeation** ist eine erleichterte Diffusion größerer Moleküle bzw. Ionen durch die Biomembran mit Hilfe von Kanälen, bei der, wie im Falle der freien Diffusion, die Richtung durch das Konzentrationsgefälle bestimmt wird.

Kanäle sind Tunnelproteine, die die Membran quer durchsetzen und einen hydrophilen Weg durch die hydrophobe bimolekulare Lipoidschicht bilden. Sie können ständig offen sein (Abb. 2.6 A), oder sie öffnen und schließen sich spontan in bestimmten Zeitabständen, oder das Öffnen und Schließen wird auf elektrischem oder chemischem Wege ausgelöst. So wird bei den spannungsabhängigen Calciumkanälen das Öffnen und Schließen durch das Membranpotential (s. unten) gesteuert, während bei den calciumabhängigen Kaliumkanälen die Steuerung durch die Bindung eines Effektors, eben des Calciums, an das Kanalprotein erfolgt (Abb. 2.6 B). Infolge elektrostatischer Wechselwirkungen mit den polaren Gruppen eines Transportproteins wird der Eintritt eines bestimmten Ions, z. B. des Kaliums, energetisch begünstigt, weshalb die Kanäle bis zu einem gewissen Grad selektiv sind. Wie bei der freien Diffusion nimmt die Permeationsrate mit steiler werdendem Konzentrationsgefälle zu. Bedingt durch die Leistungsfähigkeit der Kanäle bzw. die begrenzte Anzahl der Bindungsstellen erreicht sie jedoch, abweichend von der freien Diffusion, schließlich einen Sättigungswert.

> **Aquaporine** sind transmembrane Kanäle für einen Hochleistungstransport von Wassermolekülen (Größenordnung $10^6/s$), die im Plasmalemma und im Tonoplasten von Pflanzenzellen (Abb. 2.**9**) lokalisiert sind.

Der Transport von anderen Molekülen und Ionen ist ausgeschlossen. Aquaporine werden benötigt, wenn die oben erwähnte freie Diffusion der Wassermoleküle durch die Biomembranen nicht mehr ausreicht, d. h. wenn innerhalb eines kurzen Zeitraumes größere Wassermengen transportiert werden müssen. Beispiele hierfür sind:
1. Schneller osmotischer Ausgleich bei hochaktiven Transportprozessen;
2. Spaltung makromolekularer Speicherstoffe in ihre Monomeren, die schnell osmotisch wirksam werden, z. B. bei der Samenkeimung;
3. Weiten- und Längenwachstum der Pflanzenzellen unter Wasseraufnahme und Vakuolenbildung (S. 149 ff.);
4. Transferzellen, die den Wassertransport vom Grund- in das Leitgewebe und umgekehrt bewerkstelligen (S. 166); u. a.

Es wurden bisher mehrere Aquaporine nachgewiesen, die einander jedoch sehr ähnlich sind. Sie haben eine molekulare Masse von etwa 30 kDa. Wahrscheinlich sind sie Tetramere, deren Monomere sechs transmembrane Helices aufweisen, sowie eine intrazelluläre und eine extrazelluläre Schleife (Abb. 2.**7**), die im Zentrum einen Wasserkanal bilden, der in beiden Richtungen von Wassermolekülen in Reihe passiert werden kann.

In diesem Zusammenhang sind auch die **Porine** zu nennen, die in den äußeren Membranen der gramnegativen Bakterien sowie den äußeren Membranen der Mitochondrien und Chloroplasten vorkommen. Ihr Bau und ihre Funktion sind auf S. 203. beschrieben.

> **Aktiver Transport:** Hierunter versteht man einen Transport von Ionen und ungeladenen organischen Molekülen gegen das Konzentrationsgefälle bzw. gegen den elektrochemischen Potentialgradienten, wozu Energie aufgewandt werden muß.

Der aktive Transport erfolgt mit Hilfe von **Translokatoren** (Abb. 2.**6C**), die substratspezifische Bindungsstellen besitzen. Diese können unter Umständen sogar die D- und L-Formen von Hexosen und Aminosäuren erkennen und selektiv transportieren. Man unterscheidet einen primär aktiven von einem

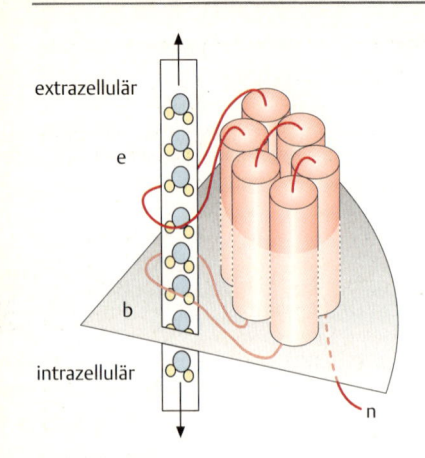

Abb. 2.7 Modell eines Aquaporin-Monomers. Der Kreisausschnitt deutet an, daß es sich um ein Viertel eines Tetramers handelt. Die beiden Schleifen b und e bilden einen Wasserkanal, der in beiden Richtungen von Wassermolekülen passiert werden kann. n = cytoplasmatisches N-Ende des Moleküls (nach Jung et al., Walz et al., aus Schäffer, verändert).

sekundär aktiven Transport. Ein **primär aktiver Transport** liegt vor, wenn der Transport eines Substrates unter Spaltung von ATP durch Transport-ATPasen erfolgt. Dabei steht die Anzahl der gespaltenen ATP-Moleküle in einem stöchiometrischen Verhältnis zur Anzahl der transportierten Substratmoleküle.

Eine zentrale Rolle bei der Energetisierung des Membrantransportes spielt die protonenmotorische Kraft (**proton motive force,** pmf), die sich aus einem transmembranen pH-Gradienten und einer elektrischen Potentialdifferenz (dem Membranpotential) zusammensetzt. Die hierfür notwendige Energie kann aus einem transmembranen Redox-System stammen, das z. B. durch die Elektronentransportkette der Photosynthese an den Thylakoidmembranen oder durch die Atmungskette an den inneren Mitochondrienmembranen errichtet wird. Die in der pmf konservierte Energie wird dann zur ATP-Synthese genutzt. Diese erfolgt an den ATP-Synthasen, die unter bestimmten experimentellen Bedingungen auch rückwärts laufen können und unter ATP-Spaltung Protonen pumpen, weshalb sie auch als ATPasen bezeichnet werden, die dem F-Typus zugehören.

Am Plasmalemma und am Tonoplasten wird die pmf durch membranständige **ATPasen** erzeugt, wobei ATP hydrolytisch in ADP und Orthophosphat (P_i) gespalten wird (Abb. 2.**6C**). Dieser gerichtete, primär aktive Transport von geladenen Teilchen durch eine Ionenpumpe baut ein Membranpotential auf, weshalb man eine derartige Pumpe, in der Regel eine **Protonenpumpe,** als elektrogen bezeichnet (Box 2.**2**). Die dem P-Typus zugehörige Protonenpumpe des Plasmalemmas (Abb. 2.**8A**) pumpt $H^\oplus$-Ionen nach außen in den apoplasmatischen Raum, während die im Tonoplasten lokalisierte Pumpe des V-Typus die Protonen in die Vakuole pumpt (Abb. 2.**9**). Eine Calciumpumpe im Plasmalemma pumpt $Ca^{2\oplus}$ nach außen. Auf diese Weise werden sowohl der pH-Wert (7,5 – 8,0) als auch die Calciumkonzentration ($10^{-7} - 10^{-8}$ M) konstant gehalten.

Sekundär aktiver Transport: Der von der pmf getriebene, einwärts gerichtete Protonenstrom kann eine Reihe von Substraten, z. B. Hexosen, Aminosäu-

Box 2.2 Protonenpumpen (ATPasen)

ATP-spaltende Enzyme (ATPasen) finden sich in allen lebenden Zellen, wo sie die aus der ATP-Spaltung stammende Energie in den vektoriellen Transport bestimmter Ionen umsetzen, z. B. $H^{\oplus}$, $K^{\oplus}$ oder $Ca^{2\oplus}$. Elektronenmikroskopische und molekularbiologische Untersuchungen haben gezeigt, daß die verschiedenen ATPasen erhebliche Unterschiede, aber auch Übereinstimmungen in ihrer molekularen Struktur zeigen. Nach Struktur und Funktion unterscheiden wir die folgenden Typen:

P-ATPasen: Sie sind in der äußeren Plasmamembran lokalisiert. Neben der Protonenpumpe gehören zu ihnen auch eine $Ca^{2\oplus}$-ATPase, die $Na^{\oplus}/K^{\oplus}$-Pumpe der tierischen Zellmembran und eine bakterielle $K^{\oplus}$-Pumpe. Die P-ATPasen sind vergleichsweise einfach gebaut und im allgemeinen nur aus ein bis zwei Untereinheiten von etwa je 100 kDa zusammengesetzt. Während des Transportvorgangs wird ein Aspartatrest an der katalytisch wirksamen Proteindomäne durch ATP phosphoryliert.

F-ATPasen (Abb. 3.13 B, S. 103): Dieser Typ findet sich in der Plasmamembran der Prokaryonten sowie in den energiekonservierenden Membranen der Mitochondrien und Chloroplasten. Sie bestehen aus einem etwa kugelförmigen, die Membran überragenden Kopplungsfaktor CF_1 und einem basalen Anteil CF_0, der sie in der Membran verankert. Dieser morphologischen geht eine große Ähnlichkeit in der molekularen Architektur einher, was als ein weiterer Beweis für die Endosymbiontenhypothese gewertet wird. *In vivo* fungieren sie allerdings als ATP-Synthasen, indem sie die pmf zur Synthese von ATP benutzen. Sie lassen sich jedoch unter bestimmten experimentellen Bedingungen in ihrer Richtung umkehren, so daß sie unter ATP-Spaltung Protonen pumpen.

V-ATPasen: Sie finden sich nicht nur im Tonoplasten, wo sie Protonen in die Vakuole pumpen, sondern auch in den Membranen anderer saurer Kompartimente. Sie haben einen aus sechs Untereinheiten bestehenden, etwa kugelförmigen Kopplungsfaktor, doch unterscheiden sie sich in der Größe der Untereinheiten wie auch in deren Anzahl und Anordnung im intramembranären Bereich.

---

ren und $Cl^{\ominus}$-Ionen, sekundär aktiv in die Zelle transportieren, was als **Symport** ($H^{\oplus}$-getriebener Cotransport, Abb. 2.8 B) bezeichnet wird. Die Kopplung entgegengesetzt gerichteter Flüsse (**Antiport**) kann entweder streng spezifisch sein, indem derselbe katalytische Mechanismus wie für den Transport der Protonen benutzt wird (chemische Kopplung), oder nicht spezifisch, indem das erzeugte Membranpotential einen **Uniport**, z. B. von $K^{\oplus}$- oder $NH_4^{\oplus}$-Ionen, in die Zelle treibt (elektrische Kopplung, Abb. 2.8 C).

Infolge der selektiven Ionenpermeabilität können die $K^{\oplus}$-Ionen das Plasmalemma relativ leicht passieren, während die Permeabilität für andere Ionen, z. B. $Na^{\oplus}$ oder $Cl^{\ominus}$, um Zehnerpotenzen geringer ist. Daher ist die $K^{\oplus}$-Diffusion neben der Protonenpumpe an der Entstehung des stationären Membranpotentials (**Ruhepotential**) maßgeblich beteiligt. Die elektrische Polarisation des Plasmalemmas durch die ATP-getriebene Protonenpumpe, die – 300 mV über-

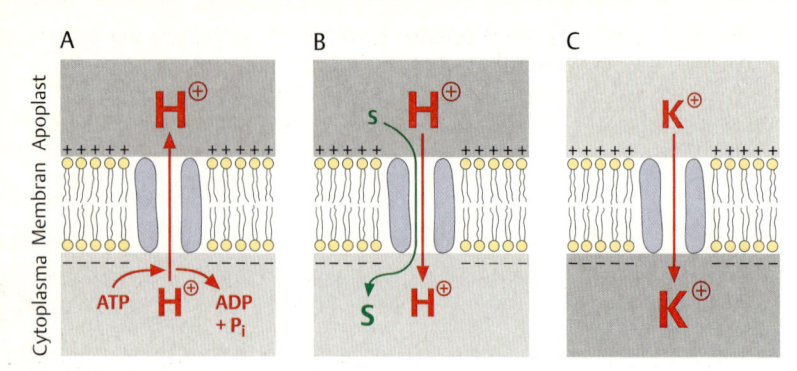

Abb. 2.8 Beispiele für den Transport durch die äußere Cytoplasmamembran. **A** Errichtung eines Protonengradienten durch eine membrangebundene Protonenpumpe unter Hydrolyse von ATP, **B** durch einen Carrier an einen pmf-getriebenen Protoneneinstrom gekoppelter Symport eines Substrates (S, grün), **C** Uniport von $K^{\oplus}$-Ionen durch einen Kaliumkanal. Hellgrau = niedrigere, dunkelgrau = höhere Konzentration, Translokatoren blau.

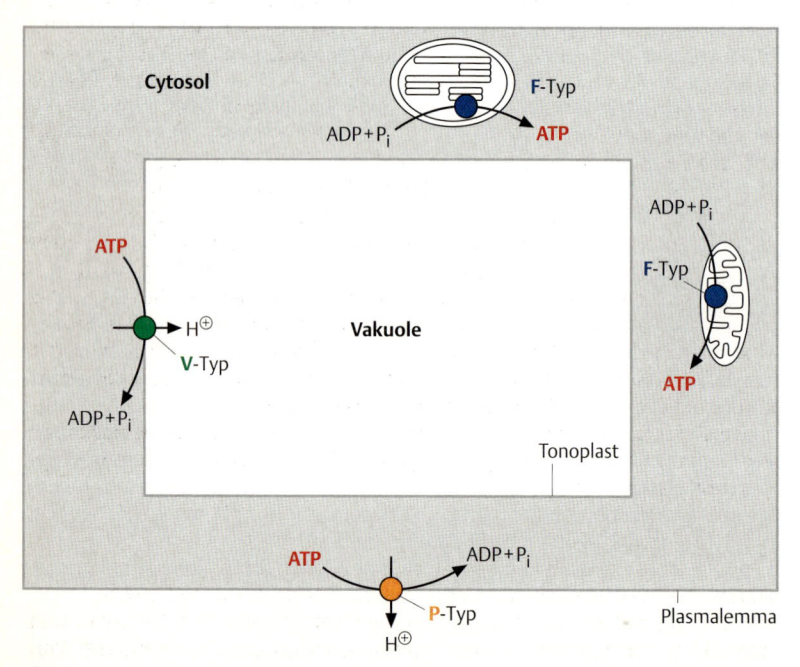

Abb. 2.9 Typen von Protonenpumpen und ihre Lokalisierung in der Pflanzenzelle. Weitere Erläuterungen im Text bzw. in Box 2.**2**.

steigen kann, wird in der Regel von den einströmenden K$^\oplus$-Ionen auf das bei Pflanzen typische Ruhepotential zwischen –150 und –250 mV reduziert. Beim **Aktionspotential** (S. 566 f.) führt eine plötzliche drastische Erhöhung der Cl$^\ominus$-Permeabilität zu einem Cl$^\ominus$-Efflux, der das Plasmalemma vorübergehend umpolarisiert.

2.5 Cytoskelett

Außer den Biomembranen finden sich in den Zellen aller daraufhin untersuchten Eukaryonten mehr oder weniger langgestreckte, röhrenförmige oder fibrilläre Proteine. Sie sind für die Ausbildung bzw. Stabilisierung der cytoplasmatischen Strukturen verantwortlich und werden daher insgesamt als Cytoskelett bezeichnet. Außerdem verursachen bzw. steuern sie intrazelluläre Bewegungsvorgänge.

Die Mikrotubuli bestehen aus 13 Protofilamenten, die aus α- und β-Tubulin zusammengesetzten Heterodimeren aufgebaut sind. Die Protofilamente bilden eine relativ starre Röhre. Diese kann offenbar durch Verkürzung oder Verlängerung Bewegungen verursachen, dient in der Regel aber eher als Schiene oder Widerlager für Motorproteine und kontraktile Strukturelemente. Die Mikrotubuli weisen ein Plus- und ein Minus-Ende auf. Am Plus-Ende werden sie durch Assoziation weiterer Heterodimere verlängert oder unter deren Dissoziation verkürzt. Die Minus-Enden sind in den Mikrotubulus organisierenden Centren (MTOCs) verankert. Sie sind mit Mikrotubulus-assoziierten Proteinen vergesellschaftet, zu denen die Kinesine und die Dyneine gehören. Diese sind Motorproteine, die sich an den Mikrotubuli entlang bewegen.

Die Mikrofilamente bestehen im wesentlichen aus Actin, dessen Monomere (G-Actin) unter Spaltung von ATP zu fibrillärem F-Actin polymerisieren. Auch die F-Actin-Filamente weisen eine strukturelle und funktionelle Polarität auf. Ihre Verlängerung erfolgt durch Addition von G-Actin an das Plus-Ende, das jedoch in diesem Falle in den Bildungszentren fixiert ist. Actin-assoziierte Proteine steuern die Struktur und Funktion der Mikrofilamente. Zusammen mit Myosin bilden sie das Actomyosin-System, das für Gestaltveränderungen, locomotorische und intrazelluläre Bewegungen verantwortlich ist.

Eine Sonderstellung nehmen die Centrine ein, die zu schnellen Bewegungen (Verkürzung auf 50 % in 20 ms) befähigt sind. Ihre Extension erfolgt allerdings wesentlich langsamer.

2.5.1 Mikrotubuli

Mikrotubuli sind, wie der Name erkennen läßt, röhrenförmige Strukturen mit einem Durchmesser von etwa 27 nm. Die Vermessung von Querschnitten (Abb. 2.**10A**) hat ergeben, daß der helle Innenraum einen Durchmesser von etwa 19 nm hat und von einer ringförmigen, etwa 4 nm breiten, dunklen Wand umgeben ist. Folglich erscheint im Längsschnitt (Abb. 2.**10B**) der helle Innen-

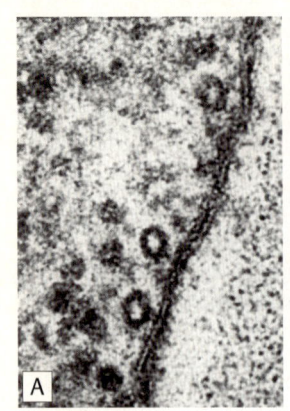

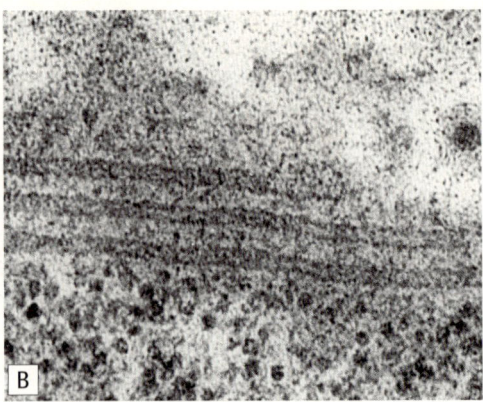

Abb. 2.10 *Beta vulgaris* (Rübe). Mikrotubuli aus einer Blattparenchymzelle, in der Nähe des Plasmalemmas verlaufend. In **A** quer getroffen, in **B** längsgeschnitten. Die Mikrotubuli treten bei diesem Objekt meist in Gruppen auf und sind parallel zur Zellwand orientiert. Im Cytoplasma zahlreiche Ribosomen. Fixierung: Glutaraldehyd/OsO$_4$, Vergr. **A** 150 000fach, **B** 100 000fach (Originalaufnahmen: K. Kowallik).

raum von zwei dunklen Linien begrenzt. Bei Pflanzenzellen wurden Mikrotubulus-Längen zwischen 2,5 und 30 µm gemessen. Die Wand der Mikrotubuli besteht aus Untereinheiten von 100 kDa, die Heterodimere aus zwei ähnlichen, aber nicht identischen globulären Proteinen von etwa 50 kDa darstellen. Sie werden als α- und β-Tubulin bezeichnet, von denen ersteres aus 450, letzteres aus 445 Aminosäureresten besteht. Die Tubuline sind recht konservative Proteine, d. h. ihre Zusammensetzung ist bei allen daraufhin untersuchten Klassen von Organismen ähnlich. Dies läßt darauf schließen, daß sie schon zu einem sehr frühen Zeitpunkt der Biogenese entstanden und seither weitgehend unverändert erhalten geblieben sind. Allerdings gibt es sowohl vom α- als auch vom β-Tubulin mehrere Isotypen, die sich in der Primärstruktur des carboxyterminalen Endes unterscheiden. Verschiedene Isotypen finden sich nicht nur bei verschiedenen Organismen, sondern auch in verschiedenen Geweben derselben Pflanze. Möglicherweise unterscheiden sich manche Isotypen auch funktionell. Die Tubulindimere sind in meist 13 parallel zur Längsachse verlaufenden Reihen (Protofilamenten) angeordnet und so gegeneinander verschoben, daß eine flache Schraube mit einer Steigung von etwa 10 Grad entsteht (Abb. 2.**11**). Infolge ihrer Röhrenform sind die Mikrotubuli verhältnismäßig starre Gebilde. Jeder Mikrotubulus besitzt ein Plus- und ein Minus-Ende. In der Frage, ob das Plus-Ende der Mikrotubuli von den α- oder β-Untereinheiten gebildet wird, gehen die Ansichten noch auseinander. Es spricht jedoch vieles dafür, daß die β-Untereinheit das exponierte Ende abschließt (Abb. 2.**11**).

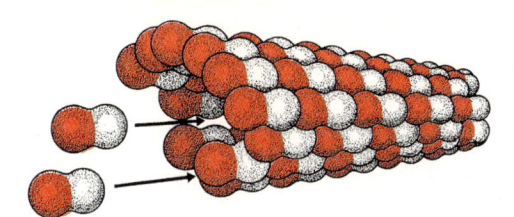

Abb. 2.11 Rekonstruktionszeichnung eines Mikrotubulus. Die Tubulindimere (β-Tubulin rot) sind in 13 Protofilamenten angeordnet, die parallel zur Längsachse des Mikrotubulus laufen. Im Vordergrund assoziierendes Plus-Ende.

Mikrotubulus-organisierende Centren (MTOCs): Die Mikrotubuli sind in besonderen Strukturen, den **Mikrotubulus-organisierenden Centren (MTOCs)**, verankert. Diese sind auch die Bildungsstellen neuer Mikrotubuli. Sie bestehen aus einigen spezifischen Proteinen, von denen eines ein weiterer Tubulin-Typ, das γ-**Tubulin** ist. Dies ist wahrscheinlich die Verankerungsstelle der Mikrotubuli. Zu den MTOCs zählen die Centrosomen und die Basalkörper der Geißeln. Es gibt aber auch weniger deutlich strukturierte MTOCs, wie das Beispiel der Polkappen (S. 126) zeigt. Daneben existieren in den Zellen höherer Pflanzen auch diffuse MTOCs, insbesondere in dem an die Kernhülle grenzenden Cytoplasma sowie in den corticalen Bereichen des Cytoplasmas, also am Plasmalemma.

> Die Mikrotubuli zeigen eine **dynamische Instabilität**, d. h. sie können durch Assoziation von Tubulindimeren an das Plus-Ende wachsen oder sich durch Dissoziation verkürzen; bei der Steuerung dieser Prozesse spielt GTP eine entscheidende Rolle.

Jedes Tubulin-Monomer bindet ein Guanin-Nucleotid, das beim α-Tubulin nicht austauschbar ist (die Nucleotid-Bindungsstelle wird hier als N bezeichnet), wohl aber beim β-Tubulin (hier wird die Bindungsstelle als E bezeichnet). GTP an der E-Position ist für die Assoziation der Dimere und somit für das Wachstum der Mikrotubuli erforderlich. Unter Hydrolyse zu GDP erfolgt die Addition des Dimers an das Ende. Die Stabilität dieses Systems wird durch eine sogenannte GTP-cap gewährleistet, d. h. durch die Bindung von GTP an die endständige β-Untereinheit. Es hat sich gezeigt, daß eine einzige GTP-Tubulin-cap pro Protofilament zur Stabilisierung des Mikrotubulus-Endes ausreicht. Geht die GTP-cap verloren, kommt es zu einer Dissoziation der Mikrotubuli in die Dimeren. Calcium-Konzentrationen $> 10^{-7}$ M fördern die Depolymerisation, wobei offenbar **Calmodulin**, ein Calcium-bindendes Protein, eine Kontrollfunktion ausübt. **Colchicin**, das Hauptalkaloid von *Colchicum autumnale* (Herbstzeitlose), bindet an Tubulin, wodurch die Aggregation der Dimeren und damit die Bildung der Mikrotubuli verhindert wird, während **Taxol**, ein tetracyclisches Diterpen aus *Taxus* (Eibe), die Mikrotubuli stabilisiert und die Assoziation der Dimere begünstigt.

Ob die Verkürzung oder Verlängerung der Mikrotubuli Bewegungen und Gestaltveränderungen zu verursachen mag, wie dies für den Transport der

Chromosomen in der Anaphase (S. 128) angenommen wird, ist nicht mit absoluter Sicherheit erwiesen. Im typischen Fall kommen intrazelluläre Bewegungen durch Interaktionen zwischen Mikrotubuli und Mikrofilamenten (s. unten) zustande. Dabei haben die Mikrotubuli eher die Funktion eines Widerlagers, an dem die Mikrofilamente die Kraftübertragung vornehmen. Die schlagenden bzw. rotierenden Bewegungen der Cilien und Geißeln werden dadurch hervorgerufen, daß die Mikrotubulidupletts aneinander vorbeigleiten (S. 561 f.). Bei vielen Einzellern sind die Mikrotubuli im peripheren Bereich unterhalb des Plasmalemmas lokalisiert, was darauf schließen läßt, daß sie für die Ausbildung und Erhaltung bzw. Veränderung der Gestalt der Zellen verantwortlich sind. Bei höheren Pflanzen wird die Teilungsebene bei der Zellteilung sowie die Orientierung der Cellulosefibrillen der Zellwand bei deren Ablagerung durch Mikrotubuli gesteuert.

Mikrotubuli-assoziierte Proteine (MAPs): Mit den Mikrotubuli sind weitere Proteine assoziiert, die kurz als MAPs bezeichnet werden und die für die Funktionen der Mikrotubuli erforderlich sind. Neben dem relativ kleinmolekularen (ca. 60 kDa) τ-Faktor (sprich Tau-Faktor), der wahrscheinlich in die Mikrotubuli eingebaut wird, wurden höhermolekulare (250–350 kDa) Proteine nachgewiesen, die seitlich von den Mikrotubuli abstehen und sie mit anderen Zellstrukturen, z. B. Membranen, verbinden können.

> Für Bewegungsvorgänge sind besondere Mikrotubuli-assoziierte Motormoleküle, die Kinesine und die Dyneine, verantwortlich, die als ATPasen wirksam sind und die bei der ATP-Hydrolyse verfügbar werdende chemische Energie unter Konformationsänderung in kinetische Energie, d. h. Bewegungen entlang der Mikrotubuli, transformieren.

Die **Kinesine** weisen erhebliche Unterschiede in ihrer Molekülgröße auf (ca. 700–1700 Aminosäuren). Dementsprechend ist auch die Gestalt der Moleküle recht verschieden. Meist bestehen sie aus zwei leichteren und zwei schwereren Ketten mit 2 oder 4 globulären Köpfen. Allen Kinesinen gemeinsam ist das Vorhandensein einer Motordomäne, in der sich die ATP-bindenden und die Mikrotubuli-bindenden Consensus-Sequenzen befinden. Nach deren Position unterscheidet man drei Typen: den aminoterminalen, den mittleren und den carboxyterminalen Typ. Die Motormoleküle bewegen sich nur in einer Richtung, entweder zum Plus- oder zum Minus-Ende der Mikrotubuli. Allerdings bilden letztere bei den Kinesinen die Ausnahme. Auch die Geschwindigkeit der Bewegungen variiert von Fall zu Fall. Es wurden 0,2–2,0 µm/s gemessen.

Die **Dyneine** sind ebenfalls mechanochemische Proteine mit ATPase-Aktivität. Sie sind hochmolekulare Komplexe, von denen das Dynein der Geißeln und Cilien am längsten bekannt ist. Es bildet die „inneren" und „äußeren" Arme an den Axonemen (S. 209). Es gibt jedoch auch cytoplasmatische Dyneine, die nicht so komplex sind. Sie erfüllen offenbar eine ganze Reihe zellulärer Funktionen: Chromosomen-Trennung, Bildung des Spindelapparates in

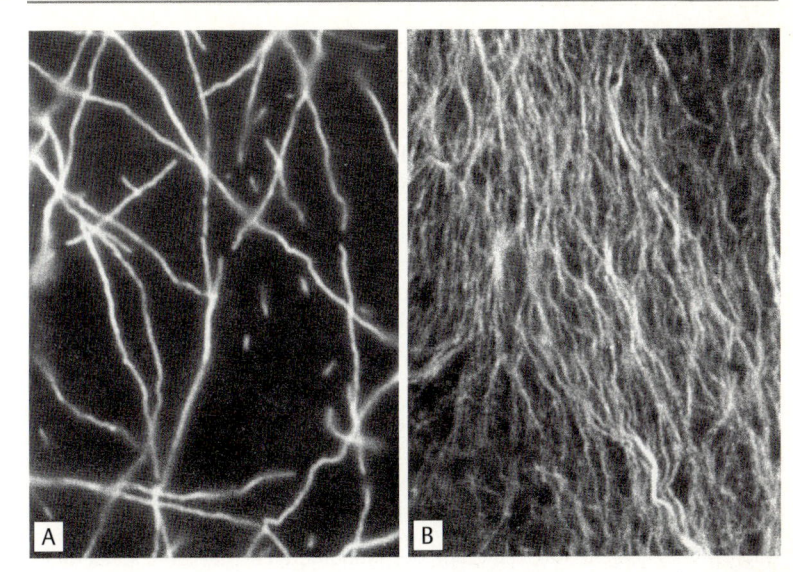

Abb. 2.**12** Immunfloreszenzdarstellung von Mikrotubuli und Actinfilamenten der Grünalge *Acetabularia cliftoni*. **A** Mikrotubuli aus dem peripheren Cytoplasma einer jungen Zyste. Vergr. 2200fach, **B** Actinfilamentbündel im Cytoplasma. Vergr. 2380fach (Originalaufnahmen: D. Menzel).

der Mitose, Kernwanderung, Positionierung der Golgi-Apparate u. a.. Die Dyneine sind durchweg Minus-Motoren, bewegen sich also zum Minus-Ende der Mikrotubuli.

2.5.2 Mikrofilamente

Im Gegensatz zu den Mikrotubuli sind die Mikrofilamente (Abb. 2.**12**) nur etwa 6 nm dick. Sie bestehen im wesentlichen aus **Actin**, einem Protein, dessen Monomere (auch als G-Actin bezeichnet) aus 376 Aminosäureresten bestehen und eine Molekülmasse von 42 kDa haben. Sie sind asymmetrisch und haben die Gestalt von Keilen (5,6·3,3·4 nm), die durch eine flache Rinne in zwei Lappen geteilt sind. Zwischen diesen liegt die Bindungsstelle für ATP. Außerdem besitzt jedes G-Actin eine Bindungsstelle für Ca^{2+} oder Mg^{2+}. Unter Spaltung von ATP polymerisieren die Monomeren zu fibrillärem F-Actin, wobei das ADP an die Monomeren gebunden bleibt. F-Actin besteht aus einem schraubig umeinander gewundenen Doppelstrang (Abb. 2.**13**). Ähnlich den Mikrotubuli weisen die Actinfilamente eine strukturelle und funktionelle Polarität auf. Die Verlängerung durch Anhängen weiterer Monomeren erfolgt überwiegend am Plus-Ende. Mit diesem Ende sind die Mikrofilamente an ihr Bildungszentrum gebunden. Im Gegensatz zu den Mikrotubuli erfolgt das

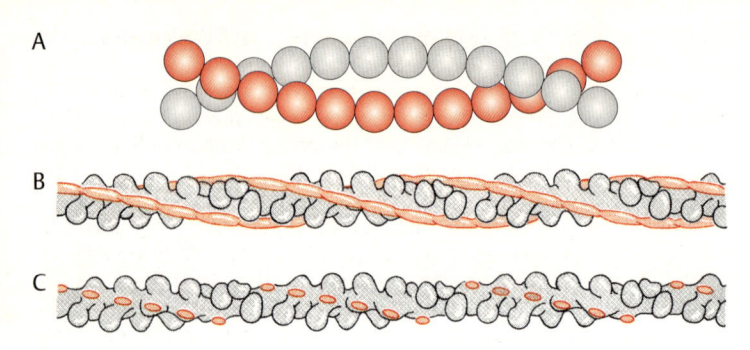

Abb. 2.13 Actin. A Modell eines aus G-Actin-Monomeren bestehenden, schraubig gewundenen F-Actin-Doppelstranges. **B** Dreidimensionale Darstellung eines F-Actin-Stranges aus Skelettmuskeln (grau), der von einer Tropomyosin-Doppelhelix (rot) umwunden ist, die sich räumlich in die von der Actin-Doppelhelix gebildeten Rille einfügt. **C** wie **B**, jedoch ohne Tropomyosin. Es sind die Tropomyosin-Bindungsstellen rot markiert (**B, C** nach Milligan u. Mitarb.).

Wachstum also nicht durch Addition der Monomeren an das freie, sondern an das fixierte Ende. Das Actin macht 5–10 % der zellulären Proteine einer Pflanzenzelle aus. In den Zellen der Eukaryonten sind auch **Actin-assoziierte Proteine** nachgewiesen worden, die verschiedene Funktionen haben. Hierzu zählen die Verlängerung der Actinfibrillen unter Hydrolyse von ATP, die Begrenzung der Filamente in ihrer Länge, ihre Stabilisierung bzw. Destabilisierung beim Abbau, ihre Bündelung und ihre Verbindung zu einem dreidimensionalen Netz, was zu einer Viskositätserhöhung des Cytoplasmas führt.

In diesem Zusammenhang ist das **Myosin** zu nennen, eine durch Actin aktivierte ATPase, die mit diesem zusammen das Actomyosin-System bildet. Es spielt eine wichtige Rolle bei der Regulation der Kontraktionszyklen der quergestreiften Muskulatur. Unter Assoziation mit Troponin zu Tropomyosin lagert es sich an die Actinfilamente an (Abb. 2.13 B, C). Da sich das Myosin leicht aus Muskeln isolieren läßt, wurde es sehr genau untersucht und charakterisiert. Lange Zeit war sein Vorkommen in Pflanzenzellen zweifelhaft. Inzwischen wurde es jedoch auch in diesen eindeutig nachgewiesen. Es ist wahrscheinlich, daß die durch Mikrofilamente verursachten Gestaltveränderungen sowie die locomotorischen und intrazellulären Bewegungen auf einem ähnlichen Mechanismus beruhen wie bei den Muskelzellen, d. h. daß die Actinfilamente sich mit den Myosinfilamenten verbinden (Abb. 2.13 B) und unter ATP-Verbrauch an diesen entlanggleiten. Jedenfalls ist die Regulation von Bewegungsvorgängen durch Calcium-Ionen auch bei Nicht-Muskelzellen nachgewiesen worden. Als Bildungsorte und Anheftungspunkte dürften in diesen Fällen wohl die Plasmamembranen fungieren.

Durch das Antibiotikum Cytochalasin B, das spezifisch auf das Actomyosinsystem wirkt, können die durch Mikrofilamente verursachten Bewegungsvorgänge und Gestaltsveränderungen gehemmt werden. Nach Entfernen des Cytochalasins werden die Bewegungen wieder aufgenommen.

In ihrer chemischen Zusammensetzung gleichen sich, soweit bekannt, Actin und Myosin aus Muskelzellen und Nicht-Muskelzellen weitgehend. Offenbar sind diese beiden Proteine, gleich dem Tubulin der Mikrotubuli, phylogenetisch sehr alte Moleküle, was darauf schließen läßt, daß sich die Muskelbewegungen aus primitiven Formen der Zellbewegung entwickelt haben. Die Untersuchung der Nucleotid- bzw. Aminosäuresequenzen hat ergeben, daß eine größere Anzahl verschiedener Actinmoleküle in einer Pflanze existiert, als ursprünglich angenommen wurde. So finden sich bei *Arabidopsis* mindestens zehn Actinsequenzen im Genom, die bei der Expression eine entsprechende Anzahl von Isotypen bilden, die sich in ihrer Aminosäuresequenz geringfügig unterscheiden. Bei der Sojabohne konnte gezeigt werden, daß die Grundorgane Sproßachse, Blatt und Wurzel verschiedene Isotypen des Actins enthalten.

2.5.3 Centrine

Eine Sonderstellung nehmen die Centrine ein. Sie sind Calcium-bindende Proteine, die sich innerhalb von weniger als 20 ms um etwa 50 % verkürzen und auf diese Weise sehr rasche (Shock) Bewegungen verursachen können. Ihre M_r liegen zwischen 16 und 22 kDa, und in ihrer Primärstruktur weisen sie zwischen 45 und 48 % Homologie zu anderen Calcium-bindenden Proteinen, z. B. Calmodulin, auf. Ihre Kontraktion erfolgt offenbar durch eine Konformationsänderung, die zu einer Aufschraubung (supercoiling) führt, unterscheidet sich also grundsätzlich von dem oben beschriebenen Gleitmechanismus. Sie ist infolgedessen ATP-unabhängig und wird lediglich durch die Bindung von Ca^{2+}-Ionen ausgelöst. Die Extension auf die ursprüngliche Länge erfolgt relativ langsam (einige Sekunden bis eine Stunde). Hierbei werden die Ca^{2+}-Ionen wieder entfernt, wozu allerdings ATP nötig ist. Für den wiederholten Ablauf des Kontraktions-Extensions-Zyklus ist also die Phosphorylierung und anschließende Dephosphorylierung des Proteins erforderlich. Centrine scheinen in allen eukaryotischen Zellen vorzukommen. Sie sind z. B. Bestandteil der Basalkörper und Geißelwurzeln der Flagellaten, der Centrosomen und anderer Zellbestandteile.

Zusammenfassung

- Die Lebensvorgänge sind an ein Substrat gebunden, das wir als Protoplasma bezeichnen. Sein Wassergehalt beträgt 60–90 %. Die Trockensubstanz besteht etwa zur Hälfte aus Proteinen, die andere Hälfte aus Lipiden, Kohlenhydraten, Nucleinsäuren, Ionen u. a. Substanzen, deren Anteil von Fall zu Fall verschieden ist.

- Das Wasser zeichnet sich vor anderen Dihydriden durch seinen hohen Schmelz- und Siedepunkt sowie durch seine hohe Wärmekapazität, Elektrizitätskonstante, Oberflächenspannung, molare Verdampfungswärme und seine Dichteanomalie aus. Diese Eigenschaften sind darauf zurückzuführen, daß ein großer Teil der Wassermoleküle durch Wasserstoffbrückenbindungen untereinander vernetzt ist. Infolge des Dipolcharakters der Wassermoleküle bilden sich in der Umgebung von Ladungsträgern Hydrathüllen aus.

- Das Protoplasma kann sowohl in sol- als auch in gelartigen Zuständen vorliegen, die ineinander übergehen können. Je nach pH-Wert und Ionenmilieu ändert sich sein Quellungszustand, der bei Pflanzen vor allem durch den Ionenantagonismus zwischen $K^{\oplus}$- und $Ca^{2\oplus}$-Ionen reguliert wird.

- Das Protoplasma ist durch Biomembranen in Kompartimente unterteilt. Nach dem Fluid-mosaic-Modell bestehen die Membranen aus einem bimolekularen Lipoidfilm, dessen lipophile Pole einander zugekehrt sind. Die Proteine sind mit diesem entweder lose assoziiert, tauchen in ihn ein oder durchsetzen ihn in Querrichtung. Sie sind die Träger der spezifischen funktionellen Eigenschaften der Membranen.

- Die Biomembranen sind selektiv permeabel. Für die Permeabilität gelöster Stoffe sind deren Molekülgröße, Lipidlöslichkeit und elektrische Ladung ausschlaggebend. Der Durchtritt durch die Membran kann auf verschiedene Weise erfolgen: durch freie Diffusion, durch katalytische Permeation oder durch aktiven Transport.
  1. Auf dem Weg der freien Diffusion können nur sehr kleine Moleküle (M_r < 75) die Membran passieren. Sie erfolgt ausschließlich in Richtung des Konzentrationsgefälles bzw. des elektrochemischen Gradienten.
  2. Die katalytische Permeation ist eine erleichterte Diffusion größerer Moleküle bzw. Ionen mit Hilfe von Kanälen, die als Tunnelproteine die Membran quer durchsetzen und einen hydrophilen Weg durch die hydrophobe bimolekulare Lipoidschicht bilden. Sie sind selektiv, doch ist ihre Leistungsfähigkeit wegen der verfügbaren Anzahl von Bindungsstellen begrenzt. Die Richtung des Transportes entspricht der der freien Diffusion. Aquaporine sind transmembrane Kanäle für einen Hochleistungstransport von Wassermolekülen.
  3. Der aktive Transport von Ionen und ungeladenen Molekülen erfolgt gegen den chemischen bzw. elektrochemischen Gradienten mit Hilfe von Translokatoren (Carriern), die substratspezifische Bindungsstellen besitzen. Hierzu wird Energie benötigt. Ein primär aktiver Transport liegt vor, wenn die Energie durch Spaltung von ATP bereitgestellt wird. Eine zentrale Rolle bei der Energetisierung des Membrantransportes spielt die proton motive force (pmf), die sich aus einem transmembranen pH-Gradienten und dem Membranpotential zusammensetzt. Sie wird entweder durch die Elektronentransportkette der Photosynthese bzw. die At-

mungskette erzeugt oder durch Protonenpumpen, das sind „rückwärts" laufende ATPasen. Der einwärts gerichtete Protonenstrom kann zu einem sekundär aktiven Transport von Substraten in die Zelle genutzt werden, was als Symport bezeichnet wird. Die Kopplung mit einem entgegengesetzten Transport nennt man Antiport. Verursacht das Membranpotential einen Substrattransport in die Zelle, spricht man von einem Uniport.

- Das Cytoskelett besteht aus den Mikrotubuli, den Mikrofilamenten sowie Motorproteinen. Es ist für die Ausbildung bzw. Stabilisierung der cytoplasmatischen Strukturen sowie intrazellulärer Bewegungsvorgänge verantwortlich.
  1. Die Mikrotubuli haben einen Durchmesser von 27 nm und bestehen im typischen Falle aus 13 in Längsrichtung verlaufenden Protofilamenten. Diese entstehen durch Aneinanderreihung von Heterodimeren, die aus α- und β-Tubulin-Untereinheiten zusammengesetzt sind. Mit ihren Minus-Enden sind sie in den Mikrotubulus-organisierenden Centren (MTOCs) verankert. An den Plus-Enden werden sie durch Assoziation weiterer Tubulin-Heterodimere verlängert oder durch deren Dissoziation verkürzt. Sie sind mit Mikrotubulus-assoziierten Proteinen vergesellschaftet. Hierzu zählen das kleinmolekulare τ-Protein sowie höhermolekulare Proteine, durch die die Mikrotubuli mit anderen Zellstrukturen verbunden werden können. Außerdem sind sie mit besonderen Motormolekülen, den Kinesinen und Dyneinen, assoziiert, die als ATPasen wirksam sind und sich unter Hydrolyse von ATP an den Mikrotubuli entlang bewegen.
  2. Die Mikrofilamente bestehen im wesentlichen aus Actin. Seine als G-Actin bezeichneten Monomere können unter Hydrolyse von ATP fibrilläres F-Actin bilden. Ähnlich den Mikrotubuli besitzen sie ein Plus- und ein Minus-Ende, doch ist das Plus-Ende, an dem die Verlängerung der Filamente erfolgt, in deren Bildungszentren fixiert. Zusammen mit dem Myosin bilden sie das Actomyosin-System, das, insbesondere durch Interaktionen mit den Mikrotubuli, für Gestaltveränderungen, locomotorische und intrazelluläre Bewegungen verantwortlich ist. Actin-assoziierte Proteine steuern sowohl strukturelle Veränderungen als auch die Funktion der Mikrofilamente.
  3. Außer den bereits genannten Motorproteinen der Mikrotubuli und Mikrofilamente sind die Centrine bei den Eukaryonten allgemein verbreitet. Sie sind zu sehr schnellen Bewegungen (Verkürzung auf 50% in 20 ms) befähigt. Diese sind, im Gegensatz zu den Bewegungen der vorgenannten Motorproteine, ATP-unabhängig. Sie werden durch Bindung von $Ca^{2\oplus}$-Ionen ausgelöst. Die Erholungsvorgänge dauern wesentlich länger (Sekunden bis zu 1 Stunde). Dabei werden die $Ca^{2\oplus}$-Ionen wieder abgelöst, wozu allerdings ATP benötigt wird.

- Die Ausbildung komplexer, funktionsspezifischer Strukturen ist ein entscheidender Schritt in der Biogenese gewesen. Man nimmt an, daß die Vorläufer der Lebewesen, die Protobionten, durch Entmischung und Anreicherung von Proteinen im Urmeer entstanden sind. Nach Ausbildung von Membranen und einfachen Enzymen dürften die Apparate zur Energieerzeugung, Informationsübertragung, Reizaufnahme und Bewegung entstanden sein.

Zelle

Wenn wir das Protoplasma als Substrat der Lebensvorgänge bezeichnen, so heißt das nicht, daß jeder beliebig kleine Anteil davon als „lebend" anzusehen ist. Die kleinste selbständig lebensfähige morphologische Einheit ist der Protoplast, d. h. der plasmatische Inhalt einer Zelle. Zwar können das Protoplasma und seine Strukturelemente unter entsprechenden Versuchsbedingungen auch außerhalb des Organismus noch gewisse biochemische Leistungen vollbringen, doch ist die Fähigkeit zur Steuerung und Koordinierung dieser Vorgänge an die Organisationsform der Zelle gebunden. Wird sie zerstört, oder werden ihre Grundorganellen aus ihr entfernt, verliert sie die Fähigkeit zum Leben. Unsere Vorstellungen von der Evolution der Zelle sind noch weitgehend hypothetisch. Man nimmt an, daß die Vorläufer der ersten Einzeller, die Protobionten bzw. Eobionten, das benötigte organische Material aus der Ursuppe erhielten. Die erforderliche Energie wurde wahrscheinlich durch Urglykolyse erzeugt. Mit zunehmender Erschöpfung der Glucose wurden Wege zur Nutzung der Lichtenergie entwickelt, und zwar zunächst die anoxygene Photosynthese und mit der Entstehung der Cyanobakterien die oxygene. Die einen Zellkern enthaltenden Eucyten sind erst vor 1,4–1,5 Milliarden Jahren entstanden, die Vielzeller vor etwa 1 Milliarde Jahren.

Die Pflanzenzelle ist von einer Zellwand umgeben, die bei den höheren Pflanzen aus Cellulose, bei den niederen Pflanzen auch aus anderen Polysacchariden besteht. An diese grenzt die Zellmembran, das Plasmalemma. Die Hauptmasse des Protoplasten macht das Grundplasma aus, das zahlreiche Einschlüsse verschiedener Natur enthält.

Die Zellorganellen sind im typischen Fall von zwei Biomembranen umgeben. Da sie sowohl DNA als auch RNA enthalten, sind sie zu einer eigenständigen, wenn auch begrenzten Proteinsynthese befähigt und besitzen Kontinuität, d. h. sie werden von Zelle zu Zelle weitervererbt. Organellen im Sinne dieser Definition sind:
1. Der Zellkern, der die überwiegende Menge der genetischen Information enthält und das genetische Steuerzentrum der Zelle darstellt.
2. Die Mitochondrien, die als „Kraftwerke" der Zelle durch den Abbau organischer Substanzen Energie erzeugen, darüber hinaus aber auch die Ionenzusammensetzung des Cytoplasmas regulieren.
3. Die Plastiden, von denen die Chloroplasten den Photosynthese-Apparat enthalten, die Leukoplasten Speicherfunktion haben und die Chromoplasten zur Färbung von Pflanzenteilen, z. B. Blüten und Früchten, beitragen.

3.1 Evolution der Zelle

Zahlreiche Autoren nehmen an, daß die ersten „echten" Einzeller, die **Procyten**, mit dem Protobionten durch eine Übergangsform verbunden sind, die als **Eobiont** bezeichnet wird. Man stellt sich vor, daß dieser bereits zelluläre Individualität besaß, aber noch wesentlich einfacher organisiert war, z. B. ausschließlich RNA als Informationsspeicher und -überträger benutzte. Bisher ging man davon aus, daß die Procyten eine prokaryotische Zellorganisation (S. 196 ff.) besaßen, die etwa der der heute lebenden anaeroben Bakterien der Gattung *Clostridium* vergleichbar ist. Seit der Entdeckung der Archaebakterien (methanogene Bakterien, Halobakterien u. a.), die sich in ihrer Lebensweise, ihrem Stoffwechsel und ihrer chemischen Zusammensetzung ganz erheblich von den Eubakterien unterscheiden, werden jedoch auch andere Möglichkeiten diskutiert.

So sind insbesondere die methanogenen Bakterien den hypothetischen Procyten insofern ähnlich, als sie an Lebensbedingungen (kein O_2, viel CO_2 und H_2 neben NH_3, H_2S, Zuckern und Aminosäuren) angepaßt sind, wie man sie für die frühe Erdgeschichte zur Zeit der Entstehung des Lebens annimmt. Wie die Urformen der Lebewesen tatsächlich ausgesehen haben, wissen wir allerdings nicht, da Fossilien von ihnen nicht existieren.

Zunächst erhielten die Protobionten und wahrscheinlich auch die Eobionten das notwendige organische Material ausschließlich aus der Ursuppe. Infolge der abnehmenden Außenkonzentration der meisten Biomere durch Einbau in die Ureinzeller wurde die offenbar in größerer Menge vorhandene Glucose das Hauptsubstrat für die ersten synthetischen Prozesse und, nach Entwicklung der Urglykolyse, für die Energieerzeugung. Bei einem angenommenen Erdalter von 4,6 Milliarden Jahren hat diese Entwicklung wahrscheinlich vor 3,5 Milliarden Jahren begonnen. Nachdem auch die im Urmeer vorhandene Glucose weitgehend aufgebraucht war, mußte die Photosynthese „erfunden" werden, und zwar zunächst die Photosynthese vom anoxygenen Typus, wie wir sie heute noch bei den photosynthetischen Bakterien (S. 355 ff.) finden.

Die ersten photosynthetischen Organismen entstanden wahrscheinlich ebenfalls schon vor mehr als 3 Milliarden Jahren. Als Wasserstoff- bzw. Elektronendonator der **anoxygenen Photosynthese** hat wohl überwiegend Schwefelwasserstoff Verwendung gefunden, der in relativ großer Menge vorhanden war. Etwa gleichzeitig mit der Photosynthese dürfte der Mechanismus der Fixierung elementaren Stickstoffs entstanden sein, der auch heute noch ausschließlich auf Prokaryonten beschränkt ist (S. 377 f.). Ob es zu dieser Zeit in begrenzten Arealen auch schon O_2-produzierende phototrophe Mikroorganismen gab, wie aus gewissen geologischen Befunden geschlossen wird, ist nicht sicher.

Vor etwa 2,3 Milliarden Jahren sind dann die ebenfalls zu den Prokaryonten zählenden Cyanobakterien (= Cyanophyceen) entstanden, die, wie wir aus

Fossilienfunden wissen, in ihrer Organisation unseren heutigen Formen recht ähnlich waren. Sie betrieben bereits **oxygene Photosynthese,** nutzten also Wasser als Wasserstoff- bzw. Elektronendonator, was zur Bildung elementaren Sauerstoffs führte (S. 316). Infolgedessen verlor die Erdatmosphäre allmählich ihren reduzierenden Charakter und reicherte sich mit Sauerstoff an. Da die zur Fixierung des Stickstoffs notwendigen Enzyme sauerstoffempfindlich sind, war eine Stickstoffixierung nur noch in einem weitgehend anaeroben Milieu möglich, sofern sie nicht, wie bei den Nostocaceae, auf bestimmte, von Sauerstoff freigehaltene Zellen (Heterocysten, S. 193) beschränkt wurde. Die obligaten Anaerobier (Anaerobionten, S. 353) wurden hierdurch in begrenzte, weitgehend von Sauerstoff freie Areale zurückgedrängt. Zugleich entwickelten die Cyanobakterien jedoch auch die Fähigkeit, die durch Photosynthese gebildeten Substanzen unter Verwendung des elementaren Sauerstoffs auf dem Wege der aeroben Respiration (S. 360 ff.) zu oxidieren und hieraus die im organischen Substrat fixierte Energie zurückzugewinnen. Die Cyanobakterien haben somit in der Evolution entscheidende Fortschritte gegenüber den anderen Bakterien gemacht.

Die **Eucyten,** d. h. zunächst die eukaryotischen Einzeller (S. 208 f.), sind erst vor etwa 1,5 – 1,4 Milliarden Jahren entstanden. Sie waren von Anfang ihrer Entwicklung an Aerobier (Aerobionten). Der hochentwickelte Apparat zur Übertragung und Realisierung der genetischen Information einerseits und die wahrscheinlich sehr früh entwickelte sexuelle Fortpflanzung andererseits hatten zur Folge, daß sich in verhältnismäßig kurzer Zeit eine große Anzahl verschiedener Arten entwickelte, was vor etwa 1 Milliarde Jahren zur Evolution der ersten Vielzeller führte.

Hinsichtlich der Entstehung der den Eucyten eigenen Organellen gehen die Ansichten weit auseinander. Die Vertreter der **Zellkompartimentierungshypothese** gehen davon aus, daß mit der Kompartimentierung des Informationsapparates in Gestalt des Zellkernes auch der Photosynthese- und der Atmungsapparat in besondere Kompartimente, die Chloroplasten und Mitochondrien, eingeschlossen wurden (intrazelluläre Differenzierung). Eine Alternative hierzu ist die **Endosymbiontenhypothese.** Danach leiten sich die Mitochondrien und Plastiden von prokaryotischen Organismen, also Bakterien und Cyanobakterien, ab, die im Laufe der phylogenetischen Entwicklung in die Eucyten eingedrungen sind und hier gewissermaßen domestiziert wurden. Wesentliche Argumente für diese Hypothese werden später ausführlicher besprochen (S. 90 f., 105 f.). Auch für Mikrotubuli, Centrosomen und Geißeln wird eine ähnliche Herkunft diskutiert.

3.2 Cytoplasma

Das Cytoplasma erscheint im Lichtmikroskop meist homogen, seltener granulär. Außer den bereits besprochenen Elementen des Cytoskeletts und den verhältnismäßig beständigen und weitgehend selbständigen Organellen wie Zellkern, Plastiden und Mitochondrien enthält es stark veränderliche Strukturen, deren Anzahl und Ausdehnung weitgehend vom physiologischen Zustand der Zelle abhängt. Sie sind nachfolgend aufgeführt:

1. Das endoplasmatische Reticulum (ER), ein das Cytoplasma durchziehendes, von einer einfachen Biomembran umgebenes, sich ständig veränderndes System meist flacher Hohlräume, das sowohl Ort von Synthesen als auch Teil des intrazellulären Transportsystems ist.
2. Der Golgi-Apparat umfaßt die Gesamtheit der Dictyosomen, die Stapel abgeflachter, ebenfalls von einer einfachen Biomembran umgebener Hohlräume (Zisternen) sind. Er ist, gleich dem ER, Ort von Synthesen und Teil des intrazellulären Transportsystems und steht mit dem ER in enger Wechselwirkung.
3. Microbodies, eine Sammelbezeichnung für runde bis ovale, von einer einfachen Membran umgebene Kompartimente verschiedener Funktion (z. B. Peroxisomen, Glyoxysomen).
4. Coated vesicles sind sehr kleine (ca. 0,1 µm Durchmesser), von einer Proteinhülle umgebene Einschlüsse, die ebenfalls dem Transport dienen.
5. Die Ribosomen bestehen aus RNA und Proteinen. Sie sind Ort der Proteinsynthese.

Den löslichen, nach Abzentrifugation der Organellen und Membranfraktionen verbleibenden Anteil des Cytoplasmas bezeichnet man als **Cytosol**.

3.2.1 Zellmembran und Plasmodesmen

Im meristematischen Zustand füllt das Cytoplasma mit seinen Einschlüssen die Zelle ganz aus (Abb. 3.1). Nach außen ist es durch eine Biomembran, das **Plasmalemma** (= Zellmembran), begrenzt, das der Zellwand eng anliegt (Abb. 3.2). In ihm sind Translokatoren lokalisiert, die den Eintritt bzw. Austritt von Ionen und anderen Substraten kontrollieren. Das Plasmalemma ist reich an Glykoproteinen. Bei den höheren Pflanzen sind die Protoplasten benachbarter Zellen durch **Plasmodesmen** verbunden, das sind von einer Plasmamembran umgebene Plasmastränge, die die Primärwände bzw. die Schließhäute der Tüpfel in den Sekundärwänden durchsetzen. Die primären Plasmodesmen werden bereits während der Zellteilung in der Zellplatte angelegt. Mit zunehmendem Flächenwachstum der Zellwände werden unter Auflösung der Wandsubstanz die sekundären Plasmodesmen ausgebildet. Die Durchtrittsstellen der Plasmodesmen sind mit Kallose ausgekleidet (Abb. 3.3C). Die Durchmesser der Plasmodesmen liegen zwischen 30 und 60 nm. Ihre Anzahl ist, je nach Zelltyp, verschieden. Sie kann bei manchen Zelltypen mehrere hundert pro μm^2 betragen, in anderen Fällen liegt sie deutlich unter hundert.

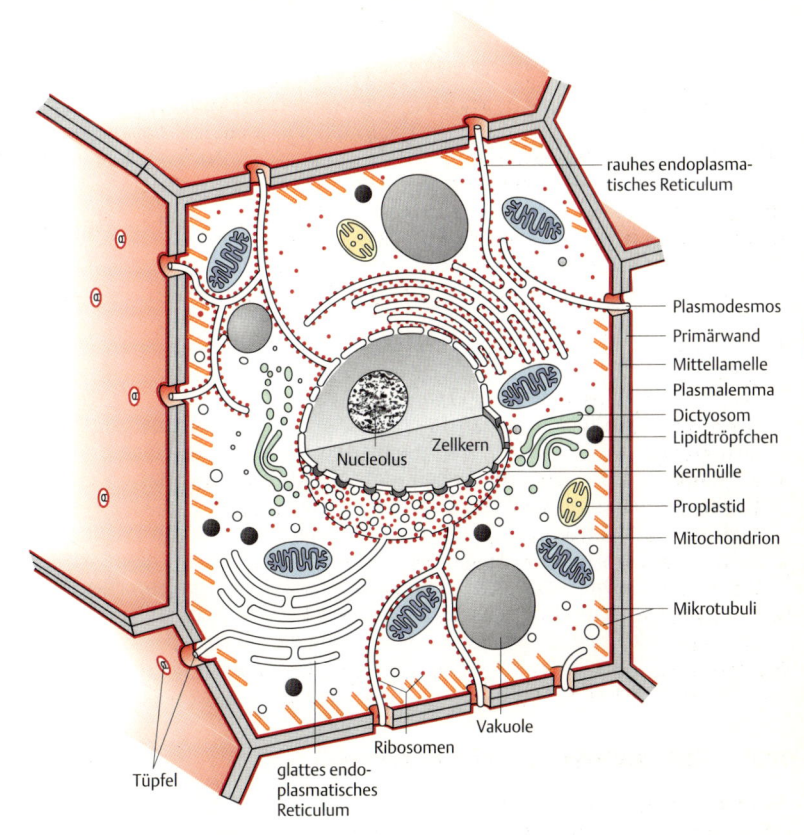

Abb. 3.1 Schematisches Raumdiagramm einer meristematischen Pflanzenzelle.

Infolge der Verbindung durch Plasmodesmen stellen die Zellen eines vielzelligen pflanzlichen Organismus eine physiologische Einheit dar, die man als **Symplast** bezeichnet und vom **Apoplasten** abgrenzt, wozu die Zellwand und Ausscheidungen des Protoplasten zählen.

Jeder Plasmodesmos wird von einem sogenannten **Desmotubulus** durchzogen, der an ER-Zisternen benachbarter Zellen grenzt (Abb. 3.**3 A**). Tatsächlich sind die Desmotubuli jedoch keine Röhren, wie der Name vermuten läßt, also keine Hohlstrukturen, sondern sie bestehen aus soliden Cytoskelettelementen. Diese sind mit den Proteinen der die Plasmodesmen auskleidenden Plasmamembran durch Proteine räumlich vernetzt (Abb. 3.**3 B, D**). Dadurch wird offenbar der offene Plasmodesmenkanal stabilisiert, zugleich aber die Größe der zu trans-

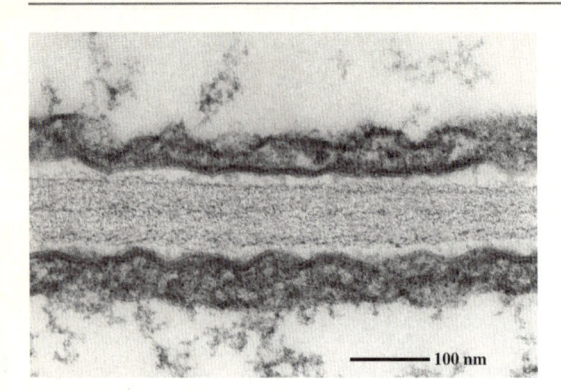

Abb. 3.2 Zellwand mit beiderseits angrenzendem Plasmalemma aus dem Blatt von *Helleborus niger*. Original-TEM-Aufnahme (s. Anhang): G. Wanner.

portierenden Moleküle begrenzt. Infolgedessen werden normalerweise nur Moleküle einer $M_r < 800$ durch den Raum zwischen Desmotubulus und der Plasmamembran transportiert, obwohl der Durchmesser der Plasmodesmen den Durchtritt größerer Moleküle gestatten würde.

Die Oberflächen der durch Biomembranen begrenzten Kompartimente lassen sich besonders gut mit der Gefrierbruchtechnik darstellen (Abb. 3.4). Bei dieser Technik wird das tiefgefrorene Objekt im Vakuum aufgebrochen und sofort (Gefrierbruch) oder nach Absublimieren von Eis (Gefrierätzung) mit Platin-Kohle bedampft. Dabei werden nicht selten die beiden Lipoidfilme einer Biomembran gespalten, so daß man auf deren Innenflächen (F-Flächen, also EF bzw. PF, S. 51) schaut.

3.2.2 Endoplasmatisches Reticulum

Als endoplasmatisches Reticulum (ER) bezeichnet man ein das Cytoplasma durchziehendes, von 5–6 nm dicken Biomembranen begrenztes, unregelmäßiges, vielfach kommunizierendes System von flachen Hohlräumen und Kanälen, die sich zu Zisternen erweitern können (Abb. 3.1). Es ist ständig in lebhafter Bewegung und Veränderung begriffen. Seine Ausdehnung hängt vom physiologischen Zustand der Zelle ab. Der von der Membran umschlossene Innenraum erscheint hell und ist wahrscheinlich von einer Flüssigkeit erfüllt, die sich in ihrer Zusammensetzung sehr wesentlich vom Cytosol unterscheidet.

Ist die Außenseite (P-Seite) des ER von Ribosomen bedeckt, spricht man von einem „rauhen" ER (rER, r von rough = rauh) und unterscheidet es von dem ribosomenfreien „glatten" ER-Typ (sER, s von smooth = glatt). Beide Typen (Abb. 3.1 und Abb. 3.5) können gleichzeitig in einer Zelle vorkommen. Die membrangebundenen, spiralig aufgerollten Polysomen (Abb. 3.10) sind Orte der Proteinsynthese. Außer integralen Membranproteinen werden hier sekretorische Polypeptide synthetisiert, die, im Gegensatz zu den an den freien Polysomen gebildeten cytoplasmatischen Proteinen, in den Innenraum des

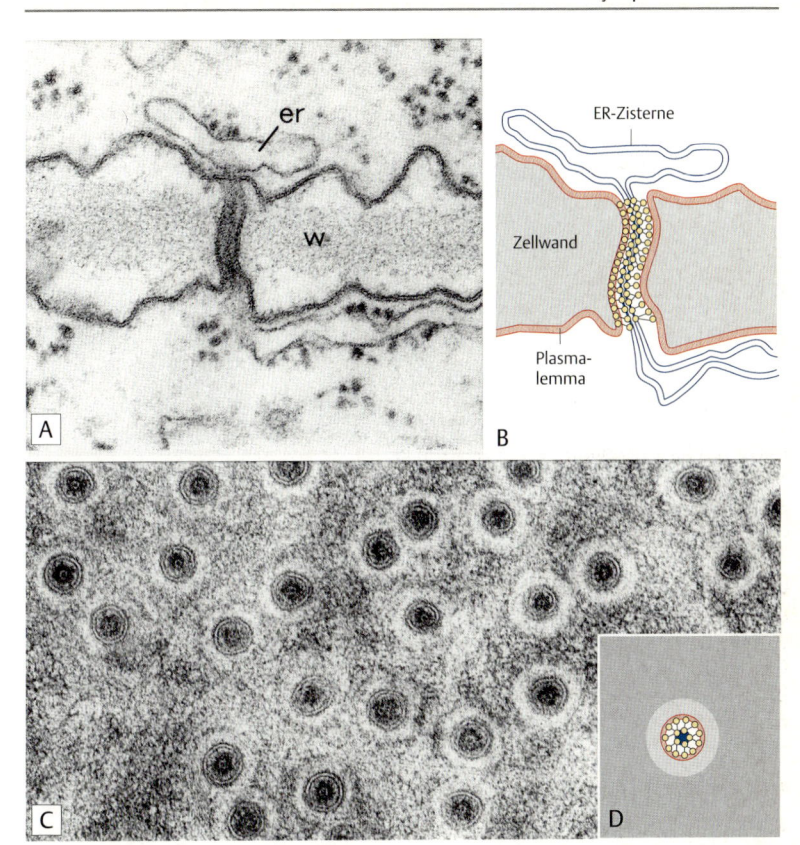

Abb. 3.3 Plasmodesmen. **A** TEM-Aufnahme eines Längsschnittes durch einen Plasmodesmos aus dem Haustorium von *Cuscuta odorata*. Die ER-Zisternen der benachbarten Zellen sind durch den sogenannten Desmotubulus verbunden. **B** Wie **A**, schematisch. Der zentrale „Desmotubulus"-Strang aus Cytoskelettelementen (blau) ist durch Proteine (gelb) mit den Proteinen (gelb) des Plasmalemmas (rot) verbunden. **C** Plasmodesmen aus dem primären Tüpfelfeld des Phloemparenchyms von *Metasequoia glyptostroboides* im Querschnitt. Jeder Plasmodesmos ist von einem hell erscheinenden Ring aus Kallose umgeben. **D** Einzelner Plasmodesmos, schematisch. Farbgebung wie **B**, Vergr. der TEM-Aufnahmen 86 000fach (Originalaufnahmen: R. Kollmann und Ch. Glockmann).

ER gelangen. Von dort werden sie, in kleine Vesikel verpackt, zu anderen Kompartimenten transportiert, z. B. den Dictyosomen, wo sie, ihrer Funktion entsprechend, modifiziert werden. Das glatte ER ist zu zahlreichen chemischen Umsetzungen befähigt, z. B. zur Synthese der Membranlipoide und an-

Abb. 3.4 Ausschnitt aus einem Gefrierbruch einer Zelle von *Oocystis solitaria*. d = Dictyosomen, k = Zellkern mit Poren und Porenapparaten, l = Lipidtröpfchen, m_1 = Microbodies, m_2 = Abdrücke herausgebrochener Microbodies.
Vergr. 15 000fach (Originalaufnahme: D. G. Robinson).

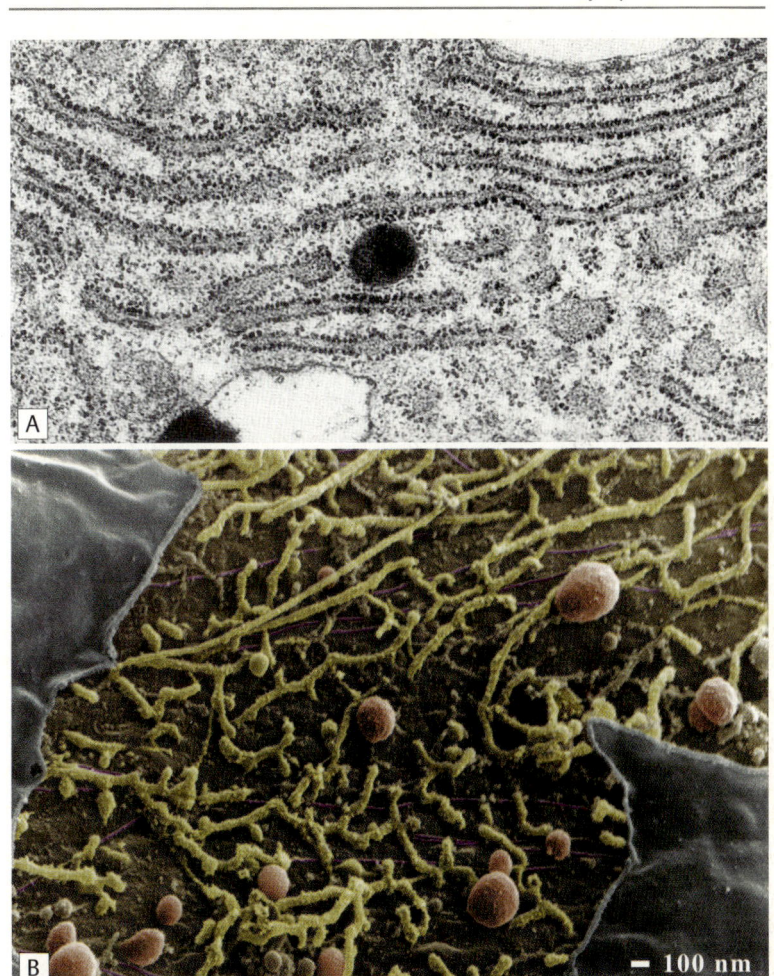

Abb. 3.5 Endoplasmatisches Reticulum (ER). **A** TEM-Aufnahme des rauhen ER einer Haarzelle von *Beta vulgaris*. Rechts unten sind mehrere tubuläre Ausläufer des ER quer getroffen. Sie sind an ihrem Ribosomenbesatz deutlich zu erkennen. Vergr. 30 000fach (Originalaufnahme: K. Kowallik). **B** REM-Aufnahme des Cytoplasmas einer Zelle von *Zea mays*. ER gelbgrün mit Ribosomenbesatz (helle Punkte), Mikrotubuli violett, Mitochondrien rotbraun, aufgerissener Tonoplast blau. Gefrierbruch nach Tanaka (s. Anhang) (Originalaufnahme, handcoloriert: G. Wanner).

Box 3.1 Cytochrom-P450-System

Die Cytochrome P450 sind bei Prokaryonten und Eukaryonten verbreitet. Ihre Tetrapyrrolringe mit Eisen als Zentralatom sind kovalent an Proteine gebunden und mit diesen in Biomembranen verankert. Ihre M_r liegt in der Größenordnung von etwa 50 000. Für ihre Bezeichnung ist ihre Hauptabsorptionsbande maßgebend, die bei 450 nm liegt. Bei Pflanzen wurden sie im Plasmalemma, in den Glyoxysomen, im endoplasmatischen Reticulum und in den Mitochondrien nachgewiesen.

Die Cytochrome P450 katalysieren eine große Zahl oxidativer bzw. reduktiver Reaktionen, z. B. oxidative Demethylierungen bzw. Hydroxylierungen. Letztere folgen dem Reaktionsschema:
NADPH + H$^\oplus$ + O$_2$ + RH → NADP$^\oplus$ + H$_2$O + R–OH.

Es gibt eine große Vielfalt von Cytochrom-P450-Formen in Pflanzenzellen, die verschiedene Funktionen ausüben. Spezifische Cyt-P450-Enzyme katalysieren die Synthese von Gibberellinen, Flavonoiden, Indolalkaloiden, Terpenen und Sterolen. Andere, weniger spezifische sind für die Entgiftung von allelopathischen Substanzen, Herbiziden und anderen Xenobiotika verantwortlich. Die Bildung bestimmter Cyt-P450-Proteine wird durch Schädigungen der Pflanzen, z. B. durch Verwundung oder durch Parasitenbefall, ausgelöst. Bisher wurden über 100 verschiedene Cyt-P450-Gene von Mikroorganismen, Tieren und Pflanzen sequenziert.

derer Substanzen. Die daran beteiligten Enzyme sind teils periphere, teils integrale Proteine. Eine wichtige Rolle spielt dabei das Cytochrom-P450-System (Box 3.1).

▌ Das ER ist also sowohl Syntheseort als auch Teil des intrazellulären Transportsystems.

3.2.3 Golgi-Apparat

Abweichend von den von Golgi (1898) erstmals beschriebenen netzartigen Strukturen tierischer Nervenzellen verwendet man diesen Ausdruck heute für die Gesamtheit der **Dictyosomen,** das sind Stapel abgeflachter, durch Membranen begrenzter Hohlräume (Abb. 3.**4**, Abb. 3.**6**), die als Zisternen bezeichnet werden. Ihre Anzahl pro Dictyosom kann stark variieren, von 5–7 in Zellen der Wurzelhaube bis zu 30 bei der einzelligen Alge *Euglena*. Die Durchmesser der Dictyosomen betragen 1–3 µm, die Abstände zwischen den Zisternen 20–30 nm. In manchen Fällen beobachtet man zwischen den Zisternen Golgi-Filamente unbekannter Natur. Auch die Anzahl der Dictyosomen pro Zelle unterliegt starken Schwankungen, von einem Dictyosom in der einzelligen Grünalge *Chlamydomonas* zu einigen hundert in den Wurzelhaubenzellen vom Mais bis zu einigen tausend in wachsenden Baumwollhaaren. Im übrigen kann sich ihre Anzahl während der Entwicklung sowie in Abhängigkeit von der physiologischen Aktivität ändern. Während sich bei Säugetier-

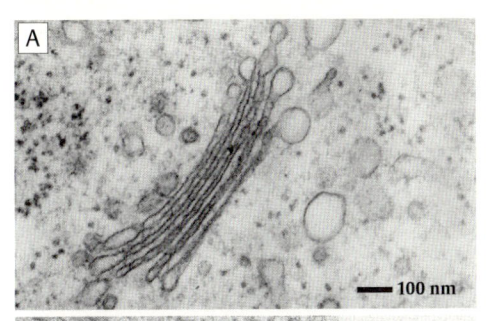

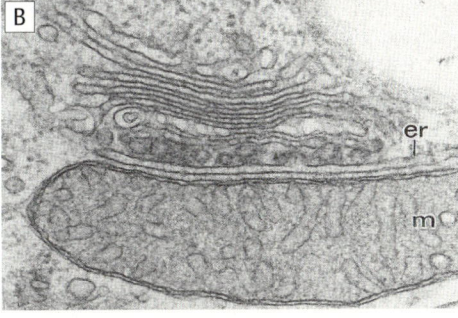

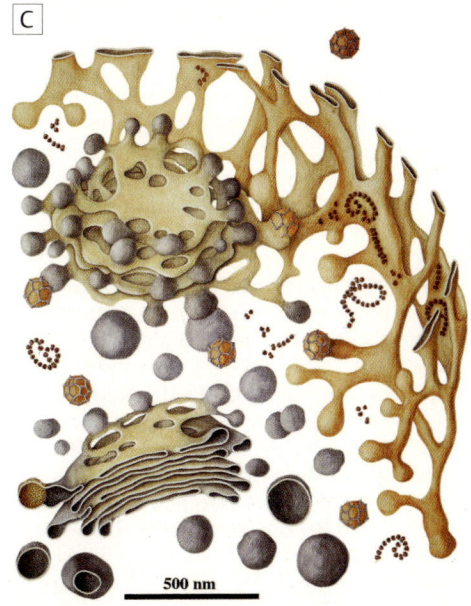

Abb. 3.6 Dictyosomen.
A TEM-Aufnahme eines Dictyosoms von *Helleborus niger* im Querschnitt, umgeben von Golgi-Vesikeln, die an den Rändern abgeschnürt werden (Originalaufnahme: G. Wanner)
B TEM-Aufnahme eines Querschnittes durch ein Dictyosom von *Vaucheria sessilis*, das sich in enger Nachbarschaft zu einer ER-Zisterne (er) und einem Mitochondrion (m) befindet. Die Abgliederung von Primärvesikeln der ER-Zisterne, die zur Bildung der Zisternen des Dictyosoms auf der Regenerationsseite beitragen, ist deutlich zu erkennen. Auf der gegenüberliegenden Sekretionsseite sieht man den Zerfall einer Zisterne in Golgi-Vesikel. Vergr. ca. 36 000fach (Originalaufnahmen: K. Kowallik).
C Colorierte räumliche Rekonstruktionszeichnungen nach TEM-Serienschichtaufnahmen von Dictyosomen u. a. Plasmaeinschlüssen der Kresse. Dictyosomen gelb, Golgi-Vesikel blau-violett, ER gelb-braun, Polysomen rotbraun, coated vesicles mit charakteristischen Oberflächenstrukturen (Original: I. Bohm und G. Wanner).

zellen die Golgi-Apparate in der Nähe des Zellkerns befinden, sind sie bei Pflanzenzellen über das ganze Cytoplasma verteilt. Ihre räumliche Anordnung wird hier offenbar durch Actinfilamente und actinbindende Proteine koordiniert. Eine Verlagerung von Dictyosomen kann auch durch die Cytoplasmaströmung (S. 150) erfolgen.

> Der Golgi-Apparat ist sowohl Syntheseort von Oligo- und Polysacchariden, insbesondere des Zellwandmaterials mit Ausnahme der Cellulose, als auch Teil des intrazellulären Transportsystems.

Die Glucose wird in den Dictyosomen in Protopektin- bzw. Cellulosan-Vorstufen umgewandelt und in den abgeschnürten, von einer Membran umgebenen Golgi-Vesikeln durch das Cytoplasma zur Peripherie transportiert, wo die Membranen der Vesikel mit dem Plasmalemma fusionieren, der Inhalt der Vesikel nach außen abgegeben und in die Zellwand inkorporiert wird (Exocytose). Dies trifft auch für die Zellwandproteine zu, die am ER synthetisiert und in den sogenannten Primärvesikeln zu den Dictyosomen transportiert werden. An der Regenerationsseite fusionieren die Primärvesikel zu einer Zisterne. Hier erfolgt der Umbau zu Glykolipiden durch Anhängen von Zuckern. Der für die Verpackung des Materials notwendige Auf-, Um- und Abbau der Lipoproteinmembranen und ihrer Bausteine gehört ebenfalls zu den Leistungen der Dictyosomen. Bei den schleimproduzierenden Drüsenzellen erfolgt im Golgi-Apparat die Bildung und Sekretion des aus sauren Polysacchariden bestehenden Schleimes.

Bei den Algen und bei tierischen Zellen findet man die Dictyosomen häufig in unmittelbarer Nachbarschaft von ER-Zisternen. Sie lassen dann meist eine deutliche Polarität zwischen der dem ER benachbarten cis- und der gegenüberliegenden trans-Seite erkennen. Wie Abb. 3.**6B** zeigt, werden vom ER sogenannte Primärvesikel abgeschnürt, die zur cis-Seite wandern und hier zu einer Zisterne fusionieren. Die cis-Seite wird deshalb auch als Regenerations- oder Bildungsseite bezeichnet. Auf der trans-Seite kann man dagegen häufig einen Zerfall der Dictyosomenzisternen in die Golgi-Vesikel beobachten (Sekretions- oder Reifungsseite). Diese Befunde wurden bisher so gedeutet, daß nach der Fusionierung der Primärvesikel, die die oben erwähnten Syntheseprodukte des ER enthalten, biochemische Prozesse einsetzen, die zum Umbau der importierten Moleküle bzw. zur Synthese weiterer Produkte führen. Infolge ihrer ständigen Neubildung auf der cis-Seite und ihres fortgesetzten Zerfalls auf der trans-Seite werden die Zisternen zwangsläufig allmählich durch den Stapel zur trans-Seite geschoben. Dieser Vorgang wird als **Zisternenprogression** bezeichnet. Da für den Umbau bzw. die Synthese der Moleküle verschiedene Reaktionsschritte erforderlich sind, die zum Teil nicht nebeneinander ablaufen können, muß sich in diesem Falle die Enzymausstattung der Zisternen während der Wanderung von der cis- zur trans-Seite ändern (Abb. 3.**7A**).

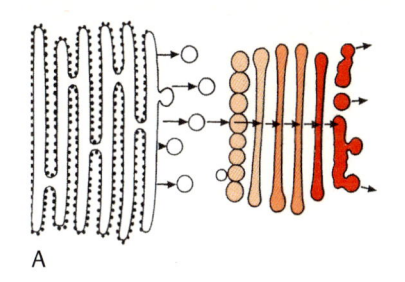

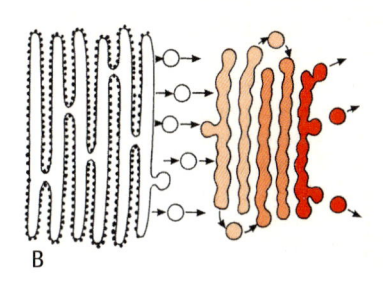

3.2 Cytoplasma

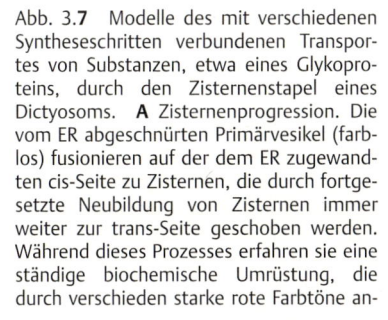

A

B

Abb. 3.7 Modelle des mit verschiedenen Syntheseschritten verbundenen Transportes von Substanzen, etwa eines Glykoproteins, durch den Zisternenstapel eines Dictyosoms. **A** Zisternenprogression. Die vom ER abgeschnürten Primärvesikel (farblos) fusionieren auf der dem ER zugewandten cis-Seite zu Zisternen, die durch fortgesetzte Neubildung von Zisternen immer weiter zur trans-Seite geschoben werden. Während dieses Prozesses erfahren sie eine ständige biochemische Umrüstung, die durch verschieden starke rote Farbtöne angedeutet ist. Schließlich zerfallen sie auf der trans-Seite in die Golgi-Vesikel. **B** Vesikeltransport. Die vom ER gebildeten Primärvesikel fusionieren mit der dem ER zugewandten Zisterne. Nachdem die in die Zisterne inkorporierten Substanzen eine erste Umwandlung erfahren haben, werden sie durch Vesikel in die nächste Zisternengruppe transportiert (Pfeile) und schließlich in die übernächste. Auch hier ist die verschiedene biochemische Ausstattung der Zisternen durch verschiedene Farbtöne angedeutet.

Untersuchungen an isolierten Golgi-Apparaten scheinen jedoch eher ein anderes Modell zu bestätigen, das als **Vesikeltransport** bezeichnet wird. Danach unterscheiden sich die aufeinanderfolgenden Zisternen eines Dictyosoms in ihren biochemischen Leistungen, und zwar so, daß die jeweils (zur trans-Seite hin) anschließenden ein oder zwei Zisternen die zum nächsten Reaktionsschritt erforderliche Enzymausstattung enthalten. In diesem Falle wären die Zisternen als stationäre, in ihren biochemischen Leistungen spezialisierte Kompartimente anzusehen, weshalb der Transport der jeweiligen Reaktionsprodukte von einem Zisternentyp zum nächsten durch Vesikel erfolgen müßte, wie in Abb. 3.7 B dargestellt. Hierfür spricht auch die Beobachtung, daß an den Rändern der Dictyosomen meist eine größere Anzahl von Vesikeln zu beobachten ist und die Zisternenstapel eines Dictyosoms auch nach dessen Isolierung aus dem Cytoplasma erhalten bleiben, also offensichtlich untereinander verbunden sind. Möglicherweise spielen dabei die oben erwähnten Golgi-Filamente eine Rolle.

Unabhängig davon, welches der beiden vorgenannten Modelle richtig ist, sind das ER, die Primärvesikel, die Dictyosomen und die Golgi-Vesikel Teile eines komplexen cytoplasmatischen Endomembransystems, in dem ein ständiger Membranfluß vom ER über die Dictyosomen zum Plasmalemma erfolgt. Die Membranen müssen jeweils an Ort und Stelle, ihren Aufgaben entsprechend, modifiziert werden. Da jedoch der in wachsenden Zellen erfolgende Membranzufluß zum Plasmalemma zwei- bis dreimal so groß ist wie der durch die Flächenvergrößerung bedingte tatsächliche Bedarf, muß ein ständiger Rückfluß von Membranmaterial in das Zellinnere erfolgen. Berechnungen haben ergeben, daß der auf diese Weise erfolgende komplette Austausch der Membranbausteine, je nach Zelltyp, innerhalb einiger Minuten bis einiger Stunden stattfindet. Bei tierischen Zellen erfolgt diese Rückführung durch Endocytosis, d. h. durch Aufnahme von festem oder gelöstem Material in die Zelle unter Umhüllung mit Membranmaterial. Daß ein solcher Weg bei Pflanzenzellen grundsätzlich auch möglich ist, zeigen Versuche mit Protoplasten. Da jedoch die pflanzliche Zellwand für größere Moleküle oder gar Partikel undurchlässig ist, dürften endocytische Vesikel eher der Rückführung des Plasmamembranmaterials in das Zellinnere dienen als dem Transport aufgenommener Stoffe. Derartige Vesikel wurden bisher relativ selten beobachtet. Es ist daher anzunehmen, daß das Membranmaterial enzymatisch abgebaut und somit auf mikroskopisch unsichtbarem Wege zurückgeführt wird. Zielorte dieses Rücktransportes könnten das ER und die Dictyosomen sein.

Bei höheren Pflanzen lassen Dictyosomen zwar ebenfalls Polaritätsmerkmale erkennen, z.B. Unterschiede in der Zisternenbreite, weisen aber häufig keine eindeutige Lagebeziehung zum ER auf (Abb. 3.**6A**). Auch eine Anhäufung vom ER abgeschnürter Vesikel ist nur selten zu beobachten. Statt dessen sind die Ränder meist fensterartig durchbrochen. Sie laufen in Tubuli aus, die unter Ausbildung von Anastomosen die Dictyosomen mit einem Netzwerk umgeben. Sie stehen mit Vesikeln verschiedener Größe und Gestalt in Verbindung.

Hinsichtlich der Entstehung und Vermehrung der Dictyosomen gehen die Ansichten noch auseinander. In elektronenmikroskopischen Aufnahmen erkennt man bisweilen eine Querteilung mittels einfacher Durchschnürung der Zisternen. Nach dem oben beschriebenen Modell der Zisternenprogression wäre jedoch auch eine Neubildung aus den Primärvesikeln denkbar.

3.2.4 Microbodies

Unter dieser Bezeichnung faßt man runde bis ovale Einschlüsse von 0,3 – 1,5 µm Durchmesser zusammen (Abb. 3.**4**). Ihre Grundsubstanz ist von einer einfachen Membran begrenzt. Die Microbodies zeigen keine charakteristischen morphologischen Unterschiede. Auch ihre Klassifizierung anhand biochemischer Kriterien ist nur bis zu einem gewissen Grade möglich, doch lassen sich Peroxisomen und Glyoxysomen durch ihre Lagebeziehung zu den Chloroplasten (Abb. 10.**7**, S. 334) bzw. Oleosomen und Mitochondrien (Abb. 11.**5**, S. 366) identifizieren. Nicht selten enthalten sie Proteinkristalloide.

Die **Peroxisomen** (Abb. 3.**8A**) sind durch den Besitz von Oxidasen charakterisiert, die Wasserstoff von ihrem jeweils spezifischen Substrat abspalten und auf elementaren Sauerstoff übertragen. Das hierdurch entstehende Wasserstoffperoxid ($2 H_2O_2$) wird durch das Enzym Katalase in O_2 und $2 H_2O$ zerlegt. Nach neueren Berichten enthalten einige Peroxisomen-Typen an Stelle der Katalase Dehydrogenasen, die Sauerstoff zu Wasser reduzieren. Die Art der

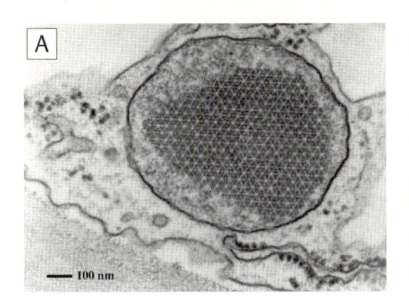

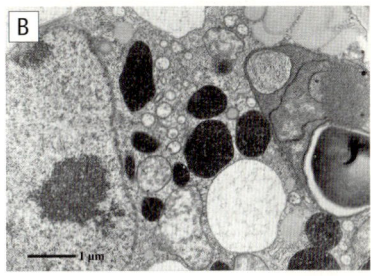

Abb. 3.8 Microbodies. **A** Peroxisom mit Proteinkristalloid aus dem Blütenblatt des Löwenzahns *(Taraxacum officinale)*. **B** Glyoxysomen aus 4 Tage verdunkelten Kotyledonen des Raps *(Brassica napus)*, durch histochemischen Nachweis auf Katalase dunkel gefärbt. Katalase + H_2O_2 + Diaminobenzidin = Braunfärbung + OsO_4 = Schwarzfärbung (TEM-Originalaufnahmen: G. Wanner).

Oxidasen ist je nach Zelltyp und Funktion verschieden. Die Peroxisomen der grünen Pflanzen (Blattperoxisomen) sind die Organellen der Photorespiration (S. 333 f.). Hier wird die Glykolsäure oxidiert, wobei die Elektronen auf Sauerstoff übertragen werden, so daß H_2O_2 entsteht.

Die **Glyoxysomen** (Abb. 3.8 B) finden sich in den Speichergeweben fettreicher Samen. Sie enthalten außer den Enzymen zur β-Oxidation der Fettsäuren auch den enzymatischen Apparat des Glyoxylsäurezyklus (S. 364 ff.).

Die Entstehung der Microbodies ist noch nicht klar. Frühere Befunde führten zu der Annahme, daß sie durch Abschnürung aus dem ER entstehen. Neuere Beobachtungen lassen darauf schließen, daß sie durch Teilung auseinander hervorgehen. Die Proteine der Microbodies werden an den freien Polysomen im Cytosol synthetisiert und mit Hilfe sogenannter Transitpeptide (S. 477) durch die Membran in die Microbodies eingeschleust. Nach neueren Befunden wandeln sich die Glyoxysomen in den Keimblättern mancher Samen mit Einsetzen der Ergrünung in Peroxisomen um.

3.2.5 Coated Vesicles

Als Coated Vesicles (CV) bezeichnet man sehr kleine Vesikel (Durchmesser ca. 0,1 μm), die von einer Proteinhülle umgeben sind (Abb. 3.6 C). Man unterscheidet zwei Arten von CV:
1. Die Clathrin-Vesikel (CCV), deren Hüllen aus dem Protein Clathrin bestehen. Dieses besitzt eine gitterartige Struktur, so daß seine Moleküle gewissermaßen einen Käfig bilden. Die CCV sind an dem Vesikeltransport von den Dictyosomen zu anderen Kompartimenten beteiligt.
2. Die Coatprotein-Vesikel (COP) besitzen eine Hülle, die aus mehreren verschiedenen Proteinen besteht. Sie spielen sowohl bei der Exocytose als auch bei der Intracytose, d. h. dem intrazellulären Stofftransport, eine Rolle.

3.2.6 Ribosomen

Ribosomen sind aus rRNA und Proteinen bestehende Partikel, an denen die Proteinbiosynthese (S. 473 ff.) erfolgt. Ihren Sedimentationskoeffizienten entsprechend unterscheidet man zwei Größenklassen: die 80 S und die 70 S Ribosomen. Die 80 S Ribosomen finden sich ausschließlich im Cytoplasma der Eukaryonten, während die 70 S Ribosomen sowohl im Cytoplasma der Prokaryonten als auch in den Mitochondrien (Mitoribosomen) und in den Plastiden (Plastoribosomen) der Eukaryonten vorkommen. Im Gegensatz zu den Plastoribosomen, die den Ribosomen der Prokaryonten recht nahe stehen, zeigen die Mitoribosomen beträchtliche Unterschiede.

> Alle Ribosomen bestehen aus zwei morphologisch und funktionell verschiedenen Untereinheiten: die 70 S Ribosomen aus einer 50 S und einer 30 S, die 80 S Ribosomen aus einer 60 S und einer 40 S Untereinheit.

Am besten untersucht sind die **70 S Ribosomen** ($M_r = 2{,}4 \cdot 10^6$) von *Escherichia coli* (Abb. 3.**9**). Ihre 50 S Untereinheit besteht aus 33 Proteinmolekülen (sogenannten L-Proteinen, von engl. large = groß) mit insgesamt 4228 Aminosäuren sowie zwei RNA-Molekülen, von denen die 23 S RNA 2904, die 5 S RNA 120 Nucleotide umfaßt. Die kleinere Untereinheit enthält eine 16 S RNA aus 1542 Nucleotiden. Außerdem wurden 21 verschiedene Proteine (S-Proteine, von engl. small = klein) mit einer Gesamtzahl von 3108 Aminosäuren gefunden. Alle Proteine kommen nur einmal im Ribosom vor mit Ausnahme eines Proteins der großen Untereinheit, das in vierfacher Kopie vorliegt. Es ist gelungen, die 70 S Ribosomen nach Dissoziation in ihre 57 Komponenten unter bestimmten Bedingungen *in vitro* völlig zu rekonstituieren (Totalrekonstitution). Offenbar enthalten die Komponenten selbst die für ihre Faltung und den Aufbau des Ribosoms notwendige Information. Die Primärstruktur sowohl der RNA als auch der Proteine ist bekannt. Während die Plastoribosomen in ihrem Aufbau den prokaryotischen Ribosomen offenbar recht ähnlich sind, wurden für die Mitoribosomen abweichende RNA-Werte ermittelt, und zwar 26 S, 18 S, 5 S und eine zusätzliche 4,5 S. Die Daten für die eukaryotischen cytoplasmatischen **80 S Ribosomen** ($M_r = 4 \cdot 10^6$) sind, soweit bekannt, in Abb. 3.**9** angegeben. Allerdings zeigen sich hier in Abhängigkeit von der systematischen Zugehörigkeit des betreffenden Organismus Abweichungen, weshalb nur ungefähre Angaben gemacht werden können.

Die Anzahl der Ribosomen pro Zelle ist, je nach Art, außerordentlich verschieden. Sie wird bei *Escherichia coli* auf 20 000 – 30 000 geschätzt, was bei einer wachsenden Zelle etwa 40 % der gesamten Trockenmasse entspricht. Bei den am höchsten entwickelten Eukaryonten kann ihre Anzahl mehrere Millionen pro Zelle betragen.

Im Funktionszustand sind die einzelnen Ribosomen (Monosomen) perlschnurartig auf messenger-RNA-Molekülen zu Polyribosomen oder **Polysomen** aufgereiht. Polysomen, die sekretorische Proteine und Glykoproteine bil-

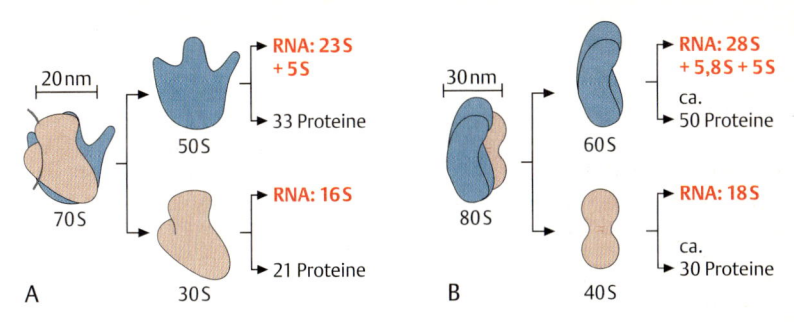

Abb. 3.9 Ribosomenstruktur, schematisch. **A** Prokaryotisches Ribosom *(Escherichia coli)*, **B** eukaryotisches (cytoplasmatisches) Ribosom.

den, sind membrangebunden und spiralig aufgerollt (Abb. 3.**10**). Die einzelnen Ribosomen sitzen mit ihrer größeren Untereinheit der Oberfläche des ER auf. Die sekretorischen Proteine werden bereits während ihrer Synthese durch die Membran in den Innenraum des ER geschleust, während Membranproteine direkt in die Membran integriert werden. Die zelleigenen Strukturproteine werden an frei im Cytoplasma liegenden Polysomen synthetisiert, die meist eine schraubige Gestalt mit etwa 4–6 Ribosomen pro Umlauf aufweisen. Nach Beendigung ihrer Synthesetätigkeit zerfallen die Ribosomen in ihre Untereinheiten. Solange der Initiationsfaktor 3 an die kleine Untereinheit gebunden ist, bleiben die Untereinheiten aktiv und können erneut an die messenger-RNA binden. Die Untereinheiten können nach Ablösung des Initiationsfaktors erneut mit mRNA aktiv werden, oder sie treten ohne mRNA zu Monosomen zusammen, sind dann aber inaktiv.

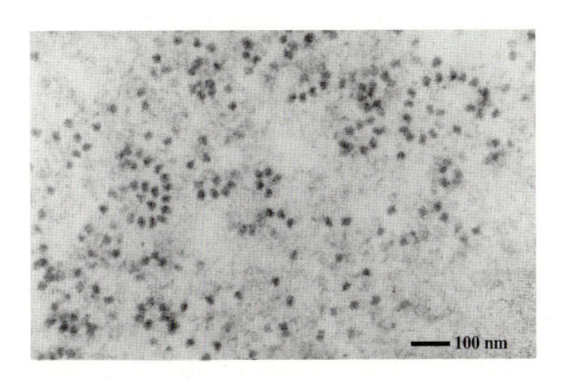

Abb. 3.**10** Ribosomen aus einer Zelle des Vegetationskegels der Sonnenblume *(Helianthus annuus)* (TEM-Originalaufnahme: G. Wanner).

3.3 Mitochondrien

Im Gegensatz zu den vorgenannten Strukturen, deren Vorkommen in Pflanzenzellen erst mit Hilfe des Elektronenmikroskopes nachgewiesen wurde, sind die Mitochondrien schon sehr früh mit dem Lichtmikroskop, insbesondere im Phasenkontrast, erkannt worden. Sie sind meist von langgestreckter, fädiger Gestalt, können jedoch auch sehr kurz und fast kugelig sein. Entsprechend schwankt ihre Länge zwischen einem bis mehreren µm, während ihr Durchmesser mit 0,5 – 1,5 µm angegeben wird. Das Vorkommen der Mitochondrien ist auf die Eukaryonten beschränkt. Ihre Zahl liegt zwischen mehreren hundert und einigen tausend pro Zelle, doch gibt es z. B. unter den Flagellaten Arten, deren Zellen nur ein Mitochondrion enthalten. Die Vermehrung der Mitochondrien erfolgt durch Querteilung. Bei der Zellteilung werden sie offenbar passiv auf die beiden Tochterzellen verteilt. Andererseits kann es bei der Zygotenbildung auch zu einer Verschmelzung der Mitochondrien beider Gameten kommen.

Im elektronenmikroskopischen Bild (Abb. 3.**11**) erkennt man, daß die Mitochondrien von zwei Membranen umgeben sind. Trotz ihres gleichartigen Aussehens unterscheiden sich diese voneinander sowohl strukturell als auch funktionell sehr stark. Die äußere Membran ist reich an Phosphatiden und Cholesterin und ähnelt in ihrer Zusammensetzung den Membranen des glatten ER. Dagegen ist der Phospholipid- und v. a. der Cholesteringehalt der inneren Membran sehr viel geringer. Sie zeichnet sich durch einen hohen Gehalt an Cardiolipin aus, einem Bisphosphatidylglycerin, das sonst nur bei Bakterien vorkommt und in der äußeren Membran ganz fehlt. Auch in ihrer Permeabilität unterscheiden sich die beiden Membranen beträchtlich. Während die äußere Membran infolge ihres Gehaltes an Porinen für die meisten Stoffwechselprodukte und Ionen bis zu einer M_r von etwa 5000 durchlässig ist und daher keine spezifischen Transportsysteme enthält, ist die innere Membran weitgehend impermeabel und durch den Besitz zahlreicher spezifischer Transportsysteme charakterisiert, die den selektiven Eintritt bzw. Austritt von Molekülen und Ionen kontrollieren. In diesem Zusammenhang sei erwähnt, daß die Mitochondrien auch Ionen, insbesondere Calcium, akkumulieren und die Ionenzusammensetzung des Cytoplasmas regulieren können. Funktionell sind die Mitochondrien allerdings vor allem die Zentren der Atmung und Energieumwandlung.

> Die Komponenten der Atmungskette und der oxidativen Phosphorylierung sind integrale bzw. periphere Proteine der inneren Mitochondrienmembran, während die Enzyme und Redoxsysteme des Citratzyklus mit Ausnahme der membrangebundenen Succinat-Dehydrogenase in der Matrix (s. unten) gelöst vorliegen.

Auf der Innenseite der inneren Membran liegen die kugelförmigen Proteine des Kopplungsfaktors F_1 (Abb. 3.**12 B**), die durch ein die Mitochondrienmemb-

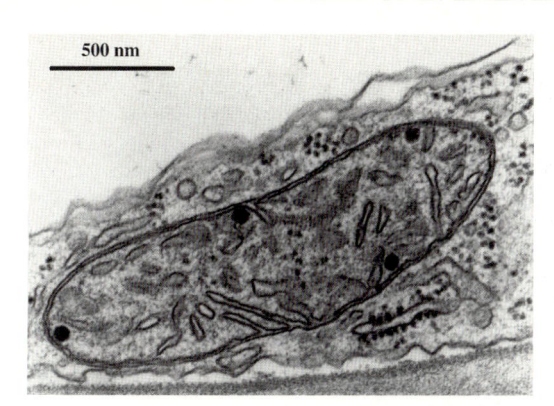

Abb. 3.11 Mitochondrion aus einer Zelle eines Blütenblattes des Löwenzahns *(Taraxacum officinale)* (TEM-Originalaufnahme: G. Wanner).

ran in Querrichtung durchsetzendes Protein F_0 verankert sind. Sie sind die Orte der ATP-Synthese. Der Fettsäureabbau, der bei den tierischen Zellen ausschließlich eine Funktion der Mitochondrien ist, erfolgt bei den Pflanzenzellen überwiegend in den Glyoxysomen. Dieser Vielfalt der Funktionen und der dazugehörigen Enzyme entsprechend ist die Fläche der inneren Membran durch Einfaltung (Invagination) stark vergrößert, was zur Ausbildung von Falten (Cristae), Röhren (Tubuli) oder Säckchen (Sacculi) führt (Abb. 3.12 A). Auch verzweigte Mitochondrien kommen vor. Zwischen der inneren und der äußeren Membran liegt der etwa 8,5 nm breite perimitochondriale Raum.

Die Grundsubstanz (Matrix) der Mitochondrien besteht hauptsächlich aus Proteinen und Lipiden. Sie enthält zahlreiche granuläre Einschlüsse, u. a. die Mitoribosomen, sowie relativ substanzarme Bereiche, die, ähnlich den Kernäquivalenten der Bakterien, von feinen DNA-Strängen, der **Mitochondrien-DNA** (mtDNA), durchzogen sind.

Die mtDNA ist nicht mit Histonen oder anderen Proteinen assoziiert. Bei höheren Pflanzen besteht das Mitochondriengenom, je nach Art, aus 200 000 bis 2,5 Millionen Basenpaaren, ist also ungleich größer als bei tierischen Zellen. Die mtDNA liegt meist in Form getrennter ringförmiger Doppelstränge verschiedener Größe vor, die miteinander in Verbindung treten können und deshalb in wechselnder Anzahl auftreten. Es wurde jedoch auch das Vorkommen linearer Moleküle nachgewiesen. Jedes Mitochondrion enthält eine größere Anzahl von Genomen, hat also eine polyploide Konstitution. Insgesamt gesehen ist der DNA-Gehalt der Mitochondrien jedoch erheblich geringer als der eines Zellkerns.

Der Besitz von DNA und Ribosomen befähigt die Mitochondrien zu einer eigenständigen RNA- und Proteinsynthese. Die DNA enthält jedoch nur relativ wenige Gene, für die mitochondrialen rRNAs und tRNAs sowie für weniger als 5 % der mitochondrialen Proteine, während alle anderen Proteine unter der

A

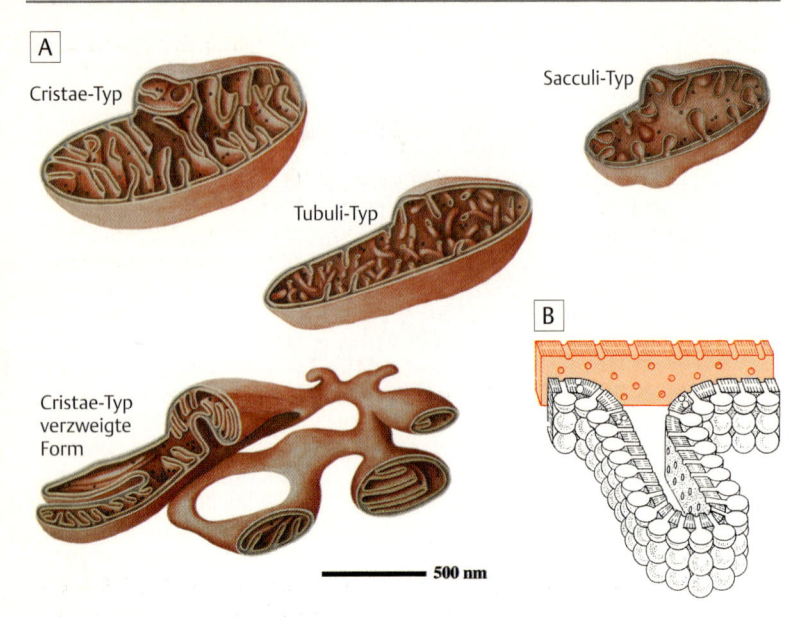

Cristae-Typ

Sacculi-Typ

Tubuli-Typ

Cristae-Typ
verzweigte
Form

B

500 nm

Abb. 3.12 Mitochondrien, schematisch. **A** Raumdiagramme verschiedener Typen. Der verzweigte Typus kommt häufig bei Pilzen vor, z. B. bei *Neurospora crassa*. **B** Ausschnitt aus einer Crista, schematisch. Die äußere Membran (rot) ist von Porinen durchsetzt, die innere trägt die Komponenten der Atmungskette, u. a. die kugelförmigen Proteine F_1 der ATP-Synthase, die mit den Proteinen F_0 in der Membran verankert sind (**A** Originalzeichnungen: I. Bohm und G. Wanner).

Regie der Zellkern-DNA an den freien 80 S-Polyribosomen des Cytoplasmas synthetisiert werden. Sie müssen also von außen nach innen durch die Mitochondrienmembran hindurchtransportiert werden. Dies geschieht mit Hilfe besonderer Transitpeptide (Leader Sequences, S. 477), die an den Aminoenden der Proteine synthetisiert werden und bis zu 80 Aminosäuren umfassen können. Mit ihrer Hilfe können die Proteine die Membranen passieren bzw. in diese eingebaut werden. Anschließend werden die Transitpeptide abgelöst.

Die begrenzte Unabhängigkeit (Semiautonomie) der Mitochondrien wird als Argument für die **Endosymbiontenhypothese** (S. 73) gewertet. Zusammengefaßt sprechen hierfür die folgenden Befunde:
1. Die Fähigkeit zur Vermehrung durch Teilung und die darauf beruhende Kontinuität der Mitochondrien, d. h. die Weitervererbung von Zelle zu Zelle.
2. Der Besitz von DNA und die darauf basierende Fähigkeit zu einer, wenn auch in begrenztem Umfang, eigenständigen Proteinsynthese.
3. Die ringförmige Struktur der mtDNA, die für Bakterien (S. 197 f.) charakteristisch ist.

4. Der Befund, daß die mtDNA nicht mit Histonen und anderen Proteinen assoziiert ist.
5. Der Besitz von 70 S Ribosomen.
6. Die weitgehende Übereinstimmung des Sequenzvergleichs der mitochondrialen rRNA mit der rRNA der Prokaryonten.
7. Das Fehlen der für die cytoplasmatische mRNA charakteristischen „capping"-Strukturen (S. 474) am 5′-Ende der mitochondrialen mRNA.
8. Das Fehlen von Cholesterol in der inneren Membran der Mitochondrien und ihr Gehalt an Cardiolipin, das sonst nur bei Prokaryonten vorkommt.

Man nimmt an, daß die Vorläufer der Mitochondrien anaerobe Bakterien waren, wahrscheinlich Purpurbakterien (S. 335), die die Fähigkeit zur Photosynthese verloren hatten. Ein erheblicher Teil der DNA des Symbionten ist dann offenbar durch „genetische Drift" in die Kern-DNA der Wirtszelle übernommen worden, so daß ein Teil der Proteine im Cytoplasma synthetisiert und von dort in die Mitochondrien importiert werden muß.

3.4 Plastiden

Plastiden sind Zellorganellen, die für alle photoautotrophen (S. 307) Eukaryonten charakteristisch sind. Die Plastiden der höheren Pflanzen gehen aus Proplastiden hervor. Nach ihrer Färbung unterscheidet man die grünen Chloroplasten, die die Chlorophylle a und b enthalten, die durch Carotinoide gelb bis orange gefärbten Chromoplasten und die farblosen Leukoplasten. Die beiden ersteren faßt man auch unter dem Namen Chromatophoren zusammen. Der Terminus Chloroplasten wird häufig auch für die Chromatophoren der Braunalgen und Rotalgen benutzt, obwohl diese durch Carotinoide braun (Phaeoplasten) bzw. durch Phycobiliproteine rot (Rhodoplasten) gefärbt sind. Als Gerontoplasten bezeichnet man degenerierte Chloroplasten, die nach Abbau des Chlorophylls gelb bis rot gefärbt sind (Herbstlaub) (s. Tab. 3.1).

Im elektronenmikroskopischen Bild erscheinen alle Plastiden von einer **Plastidenhülle** umgeben, die aus zwei Biomembranen besteht (Abb. 3.**13, 15 A**). Wie bei den Mitochondrien unterscheiden sich die beiden Membranen voneinander sowohl strukturell als auch in ihren biochemischen Leistungen sehr stark. Während die innere Membran die Transportsysteme für den Stoffaustausch mit der umgebenden Phase enthält, ist die äußere Membran für viele Substanzen permeabel.

Trotz der erheblichen strukturellen und funktionellen Unterschiede handelt es sich bei den Plastiden nur um einen Typus von Organellen, denn mit Ausnahme der Gerontoplasten können sie sich ineinander umwandeln und gehen aus gemeinsamen Vorstufen, den Proplastiden hervor.

Tab. 3.1 Plastidentypen

Typ	Pigmente	Funktion	Vorkommen
Proplastiden	farblos	Ausgangsform	Meristemzellen
Chloroplasten	Chlorophylle a, b, Carotinoide	Photosynthese	alle grünen Eukaryonten
Phaeoplasten	Chlorophyll a, c Carotinoide (Fucoxanthin)	Photosynthese	Braunalgen Diatomeen
Rhodoplasten	Chlorophyll a, d, Carotinoide, Phycobiliproteine	Photosynthese	Rotalgen
Chromoplasten	Carotinoide	z. B. Tieranlockung	Blüten u. a. Pflanzenteile
Gerontoplasten	Carotinoide	degenerierte Chloroplasten	Herbstlaub
Leukoplasten	farblos	Speicherformen	Speicherorgane

Die **Proplastiden** sind ebenfalls bereits von einer Plastidenhülle umgeben, im übrigen aber noch weitgehend undifferenziert. Während ihrer Differenzierung zu Chloroplasten faltet sich die innere Membran ein (Abb. 3.**13**) und bildet die charakteristischen Thylakoide. Im Gegensatz zu den Cristae der Mitochondrien bleiben die Thylakoide jedoch nicht ständig mit der inneren Membran in Verbindung, sondern schnüren sich ab. Der von ihnen umgebene Innenraum ist also als ein extraplastidäres Kompartiment anzusehen. Bei der Zellteilung werden die Plastiden bzw. Proplastiden offenbar passiv auf die Tochterzellen verteilt. Außerdem können sich die Plastiden, gleich den Mitochondrien, durch Teilung in Form einer einfachen Durchschnürung vermehren.

3.4.1 Chloroplasten

Die Chloroplasten sind die Organellen der Photosynthese und enthalten die Komponenten des Photosyntheseapparates.

Darüber hinaus sind sie zu zahlreichen weiteren Syntheseleistungen befähigt, von denen einige später (S. 341 ff.) ausführlicher behandelt werden. Die photosynthetisch aktiven Pigmente sind die Chlorophylle, die Carotinoide und, gegebenenfalls, die Phycobiliproteine.

Chlorophylle sind, ähnlich dem Hämoglobin und den Cytochromen, durch den Besitz eines Porphyrinringsystems charakterisiert, in dem vier Pyrrolkerne durch Methingruppen verbunden sind, in dessen Zentrum jedoch, an Stelle des Eisens im Häm, ein Magnesiumatom komplex gebunden ist.

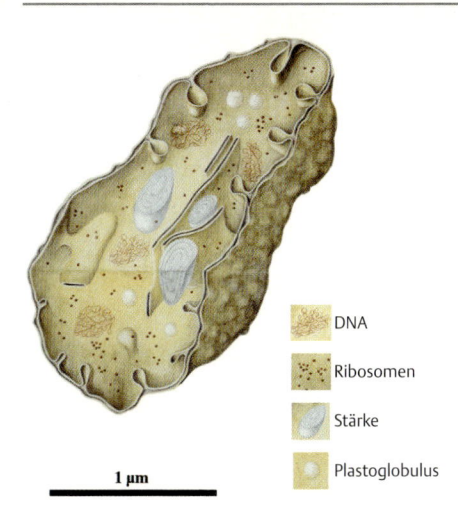

Abb. 3.13 Colorierte räumliche Rekonstruktionszeichnung einer Proplastide mit Stärkeeinschlüssen. Die innere Membran der Plastidenhülle weist an einigen Stellen Invaginationen auf. An der rechten Flanke wurden bereits die ersten Thylakoide angelegt. Weitere Erklärungen in der Farbskala. (Original: I. Bohm und G. Wanner).

- DNA
- Ribosomen
- Stärke
- Plastoglobulus

1 µm

Des weiteren befindet sich bei den meisten Chlorophyllen am Pyrrolring C ein fünfgliedriger isozyklischer Ring, dessen Carboxylgruppe mit Methylalkohol verestert ist. Beim **Chlorophyll a** sind außerdem folgende Seitenketten vorhanden: vier Methyl-, eine Ethyl- und eine Vinylgruppe sowie ein Propionsäurerest, der mit dem langkettigen Alkohol Phytol $C_{20}H_{39}OH$ verestert ist.

Chlorophyll a kommt bei allen photosynthetischen Organismen einschließlich der Cyanobakterien, nicht aber der anderen phototrophen Bakterien vor. Bei diesen finden sich die **Bakteriochlorophylle,** von denen bisher fünf bekanntgeworden sind (a, b, c, d, e). Sie lassen sich alle vom Chlorophyll a ableiten, von dem sie sich durch einige Substituenten unterscheiden. So ist bei dem Bakteriochlorophyll a die Vinylgruppe in der Position 3 durch einen Acetylrest ersetzt, und die Positionen 7 und 8 sind hydriert. Somit ist es ein 3-Desvinyl-3-acetyl-7, 8-dihydrochlorophyll.

Chlorophyll b unterscheidet sich vom Chlorophyll a nur dadurch, daß die Methylgruppe in Position 7 am Pyrrolring B durch eine Aldehydgruppe ersetzt ist. Sein Vorkommen ist auf grüne Organismen beschränkt. Bei den Diatomeen, Phaeophyceen und einigen kleineren Algengruppen finden sich die **Chlorophylle c_1 und c_2**, die sich vor allem durch das Fehlen des Phytolschwanzes von den anderen Chlorophyllen unterscheiden. **Chlorophyll d,** bei dem der Vinylrest in Position 3 am Pyrrolring A des Chlorophylls a durch einen Formylrest ersetzt ist, wurde bisher nur bei Rhodophyceen gefunden.

Carotinoide sind gelb, orange oder rot gefärbte lipidlösliche Pigmente (Lipochrome), deren Struktur das aus acht Isopreneinheiten aufgebaute Carotingerüst $C_{40}H_{56}$ zugrunde liegt. Man unterscheidet zwei Gruppen: die Carotine und die Xanthophylle.

Porphyrin

R = CH₃ Chl a
R = CHO Chl b

Phytol

Chlorophyll a, b | **Bakteriochlorophyll a**

Die **Carotine** enthalten keinen Sauerstoff im Molekül, wie z. B. das regelmäßig in den Chloroplasten zu findende β-Carotin und das sich von diesem nur durch die Lage einer Doppelbindung unterscheidende α-Carotin. Die oxidative Spaltung des β-Carotins in der Mitte des Moleküls führt zu zwei Vitamin-A-Einheiten. Das β-Carotin ist daher das Provitamin A für Säugetiere. Die **Xanthophylle** enthalten Sauerstoff in Form von Hydroxyl-, Carbonyl-, Carboxyl- u. a. Gruppen. Beispiele sind das in den Chloroplasten enthaltene Lutein $C_{40}H_{56}O_2$ (Dihydroxy-α-carotin) und das Fucoxanthin, das bei den Chrysophyceen, Diatomeen und Phaeophyceen in so großer Menge vorkommt, daß es das Chlorophyll überdeckt und die Chromatophoren braun färbt (**Phaeoplasten**). Es hat sich eingebürgert, die zur Grundausstattung funktionsfähiger Chloroplasten gehörenden Carotinoidpigmente als Primärcarotinoide von den in Chromoplasten vorkommenden Sekundärcarotinoiden zu unterscheiden.

β-Carotin

Lutein

Phycobiliproteine sind Chromoproteine, deren aus linearen Tetrapyrrolkörpern bestehenden Chromophore, die Phycobiline Phycocyanobilin (Formel) und Phycoerythrobilin, kovalent an Proteine gebunden vorliegen, weshalb sie, im Gegensatz zu den Chlorophyllen und Carotinoiden, wasserlöslich sind.

Phycocyanobilin mit Polypeptid-Bindung

Die Phycobiliproteine kommen bei Cyanobakterien, Rhodophyceen und Cryptophyceen vor. Man unterscheidet die blaugrünen **Phycocyanine** und die rotvioletten **Phycoerythrine**. Auf sie ist die blaugrüne bzw. schmutzigviolette Färbung der Cyanobakterien zurückzuführen. Bei den Rhodophyceen (Rotalgen) dominieren meist die Phycoerythrine, so daß sie die grüne Färbung der Chlorophylle überdecken und die Chromatophoren rot färben (**Rhodoplasten**).

Größe und Gestalt der Chloroplasten: Während die Chloroplasten der höheren Pflanzen meist linsenförmig gestaltet sind und einen Durchmesser von 4–8 µm bei einer Dicke von 2–3 µm haben, herrscht bei den Chromatophoren der Algen eine große Formenvielfalt (Abb. 3.**14**). Sie können plattenförmig (**A**), bandförmig-schraubig (**B**) oder mäanderartig (**C**) gewunden, netzartig durchbrochen (**D**), morgensternförmig (**E**) oder anders gestaltet sein. Von den großen Chromatophoren enthält jede Algenzelle meist nur ein oder zwei, von kleineren entsprechend mehr. Für die höheren Pflanzen lassen sich nur Grö-

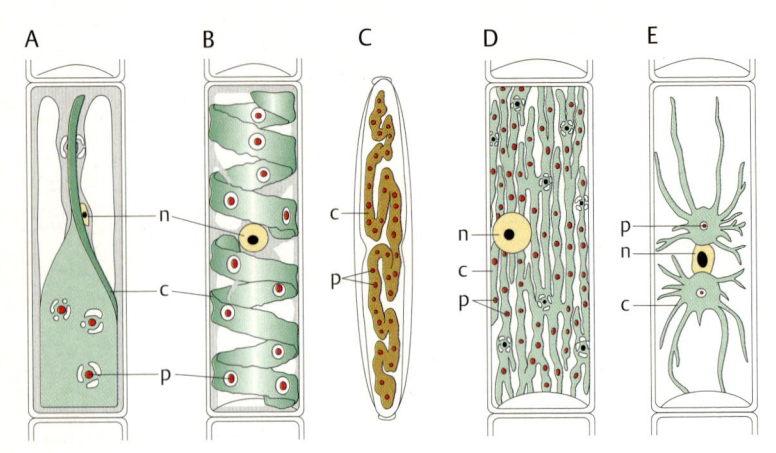

Abb. 3.14 Algenchromatophoren. **A** *Mougeotia* spec., plattenförmiger Chromatophor, im oberen Teil um 90 Grad aus der Flächen- in die Kantenstellung gedreht (ca. 500fach), **B** *Spirogyra* spec. (ca. 200fach), **C** *Pleurosigma angulatum*, Gürtelbandansicht (ca. 200fach), **D** *Oedogonium* spec. (ca. 500fach), **E** *Zygnema* spec. (ca. 650fach). c = Chromatophor (grün bzw. gelbbraun), n = Zellkern (gelb) mit Nucleolus (schwarz), p = Pyrenoid (rot), zum Teil von Stärkekörnern umgeben.

ßenordnungen angeben. So enthält eine Mesophyllzelle im Durchschnitt etwa 50 bis maximal 200 Chloroplasten, während deren Anzahl in den Schließzellen der Spaltöffnungen meist unter 10 liegt.

Nach längerer Belichtung enthalten die Chloroplasten der höheren Pflanzen Körnchen von **Assimilationsstärke** (Abb. 3.15 B, 3.16 B), die bei anschließender Verdunkelung wieder verschwinden. Bei manchen Pflanzen können auch die Chloroplasten Reservestärke speichern, z. B. bei einigen Coniferen und bei der Urticacee *Elatostema repens*. Die Chromatophoren vieler Algen besitzen sogenannte **Pyrenoide,** an deren Grenze häufig Stärke (Abb. 3.14) bzw. bei *Euglena* das stärkeähnliche Paramylon (S. 37) abgelagert wird (Abb. 3.17 B). Bei der Grünalge *Chlamydomonas* sowie bei einer Reihe von Lebermoosen, insbesondere *Anthoceros* und verwandten Gattungen, bestehen die Pyrenoide fast ausschließlich aus RubisCO (s. S. 104), ähneln in dieser Hinsicht also den Carboxysomen der Bakterien und Cyanobakterien. Da vergleichbare Mengen der übrigen Enzyme des Calvin-Zyklus in den Pyrenoiden nicht nachgewiesen werden konnten, sind diese sicherlich nicht, wie zeitweilig angenommen, Orte der CO_2-Fixierung und der Stärkesynthese. Bei *Chlamydomonas* sind etwa 30–40 % der RubisCO im Stroma lokalisiert. Sie repräsentieren wahrscheinlich die aktive Form dieses Enzyms. Ob jedoch die RubisCO in den Pyrenoiden ausschließlich als inaktive Speicherform vorliegt oder aber auch in Form aktiver Moleküle, konnte bisher nicht entschieden werden.

3.4 Plastiden

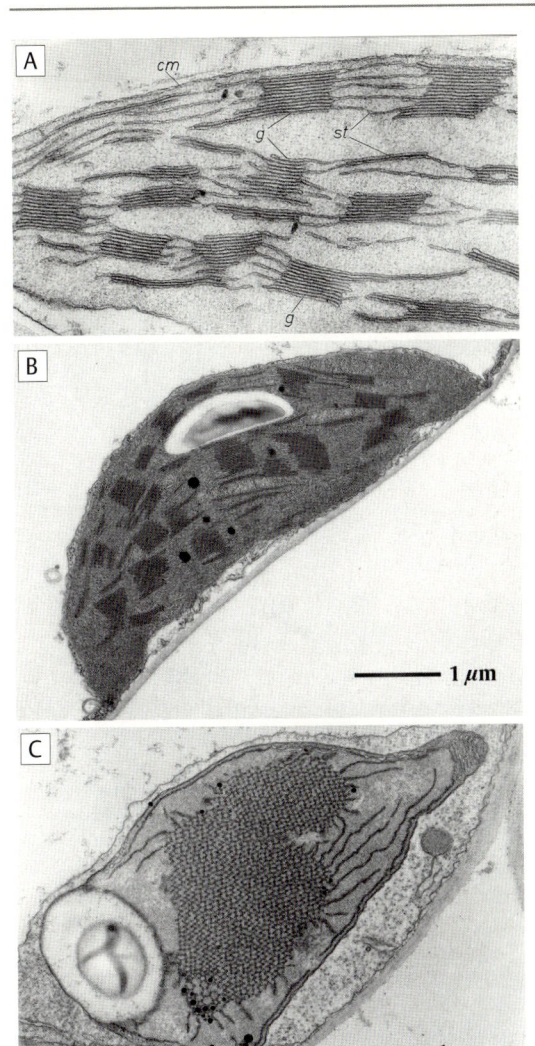

Abb. 3.15 TEM-Bilder von Chloro- und Etioplasten.
A Dünnschnitt durch einen Spinatchloroplasten (*Spinacia oleracea*, Granatypus), Vergr. ca. 27 000fach, Fixierung: Kaliumpermanganat. cm = Chloroplastenhülle, g = Granastapel, st = Stromathylakoide.
B Dünnschnitt durch einen Chloroplasten der Tomate *(Solanum lycopersicum)* mit Stärkekörnern. Infolge der Glutaraldehyd-OsO$_4$-Fixierung ist das Stroma besser erhalten. Plastoglobuli schwarz.
C Dünnschnitt durch einen Etioplasten von *Sorghum bicolor* (Mohrenhirse) mit großem Prolamellarkörper, vereinzelten Thylakoidresten und Stärkekorn (Originalaufnahmen: **A** W. Wehrmeyer, **B** und **C** G. Wanner).

Submikroskopischer Bau: Im elektronenmikroskopischen Bild (Abb. 3.**15**A) ist die Chloroplastenhülle deutlich zu erkennen. Sie besteht aus zwei Membranen von je 5 nm Dicke, die durch einen Zwischenraum von 2–3 nm Breite voneinander getrennt sind. Die äußere Membran enthält Porine, die für Moleküle bis zu einer M$_r$ von 10 000 durchlässig sind. Dagegen ist die innere Mem-

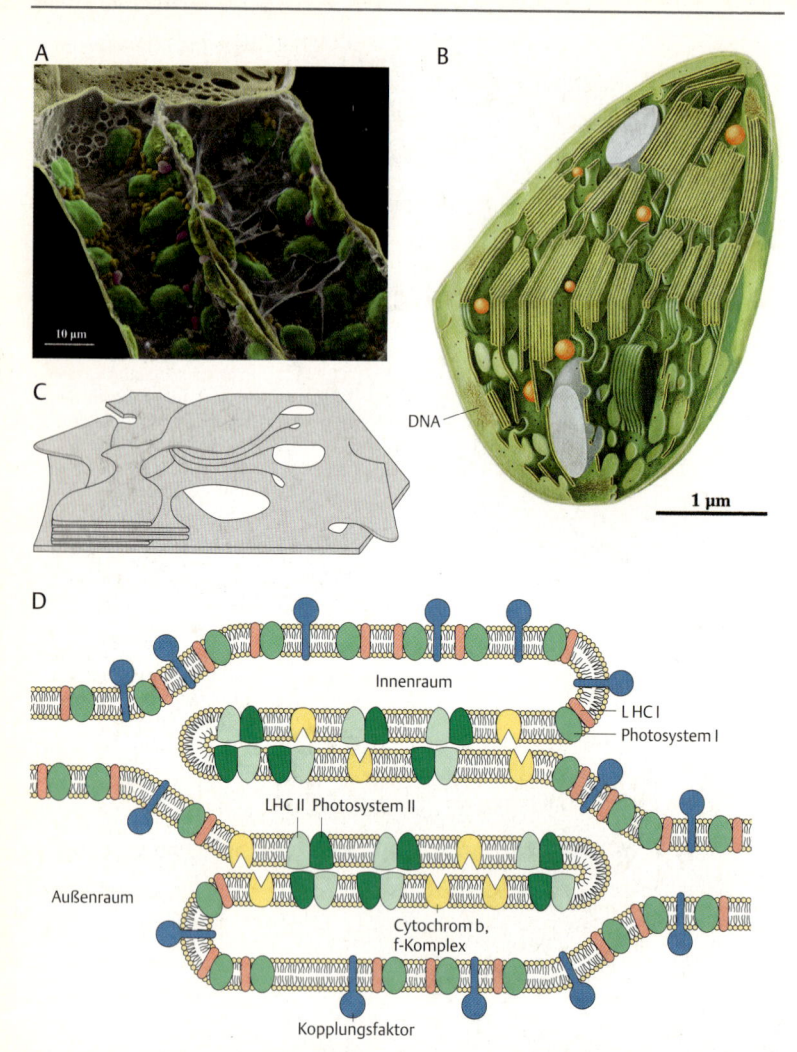

Abb. 3.16 Chloroplasten. **A** REM-Aufnahme zweier Palisadenparenchymzellen. Chloroplasten grün, Mitochondrien gelblichgrün, Peroxisomen violett, Plastoglobuli gelbe Punkte. **B** Dreidimensionale Rekonstruktionszeichnung eines Chloroplasten mit zahlreichen Granastapeln und einzelnen Stromathylakoiden im Längs- und Querschnitt. Thylakoidmembranen im Anschnitt gelb, in Aufsicht grün, Plastoglobuli orange, DNA-Stränge rötlich, Assimilationsstärke hellblau. **C** Teil eines Membrankörpers mit zwei Granastapeln, im Vordergrund im Anschnitt gezeichnet. **D** Molekulares Strukturmodell von Thylakoidmembranen (**A** Original: G. Wanner, **B** Original: I. Bohm u. G. Wanner, **C** nach Wehrmeyer, **D** nach J. M. Anderson u. B. Andersson).

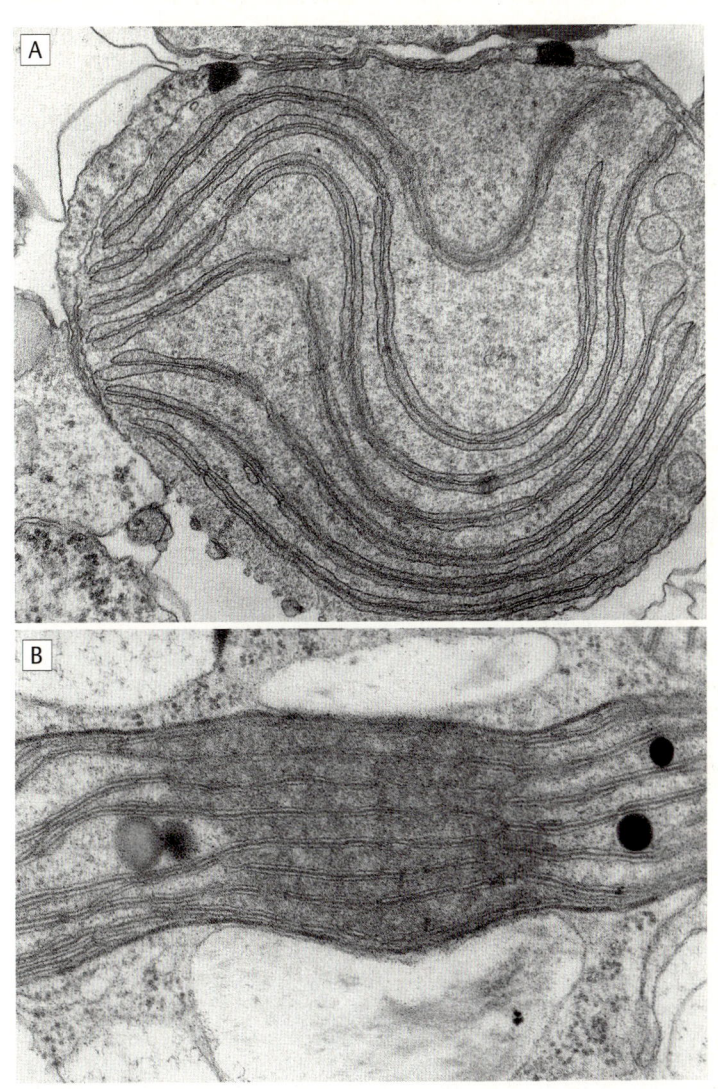

Abb. 3.17 TEM-Aufnahmen von Algenchromatophoren (durchgehend lamellierter Typ). **A** *Ceratium horridum*, Thylakoide, Fixierung: Glutaraldehyd/OsO$_4$, Vergr. 38 000fach, **B** *Euglena gracilis*, Chloroplast mit Pyrenoid, dessen Matrix dichter ist als die des Chloroplastenbereiches. In diesem sind einige Plastoglobuli zu sehen. Das Pyrenoid ist beidseitig von Paramylon bedeckt. Fixierung: Glutaraldehyd/OsO$_4$, Vergr. 40 000fach (Originalaufnahmen: K. Kowallik).

bran, wie bei den Mitochondrien, weitgehend impermeabel, aber mit zahlreichen Translokatoren ausgestattet.

▍Die Chloroplastenhülle umschließt die Grundsubstanz, das Stroma, das zahlreiche Membranen enthält, die Träger der Photosynthesepigmente sind und als Thylakoide bezeichnet werden.

Die **Thylakoide** durchziehen bei dem durchgehend lamellierten Typ, der für die meisten Algen charakteristisch ist, die Chloroplasten in ihrer ganzen Länge (Abb. 3.17 A). Wie Abb. 3.17 B zeigt, können sie auch in die Pyrenoide eintreten, was jedoch keineswegs für alle Algen zutrifft. Die Chloroplasten vom Grana-Typ, die für die höheren Pflanzen charakteristisch sind, enthalten neben den ausgedehnten, den Chloroplasten bisweilen in seiner ganzen Länge durchziehenden Stromathylakoiden relativ kurze Granathylakoide, die jeweils zu 10 – 100 geldrollenartig übereinandergestapelt sind (Abb. 3.15 A, B, 3.16 B). Diese Bereiche entsprechen den lichtmikroskopisch erkennbaren **Grana**. Die Stromathylakoide setzen sich aus dem Bereich der Grana in den Intergranabereich des Stromas fort. Die Grana- und Stromathylakoide bilden einen zusammenhängenden Membrankörper, in dem die Granathylakoide durch schmalere oder breitere Stege mit den Thylakoiden des Intergranabereiches und über diese untereinander in Verbindung stehen (Abb. 3.16 B, C).

Die Plastiden etiolierter, d. h. unter Lichtabschluß angezogener Pflanzen (S. 527 f.) werden als **Etioplasten** bezeichnet. In ihnen entwickeln sich anstatt der normalen Thylakoidmembranen sogenannte Prolamellarkörper tubulärer Kristallgitterstruktur (Abb. 3.15 C). Auch durch zeitweilige Verdunkelung bereits ergrünter Pflanzen kann es zu einer sekundären Prolamellarkörperbildung kommen.

Vom molekularen Aufbau der Thylakoidmembranen haben wir heute gut begründete Vorstellungen. Mit Hilfe der Gefrierätzung wurde festgestellt, daß die Thylakoide Partikel verschiedener Größe enthalten, die in den bimolekularen Lipoidfilm eingebettet sind. Auch ist es gelungen, funktionsfähige Partikel zu isolieren, ihre Proteine zu reinigen und sie sowie ihre Gene zu identifizieren (Abb. 3.18). Im einzelnen handelt es sich um die folgenden Partikel: Photosystem I, Photosystem II, light-harvesting-complex, Cytochrom b, f-Komplex und ATP-Synthase

Bei den Chloroplasten der höheren Pflanzen lassen sich die Partikel des **Photosystems II** (PS II, S. 324 ff.) durch ihre Größe (12 – 18 nm) verhältnismäßig leicht identifizieren. Es besteht aus dem zentralen Core-Komplex, der mit den beiden Molekülen D_1 und D_2 das Reaktionszentrum (RC II) sowie Cytochrom b_{559} enthält (Abb. 3.18 A). Er ist von Chlorophyll-Antennen (CP) umgeben und mit dem Wasser-oxidierenden Komplex verbunden. PS II ist mit stationären und mobilen Lichtsammler-Chlorophyll a, b-Komplexen II **(light-harvesting-complex, LHC II)** assoziiert. Deutlich kleiner (9 – 11 nm) sind die Partikel des **Photosystems I** (PS I, S. 325 ff.), dessen Core-Komplex das Reaktionszentrum (RC I) enthält. Es ist mit Chlorophyll a/b-Antennen und dem LHC I-Komplex assoziiert (Abb. 3.**18 B**). Ebenfalls zu den kleineren Partikeln zählt der **Cytochrom b, f-Komplex** (Abb. 3.**18 A**), der funktionell zwischen die beiden Photosysteme geschaltet ist. Außer den Cytochromen f und b_6 enthält er ein Schwefel-Eisen-Protein (Fe_2S_2). Wie bei den Mitochondrien sind die etwa kugelförmig angeordneten Proteine des Kopplungsfaktors CF_1 der **ATP-Synthase** (ATPase) durch das Protein CF_0 in der Thylakoidmembran verankert (Abb. 3.**18 B**). Infolgedessen ist der Kopplungsfaktor weniger fest an die Thylakoidmembran gebunden und läßt sich verhältnismäßig leicht abtrennen, während das Protein CF_0 Bestandteil der Membran ist und nur durch deren Zerstörung isoliert werden kann.

In den Gefrierbrüchen erkennt man, daß sich die PF- und EF-Flächen der Grana- und Stromathylakoide deutlich unterscheiden. In den Granabereichen, in denen die Thylakoide dicht gestapelt sind und unmittelbar an das gegenüberliegende Granathylakoid stoßen, also nicht exponiert sind, finden sich nur die PS II-Partikel und die Cyt b, f-Komplexe. Demgegenüber enthalten die an das Stroma grenzenden, also nicht gestapelten, exponierten Thylakoide die Gesamtheit der PS I-Partikel und die ATP-Synthase (Abb. 3.**16 D**). Es kann jedoch als sicher gelten, daß die oben beschriebene Anordnung der Komponenten in den Thylakoidmembranen keine statische, sondern eine dynamische ist. So wird z.B. für den Cyt b, f-Komplex ebenso wie für die LHC-Komplexe eine gewisse laterale Beweglichkeit angenommen.

Das **Stroma** enthält zahlreiche granuläre Einschlüsse, insbesondere die zum 70 S Typ gehörenden **Plastoribosomen** sowie osmiophile, d. h. Osmium-speichernde Lipidglobuli, die als **Plastoglobuli** bezeichnet werden und in ihrer Struktur den Oleosomen (S.155) vergleichbar sind. Außerdem finden sich im Stroma, seinen verschiedenen physiologischen Leistungen entsprechend, zahl-

---

Abb. 3.18 Molekulares Modell der Thylakoidmembran. Die Zeichnungen lassen die laterale Heterogenität der Membran (PS II vor allem in den nicht exponierten Bereichen, PS I und ATP-Synthase in den exponierten Bereichen) erkennen. **A** Photosystem II mit Reaktionszentrum, wasseroxidierendem Komplex, Antennen (CP 47, 57, 24, 26, 29) sowie mobile (mob.) und stationäre (stat.) LHC II's. CP 47 und CP 57 sind plastomcodiert, alle übrigen genomcodiert. Cytochrom b, f-Komplex, der außer den Cytochromen b_6 und f ein Eisen-Schwefel-Protein enthält, das als einziges genomcodiert ist. ZTyr und DTyr = Tyrosin-Radikale, die an der Wasserspaltung beteiligt sind. PC = Plastocyanin. **B** Photosystem I mit zwei assoziierten Antennenkomplexen (19–23 kD). Mit dem PS I ist auch die sogenannte Thiolkette assoziiert, die aus Fd = Ferredoxin, FTR = Ferredoxin/Thioredoxin-Oxidoreduktase und TR = Thioredoxinen (s. Box 3.**2**) besteht. FNR = Ferredoxin-NADP-Reduktase. Der rechte Teil der Abbildung zeigt die ATP-Synthase, deren Kopplungsfaktor CF_1 durch den Proteinkomplex CF_0 in der Thylakoidmembran verankert ist. Die Gennomenklatur unterscheidet vier Klassen: psa = PS I, psb = PS II (ausgenommen die Gene für die Apoproteine der Antennen), atp = ATP-Synthase und pet = periphere Komponenten und Gene für den Cytochrom b, f-Komplex. Die einzelnen Gene werden mit Großbuchstaben in der Reihenfolge ihres Auffindens bezeichnet. Die grau gerasterten Proteine sind genomcodiert, die rot gerasterten plastomcodiert (s. Abb. 15.**19**, S. 482). Bezüglich der funktionellen Aspekte sei auf das Kapitel 10.3 verwiesen (Originalzeichnung: R. Herrmann).

102 3 Zelle

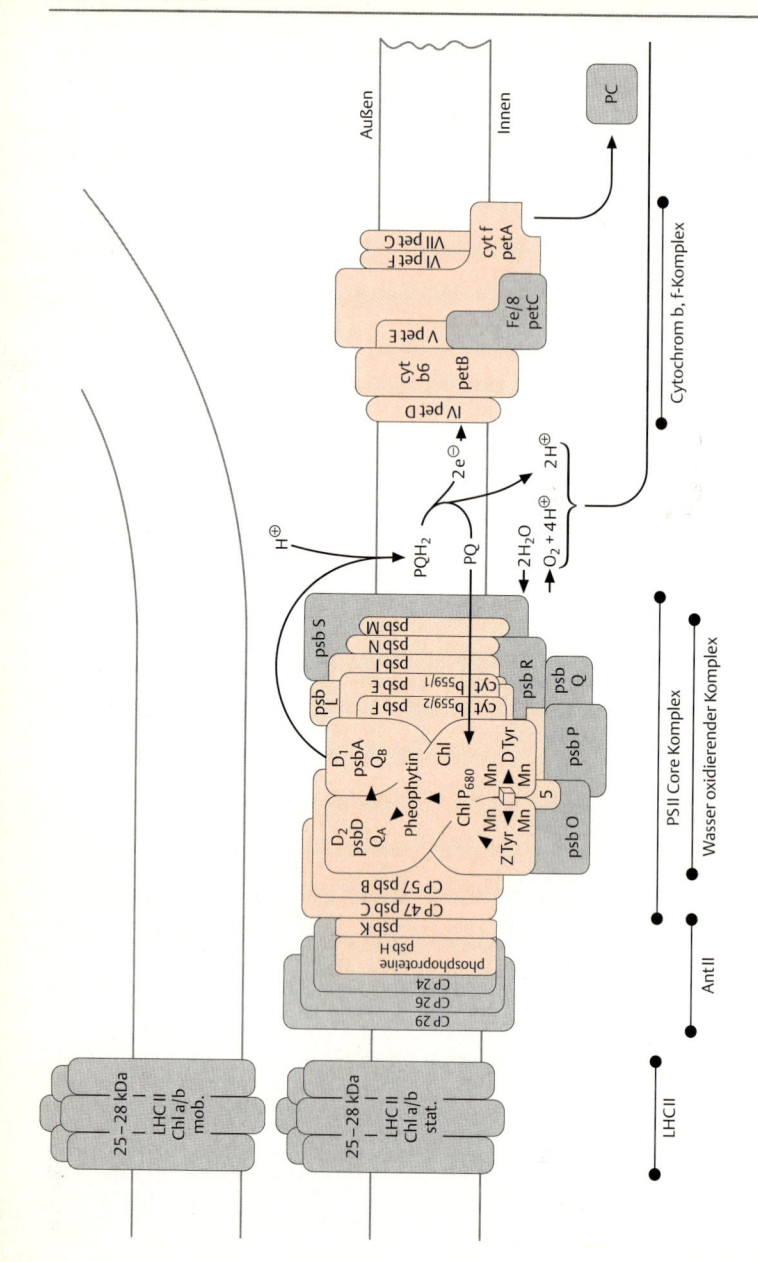

Abb. 3.**18A**

3.4 Plastiden

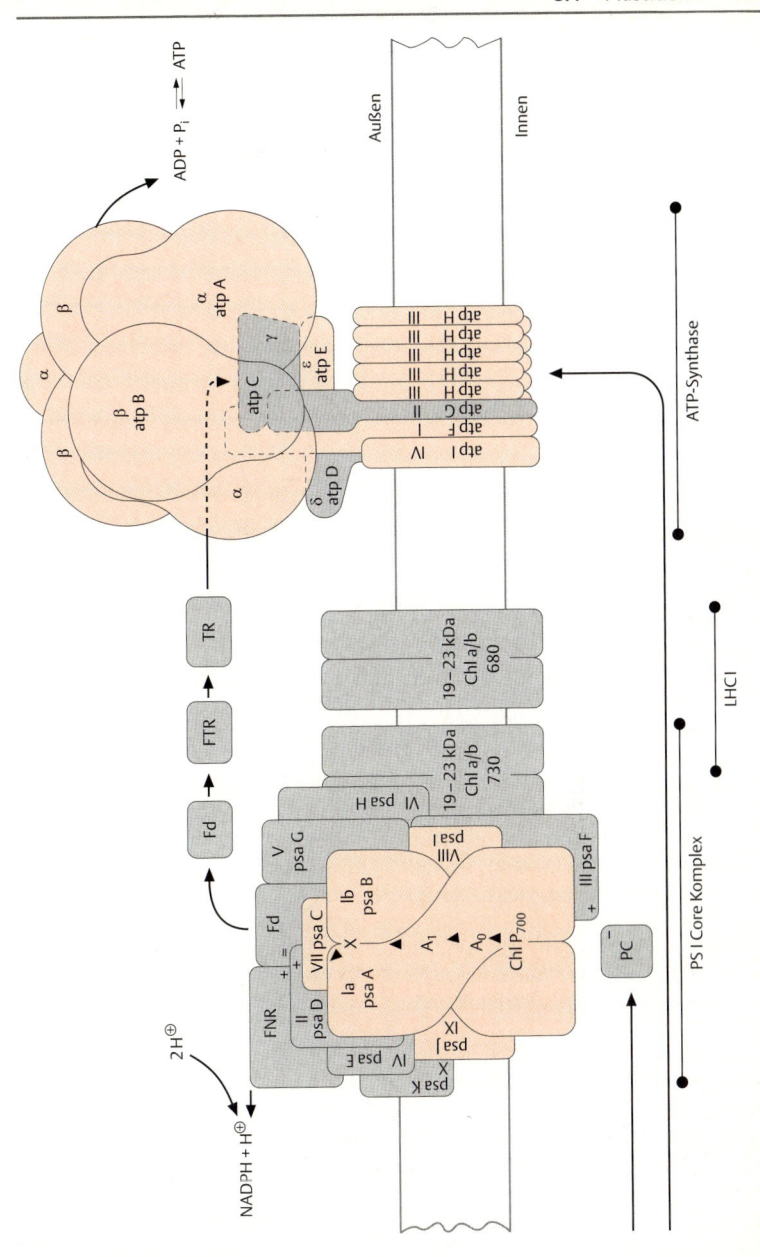

Abb. 3.18 B

> **Box 3.2 Thioredoxine**
>
> Thioredoxine sind hitzestabile Polypeptide aus etwa 85–110 Aminosäuren, deren M_r zwischen 9700 und 12000 liegen. Sie wurden in allen daraufhin untersuchten Pflanzen, Tieren und Mikroorganismen gefunden. Im Zentrum enthalten sie zwei Cysteinmoleküle. Werden deren H-S-Gruppen oxidiert, entsteht eine Disulfidbrücke. Die Wiederherstellung des reduzierten Zustandes erfolgt durch Ferredoxin unter Mitwirkung des Enzyms Ferredoxin-Thioredoxin-Oxidoreduktase.
>
> Die Thioredoxine sind an biochemischen Redoxprozessen als Elektronenüberträger beteiligt. Eine wesentliche Rolle spielen sie bei der lichtinduzierten Aktivierung von Chloroplastenenzymen, z. B. der Glutamin-Synthetase. Auch an anderen Stoffwechselprozessen sind sie beteiligt, z. B. an der Reduktion von Ribonucleosiddiphosphaten zu Desoxyribonucleosiddiphosphaten unter Mitwirkung der Ribonucleotid-Reduktase, ein Prozeß, der der DNA-Synthese vorgeschaltet ist.

reiche Enzyme, insbesondere die des Calvin-Zyklus. Der Hauptbestandteil der Stromaproteine ist die Ribulose-1,5-bisphosphat-carboxylase bzw. genauer, die **Ribulose-1,5-bisphosphat-carboxylase/Oxygenase (RubisCO)**, da sie als multifunktionelles Enzym auch die Funktion einer Oxygenase haben kann. Ihr Anteil an den löslichen Proteinen des Blattes kann bis zu 50 % betragen. Weitere Einzelheiten werden später besprochen (S. 329).

Außerdem finden sich im Stroma kontrastarme Bereiche, die, wie im Falle der Mitochondrien, von feinen Strängen, der **Plastiden-DNA (ptDNA)**, durchzogen und somit den Nucleoiden (Kernäquivalenten) der Bakterien (S. 197 f.) ähnlich sind.

Im Gegensatz zur Zellkern-DNA enthält die ptDNA kein 5-Methyl-cytosin und ist, gleich der mtDNA, nicht mit Histonen assoziiert. Die ptDNA ist doppelsträngig und zirkulär (S. 482). Isolierte native DNA zeigt eine Überstruktur (Abb. 3.**19**). Die Molekülmassen der ptDNA sind bei den einzelnen Pflanzengruppen etwas verschieden. Bei der Alge *Derbesia marina* beträgt die Molekülmasse $65 \cdot 10^6$ Da und ist damit um etwa ⅓ kleiner als die der meisten höheren Pflanzen, bei denen sie in der Größenordnung von $85-100 \cdot 10^6$ Da liegt, was etwa 150 000 Basenpaaren und einer Konturlänge von ca. 50 µm entspricht.

Die Chloroplasten enthalten, je nach Größe und Alter, zwischen 10 und 200 identische ptDNA-Stränge, von denen jedes Nucleoid 2–5 enthält, haben also eine polyploide Konstitution. Jeder Strang trägt eine komplette Kopie der im Chloroplasten lokalisierten genetischen Information (Plastom, S. 480 ff.). Diese umfaßt die Gene für die plastidären rRNAs (23 S, 16 S, 5 S und 4,5 S), die meist in zwei Kopien vorliegen, tRNAs sowie eines kleinen Teiles der Proteine des Photosyntheseapparates, wie aus Abb. 3.**18** ersichtlich. Die übrigen Proteine werden unter der Regie der Zellkern-DNA an den freien 80 S Polyribosomen

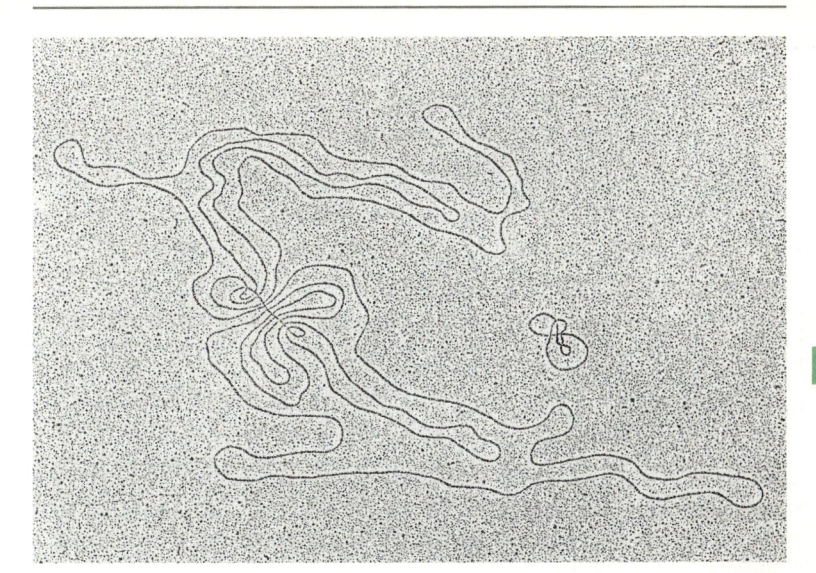

Abb. 3.19 Isoliertes zirkuläres DNA-Molekül aus einem Chloroplasten der Grünalge *Derbesia marina* mit einer Molekülmasse von $65 \cdot 10^6$ Da. Bei dem rechts davon liegenden kleinen Zirkel handelt es sich um die einsträngige, zirkuläre DNA des Phagen ΦX 174 (S. 457), die als Marker-DNA für die Bestimmung der Molekülmasse dient. Sie enthält 5386 Nucleotide mit einer Molekülmasse von $3,5 \cdot 10^6$ Da. Vergr. 20 000fach (Originalaufnahme: K. Kowallik und M. Schmidt)

im Cytoplasma synthetisiert. Von hier müssen sie durch die Chloroplastenhülle und gegebenenfalls durch die Thylakoidmembran transportiert und in diese eingebaut werden, was, wie bei den Mitochondrien, mit Hilfe sogenannter Transitpeptide (S. 477) geschieht. Diese enthalten die gesamte Information für den Transport und den Einbau und werden nach erfolgter Plazierung der Proteine abgebaut.

Die begrenzte Unabhängigkeit (Semiautonomie) der Plastiden wird, wie im Falle der Mitochondrien (S. 90 f.), als Argument für die Endosymbiontenhypothese (S. 73) gewertet. Im folgenden sind die Befunde, die sie stützen, zusammengefaßt:

1. Die Fähigkeit zur Vermehrung durch Teilung und die darauf beruhende Kontinuität der Plastiden, d. h. die Weitervererbung von Zelle zu Zelle.
2. Der Besitz von DNA und die darauf basierende Fähigkeit zu einer, wenn auch in begrenztem Umfang, eigenständigen Proteinsynthese.
3. Die ringförmige Struktur der ptDNA, die für Bakterien (S. 453 f.) charakteristisch ist.
4. Der Befund, daß die ptDNA nicht mit Histonen assoziiert ist.
5. Der Besitz von 70 S Ribosomen.

6. Die 16 S RNA, deren Sequenzbestimmung eine Standardmethode zur Ermittlung des Verwandtschaftsgrades ist, zeigt eine weitgehende Übereinstimmung mit der 16 S RNA von *Escherichia coli*.
7. Das Fehlen von Cholesterol in der inneren Membran der Plastiden und ihr Gehalt an Cardiolipin, das sonst nur bei Prokaryonten vorkommt.
8. Die äußere Hüllmembran ähnelt in ihrer Zusammensetzung dem Plasmalemma, das gemäß der Hypothese den Prokaryonten bei der Endocytose eingehüllt hat.

Die Semiautonomie beruht offenbar darauf, daß ein größerer Teil der DNA des Symbionten durch „genetische Drift" in die Kern-DNA der Wirtszelle übernommen wurde, so daß ein Teil der Proteine unter der Regie der Kern-DNA im Cytoplasma synthetisiert und von dort in die Plastiden importiert werden muß. Hinsichtlich des Prokaryontentyps gehen die Ansichten noch auseinander. Da den Cyanobakterien Chlorophyll b fehlt, würden sie wegen ihrer Biliprotein-Ausstattung eigentlich nur den Rhodoplasten adäquat sein, nicht aber den Chloro- und Phaeoplasten. Möglicherweise ist jedoch eine solche „Endosymbiotisierung" unabhängig von einander dreimal, also polyphyletisch, erfolgt, wobei die Frage nach den entsprechenden Prokaryonten allerdings weiterhin offen bleibt. Die Prochlorophyta, die die Chlorophylle a und b besitzen, kommen nicht in Frage, da ihre 16 S RNA keine Verwandtschaft mit der der Chloroplasten erkennen läßt (S. 207f.). Entsprechendes gilt für die Gattung *Heliobacterium*, die von manchen Autoren als potentieller Symbiont der Phaeophyta angesehen wird. Andere Arbeitsgruppen nehmen an, daß manchen Phycobionten im Verlaufe der Evolution die Fähigkeit zur Bildung der Phycobiline verlorengegangen ist und daß diese durch Chlorophyll b ersetzt wurden. Die mehrfache, unabhängig voneinander erfolgte Umwandlung von Chlorophyll a in die Chlorophylle b und c ist im Hinblick auf die enge chemische Verwandtschaft durchaus vorstellbar.

3.4.2 Chromoplasten

Die durch Carotinoide gelb, orange oder rötlich gefärbten Chromoplasten enthalten kein Chlorophyll und sind photosynthetisch inaktiv. Sie finden sich in entsprechend gefärbten Blüten u. a. Pflanzenteilen, z. B. in den Wurzeln von *Daucus carota*, der Karotte. Ihre Gestalt ist mannigfaltig. Sie können rund, oval, spindelig, fädig oder unregelmäßig-amöboid gestaltet sein. Im Lichtmikroskop erscheinen die Carotinoide entweder im Stroma verteilt, in tröpfchenförmigen Globuli angereichert oder auskristallisiert. Elektronenmikroskopische Untersuchungen haben gezeigt, daß die Pigmente an bestimmte Trägerstrukturen gebunden sind.

Folgende Typen wurden gefunden:
1. Globulärer Typ (Abb. 3.**20A**, 3.**21A**): Er enthält Lipidglobuli zwischen 0,2 und 1 µm Durchmesser, in denen die Pigmente angereichert sind. Sie entsprechen den Plastoglobuli.

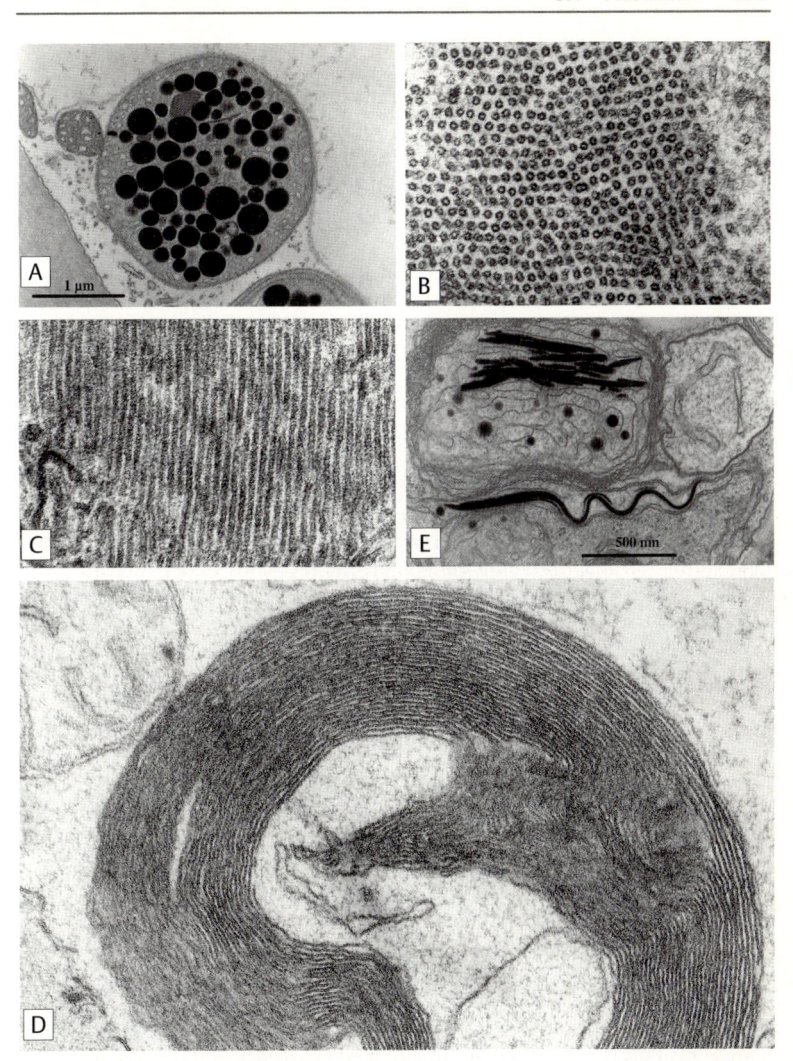

Abb. 3.20 Chromoplasten. **A** Globulärer Typ *(Culcasia liberica)*. **B** und **C** Tubulärer Typ, „Tubuli" aus den Blütenchromoplasten des Schöllkrauts *(Chelidonium majus)* im Quer- und Längsschnitt. Vergr. 38 000fach. **D** Membranöser Typ. Membranen aus den Blütenchromoplasten der gelben Narzisse *(Narcissus pseudonarcissus)*. Etwa 200 hohlkugelige Doppelmembranen sind ineinander geschachtelt. Vergr. ca. 54 000fach. **E** Membranöser Typ. In den Membranen Carotin-Kristalle (Schalennarzisse). (TEM-Originalaufnahmen: **A** und **E** G. Wanner, **B–D** P. Sitte).

2. **Tubulärer Typ** (Abb. 3.**20 B, C**, 3.**21 B**): Die Tubuli von etwa 20 nm Durchmesser sind keine Röhren im eigentlichen Sinne, sondern fadenförmige Flüssigkeitskristalle, die von einer Hülle aus Lipiden und dem Protein Fibrillin umgeben sind.
3. **Membranöser Typ** (Abb. 3.**20 D**, 3.**21 B**): Hier fungieren als Träger der Pigmente Membranen, die bisweilen in Gestalt zahlreicher konzentrischer Hohlkugeln ineinandergeschachtelt sind.
4. **Kristalle.** Diese sind rechteckig oder rhombisch, bestehen jedoch nur zu 20–56% aus β-Carotin. Der restliche pigmentfreie Anteil setzt sich aus Lipiden und Proteinen zusammen, die die Kristalle membranartig umgeben. Nicht selten haben sie die Gestalt großflächiger Häute oder breiter Bänder, die zu Schrauben aufgewunden sein können (Abb. 3.**20 E**).

Die Chromoplasten der Blütenblätter und Früchte können aus Leukoplasten oder jungen Chloroplasten entstehen. Sie enthalten, gleich den Chloroplasten, zirkuläre DNA von etwa 45 µm Länge in mehreren Kopien, sind also zu bestimmten Synthesen befähigt. Tatsächlich wurde in einzelnen Fällen eine Rückdifferenzierung von Chromoplasten in Chloroplasten beobachtet. Hierin unterscheiden sie sich von den **Gerontoplasten,** das sind Plastiden ähnlicher Pigmentausstattung, die unter Abbau der Chlorophylle bei der Alterung (Seneszenz) ehemals funktionstüchtiger Chloroplasten entstehen (herbstliche Laubfärbung) sowie bei der Reifung von Früchten. In ihnen liegen die Carotinoide ausschließlich in Form von Globuli vor. ptDNA und Plastoribosomen sind nicht mehr nachweisbar.

3.4.3 Leukoplasten

Unter diesem Begriff werden Plastiden ganz verschiedener Funktionen zusammengefaßt, denen nur das Fehlen von Pigmenten gemeinsam ist. So zählt man zu ihnen die farblosen Plastiden in weißen Blütenblättern (Abb. 3.**22 A**), sowie die Plastiden, die Reservestoffe speichern:
– die **Amyloplasten** Reservestärke in Form von Stärkekörnern (Abb. 3.**21 D**, 3.**22 B**).
– die **Proteinoplasten** Proteine, meist in Form von Kristalloiden, und
– die **Elaioplasten** Lipide in Form von Plastoglobuli (Abb. 3.**22 C**).

Bisweilen werden die in den Amyloplasten gebildeten Stärkekörner so groß, daß sie nur noch von einer sehr dünnen, mikroskopisch nicht mehr nachweisbaren Plastidenhülle umgeben sind, sofern sie nicht völlig nackt im Plasma liegen. Von den Speicherplastiden unterscheiden sich die Leukoplasten der Zellen, die etherische Öle oder Harze produzieren, grundsätzlich durch das Fehlen von Stromathylakoiden und typischen Plastoribosomen sowie durch die Unfähigkeit, bei Belichtung zu ergrünen und sich zu normalen Chloroplasten zu entwickeln. Die Unterschiede werden bereits im Stadium der Proplastiden deutlich.

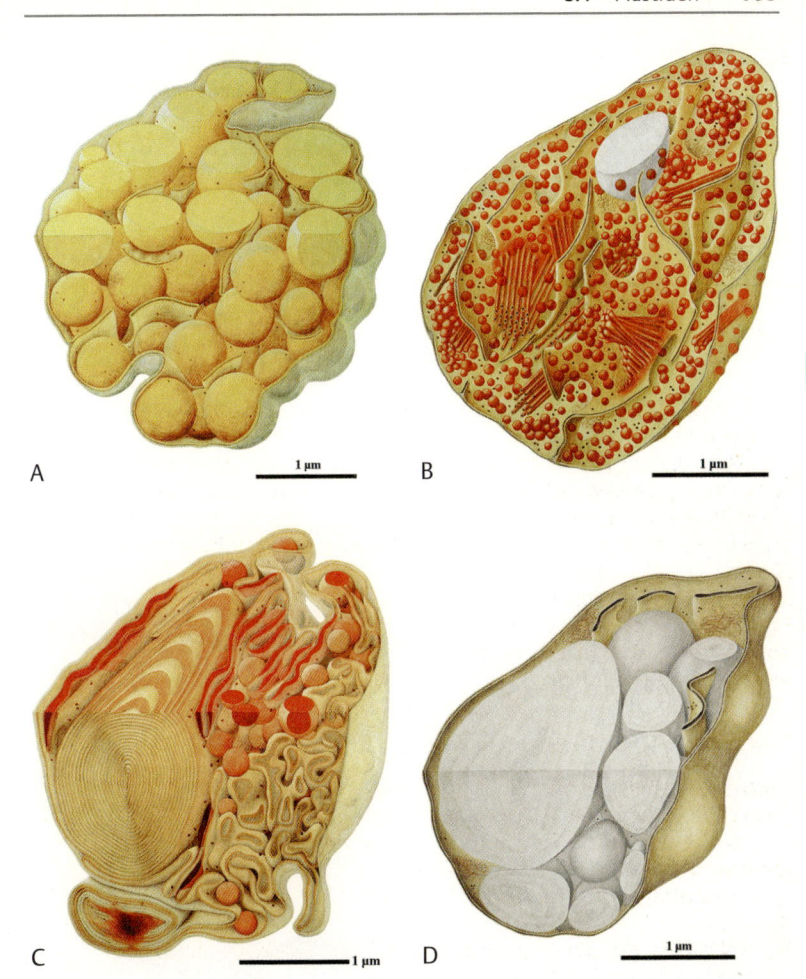

Abb. 3.21 Chromoplasten und Amyloplast. Colorierte räumliche Rekonstruktionszeichnungen nach TEM-Serienschnittaufnahmen. **A** Chromoplast vom globulären Typ aus einem gelben Blütenblatt des Stiefmütterchens *(Viola tricolor)*. **B** Chromoplast vom tubulären Typ aus einem Blütenblatt der Kapuzinerkresse *(Tropaeolum majus)* mit Stärkekorn. **C** Chromoplast vom membranösen Typ (Mischtyp) aus einem Blütenblatt der Schalennarzisse *(Narcissus spec.)*. **D** Amyloplast von *Commelina communis* mit zahlreichen Stärkekörnern (Originale: **A, C** J. Seifert und G. Wanner, **B, D** I. Bohm und G. Wanner).

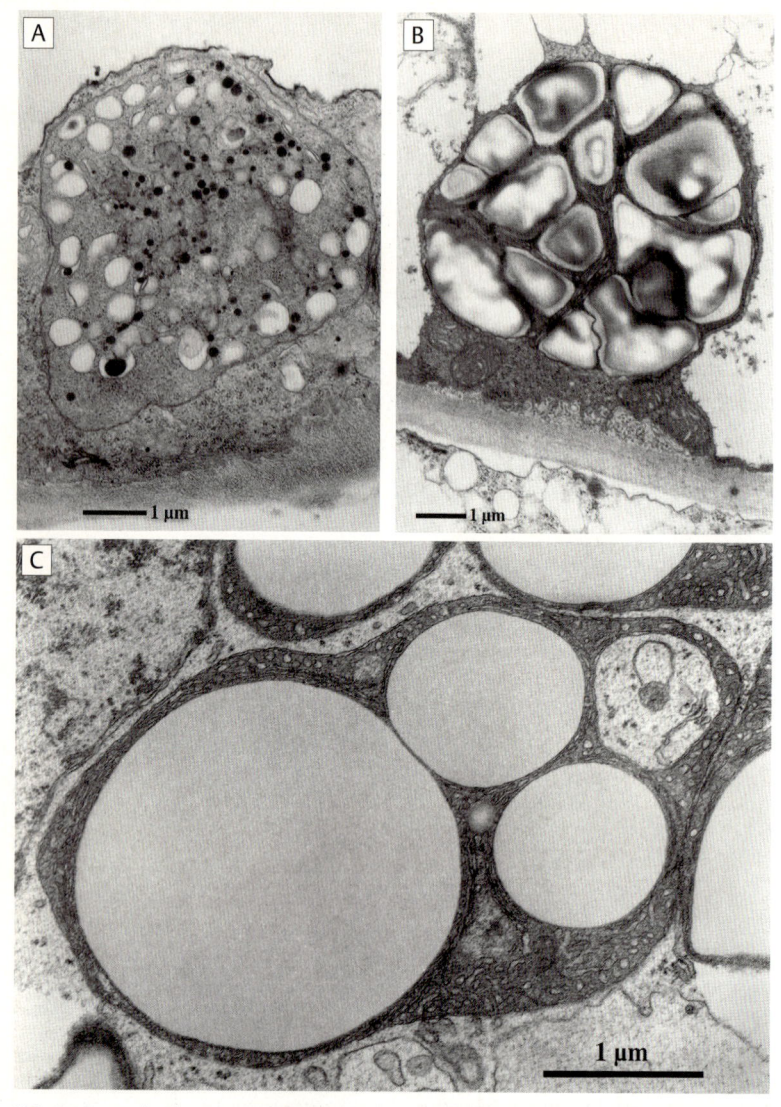

Abb. 3.22 Leukoplasten. **A** Leukoplast aus einem weißen Blütenblatt des Stiefmütterchens *(Viola tricolor)*. **B** Amyloplast mit Stärkekörnern aus den Schließzellen von *Commelina communis*. **C** Elaioplast aus dem Blütenblatt von *Chamaedorea ernestiaugusti*. (TEM-Originalaufnahmen: G. Wanner).

3.5 Zellkern

Der Zellkern (Nucleus) ist das genetische Steuerzentrum der Zelle. Er enthält die Chromosomen, auf denen die weitaus überwiegende Anzahl der Gene (Erbanlagen) lokalisiert ist. Deren Gesamtheit bezeichnen wir als Genom bzw. als Kerngenom, um es von dem Plastiden- und Mitochondriengenom abzugrenzen. Der Kern- und Zellteilung (Mitosis) geht eine Verdoppelung der DNA voraus, was während des Teilungsvorganges zu einer Spaltung eines jeden Chromosoms in zwei Tochterchromosomen führt, die auf die entstehenden Tochterzellen verteilt werden. Auf diese Weise wird dafür Sorge getragen, daß jede Tochterzelle eine identische Kopie der gesamten genetischen Information erhält.

Der Zellkern hat häufig die Form einer Kugel, erscheint bisweilen aber auch linsenförmig, ellipsoidisch, gelappt oder anders gestaltet. Seine Größe steht in einer gewissen, wenn auch nicht strengen Beziehung zu der Menge des ihn umgebenden Cytoplasmas (**Kern-Plasma-Relation**). Häufig liegen die Durchmesser pflanzlicher Zellkerne in der Größenordnung von 5–25 µm, doch kommen auch Durchmesser von einigen hundert µm vor.

3.5.1 Organisation des Zellkerns

Der in der Interphase befindliche Zellkern wurde früher, im Gegensatz zum Teilungskern, als Ruhekern bezeichnet. Funktionell betrachtet trifft natürlich genau das Gegenteil zu, da der Zellkern gerade in dieser Phase seine Wirksamkeit entfaltet (s. unten). Im Lichtmikroskop erscheint er homogen und stärker lichtbrechend als das Cytoplasma, von dem er durch eine mehr oder weniger scharf erscheinende Grenze, die Kernhülle, abgesetzt ist. Im Phasenkontrast und nach Anfärbung mit basischen Farbstoffen hebt sich jedoch das Chromatin (S. 118) deutlich vom Karyoplasma ab, das den übrigen Kernraum ausfüllt. Es enthält zahlreiche Enzyme, Struktur- und Transportproteine. Außerdem besitzt jeder Zellkern mindestens einen, häufig mehrere Nucleoli (Kernkörperchen), die sich mit basischen Farbstoffen ebenfalls intensiv anfärben.

Karyoplasma: Bei elektronenmikroskopischer Betrachtung erscheint das Karyoplasma feingranulär. Entfernt man bei isolierten Zellkernen die Kernhülle, so bleibt nach Abbau und Extraktion der Nucleoproteine ein Körper etwa gleicher Größe und Gestalt zurück, die **Nuclearmatrix (Kernskelett)**. Sie besteht im wesentlichen aus einem Gerüst feiner Proteinfibrillen, den sogenannten Nucleonemen, die Träger der Komponenten des Replikations- und Transcriptionsapparates (S. 463) sind. Die chromosomale DNA ist in Schleifen oder Domänen angeordnet, deren Enden sowohl während der Replikation als auch während der Transcription fest an das Kernskelett gebunden bleiben. Eine solche Anordnung garantiert einen korrekten Ablauf dieser Prozesse. Außerdem spielt das Kernskelett beim „processing" (S. 473) sowie beim gerichteten intranucleären Transport eine Rolle. Das die Chromosomen aufbauende Chro-

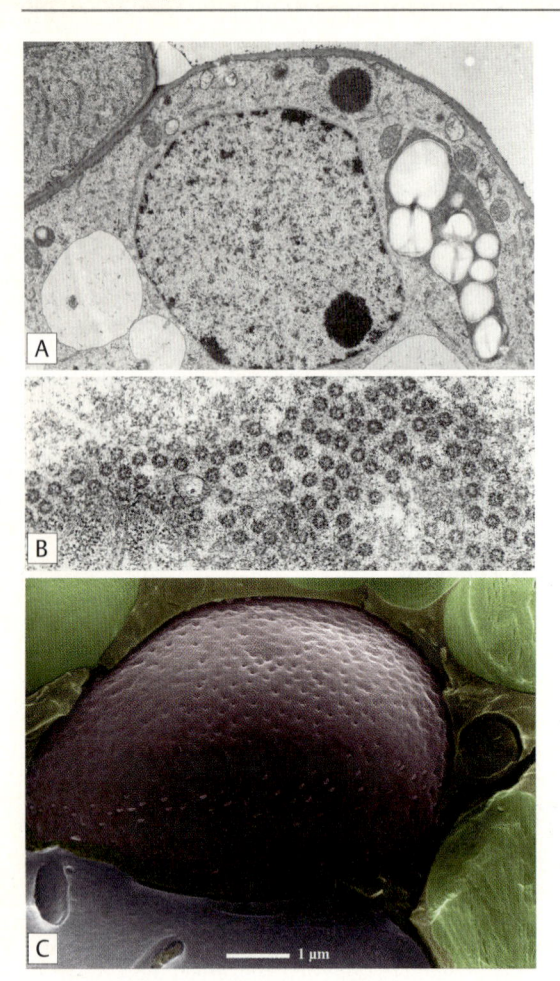

Abb. 3.**23** Zellkern.
A TEM-Aufnahme einer nicht-infizierten Zelle eines Wurzelknöllchens von *Glycine max* (Sojabohne, s. auch Abb. 13.**4**, S. 399). In der Mitte der große Zellkern mit doppelt konturierter Kernhülle und einem fast schwarz erscheinenden Nucleolus. In der Umgebung ein Amyloplast mit Stärkeeinschlüssen, Mitochondrien, Microbodies und ER. Vergr. 5500fach (Originalaufnahme: E. Mörschel).
B TEM-Aufnahme eines Flächenschnitts durch die Kernhülle von *Stephanopyxis palmeriana* (Diatomeae) mit Kernporenkomplexen in Aufsicht. Vergr. 27 000fach. (Originalaufnahme: K. Kowallik).
C Aufsicht auf einen Zellkern aus dem Rindenparenchym von *Tilia platyphyllos* (Linde). Colorierte REM-Aufnahme eines Gefrierbruches „frozen hydrated" (s. Anhang). (Originalaufnahme: G. Wanner).

matin erscheint im Vergleich zum Karyoplasma elektronenoptisch dichter. Nicht selten findet man schraubig gewundene Fibrillen von etwa 10 und 30 nm Durchmesser. Unmittelbar an die Kernhülle grenzt eine Faserschicht, die **Nuclearlamina**, die aus spezifischen Proteinen, den Laminen, besteht. Sie hat Skelettfunktion und bestimmt die Form des Zellkerns. Allerdings ist sie bei pflanzlichen Zellkernen nicht so ausgeprägt wie bei tierischen.

Kernhülle: Zwei etwa 7,5 nm dicke Membranen bilden die Kernhülle. Sie umschließen den perinucleären Raum von 10–15 nm Breite (Perinuclealzisterne).

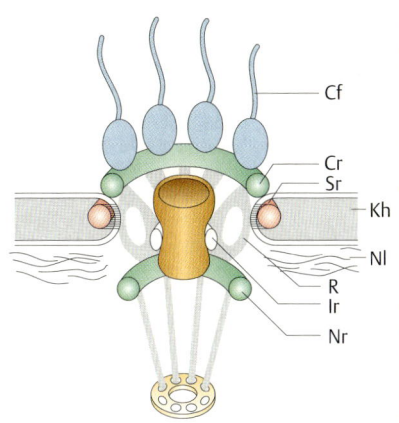

Abb. 3.24 Modell eines Kernporenkomplexes. In der Perinuclearzisterne der Kernhülle (Kh) liegt der äußere Speichenring Sr, der zusammen mit dem nucleären (Nr) und dem cytoplasmatischen (Cr) Speichenring die radialen Speichen R trägt. Die dazwischenliegenden Bereiche sind durch amorphes Material geschlossen. Der Cr trägt 8 Partikel von denen aus Filamente (Cf) in das Cytoplasma hinauslaufen. Unter der Kernhülle liegt die Nuclearlamina Nl. Die Speichen halten über den inneren Speichenring Ir einen röhrenförmigen Zentralpfropfen (Zentralgranulum), durch den der ein- oder auswärts gerichtete Partikeltransport erfolgt (nach Duell-Pfaff, aus Sitte et al., Strasburger Lehrbuch der Botanik, Gustav-Fischer-Verlag, Stuttgart, 34. Aufl. 1998, verändert).

Da er mit dem Innenraum des endoplasmatischen Reticulums in Verbindung steht (Abb. 3.1) und die äußere Membran auf ihrer Außenseite Polysomen tragen kann, ist die Kernhülle als Teil des ER anzusehen. In Aufsicht zeigt sie, und das unterscheidet sie vom ER, zahlreiche **Kernporenkomplexe (NPC** nuclear pore complex) von runder bis oktogonaler Gestalt (Abb. 3.23 B, C). Wie in Abb. 3.24 dargestellt, ist er aus mehreren Ringen zusammengesetzt, von denen der äußere, auf der cytoplasmatischen Seite liegende 8 Partikel trägt, von denen ausgehend sich Fibrillen in das Cytoplasma erstrecken. Darunter liegt ein Ring im perinucleären Raum, und ein weiterer im Karyoplasma. Von diesen Ringen ausgehend führen, den Speichen eines Rades vergleichbar, Fibrillen zum sogenannten Zentralgranulum, das einen Kanal darstellt, durch den der Transport von Partikeln und Molekülen erfolgt. Er ist von einem weiteren Ring umschlossen. Von dem nucleären Ring erstrecken sich Filamente in das Karyoplasma. Die Lücken zwischen den Speichen sind durch strukturlose Substanzen, wahrscheinlich Proteine, geschlossen. Importiert werden alle Kernproteine, die ja an den Polysomen im Cytoplasma synthetisiert werden, exportiert die RNAs und Ribosom-Untereinheiten (s. unten). Der Transport erfolgt mit Hilfe von Transportproteinen, die allgemein als **Karyopherine** bezeichnet werden. Weitere Informationen über die Karyopherine und die Transportmechanismen sind Box 3.3 zu entnehmen.

Nucleolus: Die in Ein- oder Mehrzahl vorhandenen Nucleoli erscheinen im Lichtmikroskop scharf konturiert, sind jedoch von keiner besonderen Hülle umgeben. Man unterscheidet die meist periphere „pars granulosa", die aus 15–20 nm messenden Granula besteht, und die überwiegend zentrale „pars fibrosa", die aus dichtgepackten, 5–8 nm dicken fibrillären Elementen zusam-

Box 3.3 Karyopherine

Durch die Kernporenkomplexe erfolgt der bidirektionale nucleo-cytoplasmatische Transport mit Hilfe der Karyopherine. Zahlreiche Karyopherine wurden bereits identifiziert, v. a. bei der Hefe *Saccharomyces cerevisiae,* und tragen daher eine SGD-Bezeichnung (**S**accharomyces **G**enome **D**atabase). Für viele gibt es Synonyme, z. B. für das Karyopherin SRP1 den Namen **Importin** α, für KAP95 **Importin** β, für KAP104 **Transportin,** dessen Transportsubstrate mRNA-bindende Proteine sind, für LOS1 **Exportin,** das tRNA exportiert usw.. Voraussetzung für den Import ist, daß die Proteine eine **nucleäre Lokalisierungs-Sequenz (NLS)** tragen, die für das Auffinden des Einbauortes

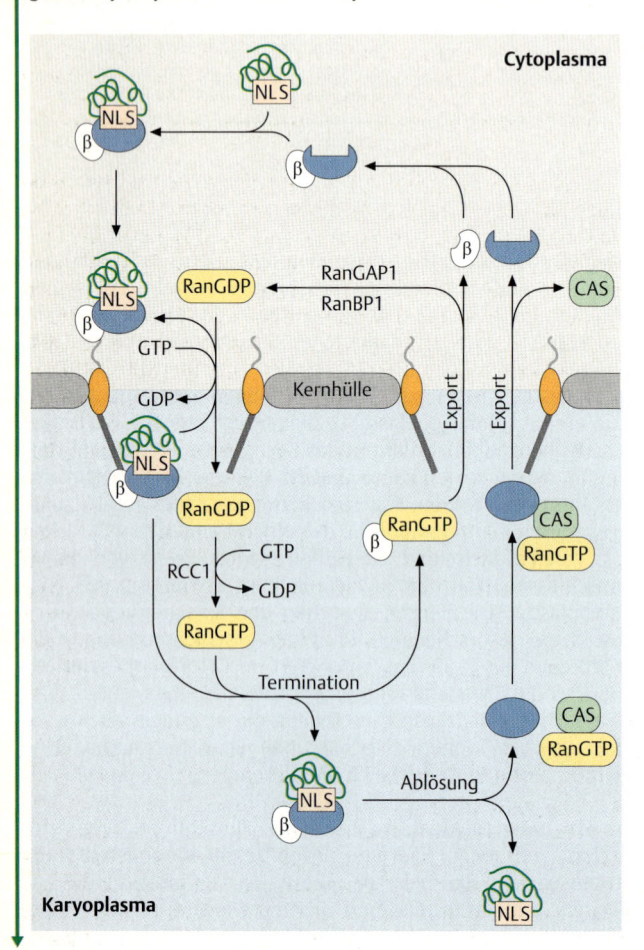

Nach Smith und Raikhel, verändert.

> notwendig ist, für den Export eine **nucleäre Export-Sequence (NES)**. Der Transportmechanismus sei am Beispiel des Kernprotein-Importes erläutert (vgl. Abb.). Ein Heterodimer, das aus Importin α und β besteht, bindet ein NLS-enthaltendes Protein an die NLS-bindende Region des Importins α. Das Andocken dieses trimeren Komplexes an den **NPC** erfolgt über die Importin β-Untereinheit. Diese Prozesse benötigen keine Energie, wohl aber der anschließende Transport durch den NPC. Diese wird in Form von GTP bereitgestellt, das durch eine als Ran bezeichnete GTPase, die GDP gebunden hat, hydrolysiert wird. Innerhalb des Zellkerns wird RanGDP mit Hilfe eines als RCC1 bezeichneten Faktors durch GTP zu RanGTP phosphoryliert, das an Importin β bindet, wodurch der Importin α/NLS-Protein-Komplex freigesetzt wird. Schließlich löst sich auch Importin α vom NLS-enthaltenden Protein und beide Importine werden in das Cytoplasma exportiert, Importin β wahrscheinlich gebunden an RanGTP, Importin α gebunden an ein Heterodimer, bestehend aus Importin β (genannt CAS) und RanGTP.

mengesetzt ist. Die Nucleoli entstehen an den **Nucleolus-organisierenden Regionen** (NOR) der Chromosomen (S. 117), deren Chromatin sie durchzieht. Diese DNA enthält repetitive Sequenzen der ribosomalen RNA, mit Ausnahme der 5 S RNA, deren Gene auf anderen Chromosomen liegen. An ihr werden die 45 S Vorstufen der ribosomalen RNA (Präkursor) synthetisiert und mit den ribosomalen Proteinen, die an den Polyribosomen des Cytoplasmas synthetisiert werden, verbunden. Nach Hinzufügen der 5 S RNA liegen die fertigen, auch als Präribosomen bezeichneten Vorstufen der cytoplasmatischen Ribosomen vor. Diese werden in einem als „processing" bezeichneten Vorgang zu den Vorstufen der kleinen und großen Ribosomenuntereinheiten weiterverarbeitet und schließlich durch die Porenkomplexe in das Cytoplasma transportiert. Der Nucleolus ist also Synthese- und Reifungsort der Ribosomenvorstufen.

Ein Zellkern mit den oben beschriebenen Merkmalen findet sich in den Zellen aller Organisationsstufen mit Ausnahme der Bakterien. Diese besitzen zwar DNA-haltige, kernäquivalente Bereiche (Nucleoide), doch fehlen diesen die typischen Organisationsmerkmale eines Zellkerns. Man grenzt sie daher als **Prokaryonten** (adjektivisch: **prokaryotisch,** s. Glossar) von den **Eukaryonten** (adjektivisch: **eukaryotisch**), die einen „echten" Zellkern besitzen, ab.

Nicht selten finden sich im Pflanzenreich vielkernige Zellen. Es konnte jedoch nachgewiesen werden, daß auch in diesen jeder Kern eine plasmatische Wirkungssphäre besitzt, die man zusammen mit dem Kern als Energide bezeichnet. Da eine polyenergide Plasmamasse, auch wenn sie von einer gemeinsamen Zellwand umgeben ist, nicht einer einzelnen Zelle äquivalent ist, bezeichnet man sie als **Coenoblast** (Coenocyte). Morphologisch und größenordnungsmäßig kann ein Coenoblast allerdings durchaus einer normalen Pflanzenzelle entsprechen, wie bei der Grünalge *Cladophora* (S. 214 f.). Die Coenoblasten können aber auch schlauchartig auswachsen und erhebliche Dimensionen erreichen, wie im Falle der niederen Pilze und Schlauchalgen (Siphonales, S. 214).

3.5.2 Chromosomen

Chromosomenformwechsel: Die Funktion des Zellkerns erfordert, daß die in ihm enthaltene genetische Information bei der Kernteilung vollständig und unverändert an die Tochterkerne weitergegeben wird. Daher ist es notwendig, daß bei der Mitose die Chromosomen, die zu diesem Zeitpunkt aus zwei identischen, sich gegenseitig umwindenden Chromatiden bestehen, unter Kondensation des Chromatins aus der feinfädigen, langgestreckten Funktionsform des Interphasenkernes in die relativ kurze, gedrungene Transportform des Teilungskernes überführt werden. Die Chromosomen nehmen dabei eine meist stäbchenförmige Gestalt an (Abb. 3.25 und 3.26 A). Sie können aber auch so kurz sein, daß sie fast kugelig erscheinen. In manchen Fällen sind sie winkelförmig abgeknickt. Ihre Länge kann zwischen 0,2 und 50 μm und ihre Breite zwischen 0,2 und 2 μm schwanken. In dieser kondensierten Form färben sich die Chromosomen nach Fixierung intensiv mit basischen Farbstoffen an. Dieser Eigenschaft verdanken sie ihren Namen.

Da die Chromosomen nur in der Transportform als selbständige Elemente in Erscheinung treten, wird auch ihre Individualität erst zu diesem Zeitpunkt erkennbar. Jedes Chromosom hat jetzt eine definierte Größe und eine charakteristische, durch den Formwechsel in keiner Weise beeinträchtigte Gestalt, die seine Identifizierung ermöglicht. Zellen, deren Kern nur einen einfachen Chromosomensatz enthält, in dem jedes Chromosom einer bestimmten Individualität nur einmal vorkommt (1n), nennt man **haploid** und seine graphische Darstellung ein Karyogramm (Abb. 3.25 A). Besitzen die Zellkerne zwei Chromosomensätze (2n, Abb. 3.25 B), so bezeichnet man sie als **diploid** und die Chromosomen, die einander in Größe und Gestalt entsprechen, als **homologe Chromosomen.**

> Organismen, deren Zellen haploid sind, nennt man **Haplonten**. Zu ihnen zählen einige niedere Pflanzen. Die weitaus überwiegende Mehrzahl der Pflanzen gehört jedoch zu den **Diplonten**, deren Zellen diploid sind.

Enthält eine Zelle 3, 4, 5 bzw. viele Chromosomensätze (Abb. 3.25 C,D), so bezeichnet man sie als triploid, tetraploid, pentaploid bzw. polyploid und das Phänomen selbst als **Polyploidie**. Die Anzahl der Chromosomen pro Zelle ist artspezifisch. Bei *Haplopappus gracilis* beträgt ihre Anzahl (2n) vier, bei einigen Farnen über tausend.

Kinetochor: Jedes Chromosom weist in seinem Längsverlauf eine Einschnürung auf (Abb. 3.26 A), die als **primäre Einschnürung** oder **Centromer** bezeichnet wird. Sie untergliedert das Chromosom in zwei meist ungleich lange

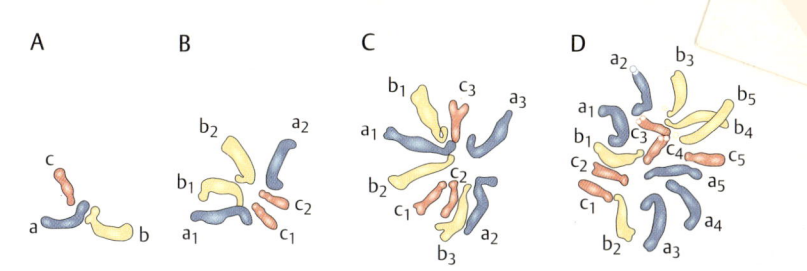

Abb. 3.25 Polyploidie bei *Crepis capillaris*. **A** Karyogramm eines haploiden Satzes, **B** Diploider Satz (normale Pflanze), **C** triploider, **D** pentaploider Satz. Die homologen Chromosomen sind durch gleiche Farbe und Buchstaben (a_1, a_2 usw.) gekennzeichnet (nach Hollingshead und Navashin).

Schenkel. Das Centromer vermittelt die Wechselwirkung zwischen den Tochterchromatiden und trägt seitlich einen plattenförmigen Komplex, das **Kinetochor**. Im elektronenmikroskopischen Bild erscheinen die Kinetochore als elektronendichte Bereiche, die meist dreischichtig sind. Die äußere Schicht fungiert während der Mitose als Ansatzstelle für die Spindelfasern. Entlang der primären Einschnürung des Chromosoms ist Dynein konzentriert.

Bei Hefezellen, die offenbar ein sehr einfaches Kinetochor ohne sichtbare strukturelle Differenzierung haben, ist es gelungen, den das Kinetochor durchziehenden DNA-Abschnitt zu sequenzieren. Dabei wurde eine lange Sequenz festgestellt, die zu 93–94% ausschließlich die Basenpaarung A–T aufweist. Da auszuschließen ist, daß diese Sequenz für Proteine kodieren kann, wird sie als Ansatzbereich der Spindelfasern angesehen. Das Kinetochor steht mit der Spindelfaser über einen einzelnen Mikrotubulus in Verbindung. Da Tubulin nicht direkt an DNA binden kann, wird die Verbindung zwischen den Mikrotubuli und der DNA des Kinetochors über spezifische Proteine hergestellt, von denen einige an das Plus-Ende der Spindelmikrotubuli binden und diese am Kinetochor verankern. Andere verursachen die Dissoziation der Mikrotubuli in die Tubulin-Untereinheiten. Dies hat eine Verkürzung der Spindelfasern und somit eine Wanderung der Chromosomen zu den Spindelpolen zur Folge. Bei den höheren Pflanzen sind die Chromosomen mit ihren Kinetochoren an zahlreiche Mikrotubuli gebunden.

Mindestens ein Chromosom eines Satzes besitzt außer dem Centromer noch eine weitere, sogenannte **sekundäre Einschnürung** (Abb. 3.26 A). Sie gliedert einen bestimmten Bereich des Chromosoms ab, der als Satellit bezeichnet wird. Deshalb nennt man diese Chromosomen Satelliten- oder SAT-Chromosomen. Diese sekundären Einschnürungen sind die oben erwähnten Nucleolus-organisierenden Regionen. Bei den Pflanzen hat jeder Chromosomensatz in der Regel nur ein SAT-Chromosom und die diploiden Zellkerne somit zwei Nucleoli.

> **Chromatin:** Die Gesamtheit des chromosomalen Materials einer eukaryotischen Zelle bezeichnet man als Chromatin. Es besteht aus DNA, RNA und Proteinen, bei denen man Histone und Nicht-Histonproteine unterscheidet.

Die **Histone** haben basischen Charakter. Dieser beruht auf dem hohen Gehalt an den basischen Aminosäuren Lysin und Arginin, die eine zusätzliche Aminogruppe enthalten (S. 18 f.). Die Histone lassen sich in 5 Fraktionen auftrennen, die wie folgt beziffert werden: H1, H2A, H2B, H3, H4. Die Aminosäuresequenzen der einzelnen Fraktionen, deren Molekülmassen zwischen 11 000 und 21 000 Da liegen, sind für H3 und H4 bei allen daraufhin untersuchten Organismen sehr ähnlich, was beweist, daß sie sich während der Evolution nur wenig verändert haben. Die H2-Fraktion zeigt eine etwas größere Variabilität, wobei vor allem größere Unterschiede zwischen pflanzlichen und tierischen H2-Histonen zu beobachten sind, weshalb die pflanzlichen als PH2A und PH2B gekennzeichnet werden. Die Unterschiede betreffen vor allem das Lysin-Arginin-Verhältnis. Allgemein nimmt von H1 zu H4 der Arginin-Anteil zu und der Lysin-Anteil ab. Die lysinreiche H1-Fraktion zeigt eine sehr große Variabilität, was darauf schließen läßt, daß ihr eine besondere Funktion zukommt. In der Regel entspricht der im Chromatin enthaltene Mengenanteil der Histone dem der DNA. Im Zellzyklus werden beide synchron vermehrt.

Im Gegensatz zu den Histonen sind die meisten **Nicht-Histonproteine** reich an den sauren Aminosäuren Glutaminsäure und Asparaginsäure. Daneben kommen jedoch auch basische und neutrale Nicht-Histonproteine vor. Die Nicht-Histonproteine unterscheiden sich in ihrer Funktion und Zusammensetzung sehr stark. Letztlich gehören hierzu alle mit dem Chromatin assoziierten Enzyme, Regulationsfaktoren und sonstigen Proteine. Besondere Erwähnung verdienen in diesem Zusammenhang die Histon-Acetyl-Transferasen (HAT), die die γ-Aminogruppen der Lysine acetylieren, und die Histon-Deacetylasen (HD), die die Acetylreste wieder entfernen (s. Abb. 3.**28**, S. 121).

Die Hauptmasse des Chromatins besteht aus lockerem **Euchromatin,** das den bereits erwähnten Wechsel von Kondensation bei Eintritt in die Mitose und Dekondensation in der Interphase zeigt. Es enthält die weitaus überwiegende Menge der im Zellkern liegenden genetischen Information. In seinem Färbeverhalten unterscheidet es sich deutlich vom dichter gepackten **Heterochromatin,** das sich stärker mit Farbstoffen tingiert. Man unterscheidet konstitutives und funktionelles Heterochromatin. Das konstitutive Heterochromatin verharrt während der Interphase im kondensierten Zustand und ist im Zellkern in Gestalt der Chromozentren sichtbar. Es besteht aus hochrepetitiven DNA-Sequenzen (S. 122) und ist genetisch inaktiv. Auch enthält es deutlich weniger Nicht-Histonproteine als das Euchromatin. Das konstitutive Heterochromatin findet sich bei allen Zellen einer Art stets in den gleichen homologen Chromosomen eines diploiden Satzes an den gleichen Stellen, unabhängig vom Entwicklungszustand und Gewebetypus. Hierin unterscheidet es sich vom funktionellen (fakultativen) Heterochromatin, dessen Vorkommen bei Pflanzen allerdings ungewiß ist.

3.5 Zellkern

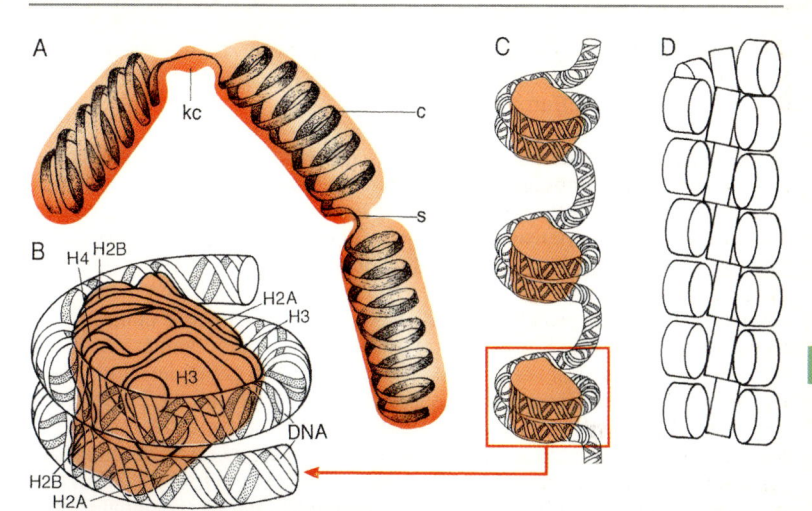

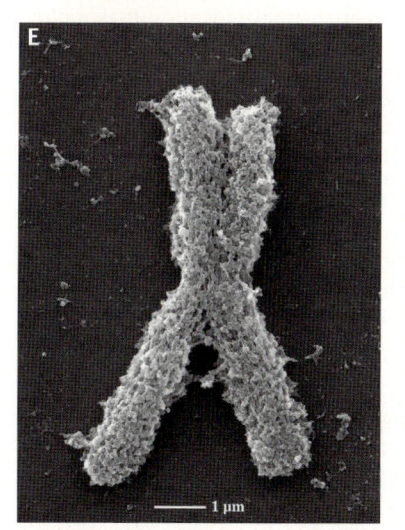

Abb. 3.26 Chromosomenstruktur.
A Schematische Zeichnung eines Chromosoms in lichtmikroskopischer Dimension. Das aus zwei Chromatiden bestehende, schraubig aufgewundene Chromonema (c) liegt in der Chromosomenmatrix (rot). kc = Centrosom mit Kinetochor, s = sekundäre Einschnürung. **B** Modell eines Nucleosoms. Das Histon-Oktamer ist von 1¾ DNA-Doppelstrang umwunden (Histonbezeichnungen im Text). **C** Teil eines Nucleofilaments, dessen Nucleosomen durch Linker-Abschnitte getrennt sind. **D** Chromatinfibrille, die sich in Gegenwart des Histons H1 ausbildet. Sie stellt ein Solenoid dar, das aus etwa sechs Chromatosomen pro Windung besteht. **E** REM-Aufnahme eines Metaphasechromosoms aus der Wurzelspitze der Gerste *(Hordeum vulgare)* (Originalaufnahme: G. Wanner).

Chromosomenfeinbau: Die Anordnung des Chromatins in den Chromosomen ist wegen erheblicher methodischer Schwierigkeiten noch weitgehend unklar. Die folgenden Modellvorstellungen wurden an isolierten Chromatinfibrillen gewonnen.

> Es gilt heute als sicher, daß die gesamte genetische Information eines Chromosoms auf einer (bzw. nach Replikation zwei) kontinuierlichen DNA-Doppelhelix von 2,5 nm Durchmesser liegt.

Die in den Chromosomen und im Zellkern elektronenmikroskopisch nachgewiesenen **Nucleofilamente,** die einen Durchmesser von etwa 10 nm haben, kommen durch Assoziation der sauren DNA mit den basischen Histonen in Form sogenannter **Nucleosomen** zustande, deren als **Nucleosom-Core-Partikel** bezeichneter Zentralkörper ein **Histonoktamer** ist. In diesem sind alle oben genannten Histone je zweimal enthalten (Abb. 3.**26B**), mit Ausnahme des Histons H1. Um dieses Oktamer läuft ein 146 Basenpaare umfassender DNA-Strang in 1¾ Windungen herum, wobei die Histone offenbar mit ihren NH_2-Gruppen ionisch an die Phosphatgruppen der DNA gebunden sind.

Die Nucleosomen sind untereinander durch DNA-Abschnitte, die sogenannten **Linker,** verbunden, so daß sie perlschnurartig aufgereiht erscheinen (Abb. 3.**26C**, 3.**27**). Die Länge der Linker wird zwischen 20 und 80 Basenpaaren angegeben, doch ist nicht sicher, ob die Anordnung der Nucleosomen in der nativen DNA wirklich so regelmäßig ist. Manche Befunde sprechen dafür, daß es auch nucleosomenfreie Abschnitte gibt. Nach Zusatz der Histonfraktion H1 bildet sich die 25–35 nm dicke **Chromatinfibrille** aus. Diese bindet an die Linker, wodurch etwa weitere 20 Basenpaare der DNA mit dem Histonoktamer assoziiert werden, so daß dieses nunmehr von zwei vollständigen DNA-Windungen umfaßt wird. Man nennt diese Partikel zum Unterschied von den Nucleosomen **Chromatosomen.** Durch Kondensation der Chromatosomen entsteht eine als **Solenoid** bezeichnete Schraube mit wahrscheinlich sechs Chromatosomen pro Windung (Abb. 3.**26D**). Bei der Kondensation der Nucleosomen zu Chromatosomen spielt offenbar auch die Deacetylierung von Lysin-Resten eine Rolle, die unter Mitwirkung der bereits erwähnten Histon-Deacetylasen erfolgt, während der umgekehrte Prozess durch die Histon-Acetyl-Transferasen katalysiert wird (Abb. 3.**28**).

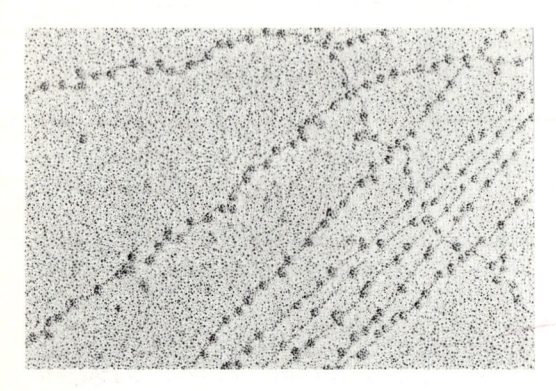

Abb. 3.**27** Elektronenmikroskopische Aufnahme von Nucleosomen-Ketten (Nucleofilamenten) in gespreitetem Chromatin der Küchenzwiebel *(Allium cepa).* Vergr. 122 400fach (Originalaufnahme: W. Nagl).

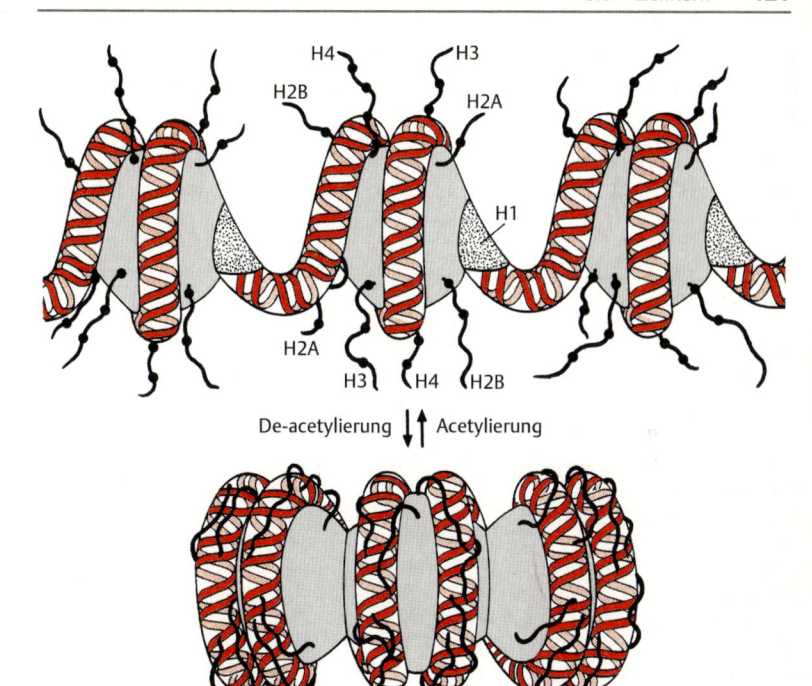

Abb. 3.28 Modell der möglichen Funktion der Histon-Acetylierung bzw. Deacetylierung bei der Kondensation der Nucleosomen zu Chromatosomen und umgekehrt. Die Wellenlinien repräsentieren die N-terminalen Regionen der Histone, die schwarzen Punkte acetylierte Lysine. Oben: Infolge der Acetylierung haben die N-terminalen Enden keine positive Ladung und sind nach außen orientiert. Unten: Infolge der Deacetylierung haben die N-terminalen Enden eine positive Ladung und werden zu den negativen Ladungen der DNA hin gefaltet (nach Tordera, Sendra, Pérez-Ortin).

Da die DNA-Doppelhelix eines eukaryotischen Chromosoms eine Länge von mehreren bis vielen Zentimetern aufweist, die Länge der Chromosomen aber im typischen Fall nur einige Mikrometer beträgt, muß das Chromatin bei der Bildung der Transportform der Chromosomen weiter kondensiert werden, und zwar 5000- bis 10 000fach. Der molekulare Mechanismus dieser Kondensation ist unbekannt. Lange Zeit hat man angenommen, daß die Verdichtung durch fortgesetzte Aufrollung zu Schrauben immer höherer Ordnung erfolgt. Auch Faltungsmodelle sind vorgeschlagen worden. Neuere Befunde sprechen dafür, daß das Chromatin in Form dicht gepackter, nach außen gerichteter Schleifen vorliegt, wobei als **Chromosomenskelett** eine Fibrille aus fadenförmigen Nicht-Histonproteinen dient. Bei einem Durchmesser von etwa 0,2 µm entspricht diese Struktur dem bereits lichtmikroskopisch erkennbaren **Chromo-**

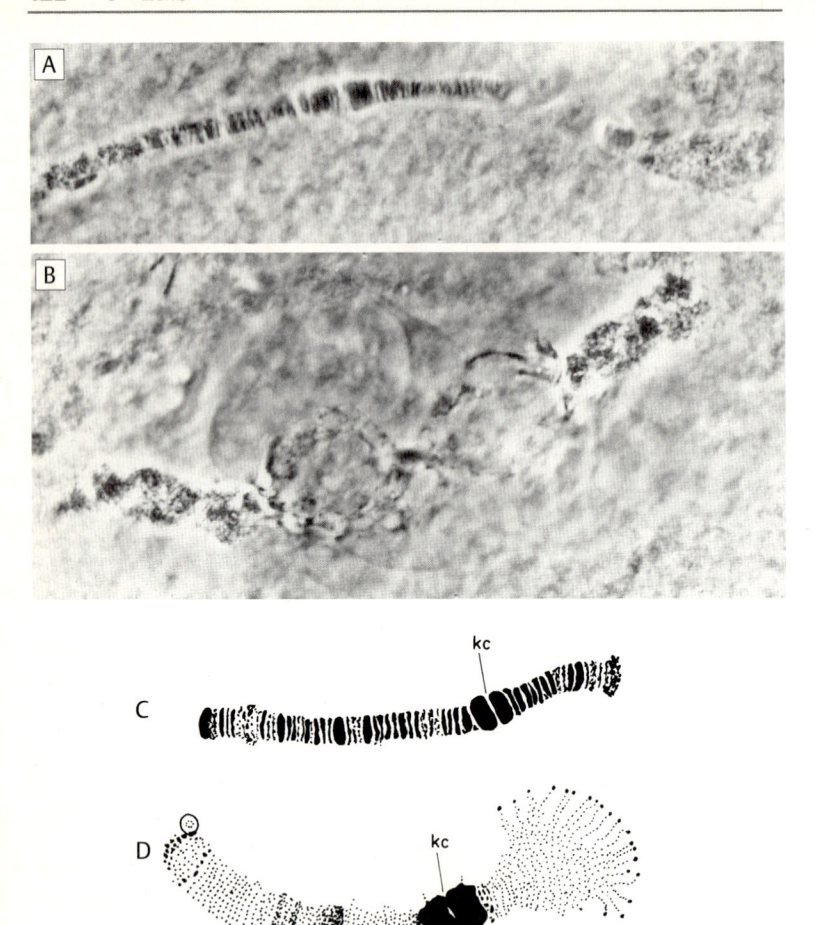

Abb. 3.29 Riesenchromosomen. **A** Mikroskopische Aufnahme eines Riesenchromosoms aus dem Suspensor von *Phaseolus coccineus* im inaktiven Zustand (1200fach). **B** Mikroskopische Aufnahme eines Riesenchromosoms aus dem Suspensor von *Phaseolus vulgaris* im aktiven Zustand mit Puffbildung (1200fach). **C** Zeichnung eines gebänderten Riesenchromosoms von *Phaseolus* im inaktiven Zustand. **D** Zeichnung eines Riesenchromosoms von *Phaseolus* im aktiven Zustand mit Puffbildung. kc = Centromeren mit Kinetochoren (Originalaufnahmen und Originalzeichnungen von W. Nagl).

nema (s. unten). Durch fortgesetzte Aufrollung zu Schrauben immer höherer Ordnung entstehen schließlich die kompakten Metaphasechromosomen (Abb. 3.**26E**).

An geeigneten Objekten, insbesondere während der Prophase der ersten Reifungsteilung (Abb. 14.**3**, S. 420, 14.**4**, S. 421), kann man die auch als Chromonemen bezeichneten dünnen, fädigen Grundelemente der Chromosomen erkennen. Auf jedem Chromonema liegen perlschnurartig, aber in unregelmäßigen Abständen, die intensiv färbbaren Chromomeren aufgereiht. Die Anordnung der nach Größe und Form meist wohl zu unterscheidenden Chromomeren, das Chromomerenmuster, ist für jedes Chromosom charakteristisch und konstant. Hinsichtlich der funktionellen Bedeutung der Chromomeren gehen die Ansichten auseinander. Da ihre Anzahl etwa der Anzahl der Replikone entspricht, könnten sie funktionelle Untereinheiten der Replikation darstellen. Riesenchromosomen enthalten zahlreiche, unter Umständen bis zu 500 identische Chromonemen, sind also polytän. Da die einander entsprechenden Chromomeren in allen Strängen etwa auf gleicher Höhe liegen, entsteht der Eindruck von Banden bzw. Scheiben (Abb. 3.**29**).

Repetitive DNA: Berechnungen haben ergeben, daß der DNA-Gehalt eukaryotischer Zellkerne erheblich größer ist, als ihrem Gengehalt entspricht, im Gegensatz zu Prokaryonten, die ein ungleich kleineres Genom haben. Nur 0,1–3% der gesamten Kern-DNA bestehen aus **codierenden Genen,** von denen wiederum zu einem gegebenen Zeitpunkt der Entwicklung nur wenige Prozent aktiv sind. Dies ist u. a. darauf zurückzuführen, daß die DNA eines Chromosoms nicht eine ununterbrochene Folge von codierenden Strukturgenen ist, sondern in erheblichem Umfang auch nicht-informative Abschnitte enthält. Diese liegen meist in Form repetitiver, d. h. sich ständig wiederholender relativ kurzer Nucleotidsequenzen vor. Man unterscheidet **hochrepetitive Sequenzen** mit einem sehr hohen Wiederholungsgrad zwischen 10^5 und 10^6 und **mittelrepetitive Sequenzen,** deren Wiederholungsgrad $< 10^5$ ist, häufig sogar nur relativ wenige Sequenzen (10^2) umfaßt. Hochrepetitive Sequenzen kommen im konstitutiven Heterochromatin, in den Centromeren und in den Telomeren vor. Letztere sind die Endabschnitte der Chromosomen, deren Proteine eine Anheftung anderer Chromosomen verhindern, aber für die Anheftung an die Kernhülle verantwortlich sind. Hochrepetitive DNA enthält keine genetische Information und wird folglich nicht transcribiert. Dies trifft auch für einen Teil der mittelrepetitiven Sequenzen zu. Die Bedeutung der nicht-informativen repetitiven DNA ist noch weitgehend unbekannt. Ein Teil der mittelrepetitiven DNA trennt als sogenannte **spacer** die Strukturgene voneinander. Andere Sequenzen haben regulative Funktionen bei der DNA-Replikation und der Transcription (vgl. Kap. 15).

> Es gibt jedoch auch informationstragende repetitive Sequenzen, die **redundanten Gene,** von denen mehrere hundert bis einige tausend Kopien in einem haploiden Zellkern vorhanden sein können.

Auch in diesen Fällen sind die Gene durch spacer getrennt. Allgemein liegt die Bedeutung redundanter Gene darin, daß zu einem bestimmten Zeitpunkt der Entwicklung bei Bedarf gleichzeitig eine sehr große Zahl gleichartiger Genprodukte gebildet werden kann, z. B. Histone während der DNA-Replikation sowie die ribosomale RNA und die tRNA während der Proteinsynthese.

3.5.3 Kern- und Zellzyklus

Der Zellzyklus beginnt mit der Entstehung einer Zelle durch Teilung aus einer Mutterzelle und endet mit einer erneuten Teilung in zwei Tochterzellen. Normalerweise laufen Zellzyklus und Kernzyklus parallel, d. h. die Teilung der Zelle ist mit einer Teilung des Zellkernes verbunden. Dieser geht die Replikation der DNA (S. 463 f.) voraus. Sie findet in der Interphase, d. h. in dem zwischen zwei Teilungen liegenden Zeitraum, statt und ist zugleich die Voraussetzung für den Beginn der Teilung. Man untergliedert den Kern- und Zellzyklus in die folgenden Abschnitte: Die G_1-Phase reicht von der Entstehung der Zelle durch Teilung bis zum Beginn der DNA-Replikation. In der S-Phase erfolgt gleichzeitig mit der DNA-Replikation die Histon-Synthese. Die G_2-Phase umfaßt den Zeitraum zwischen Beendigung der DNA-Replikation und dem Beginn der Teilungsphase, die auch als M-Phase bezeichnet wird. Dabei steht G für „gap" (= Lücke) und M für Mitose (s. unten). In meristematischen Geweben folgt Zellzyklus auf Zellzyklus. Mit Einsetzen der Differenzierung hören die Teilungen auf.

Für die Dauer der einzelnen Phasen wurden bei den Wurzelspitzen von *Vicia faba* folgende Werte gefunden: G_1-Phase 4 Stunden, S-Phase 9 Stunden, G_2-Phase 3½ Stunden, M-Phase 114 Minuten. Die bei anderen Pflanzen ermittelten Werte weichen hiervon natürlich ab, liegen aber meist in der gleichen Größenordnung.

Der Zellzyklus wird bei allen bisher daraufhin untersuchten Eukaryonten, vom Einzeller bis zum Menschen, prinzipiell auf die gleiche Weise gesteuert, und zwar durch Proteine, von denen bisher erst zwei näher charakterisiert wurden. Das eine ist eine Proteinkinase, also ein Proteine phosphorylierendes Enzym. Da es eine M_r von 34 kDa besitzt und den Zellteilungszyklus (cell division cycle) steuert, wird es als p34^{cdc_2} oder als **cdc$_2$-Kinase** oder, kurz, als p34 bezeichnet. In aktiven meristematischen Geweben bleibt seine Konzentration während des Zellzyklus unverändert (Abb. 3.**30**).

Während der Interphase wird eine zweite Sorte von Proteinen synthetisiert, die den Zyklus steuern und daher als **Cycline** bezeichnet werden. Der Übergang von der G_2- in die M-Phase erfolgt, wenn die cdc$_2$-Kinase mit dem Cyclin zu einem als **MPF (Maturation Promoting Factor)** bezeichneten Komplex zusammentritt, der, nachdem sowohl p34 als auch das Cyclin phosphoryliert wurden, die Mitose auslöst. Ob dieser aktive Komplex einzelne Prozesse direkt steuert, wie etwa die Phosphorylierung des Histons H1, wodurch die Kondensation der Chromosomen eingeleitet wird, oder ob er andere Proteine aktiviert, die nun ihrerseits regulierend in den Prozeß eingreifen, ist nicht bekannt. Am

3.5 Zellkern

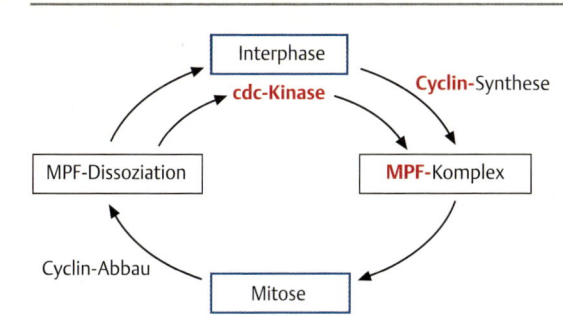

Abb. 3.**30** Modell der Regulation des Zellzyklus.

Ende der Mitose wird der MPF durch proteolytischen Abbau des Cyclins unter Mitwirkung von Ubiquitin (S. 383) wieder inaktiviert, was den Übergang in die Interphase zur Folge hat. Darüber hinaus sind an der Steuerung des Zellzyklus weitere, z.T. noch nicht bekannte Faktoren beteiligt. Seit langem bekannt ist der Einfluß der Phytohormone (S. 438 ff.). So induziert Auxin die Expression mehrerer Cyclin-Gene, darunter auch Cyclin 1, das in den meristematischen Zonen der Wurzelspitzen den Übergang von G_2 nach M kontrolliert.

Mitose: Die Teilung des Zellkernes (**Karyokinese**) ist mit dem oben beschriebenen Formwechsel der Chromosomen verbunden. Zu diesem Zeitpunkt sind diese bereits in zwei identische Längshälften gespalten, die als Chromatiden bezeichnet werden. Nach Umwandlung der Chromosomen in die Transportform werden die Chromatiden voneinander getrennt und auf die Tochterzellen verteilt. Hierauf erfolgt die Rückbildung der Interphasenkerne. Auf diese Weise ist gewährleistet, daß jede Tochterzelle die gleiche Chromosomenausstattung und damit die gleiche genetische Information erhält.

Den Ablauf der Mitose untergliedert man in einzelne Abschnitte, die jeweils durch charakteristische Abbildungen belegt werden (Abb. 3.**31** und 3.**32**). Dabei ist zu beachten, daß es sich um eine willkürliche Abgrenzung von Abschnitten eines *kontinuierlich* ablaufenden Vorganges handelt, und daß die Abbildungen Momentaufnahmen aus einem dynamischen Geschehen darstellen und nicht etwa Ruhezustände zwischen den einzelnen Phasen. Hinsichtlich der Dauer der verschiedenen Mitosephasen bestehen von Organismus zu Organismus Unterschiede. Für die Staubfadenhaare von *Tradescantia* wurden folgende Werte ermittelt: Prophase 105, Metaphase 50, Anaphase 15 und Telophase 30, insgesamt also 200 Minuten.

Prophase (Abb. 3.**31 B,C**, Abb. 3.**32 B,C**, Abb. 3.**33 B,C**): Die Teilung des Zellkerns beginnt mit der Kondensation der aus jeweils zwei Chromatiden bestehenden Chromosomen. Diese schreitet so lange fort, bis die Chromosomen schließlich in ihrer Transportform vorliegen, was in der Regel erst in der Metaphase der Fall ist. Im kondensierten Zustand bilden sie keine Genprodukte mehr, so daß die Proteinsynthese zum Erliegen kommt. Im Cytoplasma erfolgt

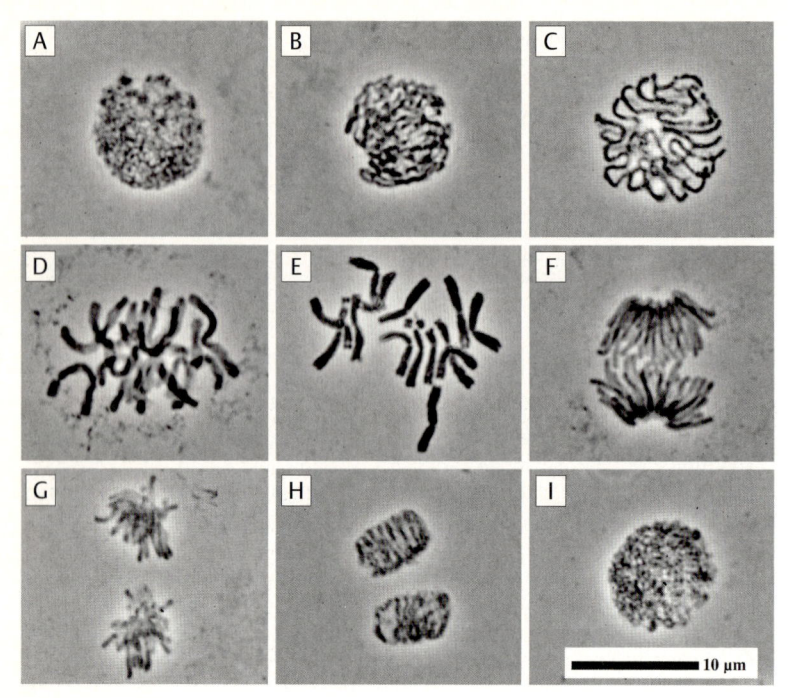

Abb. 3.31 LM-Aufnahmen der Mitose aus der Wurzelspitze des Roggens *(Secale cereale).* **A** Interphase, **B** Prophase (früh), **C** Prophase, **D** Prometaphase, **E** Metaphase, **F** Anaphase, **G** Telophase, **H** Telophase (spät), **I** Interphase (Originalaufnahmen: J. Zoller).

die Bildung des **Spindelapparates.** An den Polen werden hyaline Polkappen sichtbar, die die Bildungsorte der Spindelfasern bzw. der diese aufbauenden Mikrotubuli (**MTOCs**, S. 63) sind. Die im Tierreich verbreiteten Zentralkörperchen (Centrosomen, Centriolen) kommen im Pflanzenreich nur bei einigen Gymnospermen und manchen Algen vor. Die Spindelfasern bestehen aus bis zu 100 Mikrotubuli.

Bei den Pflanzen finden sich in der Regel zwei Arten von Spindelfasern bzw. Mikrotubuli. Die **Kinetochor-Mikrotubuli** verbinden die Kinetochore der Chromosomen mit den Polkappen, wobei das Minus-Ende in dem Material der Polkappen bzw., wo vorhanden, der Centrosomen verankert ist, während das Plus-Ende an die äußere Platte des Kinetochors bindet. Dagegen erstrecken sich die **Polmikrotubuli,** die ebenfalls mit ihrem Minus-Ende in das polare Material eingebettet sind, in die Ebene des Zelläquators, wo sich ihre Plus-Enden mit denen der Mikrotubuli des gegenüberliegenden Pols überlappen. Bei Zellen, die Centrosomen besitzen, können auch noch sogenannte Aster-

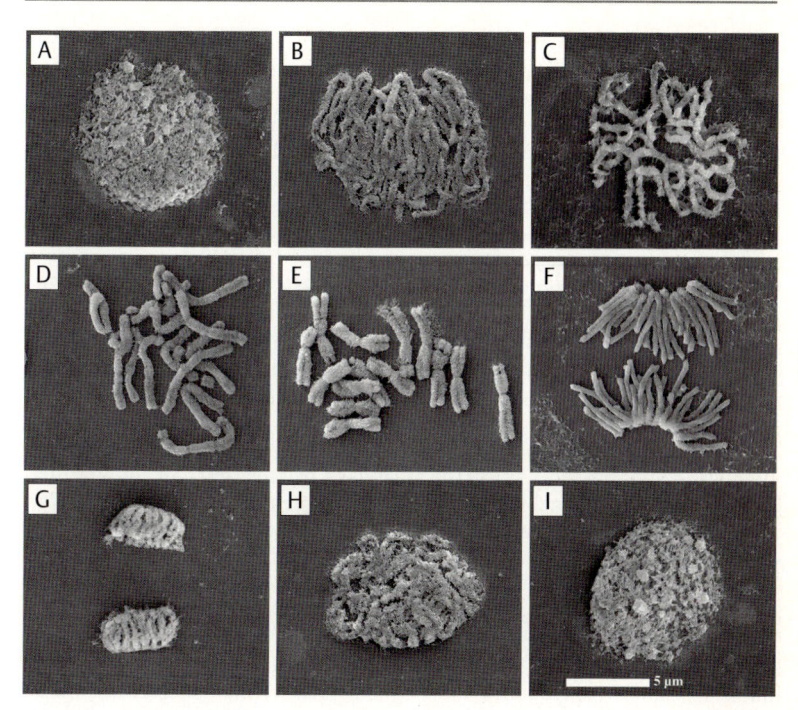

Abb. 3.**32** REM-Aufnahmen der Mitose aus der Wurzelspitze des Roggens *(Secale cereale)*. **A** Interphase, **B** Prophase (früh), **C** Prophase, **D** Prometaphase, **E** Metaphase, **F** Anaphase, **G** Telophase, **H** Telophase (spät), **I** Interphase (Originalaufnahmen: J. Zoller und G. Wanner).

Mikrotubuli gebildet werden, die sich sternförmig (Name) in verschiedene Richtungen erstrecken. Am Ende der Prophase zerfällt die Kernhülle in zahlreiche Vesikel, die sich in den Polregionen ansammeln. Gleichzeitig verschwinden die Porenkomplexe. Die Nucleoli zerfallen ebenfalls, und das nucleoläre Material verteilt sich im Cytoplasma, wobei allerdings Teile davon an den Chromosomen haften bleiben und mit diesen zu den Polen transportiert werden. Die während der Interphase an der Peripherie der Zellen mehr oder weniger gleichmäßig verteilten Mikrotubuli (Abb. 3.33A) wandern zum Zelläquator, wo sie sich in Gestalt des Präprophase-Bandes (PPB) anordnen (Abb. 3.33B).

Auch die corticalen Mikrofilamente zeigen eine Umorientierung während der Mitose. Während der Interphase erstrecken sie sich in alle Bereiche des Cytoplasmas in offenbar zufälliger Verteilung. Noch vor Ausbildung des PPB der Mikrotubuli vermindert sich ihre Anzahl, und neue Mikrofibrillen erscheinen in der Cortex. Diese nehmen die gesamte Zelloberfläche ein und sind parallel zu den corticalen Mikrotubuli angeordnet. Im Zeitraum zwischen der Prometaphase bis zur Anaphase, wenn die letzteren das PPB bilden, umgeben sie dieses als etwas breiteres Band und flankieren es, wenn es die größte Dichte erreicht hat (Abb. 3.33B). Ein Teil der Mikrofilamente wird jedoch vom PPB getrennt und wandert zu den Enden der Zelle, wo sie den Spindelpol überlagern. In der Spindel ist wenig oder kein Actin nachweisbar. Während der Telophase geht die Anordnung der Mikrofilamente wieder in das Interphase-Netzwerk über.

Metaphase (Abb. 3.31D,E, Abb. 3.32D,E, Abb. 3.33D): In der Metaphase ist die Spindel fertiggestellt. Die Chromosomen werden in der Äquatorialplatte angeordnet. Der Längsspalt zwischen den Chromatiden eines Chromosoms wird immer deutlicher, bis diese nur noch am Centromer miteinander verbunden sind. Die Kernhülle und die Nucleoli sind zu diesem Zeitpunkt normalerweise nicht mehr nachweisbar.

Anaphase (Abb. 3.31F, 3.32F): Die Anaphase beginnt mit der Teilung der Centromeren. Die nunmehr als Tochterchromosomen vollständig voneinander getrennten Chromatiden werden zu den Polen gezogen, wobei das Kinetochor vorangeht (Anaphase A). Etwa gleichzeitig streckt sich die Spindel, so daß die Pole auseinanderrücken (Anaphase B). Die Mechanik dieser Vorgänge ist nur z.T. geklärt.

Nach den bisher vorliegenden Erkenntnissen erfolgt an den Kinetochoren eine Dissoziation der Mikrotubuli in die Tubulin-Untereinheiten, wobei jedoch Kinetochor und Mikrotubuli ständig miteinander verbunden bleiben. Diese Verkürzung der Kinetochor-Mikrotubuli führt zu polwärts gerichteten Bewegungen der Chromosomen. In Versuchen mit *In-vitro*-Modellen konnte gezeigt werden, daß dieser Vorgang keine Energiezufuhr in Form von ATP und GTP benötigt. Dagegen kommt das Auseinanderweichen der Pole in der Anaphase B offenbar dadurch zustande, daß die sich in der Äquatorialebene mit ihren plus-Enden überlappenden Polmikrotubuli in Polrichtung aneinander vorbeigleiten. Gleichzeitig werden sie durch Assoziation weiterer Tubulin-Untereinheiten, die durch die an den Kinetochoren erfolgende Dissoziation verfügbar werden, verlängert. Dieser den Geißelfilamenten der Eukaryonten vergleichbare Gleitmechanismus ist ATP-abhängig, was das Vorhandensein einer ATPase in der Spindel erklärt. Calcium in Konzentrationen von 0,8–1,0 µM beschleunigt die Bewegung der Chromosomen in der Anaphase, indem es die Depolymerisation der Kinetochor-Mikrotubuli erleichtert, während eine weitere Steigerung die Chromosomenbewegung hemmt. Dieser Effekt erklärt das Vorhandensein von Calmodulin an den Kinetochor-Mikrotubuli, das die Calciumwirkung moduliert.

Telophase (Abb. 3.31G,H, Abb. 3.32G,H, 3.33E,F): Nachdem die Chromosomen die Pole erreicht haben, kommt ihre Bewegung zum Stillstand, und der Spindelapparat zerfällt. Dann erfolgt die Rückumwandlung der Tochterchro-

3.5 Zellkern

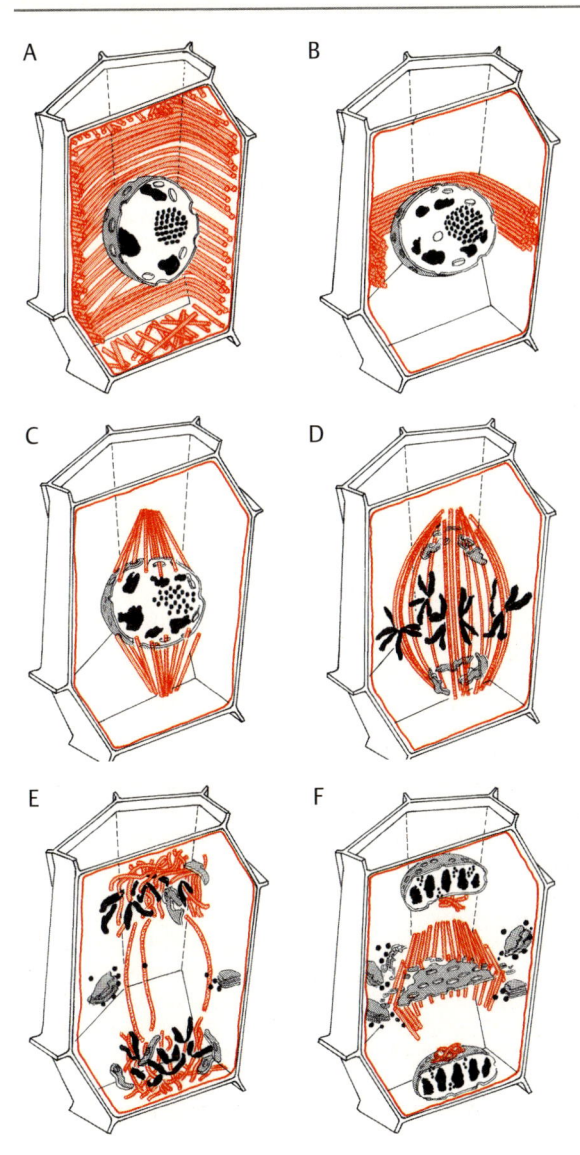

Abb. 3.**33** Änderung der Mikrotubuli-Anordnung während der Mitose, schematisch.
A Interphase. Die Mikrotubuli sind peripher, parallel zum Plasmalemma, angeordnet.
B Prophase. Die Mikrotubuli sammeln sich am Zelläquator.
C Späte Prophase. Bildung der Kernspindel.
D Metaphase.
E Frühe Telophase. Zerfall der Mikrotubuli der Kernspindel.
F Späte Telophase. Restitution des Zellkerns, Bildung der Zellplatte im Bereich des Phragmoplasten unter Beteiligung von Mikrotubuli und Dictyosomen. Plasmalemma und Mikrotubuli rot (nach Ledbetter und Porter).

mosomen aus der Transportform in die Funktionsform des Interphasenkerns unter Dekondensation des Euchromatins. Sie werden durch die Kernhülle eingeschlossen, deren Neubildung vom ER ausgeht. Die Porenkomplexe werden neu gebildet. Zwischen der Neubildung der Kernhülle und der Dekondensation der Chromosomen scheinen ursächliche Zusammenhänge zu bestehen, da die Hemmung der Dekondensation auch die Bildung der Kernhülle verzögert. Schließlich bilden sich an den NOR wieder Nucleoli, und nach Einsetzen der Synthese von rRNA-Präkursoren beginnt im Cytoplasma die Proteinsynthese.

Zellteilung (Cytokinese): Hinsichtlich der Zellteilung bestehen zwischen den einzelnen Pflanzengruppen größere Unterschiede. Bei den höheren Pflanzen bildet sich zwischen den auseinanderweichenden Chromosomen eine verhältnismäßig dichte Zone von zylinder- bis tonnenförmiger Gestalt, der **Phragmoplast**, der aus Mikrotubuli besteht, die dieselbe Polarität zeigen wie die Mikrotubuli der Spindel. Wahrscheinlich entsteht der Phragmoplast aus der Post-Anaphasespindel. In der Mitte des Phragmoplasten, d. h. also in der Äquatorialebene, sammeln sich Golgi-Vesikel, die von den in der Nähe befindlichen Dictyosomen gebildet und mit den Bausteinen der Zellwandgrundsubstanz beladen werden. Sie schließen sich zur Zellplatte zusammen, die, vom Zentrum ausgehend, schließlich die Seitenwände erreicht und die Zelle teilt. Dabei scheinen die Mikrotubuli des Phragmoplasten die Bewegung der Vesikel zur Zellplatte hinzulenken. Die Membranen der Vesikel fließen zusammen und bilden auf beiden Seiten der Zellplatte die Plasmagrenzschichten der Tochterzellen. An den Stellen, an denen das endoplasmatische Reticulum die Zellplatte durchzieht, unterbleibt die Trennung, was zur Bildung von Plasmodesmen führt. Einzeller teilen sich meist in Form einer einfachen Durchschnürung, während bei einigen fädigen Algen (z. B. *Spirogyra*, Abb. 3.14B) die Bildung der neuen Wand, dem Zuziehen einer Irisblende vergleichbar, von außen nach innen erfolgt. Wenn die entstandenen Zellen nicht in den Differenzierungsprozeß eintreten, ordnen sich die Mikrotubuli wieder an der Peripherie an (Abb. 3.33A).

3.5.4 Somatische Polyploidie

Lange Zeit hat man angenommen, daß die Menge der im Kern enthaltenen genetischen Information in allen Zellen eines Individuums konstant ist und daß die Differenzierung zu verschiedenen Zelltypen ausschließlich die Folge der Aktivierung verschiedener Gene ist. Es hat sich jedoch gezeigt, daß der Zellkern eine dynamische Struktur besitzt und daß die einzelnen Differenzierungsprozesse häufig von Änderungen der nucleären bzw. chromosomalen Organisation begleitet sind.

So setzen die Zellen der meisten Angiospermen auch nach Aufhören der mitotischen Teilungen die DNA-Synthese noch eine Zeitlang fort und verdoppeln wiederholt ihre Chromosomen, ohne daß die Kernhülle aufgelöst wird. Bei der **Endomitose** werden die Chromosomen mitotisch kondensiert und treten noch in die Prophase ein, die dann jedoch abgebrochen wird, während bei dem **Endoreduplikationszyklus** keine mitoseähnlichen Stadien mehr auftreten. Wenn die auf diese Weise gebildeten Schwesterchromosomen sich nicht voneinander trennen, entstehen polytäne Chromosomen (Riesenchromosomen, Abb. 3.**29**). Endomitose und Endoreduplikation führen zur **Endopolyploidie** (Abb. 3.**34**B).

> Diese somatische Polyploidie ist wohl zu unterscheiden von der generativen Polyploidie, bei der bereits die Keimzellen und damit auch alle aus ihnen hervorgehenden Körperzellen mehrere Chromosomensätze enthalten (S. 116 f.).

Die endomitotisch erreichten Ploidiegrade können beträchtlich sein. Die höchsten gefundenen Werte sind 8192 im Suspensor von *Phaseolus coccineus* (Feuerbohne) und 24576 im Endospermhaustorium von *Arum maculatum* (Aronstab).

Endopolyploidie ist eher die Regel als die Ausnahme. Sie findet sich meist bei sehr stoffwechselaktiven Zellen. Nach Schätzungen sind z. B. bei der Zuckerrübe mehr als 80% der Zellen endopolyploid. Endopolyploide Zellen sind, der Kern-Plasma-Relation entsprechend, größer als diploide Zellen.

Die Vorteile der Endopolyploidisierung gegenüber der Mitose liegen auf der Hand: Es muß weniger Wandmaterial synthetisiert werden, es ist keine Spindelbildung nötig, die Kernhülle wird nicht aufgelöst und muß somit nicht neu gebildet werden, und im Falle der Endoreduplikation entfällt auch die mitotische Kondensation der Chromosomen. Letzteres hat zugleich den Vorteil, daß die RNA-Synthese, die im mitotisch kondensierten Zustand nicht möglich ist, während der Differenzierungsvorgänge nicht unterbrochen wird.

Die Replikation muß sich jedoch nicht, wie bei den Endomitosen, auf die gesamte DNA des Zellkernes erstrecken, sondern kann auch nur Teile davon betreffen. Ist nur ein kleiner Teil von der Replikation ausgenommen, etwa das Heterochromatin, spricht man von Unterreplikation (Abb. 3.**34**C). Wird andererseits nur ein kleiner Teil der DNA repliziert, etwa die ribosomalen Gene, spricht man von DNA-Amplifikation. Wird der amplifizierte Abschnitt, das **Amplicon**, lateral repliziert (selektive Polytänie), führt dies zur Bildung kürzerer zirkulärer Einzelkopien, die häufig instabil sind und später wieder abgebaut werden (Abb. 3.**34**D). Durch einen Mechanismus, der einem inäqualen Crossing over entspricht, können die Amplicone auch tandemartig amplifiziert werden, was eine stabile Verlängerung des DNA-Stranges zur Folge hat (Abb. 3.**34**E). Die amplifizierten Sequenzen (Gene oder repetitive Abschnitte) können jedoch auch in das Chromosom eingebaut und damit weitervererbt werden, was evolutionäre Konsequenzen hat. Z. B. kann eine derartige Amplifikation eine Resistenz gegen Herbizide, Schwermetalle u. a. Chemikalien zur Folge haben, wobei zu beachten ist, daß Resistenzen auch das Resultat von Mutationen sein können. Andererseits wurde gefunden, daß bereits in das Genom integrierte Kopien wieder herausgeschnitten werden und verlorenge-

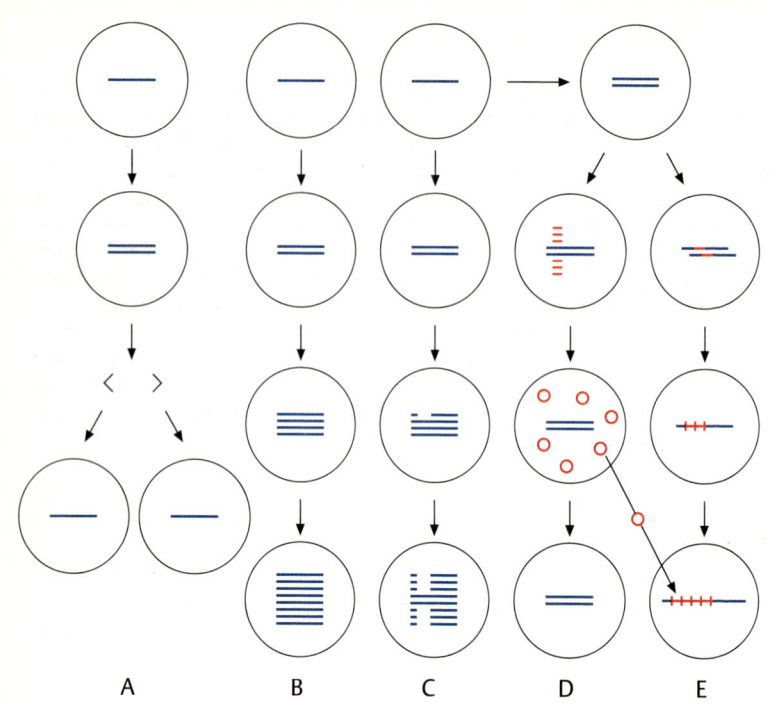

Abb. 3.34 Verschiedene Typen der DNA-Replikation während der Zelldifferenzierung. Ein Strich repräsentiert einen diploiden Chromosomensatz. **A** Mitose, schematisch, **B** Endopolyploidie (Polytänie ist ein Spezialfall der Endopolyploidie), **C** DNA-Unterreplikation, **D,E** DNA-Amplifikation, die hier im tetraploiden Zustand erfolgt. Der betreffende DNA-Abschnitt, das Amplicon, kann entweder lateral repliziert werden, was zu instabilen, außerhalb des Genoms liegenden Kopien führt (rot), die später verlorengehen können (**D**), oder sie werden durch ein inäquales Crossing over vervielfacht (**E**), was zu einer stabilen DNA-Verlängerung führt. Allerdings können auch die zirkulären Einzelkopien in das Genom integriert werden, wie durch den Schrägpfeil von **D** nach **E** angedeutet ist. Ursprünglich integrierte Kopien können wieder herausgeschnitten werden und verlorengehen (nach Nagl).

hen. Unterreplikation und Amplifikation sind somit ein Ausdruck für die hohe Ökonomie der Zelle, da nur von solchen Genen eine größere Anzahl von Kopien hergestellt wird, deren Produkte in großer Menge benötigt werden. Der differentielle Gebrauch multipler Schablonen ist also ein weiterer Weg, die relative Menge der Genprodukte zu regulieren.

3.6 Zellwand

Die pflanzlichen Zellen sind im typischen Falle von einer festen Zellwand, dem Sakkoderm, umgeben. Ausnahmen sind die nackten Plasmodien der Schleimpilze (Myxomyceten), Gameten und Zoosporen einiger Flagellaten und niederer Pilze sowie amöboide Stadien derselben. Der Besitz einer Zellwand ist für die Pflanzenzelle eine unerläßliche Bedingung, weil sie im ausgewachsenen Zustand eine Zellsaftvakuole besitzt, die nur noch von einem dünnen Plasmaschlauch umgeben ist. Da die Osmolarität des Zellsaftes um etwa eine Zehnerpotenz höher liegt als die des die Zelle umgebenden Mediums, würde die Zelle fortgesetzt Wasser aufnehmen und schließlich platzen, wenn der damit verbundenen Ausdehnung nicht der Druck der Zellwand entgegenwirken würde. Nackte Protoplasten pflanzlicher Zellen, die man durch enzymatischen Abbau der Zellwände erhalten kann, sind daher nur stabil, wenn Außenlösung und Zellsaft isotonisch sind. Wegen Fehlens der formbestimmenden Zellwand nehmen sie Kugelgestalt an.

Alle Zellwände einer Pflanze mit Ausnahme der die Eizelle umgebenden Haut sind zu irgendeinem späteren Zeitpunkt bei der Zellteilung als Querwände eingezogen worden. Die Zellwand ist also ein Produkt der Syntheseleistungen des Protoplasten. Aufgrund der Besonderheiten ihres Aufbaus und ihrer Zusammensetzung ist sie jedoch in der Lage, ihre mechanischen Funktionen auch nach Absterben des Protoplasten auszuüben und damit zur Festigkeit pflanzlicher Organe beizutragen.

3.6.1 Chemie der Zellwand

Im wesentlichen sind es drei Gruppen von Kohlenhydraten, die im typischen Falle als Bausteine pflanzlicher Zellwände dienen: die Pektine in Form des Protopektins, die Cellulosane und die Cellulose. Außerdem enthalten die Zellwände Proteine, deren Anteil bei Dikotylen in der Größenordnung von 1–15 % liegt.

Protopektin: Das Protopektin, das die Hauptmasse der Interzellularsubstanz (s. unten) ausmacht, ist ein Mischpolymerisat aus sauren Polysacchariden. Hauptbestandteil ist die Pektinsäure, ein Polysaccharid aus D-Galakturonsäure, deren Carboxylgruppen zum Teil methyliert sind. Sie liegt in Verbindung mit Rhamnose vor, ist also ein Rhamnogalakturonan. Außerdem sind Seitenketten vorhanden, die aus D-Galaktose, L-Arabinose und anderen Zuckern bestehen. Die Ketten sind untereinander vernetzt (Abb. 3.35A), indem jeweils zwei Carboxylgruppen durch zweiwertige Ionen, etwa $Ca^{2\oplus}$ und $Mg^{2\oplus}$, miteinander verbunden sind (Abb. 3.35B). Diese Brücken können sich relativ leicht lösen und an anderen Stellen neu bilden, so daß ein elastisches, leicht veränderliches Gerüstwerk entsteht. Hierauf beruhen die Eigenschaften des Protopektins, das gelartigen Charakter hat und außerordentlich plastisch und hy-

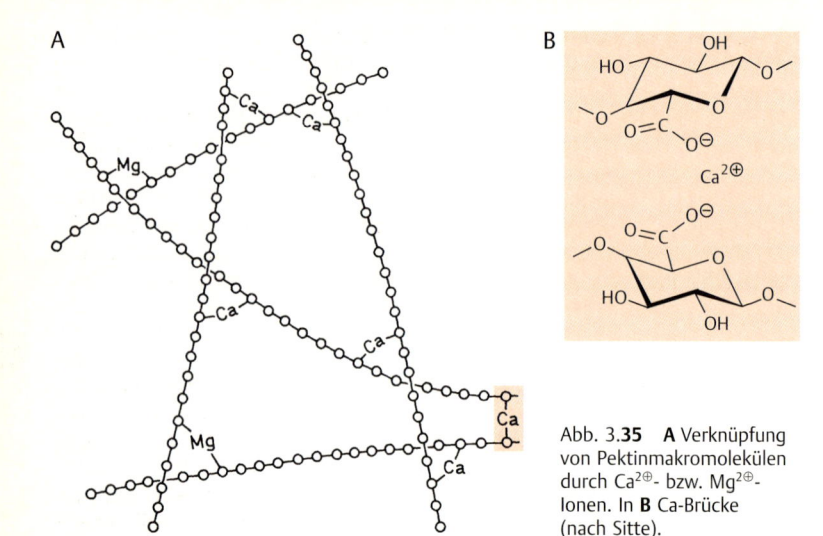

Abb. 3.35 **A** Verknüpfung von Pektinmakromolekülen durch $Ca^{2\oplus}$- bzw. $Mg^{2\oplus}$-Ionen. In **B** Ca-Brücke (nach Sitte).

drophil ist. Hierauf beruht seine leichte Wasserlöslichkeit. Im elektronenmikroskopischen Bild erscheint es amorph.

Durch ein Gemisch von Kaliumchlorat und Salpetersäure (Schulzesches Gemisch) wird das Protopektin aufgelöst. Da die cellulosehaltigen Wände der Behandlung widerstehen, kann man auf diese Weise die Zellen eines Gewebes voneinander trennen (Mazeration). Auch durch das Enzym Pektinase kann die Interzellularsubstanz aufgelöst werden.

Cellulosane: Unter der Bezeichnung Cellulosane (**= Hemicellulosen**) faßt man eine Reihe nichtcellulosischer Polysaccharide zusammen, die die Hauptmasse der im elektronenmikroskopischen Bild strukturlos erscheinenden Grundsubstanz (Matrix) der Zellwand ausmachen. Man unterscheidet die Pentosane, deren Makromoleküle aus Pentosen, z. B. D-Xylose und L-Arabinose, aufgebaut sind, und die Hexosane, deren Moleküle aus Hexosen, z. B. D-Glucose, D-Mannose und D-Galaktose bestehen. Sie liegen meist als Heteroglycane vor, z. B. als Xyloglucane, Arabinogalaktane, Rhamnogalakturonane und Glucomannane, deren Moleküle aus kleineren, sich periodisch wiederholenden Einheiten bestehen und unter Umständen auch verzweigt sein können.

Die Cellulosane sind auch Bestandteile der pflanzlichen Schleime. In anderen Fällen haben sie die Funktion von Reservestoffen, wie die hauptsächlich aus Mannanen bestehende sogenannte Reserve„cellulose". Sie ist die Grundsubstanz der Sekundärwände in den Samen der Dattelpalme *(Phoenix dactylifera)*.

Cellulose: Wie bereits erwähnt (S. 35), ist die Cellulose ein β-1→4-Glucan. Durch das Enzym Cellulase, das die β-glykosidischen Bindungen löst, werden die Cellulosemoleküle zu Cellobiose abgebaut, die ihrerseits durch Cellobiase in Glucose überführt wird. In den meisten der bekannten Lösungsmittel ist Cellulose unlöslich, doch löst sie sich unter Erhaltung der Fadenmoleküle in Schweizers Reagens (Kupferoxidammoniak). Durch konzentrierte Schwefelsäure werden die Cellulosemoleküle bis zur Glucose aufgespalten (Holzverzuckerung). Im Gegensatz zur Stärke reagiert Cellulose mit Jod nur in Gegenwart gewisser quellend wirkender Chemikalien, z. B. Zinkchlorid. Unverholzte Cellulose färbt sich mit Chlorzinkjod blau bis dunkelviolett, verholzte dagegen gelb.

Zellwandproteine: Drei große Klassen von Zellwandproteinen werden unterschieden: die glycinreichen Proteine (GRP), die prolinreichen Proteine (PRP) und die hydroxyprolinreichen Glykoproteine (HRG). Letztere sind wohl am weitesten verbreitet und am besten untersucht. Sie zeichnen sich durch einen relativ hohen Gehalt an Hydroxyprolin aus. Es wurden drei Klassen nachgewiesen: die hydroxyprolinreichen Lectine bei Solanaceen, die Arabinogalaktan-Proteine und die **Extensine.** Hier sollen nur die letzteren berücksichtigt werden. Sie bestehen zu etwa einem Drittel aus Polypeptidketten, die neben Hydroxyprolin auch die Aminosäuren Serin, Lysin, Tyrosin, Histidin und Valin enthalten. Dabei treten häufig sich wiederholende kurze Peptidsequenzen auf, insbesondere ein Pentapeptid, das aus einem Serin und vier Hydroxyprolinmolekülen besteht (Abb. 3.36A). Meist sind die Extensine auch reich an Lysin, wodurch sie einen basischen Charakter erhalten. Diese Ketten können untereinander durch Etherbrücken zwischen zwei Tyrosinmolekülen (Isodityrosin, Abb. 3.36B) vernetzt sein. Die meisten Hydroxyprolinmoleküle tragen drei oder vier Arabinosemoleküle umfassende Seitenketten. Neben Arabinose kommt noch Galaktose vor, die an das Serin gebunden ist (Abb. 3.36A).

Da eine kovalente Bindung der Extensinmoleküle an die Kohlenhydrat- und insbesondere Celluloseketten nicht nachgewiesen werden konnte, nimmt man an, daß die untereinander vernetzten Extensinmoleküle ein selbständiges Gerüst bilden, das in das Gerüst der Cellulosefibrillen räumlich integriert ist. Dies würde erklären, warum das Extensin nicht ohne Zerstörung seiner Moleküle aus der Zellwand isoliert werden kann. Danach wäre die Primärwand der Zelle eine gewebeartige Struktur, die aus zwei Polymeren besteht, nämlich Cellulose-Mikrofibrillen, die die Maschen eines Extensinnetzes durchdringen, eingebettet in ein hydrophiles Pektin-Cellulosan-Gel (Abb. 3.36C). Dabei wird vorausgesetzt, daß die helikale Struktur der Extensin-Moleküle durch nicht-helikale Bereiche unterbrochen wird. Die Vernetzungen durch Isodityrosin treten in Abständen von etwa 30 Aminosäuren auf.

Die Synthese der Polypeptidkette des Extensins erfolgt an den Ribosomen des ER. Zunächst wird Prolin eingebaut, das wahrscheinlich im Lumen des ER hydroxyliert wird. Vom ER wird es in den Primärvesikeln zu den Dictyosomen transportiert, wo die Anheftung der Zuckermoleküle Arabinose und Galaktose durch Glykosyltransferasen erfolgt. Dabei werden die Zucker in Form von

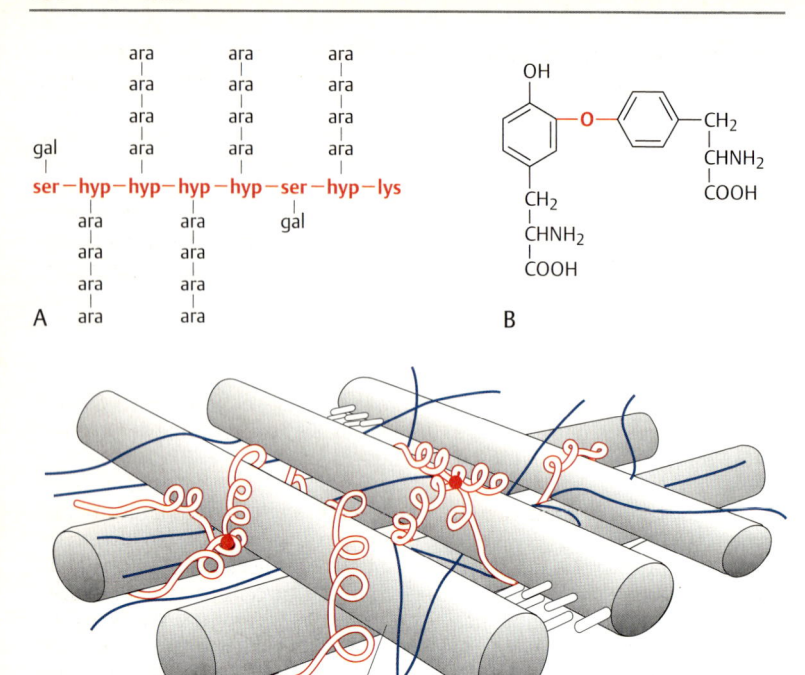

Abb. 3.**36** **A** Ausschnitt aus einem Zellwandprotein. ara = Arabinose, gal = Galaktose, hyp = Hydroxyprolin, lys = Lysin, ser = Serin. **B** Isodityrosin. **C** Netz aus Extensin-Molekülen (rot), die helikale und nicht-helikale Bereiche aufweisen und deren Moleküle durch Isodityrosin-Bindungen (rote Punkte) vernetzt sind. Es ist in das Gerüst der Cellulosefibrillen (c) räumlich integriert, und beide sind in ein Pektin-Cellulosan-Gel, dessen Elemente durch blaue Linien angedeutet sind, eingebettet (nach Wilson u. Fry).

UDP-Arabinose bzw. UDP-Galaktose bereitgestellt. Möglicherweise erfolgt jedoch auch die Hydroxylierung des Prolins im Golgi-Apparat, zum mindesten bei den Monokotyledonen. Die glykosylierten Moleküle werden in den Golgi-Vesikeln zum Plasmalemma transportiert, wo sie nach außen entleert und durch Isodityrosin-Bindungen in das vorhandene Extensin-Netzwerk eingebaut werden.

Durch die Kohlenhydratseitenketten wird die helikale Konformation des Polypeptids in Form eines steifen, stabförmigen Moleküls stabilisiert. Dies legt nahe, daß das Polymer eine strukturelle Aufgabe erfüllt. Hierfür spricht auch der Befund, daß die cellulosefreien Zellwände mancher Algen, z. B. *Chlamydo-*

monas, zu 70% aus Glykoproteinen bestehen, die einen hohen Anteil an Hydroxyprolin, Arabinose und Galaktose aufweisen. Die ursprüngliche Vorstellung, daß Extensin durch reversibles Brechen seiner Quervernetzungen die Zellstreckung kontrolliert, was zur Namensgebung geführt hat, läßt sich nicht länger aufrechterhalten. Vielmehr spricht alles dafür, daß das Extensin als ein strukturelles Polymer fungiert, das in der Zellwand irreversibel fixiert wird und damit deren weiteres Flächenwachstum unterbindet. Schließlich scheint eine verstärkte Bildung von Extensin auch ein Schutzmechanismus zu sein, der die Infektion durch Parasiten verhindert oder zum mindesten begrenzt, worauf hier jedoch nicht näher eingegangen werden kann.

3.6.2 Submikroskopischer Aufbau der Zellwand

In den pflanzlichen Zellwänden liegt die Cellulose in Form von Fibrillen verschiedener Größenklassen vor, die als Makro-, Mikro- und Elementarfibrillen bezeichnet werden.

Bisweilen lassen die Zellwände schon im Lichtmikroskop bei stärkerer Auflösung fibrilläre Elemente, die Makrofibrillen, erkennen, die einen Durchmesser von etwa 0,5 μm haben. Bei elektronenmikroskopischer Betrachtung erscheinen sie aus feineren Fibrillen von 10–30 nm Durchmesser zusammengesetzt, die als Mikrofibrillen bezeichnet werden. Sie stellen offenbar die strukturelle Grundeinheit der Zellwände dar. Bei höherer Auflösung erscheinen sie aus bis zu 20 noch feineren Fibrillen aufgebaut, die einen Durchmesser von 3,5–5 nm haben und als Elementarfibrillen (Micellarstränge) bezeichnet werden (Abb. 3.37D). Diese bestehen aus je 50–100 Cellulosemolekülen.

Die genaue Anordnung der Cellulosemoleküle ist zwar noch nicht klar, doch gibt es gut begründete Modellvorstellungen (Abb. 3.37E). Danach sind alle β-Glucanketten parallel angeordnet, und zwar so, daß sich ihre reduzierenden Enden alle am gleichen Ende der Fibrille befinden. Benachbarte Ketten sind jeweils um die Länge eines halben Glucoseringes gegeneinander verschoben, so daß sich zwischen dem Ringsauerstoff des einen und einer Hydroxylgruppe des benachbarten Glucosemoleküls Wasserstoffbrückenbindungen ausbilden können. Folglich ist jedes Glucosemolekül eines jeden Stranges durch je zwei Wasserstoffbrückenbindungen mit zwei Glucosemolekülen benachbarter Celluloseketten verbunden. Auf diese Weise entstehen kristallgitterähnliche Micellarbereiche, in denen die Glucanketten parallel zueinander und in regelmäßigen Abständen voneinander angeordnet sind (Abb. 3.37F). Die Cellulosemoleküle können aus den kristallinen Bereichen in parakristalline Abschnitte hineinlaufen, in denen sie zwar noch mehr oder weniger parallel ausgerichtet sind, aber keine strenge Gitteranordnung mehr zeigen. Diese Anordnung bezeichnet man als „Fransenmicelle".

Zwischen den Elementarfibrillen bleiben Räume von etwa 1 nm Durchmesser ausgespart, die als intermicelläre Räume bezeichnet werden. Die Mikrofibrillen sind durch interfibrilläre Räume getrennt, deren Weite in der Größenordnung von 10 nm liegt. Im nativen Zustand ist die Zellwand gequollen, d. h. sowohl die interfibrillären als auch die intermicellären Räume sind von Wasser erfüllt.

Hinsichtlich der Fixierung der Fibrillen in der Matrix besteht noch keine Klarheit. Nach einer neueren Modellvorstellung sind die Xyloglucanmoleküle mit den an der Oberfläche der Fibrillen liegenden Cellulosemolekülen durch Wasserstoffbrückenbindungen quer vernetzt, und zwar in der gleichen Art wie die Glucanketten der Cellulosefibrillen untereinander. Jedes Xyloglucanmolekül ist mit einem Arabinogalaktanmolekül verbunden, das radial von der Cellulosefibrille fortläuft und an ein Rhamnogalakturonan gebunden ist. Da jede Cellulosefibrille von vielen Xyloglucanmolekülen bedeckt ist und andererseits jedes Rhamnogalakturonan mit zahlreichen Arabinogalaktanmolekülen verbunden ist, die von verschiedenen Cellulosefibrillen stammen, entsteht gewissermaßen ein Gerüstwerk, mit dessen Hilfe die Cellulosefibrillen in der mehr oder weniger versteiften Matrix fixiert sind.

3.6.3 Mikroskopischer Aufbau der Zellwand

Die pflanzliche Zellwand besteht, wie bereits lichtmikroskopisch erkennbar, aus mehreren Schichten, die wie folgt bezeichnet werden: die Mittellamelle, die die Grenze zwischen benachbarten Zellen bildet, die Primärwand, die während des Weitenwachstums der Zelle gebildet wird, die Sekundärwand, die der Primärwand nach Abschluß des Streckungs- und Weitenwachstums aufgelagert wird, und die abschließende Tertiärwand.

Mittellamelle (Abb. 3.37 A, B): Die aus Protopektin bestehende Mittellamelle verbindet als strukturlos erscheinende Kitt- oder Interzellularsubstanz die Wände benachbarter Zellen fest miteinander. Sie wird bei der Zellteilung in der Zellplatte angelegt (s. unten). Später weichen die sich abrundenden Zellen unter Auflösung der Interzellularsubstanz an den Ecken und Kanten auseinander und bilden luftgefüllte Hohlräume, die Interzellularen (Abb. 3.38 A, B).

Abb. 3.37 Zellwand. **A** Zellwandschichtung im Querschnitt, schematisch. **B** Textur der einzelnen Schichten, von der Fläche her gesehen, schematisch. **C** Sekundärwandschichtung bei der Grünalge *Valonia* (Zeichnung nach einer elektronenmikroskopischen Aufnahme). **D** Bündel aus mehreren Mikrofibrillen, die im Anschnitt den Aufbau aus Elementarfibrillen erkennen lassen (schematisch). **E** Aufbau einer Elementarfibrille (Micellarstrang), in der die Cellulosemoleküle parallel angeordnet sind. Sechs Celluloseketten sind im Anschnitt herausgezogen. **F** Kristalline Anordnung von sechs Celluloseketten in der Elementarfibrille. Kovalente Bindungen durchgezogen. Wasserstoffbrückenbindungen in der Ebene gestrichelt, senkrecht zur Ebene rot punktiert. as = Außenschicht, ef = Elementarfibrille, i = Interzellularen, if = interfibrillärer Raum, im = intermicellärer Raum, is = Innenschicht, m = Mittellamelle, mf = Mikrofibrille, pw = Primärwand, sw = Sekundärwand, t = Tüpfel, ü = Übergangslamelle, zs = Zentralschicht.

3.6 Zellwand

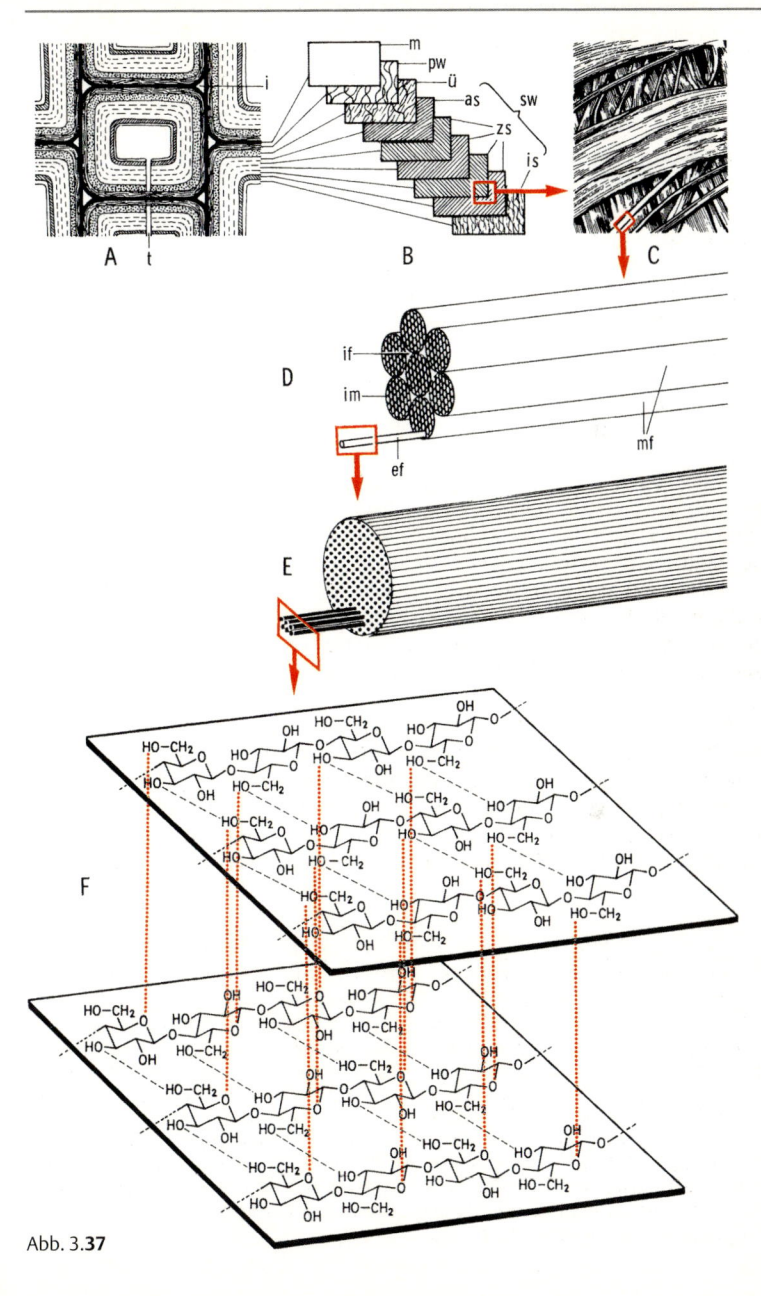

Abb. 3.37

Eine solche Entstehungsweise bezeichnet man als **schizogen.** Ihrer Ausdehnung nach ist die Mittellamelle unscheinbar. Meist läßt sie sich nur unter Anwendung besonderer mikroskopischer Methoden nachweisen.

Primärwand: Die Golgi-Vesikel, die bei der Zellteilung das Material für die Bildung der Zellplatte zum Zelläquator transportieren, enthalten bereits die Komponenten der Primärwand. Durch Fusion der Vesikel entsteht dann die Zellplatte, wobei aus dem Membranmaterial der Golgi-Vesikel auf beiden Seiten der Zellplatte ein Plasmalemma entsteht (Abb. 3.39). Neuere Untersuchungen haben gezeigt, daß die Bildung der Mittellamelle nicht, wie bisher angenommen, der Anlagerung des Primärwandmaterials vorausgeht. Erst wenn die Zellplatte mit der Mutterzellwand fusioniert, bildet sich an dieser eine rundherumlaufende Leiste aus. In dieser schreitet, von der Mittellamelle der Mutterzellwand ausgehend, die Bildung der Mittellamelle innerhalb der Zellplatte von der Peripherie zum Zentrum hin fort. Dies geschieht offenbar durch Umverteilung des Wandmaterials unter Hinzufügen weiterer Polysaccharide, die durch Golgi-Vesikel angeliefert werden. Schließlich ist die gesamte Zellplatte dreischichtig. Anschließend werden die Primärwände durch Anlagerung weiterer Schichten von Primärwandmaterial verstärkt. Die Primärwände enthalten Cellulose, deren Anteil mit 8–14% allerdings gering ist. Die Mikrofibrillen liegen wirr durcheinander und sind zu einem lockeren Gerüst verknüpft, eine Anordnung, die man als Streuungstextur bezeichnet (Abb. 3.37B). Sie sind in die Grundsubstanz (Matrix) eingelagert. Diese ist in ihrer chemischen Zusammensetzung dem Protopektin der Mittellamelle noch recht ähnlich und geht ohne scharfe Grenze in diese über. Die Primärwand ist sehr elastisch, läßt sich aber auch plastisch dehnen und verformen und kann somit der Größenzunahme der Zelle beim Wachstum folgen. Mit zunehmender Extensineinlagerung kommt das Wachstum schließlich zum Stillstand.

Sekundärwand: Die Sekundärwand enthält wesentlich mehr Cellulose als die Primärwand, im Extremfall bis zu 94%. Ihre Matrix besteht aus Cellulosanen und Proteinen. Die Sekundärwand zeigt sowohl eine mikroskopische als auch eine submikroskopische Schichtung. Häufig ist sie vielschichtig, wie z.B. bei der Grünalge *Valonia*. Bei vielen Tracheiden und Holzfasern kann man lichtmikroskopisch eine Außen-, Zentral- und Innenschicht unterscheiden (Abb. 3.37A, B). Bei submikroskopischer Betrachtung erkennt man, daß die Außenschicht in der Regel aus vier Lagen von Fibrillen besteht, während die Zentralschicht, die am mächtigsten entwickelt ist und die Hauptmasse der Zellwand bildet, aus zahlreichen Schichten aufgebaut erscheint.

Mit der Primärwand ist die Sekundärwand durch eine Übergangslamelle verbunden, die zwar noch ein Überkreuzungsgeflecht von Fibrillen besitzt, aber schon zur parallelen Anordnung der Fibrillen in den folgenden Schichten überleitet (Abb. 3.37B). Diese **Paralleltextur** der Fibrillen, die über weite Strecken miteinander verbändert sein können (Abb. 3.37C und Abb. 4.9A, S.163), ist ein charakteristisches Merkmal vieler Sekundärwände. In aufeinanderfolgen-

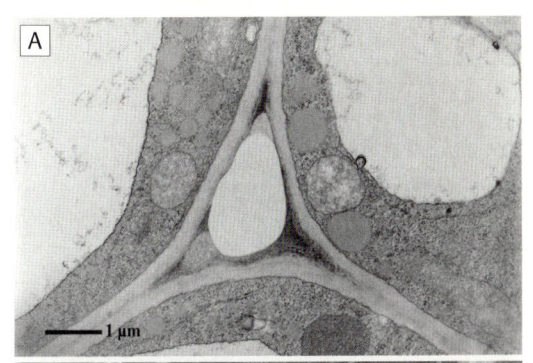

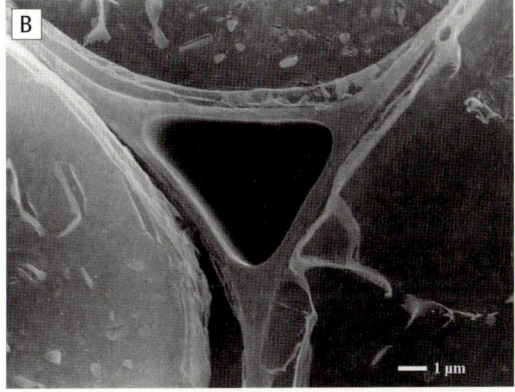

Abb. 3.**38** Interzellularen. **A** TEM-Aufnahme einer Interzellulare aus einem Kotyledo vom Raps *(Brassica napus)*. **B** Interzellulare aus dem Blattstiel von *Begonia rex*, Kryo-REM „frozen hydrated" (s. Anhang). Nur im gefrorenen Zustand erkennt man, daß es sich tatsächlich um einen Hohlraum handelt, da bei TEM-Aufnahmen sowohl Wasser als auch Luft durch Aceton und Kunstharz ersetzt werden (Originalaufnahmen: G. Wanner).

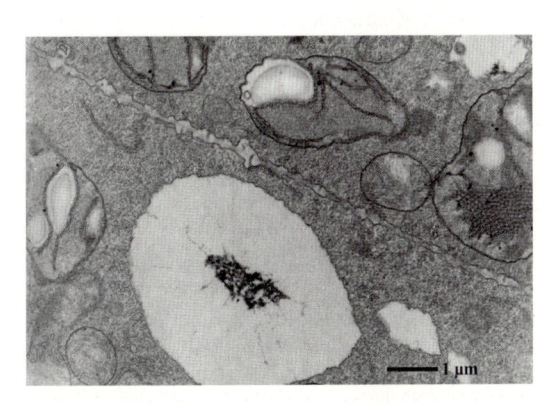

Abb. 3.**39** TEM-Aufnahme einer Primärwand im Primärblatt der Mohrenhirse *(Sorghum bicolor)* (Originalaufnahme: G. Wanner).

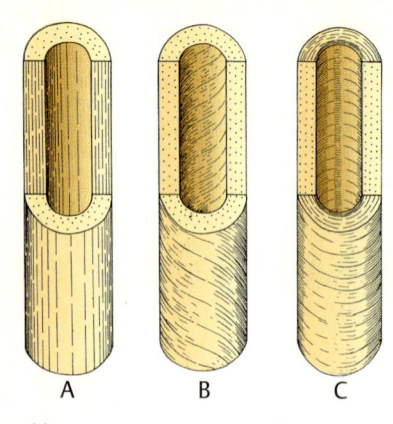

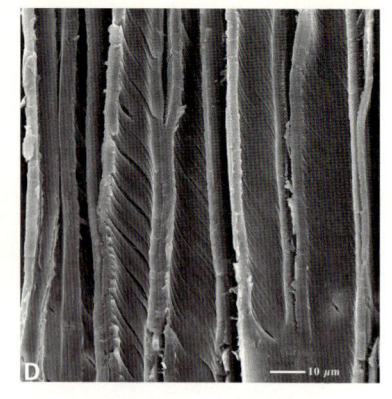

Abb. 3.40 Texturen von Pflanzenfasern und Tracheiden. **A–C** Raumdiagramme. **A** Faser-, **B** Schrauben-, **C** Ringtextur, **D** Schraubentextur der Tracheiden aus dem Spätholz von *Pinus* spec. (REM-Aufnahme: G. Wanner).

den Schichten pflegt sich die Streichrichtung der Fibrillen zu überkreuzen. Die innerste, auch als **Tertiärwand** bezeichnete Schicht unterscheidet sich von der Sekundärwand sowohl in der Zusammensetzung als auch in der Textur. Sie kann von einer warzig skulpturierten Abschlußlamelle bedeckt sein.

In den Wänden faserförmiger Zellen (Abb. 3.40) ist die Streichrichtung der parallel gelagerten Fibrillen von ausschlaggebender Bedeutung für die mechanischen Eigenschaften. Liegen sie etwa parallel zur Längsachse der Zellen, spricht man von einer Fasertextur (**A**). Solche Fasern, wie z. B. die Ramiefaser *(Boehmeria nivea),* besitzen eine hohe Zugfestigkeit, sind aber nur wenig dehnbar. Häufiger ist der Typus der Schraubentextur (**B**), der bei Flachs-, Hanf- und Holzfasern sowie den Tracheiden vorkommt. Hier laufen die Fibrillen in einem mehr oder weniger steilen Winkel schraubig um die Längsachse der Zellen. Manche dieser Fasern, z. B. die Palmfasern von *Cocos*, zeichnen sich durch eine starke Dehnbarkeit aus. Seltener ist der Typus der Ringtextur (**C**), bei dem die Fibrillen etwa senkrecht zur Längsachse der Zelle verlaufen. Möglicherweise handelt es sich aber auch hier um sehr flache Schrauben. Dieser Typus findet sich bei Milchröhren, die keiner Zugbeanspruchung unterliegen, wohl aber unter einem Innendruck stehen.

Tüpfel: Trotz Ausbildung der Sekundärwand bleibt die Verbindung benachbarter Zellen durch Plasmodesmen erhalten. Beim Dickenwachstum der Zellwand werden bestimmte Bereiche durch Plasmawülste offengehalten, die die Mikrofibrillen beiseiteschieben, so daß diese einen Ringwulst bilden (Abb. 3.41A). Derartige unverdickte Bereiche der Zellwand bezeichnet man als Tüpfel. Bei starker Verdickung der Zellwände entstehen auf diese Weise regelrechte Tüpfelkanäle. Die Schließhäute der Tüpfel, die aus der Mittellamelle und den

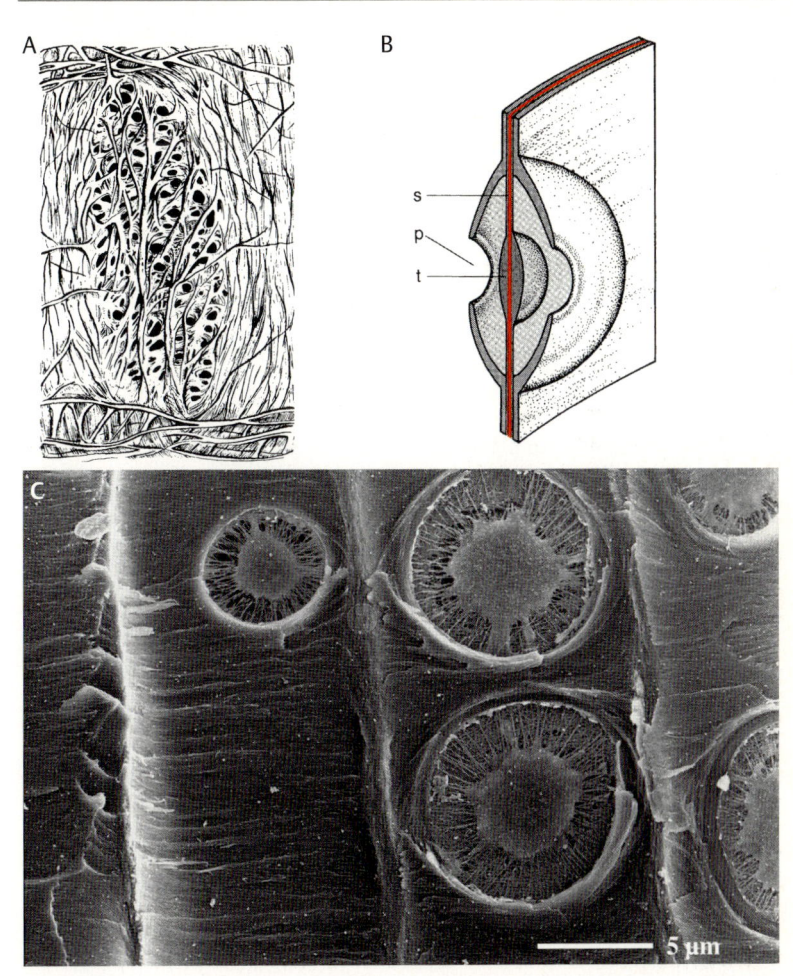

Abb. 3.41 Tüpfel. **A** Anlage eines Tüpfels in der Primärwand der *Avena*-Koleoptile. Übergang von der Streuungstextur der Primärwand zur Paralleltextur der Sekundärwand (Zeichnung nach einer TEM-Aufnahme von Böhmer). **B** Beidseitig behöfter Tüpfel, aufgeschnitten, schematisch. Mittellamelle rot. s = Schließhaut, p = Porus, t = Torus, **C** Hoftüpfel in den Tracheiden von *Pinus* spec., Kryobruch nach Tanaka (s. Anhang). Die Schließhaut besteht hier nur noch aus cellulosischen Fibrillen unterschiedlicher Dichte, die z. T. radial zum Rand verlaufen (Originalaufnahme: G. Wanner).

beiden Primärwänden der benachbarten Zellen bestehen, sind von zahlreichen Plasmodesmen durchsetzt.

Ein besonderer Typus, der **Hoftüpfel,** ist für die Wasserleitungsbahnen charakteristisch. Die verhältnismäßig große Schließhaut dieser Tüpfel wird beidseitig, bei an lebenden Zellen grenzenden Tüpfeln allerdings nur einseitig von der Zellwand überwallt (Abb. 3.41 B), so daß nur ein verhältnismäßig kleiner zentraler Porus offen bleibt. Hierdurch entsteht in Aufsicht das Bild eines „Hofes". Bei den meisten Gymnospermen ist die Schließhaut in der Mitte zum Torus verdickt, während der Rand (Margo) unverdickt bleibt. Bei den Nadelhölzern besteht die Schließhaut in diesem Bereich sogar nur noch aus Bündeln cellulosischer Mikrofibrillen, die zum Rand hin überwiegend radial orientiert sind (Abb. 3.41 C). Das gesamte nicht-cellulosische Wandmaterial der Mittellamelle und der beiden Primärwände wurde hier aufgelöst. Hierdurch wird der Wasserdurchtritt stark erleichtert. Infolge dieser elastischen Aufhängung wird der Torus beim Auftreten einseitigen Druckes gegen den Porus gepreßt und verschließt diesen, wodurch der Eintritt von Luft verhindert wird.

Zusammenfassung

- Die kleinste selbständig lebensfähige morphologische Einheit ist der Protoplast, d. h. der plasmatische Inhalt einer Zelle. Die Hauptmasse des Protoplasten macht das Cytoplasma aus. Es enthält den Zellkern, Mitochondrien und Plastiden bzw. deren Vorstufen, Microbodies, Dictyosomen, das endoplasmatische Reticulum, Ribosomen sowie Lipidtröpfchen u. a. Zelleinschlüsse.

- Die ersten Lebewesen waren wahrscheinlich Prokaryonten, deren Zellen noch nicht durch Membranen kompartimentiert waren. Aus ihnen haben sich die Eukaryonten entwickelt, die einen Zellkern besitzen und die typische Kompartimentierung verschiedener Stoffwechselbereiche aufweisen.

- Die Protoplasten sind nach außen durch eine Biomembran, das Plasmalemma, begrenzt. Sie stehen mit den Protoplasten benachbarter Zellen durch Plasmodesmen in Verbindung.

- Zu den Microbodies zählen die Glyoxysomen und Peroxisomen. Sie sind von einer einfachen Membran umgeben. In den Glyoxysomen erfolgt der Abbau der Fette, während die Peroxisomen die Organellen der Photorespiration sind.

- Coated Vesicles sind sehr kleine Vesikel, die von einer Proteinhülle umgeben sind. Sie sind am intrazellulären Stofftransport beteiligt.

- Das ebenfalls von einer einfachen Membran begrenzte endoplasmatische Reticulum (ER) ist sowohl Syntheseort als auch intrazelluläres Transportsystem. Seine Ausdehnung wechselt in Abhängigkeit vom physiologischen Zustand der Zelle sehr rasch. Im Gegensatz zum glatten ER sind die Membranen des rauhen ER auf der Außenseite von Polysomen besetzt.

- Dictyosomen bestehen aus flachen, von einfachen Membranen begrenzten Zisternen, die paketartig übereinander geschichtet sind. Bei der Pflanze synthetisieren sie vor allem Zellwandpolysaccharide bzw. deren Vorstufen mit Ausnahme der Cellulose. Das synthetisierte Material wird in Golgi-Vesikel verpackt zur Peripherie der Zelle transportiert, durch das Plasmalemma hindurchgeschleust und als Zellwandmaterial eingebaut. Die Gesamtheit der Dictyosomen bezeichnet man als Golgi-Apparat.

- Ihren Sedimentationskoeffizienten entsprechend unterscheidet man 80 S und 70 S Ribosomen. Erstere kommen im Cytoplasma der Eukaryonten vor, letztere im Cytoplasma der Prokaryonten sowie in den Plastiden und Mitochondrien der Eukaryonten. Sie sind die Orte der Proteinsynthese.

- Die Mitochondrien sind von zwei Membranen begrenzte Organellen, die Kontinuität besitzen, d. h. von Zelle zu Zelle weitervererbt werden. Die inneren Membranen sind zu Falten oder Röhren eingestülpt. Die Mitochondrien enthalten die Enzyme des Citronensäurezyklus, der Atmungskette, der oxidativen Phosphorylierung und des Fettsäureabbaues. Außerdem regulieren sie die Ionenzusammensetzung des Cytoplasmas. Sie können durch Teilung auseinander hervorgehen oder aus Vorstufen (Promitochondrien) entstehen. Sie enthalten DNA und Ribosomen und sind zu einer begrenzten eigenständigen Proteinsynthese befähigt.

- Die Plastiden sind den Pflanzen eigene Organellen, die von einer aus zwei Biomembranen bestehenden Plastidenhülle begrenzt sind. Die farblosen Leukoplasten speichern vor allem Reservestoffe. Die Chromoplasten, die für die Färbung zahlreicher Blüten und Früchte verantwortlich sind, enthalten große Mengen an Carotinoiden. Die Chloroplasten sind die Orte der Photoynthese. Durch Einstülpung der inneren Membran entstehen Thylakoide, auf denen die Chlorophylle und Carotinoide sowie die Bestandteile der Elektronentransportkette und der Photophosphorylierung lokalisiert sind. Auch die Chloroplasten besitzen Kontinuität und gehen entweder durch Teilung auseinander hervor oder entstehen aus Proplastiden. Sie besitzen ebenfalls DNA und Ribosomen und sind zu einer begrenzten Proteinsynthese befähigt.

- Der Zellkern ist durch die aus zwei Biomembranen bestehende Kernhülle, die Perinuclealzisterne, begrenzt. Diese ist als Teil des ER anzusehen, mit dem ihr Innenraum in Verbindung steht. Die Kernhülle ist von Poren durchbrochen, die mit einem Porenapparat ausgestattet sind und Transportfunktionen haben. Der Kern ist von Karyoplasma erfüllt. Außerdem enthält er das Chromatin und die Nucleoli. Das Chromatin besteht aus den dekondensierten, feinfädigen Chromosomen, die auch während der Interphase in gewissen Abschnitten an die Kernhülle angeheftet sind. Die in Ein- oder Mehrzahl vorhandenen Nucleoli sind die Bildungsstätten der Ribosomenvorstufen.

- Das Chromatin besteht aus DNA, RNA und Proteinen. Bei den letzteren sind die basischen Histone sowie die überwiegend sauren Nicht-Histonproteine zu unterscheiden. Das Chromatin läßt perlschnurartig aufgereihte Partikel, die Nucleosomen, erkennen. Sie bestehen aus den Histonen PH2A, B, H3 und H4 und sind von 1¾ Windungen des DNA-Stranges umwunden. Sie sind durch bis zu 80 Nucleotide umfassende DNA-Abschnitte, die sogenannten Linker, voneinander getrennt. Durch Anlagerung des Histons H1 entsteht eine als Solenoid bezeichnete Schraube.

- Vor Eintritt in die Kern- und Zellteilung (Mitose) wird die DNA-Doppelhelix eines jeden Chromosoms repliziert. Jedes Chromosom besteht dann aus zwei Chromatiden. Zu Beginn der Mitose wird es aus der langgestreckten Funktionsform in die kompakte Transportform überführt. Es bildet sich ein Spindelapparat aus, der die Chromosomen im Zelläquator anordnet. Hierauf erfolgt die endgültige Trennung der Chromatiden, die als Tochterchromosomen zu den beiden Polen der Zelle transportiert werden, so daß jede Tochterzelle exakt die gleiche genetische Information erhält. Gegen Ende der Mitose erfolgt die Neubildung der Kerne und schließlich die Teilung der Zelle durch eine neue Zellwand.

- Die Pflanzenzelle ist in der Regel von einer Wand (Sakkoderm) umgeben, die in der Mehrzahl der Fälle aus Cellulose besteht. Die Cellulosemoleküle aggregieren abschnittsweise unter Ausbildung von Wasserstoffbrücken zu Micellarsträngen (Elementarfibrillen), die ihrerseits zu Mikrofibrillen zusammengelagert werden. Diese können zu lichtmikroskopisch nachweisbaren Makrofibrillen aggregieren.

- Die Zellwände benachbarter Zellen sind durch eine aus Protopektin bestehende Interzellularsubstanz, die Mittellamelle, miteinander verkittet. Die Zellwände sind geschichtet. Die an die Mittellamelle grenzende Primärwand enthält nur wenig Cellulose und besteht im wesentlichen aus Cellulosanen und hydroxyprolinreichen Zellwandproteinen, deren Anteil 1–15% betragen kann. Hierzu zählt das Extensin, dessen Moleküle ebenfalls untereinander vernetzt sind. Das Polysaccharid- und das Extensingerüst durchdringen sich gegenseitig. Durch das Extensin wird das Flächenwachstum der Zellwand kontrolliert. Hauptbestandteil der Sekundärwand ist die Cellulose, die in eine aus Cellulosanen bestehende Grundsubstanz eingebettet ist. Um den Kontakt zwischen benachbarten Zellen aufrechtzuerhalten, werden bei der Sekundärwandbildung bestimmte Bereiche, die Tüpfel, ausgespart. In den Tüpfeln sind die Zellen von den Nachbarzellen nur durch eine dünne Schließhaut abgegrenzt, die bei lebenden Zellen von Plasmodesmen durchsetzt ist.

Differenzierung der Zelle

Die Tatsache, daß die Entwicklung der höheren Organismen ihren Ausgang von der Eucyte und nicht von der Procyte genommen hat, ist zweifellos darauf zurückzuführen, daß die Aufgliederung der Eucyte in Reaktionsräume eine ungleich bessere Regulation und Koordinierung gleichzeitig ablaufender physiologischer Vorgänge ermöglicht. Ein weiterer entscheidender Schritt in der Evolution war nun die **Arbeitsteilung,** d.h. die Spezialisierung bestimmter Zellen auf bestimmte Funktionen.

Diese Arbeitsteilung bringt für den vielzelligen Organismus eine ganze Reihe von Evolutionsvorteilen. So stellt die Übernahme bestimmter physiologischer Leistungen durch spezialisierte Zellen eine Weiterführung des Kompartimentierungsprinzips dar, indem eben nicht mehr nur bestimmte Kompartimente einer Zelle, sondern bestimmte Zellen und Gewebe eine Funktion überwiegend oder ausschließlich übernehmen. Die Ausbildung leistungsfähiger reproduktiver Gewebe ermöglicht die Produktion einer größeren Anzahl von Fortpflanzungszellen. Die Fähigkeit, ständig neue Zellen zu bilden und ältere zu ersetzen, die für die höhere Pflanze so charakteristisch ist, ist die Voraussetzung für eine hohe Lebensdauer. Schließlich erleichtert die Ausbildung spezialisierter Zellen die Anpassung an extreme Standorte.

Ein erster Schritt in diese Richtung war die Ausbildung reproduktiver Zellen und Gewebe, die die Funktion der Zellteilung und Fortpflanzung übernahmen, während die übrigen Zellen als Grund- und Arbeitsgewebe dienten. Anpassungen an bestimmte Lebensräume, insbesondere aber das Vordringen in den Luftraum, machten weitere Spezialisierungen notwendig. Das Ergebnis dieser Entwicklung ist die höhere Pflanze, deren Vegetationskörper aus einer Vielzahl verschiedener Zellen besteht.

Die Entwicklung von Zellen verschiedener Struktur und Funktion aus ursprünglich gleichartigen meristematischen Zellen (s. unten) bezeichnen wir als **Differenzierung.** Hierbei wird in jeder in den Differenzierungsprozeß eintretenden Zelle nur der Teil der genetischen Information realisiert, der die künftige Funktion betrifft. Es ist selbstverständlich, daß dies nach einem bestimmten Plan, also koordiniert, geschehen muß, was das Bestehen von Wechselwirkungen (Korrelationen, S. 520) mit anderen Zellen und Organen der Pflanze zur Voraussetzung hat.

4.1 Gewebetypen

Vergleicht man den Bau einer meristematischen Pflanzenzelle mit dem einer tierischen Zelle, so fällt, wenn man von der zunächst noch dünnen Primärwand und den Plastiden absieht, eine gewisse Übereinstimmung auf. Mit Einsetzen des Längenwachstums und der Differenzierungsvorgänge ändert sich jedoch der Charakter der Pflanzenzelle sehr wesentlich. Dies hat seinen Grund einerseits in der Ausbildung der zentralen Zellsaftvakuole, andererseits in der besonderen Ausgestaltung der Zellwand, deren mechanische Qualitäten für viele Funktionen von ausschlaggebender Bedeutung sind. Vakuolenbildung und Zellwandwachstum sind also zwei eng miteinander verbundene, sich gegenseitig bedingende Prozesse, die an den Differenzierungsvorgängen maßgeblich beteiligt sind. Darüber hinaus können die Eigenschaften der Zellwände noch durch sekundäre An- oder Einlagerungen verändert werden. Aber auch die Synthese von Zellinhaltsstoffen, zu der häufig nur ganz bestimmte Zellen befähigt sind, ist ein Differenzierungsprozeß.

Differenzierungsvorgänge äußern sich also sowohl in der Ausbildung bestimmter morphologischer Merkmale als auch in der Entwicklung besonderer physiologischer Leistungen. Alle diese Veränderungen sind Leistungen des Protoplasten, dessen Organellen und Strukturen im Differenzierungsprozeß ebenfalls gewisse Veränderungen erfahren können, wie etwa die Entwicklung der Chloroplasten aus den Proplastiden u. a.

> In der Regel sind in der Pflanze Zellen gleicher Gestalt und Funktion zu Komplexen zusammengefaßt, die als Gewebe bezeichnet werden: Man unterscheidet **Bildungsgewebe (Meristeme),** deren Zellen teilungsfähig und noch nicht funktionell differenziert sind, und **Dauergewebe,** die im Laufe des Differenzierungsprozesses eine bestimmte Gestalt und Funktion erhalten haben.

Homogene Gewebe bestehen aus nur einer Art von Zellen, heterogene Gewebe aus verschiedenen Zelltypen. Letztere bezeichnet man auch als **Gewebesysteme.** Sind in ein homogenes Gewebe einzelne Zellen abweichenden morphologischen und physiologischen Charakters eingestreut, bezeichnet man sie als **Idioblasten.**

Meristeme: Die **Apikalmeristeme,** die die Spitzen der Wurzeln und Sproßachsen einnehmen, gliedern auf der proximalen Seite Zellen ab, die dann in den Differenzierungsprozeß eintreten (primäres Wachstum). Diese Meristeme behalten also ihren meristematischen Charakter von Beginn der Embryonalentwicklung an bei, auch wenn sie vorübergehend ihre Teilungsaktivität einstellen **(Restmeristeme).** Das sekundäre Wachstum, das zu einer Umfangserweiterung des primär gebildeten Pflanzenkörpers führt, erfolgt mit Hilfe **lateraler Meristeme,** zu denen das Kambium und das Phellogen zählen. Diese entstehen ganz oder teilweise aus Dauergeweben, deren bereits differenzierte Zellen unter Rückdifferenzierung ihre Teilungsfähigkeit wiedererlangen, also meristematisch werden. Sind nur einzelne Zellen zu Teilungen befähigt, nennt man sie **Meristemoide**.

Nach einer anderen Terminologie unterscheidet man primäre und sekundäre Meristeme. Erstere behalten ihre Teilungsfähigkeit vom Embryonalzustand an bei, während letztere durch Rückdifferenzierung von Dauerzellen (s. oben) wieder teilungsfähig werden.

Bei den Dauergeweben lassen sich, der Funktion entsprechend, folgende Gewebearten unterscheiden:

1. **Grundgewebe:** Sie bestehen meist aus etwa isodiametrischen Zellen und werden, je nach vorherrschender Funktion, weiter in Speicher-, Photosynthese-, Durchlüftungs-, Mark- u. a. Gewebe untergliedert.
2. **Abschluß- oder Hautgewebe:** Als äußere Häute schützen sie oberirdische Organe vor mechanischen Beschädigungen und vermindern Transpirationsverluste. Als innere Häute grenzen sie bestimmte Gewebe voneinander ab. Zu den Abschlußgeweben zählen die Epidermis mit ihren Anhangsgebilden, die Cutisgewebe, die Endodermis und die Korkgewebe.
3. **Absorptionsgewebe:** Sie dienen der Aufnahme von Wasser und darin gelösten Stoffen, wie die Rhizodermis und die Absorptionshaare.
4. **Leitungsgewebe:** Ihre Aufgabe ist der Transport von Wasser und darin gelösten anorganischen und organischen Stoffen über größere Entfernungen. Zu ihnen zählen die Tracheiden, die Gefäße sowie Siebzellen und Siebröhren.
5. **Festigungsgewebe:** Sie verleihen den pflanzlichen Organen die erforderliche mechanische Festigkeit, wobei wir Kollenchyme und Sklerenchyme unterscheiden.
6. **Sekretionsgewebe:** Ihnen obliegt die Ausscheidung bzw. Absonderung von Stoffen. Zu ihnen zählen die ungegliederten und gegliederten Milchröhren, Harzkanäle, Ölbehälter und Drüsenzellen.
7. **Reproduktive Gewebe:** Sie dienen der Fortpflanzung.
8. **Gewebesysteme:** Ein Beispiel hierfür sind die Leitbündel, in denen Gefäße, Tracheiden, Siebröhren, Geleitzellen sowie parenchymatische und sklerenchymatische Elemente zu einem komplexen Leitungssystem zusammengefaßt sein können.

4.2 Bildung der Zellsaftvakuole

Das Wachstum pflanzlicher Zellen erfolgt unter Wasseraufnahme. Das erste Symptom, das den Beginn der Zellvergrößerung und somit das Ende der meristematischen Phase anzeigt, ist daher die Bildung des Vakuoms, wie man die Gesamtheit der Vakuolen einer Pflanzenzelle nennt (Abb. 4.1). War bisher die ganze Zelle vom Plasma erfüllt, so bilden sich jetzt infolge eines ständigen Membranflusses aus dem ER über den Golgi-Apparat zahlreiche kleine Vakuolen, die durch eine Biomembran vom Cytoplasma abgegrenzt sind (**A**). Unter fortgesetzter Wasseraufnahme vergrößern sie sich und fusionieren mit anderen Vakuolen (**B**). Schließlich treten sie zu einer zentralen Zellsaftvakuole zusammen, die fast den gesamten Raum der Zelle einnimmt und den Protoplasten auf einen dünnen Wandbelag zurückdrängt (**C**). Ist der Zellkern in einer Plasmatasche im Vakuolenraum aufgehängt, so ist dieser von einem feinen Netz plasmatischer Fäden durchzogen (**D**).

Sowohl die Gestalt des Netzes als auch die Lage der Plasmatasche ändern sich im lebenden Zustand ständig. Hieran haben die Plasmaströmungen, die sich anhand mitgeschleppter Zelleinschlüsse mikroskopisch verfolgen lassen, wesentlichen Anteil. Die Strömungsrichtung ist sowohl in den einzelnen Plasmasträngen als auch in verschiedenen Bereichen des plasmatischen Wandbelages verschieden und kann sich ändern. Wir bezeichnen diesen Typus als **Zirkulation**. In Zellen, die nur einen wandständigen Plasmaschlauch besitzen, strömt das Plasma häufig in einer Richtung an der Zellwand entlang. Die auf den gegenüberliegenden Seiten der Zelle in entgegengesetzter Richtung verlaufenden Ströme greifen auch auf den Plasmabelag der Seitenwände über, wo sie durch einen Bereich ruhenden Plasmas (Indifferenzstreifen) getrennt sind. Dieser Typus wird als **Rotation** bezeichnet. Darüber hinaus sind noch weitere Strömungstypen bekannt. Die Plasmagrenzschichten werden von der Strömung nicht erfaßt. Bei manchen Objekten scheinen die Plasmaströmungen ohne ersichtlichen äußeren Anlaß zu erfolgen. In anderen Fällen werden sie durch Einflüsse von außen hervorgerufen (S. 578).

Der Protoplast wird von der Vakuole durch eine Biomembran, den Tonoplasten, abgegrenzt. Bei elektronenmikroskopischer Betrachtung bietet der **Tonoplast** das gleiche Bild wie das Plasmalemma (Abb. 2.3, S. 49). Dennoch unterscheidet er sich von diesem in zahlreichen Eigenschaften, insbesondere in seiner Ausstattung mit Pumpen und Kanälen, und infolgedessen in seiner selektiven Permeabilität. So wird z.B. die Tonoplasten-ATPase, im Gegensatz zur Plasmalemma-ATPase, durch Vanadat nicht gehemmt, während im Falle des Nitrat-Ions die Verhältnisse genau umgekehrt liegen. $Ca^{2\oplus}$ wird durch den Tonoplasten nicht mit Hilfe einer Calciumpumpe befördert, sondern durch einen Antiport im Austausch gegen Protonen (S. 58 ff.).

Infolge der selektiven Permeabilität der Plasmagrenzschichten stellt die Pflanzenzelle nach Abschluß der Zellstreckung ein osmotisches System dar. Da im Zellsaft zahlreiche Stoffe gelöst sind (s. unten), ist sein osmotisches Potential meist erheblich höher als das des Mediums, das die Zelle umgibt. Infolgedessen nimmt die Zelle Wasser auf. Hierdurch entsteht ein Innendruck, der **Turgor,** der den Protoplasmaschlauch gegen die Zellwand preßt und diese dabei dehnt.

Die Wasseraufnahme hält so lange an, bis der mit zunehmender Spannung der Zellwand größer werdende Wanddruck, der dem Turgor entgegenwirkt, einem

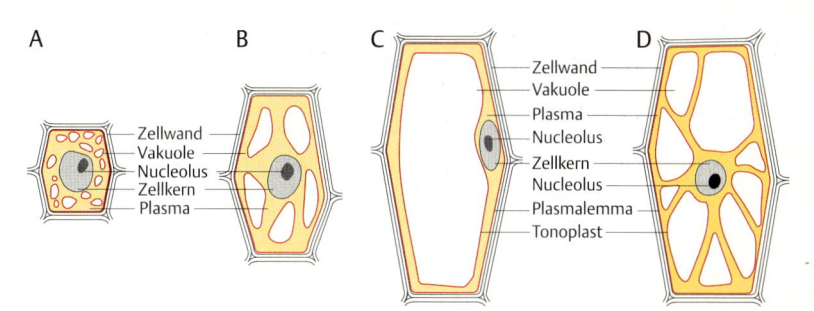

Abb. 4.1 Vakuolenbildung, schematisch. Cytoplasma gelb, Tonoplast und Plasmalemma rot, Zellkern grau, Nucleolus schwarz. **A** Zelle zu Beginn des Streckungswachstums mit zahlreichen kleinen Vakuolen, **B** in Streckung begriffene Zelle mit mehreren stark vergrößerten Vakuolen, **C** Zelle nach Abschluß des Streckungswachstums. Die zentrale Zellsaftvakuole hat das Cytoplasma auf einen schmalen Wandbelag zurückgedrängt, **D** wie **C**, doch ist hier der Zellkern im Innern der Vakuole in einer Plasmatasche an Plasmafäden aufgehängt.

weiteren Wassereinstrom Einhalt gebietet. Der Turgor trägt erheblich zur Festigkeit des Pflanzenkörpers bei, insbesondere bei krautigen Pflanzen, die verhältnismäßig arm an Festigungselementen sind.

4.3 Zellinhaltsstoffe

Die Syntheseleistungen der pflanzlichen Zellen übersteigen die der tierischen beträchtlich. Dies gilt sowohl in quantitativer als auch in qualitativer Hinsicht. Ein großer Teil der Syntheseprodukte wird in die Vakuole transportiert, so daß im Zellsaft zahlreiche Stoffe gelöst sind. Hierzu zählen neben den anorganischen Ionen auch organische Anionen, wie Malat, Citrat und Oxalat, sowie Aminosäuren, Zucker in Form von Mono-, Di- und Oligosacchariden, wasserlösliche Farbstoffe und die sogenannten sekundären Pflanzenstoffe.

Die Konzentration der gelösten Stoffe kann beträchtliche Werte erreichen, in manchen Fällen mehrere hundert mM. So beträgt z. B. die Saccharose-Konzentration in den Parenchymzellen des Zuckerrohrs 0,6 M. Der damit verbundene starke Anstieg des osmotischen Potentials wird bei zahlreichen Pflanzen dadurch verhindert, daß ein Teil der gelöst vorliegenden Substanzen in eine osmotisch unwirksame Form überführt wird, und zwar entweder durch Ausfällen in unlöslicher Form oder durch Kondensation zu Makromolekülen. Bei den letzteren handelt es sich um Reservestoffe, die unter Hydrolyse wieder in eine lösliche Form gebracht, d. h. mobilisiert werden können. Von manchen Zellen werden aber auch Sekrete bzw. Exkrete gebildet, die entweder im Zellraum abgelagert oder aber, wie im Falle der Drüsenzellen, nach außen abgeschieden werden. Es sind also keineswegs alle Zellen einer Pflanze gleichermaßen zu allen Syntheseleistungen befähigt, woraus folgt, daß auch über die Bildung von Zellinhaltsstoffen im Differenzierungsprozeß entschieden wird.

4.3.1 Reservestoffe

Obwohl Reservestoffe als Produkte des Primärstoffwechsels grundsätzlich in jeder Zelle vorkommen können, wird die Funktion der Stoffspeicherung meist von bestimmten Zellen, Geweben und Organen übernommen. In diesen können sich die Reservestoffe in so großen Mengen anreichern, daß sie fast die gesamte Zelle erfüllen.

Kohlenhydrate: Unter den Speicherstoffen nehmen die Kohlenhydrate eine hervorragende Stellung ein. Sie können im Zellsaft gelöst sein, wie die Monosaccharide Glucose (Traubenzucker) und Fructose (Fruchtzucker), die z.B. in Früchten weit verbreitet sind, sowie die Disaccharide Maltose (Malzzucker) und Saccharose (Rohrzucker), von denen die letztere in großer Menge in den Zuckerrüben und im Zuckerrohr vorkommt (s. oben). Meist liegen sie jedoch als Polysaccharide vor, die in beliebig großer Menge abgelagert werden können, ohne daß die Gefahr einer osmotischen Schädigung besteht. So kann z.B. das typisch pflanzliche Reservekohlenhydrat, die **Stärke,** im Getreidekorn bis zu 70% des Frischgewichtes erreichen. Die Stärkekörner können konzentrisch oder exzentrisch geschichtet, rund, oval oder anders gestaltet, einfach oder zusammengesetzt sein (Abb. 4.2, 4.3). Haferstärke kann aus mehreren hundert Einzelkörnern bestehen.

Die Bildung der Stärkekörner erfolgt in den **Amyloplasten.** Die Schichtung kommt dadurch zustande, daß Bereiche geringerer und höherer Dichte einander abwechseln, wobei in jeder Schicht der Bereich höherer Dichte innen liegt. Bei der Kartoffel werden täglich zwei bis drei Schichten gebildet. Umgibt der Amyloplast das entstehende Stärkekorn in gleichmäßiger Dicke, ist die Schichtung konzentrisch. Liegt der Herd der Stärkebildung nicht genau in der Mitte des Amyloplasten, so ist das Korn exzentrisch geschichtet. Mit zu-

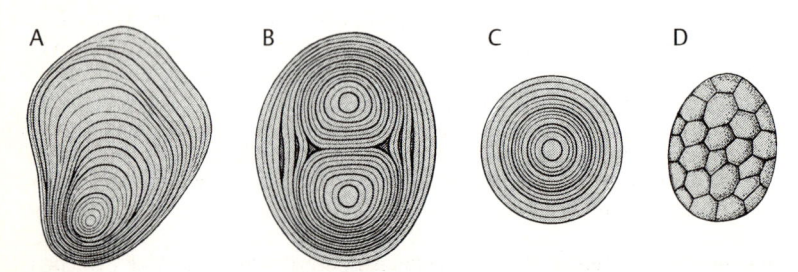

Abb. 4.**2** Stärkekörner. **A–B** Kartoffelstärke, in **A** einfach, in **B** zusammengesetzt, **C** Weizenstärke, **D** Haferstärke (nach Kny, Gassner).

4.3 Zellinhaltsstoffe

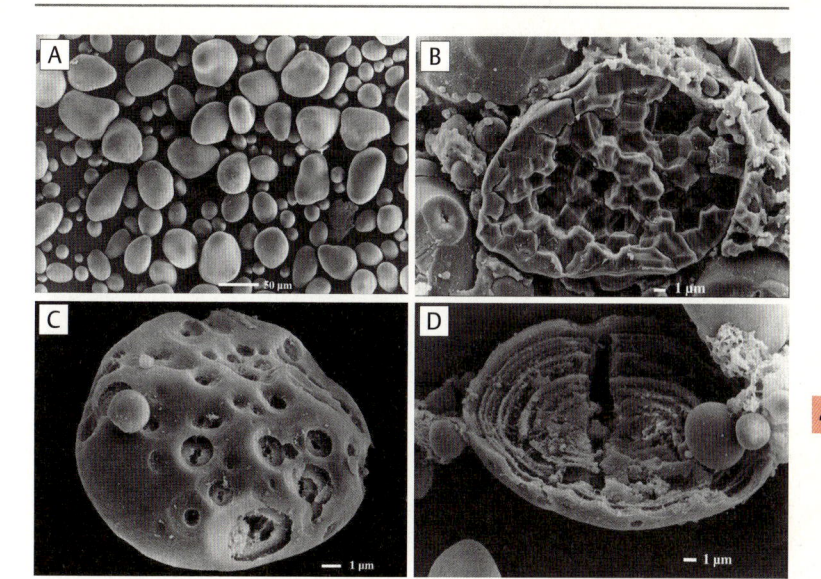

Abb. 4.3 Stärkekörner. REM-Aufnahmen von **A** Kartoffelstärke, **B** Haferstärke. In diesem Falle wurde nicht ein isoliertes Korn aufgenommen, sondern ein Endosperm gebrochen, um ein Auseinanderfallen der einzelnen Körner zu verhindern. **C** Beginnende Korrosion eines Stärkekorns der Gerste, **D** weitgehend korrodiertes Stärkekorn der Gerste. Infolge der Korrosion tritt die Schichtung des Korns deutlich hervor (Originalaufnahmen: G. Wanner).

nehmender Stärkeablagerung wird die umgebende Schicht der Amyloplasten immer dünner, bis nur noch ein Häutchen übrig bleibt, das schließlich auch noch platzen kann. Die Zellen des Endosperms der Getreidekörner sind schließlich ganz mit Stärkekörnern vollgestopft (Abb. 4.4A), und das Endospermgewebe stirbt ab. In der natürlich vorkommenden Stärke finden sich sowohl Amylose als auch Amylopektin.

Zum Stärkenachweis benutzt man elementares Jod, das in einer Kaliumjodidlösung gelöst wird (Jod-Jodkaliumlösung). Die Jodmoleküle lagern sich im Innern des schraubenförmigen Stärkemoleküls ab, was zu einer starken Absorption der langwelligen sichtbaren Strahlung, d. h. zu einer blau-violetten Färbung führt. Mit zunehmender Spaltung der Stärkemoleküle in kürzere Teilstücke, die Dextrine, wird der Farbton rötlich, um schließlich ganz zu verschwinden. Weitere als Reservestoffe dienende Polysaccharide wurden bereits auf S. 37 besprochen.

Proteine: Als Speicherproteine bezeichnet man die Proteine der Samen, die als Reserve an reduziertem Stickstoff dienen. Die Hauptspeicherproteine der Dikotyledonen, z. B. der Leguminosen, sind die **Globuline.** Sie lösen sich nicht in

Wasser, wohl aber in Salzlösungen. Sie sind reich an Glutamin und/oder Asparagin, doch fehlen ihnen die schwefelhaltigen Aminosäuren Cystein und Methionin. Die Reserveproteine der Getreide sind die vor allem Prolin und Glutamin enthaltenden **Prolamine,** die sich in wäßrigem Alkohol (60–80%) lösen, und die **Gluteline,** die nur in unverdünnten Säuren oder Alkalien löslich sind. Zum Teil liegen die Speicherproteine auch als Glykoproteine vor.

Die Speicherform der Reserveproteine sind die Proteinkörper, die z. B. auch als **Aleuron**körner (Abb. 4.4) bezeichnet werden. Eine scharfe begriffliche Abgrenzung ist nicht möglich. Sie finden sich entweder im Mesophyll der Kotyledonen oder im Endosperm. In großen Mengen kommen sie in der nach ihnen benannten Aleuronschicht der Getreidekörner vor (Abb. 4.4A), die beim weißen Mehl in der Kleie zurückbleibt, im Vollkornbrot hingegen enthalten ist. Aber auch die Zellen des Mehlendosperms enthalten Proteine in Form des sogenannten Klebers, der zu etwa gleichen Teilen aus Glutelinen und Prolaminen besteht und die Backfähigkeit des Mehls bestimmt. Außerdem können Reserveproteine auch im Zellsaft gelöst vorliegen.

> Meist sind die Reserveproteine jedoch von einer Biomembran, die in ihrer Zusammensetzung dem Tonoplasten sehr ähnlich zu sein scheint, eingeschlossen, um sie dem Angriff der Proteasen zu entziehen.

In der überwiegend aus Proteinen bestehenden Matrix der Aleuronkörner findet man häufig, z. B. bei *Ricinus communis* (Abb. 4.4B), etwa kugelige Globoide, die aus **Phytin** bestehen, dem Calcium-Magnesium-Salz der Inosithexaphosphorsäure, das als Phosphatspeicher dient. Außerdem treten bei *Ricinus,* wie in den Aleuronkörnern mancher anderer Samen, Proteinkristalloide auf, die sich von echten Kristallen durch ihre Quellbarkeit unterscheiden.

Die Biosynthese der Reserveproteine erfolgt im Regelfall am rauhen ER. Die synthetisierten Polypeptidketten gelangen durch die Membran in den Innenraum des ER, in dem sie, zumindest in manchen Fällen, durch Anhängen von Zuckern glykosyliert werden. In Primärvesikel verpackt werden sie zu den Dictyosomen transportiert, in denen wahrscheinlich noch ein weiterer Umbau stattfindet und, sofern vorhanden, die Oligosaccharide wieder abgetrennt werden. Der weitere Transport erfolgt in den Golgi-Vesikeln, die zu den Proteinvakuolen wandern und ihren Inhalt unter Membranfusion in diese entleeren. Durch Anreicherung der Proteine und Wasserabgabe gehen diese allmählich in Proteinkörper über. Bei der Mobilisierung werden die Speicherproteine durch proteolytische Enzyme, die in den Proteinkörper abgegeben werden, zu den Aminosäuren abgebaut. Beim Getreidekorn, dessen Endosperm abgestorben ist, werden die Enzyme von der umgebenden Aleuronschicht synthetisiert und diffundieren in das gequollene Endosperm. Glykoproteine werden durch Proteasen und Glykosidasen zu Aminosäuren bzw. Hexosen abgebaut.

Lipide: Die Speicherlipide liegen in Pflanzenzellen in der Regel als Öle vor, da sie einen hohen Anteil an ungesättigten Fettsäuren enthalten. Sie sind die

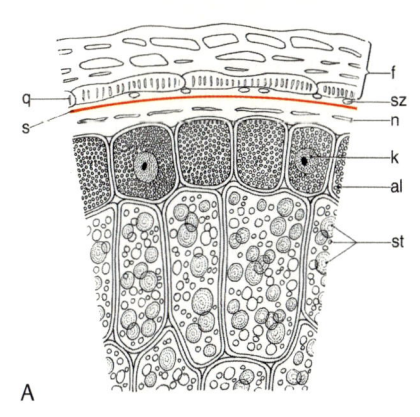

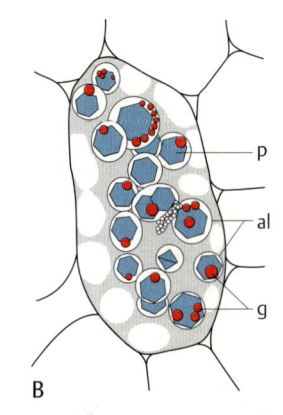

Abb. 4.4 Speichergewebe. **A** Querschnitt durch ein Weizenkorn (ca. 200fach), **B** Zelle aus dem *Ricinus*-Endosperm (ca. 1000fach). al = Aleuronkörner, f = Fruchtschale, g = Globoid (rot), k = Zellkern, n = Nucellarschicht, p = Proteinkristalloid (blau), q = Querzellen, s = Samenschale (rot), st = Stärkekörner, sz = Schlauchzellen (nach Strasburger, Kny).

Hauptreservestoffe mancher Algen sowie der ölreichen Samen einiger höherer Pflanzen (Lein, Raps, *Ricinus*, Sonnenblume, Erdnuß u. a.), wo ihr Anteil bis zu 70% der Trockensubstanz ausmachen kann. Sie können sowohl im Endosperm als auch in den Speicherkotyledonen enthalten sein. Auch das Fruchtfleisch der Olive ist fettreich. Die als **Oleosomen** bezeichneten Fetttröpfchen sind offenbar von einer einfachen Lipidschicht umgeben, deren hydrophile Seite außen liegt. Bei der Mobilisierung werden die Fette zunächst durch Lipasen an der Innenseite der Hülle in Fettsäuren und Glycerin gespalten, deren weitere Verarbeitung auf S. 364 ff. beschrieben ist.

4.3.2 Sekrete und andere Zellinhaltsstoffe

Während der ständige Austausch gasförmiger Stoffe bei Tier und Pflanze gleichermaßen eine Rolle spielt, hat die Ausscheidung von Stoffwechselprodukten in fester, flüssiger oder gelöster Form, die für den tierischen Organismus so wesentlich ist, für die Pflanzen eine ungleich geringere Bedeutung. Bei den Ausscheidungsprodukten handelt es sich entweder um nicht mehr benötigte bzw. nicht mehr verwendbare Stoffwechselprodukte oder aber um Substanzen, die nur noch außerhalb der Zelle bzw. des Organismus eine Funktion erfüllen. Sie werden entweder in den Vakuolen bestimmter Zellen oder in besonderen Hohlräumen deponiert oder durch Drüsenzellen nach außen abgeschieden. Die Synthese der Ausscheidunsprodukte erfolgt entweder in den Dictyosomen oder im granulären ER, sofern sie nicht in Form zunächst noch wasserlöslicher Stoffwechselprodukte in anderen Bereichen der Zelle anfallen.

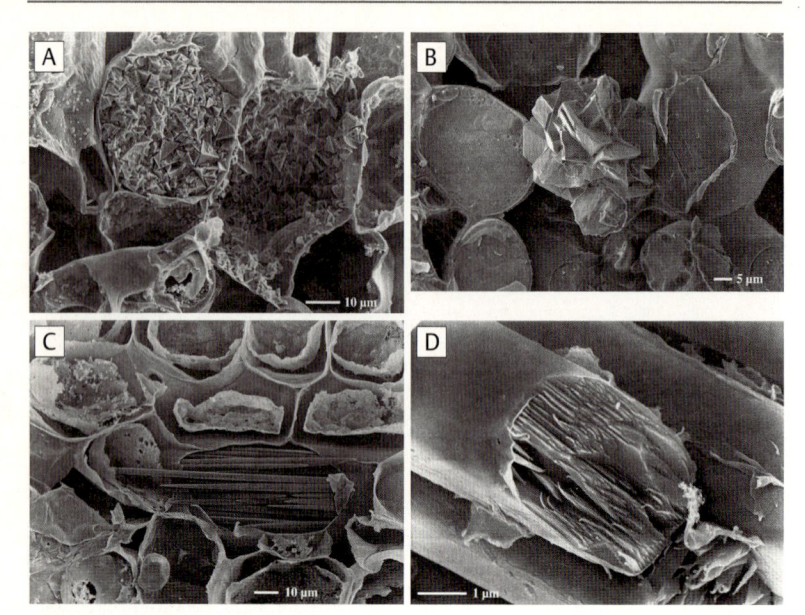

Abb. 4.5 Calciumoxalatkristalle. REM-Aufnahmen von **A** Kristallsand *(Atropa belladonna,* Tollkirsche), **B** Kristalldruse *(Hedera helix,* Efeu), **C** angebrochene Raphidenzelle, **D** angebrochene Raphide, die eine blattartige Innenstruktur erkennen läßt. **C** und **D** *Haworthia leightonii*. **A, C, D** Gefrierbrüche nach Tanaka, **B** Kryo-REM „frozen hydrated" (s. Anhang) (Originalaufnahmen: G. Wanner).

> Die Abgrenzung von Exkreten und Sekreten ist nicht immer leicht. Die Bezeichnung **Exkrete** verwendet man für nicht mehr verwendbare Stoffwechselschlacken, die zwangsläufig im Stoffwechsel anfallen. Dagegen bezeichnet man als **Sekrete** solche Ausscheidungsprodukte, die für den Organismus im Zusammenleben mit seiner Umwelt noch eine Bedeutung haben. Allerdings fällt gerade bei Pflanzen eine Entscheidung oft sehr schwer, da die Bedeutung des ausgeschiedenen Stoffes für die Pflanze keineswegs in allen Fällen bekannt ist.

Salzkristalle: Neben den zahlreichen Salzen, die im Zellsaft gelöst und überwiegend in Ionen dissoziiert vorliegen, sind in den Vakuolen pflanzlicher Zellen häufig auch Kristalle schwerlöslicher Salze zu finden. Dabei handelt es sich meist um Calciumoxalat, das die im Stoffwechsel anfallende Oxalsäure, die ein starkes Zellgift darstellt, in unlöslicher Form ausfällt und damit entgiftet. In den monoklinen Kristallen liegt es als Monohydrat $Ca(COO)_2 \cdot H_2O$ vor, in den tetragonalen Kristallen als Dihydrat $Ca(COO)_2 \cdot 2H_2O$. Der Form nach können wir feinen Kristallsand, Solitärkristalle, Drusen und Raphiden unterscheiden (Abb. 4.5). Die nadelförmigen Raphiden können im Querschnitt rund, vier-

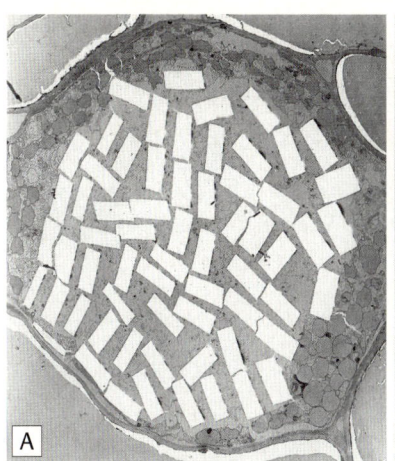

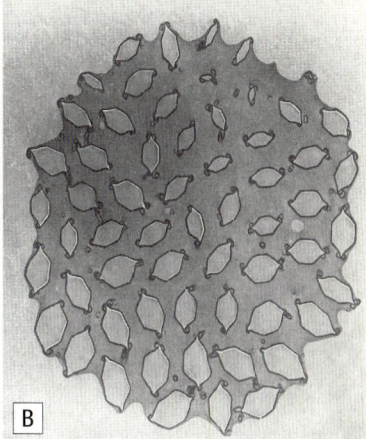

Abb. 4.6 Querschnitt durch Raphidenidioblasten von *Agave americana*. **A** Die Kristalle sind viereckig, und eine Schleimvakuole ist nicht ausgebildet. Bei den runden Gebilden im peripheren Cytoplasma handelt es sich wahrscheinlich um angeschnittene Schleimbehälter. Fixierung: Glutaraldehyd/OsO$_4$, Kontrastierung: Uranylacetat-Bleicitrat. Vergr. 800fach. **B** Raphidenbündel mit Schleimkörper und Scheiden, deren Lamellierung hier nicht zu erkennen ist. Das Calciumoxalat wurde vor der Einbettung herausgelöst und durch das Einbettungsmittel ersetzt. Die Scheiden sind an den spitzen Kanten der Kristalle hantelförmig aufgebläht. Fixierung: Glutaraldehyd/OsO$_4$, Kontrastierung: Uranylacetat. Vergr. ca. 1000fach (Originalaufnahmen: J. Wattendorff).

oder sechseckig (Abb. 4.**5**, 4.**6**) sein. Jede Raphide steckt in einer Scheide, die im elektronenmikroskopischen Bild lamelliert erscheint. Wahrscheinlich sind alle Oxalatkristalle von Scheiden umgeben, deren chemische Zusammensetzung, je nach Art, verschieden sein kann. Es wurden Cellulose, Kallose, Suberin und anderes lipophiles Material nachgewiesen. Offenbar entstehen die Kristalle in den Vakuolen. Im fertigen Zustand befinden sie sich zwar meist außerhalb des Protoplasten, jedoch nicht eigentlich in der Vakuole. Sie sind von Wandmaterial (Kristallscheide) umgeben, das vom Plasmalemma aufgebaut wurde. Seltener findet sich Calciumcarbonat, das meist in feinkristallinem Zustand auftritt. Auch Silizium kann bei einigen Pflanzen in Form von Kristallen abgelagert werden, meist als SiO_2 oder als Ca-Silikat, und zwar in Interzellularräumen, zwischen Zellwand und Plasmalemma oder in der Vakuole.

Farbstoffe: Außer den Plastidenpigmenten, die meist strukturgebunden vorliegen, gibt es auch zellsaftlösliche Pigmente, die bestimmten Pflanzenteilen eine charakteristische Färbung verleihen, z. B. manchen Blüten und den blutfarbigen Blättern (Blutbuche u. a.). Die blauen, violetten oder roten Farbtöne sind auf die **Anthocyane,** die gelben auf **Flavone** zurückzuführen. Im Falle der

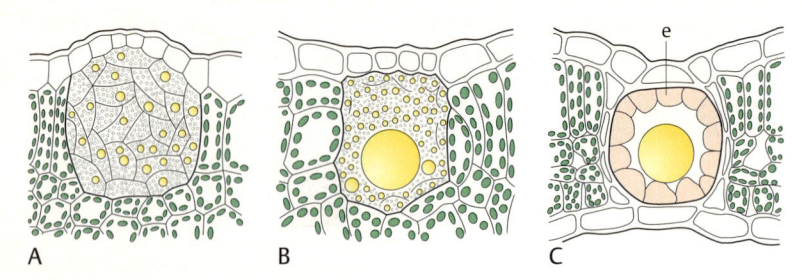

Abb. 4.7 Ölbehälter. A, B Lysigene Entstehung der Ölbehälter im Blatt des Diptam *(Dictamnus albus)*. **A** vor, **B** nach Auflösung der Zellwände (ca. 30fach). **C** Schizogener Ölbehälter im Blattquerschnitt vom Johanniskraut *(Hypericum perforatum)*. e (rot) = Drüsenepithel, Öltropfen gelb, Chloroplasten grün (ca. 40fach) (nach Rothert, Haberlandt, verändert).

Epidermis sind diese Farbstoffe eine flexible und induzierbare Möglichkeit, das Mesophyll vor UV-B Strahlung zu schützen. Abhängig von der Pflanzenart und dem Entwicklungszustand kann das UV-B durch eine derart ausgestattete Epidermis völlig absorbiert werden.

Milchsaft: Nicht wenige Pflanzen enthalten Milchröhren, wie z. B. Wolfsmilch *(Euphorbia)* und Löwenzahn *(Taraxacum)*. Die Milchröhren sind von einem charakteristischen Sekret, dem Milchsaft, erfüllt. Die Milchsäfte enthalten zahlreiche, von Fall zu Fall ganz verschiedene Verbindungen, z. B. Zucker, Stärke, Eiweiß, Öle, Kautschuk u. a. Diese liegen entweder gelöst oder aber in Form von Tröpfchen oder festen Partikeln emulgiert bzw. suspendiert vor, worauf die milchige Beschaffenheit zurückzuführen ist.

Etherische Öle: Die von den fetten Ölen wohl zu unterscheidenden etherischen Öle stellen, ebenso wie die **Balsame** und **Harze,** Gemische sekundärer Pflanzenstoffe dar, deren Hauptbestandteile die Terpene sind. Meist liegen sie in Form kleiner, stark lichtbrechender Tröpfchen vor (Abb. 4.7A). Unter Auflösung der Zellwände und der Protoplasten können aber auch die Öltropfen benachbarter Zellen zusammenfließen und größere Ölbehälter bilden (Abb. 4.7B). Man bezeichnet eine solche Entstehungsweise als lysigen. Schizogene Ölbehälter (Abb. 4.7C) entstehen, gleich den Interzellularen, durch Auseinanderweichen von Zellen. Sie sind, wie z. B. auch die Harzkanäle, von einer Zellschicht ausgekleidet, die die Öle resp. das Harz in den Hohlraum abscheidet. Diese Zellen haben also Drüsenfunktion, was zu den Drüsenzellen überleitet, die an der Oberfläche des Pflanzenkörpers liegen und ihr Sekret nach außen absondern. Dies ist z. B. bei den Drüsenhaaren der Fall, bei denen die auf einem oft mehrzelligen Stiel stehende köpfchenförmige Drüsenzelle das Sekret in den subcuticularen Raum abscheidet, das ist ein Spaltraum, der durch Abheben der Cuticula und der Cuticularschichten von der Cellulosewand bzw. der darüberliegenden Pektinschicht entsteht (Abb. 4.15E). Schließlich können etherische Öle auch in die Zellsaftvakuole abgegeben werden oder in die Luft entweichen. Häufig liegen die Drüsenzellen in Gruppen, wie bei den Drüsenschuppen, den Fangleim absondernden Drüsen der Carnivoren oder den Nektarien, die einen zuckerhaltigen, der Anlockung von Insekten dienenden Saft absondern. Schließlich sind in diesem Zusammenhang auch die aktiven Hydathoden zu nennen, die Wasser, in dem meist auch Salze gelöst sind, in flüssiger Form nach außen abscheiden.

4.4 Differenzierung durch Zellwandwachstum

Die durch die Vakuolenbildung bedingte Zellvergrößerung ist mit einem Wachstum der Zellwand verbunden. Grundsätzlich müssen wir dabei Flächen- und Dickenwachstum unterscheiden, von denen das erstere dem zweiten in der Regel vorangeht. Das Flächen- oder Dehnungswachstum der Zellwand führt entweder zu einer allgemeinen Erweiterung des Zellumfanges (Weitenwachstum) oder, wenn eine Wachstumsrichtung bevorzugt ist, zur Längsstreckung der Zelle. Auch das Dickenwachstum kann entweder alle Zellwände erfassen oder aber auf einzelne Zellwände bzw. sogar Teile derselben beschränkt bleiben. Ein engbegrenztes lokales Dickenwachstum kann zur Ausbildung bestimmter Skulpturen führen.

Bei meristematischen Zellen ist das Flächenwachstum der Zellwand in der Regel noch gering, da die allein auf Plasmawachstum beruhende Zellvergrößerung nur langsam vor sich geht. Erst mit Einsetzen der Vakuolenbildung und der damit verbundenen raschen Volumenzunahme kommt es zu einer starken plastischen Dehnung der Primärwand. Da ständig neue Mikrofibrillen auf die bereits vorhandenen Schichten aufgelagert werden (Apposition), bleibt die Wanddicke während des Flächenwachstums unverändert (Abb. 4.8A–C). Zwangsläufig wird jedoch mit zunehmender Dehnung die Maschenweite der fibrillären Netze der Primärwand immer größer, so daß diese schließlich aus zahlreichen übereinanderliegenden Netzen von Fibrillen besteht, deren Maschenweite von innen nach außen zunimmt. Man bezeichnet diesen Wachstumstypus deshalb auch als Multinetzwachstum. Bei starker Längsstreckung der Zellen erfahren die Fibrillen in den äußeren Schichten eine passive Umorientierung in Längsrichtung. Werden nach Aufhören der Zellvergrößerung weitere Schichten aufgelagert, setzt das Dickenwachstum der Zellwand ein (Abb. 4.8C–E). Infolge der hierdurch bedingten Zunahme des Wanddurchmessers büßt die Zellwand dann sehr bald ihre plastische Dehnbarkeit ein, gewinnt dafür aber an Festigkeit.

Hinsichtlich der Synthese des nicht-cellulosischen Zellwandmaterials bestehen heute gut begründete Vorstellungen. Wie bereits erwähnt, erfolgt sie in den Dictyosomen. Außer der Glucose werden weitere Zucker zur Bildung der Primärwand benötigt, die durch Umwandlung der Glucose entstehen. Dagegen

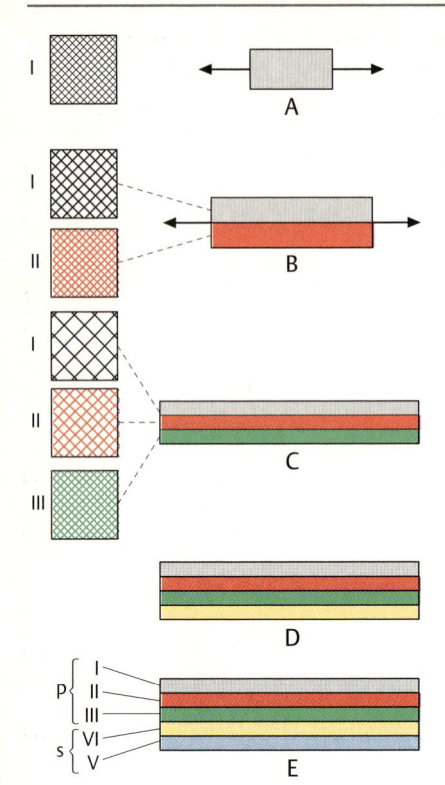

Abb. 4.8 Zellwandwachstum durch Apposition, schematisch. **A–C** Flächenwachstum. Links sind die einzelnen Schichten in Aufsicht mit eingezeichneter Maschenweite wiedergegeben. **C–E** Dickenwachstum. Die von außen nach innen aufeinanderfolgenden Schichten sind mit I–V bezeichnet. p = Primärwandschichten, s = Sekundärwandschichten.

geht die Biosynthese der Cellulose von der UDP-Glucose aus, deren Bereitstellung noch immer unklar ist. In neuerer Zeit wurde nun eine Modellvorstellung entwickelt, die in Box 4.1 dargestellt ist. Die Cellulosesynthese erfolgt bei den meisten bisher untersuchten Pflanzen durch die Cellulosesynthase am Plasmalemma, und zwar in zwei zeitlich kurz aufeinanderfolgenden Schritten. Zunächst werden die β-1→4 Glucanketten gebildet und dann zu kristallinen Elementarfibrillen zusammengelagert (Abb. 3.**37**, S.139). Durch geeignete Farbstoffe, z. B. Kongorot und Calcofluor White, lassen sich diese beiden Vorgänge entkoppeln. Die Farbstoffe lagern sich an die entstehenden Glucanketten an und verhindern deren kristallinische Anordnung.

Mit Hilfe der Gefrierbruchtechnik ist es gelungen, im Plasmalemma Strukturen darzustellen, bei denen es sich mit großer Wahrscheinlichkeit um **Cellulosesynthase**-Komplexe handelt. Bei einer Reihe von Algen, z. B. *Oocystis solitaria,* findet man Reihen von parallelen Partikeln als lineare „terminale Komplexe" an den Enden von Mikrofibrillen (Abb. 4.**9**). Die Komplexe werden sehr wahrscheinlich durch den kinetischen Druck der sich verlängernden kri-

Box 4.1 Synthese von UDP-Glucose

Nach einer von der Arbeitsgruppe Delmer entwickelten Modellvorstellung soll das Ausgangssubstrat für die Synthese der UDP-Glucose die Saccharose (engl. Sucrose) sein, die durch das im Plasmalemma lokalisierte, in umgekehrter Richtung arbeitende Enzym Saccharose-Synthase (SuSy) gespalten wird. Wie das untenstehende Schema zeigt, wird die Glucose auf UDP übertragen, während die Fructose in das Cytosol entlassen wird. Dabei würde die freie Energie der Saccharose-Hydrolyse direkt für die Synthese der energiereichen UDP-Glucose genutzt. Das angekoppelte Enzym Glucan-Synthase (GluSy) soll dann bei hohen cytosolischen Ca^{2+}-Konzentrationen zur Synthese von Kallose führen, bei niedrigen hingegen zur Synthese der Cellulose, also als Cellulosesynthase fungieren. Dabei wird UDP regeneriert.

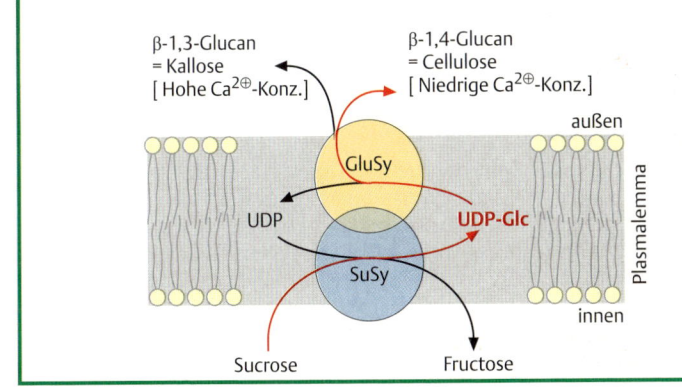

stallinen Mikrofibrillen durch die Membran bewegt, wobei die Richtung dieser Bewegung durch die unterhalb der Plasmamembran liegenden Mikrotubuli (Abb. 4.**9A**) bestimmt wird. Hierfür spricht, daß bei *Oocystis* die regelmäßige Anordnung der terminalen Komplexe innerhalb des Plasmalemmas durch Hemmstoffe, die die Funktion der Mikrotubuli beeinträchtigen, aufgehoben wird. Auch bei anderen Grünalgen, die sich wie *Oocystis* durch sehr dicke Einzelfibrillen auszeichnen, finden sich ähnliche „terminale Komplexe".

Dagegen treten bei den ebenfalls zu den Grünalgen zählenden Zygnematophyceae sowie bei den Moosen, Farnen und höheren Pflanzen „Rosetten" aus sechs Partikeln auf, die vermutlich je eine Elementarfibrille synthetisieren. Diese sind bei den Algen *Micrasterias, Closterium* und *Spirogyra* zu hexagonalen Packungen angeordnet (Abb. 4.**10A,B**). Im Gegensatz hierzu treten bei der Primärwandbildung der höheren Pflanzen, wo die Ablagerung der Mikrofibrillen relativ ungeordnet erfolgt, nur einzelne Rosetten auf (Abb. 4.**10C**). Bei der Sekundärwandbildung sind häufig nicht ganz regelmäßige Reihen von Rosetten zu beobachten, die etwa parallel zur Mikrofibrillenrichtung orientiert sind (Abb. 4.**10D**).

Abb. 4.9 Zellwandaufbau und -biogenese der einzelligen Grünalge *Oocystis solitaria*. **A** Elektronenoptische Aufnahme eines Zellwandbereiches mit angrenzendem Cytoplasma. Die Zellwand besteht aus zahlreichen Schichten sich überkreuzender, sehr dicker Mikrofibrillen, die entsprechend abwechselnd quer oder längs getroffen sind. Innerhalb einer Schicht verlaufen alle Fibrillen nahezu parallel. Mikrotubuli unterhalb des Plasmalemmas kontrollieren die Ablagerung der Mikrofibrillen. **B** Gefrierbruchabdruck der E-Hälfte des Plasmalemmas einer jungen Autospore im Zustand der Zellwandbildung. An den Mikrofibrillen, die zum Zeitpunkt des Einfrierens der Zelle gerade synthetisiert wurden, sind lineare „terminale Komplexe" erkennbar. Die Bewegungsrichtungen einiger dieser Komplexe sind durch Pfeile angezeigt. Etwa in der Mitte ist ein Doppelkomplex erkennbar, der aus zwei antiparallel zueinander angeordneten Komplexen besteht. Beide haben noch nicht mit der Synthese von Mikrofibrillen begonnen, was aus dem Fehlen von Mikrofibrilleneindrücken geschlossen werden kann. **C** Zwei „terminale Komplexe", die, wie die kurzen Mikrofibrilleneindrücke zeigen, gerade mit der Synthese begonnen haben, in stärkerer Vergrößerung. Die Komplexe bestehen aus drei Reihen von je ca. 30 Partikeln. Die Pfeile zeigen wiederum die entgegengesetzte Bewegungsrichtung der beiden Komplexe an. dk = Doppelkomplex, mf = Mikrofibrillen, mt = Mikrotubuli, tc = terminale Komplexe. Markierungsstriche in **A** und **C** = 0,1 µm, in **B** = 0,5 *m (Originalaufnahmen: H. Quader).

Mit dem Flächenwachstum der Zellwand geht ein Flächenwachstum des Plasmalemmas einher, das unter Einbau eines Teiles der Golgi-Vesikelmembranen erfolgt. Diese müssen natürlich mit weiteren Cellulosesynthase-Komplexen ausgestattet sein, um die vorhandenen Komplexe nicht zu weit auseinanderzurücken. Des weiteren müssen sie die notwendigen Ionenkanäle und Pumpen enthalten.

Infolge des verschieden starken Flächenwachstums der Zellwand zeigen die pflanzlichen Zellen sowohl in der Größe als auch in der Gestalt eine große Mannigfaltigkeit. Die Größe kann zwischen einem bis wenigen µm (Einzeller) und ½ m (Faserzellen von *Boehmeria nivea*, S. 142) schwanken. Die Durchmesser nicht-faserförmiger Zellen liegen meist in der Größenordnung von 20–200 µm. Bezüglich der Gestalt unterscheiden wir die parenchymatische, isodiametrische Zelle, die in allen Richtungen des Raumes etwa den gleichen Durchmesser[1] hat, und die prosenchymatische Zelle, die infolge der Bevorzugung einer Wachstumsrichtung (s. oben) langgestreckt ist. Da für die künftige Funktion einer Zelle sowohl ihre Größe als auch ihre Gestalt von ausschlaggebender Bedeutung sein kann, ist somit durch das verschieden starke Flächenwachstum der Zellen auch der erste Schritt zur Differenzierung getan.

Ein besonders starkes Dickenwachstum der Zellwand findet sich bei den Festigungsgeweben. Bei den **Sklerenchymen** bestehen die Wandverdickungen aus Sekundärwandmaterial, wobei die Verdickung alle Wände etwa gleichmäßig erfaßt. Meist sterben die plasmatischen Inhalte sklerenchymatischer Zel-

---

[1] Wir dürfen hier natürlich keine allzu strengen Maßstäbe anlegen, da nur wenige Zellen diese Bedingungen exakt erfüllen. Als parenchymatisch wird man im allgemeinen solche Zellen bezeichnen, die nicht prosenchymatisch, d. h. nicht in einer Richtung des Raumes besonders stark gestreckt sind.

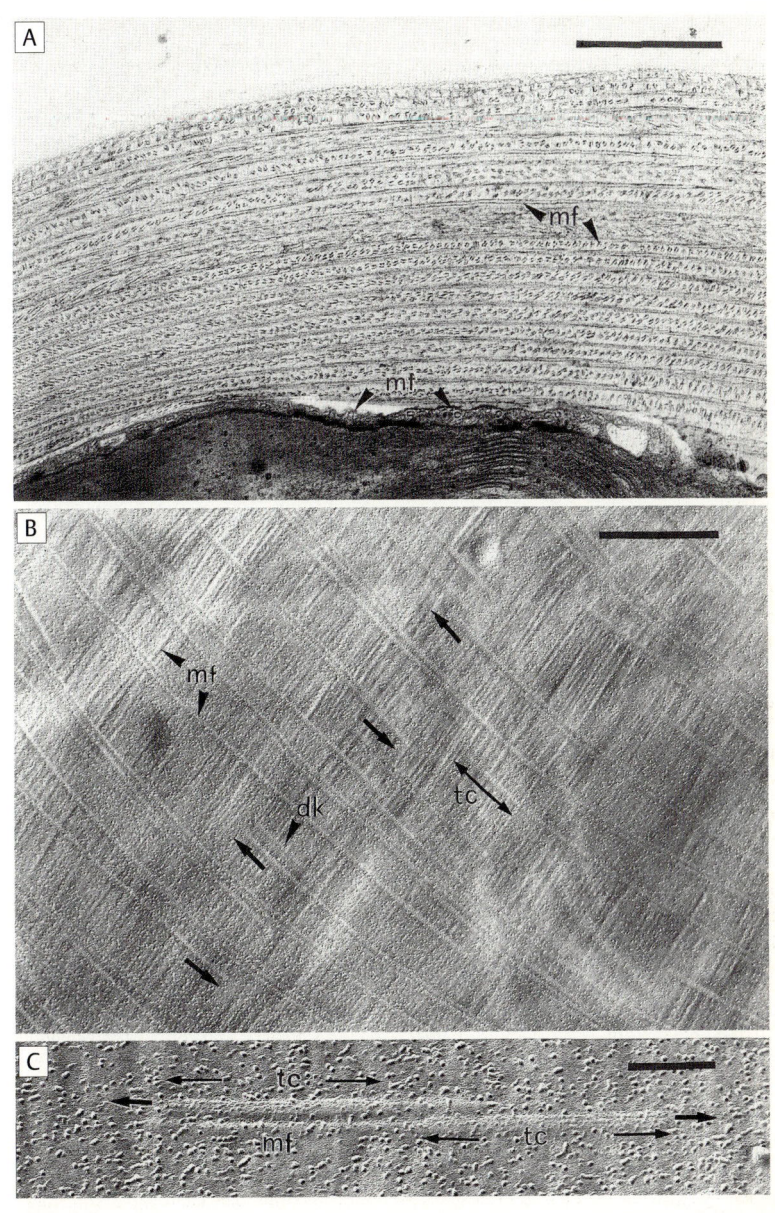

Abb. 4.9

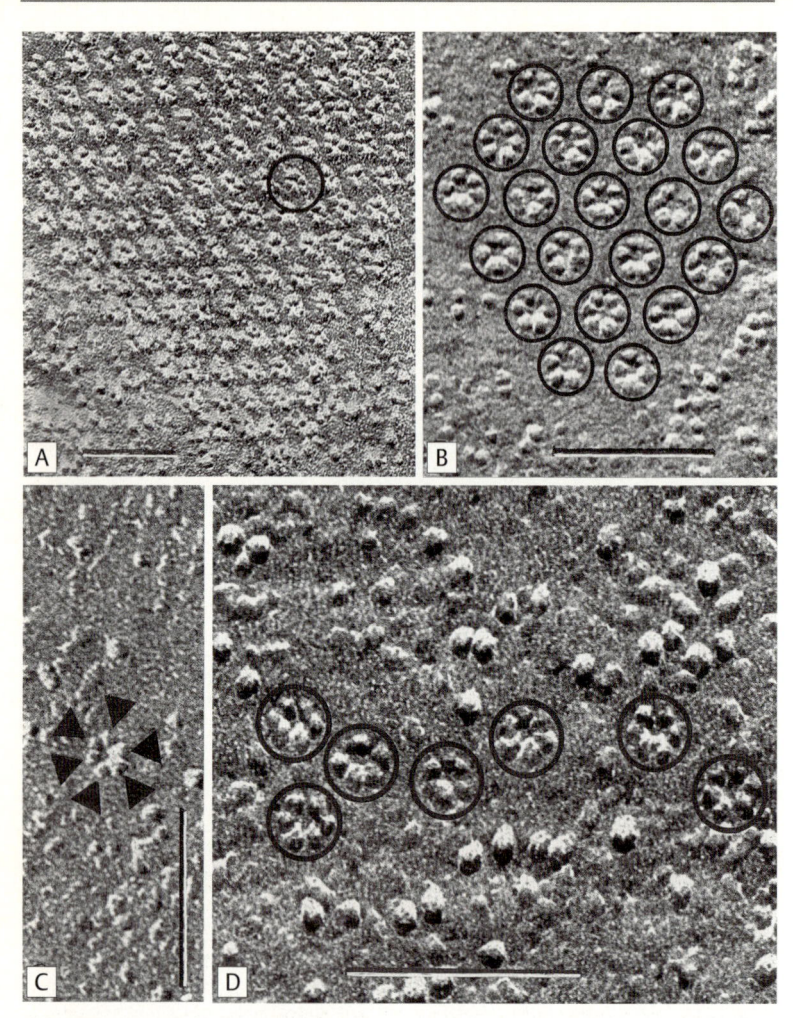

Abb. 4.**10** Rosettenförmige Cellulosesynthase-Komplexe im Plasmalemma, dargestellt mittels Gefrierbruchtechnik. Die Rosetten sind stets in der plasmatischen Bruchfläche (P-Hälfte) zu finden. **A** Hexagonale Rosettenanordung bei *Micrasterias*. **B** Kleineres, hexagonal gepacktes Rosettenfeld bei *Spirogyra*. **C** Einzelrosette einer Suspensionskultur-Zelle der Sojabohne mit deutlich erkennbaren sechs Untereinheiten (Pfeilköpfe). **D** Reihung von Rosetten bei der Sekundärwandbildung im Hypokotyl der Mungbohne. Markierungsstriche jeweils 0,1 µm (Originalaufnahmen: **A** I. Haußer, **B–D** W. Herth).

len nach ihrer Fertigstellung ab, doch kennen wir auch Fälle, in denen sie am Leben bleiben. Häufig werden die Wände durch nachträgliche Lignineinlagerungen sehr hart. Manche Sklerenchymfasern bleiben fast oder ganz unverholzt und behalten ihre Elastizität bei. Bei den Zellen der **Kollenchyme** erfahren bereits die Primärwände eine Verdickung, die allerdings auf einzelne Zellwände oder Zellwandbereiche beschränkt bleibt. Dem Primärwandcharakter entsprechend bestehen die Verdickungen aus abwechselnden Schichten von Cellulose oder pektinartigen Stoffen, die nicht verholzen. Die Zahl der Schichten ist in verdickten und unverdickten Wandbereichen gleich, nur sind sie eben verschieden stark.

Lokal begrenztes Dickenwachstum kann auch zur Ausbildung von Leisten, Netzen, Stacheln u.a. Skulpturen führen, und zwar sowohl auf der Innen- als auch auf der Außenseite der Zellwand. Auch das Flächenwachstum kann auf bestimmte Bereiche beschränkt bleiben, was zur Bildung von Auswüchsen und unregelmäßigen Zellformen führt. Das Ergebnis dieses Zusammenspiels von Flächen- und Dickenwachstum kann also von Fall zu Fall sehr verschieden sein, so daß es nicht wundernimmt, in wieviel verschiedenen Gestalten uns die Pflanzenzelle entgegentritt.

4.4.1 Isodiametrische Zelle

Das Ergebnis eines etwa gleichmäßigen Flächen-(Weiten-)wachstums ist die isodiametrische Zelle, die im Idealfall, dem Prinzip der geringsten Oberflächenentwicklung folgend, die Gestalt einer Kugel anstrebt. Die Ursache hierfür sind Oberflächenkräfte, die die Tendenz haben, die zunächst kubischen oder quaderförmigen Zellen nach Auflösung der Mittellamelle bei der Interzellularenbildung abzurunden. Allerdings sind die so entstehenden Zellen nicht ideale Kugeln, sondern sie haben wegen der zahlreichen Berührungsflächen mit den Nachbarzellen eine polyedrische Gestalt.

Parenchymzellen: Sie kommen dem Idealfall der isodiametrischen Zelle am nächsten, obwohl auch bei ihnen die eine oder andere Richtung des Raumes etwas bevorzugt sein kann, wie etwa im Falle des Palisadenparenchyms der Laubblätter. Mit ihren nur schwach verdickten und in der Regel unverholzten Wänden bilden sie u.a. das **Grundgewebe** des pflanzlichen Vegetationskörpers, das dank seiner turgeszenten Spannung auch zu dessen Festigkeit beiträgt. Die Parenchyme sind meist reich an **Interzellularen,** die ein zusammenhängendes Durchlüftungssystem bilden. Wie bereits erwähnt (S. 138 ff.), entstehen sie meist schizogen. Allerdings können Hohlräume auch durch Auflösung ganzer Zellen (lysigen) oder durch Zerreißen von unter Spannung stehenden Gewebebereichen (rhexigen) zustande kommen. In einzelnen Fällen, z.B. bei Wasserpflanzen, können die Interzellularen so groß werden, daß ein regelrechtes **Durchlüftungsgewebe** (Aerenchym) entsteht. Meist sind die Grundgewebe funktionell spezialisiert. So sind **Photosynthesegewebe** (Chlorenchyme) reich an Chloroplasten. Bei an trockene Standorte angepaßten Pflan-

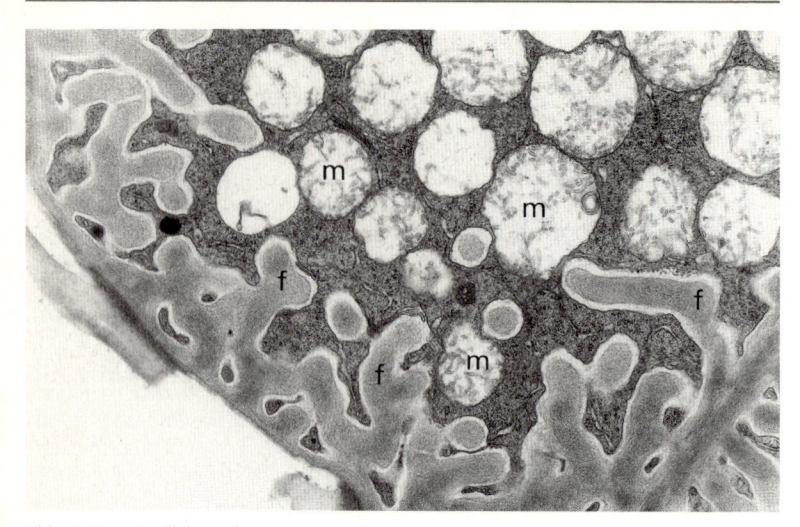

Abb. 4.11 Wandlabyrinth einer Transferzelle aus einem Wurzelknöllchen von *Pisum sativum*. Die zahlreichen Mitochondrien (m) liegen zum Teil zwischen den fingerförmigen Fortsätzen (f). Vergr. 11 400fach (Originalaufnahme H.-G. Heumann, aus G. Jurzitza: Anatomie der Samenpflanzen. Thieme, Stuttgart 1987).

zen finden sich **Wasserspeichergewebe** (Hydrenchym) mit großen Vakuolen, während **Speichergewebe** der Speicherung von Reservestoffen dienen, die häufig fast die ganze Zelle ausfüllen. Eine wichtige Funktion erfüllen die **Transferzellen,** die sich bevorzugt an den Übergangsstellen vom Grund- zum Leitgewebe und umgekehrt finden. Ungeachtet einer großen Formenmannigfaltigkeit zeichnen sie sich durch den Besitz fingerförmiger, oft verzweigter und gekrümmter zentripetaler Wandverdickungen aus (Abb. 4.11), die durch lokales Dickenwachstum der Zellwand entstanden sind. Hierdurch vergrößert sich die Innenfläche der Zellwand und, da sie vom Plasmalemma bedeckt ist, auch dessen Ausdehnung auf das 10- bis 20fache. Die Transferzellen haben meist große Zellkerne, sind reich an Mitochondrien und weisen eine hohe ATPase-Aktivität aus. All diese Eigenschaften lassen darauf schließen, daß sie vor allem Transportfunktionen ausüben.

Durch äußere Einflüsse, z. B. Verletzung, können die Parenchymzellen des Grundgewebes durch Rückdifferenzierung wieder meristematisch werden und als Kallus die Wunde verschließen.

Epidermis: An ihrer Oberfläche sind die oberirdischen Organe der höheren Pflanzen von einem meist einschichtigen **Abschlußgewebe** überzogen, der Epidermis. Ihre Zellen schließen lückenlos, also ohne Interzellularen, aneinander. Ihren beiden Hauptfunktionen – mechanischer Schutz der Oberfläche und Kontrolle von Gasaustausch und Wasserdampfabgabe – entsprechend haben

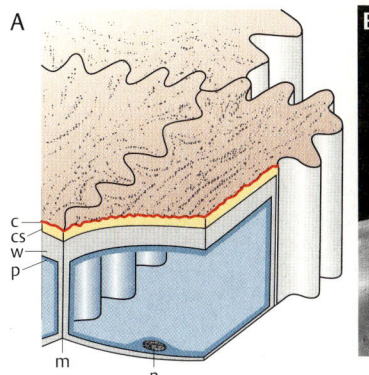

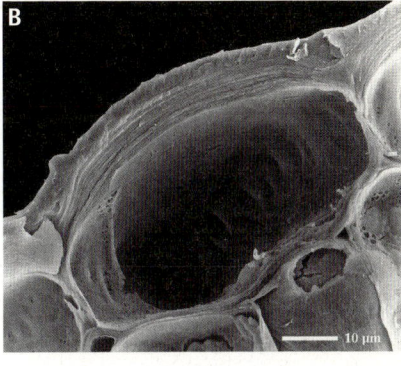

Abb. 4.12 Epidermiszellen. **A** Blattepidermiszelle, schematisiert. Die Zelle ist im Vorderteil aufgeschnitten, c = Cuticula (rot), cs = Cuticularschicht (gelb), m = Mittellamelle, n = Zellkern, p = wandständiges Cytoplasma (blau), w = Zellwand (grau). **B** Gefrierbruch durch die Epidermis der Blattoberseite von *Helleborus niger*. (Originalaufnahme: G. Wanner).

die Epidermiszellen eine charakteristische Gestalt (Abb. 4.12 A). Sie sind meist flächig ausgedehnt, also keineswegs streng isodiametrisch, und ihre Seitenwände zeigen nicht selten einen welligen Verlauf. Das hat eine enge Verzahnung benachbarter Zellen und somit eine erhöhte mechanische Beanspruchbarkeit zur Folge. Die Epidermiszellen der Monokotyledonen sind allerdings in Längsrichtung gestreckt (Abb. 7.9, S. 262). Bei der Gerste können sie eine Länge von bis zu 5 mm erreichen. Bei einigen Pflanzenarten werden die Epidermen durch perikline Teilungen mehrschichtig (2–16 Zellschichten). Sie dienen meist als Wasserspeichergewebe.

Die Außenwände der Epidermiszellen sind im typischen Falle, d. h. mit Ausnahme der an feuchte Standorte angepaßten Pflanzen, durch mehrere bis zahlreiche Sekundärwandschichten verdickt (Abb. 4.12 B), während alle übrigen Wände nur eine relativ schwache Verdickung erfahren. Außen ist die Epidermis von einer lückenlosen Cuticula überzogen. Auch die darunterliegenden Wandschichten können neben Cellulose Cutin enthalten. Sie werden dann als Cuticularschichten bezeichnet. Sie treten besonders deutlich hervor, wenn man stark verdickte Zellwände, z. B. von *Clivia miniata,* mit Chlorzinkjod (S. 135) behandelt. Wie Abb. 4.13 zeigt, färbt sich die Cuticula gelb, während die Zellwand einen violetten Farbton annimmt. Die dazwischenliegenden Cuticularschichten zeigen ihrem Cutingehalt entsprechende Farbübergänge bräunlicher Tönung. Zwischen den Cuticularschichten und der Cellulosewand befindet sich eine dünne Schicht aus Protopektin, die sich mikroskopisch allerdings meist nicht ohne weiteres nachweisen läßt.

Der Plasmaschlauch umschließt eine große Vakuole, die etwa 90 %, in Extremfällen sogar 99 % des Zellinnenraums einnimmt, so daß Cytoplasma und

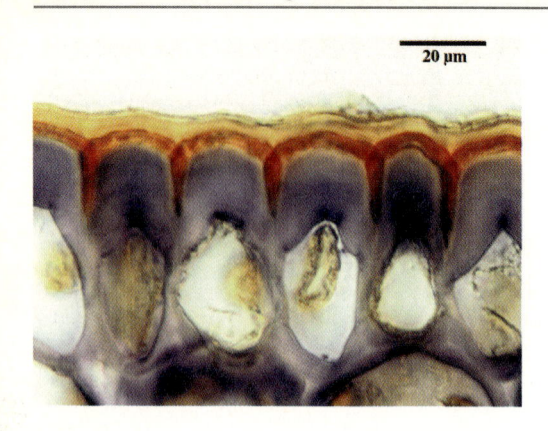

Abb. 4.13 Epidermis von *Clivia miniata*. LM-Aufnahme nach Behandlung mit Chlorzinkjod. Cuticula (oben) gelb, Celluloseschichten violett, dazwischen Cuticularschichten mit rot-braunen Farbübergängen (Originalaufnahme: G. Wanner).

Zellkern nur 1 % des Zellvolumens ausmachen. Der Zellsaft ist nicht selten durch Anthocyane und Flavonoide gefärbt („blutfarbige" Blätter), deren Schutzfunktion gegen UV-B-Strahlung bereits besprochen wurde (S. 157 f.). In der Regel enthalten die Epidermiszellen Leukoplasten, seltener, z. B. bei einigen Schatten- und Wasserpflanzen, auch Chloroplasten. Das Muster der Epidermiszellen ist, je nach Pflanzenart und Organ, von Spaltöffnungen (S. 262), Idioblasten, Haaren (s. unten) und anderen Anhangsgebilden durchbrochen.

Steinzellen: Steinzellen sind isodiametrische Sklerenchymzellen (S. 162). Die alle Wände erfassenden sekundären Wandverdickungen können so stark sein, daß nur noch ein kleines Lumen übrigbleibt (Abb. 4.14). Meist lassen die Sekundärwände schon im Lichtmikroskop eine deutliche Schichtung erkennen. Ob diese, wie offenbar in einigen Fällen nachgewiesen, stets das Ergebnis einer Tagesperiodizität ist, läßt sich nicht mit Sicherheit sagen. Da die Tüpfel bei der Verdickung ausgespart bleiben, entstehen regelrechte Tüpfelkanäle. Fusionieren zwei Tüpfelkanäle bei zunehmendem Dickenwachstum miteinander, spricht man von verzweigten Tüpfeln. Durch Lignineinlagerungen (S. 180) wird die Festigkeit der Wände noch erhöht. Stark verholzte Steinzellen, deren plas-

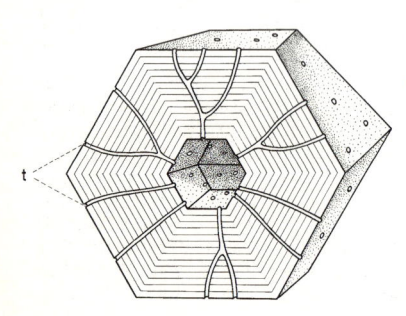

Abb. 4.14 Schematisches Raumbild einer Steinzelle, im Vorderteil aufgeschnitten, t = Tüpfelkanäle.

matischer Inhalt abgestorben ist, finden als Festigungselemente bei Gewölbekonstruktionen (z. B. Nußschale) Verwendung. Nicht selten sind sie jedoch auch in parenchymatische Gewebe, z. B. Fruchtfleisch, eingestreut, ohne daß man ihnen hier eine besondere Funktion zuschreiben könnte. Bisweilen findet man Steinzellen, die noch lange Zeit nach ihrer Fertigstellung am Leben bleiben und z. B. Speicherfunktionen übernehmen.

4.4.2 Prosenchymatische Zelle

Die langgestreckte, faserförmige Prosenchymzelle ist das Ergebnis einer eindimensionalen Zellstreckung. Diese kann entweder die gesamte Zellwand erfassen oder sie beschränkt sich auf die Spitzen der Zellen. Im letzteren Falle spricht man von Spitzenwachstum, das uni- oder bipolar erfolgen kann. Unipolares Spitzenwachstum ist z. B. für Wurzelhaare, Trichome, Pollenschläuche und Pilzhyphen charakteristisch.

Haare: Die pflanzlichen Haare, auch **Trichome** genannt, entstehen durch lokales Auswachsen einzelner Epidermiszellen. Sie sind mit ihrem unteren Teil,

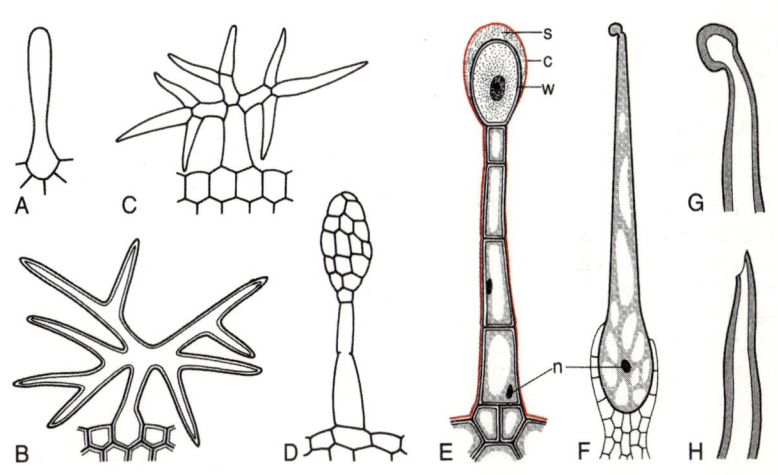

Abb. 4.15 Haartypen A einzellig, unverzweigt *(Fuchsia)*, B einzellig, verzweigt *(Matthiola incana)*, C mehrzellig, verzweigt *(Lavandula officinalis)*, D Köpfchenhaar *(Hyoscyamus niger)* (**A–D** ca. 200fach). E Drüsenhaar des Salbei *(Salvia pratensis)* c = Cuticula und Cuticularschicht (rot), n = Zellkern, s = Sekret, w = Cellulosewand (ca. 200fach), **F–H** Brennhaar der Brennessel *(Urtica dioica)*, **F** Haar auf Sockel im optischen Schnitt (ca. 25fach). Der Zellkern befindet sich in einer Plasmatasche in der Mitte der Vakuole, die an Plasmasträngen aufgehängt ist. Die äußere Zellschicht des Sockels ist die Epidermis, die drei inneren sind aus subepidermalen Schichten hervorgegangen. Köpfchen in **G** vergrößert, in **H** abgebrochen (ca. 400fach) (nach Troll, Hummel und Staesche, Kny, Kienitz-Gerloff).

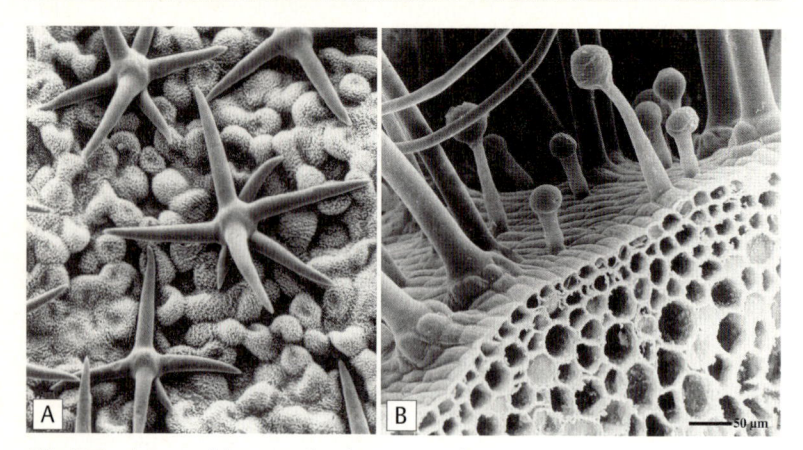

Abb. 4.16 Rasterelektronenmikroskopische Aufnahmen von Haaren. **A** Blattunterseite von *Virola surinamensis* (Lauraceae). Die etwa halbkugeligen Epidermiszellen zeigen einen dichten Wachsbelag und sternförmige Trichome, die jedoch keinen Wachsbelag tragen. **B** Drüsenhaare des Blattstiels von *Pelargonium zonale*. Vergr. **A** 520fach. (Originalaufnahmen: **A** W. Barthlott, **B** G. Wanner).

dem Fuß, in der Epidermis verankert, während sich der Schaft über diese erhebt. In ihrer Ausgestaltung und Funktion herrscht eine große Mannigfaltigkeit (Abb. 4.15). Sie können ein- oder mehrzellig, verzweigt oder unverzweigt, lebend oder abgestorben, papillös oder köpfchenförmig gestaltet sein. Die Wände mancher Haare werden durch Sekundärwandauflagerungen vielschichtig, wie das Baumwollhaar, erhalten Zellwandeinlagerungen, wodurch ihre mechanischen Eigenschaften verändert werden, oder erfahren eine ihrer Funktion entsprechende, bisweilen recht komplizierte Ausbildung, wie im Falle der bereits besprochenen Drüsenhaare (Abb. 4.15E, 4.16B), der schuppenförmigen Absorptionshaare oder der Brennhaare (Abb. 4.15F–H). Bei den letzteren ist der untere, balgförmige Teil in einen sockelartigen Auswuchs epidermalen und subepidermalen Gewebes eingesenkt, während der obere Teil spitz ausläuft und mit einer kleinen Kuppe endet. Die Zellwand ist im oberen Teil des Haares verkieselt. Die Verkieselung wird zur Basis hin schwächer, während gleichzeitig die Calciumcarbonat-Inkrustierung zunimmt. Das Köpfchen bricht bei Berührung an einer präformierten, infolge der Kieselsäureeinlagerungen spröden Stelle schräg ab (Abb. 4.15G, H), so daß gewissermaßen eine Injektionskanüle entsteht, die in die Haut eindringt. Durch den hierbei auf den Unterteil ausgeübten Druck wird der Zellsaft, der Natriumformiat, Acetylcholin und Histamin enthält, in die Wunde eingespritzt. Abb. 4.16A zeigt rasterelektronenmikroskopische Aufnahmen sternförmiger Haare.

Von den Trichomen zu unterscheiden sind die **Emergenzen,** das sind Anhangsgebilde, an deren Bildung sowohl die Epidermis als auch darunterliegen-

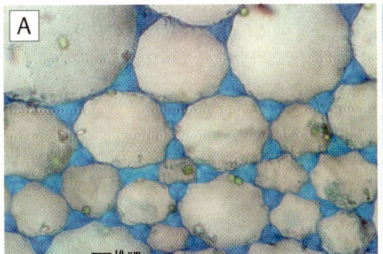

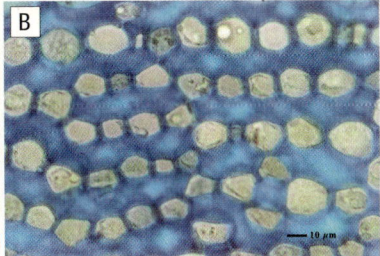

Abb. 4.17 Kollenchymzellen. **A** Eckenkollenchym aus dem Blattstiel von *Begonia rex*. **B** Plattenkollenchym aus einem Zweig von *Sambucus nigra* (Holunder). LM-Aufnahmen von E. Facher und G. Wanner, Färbung: Astralblau.

de Gewebeschichten beteiligt sind. Beispiele hierfür sind der Sockel des Brennhaares der Brennessel (Abb. 4.15 F) sowie die Stacheln (S. 248).

Kollenchymzellen: Wie bereits erwähnt (S. 165), entstehen die Kollenchymzellen durch lokale Verdickungen der Primärwände. Beschränken sich diese auf die Kanten der Zellen (Abb. 4.17 A, 4.18 A), spricht man von Kanten-(Ecken-)Kollenchym, sind ganze Wände verdickt, während andere unverdickt bleiben (Abb. 4.17 B, 4.18 B), von Plattenkollenchym. In der Regel sind die Kollenchymzellen prosenchymatisch und an den Enden zugespitzt, doch können bisweilen auch isodiametrische Zellen kollenchymatisch verdickt sein. Da größere Wandbereiche von der Verdickung ausgenommen sind, werden die Kollenchymzellen in ihrem Stoffaustausch kaum behindert. Sie behalten deshalb ihren plasmatischen Inhalt und führen, wenn sie an der Peripherie von Organen liegen, häufig sogar Chloroplasten. Da sie bis zu einem gewissen Grade dehnungs- und wachstumsfähig sind, finden sie sich vor allem in jüngeren, noch im Wachstum begriffenen Pflanzenteilen. Interzellularen sind in Kollenchymgeweben häufig klein oder fehlen ganz.

Sklerenchymfasern: Wie der Name sagt, handelt es sich um prosenchymatische Sklerenchymzellen (S. 162). Ihre Wände sind etwa gleichmäßig verdickt und regelmäßig geschichtet (Abb. 4.18 C). Fasern mit unverholzten Wänden, wie z. B. die Leinfaser *(Linum usitatissimum)*, zeichnen sich durch eine hohe Elastizität aus. Durch Ligneineinlagerungen (S. 180) werden sie mehr oder weniger starr, wie das Beispiel der Holzfasern zeigt. Die Sklerenchymfasern sind an den Enden zugespitzt und erreichen eine beträchtliche Länge, die zwischen einigen mm und 55 cm (Ramiefasern) liegen kann. Die schräg aufsteigenden, spaltförmigen Tüpfel, die sich z. B. bei *Saccharum officinarum* (Zuckerrohr) finden, lassen auf eine Schraubentextur, die parallel zur Längsachse ausgerichteten spaltförmigen Tüpfel von *Chlorophytum comosum* (Liliengrün) auf eine Fasertextur schließen. Bei krautigen Stengeln, die biegungsfest sein müssen, sind die Sklerenchymfasern meist peripher angeordnet, und zwar entweder in

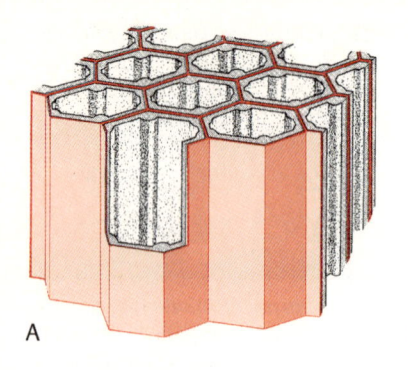

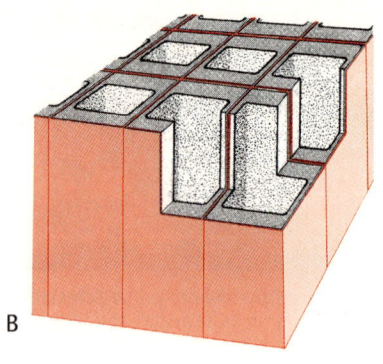

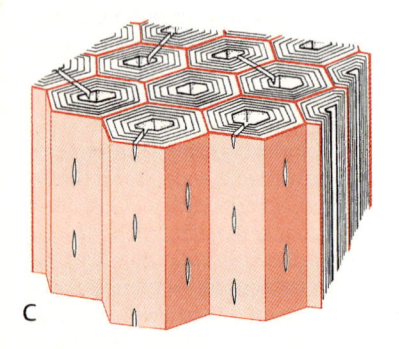

Abb. 4.**18** Verschiedene Festigungsgewebe, schematisch. Es wurden mehrere Zellen im Verband gezeichnet. Mittellamelle rot. **A** Kantenkollenchym, **B** Plattenkollenchym, **C** Sklerenchymfasern. Hier sind die Wände gleichmäßig verdickt.

Form einzelner Stränge oder als geschlossene Zylinder. Häufig begleiten sie als Leitbündelscheiden die Leitelemente. Bei Baumstämmen, die eine der Baumkronengröße entsprechende Säulenfestigkeit aufweisen müssen, sind sie über den Stammquerschnitt verteilt (Holz- und Bastfasern). Dagegen sind sie bei den Wurzeln, die vor allem einer Zugbeanspruchung ausgesetzt sind, entweder zentral angeordnet oder in Form einzelner Stränge über den Wurzelquerschnitt verteilt. Grundsätzlich können die Sklerenchymfasern ihre Funktion auch im abgestorbenen Zustand erfüllen, doch behalten z. B. die Holzfasern oft längere Zeit ihren lebenden Inhalt und übernehmen Speicherfunktionen.

Tracheiden: Sie sind langgestreckte, an den Enden zugespitzte Zellen, die in erster Linie der Wasserleitung dienen, bei stärkerer Verdickung ihrer Wände aber auch als Festigungselemente fungieren (Coniferen, S. 238). Die Zellwände sind, der Leitungsfunktion entsprechend, stark getüpfelt, und zwar vor allem an den schräggestellten Endwänden, um die Wegsamkeit in der Längsrichtung zu erhöhen. Die Schließhäute der Tüpfel sind nicht oder nur teilweise aufgelöst. Der plasmatische Inhalt der Tracheiden ist im funktionsfähigen Zustand abgestorben.

Ungegliederte Milchröhren: Diese ungegliederten, milchsaftführenden Coenoblasten, die z. B. bei *Euphorbia*-Arten (Wolfsmilch) vorkommen, durchziehen als langgestreckte und weitverzweigte Schläuche den Pflanzenkörper, indem sie vom Keimlingsstadium an der Größenzunahme der Pflanze folgen. Ihre Wände bestehen aus Schichten sich schräg kreuzender Fibrillen mit Paralleltextur.

4.4.3 Zellfusionen

Wie das Beispiel der Tracheiden lehrt, sind langgestreckte Zellen nicht nur als Festigungselemente, sondern auch für die Leitung von Wasser und darin gelösten Stoffen geeignet. Ungleich leistungsfähiger sind jedoch Leitungssysteme, die unter teilweiser oder völliger Auflösung der Querwände in offene Verbindung miteinander treten, was man als Zellfusion bezeichnet. In der Regel geht der Zellfusion noch ein Weitenwachstum der einzelnen Glieder voraus, wodurch die Transportleistung erheblich vergrößert wird. Darüber hinaus können sie allseitig oder lokal verdickt sein.

Siebröhren und Siebzellen: Dem Ferntransport organischer Stoffe dienen die Siebelemente, die in ihren Querwänden bzw. in ihren schrägstehenden Endwänden von Siebporen durchbrochen sind. Die für die Pteridophyten (Farnpflanzen) und Gymnospermen (Nacktsamer) charakteristischen Siebzellen weisen in ihren zugespitzten, an das Ende einer benachbarten Zelle grenzenden Endwänden mehrere Siebporen umfassende Siebfelder auf. Hier sind die Siebporen beiderseits von Anhäufungen glatten endoplasmatischen Reticulums bedeckt, dessen Ausläufer die Siebporen durchziehen. Im Vergleich hierzu sind bei den Angiospermen die Poren in den Querwänden der Siebröhren erheblich größer und in der Regel nicht von tubulären Ausläufern des ER, wohl aber von Plasmasträngen durchzogen. Auch finden sich zu beiden Seiten der Poren keine ER-Anhäufungen. Ihre Transportleistung wird hierdurch erheblich erhöht, d. h. sie sind noch besser für den Ferntransport geeignet. Die Siebporen sind mit Kallose ausgekleidet. Bei den Siebröhren stellt entweder die gesamte Querwand eine einzige Siebplatte dar (Abb. 4.19A und Abb. 4.20), oder es entstehen mehrere Siebfelder, was häufig bei schräggestellten Wänden der Fall ist. Außerdem kommen auch in den seitlichen Wänden Siebplatten vor.

Das wandständige Cytoplasma der Siebröhren (Abb. 4.20) ist nicht durch einen Tonoplasten vom übrigen Zellinhalt abgegrenzt. Neben einigen Mitochondrien, Plastiden bzw. Proplastiden enthält es vor allem flache Zisternen des glatten ER sowie Anhäufungen locker miteinander vernetzter fibrillärer Proteine, die als P-(Phloem-)Protein bezeichnet werden. Ihre Funktion ist noch nicht klar. Wie auf S. 302 dargelegt, stehen die Siebröhren unter Druck. Sie würden somit schon bei geringfügigen mechanischen Beschädigungen funktionsuntüchtig. Da häufig zu beobachten ist, daß das P-Protein die Siebporen in Form eines dichten Bündels durchzieht (Abb. 4.19B), nimmt man an, daß es sich gewissermaßen um vorsorglich produzierte Proteine handelt, die norma-

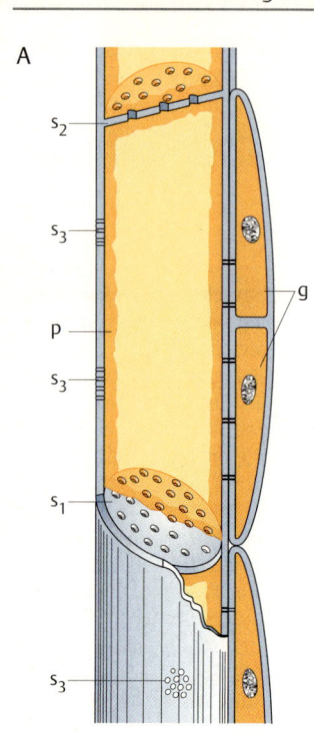

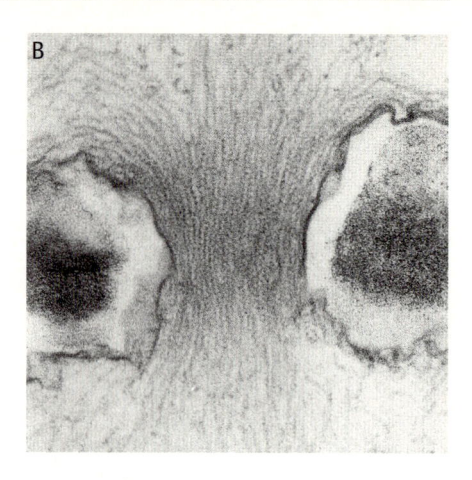

Abb. 4.19 Phloemelemente. **A** Siebröhre mit Geleitzellen (schematisch), im oberen Teil der Länge nach aufgeschnitten. **B** Siebpore aus dem Phloem von *Impatiens olivieri* im Längsschnitt. Die Siebpore ist von Kallose ausgekleidet (weiße Bereiche) und von P-Protein-Filamenten in dichter Anordnung durchzogen. Vergr. 52 500fach (Originalaufnahme: R. Kollmann und Ch. Glockmann). g = Geleitzellen, p = wandständiges Cytoplasma, s = Siebplatten, s_1 und s_2 in den Querwänden, s_3 in den Längswänden.

lerweise im Siebröhreninhalt verteilt sind, aber während eines eventuellen Druckausgleiches in die Poren gezogen werden und diese verstopfen. Die Beteiligung des P-Proteins am Stofftransport gilt heute als unwahrscheinlich.

Allgemein gelten die Siebröhren als kernlos. Bei den Dikotyledonen sind sie meist nur eine Vegetationsperiode über tätig. Bei anderen Pflanzen, z. B. den baumförmigen Monokotyledonen, können sie hingegen ihre Funktion viele Jahre ausüben. Gegen Ende der Vegetationsperiode werden die Siebplatten durch Beläge aus Kallose verschlossen. Bei den Angiospermen gehen die Siebröhren durch inäquale Teilung aus den Siebröhrenmutterzellen hervor. Aus der größeren Zelle entsteht das Siebröhrenglied, aus der kleineren, die sich noch mehrfach quer teilen kann, die **Geleitzellen** (Abb. 4.19A und 4.20). Diese für die Angiospermen charakteristischen plasmareichen Zellen sind durch zahlreiche Plasmodesmen mit den Siebröhrengliedern verbunden und bilden mit diesen eine physiologische Einheit. Über sie erfolgt die Beladung der Siebröhren mit den zu transportierenden Substanzen, was ihren Reichtum an Mitochondrien erklärt.

Bei den Siebzellen wird diese Aufgabe offensichtlich von den Zellen des Phloemparenchyms übernommen. Bei den Gymnospermen sind dies die soge-

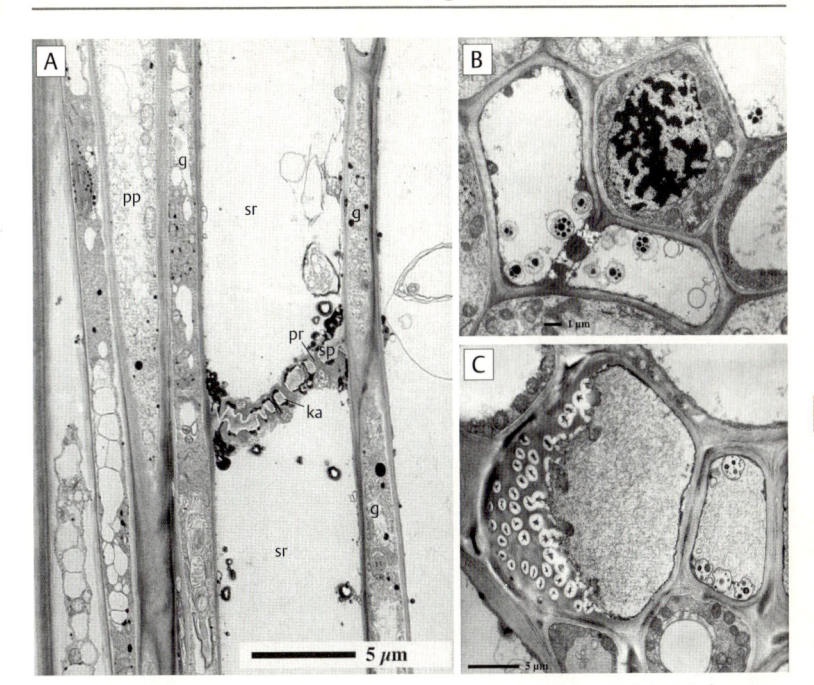

Abb. 4.20 Siebröhren und Geleitzellen. A Längsschnitt durch Siebröhren mit Siebplatte und beiderseits Geleitzellen aus der Sproßachse von *Ranunculus repens*, **B** Querschnitt durch Siebröhren und Geleitzelle aus der Sproßachse von *Nicotiana tabacum*, **C** gleiches Objekt, Siebröhre mit angeschnittener Siebplatte in Aufsicht. g = Geleitzellen, ka = Kallose, pp = Phloemparenchym, pr = Poren mit P-Protein, sp = Siebplatte, sr = Siebröhren (Originalaufnahmen: G. Wanner).

nannten „Strasburger-Zellen" der Baststrahlen (Abb. 4.21), die mit den Siebzellen durch zahlreiche Plasmodesmen verbunden sind. Im Gegensatz zu den Geleitzellen entstehen sie jedoch nicht durch inäquale Teilungen aus den Mutterzellen der Siebelemente, sondern aus anderen Kambiumzellen. Die Strasburger-Zellen sind reich an Proteinen, doch fehlt ihnen Stärke, und anstelle der großen Zellsaftvakuole der benachbarten Baststrahlparenchymzellen finden sich zahlreiche kleine Vakuolen. Sie enthalten viele Mitochondrien und weisen folglich eine erhöhte Aktivität mitochondrialer Enzyme sowie saurer Phosphatasen auf. Auch das Vorhandensein zahlreicher Polysomen, die Vergrößerung der Oberfläche des Zellkerns, der erhöhte Anteil dekondensierten Chromatins und der hohe RNA-Gehalt sind Anzeichen für eine erhöhte Stoffwechselaktivität.

Gefäße: Bei der Bildung der Gefäße erfahren die in Längsreihen angeordneten künftigen Gefäßglieder zunächst eine Zellstreckung, die mit einem Weiten-

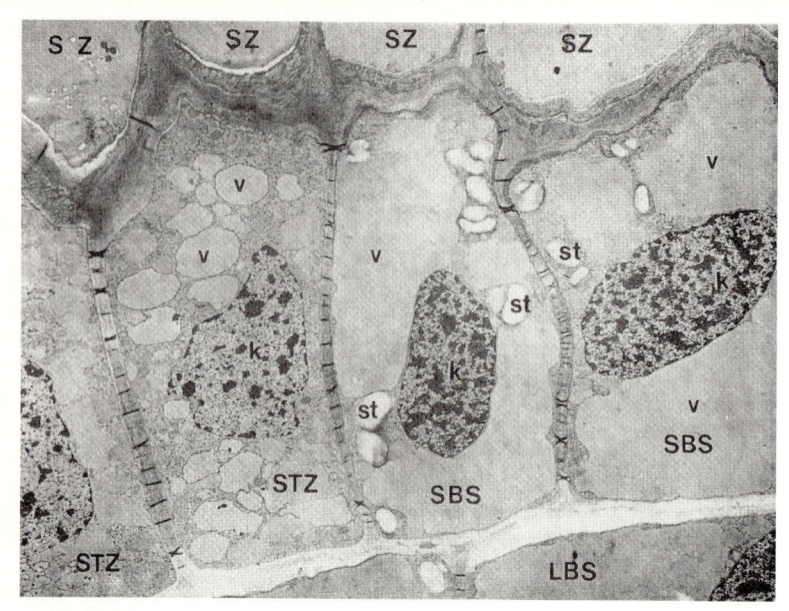

Abb. 4.21 Elektronenmikroskopische Aufnahme einiger Zellen aus dem Baststrahl von *Pinus nigra*. LBS = liegende Baststrahlparenchymzellen, SBS = stehende Baststrahlparenchymzellen, STZ = Strasburger-Zellen, SZ = Siebzellen, k = Zellkern, st = Stärke, v = Vakuole. Vergr. 1260fach (Originalaufnahme: J. J. Sauter).

wachstum verbunden ist (Abb. 4.22 A – C). Sie werden dabei endopolyploid. Haben sie ihre endgültige Größe erreicht, beginnt die Bildung der Sekundärwand, die jedoch auf die Längswände beschränkt bleibt. Nun werden die Querwände entweder ganz aufgelöst (Abb. 4.22 D, E), oder es bleiben noch einzelne Stege stehen, so daß leiterartige Durchbrechungen entstehen (Abb. 4.22 F). Dieser Fall leitet zu den bereits besprochenen Tracheiden über. Grundsätzlich werden nur die Interzellularsubstanz und die Matrix der Primärwand aufgelöst, da Cellulase fehlt. Die zunächst als feines Netzwerk erhaltenen Cellulosefibrillen werden später mechanisch, wahrscheinlich durch den Transpirationsstrom, entfernt. Die ehemaligen Zellgrenzen sind durch Ringwülste aus Sekundärwandmaterial, das an den Nahtstellen der einzelnen Gefäßglieder abgelagert wurde, zu erkennen (Abb. 4.22 E). Auf diese Weise entstehen weitlumige, relativ lange Zellschläuche, die eine Länge von einigen Zentimetern, in Extremfällen (Lianen) sogar von einigen Metern erreichen können. Nach Fertigstellung der Gefäße sterben die Protoplasten der einzelnen Glieder ab.

Die Aufgabe der Gefäße besteht in der Leitung des Wassers und der darin gelösten Ionen. Um das Zusammenpressen der Wände durch die Zugspannung der in den Gefäßen aufsteigenden Wassersäule zu verhindern, sind sie durch

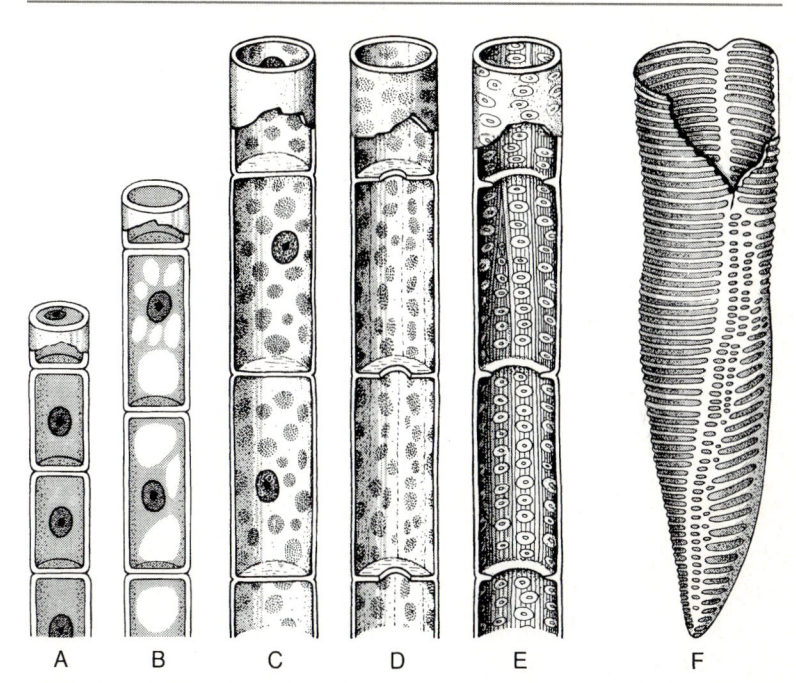

Abb. 4.22 Gefäße. **A–C** Gefäßentstehung durch Zellstreckung und Weitenwachstum. Anlage der Tüpfelfelder. **D** Beginn der Sekundärwandbildung und der Auflösung der Querwände. **E** Fertiges Gefäß mit Ringwülsten an den Nahtstellen. Hoftüpfel fertig ausgebildet. **F** Endabschnitt eines Leitergefäßes.

Sekundärwandauflagerungen versteift. Da jedoch die Möglichkeit zum Wasser- und Stoffaustausch mit der Umgebung erhalten bleiben muß, kann die Verdickung nur lokal erfolgen. Dabei bestehen im Verhältnis von verdickter zu unverdickter Wandfläche starke Unterschiede (Abb. 4.23, 4.24A). Die Ringgefäße (Abb. 4.23A) sind nur durch einige ringförmige Verdickungsleisten ausgesteift. Ähnlich sind die Schraubengefäße gebaut, nur laufen die Verdickungsleisten hier schraubig um die Längsachse (**B**). Bei den Netzgefäßen wird bereits ein größerer Teil der Gefäßwand von den netzartig verbundenen Verdickungsleisten bedeckt (**C**), während bei den Tüpfelgefäßen praktisch die ganze Wand verdickt ist und nur die Tüpfel ausgespart bleiben (**D**, Abb. 4.24B). Häufig handelt es sich dabei um Hoftüpfel. Ring- und Schraubengefäße finden sich überwiegend in jungen Pflanzenteilen, wo sie durch das weitere Streckungswachstum zerrissen werden. Ihre Funktion wird in den älteren Pflanzenteilen von den Netz- und Tüpfelgefäßen übernommen, zusammen mit den bereits besprochenen Tracheiden, bei denen wir hinsichtlich der Wandverdickungen die gleichen Typen unterscheiden können.

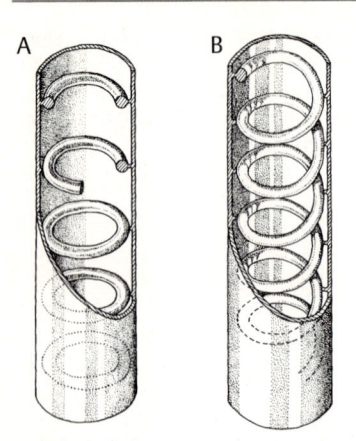

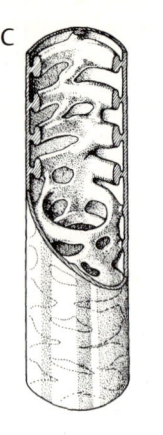

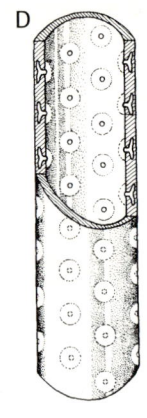

178 4 Differenzierung der Zelle

Abb. 4.23 Gefäßtypen, schematisch. **A** Ring-, **B** Schrauben-, **C** Netz-, **D** Tüpfelgefäß. Alle Gefäße sind im oberen Teil der Länge nach aufgeschnitten.

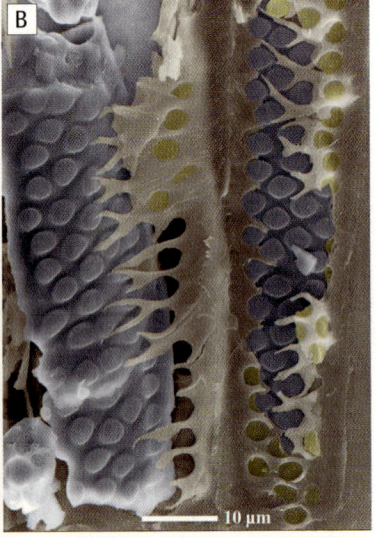

Abb. 4.24 Gefäße. **A** REM-Aufnahme eines Längsbruches durch den Blattstiel von *Pelargonium zonale*. Von rechts nach links: Ring-, Schrauben- und Tüpfelgefäß. **B** Tüpfelgefäße mit Eis aus dem Holz von *Tilia platyphyllos*. **A** Kryobruch n. Tanaka, **B** Colorierte Kryo-REM-Aufnahme „frozen hydrated" (s. Anhang) (Originalaufnahmen: G. Wanner).

Gegliederte Milchröhren: Auch die gegliederten Milchröhren sind durch Zellfusion entstanden. Außerdem treten sie in Querrichtung unter Ausbildung von Anastomosen miteinander in Verbindung, so daß sie, einem Netzwerk gleich, den gesamten Pflanzenkörper durchziehen. Sie kommen z. B. beim Kautschukbaum *(Hevea brasiliensis)* und beim Schlafmohn *(Papaver somniferum)* vor. Hinsichtlich ihrer Funktion und ihrer Inhaltsstoffe gleichen sie den ungegliederten Milchröhren.

4.5 Sekundäre Veränderungen der Zellwand

Nachträgliche Veränderungen der Zellwand führen nicht so sehr zu gestaltlichen Veränderungen der Zellen als vielmehr zu einer Änderung der chemischen und physikalischen Eigenschaften ihrer Wände. Dies trifft vor allem für die Verholzung zu, bei der bereits vorhandene und verdickte Zellwände durch Einlagerungen verfestigt werden. Durch derartige Ein- und Auflagerungen kann sich der ursprüngliche Charakter der Zellen erheblich verändern, so daß, zum mindesten in funktioneller Hinsicht, ein ganz neuer Zelltyp entsteht, wie etwa im Falle des Korkgewebes. Werden die bereits fertig ausgebildeten Zellwände lediglich mit diesen Zusatzstoffen durchtränkt und imprägniert, spricht man von Inkrusten (Abb. 4.25 A), werden sie den Zellwänden als zusätzliche Schichten aufgelagert, von Akkrusten (**B**).

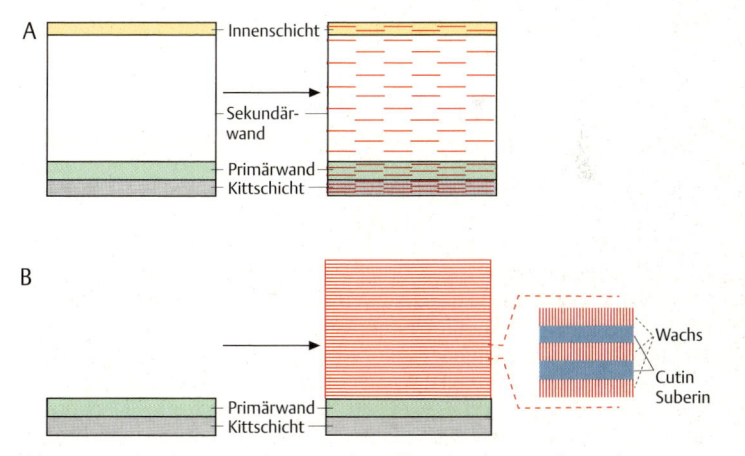

Abb. 4.25 Sekundäre Veränderungen der Zellwand, schematisch. **A** Inkrustierung, **B** Akkrustierung.

4.5.1 Verholzung

Die Verholzung kommt durch Einlagerung von Ligninen (Holzstoffen) in die interfibrillären Räume der Zellwand zustande. Chemisch sind die **Lignine** Mischpolymere aus Phenylpropanen, z. B. Coniferyl-, Cumaryl- und Sinapylalkohol, die sich zu einem dreidimensionalen Gitter vernetzen und so die Zellwand durchdringen. Mit den polymeren Kohlenhydraten der Zellwand sind sie durch kovalente Bindungen verknüpft.

	R^1	R^2
Cumaryl-	H	H
Coniferyl-	H	OCH_3
Sinapyl-	OCH_3	OCH_3

Phenylpropan-Körper   **Ausschnitt aus einem Ligninmolekül**

Die Lignine lassen sich durch Eau de Javelle[2] oder (technisch) durch Kochen mit Calciumbisulfit herauslösen (Sulfitablauge), wobei nur das Cellulosegerüst zurückbleibt. Dieses Verfahren wird zur Herstellung von Zellstoff und holzfreiem Papier angewandt. Zum mikrochemischen Nachweis der Lignine bedient man sich eines Gemisches aus Phloroglucin und Salzsäure, das eine kirschrote Färbung ergibt. Die Verholzung führt zu einer erhöhten mechanischen Festigkeit, insbesondere gegen Druckbelastung, was jedoch gleichzeitig mit einem gewissen Verlust an Elastizität verbunden ist. Auch die Wasserwegsamkeit der Zellwände wird durch die Inkrustierung mit Lignin herabgesetzt. Die Verholzung kann die verschiedensten Zelltypen erfassen. Außer den Ligninen werden in die Zellwände vielfach noch weitere, zu den Gerbstoffen zählende Verbindungen eingelagert. Bei diesen handelt es sich um phenolische Körper, die die Zellwände vor mikrobieller Zersetzung schützen. Sie werden hierdurch dunkel gefärbt (Verkernung).

---

[2] Eau de Javelle enthält vornehmlich Kaliumhypochlorit. Seine Wirkung beruht auf dem freiwerdenden Chlor.

4.5.2 Mineralstoffeinlagerung

Neben organischen Stoffen sind bei manchen Pflanzen auch Substanzen mineralischer Natur in den Zellwänden zu finden. Wie bereits erwähnt (S. 170), ist in die basalen Zellwandbereiche der Brennhaare Calciumcarbonat eingelagert. Bei der Schirmalge *Acetabularia* kommt es zusammen mit Calciumoxalat vor. Einlagerungen aus Kieselsäure sind charakteristisch für die Schalen der Kieselalgen (Diatomeen), finden sich aber auch bei Gräsern, Riedgräsern, Schachtelhalmen und in den Spitzen der Brennhaare. In jedem Falle führt die Mineraleinlagerung zu einer Härtung der Zellwände, die dadurch aber ihre Elastizität einbüßen und spröde und brüchig werden.

4.5.3 Cutinisierung, Verkorkung, Ablagerung von Wachsen

Cutin und **Suberin** enthalten als Bausteine in oft nur geringen Mengen gesättigte und ungesättigte Mono- und Dicarbonsäuren. Mit größeren Anteilen kommen Hydroxy-, Epoxy- und Oxosäuren vor. Diese Monomere sind untereinander durch Esterbindungen zu hochpolymeren Makromolekülen vernetzt. Obwohl das Suberin dem Cutin sowohl in physikalischer als auch in chemischer Hinsicht recht ähnlich ist, finden sich doch charakteristische Unterschiede. So ist oft der prozentuale Anteil der Dicarbonsäuren beim Suberin höher, und die Kohlenstoffketten der Monomere sind meist erheblich länger als beim Cutin (C_{20}–C_{30}). **Wachse** im engeren Sinne sind Ester langkettiger aliphatischer Fettsäuren mit ebenfalls langkettigen aliphatischen und zyklischen Alkoholen. Daneben enthalten sie in wechselnden Anteilen auch deren unveresterte Komponenten sowie Alkane, Alkene u. a. Verbindungen. Insgesamt sind also die Wachse komplizierte Stoffgemische, deren Zusammensetzung von Art zu Art und offenbar auch in verschiedenen Stadien der Entwicklung unterschiedlich sein kann.

Cutin und Suberin liegen in der Regel amorph vor. Sie dienen als Matrix für die Wachse. Da diese stark hydrophob sind, werden die Zellwände durch Inkrustierung bzw. Akkrustierung mit diesen Stoffen wasserundurchlässig. Derart ausgerüstete Zellen finden daher häufig als innere und äußere Häute Verwendung, wo sie die Funktion haben, den Wasserdurchtritt zu kontrollieren bzw. zu verhindern.

Cuticula: Die Cuticula besteht aus Cutin, in das Wachse eingebettet sind. Infolgedessen hat sie hydrophobe Eigenschaften und setzt die Wasserwegsamkeit der pflanzlichen Oberflächen herab. Die Bestandteile des Cutins werden in den Epidermiszellen entweder als Precursoren oder als lösliche Wachse synthetisiert und an der cuticulären Oberfläche bzw. Matrix deponiert und miteinander vernetzt. Die epicuticulare Wachsablagerung erfolgt entweder durch Diffusion der Monomere durch die Cuticula oder durch kleine Poren. An diesen Prozessen sind offenbar bestimmte Lipid-Transfer-Proteine beteiligt. Die Cuti-

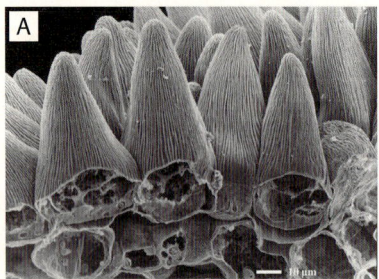

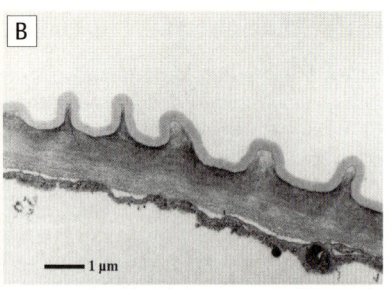

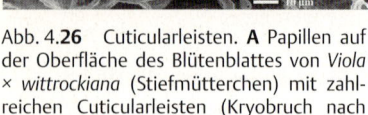

Abb. 4.26 Cuticularleisten. **A** Papillen auf der Oberfläche des Blütenblattes von *Viola × wittrockiana* (Stiefmütterchen) mit zahlreichen Cuticularleisten (Kryobruch nach Tanaka, s. Anhang) **B** Cuticularleisten von *Viola × wittrockiana* im Querschnitt (TEM) (Originalaufnahmen: G. Wanner).

cula überzieht die Epidermisaußenwände als lückenloser Film verschiedener Dicke (Abb. 4.**12**). Da die Vernetzungen der Cutinmatrix durch extrazelluläre Cutinasen wieder gelöst werden können, ist ein ständiger Einbau weiterer Monomere möglich, d. h. die Cuticula folgt dem Flächenwachstum der Zellwand. Bisweilen übertrifft sie dieses sogar. In diesem Falle kommt es zur Ausbildung von Cuticularleisten. Die Cuticula erscheint dann im Querschnitt gefältelt (Abb. 4.**26 B**), wobei die Cuticularleisten in der Aufsicht eine bestimmte, wohl durch die Hauptstreckungsrichtung der Zellen bedingte Ausrichtung zeigen (Abb. 4.**26 A**). An kontrastierten Dünnschnitten durch die Cuticula erkennt man, daß sie aus zahlreichen Lamellen aufgebaut ist (Abb. 4.**27**). Wie diese regelmäßige Lamellierung zustande kommt, ist unbekannt. Abschließend sei bemerkt, daß auch die interzellulären Spalträume von submikroskopisch feinen Cutinfilmen ausgekleidet sein können.

Cuticularschichten: Bei nicht wenigen Pflanzenarten, besonders bei den an trockene Standorte angepaßten Xerophyten, ist der Transpirationsschutz noch durch zwischen Zellwand und Cuticula liegende Cuticularschichten verstärkt (Abb. 4.**13**, S. 168). Diese entstehen durch Inkrustierung der Zellwand mit Cutin, so daß bei geeigneter Kontrastierung in dem homogen erscheinenden Cutin das fibrilläre Netz der Zellwandpolysaccharide zu erkennen ist (Abb. 4.**27 B**).

Epicuticulare Wachse: Bei zahlreichen Pflanzen wird der Transpirationsschutz noch durch die Auflagerung epicuticularer Wachse verstärkt. Allerdings entsprechen diese Wachse nur zum Teil der oben gegebenen Definition. Vielmehr handelt es sich hier um eine große Gruppe chemisch ganz verschiedener lipophiler Substanzen, die sich bei nahezu allen Gruppen der Angiospermen finden. Außer den oben beschriebenen Wachsen im engeren Sinne zählen hierzu auch zyklische Verbindungen wie Phytosterole, pentazyklische Triter-

4.5 Sekundäre Veränderungen der Zellwand

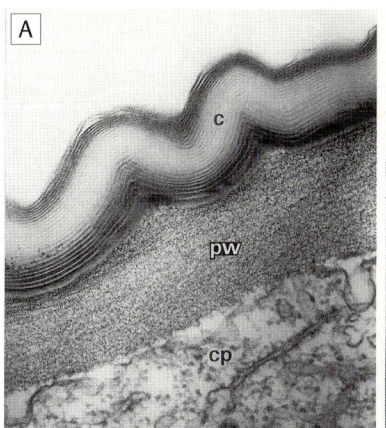

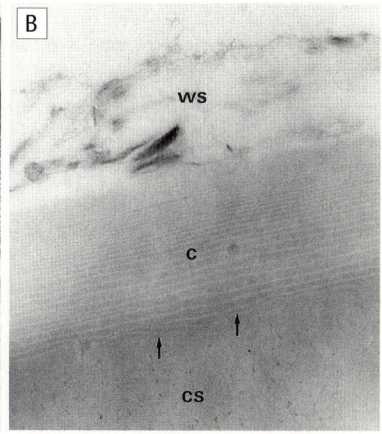

Abb. 4.27 Cuticula und Cuticularschichten von *Agave americana*. **A** Junge Cuticula (c) nahe dem Sproßscheitel. Die Schichtung ist deutlich zu erkennen. Da das Kontrastierungsmittel zwar von beiden Seiten eingedrungen ist, die Cuticula aber noch nicht völlig durchdrungen hat, ist in der Mitte eine helle, weniger kontrastierte Zone entstanden. Eine Cuticularschicht wurde noch nicht ausgebildet, weshalb die Cuticula der Primärwand (pw) unmittelbar aufliegt. cp = Cytoplasma. Vergr. ca. 40 000fach. **B** Wachsschicht (ws), Cuticula (c) und Teil der Cuticularschicht (cs) einer älteren Epidermiszelle. Auf der Innenseite der deutlich geschichteten Cuticula erkennt man freie, helle Lamellenenden (Pfeile). Auch in der Cuticularschicht finden sich Lamellen in weniger geordneter Form, doch treten sie in der Abbildung nicht deutlich hervor. Dagegen sind die dunkel gefärbten Polysaccharidfibrillen klar zu erkennen. In der Wachsschicht sind die Kristalloide unregelmäßig angeordnet. Fixierung: Glutaraldehyd/OsO_4 mit 5 % Rutheniumrot. Vergr. ca. 50 000fach (Originalaufnahmen: J. Wattendorff).

penoide und epicuticulare Flavonoide, die alle eine wachsähnliche Beschaffenheit haben, weshalb man heute den Begriff Wachs in einem sehr weiten Sinne verwendet. Überwiegend kommen die Wachse in Form mikroskopischer Kristalloide vor, die eine große Formenmannigfaltigkeit aufweisen (Abb. 4.**28**), z. B. mächtige Kristalloidpakete, die senkrecht zur Oberfläche angeordnet sind **(A)**, Nadeln **(B)**, Plättchen, die scheinbar wirr durcheinander liegen **(C)** oder aber eine bestimmte Anordnung aufweisen **(D)**. Des weiteren finden sich Filamente, Bänder und dendritische Strukturen. Liegen starke Wachsausscheidungen vor, so sehen die Oberflächen der betreffenden Pflanzenteile reifartig überzogen aus, wie z. B. manche Früchte (Weinbeere, Pflaume u. a.) und Blätter (z. B. Kohl). Umfangreiche rasterelektronenmikroskopische Untersuchungen an über 11 000 Arten von Angiospermen aus den verschiedensten Gattungen und Familien haben ergeben, daß die Orientierung und die Ultrastruktur der Kristalloide eine Charakterisierung und Eingrenzung verschiedener Taxa auf der Stufe der Familien bzw. Unterklassen erlaubt und somit als Kriterium für die systematische Einordnung der Angiospermen dienen kann.

184 4 Differenzierung der Zelle

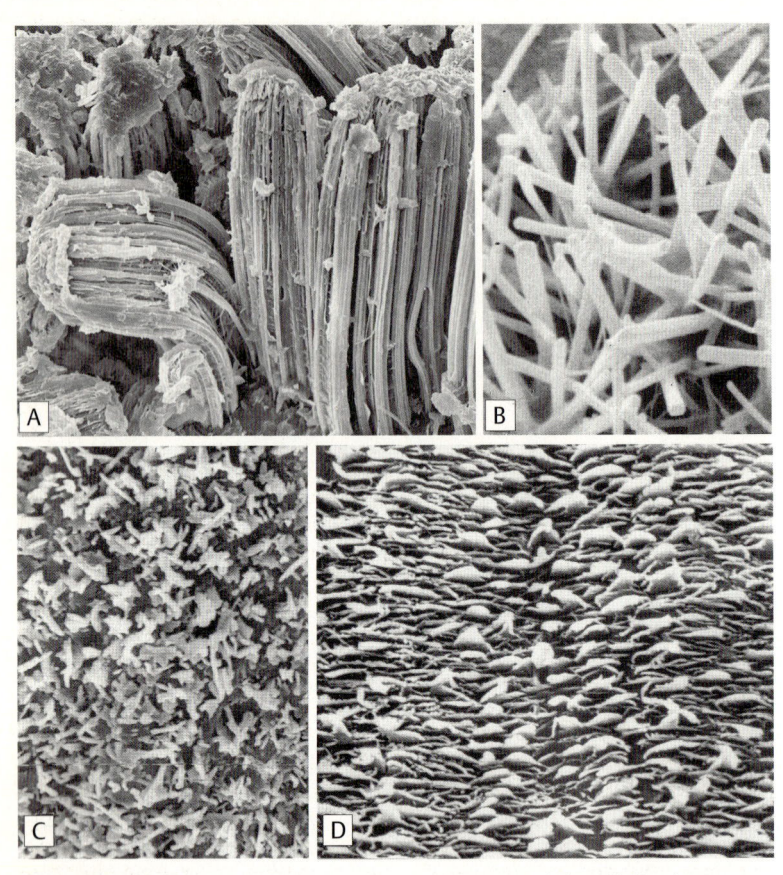

Abb. 4.**28** Epicuticulare Wachse. **A** Extrem starke Wachssekretion auf der Frucht des Wachskürbis *Benincasa hispida* (Cucurbitaceae). Die Kristalloide sind senkrecht zur Oberfläche orientiert. **B** Kristallnadeln eines terpenoiden Sekretes des Farnes *Campyloneuron* spec. (Polypodiaceae). **C** Nichtorientierte Wachskristalloide der Narzisse (*Narcissus* spec., Amaryllidaceae). **D** Orientierte plättchenförmige Wachskristalloide des Maiglöckchens (*Convallaria majalis*, Liliaceae). Vergr. **A** 1100fach, **B–D** 5800fach (Originalaufnahmen: W. Barthlott).

Über den Transpirationsschutz hinausgehend bieten die Wachsbeläge auch einen Schutz gegen einfallende Strahlung, da sie die Reflexion und Streuung erhöhen. Außerdem verursachen die stark skulpturierten Oberflächen Turbulenzen, die den Wärmeaustausch des Blattes mit der Umgebung erhöhen. Schließlich setzen die Mikrostrukturen die Benetzbarkeit der betreffenden Pflanzenteile herab, so daß die Wassertropfen abperlen und dabei sowohl

Abb. 4.29 Lotus-Effekt. **A** REM-Aufnahme der Blattoberfläche der Lotusblume *(Nelumbo nucifera)* mit stark aufgerauhter papillöser Epidermis. **B** Wassertropfen auf einem mit Sudan III kontaminierten Lotusblatt. Der Tropfen nimmt solange Sudan-Partikel auf, bis seine Oberfläche gesättigt ist. **C** Laufspur eines Wassertropfens auf einem mit Lehmstaub kontaminierten Lotusblatt. Der Tropfen nimmt alle auf dem Blatt liegenden Partikel ins Innere auf und hinterläßt eine gereinigte Fläche (nach Originalvorlagen von W. Barthlott aus Barthlott und Neinhuis, Biologie in unserer Zeit 28, 1998, 314–321).

Staub als auch Mikroorganismen und Pilzsporen mitnehmen. Da dieser Effekt bei der Lotusblume besonders stark ausgeprägt ist, wird er als Lotus-Effekt bezeichnet (s. Box 4.**2** und Abb. 4.**29**). Sehr dicke Wachsschichten können auch einen Befall durch Insekten erschweren.

Sporoderm: Pollenkörner und Sporen sind in der Regel von einer Außenschicht (Exine) umgeben, die die aus Cellulose bestehende Innenschicht

Box 4.2 Der Lotus-Effekt

Biologische Oberflächen sind selten glatt, sondern meist vielfältig mikrostrukturiert. Bei Pflanzen spielen die epicuticularen Wachse dabei eine herausragende Rolle. Wie in Abb. 4.28 dargestellt, liegen sie in den verschiedensten Formen vor. Diese Mikrorauhigkeiten sind ein wesentliches Merkmal der multifunktionellen Grenzfläche zwischen Pflanze und Umwelt und vor allem unter dem Aspekt einer Reduktion der Kontamination zu verstehen. Ein extremes Beispiel sind die Blätter der Lotusblume *(Nelumbo)*, an deren Oberfläche, die in Abb. 4.29 A rasterelektronenmikroskopisch dargestellt ist, zunächst die stark verminderte Benetzbarkeit auffällt: Wassertropfen perlen wie von einer heißen Herdplatte rückstandsfrei ab. Dies beruht darauf, daß zwischen den Wachskristallen und dem Wasser Luft eingeschlossen bleibt, die eine Spreitung des Tropfens verhindert. Er behält dadurch seine Kugelform und rollt ab.

Die biologische Bedeutung liegt allerdings nicht in der Unbenetzbarkeit mit Wasser, sondern in der damit verbundenen Unbeschmutzbarkeit. Unabhängig von ihrer chemischen Natur bleiben kontaminierende Partikel infolge der minimierten Kontaktfläche mit dem mikrostrukturierten Blatt immer an Wassertropfen haften (Abb. 4.29 B), der somit eine gereinigte Laufspur (Abb. 4.29 C) hinterläßt. Selbst hartnäckiger Ruß läßt sich so von einem Lotus-Blatt abwaschen. Biologisch wichtig ist natürlich, daß auf diese Weise auch die Sporen pathogener Pilze entfernt werden.

Diese bislang übersehene Eigenschaft wurde von Barthlott und Mitarbeitern „Lotus-Effekt" genannt. Als physikalisches Prinzip ist der Lotus-Effekt nicht an lebende Systeme gebunden. Vielmehr läßt er sich auch technisch umsetzen, was in einigen Fällen bereits geschehen ist, z. B. bei der Beschichtung von Fassaden („selbstreinigende Lacke"). Letztlich sollte er bei allen Oberflächen, die ständig der Witterung ausgesetzt sind, anwendbar sein: ein weites Feld, das sich hier der Forschung eröffnet.

Besonders hervorzuheben ist, daß die Entdeckung des Lotus-Effektes aus der Grundlagenforschung kommt. Sie ist gewissermaßen das Nebenprodukt eines Forschungsvorhabens, das sich mit der Frage befaßt, ob und in welchem Umfang die Struktur epicuticularer Wachse für die Ermittlung der systematischen Verwandtschaft von Pflanzen verwendet werden kann. Die Entdeckung des Lotus-Effektes zeigt, daß genaue Beobachtung eine der wichtigsten Grundlagen unserer Wissenschaft ist. Es genügt aber nicht, die Beobachtung einer Besonderheit als gegeben hinzunehmen, sondern man muß der Frage nachgehen, warum dies so ist, und genau das hat im vorliegenden Falle zum Erfolg geführt. Dieser Hinweis erscheint notwendig in einer Zeit, in der Grundlagenforschung fast als überflüssig angesehen wird, obwohl sie doch nicht nur die Grundlagen für die angewandte Forschung schafft, sondern darüber hinaus, wie das vorstehende Beispiel zeigt, selbst zu wirtschaftlich bedeutsamen Ergebnissen führen kann, die oft in jahrelanger angewandter Forschung nicht erreicht werden. Grundlagenforschung ist eben kein Luxus.

4.5 Sekundäre Veränderungen der Zellwand

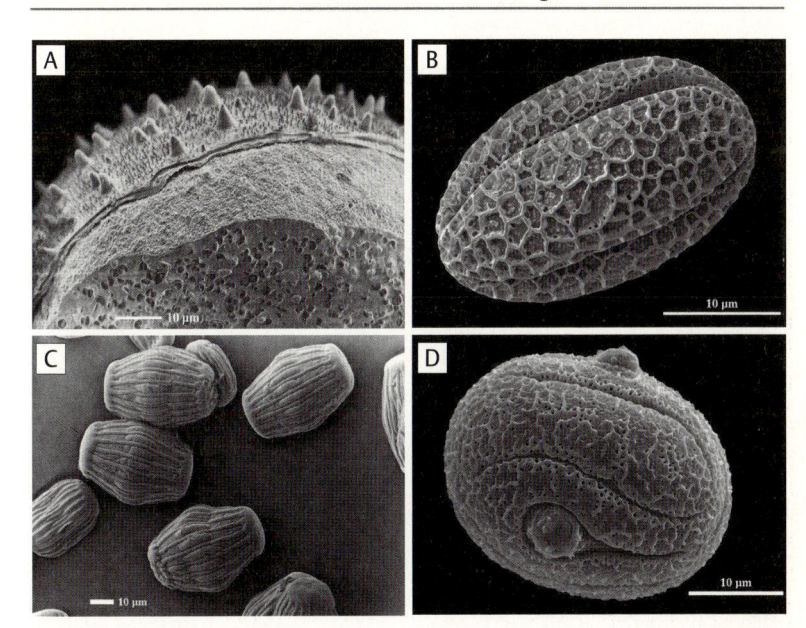

Abb. 4.**30** Pollenkörner. REM-Aufnahmen der Pollen von **A** *Cucurbita pepo* (Kürbis). An der Bruchstelle sind die warzig skulpturierten Exine und die faserig erscheinenden Intine deutlich zu unterscheiden. Kryobruch n. Tanaka. **B** *Viburnum lantana* (Schneeball). **C** *Polygala myrtifolia* (Kreuzblume). **D** *Pachystachis lutea* (Originalaufnahmen: G. Wanner).

(Intine) überzieht. Die Exine besitzt meist ein charakteristisches Oberflächenprofil aus Warzen, Stacheln, Zahnleisten usw. (Abb. 4.**30**). Chemisch besteht sie aus **Sporopolleninen,** das sind hochpolymere Stoffe, die wahrscheinlich aus Carotin-ähnlichen Monomeren aufgebaut sind. Wegen ihres hohen Polymerisationsgrades sind sie schwer angreifbar und nur auf oxidativem Wege abzubauen. Infolgedessen bleiben die Sporoderme unter anaeroben Bedingungen über lange Zeiträume hin unverändert erhalten, eine Eigenschaft, die uns heute die Identifizierung fossiler Pollenkörner ermöglicht (Pollenanalyse).

Cutiszellen: Sie sind innen von einer dünnen, der Zellwand aufgelagerten Suberinschicht ausgekleidet, ähnlich wie dies in Abb. 4.**31 B** für die sekundären Endodermiszellen dargestellt ist. Die Cutinisierung kann die Epidermiszellen oder die subepidermalen Zellen erfassen, die dann eine ein- oder mehrschichtige Hypodermis bilden. Auch die Exodermis (S. 276) zählt zu den Cutisgeweben. In der Regel behalten die Cutiszellen ihren lebenden Inhalt.

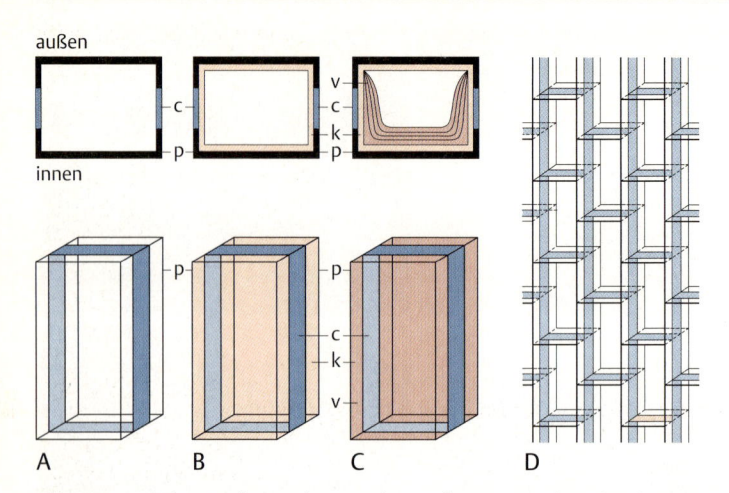

Abb. 4.31 Endodermiszellen, schematisch. **A** Primärer, **B** sekundärer, **C** tertiärer Zustand, oben im Querschnitt, unten in räumlicher Darstellung. **D** Primäre Endodermiszellen im Gewebeverband. c = Casparysche Streifen (blau), k = Korklamelle (rot), v = Verdickungsschichten auf den inneren und seitlichen Zellwänden (vgl. Abb. 8.2, S. 275)

Endodermis (Abb. 4.31): Ein den Cutiszellen entsprechender Zelltyp findet sich in Gestalt der Endodermen im Innern pflanzlicher Organe. Sie fungieren als physiologische Scheiden, indem sie den Wasser- und Stofftransport kontrollieren. Ihre Zellen haben eine prismatische Gestalt. Im primären Zustand sind sie allerdings noch nicht von einer Cutismembran ausgekleidet, sondern es sind nur bestimmte Bereiche der Primärwand inkrustiert. Die Inkrustierung beschränkt sich auf einen schmalen Streifen von wenigen µm Breite, den **Casparyschen Streifen,** der als zusammenhängendes Band die radialen Wände der Zellen (vgl. Abb. 8.2A,B, S. 275) umläuft, während die übrigen Teile der Zellwand zunächst unverändert bleiben (Abb. 4.31 A). Bei der inkrustierten Substanz handelt es sich nach der bisherigen Lehrmeinung um ein Gemisch aus Lignin und lipophilen Stoffen, das als Endodermin bezeichnet wird. Allerdings wurde in neuerer Zeit für einige Pflanzen nachgewiesen, daß der Casparysche Streifen ausschließlich mit Lignin inkrustiert ist. Ungeachtet der chemischen Natur der Inkrusten ist die wichtigste Aufgabe des Casparyschen Streifens die Verstopfung der kapillaren Räume der Zellwand, wodurch der apoplasmatische Transport von Ionen blockiert wird, während die kleinen, ungeladenen Wassermoleküle den Casparyschen Streifen offenbar ungehindert passieren können. Alle aufgenommenen Stoffe müssen somit die Zellen passieren, wodurch dem Protoplasten bzw. seinen Biomembranen die Möglichkeit zu einer Kontrolle und Selektion gegeben wird. Isolierte Casparysche Streifen zeigen eine netzartige Struktur mit welligem Verlauf, die darauf schließen läßt, daß sie auch mechanische Funktionen haben. Werden Endodermiszellen

4.5 Sekundäre Veränderungen der Zellwand

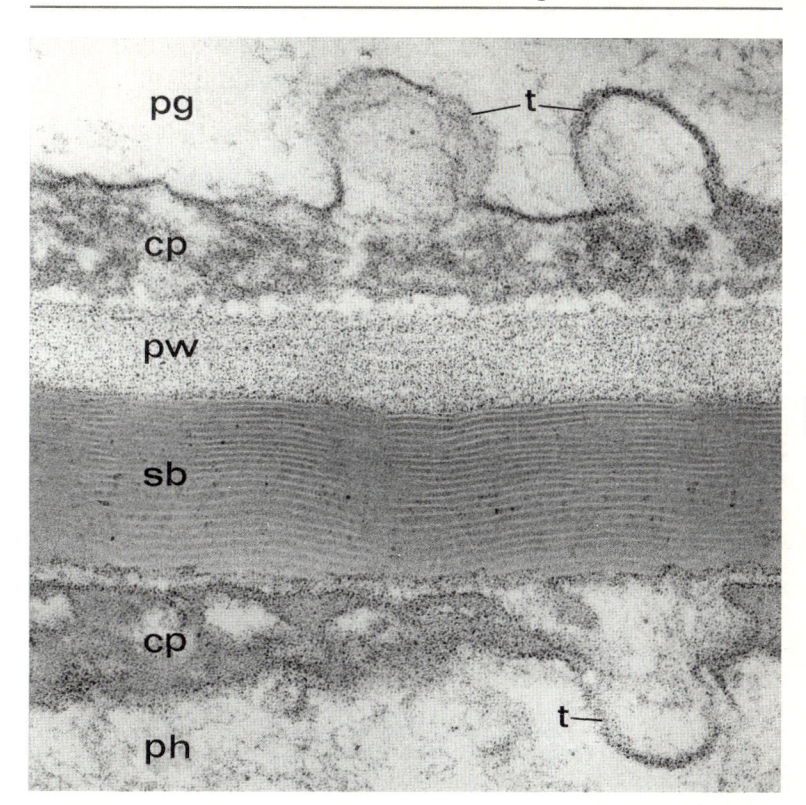

Abb. 4.32 *Acacia senegal*. Zellwand einer an eine Phellogenzelle (pg, S. 241 f.) grenzenden Phellemzelle (ph). Die stufenweise Ablagerung der Suberinlamellen (sb) ist deutlich zu erkennen. Die Polysaccharide der aneinandergrenzenden Primärwände (pw) der benachbarten Zellen (die sie trennende Mittellamelle ist nicht erkennbar) und die das wandständige Cytoplasma (cp) begrenzenden Tonoplasten (t) erscheinen granulär kontrastiert. Fixierung: Glutaraldehyd-Osmium; Kontrastierung: Perjodsäure-Thiosemicarbazid-Silberproteinat. Vergr. 100 000fach (Originalaufnahme: J. Wattendorff).

plasmolysiert, so löst sich der Protoplast von den Primärwänden ab, bleibt aber an den Casparyschen Streifen haften. Erst wenn im sekundären Zustand die gesamte Zelle innen mit einer dünnen Suberinlamelle ausgekleidet ist, hebt sich das Plasmalemma im plasmolysierten Zustand auch im Bereich der Casparyschen Streifen ab. Später, im sekundären Zustand, wenn die gesamte Zelle innen mit einer Suberinlamelle ausgekleidet ist (**B**), bleibt diese Kontrollfunktion auf einzelne **Durchlaßzellen** beschränkt, die keine Suberinlamelle besitzen. In einigen Fällen, vor allem bei den Monokotylen, erhalten die radialen Wände sowie die innen liegenden, in selteneren Fällen auch noch die außen liegenden tangentialen Wände Auflagerungen verholzter Celluloseschichten (**C**), wodurch sie zu einer mechanischen Scheide werden (tertiäre Endodermis) (Abb. 8.2C–F, S. 275). Dabei handelt es sich um ein mit Inkrustierung verbundenes Dickenwachstum der Zellwand.

Kork: Im Falle der auch als **Phellem** bezeichneten Korkzellen kann die Akkrustierung erhebliche Ausmaße erreichen, indem der Zellwand in der bereits beschriebenen Weise in regelmäßigem Wechsel Wachs- und Suberinschichten innen aufgelagert werden (Abb. 4.**32**). Beim sogenannten Steinkork können diesen noch verholzte Celluloseschichten folgen. Die damit einhergehende Verminderung des Wasser- und Stoffaustausches führt schließlich zum Absterben des plasmatischen Inhalts. Die zunächst noch offen gehaltenen Tüpfel werden dann verstopft. Auf diese Weise entstehen weitgehend wasserundurchlässige Zellschichten, die dem nachträglichen Abschluß der Oberfläche des Pflanzenkörpers, etwa nach Verletzung oder nach Zugrundegehen der Epidermis, dienen.

Zusammenfassung

- Die arbeitsteilige Differenzierung der Zellen ist ein entscheidender Schritt in der Evolution gewesen. Sie führte zu einer immer weitergehenden funktionellen Spezialisierung der Zellen, so daß die am höchsten entwickelten Vielzeller aus zahlreichen verschiedenen Zelltypen aufgebaut sind.

- Prozesse, die zu einer arbeitsteiligen Differenzierung führen, sind: das Flächen- und Dickenwachstum der Zellwände und die damit verbundene Ausbildung einer zentralen Zellsaftvakuole, die Inkrustierung und Akkrustierung der Zellwände mit Lignin, Cutin, Suberin und Wachsen, die Ausbildung bestimmter Organellen, die Ablagerung von Reservestoffen, die Synthese besonderer Zellinhaltsstoffe sowie die Entwicklung spezifischer physiologischer Leistungen.

- Die für das Zellwandwachstum benötigten Bausteine werden in den Dictyosomen gebildet und durch das Plasmalemma nach außen transportiert, mit Ausnahme der Cellulose, die durch den Cellulosesynthase-Komplex des Plasmalemmas gebildet wird.

- Durch Einlagerung nicht-cellulosischer Substanzen in die interfibrillären Räume (Inkrustation) bzw. durch Auflagerung auf die Zellwände (Akkrustation) können die Zellwände sekundäre Veränderungen erfahren, die im Falle der Lignineinlagerungen zu einer erhöhten Festigkeit, im Falle der Ein- bzw. Auflagerung von Cutin, Suberin u.ä. Verbindungen bzw. Wachsen zu einer weitgehenden Wasserundurchlässigkeit der Zellwände führt.

- Meist sind im vielzelligen Organismus Zellen gleicher Funktion zu Geweben zusammengeschlossen. Vereinzelt in einem Gewebe liegende Zellen abweichender Funktion bezeichnet man als Idioblasten. Sind verschiedenartige Zellen zu Komplexen zusammengeschlossen, die einer bestimmten Leistung dienen, spricht man von Gewebesystemen.

- Bei Pflanzen unterscheidet man Bildungsgewebe (Meristeme), deren Zellen die Fähigkeit zur Teilung beibehalten, und Dauergewebe, deren Zellen sich nicht weiter teilen und im Prozeß der Differenzierung ihrer künftigen Funktion entsprechend ausgebildet wurden. Im einzelnen unterscheidet man die folgenden Dauergewebetypen:
  1. Grundgewebe, die die Hauptmasse des Pflanzenkörpers ausmachen und überwiegend aus parenchymatischen Zellen bestehen. Meist sind sie noch funktionell weiter differenziert, z. B. zu Speicher-, Photosynthese-, Durchlüftungs-, Mark- u. a. Geweben.
  2. Abschlußgewebe, die als äußere Häute die Pflanze vor mechanischen Beschädigungen und zu großen Transpirationsverlusten schützen, wie Epidermis, Cutisgewebe und Korkgewebe, oder als innere Häute bestimmte Gewebe voneinander abgrenzen, wie die Endodermis. Bei allen diesen Zellen ist die Wasserwegsamkeit ihrer Wände durch Akkrustierung oder Inkrustierung mit Cutin, Suberin, Lignin und Endodermin mehr oder weniger stark herabgesetzt.
  3. Absorptionsgewebe, die der Aufnahme des Wassers und darin gelöster Ionen dienen, haben meist dünne, die Wasseraufnahme erleichternde Wände.
  4. Leitungsgewebe bestehen überwiegend aus Zellen langgestreckter Gestalt, deren Querwände zur Erleichterung der Transportfunktion häufig ganz oder teilweise unter Zellfusion herausgelöst sind. Dem Transport des Wassers und der darin gelösten Stoffe von der Wurzel zu den oberirdischen Organen dienen die Gefäße und Tracheiden, dem Transport der ebenfalls gelöst vorliegenden Assimilate in beiden Richtungen die Siebröhren, die bei den Angiospermen stets gemeinsam mit Geleitzellen vorkommen.
  5. Festigungsgewebe verleihen den pflanzlichen Organen die erforderliche mechanische Stabilität. Entweder sind nur einzelne Zellwände teilweise verdickt, wie beim Platten- bzw. Kantenkollenchym, oder die Verdickungen erfassen alle Zellwände gleichmäßig, wie bei den Sklerenchymfasern und den Steinzellen. Die Wände der beiden letzteren können durch Inkrustierung mit Lignin verfestigt sein, verlieren dadurch aber an Elastizität.
  6. Sekretionsgewebe dienen zur Ausscheidung bzw. Absonderung von Stoffen. Hierzu zählen die Kristallidioblasten, Drüsenzellen, Milchröhren, Ölbehälter und Harzgänge.

Organisationsformen der Pflanzen

Die Bakterien und Pilze gehören nicht zu den Pflanzen. Sie werden heute als eigene Reiche angesehen. Die Bakterien werden in zwei Reiche gegliedert: die **Eubacteria,** das sind die Bakterien im klassischen Sinne und die Cyanobakterien, und die **Archaea,** die Archaebakterien. Die Pilze bilden das große Reich der **Mycota.** Da jedoch an diesen Organismen zahlreiche wesentliche Erkenntnisse gewonnen wurden, die die Grundlage für die Erforschung der Biologie der Pflanzen bildeten (Photosynthese, Dissimilation, Genetik, Entwicklungsvorgänge, sensorische Prozesse u. a.), erscheint ihre Behandlung in diesem Kapitel gerechtfertigt. Hinzu kommen die zahlreichen Wechselwirkungen dieser Organismen mit höheren Pflanzen, deren Verständnis die Kenntnis ihrer Morphologie und Biologie zur Voraussetzung hat.

Da die Lebensbedingungen der Archaea denen ähneln, die nach unseren Erkenntnissen z. Zt. der Entstehung des Lebens auf der Erde geherrscht haben, und fossile Formen der Cyanobakterien eine weitgehende Ähnlichkeit mit den heute lebenden Arten aufweisen, dürfen wir davon ausgehen, daß sich die rezenten **Prokaryonten** wohl nicht sehr wesentlich von ihren Vorfahren unterscheiden. Dagegen haben die **Eukaryonten,** von denen es auch heute noch zahlreiche einzellige Formen gibt, eine stürmische Entwicklung erfahren. Diese hat, vor allem nach vollzogenem Übergang vom Einzeller zum Vielzeller und insbesondere nach dem Übergang vom Leben im Wasser zum Landleben zu einer ungeheuren Formenvielfalt geführt. In Zahlen ausgedrückt stehen mehreren 10 000 Arten von Prokaryonten mehrere Millionen Eukaryonten gegenüber, von denen etwa 500 000 dem Pflanzenreich zuzurechnen sind. Hiervon sind etwa 250 000 höhere Pflanzen, die von allen Pflanzen den höchsten Grad der arbeitsteiligen Differenzierung aufweisen. Diese Zahlen sind natürlich nur als Größenordnungen anzusehen, da immer neue, bisher unbekannte Pro- und Eukaryonten entdeckt und beschrieben werden.

In diesem Zusammenhang bedarf es der Erwähnung, daß arbeitsteilige Differenzierung schon bei Prokaryonten vorkommt. So finden sich in den fädigen Thalli mancher Cyanobakterien, die aus gleichartigen und physiologisch gleichwertigen Zellen bestehen, in mehr oder weniger regelmäßigen Abständen abweichend gestaltete Zellen, die Heterocysten. Ihre Aufgabe ist die Fixierung elementaren Stickstoffs. Da diese nur unter weitgehend anaeroben Bedingungen erfolgen kann, besitzen die Heterocysten nur das Photosystem I, während ihnen das sauerstoffentwickelnde Photosystem II fehlt.

5.1 Stammbaum der Pflanzen

Die stammesgeschichtliche Entwicklung (**Phylogenie**) der einzelnen Pflanzen- (und Tier-)gruppen aus gemeinsamen Vorfahren und somit ihr Verwandtschaftsgrad ist noch weitgehend Gegenstand von Hypothesen. Zwar können unsere Vorstellungen in solchen Fällen, in denen reiche Fossilienfunde zur Verfügung stehen, als recht gut gesichert angesehen werden, doch sind die Ableitungen in anderen Fällen, in denen Fossilien spärlicher sind oder ganz fehlen, noch recht unsicher. Naturgemäß ist die Unsicherheit um so größer, je weiter wir die Stammesgeschichte zurückverfolgen. Aus diesen Gründen können alle Stammbäume, die bisher erarbeitet wurden, nur vorläufigen Charakter haben. Einen entscheidenden Fortschritt hat allerdings die Einführung chemischer Methoden in die stammesgeschichtliche Forschung gebracht.

Neben den unentbehrlichen morphologischen, anatomischen und cytologischen Untersuchungen (vgl. z. B. epicuticulare Wachse, S. 182 ff.) hat die **Chemotaxonomie** zunehmend an Bedeutung gewonnen. Diese nimmt die taxonomische Einteilung nach chemischen Merkmalen vor. Dabei werden z. B. die Aminosäuresequenzen von Proteinen ermittelt und der Grad ihrer Übereinstimmung als Maß des Verwandtschaftsgrades benutzt. Als eine zuverlässige Methode für die natürliche Klassifikation hat sich der Vergleich der Nucleotidsequenzen der ribosomalen 16 S RNA bei Prokaryonten bzw. der 18 S RNA bei Eukaryonten erwiesen. Je größer die Übereinstimmung, um so enger die Verwandtschaft. Schließlich erlaubt die maschinelle Sequenzierungstechnik (S. 452) heute die Analyse der Nucleotidsequenzen von DNA-Molekülen, Chromosomen und sogar von ganzen Genomen.

Allerdings ist noch nicht einmal eine absolut zuverlässige Abgrenzung zwischen Pflanze und Tier möglich. Zwar haben wir bereits einige Organisationsmerkmale kennengelernt, die als charakteristisch für den pflanzlichen Organismus angesehen werden. In der Dimension der Zelle waren dies das Vorhandensein einer Zellwand, der Besitz von Plastiden und die Bildung einer Vakuole, in der molekularen Dimension die Verwendung von Cellulose als Wandsubstanz, der Besitz von Chlorophyll und die Verwendung des Polysaccharids Stärke als Reservestoff. Keines dieser Kriterien hat jedoch absolute Gültigkeit, da manche Pflanzen keine oder nichtcellulosische Zellwände haben, keine Plastiden bzw. kein Chlorophyll besitzen, keine Zellsaftvakuolen haben oder einen anderen Reservestoff als Stärke verwenden.

Auch bei Betrachtung des ganzen Organismus gibt es keine allgemeingültigen Unterscheidungsmerkmale zwischen Tier und Pflanze. So ist die Fähigkeit zur Ortsveränderung und die damit im Zusammenhang stehende Verlagerung aller wichtigen Organe in das Innere zwar für viele, aber doch keineswegs für alle Tiere charakteristisch, wie andererseits die Standortgebundenheit und die starke Oberflächenentwicklung nicht alle Pflanzen auszeichnet. Auch das auf das Jugendstadium begrenzte Wachstum der Tiere und das sich über die gesamte Lebensdauer erstreckende, potentiell unbegrenzte

Wachstum der Pflanzen sind keine generell zutreffenden Kriterien. Die Einordnung der Organismen in das Tier- und Pflanzenreich kann also nur unter Berücksichtigung aller Merkmale erfolgen. In gewissen Fällen, wie etwa bei den begeißelten Eukaryonten (Flagellaten), von denen wir sowohl grüne als auch farblose Formen kennen, ist eine klare Entscheidung überhaupt nicht möglich, da sie mit gleichem Recht sowohl als Tiere als auch als Pflanzen angesehen werden können. Sehr instruktiv ist das Beispiel von *Euglena gracilis*. Zieht man grüne, Chloroplasten enthaltende Euglenen in einem organischen Medium bei relativ hohen Temperaturen an, so teilen sich die Zellen schneller als die Chloroplasten und man erhält farblose, chloroplastenfreie Individuen, die nicht wieder ergrünen können. Aus einer Pflanze ist also ein Tier entstanden.

Auf der niedrigsten Organisationsstufe hat die Einzelzelle den Wert eines ganzen Organismus. Häufig bleiben allerdings die durch Teilung auseinander hervorgehenden Zellen miteinander verbunden, so daß fadenförmige Zellverbände entstehen oder lockere Aggregate, die durch Schleimkapseln oder Scheiden zusammengehalten werden. Daß es sich dennoch um Einzeller handelt, geht aus der Tatsache hervor, daß die einzelnen Zellen auch allein lebensfähig sind, wenn sie aus dem Verband herausgelöst werden. Gemäß der auf S. 115 gegebenen Definition haben wir prokaryotische und eukaryotische Einzeller zu unterscheiden.

Ein weiteres ungelöstes Problem ist die Frage, ob sich die drei Reiche der Archaea, Eubacteria und Eucarya aus ein- und demselben Ureinzeller entwickelt haben, also monophyletischen Ursprungs sind, oder ob sich die drei Reiche unter zunehmender Isolation unabhängig voneinander, also polyphyletisch, entwickelt haben, wobei natürlich in jedem Falle die Endocytose von Bakterien ein entscheidender Schritt in der Entwicklung der Eucarya war.

Wie der 16 S bzw. 18 S RNA-Stammbaum (Abb. 5.1) zeigt, haben sich die Euglenophyta sehr früh zu einer selbständigen Abteilung der Eucarya (Eukaryonten) entwickelt, weshalb ihre 18 S RNA nur eine geringe Übereinstimmung mit der 18 S RNA der begeißelten Chlorophyta *(Chlamydomonas)* zeigt. Vielleicht beruht darauf ihre oben erwähnte „Zwischenstellung" zwischen Tier und Pflanze. Auch die Myxomycota (Schleimpilze) haben sehr früh eine eigene Entwicklung eingeschlagen, weshalb ihre 18 S RNA-Sequenzen sich erheblich von denen der Eumycota, der „echten" Pilze unterscheiden. Die 18 S RNA der Rhodophyta (Rotalgen) zeigt zwar eine etwas größere Übereinstimmung mit der der Chlorophyta, doch sind beide verwandtschaftlich noch weit von einander entfernt. Wie bereits erwähnt (S. 106), haben sie möglicherweise eine gesonderte „Endosymbiotisierung" erfahren, hätten dann also schon sehr früh eine eigene Entwicklung eingeschlagen. Dagegen ist die Stellung der Phaeophyta (Braunalgen) im Stammbaum noch weitgehend unklar. Auffallend ist die große Übereinstimmung der 18 S RNA-Sequenzen von Grünalgen und höheren Pflanzen, die auf eine enge Verwandtschaft schließen läßt. Bemerkenswert ist schließlich auch, daß die Verwandtschaft der Chlorophyta zu den Metazoa (vielzellige Tiere) bzw. Spongia (Schwämme) ungleich größer ist als zu den Euglenophyta.

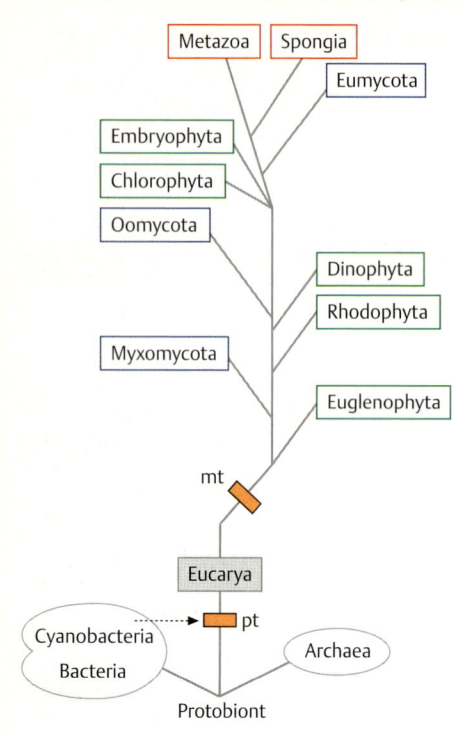

Abb. 5.1 Stammbaum einiger Pflanzen- (grün), Tier- (rot) und Pilzgruppen (blau). Die Abfolge der Verzweigungen wurde durch Vergleich der 16 S bzw. 18 S RNA ermittelt. pt bzw. mt markiert den wahrscheinlichen Zeitpunkt des Erwerbs von Plastiden bzw. Mitochondrien durch Endocytobiose. In der hier gewählten Darstellung wird davon ausgegangen, daß sich die drei Reiche der Eubacteria, Archaea und Eucarya (unter Berücksichtigung der Endocytobiosen) durch frühzeitige Isolation unabhängig von einander entwickelt haben (nach Woese et al., Sogin, Bhattacharya et al., Kandler, aus Sitte et al. Strasburger Lehrbuch der Botanik, Gustav Fischer-Verlag, Stuttgart, 34. Aufl., 1998, verändert).

5.2 Prokaryonten

Unter den Prokaryonten lassen sich drei Hauptgruppen voneinander abgrenzen: die Eubakterien, die Archaebakterien und die Cyanobakterien. Während die Archaebakterien, wie eingangs erwähnt, ein als Archaea bezeichnetes eigenes Reich bilden, werden die Cyanobakterien den Eubakterien zugerechnet, mit denen sie zusammen das Reich der Eubacteria bilden. Allerdings werden sie in der botanischen Literatur häufig noch als Cyanophyceen bezeichnet und bei den Algen eingeordnet. Der Hauptgrund hierfür ist, daß sie Chlorophyll a besitzen und ihre Photosynthese, im Gegensatz zur anoxygenen Bakterienphotosynthese, oxygen, d. h. infolge der Wasserspaltung unter Sauerstoffbildung abläuft.

Allen Prokaryonten ist gemeinsam, daß ihnen ein Zellkern mit den als typisch bezeichneten Organisationsmerkmalen (S. 111 ff.) fehlt. Dennoch fungiert auch bei ihnen als Träger der genetischen Information die DNA, die in Form fibrillärer Elemente in bestimmten Bereichen der Zelle nachweisbar ist (Abb. 5.**2**).

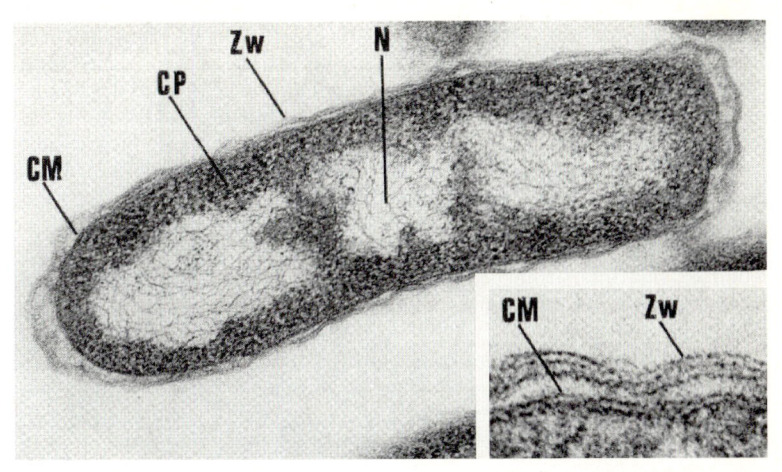

Abb. 5.2 Elektronenmikroskopische Aufnahme eines Ultradünnschnittes von *Escherichia coli*. Infolge leichter Plasmolyse hat sich der Protoplast von der Zellwand gelöst. Hierdurch sind die Zellwand (zw) und die Cytoplasmamembran (cm) gut zu erkennen. cp = Cytoplasma mit Ribosomen, n = Kernäquivalente mit DNA-Strängen. Vergrößerte Zelle 26 200fach, Zellausschnitt 216 000fach (Originalaufnahmen: H. Frank, aus H. G. Schlegel: Allgemeine Mikrobiologie, Thieme, Stuttgart 1985).

Diese sind nicht durch Membranen abgegrenzt, erscheinen aber meist kontrastärker als das stärker elektronenstreuende Cytoplasma (Hellzonen). Die DNA der Prokaryonten hat eine ringförmige Struktur und ist nicht mit Histonen assoziiert. Trotz dieser von der chromosomalen DNA der Eukaryonten stark abweichenden Struktur hat sich die inkorrekte Bezeichnung „Bakterienchromosom" eingebürgert, obwohl andere Bezeichnungen wie Lineom und Genophor vorgeschlagen wurden. Nicht selten wird auch von Bakterienzellkernen gesprochen, obwohl die älteren Termini „Kernäquivalente" oder „Nucleoide" den tatsächlichen Verhältnissen besser Rechnung tragen.

Weitere allgemeine Charakteristika der Prokaryonten sind der Besitz von 70 S Ribosomen sowie das Fehlen der für die eukaryotischen Zellen charakteristischen Membranstrukturen wie ER, Dictyosomen, Microbodies, Mitochondrien und Chloroplasten. Zwar kommen sowohl bei den photosynthetischen Bakterien als auch den Cyanobakterien intracytoplasmatische Membranen vor, die etwa den Thylakoiden entsprechen, doch sind diese nicht von einer Plastidenhülle umgeben, sondern liegen frei im Cytoplasma.

5.2.1 Eubakterien (Eubacteria)

Als Prototyp der Eubakterien sei *Escherichia coli* gewählt (Abb. 5.2), der Standardorganismus jahrzehntelanger biochemischer und genetischer Forschung. Bei diesem liegt der in sich geschlossene, zirkuläre DNA-Doppelstrang in Form eines Knäuels vor, das aus etwa 50 superhelikalen Schleifen besteht. Wird dieses vorsichtig aus der Zelle herauspräpariert, behält es seine Form (Abb. 5.3D). Durch Behandlung mit dem Enzym Ribonuclease wird das Knäuel völlig ausgebreitet. Offenbar ist die RNA für die Ausbildung und Erhaltung der knäuelartigen Struktur der DNA wesentlich. Außerdem scheinen hierfür auch Proteine verantwortlich zu sein. Bei der Spreitung geht die Superhelix durch Einstrangbrüche in eine offene Ringstruktur über (Abb. 5.3E), die häufig Replikationsgabeln erkennen läßt und eine Konturlänge von 1360 µm besitzt. Die Totalsequenzierung der DNA ist inzwischen gelungen (S. 453). Nach den Ergebnissen von Untersuchungen an anderen Gattungen und Arten dürfen wir davon ausgehen, daß die DNA bei allen Prokaryonten eine ähnliche Überstruktur aufweist.

Die Anzahl der DNA-Hauptstränge pro Bakterienzelle hängt von ihrem Alter und ihrem physiologischen Zustand ab. In ruhenden Zellen der stationären Phase enthält jede Zelle im typischen Falle nur einen Hauptstrang. Schnell wachsende Zellen, die sich in der logarithmischen Phase befinden, enthalten zwei, drei oder sogar vier Hauptstränge, von denen sich jeder bereits wieder in Replikation befinden kann. Das frühzeitige Einsetzen der Replikation ist notwendig, da sich manche Bakterien schneller teilen, als der Replikationszyklus abläuft. So teilen sich die Zellen von *Escherichia coli* unter günstigen Bedingungen alle 20 Min., während der Replikationszyklus 40 Min. in Anspruch nimmt.

Während der Replikation ist ein Punkt des zirkulären DNA-Moleküls an die Cytoplasmamembran angeheftet. Daher liegen die beiden neugebildeten Doppelstränge zunächst noch nebeneinander. Ihre Verteilung auf die beiden Tochterzellen kommt offenbar dadurch zustande, daß zwischen die beiden Anheftungsstellen, synchron mit der Zellwandsynthese, neues Membranmaterial eingebaut wird, wodurch die Anheftungsstellen immer weiter auseinanderrücken. Erfolgt schließlich die Teilung, so erhält jede Zelle mindestens einen Doppelstrang. Hierdurch wird die korrekte und vollständige Weitergabe der genetischen Information gewährleistet, ohne daß ein Spindelapparat ausgebildet wird.

Bei zahlreichen Arten finden sich zusätzlich zu dem DNA-Hauptstrang noch kleinere ringförmige DNA-Elemente, die **Plasmide**, deren Größe je nach Typ zwischen einigen Tausend und 0,5 Millionen Nucleotidpaaren liegen kann. Sie besitzen einen eigenen Startpunkt für ihre Replikation. Ein Plasmid kann in der Wirtszelle seine Autonomie als unabhängiges Replikon behalten, oder es kann in den DNA-Hauptstrang der Wirtszelle integriert werden. In diesem Falle wird es auch als Episom bezeichnet. Manche Plasmidarten können von einer Zelle, dem Spender, auf eine andere, den Empfänger, übertragen werden. Hierzu gehören die F-Plasmide (Fertilitätsfaktoren, S. 455) und die R-Plasmide (Resistenzfaktoren), die die Resistenz gegen bestimmte Antibiotika und Sulfonamide bedingen. Sie werden als konjugative Plasmide bezeichnet. Nichtkonjugative Plasmide besitzen kein transfer-Gen und werden daher nicht übertragen. Meist liegen die Plasmide in mehreren Kopien vor, deren Anzahl pro DNA-Hauptstrang für das jeweilige Plasmid charakteristisch zu sein scheint. Weitere Plasmide sind das Ti-Plasmid (S. 524) sowie das Sym-Plasmid, auf dem die nif-Gene codiert sind (S. 377). Der Besitz von Plasmiden verschafft den betreffenden Bakterien zwar bestimmte Selektionsvorteile, ist aber keine unerläßliche Voraussetzung für ihre Lebensfähigkeit.

Das Cytoplasma wird außen durch die Cytoplasmamembran begrenzt, die im elektronenmikroskopischen Bild den typischen Aufbau einer Biomembran zeigt (Abb. 5.2). Gleich dem Plasmalemma der Pflanzenzelle hat sie die Funktion einer den Stoffaustausch kontrollierenden physiologischen Barriere. Darüber hinaus ist sie Trägerin der Atmungsenzyme, die bei der Eukaryotenzelle in den Mitochondrien lokalisiert sind, sowie des enzymatischen Apparates der Zellwandsynthese.

Wie oben erwähnt, kommen auch in Bakterienzellen **intracytoplasmatische Membranen** vor, die durch Invagination (Einstülpung) der Cytoplasmamembran entstehen und mit dieser vorübergehend oder dauernd in Verbindung bleiben. Hier sind vor allem die den Thylakoiden der Chloroplasten vergleichbaren Membranen der photosynthetischen Bakterien zu nennen, auf denen die Photosynthesepigmente (Bakteriochlorophylle, Carotinoide) lokalisiert sind. Je nach Art können sie als Vesikel (Abb. 5.4), Tubuli oder Membranstapel ausgebildet sein. An granulären Einschlüssen enthält das Cytoplasma neben den Ribosomen, die dem 70 S Typus angehören, vor allem Reservestoffe. Die früher als Volutinkörner bezeichneten metachromatischen Granula bestehen im wesentlichen aus Polyphosphaten, das sind kettenförmige kondensierte Phosphate, die als Phosphatreserve und, wenn auch wohl nur in geringem Umfang, als Energiespeicher dienen. Andere Granula bestehen aus Polysacchariden (Glykogen), Poly-β-hydroxybuttersäure, Lipiden und, bei Schwefelbakterien, aus Polysulfiden. Bei einigen autotrophen Formen sind auch Carboxysomen gefunden worden, die eine polyedrische Gestalt haben und überwiegend aus dem Enzym RubisCO (S. 104) bestehen.

Die formbeständige, aber elastische Zellwand, deren Dicke zwischen 10 und 40 nm liegt, unterscheidet sich sowohl in ihrer Feinstruktur als auch in ihrer chemischen Zusammensetzung grundsätzlich von der typischen Pflanzenzellwand. Darüber hinaus bestehen auch innerhalb der Bakterien größere Unterschiede, die u. a. das verschiedene Gram-Verhalten bedingen.

Bei der Gram-Färbung werden die Bakterien mit bestimmten Anilinfarbstoffen (Karbolgentianaviolett, Kristallviolett o. a.) angefärbt und anschließend mit Jod-Jodkaliumlösung behandelt. Hierdurch entstehen Farblacke, die bei den gramnegativen Formen durch eine anschließende Alkoholbehandlung ausgezogen werden, bei den grampositiven hingegen nicht. Das Gram-Verhalten ist, von einigen gramlabilen Formen abgesehen, artspezifisch und hat in der Bakteriologie diagnostischen Wert.

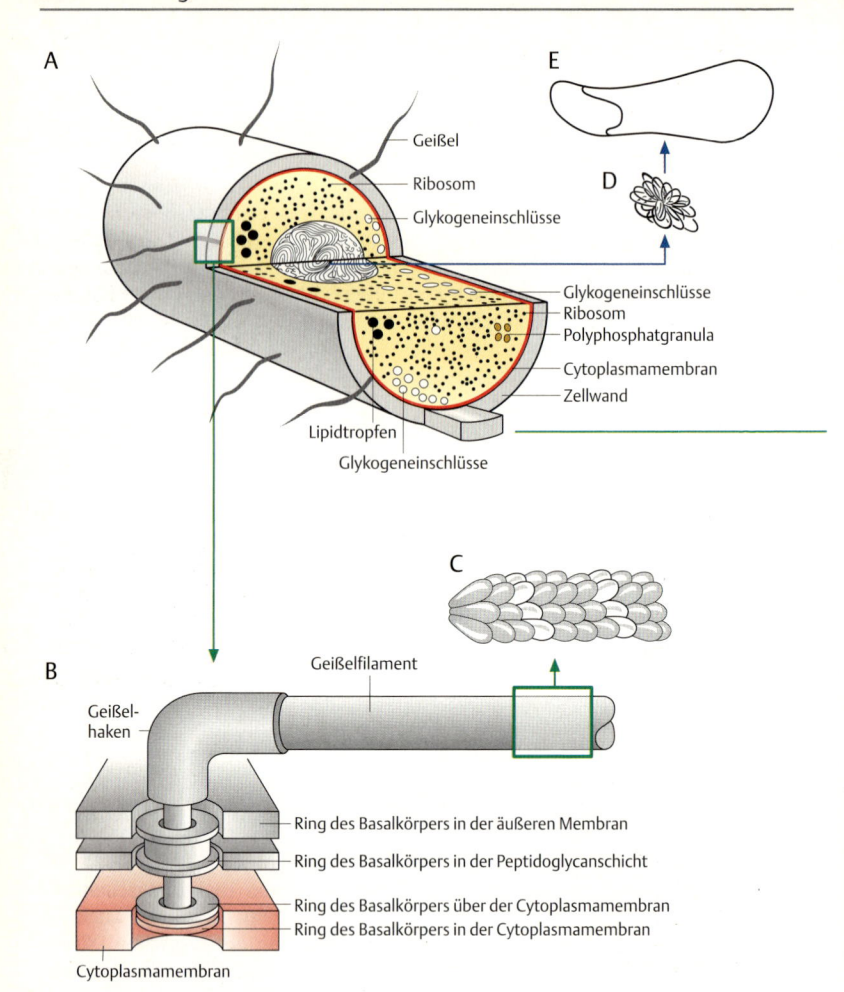

Abb. 5.3 Zelle eines gramnegativen Bakteriums. **A** Raumdiagramm mit kombiniertem Längsquerschnitt (schematisch), **B** Modell des Basalkörpers mit Geißelhaken von *Escherichia coli*, **C** Feinstrukturmodell eines Geißelfilamentabschnittes, **D** DNA-Molekül von *Escherichia coli* im nativen Zustand. **E** wie **D** in Replikation, gezeichnet nach einem Autoradiogramm, **F** Strukturmodell der Zellwand, **G** Ausschnitt aus zwei Peptidoglycanmolekülen von *Escherichia coli* mit Quervernetzung, **H** = Porin OmpF, **I** = Porin PhoE.

5.2 Prokaryonten

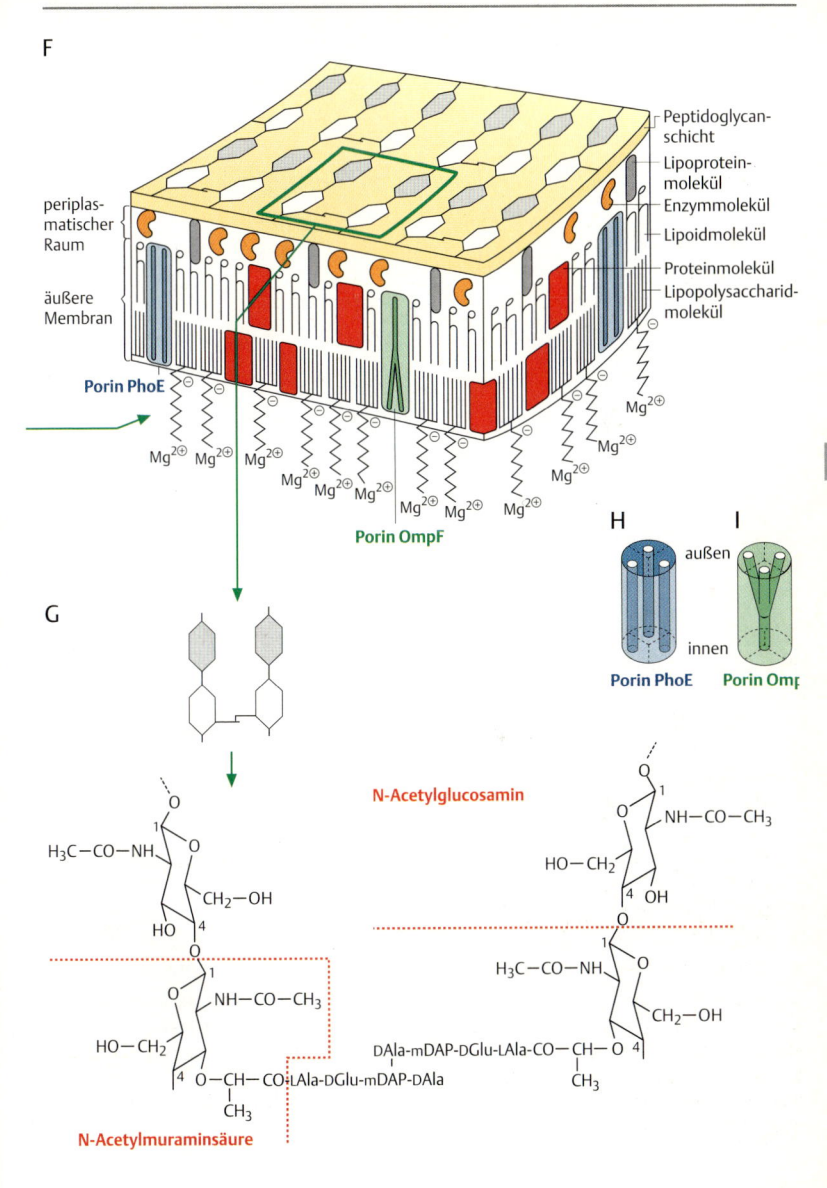

F

- Peptidoglycanschicht
- Lipoproteinmolekül
- Enzymmolekül
- Lipoidmolekül
- Proteinmolekül
- Lipopolysaccharidmolekül

periplasmatischer Raum

äußere Membran

Porin PhoE

Porin OmpF

H Porin PhoE
I Porin OmpF

außen
innen

G

N-Acetylglucosamin

N-Acetylmuraminsäure

DAla-mDAP-DGlu-LAla-CO-CH-O
LAla-DGlu-mDAP-DAla

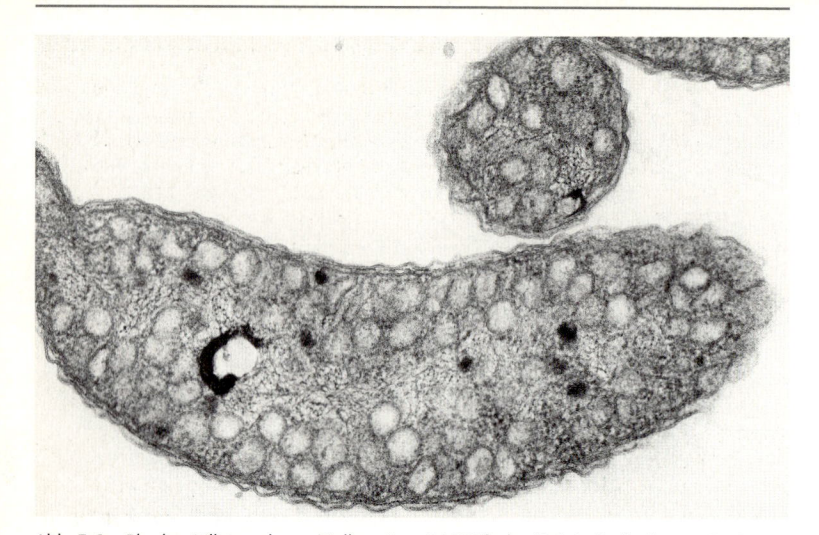

Abb. 5.**4** *Rhodospirillum rubrum.* Zelle mit zahlreichen bläschenförmigen Thylakoiden. Fixierung: nach Kellenberger, Vergr. ca. 54 000fach (Originalaufnahme: G. Drews und Marx).

Die Zellwände der Eubakterien sind stets mehrschichtig (Abb. 5.**3**F). Allen gemein ist jedoch nur die innerste Schicht, die infolge ihrer Starrheit die formbestimmende Komponente der Zellwand darstellt und deshalb als Stützschicht bezeichnet wird. Sie besteht aus Peptidoglycanen, das sind Heteropolymere, die aus Aminozuckern und kleineren Peptideinheiten aufgebaut sind.

Bei den ersteren handelt es sich um N-Acetylglucosamin und N-Acetylmuraminsäure, die alternierend in Ketten angeordnet und β-1→4-glykosidisch miteinander verbunden sind (Abb. 5.**3**G). Die Peptide stehen in Form kurzer Seitenketten an den N-Acetylmuraminsäuremolekülen. Sie enthalten charakteristische, in Proteinen nicht vorkommende Aminosäuren, bei *Escherichia coli* z. B. m-2,6-Diaminopimelinsäure, D-Glutaminsäure und D-Alanin neben L-Alanin. Die benachbarten parallel angeordneten Peptidoglycanmoleküle sind, wie Abb. 5.**3**G zeigt, über die m-Diaminopimelinsäure der einen und das D-Alanin der anderen Seitenkette quer vernetzt. Auf diese Weise entsteht ein beutelförmiges Riesenmolekül (Sacculus), das Murein, das den Protoplasten der Zelle einschließt.

Gramnegative Bakterien: Bei ihnen ist der Peptidoglycan-Sacculus einschichtig. An ihn sind langgestreckte Lipoproteinmoleküle kovalent gebunden, die auswärts gerichtet und mit ihren Lipidanteilen in der äußeren Membran ver-

> **Box 5.1 Antigene**
>
> Der Begriff Antigen leitet sich von Antisomatogen ab, d. h. Antikörperbildner. Hierunter versteht man Stoffe, die im Körper von Mensch und Tier die Bildung von Antikörpern hervorrufen, das sind spezifische Serumeiweiße (Immunglobuline), die mit dem betreffenden Antigen reagieren und dieses unwirksam machen. Auf diese Weise kann Immunität erworben werden. Zu den Antigenen zählen vor allem gewisse Proteine und Polysaccharide. Voraussetzung für eine Immunantwort ist im allgemeinen, daß das Antigen vom Organismus als fremd erkannt wird und daß es eine M_r von mindestens 1000 besitzt. Bakterien mit ihren O- bzw. H-Antigenen zählen zu den partikulären Antigenen.

ankert sind (Abb. 5.3F), wodurch diese in einem bestimmten Abstand vom Murein-Sacculus gehalten wird. Sie ist eine Biomembran, zeigt aber eine starke Asymmetrie. Ihre innere Hälfte besteht überwiegend aus Phospholipiden, die äußere hingegen aus Lipopolysacchariden. Diese tragen im typischen Fall sechs Fettsäureketten, mit denen sie im Lipidbereich der Biomembran verankert sind (Abb. 5.3F). Die Fettsäuren sind mit einem aus zwei Glucosaminen bestehenden Disaccharid verbunden. Dieses trägt außerdem eine lange Polysaccharidkette, die weit über die Zelloberfläche hinausragt. In ihrem proximalen Bereich tragen diese Polysaccharide negative Ladungen, an ihrem distalen Ende die O-Antigene (Körperantigene, s. Box 5.1). Diese Schicht ist sehr wasserhaltig, weshalb die Bakterienoberfläche glatt und glänzend erscheint. Sie schützt die Bakterien, die man deshalb als S-(smooth-)Formen bezeichnet, bis zu einem gewissen Grade vor der Reaktion mit Antikörpern und der Phagocytose durch die Leukocyten. Deshalb sind die S-Formen sehr viel widerstandsfähiger als die durch eine rauhe Oberfläche ausgezeichneten R-(rough-)Formen, denen diese Polysaccharidketten fehlen.

Die äußere Membran enthält **Porine,** die transmembrane, wassergefüllte Kanäle mit Durchmessern zwischen 0,6 und 2,3 nm bilden. Sie gestatten hydrophilen Molekülen einer $M_r < 1000$ den Durchtritt, so daß die äußere Membran etwa um den Faktor 10 durchlässiger ist als die Cytoplasmamembran. Bei einigen Bakterien sind sogar noch höhere Werte gefunden worden. Die Selektivität der Porine ist gering. Meist unterscheiden sie sich nur hinsichtlich ihrer Selektivität für Kationen bzw. Anionen, je nach Ladung der Aminosäuren, die den Kanal bilden. So zeigt das PhoE-Porin eine gewisse Selektivität für Anionen und phosphathaltige Substanzen. In *In-vitro*-Experimenten erwiesen sich die Porine als spannungsabhängig (S. 56f.).

Offenbar liegen die Porine meist als Trimere vor, von denen jedes eine nach außen gerichtete Eintrittsöffnung enthält, die das Porin entweder als drei getrennte Kanäle durchsetzen, wie im Falle des sogenannten PhoE, oder aber zu einem gemeinsamen Kanal zusammenlaufen, wie im Falle des OmpF, beide von *Escherichia coli* (Abb. 5.3H,I). Außerdem wurden in der äußeren Membran auch andere Transportproteine gefunden. So hat sich gezeigt, daß das als Rezeptor für den Phagen λ (S. 459) fungierende LamB-Protein die Aufnahme von Maltose und Maltodextrinen bei geringen Außenkonzentrationen spezifisch verstärkt. Da es gewisse Gemeinsamkeiten mit den Porinen zeigt, wird es auch als Maltoporin bezeichnet. Auch ist bekannt, daß es mit Maltose-bindenden Proteinen in Wechselwirkung treten kann.

In dem zwischen der äußeren Membran und der Stützschicht liegenden periplasmatischen Raum befinden sich lösliche Proteine (Abb. 5.3F), die zum Teil Bindungsproteine für lösliche Metabolite wie Zucker und Aminosäuren sind und auch als Chemorezeptoren fungieren, zum Teil enzymatischen Charakter tragen und Nährstoffe so weit abbauen, daß sie durch die Cytoplasmamembran transportiert werden können. Auch toxisch wirksame Moleküle können abgebaut und auf diese Weise unschädlich gemacht werden. Der Besitz einer solchen Zone kontrollierter physikalischer und chemischer Bedingungen erklärt den breiten Milieubereich, in dem die gramnegativen Bakterien zu wachsen vermögen.

Grampositive Bakterien: Sie besitzen einen vielschichtigen Peptidoglycan-Sacculus, dessen Anteil an der Zellwandsubstanz mit 30–70 % wesentlich höher ist als bei den gramnegativen, wo er nur etwa 10 % beträgt. Die übrige Wandsubstanz besteht aus Polysacchariden und/oder Teichonsäuren, das sind wasserlösliche Heteropolymere aus Zuckern, D-Alanin und Glycerinphosphorsäure oder Ribitphosphorsäure.

Viele Eubakterien scheiden mehr oder weniger stark quellendes Wandmaterial ab, das meist aus sauren Heteropolysacchariden besteht. Es führt entweder zur Bildung unscharf begrenzter, schleimiger Höfe oder scharf umschriebener Kapseln bzw. Scheiden höherer Viskosität. Diese Schleimhüllen bieten einen gewissen Schutz und erhöhen damit die Resistenz, z. B. gegen Antikörper und Leukocyten.

Manche Eubakterien tragen in Ein- oder Mehrzahl **Geißeln**, die in der Zellwand bzw. in der Cytoplasmamembran mit Hilfe der Basalkörper verankert sind. Diese bestehen bei den gramnegativen Bakterien aus mindestens neun Proteinen, die in vier voneinander abgesetzten ringförmigen Scheiben auf einem relativ dünnen Schaft angeordnet sind (Abb. 5.3B). Sie werden als M-, S-, P- und L-Ring bezeichnet und liegen (in gleicher Folge) in der Cytoplasmamembran, im intermembranären Raum, im Mureinsacculus und in der äußeren Membran. Die Geißeln der grampositiven Bakterien haben nur die beiden inneren Ringe (M und S). An dem Basalkörper ist der abgewinkelte Geißelhaken inseriert, der aus einem Protein (M_r = 42 000) besteht. An ihn ist das Filament angeheftet. Bei hoher Auflösung erkennt man, daß es aus mehreren, häufig elf Subfibrillen aufgebaut ist, die schraubig umeinander gewunden sind. Sie bestehen aus einem als Flagellin bezeichneten Protein, dessen Bausteine (Monomere) in Längsreihen angeordnet sind (Abb. 5.3C). Hinsichtlich der Größe und Zusammensetzung der Flagellinmoleküle gibt es bei den verschiedenen Bakteriengruppen Unterschiede. Bei *Escherichia coli* besteht das Flagellin aus einer Peptidkette mit einer Molekülmasse M_r von 54 000. Der Durchmesser der Geißeln liegt zwischen 10 und 20 nm, ihre Länge zwischen

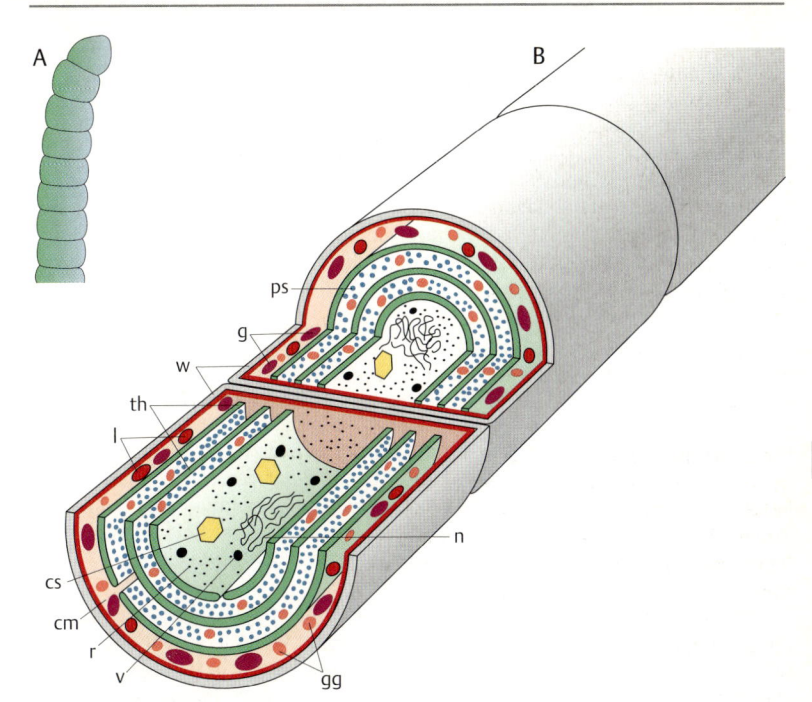

Abb. 5.5 Cyanobakterium *(Oscillatoria chalybea)*. **A** Lichtmikroskopisch (ca. 1500fach), **B** Rekonstruktionsschema nach elektronenmikroskopischen Aufnahmen. cm = Cytoplasmamembran (rot), cs = Carboxysom (gelb), g = Cyanophycingranula (rot, nicht umrandet), gg = Glykogengranula (orange), l = Lipidtropfen (rot, schwarz umrandet), r = Ribosomen (kleine schwarze Punkte), n = DNA (schwarz), ps = Phycobilisomen (hellblau), th = Thylakoide (grün), v = Volutingranula (schwarz), w = Zellwand (grau).

5 und 25 µm. Monotriche Formen tragen eine, polytriche zahlreiche Geißeln. Letztere können in Form von Schöpfen angeordnet sein, und zwar entweder monopolar (lophotrich) oder bipolar (amphitrich), oder sie sind über die Oberfläche etwa gleichmäßig verteilt (peritrich). Bei einigen polar begeißelten gramnegativen Bakterien sind die Geißeln ganz oder teilweise von einer Geißelscheide eingehüllt, deren chemische Natur noch unklar ist. Auch die Geißeln können Sitz von Antigenen sein (H-Antigene).

Cyanobakterien: Die auch als Cyanophyceen oder blaugrüne Algen bezeichneten Cyanobakterien kommen in Form von Einzelzellen, lockeren Zellaggregaten oder fadenförmigen Zellverbänden vor (Abb. 5.5 A). Sie zeigen alle wesentlichen Merkmale der Prokaryonten (Abb. 5.5 B). Die DNA ist nicht an

Histone gebunden. Sie findet sich in bestimmten Bereichen des Centroplasmas, von dem sie jedoch nicht durch eine Kernmembran abgegrenzt ist. Über die Replikation der DNA und ihre Verteilung auf die Tochterzellen ist wenig bekannt, doch kann man davon ausgehen, daß sie in ähnlicher Weise wie bei den Bakterien erfolgt. Die Ribosomen gehören dem 70 S Typus an. Mitochondrien, Dictyosomen und ER fehlen ebenso wie Plastiden. Träger der Photosynthesepigmente sind Thylakoide, die, wie bei den photosynthetischen Bakterien, durch Invagination der Cytoplasmamembran entstehen und häufig, aber keineswegs immer, im peripheren Teil der Zelle zu finden sind, der dann als Chromatoplasma mehr oder weniger deutlich vom farblosen Centroplasma abgesetzt ist (Abb. 5.5).

> Der Photosyntheseapparat der Cyanobakterien unterscheidet sich jedoch grundsätzlich von dem der anderen Bakterien: Gleich den grünen Pflanzen besitzen sie Chlorophyll a sowie zwei in Reihe geschaltete Photosysteme (S. 324 ff.) und verwenden Wasser als Wasserstoff- bzw. Elektronendonator, weshalb die Photosynthese oxygen, d. h. mit einer Sauerstoffentwicklung verbunden ist. Während Chlorophyll a und die Carotinoide in die Thylakoidmembranen integriert sind, liegen die Phycobiliproteine Phycocyanin und Phycoerythrin in Gestalt von **Phycobilisomen** auf den Thylakoiden.

Bei den Cyanobakterien ist eine, verglichen mit den Eubakterien, ungleich größere Anzahl von Zelleinschlüssen nachgewiesen worden, von denen einige allerdings nur auf bestimmte Gattungen oder gar Arten beschränkt zu sein scheinen. Manche von ihnen sind Speicherstoffe, wie die aus Poly-β-hydroxybuttersäure oder aus Glykogen bestehenden Granula. Allgemein verbreitet sind die aus Polyphosphaten aufgebauten Volutingranula, die polyedrischen Carboxysomen, die RubisCO (S. 104) enthalten, Lipidtropfen sowie die sogenannten Cyanophycinkörnchen. Die Analyse der letzteren ergab bei einer genau untersuchten Art 98 % Protein, das aus nur zwei Aminosäuren, nämlich L-Arginin und L-Asparaginsäure im Verhältnis 1:1 zusammengesetzt ist. Wahrscheinlich dienen sie der Stickstoffspeicherung. Manche Formen enthalten Gasvakuolen, die aus mehreren, von Proteinmembranen umgebenen Vesikeln bestehen und den Zellen das Schweben im Wasser ermöglichen.

Die Zellwände der Cyanobakterien sind ähnlich gebaut wie die der gramnegativen Bakterien. Allerdings ist die Peptidoglycanschicht wesentlich dicker, weshalb die Gram-Färbung positiv ausfällt. Auch die Lipopolysaccharide der äußeren Membran unterscheiden sich von denen der gramnegativen Bakterien. Schleimscheiden und Kapseln kommen häufig vor.

5.2.2 Archaebakterien (Archaea)

Der Name dieser erst in neuerer Zeit genauer untersuchten Gruppe von Bakterien wurde gewählt, weil viele von ihnen an Bedingungen angepaßt sind, die wahrscheinlich während der Frühgeschichte des Lebens auf der Erde vorherrschten, wie z. B. hohe Temperaturen, hohe Acidität des Milieus, hoher Schwefelgehalt u. a.. Als Beispiel sei *Pyrodictium occultum* gewählt, dessen Wachstumsoptimum bei einer Temperatur von 100 °C und dessen Maximum bei 110 °C liegt (S. 535). Es gehört zur Gruppe der thermo-acidophilen (wärme- und säureliebenden) Bakterien, der Arten angehören, deren Wachstumsoptimum bei pH-Werten von 1–2 liegt. Weitere Gruppen sind die methanogenen (methanbildenden) Bakterien und die halophilen, an hohe Salzgehalte angepaßten Halobakterien. Daher werden die Archaebakterien als selbständige Gruppe (Reich) angesehen, die sich aus dem Ureinzeller, dem Protobionten, unabhängig von den Eubakterien und den Eukaryonten entwickelt hat (Abb. 5.1).

Obwohl sie in ihrer äußeren Gestalt den Eubakterien ähnlich sind (Stäbchen, Kokken, Spirillen, fädige Formen u. a.), bestehen in physiologischer und biochemischer Hinsicht grundlegende Unterschiede, von denen hier nur einige genannt werden können. So zeigt die Nucleotidsequenz ihrer 16 S RNA keinerlei Verwandtschaft zu den Eubakterien. Die Zellwände der Archaebakterien enthalten in keinem Falle Peptidoglycane, sondern sind von Fall zu Fall verschieden zusammengesetzt. Bei einigen Gruppen überwiegen Glykoproteine, bei anderen finden sich verschiedene Heteropolysaccharide und auch Pseudomurein, das als Baustein nicht Muraminsäure, sondern L-Talosaminuronsäure enthält. Die Lipide der Cytoplasmamembranen enthalten keine Fettsäureglycerinester, sondern Ether des Glycerins mit langkettigen Isoprenoidkohlenwasserstoffen. Sofern Geißeln vorhanden sind, wie bei *Halobacterium*, besteht das Flagellin aus sulfatierten Glykoproteinen. Schließlich kommen bei den Archaebakterien Stoffwechselwege vor, die bei den Eubakterien ungewöhnlich sind. Allerdings gibt es, wie bei den Eubakterien, aerobe und anaerobe organotrophe, lithoautotrophe und phototrophe Formen. Sowohl die Ähnlichkeiten der Morphologie wie auch der physiologischen Leistungen in Anpassung an die Umweltbedingungen sind in der stammesgeschichtlichen Entwicklung offenbar unabhängig von einander entstanden.

5.2.3 Prochlorophyta

Die Vertreter dieser Gruppe sind systematisch wie phylogenetisch schwer einzuordnen. Sie sind Prokaryonten, die zur oxygenen Photosynthese befähigt sind und neben Chlorophyll a auch Chlorophyll b besitzen. Es wurden drei Formen isoliert: *Prochloron didemni*, ein Ektosymbiont der Seescheide *Didemnum*, der allein schwer kultivierbar ist, die Süßwasserform *Prochlorothrix hollandica*, deren Trichome aus mindestens fünf bis zu einhundert Zellen oder mehr bestehen, und der zum Picoplankton gehörende *Prochlorococcus marinus*, dessen Durchmesser in der Größenordnung von 1 µm liegen. Der prokaryotische Charakter wird belegt durch die Größe des Genoms, die zwischen 3,5 und $4 \cdot 10^9$ Basenpaaren liegt, das Fehlen einer Kernhülle, durch den Peptidoglycan-Gehalt der Zellwand, die im Aufbau und in ihrer chemischen Zusammensetzung der Zellwand der Cyanobakterien ähnelt, sowie durch das Fehlen der für die Eukaryonten charakteristischen Zellorganellen. Die Thylakoide liegen in Stapeln, sind aber nicht von einer Chloroplastenhülle umgeben.

Der Besitz der Chlorophylle a und b (*Prochlorococcus* enthält übrigens Divinyl-Chlorophylle) hat zu der Ansicht geführt, daß die Prochlorophyten Vorläufer der eukaryotischen Chloroplasten seien. Das trifft jedoch mit Sicherheit nicht zu, und zwar aus mehreren Gründen, von denen im folgenden nur einige angeführt sind. Die typischen Carotinoide der Chloroplasten sind β-Carotin, Lutein und Violaxanthin, die der Prochlorophyten hingegen β-Carotin und Zeaxanthin. Des weiteren hat sich gezeigt, daß der light harvesting-complex nicht, wie bei den grünen Pflanzen, mit dem PS II, sondern funktionell mit dem PS I assoziiert ist. Hierdurch wird der zyklische Elektronentransport, der lediglich pmf erzeugt, gegenüber dem linearen gefördert. Dies ist günstig, wenn die Organismen in einer Umgebung mit reduzierten Substraten leben, so daß sie sich photoheterotroph ernähren können. Da der lineare Elektronentransport aber noch voll intakt ist, sind sie zu einer mixotrophen Lebensweise befähigt. Obwohl taxonomische Studien darauf hindeuten, daß die Prochlorophyten Abkömmlinge der Cyanobakterien sind, zeigen physiologische Studien, daß ihr Photosyntheseapparat in einer einzigartigen, von dem der grünen Eukaryonten wie auch der Cyanobakterien völlig abweichenden Weise organisiert ist. Schießlich hat die 16 S RNA-Sequenzierung gezeigt, daß *Prochloron*, *Prochlorothrix* und *Prochlorococcus* nicht miteinander verwandte „grüne" Cyanobakterien sind, die von den Chloroplasten der grünen Pflanzen weit entfernt stehen.

Diese Befunde lassen den Schluß zu, daß die Prochlorophyta eine eigenständige Gruppe sind. Das bedeutet zugleich, daß das Chlorophyll b mehr als einmal während der phylogenetischen Entwicklung entstanden ist (s. S. 106).

5.3 Eukaryotische Einzeller

Einzellige Eukaryonten, die als Entwicklungsursprung der eukaryotischen Vielzeller angesehen werden, kommen bei vielen Algengruppen vor, aber auch bei niederen Pilzen. Sie zeigen die für Eukaryonten typischen Organisationsmerkmale (Kap. 3).

Allerdings bestehen ihre Zellwände häufig nicht aus Cellulose, sondern aus anderen Polysacchariden (S. 37 f.) bzw., wie im Falle von *Chlamydomonas* (Abb. 5.6A), aus Glykoproteinen (S. 35). Die meisten Vertreter sind photoautotroph und enthalten Chloroplasten, die dem durchgehend lamellierten Typ angehören. Sie werden als **Protophyten** bezeichnet. Es gibt jedoch auch Übergänge zu farblosen, heterotrophen Formen, wie dies auf S. 195 für *Euglena* beschrieben ist. Bei eukaryotischen Einzellern, die zu freien Ortsbewegungen befähigt sind, finden sich Bewegungsorganellen, die **Geißeln.** Sie können in Ein- oder Mehrzahl vorhanden sein und weisen einen recht einheitlichen, von den Bakteriengeißeln stark abweichenden Bau auf (Abb. 5.7, 5.8). Sie enthalten

5.3 Eukaryotische Einzeller

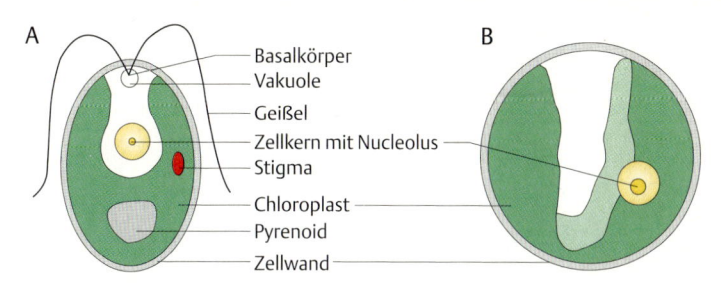

A — Basalkörper, Vakuole, Geißel, Zellkern mit Nucleolus, Stigma, Chloroplast, Pyrenoid, Zellwand

B

Abb. 5.6 Eukaryotische Einzeller. **A** *Chlamydomonas reinhardtii*, **B** *Chlorella vulgaris* (ca. 1500fach).

11 fibrilläre Längselemente, von denen 2 axial, die übrigen 9 peripher angeordnet sind (Abb. 5.7A,B, 5.8). Die letzteren entsprechen Mikrotubuliduplets, von denen der A-Tubulus aus 13, der B-Tubulus aus 10 Protofilamenten gebildet wird, wobei letzterer 3 mit dem A-Tubulus gemeinsam hat. Die Dupletts sind untereinander durch Nexine verbunden, die von den A-Tubuli ausgehen, ebenso wie die radial verlaufenden Speichen, die bis zu den Zentraltubuli reichen. An den A-Tubuli inserieren paarweise Dynein-Arme, die zu den benachbarten B-Tubuli hin gerichtet sind. Sie besitzen ATPase-Aktivität. Diese als **Axonema** bezeichnete Skelettstruktur ist im Cytoplasma durch einen Basalkörper verankert (Abb. 5.7A,C). An dem Basalkörper enden die Zentraltubuli, während zu den peripheren Dupletts je ein C-Tubulus hinzutritt, der wiederum 3 Protofilamente mit dem B-Tubulus teilt. Hierdurch entstehen 9 Mikrotubulitripletts (C). Gleich den Centrosomen fungiert der Basalkörper als MTOC (S. 63). Die Mikrotubuli sind meist mit ihrem minus-Ende an dem Basalkörper inseriert, so daß das Wachstum der Geißeln am distalen plus-Ende erfolgt. Das Tubulin muß also nach seiner Synthese zum distalen Ende transportiert werden. Vom Basalkörper laufen Mikrotubulibündel, die sogenannten Geißelwurzeln, in die peripheren Bereiche der Zelle, wo sie offenbar Cytoskelettfunktionen ausüben. An den Spitzen der Geißeln sind die B-Tubuli kürzer als die A-Tubuli, so daß hier die beiden Zentraltubuli von 9 einfachen Tubuli umgeben sind. Der Durchmesser des Axonemas beträgt 0,2 μm. Außen ist die Geißel von einer Membran überzogen, die eine Ausstülpung des Plasmalemmas darstellt (A), sich aber in ihrer Zusammensetzung von diesem unterscheidet.

Die meisten begeißelten Formen besitzen ein durch Carotinoide rot gefärbtes Stigma (Abb. 5.6A und 5.9), das wahrscheinlich durch Umwandlung aus einem Chromatophor bzw. einem Teil desselben entstanden ist. Von seiner Funktion wird später noch die Rede sein (S. 575). Bei vielen Süßwasserformen finden sich **kontraktile Vakuolen**. Sie saugen in regelmäßigem Rhythmus Wasser aus dem Cytoplasma an und scheiden es durch einen sich kurzfristig öffnenden Kanal nach außen ab. Sie dienen somit der Osmoregulation.

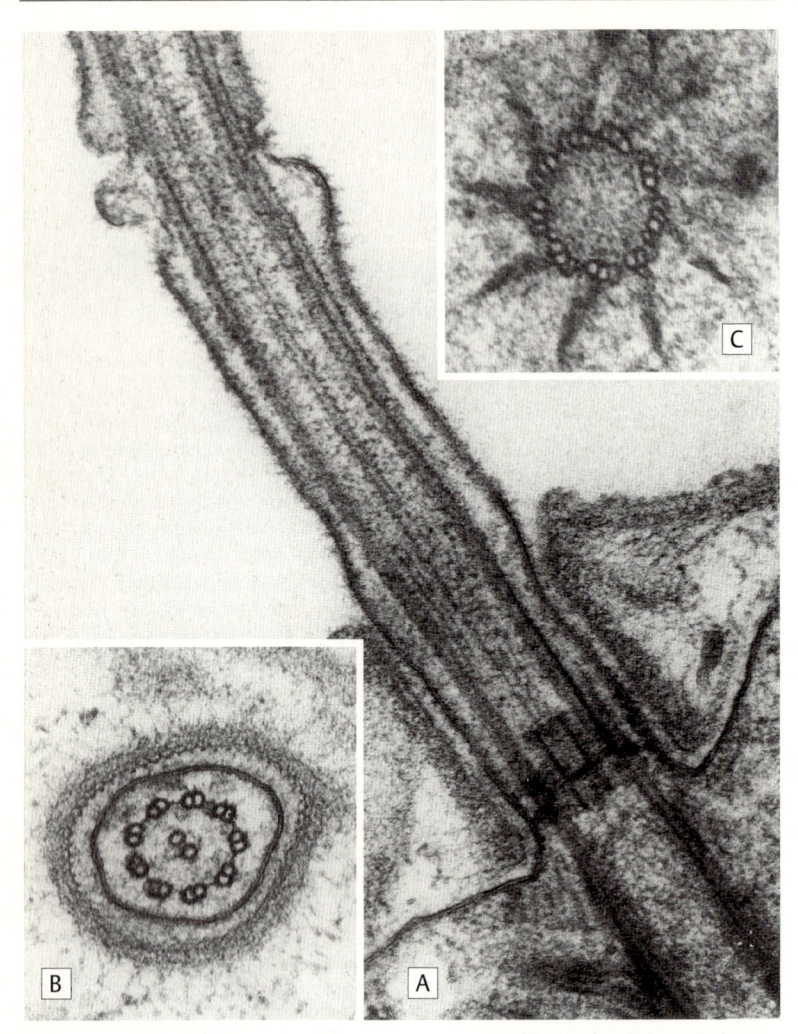

Abb. 5.7 Geißel von *Chlamydomonas reinhardtii*. **A** Längsschnitt durch den unteren Teil der Geißel und den Basalkörper, **B** Querschnitt durch die Geißel. Die von den Mikrotubulidupletts radial nach innen verlaufenden Speichen sind nur zum Teil erhalten, **C** Querschnitt durch den Basalkörper. Fixierung: Glutaraldehyd/OsO$_4$, Vergr. ca. 100 000fach (Originalaufnahmen. D. G. Robinson).

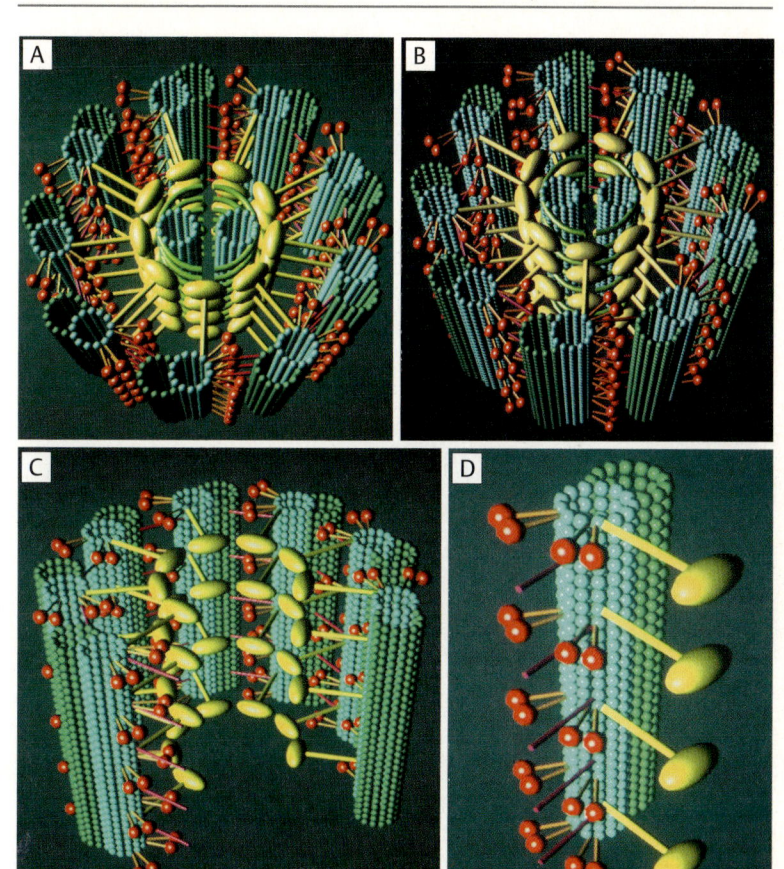

Abb. 5.8 Computergraphische Rekonstruktion eines Axonems. **A** Freigestellte Axonem-Rekonstruktion in Aufsicht, **B** wie **A**, unter einem Blickwinkel von 30 Grad, **C** Freilegung des Innenbereiches des Axonems, **D** einzelne freigestellte Funktionseinheit des Axonems, mit der „Computerkamera" herangezoomt (Einzelbilder aus dem Film C 1842 „Motilität – Cilien- und Flagellenbewegung", K. Hausmann, H. Machemer und Institut für den wissenschaftlichen Film, Göttingen 1993).

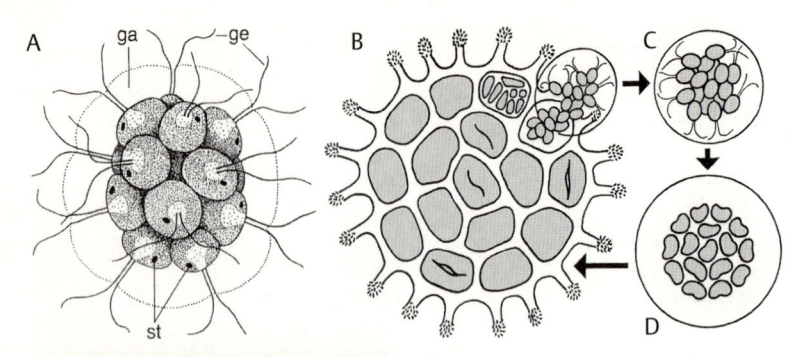

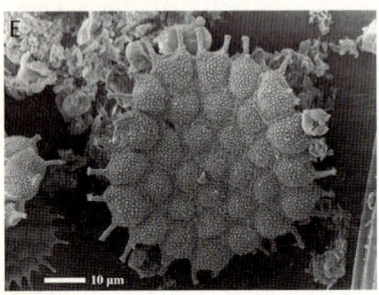

Abb. 5.9 Zellkolonie und Aggregatverband. **A** 16zellige Kolonie von *Pandorina morum* (ca. 500fach), **B** scheibenförmiger Aggregatverband von *Pediastrum granulatum*. Auf der rechten Seite ist eine Zelle in Aufteilung begriffen. Die darunter liegende Zelle entläßt eine Blase mit 16 Schwarmzellen. **C** Zoosporen nach dem Austritt, **D** etwa 4½ Stunden später (ca. 300fach). ga = Gallerthülle, ge = Geißel, st = Stigma. **E** wie **B** (REM-Originalaufnahme: G. Wanner).

5.4 Thallus

Der Thallus ist ein mehrzelliges, in einzelnen Fällen auch polyenergides Gebilde. Er ist im typischen Falle an das Leben im Wasser angepaßt. Die Thalli höher entwickelter Formen zeigen bereits eine arbeitsteilige Differenzierung. Allerdings werden keine Festigungsgewebe gebildet, weshalb der Thallus außerhalb des wässrigen Milieus, z. B. Meeresalgen bei Ebbe, meist zusammenfällt und ein Lager bildet. Entwicklungsgeschichtlich läßt sich der Thallus von den eukaryotischen Einzellern ableiten, mit denen er durch Übergangsformen wie Zellkolonien und Coenoblasten verbunden ist.

5.4.1 Zellkolonie

Die typische **Zellkolonie** besteht aus einer größeren Anzahl nicht differenzierter, einander also noch gleichwertiger Zellen, die durch Teilung, also congenital, entstanden sind. Bei *Pandorina* sind 16 zweigeißelige, *Chlamydomonas*-ähnliche Zellen zu einer Kolonie vereinigt, die von einer Gallerthülle umgeben ist (Abb. 5.9A). Die Totipotenz dieser Zellen geht daraus hervor, daß jede Zelle nach Verlassen des Verbandes auch selbständig weiterzuleben vermag und unter geeigneten Bedingungen wieder zu einer Kolonie heranwachsen kann.

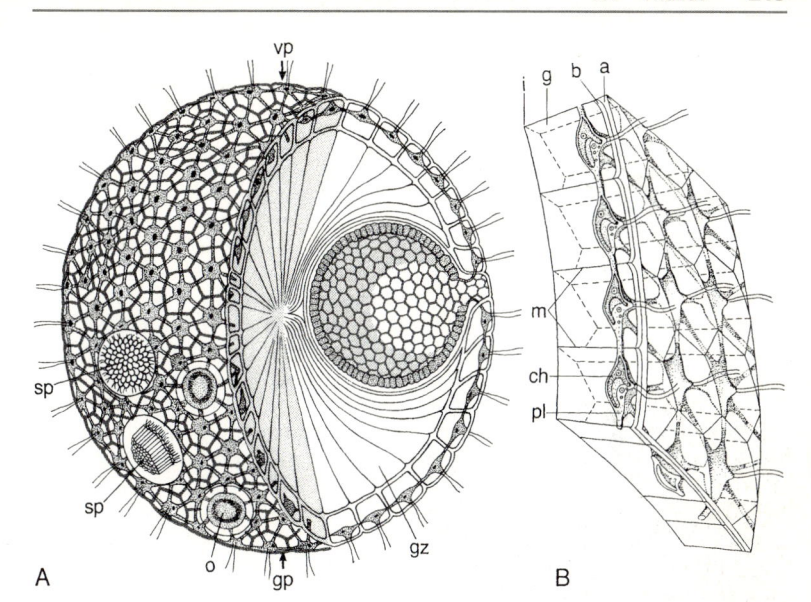

Abb. 5.**10** *Volvox globator*. **A** Kugel links in räumlicher Darstellung mit eingestülpter Tochterkugel, rechts im Schnitt (ca. 60-fach), **B** Kugelausschnitt stärker vergrößert, schematisch. a = Außenschicht, b = zweite Schicht, ch = Chloroplasten, g = Gallerte, gp = generativer Pol, gz = Gallertzylinder, i = Innenschicht, m = Mittellamelle, o = Oogonium, pl = Plasma, sp = Spermatozoiden, vp = vegetativer Pol.

Bei manchen Arten sind die Zellen durch Plasmodesmen verbunden und hierdurch in die Lage versetzt, als physiologische Einheit zu reagieren, was sie über die einfachen Zellverbände erhebt. Die Zellen der **Aggregatverbände,** z. B. die zweigeißeligen Zoosporen von *Pediastrum,* verschmelzen unter Verlust der Geißeln erst nachträglich, also postgenital, miteinander zu einem Tochterverband, der schließlich auf die ursprüngliche Größe heranwächst (Abb. 5.**9 B – E**).

Außer diesen einheitlichen, relativ einfachen Kolonien kennen wir auch hochentwickelte Formen, die bereits als echte Vielzeller angesprochen werden müssen. Von ihnen sei *Volvox* (Abb. 5.**10**) genannt. Die Zellen, deren Anzahl bei manchen Arten bis zu 10 000 je Organismus betragen kann, sind in eine gallertige Masse eingebettet, die eine Hohlkugel bildet. Die Geißeln sind nach außen gerichtet. Untereinander stehen die Zellen durch Plasmafortsätze in Verbindung. Die Kugel zeigt bereits einen polaren Bau, da die Zellen des bei der Bewegung vorangehenden vegetativen Poles ein größeres Stigma besitzen als die des gegenüberliegenden generativen Poles. An diesem erfolgt die Bildung der Fortpflanzungszellen, die wesentlich größer sind als die der Ernährung und Bewegung dienenden vegetativen. Nach der Befruchtung gehen die vegetativen Zellen zugrunde. Dabei werden die vegetativ gebildeten Tochterkugeln frei.

Es kommt hier also, im Gegensatz zur potentiellen Unsterblichkeit der Einzeller, zur regelmäßigen Bildung einer Leiche, die neben der arbeitsteiligen Differenzierung in vegetative und generative Zellen und der Ausbildung der Polarität ein Kriterium eines echten Vielzellers ist.

5.4.2 Coenoblast

Schon bei den Protophyten gibt es Vertreter, die während der Hauptphase ihrer Entwicklung mehrkernig sind, also nicht mehr streng der oben gegebenen Definition der Zelle entsprechen. Bei einigen Organismen, z. B. zahlreichen Schlauchalgen (Siphonales) und Algenpilzen (Phycomyceten), führt diese Entwicklungstendenz zur Ausbildung querwandloser, weit über die durchschnittliche Dimension einer Zelle hinausgehender, meist schlauchförmig gestalteter Gebilde, die eine große Zahl von Zellkernen enthalten, also polyenergid sind. Aus den bereits erörterten Gründen (S. 115 f.) können wir sie nicht mehr als Zellen bezeichnen, sondern sprechen von Coenoblasten (Coenocyten).

5.4.3 Fadenthallus

Während der fadenförmige Coenoblast durch eindimensionales Auswachsen einer Keimzelle entsteht, das zwar mit zahlreichen Kernteilungen, nicht aber mit Zellteilungen verbunden ist, ist der Fadenthallus, der im einfachsten Falle aus einer Reihe einkerniger Zellen besteht, das Ergebnis regelmäßig aufeinanderfolgender Kern- und Zellteilungen. Dies zeigt Abb. 5.11 A – C am Beispiel der Grünalge *Ulothrix zonata*. Ihre mit einer Rhizoidzelle festgewachsenen Fäden sind unverzweigt. Die Zellen enthalten nur einen ringförmigen, wandständigen Chloroplasten. Der Faden wächst durch quer zur Längsachse verlaufende mitotische Teilungen (**A**). Mit Ausnahme der Rhizoidzelle, deren Chloroplast zugrunde geht, behält jede Zelle des Fadens ihre Teilungsfähigkeit bei, d. h. das Wachstum erfolgt intercalar. Die Zellen sind also untereinander gleichwertig. Das geht auch daraus hervor, daß jede Fadenzelle zur Bildung von Zoosporen (**A, B**) bzw. Gameten befähigt ist. Die Zoosporen sind viergeißelig. Sie setzen sich mit ihrem Geißelpol fest und wachsen durch Querteilungen zu neuen Fäden aus (**B, C**).

> Die überwiegend sessile (festsitzende) Lebensweise der fadenförmigen Algen bringt es mit sich, daß schon sehr bald in der stammesgeschichtlichen Entwicklung eine ausgesprochene Polarität entsteht. Diese kommt z. B. in der Bildung von **Scheitelzellen** zum Ausdruck, die allein zu Zellteilungen befähigt sind. Sie sind im einfachsten Falle einschneidig, d. h. sie teilen sich quer zur Längsachse des Fadens und gliedern ständig basalwärts Segmente ab (Abb. 5.11 E).

Bei der ebenfalls zu den Grünalgen zählenden *Cladophora* (Abb. 5.11 D – F) sind allerdings sowohl die Scheitel„zellen" als auch die von ihnen abgegliederten

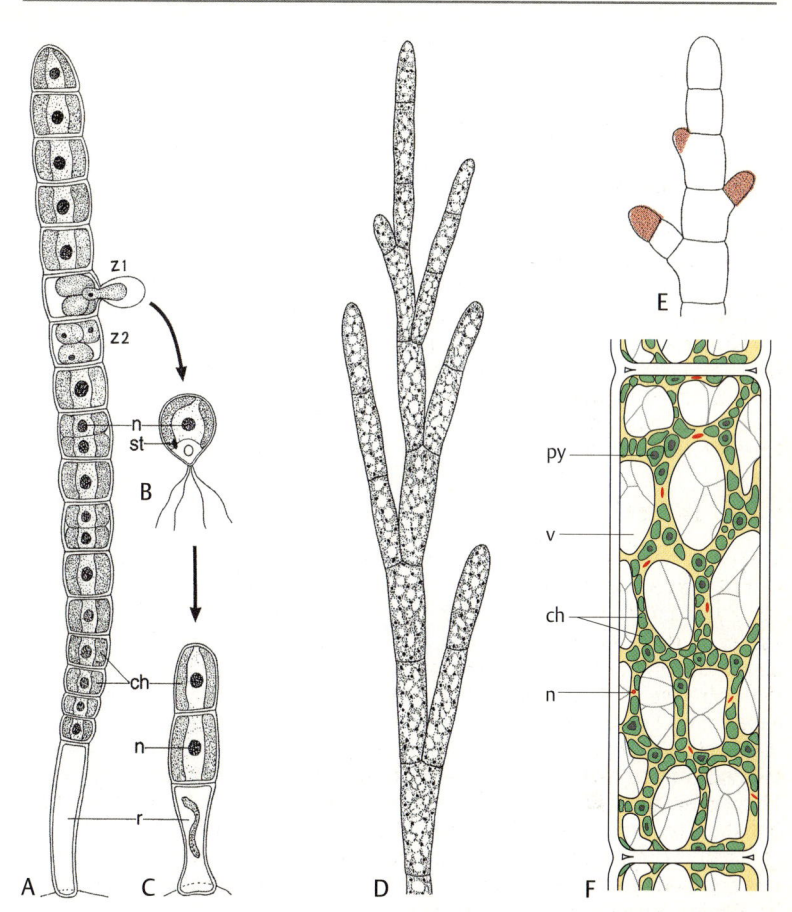

Abb. 5.11 Fadenthalli. **A–C** *Ulothrix zonata* (Chlorophyceae). **A** Aus einer Zellreihe bestehender Fadenthallus, mit Rhizoid-Zelle festsitzend. Zwei Zellen haben sich in Zoosporangien umgewandelt, von denen das eine gerade Zoosporen entläßt (ca. 500-fach), **B** viergeißelige Zoospore (ca. 750-fach), **C** junger, auswachsender Faden, dessen untere Zelle sich in eine Rhizoidzelle umwandelt. **D–F** *Cladophora* spec. (Chlorophyceae). **D** verzweigter Fadenthallus (ca. 50fach), **E** Scheitelzellenwachstum und Verzweigung, schematisch, **F** mehrkerniges Glied eines Fadens (Coenoblast, ca. 250-fach). ch = Chloroplast, n = Zellkern, py = Pyrenoid, r = Rhizoid, st = Stigma, v = Vakuole, z_1 = Zoosporangium, Zoosporen entlassend, z_2 = in Bildung begriffenes Zoosporangium (nach Stocker, van den Hoek).

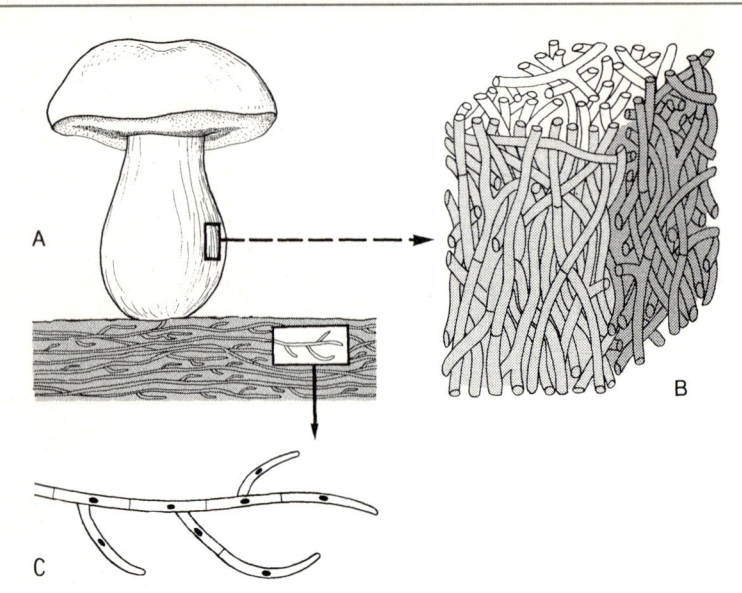

Abb. 5.12 Steinpilz (*Boletus edulis*, Basidiomycetes). **A** Mycel mit Fruchtkörper (ca. ¼; nat. Gr.), **B** Plektenchym aus dem Stiel des Fruchtkörpers, räumlich dargestellt (ca. 150-fach). Der besseren Übersichtlichkeit wegen wurden die Schnallen des dikaryotischen Mycels (vgl. S. 433) nicht gezeichnet. **C** Hyphen eines haploiden Mycels.

Segmente mehrkernig (**F**) und entsprechen somit Coenoblasten. Die seitliche Verzweigung kommt dadurch zustande, daß durch seitliche Auswölbungen älterer Zellen des Fadens neue Scheitelzellen entstehen (**E**). In anderen Fällen geht sie von der Scheitelzelle selbst aus, die sich schräg teilt.

Auch die farblosen Hyphen der Schlauchpilze (Ascomycetes) und Ständerpilze (Basidiomycetes) sind einreihige, seitlich verzweigte Fadenthalli, deren Zellen ein- bzw. zweikernig sind (Abb. 5.**12 A, C**).

5.4.4 Flechtthallus

Auf den Typus des Fadenthallus lassen sich auch die höher entwickelten Thallusformen zurückführen. Besonders klar liegen die Verhältnisse bei den Flechtthalli, die bei zahlreichen höher entwickelten Algen, vor allem bei den Rotalgen (Rhodophyceen) vorkommen, aber auch in Gestalt der Pilzfruchtkörper. Bei der Rotalge *Furcellaria fastigiata,* deren über 1 dm lange, runde und sich knorpelig anfühlende Thalli sich mit klauenartigen Rhizoiden auf Steinen festsetzen (Abb. 5.**13**), besteht der Zentralkörper aus parallel laufenden Zellfäden, die sich springbrunnenartig verzweigen (Springbrunnentypus). Die äußeren Zellen dieser Verzweigungen schließen sich zu einer festen Rinde

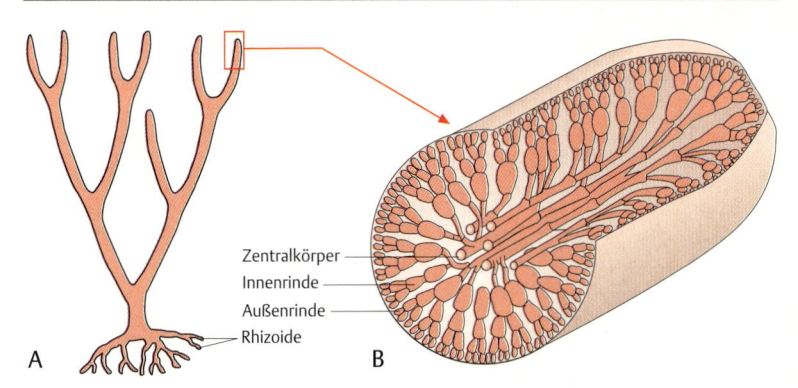

Abb. 5.**13** *Furcellaria fastigiata* (Rhodophyceae). **A** Habitusbild (ca. 0,6fach), **B** Teilstück eines Thallus in räumlicher Darstellung, schematisch.

Labels: Zentralkörper, Innenrinde, Außenrinde, Rhizoide

zusammen. Bei anderen Arten können die Verzweigungen von einem einzigen zentralen Faden ausgehen (Zentralfadentypus). Auch die blattartig ausgebildeten Thalli mancher Rotalgen, z. B. *Caloglossa leprieurii,* lassen sich bei genauer Analyse auf einen verzweigten Faden zurückführen, dessen Äste in einer Ebene verwachsen sind (Abb. 5.**14**).

Die Fruchtkörper der höheren Pilze (Abb. 5.**12**) bestehen aus einem unregelmäßigen Geflecht vielfach verzweigter und zum Teil miteinander verwachsener Hyphen. Die Verwachsung kann bei manchen Arten so weit gehen, daß Schnitte durch die Fruchtkörper Schnittbildern durch parenchymatische Gewebe täuschend ähnlich sehen (Pseudoparenchyme). Allgemein bezeichnen wir solche durch Fadenverflechtung entstandenen Pseudogewebe als Plektenchyme.

5.4.5 Gewebethallus

Die plektenchymatische Thallusform leitet zu den Gewebethalli über, die für viele Braunalgen (Phaeophyceen) charakteristisch sind. Von den Flechtthalli unterscheiden sie sich vor allem dadurch, daß die von der Scheitelzelle basalwärts abgegliederten Segmente durch Längsteilungen und meist auch weitere Querteilungen aufgegliedert werden. Auf diese Weise entstehen mehrschichtige Thalli, die rund, bandförmig abgeflacht oder anders gestaltet sein können. Meist geht die Bildung des Thallus von einer Scheitelzelle aus, die bei den einfacheren Formen einschneidig ist (Abb. 5.**15 B**), bei den höheren jedoch auch mehrschneidig sein kann. Bei einigen Arten sind sogar ganze Gruppen von Initialzellen vorhanden, ähnlich den Scheitelmeristemen höherer Pflanzen.

Die Verzweigung erfolgt entweder seitlich oder dichotom. Die Dichotomie, die bei *Dictyota dichotoma* (Abb. 5.**15**) die Regel ist, kommt dadurch zustande, daß sich die Scheitelzelle, die normalerweise uhrglasförmige Segmente abglie-

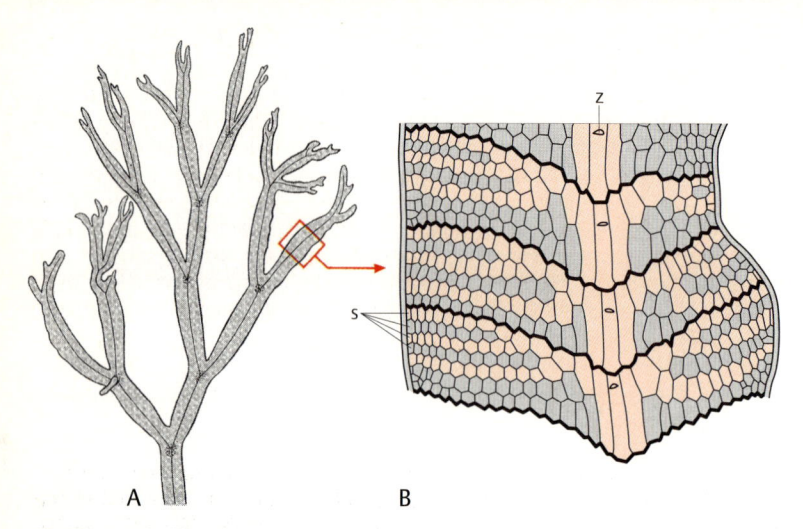

Abb. 5.**14** *Caloglossa leprieurii* (Rhodophyceae), **A** Habitusbild, **B** Thallusstück (ca. 25fach). s = Seitenfäden verschiedener Ordnung, z = Zentralfaden (nach Cramer, Falkenberg).

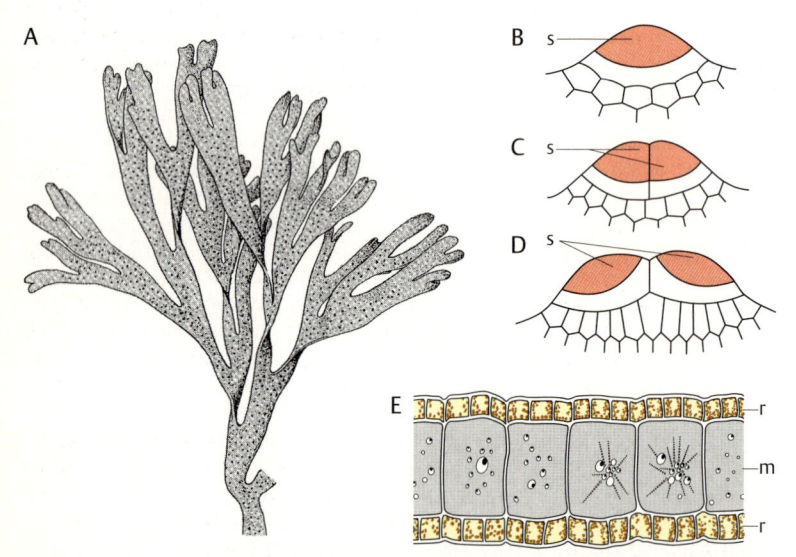

Abb. 5.**15** *Dictyota dichotoma* (Phaeophyceae). **A** Habitusbild (etwa nat. Gr.), **B–D** Scheitelzelle in dichotomer Teilung, schematisch, **E** Thallusquerschnitt (ca. 200fach). m = Markzellen, r = Rindenzellen, s = Scheitelzelle (rot) (nach Thuret, Stocker).

dert, in der Längsrichtung des Thallus teilt, worauf beide Tochterzellen als gesonderte Äste weiterwachsen.

Funktionell lassen die Zellen der Gewebethalli bereits eine Differenzierung erkennen. Neben den Fortpflanzungszellen können wir bei den größeren Formen stets ein zentrales Mark- und ein peripheres Rindengewebe unterscheiden. Bei *Dictyota* (Abb. 5.15 E) enthalten lediglich die Zellen des letzteren die photosynthetisch aktiven Plastiden (Phaeoplasten), fungieren also als Photosynthese- und Abschlußgewebe, während die farblosen Markzellen als Grund- und Speichergewebe dienen. Bei den stattlichen Tangen, deren Thalli mehrere Meter messen können (bei der amerikanischen *Macrocystis pyrifera* über 50 m), findet sich außerdem ein zentrales Stranggewebe, dessen Elemente den Siebröhren der höheren Pflanzen ähnlich sind.

5.5 Organisationsformen der Bryophyten

Die Moose (Bryophyta) nehmen zwischen den Thallophyten und den noch zu besprechenden Kormophyten eine vermittelnde Stellung ein. Zum Teil haben sie noch eine ausgesprochen thallöse Organisation, wie zahlreiche Lebermoose (Hepaticae) und alle Vorkeime (Protonemen). Einige der höher entwickelten Lebermoose und vor allem die Laubmoose (Musci) gehen jedoch schon erheblich über die thallöse Organisation hinaus. Der Verankerung im Boden und zum Teil auch der Wasser- und Ionenaufnahme dienen die Rhizoide, die einreihige Zellfäden darstellen oder gar einzellig sind. Trotz einer gewissen Ähnlichkeit der Funktion haben sie mit einer Wurzel nichts gemein.

Als Repräsentant der thallösen Formen mag das Lebermoos *Marchantia polymorpha* dienen, das einen mehrschichtigen, bandförmig abgeflachten Thallus besitzt (Abb. 5.16 A, C). Er besteht aus verschieden differenzierten Zellen, die als Photosynthese-, Speicher- oder Hautgewebe fungieren. Erstmals findet sich hier auch ein besonderes Durchlüftungssystem in Gestalt von Luftkammern, die durch schornsteinähnliche Luftspalten mit der Außenluft in Verbindung stehen. Im Boden sind die Thalli durch einzellige Rhizoide befestigt. Bei *Marchantia* kommen neben glatten, vorwiegend der Befestigung des Thallus im Boden dienenden, auch Zäpfchenrhizoide vor, deren zäpfchenartige Wandverdickungen durch lokales Dickenwachstum eng umgrenzter Bereiche der Zellwand entstehen (Abb. 5.16 D).

Das Wachstum eines solchen flachen Thallus erfolgt mittels einer zweischneidigen Scheitelzelle (Abb. 5.16 B). Sie gliedert in regelmäßiger Folge wechselseitig Segmente ab, die sich noch weiter teilen und so den mehrschichtigen Thallus bilden können. Die Verzweigung erfolgt seitlich durch Anlage neuer Scheitelzellen, ist also nur scheinbar dichotom.

Die foliosen Lebermoose und die Laubmoose zeigen bereits Organisationsmerkmale, die zu den Kormophyten überleiten, wie etwa die Gliederung in Stämmchen und Blättchen, die allerdings noch viel einfacher gebaut sind als

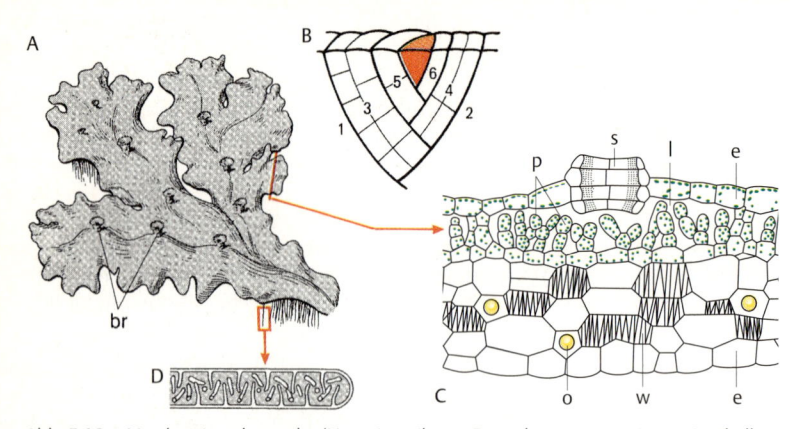

Abb. 5.16 *Marchantia polymorpha* (Hepaticae). **A** Habitusbild (etwa natürliche Größe), **B** schematisches Raumdiagramm einer zweischneidigen Scheitelzelle (rot) und der von ihr abgeschnürten Segmente, parallel zur Fläche halbiert. Die Segmente, die inzwischen zum Teil weitere Teilungen erfahren haben, sind in der Reihenfolge ihrer Entstehung numeriert, **C** Thallusquerschnitt (ca. 200fach). **D** Zäpfchenrhizoid. br = Brutbecher mit Brutkörpern, e = Epidermis, l = Luftkammer, o = Ölkörper, p = photosynthetisch aktive Zellen, s = Luftspalte, w = Zellen mit Wandverdickungen (**C** nach Sachs).

Sproßachsen und Blätter der Kormophyten. Sie wachsen mit einer dreischneidigen Scheitelzelle, die in regelmäßigem, schraubigem Umlauf Segmente in basaler Richtung erzeugt (Abb. 5.17). Da aus jedem Segment unter weiterer Teilung neben dem Grund- und Rindengewebe des Stämmchens auch ein Blatt hervorgeht, kommt eine schraubige Blattstellung zustande, in der die Blättchen in drei Reihen (Orthostichen) übereinander stehen. Allerdings wird diese Anordnung nicht in allen Fällen streng eingehalten, so daß gewisse Abweichungen von diesem Grundtypus vorkommen. Die Blättchen sind meist einschichtig (Abb. 17.17, S. 578f.) und besitzen eine mehrschichtige Mittelrippe. Bei einigen wenigen Arten sind sie mehrschichtig. Sie zeigen jedoch auch in diesem Falle nicht den typischen Aufbau des Laubblattes einer höheren Pflanze. Die Laubmoose sind mit einreihig-mehrzelligen Rhizoiden im Boden verankert (Abb. 5.17 A, C), die in der Regel schrägstehende Querwände haben.

Obwohl die Wasseraufnahme durch die gesamte Oberfläche erfolgen und der Wasseraufstieg in dichten Moospolstern kapillar vor sich gehen kann, sind doch sowohl in den Stämmchen als auch in den Mittelrippen der Blättchen leitende Elemente ausgebildet. So finden sich z. B. bei *Funaria hygrometrica* langgestreckte, an den Enden schrägzulaufende Zellen, deren plasmatischer Inhalt abgestorben ist. In ihnen erfolgt offenbar die Wasserleitung, weshalb sie als **Hydroide** bezeichnet werden. Schmalere Zellen mit stark verdickten Wänden dienen der Festigung und werden **Stereide** genannt (Abb. 5.17 F). Der

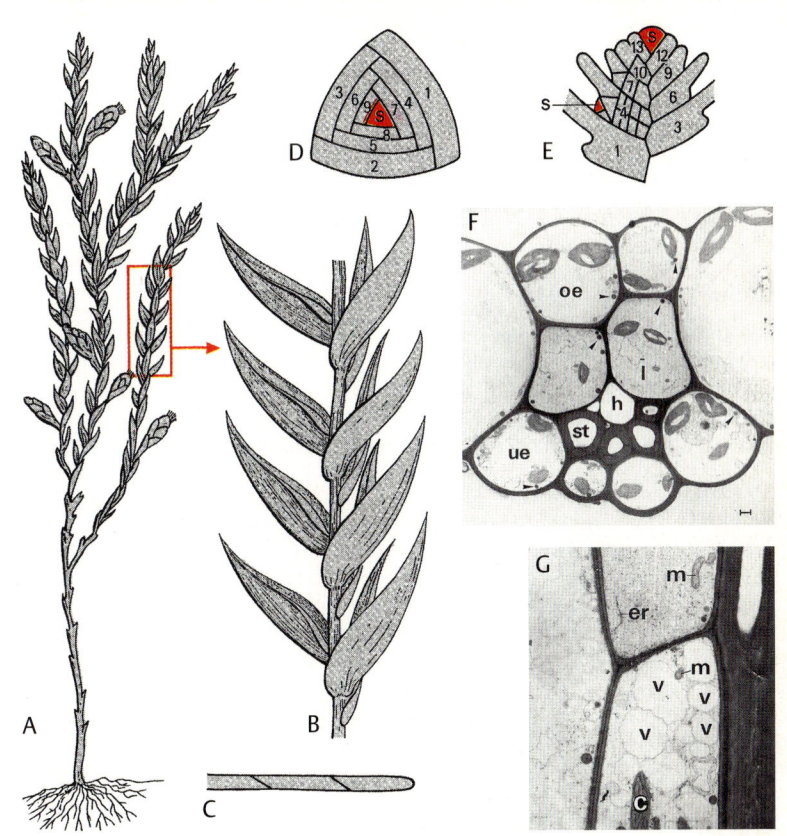

Abb. 5.17 Laubmoose (Musci). **A** *Fontinalis antipyretica* Habitusbild (ca. 2½fach). Das Stämmchen, normalerweise im Wasser flutend, ist hier aufrecht gezeichnet. **B** Teil eines Stämmchens mit dreizeiliger Beblätterung, schematisiert, **C** Rhizoid mit schrägstehenden Querwänden, **D** dreischneidige Scheitelzelle in Aufsicht, **E** im Längsschnitt, **F** und **G** *Funaria hygrometrica*. **F** Querschnitt durch die Mittelrippe, **G** Längsschnitt durch zwei aneinandergrenzende Leptoide. c = Chloroplast, er = endoplasmatisches Reticulum, h = Hydroid, l = Leptoid, m = Mitochondrion, oe = obere Epidermis, s = Scheitelzelle, st = Stereid, ue = untere Epidermis, v = Vakuolen. Die Pfeilköpfe in **F** zeigen auf Lipidtropfen. Vergr. **F** ca. 1500fach, **G** ca. 3500fach (**F,G** Wiencke u. Schulz: aus Z. Pflanzenphysiol. 112 [1983]).

Stofftransport scheint in den **Leptoiden** zu erfolgen, das sind langgestreckte Zellen mit plasmatischem Inhalt, in deren Querwänden sich zahlreiche Plasmodesmen befinden, die die einzelnen Leptoide miteinander verbinden. Sie zeigen eine signifikante Polarität zwischen einem stark kondensierten Cytoplasma im basalen Bereich und vakuolisiertem, die üblichen Zellorganellen enthaltenden Plasma im Spitzenbereich der Zelle (Abb. 5.17 F, G). Die zentrale Zellsaftvakuole fehlt. Insofern ähneln die Leptoide den stoffleitenden Elementen des Phloems. Trotz ihrer äußeren Gliederung in Stämmchen und Blättchen und des Vorhandenseins leitender Elemente weichen jedoch die Laubmoose in ihrer Organisation noch erheblich von dem reichgegliederten und funktionell stark differenzierten Kormus ab.

5.6 Kormus

Der Kormus, die Organisationsform der höheren Pflanzen (Kormophyten), ist in seiner typischen Gestalt an das Landleben angepaßt. Der in der Regel oberirdische Sproß ist mit einer Wurzel im Boden verankert. Er ist in die Sproßachse (= Stengel) und die Blätter gegliedert. Somit besteht der Kormus aus drei Grundorganen: Sproßachse, Blatt und Wurzel (Abb. 5.18).

Die Blätter sind im typischen Falle Photosyntheseorgane, deren flächige Ausgestaltung einen optimalen Lichtgenuß ermöglicht. Die Sproßachse sorgt durch ihren meist aufrechten Wuchs und eine entsprechende Blattstellung für eine günstige Anordnung der Blätter zum Strahlungseinfall bei geringstmöglicher gegenseitiger Beschattung. Außerdem übernimmt sie den Transport von Wasser und Nährsalzen von den auch als Haftorgane dienenden Wurzeln, in denen die Aufnahme erfolgt, zu den Blättern sowie in ihren Siebröhren den Transport der Assimilate zu den Orten des Verbrauchs bzw. der Speicherung. Diese Aufgabenverteilung findet nicht nur in der äußeren Gestaltung des Kormus ihren Ausdruck, sondern auch in einer funktionsgerechten Anordnung der Gewebe und Gewebesysteme, deren Elemente wir bereits kennengelernt haben (Kap. 4).

Charakteristisch für die Mehrzahl der Kormophyten ist die Ausbildung besonderer Scheitelmeristeme (Apikalmeristeme). Bei vielen Farnpflanzen (Pteridophyten) kommen noch Scheitelzellen vor, die in der Regel dreischneidig sind. Bei allen anderen Kormophyten finden wir jedoch ganze Gruppen teilungsfähiger Initialzellen. Sie teilen sich bei den Pteridophyten und Gymnospermen (Nacktsamigen) sowohl antiklin, d. h. senkrecht zur Oberfläche, als auch periklin, d. h. parallel zur Oberfläche des Vegetationsscheitels. Bei den Angiospermen (Bedecktsamigen) sind sie in mehreren Schichten übereinander angeordnet (Abb. 5.18 B). Die Zellen der äußeren Schichten teilen sich nur antiklin und bilden eine aus einer oder mehreren Zellschichten bestehende periphere **Tunica** (in Abb. 5.18 B zweischichtig), während sich die Zellen der inneren Initialschichten sowohl periklin als auch antiklin teilen und den zentralen Gewebekomplex, das **Corpus,** bilden. Die Blattanlagen entstehen als seitliche Auswüchse aus den äußeren Zellschichten, also exogen. Der Sproßachse im Wachstum vorauseilend, umgeben die jungen Blätter den Sproßscheitel als schützende Knospe (Abb. 5.18 A und 6.1).

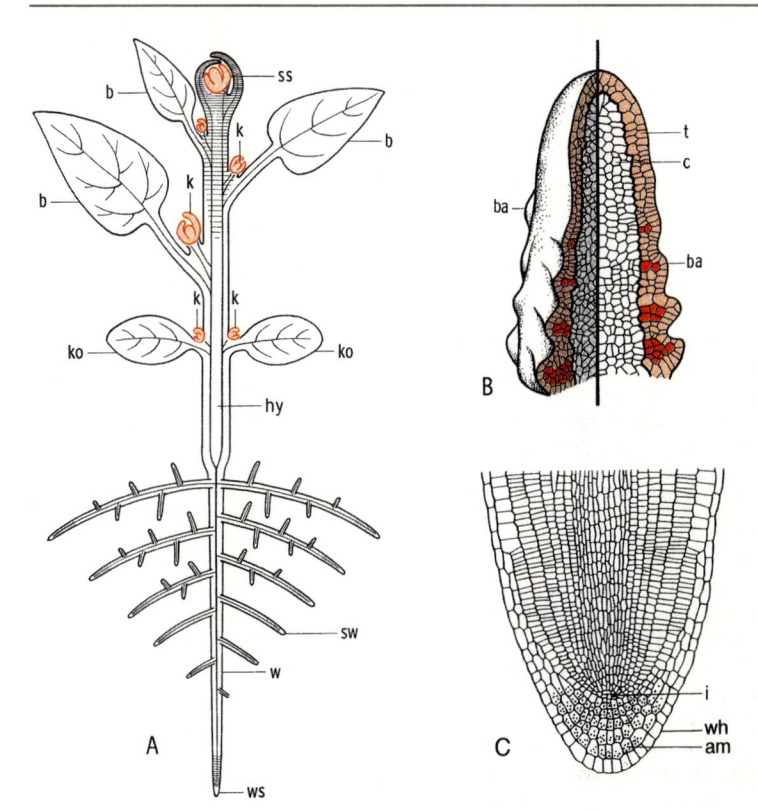

Abb. 5.**18** Organisation des Kormus. **A** Schema einer dikotylen Pflanze, **B** Scheitelmeristem einer Sproßachse (*Elodea canadensis,* Wasserpest), **C** Scheitelmeristem einer Wurzel (*Brassica rapa,* Rübsen) (ca. 70fach). am = Amyloplasten, b = Blatt, ba = Blattanlagen (rot), c = Corpus, hy = Hypokotyl, i = Initialzellschichten, k = Achselknospen (rot), ko = Kotyledonen, sw = Seitenwurzel, ss = Sproßscheitel (rot), t = zweischichtige Tunica (rot gerastert), w = Hauptwurzel, wh = Wurzelhaube, ws = Wurzelscheitel (nach Troll, Hering, Kny).

Der Scheitel der Wurzel (Abb. 5.**18**C) unterscheidet sich von dem der Sproßachse durch das Fehlen von Blattanlagen und durch den Besitz einer Wurzelhaube (Kalyptra). Bei den meisten Pteridophyten wird der Wurzelscheitel von einer tetraedrischen Scheitelzelle eingenommen. Diese ist jedoch nicht drei-, sondern vierschneidig. Aus den drei proximal abgegliederten Segmenten entsteht der Wurzelkörper, aus dem vierten, distal abgegliederten, die Wurzelhaube. Bei allen anderen höheren Pflanzen finden sich Gruppen von Initialzellen, die meist stockwerkartig übereinander angeordnet sind. Bei den Gymnospermen wird die nicht deutlich abgesetzte Wurzelhaube von der äußeren Initialschicht, aus der auch das Rindengewebe hervorgeht, durch perikline Teilungen gebildet, während die innere Schicht durch perikline und antikline Teilungen den Wurzelkörper erzeugt. Auch bei den Angiospermen, vor allem bei den Dikotyledonen, finden sich meist mehrere Etagen von Initialzellen, von denen die äußere durch antikline Teilungen die künftige Rhizodermis und durch perikline Teilungen die Wurzelhaube bildet, während aus den beiden darunterliegenden Rinde und Zentralzylinder entstehen (Abb. 5.18C). In anderen Fällen, u. a. bei den Monokotyledonen, findet sich keine so deutliche Schichtung der Initialzellen. Hier teilen sich die in der Spitzenregion unterhalb der Wurzelhaube befindlichen Zellen gar nicht oder doch nur selten, weshalb man von einem **ruhenden Zentrum** spricht (Abb. 8.1, S. 273).

Zusammenfassung

- Den Prokaryonten fehlt der für Eukaryonten typische Zellkern. Die DNA liegt im Cytoplasma und ist nicht mit Histonen assoziiert. Die Ribosomen gehören dem 70 S Typus an. Mitochondrien, Plastiden, Dictyosomen und endoplasmatisches Reticulum fehlen. Intracytoplasmatische Membranen finden sich in Gestalt von Thylakoiden. In granulärer Form kommen außer den Carboxysomen Speicherstoffe vor, z. B. das zu den Polysacchariden gehörende Glykogen, die als Volutin bezeichneten Polyphosphate, Lipide sowie bei den Cyanobakterien die Cyanophycinkörnchen, die aus einem Protein bestehen, das im wesentlichen nur aus zwei Aminosäuren zusammengesetzt ist. Die Zellwände der Eubakterien bestehen aus einer Peptidoglycanstützschicht. Sie ist bei den gramnegativen Bakterien und den Cyanobakterien von einer äußeren Biomembran bedeckt, die sogenannte Porine enthält und deshalb auch für größere Moleküle mit einer $M_r < 1000$ durchlässig ist. Die Archaebakterien unterscheiden sich in physiologischer und biochemischer Hinsicht von den anderen Prokaryonten erheblich. Ihre Zellwände enthalten keine Peptidoglycane, sondern sind von Fall zu Fall sehr verschiedenartig zusammengesetzt.

- Unter den eukaryotischen Einzellern, die einen echten Zellkern sowie alle anderen für Eukaryonten typischen cytoplasmatischen Strukturen und Organellen besitzen, gibt es sowohl farblose als auch photoautotrophe Vertreter. Die letzteren enthalten photosynthetisch aktive Chromatophoren. Neben unbeweglichen kommen auch begeißelte Formen vor. Die Geißeln enthalten elf fibrilläre Längselemente, von denen zwei axial, die übrigen neun peripher angeordnet sind. Die letzteren entsprechen Mikrotubulidupletts. Die begeißelten Formen enthalten meist ein Stigma, Süßwasserformen eine kontraktile Vakuole.

- Zellkolonien sind Verbände gleichartiger Zellen, die congenital miteinander verwachsen sind. Sie reagieren als physiologische Einheit. Die höchstentwickelten Formen weisen schon Polarität sowie eine Differenzierung in verschiedene Zelltypen auf. Sie sind bereits als Vielzeller aufzufassen.

- Die Thalli der Schlauchalgen und einiger niederer Pilze sind mehrkernige Schläuche ohne zelluläre Gliederung, also Coenoblasten. Die Fadenthalli bestehen im einfachsten Falle aus einer Reihe einkerniger Zellen, doch können die einzelnen Fadenglieder auch mehrkernig, also coenoblastisch sein. Bei den am höchsten entwickelten Formen findet sich die Ausbildung von Scheitelzellen, mit der die seitliche Verzweigung einhergeht. Häufig sind besondere Rhizoidzellen ausgebildet.

- Sind mehrere Fäden zu einem einheitlichen Thallus verflochten, spricht man von Flechtthalli. Gewebethalli zeigen bereits eine arbeitsteilige Differenzierung in ein zentrales Mark und ein peripheres Rindengewebe sowie Fortpflanzungszellen. Sie wachsen entweder mit ein- oder mehrschneidigen Scheitelzellen oder ganzen Gruppen von Scheitelinitialen.

- Die Moose nehmen hinsichtlich der Organisationsform eine vermittelnde Stellung zwischen Thallus und Kormus ein. Viele sind rein thallös, andere zeigen eine Gliederung in Stämmchen und Blättchen. Farblose Rhizoide dienen der Verankerung im Boden, in geringerem Umfange auch der Wasserversorgung. Außerdem finden sich bei den Moosen leitende Elemente, wie die Hydroide, die der Wasserleitung, und die Leptoide, die der Stoffleitung dienen.

- Der Kormus, die Organisationsform der höheren Pflanzen, ist in die drei Grundorgane Sproßachse, Blatt und Wurzel gegliedert. Sproßachse und Wurzel wachsen mit Hilfe charakteristischer Scheitelmeristeme. Bei den höheren Pflanzen hat die arbeitsteilige Differenzierung ihren höchsten Grad im Pflanzenreich erlangt.

Innere und äußere Organisation der Sproßachse

Das Charakteristikum der Sproßachsen, seien sie nun als krautige Stengel, als mehr oder weniger verdickte und dann meist auch verholzte Stämme oder als Seitenzweige ausgebildet, ist der Besitz von Blättern. Dabei muß es sich keineswegs immer um voll ausgebildete Laubblätter handeln, sondern sie können auch unauffällig und schuppenförmig oder anders gestaltet sein. Werden die Blätter abgeworfen, bleiben die sogenannten Blattnarben zurück. Lediglich bei den viele Jahre alten Stämmen der Holzgewächse ist die ehemalige Beblätterung nicht mehr zu erkennen. In der Mehrzahl wachsen die Sproßachsen aufrecht (orthotrop) und zeigen bezüglich ihrer Beblätterung eine radiäre Symmetrie. Lediglich bei sogenannten bodenbedeckenden Pflanzen wachsen sie mehr oder weniger horizontal (plagiotrop) und zeigen dann bezüglich ihrer Beblätterung eine dorsiventrale Symmetrie. Im Hinblick auf die Gestalt und den Bau der Sproßachsen sowie ihre Lebensdauer unterscheiden wir:

Kräuter: Sie sind ein- oder zweijährig und in der Regel nicht verholzt.

Stauden: Sie sind mehrjährig. Ihre oberirdischen Teile sind nicht verholzt und sterben gegen Ende der Vegetationsperiode ab. Sie überwintern entweder mit Hilfe unterirdischer Organe (Geophyten) oder mit der Erdoberfläche anliegenden, im Winter von Schnee bedeckten Sprossen mit oberirdischen Erneuerungsknospen (Hemikryptophyten).

Bäume: Als Bäume bezeichnen wir vieljährige Holzgewächse, bei denen die Spitze, zum mindesten in der Jugend, gefördert ist, während die ersten Seitenzweige bald absterben, sofern die Verzweigung in den ersten Jahren nicht überhaupt unterbleibt. Hierdurch entsteht ein Stamm, der später durch reiche Verzweigung der bleibenden Seitenäste eine Krone erhält.

Sträucher: Sie sind ebenfalls vieljährige Holzgewächse, doch sind bei ihnen die basalen Knospen gefördert. Sie treiben bald aus und übergipfeln die ursprüngliche Hauptachse.

Da die mehrjährigen, höheren Pflanzen offene Systeme sind, deren Meristeme, von Ruheperioden abgesehen, ihre Teilungsfähigkeit über lange Zeit beibehalten können, ist ihr Wachstum potentiell unbegrenzt. Folglich werden die Vegetationskörper durch fortgesetztes Längenwachstum und das diese begleitende Dickenwachstum nicht nur ständig vergrößert, sondern erfahren auch eine durchgreifende Änderung ihrer Gestalt. Auch die Verschiedenartigkeit der Verzweigung trägt zur äußeren Vielgestaltigkeit der Pflanzen bei. Schließlich kann das Grundorgan Sproßachse in Anpassung an die Umweltbedingungen so grundlegende morphologische Änderungen erfahren, daß sein ursprünglicher Charakter nicht mehr zu erkennen ist (Metamorphosen).

6.1 Gewebedifferenzierung und primärer Bau der Sproßachse

Die vom Scheitelmeristem der Sproßachse proximal abgegliederten Zellen teilen sich entweder noch eine Zeitlang weiter oder erfahren eine stärkere Zellstreckung. Erstere werden zu parenchymatischen Zellen, etwa des Grund- oder Abschlußgewebes, letztere zu Leitungs- und Festigungselementen. Die Differenzierung erfolgt nach einem einheitlichen Plan, der zu einer bestimmten Anordnung der Zellen und Gewebe in der Sproßachse führt. Nach Abschluß dieses Prozesses liegt die Sproßachse in ihrem primären Bau vor.

Das Scheitelmeristem der Sproßachse behält vom embryonalen Zustand der Pflanze an seine Teilungsfähigkeit bei. Seine Ausdehnung in Richtung der Längsachse beträgt nur Bruchteile eines Millimeters. Es geht ohne deutliche Grenze in die **Determinationszone** über, in der, entsprechend der Zugehörigkeit der Zellen zu Tunica oder Corpus (S. 222), die Gliederung in einen peripheren Mantel aus künftigem Abschluß- und Rindengewebe (**Urrinde**) und einen zentralen Strang künftigen Markgewebes (**Urmark**) erfolgt. Zwischen diesen bleibt bei den Dikotylen ein schmaler Zylinder von Zellen erhalten, die ihre Teilungsfähigkeit beibehalten und somit ein Restmeristem darstellen. Aus ihnen geht später unter Umständen das Kambium hervor. Da dieser **Meristemzylinder** im Querschnitt ringförmig erscheint, wird er auch als Meristemring bezeichnet.

An die ebenfalls sehr kurze, etwa 0,02–0,08 mm lange Determinationszone schließt sich die **Zone der Differenzierung** an. In dieser nehmen die Zellen des Marks und eines Teiles der Rinde den Charakter parenchymatischer Dauerzellen an, während aus der äußersten Tunicaschicht das Abschlußgewebe, die Epidermis, entsteht (Abb. 6.1). Mit der Entwicklung der Blätter aus den seitlichen Blattanlagen (Abb. 5.18 B, S. 223) geht die Ausbildung von Leitungselementen im Meristemzylinder einher, dessen Zellen sich in Längsrichtung strecken, also prosenchymatischen Charakter annehmen. Auf diese Weise entstehen die in Längsrichtung der Sproßachse verlaufenden Prokambiumstränge, von denen Abzweigungen in die Blattanlagen eintreten. Die Prokambiumstränge differenzieren sich zu Leitbündeln, indem auf der Innenseite wasserleitende Elemente, das Protoxylem, und auf der Außenseite Siebröhren und Geleitzellen, das Protophloem, gebildet werden. Die Xylemprimanen sind Ring- oder Schraubengefäße, die nur kurze Zeit in Funktion sind und im Verlaufe des weiteren Wachstums zusammengedrückt bzw. zerrissen werden. Letzteres gilt auch für die Phloemprimanen. Ihre Funktionen werden dann von den Elementen des Metaxylems bzw. Metaphloems übernommen.

6.1.1 Bau des Leitsystems

Der Wasser- und Stofftransport über längere Strecken erfolgt bei den Kormophyten in besonderen Leitungsbahnen, deren Gesamtheit man als Leitsystem

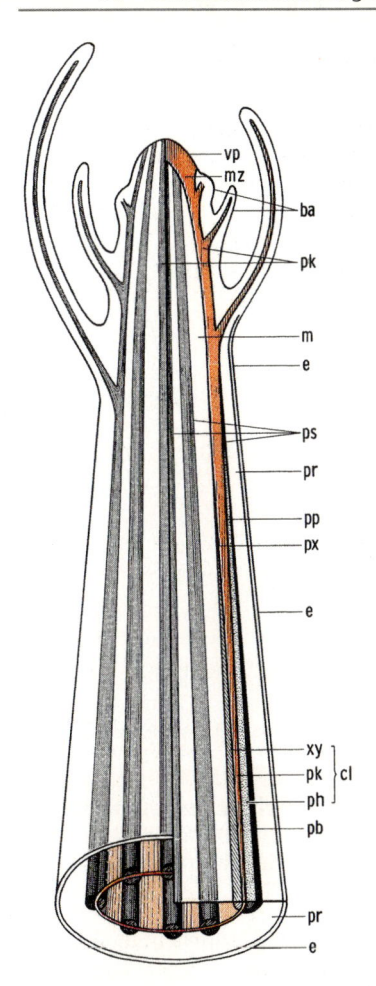

6.1 Gewebedifferenzierung und primärer Bau der Sproßachse

Abb. 6.1 Schematische Darstellung eines dikotylen Sproßscheitels. Links in Aufsicht, rechts im Längsschnitt. Der besseren Übersichtlichkeit wegen wurde nur ein Teil der Leitbündel eingezeichnet. Das angeschnittene Leitbündel ist etwas vergrößert.
ba = Blattanlagen, cl = kollaterales Leitbündel, e = Epidermis, m = Mark, mz = Meristemzylinder, pb = primäre Bastfasern, ph = Phloem (primär), pk = Prokambium, pp = Protophloem, pr = primäre Rinde, ps = Prokambiumstrang, px = Protoxylem, vp = Vegetationspunkt, xy = Xylem (primär).

bezeichnet. Im Gegensatz zur Wurzel, die ein komplexes, im Zentralzylinder lokalisiertes radiales Leitsystem besitzt (Abb. 6.3 F), ist das Leitsystem der Sproßachse in einzelne Stränge, die **Leitbündel**, aufgelöst. Diese bestehen mit Ausnahme der sogenannten „unvollständigen Leitbündel" stets aus zwei funktionell verschiedenen Komplexen, dem Xylem und dem Phloem, sind also heterogene Gewebe (Gewebesysteme). Im **Xylem** sind die Elemente der Wasserleitung, d. h. Gefäße (Tracheen) und Tracheiden, zusammengefaßt, während zum **Phloem** die Siebröhren und, bei den Angiospermen, die Geleitzellen gehören (Abb. 6.2). Beide können von parenchymatischen Zellen begleitet sein,

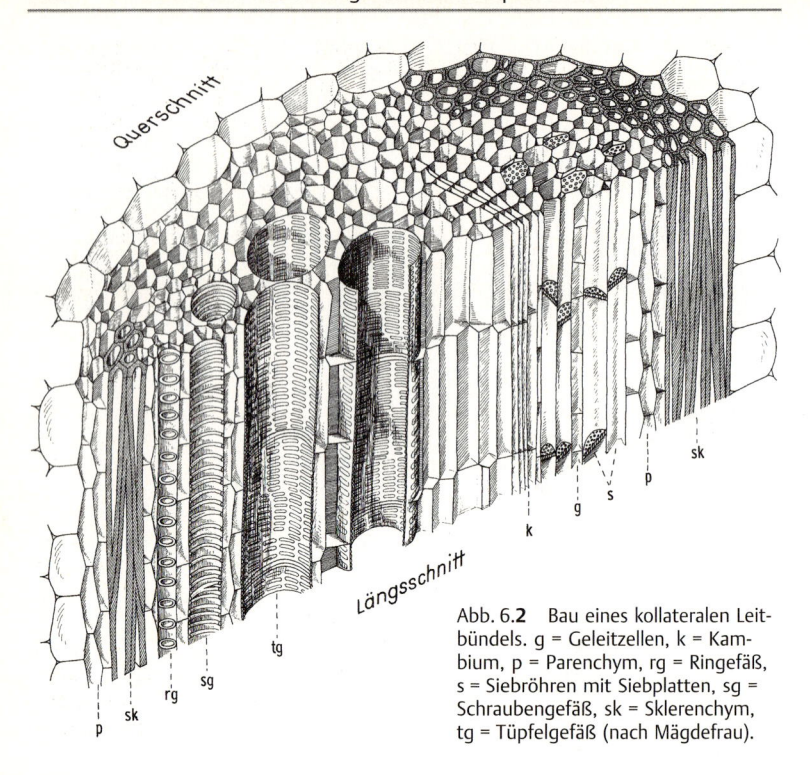

Abb. 6.2 Bau eines kollateralen Leitbündels. g = Geleitzellen, k = Kambium, p = Parenchym, rg = Ringefäß, s = Siebröhren mit Siebplatten, sg = Schraubengefäß, sk = Sklerenchym, tg = Tüpfelgefäß (nach Mägdefrau).

die man entsprechend als Xylem- und Phloemparenchym bezeichnet. Im Metaxylem findet man häufig auch Fasern, was im Metaphloem nur selten der Fall ist. Die Anordnung dieser Elemente ist von Fall zu Fall verschieden, so daß wir mehrere Typen von Leitsystemen unterscheiden, die in Abb. 6.3 schematisch dargestellt sind.

Bei den konzentrischen Leitbündeln mit Außenxylem (**A**), die für die Sprosse und Erdsprosse einiger Monokotylen charakteristisch sind, umgibt das Xylem ringförmig einen Phloemkern, während die Anordnung bei den konzentrischen Leitbündeln mit Innenxylem (**B**), die bei der Mehrzahl der Farne vorkommen, genau umgekehrt ist. In den kollateralen Leitbündeln (**C,D**), die sowohl bei den Gymnospermen als auch bei den Angiospermen weit verbreitet sind, liegen Xylem und Phloem einander gegenüber, und zwar das Xylem innen, das Phloem außen.

In den geschlossenen kollateralen Leitbündeln, wie wir sie bei vielen Monokotylen finden, grenzen Xylem und Phloem unmittelbar aneinander (**C**), in den offenen kollateralen Bündeln der Gymnospermen und Angiospermen sind sie dagegen durch einen meristematischen Gewebestreifen, das Kambium,

6.1 Gewebedifferenzierung und primärer Bau der Sproßachse

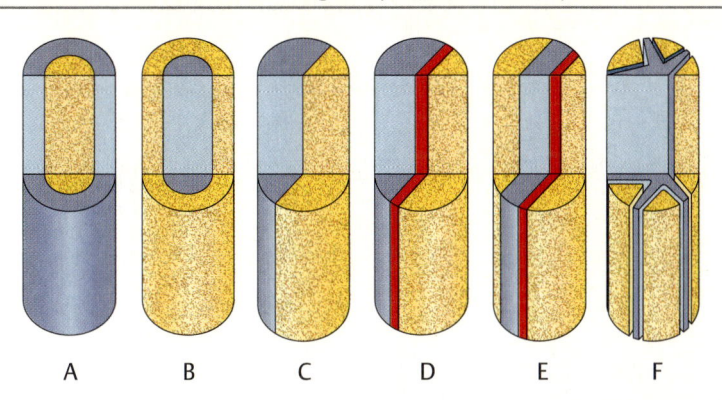

A   B   C   D   E   F

Abb. 6.3 Leitbündeltypen, schematisch. **A** Konzentrisch mit Außenxylem, **B** konzentrisch mit Innenxylem, **C** kollateral geschlossen, **D** kollateral offen, **E** bikollateral, **F** fünfstrahliges, radiales Leitsystem der Wurzel. Alle Bündel im oberen Abschnitt längs halbiert. Xylem: blau, Phloem: gelb, Kambium: rot.

getrennt (**D**). Als Sonderfall der kollateralen Bündel sind die bikollateralen Leitbündel aufzufassen, bei denen das Xylem auch auf der Innenseite noch von einem Phloemstrang begleitet wird (**E**). Sie sind für einige Familien der Dikotylen (z. B. Solanaceae, Cucurbitaceae) typisch. Die Wurzeln besitzen ein radiales Leitsystem, das nicht in einzelne Bündel aufgelöst ist. Das Xylem ist hier in Leisten angeordnet, die strahlig vom Zentrum zur Peripherie verlaufen (**F**). Die Phloemanteile liegen, durch schmale Parenchymstreifen vom Xylem getrennt, in entsprechender Anzahl zwischen den Xylemstrahlen. Die Anzahl dieser Strahlen ist von Art zu Art verschieden.

Die Leitbündel können von einer Scheide umgeben sein, die aus parenchymatischen Zellen, aus Festigungselementen (Abb. 6.2) oder aus einer Endodermis besteht. Bei kollateralen Bündeln finden sich an den Stellen, wo Xylem und Phloem zusammenstoßen, Durchlaßstreifen aus unverdickten Zellen, die einen Stoffaustausch mit dem umliegenden Gewebe ermöglichen.

6.1.2 Primärer Bau

Die endgültige Fertigstellung der Leitbündel sowie der sonstigen Gewebe der Sproßachse, die auch als Reifung bezeichnet wird, ist mit dem Hauptstreckungswachstum sowie dem primären Dickenwachstum (Erstarkungswachstum) verbunden. Nach deren Abschluß liegt die Sproßachse im wesentlichen fertig differenziert vor.

Die Leitbündel verlaufen grundsätzlich in der Längsrichtung der Achse, sind aber z. B. bei dem als Eustele bezeichneten Bündelrohr der krautigen Dikotylen (Abb. 6.4A) netzartig untereinander verbunden. An den Ansatzstellen der Blätter biegen von den sproßeigenen Bündeln die Blattspurstränge in die

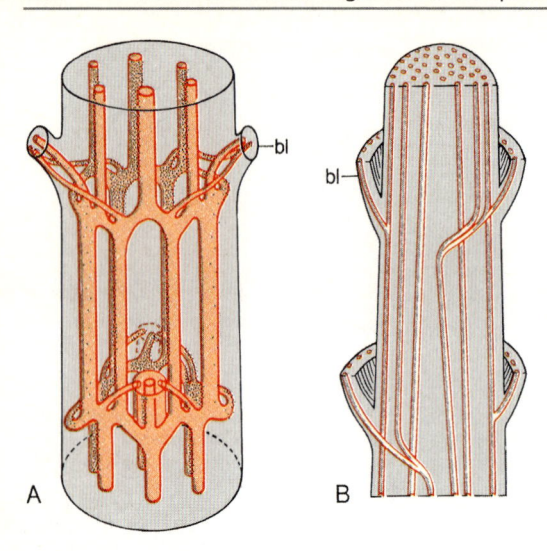

Abb. 6.4 Anordnung der Leitbündel und Blattspuren im Sproß, schematisch, **A** bei einer Dikotylen mit decussierter Blattstellung *(Clematis vitalba)*, **B** bei einer Monokotylen *(Rhapis excelsa)*. Der schraubige Verlauf ist hier unberücksichtigt geblieben. bl = Blattansatz.

Blätter ein (Abb. 6.4A), deren Gesamtheit man als **Blattspur** bezeichnet. Bei den Gymnospermen und den dikotylen Angiospermen liegen die im typischen Falle offenen kollateralen Bündel auf einem Zylindermantel und erscheinen deshalb auf dem Querschnitt ringförmig angeordnet (Abb. 6.4A). Sie sind durch Streifen parenchymatischen Gewebes voneinander getrennt, die Parenchymstrahlen, die das Mark mit der Rinde verbinden und deshalb auch als Markstrahlen bezeichnet wurden. Allerdings ist diese Bezeichnung irreführend, da zwischen den später angelegten Strahlen und dem Mark keine Verbindung mehr besteht, weshalb der Ausdruck **Parenchymstrahlen** zweifellos korrekter ist. Bei vielen krautigen Pflanzen und manchen Lianen sind diese Strahlen verhältnismäßig breit (Abb. 6.5A). Bei den meisten Holzgewächsen grenzen jedoch die Prokambiumstränge so dicht aneinander, daß von Anfang an ein geschlossener Leitbündelzylinder mit nur sehr schmalen Parenchymstrahlen vorliegt (Abb. 6.5C). Der Leitbündelzylinder umschließt das **Mark**, dessen Zellen in der Regel farblos sind und hauptsächlich der Stoffspeicherung dienen. Nicht selten werden sie später zerrissen und weichen auseinander, so daß rhexigen oder schizogen eine Markhöhle entsteht.

Außerhalb des Leitbündelzylinders liegt die Rinde, deren Zellen meist Chloroplasten enthalten. Mit Ausnahme der sie durchbrechenden Blattspurstränge ist die Rinde frei von leitenden Elementen. Ihre innerste Schicht ist häufig als **Stärkescheide**, selten als Endodermis ausgebildet. Die Zellen der Stärkescheide enthalten große Amyloplasten, die wahrscheinlich auch der Graviperzeption dienen. Außen ist das Rindengewebe von der Epidermis bedeckt, die Spaltöffnungen besitzt.

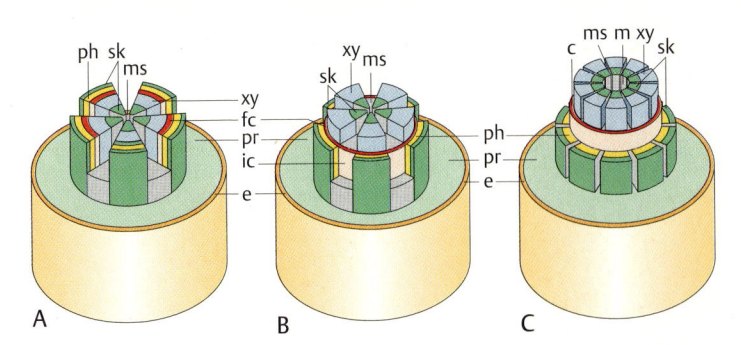

Abb. 6.5 Primärer Bau der Sproßachse, schematisch. Epidermis, Rinde, Mark, Parenchymstrahlen und z. T. Phloem im oberen Bereich der Diagramme entfernt. **A** Zylinder aus fünf offenen, kollateralen Bündeln, die durch breite Parenchymstrahlen getrennt sind. **B** wie **A**, aber Kambiumring durch die Anlage eines interfasciculären Kambiums geschlossen. **C** Geschlossener Leitbündelzylinder, bei dem der Kambiummantel direkt aus dem Prokambiumzylinder hervorgegangen ist. Die Parenchymstrahlen sind hier nur schmal. c = Kambiumring (rot), e = Epidermis (schwach gelb), fc = fasciculäres Kambium, ic = interfasciculäres Kambium (beide rot), m = Mark, ms = Parenchymstrahl (früher Markstrahl, soweit nicht entfernt grau), ph = Phloem (gelb), pr = primäre Rinde (schwach grün), sk = sklerenchymatische Elemente (grün), xy = Xylem (blau).

Gleichzeitig mit den Leitbündeln werden die primären Festigungselemente fertiggestellt. Wie bereits erwähnt (S. 231), können sie die Leitbündel als sklerenchymatische Scheiden begleiten (Abb. 6.2 und 6.5). In anderen Fällen ist der Leitbündelzylinder von einem geschlossenen Hohlzylinder aus Sklerenchymfasern umgeben. Zusätzlich können weitere Festigungselemente kollenchymatischer oder sklerenchymatischer Natur gebildet werden, die entweder ebenfalls in Gestalt eines Hohlzylinders oder in Form von längsverlaufenden Strängen oder Leisten im peripheren Bereich des Rindengewebes angeordnet sind.

6.2 Sekundäres Dickenwachstum der Sproßachse

Die im Verlaufe des Differenzierungs-, Reifungs- und Erstarkungswachstums fertiggestellten primären Gewebe sind häufig so bemessen, daß sie zur Versorgung der sich in einer Vegetationsperiode entwickelnden beblätterten Sproßachse mit Wasser und Mineralsalzen ausreichen und ihr auch genügend Festigkeit verleihen. Nehmen die Pflanzen jedoch durch weiteres Wachstum an Größe zu, müssen bereits im ersten Jahr zusätzliche Leitungs- und Festigungselemente gebildet werden. Dies trifft auch für manche Kräuter zu, vor allem aber für Bäume und Sträucher, bei denen sich dieser als sekundäres Dickenwachstum bezeichnete Prozeß jedes Jahr wiederholt.

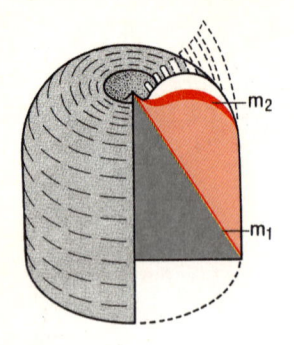

Abb. 6.6 Scheitelgrube einer Monokotylen mit kegelförmigem Apikalmeristem, schematisch. In der linken Hälfte in Aufsicht, rechts im Längsschnitt dargestellt. Die Ansatzstellen der Blätter sind nur im Längsschnitt angedeutet. Der schwarz gerasterte Kegel im Schnittbild gibt die Verhältnisse bei Pflanzen ohne Scheitelgruben an, der rot gerasterte Bereich die bei Ausbildung einer Scheitelgrube. m_1 Meristem (rot) ohne Scheitelgrube, m_2 bei Vorhandensein einer Scheitelgrube, insbesondere bei zahlreichen Palmen.

Eine Ausnahme hiervon machen die Baumfarne, Cycadeen und gewisse baumartige Monokotyledonen. Bei ihnen erfährt die Sproßachse durch die Ausbildung eines an das Apikalmeristem anschließenden Primärverdickungsmeristems zwischen Rinde und Leitzylinder eine starke Verbreiterung, wodurch in vielen Fällen, insbesondere bei Palmen, schließlich eine kraterförmige Mulde entsteht, an deren tiefster Stelle die Spitze des kegelförmigen Apikalmeristems liegt (Abb. 6.6). Hierdurch erhält die Sproßachse von vornherein etwa ihre endgültige Stärke, so daß sie bei dem sich anschließenden Streckungswachstum in Gestalt einer Säule von etwa gleichmäßiger Dicke emporsteigt und die Blattrosette als Schopf hochhebt. Hier sind also von Anfang an genügend Leitungs- und Festigungselemente vorhanden, so daß sich ein sekundäres Dickenwachstum erübrigt.

> Das sekundäre Dickenwachstum der Gymnospermen und der dikotylen Angiospermen erfolgt vermittels eines meristematischen Gewebes, das als **Kambium** bezeichnet wird.

Geht dieses direkt aus dem Meristemzylinder des Sproßscheitels (Abb. 6.1) als geschlossener Kambiumzylinder hervor (Abb. 6.5 C), so ist es ein Restmeristem. In anderen Fällen ist nur der in den offenen kollateralen Leitbündeln liegende Anteil, das fasciculäre Kambium, ein Restmeristem. Der zwischen den Leitbündeln liegende, also interfasciculäre Anteil wird von den Zellen des Parenchymstrahlgewebes gebildet, die ihre Teilungsfähigkeit wiedererlangen (Abb. 6.5 B), ist also ein sekundäres Meristem.

Ungeachtet der Entstehungsweise liegt schließlich ein geschlossener Zylinder von Kambiumzellen vor, die sich allerdings von den typischen meristematischen Zellen u.a. durch den Besitz einer großen Zellsaftvakuole unterscheiden. Im typischen Falle laufen sie an den Enden spitz aus, haben also eine langgestreckte, prismatische Gestalt (Abb. 6.7 A). Sie werden auch als fusiforme Zellen bezeichnet. Dieses Muster ist im Bereich der Parenchymstrahlen unterbrochen, wo durch Querteilung der fusiformen Zellen etwa isodiametrische Strahleninitialen entstehen. Die Zellen des Kambiums teilen sich

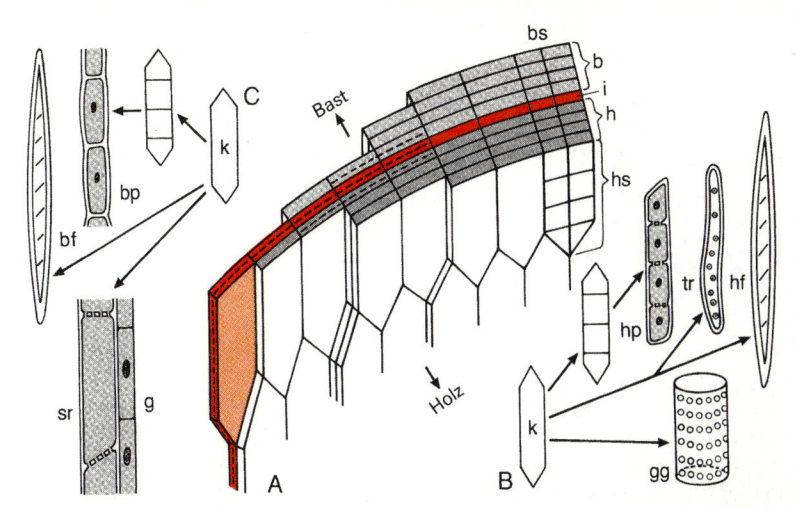

Abb. 6.7 Schematische Darstellung der Teilungstätigkeit eines Kambiums. **A** Schematisches Raumdiagramm. Die prismatischen, an den Enden zugespitzten Zellen sind im oberen Teil quer geschnitten. Die Teilungsebene der Kambiumzellen ist durch eine gestrichelte Linie angedeutet. Am rechten Rand ein Parenchymstrahl. **B** Entwicklung einer Kambiumzelle zu den verschiedenen Holzelementen. **C** Entwicklung einer Kambiumzelle zu den verschiedenen Bastelementen. b = Bast, bf = Bastfaser, bp = Bastparenchym, bs = Baststrahl, g = Geleitzelle, gg = Gefäßglied, h = Holz, hf = Holzfaser, hp = Holzparenchym, hs = Holzstrahl, i = Initialschicht (rot), k = Kambiumzelle, sr = Siebröhre, tr = Tracheide.

durch tangential eingezogene Wände, wobei die neugebildeten Zellen nach innen oder nach außen abgeschoben werden. Diese können sich ebenfalls noch ein oder mehrere Male teilen und wandeln sich schließlich in die Elemente des sekundären Xylems bzw. Phloems um. Dabei bleibt aber stets eine zusammenhängende Schicht von Initialzellen erhalten. Bei den höher entwickelten Angiospermen sind die Kambien meist etagiert, d. h. die langgestreckten, fusiformen Initialen stehen in horizontalen Reihen, während die Kambien der Gymnospermen und der ursprünglicheren Angiospermen keine klare Etagierung erkennen lassen. Die fortgesetzte Erzeugung neuer Zellen nach innen hat eine ständige Umfangserweiterung der Sproßachse zur Folge, der das Kambium durch **Dilatation**, d. h. durch tangentiales Wachstum, folgen muß. Hierbei werden von Zeit zu Zeit auch radiale Wände in die Kambiumzellen eingezogen.

> Definitionsgemäß bezeichnet man alles vom Kambium nach innen erzeugte Gewebe, unabhängig vom Grade der Verholzung, als **Holz**, alles nach außen abgeschiedene als **Bast**.

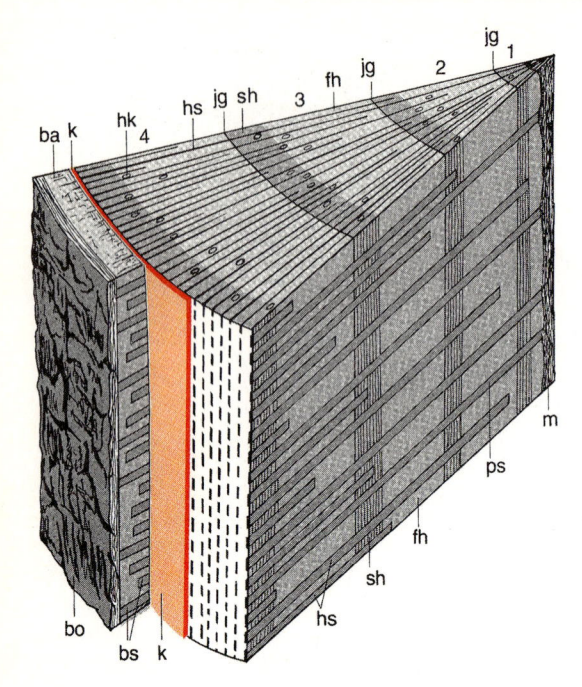

Abb. 6.8 Stück eines vierjährigen *Pinus*-Stammes, im Winter geschnitten. Bast und Borke wurden etwa zur Hälfte entfernt, zu einem Viertel auch das Kambium (rot).
ba = Bast, bo = Borke, bs = Baststrahl, fh = Frühholz, hk = Harzkanal, hs = Holzstrahl, jg = Jahresgrenze, k = Kambium (rot), m = Mark, ps = Parenchymstrahl, sh = Spätholz. 1, 2, 3, 4 = die aufeinanderfolgenden Jahresringe

Im Bereich der Leitbündel entsteht sekundäres Xylem bzw. sekundäres Phloem, während die Parenchymstrahlen durch die von den Straheninitialen (Abb. 6.7A) gebildeten parenchymatischen Elemente verlängert werden, so daß sie vom Mark bis zur Rinde reichen. Mit zunehmender Umfangserweiterung des Stammes werden zusätzliche radial verlaufende Strahlen eingezogen, die im Holz bzw. Bast blind enden (Abb. 6.8) und als Holz- bzw. Baststrahlen bezeichnet werden. Wie oben erwähnt, stehen sie überhaupt nicht mehr mit dem Mark in Verbindung, weshalb die früher benutzte Bezeichnung „sekundäre Markstrahlen" keinen Sinn gibt.

6.2.1 Holz

> Zu den Elementen des Holzes zählen die Gefäße, Tracheiden, Holzfasern, Holzparenchym und Holzstrahlparenchym. Je nachdem, welches Element sie bildet, muß die vom Kambium erzeugte Zelle eine weitgehende Umgestaltung erfahren (Abb. 6.7).

Teilungswachstum führt zu einer Unterteilung in parenchymatische Elemente, Streckungs- bzw. Spitzenwachstum zur Ausbildung von Tracheiden bzw. Holz-

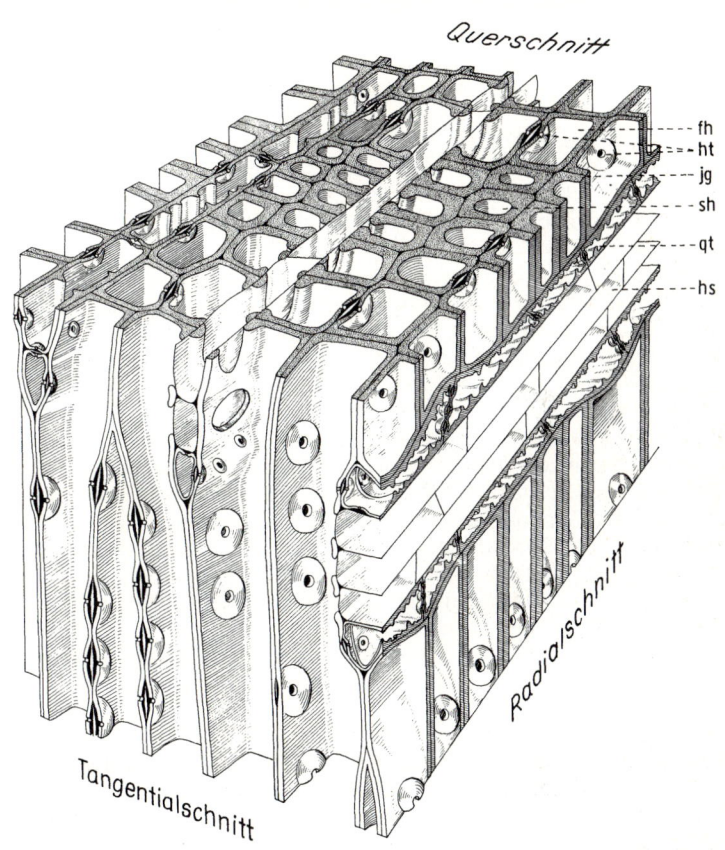

Abb. 6.9 Holz der Kiefer *(Pinus silvestris)*. fh = Frühholz, hs = Holzstrahlzellen, ht = Hoftüpfel, jg = Jahresgrenze, qt = Quertracheiden, sh = Spätholz (nach Mägdefrau).

fasern und Weitenwachstum, verbunden mit einer Auflösung der Querwände, zur Bildung von Gefäßen (Abb. 6.7B).

Die Gefäße sind in der überwiegenden Mehrzahl Tüpfel-, seltener Netzgefäße. Verbinden die Tüpfel zwei Gefäße miteinander, so sind sie zweiseitig behöft (für *Pinus* s. Abb. 3.41B,C, S.143, Abb. 6.9), verbinden sie hingegen die Gefäße mit Parenchymzellen, sind sie nur einseitig behöft. Während die weitlumigen Gefäße ausschließlich der Wasserleitung dienen, können die Tracheiden sowohl Leitungs- als auch Festigungsfunktion haben. Im letzten Falle haben sie stark verdickte Wände und enge Lumina. Die Holzfasern haben gleichmäßig verdickte Wände mit schrägstehenden Tüpfeln und zugespitzten Enden, sind also typische Sklerenchymfasern. Die Holz- und Holzstrahlparenchymzellen schließlich sind plasmareich und mehr oder weniger isodiametrisch. Sie dienen teils der Speicherung von Reservestoffen, teils der Querleitung. Ihre Wände sind im allgemeinen nur schwach verdickt.

Sowohl hinsichtlich der Beteiligung der beschriebenen Grundelemente am Aufbau des Holzes als auch in bezug auf ihre Anordnung im Holzkörper bestehen zwischen den einzelnen Pflanzenarten erhebliche Unterschiede. Diese sind besonders auffällig zwischen Gymnospermen und Angiospermen, weshalb von jeder der beiden Gruppen ein Vertreter besprochen werden soll.

> Das Holz der Gymnospermen, als deren Vertreter die Waldkiefer *(Pinus silvestris)* gewählt wird, ist einfacher gebaut als das der Laubhölzer. Bei ihm werden Festigungs- und Leitungsfunktion von denselben Elementen, den Tracheiden, übernommen. Es fehlen also sowohl Holzfasern als auch Gefäße. Auch das Holzparenchym ist in der Regel reduziert.

Im Falle von *Pinus* ist es auf die Umgebung der Harzkanäle beschränkt. Diese durchziehen als verzweigtes Netzwerk den ganzen Stamm. Bei der Eibe *(Taxus baccata)* fehlt das Holzparenchym sogar ganz. Die Zellen des Holzstrahlparenchyms sind, dem Verlauf der Holzstrahlen entsprechend, in radialer Richtung gestreckt (Abb. 6.9, Radialschnitt) und so übereinander angeordnet, daß der Holzstrahl nur die Breite einer Zelle hat (Abb. 6.9, Tangentialschnitt). Bei *Pinus* sind die Zellen der oberen und unteren Reihen meist tracheidal ausgestaltet und werden als Quertracheiden bezeichnet. Sie erleichtern den Wassertransport in radialer Richtung. Im Gegensatz zu den fensterartigen Tüpfeln der übrigen Holzstrahlzellen sind ihre Tüpfel, dem tracheidalen Charakter entsprechend, zweiseitig behöft. Während sich zwischen den Tracheiden keine Interzellularen befinden, sind die Holzstrahlen von einem Interzellularensystem durchzogen, das mit dem von Bast und Rinde in Verbindung steht.

Bei vielen Hölzern erkennt man im Querschnitt schon mit bloßem Auge eine ringartige Zonierung, die Jahresringe (Abb. 6.8). Sie sind der Ausdruck einer jahresrhythmischen Tätigkeit des Kambiums, das im Frühjahr seine Tätigkeit mit der Bildung weitlumiger Tracheiden mit überwiegender Leitungsfunktion (Frühholz) beginnt, während die mit fortschreitender Vegetationsperiode gebildeten Tracheiden immer engerlumig werden (Spätholz). Schließlich stellt das Kambium seine Tätigkeit ganz ein, um im Frühjahr wieder mit der Erzeugung weitlumiger Tracheiden zu beginnen. Auf diese Weise kommt eine scharfe Jahresgrenze zustande (Abb. 6.9). Das zwischen zwei Jahresgrenzen liegende Gewebe entspricht also einem Jahreszuwachs, so daß sich aus der Anzahl der Jahresringe mit einiger Genauigkeit das Alter eines Baumes bestimmen läßt. Bei den tropischen Hölzern, deren Wachstum keinen jahresperiodischen Schwankungen unterliegt, ist die Ringbildung nur schwach ausgeprägt oder fehlt ganz. Auch andere Faktoren können eine rhythmische Holzbildung verursachen.

Eine jahresperiodische Anordnung der Gewebe zeigen auch die Laubhölzer unserer Breiten, als deren Vertreter die Birke *(Betula alba)* gewählt sei

(Abb. 6.10). Allerdings wird hier die regelmäßige Anordnung der einzelnen Elemente durch die sehr weitlumigen Gefäße gestört. Es handelt sich um Tüpfelgefäße, die schrägstehende, leiterartig durchbrochene Endwände aufweisen.

Werden weitlumige Gefäße bevorzugt im Frühjahr gebildet, sind sie auf dem Querschnitt ringförmig angeordnet. In diesem Falle spricht man von ringporigen Hölzern, z. B. Eiche *(Quercus)*, Esche *(Fraxinus)*, Ulme *(Ulmus)*. Werden sie dagegen die ganze Vegetationsperiode über erzeugt, so sind sie mehr oder weniger gleichmäßig über den ganzen Querschnitt verteilt, und wir sprechen von zerstreutporigen Hölzern, z. B. Birke *(Betula)*, Buche *(Fagus)*, Pappel *(Populus)*, Linde *(Tilia)*. Die Gefäße der ringporigen Hölzer haben im allgemeinen einen größeren Durchmesser (mehr als 100 µm) und eine größere Länge (bis zu 10 m) als die der zerstreutporigen (kleiner als 10 µm und maximal 1–2 m lang), weshalb das Wasser in ihnen erheblich schneller (bis zu 10fach) geleitet wird als in den letzteren.

Neben den Gefäßen finden wir bei den Laubhölzern alle oben genannten Holzelemente, also Holzfasern, Holz- und Holzstrahlparenchym sowie meist auch Tracheiden (Abb. 6.10). Die Holzparenchymstränge sind entweder vertikal oder tangential ausgerichtet. Im letzteren Falle verbinden sie die Holzstrahlen miteinander.

Häufig, z. B. bei den ringporigen Hölzern, sind die großporigen Gefäße des Frühholzes nur eine Vegetationsperiode über tätig. An der Wasserleitung ist also jeweils nur der äußerste Jahresring beteiligt, so daß im Frühjahr das gesamte Wasserleitungssystem vom Kambium neu gebildet werden muß. Bei den zerstreutporigen Hölzern bleibt das Xylem hingegen mehrere Jahre funktionsfähig, so daß der wasserleitende Querschnitt größer ist als bei einem gleichstarken ringporigen Stamm. Hierdurch werden die oben erwähnten Nachteile der langsameren Wasserleitung bei den zerstreutporigen Hölzern wieder ausgeglichen.

Die nicht mehr an der Wasserleitung beteiligten Jahresringe dienen nur noch der Festigung bzw. Speicherung (Holz- und Holzstrahlparenchym). Die Lumina der Gefäße werden in manchen Fällen durch **Thyllen**, das sind durch die Tüpfel unter blasenartiger Auftreibung der Schließhäute in die Gefäße einwachsende Holzparenchymzellen, oder durch die Einlagerung von Gerbstoffen und anderen Substanzen verstopft. Letztere werden meist auch in den Zellwänden abgelagert und schützen diese gegen mikrobielle Zersetzung. Damit geht häufig eine dunkle Verfärbung einher, an der man das **Kernholz** gut von dem hellen **Splintholz** unterscheiden kann. Durch derartige Einlagerungen werden sowohl die mechanischen Eigenschaften des Holzes als auch seine Dauerhaftigkeit verbessert, wodurch es technisch wertvoller wird (Teak, Ebenholz). Bei manchen Bäumen, z. B. Linde, Pappel und Weide *(Salix)*, unterbleibt die Verkernung. Sie werden deshalb häufig durch Fäulnis hohl.

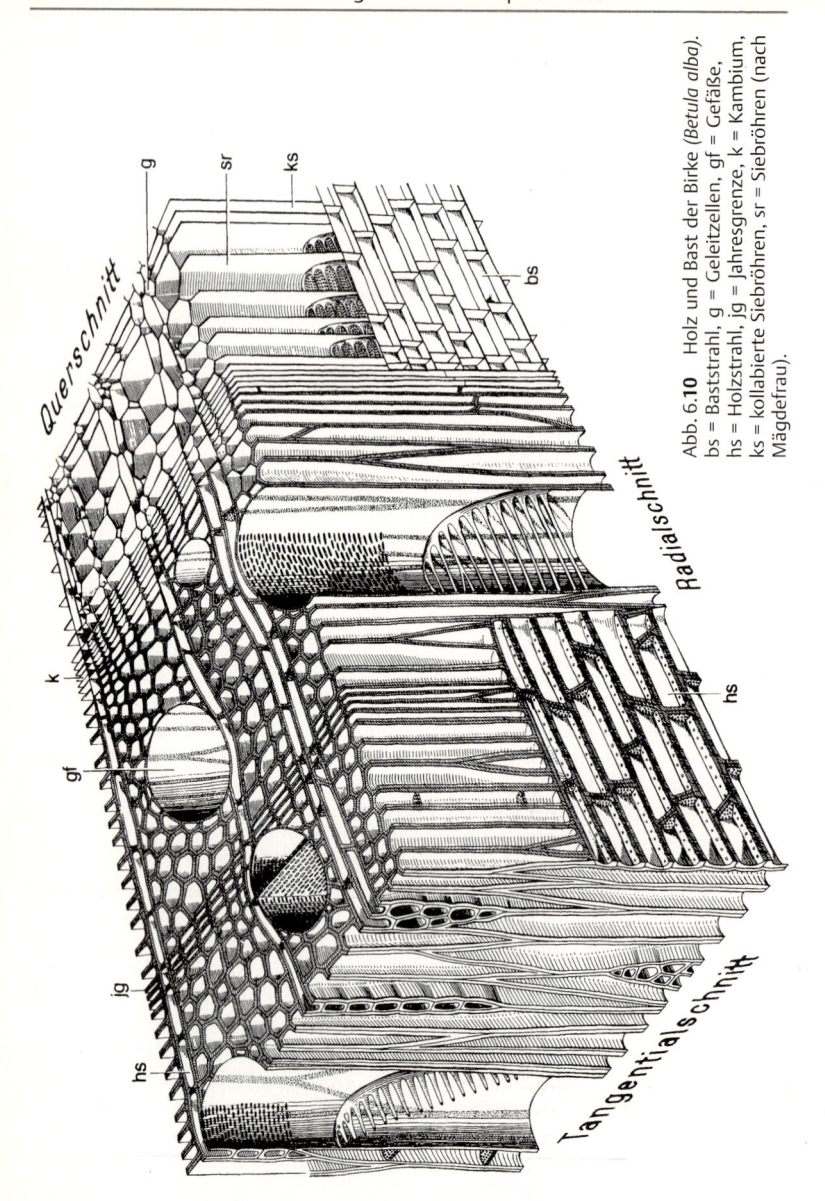

240 6 Innere und äußere Organisation der Sproßachse

Abb. 6.10 Holz und Bast der Birke *(Betula alba)*. bs = Baststrahl, g = Geleitzellen, gf = Gefäße, hs = Holzstrahl, jg = Jahresgrenze, k = Kambium, ks = kollabierte Siebröhren, sr = Siebröhren (nach Mägdefrau).

6.2.2 Bast

▪ Seiner Funktion, der Stoffleitung, entsprechend enthält der Bast vor allem die Siebzellen bzw. Siebröhren, die bei den Dikotyledonen[1] von den Geleitzellen begleitet werden. Hinzu kommen Bastparenchym und Baststrahlparenchym sowie als sklerenchymatische Elemente die Bastfasern (Abb. 6.7 C und 6.10).

Infolge der jahresperiodischen Tätigkeit des Kambiums können in seltenen Fällen, z. B. bei der Lärche *(Larix),* auch im Bast Jahresringe gebildet werden, doch ist dies in der Regel nicht der Fall. Zwar werden bei manchen Bäumen, z. B. bei der Linde *(Tilia),* vom Kambium im mehrfachen Wechsel **Hartbast** (Bastfasern) und **Weichbast** (Siebröhren, Geleitzellen, Parenchym) gebildet, doch sind bei vielen Pflanzen die Bastfasern einzeln und verstreut in das Bastgewebe eingebettet oder fehlen ganz.

Die Siebelemente sind im typischen Falle nur eine, in seltenen Fällen einige wenige Vegetationsperioden über tätig. Die Baststrahlen bilden, wie bereits erwähnt, die Fortsetzung der Holzstrahlen. Ihre Zellen dienen, gleich denen des Bastparenchyms, überwiegend der Speicherung. Schließlich können im Bast auch Harzkanäle (z. B. bei Coniferen) oder andere Sekretbehälter vorkommen.

Die anfangs noch regelmäßige Anordnung der Bastelemente erfährt sehr bald eine Störung, da durch die zunehmende Umfangserweiterung der Sproßachse infolge des sekundären Dickenwachstums das Rindengewebe in tangentialer Richtung gedehnt und schließlich zerrissen wird, sofern Rinde und Bast der Umfangserweiterung nicht durch Dilatationswachstum zu folgen vermögen. In manchen Fällen, z. B. bei der Linde, ist das Dilatationswachstum besonders in den Baststrahlen sehr stark, so daß diese sich nach außen hin keilartig erweitern.

6.2.3 Periderm

Die Epidermis der Sproßachse ist bei manchen Pflanzen, z. B. bei Rose *(Rosa),* Ahorn *(Acer)* und vor allem bei vielen Stammsukkulenten zu einem Dilatationswachstum befähigt. In vielen Fällen vermag sie jedoch der Umfangserweiterung der Sproßachse nicht zu folgen und wird zerrissen. Sie muß dann durch ein sekundäres Abschlußgewebe ersetzt werden.

▪ Dieses wird durch das **Phellogen** (Korkkambium) erzeugt, das bisweilen aus der Epidermis selbst, meist aber aus der darunterliegenden oder aber einer noch tieferen Rindenschicht hervorgeht. Es ist also ein sekundäres bzw. laterales Meristem.

---

[1] Wie bereits erwähnt (S. 174), kommen Geleitzellen auch bei Monokotyledonen vor. Da diese jedoch kein sekundäres Dickenwachstum im eigentlichen Sinne aufweisen (S. 234), haben sie auch keinen Bast.

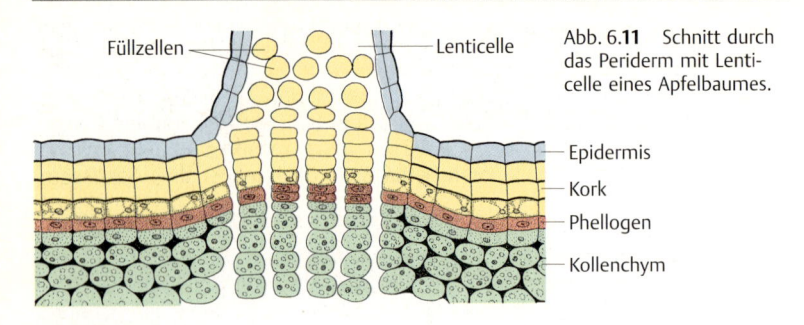

Abb. 6.11 Schnitt durch das Periderm mit Lenticelle eines Apfelbaumes.

Labels: Füllzellen, Lenticelle, Epidermis, Kork, Phellogen, Kollenchym

Die Bildung des Phellogens erfolgt mit Einsetzen des sekundären Dickenwachstums, bisweilen aber auch schon vorher. Seine Zellen teilen sich durch tangentiale Wände. Die nach außen abgegliederten Zellen, die interzellularenfrei aneinanderschließen (Abb. 6.12A), werden als Kork (**Phellem**) bezeichnet, und zwar unabhängig davon, ob sie tatsächlich verkorkt sind oder nicht. Häufig, aber keineswegs bei allen Pflanzen, werden in geringem Umfang auch nach innen Zellen abgegliedert, die stets unverkorkt sind. Sie werden als **Phelloderm** bezeichnet. Kork, Phellogen und Phelloderm zusammen bilden das Periderm.

Da die Verkorkung eine Unterbrechung der Wasser- und Nährstoffzufuhr zur Folge hat, sterben nicht nur die Korkzellen selbst, sondern auch alle außerhalb des Periderms liegenden Gewebe ab. Um den Gasaustausch der Sproßachse mit der Umgebung aufrechtzuerhalten, werden bereits mit Beginn der Peridermbildung **Lenticellen** (Korkwarzen) gebildet. Sie entstehen unter ehemaligen Spaltöffnungen, indem das Phellogen durch erhöhte Teilungsaktivität zahlreiche, locker liegende Füllzellen erzeugt, die das darüberliegende Gewebe emporheben und schließlich durchbrechen (Abb. 6.11, 6.12B–D). Ihre weiten Interzellularen, die in diesem Bereich auch das Phellogen durchsetzen, ermöglichen einen ungehinderten Gasaustausch.

Borke: Abgesehen von den selteneren Fällen, in denen das erste Korkkambium dauernd tätig bleibt, z. B. bei der Buche *(Fagus)* und der Korkeiche *(Quercus suber),* stellt es seine Teilungen meist schon recht bald ein. Seine Funktion wird von einem zweiten Korkkambium übernommen, das in einer tieferen Rindenschicht entsteht. Auch dieses ist nur eine begrenzte Zeit über tätig und wird durch ein drittes, noch tiefer liegendes abgelöst usw. Die Korkkambien werden also sehr bald nicht mehr in der primären Rinde, sondern im Bast angelegt. Auf diese Weise werden durch die Peridermschichten die äußeren Gewebe der Rinde und des Bastes abgetrennt, deren Gesamtheit wir als Borke bezeichnen. Verlaufen die einzelnen Korkkambien etwa parallel zum Sproßumfang, indem sie in sich geschlossene Zylinder bilden, so sprechen wir von **Ringborke** (auch Ringelborke, Abb. 6.13A), wie z. B. beim Wein *(Vitis),* dem Geißblatt *(Lonicera)* und den Zypressen, z. B. dem Wacholder *(Juniperus).* Allerdings werden die

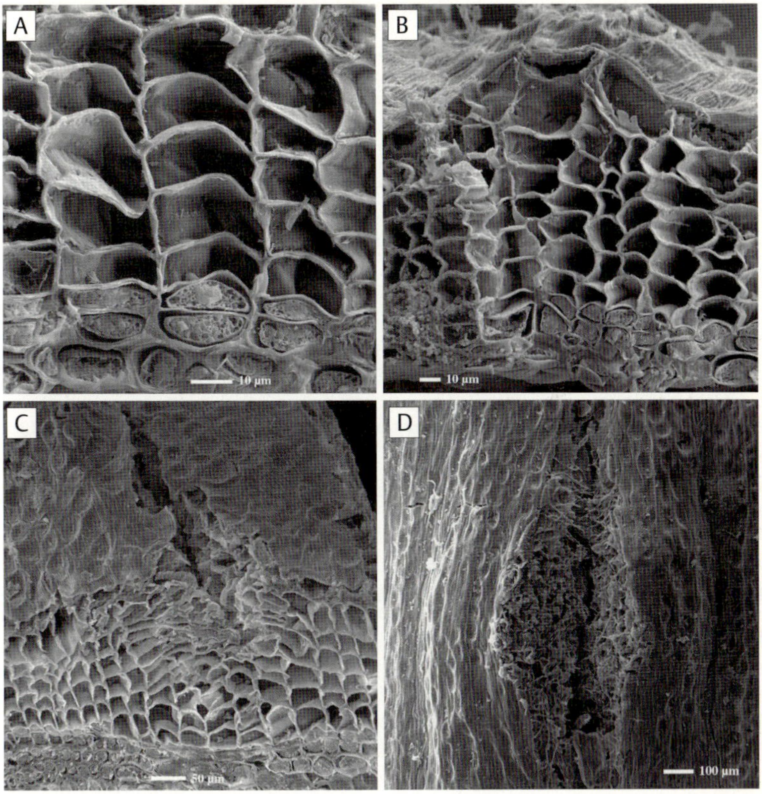

6.2 Sekundäres Dickenwachstum der Sproßachse

Abb. 6.12 Kork und Lenticellen von *Sambucus nigra* (Holunder). **A** Zweischichtiges Phellogen (unten), das zahlreiche Schichten von Korkzellen (davon fünf abgebildet) produziert hat. **B** Anlage einer Lenticelle im oberen Bereich der Abbildung erkennbar. **C** Fertige Lenticelle, durch die Produktion zahlreicher Füllzellen aufgebrochen. **D** Spaltförmige Lenticelle in Aufsicht. (REM-Originalaufnahmen: G. Wanner).

äußeren Borkeschichten durch den tangentialen Zug infolge der Umfangserweiterung meist zerrissen und fallen als Längsstreifen ab. So sind z. B. beim Wein die ringförmigen Korklagen durch parenchymatische Längsstreifen unterbrochen, wodurch die Streifenbildung präformiert ist. Es ist daher korrekter, in diesem Falle von **Streifenborke** zu sprechen (Abb. 6.13B). Bei der **Schuppenborke** schließlich werden die Korkkambien so angelegt, daß sie auf ältere Peridermschichten stoßen und einzelne Sektoren herausschneiden (Abb. 6.13C), die später als Schuppen abfallen. Dies ist bei der Mehrzahl der Bäume der Fall, z. B. bei der Kiefer *(Pinus)*, Eiche *(Quercus)* u. a. Die äußeren, also ältesten Teile der Borke werden schließlich rissig und blättern meist von selbst

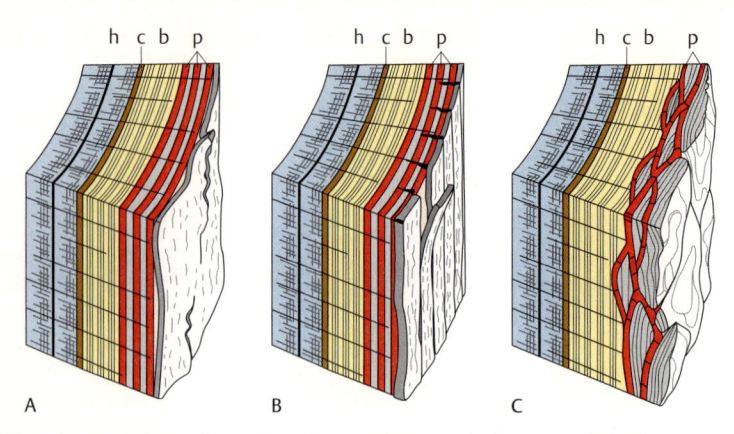

Abb. 6.13 Entstehung der Borke, schematisch. **A** Ringborke, **B** Streifenborke, **C** Schuppenborke. b = Bast, h = Holz, c = Kambium, p = Phellogen.

ab. Bei manchen Bäumen (Platane, Kiefer) bilden sich regelrechte Trennungsschichten aus, mit deren Hilfe die Borke abgesprengt wird.

6.2.4 Dickenwachstum der Monokotylen

Bei einigen stammbildenden Monokotyledonen, z. B. beim Drachenbaum *(Dracaena),* findet sich ein von dem oben beschriebenen gänzlich abweichender Typ sekundären Dickenwachstums. Hier liegt zwar, wie beim Kambium, ebenfalls ein geschlossener Zylinder aus meristematischen Zellen vor, doch entsteht dieser aus dem primären Verdickungsmeristem. Er erzeugt nach innen verholzendes Parenchym, in dem sich sekundäre Leitbündel differenzieren. Nach außen wird nur parenchymatisches Rindengewebe gebildet. Der Meristemzylinder unterscheidet sich somit grundsätzlich von einem Kambium.

6.3 Morphologie der Sproßachse

Im einfachsten Falle ist der Sproß eine blättertragende, aufrechte Achse mit terminalem Scheitelmeristem. Die Ansatzstellen der Blätter sind die **Nodi** (Knoten, sing. Nodus), die dazwischen liegenden Sproßabschnitte die **Internodien.** Der zwischen Wurzelhals und den später meist zugrundegehenden Keimblättern liegende Abschnitt heißt **Hypokotyl** (Abb. 5.18A, S. 223), der zwischen den Kotyledonen und dem Ansatz des ersten Primärblattes liegende **Epikotyl.** Die Internodien entstehen durch **intercalares Wachstum,** können aber auch nach Ausbildung der Blätter eine weitere Streckung erfahren, die mit einer Zellvermehrung verbunden sein kann. Allerdings ist die Dauer des intercalaren Wachstums meist begrenzt.

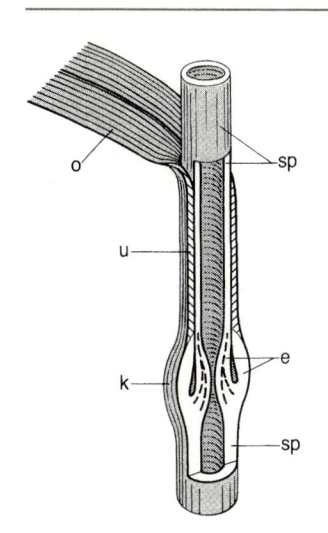

Abb. 6.14 Stück eines Getreidehalmes, teils in Aufsicht, teils im Längsschnitt dargestellt.
e = meristematisches Gewebe,
k = Knoten,
o = Oberblatt,
sp = Sproßachse,
u = scheidenförmiges Unterblatt
(z. T. nach Rauh).

Sehr ausgeprägt ist es bei den Gräsern, z. B. den Getreidearten, bei denen sich die intercalaren Wachstumszonen an den unteren Enden der Internodien befinden (Abb. 6.**14**). Infolgedessen können sie sich durch einseitiges Flankenwachstum in den Knoten aus der horizontalen Lage wieder aufrichten. Da ihre Zellen dünnwandig sind, wird der Stengel im unteren Internodienabschnitt durch eine röhrenförmige Scheide gestützt, die aus dem Unterblatt des entsprechenden Laubblattes gebildet wird. Außerdem ist die Basis des Unterblattes zu einem festen Knoten verdickt. Bleibt die Internodienstreckung aus, kommt es zur Bildung einer Blattrosette, wie im Falle des Wegerichs *(Plantago,* Abb. 7.**3C**, S. 256).

Ein solcher einachsiger Aufbau trifft für eine Reihe von Pflanzen zu. In der Mehrzahl der Fälle ist der Aufbau der Sproßachsen jedoch ungleich komplizierter.

6.3.1 Verzweigung

Wie bei den niederen Pflanzen, so kann auch bei den Kormophyten die Verzweigung sowohl dichotom als auch seitlich erfolgen. Die Dichotomie findet sich hier vor allem bei den niederen Gefäßpflanzen, z. B. dem Bärlapp *(Lycopodium)* und dem Moosfarn *(Selaginella),* kommt vereinzelt aber auch bei Angiospermen vor, z. B. bei manchen Kakteen. Im allgemeinen verzweigen sich die Kormophyten seitlich. Im typischen Falle gehen die Seitensprosse aus Achselknospen hervor, die von den äußeren Gewebepartien der Sproßachse, also exogen, in den Achseln der Blätter (Abb. 5.**18A**, S. 223) gebildet werden. Sie werden deshalb als Achselsprosse, die dazugehörigen Blätter als Deck- oder Tragblätter bezeichnet.

Die Knospen sind von Blattanlagen umhüllte Sproßscheitel, die entweder bald austreiben oder aber lange Zeit im Zustand der Ruhe verharren („schlafen"). Im Gegensatz zu den Angiospermen, bei denen jedes Laubblatt eine Achselknospe trägt, sind bei den Gymnospermen nur einzelne Blattachseln zur Bildung von Achselsprossen befähigt. Außer diesen „normalen" Seitensprossen kommen auch Adventivsprosse vor, die an Sprossen, Blättern und Wurzeln dadurch entstehen, daß bereits ausdifferenzierte Gewebepartien ihre Teilungsfähigkeit wiedererlangen und neue Sproßscheitel anlegen, wie wir dies von Stecklingen kennen. In manchen Fällen kommen neben den Hauptachselknospen auch noch Beiknospen vor, die entweder übereinander (serial) oder nebeneinander (kollateral) stehen.

Bleiben die Seitenzweige in ihrem Wachstum der Hauptachse untergeordnet, so sprechen wir von einem **Monopodium** (Abb. 6.15A). Als typische Beispiele unter den Bäumen seien die Fichte *(Picea)* und die Tanne *(Abies)* genannt. Auch die Esche *(Fraxinus)* und die Eiche *(Quercus)* verzweigen sich monopodial, doch stellt hier die Hauptachse später ihr Wachstum ein. Verzweigen sich die Seitensprosse weiter, können wir sie als Seitensprosse 1., 2., 3. usw. Ordnung bezeichnen. Stets ist aber auch hier der Seitensproß höherer Ordnung schwächer entwickelt als der, dessen Achselsproß er darstellt. Sehr häufig findet man jedoch den umgekehrten Fall, daß die Hauptachse nach Anlage der Seitentriebe in der Entwicklung zurückbleibt oder sogar ihr Wachstum ganz einstellt. In diesem Falle sprechen wir von einem **Sympodium.** Setzt nur jeweils ein Seitentrieb die Entwicklung fort, so entsteht ein **Monochasium** (Abb. 6.15B), das nicht selten eine scheinbar monopodiale Achse bildet. Setzen zwei Seitentriebe die Entwicklung fort, sprechen wir von einem **Dichasium** (Abb. 6.15C), sind es mehr, von einem **Pleiochasium.** Charakteristische Beispiele für Monochasien sind die Sproßachsen der Weinrebe *(Vitis vinifera)* und die Erdsprosse vom Salomonssiegel *(Polygonatum multiflorum,* Abb. 6.16F), Beispiele für Dichasien die Sproßachsen des Flieders *(Syringa vulgaris)* und der Mistel *(Viscum album,* Abb. 13.1, S. 394).

Allerdings sind nicht alle Seitensprosse am Aufbau der Zweigkrone gleichermaßen beteiligt. Nur ein Teil von ihnen wächst zu Langtrieben aus, während die Mehrzahl als Kurztriebe gestaucht bleibt und sich nicht weiter verzweigt. Meist dienen sie lediglich als Träger der Blätter, wie das Beispiel der Kiefer (Abb. 6.15D) zeigt.

6.3.2 Metamorphosen der Sproßachse

Abgesehen von der Variabilität im äußeren Erscheinungsbild, die durch die verschiedenen Verzweigungs- und Symmetrieverhältnisse bedingt ist, wird die Vielfalt der Gestalt der Sproßachsen noch durch morphologische Umwandlungen erhöht, die Anpassungen an bestimmte Lebensweisen bzw. Umweltbedingungen darstellen. So finden wir Anpassungen an extrem trockene Klimate bei den Xerophyten, an feuchte Standorte bei den Hygrophyten, an das Leben im Wasser bei den Hydrophyten, an wechselfeuchte Standorte bei

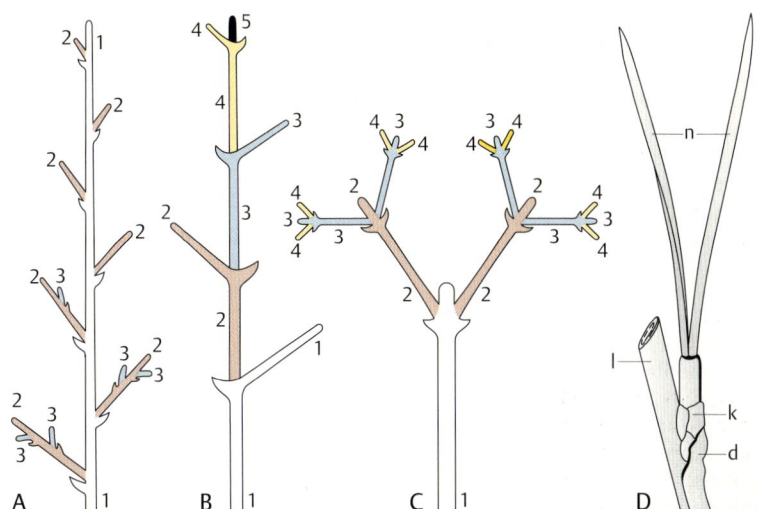

Abb. 6.15 Verzweigungstypen der Sproßachse. **A** Monopodium, **B** und **C** Sympodium. **B** Monochasium, **C** Dichasium. Die Zahlen und Farben geben die Ordnung der Achsen an. **D** Lang- und Kurztrieb der Kiefer. d = Deckschuppe, k = Kurztrieb, l = Teil eines Langtriebes, n = Nadelblatt (**D** nach Troll).

den Tropophyten, an salzhaltige Böden bei den Halophyten u. a. m. Diese Abwandlungen, die wir als Metamorphosen bezeichnen, können so tiefgreifend sein, daß der morphologische Charakter des betreffenden Organs erst durch eine genaue morphologische und anatomische Untersuchung ermittelt werden kann.

> Dabei kann ein bestimmtes Grundorgan, z. B. die Sproßachse, die Gestalt eines andern Grundorganes, etwa eines Blattes, annehmen, wie z. B. im Falle der Phyllokladien (s. unten). Trotz der äußeren Ähnlichkeit sind jedoch Phyllokladien und Blätter einander nur **analog**, und trotz der äußeren Verschiedenheit sind Sproßachse und Phyllokladien einander **homolog**, d. h. sie lassen sich auf das gleiche Grundorgan, eben die Sproßachse, zurückführen.

Einige der wichtigsten Metamorphosen der Sproßachsen sind in Abb. 6.16 zusammengestellt. Zu recht charakteristischen, sogenannten xeromorphen Umwandlungen der Sproßachse (allerdings auch der anderen Grundorgane; s. die nächsten Kapitel) führt die Anpassung an extrem trockene Standorte, wie wir sie in Wüsten- und Steppengebieten finden. An erster Stelle ist hier die **Sukkulenz** zu nennen, worunter wir die Ausbildung fleischig-saftiger Wasserspeichergewebe verstehen. Werden diese von der Sproßachse, z. B. der primären Rinde, gebildet, sprechen wir von Stammsukkulenten. Ein Vergleich der beiden Hälften von Abb. 6.16A zeigt, wie sich die stark sukkulente Form von der normalen Sproßachse ableiten läßt. Die Tragblätter und Seitensprosse sind hier nur schwach entwickelt, und die Blätter der Seitensprosse zu Dornen umgebildet. Die Photosynthese wird von der Sproßachse selbst übernommen. Außer bei den Kakteen (Cactaceae) finden sich stammsukkulente Formen auch bei den Wolfsmilchgewächsen (Euphorbiaceae), Korbblütlern (Compositae) und einigen anderen Familien.

> Diese auf die Anpassung an gleichartige Umweltbedingungen zurückzuführende Übereinstimmung in der äußeren Gestalt bei Vertretern systematisch verschiedener Gruppen bezeichnen wir als **Konvergenz.**

Die bei den Stammsukkulenten erwähnte Reduktion der Blätter führt bei anderen Pflanzen zu einer blattartigen Verbreiterung der Kurztriebe (**Phyllokladien**) oder gar der Langtriebe (**Platykladien**). Daß es sich bei den Phyllokladien tatsächlich um Seitensprosse und nicht um Blätter handelt, geht daraus hervor, daß sie in den Achseln von Tragblättern stehen und selbst kleine schuppenförmige Blättchen tragen, in deren Achseln Blüten entspringen (*Ruscus,* Abb. 6.16B).

Ein weiteres Beispiel xeromorpher Umgestaltung ist die starke Entwicklung sklerenchymatischer Gewebe, die dem Vegetationskörper auch bei stärkerem Wasserverlust trotz abnehmender Turgeszenz die nötige Festigkeit verleihen. Hierher gehört die Umwandlung von Achselsprossen zu **Sproßdornen,** die allerdings auch bei nicht ausgesprochen xeromorphen Pflanzen zu finden ist (Abb. 6.16C). Sie lassen sich durch ihre Stellung in den Achseln von Tragblättern eindeutig mit Achselsprossen homologisieren. Die Dornen sind von den **Stacheln** (Rose) wohl zu unterscheiden. Diese sind Emergenzen.

Einige Kletterpflanzen besitzen **Sproßranken.** Beim Wein *(Vitis vinifera)* sind die sympodial aufgebauten Hauptsprosse, bei der Passionsblume *(Passiflora)* die unverzweigten Seitensprosse (Abb. 6.16D) zu Ranken umgewandelt.

Auch die Anpassung an den jahreszeitlichen Klimawechsel kann Sproßmetamorphosen im Gefolge haben. Die Pflanzen werden hierdurch in die Lage versetzt, Jahreszeiten mit ungünstigen Vegetationsbedingungen zu überdauern. Hier sind z. B. die **Rhizome** (Erdsprosse) zu nennen, das sind unterirdische, meist horizontal wachsende, verdickte Sproßachsen, die sproßbürtige Wurzeln tragen. In jeder Vegetationsperiode bilden sie einen Luftsproß, der die Erdoberfläche durchbricht und später abstirbt, während ein unterirdisches Scheitelmeristem das Wachstum in horizontaler Richtung fortsetzt. Beim Salomonssiegel *(Polygonatum multiflorum)* durchbricht stets der jeweilige Hauptsproß die Oberfläche, während der Achselsproß unter der Erde weiterwächst, so daß ein sympodialer Aufbau des Rhizoms resultiert (Abb. 6.16F). Es gibt jedoch auch monopodial verzweigte Erdsprosse. Der Sproßcharakter der Rhizome läßt sich anhand morphologischer und anatomischer Merkmale eindeutig sicherstellen (Fehlen einer Wurzelhaube, Ausbildung von Knospen, Besitz von Niederblättern, keine radialen Leitsysteme).

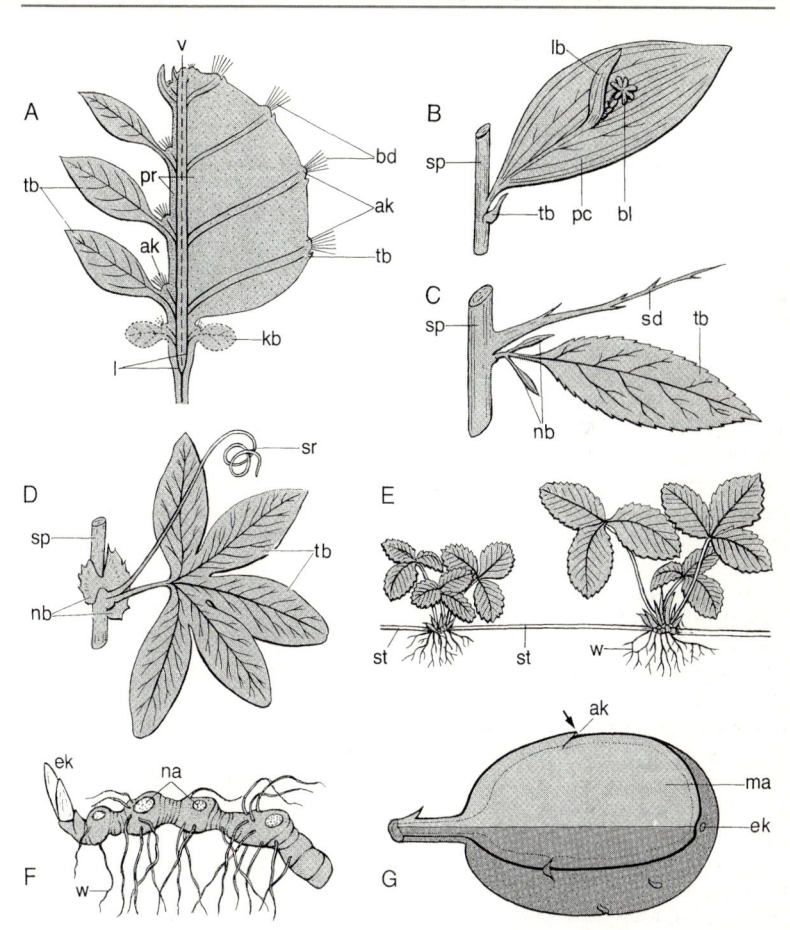

Abb. 6.16 Sproßmetamorphosen. A Ableitung einer sukkulenten (rechte Hälfte) aus einer beblätterten (linke Hälfte) Kakteenform, schematisch, B Phyllokladium von *Ruscus hypoglossum*, C Sproßdorn von *Prunus spinosa* (Schlehe), D Sproßranke von *Passiflora* (Passionsblume), E Ausläuferbildung bei *Fragaria* (Erdbeere). F Rhizom von *Polygonatum multiflorum* (Salomonssiegel), G Sproßknolle von *Solanum tuberosum* (Kartoffel), zu einem Viertel aufgeschnitten. ak = Achselknospen, bd = Blattdornen, bl = Blüte, ek = Endknospe, kb = Keimblätter, l = Leitbündel, lb = Laubblatt, ma = Mark, na = Narbe, nb = Nebenblatt, pc = Phyllokladium, pr = primäre Rinde, sd = Sproßdorn, sp = Sproß, sr = Sproßranke, st = Stolonen (Ausläufer), tb = Tragblatt, v = Scheitelmeristem, w = Wurzel (nach Troll, Wettstein, Strasburger, Miehe, Rauh).

Ein weiteres Beispiel sind die **Sproßknollen,** die entweder aus dem Hypokotyl (Radieschen, rote Rübe, Abb. 8.**6D**, S. 281), aus oberirdischen (Kohlrabi) oder aus unterirdischen (Kartoffel) Sproßabschnitten gebildet werden. Sie können sich über mehrere Internodien erstrecken. Unterirdische Sproßknollen, wie die Kartoffel, unterscheiden sich von den Rhizomen durch ihr begrenztes Wachstum sowie durch das Fehlen sproßbürtiger Wurzeln. Sie entstehen als lokale, in der Regel endständige (terminale) Anschwellungen der etwa horizontal verlaufenden Ausläufer (Stolonen) (Abb. 6.**16G**). Die sogenannten „Augen" sind Achselsprosse, die in den Achseln schuppenartiger Tragblätter stehen und in der nächsten Vegetationsperiode zu Luftsprossen austreiben. Da von einer Pflanze stets mehrere Knollen gebildet werden, ist in diesem Falle die Knollenbildung mit einer Vermehrung verbunden.

Oberirdische Ausläufer kommen z. B. bei der Erdbeere *(Fragaria vesca)* vor. Sie wachsen plagiogravitrop über den Boden hin (Abb. 6.**16E**). Schließlich richten sie sich an den Enden auf, bilden eine orthogravitrope Sproßachse und bewurzeln sich. Da sich die Bildung von Ausläufern ständig wiederholt und die alten Ausläufer nach der Bewurzelung der Tochterpflanzen meist absterben, ist damit ebenfalls eine Vermehrung verbunden.

Zusammenfassung

- Das Scheitelmeristem der Sproßachse geht ohne scharfe Grenze in die Determinationszone über, in der die Gliederung in Urrinde und Urmark erfolgt. Zwischen beiden bleibt ein Zylinder aus Restmeristem erhalten. Es schließt sich die Zone der Differenzierung und Reifung an, in der die Zellen entweder durch weitere Teilungen zu parenchymatischen Dauerzellen werden oder in den Prokambiumsträngen eine Längsstreckung erfahren und sich zu Leitungs- bzw. Festigungelementen entwickeln.

- Aus den Prokambiumsträngen entstehen die Leitbündel, deren wasserleitende Elemente als Xylem und deren stoffleitende als Phloem bezeichnet werden. Der Anordnung dieser Elemente entsprechend unterscheidet man verschiedene Leitsysteme: das radiale Leitsystem der Wurzel sowie das in Leitbündel aufgelöste Leitsystem der Sproßachse. Bei den Leitbündeln kommen folgende Typen vor: offene und geschlossene kollaterale, bikollaterale und konzentrische, wobei bei den letzteren das Xylem entweder innen oder außen liegt. Häufig sind die Leitbündel von einer Scheide aus parenchymatischen oder sklerenchymatischen Zellen umgeben. Die Leitbündel verlaufen grundsätzlich in Längsrichtung der Achse, sind aber auch in Querrichtung untereinander verbunden, so daß ein netzartiger Leitbündelzylinder entsteht. Die in die Blätter eintretenden Leitbündel nennt man Blattspurstränge, ihre Gesamtheit Blattspur. Die Leitbündel sind durch Strahlen aus parenchymatischem Gewebe voneinander getrennt.

- Außerhalb des Leitbündelzylinders liegt die Rinde, deren Zellen Chloroplasten enthalten können. Häufig haben sie auch Speicherfunktion. Der Leitbündelzylinder ist nicht selten von einem Zylinder aus Sklerenchymfasern oder von einer Stärkescheide umgeben. Nach außen ist die Rinde durch die Epidermis abgeschlossen. Bisweilen sind weitere Festigungselemente sklerenchymatischer oder kollenchymatischer Natur peripher im Rindengewebe angeordnet.

- Das sekundäre Dickenwachstum erfolgt mit Hilfe des Kambiums. Das vom Kambium nach innen abgegliederte Gewebe heißt Holz, das nach außen abgegliederte Bast. Das Holz der Gymnospermen besteht nur aus Tracheiden, Holzparenchym (nicht immer) und Holzstrahlparenchym, das der Angiospermen meist sowohl aus weitlumigen Gefäßen als auch aus Tracheiden, Holzfasern sowie Holzparenchym und Holzstrahlparenchym. Infolge der jahresperiodischen Tätigkeit des Kambiums zeigen die Hölzer gemäßigter Breiten eine charakteristische Jahreszonierung. Nicht mehr benötigte Gefäße der inneren Ringe werden durch Thyllen bzw. Einlagerungen von Gerbstoffen u. a. Verbindungen verstopft.

- Der Bast enthält vor allem Siebzellen bzw. Siebröhren, die der Stoffleitung dienen. Die Siebröhren der Dicotyledonen werden von Geleitzellen begleitet. Zusammen mit dem Bastparenchym und dem Baststrahlparenchym werden diese Elemente als Weichbast bezeichnet und den sklerenchymatischen Bastfasern als Hartbast gegenübergestellt. Die Baststrahlen sind die Fortsetzung der Holzstrahlen. Sofern Rinde und Bast der Umfangserweiterung durch das sekundäre Dickenwachstum nicht durch Dilatationswachstum folgen, werden sie in tangentialer Richtung gedehnt und zerrissen. Dies trifft auch für die Epidermis zu. Diese wird durch ein sekundäres Abschlußgewebe, das Periderm, ersetzt, das durch das Phellogen (Korkkambium) erzeugt wird. Die ständig zunehmende Umfangserweiterung macht die Ausbildung neuer Periderme erforderlich, was zur Bildung der Borke führt.

- Die Verzweigung der höheren Pflanzen erfolgt in der Regel seitlich aus Achselknospen. Dominiert ständig die Hauptknospe, entsteht ein Monopodium, bleibt sie in ihrer Entwicklung hinter den Seitentrieben zurück, ein Sympodium.

- Als Metamorphosen bezeichnet man morphologische Umwandlungen pflanzlicher Grundorgane in Anpassung an bestimmte Lebensweisen bzw. Umweltbedingungen. Sproßmetamorphosen sind: Stammsukkulenz, Phyllokladien, Platykladien, Sproßdornen, Sproßranken, Rhizome und Sproßknollen.

Blatt

Das Blatt als typisches Grundorgan des Kormus tritt uns in einer enormen Vielfalt entgegen. Das betrifft nicht nur die äußere Gestalt und den inneren Aufbau, sondern auch die Funktion. Die Gestalt des Blattes ist genetisch determiniert und somit artspezifisch, kann aber in Anpassung an bestimmte Umweltbedingungen modifiziert werden. Sowohl hinsichtlich der äußeren und inneren Gestaltung der Blätter als auch ihrer Stellung an der Sproßachse bestehen zwischen den einzelnen Pflanzenarten erhebliche Unterschiede, die zur Vielfalt der äußeren Erscheinungsformen beitragen. Ihre Ränder können glatt, gesägt, lappig eingebuchtet oder anders gestaltet, die Blattfläche fingerartig aufgeteilt, einfach oder mehrfach gefiedert oder geschlitzt sein. Häufig sind die beiden Blatthälften symmetrisch, bei manchen Arten aber auch asymmetrisch.

Im allgemeinen denkt man, wenn man von Blättern spricht, an grüne Photosyntheseorgane, die flächig verbreitet sind, um die Absorption möglichst vieler Lichtquanten zu ermöglichen. Da jedoch jede Flächenvergrößerung zwangsläufig eine erhöhte Wasserdampfabgabe zur Folge hat, ist die Oberfläche der Blätter bei Pflanzen, die an trockene Standorte angepaßt sind, häufig reduziert. Sie können dann z. B. nadelartig ausgestaltet sein, mit besonderen, die Wasserabgabe hemmenden Schutzvorrichtungen versehen sein oder aber gänzlich reduziert werden, wobei die Photosynthesefunktion vom Blattstiel oder gar von der Sproßachse übernommen wird. In der Blütenregion sind die Blätter der Blütenkrone häufig leuchtend bunt gefärbt, um bestäubende Insekten anzulocken, eine Funktion, die auch von gefärbten Hochblättern übernommen werden kann. Nicht selten sind die Blätter, vor allem im basalen Bereich oder an Erdsprossen, nur schuppenförmig ausgebildet und im letzteren Falle sogar bleich. Schließlich sind auch die im Dienste der Fortpflanzung stehenden Staub- und Fruchtblätter den normalen Laubblättern homolog, also typische Blattorgane.

Wie im Falle der Sproßachse sind auch manche Blattorgane im Laufe der stammesgeschichtlichen Entwicklung metamorphotisch so stark verändert worden, daß ihr Blattcharakter nicht mehr ohne weiteres erkennbar ist. So sind z. B. Blattdornen und Sproßdornen einander analog, doch sind die Blattdornen und die Blätter nichtsdestoweniger homologe Organe.

7.1 Entwicklung des Blattes

Wie bereits erwähnt, entstehen die Blattanlagen exogen als wulstförmige Auswüchse der äußeren Schichten des Sproßscheitels (Abb. 5.18B, S. 223, Abb. 7.1). Im Gegensatz zur Sproßachse wachsen sie in der Regel nur kurze Zeit mit der Spitze (akroplast). Diese stellt sehr bald ihre Tätigkeit ein, und das Wachstum wird von basalen bzw. intercalaren Meristemen übernommen (basiplastes Wachstum). Eine Ausnahme machen hier u. a. die Blätter mancher Farne, die ständig mit einer Scheitelzelle bzw., wenn mehrere Initialen vorliegen, mit einer Scheitelkante akroplast wachsen. Die zarten, empfindlichen Spitzen ihrer Blätter sind eingerollt und so durch das ältere Blattgewebe geschützt. Auch das Breitenwachstum der Blätter erfolgt hier durch Scheitelkanten, während in den anderen Fällen subepidermale Zellen das Breitenwachstum übernehmen. Die Teilungstätigkeit dieser Randmeristeme wird durch Zellteilungen in der Blattfläche ergänzt.

Die erste äußerlich erkennbare Differenzierung der Blatthöcker besteht in einer Einschnürung, die die Blattanlage in einen breiteren proximalen, d. h. dem Sproß zugekehrten Abschnitt, das Unterblatt, und in einen schmaleren distalen, vom Sproß abgewandten Abschnitt, das Oberblatt, gliedert (Abb. 7.2A, B). Im Verlaufe der weiteren Entwicklung zu einem typischen Laubblatt entstehen aus dem Unterblatt der meist etwas verbreiterte Blattgrund und gegebenenfalls die Nebenblätter (Stipulae). Bei den Monokotyledonen geht aus ihm die stengelumfassende, röhrenförmige Blattscheide hervor (Abb. 6.14, S. 245). Aus dem Oberblatt entwickelt sich durch Flächen-, Breiten- und mäßiges Dickenwachstum die Blattspreite (Lamina) und, sofern es sich nicht um ungestielte, sogenannte sitzende Blätter handelt, der Blattstiel (Petiolus). Dieser wird durch intercalares Wachstum zwischen Blattgrund und Blattspreite eingeschoben (Abb. 7.2C, D). Ist die Blattspreite, wie im vorliegenden Falle, aufgegliedert, so werden die Fiedern bereits mit Beginn der Sprei-

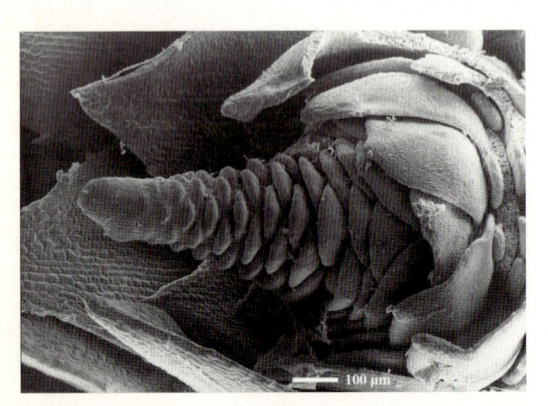

Abb. 7.1 REM-Aufnahme des Vegetationskegels von *Egeria densa* (Wasserpest) mit Blattanlagen (Originalaufnahme: G. Wanner).

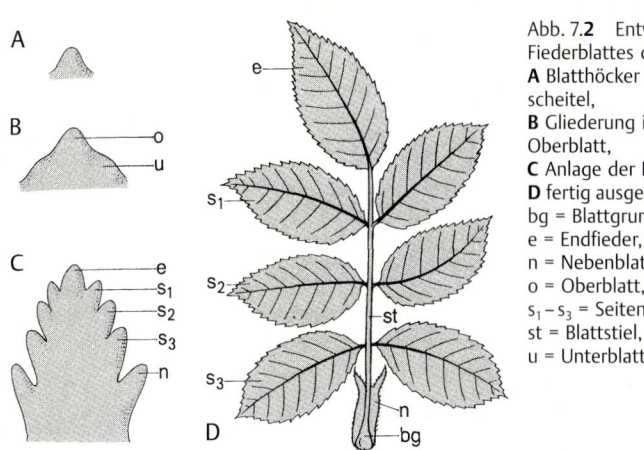

Abb. 7.2 Entwicklung des Fiederblattes der Rose.
A Blatthöcker am Sproßscheitel,
B Gliederung in Unter- und Oberblatt,
C Anlage der Fiederblätter,
D fertig ausgebildetes Blatt.
bg = Blattgrund,
e = Endfieder,
n = Nebenblatt,
o = Oberblatt,
$s_1 – s_3$ = Seitenfiedern,
st = Blattstiel,
u = Unterblatt.

tenentwicklung angelegt, indem die Randmeristeme in den einzelnen Abschnitten eine verschieden starke Aktivität entwickeln. Entsprechendes gilt natürlich für mehrfach gefiederte, gefingerte und alle anderen Blattformen, die nicht glattrandig sind.

7.2 Anordnung der Blätter an der Sproßachse

Unterschiede in der Ausgestaltung der Blätter bestehen jedoch nicht nur zwischen verschiedenen Arten. Vielmehr können sich Größe und Gestalt der Blätter auch an ein und derselben Sproßachse im Verlaufe der Entwicklung ändern. Wir bezeichnen dies als Blattfolge. Aber selbst innerhalb eines Bereiches der Sproßachse, also etwa der Laubblätter, können bisweilen Unterschiede in Größe und Gestalt der Blätter auftreten, z.B. in Anpassung an die Schwerkraft (Dorsiventralität) oder an das Leben im Wasser und in der Luft bei sogenannten amphibischen Pflanzen. Die Anordnung der Blätter an der Sproßachse, die Blattstellung, kann ebenfalls von Fall zu Fall recht verschieden sein, folgt aber gewissen Regeln.

7.2.1 Blattstellung

Die Stellung der Blätter an der Sproßachse läßt sich auf bestimmte Grundtypen zurückführen. Werden an einem Knoten mehrere Blätter angelegt, so entstehen mehrzählige Wirtel. Für aufrecht wachsende, radiär gebaute Achsen gelten die beiden Regeln, daß der Winkel, den die Blätter eines Wirtels miteinander bilden, stets gleich ist (**Äquidistanz**) und daß bei aufeinanderfolgenden Blattwirteln die Blätter stets über den Blattlücken des vorhergehenden

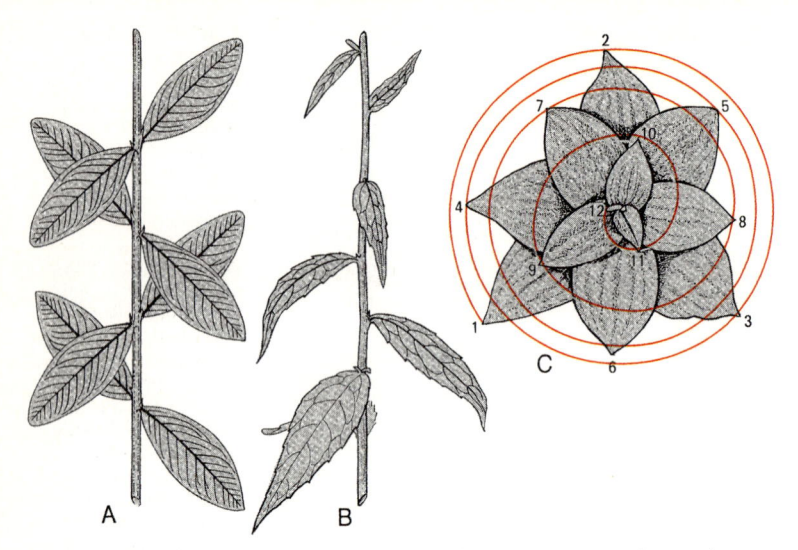

Abb. 7.3 Blattstellung. **A** Kreuz-gegenständig (= decussiert), *Hypericum calycinum* (Johanniskraut). **B** Wechselständig *(Campanula rapunculoides,* Glockenblume), **C** Rosettensproß von *Plantago media* (Wegerich) in Aufsicht. Die rote Linie, die von Blatt 1 an die Blattspitzen miteinander verbindet, stellt die Grundspirale dar. Die Blätter sind in der Folge ihrer Entstehung beziffert.

Wirtels stehen (**Alternanz**). Es stehen also die Blätter jedes zweiten Wirtels übereinander, so daß in der Längsrichtung der Achse Orthostichen (Geradzeilen) entstehen.

Nehmen wir als Beispiel einen Sproß, der an jedem Knoten zwei Blätter trägt, so stehen diese, den Blattstellungsregeln entsprechend, gekreuzt gegenständig (decussiert), wodurch insgesamt vier Orthostichen entstehen (Abb. 7.3**A**). Trägt jeder Wirtel nur ein Blatt, so spricht man von wechselständiger oder zerstreuter Blattstellung. Hier hängt die Zahl der Orthostichen von dem Winkel ab, den zwei aufeinanderfolgende Blätter miteinander bilden (Divergenzwinkel). Beträgt er 180 Grad, stehen sich je zwei aufeinanderfolgende Blätter genau gegenüber, wie bei vielen Monokotyledonen. Eine solche Blattstellung nennen wir distich. Ist der Winkel kleiner als 180 Grad, so resultieren andere Blattstellungstypen (Abb. 7.3**B**). Allerdings ist auch bei diesen die Anordnung der Blätter keineswegs regellos, sondern sie stehen auf einer den Sproß umlaufenden Schraube. Verbindet man die Spitzen der aufeinanderfolgenden Blätter durch eine Linie und projiziert diese in eine Ebene, so erhält man die sogenannte **Grundspirale,** die links- oder rechtsläufig sein kann. Sehr anschaulich zeigt dies der Rosettensproß des Wegerichs (*Plantago media,* Abb. 7.3**C**). Der Divergenzwinkel einer wechselständigen Blattstellung läßt sich folgendermaßen berechnen: Man bestimmt die Anzahl der Umläufe, die

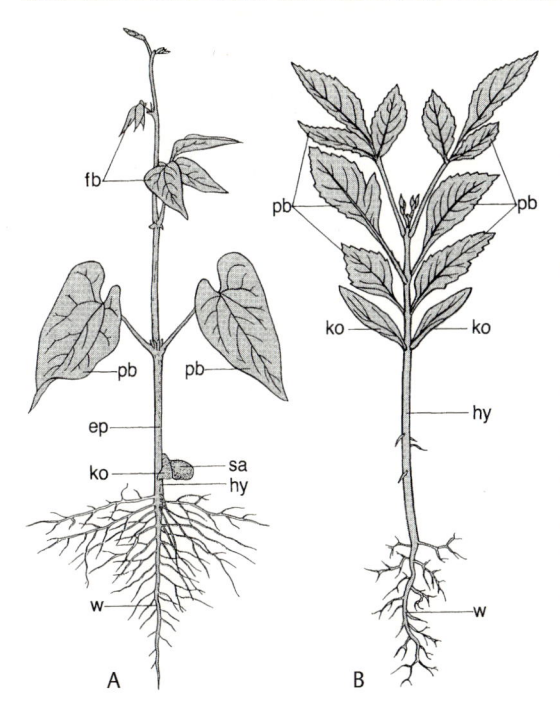

Abb. 7.4 Blattfolge. Keimpflanzen mit hypogäischer (**A**) und epigäischer Keimung (**B**). **A** *Phaseolus coccineus* (Feuerbohne). Die Kotyledonen bleiben im Samen, das Hypokotyl streckt sich kaum, wohl aber das Epikotyl. Die Primärblätter unterscheiden sich in ihrer Gestalt von den gefiederten Folgeblättern. **B** *Fraxinus excelsior* (Esche). Das Hypokotyl streckt sich stark, so daß die Kotyledonen über die Erdoberfläche gelangen und ergrünen. Die darauf folgenden Primärblätter erscheinen mit zunehmender Entwicklungshöhe stärker differenziert. ep = Epikotyl, fb = Folgeblatt, hy = Hypokotyl, ko = Kotyledonen, pb = Primärblatt, sa = Samen, w = Wurzel (nach Troll).

durchlaufen werden müssen, um wieder zu einem genau über dem Ausgangsblatt stehenden Blatt, das also derselben Orthostiche angehört, zu gelangen, im vorliegenden Falle also drei. Diese Zahl wird mit 360 Grad multipliziert und durch die Anzahl der Blätter geteilt, die während der Umläufe berührt werden, in unserem Beispiel also acht. Hieraus ergibt sich ein Divergenzwinkel von 135 Grad und eine Blattstellung von ⅜. Andere Blattstellungstypen sind ⅓, ⅖ usw. Allerdings werden diese Blattstellungen nicht immer streng eingehalten. Es sind sogar zahlreiche Fälle bekannt, in denen sich die Blattstellung innerhalb derselben Sproßachse im Verlaufe der ontogenetischen Entwicklung ändert. Bei horizontal wachsenden Sprossen wird die Blattstellung durch die Schwerkraft beeinflußt. Meist sind die Blätter seitlich angeordnet. Bisweilen kommt es zur Ausbildung von Anisophyllie (Abb. 7.5 B).

7.2.2 Blattfolge

Die ersten Blätter einer Pflanze sind stets die Keimblätter, die Kotyledonen. Die Monokotyledonen, oft auch Monokotyle genannt, haben nur eines, die Dikotyledonen (Dikotylen) zwei, die Gymnospermen häufig mehrere. Letztere sind also oft polykotyl. Die Keimblätter sind bereits am Embryo angelegt. Je

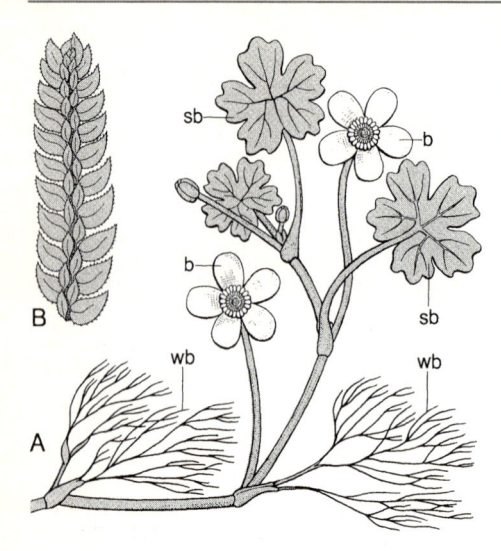

Abb. 7.5 Heterophyllie bei *Ranunculus aquatilis* (Wasserhahnenfuß, **A**, b = Blüte, sb = Schwimmblätter, wb = Wasserblätter. **B** Anisophyllie bei *Selaginella caespitosa* (nach Troll).

nachdem, ob sie mit dem jungen Keimling die Bodenoberfläche durchbrechen (Abb. 5.18A, S. 223, Abb. 7.4B) oder unter der Erde im Samen bleiben (Abb. 7.4A), unterscheiden wir **epigäische** und **hypogäische Keimung.** Die Keimblätter sind meist einfacher gebaut als die Laubblätter und werden normalerweise bald abgeworfen oder gehen zugrunde.

Den Keimblättern folgen die Laubblätter, die häufig alle gleich aussehen. Es gibt jedoch nicht wenige Fälle, in denen die ersten Laubblätter, die Primärblätter, anders, und zwar meist einfacher, gestaltet sind als die Folgeblätter (Abb. 7.4). Unterscheiden sich auch die Folgeblätter voneinander, so spricht man von **Heterophyllie,** wenn sie verschieden gestaltet sind, von **Anisophyllie,** wenn sie im gleichen Sproßabschnitt, unter Umständen sogar am gleichen Knoten, eine verschiedene Größe haben (Abb. 7.5). Die Anisophyllie ist meist eine Folge der Dorsiventralität.

In der Mehrzahl der Fälle weisen die Laubblätter eine Ober- und eine Unterseite auf, die aus den entsprechenden Seiten der Blattanlagen hervorgegangen sind. Man bezeichnet solche Blätter als bifazial. Sind Ober- und Unterseite verschieden (Abb. 7.6A), nennt man sie dorsiventral, sind sie gleich gestaltet (Abb. 7.6B), äquifazial. Bei den unifazialen Blättern, die bei manchen Monokotylen vorkommen, sind die Oberseiten reduziert, und die ganze Blattoberfläche wird von der morphologischen Unterseite gebildet (Abb. 7.6C, D).

Außer den eigentlichen Laubblättern finden sich an den Sproßachsen fast regelmäßig auch einfacher gestaltete, oft nur schuppenförmig ausgebildete und nicht selten farblos-häutige Blätter. Sie werden als **Niederblätter** bezeichnet, wenn sie der Laubblattbildung vorangehen, als **Hochblätter,** wenn sie oberhalb der Laubblattregion auftreten. Erstere finden sich auch an Erdspros-

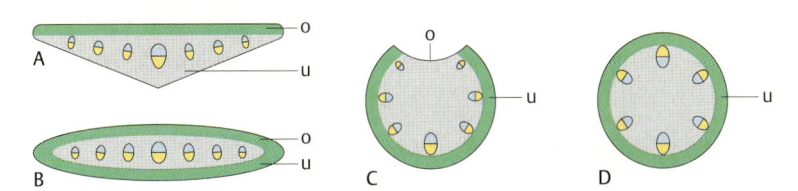

Abb. 7.6 Blatttypen im Querschnitt, schematisch. **A** Dorsiventral, **B** äquifazial, **C** Übergangsform zum unifazialen Blatt unter Reduktion der Oberseite, **D** unifazial. Photosyntheseparenchym grün, Phloem gelb, Xylem blau. o = Oberseite, u = Unterseite.

sen, letztere vor allem in der Blütenregion, wo sie den Anschluß von den Laubblättern zu den Blütenblättern herstellen.

7.3 Anatomischer Bau des Laubblattes

Unabhängig davon, welcher Blatt-Typ vorliegt, sind am Aufbau eines Laubblattes die gleichen charakteristischen Zelltypen beteiligt. Die Oberfläche des Blattes ist von einer meist einschichtigen Epidermis bedeckt, deren Zellen in der Mehrzahl der Fälle keine Chloroplasten enthalten. Darunter liegt das Palisadenparenchym, das seinen Namen wegen der palisadenähnlichen Anordnung seiner meist langgestreckten Zellen erhalten hat. Es enthält die weitaus überwiegende Mehrzahl der Chloroplasten des Blattes und ist das eigentliche Photosynthesegewebe. An das Palisadenparenchym grenzt das Schwammparenchym, dessen Zellen ungleich weniger Chloroplasten enthalten und große Hohlräume umschließen. In der Epidermis befinden sich die Spaltöffnungen.

Der anatomische Aufbau eines dorsiventralen Laubblattes ist am Beispiel von *Helleborus niger* in Abb. 7.7 anhand rasterelektronenmikroskopischer Aufnahmen sowie in Abb. 7.8 in Form eines Blockdiagramms dargestellt. Ober- und Unterseite des Blattes sind von einer einschichtigen Epidermis bedeckt, deren Zellen keine Chloroplasten enthalten. Sie schließen das Zwischenblattgewebe, das Mesophyll, ein. Dieses setzt sich bei den dorsiventralen Blättern (Abb. 7.6A) aus dem oberseits liegenden Palisadenparenchym (Abb. 7.7A, B) und dem darunterliegenden Schwammparenchym zusammen. Bei äquifazialen Blättern (Abb. 7.6B) ist auch auf der Unterseite ein Palisadenparenchym entwickelt.

Das Palisadenparenchym kann ein- oder mehrschichtig sein. Letzteres trifft für **Sonnenblätter** zu, die auf der Südseite der Laubkrone meist relativ starker Strahlung ausgesetzt sind. Ihre Palisadenzellen sind höher und enthalten zahlreiche Chloroplasten, wohingegen das Palisadenparenchym der **Schattenblätter,** die sich auf der Nordseite bzw. in der Mitte der Laubkrone unter relativ geringem Lichtgenuß entwickeln, einschichtig ist und aus ungleich niedrigeren Zellen mit geringerer Chloroplastenzahl besteht. Das Palisadenparenchym ist von Interzellularen durchzogen, die jedoch enger sind als im Schwamm-

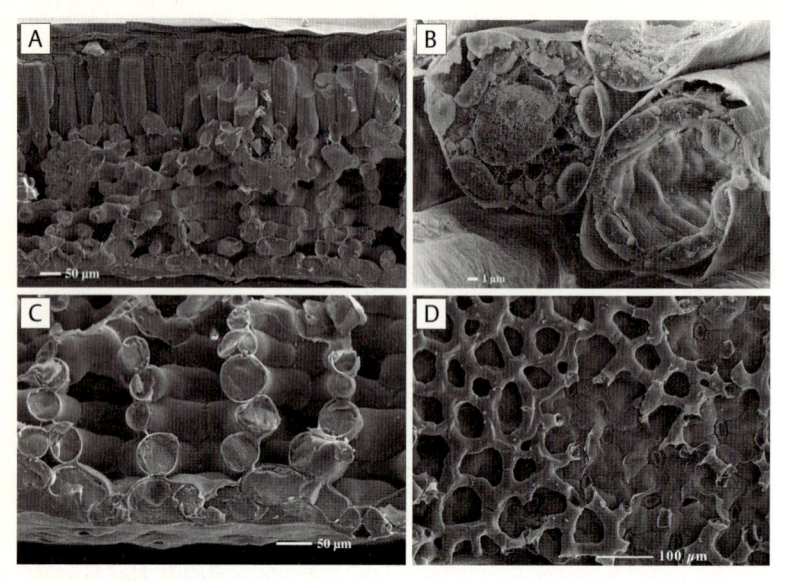

Abb. 7.7 REM-Aufnahmen der Blattanatomie von *Helleborus niger* (Christrose). **A** Blattquerbruch, total, **B** Palisadenparenchymzellen im Querbruch mit wandständigen Chloroplasten. **C** Schwammparenchym im Querbruch. In der unteren Epidermis am rechten Rand des Bildes ist eine Spaltöffnung quer getroffen. **D** Schwammparenchym in Aufsicht, mit Durchblick auf einige Spaltöffnungen der unteren Epidermis. **A, C, D** Gefrierbruch „frozen hydrated", **B** Gefrierbruch n. Tanaka (s. Anhang) (Originalaufnahmen: G. Wanner).

parenchym. Die Palisadenzellen sind etwas in die Länge gestreckt und senkrecht zur Blattoberfläche angeordnet. Die Zellen des Schwammparenchyms sind unregelmäßig gestaltet und durch große Interzellularräume voneinander getrennt (Abb. 7.7 C, D). Das Interzellularensystem steht durch die Spaltöffnungen mit der Außenluft in Verbindung und vermittelt den Gasaustausch sowie die Wasserdampfabgabe. Bei den hypostomatischen Blättern sind die Spaltöffnungen auf die Unterseite beschränkt (Abb. 7.7 C), bei den amphistomatischen finden sie sich auf beiden Seiten. Einen Sonderfall bilden die epistomatischen Schwimmblätter, die mit der Unterseite dem Wasser aufliegen und deshalb die Spaltöffnungen auf der Oberseite tragen.

7.3.1 Bau der Spaltöffnungen

Die Spaltöffnungen entstehen durch Teilung aus Epidermiszellen, die also Meristemoide darstellen. Die Entwicklung der Spaltöffnungen verläuft je nach Typus verschieden. Bei zahlreichen Pflanzen, z. B. *Iris* (Abb. 7.9), entsteht die Schließzellenmutterzelle durch inäquale Teilung einer Epidermiszelle (**A, B**).

7.3 Anatomischer Bau des Laubblattes **261**

Abb. 7.8 Bau des Blattes von *Helleborus niger* (Christrose). c = Cuticula (rot), oe = Epidermis der Oberseite, pp = Palisadenparenchym, sp = Schwammparenchym, sz = Schließzellen einer Spaltöffnung, ue = Epidermis der Unterseite, vh = Vorhof (nach Mägdefrau).

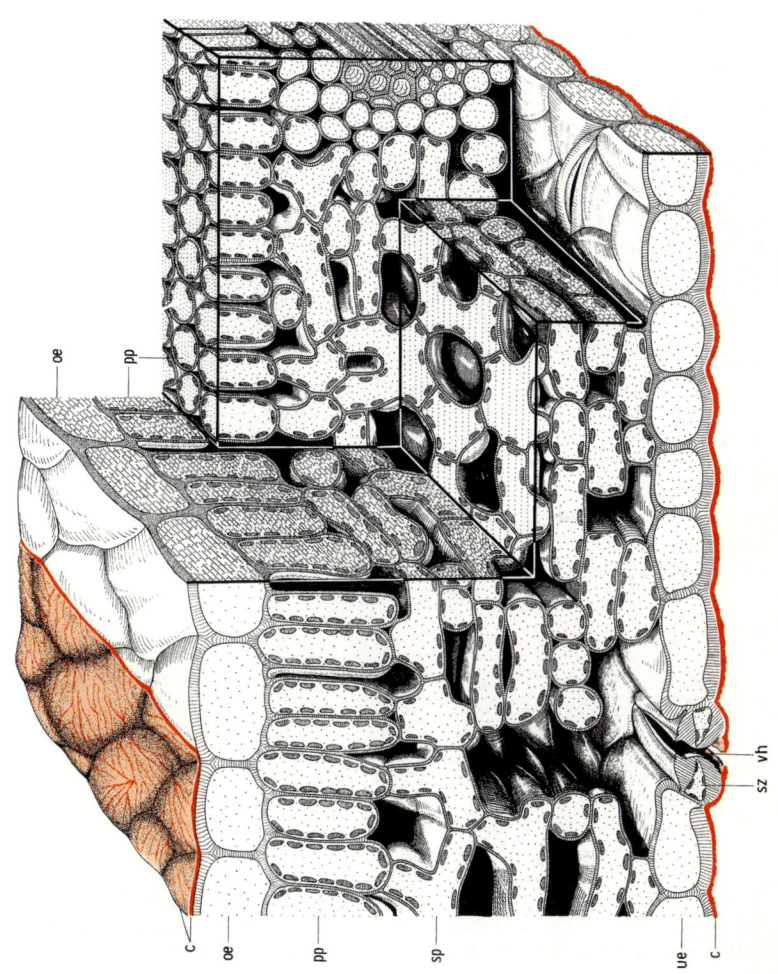

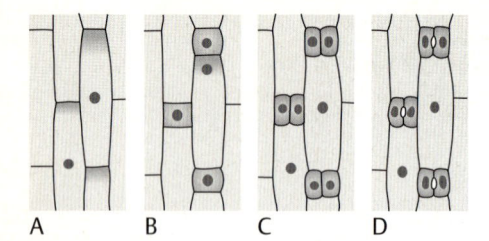

Abb. 7.9 Entwicklung der Spaltöffnungen von *Iris* (Schwertlilie). **A** u. **B** Inäquale Teilung der Epidermiszellen, **C** Teilung der Spaltöffnungsinitialen, **D** fertige Spaltöffnung (nach Popham, aus Lehrbuch der Botanik für Hochschulen).

Diese teilt sich nochmals der Länge nach und bildet die beiden Schließzellen (**C**), die sich etwas abrunden und in der Mitte ihrer gemeinsamen Zellwand auf schizogenem Wege einen Spalt bilden (**D**). Sind die Schließzellen von Nebenzellen umgeben, spricht man von einem Spaltöffnungsapparat.

Als Beispiel für eine fertige Spaltöffnung sei der *Helleborus*-Typus gewählt (Abb. 7.**7**C, 7.**8**, 7.**10** und 7.**11**). Die beiden bohnenförmigen Schließzellen berühren sich nur an den Enden, so daß in der Mitte der Spalt ausgespart bleibt. Dessen engste Stelle, der Zentralspalt, erweitert sich nach außen zum Vor- und nach innen zum Hinterhof. Letzterer führt in einen relativ großen Interzellularraum, der als sub- oder suprastomatische Kammer bezeichnet wird (früher als „Atemhöhle"). Er steht mit dem Interzellularensystem des Blattes in Verbindung. In manchen Fällen sind die Schließzellen noch von Nebenzellen umgeben, die sich äußerlich von den Epidermiszellen unterscheiden und funktionell einen Teil des Spaltöffnungsapparates darstellen.

Die Schließzellen enthalten in der Regel einige, meist allerdings relativ wenige Chloroplasten (Abb. 7.**10**, 7.**11**). Diesen fehlen Granathylakoide, doch sind sie zur Bildung von Stärke befähigt. Die Wände sind verschieden stark

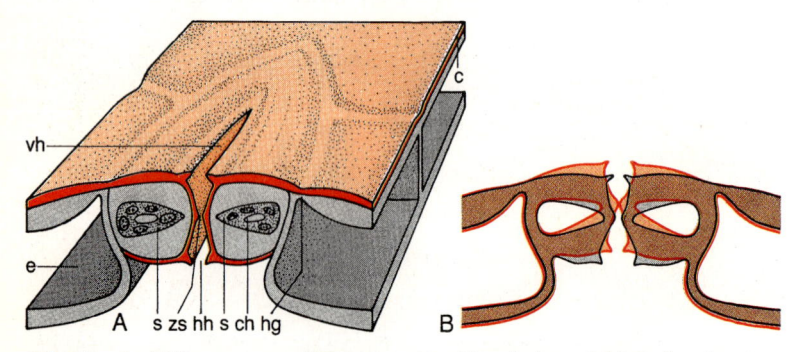

Abb. 7.10 Spaltöffnung von *Helleborus niger*, von der Blattunterseite betrachtet. **A** Schließzellen quer angeschnitten. c = Cuticula (rot), ch = Chloroplasten, e = benachbarte Epidermiszellen, hg = Hautgelenk, hh = Hinterhof, s = Schließzelle, vh = Vorhof, zs = Zentralspalt. **B** Querschnitt, schematisch. Schwarz: Turgeszent gespannt und geöffnet. Rot: entspannt und geschlossen (**B** nach v. Denffer).

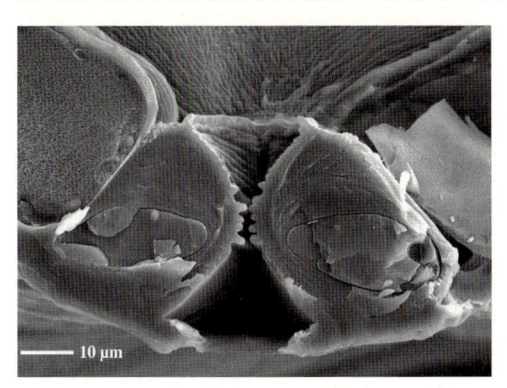

7.3 Anatomischer Bau des Laubblattes

Abb. 7.11 REM-Aufnahme einer Spaltöffnung von *Helleborus niger* im Querbruch. Die Außen- und besonders die Innenwand sind stark verdickt. Im Lumen liegen einige Chloroplasten. Unten sind die „Cuticularhörnchen" zu sehen, oben, im Hinterhof und im suprastomatischen Raum, zahlreiche Cuticularfalten. Diese sind im Zentralspalt, der engsten Stelle, quer getroffen. Gefrierbruch „frozen hydrated" (s. Anhang). (Originalaufnahme: G. Wanner).

verdickt. Im Falle des *Helleborus*-Typus sind die Außen- und die Innenwand nach dem Spalt hin in zunehmendem Maße verdickt, während die an die Epidermiszelle grenzende Rückenwand sowie die mittlere Partie der Bauchwand unverdickt bleiben. Auf diese Weise entstehen innen und außen Verdickungsleisten, die an den Übergangsstellen zur Rückenwand an regelrechten Hautgelenken aufgehängt sein können. Die Cuticula ragt in Form sogenannter „Cuticularhörnchen", die Querschnitte der rund um den Vorhof herumlaufenden Cuticularleisten darstellen, über den Vorhof hinaus (Abb. 7.11).

Der Bau der Schließzellen steht mit der Funktion der Spaltöffnungen in engem Zusammenhang. Mit steigendem Turgor wird die Rückenwand gedehnt. Da die dem Spalt zugekehrten Wände wegen der Verdickungsleisten der Dehnung nicht folgen können, krümmen sich die Schließzellen nach ihrer Rückenseite, so daß der Spalt sich öffnet (Abb. 7.12A). Umgekehrt führt eine

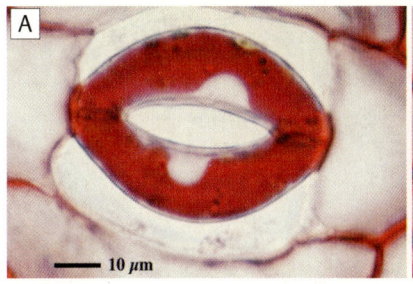

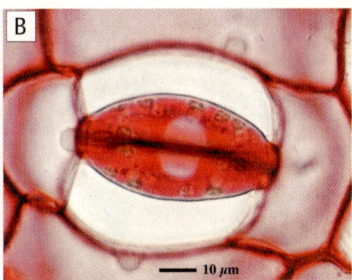

Abb. 7.12 LM-Aufnahmen eines Spaltöffnungsapparates von *Commelina communis*, bestehend aus zwei bohnenförmigen Schließzellen und vier Nebenzellen. **A** mit geöffnetem, **B** mit geschlossenem Spalt. Hier sind die Nebenzellen wegen der anderen Focussierung deutlicher erkennbar. Die hellen Bereiche sind die Kerne. Auch einige Chloroplasten sind andeutungsweise erkennbar. Färbung: Neutralrot (Originalaufnahmen: G. Wanner).

Turgorabnahme zu einer Entspannung der Rückenwände und somit zur Entkrümmung der Schließzellen, was den Spaltenschluß zur Folge hat (Abb. 7.12 B). Durch diesen Mechanismus vermag die Pflanze sowohl die Wasserdampfabgabe als auch den Gasaustausch zu steuern.

7.3.2 Leitbündelanordnung

Wie bereits erwähnt, treten die Leitbündel als Blattspur durch den Blattstiel in das Blatt ein (Abb. 6.4, S. 232). Im Blattstiel sind sie, wenn man den Querschnitt betrachtet, häufig in Gestalt eines nach oben offenen Halbkreises angeordnet. In der Blattspreite verzweigen sie sich in verschiedener Weise.

Bei den meisten Dikotyledonen bilden die Leitbündel, die man unzutreffend auch als Blattnerven oder Adern bezeichnet, ein reich verzweigtes Netz, dessen Verästelungen von einem relativ starken, median liegenden Hauptstrang ausgehen (Abb. 7.13 B). Sie werden immer feiner und enden schließlich blind im Mesophyll (Abb. 7.13 C). Diese Anordnung gewährleistet eine rasche Verteilung des Wassers sowie der darin gelösten Stoffe über die ganze Blattfläche.

Bei streifiger Anordnung, die für die Monokotyledonen charakteristisch ist, durchzieht eine größere Anzahl etwa gleichstarker und nahezu parallel laufender Leitbündel die Blätter in Längsrichtung (Abb. 7.13 A). Allerdings sind auch hier feine Querverbindungen vorhanden. Phylogenetisch sehr alt ist die dichotome Gabelnervatur, die keine Mittelrippe aufweist. Sie findet sich nur noch bei wenigen rezenten Formen, z. B. *Ginkgo biloba* (Abb. 7.13 D). In der Regel sind die Leitbündel kollateral gebaut und im Blatt so angeordnet, daß das Xylem oben und das Phloem unten liegt (Abb. 7.6 A, B).

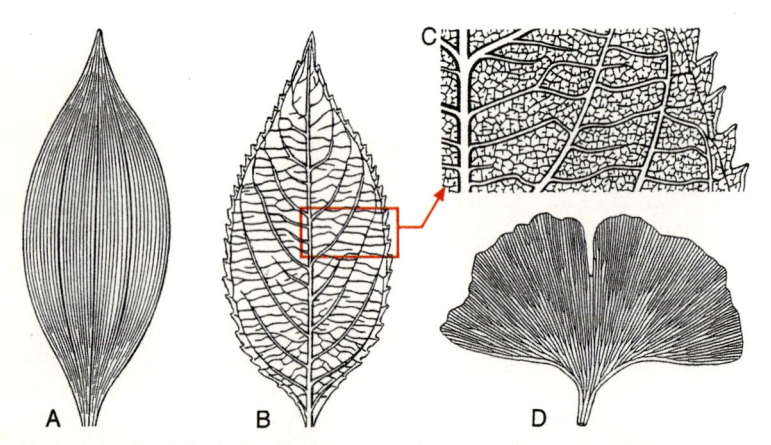

Abb. 7.**13** Leitbündelverlauf im Blatt. **A** Streifiger Verlauf bei *Convallaria majalis* (Maiglöckchen, Monokotyle), **B** netzartiger Verlauf bei *Impatiens parviflora* (Rühr-mich-nicht-an, Dikotyle), **C** Ausschnitt aus **B**, die blind endenden Verästelungen der Leitbündel zeigend, **D** Dichotom-gabelförmiger Verlauf bei *Gingko biloba* (Gymnospermae).

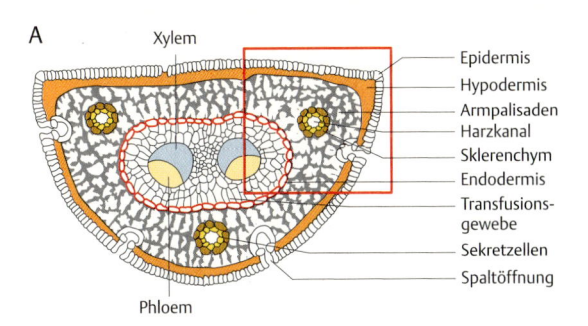

Abb. 7.14 Bau des Nadelblattes der Kiefer *(Pinus silvestris)*. **A** Übersichtsbild des Querschnittes, schematisch. **B** Ausschnitt aus **A**, stärker vergrößert.

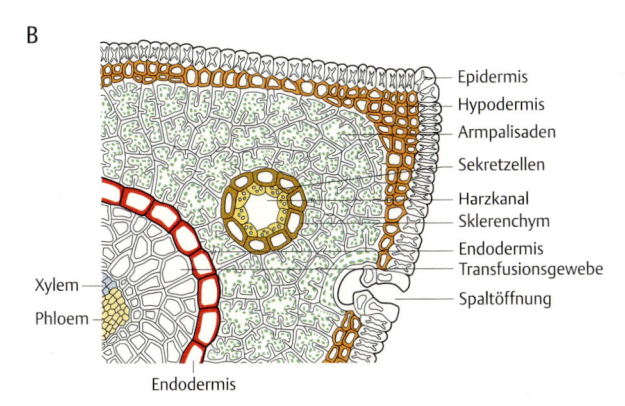

Nadelblätter: Die Nadelblätter der Coniferen zeigen einen charakteristischen, von dem des normalen Laubblattes stark abweichenden, xeromorphen Bau. Als Beispiel sei das äquifaziale Nadelblatt der Kiefer gewählt (Abb. 7.**14**). Die Spaltöffnungen sind in das Blatt eingesenkt, und die Epidermiswände sind so stark verdickt, daß nur noch ein kleines Lumen übrigbleibt. Zusammen mit dem darunterliegenden hypodermalen Sklerenchymgewebe verleiht die Epidermis der Nadel ihre Festigkeit.

Das Nadelinnere ist von Photosyntheseparenchym erfüllt, dessen Wände in das Zellinnere vorspringen (Armpalisaden). Es wird in Längsrichtung von Harzkanälen durchzogen, die, abweichend von denen der Sproßachse (Abb. 6.**8**, S. 236), von einer sklerenchymatischen Scheide umgeben sind. Die beiden kollateralen Bündel liegen als Doppelstrang in der Längsachse der Nadel. Sie sind von einem gemeinsamen Transfusionsgewebe umgeben, das teils aus tracheidalen, teils aus plasmareichen Zellen besteht und den Wasser- bzw. Stoffaustausch mit dem Blattgewebe vermittelt. Das Transfusionsgewebe wird durch eine Endodermis, deren Zellen die charakteristischen Casparyschen Streifen (S. 188) aufweisen, gegen das Armpalisadenparenchym abgegrenzt.

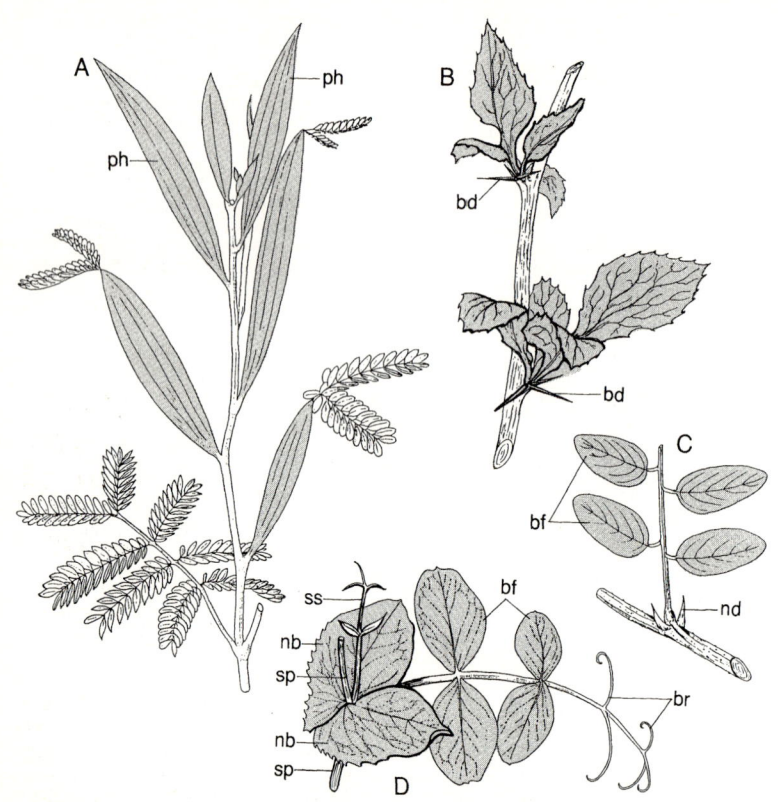

Abb. 7.15 Blattmetamorphosen. **A** Phyllodien von *Acacia heterophylla*. Übergänge von den fiederteiligen Laubblättern (unten) zu den Phyllodien (oben). **B** Blattdornen von *Berberis vulgaris* (Berberitze), **C** Nebenblattdornen von *Robinia pseudo-acacia* (Robinie), **D** Blattfiederranken von *Pisum sativum* (Erbse). bd = Blattdornen, bf = Blattfiedern, br = Blattfiederranken, nb = Nebenblätter, nd = Nebenblattdornen, ph = Phyllodien, sp = Sproßachse, ss = Seitensproß (**A** nach Reinke, **D** nach Troll).

7.4 Metamorphosen des Blattes

Im typischen Falle ist das Blatt das Photosynthese- und Transpirationsorgan. Infolgedessen sind seine Zellen reich an Chloroplasten und zeigen einen für die optimale Strahlungsabsorption geeigneten anatomischen Aufbau. Zwar ist bei den Nadelblättern die Oberfläche zwecks Verminderung der Transpiration reduziert, doch ist auch bei ihnen der Blattcharakter unverkennbar. Wie beim Sproß gibt es auch beim Blatt zahlreiche Fälle, in denen sowohl die äußere Gestalt als auch der anatomische Aufbau des betreffenden Organs eine so

7.4 Metamorphosen des Blattes

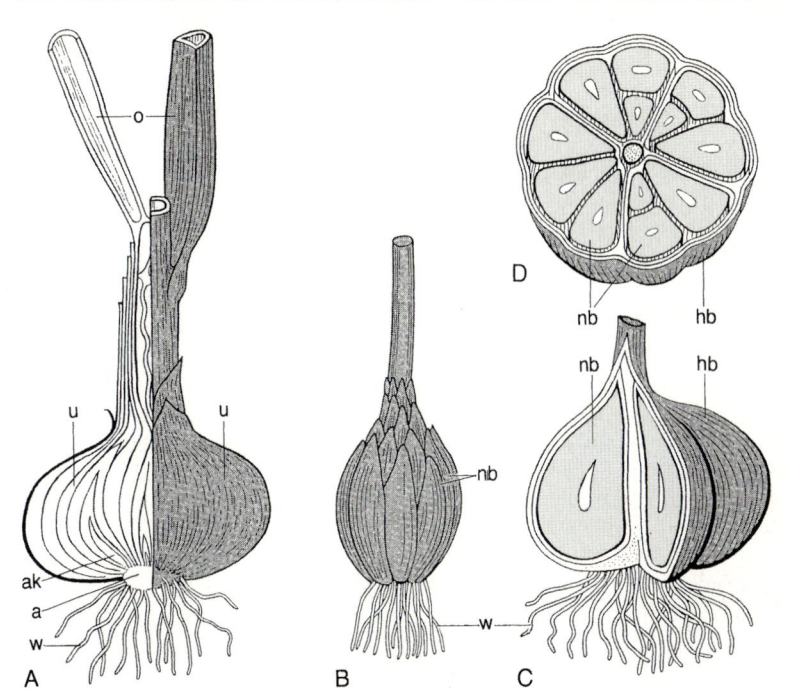

Abb. 7.16 Zwiebeln. **A** Küchenzwiebel *(Allium cepa)*, links im Längsschnitt, die Zwiebelschalen zeigend, rechts in Aufsicht. **B** Türkenbundlilie *(Lilium martagon)*, aus schuppenförmigen Niederblättern bestehend. **C** Knoblauch *(Allium sativum)*, Zwiebel mit Brutzwiebeln im Herbst. **D** Querschnitt durch **C**, die Hüllblätter und die fleischigen Niederblätter zeigend. a = Achse, ak = Achselknospe, hb = Hüllblatt, nb = Niederblatt, o = Oberblatt, u = Unterblatt, w = Wurzel (nach Rauh, Irmisch).

durchgreifende Umwandlung erfahren haben, daß es nicht mehr ohne weiteres als Blatt zu erkennen ist. Es liegen also Blattmetamorphosen vor.

Einige Beispiele sind in Abb. 7.**15** zusammengestellt. Der extremste Fall, nämlich die völlige Reduktion der Blattspreiten und die Übernahme ihrer Funktion durch die Sproßachse, wurde bereits im vorigen Kapitel behandelt (Abb. 6.**16**, S. 249). Nicht ganz so weit geht die Reduktion bei den **Phyllodien** (Abb. 7.**15**A). Wie die Übergangsformen bei *Acacia heterophylla* zeigen, ist hier nur die Blattspreite reduziert, während die Stiele blattartig verbreitert sind und die Funktion der Spreite übernehmen. Bei der Kannenpflanze *(Nepenthes)* ist der Blattgrund als Photosyntheseorgan entwickelt (Abb. 13.**12**, S. 411).

Nicht selten sind die Blätter in **Blattdornen** umgewandelt, wie bei den bereits besprochenen Kakteen (Abb. 6.**16**, S. 249) oder bei der Berberitze *(Ber-*

beris vulgaris), wo anstelle der Tragblätter ein- bis mehrstrahlige Dornen stehen (Abb. 7.**15 B**). In den Achseln der Blattdornen stehen hier normal beblätterte Kurztriebe. Wie das Beispiel der Robinie *(Robinia pseudo-acacia)* zeigt, können auch die Nebenblätter in Dornen umgewandelt sein (**C**). Bei den Kletterpflanzen schließlich sind häufig die Blätter ganz oder teilweise zu **Blattranken** umgebildet. Letzteres ist z. B. bei der Erbse *(Pisum sativum)* der Fall (**D**). Hier ist der untere Teil des Fiederblattes normal ausgebildet, während der obere Teil in Blattfiederranken umgewandelt ist. Eine Anpassung an die geophytische Lebensweise[1] stellen die **Zwiebeln** dar. Bei der Küchenzwiebel *(Allium cepa)* gehen die fleischigen, übereinandergreifenden Zwiebelschalen aus dem Blattgrund abgestorbener Laubblätter hervor (Abb. 7.**16 A**). Der Sproß ist zu einer fast scheibenförmigen Achse verkürzt, der die Blätter aufsitzen. In den Achseln der Zwiebelschalen liegen Achselknospen, die zu Beginn der neuen Vegetationsperiode austreiben, wobei die in ihnen gespeicherten Reservestoffe aufgebraucht werden. In anderen Fällen werden die Zwiebeln von Niederblättern gebildet (Abb. 7.**16 B**). Beim Knoblauch umschließt ein Hüllblatt jeweils eine ganze Gruppe von kleinen Zwiebeln (auch als Zehen oder Klauen bezeichnet), die nur von je einem verdickten Blatt gebildet werden (Abb. 7.**16 C,D**). Sie entstehen als kollaterale Beiknospen in der Achsel eines Zwiebelblattes, von denen jede zu einer neuen Pflanze heranwachsen kann. Das röhrenförmige Zwiebelblatt, das als Niederblatt aufzufassen ist, ist von einem häutigen Hüllblatt umgeben.

Abschließend sei noch erwähnt, daß wir auch zahlreiche Blattsukkulenten kennen, bei denen das Wasserspeichergewebe in den Blättern liegt. Einige weitere Blattmetamorphosen werden wir bei den Carnivoren kennenlernen.

Zusammenfassung

- Die Blattanlagen entstehen exogen aus den äußeren Schichten des Scheitelmeristems der Sproßachsen. Das anfängliche Spitzenwachstum wird sehr bald durch basales bzw. intercalares Wachstum abgelöst. Das Breitenwachstum erfolgt durch Randmeristeme.

- Die Blattstellung an der Sproßachse folgt im allgemeinen den Regeln der Äquidistanz und der Alternanz. Die Keimblätter sind bereits am Embryo angelegt. Ihnen folgen die Laubblätter, bei denen die Primärblätter nicht selten einfacher gestaltet sind als die Folgeblätter. Sind auch die Folgeblätter verschieden gestaltet, spricht man von Heterophyllie, sind sie im gleichen Sproßabschnitt verschieden groß, von Anisophyllie. Bifaziale Blätter besitzen eine Ober- und eine Unterseite, die bei dorsiventralen Blättern verschieden, bei äquifazialen gleichgestaltet sind. Bei unifazialen Blättern ist die Oberseite reduziert.

---

[1] Unter Geophyten verstehen wir mehrjährige Pflanzen, die ausschließlich mit unterirdischen Organen überwintern, während alle oberirdischen Teile absterben (Stauden, S. 227).

- Das Zwischenblattgewebe (Mesophyll) ist beiderseits von einer Epidermis bedeckt. Meist kann man Palisadenparenchym und Schwammparenchym unterscheiden. Ersteres ist chloroplastenreich und stellt das eigentliche Photosynthesegewebe dar, während das Schwammparenchym von großen Interzellularen durchzogen ist.

- Die Spaltöffnungen bestehen aus zwei Schließzellen. Sind diese von Nebenzellen umgeben, spricht man von einem Spaltöffnungsapparat. Beim *Helleborus*-Typus sind die Schließzellen bohnenförmig. Zwischen ihnen befindet sich der Zentralspalt. Die Außen- und Innenwände sind zur Bauchwand des Spaltes hin zunehmend verdickt. Nur die Rückenwand bleibt unverdickt. Mit steigendem Turgor wird die Rückenwand gedehnt. Da die verdickten Wände der Dehnung nicht folgen können, krümmen sich die Schließzellen nach ihrer Rückenseite, wodurch sich der Spalt öffnet. Turgorabnahme führt zum Spaltenschluß.

- Die Leitbündel treten als Blattspur durch den Blattstiel in das Blatt ein. Sie bilden entweder ein reich verzweigtes Netz, dessen feinste Verästelungen schließlich blind enden, durchziehen das Blatt mehr oder weniger parallel in Längsrichtung oder zeigen in seltenen Fällen eine dichotome Aufgabelung. Bei den Nadelblättern sind sie von einem Transfusionsgewebe umgeben, das den Stoffaustausch mit dem Blattgewebe vermittelt. Es ist vom Photosyntheseparenchym durch eine Endodermis abgegrenzt.

- Zu den Blattmetamorphosen zählen Blattdornen und Blattranken. Phyllodien sind blattartig verbreiterte Blattstiele. Zwiebeln werden entweder aus dem fleischig ausgebildeten Blattgrund abgestorbener Laubblätter oder aus Niederblättern gebildet.

Wurzel

Die Wurzeln dienen sowohl der Verankerung der Pflanze im Boden als auch der Aufnahme von Wasser und darin gelösten Ionen. Die Festigungselemente sind, der überwiegenden Zugbeanspruchung wegen, im primären Zustand nicht peripher, wie bei der Sproßachse, sondern zentral angeordnet. Zur Erleichterung der Wasser- und Ionenaufnahme ist die Oberfläche der Wurzeln in der Regel durch zahlreiche Wurzelhaare erheblich vergrößert. Die Leitungsbahnen sind in Form eines radialen Leitsystems (Abb. 6.3F, S. 231) im Zentrum angeordnet. Dieser sogenannte Zentralzylinder ist von einem Mantel aus parenchymatischen Zellen, dem Rindengewebe, umgeben und von diesem durch eine Endodermis abgegrenzt.

Da in der Sproßachse die Leitbündel im typischen Fall kollateral gebaut und in einem eher peripher liegenden Ring angeordnet sind, muß beim Übergang von der Wurzel in die Sproßachse eine Umordnung der leitenden Elemente erfolgen. Im typischen Falle erscheinen die Xylemstränge des radialen Leitsystems etwa 180° um ihre Längsachse gedreht, indem sie sich in der Mitte aufspalten und jeder Halbstrang sich innen vor den ihm benachbarten Phloemstrang legt, wo er sich mit dem Halbstrang des anderen dem Phloemstrang benachbarten Xylemstranges vereint. Lagen also im radialen Leitsystem der Wurzel die Xylem- und Phloemstränge nebeneinander, so liegen sie jetzt einander gegenüber (Abb. 6.3C, D).

Bei mehrjährigen und ausdauernden Pflanzen werden die Wurzeln durch sekundäres Dickenwachstum verstärkt, das gleichzeitig mit dem der Sproßachse einsetzt. Häufig werden in den Wurzeln auch Reservestoffe gespeichert. Dies ist besonders bei den Rüben der Fall, die durch sekundäres Dickenwachstum stark verdickte Hauptwurzeln darstellen. Auch die Wurzelknollen haben Speicherfunktionen. Schließlich sind die Wurzeln auch Syntheseorte wichtiger Pflanzenstoffe, z. B. von Hormonen (Gibberelline, Cytokinine) sowie allelopathischen Substanzen.

Je nach Art und Standort sind die Wurzelsysteme unterschiedlich entwickelt. Man unterscheidet Flachwurzler und Tiefwurzler. Erstere besiedeln Böden, deren obere Schichten genügend Wasser enthalten, während die Tiefwurzler meist an trockenen Standorten zu finden sind, wo sie mit ihren Wurzeln bis zum Grundwasser vorstoßen.

8.1 Wurzelscheitel

Die Embryonen der höheren Pflanzen, mit Ausnahme der Pteridophyten, sind bipolar, d. h. der Wurzelpol wird dem Sproßpol gegenüber angelegt (Abb. 14.15 Q, R, S. 439). Der Wurzelscheitel ist von der Wurzelhaube, der **Kalyptra**, umhüllt (Abb. 8.1). Ihre äußeren Zellen verschleimen und schützen so die zarten meristematischen Zellen vor mechanischer Beschädigung, wenn die Wurzelspitze beim Wachstum zwischen den Bodenpartikeln hindurchgetrieben wird. Sie bedarf der ständigen Erneuerung und wird von innen heraus ergänzt. Bei manchen Pflanzen, z. B. den Gräsern, hat ihre innerste Schicht geradezu den Charakter eines Meristems. Sie wird dann als **Kalyptrogen** bezeichnet. Im Innern der Wurzelhaube befindet sich das Statenchym, dessen amyloplastenreiche Zellen der Graviperzeption dienen, also als Statocyten fungieren. Wie bereits erwähnt (S. 224), liegen oberhalb der Kalyptra bei den meisten höheren Pflanzen Gruppen von Initialzellen, die in charakteristischer Weise angeordnet sind und sich nicht oder doch nur selten teilen. Sie werden daher als **ruhende Zentren** bezeichnet, die vor allem bei Monokotylen sehr ausgeprägt sind (Abb. 8.1 B).

Der Umfang des ruhenden Zentrums ist von Art zu Art verschieden. Bei *Allium sativum* (Knoblauch) besteht es aus etwa 30–50 Zellen. Der Zeitraum zwischen zwei Teilungen beträgt bei ihnen etwa 140 Stunden, während sich die meristematischen Zellen durchschnittlich alle 4 Stunden teilen. Außerdem unterscheiden sich die Zellen des ruhenden Zentrums sowohl im elektronenmikroskopischen Bild als auch in ihren biochemischen Leistungen von den angrenzenden meristematischen Zellen. Möglicherweise spielt das ruhende Zentrum eine Rolle bei der Regulation des Wurzelwachstums. Die meristematische Zone grenzt unmittelbar an das ruhende Zentrum. Die Bereiche stärkster Zellteilungsaktivität finden sich jedoch nicht in allen Gewebebezirken (Zentralzylinder, Rinde, Rhizodermis) auf gleicher Höhe, sondern in verschiedener Entfernung von der Wurzelspitze (Abb. 8.1 C).

Abb. 8.1 Bau einer Wurzelspitze. **A** Raumdiagramm, links in Aufsicht, rechts im Längsschnitt, oben im Querschnitt. **B** Längsschnitt durch die Wurzelspitze von *Zea mays* (Mais, Monokotyle). Die Zellen des ruhenden Zentrums sind rot, die der Wurzelhaube schwarz gerastert. **C** Mitosehäufigkeit in der Wurzelspitze von *Allium cepa* (Zwiebel, Monokotyle). Die durch rote Punkte markierten Mitosen fehlen im ruhenden Zentrum. aw = abgestorbene Wurzelhaare, ed = Endodermis, ex = Exodermis, ka = Kalyptra, pc = Perikambium, pd = Protoderm (äußerste Rindenschicht), ph = Phloem, rg = Ringgefäße, rh = Rhizodermis, ri = Rindenzellen, rz = ruhendes Zentrum, sg = Schraubengefäße, tg = Tüpfelgefäße, wh = Wurzelhaare, wi = Wurzelhaubeninitialen, xy = Xylem, z = Zentralzylinder.

8.1 Wurzelscheitel

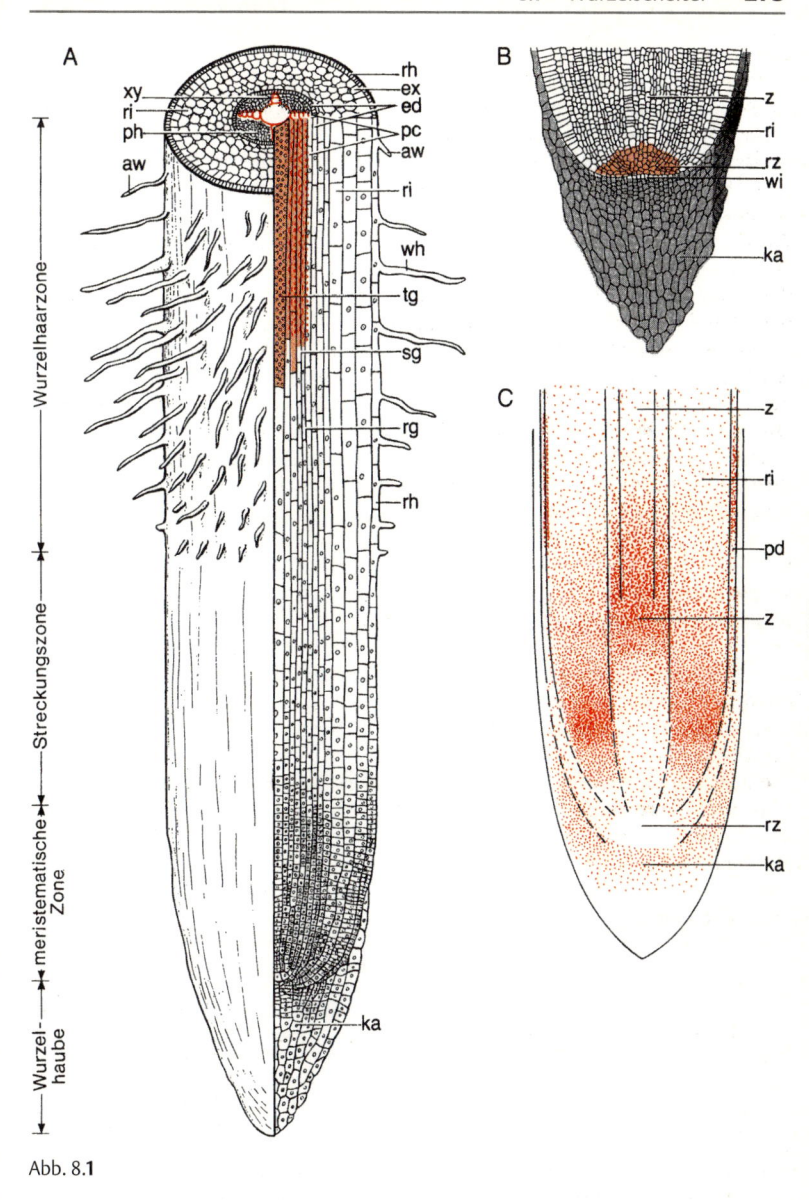

Abb. 8.1

8.2 Primärer Bau der Wurzel

Die meristematische Zone des Wurzelscheitels geht ohne scharfe Grenze in die Zellstreckungszone über, die einige Millimeter lang ist. Im Gegensatz zur Sproßachse ist die Zellstreckung bei der Wurzel auf diese Zone beschränkt. Sie geht, ebenfalls ohne scharfe Grenze, in die Differenzierungszone über, die äußerlich an der Bildung der Wurzelhaare zu erkennen ist (Abb. 8.1) und deshalb als Wurzelhaarzone bezeichnet wird.

Die Wurzelhaare, die bis zu 10 mm lang werden können, entstehen durch unipolares Spitzenwachstum aus Zellen der äußeren Schicht, der **Rhizodermis**. Entweder sind alle Rhizodermiszellen zur Bildung von Wurzelhaaren befähigt (Abb. 8.1), oder es entstehen durch inäquale Teilungen der Rhizodermiszellen **Trichoblasten**, die allein zu Wurzelhaaren auszuwachsen vermögen, also Meristemoide sind. Die Bezeichnung des primären Abschlußgewebes der Wurzel als Rhizodermis, zur Unterscheidung von der Epidermis, ist insofern berechtigt, als die Außenwände ihrer Zellen wie auch der Wurzelhaare in der Regel nicht cutinisiert und nicht von einer Cuticula überzogen sind. Durch die fehlende Verdickung und Cutinisierung der Zellwand, aber auch durch die mit der Wurzelhaarbildung verbundene Vervielfachung der Wurzeloberfläche (S. 288) wird die Wasser- und Ionenaufnahme erleichtert. Wasser- und Sumpfpflanzen, die bezüglich der Wasseraufnahme keine Probleme haben, bilden keine Wurzelhaare aus. Einige Schwimmpflanzen besitzen überhaupt keine Wurzeln. Im übrigen unterscheiden sich Rhizo- und Epidermis auch hinsichtlich ihrer Herkunft. Während die Epidermis exogen, d. h. aus der äußersten Tunicaschicht entsteht, wird die Rhizodermis zwischen Kalyptra und Wurzelkörper angelegt.

• Die Lebensdauer der Wurzelhaare ist meist auf einige Tage beschränkt. In dieser Zeit wachsen sie einige Millimeter lang aus und schieben sich mit ihrer

---

Abb. 8.2 Endodermen. **A** Querschnitt durch den Zentralzylinder der Wurzel von *Clivia miniata* mit umgebendem Rindengewebe. Vergr. 250fach. Die Endodermis ist an den Casparyschen Streifen deutlich zu erkennen. **B** Ausschnitt aus **A**. Von oben nach unten: Rindenzellen, Endodermis mit Casparyschen Streifen, Perikambium, Xylemstrahlen (infolge Phloroglucin-Salzsäure-Behandlung dunkel gefärbt), dazwischen das silbrig leuchtende Phloem. Vergr. 500fach. **C** Querschnitt durch den Zentralzylinder der Wurzel von *Iris germanica* mit zwölfstrahligem radialen Leitsystem. Vergr. 120fach. Die tertiäre Endodermis ist an ihren U-förmig verdickten Wänden deutlich zu erkennen. Im Zentrum parenchymatisches Gewebe, dessen Wände verdickt und verholzt sind. **D** Ausschnitt aus **C**. Oben Rindengewebe, darunter tertiäre Endodermis. Etwa in der Bildmitte befindet sich eine Durchlaßzelle über einem Xylemstrahl, rechts und links von diesem Phloem. Unter der Endodermis liegt das Perikambium. Vergr. 500fach (aus W. Nultsch, A. Grahle: Mikroskopisch-botanisches Praktikum. Thieme, Stuttgart 1988). **E** REM-Aufnahme des Zentralzylinders von *Iris*, der von der tertiären Endodermis umgeben ist. **F** Zwei Endodermiszellen mit deutlicher Schichtung (Originalaufnahmen: G. Wanner).

8.2 Primärer Bau der Wurzel

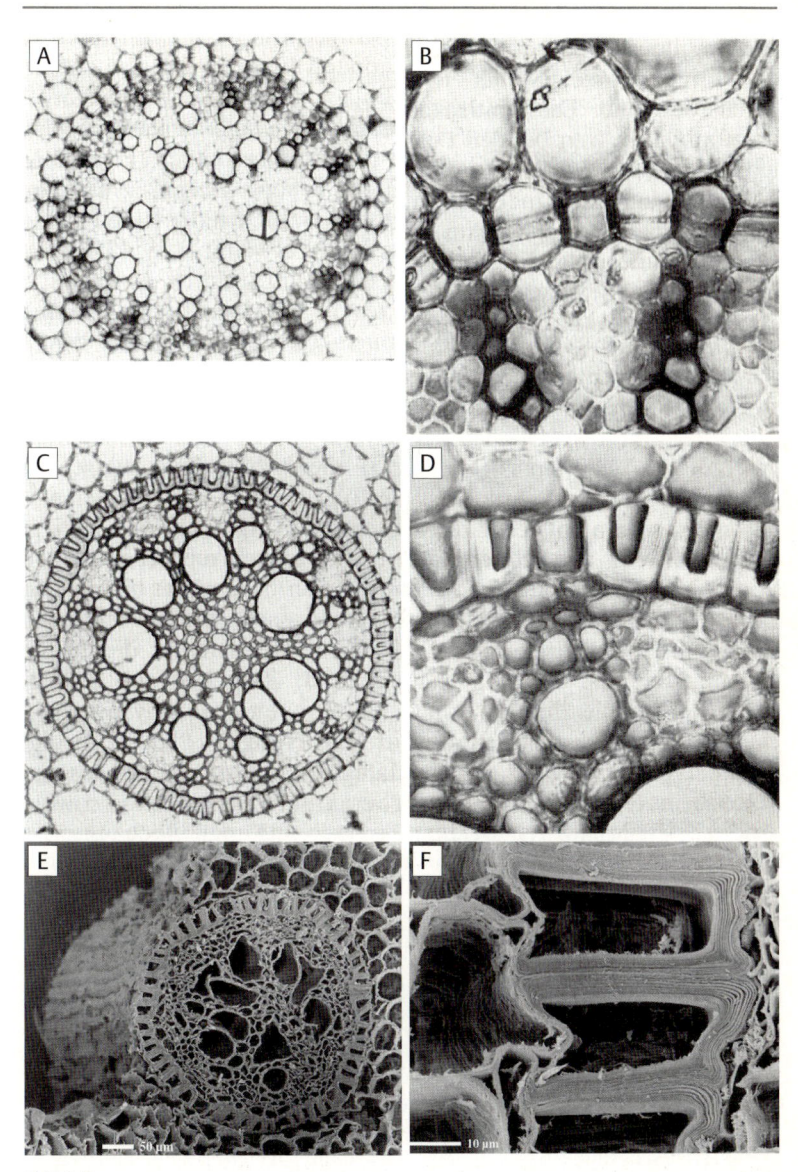

Abb. 8.2

etwas verschleimenden Zellwand zwischen den Bodenpartikeln hindurch. Sie werden dann außer Funktion gesetzt und sterben vom proximalen Ende der Wurzel her ab (Abb. 8.1). Da mit ihnen auch die Rhizodermiszellen selbst zugrunde gehen, muß die Wurzel ein neues Abschlußgewebe, die Exodermis, bilden.

Exodermis: Die Exodermis ist ein Cutisgewebe. Sie geht aus der subrhizodermalen Schicht, bisweilen auch aus mehreren, hervor. In den Wänden der Exodermen einiger Pflanzen wurden Casparysche Streifen nachgewiesen. Die den Zellwänden innen aufgelagerte Suberinlamelle ist meist noch durch Sekundärwandschichten, die verholzt sein können, mehr oder weniger verdickt. Infolge der nur schwachen Verkorkung behalten ihre Zellen meist ihren lebenden Inhalt. Einzelne bleiben als sogenannte Durchlaßzellen unverkorkt, so daß die Aufnahme von Wasser und Ionen in gewissem Umfang auch oberhalb der Wurzelhaarzone noch möglich ist.

Rinde: Gleichzeitig mit der Wurzelhaarbildung erfolgt die Differenzierung der übrigen Wurzelgewebe, die meist deutlich in Rinde und Zentralzylinder geschieden sind. Die Rindenzellen sind parenchymatisch, normalerweise chlorophyllfrei (nur bei den Luftwurzeln können sie Chloroplasten enthalten) und dienen, vor allem in den älteren Teilen der Wurzel, als Speichergewebe. Die innerste Rindenschicht, die **Endodermis**, umgibt mantelartig (Abb. 8.2E) den Zentralzylinder, so daß sie im Querschnitt ringförmig erscheint (Abb. 8.2A, C). Wie bereits früher erwähnt (S. 188), wird ein unkontrollierter apoplasmatischer Wasserdurchtritt durch die Casparyschen Streifen (Abb. 8.2A, B) verhindert. Infolgedessen kann die Endodermis als physiologische Scheide fungieren und den Durchtritt des Wassers sowie der darin gelösten Salze aus der Rinde in den Zentralzylinder kontrollieren. Da im sekundären bzw. tertiären Zustand die Zellwände infolge der Suberineinlagerungen bzw. der aus mehreren Schichten bestehenden Wandverdickungen (Abb. 8.2F) weitgehend undurchlässig werden, übernehmen die Durchlaßzellen (Abb. 8.2D), die unverändert bleiben, die Kontrollfunktion.

Zentralzylinder: Im Zentralzylinder sind Xylem und Phloem in Gestalt eines radialen Leitsystems (Abb. 6.3F, S. 231, 8.2A, C) angeordnet. Im Längsschnitt läßt sich die Differenzierung der Gefäße verfolgen. Die Xylemstrahlen stoßen im Zentrum entweder unmittelbar zusammen (Abb. 8.1), oder es liegt hier ein Strang aus sklerenchymatischen oder parenchymatischen Zellen (Abb. 8.2A, C), so daß das Xylem auf die Radien beschränkt bleibt. Die unmittelbar an die Gefäße grenzenden Xylemparenchymzellen zeigen an ihrer dem Gefäß zugekehrten Wand lokale Wandverdickungen, die für die Transferzellen (S. 166f.) charakteristisch sind. Zwischen den Xylemradien liegen die Phloemstränge, die durch Streifen parenchymatischen Gewebes vom Xylem getrennt sind. Die Differenzierung des Phloems erfolgt früher als die des Xylems, so daß funktionsfähige Phloemstränge organisches Material bis in die Zone der Zellstreckung heranführen können, was sowohl für die Zellteilungen als auch für die Zellstreckung eine unerläßliche Voraussetzung ist. An der Peripherie des Zentralzylinders, unmittelbar an die Endodermis grenzend, liegt das auch als **Perizykel** bezeichnete **Perikambium**, das ein- oder mehrschichtig sein kann.

8.3 Seitenwurzeln

Während die Primärwurzel des Keimlings zunächst noch unverzweigt ist, kommt es mit zunehmender Ausbreitung der oberirdischen Teile der Pflanze auch zu einer Verzweigung der Wurzel. Von den sich dichotom verzweigenden Wurzeln der Lycopodiinae (Bärlappgewächse) abgesehen erfolgt sie ausschließlich seitlich. Im Gegensatz zu den Achselsprossen entstehen die Seitenwurzeln endogen, und zwar bei den Gymnospermen und Angiospermen aus dem Perikambium (Abb. 8.3), bei den Pteridophyten aus der innersten Rindenschicht.

Seitenwurzeln werden entweder vor den radialen Xylemstreifen oder vor den Parenchymplatten, die Xylem und Phloem voneinander trennen, angelegt, bei den Monokotyledonen jedoch häufig vor den Phloemsträngen. Infolgedessen stehen sie übereinander in Reihen (Rhizostichen), deren Anzahl entweder ebenso oder doppelt so groß ist wie die der Xylemstrahlen. Da die Seitenwurzeln endogen entstehen, müssen sie die Rinde durchbrechen, indem sie deren Zellen mechanisch beiseiteschieben.

Wächst der Wurzelpol direkt zu einer Hauptwurzel aus, die sich stärker entwickelt als die Seitenwurzeln (Abb. 8.4A), so nennen wir ein solches Wurzelsystem allorhiz. Die Hauptwurzel wächst normalerweise senkrecht in den

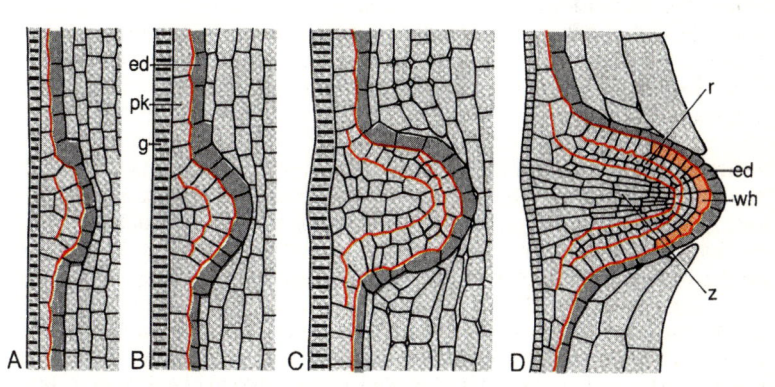

Abb. 8.3 Anlage einer Seitenwurzel in vier verschiedenen Stadien (**A–D**). ed = Endodermis (grau gerastert), g = Gefäß, pk = Perikambium, r = Anlage des Rindengewebes der Seitenwurzel, wh = Anlage der Wurzelhaube (rot gerastert), z = Zentralzylinder (nach van Tieghem).

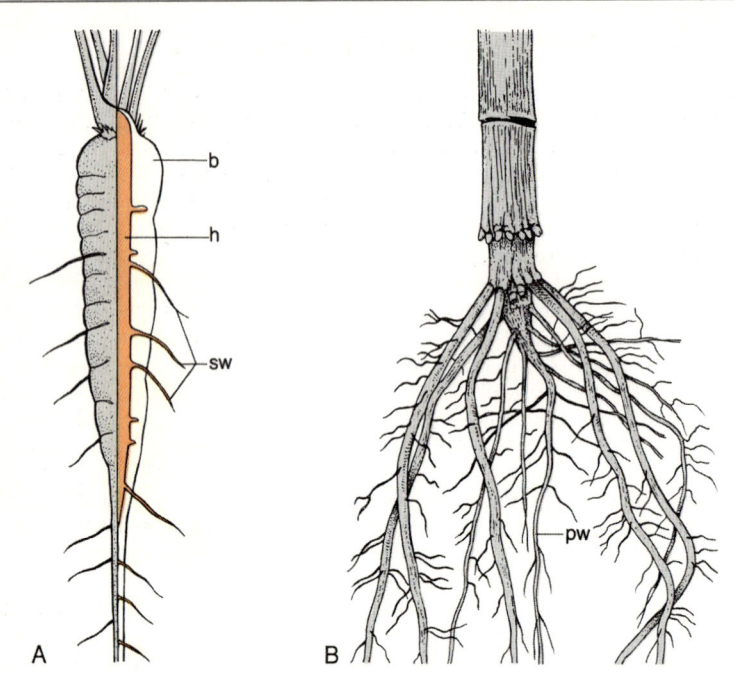

Abb. 8.4 Allorhize (**A**) und homorhize (**B**) Bewurzelung. **A** Möhre *(Daucus carota)*, links in Aufsicht, rechts im Längsschnitt, **B** Mais *(Zea mays)*. b = Bast, h = Holzkörper (rot), pw = Primärwurzel, sw = Xylemstränge der Seitenwurzeln (nach Rauh).

Boden hinein, d. h. orthogravitrop, die Seitenwurzeln erster Ordnung mehr oder weniger horizontal, also plagiogravitrop (S. 586). Geht die Verzweigung noch weiter, so zeigen die Seitenwurzeln höherer Ordnung im allgemeinen keine bestimmte Ausrichtung mehr. Im Gegensatz zur **Allorhizie** steht die **Homorhizie** der Pteridophyten und Monokotyledonen. Bei den letztgenannten stellt der Wurzelpol seine Tätigkeit verhältnismäßig bald ein, und die Primärwurzel stirbt ab (Abb. 8.4B). Sie wird durch zahlreiche sproßbürtige Wurzeln ersetzt. Abweichend von diesem Verhalten, das wir als sekundäre Homorhizie bezeichnen, sind die Pteridophyten primär homorhiz, d. h. bei ihnen wird die Primärwurzel bereits seitlich angelegt und von vornherein durch sproßbürtige Wurzeln ergänzt.

Grundsätzlich können auch an Sproßachsen und Blättern Wurzeln entstehen, die entsprechend als sproß- bzw. blattbürtige Wurzeln bezeichnet werden. Beispiele hierfür sind die Ausläufer und Stecklinge. Wurzeln, die zu ungewöhnlicher Zeit an ungewöhnlichen Orten, etwa infolge von Verletzung oder Wuchsstoffbehandlung (S. 501), gebildet werden, nennt man Adventivwurzeln.

8.4 Sekundäres Dickenwachstum der Wurzel

Etwa gleichzeitig mit dem sekundären Dickenwachstum der Sproßachse setzt auch der Dickenzuwachs der Wurzel ein. Das Kambium entsteht in den parenchymatischen Gewebestreifen, die Xylem und Phloem voneinander trennen. Über den Xylemstrahlen stößt es auf das Perikambium, dessen Zellen sich ebenfalls zu teilen beginnen. Auf diese Weise entsteht ein geschlossener Kambiumzylinder, der, dem Bau des radialen Leitsystems entsprechend, im Querschnitt eine etwa sternförmige Gestalt hat (Abb. 8.5 A).

Wie bei der Sproßachse erzeugt auch das Wurzelkambium nach innen Holz, nach außen Bast. Durch eine verstärkte Tätigkeit in den zwischen den Xylemradien liegenden Bereichen werden die Lücken mit Holzelementen aufgefüllt, so daß schließlich ein zentraler säulenförmiger Holzteil entsteht, der von einem im Querschnitt ringförmigen Kambiummantel umgeben ist (Abb. 8.5 B). Der Holzkörper sieht dann dem der Sproßachse sehr ähnlich, unterscheidet sich von diesem jedoch dadurch, daß er im Zentrum ein primäres Leitsystem besitzt, wo sich beim Stamm ein parenchymatisches Markgewebe befindet. Während die primären Holzstrahlen vor den Xylemstrahlen des radialen Leitsystems angelegt werden, entstehen im Verlaufe des Dickenwachstums weitere (sekundäre) Holzstrahlen, die blind im Holz enden.

Die vom Kambium gebildeten Bastelemente schieben das primäre Phloem nach außen. Hierdurch entstehen breite Baststreifen, zwischen denen die Baststrahlen liegen, die die Holzstrahlen fortsetzen. Zusätzlich werden sekundäre Baststrahlen angelegt. Hinsichtlich der Holz- und Bastelemente besteht also kein grundsätzlicher Unterschied zur Sproßachse. Infolgedessen sind

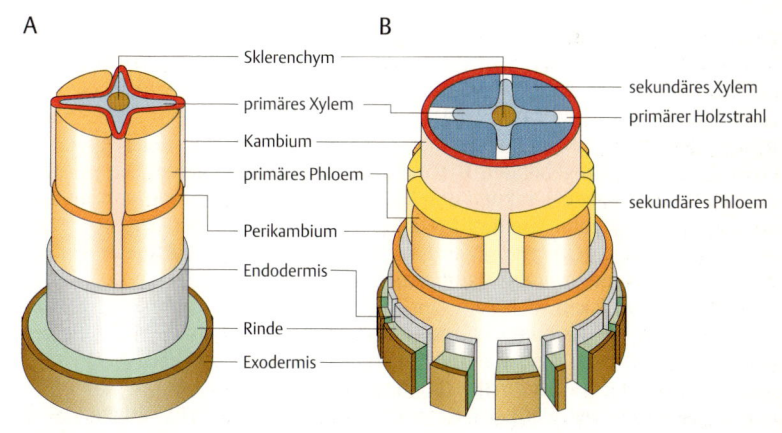

Abb. 8.5 Sekundäres Dickenwachstum der Wurzel, schematisch. **A** Bildung des Kambiums. **B** Zustand einige Zeit nach Einsetzen des sekundären Dickenwachstums.

Querschnitte durch ältere Wurzeln und Stämme kaum zu unterscheiden. Lediglich im Zentrum bleibt die von der Sproßachse abweichende Primärstruktur der Wurzel erkennbar. Rindengewebe und Endodermis können der Umfangserweiterung meist noch eine Zeitlang durch Dilatationswachstum folgen, werden aber schließlich zerrissen (Abb. 8.5B). Als Abschlußgewebe wird vom Perikambium ein mehrschichtiges Periderm gebildet, dessen Zellen verkorken (S. 190) und das somit dem Periderm der Sproßachse (S. 241) entspricht. Das Perikambium wird also zu einem Phellogen. Dieses bildet ständig neue Zellen, da die äußeren Zellen durch die allmähliche Umfangserweiterung abgesprengt werden und auch einem mechanischen Verschleiß unterliegen.

8.5 Metamorphosen der Wurzel

Wie von Sproß und Blatt kennen wir auch von der Wurzel zahlreiche Metamorphosen, die erhebliche Änderungen im inneren und äußeren Aufbau dieses Grundorgans zur Folge haben. So gibt es z. B. auch Wurzelsukkulenten, bei denen das Wasserspeichergewebe in die Wurzel verlagert ist, Wurzelknollen, Wurzeldornen, Wurzelranken und Haftwurzeln bei Wurzelkletterern, letztere z. B. beim Efeu *(Hedera helix),* Stelz- und Atemwurzeln bei Sumpfpflanzen (Mangrove), grüne Assimilations- und Luftwurzeln bei Epiphyten und Kletterpflanzen u. a.

Wurzelknollen stellen Anpassungen an die geophytische Lebensweise dar. Sie kommen z. B. bei der Dahlie *(Dahlia variabilis)* vor (Abb. 8.6A). Von den äußerlich ähnlichen Sproßknollen lassen sie sich leicht durch den Besitz von Wurzelhauben, durch das Fehlen von Niederblättern sowie im anatomischen Bau unterscheiden. Sie sind Speicherorgane und dienen, gleich den Rüben, der Überwinterung.

Als **Rüben** bezeichnet man die durch sekundäres Dickenwachstum stark verdickte, fleischige Hauptwurzel allorhizer Pflanzen. Bei der Möhre, die hier als Beispiel gewählt sei (Abb. 8.4A), läßt sich sowohl auf Längs- als auch auf Querschnitten der innenliegende, in der Regel heller gefärbte Holzkörper, das „Herz", von dem umgebenden Bastmantel leicht unterscheiden. Die primäre Rinde ist im Verlaufe des sekundären Dickenwachstums verlorengegangen. Die durch den Bastmantel hindurchtretenden Xylemstränge der Seitenwurzeln lassen sich leicht verfolgen. Zwischen dem zentralen Holzkörper und dem Bastmantel befindet sich das Kambium.

Das enorme Dickenwachstum der Zucker-, Futter- und roten Rübe erfolgt mit Hilfe mehrerer Kambien, ist also anomal. Es wird durch die Tätigkeit des primären Kambiums, das wie üblich angelegt wird, eingeleitet. Dieses teilt sich jedoch nur eine begrenzte Zeit und wird durch ein zweites Kambium abgelöst, das aus dem Perikambium hervorgeht. Durch dessen Tätigkeit wird die primäre Rinde nach anfänglicher Dehnung (Dilatation) schließlich abgesprengt. Aber auch dieses Kambium stellt schließlich seine Tätigkeit ein, und

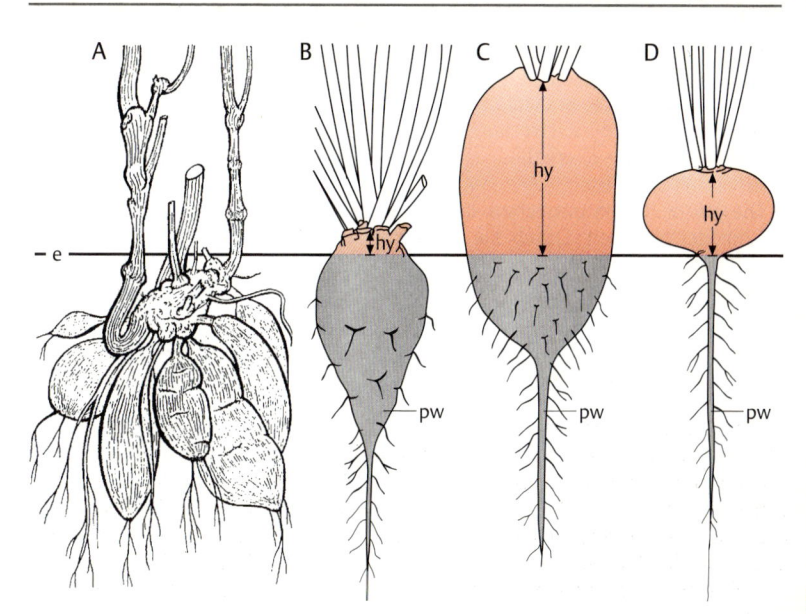

Abb. 8.6 Wurzelknollen und Rüben. **A** Sproßbürtige Wurzelknollen der Dahlie *(Dahlia variabilis)*, **B** Zucker-, **C** Futter-, **D** rote Rübe. e = Erdoberfläche, hy = Hypokotyl (hellrot), pw = Primärwurzel (grau).

an der äußeren Grenze der von ihm erzeugten sekundären Rinde entsteht ein dritter Kambiumring. Dieser Prozeß wiederholt sich mehrfach, so daß konzentrisch angeordnete Zuwachszonen entstehen, von denen jede einen Holz- und einen Bastring umfaßt. Allerdings behalten auch die Holzringe ihre fleischige Konsistenz, da sie vorwiegend aus parenchymatischen Zellen bestehen und nur wenige verholzte Elemente enthalten.

In der Regel ist am Aufbau der Rüben auch das Hypokotyl beteiligt, das unter Umständen sogar allein die „Rübe" bilden kann. Abb. 8.6 zeigt dies an einigen Beispielen. Die Zuckerrübe wird fast ausschließlich von der Wurzel gebildet (**B**), an der Futterrübe hat das Hypokotyl bereits starken Anteil (**C**), während die „rote Rübe", ungeachtet ihres Namens, gar keine Rübe mehr ist, sondern eine reine Hypokotylknolle darstellt (**D**).

Zusammenfassung

- Die Wurzeln dienen sowohl der Verankerung der Pflanzen im Boden als auch der Wasser- und Ionenaufnahme. Außerdem sind sie Syntheseort verschiedener Verbindungen, z. B. von Hormonen und allelopathisch wirksamen Substanzen. Schließlich können sie auch als Speicherorgane dienen.

- Der Wurzelscheitel ist von der Wurzelhaube (Kalyptra) umhüllt, deren Zellen verschleimen und die meristematischen Zellen vor mechanischer Beschädigung durch Bodenpartikel schützen. An die meristematische Zone schließt sich die Zellstreckungszone an, die in die Differenzierungs- oder Wurzelhaarzone übergeht.

- Die Wurzelhaare entstehen durch unipolares Spitzenwachstum aus den Rhizodermiszellen. Durch sie wird die zur Wasser- und Ionenaufnahme zur Verfügung stehende Fläche vervielfacht. Ihre Lebensdauer ist meist auf einige Tage begrenzt. Da mit den Wurzelhaaren auch die Rhizodermiszellen selbst zugrunde gehen, wird als neues Abschlußgewebe eine Exodermis gebildet, deren Zellwände verkorkt sind.

- Im Innern der Wurzel liegt der Zentralzylinder, der ein radiales Leitsystem enthält. Dieses ist von dem ein- bis mehrschichtigen Perikambium umgeben. Zwischen Rhizodermis und Zentralzylinder liegt die Wurzelrinde aus normalerweise chlorophyllfreien Parenchymzellen. Die innerste Rindenschicht ist die Endodermis. Sie kontrolliert den Durchtritt des Wassers und der darin gelösten Ionen in den Zentralzylinder.

- Die Seitenwurzeln werden im Perikambium oder, bei den Pteridophyten, in der innersten Rindenschicht angelegt, sind also endogenen Ursprungs. Bei Allorhizie entwickelt sich die Hauptwurzel stets stärker als die Seitenwurzeln, während bei Homorhizie die Primärwurzel entweder nach einiger Zeit abstirbt und durch zahlreiche sproßbürtige Wurzeln ersetzt wird oder von vornherein seitlich angelegt und durch sproßbürtige Wurzeln ergänzt wird.

- Das sekundäre Dickenwachstum erfolgt mit Hilfe eines Kambiums, das in den parenchymatischen Gewebestreifen zwischen Xylem und Phloem sowie vor den Xylemstrahlen im Perikambium angelegt wird. Der zunächst sternförmige Kambiumzylinder erzeugt nach innen Holz, nach außen Bast, wodurch er schließlich einen ringförmigen Querschnitt erhält. Die primären Holzstrahlen werden vor den Xylemstrahlen angelegt und durch die primären Baststrahlen fortgesetzt. Zusätzlich werden mit zunehmender Umfangserweiterung sekundäre Holz- und Baststrahlen gebildet. Als neues Abschlußgewebe entsteht aus dem Perikambium ein Periderm, das ständig Zellen nach außen abgibt, da die äußeren verkorkten Zellen abgesprengt werden bzw. einem mechanischen Verschleiß unterliegen.

- Wurzelmetamorphosen sind Wurzeldornen, Wurzelranken, Haftwurzeln und Wurzelknollen. Als Rüben bezeichnet man die durch sekundäres Dickenwachstum stark verdickten, fleischigen Hauptwurzeln allorhizer Pflanzen.

Wasser- und Salzhaushalt, Stofftransport

Die aktiven Lebensvorgänge haben eine ausreichende Wasserversorgung zur Voraussetzung. Dementsprechend ist der Wassergehalt der pflanzlichen Vegetationskörper verhältnismäßig hoch. Er liegt im Durchschnitt zwischen 60 und 90%, kann jedoch im Falle einiger Wasserpflanzen sogar 98% erreichen. Sinkt er unter einen bestimmten, von Fall zu Fall verschiedenen Schwellenwert (Welkungspunkt), kommt es zu Störungen oder gar irreversiblen Schädigungen. Lediglich im Zustand des latenten Lebens (Ruhe- und Dauerzustände) kann der Wassergehalt bis auf 5%, unter Umständen sogar noch weniger, absinken. Die Lebensvorgänge sind dann allerdings kaum noch nachweisbar.

Pflanzen, die im Wasser oder an sehr feuchten Standorten leben, haben in der Regel keine besonderen Schutzvorrichtungen gegen Wasserverluste. Trockenperioden können sie nur im Zustand des latenten Lebens überstehen. Im Gegensatz hierzu müssen Landpflanzen ihren Wasserzustand aktiv aufrechterhalten, da sie mit ihren oberirdischen Teilen in eine Atmosphäre vordringen, die meistens eine geringere Wasserdampfspannung, d.h. ein negativeres Wasserpotential ψ_w, aufweist. Aufgrund dieses Dampfdruckgefälles bzw. Wasserpotentialgefälles ($\Delta\psi$) wird Wasser an die Umgebung abgegeben. Daher muß die Wasserbilanz durch eine ständige Zufuhr von Wasser ausgeglichen werden. Die Wasseraufnahme erfolgt im typischen Falle durch die Wurzel, die dem Boden Wasser entzieht. Dies ist insofern möglich, als der Boden meist einen deutlich höheren Wassergehalt bzw. ein weniger negatives Wasserpotential aufweist als die Pflanze. Diese schaltet sich also in das Wasserpotentialgefälle zwischen Boden und Atmosphäre ein. Da somit die Orte der Wasseraufnahme und der Wasserabgabe bei den Landpflanzen räumlich voneinander getrennt sind, ist ein Wassertransport erforderlich, der von Zelle zu Zelle bzw. apoplasmatisch in den Zellwänden, über größere Entfernungen jedoch in den Wasserleitungsbahnen des Xylems erfolgt.

Die Aufnahme der Mineralsalze erfolgt im typischen Fall durch die Wurzel in Form von Ionen. Bei der Ionenaufnahme sind zwei Phasen zu unterscheiden:
1. der passive Einstrom in den „freien Raum" und
2. die aktive Aufnahme in den „inneren Raum" des Symplasten.

Der Ferntransport der Ionen aus der Wurzel in die Krone erfolgt in der Regel in den Wasserleitungsbahnen des Xylems, ist also mit dem Wassertransport gekoppelt. Auch für den Aufwärtstransport organischer Substanzen kann das Xylem benutzt werden. Die eigentlichen Transportwege für organische Substanzen sind jedoch die Siebröhren.

9.1 Wasserhaushalt der Zelle

Zur Beschreibung bzw. Bestimmung des Wasserzustandes einer Zelle bedient man sich des volumetrischen **Wasserpotentials** ψ_w. Dieses ist definiert als

$$\psi_w = \frac{\mu_w - \mu_w^o}{\bar{V}_w}$$

Dabei ist μ_w das (molale) chemische Potential des Wassers im betreffenden System in $J\,mol^{-1}$, μ_w^o das (molale) chemische Potential reinen Wassers unter Standardbedingungen, ebenfalls in $J\,mol^{-1}$, und $\bar{V}_w$ das partielle Molvolumen des Wassers im System in $m^3\,mol^{-1}$. Das volumetrische Wasserpotential hat also die Dimension $J\,m^{-3} = N\,m^{-2} = Pa$, d.h. die Dimension eines Druckes.

Da sich die absoluten Werte von Wasserpotentialen nicht ermitteln lassen, hat man das Wasserpotential des reinen Wassers unter Standardbedingungen willkürlich gleich Null gesetzt. In jeder wäßrigen Lösung irgendeines Stoffes ist folglich das Wasserpotential, der obigen Gleichung gemäß, kleiner als Null. Es ist leicht einzusehen, daß das Wasserpotential eines so komplexen Systems, wie es die Pflanzenzelle darstellt, durch mehrere Komponenten bestimmt wird.

Matrixpotential ψ_τ: Wie bereits in Kapitel 2 dargelegt wurde, liegen in der lebenden Zelle alle cytoplasmatischen Bestandteile, die Ladungen tragen, im hydratisierten bzw. gequollenen Zustand vor. Dies trifft auch für die Zellwand zu. In Abhängigkeit von der Menge des verfügbaren Wassers stellt sich ein bestimmter Quellungszustand ein, der durch das Quellungspotential = Matrixpotential ψ_τ beschrieben wird. Da die quellbaren Bestandteile der Pflanzenzelle praktisch nie den maximalen Quellungsgrad erreichen, ist der Wert des Matrixpotentials der Pflanzenzelle unter natürlichen Bedingungen negativ.

Osmotisches Potential ψ_π: Obwohl die Plasmamembranen nicht für alle Substanzen streng semipermeabel sind, stellt doch die ausgewachsene Pflanzenzelle, zum mindesten bei Betrachtung kürzerer Zeiträume, ein osmotisches System dar. Das osmotische Potential ψ_π (S. 54) ist aus dem oben angegebenen Grunde stets negativ, im Gegensatz zu dem potentiellen osmotischen Druck π^*, der zwar numerisch gleich ist, aber kein negatives Vorzeichen hat. Die pflanzlichen Zellwände hingegen sind normalerweise sowohl für Wasser als auch für die darin gelösten Stoffe durchlässig. Überträgt man eine entspannte Pflanzenzelle in eine Lösung, so hängt die Frage, ob Wasser in die Vakuole aufgenommen wird oder aus ihr austritt, von der Differenz der osmotischen Potentiale des Zellinhalts $\psi_{\pi i}$ und der Außenlösung $\psi_{\pi a}$ ab: $\Delta\psi_\pi = \psi_{\pi i} - \psi_{\pi a}$. In einem hypotonischen Medium, also einem wäßrigen Medium, dessen osmotisches Potential weniger negativ als das des Zellinhalts ist, strömt Wasser in die Vakuole ein. Hierdurch entsteht ein hydrostatischer Innendruck, der **Turgor P**, auch als **Druckpotential** ψ_p bezeichnet, der den Protoplasten gegen die Zellwand drückt. Diese wird so lange elastisch gedehnt, bis der sich entwickelnde Gegendruck, der **Wanddruck W**, zahlenmäßig dem Turgordruck P gleich ist. In diesem Zustand ist also $\psi_p = P = W$. Das Druckpotential ist größer als das des reinen Wassers unter Normalbedingungen (Atmosphärendruck) und erhält deshalb ein positives Vorzeichen. Die osmotische Wasseraufnahme führt zu einer Verdünnung des Zellinhalts und folglich zu einer Verminderung der Negativität des osmotischen Potentials ψ_π.

> Unter Berücksichtigung der vorgenannten Teilpotentiale läßt sich somit das Wasserpotential einer Pflanzenzelle ψ_z durch die folgende **Wasserpotentialgleichung** beschreiben:
>
> $$\psi_z = \psi_{\pi i} + \psi_\tau + \psi_p$$

Alle Größen können in Einheiten des Druckes (bar oder Pascal bzw. Megapascal) angegeben werden. Die an Pflanzenzellen gemessenen osmotischen Potentiale variieren in einem weiten Bereich. Sie unterscheiden sich jedoch nicht nur bei verschiedenen Pflanzenarten, sondern auch bei den verschiedenen Organen und Geweben einer Pflanze. Aber auch innerhalb von Organen und Geweben können sie von Zelle zu Zelle eine zu- oder abnehmende Tendenz zeigen. Schließlich können sie sich auch in Abhängigkeit vom Entwicklungszustand oder Jahresgang ändern. Für Parenchymzellen der Wurzelrinde werden Werte zwischen –1,5 und –2 MPa angegeben. In den Sprossen werden sie mit zunehmender Entfernung von der Wurzel negativer, um in den Blättern Größenordnungen zwischen –2 und –4 MPa zu erreichen. Bei Halophyten können sie weit unter –10 MPa liegen.

Beim Einbringen einer Zelle in ein Außenmedium bestimmten osmotischen Potentials stellt sich ein Gleichgewicht ein, so daß schließlich $\psi_z = \psi_{\pi a}$ ist. Ist das Außenmedium reines Wasser ($\psi_{\pi a}$ = Null), so wird der Zustand der Wassersättigung (Vollturgeszenz) erreicht, und ψ_p wird numerisch gleich $\psi_{\pi i}$. Da $\psi_{\pi i}$ einen negativen Wert hat, ergibt sich als Summe beider Werte Null. In diesem Zustand kann folglich osmotisch kein Wasser mehr aufgenommen werden. Andererseits ist die Zelle vollkommen entspannt, wenn $\psi_{\pi a} = \psi_z = \psi_{\pi i}$ ist (Zustand der Grenzplasmolyse, vgl. Abb. 9.**2**). In diesem Fall entspricht also die Wasserpotentialdifferenz dem vollen osmotischen Potential, wenn wir, wie auch bei den vorhergehenden Betrachtungen, das Matrixpotential außer acht lassen.

Gewebespannung: Zellen, die sich im Geweberverband befinden, sind den Druck- und Zugwirkungen ausgesetzt, die von den benachbarten Zellen ausgehen. In diesem Fall wird der Wanddruck durch einen zusätzlichen Außendruck (A) vermindert oder verstärkt, der der Ausdehnung der Zelle entgegenwirken oder sie als negative Spannung unterstützen kann. In diesem Falle entspricht also $\psi_p = W \pm A$. Dieser Außendruck äußert sich in der Gewebespannung, die man durch einfache Versuche demonstrieren kann.

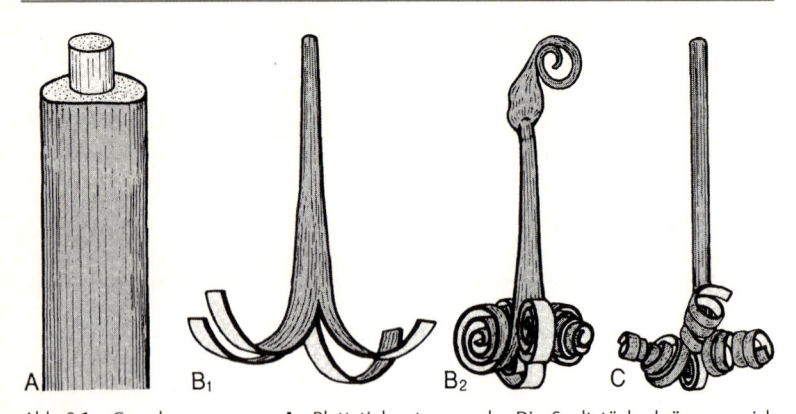

Abb. 9.1 Gewebespannung. **A** Blattstiel des Rhabarbers *(Rheum)*, dessen inneres Gewebe mit einem Korkbohrer mehrere cm tief ausgestochen wurde, nach mehrstündiger Wässerung. **B₁** Stück einer Blütenachse der Winterzwiebel *(Allium fistulosum)*, der durch Kreuzschnitte längsgespalten wurde. Die Spaltstücke krümmen sich nach außen. **B₂** wie **B₁** nach längerer Wässerung. Die Spaltstücke rollen sich spiralig ein. **C** Blütenschaft des Löwenzahns *(Taraxacum officinale)*, im Unterteil kreuzweise gespalten, nach einstündiger Wässerung (**B** nach v. Guttenberg).

Löst man bei einem Blattstiel des Rhabarbers *(Rheum)* mit Hilfe eines Korkbohrers das innere parenchymatische Gewebe vom äußeren Gewebemantel, so tritt nach längerer Wässerung das innere Gewebe ein Stück heraus (Abb. 9.1 A), da es mehr Wasser aufgenommen hat als das Festigungsgewebe enthaltende periphere Gewebe. Im unverletzten Blattstiel wird es durch das periphere Gewebe an der maximalen Ausdehnung gehindert. Spaltet man den Schaft eines Blütenstandes der Winterzwiebel *(Allium fistulosum)* oder des Löwenzahns *(Taraxacum officinale)* kreuzweise auf und überführt ihn in Wasser, rollen sich die Teilstücke nach außen auf (Abb. 9.1 B,C), da die innen liegenden Gewebe Wasser aufnehmen und sich ausdehnen, während die äußeren, Festigungselemente enthaltenden dieser Ausdehnung nicht folgen können. Die Gewebespannung kann wesentlich zur Festigung pflanzlicher Organe beitragen.

Plasmolyse (Abb. 9.2): Überträgt man eine Pflanzenzelle in eine hypertonische Lösung, deren osmotisches Potential $\psi_{\pi a}$ größer ist als das des Zellsaftes $\psi_{\pi i}$, so tritt so lange Wasser aus der Vakuole nach außen, bis $\psi_{\pi i} = \psi_{\pi a}$ ist. Die mit dem Wasseraustritt verbundene Volumenabnahme führt zunächst zu einer Entspannung der gedehnten Zellwand (**A, B**). Ist diese ganz entspannt, so löst sich der an der Vakuole adhärierende Plasmaschlauch bei deren weiterer Verkleinerung von der Zellwand ab (**B**). Diesen Vorgang bezeichnet man als Plasmolyse.

Je nach der Wandhaftung und Konsistenz des Plasmas erfolgt die Ablösung entweder glatt und unter baldiger Abrundung des Plasmaschlauches (Konvex-

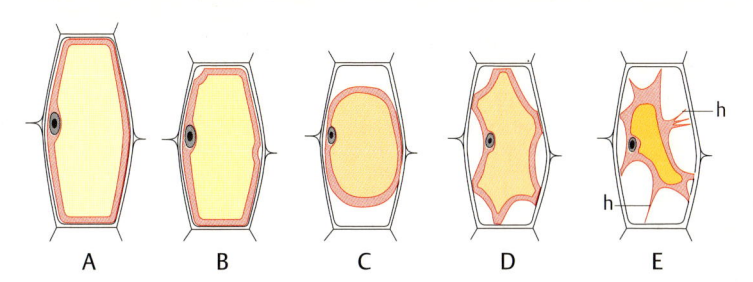

Abb. 9.2 Plasmolyseformen, schematisch. **A** Vollturgeszente Zelle, **B** entspannte Zelle im Zustand der Grenzplasmolyse, **C** Konvexplasmolyse, **D** Konkavplasmolyse, **E** Krampfplasmolyse. Zellwand schwarz, Plasmalemma und Tonoplast rot, Zellkern grau, Cytoplasma rot gerastert, Vakuoleninhalt, die zunehmende Konzentration widerspiegelnd, gelb bis orange. h = Hechtsche Fäden.

plasmolyse, **C**), oder es entstehen bei starker Wandhaftung recht bizarre Formen, die wir je nach dem Grade der Verzerrung als Konkav- (**D**) oder Krampfplasmolyse (**E**) bezeichnen. Häufig wird das Plasma dabei zu dünnen Fäden ausgezogen (Hechtsche Fäden, **E**). Den Zustand, in dem der Protoplast gerade beginnt, sich von der Zellwand abzuheben, bezeichnen wir als **Grenzplasmolyse (B)**. Da der $\psi_{\pi a}$ bekannt ist, läßt sich auf diese Weise $\psi_{\pi i}$ ermitteln, da beide in diesem Zustand gleich sind.

Die Zelle bleibt auch im plasmolysierten Zustand lebensfähig. Überführt man sie in Wasser, so strömt dieses in die Vakuole ein, wobei der Plasmaschlauch sich der Zellwand wieder anlegt. Die Zellwand wird gedehnt, bis die Zelle schließlich vollturgeszent vorliegt. Diesen Vorgang bezeichnet man als **Deplasmolyse**. Die Abtötung des Protoplasten führt zum sofortigen Verlust der selektiven Permeabilität der Plasmagrenzschichten und somit auch der Plasmolysierbarkeit, die man deshalb als Kriterium für den Lebenszustand des Protoplasten verwenden kann.

Läßt man plasmolysierte Zellen längere Zeit im Plasmolytikum liegen, so nimmt das Volumen der Vakuole allmählich wieder zu, obwohl die Konzentration der Außenlösung unverändert geblieben ist. Dieser **Plasmolyserückgang** hat seine Ursache darin, daß Ionen oder gelöste Moleküle durch den Plasmaschlauch in die Vakuole eingedrungen sind, wodurch sich die Konzentration des Zellsaftes erhöht hat. Er ist somit ein Beweis dafür, daß die Plasmagrenzschichten, über längere Zeiträume betrachtet, auch gelösten Stoffen den Durchtritt gestatten. Wie bereits erwähnt (S. 150), können sich Plasmalemma und Tonoplast hinsichtlich ihrer Durchlässigkeit für gelöste Teilchen unterscheiden.

9.2 Wasseraufnahme

Die Wasseraufnahme kann, wie das Beispiel der Wasserpflanzen zeigt, durch die gesamte Pflanzenoberfläche erfolgen. Grundsätzlich dürfte dies auch für die in den Luftraum vordringenden Teile der Landpflanzen zutreffen. Da Sproßachse und Blätter allerdings nur zeitweilig benetzt sind und die Cuticula, je nach Dicke, den Wassereintritt in die Epidermis mehr oder weniger behindert, erfolgt die Wasseraufnahme überwiegend durch die Wurzel, insbesondere durch die Wurzelhaare. Diese vergrößern die wasseraufnehmende Gesamtoberfläche, z. B. bei einer einzigen Roggenpflanze auf etwa 400 m², das ist etwa das 80fache der Oberfläche von Sproßachse und Blättern. Ausnahmen finden sich bei den Epiphyten, z. B. den Zisternenepiphyten, deren Blätter eine Zisterne bilden, in der sich das Regenwasser sammelt, das dann durch besondere Absorptionshaare aufgenommen wird. Manche niederen Pflanzen, z. B. gewisse Algen und Flechten, können bei hinreichend hoher Luftfeuchtigkeit ihren Wasserbedarf durch Absorption von Wasserdampf decken.

Im Boden liegt das Wasser in verschiedener Bindung vor. Das Grundwasser ist für viele Pflanzen nicht erreichbar, da ihr Wurzelsystem nur die oberen Bodenschichten durchzieht. Das in diesen zurückgehaltene Haftwasser liegt teils in den Hydrathüllen der Bodenkolloide gebunden vor (Quellungs- oder Schwarmwasser), teils wird es in den Kapillaren des Bodens festgehalten (Kapillarwasser). Da das Quellungswasser wegen des stark negativen Quellungspotentials ψ_τ praktisch nicht verfügbar ist, stellt das Kapillarwasser die eigentliche Wasserquelle der Pflanze dar. Dabei ist zu berücksichtigen, daß im Boden nicht reines Wasser vorliegt, sondern eine Lösung von Ionen, so daß auch das osmotische Potential ψ_π des Bodens bei der Wasseraufnahme von der Pflanze überwunden werden muß. Meist liegt dieses allerdings nur in der Größenordnung von $-0{,}5$ MPa, doch kann es in Extremfällen (Wüsten, Salzsteppen) weit negativere Werte erreichen. Auf solchen Böden können nur wenige Spezialisten gedeihen, z. B. die bereits erwähnten Halophyten (S. 4).

Die Wurzelhaare drängen sich zwischen den Bodenpartikeln und den Gasblasen, deren Zusammensetzung sich infolge der Tätigkeit der Bodenmikroorganismen von der der Luft meist unterscheidet, hindurch (Abb. 9.3) und kommen so mit dem Kapillarwasser in Berührung. Eine Wasseraufnahme ist jedoch nur möglich, wenn das Wasserpotential ψ des Bodens weniger negativ ist als das der Wurzel, also ein entsprechendes Wasserpotentialgefälle $\Delta\psi$ besteht. Dabei tritt das Wasser zunächst in die intermicellären und interfibrillären Räume der Zellwand ein, die stärker quillt. Das hierdurch zwischen Zellwand und Cytoplasma entstehende Ungleichgewicht im Quellungszustand wird ausgeglichen, indem auch das Cytoplasma stärker quillt und damit der Zellwand wieder Wasser entzieht. Infolge des zwischen dem Leitsystem der Wurzel und der Rhizodermis bestehenden Wasserpotentialgefälles wird die angrenzende Zelle des Rindengewebes der Rhizodermiszelle Wasser entziehen usw., so daß ein symplasmatischer Wassertransport von der Rhizodermis bis

9.2 Wasseraufnahme

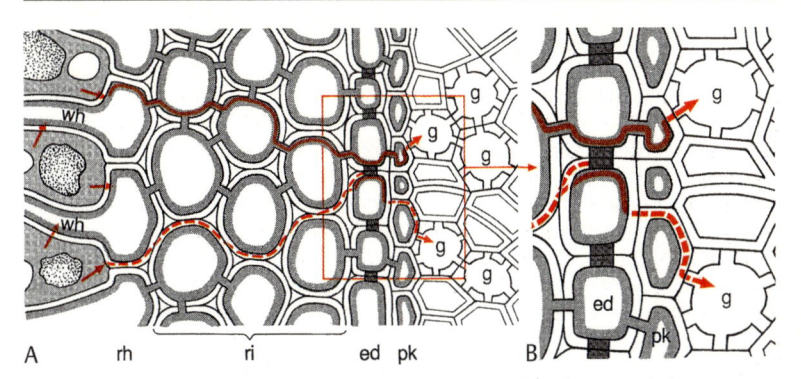

Abb. 9.3 A Wasseraufnahme durch die Wurzel, schematisch. Wurzelhaare zwischen Bodenpartikeln und Gasblasen (weiß). Die Zwischenräume sind von Wasser erfüllt. Die durchgezogene rote Linie zeigt die Richtung des symplasmatischen Wassertransportes durch die Zellen, die gestrichelte rote Linie den apoplasmatischen Wassertransport durch die kapillaren Räume der Zellwände. **B** Ausschnitt. ed = Endodermis, g = Gefäße, pk = Perikambium, rh = Rhizodermis, ri = Rindenzellen, wh = Wurzelhaare.

zur Endodermis resultiert (Abb. 9.3). Außerdem kann der Wassertransport auch auf apoplasmatischem Wege in den intermicellären und interfibrillären Räumen der Zellwände erfolgen. Allerdings kommt diesem Weg nach den Ergebnissen kernmagnetischer Resonanzstudien keine so große Bedeutung zu, wie ursprünglich angenommen wurde. Wie groß sein Anteil auch sein mag, auf jeden Fall wird dem apoplasmatischen Transport an der Endodermis durch die Casparyschen Streifen, die die Zellwandkapillaren verstopfen, Einhalt geboten, so daß spätestens hier der Übergang in den Symplasten erfolgen muß.

Auf welche Weise an der Endodermis der Übertritt des Wassers aus der Rinde in den Zentralzylinder bewerkstelligt wird, ist noch nicht geklärt. Es erscheint grundsätzlich möglich, daß auch hierfür das oben erwähnte, von außen nach innen gerichtete Wasserpotentialgefälle verantwortlich ist. In diesem Falle wäre der Durchtritt durch die Endodermis einer Druckfiltration vergleichbar. Mit Sicherheit sind aber aktive, d. h. energieverbrauchende Kräfte wirksam, die sich als **Wurzeldruck** nachweisen lassen. Dekapitiert man nämlich eine Pflanze, deren Wurzeln man ausreichend mit Wasser versorgt, und setzt dem Stumpf ein Manometer auf, so kann man den Wurzeldruck direkt am Anstieg der Quecksilbersäule ablesen. Er liegt meist unter 0,1 MPa, kann bei manchen Arten jedoch bis zu 0,6 MPa erreichen. Auch das „Bluten" mancher Bäume nach Verletzung ist auf aktive Kräfte zurückzuführen (Blutungsdruck). Offenbar kommt die Beladung des Xylems und somit der Wurzeldruck dadurch zustande, daß die Transferzellen des Xylemparenchyms (S. 276) osmotisch wirksame Substanzen, insbesondere anorganische Ionen, wahrscheinlich vermittels eines sekundär aktiven Transportes in die leitenden

Elemente des Xylems transportieren, so daß ein osmotisches Potential entsteht. Infolgedessen strömt Wasser in die Leitungsbahnen ein, wodurch sich ein hydrostatischer Druck, eben der Wurzeldruck, aufbaut. Grundsätzlich könnte allerdings der Eintritt von Ionen in die Gefäße auch passiv einem elektrochemischen Potentialgradienten folgen.

Haben die Wasserreserven des Bodens stark abgenommen, so daß die Wurzeln den Kontakt mit dem Kapillarwasser verlieren, sind sie in der Lage, der sich zurückziehenden Wasserfront durch Wachstum zu folgen. Die Orientierung der Wurzel beim Längenwachstum erfolgt sowohl hydro- als auch gravitropisch (S. 587, 579). Dabei ist die Wurzelhaube der sensorische Perzeptionsort, obwohl die Wurzelspitze nur in geringem Umfang an der Wasseraufnahme beteiligt ist. Abschließend sei noch bemerkt, daß auch die Durchlaßzellen der Exodermis an der Wasseraufnahme beteiligt sind.

9.3 Wasserabgabe

Die Wasserabgabe oberirdischer Pflanzenteile in Form von Wasserdampf bezeichnet man als **Transpiration**. Sie ist die zwangsläufige Folge des Wasserpotentialgefälles ψ_w zwischen den Pflanzen und der sie umgebenden Atmosphäre, also eine physikalische Notwendigkeit. Da die Cuticula nicht völlig wasserundurchlässig ist, wird Wasserdampf grundsätzlich durch die gesamte Oberfläche abgegeben (cuticuläre Transpiration, Abb. 9.4). Diese ist nicht aktiv regulierbar, im Gegensatz zu der stomatären Transpiration, die durch die Spaltöffnungen erfolgt. Da deren Hauptaufgabe die Regulation des Gasaustausches ist, ist die stomatäre Transpiration ein notwendiges Übel, stellt der Ausgleich der auf diese Weise entstehenden Wasserverluste die Pflanzen bisweilen doch vor erhebliche Probleme. In der Regel werden diese Verluste durch den Transpirationsstrom ausgeglichen, der auch für den Langstreckentransport gelöster Substanzen, insbesondere anorganischer Ionen, genutzt wird. Zwangsläufig wird durch die Transpiration auch Wärme abgeführt, so daß bei starker Bestrahlung die Temperatur der Blätter um 10–15 °C unter die Außentemperatur abgesenkt werden kann. Bei hoher Wasserdampfspannung der Außenluft kann Wasser auch in Tropfenform abgegeben werden, was man als **Guttation** bezeichnet.

Cuticuläre Transpiration: Trotz der hydrophoben Eigenschaften der Cuticula geben die Epidermisaußenwände bei Vorliegen einer entsprechenden Wasserpotentialdifferenz Wasserdampf nach außen ab. Sie werden somit entquollen und ergänzen ihren Wasserverlust dadurch, daß sie das Wasser entweder apoplasmatisch durch die interfibrillären Räume der antiklinen Wände der Epidermiszellen und der anschließenden Mesophyllzellen nachsaugen oder aber der Zelle selbst entziehen, wodurch das Wasserpotential der Epidermiszellen negativer wird. Infolgedessen entziehen sie den benachbarten Zellen

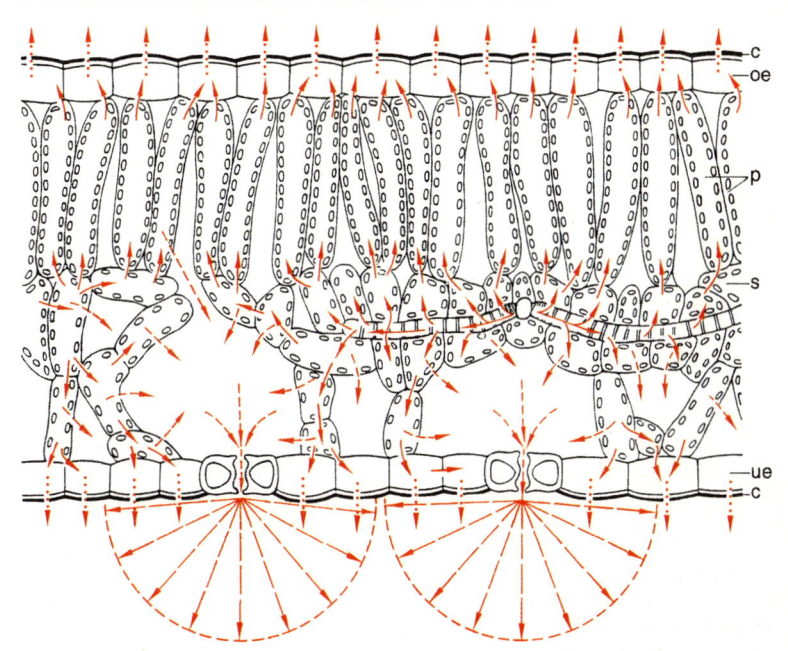

Abb. 9.4 Transpiration eines Laubblattes, schematisch. In der Mitte des Blattquerschnittes zwei blind endende Gefäße. Die ausgezogenen roten Pfeile geben die Richtung der Wasserzufuhr an, die unterbrochenen Pfeile den Weg des abgegebenen Wassers. Dabei ist die stomatäre Transpiration durch gestrichelte, die cuticuläre durch punktierte Pfeile angedeutet. Der apoplasmatische Wassertransport in den Zellwänden ist nicht besonders gekennzeichnet. Über den Spaltöffnungen sind die Wasserdampfkuppen dargestellt. c = Cuticula, oe = obere Epidermis, p = Palisadenparenchym, s = Schwammparenchym, ue = untere Epidermis.

Wasser, woraufhin sich in diesen der gleiche Vorgang wiederholt, so daß ein symplasmatischer Wassertransport resultiert.

Da die cuticuläre Transpiration durch die Pflanze nicht reguliert werden kann, wird ihr Ausmaß im wesentlichen durch die Wasserpotentialdifferenz zwischen Pflanze und Umgebung bestimmt. Schon bei normalen, d. h. nicht durch besondere transpirationshemmende Auflagerungen oder Anhangsgebilde geschützten Laubblättern liegt sie unter 10 % der Evaporation, d. h. der Wasserdampfabgabe einer freien Wasseroberfläche. Bei Xerophyten kann sie durch Verstärkung der Cuticula bzw. Cuticularschichten, durch epicuticuläre Wachsauflagerungen sowie bei sekundären Abschlußgeweben durch zunehmende Verkorkung so stark herabgesetzt werden, daß sie unter 0,1 % der Evaporation liegt. Eine Verminderung der cuticulären Transpiration wird auch durch Bedecken der Epidermis mit einem dichten Filz aus abgestorbenen

Haaren erreicht, der die Geschwindigkeit der darüberstreichenden Luft herabsetzt und somit ein schnelles Abfließen des abgegebenen Wasserdampfes verhindert. Auf diese Weise wird eine Grenzschicht höherer Wasserdampfspannung zwischen Epidermis und Umgebung geschaffen. Außerdem wird durch die Reflexion des Sonnenlichtes die Erwärmung des Blattes herabgesetzt, was ebenfalls eine Verminderung der Transpiration zur Folge hat. Verglichen mit der stomatären Transpiration ist der Anteil der cuticulären Transpiration an der Gesamttranspiration mit 5–10% gering.

Stomatäre Transpiration: Sie erfolgt, wie der Name sagt, über die Spaltöffnungen (Stomata), ist also über den bereits besprochenen Mechanismus der Schließzellen regulierbar. Bei voll geöffneten Spalten erreicht sie meist Werte von über 90% der Gesamttranspiration. Die Öffnungsweite ist von Außenfaktoren abhängig, insbesondere von Licht, Luftfeuchtigkeit, CO_2-Spannung und Temperatur (S. 549ff.).

Die Transpiration zeigt daher im typischen Falle den in Abb. 9.5 dargestellten Tagesgang, d.h. sie steigt im Laufe des Vormittags mit zunehmender Temperatur und Bestrahlungsstärke und dem damit steiler werdenden Diffusionsgradienten für die Wasserdampfmoleküle an, erreicht um die Mittagszeit ein Maximum und sinkt dann, der Änderung der vorgenannten Parameter

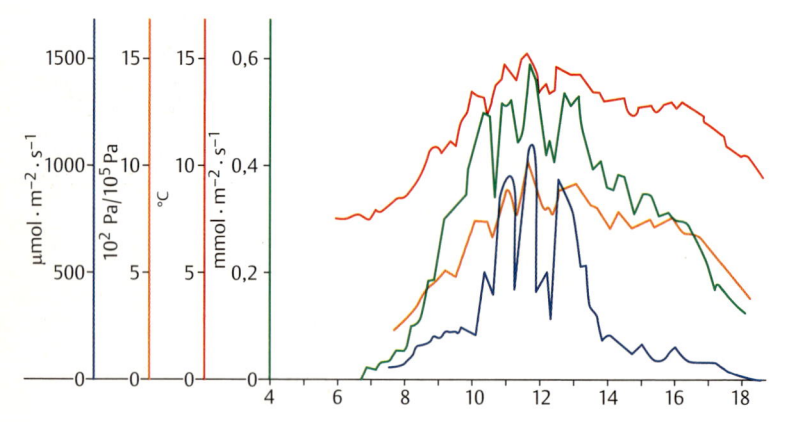

Abb. 9.5 Tagesgang der Transpiration eines Zweiges der Lärche *(Larix decidua)*, mit sommerlich grünen Nadeln, gemessen am 1.10.1980 bei Bayreuth in 450 m Höhe. Transpiration in mmol m^{-2}s^{-1} (grüne Linie), Nadel-Temperatur in °C (rote Linie), Δ_w Differenz des Molenbruches von Wasserdampf zwischen Nadel und Umgebungsluft in 10^2 Pa/10^5 Pa (orange Linie) und Photonenflußrate in µmol m^{-2} s^{-1} (blaue Linie). Die Molenbruchdifferenz repräsentiert den Diffusionsgradienten für die Wasserdampfmoleküle zwischen den Interzellularen der Nadeln und der Umgebungsluft. Je größer Δ_w, um so steiler ist der Gradient, d.h. um so trockener ist die Luft relativ zum Blatt. Δ_w ist ein Maß für die in der Transpiration wirksam werdende Luftfeuchte (aus Benecke, U., E.-D. Schulze, R. Matyssek, W. M. Havranek: Oecologia [Berl.], 50: 54–61, 1981).

entsprechend, bis zum Abend hin wieder ab. An heißen, trockenen Tagen, wenn die abgegebenen Wasserdampfmengen sehr hoch sind, können sich die Spaltöffnungen um die Mittagszeit sogar vorübergehend schließen.

Die Anzahl der Spaltöffnungen kann, je nach Art, zwischen 100 und 1000/mm^2 Blattfläche betragen. Bei normaler Öffnungsweite beträgt das Porenareal, d. h. die unbedeckte Fläche, nur etwa 1–2% der Blattoberfläche. Dennoch erreicht die Transpiration beträchtliche Werte, maximal 70% der Evaporation. Infolge des sogenannten Randeffektes wird nämlich das Diffusionsfeld jeder Spaltöffnung erheblich vergrößert (Wasserdampfkuppe, Abb. 9.4), so daß ihr Spalt in der Zeiteinheit von ungleich mehr Wasserdampfmolekülen passiert wird als ein entsprechend großer Abschnitt einer freien Wasseroberfläche.

Die Messung der durch Transpiration abgegebenen Wassermenge kann bei kleineren Pflanzen einfach mit der Transpirationswaage erfolgen. Will man gleichzeitig die Wasseraufnahme bestimmen, bedient man sich eines Potometers (Abb. 9.6A), an dessen geeichter Kapillare man den Wasserverbrauch ablesen kann. Da die Größe der Gesamttranspiration sowohl von der Oberfläche einer Pflanze als auch von Außenfaktoren, insbesondere von der Was-

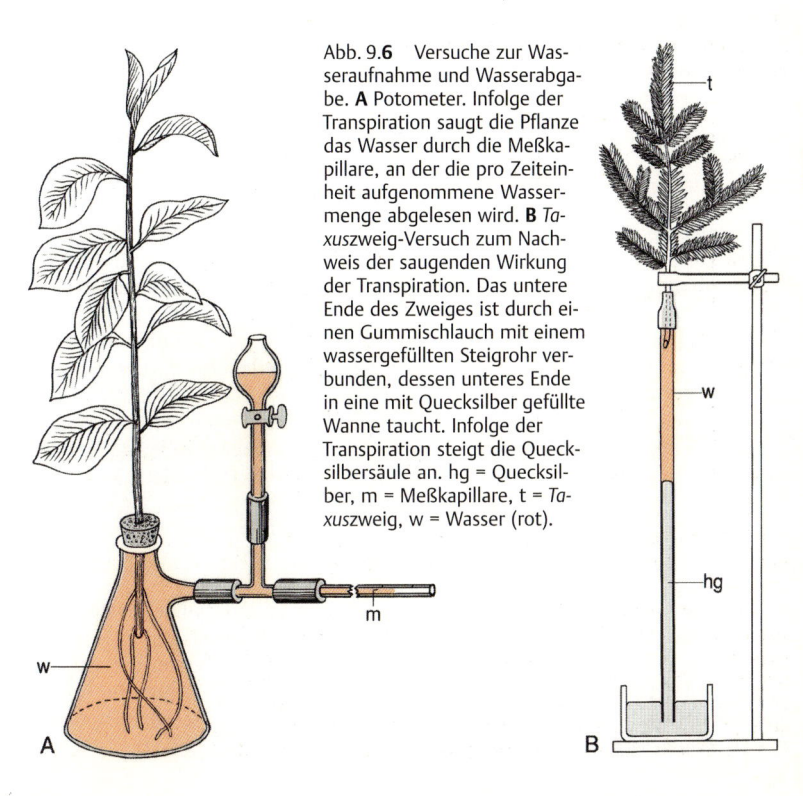

Abb. 9.6 Versuche zur Wasseraufnahme und Wasserabgabe. **A** Potometer. Infolge der Transpiration saugt die Pflanze das Wasser durch die Meßkapillare, an der die pro Zeiteinheit aufgenommene Wassermenge abgelesen wird. **B** *Taxus*zweig-Versuch zum Nachweis der saugenden Wirkung der Transpiration. Das untere Ende des Zweiges ist durch einen Gummischlauch mit einem wassergefüllten Steigrohr verbunden, dessen unteres Ende in eine mit Quecksilber gefüllte Wanne taucht. Infolge der Transpiration steigt die Quecksilbersäule an. hg = Quecksilber, m = Meßkapillare, t = *Taxus*zweig, w = Wasser (rot).

serpotentialdifferenz, abhängt, können keine allgemeinen Angaben gemacht werden. Vielmehr muß die Transpirationsleistung von Fall zu Fall bestimmt werden. So wird z. B. von einer ausgewachsenen Sonnenblume an einem trockenen, warmen Tag bei ausreichender Wasserversorgung etwa ein Litter Wasser abgegeben, von Laubbäumen, je nach Art und Größe, bis zu mehreren hundert Litern.

Guttation: Neben der Abgabe von Wasserdampf kommt auch eine Abgabe tropfbaren Wassers vor, die man als Guttation bezeichnet. So kann man z. B. an den Blattspitzen von Gräsern oder an den Spitzen gezähnter Blätter nach feuchtwarmen Nächten Tropfen beobachten, die das Ergebnis einer Guttation und nicht etwa Tautropfen sind. Auch bei Pilzen ist die Abscheidung von Wasser in Tropfenform oft zu beobachten. Während hier jedoch noch alle Zellen des Mycels zur Guttation befähigt sind, erfolgt sie bei den höheren Pflanzen durch die **Hydathoden.** Bei den passiven Hydathoden ist die Guttation die Folge des Wurzeldruckes. Da über Nacht unter den oben angegebenen Bedingungen das Wasserpotential der Atmosphäre weniger negativ wird, nimmt die Transpiration stark ab, so daß im Xylem gewissermaßen ein Überdruck entsteht, der durch die Guttation ausgeglichen wird. Bei den aktiven Hydathoden liegen Wasserdrüsen vor, die das Wasser aktiv ausscheiden, also vom Wurzeldruck unabhängig sind.

9.4 Leitung des Wassers

Der Ferntransport des Wassers von der Wurzel zur Krone erfolgt ausschließlich in den Leitungsbahnen des Xylems: den Gefäßen und den Tracheiden. Wie bereits erwähnt, sind diese abgestorben, enthalten also keinerlei cytoplasmatische Reste, die den Leitungswiderstand erhöhen würden. Durch Einbettung der Leitungsbahnen in das Xylemparenchym werden Embolien, d. h. das Eindringen von Luft, weitgehend vermieden. Das ist unerläßlich, da der akropetale Wassertransport ein Kontinuum von Wassersäulen in den Leitungsbahnen erfordert, die unter einer starken Spannung stehen und beim Eindringen von Luft abreißen würden, was allerdings dennoch nicht immer vermieden werden kann. Genau genommen wird allerdings nicht Wasser transportiert. Vielmehr ist der Xylemsaft eine stark verdünnte Lösung von anorganischen Ionen, Aminosäuren, organischen Säuren, Zuckern, Phytohormonen und anderen Substanzen.

Daß der Wassertransport im Xylem erfolgt, läßt sich durch einfache Versuche demonstrieren. Entfernt man am unteren Ende eines Zweiges die Rinde und läßt nur den Holzkörper in das Wasser eintauchen, so bleiben die Blätter turgeszent. Entfernt man dagegen den Holzkörper und läßt nur die Rinde eintauchen, welkt das Laub schon nach kurzer Zeit. In einer Achse aufsteigende Farblösungen färben nur den Holzteil an.

Zur Messung der Geschwindigkeit des Wassertransportes bedient man sich meist thermoelektrischer Methoden. Durch einen Heizdraht wird das im Xylem aufsteigende Wasser kurzfristig erwärmt. Mit einem in einer bestimmten Entfernung oberhalb des Heizdrahtes montierten Thermoelement wird die Zeit bis zum Eintreffen des erwärmten Wassers gemessen. Es wird also nur indirekt die Geschwindigkeit einer Wärmewolke gemessen, weshalb die tatsächliche Geschwindigkeit des Xylemsaftes, die wahrscheinlich auch nicht in allen Gefäßen gleich ist, durchaus etwas von den gemessenen Werten abweichen kann. Dessen ungeachtet erlaubt die Methode interessante Vergleiche. Die ermittelten Werte variieren zwischen 1 m/h (Nadelhölzer) und über 100 m/h (Lianen). Bei den Laubbäumen sind die für ringporige Hölzer ermittelten Werte bis zu 10fach höher (maximale 44 m/h) als die bei zerstreutporigen Hölzern gemessenen (1–6 m/h). Die hohen Leitgeschwindigkeiten der Lianen erklären sich durch die weiten Lumina und die große Länge ihrer Gefäße.

Der akropetale Transport des Xylemsaftes verläuft über weite Strecken der Schwerkraft entgegen, wobei zusätzlich Reibungswiderstände überwunden werden müssen. Theoretisch müßten daher aus physikalischen Gründen die in den Gefäßen aufsteigenden Wasserfäden bei Atmosphärendruck von 0,1 MPa oberhalb 10 m abreißen. Zahlreiche Bäume sind jedoch wesentlich höher. So werden die Küstenmammutbäume *(Sequoia sempervirens)* über 100 m hoch und die Douglasien *(Pseudotsuga menziesii)* erreichen sogar eine Höhe von 120 m. Bezüglich der Mechanik des Wassertransportes ergeben sich daher erhebliche Probleme, die kontrovers diskutiert werden.

Nach der sogenannten **Kohäsionstheorie des Wassertransportes** wird das Aufsteigen des Wassers in den Gefäßen und Tracheiden durch die saugende Wirkung der Transpiration verursacht, wobei das Abreißen der Wasserfäden in größeren Höhen durch die starken Kohäsionskräfte zwischen den Wassermolekülen sowie durch die Adhäsion des Wassers an den Gefäßwänden verhindert werden soll. Die durch die Transpiration bedingte Verminderung des Wasserpotentials der Epidermis führt, wie bereits besprochen (S. 290f.), zu einer Ergänzung des Wasserverlustes durch Nachsaugen, das sich bis zu den Leitungsbahnen fortsetzt und so die Wasserfäden in den Gefäßen nach oben zieht. Daß dies grundsätzlich möglich ist, zeigt folgendes Experiment. Eine Säule aus reinem, entlüftetem Wasser, die sich in einem glatten Glasrohr befand, mußte einem Unterdruck von –30 MPa ausgesetzt werden, ehe sie zerriß. Die in den wasserleitenden Systemen der Pflanzen auftretenden Zugspannungen sind ungleich geringer. Von den oben genannten Ausnahmen abgesehen, überschreiten sie selten –4 MPa. Dennoch treten Embolien durch Bildung von Gasblasen (Wasserdampf oder Luft) auf, die durch Abreißen der Wassersäule zur Bildung von Hohlräumen (Cavitationen) führen. Grundsätzlich ist dies ein schädlicher Vorgang, da hierdurch ein wasserleitendes Element blockiert wird. Da jedoch das Wasser auch in tangentialer Richtung durch die Tüpfel transportiert wird, können solche Blockaden im allgemeinen umgangen werden. Cavitationen sind nur unter bestimmten Bedingungen reparabel, doch ist der Mechanismus noch unklar. Bei starken Regenfällen und unter nahezu transpirationslosen Bedingungen kann der Wurzeldruck das Wasser nach oben drücken und die Gefäße wieder füllen. Durch Frost verursachte Embolien sind in der Regel irreparabel. Der Ausfall wird zu Beginn der folgenden Vegetationsperiode durch Bildung neuer Leitungselemente ausgeglichen. So verlieren ringporige Bäume durch Winterfrost-Embolien bis zu über 90% ihrer Wasserleitfähigkeit, so daß im Frühjahr zunächst neue Gefäße gebildet werden müssen, ehe der Austrieb beginnen kann, der daher erheblich später erfolgt als bei den zerstreutporigen Bäumen.

Die saugende Wirkung der Transpiration läßt sich durch folgenden Versuch demonstrieren: Verbindet man einen Zweig, etwa der Eibe *(Taxus baccata)*, luftblasenfrei mit einem wassergefüllten Steigrohr (Abb. 9.**6B**), dessen unteres Ende in eine mit Quecksilber gefüllte Wanne taucht, so steigt das Quecksilber infolge des Transpirationssogs im Steigrohr auf, in der Regel allerdings nicht höher als 760 mm, entsprechend einer Wassersäule von etwa 10 m.

Obwohl das Zusammenwirken der saugenden Wirkung der Transpiration und der Kohäsionskräfte zwischen den Wassermolekülen das Zustandekommen des Transpirationsstromes plausibel erscheinen lassen, sind doch in neuerer Zeit in zunehmendem Maße Zweifel an der Gültigkeit der Kohäsionstheorie geäußert worden. So lagen die mit einer Drucksonde direkt gemessenen Drücke in den Xylemgefäßen meist nur bei − 0,2 MPa. Der Kardinalfehler bei der Diskussion der Kohäsionstheorie liegt zweifellos darin, daß der Wassertransport durch das Xylem dem Transpirationsstrom gleichgesetzt wird. Dabei wird übersehen, daß beim Wachstum der oberirdischen Organe die Zellen, insbesondere in der Phase des Streckungs- und Weitenwachstums (S. 149 ff., 510), in erheblichem Umfang Wasser aufnehmen, das als „Wachstumswasser" bezeichnet wird. Dessen Anteil am Wassertransport wird bei krautigen, wachsenden Pflanzen mit 10–20% veranschlagt. Da das Wachstumswasser in der Pflanze verbleibt, durch den Transpirationssog aber nur so viel Wasser nachgesaugt werden kann, wie abgegeben wird, kann die Transpiration nicht die einzige treibende Kraft des Wassertransportes im Xylem sein. Hinzu kommt, daß in den Siebröhren der Transport des Saftes auch abwärts (S. 301) erfolgt. Daher müssen für den Rücktransport des als Lösungsmittel benutzten Wassers ebenfalls Leitungsbahnen des Xylems benutzt werden. Auch dieser Transport steht in keiner Beziehung zur Transpiration. Aus all diesen Gründen liegt der Schluß nahe, daß der Langstreckentransport des Wassers in den Pflanzen durch eine Kombination verschiedener Kräfte bewerkstelligt wird. Nach einer neueren Hypothese spielt der Transpirationssog eine wesentlich geringere Rolle, als bisher angenommen wurde. Zusätzlich sollen osmotische Komponenten entlang eines vertikal kompartimentierten Xylems, Kapillarkräfte sowie Kräfte an den Grenzflächen Luft-Wasser bei stationären Luftblasen wirksam sein.

Auch bei blattwerfenden Laubbäumen reicht die Annahme des Transpirationsstromes als alleinige Ursache des Wassertransportes nicht aus, ist doch im Frühjahr vor dem Austreiben der Blätter der Transpirationssog praktisch Null. Hier kommt der Wurzeldruck ins Spiel, der ja bis zu 0,6 MPa erreichen und somit die Wassersäule deutlich über 10 m treiben kann. Nach Fertigstellung der Blattkrone ist sein Anteil an der Gesamttransportleistung allerdings verhältnismäßig gering, würde aber für den Transport des Wachstumswassers und den Rücktransport des Siebröhrenwassers ausreichen. Dies erklärt möglicherweise die Tatsache, daß Laubbäume im allgemeinen nicht annähernd die Höhe der vorgenannten Nadelbäume erreichen.

Interessanterweise findet sich ein Langstreckentransport von Wasser auch bei höheren Pflanzen, die submers im Wasser leben. Er steht hier allerdings im Dienste des Stofftransportes. Da eine Transpiration in diesen Fällen unmöglich ist, erfolgt die Wasserabgabe durch Guttation. Die Geschwindigkeit des Wassertransportes liegt zwischen 20 und 80 cm/h. Durch Abkühlung der Wurzeln wird der Transport unterbunden, durch Temperaturerhöhung verstärkt, was darauf schließen läßt, daß aktive Vorgänge beteiligt sind.

9.5 Aufnahme der Mineralsalze

Auch zur Aufnahme der Mineralsalze ist grundsätzlich die gesamte Oberfläche der Pflanze befähigt, wovon man bei der Blattdüngung praktischen Gebrauch macht. Sehen wir von den Wasserpflanzen ab, so kommt normalerweise jedoch nur die Wurzel ständig mit den Mineralsalzen des Bodens in Berührung. Deshalb haben wir sie als das eigentliche Organ der Salzaufnahme anzusehen. Grundsätzlich können Salze nur in Form von Ionen aufgenommen werden, müssen also gelöst vorliegen.

Der elementaren Zusammensetzung des Pflanzenkörpers (S. 4) entsprechend, werden folgende Ionen benötigt: die Kationen $K^{\oplus}$, $Ca^{2\oplus}$, $Mg^{2\oplus}$ und $Fe^{2\oplus}$ (oder $Fe^{3\oplus}$) sowie die Anionen $NO_3^{\ominus}$, $SO_4^{2\ominus}$ und $PO_4^{3\ominus}$. Alle genannten Ionen sind in der Knopschen Nährlösung enthalten, die folgende Zusammensetzung hat: 1 g $Ca(NO_3)_2$, 0,25 g $MgSO_4 \cdot 7\ H_2O$, 0,25 g KH_2PO_4, 0,25 g KNO_3 und in Spuren $FeSO_4$ in 1000 ml Wasser. Zieht man höhere Pflanzen in Wasserkulturgefäßen, die mit dieser Nährlösung beschickt sind, so zeigen sie eine normale Entwicklung. Läßt man jedoch eines der genannten Ionen fort oder ersetzt es durch ein anderes (z.B. $K^{\oplus}$ durch $Na^{\oplus}$), so kommt es sehr bald zu Ausfalls- und Mangelerscheinungen, die die Notwendigkeit der genannten Ionen demonstrieren.

Der Haushalt von Stickstoff, Schwefel und Phosphor wird in Kapitel 12 ausführlich behandelt. Kalium, Magnesium und Calcium sind wichtige Cofaktoren bei Enzymreaktionen. $K^{\oplus}$-Ionen spielen eine Rolle bei Turgorbewegungen, z.B. bei den Spaltöffnungen und Blattgelenken. Magnesium ist Bestandteil der Chlorophylle sowie des Protopektins. Letztere Funktion hat es mit dem Calcium gemeinsam, das darüber hinaus auch als Antagonist des Kaliums von Bedeutung ist (Ionenantagonismus). Eisen ist Bestandteil der Häm-Verbindungen, z.B. der Cytochrome, aber auch der nicht-Häm-eisenhaltigen Proteine, z.B. des Ferredoxins.

Verwendet man in derartigen Versuchen hochgereinigte Chemikalien sowie Gefäße, die nicht aus Glas, sondern aus bestimmten Kunststoffen bestehen, die im Gegensatz zum Glas keine Ionen an die Nährlösungen abgeben, so treten auch bei Verwendung der Knopschen Nährlösung Mangelerscheinungen auf, die bei Zusatz von Mikroelementen (Spurenelementen) wieder verschwinden. So verursacht z. B. Bormangel die Herzfäule der Rüben, Kupfermangel die Urbarmachungskrankheit des Getreides und Manganmangel die Dörrfleckenkrankheit des Hafers. Während die physiologischen Ursachen des Bormangels noch weitgehend unklar sind, wissen wir über die Rolle der anderen Spurenelemente im Stoffwechsel besser Bescheid. Chlor- und Manganionen spielen eine Rolle bei der Sauerstoffentwicklung in der Photosynthese, außerdem als Cofaktoren vieler Enzyme. Kupfer ist in einigen Oxidasen enthalten, Molybdän in den Molybdoflavoproteinen. Zink ist Bestandteil zahlreicher Enzyme, z. B. der Alkohol-Dehydrogenasen, aber auch Cofaktor von Enzymen. Schließlich gibt es auch Spurenelemente, die nur von ganz bestimmten Pflanzen benötigt werden, doch ist ihre biochemische Funktion in den meisten Fällen noch nicht klar.

Von den im Boden vorhandenen Ionen sind nur etwa 2 % für die Pflanze verfügbar. Die übrigen liegen in Form schwerlöslicher Salze vor oder sind fest an andere Bodenbestandteile gebunden. Von den verfügbaren Ionen wiederum liegen weniger als 10 % in der Bodenlösung frei vor. Der überwiegende Anteil ist oberflächlich an die Bodenkolloide adsorbiert. Hierdurch wird einerseits ihre Auswaschung verhindert, andererseits aber auch vermieden, daß die der Pflanzenwurzel angebotenen Ionen toxische Konzentrationen erreichen (Pufferung). Selbst Ionen, die für die Pflanze lebensnotwendig sind, können giftig wirken, wenn sie allein geboten werden. Es ist deshalb wichtig, daß die Ionen in einem ausbalancierten Verhältnis vorliegen. Von besonderer Bedeutung ist dabei das Verhältnis von freien zu gebundenen $H^{\oplus}$-Ionen. Durch eine zu hohe Acidität wird nämlich das Bindungsvermögen der Bodenkolloide für Kationen stark herabgesetzt, so daß diese freigesetzt und damit leichter ausgewaschen werden. Außerdem können die meist als schwerlösliche Salze vorliegenden Schwermetallionen vermehrt in Lösung gehen und toxische Konzentrationen erreichen. Infolgedessen ist der pH-Wert des Bodens von ausschlaggebender Bedeutung für die Ionenaufnahme. Hinsichtlich der Lage des pH-Optimums zeigen die einzelnen Pflanzenarten allerdings erhebliche Unterschiede. So gedeiht z. B. Hafer am besten bei einem Bodensäuregrad von 5, ist also acidophil, während der optimale pH-Wert der basophilen Gerste bei etwa 8 liegt. Die Kartoffel wiederum ist innerhalb gewisser Grenzen pH-indifferent und gedeiht im gesamten Bereich von pH 5–8 gut.

Eine Möglichkeit der Entgiftung von Schwermetallen ist die Bildung von Komplexen mit schwermetallbindenden Substanzen. Zwei Gruppen sind bekannt: die Metallothioneine und die Phytochelatine (S. 538). Bei Bedarf können diese Komplexe die gebundenen Ionen wieder freisetzen.

Die Pflanze ist jedoch nicht ausschließlich auf freie Ionen angewiesen. Sie kann die verfügbare Ionenmenge durch **Austauschadsorption** beträchtlich vergrößern. Kationen werden gegen $H^{\oplus}$-Ionen, Anionen gegen $HCO_3^{\ominus}$-Ionen ausgetauscht. Außerdem können die Wurzeln organische Säuren, Aminosäuren, Zucker u. a. Substanzen ausscheiden und hierdurch schwerer lösliche Mineralien zugänglich machen sowie in ihrer Umgebung (Rhizosphäre) ein Milieu schaffen, in dem sich Mikroorganismen ansiedeln, die ihrerseits wieder Bodenmineralien verfügbar machen können. Wurzel und Bodenkolloide sind also zwei ionenadsorbierende Systeme, die miteinander um die Ionen konkurrieren.

Unsere Vorstellungen vom Mechanismus der Ionenaufnahme befinden sich noch überwiegend im Stadium der Hypothese. Sicherlich ist sie nicht ein einfacher Diffusionsvorgang. Hiergegen spricht einerseits das Selektionsvermögen der Pflanzen für bestimmte Ionen, andererseits die Tatsache, daß die Ionenaufnahme auch gegen das Konzentrationsgefälle erfolgen kann. Das schließt natürlich eine Beteiligung von Diffusionsvorgängen an der Ionenaufnahme nicht aus. Nach dem gegenwärtigen Stand unseres Wissens müssen wir bei der Ionenaufnahme eine passive Anfangsphase von der eigentlichen aktiven Aufnahme unterscheiden. Die passive Phase beginnt mit dem Einstrom der Ionen in den **„freien Raum"** (Apparent Free Space = AFS), der im wesentlichen durch den Apoplasten, d. h. die kapillaren Räume der Rhizodermis- und der Rindenzellwände, repräsentiert wird und größenordnungsmäßig 10–25 % des Volumens dieser Gewebe ausmacht. Die Ionen strömen mit dem apoplasmatisch aufgenommenen Wasser in den freien Raum ein, wo sie teils ungehindert diffundieren, teils an unspezifische Bindungsstellen, z. B. die Carboxylgruppen der Zellwände oder negativ geladene Gruppen von Proteinen und Phosphatiden an der Außenseite des Plasmalemmas, gebunden werden. Die Ionen können auf diesem „freien Wasserweg" bis zur Endodermis gelangen.

Die Aufnahme in den „freien Raum" ist also ein rein physikalischer Vorgang, nicht unter Energieverbrauch erfolgt, aber auch nicht selektiv ist. Prinzipiell gesehen ist der „freie Raum" für alle Ionen zugänglich. Überträgt man eine Wurzel in reines Wasser, so können die im „freien Raum" gelöst vorliegenden Ionen wieder aus der Wurzel herausdiffundieren.

Die eigentliche Ionenaufnahme, d. h. der Übergang der Ionen aus dem „freien Raum" in den Symplasten, den **„inneren Raum"**, beginnt mit einer Adsorption der Ionen an die Bindungsstellen bestimmter Translokatoren (Carrier), die im Plasmalemma lokalisiert sind. Wie bereits besprochen (S. 57 f.), handelt es sich dabei um transmembrane Proteine, die die Ionen gegen den elektrochemischen Gradienten transportieren. Die Carrier können für bestimmte Ionen spezifisch sein, doch ist die Spezifität in der Regel keine absolute, so daß unter Umständen auch andere, ähnliche Ionen transportiert werden können. Meist handelt es sich um einen sekundär aktiven Transport, der als Symport oder Antiport erfolgen kann.

Die Aufnahme in den „inneren Raum" muß spätestens an der Endodermis erfolgen. Hat sie schon im Rindengewebe stattgefunden, so erfolgt der Transport in den Zentralzylinder von Zelle zu Zelle im Symplasten durch die Plasmodesmen. Die Zellsaftvakuolen werden nicht in den Transport einbezogen.

Der Mechanismus des Überganges der Ionen von den Xylemparenchymzellen in die angrenzenden Gefäße ist noch nicht klar, doch macht der Wurzeldruck aktive Transportvorgänge wahrscheinlich.

9.6 Stofftransport und Stoffausscheidung

Beim Transport von Ionen und ungeladenen organischen Molekülen über kurze, mittlere und weite Distanzen werden von Fall zu Fall verschiedene Transportwege und Mechanismen benutzt. Es handelt sich hier also um ein sehr komplexes Phänomen. Auch für die Stoffausscheidung, die zur Bildung von Exkreten oder Sekreten führt, finden zum Teil ähnliche Mechanismen Verwendung, weshalb ihre Behandlung in diesem Abschnitt gerechtfertigt erscheint.

9.6.1 Ionentransport

Der Ionentransport über kurze Strecken erfolgt durch Diffusion in Richtung des Konzentrationsgefälles bzw. des elektrochemischen Gradienten. Der Ionentransport von den Gefäßen durch das Mesophyll dürfte in ähnlicher Weise vonstatten gehen wie der Transport durch die Wurzelrinde, d.h. entweder apoplasmatisch, dem Transpirationssog folgend, oder, nach Aufnahme durch das Plasmalemma in die Mesophyllzellen, auf symplasmatischem Wege. Der Ferntransport der Ionen von der Wurzel zu den Blättern erfolgt in den Gefäßen und Tracheiden.

Für einige Ionen ist auch ein Transport in den Siebröhren nachgewiesen worden, z.B. für Kalium-, Chlor- und Phosphat-Ionen. Die letztgenannten machen den Transport aller Kationen, deren Phosphate schwerlöslich sind, in den Siebröhren unmöglich (z.B. Calcium).

9.6.2 Transport organischer Substanzen

Zum Kurzstreckentransport zählen die Aufnahme in die Zelle und die Beförderung innerhalb der Zelle. Im ersteren Falle muß das Plasmalemma passiert werden, was auf verschiedene Weise geschehen kann (S. 57f.). Beim intrazellulären Transport spielen die Diffusion und möglicherweise auch die Plasmaströmungen eine Rolle. Unter Mittelstreckentransport versteht man einen Transport innerhalb von Geweben ohne Benutzung der Leitungsbahnen. Er scheint überwiegend symplasmatisch zu erfolgen, d.h. von Protoplast zu Protoplast durch die Plasmodesmen ohne Einbeziehung der Vakuolen. Da seine Geschwindigkeit immerhin einige cm/h beträgt, kann er nicht lediglich das Resultat von Diffusionsvorgängen sein. Eine Beteiligung der Plasmaströmungen innerhalb einer jeden Zelle, wie beim Kurzstreckentransport, ist nicht auszuschließen, doch wird auch eine Lösungsströmung (s. unten) diskutiert. Ob auch der apoplasmatische Weg für den Transport organischer Substanzen benutzt wird, ist nicht sicher. Da seine Richtung ausschließlich durch das

Wasserpotentialgefälle Δ_ψ bestimmt wird, erscheint er für einen Transport organischer Substanzen mit verschiedenen Zielen wenig geeignet.

Der Ferntransport organischer Substanzen kann, wie das Beispiel des Blutungssaftes zeigt, ebenfalls in den Gefäßen erfolgen, allerdings nur in einer Richtung, von der Wurzel zur Krone. Die eigentlichen Transportbahnen hierfür sind jedoch die Siebröhren, die die Orte der Synthese (source = Quelle) mit denen des Verbrauchs bzw. der Speicherung (sink = Abfluß) verbinden. Da die Orte des Verbrauchs z. B. Blüten, die sich bildenden Samen sowie die apikalen und lateralen Meristeme sind und als Speicherorgan häufig die Wurzeln dienen, findet in den Siebröhren sowohl ein Aufwärts- als auch ein Abwärtstransport statt.

Die Siebröhrensäfte sind 5–30%ige wäßrige Lösungen organischer Substanzen, also verhältnismäßig konzentriert. Genaue Analysen, die bei den verschiedensten Pflanzen durchgeführt wurden, haben gezeigt, daß sie hauptsächlich Zucker enthalten (häufig über 90% der Trockensubstanz). Die Haupttransportform der Zucker ist bei vielen Pflanzenarten bzw. Familien die Saccharose, bei anderen Stachyose bzw. das Trisaccharid Raffinose, und bei einigen Familien sind es Zuckeralkohole (Mannit, Dulcit). Monosaccharide werden nicht transportiert. Darüber hinaus ist eine große Zahl weiterer organischer Verbindungen im Siebröhrensaft nachgewiesen worden, z. B. Aminosäuren, Carbonsäuren, Nucleinsäuren, Nucleotide (vor allem ATP) u. a. Auch der Transport von Phytohormonen, Vitaminen und Enzymen kann in den Siebröhren erfolgen. Fette werden zum Zwecke des Transportes in Kohlenhydrate umgewandelt. Die Mechanik des Transportes ist noch nicht restlos geklärt. Im Hinblick auf die verhältnismäßig hohen Transportgeschwindigkeiten von mehreren cm bis zu 1 m/h scheiden Diffusionsvorgänge und Plasmaströmungen aus.

> Die Mehrzahl der Befunde spricht dafür, daß dem Siebröhrentransport eine **Lösungsströmung** zugrunde liegt. Diese ist die Folge des osmotischen Gradienten, der zwangsläufig entsteht, wenn die Siebröhre am source-Ende ständig be- und am sink-Ende entladen wird.

Die Beladung der Siebröhren wird von den Geleitzellen übernommen, die der Siebzellen vom Phloemparenchym. Sie kann, je nach Art, symplasmatisch oder apoplasmatisch erfolgen. Da sie gegen das Konzentrationsgefälle gerichtet ist, verbraucht sie Energie (ATP) in Form eines protonengetriebenen Cotransportes (Abb. 2.**8B**, S. 60). Bedingt durch die hohe Zuckerkonzentration wird das Wasserpotential am source-Ende stark negativ, was einen Wassereinstrom aus dem Xylem und somit einen Turgoranstieg zur Folge hat. Am sink-Ende erfolgt die Entladung in den Apoplasten durch einen Saccharose-Translokator. Hier wird die Saccharose durch eine apoplasmatische Invertase (= Saccharase) in Glucose und Fructose gespalten, die beide durch Hexose-Translokatoren in die „sink"-Zellen transportiert werden, wo sie entweder dem unmittelbaren Verbrauch zugeführt oder in geeigneter Form gespeichert werden. Durch die

Entladung wird das Wasserpotential am sink-Ende weniger negativ, so daß Wasser austreten kann und eine Strömung entsteht. Hierbei sind allerdings nicht unerhebliche Widerstände zu überwinden, besonders an den Siebplatten. Insgesamt stehen also die Siebröhren unter Druck.

Einen großen technischen Fortschritt brachte die Einführung der sogenannten Aphidentechnik. Hierbei läßt man Siebröhren von Blattläusen anstechen, narkotisiert diese und schneidet ihren Saugrüssel ab, womit man gewissermaßen Mikropipetten zur Verfügung hat. Durch den Rüssel wird Siebröhrensaft nach außen gepreßt, was beweist, daß der Siebröhreninhalt unter Druck steht. Die auf diese Weise erhaltene Siebröhrenflüssigkeit ist besonders rein und wird für die oben erwähnten Analysen benutzt. Sticht man eine Siebröhre an zwei Stellen an, läßt sich dieses System zur Untersuchung von Transportvorgängen benutzen. Bei gleichzeitiger Applikation ^{14}C-markierter Zucker und tritiummarkierten Wassers ergab sich der überraschende Befund, daß die Zucker eher die Meßstelle erreichten als das Wasser, die gelösten Stoffe also scheinbar schneller transportiert wurden als das Lösungsmittel. Genauere Untersuchungen haben jedoch gezeigt, daß ein großer Teil des Wassers während des Transports seitlich aus den Siebröhren „herausleckt" und daher an der Meßstelle sehr viel später nachweisbare Werte erreicht als die Zucker.

Während die Vorstellung eines Stofftransportes auf dem Wege der Lösungsströmung durch eine Siebröhre, deren Glieder durch große Siebporen untereinander verbunden sind, durchaus plausibel ist, läßt sie sich nicht ohne weiteres auf die Siebzellen übertragen, deren Siebporen einen erheblich geringeren Durchmesser haben und die zudem beiderseits von Anhäufungen des glatten ER bedeckt und von dessen Ausläufern durchzogen sind. Hierdurch wird der Widerstand so stark erhöht, daß ein einfacher Durchfluß durch eine Reihe von Siebzellen kaum denkbar ist. Es liegt daher nahe, anzunehmen, daß der Transport hier diskontinuierlich erfolgt, d. h. daß die Entladung der einen Siebzelle am „sink"-Ende und die Beladung der folgenden Siebzelle am „source"-Ende über das glatte ER, also gewissermaßen apoplastisch erfolgt. Das würde bedeuten, daß sich in jeder Siebzelle ein source-sink-Gradient aufbaut, wobei die Ent- und Beladung zwangsläufig unter Energieverbrauch erfolgt.

9.6.3 Stoffausscheidungen

Wie bereits früher dargelegt wurde (S. 155), spielt bei Pflanzen die Ausscheidung von Stoffen in fester, gelöster oder flüssiger Form eine untergeordnete Rolle. Sofern derartige Ausscheidungen vorkommen, sind sie meist auf bestimmte Zellen beschränkt. Es können sowohl anorganische als auch organische Stoffe ausgeschieden werden.

Salzausscheidungen: Werden regelmäßig bestimmte Ionen, z. B. Nitrat-, Sulfat- und Phosphat-Ionen, in den Stoffwechsel eingeschleust und in organische Substanzen eingebaut (Kap. 12), so entsteht ein Überschuß von Kationen. Auch ist das Selektionsvermögen der Wurzel bei der Ionenaufnahme nicht absolut, so daß auch Ballaststoffe in die Pflanze gelangen. Schließlich kann sich der Ionenbedarf im Laufe der Entwicklung ändern.

Ein bei Pflanzen weit verbreitetes Verfahren zur Beseitigung überschüssiger Ionen ist deren Transport in die Vakuole, wo sie in Form schwerlöslicher Salze ausgefällt werden, das Calcium z. B. als Oxalat (Abb. **4.5**, S. 156) oder, seltener, als Carbonat. Darüber hinaus werden auch bei Regenfällen Salze, die bei der Transpiration durch die Epidermiswände und die Cuticula nach außen gelangt sind, ausgewaschen. Bei einigen Halophyten finden sich besondere Salzdrüsen, die Ionen aktiv ausscheiden und für eine ausgeglichene Ionenbilanz Sorge tragen.

Ausscheidung organischer Stoffe: Auch organische Stoffe, wie etherische Öle, Harze, der Zucker enthaltende Nektar u. a., können entweder in besondere Zellen bzw. Hohlräume oder aber durch die Epidermis nach außen abgeschieden werden. Der Mechanismus dieser Ausscheidungen ist bisher kaum untersucht. Grundsätzlich könnte auch hier ein aktiver Transport vorliegen. Eine andere Möglichkeit wäre eine lokal veränderte Permeabilität des Plasmalemmas. Schließlich besteht auch die Möglichkeit, daß das im Cytoplasma oder in einem Kompartiment gebildete Exkret in den Dictyosomen in Golgi-Vesikel verpackt und zur Zelloberfläche transportiert wird, wo die Vesikelmembran mit dem Plasmalemma fusioniert und das Sekret nach außen entläßt (Exocytose).

Zusammenfassung

- Die aktiven Lebensvorgänge haben eine hinreichende Wasserversorgung der Zelle zur Voraussetzung. Dementsprechend ist der Wassergehalt der Pflanzen mit 60–90% verhältnismäßig hoch. Die infolge des bestehenden Wasserpotentialgefälles zwangsläufige Wasserabgabe der oberirdischen Pflanzenteile an die Umgebung muß durch die Wasseraufnahme der Wurzel ausgeglichen werden. Dies hat einen Wassertransport von der Wurzel zu den oberirdischen Pflanzenteilen zur Folge.

- Das Wasserpotential der Pflanze ψ_z wird durch mehrere Komponenten bestimmt, und zwar durch das Matrixpotential ψ_τ (= Quellungspotential), das osmotische Potential ψ_π und das Druckpotential ψ_p nach der folgenden Gleichung:

$$\psi_z = \psi_{\pi i} + \psi_\tau + \psi_p$$

Die Pflanzenzelle ist also ein osmotisches System, das auch quellbare Komponenten enthält. In einem hypotonischen Medium, dessen osmotisches Potential $\psi_{\pi a}$ weniger negativ als das des Zellinhalts $\psi_{\pi i}$ ist, strömt Wasser in die Vakuole ein. Hierdurch entsteht ein hydrostatischer Innendruck, der Turgor (P), der das Cytoplasma gegen die Zellwand drückt. Diese wird so lange elastisch gedehnt, bis der sich entwickelnde Gegendruck, der Wanddruck W, zahlenmäßig dem Turgordruck gleich ist. In einem Gewebeverband ist der Außendruck (A) der benachbarten Zellen zu berücksichtigen, der der Ausdehnung der Zelle entgegenwirken oder sie als negative Spannung unterstützen kann: $\psi_p = W \pm A$. Er kommt in der Gewebespannung zum Ausdruck. Überträgt man eine Pflanzenzelle in eine hypertonische Lösung, tritt Wasser aus der Vakuole aus. Die Zelle entspannt sich zunächst, bis der Wanddruck W = 0 ist. Tritt weiterhin Wasser nach außen, löst sich das Cytoplasma von der Zellwand ab (Plasmolyse), bis $\psi_{\pi a} = \psi_{\pi i}$ ist. Nach Überführung in Wasser erfolgt der rückläufige Vorgang (Deplasmolyse).

- Die Wurzel nimmt das Wasser bevorzugt durch die Wurzelhaare auf. Bis zur Endodermis kann der Wassertransport apoplasmatisch in den intermicellären und interfibrillären Räumen der Zellwände oder, dem Wasserpotentialgefälle folgend, symplasmatisch von Zelle zu Zelle verlaufen. An der Endodermis wird der apoplasmatische Transport durch die Casparyschen Streifen unterbrochen. Der Mechanismus des Durchtritts durch die Endodermis ist noch unklar, doch läßt der Wurzeldruck darauf schließen, daß aktive Kräfte daran beteiligt sind.

- Die Wasserabgabe erfolgt entweder in Form von Wasserdampf (Transpiration) oder in Form von Tropfen (Guttation). Die cuticuläre Transpiration durch die Epidermisaußenwände und die Cuticula macht bei geöffneten Spalten meist weniger als 10% der Gesamttranspiration aus. Bei an trockene Standorte angepaßten Xerophyten ist sie noch wesentlich geringer. Die stomatäre Transpiration wird durch die Schließzellen der Spaltöffnungen reguliert. Die Kühlwirkung der Transpiration verhindert die Überhitzung der Blätter. Der Transpirationsstrom wird für den Transport der Ionen und anderer gelöster Substanzen von der Wurzel in die oberirdischen Pflanzenteile genutzt. Die Guttation erfolgt durch Wasserspalten (Hydathoden), die das Wasser entweder aktiv oder passiv ausscheiden.

- Der Wassertransport in Geweben kann, wie bei der Wurzel, dem Wasserpotentialgefälle entsprechend sowohl apoplasmatisch als auch symplasmatisch verlaufen. Der Ferntransport erfolgt in den Gefäßen und Tracheiden. Nach der heute weitgehend akzeptierten Kohäsionstheorie ist die treibende Kraft vor allem der Transpirationssog. Daß die kapillaren Wasserfäden oberhalb 10 m nicht abreißen, wird durch die Kohäsionskräfte zwischen den Wassermolekülen erklärt. Allerdings treten bei starkem Wasserstreß Embolien auf, d. h. die Bildung von Gasblasen, die zum Abreißen der Wasserfäden in den Kapillaren führen. Nach einer anderen Vorstellung sollen außer dem Transpirationssog osmotische Gradienten entlang eines vertikal kompartimentierten Xylems sowie Kapillarkräfte für den Wassertransport über lange Strecken verantwortlich sein. In begrenztem Umfang kann, vor allem im Frühjahr, auch der Wurzeldruck am Aufwärtstransport des Wassers beteiligt sein.

Zusammenfassung

- Die Mineralsalze werden durch die Wurzel aus dem Boden als freie Ionen oder durch Austauschadsorption aufgenommen. Die Ionenaufnahme erfolgt weitgehend selektiv, und zwar auch gegen das Konzentrationsgefälle. Sie beginnt mit dem Einstrom der Ionen in den „freien Raum", aus dem sie auch wieder nach außen diffundieren können. Die Aufnahme in den „inneren Raum" ist ein aktiver Transport mit Hilfe von Carriern. Der Ionentransport durch das Rindengewebe erfolgt apoplasmatisch mit dem Wassereinstrom bzw. nach der Aufnahme in den „inneren Raum" symplasmatisch. Der Mechanismus des Durchtritts durch die Endodermis ist noch unklar.

- Der Kurzstreckentransport in eine Zelle erfordert die Mitwirkung entsprechender Carrier. Über mittlere Distanzen, d. h. innerhalb von Geweben, erfolgt er überwiegend symplasmatisch durch die Plasmodesmen. Der Ferntransport organischer Substanzen und einiger Ionen findet hauptsächlich in den Siebröhren bzw. Siebzellen statt, und zwar sowohl aufwärts als auch abwärts, doch kann für den Transport von der Wurzel zu den oberirdischen Organen auch der Transpirationsstrom genutzt werden.

- Dem Siebröhrentransport liegt offenbar eine Lösungsströmung zugrunde, die von Orten höheren zu Orten niedrigeren osmotischen Potentials führt. Zur Aufrechterhaltung der Potentialdifferenz Δ_ψ ist allerdings ein sekundär aktiver Transport von Zuckern in die Siebröhren erforderlich. Die Beladung am source-Ende erfolgt durch die Geleitzellen bzw., wo diese fehlen, durch die Zellen des Phloemparenchyms. Am sink-Ende entlädt ein Saccharose-Translokator die Saccharose in den Apoplasten, wo sie durch eine Invertase in Glucose und Fructose gespalten wird. Beide Zucker werden durch einen Hexose-Translokator in die „sink"-Zellen transportiert, wo sie weiterverarbeitet werden.

- Salzausscheidungen erfolgen entweder durch Ausfällung überschüssiger Ionen in der Vakuole, durch Auswaschung oder durch besondere Salzdrüsen, die Ionen aktiv ausscheiden. Die Ausscheidung organischer Verbindungen erfolgt meist durch Drüsen. Der Mechanismus ist noch unklar.

---
[1] Da die grünen Pflanzen bei der Photosynthese vorwiegend den zum sichtbaren Bereich gehörenden Anteil des elektromagnetischen Wellenspektrums zwischen 400 und etwa 720 nm ausnutzen, pflegt man meist von Licht zu sprechen, was ja auch in der Bezeichnung „Photosynthese" zum Ausdruck kommt. Wir wissen jedoch heute, daß viele physiologische Prozesse auch durch nichtsichtbare Strahlungsarten, z. B. Ultraviolett oder Infrarot (= Ultrarot), beeinflußt werden. Deshalb empfiehlt es sich, allgemein von Strahlung zu sprechen.

Energieumwandlung und Syntheseleistungen autotropher Pflanzen

Die Organismen sind aus einer großen Zahl verschiedenster organischer Verbindungen aufgebaut. Dieses Gefüge ist jedoch kein statisches, sondern ein dynamisches, d. h. es werden ständig Substanzen auf-, um- und abgebaut. Die Gesamtheit dieser Vorgänge bezeichnet man als Stoffwechsel (**Metabolismus**). Reaktionen, die unter Energiezufuhr zum Aufbau körpereigener Substanzen führen, bezeichnet man als anabole Reaktionen (**Anabolismus**, Baustoffwechsel). Umgekehrt findet in den katabolen Reaktionen ein Ab- bzw. Umbau von Molekülen unter Freisetzung von Energie statt (**Katabolismus**, Betriebsstoffwechsel).

Organismen, die den für die Synthese organischer Verbindungen benötigten Kohlenstoff durch Fixierung von Kohlendioxid gewinnen, bezeichnet man als **autotroph**, den Prozeß als **Assimilation des Kohlendioxids** und die Produkte als **Assimilate**. Verwenden sie dagegen als Kohlenstoffquelle organische Substanzen, nennt man sie **heterotroph.**

In jeder organischen Verbindung liegt ein bestimmter, von Fall zu Fall verschiedener Energiebetrag gebunden vor, der bei der Bildung des betreffenden Moleküls dem Syntheseprozeß zugeführt werden muß. **Phototrophe**[1] Organismen verwenden als Energiequelle die elektromagnetische Strahlung der Sonne, während **chemotrophe** ihre Energie aus exergonischen, also energiefreisetzenden chemischen Reaktionen beziehen. **Organotrophe** Organismen verwenden als Wasserstoffdonatoren organische Verbindungen, während **lithotrophe** anorganische Wasserstoffdonatoren verwerten können.

Zur Produktion organischer Substanzen aus rein anorganischen Bausteinen sind nur zwei Gruppen von Organismen befähigt: die Photoautotrophen, zu denen die photosynthetisch aktiven Bakterien und alle Chlorophyll a besitzenden Pflanzen zählen, und die Chemo-lithoautotrophen, die sich nur bei Bakterien finden. Die entsprechenden Prozesse werden als **Photosynthese** und **Chemosynthese** bezeichnet. Menschen, Tiere, Pilze und Bakterien, die ausschließlich organische Nahrung verwenden, sind also heterotroph, chemotroph und organotroph.

Durch die Photosynthese wird die Strahlungsenergie der Sonne in chemische Energie in Form metastabiler organischer Verbindungen überführt. Man kann die Bedeutung dieses Prozesses für unseren Planeten kaum überschätzen, wenn man bedenkt, daß praktisch die gesamte auf der Erde vorhandene organische Substanz durch diesen Prozeß gebildet worden ist und noch gebildet wird, was besagt, daß letztlich auch alle heterotrophen Organismen von ihm profitieren. Bei einem Stillstand des Photosynthesevorganges würde daher alles Leben bereits nach kurzer Zeit zum Erliegen kommen.

10.1 Stoffumsetzung und Energieübertragung in der Zelle

Wie alle chemischen Umsetzungen streben auch die biochemischen Reaktionen einem Gleichgewichtszustand zu, den man für die allgemeine Reaktion $A + B \rightleftharpoons C + D$ folgendermaßen formulieren kann:

$$\frac{c(C) \cdot c(D)}{c(A) \cdot c(B)} = K$$

wobei c die Konzentrationen der jeweils in der Klammer stehenden Reaktionspartner in mol/l und K die Gleichgewichtskonstante bedeuten. Je nachdem, ob K kleiner oder größer als 1 ist, liegt das Gleichgewicht mehr auf der linken oder rechten Seite der Gleichung. Liegt es weit auf der einen Seite, z. B. auf der Seite von C + D, so läuft die Reaktion praktisch quantitativ ab, d. h. es finden sich nach Erreichen des Gleichgewichtszustandes im Reaktionsgemisch fast ausschließlich die Reaktionspartner C + D und nur in ganz geringer Menge A + B.

Geben wir also die Reaktionspartner A und B zusammen, so findet die Umsetzung so lange statt, bis der Gleichgewichtszustand erreicht ist. Diese Änderung ist mit einer Veränderung des energetischen Zustandes verbunden, da eine Reaktion freiwillig nur von dem Zustand des Stoffgemisches, das das höhere Energiepotential besitzt, zu dem energieärmeren ablaufen kann. Bei dieser Reaktion wird also Energie frei, d. h. sie ist, wie jede freiwillig ablaufende Reaktion, **exergonisch.** Diesen Energiebetrag, der in einem chemischen System reversibel festgelegt ist und der beim Ablauf der Reaktion frei bzw. für den Aufbau eines anderen thermodynamischen Potentials nutzbar gemacht wird, bezeichnen wir als **„freie Energie"** G oder korrekter als „Änderung der freien Energie" des betreffenden Systems. Diese wird als ΔG^0 bezeichnet und auf Standardbedingungen bezogen, d. h. Umsatz von 1 Mol/l bei 25°C, pH 0 und 0,1 MPa. Für biochemische Reaktionen wird häufig der auf pH 7 umgerechnete Wert benutzt, der als $\Delta G^{0'}$ bezeichnet wird. Das Vorzeichen ist bei exergonischen Reaktionen stets negativ. Entsprechend bezeichnet man Reaktionen, die in umgekehrter Richtung, also gegen das Energiegefälle verlaufen, als **endergonisch.** Ihr $\Delta G^{0'}$ ist positiv. Um ihren Ablauf zu ermöglichen, muß ihnen aus exergonischen Reaktionen Energie zugeführt werden, und zwar mindestens soviel, wie der Zunahme der freien Energie des Systems entspricht. Man bezeichnet dies als energetische Kopplung.

Im Gleichgewichtszustand ist $\Delta G^{0'} = 0$, d. h. das System befindet sich gewissermaßen in Ruhe. Ein geschlossenes Reaktionssystem kann also nur Energie liefern und Arbeit leisten, solange es dem Gleichgewichtszustand zustrebt. Es ist daher leicht einzusehen, daß ein geschlossenes System für den Haushalt der Zelle bald wertlos wird. Tatsächlich kommt es jedoch in der lebenden Zelle gar nicht zur Einstellung eines Gleichgewichtes. Vielmehr sind im Stoffwechselgeschehen im Regelfall mehrere Reaktionen miteinander gekoppelt, von denen die eine das Produkt der vorhergehenden umsetzt, die selbst wieder ihre Substrate von einer anderen bezieht, usw. Es liegen hier also offene Reak-

Box 10.1 Freie Energie, Enthalpie und Entropie

Die Entropie ist ein Maß für den Zustand der Materie und der Energie. Nach dem zweiten Hauptsatz der Thermodynamik sind ungeordnete Zustände, d. h. Zustände zufallsbedingter Verteilung, wahrscheinlicher als geordnete. Infolgedessen verlaufen physikalische und chemische Prozesse immer gerichtet, und zwar so, daß die Entropie des Systems und seiner Umgebung im Ganzen gesehen zunimmt, also in Richtung der größtmöglichen Unordnung. Dennoch ist die Herausbildung eines höheren Ordnungszustandes bzw. der Aufbau eines thermodynamischen Potentials in einem System durchaus möglich, und zwar dann, wenn diese Entropieabnahme durch eine Entropiezunahme an anderer Stelle kompensiert wird. Entscheidend ist, daß die Gesamtentropie des Systems und seiner Umgebung zunimmt. Ein Lebewesen kann also sehr wohl durch Aufbau molekularer Ordnungszustände die Entropie seiner Materie auf Kosten einer Entropiezunahme in seiner Umgebung verringern.

Für die Änderung der freien Energie gilt nach dem ersten und zweiten Hauptsatz der Thermodynamik die Gleichung

$$\Delta G = \Delta H - T \Delta S.$$

Dabei ist ΔG die Änderung der freien Energie eines Systems unter konstantem Druck (P) und konstanter Temperatur (T), ΔH die Veränderung der Enthalpie des Sytems und ΔS die Änderung seiner Entropie. Die Enthalpieänderung ist gegeben durch die Gleichung

$$\Delta H = \Delta E + P \Delta V.$$

Da die Volumenänderungen ΔV bei biochemischen Reaktionen im allgemeinen gering sind, wird ΔH annähernd gleich ΔE. Es gilt somit

$$\Delta G = \Delta E - T \Delta S,$$

d. h. die freie Energie ΔG hängt von der Änderung der inneren Energie ΔE und der Änderung der Entropie des Systems ab.

---

tionssysteme vor, denen fortwährend neue Ausgangsmaterialien zugeführt und Reaktionsprodukte entnommen werden. Auf diese Weise wird ein Ungleichgewicht aufrechterhalten, so daß die Reaktionen fortgesetzt in eine Richtung ablaufen. Diesen Zustand bezeichnet man als **Fließgleichgewicht.** Letztlich stellt die Gesamtheit der Lebensvorgänge ein solches Fließgleichgewicht dar, in das in Form von Nahrung ständig neue Substrate fließen, die dann in zahlreichen miteinander gekoppelten Reaktionen umgesetzt werden.

Die „freie Energie" eines Systems wird in Joule (J) bzw. kJ angegeben[2]. Man kann als Maßeinheit hierfür jedoch auch das Redoxpotential E_0 in V oder mV verwenden, d. h. das elektrische Potential des Systems bezogen auf die Wasserstoffelektrode $H_2/2H^{\oplus}$ und Standardbedingungen bei $c(H^{\oplus}) = 1$, pH = 0. Für biologische Systeme findet häufig das auf pH 7 bezogene E'_0 Verwendung. Bei der Umrechnung entspricht ein V etwa 96 kJ (ca. 23 kcal). Ist das E'_0 negativ, so zeichnet sich das betreffende Redoxsystem durch ein der Negativität entspre-

---

[2] Die bisher verwendete Maßeinheit cal wird gemäß den neuen SI-Einheiten durch das Joule (J) ersetzt, und zwar entspricht 1 kcal = 4,1868 kJ.

chendes Reduktionsvermögen aus, gibt also leicht Elektronen ab, während ein positives Vorzeichen auf ein entsprechend starkes Oxidationsvermögen, d. h. auf eine Affinität für Elektronen schließen läßt. Von zwei Redoxsystemen reduziert also das stärker negative, der Donator (D), das weniger negative, den Akzeptor (A), wobei es selbst in den oxidierten Zustand übergeht. Bei einem derartigen Elektronenübergang wird Energie freigesetzt, und zwar um so mehr, je größer die Differenz im Redoxpotential zwischen Donator und Akzeptor ist. Solche Elektronenübergänge, die auch zum Elektronentransport über eine längere Kette von Redoxsystemen benutzt werden können, spielen in der Bioenergetik eine wichtige Rolle.

> Für den Energietransfer von exergonischen zu endergonischen Prozessen benötigt die Zelle Moleküle, die bestimmte Energiebeträge in Form energiereicher Bindungen reversibel festzulegen vermögen. Hierunter versteht man Bindungen, deren freie Energie größer als etwa 25 kJ/mol ist. Bei der Hydrolyse, d. h. bei der Spaltung der Bindung unter Wasseraufnahme, wird dieser Betrag wieder freigesetzt.

Adenin-Ribose-*P*~*P*~*P*   **Ade-Rib-*P*~*P* + P$_i$**
ATP   **ADP**

Der wichtigste Energieüberträger der Zelle ist das Adenosintriphosphat, kurz ATP genannt. Das Nucleosid Adenosin ist am C_5-Atom der Ribose mit drei Phosphorsäureresten verestert, die untereinander anhydridartig verbunden sind. Für die freie Energie der hydrolytischen Spaltung von ATP in ADP und Phosphat werden, auf Standardbedingungen bezogen, $\Delta G^{0'}$-Werte zwischen 30,5 und 35 kJ/mol (= 7,28 – 8,35 kcal/mol) angegeben. Ihre tatsächliche Größe hängt jedoch von den jeweiligen Reaktionsbedingungen in der Zelle ab, insbesondere von den Konzentrationsverhältnissen und dem pH-Wert. Sie dürfte deshalb in der Regel größer als 35 kJ/mol sein. Die freie Energie der Spaltung von ATP in AMP und Diphosphat ist mit – 37,5 kJ/mol unter Standardbedingungen etwas größer. Umgekehrt kann aus ADP und Phosphat bzw. AMP und Diphosphat in einem endergonischen Prozeß unter Aufnahme des entsprechenden Energiebetrages ($+ \Delta G^{0'}$) wieder ATP gebildet werden. Entsprechende Verbindungen und Umsetzungen sind auch von Guanosin (GMP, GDP, GTP), Uridin (UMP, UDP, UTP), Cytosin (CMP, CDP, CTP) u. a. Basen bekannt.

```
A + B ────────► ATP ────────► G + H

exergonisch              endergonisch
 −ΔG⁰′                    +ΔG⁰′

C + D ◄──────── ADP + Pᵢ ◄──────── E + F
```
Energieübertragung

Der Phosphatrest kann vom ATP bzw. von anderen energiereichen Phosphaten auf andere organische Verbindungen übertragen werden, in dem hier gewählten Beispiel (Schema) auf Glucose, wobei unter Mitwirkung des Enzyms (s. unten) Hexokinase Glucose-6-phosphat und ADP entstehen.

> Durch die Übertragung des Phosphatrestes, die man als **Phosphorylierung** bezeichnet, werden die betreffenden Substrate aktiviert. Derartige Phosphorylierungsvorgänge spielen im Stoffwechselgeschehen der Zelle eine wichtige Rolle.

Glucose + ATP →(Hexokinase)→ Glucose-6-phosphat + ADP

10.2 Biokatalyse

Da Reaktionen vom energiereicheren zum energieärmeren Zustand freiwillig verlaufen, sollte man erwarten, daß organische Verbindungen, die ja zum Teil recht energiereich sind, sich bei Anwesenheit von Sauerstoff spontan so lange umsetzen, bis der energieärmste Zustand erreicht ist, d. h. bis die Endprodukte H_2O und CO_2 entstanden sind. Das ist jedoch nicht der Fall, da die meisten Kohlenstoffverbindungen metastabil sind und sich infolgedessen im biologisch tragbaren Temperaturbereich mit Sauerstoff nicht umsetzen. Um sie zur Reaktion zu veranlassen, muß ihnen zunächst ein bestimmter Energiebetrag, die **Aktivierungsenergie,** zugeführt werden.

Außerhalb des Organismus kann dies z. B. durch Erhitzen geschehen. Als eine im Organismus geübte Form der Aktivierung haben wir bereits die Phosphorylierung (s. oben) kennengelernt. Da für die Aktivierung vieler organischer Verbindungen recht hohe Energiebeträge erforderlich sind, wendet die Zelle ein Prinzip an, von dem auch in der Technik in großem Umfang Gebrauch gemacht wird: das Prinzip der Katalyse. Definitionsgemäß verstehen wir unter Katalysatoren Substanzen, die in kleinsten Mengen große Umsätze (um den Faktor 10^8 bis 10^{10}) bewirken, ohne selbst im Endprodukt zu erscheinen oder eine dauernde Umwandlung zu erfahren. Sie wirken als Reaktionsbeschleuniger, indem sie die für die Reaktion erforderliche Aktivierungsenergie herabsetzen. Wirkt das Reaktionsprodukt selbst als Katalysator, sprechen wir von einer Autokatalyse. Die Biokatalysatoren der Zelle sind die Enzyme (Fermente).

> Die **Enzyme** besitzen eine hohe Spezifität, d. h. sie vermögen einerseits nur ganz bestimmte Reaktionen zu katalysieren (**Wirkungsspezifität**) und andererseits nur mit ganz bestimmten Substraten zu reagieren (**Substratspezifität**).

Hiervon gibt es Ausnahmen, da einige Enzyme mehrere, in ihrer Molekülstruktur ähnliche Substrate umsetzen können (**Gruppenspezifität**). Viele Enzyme bestehen aus einem Eiweißanteil, dem **Apoenzym,** und einer festgebundenen **prosthetischen Gruppe,** deren chemische Natur bei den einzelnen Enzymen ganz verschieden, aber kein Protein ist. Funktionell bilden beide Teile eine Einheit, die als **Holoenzym** bezeichnet wird. Allerdings gibt es auch Enzyme, die nur aus Protein bestehen, wie z. B. die Ribonuclease (S. 26). Bei manchen Enzymen ist die prosthetische Gruppe nicht fest, sondern reversibel an das Apoenzym gebunden. Man bezeichnet sie dann als **Coenzym.** Da die Coenzyme bei der Reaktion eine Umwandlung erfahren und zur Wiederherstellung ihrer ursprünglichen Form, in der sie in die betreffende Reaktion einzugreifen vermögen, eine zusätzliche Reaktion erforderlich ist, entsprechen sie allerdings nicht genau der oben gegebenen Definition eines Katalysators, sondern fungieren eigentlich als Co-Substrate.

Als Beispiel für die Wirkungsweise eines Coenzyms seien, neben dem bereits besprochenen ATP, das Nicotinamid-adenin-dinucleotid (NAD) und das Nicotinamid-adenin-dinucleotidphosphat (NADP) gewählt. Wie die nachstehende Formel zeigt, sind am Aufbau des NAD-Moleküls das Nicotinsäureamid, das Adenin sowie zwei Ribosemoleküle beteiligt, die durch eine Brücke aus zwei Molekülen Phosphorsäure miteinander verbunden sind. Am Ribosemolekül des Adenosins befindet sich beim NADP noch ein dritter Phosphorsäurerest. Beide tragen im Pyridinring des Nicotinsäureamids eine positive Ladung, weshalb sie richtiger als $NAD^{\oplus}$ und $NADP^{\oplus}$ abgekürzt werden.

Die Nicotinamid-adenin-dinucleotide sind die Coenzyme der **Dehydrogenasen.** Diese spalten Wasserstoff aus ihren Substraten ab und übertragen ihn, je nach Spezifität, entweder auf $NAD^{\oplus}$ oder auf $NADP^{\oplus}$, wodurch diese in die reduzierte Form $NADH + H^{\oplus}$ bzw. $NADPH + H^{\oplus}$ überführt werden. Die reduzierten Coenzyme können nun in einer zweiten Reaktion den Wasserstoff

10.2 Biokatalyse

Nicotinamid-adenin-dinucleotid(-phosphat)

$R = H$ → NAD$^{\oplus}$

$R = HO-\overset{O}{\underset{|}{P}}-OH$ → NADP$^{\oplus}$

$+2e + 2H^{\oplus} \rightleftarrows -2H$

NAD**H** + **H**$^{\oplus}$
NADP**H** + **H**$^{\oplus}$

Flavin-adenin-dinucleotid

oxidiert (FAD) $\underset{-2[H]}{\overset{+2[H]}{\rightleftarrows}}$ reduziert (FAD**H$_2$**)

auf ein anderes Substrat übertragen, wobei sie selbst wieder in die oxidierte Form übergehen, in der sie erneut Wasserstoff aufzunehmen vermögen. Auch die Flavinnucleotide, Flavinmononucleotid (**FMN**) und Flavin-adenin-dinucleotid (**FAD**), fungieren als Wasserstoffüberträger. Sie nehmen im Isoalloxazin-Ring des Riboflavins zwei H-Atome auf und gehen hierdurch in die reduzierte Form $FMNH_2$ bzw. $FADH_2$ über (s. Reaktionsschema).

Von den gruppenübertragenden Coenzymen, zu denen auch das noch ausführlich zu besprechende Coenzym A gehört, sei hier noch die „**aktive Glucose**" erwähnt, die aus einem Glucosemolekül und einem Nucleosid-diphosphat besteht. Den verschiedenen Nucleosiden entsprechend kommt sie als ADP-Glucose, UDP-Glucose und GDP-Glucose vor. In ihren verschiedenen Formen spielt die aktive Glucose bei Synthesen eine wichtige Rolle, z. B. die UDP-Glucose bei der Biosynthese der Cellulose.

Entsprechend der Vielfalt der biochemischen Reaktionen gibt es eine große Anzahl von Enzymen. Viele von ihnen sind bereits in reiner Form dargestellt und in ihrer Struktur aufgeklärt worden. Ursprünglich bezeichnete man die Enzyme nach den Substraten, die sie umsetzen, indem man dem Substratnamen die Endung -ase anhängte, z. B. die Amylase nach ihrem Substrat Stärke (Amylum). Heute werden sie nach Funktionstypen zusammengefaßt und entsprechend bezeichnet. Die **Oxidoreduktasen** sind an Reduktions- bzw. Oxidationsprozessen beteiligt (z. B. Dehydrogenasen, s. oben, Cytochromoxidasen). **Transferasen** übertragen Molekülgruppen (z. B. Hexokinase). **Hydrolasen** katalysieren die hydrolytische Spaltung von Molekülen (z. B. Amylasen, Peptidasen). **Lyasen** katalysieren Eliminierungsreaktionen (z. B. Pyruvat-Decarboxylase). **Isomerasen** sind bei der Umlagerung innerhalb von Molekülen beteiligt (z. B. Triosephosphatisomerase). **Ligasen** knüpfen Bindungen unter gleichzeitiger Spaltung von ATP.

Von manchen Enzymen gibt es verschiedene Formen, die zwar die gleiche Reaktion katalysieren, sich aber in ihrer Primärstruktur unterscheiden. Sie werden als **Isoenzyme** bezeichnet. Ihre biologische Bedeutung ist nicht klar. Innerhalb einer Zelle finden sie sich häufig, aber keineswegs immer, in verschiedenen Kompartimenten. Wahrscheinlich spielen sie eine Rolle bei der Regulation von Biosyntheseketten. Sind mehrere Enzyme, die verschiedene aufeinanderfolgende Schritte einer Reaktionskette katalysieren, zu einer strukturellen und funktionellen Einheit zusammengefaßt, spricht man von einem **Multienzymkomplex**. Als Beispiel sei die Fettsäuresynthase genannt.

Die Wirkungsweise eines Enzyms ist in Abb. 10.1 schematisch am Beispiel einer Hydrolase dargestellt, die ein Molekül unter Wasseraufnahme in zwei Teile spaltet. Zunächst wird das Molekül an die Oberfläche des Enzyms im Bereich des „aktiven Zentrums" adsorbiert. Diese ist so beschaffen, daß nur Moleküle einer ganz bestimmten räumlichen Konfiguration „passen" (Substratspezifität). Allerdings ist der häufig benutzte Vergleich mit Schlüssel und Schloß insofern nicht zutreffend, als das Enzym bis zu einem gewissen Grade flexibel ist und das aktive Zentrum erst durch das Substrat in die funktionsfähige „Paßform" gebracht wird, wodurch andererseits das Substrat-

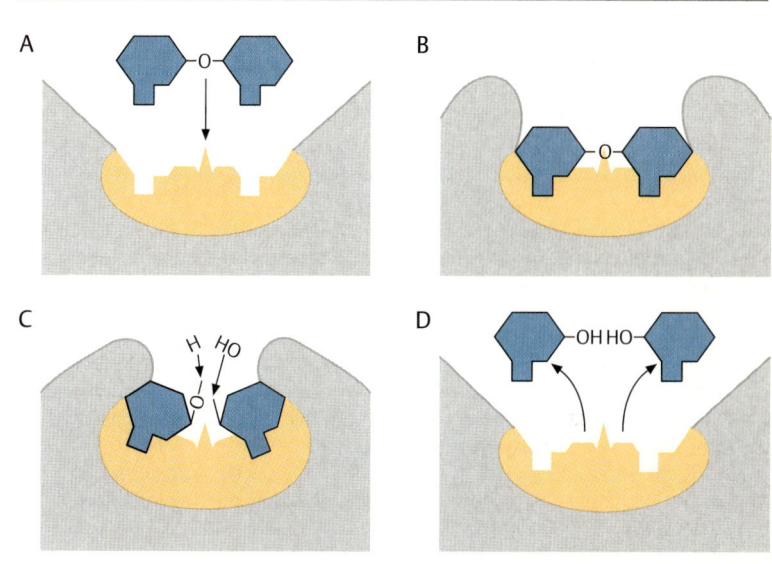

Abb. 10.1 Wirkung eines Enzyms (Hydrolase), schematisch. **A** Das Substratmolekül (blau) nähert sich der Oberfläche des Enzyms (grau). **B** Das Substratmolekül wird an die Oberfläche des „aktiven Zentrums" (gelb) adsorbiert, wodurch dieses in seine funktionsfähige Paßform gebracht wird. **C** Unter Anlagerung von Wasser wird das Substratmolekül hydrolytisch gespalten. **D** Die Reaktionsprodukte lösen sich von der Enzymoberfläche ab, wobei diese wieder in den Ausgangszustand übergeht. Die Substratmoleküle sind nur als Symbole aufzufassen und sollen keine bestimmte Verbindung repräsentieren. Die Darstellung in einer Ebene gibt die wirklichen Verhältnisse nur unvollkommen wieder.

molekül bis zu einem gewissen Grade deformiert werden kann und so unter Spannung gerät. Das Substrat kann an das Enzym sowohl durch Nebenvalenzen als auch kovalent gebunden werden. Nach erfolgter Umsetzung lösen sich die Reaktionsprodukte vom Enzym ab, und der Enzym-Substrat-Komplex zerfällt. Sind zwei Moleküle einander in der Konfiguration sehr ähnlich, so kann unter Umständen auch das falsche Substrat in gleicher Weise umgesetzt werden. Meist wird es jedoch lediglich an die Enzymoberfläche adsorbiert, aber nicht umgesetzt. Das hat eine Blockierung des betreffenden Enzyms zur Folge, da seine Oberfläche nicht wieder frei wird (kompetitive Hemmung).

Die Regulation der Enzymaktivität erfolgt häufig durch **negative Rückkopplung**. Bei dieser Endprodukthemmung wird das Endprodukt, das als **allosterischer Effektor** (allosterischer Inhibitor) wirkt, an eine bestimmte Stelle des Enzymmoleküls, und zwar nicht an sein Reaktionszentrum, gebunden. Hierdurch erfährt das Enzym eine Konformationsänderung, die Veränderungen am Reaktionszentrum und damit eine Veränderung der katalytischen Aktivität zur Folge hat (**allosterische Hemmung**). Die Bindung ist reversibel.

Besteht Bedarf am Endprodukt, so dissoziiert es vom Enzym, worauf dieses wieder in seine katalytisch aktive Form übergeht. Bei der **positiven Rückkopplung** fungiert der allosterische Effektor als Aktivator.

10.3 Photosynthese

Bei der Photosynthese wird Strahlungsenergie absorbiert und in die Form einer chemischen Bindung überführt. Chemisch betrachtet besteht sie in einer Abspaltung von Wasserstoff aus dem Wasser unter Freisetzung von Sauerstoff. Der Wasserstoff wird auf das Kohlendioxid übertragen und in Form einer metastabilen Kohlenstoffverbindung festgelegt. Das Kohlendioxid fungiert also lediglich als Empfänger (Akzeptor) für den Wasserstoff. Die Trennung des Wasserstoffs vom Sauerstoff ist eine endergonische Reaktion, bei der genausoviel Energie zugeführt werden muß, wie bei der Wasserbildung aus Wasserstoff und Sauerstoff (Knallgasreaktion) frei wird.

Als Gesamtbilanz der Photosynthese ergibt sich somit die folgende Gleichung (s. auch S. 336):

$$6\,CO_2 + 12\,H_2O \xrightarrow{h\cdot\nu} C_6H_{12}O_6 + 6\,O_2 + 6\,H_2O \qquad \Delta G^{0'} + 2872\,kJ/mol$$

Mit Ausnahme des Wassers, dessen Verbrauch bei der Photosynthese im Vergleich zur vorhandenen Menge so gering ist, daß er sich nur schwer nachweisen läßt, kann man die Beteiligung der in der summarischen Gleichung aufgeführten Reaktionspartner schon durch einfache Grundversuche demonstrieren:

Notwendigkeit des CO_2: Zieht man Pflanzen in einer CO_2-freien Atmosphäre an, etwa unter einer Glasglocke in Gegenwart von Natriumhydroxid, so stellen sie nach kurzer Zeit trotz ausreichender Belichtung ihre Entwicklung ein und verkümmern. Darüber hinaus kann man den CO_2-Verbrauch durch belichtete Pflanzen auch direkt messen, z. B. vermittels chemischer, manometrischer und elektrochemischer Methoden, durch die Bestimmung des Einbaus von radioaktiv markiertem $^{14}CO_2$ oder mit Hilfe des Ultrarotabsorptionsschreibers (URAS).

Bildung des Sauerstoffs: Belichtet man eine Wasserpflanze, z. B. die kanadische Wasserpest *(Elodea canadensis),* und fängt die entstehenden Gasblasen in einem Reagenzglas auf (Abb. 10.2A), so läßt sich der Sauerstoff mit Hilfe der Kienspanprobe nachweisen. Außerdem stehen für den Nachweis des Sauerstoffs, wie im Falle des CO_2, chemische, manometrische, elektrochemische und Isotopen-Methoden zur Verfügung. Bestimmt man mit ihrer Hilfe die

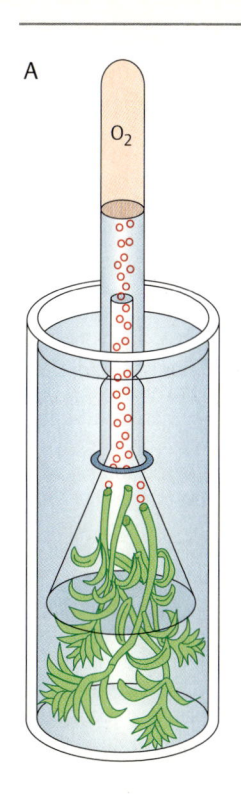

Abb. 10.2 Grundversuche zur Photosynthese. **A** Auffangen des bei Belichtung von Sprossen der Wasserpest *(Elodea canadensis)* gebildeten Sauerstoffs (rot) im Reagenzglas. **B** Nachweis der Assimilationsstärke im Blatt (**B** nach Sierp).

gebildete O_2- und die verbrauchte CO_2-Menge in Mol, so erhält man den Assimilationsquotienten O_2/CO_2, der, der obigen Gleichung entsprechend, normalerweise 1 beträgt. Die Notwendigkeit der Strahlung läßt sich sehr einfach dadurch demonstrieren, daß alle diese Vorgänge im Dunkeln nicht ablaufen.

Bildung von Kohlenhydraten: Da der zunächst entstehende Zucker gleich an Ort und Stelle in die Assimilationsstärke umgewandelt wird, läßt sich die Kohlenhydratbildung mit Hilfe der Jodstärkereaktion nachweisen. Hierzu umhüllt man ein Laubblatt, das man einige Zeit im Dunkeln gehalten hat, mit einer lichtundurchlässigen Schablone, in die Figuren oder Buchstaben, etwa das Wort „Stärke", eingestanzt sind, und exponiert es dem Licht. Nach einiger Zeit kann man die Stärkebildung demonstrieren, indem man das Blattgewebe durch Eintauchen in kochendes Wasser abtötet und mit Jodjodkalilösung behandelt. Die Schrift erscheint dann violett bis blauschwarz (Abb. 10.2 B).

Die oben wiedergegebene relativ einfache Bruttogleichung der Photosynthese vermittelt auch nicht annähernd eine Vorstellung von dem tatsächlichen Ablauf dieses Prozesses, an dem zahlreiche Einzelreaktionen beteiligt sind, die in komplizierter Weise zusammenwirken. Sie sind nur zum Teil **Lichtreaktionen** im engeren Sinne, während andere auch im Dunkeln ablaufen. Dennoch ist die Unterscheidung von Licht- und **Dunkelreaktionen** nur bedingt richtig, da in jedem Falle die im Dunkeln ablaufenden chemischen Umsetzungen die Lichtreaktionen zur Voraussetzung haben. Obwohl wir heute den Gesamtprozeß einigermaßen überschauen, sind doch viele Teilschritte noch immer nicht klar.

10.3.1 Strahlungsabsorption

Von der pro Flächen- und Zeiteinheit auf die Erdoberfläche einfallenden Sonnenenergie wird nur ein Bruchteil photosynthetisch genutzt. Die photosynthetische Leistung von 1 m² Blattfläche liegt in der Größenordnung von 1 g Kohlenhydrat/Stunde. Die Absorption der photosynthetisch wirksamen Strahlung erfolgt durch die Chloroplastenpigmente. Dies läßt sich mit Hilfe von Aktionsspektren (Wirkungsspektren) zeigen, die die relative Wirksamkeit verschiedener Strahlungsbereiche auf strahlungsabhängige physiologische Prozesse angeben.

Ein exaktes **Aktionsspektrum** erhält man, indem man bei verschiedenen Wellenlängen die Zahl der Quanten bestimmt, die eingestrahlt werden müssen, um den gleichen physiologischen Effekt hervorzurufen (relative Quantenwirksamkeit). Ein Vergleich von Wirkungs-und Absorptionsspektrum läßt dann innerhalb gewisser Grenzen Rückschlüsse auf die an der Strahlungsabsorption beteiligten Pigmente zu.

Wie Abb. 10.3 zu entnehmen ist, unterscheiden sich die Absorptionsspektren von Chlorophyll a und b vor allem dadurch, daß beim Chlorophyll b die beiden Maxima im blauen und roten Spektralbereich einander genähert sind. Der dazwischenliegende grüne Spektralbereich wird von beiden Chlorophyllen nur wenig, der äußerste dunkelrote hingegen gar nicht absorbiert. Daher sieht eine Chlorophyll-Lösung bei durchfallendem Licht in dünner Schicht grün, in dicker Schicht rot aus, da im letzten Falle auch die grüne Strahlung weitgehend absorbiert wird. Auch mehrere aufeinandergelegte Blätter erscheinen im durchfallenden Licht rot. Verglichen mit diesen Spektren ist im *in-vivo*-Absorptionsspektrum das rote Absorptionsmaximum des Chlorophylls a deutlich zum Längerwelligen hin verschoben. Das Nebenmaximum zwischen 470 und 500 nm ist auf die Absorption durch die Carotinoide zurückzuführen. Der Vergleich des photosynthetischen Aktionsspektrums mit dem *in-vivo*-Absorptionsspektrum (Abb. 10.3A) zeigt, daß vor allem die durch die Chlorophylle a und b absorbierte Strahlung photosynthetisch wirksam ist. Im roten Strahlungsbereich ist auch das Wirkungsmaximum, dem *in-vivo*-Absorptionsmaximum entsprechend, zum Längerwelligen hin verschoben. Der hauptsächlich durch die Carotinoide absorbierte Bereich zeigt eine deutliche, verglichen mit dem durch die Chlorophylle absorbierten allerdings geringere Wirksamkeit. Dies läßt auf eine Beteiligung der Carotinoide an der Absorption der photosynthetisch wirksamen Strahlung schließen.

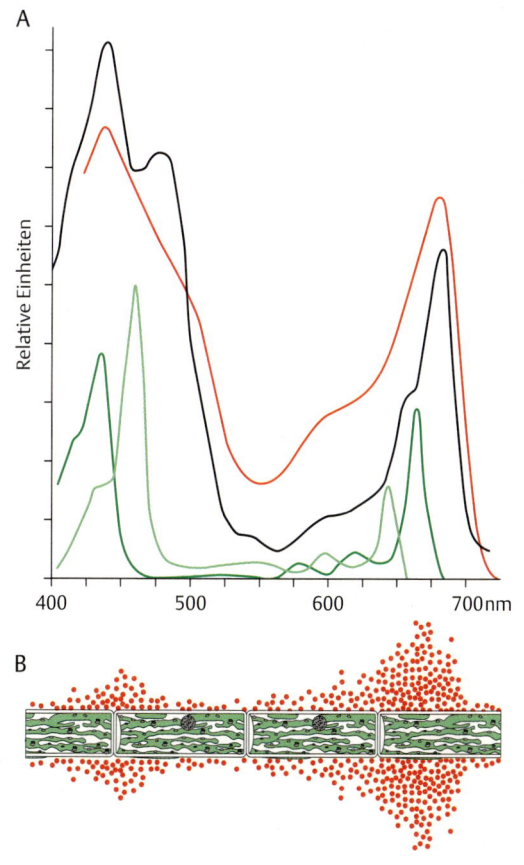

Abb. 10.3 **A** Photosynthetisches Aktionsspektrum (rote ausgezogene Linie) und *in-vivo*-Absorptionsspektrum (schwarze ausgezogene Linie) der Grünalge *Ulva lactuca*. Zum Vergleich sind die Absorptionsspektren der Chlorophylle a (dunkelgrüne Linie) und b (hellgrüne Linie) in Ether eingezeichnet. Die Abszisse gibt die Wellenlänge in nm, die Ordinate im Falle der Absorptionsspektren die Extinktion, im Falle des Aktionsspektrums die Wirksamkeit in relativen Einheiten an. **B** Engelmannscher Bakterienversuch. Auf den Faden einer Grünalge *(Oedogonium)* wird ein Spektrum (Wellenlängen in **A**) projiziert. Die Ansammlungsstärke der durch photosynthetische Sauerstoffentwicklung angelockten aerophilen Bakterien (rote Punkte) spiegelt die photosynthetische Wirksamkeit der einzelnen Spektralbereiche wider. Die blaue Strahlung ist schwächer wirksam, als ihre Absorption durch die Chlorophylle erwarten läßt (nach Haxo u. Blinks, Zscheile, Engelmann).

Die photosynthetische Wirksamkeit der verschiedenen Strahlungsbereiche läßt sich elegant durch den Engelmannschen Bakterienversuch demonstrieren. Projiziert man ein durch ein Prisma erzeugtes Spektrum sichtbarer Strahlung auf einen Algenfaden *(Cladophora, Oedogonium* o. ä.), so werden die im Präparat befindlichen Bakterien durch den photosynthetisch gebildeten Sauerstoff chemotaktisch angelockt, und zwar um so stärker, je größer die photosynthetische Wirksamkeit des betreffenden Spektralbereiches ist. Auf diese Weise erhält man also gewissermaßen direkt ein photosynthetisches Wirkungsspektrum (Abb. 10.3 **B**). Bei manchen Pflanzen ist die blaue Strahlung im Vergleich zur roten allerdings erheblich schwächer wirksam, als die Absorption durch Chlorophyll a erwarten läßt. Möglicherweise ist dies auf die abschirmende

Wirkung der im blauen Spektralbereich ebenfalls absorbierenden (Abb. 17.**14**, S. 572) Carotinoide zurückzuführen (s. unten).

Wie bereits besprochen (S. 93), kommt das Chlorophyll a bei allen photoautotrophen Organismen mit Ausnahme der photosynthetischen Eubakterien vor. Es stellt somit das Hauptpigment der Photosynthese dar. Dagegen fehlt Chlorophyll b bei vielen Algengruppen ganz. An seiner Stelle finden sich bei diesen andere Pigmente, und zwar die Chlorophylle c und d, die Phycobiliproteine sowie gewisse Carotinoide, z. B. Fucoxanthin. Über die Mitwirkung bei der Photosynthese hinausgehend üben die Carotinoide auch eine Schutzfunktion aus, indem sie bei der Photosynthese entstehende hochaktive Sauerstoffspezies, z. B. Singulettsauerstoff $^1O_2$, „quenchen" („löschen", also unwirksam machen) und auf diese Weise die Photooxidation des Chlorophylls verhindern, aber auch andere Moleküle und Prozesse vor einer Schädigung schützen.

10.3.2 Lichtreaktionen

Durch die Absorption eines Lichtquants wird ein π-Elektron auf eine höhere Bahn angehoben, d. h. das Chlorophyll a geht in einen angeregten Zustand über, der eine höhere Energie besitzt als der Grundzustand. Die Größe der energetischen Differenz zum Grundzustand hängt vom Anregungsniveau ab, das, dem Energiegehalt des absorbierten Lichtquants entsprechend, verschieden hoch sein kann. Bei Anregung durch energiereiche, kurzwellige blaue Strahlung (430–440 nm) wird der 2. Singulettzustand und damit das höchstmögliche Energieniveau erreicht, das jedoch wegen seiner extrem kurzen Lebensdauer (10^{-12} s) nicht zur Umwandlung in chemische Energie genutzt werden kann, sondern unter Abgabe von Wärmeenergie sofort in den 1. Singulettzustand übergeht, der mit einer Lebensdauer von 10^{-8} s stabiler ist und chemische Arbeit zu leisten vermag. Er wird auch durch die Absorption eines Quants der energieärmeren roten Strahlung (670–680 nm) erreicht, so daß es letztlich gleichgültig ist, ob die Anregung durch blaue oder rote Strahlung erfolgt. Fällt das Elektron in den Grundzustand zurück, geht die Energie entweder als Wärme verloren oder sie wird, falls sie nicht anderweitig genutzt wird, als rotes Fluoreszenzlicht abgestrahlt, das längerwellig als das absorbierte Licht ist. Somit kommt dem Chlorophyll a nicht nur ein spezifisches Absorptionsspektrum, sondern auch ein charakteristisches **Fluoreszenzspektrum** zu, aus den vorgenannten Gründen unabhängig davon, ob blaue oder rote Strahlung absorbiert wurde.

Von den Chlorophyll a-Molekülen sind nur wenige photochemisch aktiv, nämlich die der **Reaktionszentren** (RC). Die übrigen Chlorophyll a-Moleküle bilden, zusammen mit Chlorophyll b (bzw. bei den Algen gegebenenfalls mit den anderen Chlorophyllen) und den photosynthetisch aktiven Carotinoiden Pigment-Protein-Komplexe, d. h. die Antennen und den **light-harvesting-complex** (LHC, S. 100). Auch die Biliproteine haben Antennenfunktionen, sind aber in besonderen Komplexen, den **Phycobilisomen,** zusammengefaßt, die bei den

Cyanobakterien und den Rhodophyceen (Rotalgen) auf der Außenseite der Thylakoide angeordnet sind. Die Pigmente der Antennen und des LHC übertragen die absorbierte Strahlungsenergie durch Resonanzübertragung bzw. Excitonen-transfer auf die Reaktionszentren.

Unter **Resonanzübertragung** versteht man einen Transfer der Anregungsenergie von einem Pigment, das ein Photon absorbiert hat, auf ein benachbartes, mehr als 2 nm entferntes Pigment-Molekül, dessen Absorptionsspektrum sich mit dem Fluoreszenzspektrum des ersteren überlappen muß. Ist der Abstand kleiner, kommt es wegen der stärkeren Wechselwirkung zu einem Transfer von **Excitonen,** worunter man einen Zweiteilchenzustand aus einem angeregten negativen Elektron und einem zurückbleibenden positiven Loch versteht. Die Energieleitung zum Reaktionszentrum wird dadurch möglich, daß die innerhalb eines Lichtsammlerkomplexes gebunden vorliegenden Chlorophyll-Moleküle Unterschiede in der Lage der Rotbande zeigen, die um so längerwellig ist, je näher die Moleküle dem Reaktionszentrum liegen. Da ein Transfer nur vom energiereicheren zum energieärmeren, also vom kürzerwelligen zum längerwelligen Chlorophyll erfolgen kann, ist die Richtung des Energietransfers zum Reaktionszentrum festgelegt.

Infolge dieses Energietransfers zeigt in der lebenden Zelle nur Chlorophyll a eine Fluoreszenz. Auch sie ist verhältnismäßig gering, da der größte Teil der absorbierten Strahlungsenergie in die Form eines chemischen Potentials überführt und auf diese Weise für die Pflanze nutzbar gemacht wird. Dabei handelt es sich, wenn wir von der vorübergehenden Konservierung der Energie in der energiereichen Bindung des ATP absehen, um den Aufbau eines Potentials zwischen Wasserstoff und Sauerstoff. Hierzu ist es notwendig, den Wasserstoff des Wassers vom Sauerstoff zu trennen und auf einen Akzeptor, das $NADP^{\oplus}$, zu übertragen, während der Sauerstoff in elementarer Form freigesetzt wird. Tatsächlich werden allerdings über weite Strecken nicht Wasserstoffatome, sondern Elektronen transportiert, was jedoch insofern keinen grundsätzlichen Unterschied bedeutet, als nach Übertragung der Elektronen Protonen angelagert werden können (s. Photosyntheseschema).

10.3.2.1 Nicht-zyklischer Elektronentransport

Der Aufbau eines chemischen Potentials wird dadurch möglich, daß ein Pigment im angeregten Zustand ein Elektron auf ein Akzeptormolekül A übertragen kann, das hierdurch zu einem Reduktant $A^{\ominus}$ wird. Das entstehende Elektronendefizit wird durch Aufnahme eines Elektrons von einem Donatormolekül D ausgeglichen, das hierbei zu einem Oxidant $D^{\oplus}$ wird. Im Falle der Photosynthese ist der Elektronendonator letztlich das Wasser, das durch Elektronenentzug photooxidiert wird, und der Endakzeptor das $NADP^{\oplus}$, das in den reduzierten Zustand $NADPH + H^{\oplus}$ übergeht. Da das E'_0 $H_2/\frac{1}{2}O_2 + 0{,}81$ V, das E'_0 $NADP^{\oplus}/NADPH + H^{\oplus}$ jedoch $-0{,}32$ V beträgt, muß hierbei eine Energiepotentialdifferenz von mehr als 1,2 V überwunden werden. Wie aus dem Photosyntheseschema ersichtlich, sind die tatsächlich zu bewältigenden Po-

322 10 Energieumwandlung und Syntheseleistungen

Lichtreaktionen

$E_0'V$

- −0,8 — P 700*, [A]
- −0,6 — FeS, Ferredoxin, NADP H+H⊕
- −0,4 — P 680*, Pheophytin, FAD ··· NADP⊕
- −0,2 — Q_A, Q_B, 2H⊕, Plastochinon
- ±0 — Nichtzyklischer Elektronentransport, Zyklischer Elektronentransport
- +0,2 — Cytochrom b_6, FeS
- +0,4 — 2H⊕ 2H⊕, Cytochrom f, Plastocyanin, P 700, Photosystem I
- +0,6 — 2 hν
- +0,8 — ½ O_2, P 680, ATP
- +1,0 — Photosystem II, $Mn^{2⊕}$, H_2O, Photophosphorylierung, ADP + P_i, ADP

1. Lichtreaktion
2. Lichtreaktion
2 hν

Legende:
— Elektronentransport
---- Energieübertragung
⋯⋯ Wasserstofftransport
— Sonstige Reaktionen

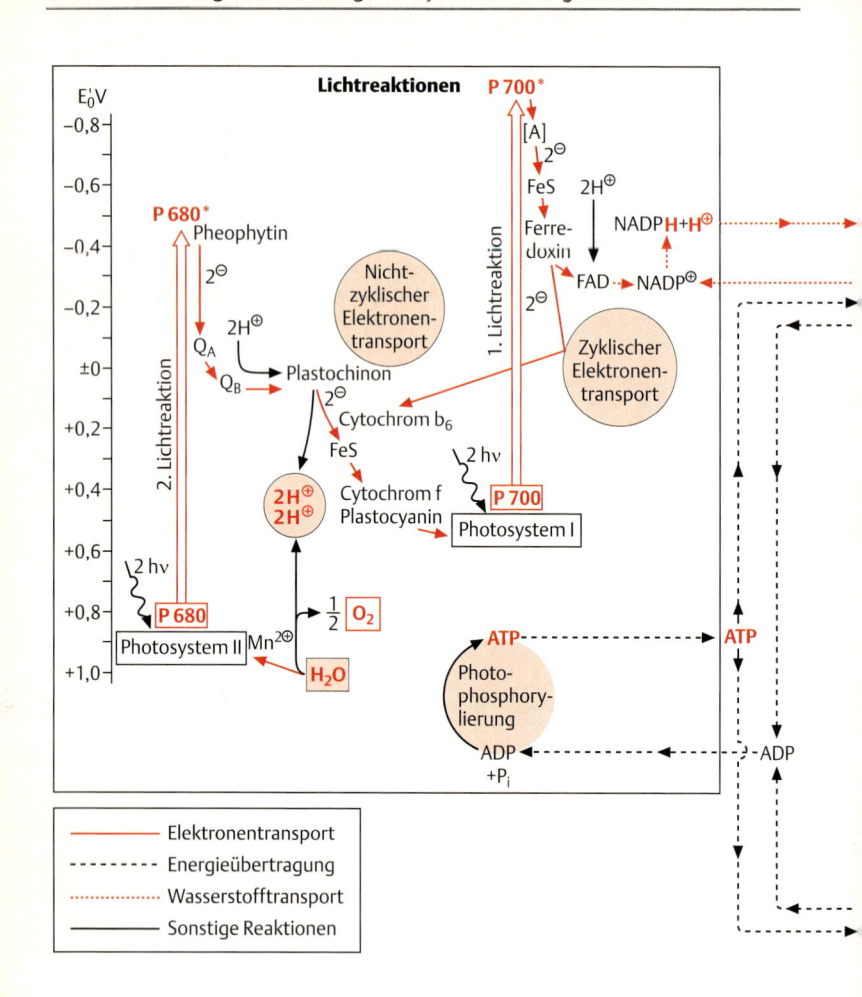

Photosynthese

10.3 Photosynthese

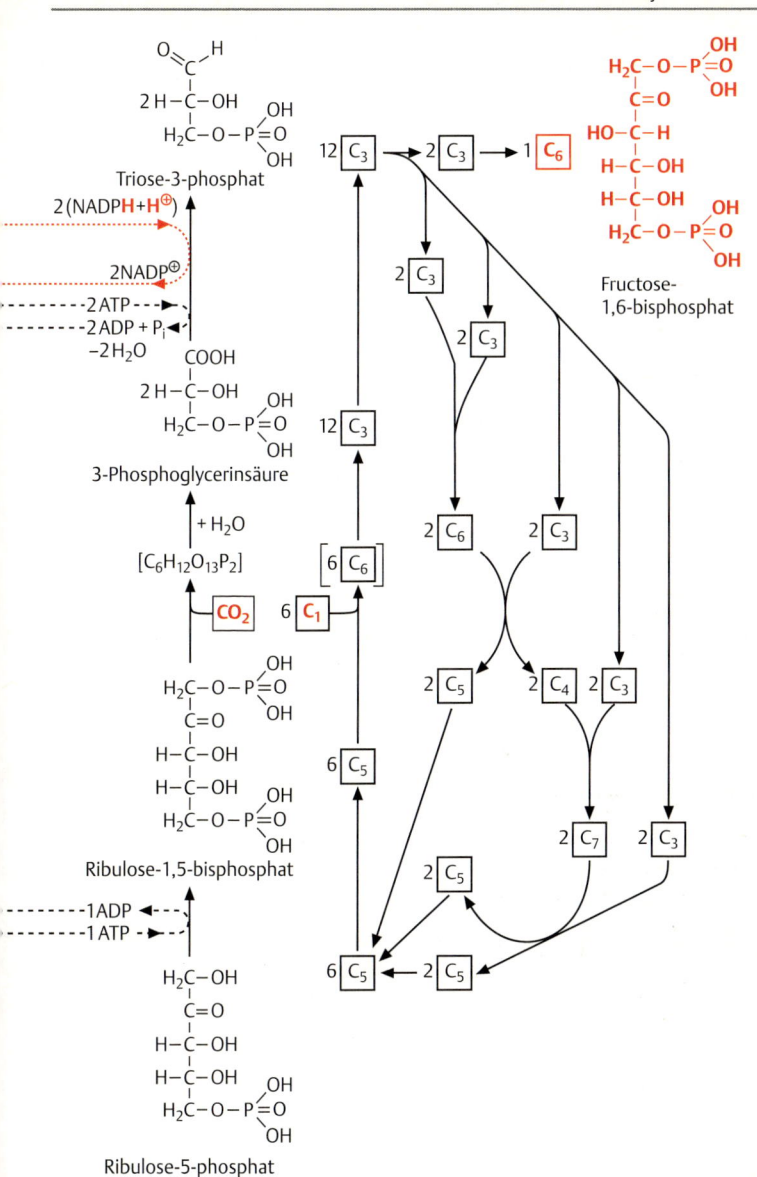

$$\underset{\text{Triose-3-phosphat}}{2\ \begin{array}{c}O{\diagdown}_{\diagup}H\\ \mid\\ H-C-OH\\ \mid\\ H_2C-O-P{=}O\\ \quad\quad\quad\;\;\diagdown OH\\ \quad\quad\quad\;\;OH\end{array}}$$

2 (NADP**H**+**H**$^{\oplus}$)
2 NADP$^{\oplus}$
------ 2 ATP
------ 2 ADP + P$_i$
       – 2 H$_2$O

$$\underset{\text{3-Phosphoglycerinsäure}}{2\ \begin{array}{c}COOH\\ \mid\\ H-C-OH\\ \mid\\ H_2C-O-P{=}O\\ \quad\quad\quad\;\;\diagdown OH\\ \quad\quad\quad\;\;OH\end{array}}$$

+ H$_2$O

[C$_6$H$_{12}$O$_{13}$P$_2$]

CO$_2$

$$\underset{\text{Ribulose-1,5-bisphosphat}}{\begin{array}{c}H_2C-O-P{=}O\\ \mid\quad\quad\quad\;\;\diagdown OH\\ C=O\quad\quad OH\\ \mid\\ H-C-OH\\ \mid\\ H-C-OH\\ \mid\\ H_2C-O-P{=}O\\ \quad\quad\quad\;\;\diagdown OH\\ \quad\quad\quad\;\;OH\end{array}}$$

------ 1 ADP
------ 1 ATP

$$\underset{\text{Ribulose-5-phosphat}}{\begin{array}{c}H_2C-OH\\ \mid\\ C=O\\ \mid\\ H-C-OH\\ \mid\\ H-C-OH\\ \mid\\ H_2C-O-P{=}O\\ \quad\quad\quad\;\;\diagdown OH\\ \quad\quad\quad\;\;OH\end{array}}$$

$$\underset{\text{Fructose-1,6-bisphosphat}}{\begin{array}{c}OH\\ H_2C-O-P{=}O\\ \mid\quad\quad\quad\;\;\diagdown OH\\ C=O\quad\quad OH\\ \mid\\ HO-C-H\\ \mid\\ H-C-OH\\ \mid\\ H-C-OH\\ \mid\\ H_2C-O-P{=}O\\ \quad\quad\quad\;\;\diagdown OH\\ \quad\quad\quad\;\;OH\end{array}}$$

12 C$_3$ → 2 C$_3$ → 1 C$_6$

2 C$_3$

2 C$_3$

12 C$_3$

2 C$_6$ 2 C$_3$

[6 C$_6$]

6 C$_1$

2 C$_5$ 2 C$_4$ 2 C$_3$

6 C$_5$

2 C$_7$ 2 C$_3$

2 C$_5$

6 C$_5$ ← 2 C$_5$

tentialsprünge wegen der zwischengeschalteten, „bergab" (d.h. zu einem positiveren E'_0) verlaufenden Elektronentransportkette sogar noch größer. Daher erfolgt dieser Vorgang nicht in einem Schritt, sondern in zwei hintereinander geschalteten Lichtreaktionen, die durch eine Elektronentransportkette verbunden sind. Sie werden als erste und zweite Lichtreaktion, die beteiligten Pigmentsysteme entsprechend als Photosystem I und II bezeichnet.

Photosystem II: Wie bereits dargelegt (S.100 und Abb. 3.18A, S.102), besteht das PS II aus dem Reaktionszentrum RC II, dem Antennenkomplex und dem wasser-oxidierenden Komplex. Es ist mit dem LHC II assoziiert.

> Zum RC II gehören die Proteine D1 und D2, die ein Heterodimer bilden, sowie **P 680**, eine spezielle Form des Chlorophylls a (wahrscheinlich ein Dimer), die eine charakteristische Absorption bei 680 nm zeigt.

Die Energie der durch das Lichtsammlersystem absorbierten Photonen wird in Form von Elektronen auf dem bereits beschriebenen Weg dem RC II zugeleitet. Diese ist der primäre Elektronendonator und überträgt ein „energiereiches Elektron" auf den an der Außenseite der Membran liegenden primären Elektronenakzeptor, ein Pheophytin a-Molekül[3]. Das photooxidierte $P680^{\oplus}$ wird sofort durch einen sekundären Elektronendonator mit einem stark positiven Redox-Potential (ca. +1,0 V), dessen chemische Natur nicht bekannt ist und der daher als Z bezeichnet wird, wieder reduziert. Dieser gleicht sein Elektronendefizit über den Wasser-oxidierenden Komplex aus, wodurch eine in ihren Einzelheiten noch nicht bekannte Folge von Reaktionen ausgelöst wird, an der Tyrosin-Radikale beteiligt sind (Abb. 3.18A, S.102). Sie führt schließlich zur Oxidation des Wassers. Dabei entstehen zwei Protonen und elementarer Sauerstoff ($\frac{1}{2}O_2$). Hieran sind sowohl Chlor- als auch Mangan-Ionen beteiligt, wobei die letzteren an Proteine gebunden vorliegen.

Vom Pheophytin a (Pheo) wird das Elektron über das fest gebundene Plastochinon Q_A auf das reversibel gebundene Plastochinon Q_B übertragen. Der weitere Elektronentransport wird erst fortgesetzt, wenn nach wiederholter Anregung ein weiteres Elektron auf Q_B übertragen wurde. Nach Anlagerung von zwei Protonen zu Plastohydrochinon (PQH_2) löst sich dieses vom PS II und wird gegen ein anderes PQ des Plastochinon-Pools ausgetauscht. Dessen Moleküle sind in der Thylakoidmembran sowohl transversal als auch lateral beweglich. Sie wandern zum **Cytochrom b, f-Komplex** (genauer Cytochrom b_6, f-Komplex), dessen Zusammensetzung der Abb. 3.18A (S.102) zu entnehmen ist. Dieser hat zwei PQ-Bindungsstellen (Q_Z und Q_C), die in der Nähe des FeS-Zentrums sowie der inneren $Häm_i$- und der äußeren $Häm_a$-Gruppe des Cytochroms b_{563} liegen. Durch die Bindung des PQH_2 an Q_Z werden zwei Elektronen auf den Cytochrom b, f-Komplex übertragen, wobei zwei Protonen

---

[3] Als Pheophytine bezeichnet man Chlorophylle, denen das Mg-Zentralatom fehlt. Dem Chlorophyll a entspricht somit das Pheophytin a usw.

freigesetzt werden, die wiederum in den Thylakoidinnenraum gelangen (Abb. 10.**4**). Hierdurch wird der 2-Elektronen-Transport wieder zu einem 1-Elektronen-Transport.

Die Verbindung vom Cytochrom b, f-Komplex zum PS I wird durch **Plastocyanin** (PC) hergestellt. Dieses ist ein kupferhaltiges peripheres Protein, das auf der Innenseite der Thylakoidmembranen liegt. Es wird durch den Cytochrom b, f-Komplex reduziert und überträgt die Elektronen auf PS I, das eine spezifische Bindungsstelle für PC besitzt. Der Elektronenübertragung liegt ein Valenzwechsel zwischen $Cu^{2\oplus}$ und $Cu^{\oplus}$ zugrunde.

Photosystem I: Das Photosystem I (PS I) besteht ebenfalls aus einem Core-Komplex, dessen Zusammensetzung in Abb. 3.**18 B** (S. 103) beschrieben ist. Er ist mit dem Antennenkomplex bzw. LHC assoziiert. Der Antennenkomplex enthält die Chlorophylle a und b, wobei jedoch der Chlorophyll b-Anteil geringer ist als beim LHC II, sowie Carotinoide. Die absorbierten Photonen werden dem RC I zugeleitet.

> Das RC I ist ein proteingebundenes Chlorophyll a, das **P 700**, das durch seine Absorption bei 700 nm charakterisiert ist und wahrscheinlich ebenfalls als Dimer vorliegt.

Die chemische Natur des Primärakzeptors ist nicht bekannt, weshalb er mit A bezeichnet wird. Möglicherweise sind mehrere in Reihe geschaltet (A_0, A_1, A_2, deshalb im Photosyntheseschema die eckige Klammer). Sein Redox-Potential ist stark negativ (etwa $-0,7$ V), so daß er in der Lage ist, unter Mitwirkung eines Eisen-Schwefel-Proteins das an der Außenseite der Thylakoidmembran liegende **Ferredoxin** (Fd) zu reduzieren. Dieses ist ebenfalls ein Eisen-Schwefel-Protein. Es hat ein E'_0 von $-0,45$ V und ist als peripheres Membranprotein in der Membran lateral beweglich. Das Fd überträgt die Elektronen auf ein ebenfalls peripher an die Membran gebundenes, FAD-haltiges Enzym, die **Ferredoxin-NADP-Reduktase**. Für die Reduktion des FAD sind zwei Elektronen notwendig, wobei zwei Protonen angelagert werden. Das Enzym reduziert nun seinerseits $NADP^{\oplus}$ zu **NADPH + H$^{\oplus}$**. Hiermit ist das Ende der Elektronentransportkette erreicht, die man als nicht-zyklischen Elektronentransport (auch linearer oder offenkettiger Transport genannt) bezeichnet.

> Zusammenfassend kann man sagen, daß zwei Elektronen vom Wasser über die beiden in Serie geschalteten Photosysteme I und II zum $NADP^{\oplus}$ transportiert worden sind. Da dieses bei der Reduktion zum NADPH + H$^{\oplus}$ zwei Protonen aufnimmt, bei der Wasserspaltung hingegen 2 Protonen pro ½O_2 entstehen, ist die Protonenbilanz ausgeglichen.

Dabei ist allerdings zu berücksichtigen, daß die aus dem Wasser stammenden Protonen im Thylakoidinnenraum freigesetzt werden, die zur Reduktion des $NADP^{\oplus}$ benötigten hingegen aus dem äußeren Raum stammen. Da außerdem

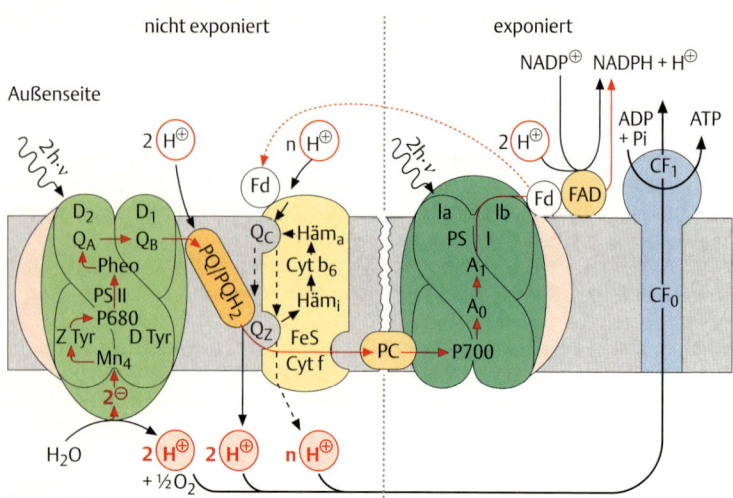

Abb. 10.4 Photosynthetischer Elektronentransport, Aufbau eines Protonengradienten und Phosphorylierung (schematisch). Bezüglich der Anordnung der Partikel im exponierten und nicht-exponierten Bereich sei auf S. 98 ff. verwiesen. Unter Absorption von zwei Photonen durch das PS II (hellgrün) werden zwei Elektronen durch die Thylakoidmembran transportiert. Durch die damit verbundene Wasserspaltung entstehen im Thylakoidinnenraum zwei Protonen + ½ O_2. Durch Reduktion des Plastochinons (PQ, orange) an der Außenseite verarmt der Außenraum um zwei Protonen, die bei der Oxidation des Plastohydrochinons (PQH_2) durch den Cytochrom b, f-Komplex (gelb) an der Innenseite der Membran wieder freigesetzt werden, während die Elektronen über das Plastocyanin (PC) und, unter Absorption von zwei weiteren Photonen, über das PS I (blaugrün) an die Außenseite zum Ferredoxin (Fd) transportiert werden. Dieses reduziert $NADP^{\oplus}$ zu $NADPH + H^{\oplus}$, wodurch der Außenraum um zwei weitere Protonen verarmt. Dieser Elektronentransport (rote durchgezogene Pfeile) wird als nicht-zyklischer Elektronentransport bezeichnet. Daneben findet ein zyklischer Elektronentransport statt, der durch den gestrichelten roten Pfeil markiert ist. Die Stoechiometrie von $H^{\oplus}/e$ ist nicht sicher, da unter bestimmten Umständen mehrere (n) Protonen am Cytochrom b, f-Komplex zusätzlich durch die Membran gepumpt werden können (schwarze gestrichelte Pfeile). Der auf diese Weise errichtete Protonengradient erzeugt einen auswärtsgerichteten Protonenstrom (ausgezogene schwarze Linie) durch den Kopplungsfaktor (CF_0), wobei am CF_1 (blau) aus $ADP + P_i$ das ATP gebildet wird. Die rot gerasterten Bereiche an PS I und II repräsentieren die Antennen. Thylakoidmembran grau. Bezüglich der Bezeichnung der einzelnen Komponenten sei auf den Text bzw. Abb. 3.**18**, S. 102 f., verwiesen (vgl. auch Abb. 3.**16 D**, S. 98).

durch das Plastochinon dem Außenraum zwei Protonen entzogen und auf der Innenseite freigesetzt werden, entstehen im Innenraum insgesamt vier $H^{\oplus}$ pro ½ O_2, während der Außenraum um die gleiche Anzahl verarmt. Hierdurch wird ein Protonengradient aufgebaut, der in einer p_H-Differenz zwischen dem inneren und dem äußeren Raum zum Ausdruck kommt.

10.3.2.2 Zyklischer Elektronentransport

Eine Alternative zum nicht-zyklischen ist der zyklische Elektronentransport, der vom Akzeptor des PS I über Ferredoxin und den Cytochrom b_6, f-Komplex zum P700 zurückführt. Das Ferredoxin überträgt das Elektron in diesem Falle also nicht auf NADP$^\oplus$, sondern auf eine spezifische Bindungsstelle des Cytochrom b_6, f-Komplexes. Durch zwei Elektronen und Aufnahme zweier Protonen aus dem Außenraum wird Plastochinon zu Plastohydrochinon reduziert, das die beiden Protonen auf der Innenseite der Thylakoidmembran wieder freisetzt, während die Elektronen zum P700 zurückfließen. Analog dem nicht-zyklischen Elektronentransport wird dadurch ein Protonengradient zwischen dem intrathylakoidalen und dem äußeren Raum aufgebaut, woran in diesem Falle nur das Photosystem I beteiligt ist. Folglich werden auch keine Reduktionsäquivalente gebildet.

10.3.2.3 Photophosphorylierung

Wie aus dem Photosyntheseschema (S. 322) hervorgeht, werden für die Reduktion des Kohlendioxids nicht nur **Reduktionsäquivalente** in Form von NADPH + H$^\oplus$ benötigt, sondern auch **Energieäquivalente** in Form von ATP. Diese werden in einem mit dem Elektronentransport gekoppelten Prozeß gebildet, den man als Photophosphorylierung bezeichnet. Sie erfolgt an dem Kopplungsfaktor CF$_1$, der mit dem Protein CF$_0$ in der Thylakoidmembran verankert ist (Abb. 3.18 B, S. 103). Unsere Vorstellungen vom Mechanismus der Kopplung von Elektronentransport und ATP-Bildung basieren im wesentlichen auf der **chemiosmotischen Theorie**, die ursprünglich von Mitchell für die Atmungskettenphosphorylierung formuliert und später auf die Photophosphorylierung übertragen wurde.

> Der durch den nicht-zyklischen bzw. zyklischen Elektronentransport über der Thylakoidmembran errichtete Protonengradient und die daraus resultierenden **proton motive force** kehren die **Protonenpumpe** (Abb. 2.8 A, S. 60) in ihrer Richtung um, so daß sie nunmehr als **ATP-Synthase** wirkt und aus ADP und anorganischem Phosphat (P$_i$) ATP bildet, wodurch der Protonengradient abgebaut wird.

Dabei ist es prinzipiell gleichgültig, ob der Gradient durch den nicht-zyklischen oder den zyklischen Elektronentransport errichtet wurde. Dennoch kann man eine nicht-zyklische und eine zyklische Photophosphorylierung unterscheiden. Blockiert man nämlich PS II durch den Hemmstoff 3(3,4-Dichlorphenyl)-1,1-dimethylharnstoff (DCMU), der Q$_B$ von seiner Bindungsstelle am Protein D$_1$ verdrängt, wird kein NADP$^\oplus$ mehr reduziert. Dennoch kann ATP durch Abbau des Protonengradienten, der im zyklischen, durch DCMU nicht gehemmten Elektronentransport aufgebaut wurde, synthetisiert werden.

In der nicht-zyklischen Photophosphorylierung wird 1 ATP/1 NADPH + H$^\oplus$ gebildet. Da für die Reduktion eines CO_2-Moleküls 2 NADPH + H$^\oplus$, aber 3 ATP benötigt werden (s. unten), muß zusätzlich ATP gebildet werden. Dies könnte durch die zyklische Photophosphorylierung geschehen, doch gehen die Ansichten hierüber noch auseinander.

10.3.3 Regulation der Energieverteilung

Aus den vorangehenden Abschnitten folgt, daß ein zügiger Einbau von Kohlendioxid nur dann gewährleistet ist, wenn Reduktionsäquivalente und Energieäquivalente in ausreichendem Maße zur Verfügung stehen. Kommt es durch verminderte Leistung eines der beiden Photosysteme zu einer unzureichenden Anlieferung eines der beiden Äquivalente, wird die Effizienz des Einbauprozesses zwangsläufig beeinträchtigt. Es ist also ein Regulativ notwendig, das die aufeinander abgestimmte Versorgung beider Photosysteme garantiert. Hierbei spielt der state 1/state 2-Übergang, der im folgenden dargestellt ist, eine entscheidende Rolle.

Wie in Abb. 3.**16 D** (S. 98) schematisch gezeigt, liegen die PS I-Partikel und die ATP-Synthase überwiegend in den Stromathylakoiden bzw. den exponierten Bereichen der Granathylakoide, die PS II-Partikel und der Cytochrom b$_6$, f-Komplex hingegen in den nicht-exponierten Bereichen der Granathylakoide. Die LHC II-Partikel sind in den Thylakoidmembranen lateral beweglich und können die absorbierte Strahlungsenergie sowohl auf PS I als auch PS II übertragen. Bei dem in Abb. 3.**16 D** wiedergegebenen Zustand, der auch als „**state 1**" bezeichnet wird, überträgt der LHC II die absorbierte Strahlungsenergie ausschließlich auf PS II. Ein Energietransfer vom PS I wird jedoch möglich, wenn der LHC II zu den exponierten Bereichen wandert oder die Granastapel sich öffnen und auf diese Weise die exponierten Flächen vergrößern („**state 2**"). Offenbar sind diese beiden Zustände Phasen eines sich durch wechselseitige Übergänge („state transitions") selbst regulierenden Energieverteilungssystems. Im „state 1" ist der LHC II nicht phosphoryliert. Wird nun die vom LHC II absorbierte Strahlungsenergie auf PS II übertragen und der Plastochinon-Pool reduziert, so wird der LHC II durch eine Phosphokinase phosphoryliert und infolge der zunehmenden negativen Ladungen an seiner Oberfläche lateral beweglich. Er wandert aus den gestapelten Membranen der Grana in die exponierten Bereiche, so daß sich der „state 2" ausbildet. Außerdem weichen die Granamembranen an den Rändern der Grana auseinander, wodurch die Berührungsflächen der Membranen verkleinert und die freien Oberflächen vergrößert werden. Die nunmehr folgende Übertragung der Lichtenergie auf PS I führt zu einer Oxidation des Plastochinon-Pools, was wiederum eine Dephosphorylierung des LHC II durch eine Phosphatase und damit die Rückbildung des „state 1" zur Folge hat. Die Energieverteilung auf die beiden

Photosysteme wird also über den Redox-Zustand des Plastochinon-Pools oder des Cytochrom b_6/f-Komplexes oder beider geregelt.

10.3.4 Reduktion des Kohlendioxids und Synthese der Kohlenhydrate

Für den Einbau des Kohlendioxids, früher auch als Assimilation des Kohlenstoffs bezeichnet, stehen zwei Wege zur Verfügung: der Calvin-Zyklus, bei dem der Einbau direkt über C_3-Körper erfolgt, und der C_4-Dicarbonsäureweg, bei dem vorübergehend C_4-Körper gebildet werden. Man unterscheidet daher C_3- und C_4-Pflanzen.

Calvin-Zyklus: Bei der Mehrzahl der Pflanzen wird das CO_2 in eine Pentose, das Ribulose-1,5-bisphosphat, eingebaut (s. Photosyntheseschema S. 323). Das wirksame Enzym ist die RubisCO (S. 104), ein multifunktionelles Enzym, das auch noch eine für die Pflanze ungünstige Reaktion katalysiert, nämlich die Oxidation des gebundenen Ribulose-1,5-bisphosphates mit molekularem Sauerstoff zu 2-Phosphoglykolsäure und 3-Phosphoglycerinsäure (S. 333). Durch den Einbau des Kohlendioxids in das Ribulose-1,5-bisphosphat entsteht ein instabiler C_6-Körper, der sofort in zwei C_3-Körper, die 3-Phosphoglycerinsäure, zerfällt. Diese wird durch die Reduktionsäquivalente unter Wasserabspaltung und ATP-Verbrauch reduziert, wodurch je ein Molekül Triose-3-phosphat, $NADP^{\oplus}$ und ADP entstehen. Zwei Moleküle Triosephosphat werden in eine Hexose, also einen C_6-Körper, umgewandelt, während aus weiteren C_3-Körpern in einem komplizierten, über C_3-, C_4-, C_5- und C_7-Körper laufenden Zyklus, dem Calvin-Zyklus (= reduktiver Pentosephosphatzyklus, vgl. S. 371), ein C_5-Körper, das Ribulose-5-phosphat, regeneriert wird. Durch einen abschließenden Phosphorylierungsschritt entsteht schließlich wieder das Ribulose-1,5-bisphosphat.

Um die Bildung eines C_6-Körpers aus 6 CO_2-Molekülen deutlich zu machen, wurden im Photosyntheseschema 6 Moleküle Ribulose-1,5-bisphosphat eingesetzt, die mit 6 CO_2-Molekülen 12 C_3-Körper ergeben. Hieraus wird ein C_6-Körper, das Fructose-1,6-bisphosphat, gebildet, während die restlichen 10 C_3-Körper wieder in 6 C_5-Körper umgewandelt werden. Insgesamt sind zur Reduktion von 6 CO_2-Molekülen also 12 $NADPH + H^{\oplus}$ nötig. Hierfür werden 12, für die Phosphorylierung der 6 Ribulose-5-phosphatmoleküle 6, insgesamt also 18 ATP verbraucht.

C_4-Dicarbonsäurewege: Der CO_2-Einbau über C_4-Dicarbonsäuren hat sich in Anpassung an die Lebensweise an trockenen, sonnenreichen Standorten entwickelt. Hier werden ja die Pflanzen mit dem Problem konfrontiert, daß sie notwendigerweise für die Photosynthese CO_2 durch die Stomata aufnehmen müssen, die Öffnung der Stomata aber zwangsläufig erhebliche Wasserverluste zur Folge hat. Um dennoch einen ausreichenden CO_2-Einbau bei weitgehend oder ganz geschlossenen Spaltöffnungen zu ermöglichen, wurden im

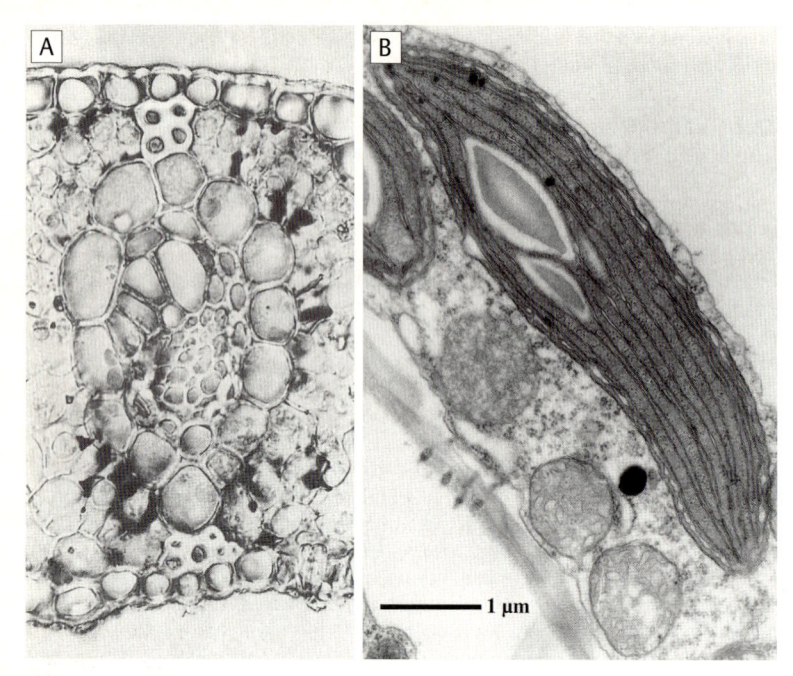

Abb. 10.5 Bündelscheidenzellen mit Chloroplasten. **A** (LM-Aufnahme eines Querschnitts durch das Blatt vom Zuckerrohr *(Saccharum officinarum)*. Lebendmaterial. Mittelgroßes Leitbündel mit deutlicher Bündelscheide, in der einige Chloroplasten zu sehen sind. Das umgebende Mesophyll ist reich an Interzellularen (450fach). **B** TEM-Aufnahme eines Bündelscheiden-Chloroplasten vom Mais *(Zea mays)*. (**A** aus Nultsch, Mikroskopisch-Botanisches Praktikum, 10. Aufl. Stuttgart 1995, **B** Originalaufnahme: G. Wanner).

Verlauf der Evolution zwei verschiedene Wege entwickelt: der C_4-Dicarbonsäure-Zyklus und der Crassulaceen-Säurestoffwechsel. Bei ersterem sind CO_2-Einbau und Kohlenhydratbildung räumlich, bei letzterem zeitlich getrennt.

C_4-Dicarbonsäure-Zyklus: Charakteristisch für die Blätter der C_4-Pflanzen sind die Bündelscheiden, die die Leitbündel kranzförmig umgeben (Abb. 10.5 A). Verglichen mit den benachbarten Mesophyllzellen erscheinen sie relativ groß. Ihre Chloroplasten lassen unter dem Lichtmikroskop keine Strukturierung erkennen, was, wie das elektronenmikroskopische Bild zeigt (Abb. 10.5 B), auf das Fehlen von Granabereichen zurückzuführen ist. Sie enthalten meist Stärkekörner. In den Mesophyllzellen erfolgen der primäre CO_2-Einbau und die Bildung von Malat, in den Bündelscheidenzellen die Spaltung des Malates und der CO_2-Einbau nach dem Calvin-Zyklus.

Als primärer CO_2-Akzeptor dient bei den C_4-Pflanzen nicht das Ribulose-1,5-bisphosphat, sondern das Phosphoenolpyruvat (PEP, Salz der Phosphoenolbrenztraubensäure). Dieses wird durch die Phosphorylierung von Brenztraubensäure unter Mitwirkung des Enzyms Pyruvat-Phosphat-Dikinase nach der folgenden Reaktionsgleichung gebildet:

$$\text{Pyruvat} + \text{ATP} + P_i \rightarrow \text{Phosphoenolpyruvat} + PP_i + \text{AMP}.$$

Danach wird eine energiereiche Bindung für die Phosphorylierung des Pyruvates zu Phosphoenolpyruvat und eine zweite für die Phosphorylierung von Orthophosphat (P_i) zu Pyrophosphat (PP_i) benötigt. Folglich wird für die Rückgewinnung des ADP aus AMP ein weiteres ATP verbraucht, weshalb in Wirklichkeit für die Bildung des Phosphoenolypyruvates zwei ATP erforderlich sind, was der vorstehenden Gleichung nicht zu entnehmen ist.

Das entstehende Pyrophosphat (PP_i) wird enzymatisch zu Orthophosphat hydrolysiert. In das Phosphoenolpyruvat wird durch die PEP-Carboxylase CO_2 eingebaut, wodurch unter Abspaltung von anorganischem Phosphat Oxalacetat (Oxalessigsäure) entsteht. Diese Reaktion findet im Cytosol der Mesophyllzellen statt. Das Oxalacetat wird in die granahaltigen Chloroplasten überführt und dort durch $NADPH + H^{\oplus}$ unter Mitwirkung des Enzyms Malatdehydrogenase zu Malat (Äpfelsäure) reduziert. Pro CO_2 werden 2 ATP und 1 $NADPH + H^{\oplus}$, das in der Photosynthese gebildet wurde, verbraucht. Das Malat wird aus den Chloroplasten des Mesophylls über das Cytosol in die granafreien Chloroplasten der die Leitbündel umgebenden Bündelscheidenzellen transportiert. Hier erfolgt durch eine carboxylierende Malat-Dehydrogenase unter Reduktion von $NADP^{\oplus}$ zu $NADPH + H^{\oplus}$ die Spaltung des Malats in Pyruvat und CO_2, das nun über die RubisCO in den Calvin-Zyklus eingeschleust wird. Für den endgültigen Einbau werden neben zwei $NADPH + H^{\oplus}$ weitere drei ATP-Moleküle benötigt (s. oben).

Der vorübergehende Einbau von CO_2 in eine C_4-Dicarbonsäure mag auf den ersten Blick unvorteilhaft erscheinen, da die in Form von 2 ATP für die Bildung des PEP aufgewandte Energie nicht zurückgewonnen werden kann und somit verloren ist. Der zusätzliche Energieaufwand, der im Starklicht durch die Photophosphorylierung leicht ausgeglichen werden kann, bringt den C_4-Pflanzen jedoch erhebliche Vorteile. Da die PEP-Carboxylase eine ungleich höhere Affinität zu CO_2 hat als RubisCO, kann sein Einbau noch bei einer Konzentration erfolgen, die um eine Zehnerpotenz geringer ist als bei den C_3-Pflanzen. Der CO_2-Einbau ist also bei den C_4-Pflanzen sehr viel effektiver, was auch in den Photosynthesekurven (Abb. 10.**9**) zum Ausdruck kommt. Wegen der CO_2-Anreicherung kann dessen Konzentration in den Bündelscheidenzellen um das 20fache höher sein als in der umgebenden Luft. Da somit CO_2 nicht zum begrenzenden Faktor wird, wird das Sättigungsniveau der Photosynthese auch bei hohen Beleuchtungsstärken nicht erreicht. Des weiteren erlaubt der CO_2-Vorrat den C_4-Pflanzen, ihre Spaltöffnungen bei Vorliegen eines starken Wasserpotentialgefälles weniger weit zu öffnen als die C_3-Pflanzen, so daß ihre Transpirationsverluste unter gleichen Bedingungen deutlich geringer sind.

Schließlich wird durch die hohe CO_2-Spannung im Gewebe die Photorespiration (s. unten) gehemmt und der dadurch bedingte Substanzverlust herabgesetzt. Es ist also nicht verwunderlich, daß die Produktivität der Photosynthese bei C_4-Pflanzen höher ist.

Crassulaceen-Säurestoffwechsel: Eine Variante des CO_2-Einbaus über C_4-Dicarbonsäuren findet sich bei Sukkulenten, aber auch bei hemi- und nichtsukkulenten Formen. Da sie bei den Crassulaceen (Dickblattgewächsen) entdeckt wurde, wird sie auch als **CAM** (**C**rassulacean **A**cid **M**etabolism) bezeichnet. Die CAM-Pflanzen nehmen während der Nacht, die in der Regel kühler ist und eine höhere relative Luftfeuchte aufweist, durch die geöffneten Stomata CO_2 auf und bauen dieses mit Hilfe der PEP-Carboxylase ebenfalls in Phosphoenolpyruvat ein. Dieses wird allerdings, im Gegensatz zum C_4-Dicarbonsäure-Zyklus, durch den glykolytischen Abbau der aus Speicherstärke stammenden Glucose gewonnen. Das gebildete Oxalacetat wird, wiederum abweichend vom C_4-Dicarbonsäurezyklus, im Cytosol durch eine NAD-abhängige Dehydrogenase zu Malat, dem Salz der Äpfelsäure, reduziert, in die große Zellsaftvakuole transportiert und dort gespeichert. Dieser Transport erfolgt gegen das Konzentrationsgefälle. Daher werden durch eine ATP-getriebene Protonenpumpe des Tonoplasten (S. 58 f.) Protonen in die Vakuole gepumpt und die Malationen sekundär aktiv cotransportiert. Dies führt zu einer starken Ansäuerung des Vakuoleninhalts, wobei pH-Werte bis zu 3,5 erreicht werden können. Dabei geht ein großer Teil des Malates in undissoziierte Äpfelsäure über.

Bei Tagesanbruch werden die Stomata weitgehend geschlossen. Die Äpfelsäure diffundiert, vermutlich passiv dem Konzentrationsgefälle folgend, in das Cytosol und wird von dort in die Chloroplasten transportiert. Hier wird sie durch eine decarboxylierende NADP-abhängige Malat-Dehydrogenase gespalten und das CO_2 über die RubisCO in das Ribulose-1,5-bisphosphat eingebaut. Der weitere Weg zum Hexosephosphat entspricht dem Calvin-Zyklus. Die Spaltung der Äpfelsäure führt zwangsläufig zu einer Absäuerung des Vakuoleninhalts, dessen pH bis auf 8,0 ansteigen kann. Diese dem Tag-Nacht-Wechsel folgenden Änderungen des pH-Wertes sind unter der Bezeichnung **diurnaler Säurerhythmus** bekannt. So sind die CAM-Pflanzen in der Lage, am Tage trotz geschlossener Spaltöffnungen Photosynthese zu betreiben. Dies wird zwar durch einen hohen ATP-Verbrauch, 6 Moleküle pro fixiertes CO_2, erkauft, senkt aber andererseits die Transpirationsverluste auf etwa $1/10$ einer C_3-Pflanze unter gleichen Bedingungen.

C_4-Pflanzen gehören zahlreichen verschiedenen Familien. Bei den Poaceen (Gramineen) sind der Mais und das Zuckerrohr zu nennen, doch gehören die bei uns heimischen Getreidearten dem C_3-Typus an. In manchen Gattungen kommen sowohl C_3- als auch C_4-Pflanzen vor, bei der Gattung *Euphorbia* sogar C_3-, C_4- und CAM-Pflanzen. Entscheidend sind also die Standortfaktoren und nicht die systematische Zugehörigkeit.

10.3.5 Photorespiration

In photosynthetisch aktiven Zellen ist unter bestimmten Bedingungen (hoher O_2-, geringer CO_2-Partialdruck) eine Aufnahme von Sauerstoff bei gleichzeitiger Abgabe von Kohlendioxid zu beobachten. Da dies ein Kriterium der Atmungsvorgänge ist, hat man dieses Phänomen als **„Lichtatmung"** (**Photorespiration**) der normalen **„Dunkelatmung"** gegenübergestellt, obwohl, wie wir heute wissen, beide Prozesse grundsätzlich nichts miteinander zu tun haben.

Bei hohen O_2-Partialdrücken wird in den Chloroplasten die Oxygenase-Aktivität begünstigt, so daß sie Ribulose-1,5-bisphosphat oxidativ in je ein Molekül 3-Phosphoglycerat und Phosphoglykolat (Salz der Phosphoglykolsäure) spaltet, wobei Sauerstoff verbraucht wird. Während das 3-Phosphoglycerat im Calvin-Zyklus verbleibt, wird Phosphoglykolat durch eine Phosphatase zu Glykolat (Salz der Glykolsäure) dephosphoryliert, das aus dem Chloroplasten in ein Peroxisom transportiert wird (Abb. 10.6). Dort erfolgt die Oxidation des Glykolates zu Glyoxylat (Salz der Glyoxylsäure) durch die Glykolat-Oxidase, wobei die abgespaltenen Elektronen auf elementaren Sauerstoff übertragen werden. Das hierdurch entstehende Wasserstoffperoxid (H_2O_2) wird durch Katalase in Wasser und ½ O_2 gespalten, so daß bilanzmäßig ebenfalls Sauerstoff verbraucht wird. Durch Übertragung einer Aminogruppe auf Glyoxylat durch eine Transaminase entsteht die Aminosäure Glycin, wobei der Aminogruppen-Donor Glutamat (Salz der Gluatminsäure) in 2-Oxoglutarat (Salz der 2-Oxoglutarsäure) übergeht. Das Glycin wird in ein Mitochondrion transpor-

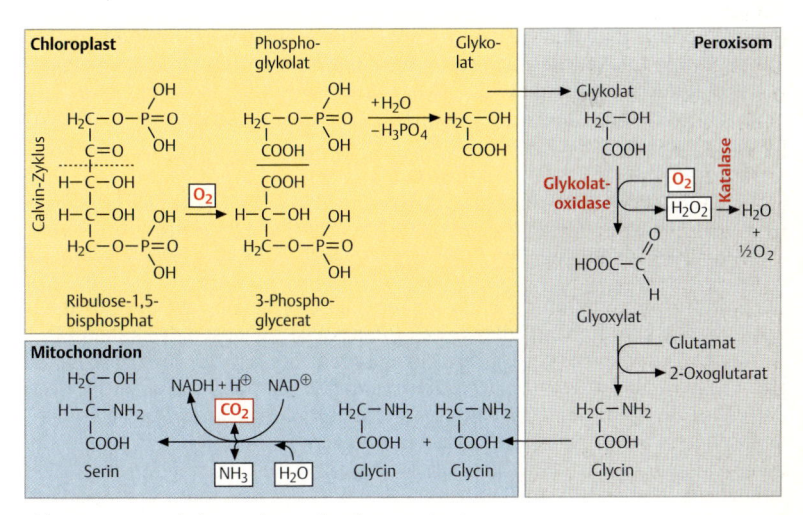

Abb. 10.6 Vereinfachtes Schema der Photorespiration.

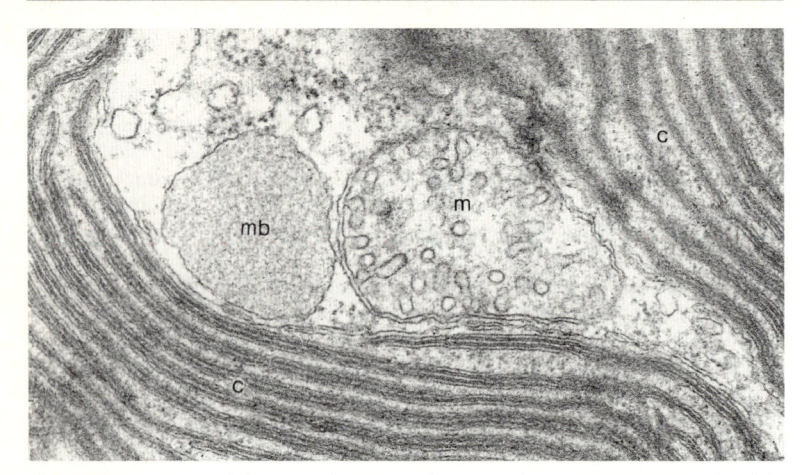

Abb. 10.7 Enger räumlicher Kontakt zwischen Chloroplast (c), Microbody (mb) und Mitochondrion (m) bei *Prorocentrum micans*. Im Gegensatz zu den Chloroplasten und Mitochondrien ist der Microbody, bei dem es sich um ein Peroxisom handelt, von einer einfachen Biomembran umgeben. Fixierung: Glutaraldehyd/OsO$_4$, Vergr. 40 000fach (Originalaufnahme: K. Kowallik).

tiert und dort mit einem weiteren Molekül Glycin unter Abspaltung von NH$_3$ und CO$_2$ in die Aminosäure Serin überführt, wobei NADH + H$^\oplus$ entsteht. Das Serin kann, sofern es nicht in den Aminosäure-Stoffwechsel eingeht, durch Desaminierung und Reduktion in 3-Phosphoglycerat überführt und in die Chloroplasten transportiert werden, wo es wieder in den Calvin-Zyklus eingeschleust wird. Das funktionelle Zusammenspiel von Chloroplasten, Peroxisomen und Mitochondrien findet häufig in einem engen räumlichen Kontakt dieser Organellen seinen Ausdruck (Abb. 10.7).

> Da bei dieser Reaktionsfolge O$_2$ verbraucht und CO$_2$ gebildet wird, besteht hinsichtlich des Gaswechsels tatsächlich eine formale Parallele zur Atmung, doch ist der Chemismus der beiden Prozesse grundsätzlich verschieden.

Die Photorespiration kommt hauptsächlich bei C$_3$-Pflanzen vor, die CO$_2$ über den Calvin-Zyklus einbauen. Bei den C$_4$-Pflanzen ist sie wegen des hohen CO$_2$-Partialdruckes (s. oben) gering. Ihre biologische Bedeutung ist noch nicht ganz klar. Die Bildung der Aminosäuren Glycin und Serin für die Proteinsynthese ist zweifellos nicht ihre einzige Funktion. Da die Photorespiration recht unökonomisch ist, kommt ihr möglicherweise eine Art Ventilfunktion zu, indem sie bei niedrigen CO$_2$-Partialdrucken das Weiterlaufen des Elektronentransportes ermöglicht. Auf diese Weise wird eine Überlastung der photosynthetischen Reaktionszentren und somit deren Photoinaktivierung verhindert.

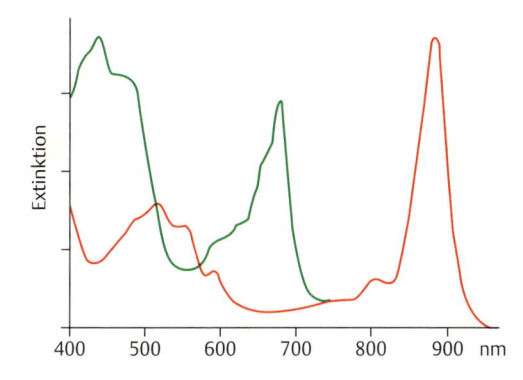

Abb. 10.8 Absorptionsspektrum der Chromatophoren von *Rhodospirillum rubrum* (rot). Das Maximum im Bereich zwischen 850 und 900 nm ist durch Bakteriochlorophyll a bedingt, während an der Absorption im kurzwelligen Bereich auch Carotinoide beteiligt sind. Zum Vergleich ist das Absorptionsspektrum der Grünalge *Chlorella* (grün) eingezeichnet (z. T. nach Drews).

10.3.6 Bakterienphotosynthese

Sowohl hinsichtlich der Photosynthesepigmente als auch der Reaktionsmechanismen herrscht bei den Bakterien eine große Vielfalt, weshalb sich die folgende Darstellung auf einige Beispiele beschränken muß. Allen gemeinsam ist der Besitz intracytoplasmatischer Membranen (ICM, S. 199), die funktionell den Thylakoiden entsprechen.

Purpurbakterien: Zu den Purpurbakterien zählen die Chromatiaceae und die Rhodospirillaceae. Als Photosynthesepigmente enthalten sie meist das Bakteriochlorophyll a, seltener b. Beide absorbieren auch infrarote Strahlung, die von anderen photoautotrophen Pflanzen nicht genutzt werden kann. So liegt das Hauptabsorptionsmaximum des Bakteriochlorophylls a in der lebenden Zelle zwischen 850 und 900 nm (Abb. 10.8). Außerdem besitzen die Purpurbakterien Carotinoide, insbesondere das Spirilloxanthin, das eine starke Absorption zwischen 440 und 560 nm zeigt und deshalb rötlich-violett gefärbt ist. Es überdeckt die grüne Farbe der Bakteriochlorophylle, was zu der Namensgebung geführt hat.

> Im Gegensatz zu den grünen Pflanzen besitzen die Purpurbakterien nur ein Photosystem, das in seinem molekularen Aufbau dem PS II sehr ähnlich ist. Das Reaktionszentrum ist bei der Mehrzahl der Purpurbakterien das **P870**, eine bei 870 nm absorbierende Form des Bakteriochlorophylls a.

Das Reaktionszentrum ist von dem Antennenkomplex umgeben, der aus Bakteriochlorophyll a-Protein-Komplexen besteht, die sich in der Lage ihrer Absorptionsmaxima etwas unterscheiden und die absorbierte Strahlungsenergie zum P870 leiten. Durch dessen Anregung wird ein zyklischer Elektronentransport gestartet, der über Bakteriopheophytin a, Q_A, Q_B und **Ubichinon** zum Cytochrom b, c_1-Komplex führt. Das Ubichinon übernimmt die Rolle des

Plastochinons der höheren Pflanzen. Unter Aufnahme von 2 Elektronen und 2 Protonen an der Außenseite der ICM geht es in Ubihydrochinon über. Auf der Innenseite setzt es die beiden Protonen wieder frei, und die Elektronen werden durch das Cytochrom c_2 zum P870 zurücktransportiert. Hierdurch wird zwischen dem von der ICM umschlossenen Innenraum und der Außenseite ein Protonengradient aufgebaut, der durch die ebenfalls in die ICM eingebaute ATP-Synthase zur Synthese von ATP genutzt wird.

Der für die Reduktion des Kohlendioxids benötigte Wasserstoff wird in Form von Reduktionsäquivalenten, in diesem Falle NADH + H$^\oplus$, bereitgestellt. Da das Redox-Potential des primären Elektronenakzeptors etwa –0,1 V beträgt, ist eine direkte Reduktion des NAD$^\oplus$ durch die Elektronentransportkette nicht möglich. Wahrscheinlich wird es durch einen umgekehrten, also „bergauf" verlaufenden Elektronentransport reduziert, der durch ATP getrieben wird, das aus der Photosynthese-Phosphorylierung stammt. Als Wasserstoff- bzw. Elektronendonatoren finden bei den Chromatiaceae meist anorganische Schwefelverbindungen, z. B. H$_2$S, Verwendung, bei den Rhodospirillaceae organische Substanzen, z. B. Äpfelsäure oder Bernsteinsäure. Da kein Wasser gespalten wird, entsteht auch kein Sauerstoff. Infolgedessen verläuft die Bakterienphotosynthese **anoxygen**. Dient das Sulfid-Ion als Elektronendonator, geht es nach der Gleichung S$^{2\ominus}$ → S + 2e in elementaren Schwefel über, der in Form von Polysulfidtröpfchen in den Zellen abgelagert wird. Die Gesamtbilanz dieser Reaktion folgt der Gleichung:

$$6\,CO_2 + 12\,H_2S \xrightarrow{h \cdot \nu} C_6H_{12}O_6 + 12\,S + 6\,H_2O.$$

Die Bildung elementaren Schwefels anstelle des Sauerstoffs beweist, daß der bei der Photosynthese der grünen Pflanzen gebildete Sauerstoff aus dem Wasser und nicht aus dem CO$_2$ stammt (s. oben).

Dies ist der Grund dafür, daß wir auf der linken Seite der Gleichung 12 H$_2$O einsetzen (S. 316), obwohl auf der rechten Seite wieder 6 H$_2$O erscheinen. Der Sauerstoff dieser sechs entstehenden Wassermoleküle stammt folglich aus dem CO$_2$. Entsprechendes gilt, wenn andere, z. B. organische Substanzen als Elektronendonatoren dienen. Für die Photosynthese ergibt sich somit die folgende allgemeine Bruttogleichung:

$$6\,CO_2 + 12\,H_2A \xrightarrow{h \cdot \nu} C_6H_{12}O_6 + 12\,A + 6\,H_2O.$$

In dieser Gleichung steht A für einen beliebigen Wasserstoff- bzw. Elektronendonator. Der CO$_2$-Einbau erfolgt über den Calvin-Zyklus.

Grüne Bakterien: Die Photosynthese der grünen Bakterien, die vor allem durch die Chlorobiaceae repräsentiert werden, weicht in vielen Punkten von der Photosynthese der Purpurbakterien ab. Das Reaktionszentrum **P840** ist zwar ebenfalls ein Bakteriochlorophyll a, doch finden als Antennenmoleküle überwiegend die Bakteriochlorophylle c und d Verwendung. Bei *Chlorobium* sind sie in besonderen Lichtsammlerkomplexen, den **Chlorosomen**, zusammengefaßt. Diese liegen der Cytoplasmamembran innen auf, so daß die absorbierte Strahlungsenergie, ähnlich wie bei den Phycobilisomen, auf das hier in der Cytoplasmamembran liegende Reaktionszentrum übertragen werden kann. Der primäre Elektronenakzeptor hat ein stark negatives Redox-Potential (etwa $-0{,}55$ V), so daß die Reduktion des $NAD^\oplus$ direkt durch die Elektronentransportkette, also nicht-zyklisch, erfolgen kann. Da die Photosysteme in der Cytoplasmamembran liegen, werden die als Elektronendonatoren dienenden anorganischen Schwefelverbindungen nicht in die Zelle aufgenommen, weshalb den Chlorobiaceae die oben erwähnten Polysulfidtröpfchen fehlen. Schließlich sei noch bemerkt, daß die Reduktion des CO_2 nicht über den Calvin-Zyklus, sondern mit Hilfe eines reduktiven Citronensäurezyklus erfolgt, der in seinen Umsetzungen dem oxidativen Citronensäurezyklus entspricht, aber in umgekehrter Richtung verläuft.

10.3.7 Photosynthese am natürlichen Standort

Der überwiegende Teil unserer Erkenntnisse über den Ablauf des Photosyntheseprozesses wurde unter Laboratoriumsbedingungen gewonnen, die insofern den Verhältnissen am natürlichen Standort nicht entsprechen, als in der Regel alle Außenfaktoren mit Ausnahme des jeweils untersuchten konstant gehalten werden. In der freien Natur zeigen jedoch die Außenfaktoren (Temperatur, Licht, Wasserversorgung) oft schon innerhalb kürzerer Zeiträume stärkere Schwankungen, was sich natürlich auf die Photosyntheseleistung auswirkt. Dabei kann der fördernde Einfluß des einen Faktors durch den hemmenden Einfluß eines anderen aufgehoben werden. So kann z. B. ein Anstieg der Temperatur und der Lichtintensität bis zu den Optimalwerten die Photosyntheseleistung nicht verbessern, wenn nicht genügend CO_2 vorhanden ist. Andererseits bleibt eine noch so starke künstliche Erhöhung der CO_2-Konzentration (s. unten) bei schwacher Beleuchtung oder niedriger Temperatur wirkungslos.

> Die photosynthetische Substanzproduktion wird also stets durch den Faktor bestimmt, der sich jeweils im Minimum befindet, d. h. am weitesten vom Optimum entfernt ist. Wir bezeichnen dies als das **Gesetz der begrenzenden Faktoren,** das für alle physiologischen Vorgänge gilt.

Licht: Daß die Leistung eines lichtabhängigen Prozesses in erster Linie von den Strahlungsverhältnissen abhängt, ist evident. Wie Abb. 10.**9** zeigt, steigt die Photosyntheserate mit zunehmender Stärke der Bestrahlung an, und zwar so

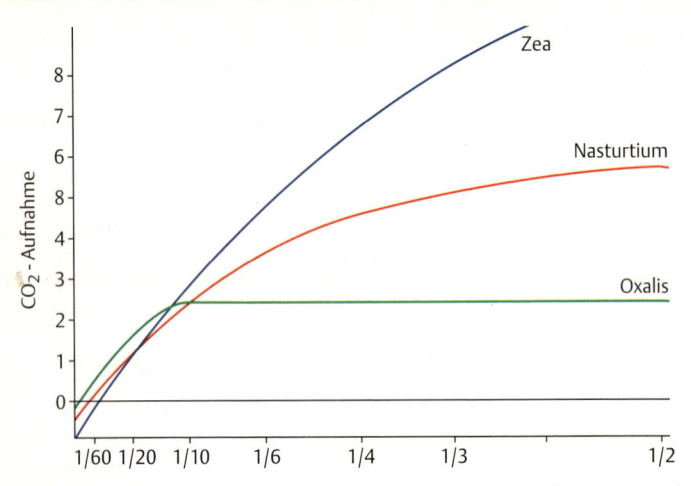

Abb. 10.9 Photosynthesekurve einer Sonnenpflanze (*Nasturtium*, Kresse), einer Schattenpflanze (*Oxalis*, Sauerklee) und einer C_4-Pflanze (*Zea mays*, Mais) in Abhängigkeit von der Beleuchtungsstärke. Abszisse: Bruchteile des vollen Lichtes, Ordinate: Photosyntheseleistung, gemessen als CO_2-Aufnahme. Kompensationspunkt: Schnittpunkt der Kurven mit der horizontalen Null-Linie (nach Lundegardh, Larcher).

lange, bis der Sättigungswert erreicht ist, oberhalb dessen eine weitere Erhöhung der Lichtintensität die Photosyntheserate nicht mehr zu steigern vermag. Die Sättigungswerte sind für die an niedrige Intensitäten angepaßten **Schattenpflanzen** niedriger und werden deshalb eher erreicht als bei den an höhere Intensitäten angepaßten **Sonnenpflanzen.** Entsprechendes gilt für Schatten- und Sonnenblätter ein und derselben Pflanze. Bei den C_4-Pflanzen, z. B. dem Mais, wird aus den oben angeführten Gründen (S. 331 f.) allerdings nicht einmal im vollen Sonnenlicht eine Lichtsättigung erreicht.

Die photosynthetische Leistungskurve schneidet die Abszisse oberhalb des Lichtintensitätswertes Null. Diesen Schnittpunkt nennt man den **Lichtkompensationspunkt.** Er gibt die Intensität an, bei der der CO_2-Verbrauch durch die Photosynthese und die CO_2-Erzeugung durch die Atmung bzw. Photorespiration gerade gleich sind.

Schattenpflanzen haben einen niedrigeren Kompensationspunkt als Sonnenpflanzen. Sie vermögen daher noch bei sehr niedrigen Beleuchtungsstärken zu existieren, bei denen die Sonnenpflanzen bereits eine negative Bilanz aufweisen. Die Lichtkompensationspunkte der C_4-Pflanzen liegen bei noch höheren Intensitäten. Sie sind daher den C_3-Pflanzen unter ungünstigen Bestrahlungsverhältnissen unterlegen, im vollen Sonnenlicht dagegen weit überlegen. Der Lichtfaktor beeinflußt also in entscheidender Weise sowohl die Verbreitung der Pflanzen in den einzelnen Klimazonen als auch die Besiedlung bestimmter Standorte. Im übrigen zeigt die Photosyntheseaktivität, gemessen als CO_2-Fixierung, im Prinzip den gleichen Tagesgang wie die in Abb. 17.**2** (S. 553) wiedergegebenen Tagesgänge der Photonenflußrate und der Transpiration.

Kohlendioxid: Das Kohlendioxid dient als Wasserstoffakzeptor und geht somit in die Photosyntheseprodukte ein. Infolgedessen hängt die Photosynthese zwangsläufig auch von der zur Verfügung stehenden CO_2-Menge ab. Da der CO_2-Gehalt der Luft mit 0,03 % konstant ist, wird das Kohlendioxid am natürlichen Standort für C_3-Pflanzen, die im Unterschied zu den C_4-Pflanzen die CO_2-Konzentration im Gewebe nicht aktiv erhöhen können, immer dann zum begrenzenden Faktor, wenn alle übrigen Außenfaktoren sich ihrem Optimum nähern. Daher kann man bei Gewächshauskulturen unter günstigen Temperatur- und Bestrahlungsverhältnissen die Substanzproduktion durch eine künstliche CO_2-Begasung erhöhen, wovon man in gärtnerischen Betrieben Gebrauch macht.

Luftfeuchtigkeit: Da der Eintritt des Kohlendioxids in die Blätter durch die Spaltöffnungen erfolgt, deren Öffnungszustand u. a. von der Luftfeuchtigkeit abhängt (vgl. Abb. 17.**2**, S. 553), vermag diese mittelbar auch die Photosyntheserate zu beeinflussen. Aus den bereits dargelegten Gründen (S. 331 f.) wirkt sich der Spaltenschluß für die C_3-Pflanzen wesentlich nachteiliger aus.

Temperatur: Die Temperaturabhängigkeit der Photosynthese folgt zwangsläufig aus dem Umstand, daß an der Photosynthese chemische Reaktionen beteiligt sind, die Q_{10}-Werte[4] von 2 oder mehr haben, während physikalische Prozesse mit einem Q_{10} von wenig mehr als 1 praktisch temperaturunabhängig sind. Tatsächlich muß die Temperatur zunächst erst einmal einen bestimmten Wert, das Minimum, überschreiten, ehe eine Photosynthese überhaupt möglich wird. Sofern nicht andere Faktoren begrenzend wirken, nimmt die Photosyntheserate mit steigender Temperatur zu, um nach Erreichen des Optimums bei weiterer Temperaturerhöhung wieder abzusinken, bis das Maximum erreicht ist, oberhalb dessen keine Photosynthese mehr möglich ist. Die Temperaturkurve zeigt also den Verlauf einer typischen Optimumskurve. Die Temperaturoptima liegen bei Pflanzen unserer Breiten etwa zwischen 20 und 30 °C, die Minima im Bereich des Gefrierpunktes. Es hat sich jedoch gezeigt, daß an extreme Standorte angepaßte Pflanzen, wie z. B. die Flechten, auch noch bei weit unter dem Nullpunkt liegenden Temperaturen Photosynthese zu betreiben vermögen. Die Maxima liegen im Bereich von 35–50 °C. Sie erreichen bei den an sehr heiße Standorte angepaßten Pflanzen die höchsten Werte, bei den thermophilen, d. h. in heißen Quellen lebenden Cyanobakterien sogar 70 °C und mehr.

---

[4] Der Q_{10}-Wert ist ein Maß für die Temperaturabhängigkeit eines Prozesses und ist definiert durch die Steigerung der Reaktionsgeschwindigkeit bei Temperaturerhöhung um 10 °C. Temperaturunabhängige Prozesse haben einen Q_{10} von 1, d. h. eine Erhöhung der Temperatur ist auf die Reaktionsgeschwindigkit ohne Einfluß. Chemische Prozesse haben einen Q_{10} von 2 oder mehr, d. h. ihre Reaktionsgeschwindigkeit wird durch 10 °C Temperaturerhöhung auf das Doppelte oder sogar mehr gesteigert.

10.4 Chemosynthese (Chemolithoautotrophie)

Wie bereits erwähnt (S. 307), gibt es unter den Bakterien einige Gruppen, die CO_2 als Kohlenstoffquelle für die Synthese organischer Verbindungen verwenden, für dessen Reduktion aber nicht die Photosynthese benutzen. Als Energiequelle dienen ihnen chemische Redox-Reaktionen, bei denen anorganische Substrate als Wasserstoffdonatoren genutzt werden. Diese Organismen sind also chemolithoautotroph.

In diesem Zusammenhang sei daran erinnert, daß wir unter Oxidation nicht nur eine Aufnahme von Sauerstoff, sondern auch eine Abgabe von Wasserstoff bzw. eine Abgabe von Elektronen verstehen. Deshalb kann man für die in Tab. 10.1 zusammengestellten Reaktionsgleichungen der verschiedenen Chemosynthesetypen ebensogut die Elektronenschreibweise benutzen.

Die freie Energie der Oxidationsvorgänge ist, wie Tab. 10.1 zeigt, von Fall zu Fall recht verschieden. Ist sie sehr niedrig, wie z. B. bei den eisenoxidierenden Bakterien, müssen große Mengen des Substrates umgesetzt werden, um den für die Synthese erforderlichen Energiebetrag bereitzustellen. Die nitrifizierenden Bakterien kommen stets miteinander vergesellschaftet vor, da die Nitratbakterien das durch die Nitritbakterien produzierte Nitrit zu Nitrat oxidieren, also das Stoffwechselprodukt eines anderen Organismus direkt weiterverwerten. Sie sind somit ein Musterbeispiel für eine **Parabiose.**

Verallgemeinernd kann man also sagen, daß in dem energieliefernden Prozeß ein in reduzierter Form vorliegendes Substrat der allgemeinen Formel H_2A unter Elektronenentzug oxidiert wird. Da elementarer Sauerstoff als Elektronenakzeptor dient, entsteht Wasser. Wie das nachstehende Schema zeigt, ist der energieliefernde Vorgang mit dem Syntheseprozeß gekoppelt, bei dem aus CO_2 und Wasserstoff organisches Material aufgebaut wird. Der Wasserstoff wird aus einem Wasserstoffdonator H_2X, der hierbei zu X oxidiert wird, abge-

Tab. 10.1 Reaktionsgleichungen der verschiedenen Chemosynthesetypen bei verschiedenen Bakteriengattungen

Gruppe	Gattung	Reaktion	$\Delta G^{0\prime}$ (kJ/mol)
schwefeloxidierende Bakterien	*Beggiatoa*	$2 H_2S + O_2 \rightarrow 2 H_2O + 2 S$	-420
	Thiobacillus	$2 S + 2 H_2O + 3 O_2 \rightarrow 2 H_2SO_4$	-1170
Nitritbakterien	*Nitrosomonas*	$2 NH_3 + 3 O_2 \rightarrow 2 HNO_2 + 2 H_2O$	-541
Nitratbakterien	*Nitrobacter*	$2 HNO_2 + O_2 \rightarrow 2 HNO_3$	-155
eisenoxidierende Bakterien	*Ferrobacillus*	$Fe^{2\oplus} \rightarrow Fe^{3\oplus} + e$	-67
Knallgasbakterien	*Hydrogenomonas*	$2 H_2 + O_2 \rightarrow 2 H_2O$	-475

spalten und auf NAD$^\oplus$ übertragen, das hierdurch in NADH + H$^\oplus$ übergeht. Dieses schließlich reduziert das CO_2.

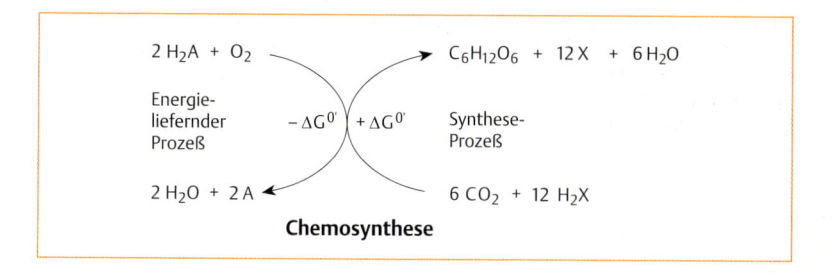

```
2 H₂A + O₂  ─────────────→  C₆H₁₂O₆ + 12 X + 6 H₂O

Energie-
liefernder      −ΔG⁰'  +ΔG⁰'    Synthese-
Prozeß                           Prozeß

2 H₂O + 2 A ←─────────────  6 CO₂ + 12 H₂X
              Chemosynthese
```

10.5 Verwertung der Assimilate

Vorläufiges Endprodukt des auch als Assimilation des Kohlendioxids bezeichneten photosynthetischen CO_2-Einbaus sind die Zucker vom Hexosetypus. Da die Zuckerproduktion bei voller Leistung des Photosyntheseapparates sowohl den Verbrauch vor Ort als auch die Möglichkeiten des Abtransportes übersteigt, könnte die zunehmende Zuckerkonzentration die osmotischen Verhältnisse in der Zelle unter Umständen ungünstig beeinflussen. Dies wird durch die Polykondensation zu Stärke vermieden. Hierzu wird das im Calvin-Zyklus gebildete Fructose-1,6-bisphosphat zu Fructose-6-phosphat dephosphoryliert, in Glucose-1-phosphat umgewandelt und mit ATP in ADP-Glucose überführt. Durch das Enzym Stärkesynthase wird der Glucoserest auf das nicht-reduzierende Ende einer Glucosekette übertragen, was zur Bildung von Assimilationsstärke im Chloroplasten führt (Abb. **3.15B**, S. 97). Zum Abtransport während der Nacht wird die Stärke wieder in Triosephosphate überführt. Diese werden im Antiport gegen anorganisches Phosphat in das Cytoplasma der Blattzellen befördert, wo die Synthese der Saccharose erfolgt. Diese wird zu den Orten des Verbrauchs transportiert. Hier kann sie direkt in den Bau- und Betriebsstoffwechsel einfließen, oder sie wird in den Speicherorganen als Reservestoff deponiert, und zwar entweder in Form von Kohlenhydraten oder, nach biochemischer Umwandlung, als Fett oder Proteine. Darüber hinaus ist der Syntheseapparat der Pflanzen zur Bildung einer großen Zahl weiterer Substanzen befähigt, die unter der Bezeichnung „Sekundäre Pflanzenstoffe" zusammengefaßt werden.

10.5.1 Fettsynthese

Als Reservestoffe in Fettspeichergeweben finden in der Regel **Neutralfette** (Triglyceride) Verwendung, die aus einem Molekül Glycerin und drei Molekülen Fettsäure bestehen. Diese beiden Typen von Bausteinen werden auf getrennten Wegen synthetisiert und in einer abschließenden Reaktion zum Fettmolekül vereinigt.

Biosynthese der Fettsäuren: Die Synthese der Fettsäuren erfolgt an der **Fettsäure-Synthase,** einem Multienzymkomplex, der bei verschiedenen Organismengruppen (Bakterien, Hefen, Säugern, Pflanzen), aber offenbar auch in verschiedenen Kompartimenten (Cytosol, Chloroplasten) eine verschiedene Architektur aufweist. Dessen ungeachtet ist der biochemische Reaktionsablauf im Prinzip in allen Fällen der gleiche. Bei der *De-novo*-Synthese aus C_2-Bausteinen, auf die wir uns hier beschränken wollen, dient als C_2-Überträger das Acetyl-CoA.

Coenzym A, abgekürzt CoA oder, da es eine SH-Gruppe trägt, auch CoA-S-H, ist ein gruppenübertragendes Coenzym, das Carbonsäurereste, z. B. den Acetylrest oder Fettsäurereste verschiedener Länge, überträgt. Da die Bindungen dieser Acylreste an das CoA energiereich sind, besitzen die entstehenden Verbindungen ein hohes Gruppenübertragungspotential. Wie die nachstehende Formel zeigt, besteht das CoA aus drei Komponenten: dem Adenosin-3′,5′-diphosphat, dem Pantothensäurephosphat und dem Thioethanolamin (= Cysteamin). Die Verbindung von Pantothensäure und Thioethanolamin wird als Pantethein bezeichnet.

Acetyl-CoA kann nicht nur als Produkt der oxidativen Decarboxylierung des Pyruvates entstehen, sondern auch im Cytoplasma durch ein citronensäurespaltendes Enzym gebildet werden. Wahrscheinlich gilt dies auch für die

10.5 Verwertung der Assimilate

Chloroplasten. Außerdem ist eine direkte Übertragung von Acetat auf CoA beschrieben worden, die möglicherweise sowohl in den Mitochondrien als auch in den Chloroplasten abläuft.

Während der gesamten Fettsäuresynthese bleibt der wachsende Fettsäurerest an den Fettsäure-Synthase-Komplex kovalent gebunden. Dieser besitzt zusätzlich zu den verschiedenen enzymatisch aktiven Bereichen ein Acetyl-Carrier-Protein (ACP). Das ACP trägt an einem Pantethein-Rest (s. oben), der über einen Phosphatrest an ein Serin-Molekül des Proteins gebunden ist, eine SH-Gruppe. Außer dieser „zentralen", gewissermaßen an einem Arm um eine Achse beweglichen SH-Gruppe ist noch eine „periphere" SH-Gruppe vorhanden, die mit der zentralen in Wechselwirkung tritt (Abb. 10.10).

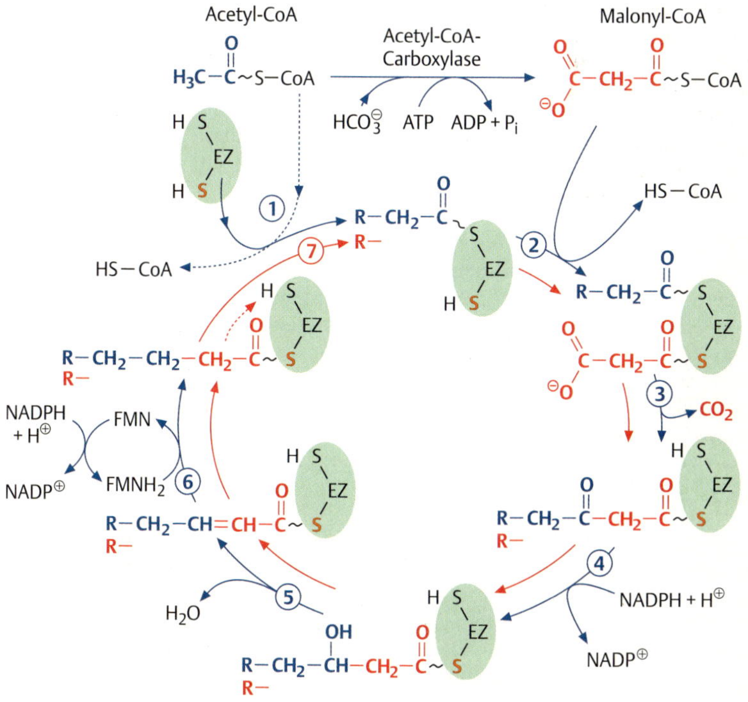

Abb. 10.10 Vereinfachtes Schema der Fettsäuresynthese. Startreaktion und erster Zyklus = blaue Pfeile, zweiter Zyklus = rote Pfeile. Blaues R = H, rotes R = wachsender Acylrest: $H(CH_2)_{2n}-$. EZ = Fettsäuresynthase (hellgrün unterlegt), SH-Gruppe am Pantethein = orange. 1. Acetyl-transfer, 2. Malonyl-transfer, 3. Kondensation zum 3-Oxoacyl-Rest unter CO_2-Abspaltung, 4. Reduktion zum 3-Hydroxyacyl-Rest, 5. Dehydratisierung zum Enoyl-Rest, 6. Reduktion zum Acyl-Rest, 7. Acyl-transfer von der zentralen auf die periphere SH-Gruppe.

In einem einleitenden Schritt wird das Acetyl-CoA unter ATP-Spaltung durch das Enzym Acetyl-CoA-Carboxylase, das Biotin als Coenzym enthält, zu Malonyl-CoA carboxyliert, das erheblich reaktionsfähiger ist. Die eigentliche Startreaktion besteht in der Übertragung eines Acetylrestes vom Acetyl-CoA auf die „periphere" SH-Gruppe. Im nächsten Reaktionsschritt wird Malonyl-CoA auf die „zentrale" SH-Gruppe des ACP übertragen (Malonyl-transfer), wobei das CoA frei wird. Anschließend erfolgt an der „zentralen" SH-Gruppe die Kondensation des Acetylrestes mit dem Malonylrest unter Abspaltung von Kohlendioxid zu einem 3-Oxoacylrest. Dieser wird durch NADPH + H$^\oplus$ zu einem Hydroxyacylrest reduziert. Unter Abspaltung von Wasser entsteht ein Enoylrest, der durch eine C=C-Doppelbindung charakterisiert ist. Unter nochmaliger Reduktion durch NADPH + H$^\oplus$ unter Mitwirkung eines FMN-enthaltenden Enzyms erfolgt die vollständige Reduktion zum gesättigten Fettsäurerest (Acyl-Rest). Nach vorübergehender Bindung dieses Restes an die „periphere" SH-Gruppe (Acyl-transfer) wiederholt sich dieser Prozeß in zyklischer Folge, bis Ketten von 16 oder 18 C-Atomen entstanden sind. Diese werden auf Coenzym A übertragen und stehen für die Fettsynthese zur Verfügung.

Auf die Bildung ungesättigter Fettsäuren, die zusätzliche Reaktionen erfordert, kann hier nicht eingegangen werden. Es sei auf die einschlägigen Lehrbücher der Pflanzenphysiologie verwiesen.

Bildung und Veresterung des Glycerins: Glycerin-3-Phosphat entsteht durch Reduktion von Triose-3-Phosphat. Zunächst reagieren in einer enzymatisch gesteuerten Reaktion zwei an CoA gebundene Fettsäurereste mit den freien OH-Gruppen des Glycerinphosphates, wobei unter Freisetzung von 2 CoA die Phosphatidsäure entsteht. Diese ist Ausgangspunkt für die als Membranbausteine dienenden Glycerophosphatide sowie einige Glykolipide. Nach Abspaltung der Phosphatgruppe kann das Diglycerid in einem weiteren Veresterungsschritt mit einem dritten Acyl-CoA reagieren, wodurch ein Triglycerid entsteht.

10.5.2 Sekundäre Pflanzenstoffe

Neben den vorgenannten Produkten des Primärstoffwechsels vermag der Syntheseapparat der Pflanzen eine große Anzahl weiterer, chemisch recht verschiedener Verbindungen zu synthetisieren, die unter dem Begriff „sekundäre Pflanzenstoffe" zusammengefaßt werden. Dabei stellt die Bezeichnung „sekundär" keineswegs eine Wertung dar. Vielmehr soll sie zum Ausdruck bringen, daß es sich um Stoffe handelt, die nicht jedem Zellplasma eigen, sondern für bestimmte Arten, Gattungen oder Familien charakteristisch sind. Allerdings läßt sich eine scharfe Grenze zwischen „primären" und „sekundären" Stoffen nicht ziehen. Dies ist auch nicht erforderlich, da die Bezeichnung „sekundäre Pflanzenstoffe" keine systematische Bedeutung hat, sondern nur eine Sammelbezeichnung darstellt.

Die Funktionen, die die sekundären Pflanzenstoffe erfüllen, sind vielfältig. Die Gerbstoffe haben wegen ihrer antimikrobiellen Wirkung vor allem Abwehrfunktion gegen Mikroorganismen, während Alkaloide die Pflanzen gegen Tierfraß schützen. Besonders gilt dies für Bitterstoffe, die die Pflanzen für Tiere ungenießbar machen. Da viele dieser Abwehrstoffe auch für Pflanzen toxisch sind, werden sie in besonderen Kompartimenten isoliert. In anderen Fällen werden zunächst nur die weniger oder nicht toxischen Vorstufen gebildet, die bei Verletzung der Gewebe mit den entsprechenden Enzymen zusammenkommen und sofort in die toxische Form überführt werden. Die allelopathisch wirksamen Stoffe (Phenole, Alkaloide, Glykoside) werden zur Unterdrückung anderer, artfremder Pflanzen in der näheren Umgebung ausgeschieden. Umgekehrt dienen viele Duftstoffe, z. B. gewisse Terpene, Alkohole und Carbonsäuren sowie deren Ester, der Anlockung von Insekten zur Blütenbestäubung auf chemischem Wege, während die Färbung der Blütenblätter durch Anthocyane und Flavone der optischen Anlockung dient. Schließlich fungieren einige der sekundären Pflanzenstoffe auch als Signalsubstanzen, wie z. B. die Phytoalexine (S. 523), die den verschiedensten Verbindungsklassen angehören, z. B. Terpenoide, Isoflavonoide und zahlreiche andere. Viele der sekundären Pflanzenstoffe entfalten auch im menschlichen und tierischen Körper spezifische Wirkungen. Deshalb finden sie auch heute noch medizinische Verwendung. Einige dieser Verbindungen sind nachstehend kurz behandelt. Der spezieller interessierte Leser sei auf die Lehrbücher der Pharmakologie verwiesen.

Die Abgrenzung der im folgenden aufgeführten Gruppen basiert nicht nur auf ihrer chemischen Struktur, sondern zum Teil auch auf ihren physiologischen Eigenschaften. Da es nicht wenige Substanzen gibt, die sowohl der einen als auch der anderen Gruppe zugerechnet werden können, führt dies zwangsläufig zu Inkonsequenzen. So sind die *Digitalis*-Glykoside und das Strophanthin infolge ihrer Verknüpfung mit Zuckern zwar zweifellos Glykoside, der chemischen Struktur ihrer Aglykone nach jedoch eindeutig Sterinkörper. Die Steroidalkaloide wiederum sind gleichermaßen Sterine wie auch Alkaloide. Die Zahl dieser Beispiele ließe sich beliebig vermehren.

10.5.2.1 Glykoside

Als Glykoside bezeichnet man Verbindungen von Zuckern mit anderen Molekülen, die, ungeachtet ihrer chemischen Natur, als Aglykone bezeichnet werden. Da die Aglykone den verschiedensten Stoffklassen angehören, hat die Gruppe der Glykoside einen recht heterogenen Charakter.

Strenggenommen müßte man auch die Nucleinsäuren, ATP u. ä. Verbindungen hierher stellen. Wir wollen jedoch davon Abstand nehmen, da diese ja allen Zellen eigen und somit nicht sekundäre Pflanzenstoffe im Sinne der oben gegebenen Definition sind. Als Beispiele seien willkürlich die folgenden Vertreter herausgegriffen:

Amygdalin ist in Steinfrüchten, besonders in denen des Mandelbaumes *(Prunus amygdalus)* enthalten, in bitteren Mandeln bis zu 8%. Wie die Formel zeigt, ist es ein Benzaldehydcyanhydrin-diglykosid. Sowohl der Benzaldehyd als auch die Blausäure bedingen den Bittermandelgeruch bzw. -geschmack. Wegen seines Blausäuregehaltes ist es in größeren Mengen giftig.

Amygdalin

Strophanthin und die **Digitalis-Glykoside,** die aus *Strophanthus-* und *Digitalis-* (Fingerhut-)Arten gewonnen werden, sind herzwirksam, indem sie die Frequenz des Herzschlages bei gleichzeitiger Anhebung des Schlagvolumens herabsetzen.

Die **Saponine** verdanken ihren Namen der Eigenschaft, die Oberflächenspannung herabzusetzen, so daß sie in wäßriger Lösung beim Schütteln einen starken, haltbaren Schaum ergeben. Die Seifenwurzel *(Saponaria alba)* kann bis zu 20% davon enthalten.

Die **Anthocyane** und **Flavone (= Anthoxanthine)** haben wir bereits als im Zellsaft gelöste Pigmente kennengelernt (S.157f.). Die Aglykone der Anthocyane heißen Anthocyanidine, z.B. das Cyanidin der Kornblume *(Centaurea),* das Delphinidin des Rittersporns *(Delphinium)* u.a. Infolge des Besitzes phenolischer OH-Gruppen und eines zur Salzbildung neigenden Sauerstoffatoms können die Anthocyane sowohl mit Säuren als auch mit Basen Salze bilden, die im ersten Falle rot, im zweiten blau aussehen. Die verschiedenartigen roten, violetten und blauen Farbtöne in den Pflanzenzellen kommen jedoch hauptsächlich dadurch zustande, daß die Anthocyane nicht nur monomolekular, sondern auch höhermolekular als Chromosaccharide vorliegen können (Molekülmasse M_r bis zu 20000). Diese bestehen aus Anthocyanidinen und Zuckern, die mit Metallionen wie Fe, Al, Cr u.a. Komplexe bilden. Derartige Verbindungen können im Farbton ganz erhebliche Unterschiede zeigen.

Cyanidinchlorid

Flavan

Die gelb gefärbten Flavone, denen das vorstehend abgebildete Flavan-Skelett zugrunde liegt, gehören zu der bei Pflanzen weit verbreiteten Gruppe der Flavonoide. Sie sind nicht nur Blütenfarbstoffe, sondern tragen auch zur Färbung des Kernholzes bei. Meist sind sie mit Glucose oder Rhamnose glykosidisch verknüpft. Einige Flavone, z. B. das Quercetin, sind wirksame Inhibitoren der Aldose-Reduktase, die bei der Entstehung von Diabetesschäden eine Rolle spielen soll. Hesperidin und Rutin finden als gefäßerweiternde kapillaraktive Mittel Verwendung.

10.5.2.2 Terpene

Unter dieser Bezeichnung faßt man eine Anzahl von Stoffen zusammen, deren Synthese für die Pflanze geradezu charakteristisch ist. In ihrem Vorkommen wie auch in ihren Eigenschaften außerordentlich mannigfaltig, ist ihnen allen gemeinsam, daß sie sich, ob sie zyklisch gebaut sind oder nicht, formal vom Isopren C_5H_8 ableiten lassen. Ihre Synthese erfolgt über das Isopentenyldiphosphat, die durch Einbau von Phosphat aktivierte Form des Isoprens. Infolgedessen enthält ihr Kohlenstoffskelett meist ganzzahlige Vielfache von 5 an C-Atomen, z. B. C_{10} (Monoterpene), C_{15} (Sesquiterpene), C_{20} (Diterpene), C_{30} (Triterpene) usw.

Isopren — **Isopentenyl-diphosphat**

Wegen seiner technischen Verwertbarkeit gehört der **Kautschuk** zu den wichtigsten Vertretern. Er ist im Milchsaft vieler Pflanzen enthalten, doch kommen für seine Gewinnung nur sehr kautschukreiche Pflanzen in Frage, wie *Hevea brasiliensis* und, in geringerem Maße, *Ficus elastica*. Die Makromoleküle des Kautschuks sind Polymerisate des Isoprens. **Menthol** ist in dem etherischen Öl der Pfefferminze *(Mentha piperita)* enthalten, die eine vielseitige medizinische Verwendung findet. Dies trifft auch für das **Eucalyptusöl** zu, das aus den Blättern von *Eucalyptus globulus* gewonnen wird. Da es antiseptische Eigenschaften hat und durch eine gelinde Reizwirkung die Blutzirkulation erkrankter Organe anregt, wird es häufig bei Erkrankungen der Schleimhäute des Mundes, Rachens und der Nase angewandt. **Kampfer** wird aus dem Stammholz älterer Kampferbäume *(Cinnamomum camphora)* gewonnen. Da Kampfer anregend auf Atem- und Gefäßzentren wirkt, ist er ein ausgezeichnetes Stimulans für das Herz und die Atmung bei Fieberkranken sowie bei narkotischen Vergiftungen. Auch die Carotinoide, deren Grundkörper die Formel $C_{40}H_{56}$ haben, sind Isoprenoide. Schließlich sind hier noch die Sterine, die wegen des Besitzes einer alkoholischen Hydroxylgruppe richtiger als Sterole zu bezeichnen sind, zu nennen. Sie leiten sich von dem Triterpen Squalen ab.

Ausschnitt aus einem Kautschukmolekül   **Menthol**

10.5.2.3 Gerbstoffe

Als Gerbstoffe bezeichnet Substanzen, die gewisse physiologische und technische Eigentümlichkeiten gemeinsam haben. Sie fällen Eiweiße und verwandeln dadurch tierische Häute in Leder. Zu den natürlich vorkommenden Gerbstoffen gehören die **Tannine,** das sind Polyphenole sehr vielfältiger Zusammensetzung, die aufgrund ihrer Abstammung von der Gallussäure auch als Gallotannine bezeichnet werden, Catechin u. a.. Die Polyphenole wirken antioxidativ, indem sie Sauerstoffradikale abfangen. Unter Oxidation gehen sie in rotbraune Phlobaphene über, die vielen Borken ihre dunkle Farbe verleihen. Die Bedeutung der Gerbstoffe für die Pflanze liegt vor allem in ihrer konservierenden Wirkung.

10.5.2.4 Alkaloide

Der Name Alkaloide ist eine Sammelbezeichnung für organische Stickstoffverbindungen basischen Charakters. In ihrem chemischen Aufbau zeigen die einzelnen Vertreter erhebliche Unterschiede. Viele von ihnen finden wegen ihrer spezifischen physiologischen Wirkung medizinische Verwendung. Sie kommen bei zahlreichen Pflanzengruppen vor, sind jedoch für einige Familien, z. B. die Nachtschattengewächse (Solanaceae), geradezu charakteristisch.

Morphin ist das wichtigste der ca. 25 Alkaloide des aus unreifen Kapseln des Schlafmohns *(Papaver somniferum)* gewonnenen Opiums, dessen Morphingehalt bis zu 12% betragen kann. Es wirkt beruhigend auf bestimmte Teile des zentralen Nervensystems und vermindert die Schmerzempfindung. Allerdings ist seine analgetische mit einer stark euphorischen Wirkung gepaart. Deshalb wird häufig Mißbrauch damit getrieben. Da es sehr schnell Sucht erzeugt, gehört es zu den gefährlichsten Rauschgiften. Bei häufigem Genuß entfaltet es eine vernichtende Wirkung auf die menschliche Psyche.

Cocain ist das Hauptalkaloid der Blätter von *Erythroxylum coca,* des „göttlichen Baumes" der Inkas. Da es die sensiblen Nervenendigungen lähmt, wurde es früher als Lokalanästhetikum benutzt. In neuerer Zeit ist es durch andere Präparate ersetzt worden, weil es zu den am weitesten verbreiteten Rauschgiften zählt. Es unterdrückt Ermüdungs- und Erschöpfungserscheinungen und ermöglicht dadurch physische Höchstleistungen. Da die tatsächliche Leistungsfähigkeit des Körpers natürlich nicht erhöht wird, kommt es dann sehr plötzlich zum totalen Zusammenbruch.

Chinin, das in der Rinde des Chinabaumes *(Cinchona succirubra)* enthalten ist, tötet die Merozoiten des Malaria-Erregers, *Plasmodium malariae,* ab und verhindert Fieberanfälle.

Nicotin ist das Alkaloid des Tabaks *(Nicotiana tabacum).*

Zusammenfassung

- Autotrophe Organismen sind in der Lage, aus Kohlendioxid und Wasser organische Substanzen zu synthetisieren. Die Photoautotrophen beziehen die Energie hierzu aus dem Sonnenlicht (Photosynthese), die Chemoautotrophen gewinnen sie durch Oxidation anorganischer Verbindungen (Chemosynthese).

- Wichtigster Energieüberträger in der Zelle ist das ATP. Die freie Energie der hydrolytischen Spaltung seiner energiereichen Phosphatbindungen beträgt unter Standardbedingungen etwa – 35 kJ/mol. Die Übertragung des Phosphatrestes auf andere organische Verbindungen bewirkt deren Aktivierung.

- Die Biokatalysatoren der Zelle sind die Enzyme. Sie wirken als Reaktionsbeschleuniger, indem sie die Aktivierungsenergie herabsetzen. Die Enzyme bestehen aus einem Eiweißanteil, dem Apoenzym, und dem Coenzym bzw. einer prosthetischen Gruppe. Enzyme sind sowohl wirkungs- als auch substratspezifisch. Die Umsetzung des Substrates erfolgt am aktiven Zentrum des Enzyms.

- In der Photosynthese der grünen Pflanzen wird Wasser unter Freisetzung von elementarem Sauerstoff oxidiert. Die Elektronen werden durch eine Elektronentransportkette, die über die beiden Photosysteme II und I (PS II und PS I) führt, auf NADP$^\oplus$ übertragen, das durch Aufnahme von 2 Protonen aus dem Außenraum in NADPH + H$^\oplus$ übergeht, während die Freisetzung der aus dem Wasser stammenden Protonen im Thylakoidinnenraum erfolgt. Zusätzlich werden durch Plastochinon, das als Glied der Elektronentransportkette an der Außenseite unter Aufnahme von 2 H$^\oplus$ zu Plastohydrochinon reduziert und an der Innenseite unter Abgabe von 2 H$^\oplus$ wieder oxidiert wird, Protonen in den Innenraum übertragen. Schließlich gelangen auch über den zyklischen Elektronentransport Protonen in den Innenraum. Auf diese Weise entsteht ein Protonengradient zwischen dem inneren und dem äußeren Raum. Dieser wird durch eine ATP-Synthase zur Bildung von ATP aus ADP + P$_i$ genutzt (Photophosphorylierung). Das Hauptpigment der Photosynthese ist das Chlorophyll a, dessen spezielle Formen P700 und P680 die Reaktionszentren von PS I bzw. II bilden. Chlorophyll b und Carotinoide sowie, bei einigen Algen, die Chlorophylle c und d und das Carotinoid Fucoxanthin sind Bestandteile der Antennen bzw. des light-harvesting-complexes. Sie fungieren als Lichtsammlerpigmente, indem sie Photonen absorbieren und auf die Reaktionszentren übertragen. Die Cyanobakterien und die Rhodophyceen (Rotalgen) verwenden die Phycobiliproteine als Antennen, die in Form der Phycobilisomen den Thylakoidmembranen außen aufgelagert sind und die absorbierte Energie auf das Reaktionszentrum des PS II übertragen.

- Das CO_2 wird in Ribulose-1,5-bisphosphat eingebaut. Der entstehende C_6-Körper zerfällt sogleich in 2 Moleküle 3-Phosphoglycerinsäure, die durch 2 NADPH + H$^\oplus$ unter hydrolytischer Spaltung von 2 ATP zu 2 Triosephosphatmolekülen reduziert werden. Diese werden in eine Hexose umgewandelt, während aus weiteren Triosephosphatmolekülen im Calvin-Zyklus das Ribulose-1,5-bisphosphat zurückgebildet wird.

- Bei den C_4-Pflanzen wird das CO_2 in den Mesophyllzellen zunächst in Phosphoenolpyruvat eingebaut und in Form einer C_4-Dicarbonsäure, z. B. Äpfelsäure (Malat), gespeichert. In den Bündelscheidenzellen, die nur Stromathylakoide enthalten, erfolgt dann nach Spaltung des Malats der CO_2-Einbau nach dem Calvin-Zyklus. Da die PEP-Carboxylase eine ungleich höhere Affinität zu CO_2 hat als die RubisCO, kann sein Einbau noch bei einer

Konzentration erfolgen, die um eine Zehnerpotenz geringer ist als bei C_3-Pflanzen. Der CO_2-Einbau ist also bei C_4-Pflanzen sehr viel effektiver.

- Beim Crassulaceen-Säurestoffwechsel wird das CO_2 ebenfalls in Phosphoenolpyruvat eingebaut und in Malat überführt. Dies geschieht während der Nacht, wenn infolge der höheren relativen Luftfeuchtigkeit der durch die Öffnung der Stomata eintretende Wasserverlust geringer ist. Mit Tagesanbruch werden die Stomata weitgehend geschlossen. Jetzt wird das Malat gespalten und über die RubisCO in Ribulose-1,5-bisphosphat eingebaut.

- In dem als Photorespiration bezeichneten Prozeß, der bei hohem O_2- bzw. niedrigem CO_2-Partialdruck zu beobachten ist, erfolgt die Weiterverarbeitung des durch Spaltung aus dem Ribulose-1,5-bisphosphat entstehenden Glykolaldehyds zu den Aminosäuren Glycin und Serin. Hierbei wird Sauerstoff verbraucht und Kohlendioxid gebildet, so daß im Gaswechsel eine formale Parallele zur Atmung besteht. An der Photorespiration sind Chloroplasten, Peroxisomen und Mitochondrien beteiligt.

- In der Bakterienphotosynthese erfolgt die Strahlungsabsorption durch Bakteriochlorophylle, von denen einige auch infrarote Strahlung absorbieren, sowie einige Carotinoide. Als Wasserstoff- bzw. Elektronendonatoren finden entweder anorganische Schwefelverbindungen oder organische Substanzen Verwendung. Es ist nur ein Photosystem entwickelt, das im typischen Falle ausschließlich ATP erzeugt. Die Reduktion des $NAD^{\oplus}$ erfolgt unter ATP-Verbrauch in einem umgekehrten Elektronentransport. Nur bei den grünen Bakterien kann $NAD^{\oplus}$ direkt durch die Elektronentransportkette reduziert werden.

- Am natürlichen Standort wird die Photosynthese durch Außenfaktoren beeinflußt, z. B. Licht, CO_2-Konzentration, Temperatur und Luftfeuchtigkeit. Die Intensität des Photosyntheseprozesses wird jeweils durch den Faktor bestimmt, der sich im Minimum befindet, d. h. am weitesten vom Optimum entfernt ist (Gesetz der begrenzenden Faktoren).

- Im Prozeß der Chemosynthese, zu der nur Bakterien befähigt sind, werden anorganische Substrate unter Energiegewinn oxidiert. Dieser energieliefernde Prozeß ist mit dem Syntheseprozeß gekoppelt, in dem aus CO_2 und Wasserstoff, der von einem von Fall zu Fall verschiedenen Wasserstoffdonator geliefert wird, organische Substanz gebildet wird.

- Die im Photosyntheseprozeß gebildeten Zucker können entweder direkt in den Bau- und Betriebsstoffwechsel einfließen oder als Reservestoffe gespeichert werden, und zwar entweder in der Kohlenhydratform oder nach biochemischem Umbau als Fette bzw. Proteine. Fette werden aus Glycerin und Fettsäuren synthetisiert. Die Bildung der Fettsäuren erfolgt an dem Multienzymkomplex der Fettsäuresynthase. Da bei der *De-novo*-Synthese durch Acetyl-CoA übertragene C_2-Bruchstücke aneinandergefügt werden, entstehen im typischen Fall geradzahlige Fettsäuren. Darüber hinaus ist der pflanzliche Syntheseapparat jedoch zur Bildung einer großen Anzahl weiterer Stoffklassen befähigt. Hierzu zählen die Glykoside, Terpene, Gerbstoffe und Alkaloide, die unter der Bezeichnung sekundäre Pflanzenstoffe zusammengefaßt werden.

Dissimilation

In der Photosynthese wird der Wasserstoff des Wassers vom Sauerstoff getrennt und in Form metastabiler Kohlenstoffverbindungen festgelegt. In das hierdurch entstehende Energiepotential zwischen Wasserstoff und Sauerstoff schalten sich alle Organismen ein, indem sie die Kohlenstoffverbindungen oxidieren und die darin enthaltene Energie verfügbar machen, unabhängig davon, ob sie autotroph sind, also diese Verbindungen selbst aufgebaut haben, oder heterotroph. Diesen Prozeß der biologischen Oxidation bezeichnet man **Dissimilation.**

In diesem Zusammenhang sei daran erinnert, daß wir unter Oxidation keineswegs nur eine Vereinigung mit Sauerstoff, sondern auch eine Abspaltung von Wasserstoff bzw. die Abgabe von Elektronen verstehen. Der primäre Akt der Atmung ist eine Dehydrierung, d. h. die Abspaltung von Wasserstoff aus dem Substrat, das dabei selbst oxidiert wird.

Unter aeroben Bedingungen, d. h. in Anwesenheit von elementarem Sauerstoff, verläuft die Dissimilation in der Regel so lange, bis das bestehende Energiepotential ganz abgebaut ist, d. h. Wasserstoff und Sauerstoff wieder zu Wasser vereinigt sind. Dabei wird das vorher als Wasserstoffträger dienende, nun nicht mehr benötigte CO_2 wieder frei.

$$C_6H_{12}O_6 + 6 O_2 \rightarrow 6 CO_2 + 6 H_2O \quad \Delta G^{0\prime} = -2872 \text{ kJ/mol} (-686 \text{kcal/mol})$$

Die Dissimilation unter aeroben Bedingungen bezeichnet man auch als **Atmung** oder Aerobiose und die Organismen als Aerobier oder Aerobionten. Dieser Prozeß ist exergonisch. Ein Vergleich mit der Photosynthesegleichung (S. 316) zeigt, daß die gesamte Energie, die bei der Photosynthese im Kohlenhydrat investiert wurde, wieder verfügbar wird. Allerdings erfolgt die Zusammenführung des Wasserstoffs mit dem Sauerstoff und die damit verbundene Freisetzung einer so großen Energiemenge nicht schlagartig, sondern allmählich, in einem über zahlreiche Zwischenstufen laufenden Prozeß. Wir können daher die Atmung als eine gesteuerte Knallgasreaktion auffassen. Wie die Bruttogleichung erkennen läßt, sind die gebildeten Kohlendioxid-Mengen gleich den verbrauchten Sauerstoffmengen, d. h. der Atmungsquotient CO_2/O_2 beträgt im vorliegenden Falle der Kohlenhydrate 1. Werden sauerstoffarme Verbindungen, z. B. Fette, veratmet, ist er kleiner, bei Veratmung der relativ sauerstoffreichen Carbonsäuren dagegen größer als 1.

Unter anaeroben Bedingungen, d. h. in Abwesenheit von Sauerstoff (Anaerobiose), können auch andere Substanzen als Akzeptoren für den abgespaltenen Wasserstoff dienen. In diesen Fällen entsteht als Endprodukt also nicht Wasser, sondern eine andere, noch verhältnismäßig energiereiche Verbindung. Man bezeichnet diesen Prozeß als **Gärung** oder Anaerobiose, die Organismen als Anaerobier oder Anaerobionten.

11.1 Bereitstellung des Ausgangssubstrates

Ausgangssubstrate für die biologische Oxidation sind die Hexosen Glucose oder Fructose. Andere Hexosen müssen zuvor in Glucose umgewandelt werden. Polysaccharide werden in ihre Monosaccharidbausteine zerlegt. Dies kann, wie am Beispiel der Stärke gezeigt wird, durch Hydrolyse oder durch Phosphorolyse geschehen.

11.1.1 Hydrolyse der Stärke

> Die Mobilisierung der Reservestärke in Samen erfolgt in der Regel auf hydrolytischem Wege, d. h. durch Lösen der glykosidischen Bindungen unter Anlagerung von Wasser.

Die wirksamen Enzyme sind die zu den Hydrolasen zählenden **Amylasen,** von denen es zwei Typen gibt. Die α-Amylase greift die α1→4-Bindungen innerhalb der Stärkemoleküle an, indem sie diese in kleinere Einheiten von 5–7 Glucosemolekülen zerlegt, während die β-Amylase die Stärke bzw. deren Spaltstücke unter wiederholter Abspaltung von Maltosemolekülen vom nichtreduzierenden Ende her abbaut (Abb. 11.**1**).

In Analogie zu den Peptidasen kann man diese beiden Enzyme auch als Endo- und Exoamylasen bezeichnen. Amylose wird auf diese Weise vollständig in Maltose überführt, die durch eine α-Glucosidase (Maltase) in Glucose zerlegt wird. Die α1→6-Verzweigungen des Amylopektins können durch die Amylasen nicht hydrolysiert werden. Hierzu wird ein weiteres Enzym, das sogenannte R-Enzym (Isoamylase), benötigt. Während die α-Amylase auch bei Mensch, Tier und Mikroorganismen vorkommt, ist die Verbreitung der β-Amylase auf das Pflanzenreich beschränkt.

11.1.2 Phosphorolyse der Stärke

Die bei der Phosphorolyse wirksamen Enzyme, die **Phosphorylasen,** greifen, gleich der β-Amylase, die Moleküle der Stärke (und wohl auch der anderen Polysaccharide) vom nichtreduzierenden Ende her an. Allerdings werden dabei nicht Maltose-, sondern Glucose-Einheiten abgelöst. Abweichend von der Hydrolyse erfolgt die Abspaltung unter Anlagerung von anorganischem Phosphat.

> Dieser Weg ist für die Zelle insofern günstiger, als im Reaktionsprodukt, dem Glucose-1-phosphat, ein wesentlicher Teil der beim Lösen der glykosidischen Bindung freiwerdenden Energie in Form der Phosphatbindung erhalten bleibt.

Das Glucose-1-phosphat kann ohne weiteren Energieverbrauch in Glucose-6-phosphat umgewandelt werden, das direkt in die Glykolyse eintreten kann (s. unten). Da die Phosphorylase ebenfalls keine α1→6-Verzweigungen lösen

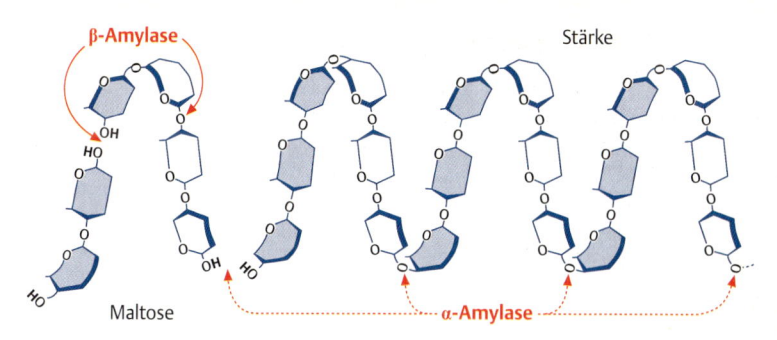

Abb. 11.1 Wirkung der α- und β-Amylase, schematisch.

oder umgehen kann, ist auch in diesem Falle für den vollständigen Abbau verzweigter Moleküle die Mitwirkung eines weiteren Enzyms (D-Enzym) erforderlich.

11.2 Oxidativer Abbau der Kohlenhydrate

Die aerobe Dissimilation läßt sich in mehrere Teilabschnitte gliedern, die der besseren Übersichtlichkeit halber getrennt behandelt werden. Es sind dies:
1. die Glykolyse, in der die Spaltung des Glucosemoleküls in zwei C_3-Bruchstücke und deren Überführung in die Brenztraubensäure erfolgt;
2. die oxidative Decarboxylierung der Brenztraubensäure, die unter Abspaltung von Wasserstoff und Kohlendioxid zur Bildung eines C_2-Körpers, des Acetylrestes, führt, der auf Coenzym A übertragen wird;
3. der Citratzyklus, in dem der Acetylrest unter stufenweiser Abspaltung von Wasserstoff und Kohlendioxid vollständig abgebaut wird und
4. die Endoxidation, in der die Vereinigung des abgespaltenen Wasserstoffs mit dem Sauerstoff unter stufenweiser Freisetzung der Energie und deren Festlegung in Form energiereicher Phosphate (ATP) stattfindet.

Alle diese Umsetzungen werden durch Enzyme katalysiert. Im Interesse der Übersichtlichkeit wird jedoch im folgenden davon Abstand genommen, alle beteiligten Enzyme zu nennen. Der interessierte Leser sei auf die einschlägigen Lehrbücher der Biochemie verwiesen.

11.2.1 Glykolyse

Zum Eintritt in die Glykolyse wird die Glucose durch ATP in der bereits besprochenen Weise (S. 311) am C_6-Atom phosphoryliert, sofern sie nicht schon in der phosphorylierten Form vorliegt (s. oben). Das Glucose-6-phosphat wird durch das Enzym Glucose-Isomerase in Fructose-6-phosphat umge-

Glykolyse

Glucose-6-phosphat → **Fructose-6-phosphat**

Fructose-6-phosphat + ATP → ADP → **Fructose-1,6-bisphosphat**

Fructose-1,6-bisphosphat ⇌ **Dihydroxyacetonphosphat** ⇌ **Glycerinaldehyd-3-phosphat**

Glycerinaldehyd-3-phosphat + ADP + P_i + $NAD^{\oplus}$ → ATP + NADH + $H^{\oplus}$ → **3-Phosphoglycerinsäure** → **2-Phosphoglycerinsäure**

2-Phosphoglycerinsäure $-H_2O$ → **Phosphoenolbrenztraubensäure** + ADP → ATP → **Brenztraubensäure (Enolform)** ⇌ **Brenztraubensäure (Ketoform)**

wandelt, das unter nochmaliger Phosphorylierung durch ATP am C_1-Atom in das Fructose-1,6-bisphosphat überführt wird. Dieses wird unter Mitwirkung des Enzyms Aldolase in zwei Triosephosphatmoleküle, das Dihydroxyacetonphosphat und das Glycerinaldehyd-3-phosphat, zerlegt. Diese beiden Triosephosphate stehen über ein Enzym, die Triosephosphat-Isomerase, im Gleichgewicht, das allerdings weit (96%) auf der Seite des Dihydroxyacetonphosphates liegt. Dies fällt jedoch nicht ins Gewicht, da das Enzym mehrere hunderttausend Moleküle/min umsetzen kann, so daß verbrauchtes Glycerinaldehyd-3-phosphat sofort nachgeliefert wird. Letzteres wird in einer komplexen Reaktion zu 3-Phosphoglycerinsäure (3-Phosphoglycerat) oxidiert, wobei die Elektronen auf $NAD^\oplus$ übertragen werden, das unter Anlagerung von Protonen in $NADH + H^\oplus$ übergeht. Ein Teil der bei der Reaktion freiwerdenden Energie bleibt in der energiereichen Bindung des ATP erhalten, das aus ADP und anorganischem Phosphat gebildet wird. Unter Umlagerung zu 2-Phosphoglycerinsäure und anschließender Wasserabspaltung entsteht die Phosphoenolbrenztraubensäure (Phosphoenolpyruvat, PEP), eine Verbindung mit einem hohen Gruppenübertragungspotential. Deren Phosphatrest wird auf ADP übertragen, wodurch ATP und die Enolform der Brenztraubensäure entstehen, die mit der Ketoform im Gleichgewicht steht.

> Je Triosephosphat werden zwei, pro Glucosemolekül also vier Moleküle ATP gebildet. Ziehen wir die beiden ATP-Moleküle, die für die Phosphorylierung der Glucose zum Fructose-1,6-bisphosphat aufgewandt wurden, ab, so ergibt sich eine Gesamtbilanz von 2 ATP pro Glucosemolekül (**Substratkettenphosphorylierung**).

Alle diese Prozesse laufen im Cytoplasma ab. Mit der Brenztraubensäure, deren Salze Pyruvate[1] heißen, ist ein zentraler Punkt im Stoffwechselgeschehen der Zelle erreicht, an dem die Weiche zum aeroben oder anaeroben dissimilatorischen Abbau gestellt wird. Wir wollen zunächst den Gang des aeroben Abbaus weiter verfolgen.

11.2.2 Oxidative Decarboxylierung der Brenztraubensäure

Bei den Eukaryonten wird das Pyruvat in die Mitochondrien eingeschleust, wo die oxidative Decarboxylierung erfolgt. Hierbei wird das Pyruvat unter Abspaltung von CO_2 dehydriert. Die Elektronen werden wiederum auf $NAD^\oplus$ übertragen, das unter Anlagerung von Protonen in $NADH + H^\oplus$ übergeht. Der übrigbleibende Acetylrest wird an das Coenzym A (CoA) gebunden, wodurch Acetyl-CoA entsteht. Alle diese Vorgänge spielen sich am Multienzymkomplex der Pyruvat-Dehydrogenase ab.

---

[1] An dieser Stelle sei noch einmal daran erinnert, daß die Säuren in Lösung dissoziiert vorliegen (S. 14). Wegen der besseren Übersichtlichkeit wurde jedoch auch in den Reaktionsschemata meist die undissoziierte Form gewählt. Die Namen der Salze sind, auch auf den folgenden Seiten, in Klammern angegeben.

11.2.3 Citratzyklus

Das Acetyl-CoA überträgt nun den Acetylrest auf die aus 4 C-Atomen bestehende Oxalessigsäure (Oxalacetat), so daß ein C_6-Körper, die Citronensäure (Citrat) entsteht. Dabei wird das CoA zurückgebildet und kann nun einen weiteren Acetylrest übernehmen.

Der in das Citronensäuremolekül eingegangene Acetylrest wird in einem Zyklus, der als Citratzyklus (= Citronensäurezyklus) oder nach seinen Entdeckern auch als Krebs-Martius-Zyklus bezeichnet wird, unter wiederholter Abspaltung von Wasserstoff und Kohlendioxid total abgebaut, wodurch am Ende das Oxalacetat regeneriert wird. Die einzelnen Zwischenstufen dieses Zyklus können dem Schema S. 359 entnommen werden. Insgesamt entstehen aus jedem Acetylrest, der Anzahl seiner C-Atome entsprechend, zwei Moleküle CO_2. Allerdings stammen diese, wie das Schema zeigt, eigentlich aus dem Oxalacetat. Die Oxidation erfolgt also nicht durch elementaren Sauerstoff, sondern sie folgt dem Wielandschen Dehydrierungsschema, d. h. es wird Wasser angelagert und anschließend Wasserstoff abgespalten. Die 4×2 H-Atome werden von den Coenzymen $NAD^{\oplus}$ und FAD übernommen, was 4 reduzierte Coenzyme ergibt.

> Bilanz: Zusammen mit den beiden bei der Oxidation des Glycerinaldehyds und der oxidativen Decarboxylierung der Brenztraubensäure reduzierten Coenzyme resultieren also 6 reduzierte Coenzyme pro Molekül Triose bzw. 12 reduzierte Coenzyme pro Molekül Glucose. Entsprechend entstehen zusammen mit dem bei der oxidativen Decarboxylierung der Brenztraubensäure gebildeten 3 Moleküle CO_2 pro Molekül Triosephosphat bzw. 6 Moleküle CO_2 pro Molekül Glucose.

Die Menge der durch den Citratzyklus gewonnenen Energie ist relativ gering. Pro Acetylrest wird nur ein Molekül energiereiches Phosphat gewonnen, und zwar GTP, das bei Pflanzen anschließend ADP zu ATP phosphoryliert. Dies beweist, daß die Hauptmenge der Energie bei der Atmung nicht durch die „Verbrennung" des Kohlenstoffs zu CO_2 entsteht. Vielmehr liegt die Hauptaufgabe des Citratzyklus, in den auch der Abbau der Fette und Proteine einmündet, darin, daß alle zum Zwecke der Energiegewinnung abgebauten Stoffe, ungeachtet ihrer chemischen Natur, in eine einheitliche Energieform, die reduzierten Coenzyme, umgewandelt werden. Der Citratzyklus fungiert also als Sammelbecken des Stoffwechsels.

In diesem Zusammenhang sei darauf hingewiesen, daß einige der im Citratzyklus entstehenden Zwischenprodukte als Ausgangsstoffe für die Synthese anderer Verbindungen dienen. Als Beispiel sei die Synthese einiger Aminosäuren genannt (S. 379 f.). Aus 2-Oxoglutarsäure entsteht durch reduktive Aminierung Glutaminsäure, aus Oxalessigsäure bzw. Brenztraubensäure durch Transaminierung Asparaginsäure bzw. Alanin. Es ist leicht einzusehen, daß beim Abzweigen von Zwischenprodukten der Citratzyklus bald zum Er-

11.2 Oxidativer Abbau der Kohlenhydrate

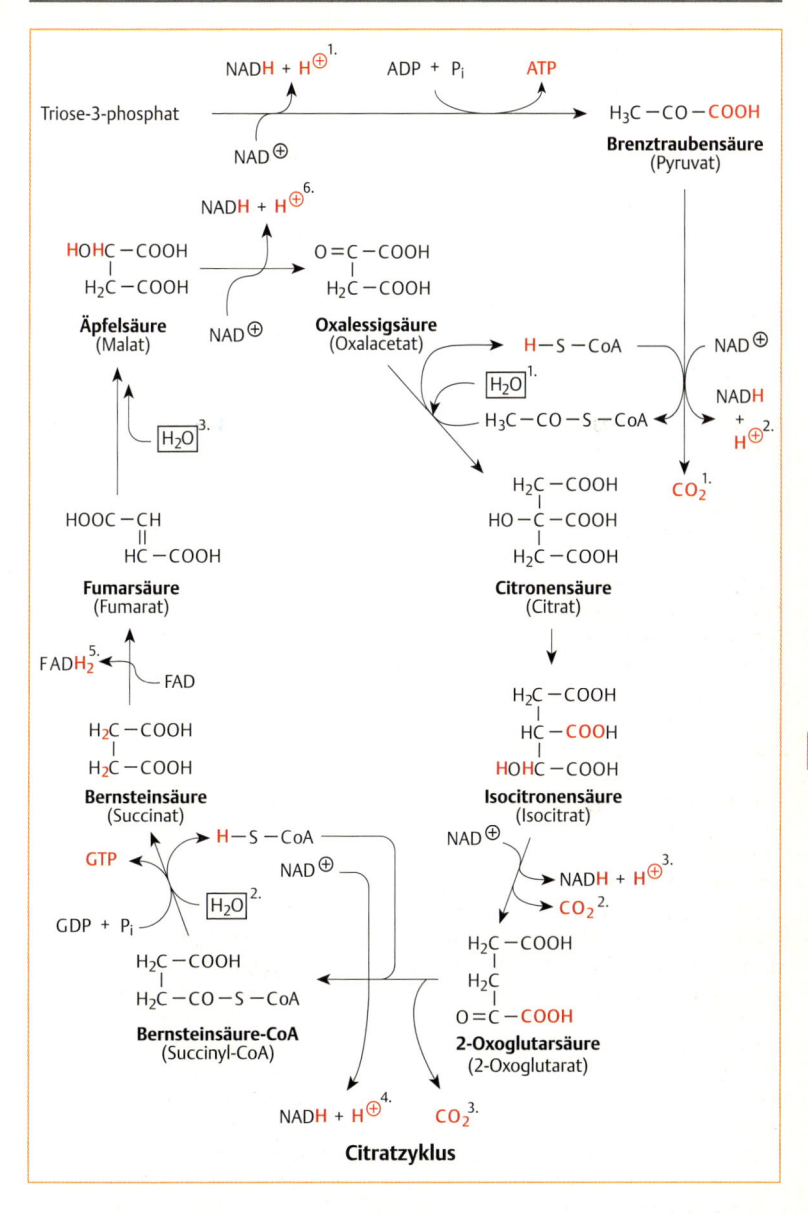

Triose-3-phosphat → (NADH + H⊕ [1.], NAD⊕; ADP + Pᵢ, ATP) → $H_3C-CO-COOH$
Brenztraubensäure (Pyruvat)

$\begin{array}{l} HOHC-COOH \\ H_2C-COOH \end{array}$
Äpfelsäure (Malat)

→ (NADH + H⊕ [6.], NAD⊕) →

$\begin{array}{l} O=C-COOH \\ H_2C-COOH \end{array}$
Oxalessigsäure (Oxalacetat)

H–S–CoA ← (NAD⊕, NADH + H⊕ [2.], CO_2 [1.])

[H₂O] [1.] → $H_3C-CO-S-CoA$

↓

$\begin{array}{l} H_2C-COOH \\ HO-C-COOH \\ H_2C-COOH \end{array}$
Citronensäure (Citrat)

↓

$\begin{array}{l} H_2C-COOH \\ HC-COOH \\ HOHC-COOH \end{array}$
Isocitronensäure (Isocitrat)

(NAD⊕ → NADH + H⊕ [3.], CO_2 [2.])

↓

$\begin{array}{l} H_2C-COOH \\ H_2C \\ O=C-COOH \end{array}$
2-Oxoglutarsäure (2-Oxoglutarat)

← (H–S–CoA, NAD⊕, NADH + H⊕ [4.], CO_2 [3.])

$\begin{array}{l} H_2C-COOH \\ H_2C-CO-S-CoA \end{array}$
Bernsteinsäure-CoA (Succinyl-CoA)

← (GTP, GDP + Pᵢ, [H₂O] [2.])

$\begin{array}{l} H_2C-COOH \\ H_2C-COOH \end{array}$
Bernsteinsäure (Succinat)

↑ (FADH₂ [5.] ← FAD)

$\begin{array}{l} HOOC-CH \\ \parallel \\ HC-COOH \end{array}$
Fumarsäure (Fumarat)

↑ [H₂O] [3.]

Citratzyklus

liegen kommen würde, wenn der Acetylakzeptor Oxalacetat nicht nachgebildet würde. Ein Weg ist die Carboxylierung von Pyruvat zu Oxalacetat. Eine andere Möglichkeit bietet der Glyoxylatzyklus (S. 364f.).

11.2.4 Endoxidation

In diesem letzten Abschnitt der biologischen Oxidation erfolgt die Vereinigung des Wasserstoffs mit dem elementaren Sauerstoff. Der Wasserstoff wird aus dem Citratzyklus in Form von $NADH + H^{\oplus}$ und, in geringerem Umfange, als $FADH_2$ angeliefert. Das in der Glykolyse gebildete $NADH + H^{\oplus}$ kann die Mitochondrienmembran nicht passieren. Daher müssen die Elektronen über Transportmetaboliten in die Mitochondrien eingeschleust werden. Dabei wird für zwei Elektronen ein ATP verbraucht.

11.2.4.1 Atmungskette

Da die Potentialdifferenz zwischen Wasserstoff und Sauerstoff 1,235 V beträgt, wird bei deren Vereinigung ein Energiebetrag von 240 kJ/mol (= 57 kcal/mol) frei. Im vorliegenden Falle ist die Energieausbeute allerdings etwas geringer, da nicht molekularer Wasserstoff, sondern $NADH + H^{\oplus}$ oxidiert wird, dessen E_0' −0,32 V beträgt, was einer Potentialdifferenz gegen Sauerstoff (E_0' = +0,82 V) von 1,14 V entspricht. Da bei der Oxidation von $NADH + H^{\oplus}$ zwei Elektronen auf den Sauerstoff übertragen werden, ergibt sich eine freie Energie $\Delta G^{0\prime}$ von $-2 \cdot 1{,}14 \cdot 96 = -218{,}88$, abgerundet also −220 kJ/mol (= −52,5 kcal/mol). Dieser relativ große Energiebetrag wird jedoch nicht auf einmal freigesetzt, sondern, einer Kaskade vergleichbar, in mehreren hintereinander geschalteten Reaktionsschritten.

> In dieser als **Atmungskette** bezeichneten Reaktionsfolge, deren aufeinanderfolgende Glieder jeweils ein stärker positives Redoxpotential haben, werden Wasserstoffatome bzw. Elektronen zum Sauerstoff transportiert. Bei jedem Elektronenübergang wird also nur ein Teilbetrag der Energie frei.

Die Atmungskette besteht aus 4 Proteinkomplexen, die als Oxidoreduktasen wirken und mit den Ziffern I–IV bezeichnet werden (Abb. 11.2).

Das $NADH + H^{\oplus}$ wird durch die **NADH-Ubichinon-Reduktase (Komplex I)** oxidiert, die als prosthetische Gruppe Flavinmononucleotid (FMN) und mindestens 8 Eisen-Schwefel-Proteine enthält. Das FMN geht dabei in $FMNH_2$ über. Dieses reduziert das **Ubichinon** (UQ) zum Ubihydrochinon (UQH_2). Außerdem kann das UQ auch durch die **Succinat-Ubichinon-Reduktase (Komplex II)** reduziert werden, ein aus 4 Polypeptiden bestehendes Flavoprotein, das FAD, 8 Fe und 8 S enthält. Eine seiner kleineren Untereinheiten ist das Cytochrom (Häm) b_{560}. Es überträgt den im Citratzyklus bei der Oxidation der Bernsteinsäure anfallenden Wasserstoff als $FADH_2$ direkt auf das UQ, das hierdurch in UQH_2 übergeht. Die Oxidation des UQH_2 erfolgt durch die **Ubihydro-**

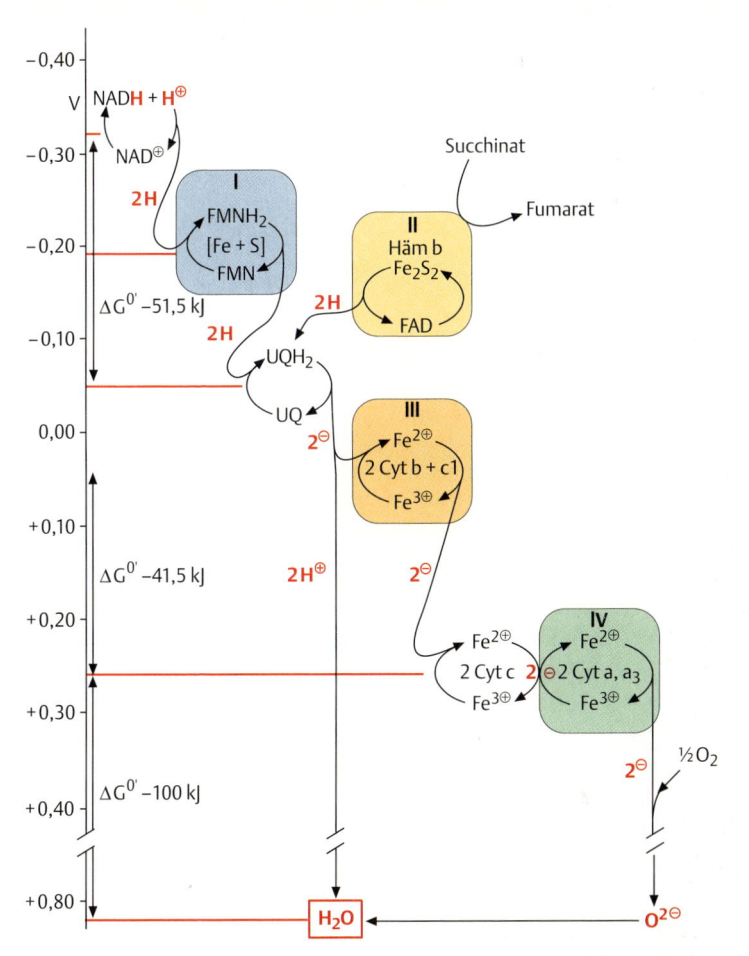

Abb. 11.2 Anordnung der Glieder der Atmungskette entsprechend ihrem mittleren Redoxpotential und $\Delta G^{0'}$-Werte.

chinon-Cytochrom c-Reduktase (Komplex III). Da zu ihren Bestandteilen sowohl Cytochrom (Häm) b als auch Cytochrom c_1 zählen, wird sie auch als Cytochrom b, c_1-Komplex bezeichnet. Außerdem enthält sie Eisen-Schwefel-Proteine. Bei der Oxidation des UQH_2 werden die beiden Elektronen auf das **Cytochrom c** übertragen, während die Protonen freigesetzt werden. UQ ist also gleichermaßen ein Redoxsystem und ein Carrier für Protonen. Cytochrom c ist ein aus nur 104 Aminosäuren bestehendes wasserlösliches Häm-Protein, das an die Außenseite der inneren Mitochondrienmembran, also im intercristalen Raum, locker an die Mitochondrienmembran gebunden ist. Es wird durch die **Cytochromoxidase (Komplex IV)** oxidiert, das Warburgsche Atmungsferment, das aus insgesamt 13 Untereinheiten besteht. Es enthält die Cytochrome (Häme) a und a_3 sowie 2 Atome Kupfer. Eine seiner Untereinheiten überträgt die Elektronen auf den elementaren Sauerstoff. Das durch die Aufnahme von 2 Elektronen entstandene Sauerstoff-Ion tritt dann mit 2 Protonen zu Wasser zusammen, womit die Protonenbilanz ausgeglichen und die Endstufe der biologischen Oxidation erreicht ist.

Obwohl die Atmungskette der tierischen Mitochondrien aus Proteinkomplexen gleicher Funktion zusammengesetzt ist, bestehen hinsichtlich der Anordnung und Zusammensetzung der einzelnen Glieder deutliche Unterschiede. Dies betrifft vor allem die Flavoproteine und die verschiedenen Cytochrome b, von denen bei Pflanzen bisher 5 verschiedene Vertreter nachgewiesen wurden. Außerdem existiert ein Nebenweg, der durch Vergiftung der Cytochromoxidase mit Cyanid kaum beeinträchtigt und deshalb als cyanidresistente Atmung bezeichnet wird. Allerdings wird durch diesen Elektronenfluß keine Energie in Form von ATP gewonnen, sondern lediglich Wärme freigesetzt. Die Bedeutung dieses Nebenweges ist noch unklar.

Aus den Bilanzen von Glykolyse und Citratzyklus einerseits und der Endoxidation andererseits ergibt sich für den oxidativen Abbau der Kohlenhydrate die folgende Gesamtbilanz:

$$C_6H_{12}O_6 + 6\,H_2O + 12\,\text{Coenzyme} \longrightarrow 6\,CO_2 + 12\,\text{Coenzyme-H}_2$$

$$12\,\text{Coenzyme-H}_2 + 6\,O_2 \longrightarrow 12\,\text{Coenzyme} + 12\,H_2O$$

$$\overline{C_6H_{12}O_6 + 6\,O_2 \longrightarrow 6\,CO_2 + 6\,H_2O}$$

11.2.4.2 Atmungskettenphosphorylierung

Die biologische Aufgabe der Atmungskette besteht darin, die bei der Oxidation eines Substrates durch Sauerstoff verfügbar werdende Energie aufzufangen und in Form der energiereichen Bindung des ATP zu konservieren, in der sie nunmehr für andere physiologische Prozesse zur Verfügung steht. Wie bereits dargelegt wurde, hat in der Atmungskette der jeweils folgende Proteinkomplex ein stärker positives Redoxpotential als der vorhergehende. Bei jedem Elektronenübergang wird somit ein bestimmter Energiebetrag ($\Delta G^{0'}$) verfügbar, der für die Synthese von ATP genutzt werden kann (Abb. 11.**2**).

▍Diese mit der Atmungskette gekoppelte ATP-Bildung bezeichnet man als Atmungskettenphosphorylierung oder **oxidative Phosphorylierung**. Nach der von Mitchell formulierten chemiosmotischen Theorie wird zunächst, ähnlich wie bei der photosynthetischen Elektronentransportkette (Abb.

11.2 Oxidativer Abbau der Kohlenhydrate

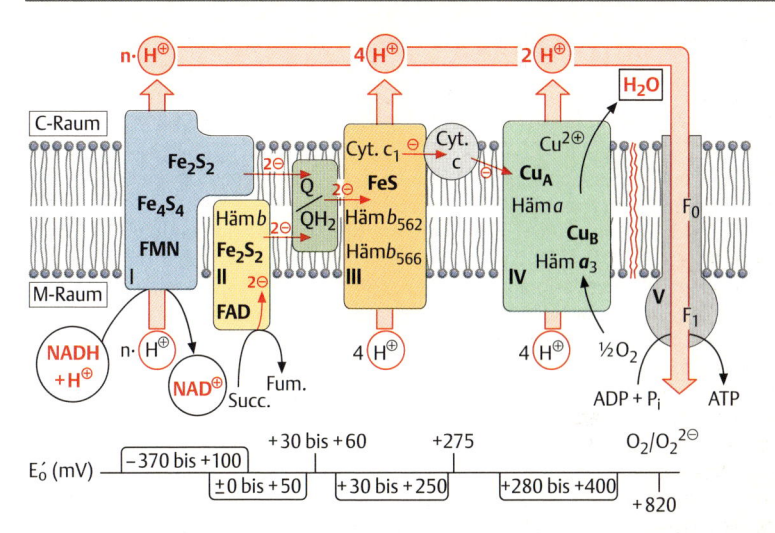

Abb. 11.3 Topologisches Schema der Anordnung von Redoxsystemen der Atmungskette in der Mitochondrienmembran. Als Abszisse sind die Potentialbereiche angezeigt, in denen sich die Redoxpotentiale der Einzelkomponenten jedes Komplexes bewegen. Der Rückstrom der Protonen erfolgt über die ATP-Synthase (nach Karlson).

> 10.4, S. 326), ein Protonengradient errichtet. Die daraus resultierende proton-motive-force kehrt die Protonenpumpe in ihrer Richtung um, so daß sie nunmehr als ATP-Synthase wirkt und ATP aus ADP + P_i bildet, wodurch der Protonengradient abgebaut wird.

Um dies zu verstehen, müssen wir uns über die Topologie der Atmungskette in der mitochondrialen Membran klar werden, die in Abb. 11.3 dargestellt ist. Danach sind die Komplexe I, III und IV transmembrane Proteine, die die durch den „bergab" führenden Transport der Elektronen frei werdende Energie zum Ausstrom von Protonen aus dem Innenraum der Mitochondrien (Matrix- oder M-Raum) in den perimitochondrialen Intermembranraum (C-Raum) nutzen. Für den Komplex I wird ein Wert von mindestens 4 $H^\oplus$/2e angenommen, für Komplex III ist dieser Wert bewiesen, während er für den Komplex IV 2 $H^\oplus$/2e beträgt, was 10 $H^\oplus$/½ O_2 entspräche. Maximal sind 12 $H^\oplus$/½ O_2 möglich, doch herrscht bezüglich der genauen Stöchiometrie unter den physiologischen Bedingungen der Zelle noch Unklarheit. Die auch als **Komplex V** bezeichnete **ATP-Synthase**, deren etwa kugelförmiger F_1-Teil auf der Innenseite liegt (vgl. Abb. 3.12 B, S. 90), benötigt 3 $H^\oplus$ für die Bildung von 1 ATP aus ADP und P_i. Außerdem muß für jedes gebildete ATP ein Proton für den Cotransport von 1 P_i aus dem Außenraum in den Matrixraum aufgewandt werden, was 4 $H^\oplus$/ATP bzw., bei dem angenommenen Maximalwert von 12 $H^\oplus$/½ O_2, einem

Quotienten von 3 Molen ATP/1 mol NADH + H$^\oplus$ bzw. einem Energiebetrag von etwa 3 · –30,5 kJ (S. 310) = –91,5 kJ/mol entspricht. Die freie Energie des NADH + H$^\oplus$ beträgt –220 kJ/mol. Auf Standardbedingungen bezogen errechnet sich ein Wirkungsgrad von 42 %. Da in der lebenden Zelle keine Standardbedingungen vorliegen, dürfte der Wirkungsgrad sogar noch höher sein. Werden die Elektronen über den Komplex II, also auf der Stufe des UQ eingeschleust, kann nur ein Wert von 2 ATP/FADH$_2$ erreicht werden.

Die Oxidation von NADH + H$^\oplus$ kann nur ablaufen, wenn genügend ADP zur Verfügung steht, also ATP verbraucht wird. Auf diese Weise hat die Zelle die Möglichkeit, den Oxidationsprozeß zu steuern. Solche Regulationssysteme, die verhindern, daß mehr Substrat umgesetzt wird, als nötig ist, finden sich noch an vielen anderen Punkten des Stoffwechsels. Häufig hemmt das dabei gebildete Reaktionsprodukt Reaktionsschritte, die zu seiner Entstehung führen. Man bezeichnet ein solches System als **Rückkopplung.**

11.3 Fettabbau und Glyoxylatzyklus

Die Speicherfette pflanzlicher Samen werden mit Einsetzen der Keimung enzymatisch durch Lipasen, die wahrscheinlich an der Innenseite der Hülle der Oleosomen lokalisiert sind, in Fettsäuren und Glycerin gespalten. Dieser Abbau führt von den Triglyceriden schrittweise über Di- und Monoglyceride. Während das Glycerin entweder zur Synthese von Zuckern benutzt wird oder in die Glykolyse zum weiteren Abbau einfließt, erfolgt der Abbau der Fettsäuren auf dem Wege der sogenannten β-Oxidation. Dies kann sowohl in den Mitochondrien als auch in den Glyoxysomen geschehen.

β-Oxidation der Fettsäuren: In der β-Oxidation werden die Fettsäuremoleküle in zyklischen Umläufen um jeweils ein C$_2$-Bruchstück verkürzt. Die chemischen Umsetzungen entsprechen formal denen der Fettsäuresynthese (S. 342 ff.), erfolgen jedoch in der umgekehrten Reihenfolge und werden durch andere Enzyme katalysiert. Vor Eintritt in die β-Oxidation wird die Fettsäure unter ATP-Verbrauch und unter Mitwirkung des Enzyms Acyl-CoA-Synthetase auf CoA übertragen, wodurch die reaktionsfähige Form des Acyl-CoA entsteht. Wie Abb. 11.4 zeigt, wird zunächst Wasserstoff abgespalten und auf FAD übertragen, wodurch FADH$_2$ und ein Enoylrest entstehen. Dieser wird durch Wasseranlagerung zu einem 3-Hydroxyacylrest hydratisiert, der unter abermaliger Dehydrierung in einen 3-Oxoacylrest übergeht. Der Wasserstoff wird in diesem Fall auf NAD$^\oplus$ übertragen. Aus dem entstandenen 3-Oxoacyl-CoA kann leicht ein C$_2$-Fragment, das Acetyl-CoA, abgespalten werden, wobei der Acylrest sogleich an ein weiteres CoA gebunden wird. Er kann nun erneut in den Zyklus eintreten und durch wiederholten Umlauf quantitativ zu Acetyl-CoA abgebaut werden.

Erfolgt die β-Oxidation der Fettsäuren in den Mitochondrien, was bei Pflanzenzellen, wenn überhaupt, nur in geringem Umfange der Fall ist, so können

11.3 Fettabbau und Glyoxylatzyklus

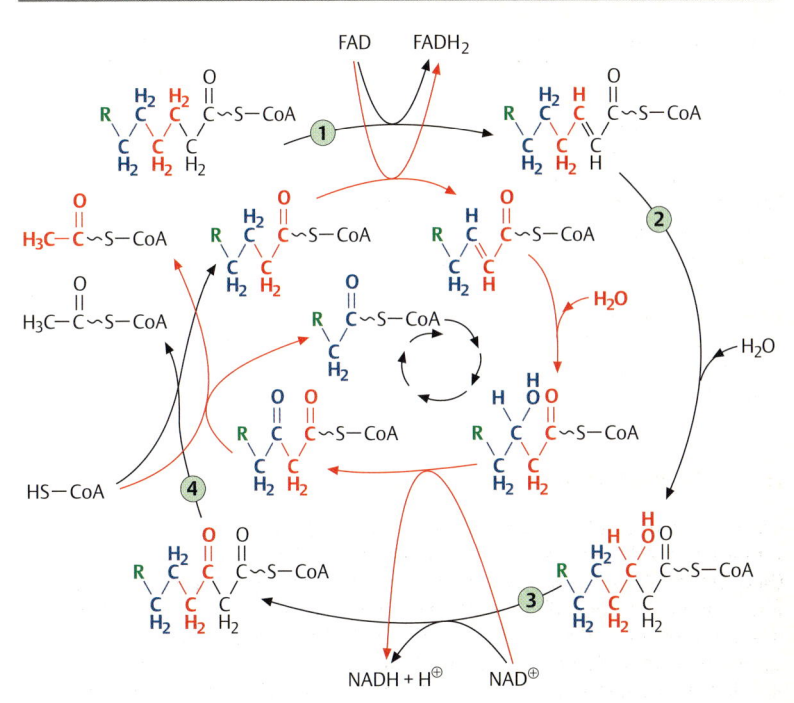

Abb. 11.4 Vereinfachtes Reaktionsschema der β-Oxidation der Fettsäuren. 1. Umlauf = schwarze Pfeile, 2. Umlauf = rote Pfeile. Das zuerst abgespaltene C$_2$-Bruchstück ist schwarz, das nächste rot, das darauf folgende blau und R, der Rest einer geradzahligen Fettsäure, grün gekennzeichnet. 1. Dehydrierung, 2. Hydratisierung, 3. zweite Dehydrierung, 4. Abspaltung von Acetyl-CoA.

die Acetylreste über den Citratzyklus und der an die Coenzyme gebundene Wasserstoff direkt in die Atmungskette eingeschleust und für die Energiegewinnung genutzt werden. Läuft dagegen die β-Oxidation in den Glyoxysomen ab, so kann zwar der abgespaltene Wasserstoff durch NADH + H$^\oplus$ ebenfalls in die Atmungskette eingeschleust werden (FADH$_2$ wird wahrscheinlich mit Luftsauerstoff zu H$_2$O$_2$ oxidiert, das dann durch Katalase gespalten wird), nicht aber das Acetyl-CoA, da dieses die innere Mitochondrienmembran nicht passieren kann.

Die Weiterverarbeitung des Acetylrestes erfolgt hier im **Glyoxylatzyklus** (Abb. 11.5) (Glyoxylsäurezyklus), der in den **Glyoxysomen** (Abb. 3.8 B, S. 85) abläuft. Durch Spaltung des Isocitrates (C$_6$) entstehen der C$_4$-Körper Succinat (Bernsteinsäure) und der C$_2$-Körper Glyoxylat. Letzteres bildet durch Kondensation mit einem durch CoA übertragenen Acetylrest Malat (Äpfelsäure), das über Oxalacetat mit einem weiteren durch CoA übertragenen Acetylrest wie-

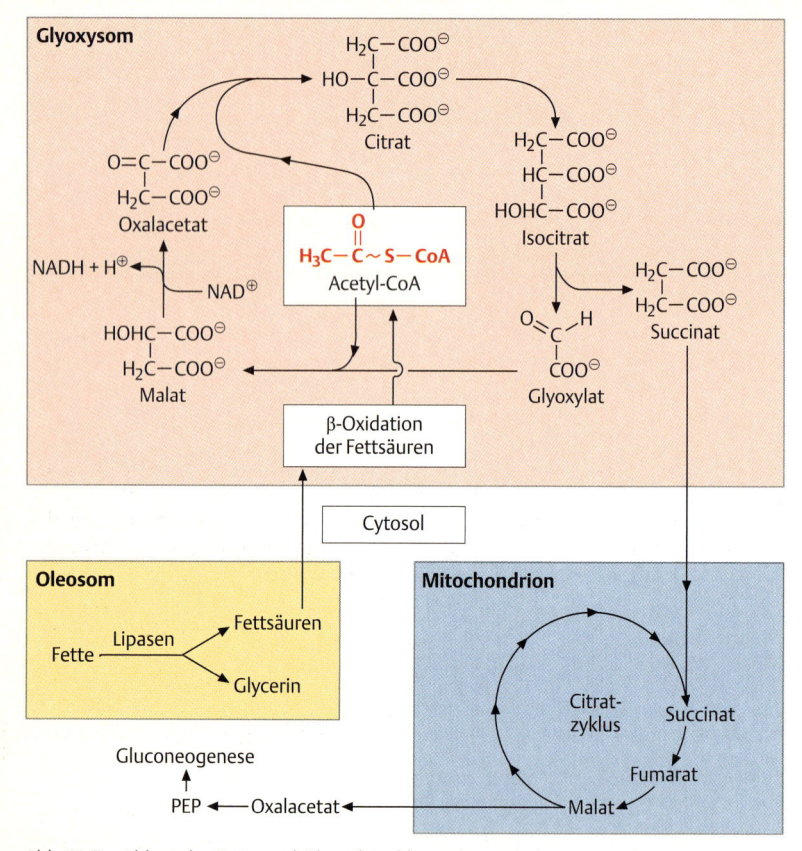

Abb. 11.5 Abbau der Fette und Glyoxylatzyklus, schematisch.

der Citrat bilden kann. Das Succinat verläßt das Glyoxysom und passiert die Mitochondrienmembran. Im Mitochondrion kann es entweder den Citratzyklus durchlaufen oder aber nach Umformung über Fumarat als Malat das Mitochondrion verlassen. Im Cytoplasma wird es über Oxalacetat in Phosphoenolpyruvat überführt. Aus diesem wird in einem Prozeß, der formal etwa einer in umgekehrter Richtung verlaufenden Glykolyse entspricht, z. T. aber durch andere Enzyme katalysiert wird, Glucose gebildet (**Gluconeogenese**). Auf diese Weise wird es also auch solchen Pflanzen, die ausschließlich Fette als Reservestoffe verwenden, sowie den Essigsäure bzw. Fettsäuren verarbeitenden Mikroorganismen möglich, Kohlenhydrate zu bilden.

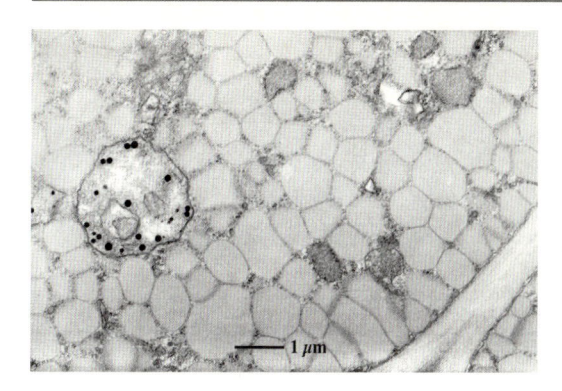

Abb. 11.**6** Ultradünnschnitt durch den Kotyledo eines Rapskeimlings *(Brassica napus)* einen Tag nach der Aussaat. Dicht gepackte Lipid bodies (= Oleosomen), dazwischen eingestreut einige im Entstehen begriffene Glyoxysomen (dunkler als die hellen Lipid bodies), am linken Rand eine Proplastide. (Original-TEM-Aufnahme: G. Wanner).

11.4 Anaerobe Dissimilation, Gärungen

Wie bereits erwähnt (S. 353), kann der bei der Oxidation des Atmungssubstrates abgespaltene Wasserstoff auch auf andere Substrate übertragen werden. Dies ist bei Anaerobiose, d. h. bei Abwesenheit von Sauerstoff, unumgänglich. So können z. B. auch organische Substanzen als Wasserstoffakzeptoren dienen. Durch deren Reduktion entstehen verhältnismäßig energiereiche Endprodukte, die entsprechend den benutzten Wasserstoffakzeptoren recht verschieden sein können. Man bezeichnet diese unvollständigen Oxidationen auch als Gärungen und benennt sie nach ihren Endprodukten, z. B. alkoholische Gärung nach dem entstehenden Ethanol, Milchsäuregärung nach der Milchsäure usw. Fakultative Anaerobier sind sowohl zur aeroben als auch zur anaeroben Dissimilation befähigt, während die obligaten Anaerobier ausschließlich die anaerobe Dissimilation betreiben.

Nach der klassischen Definition von Pasteur sind Gärungen anaerobe, d. h. in Abwesenheit von Luftsauerstoff ablaufende Vorgänge. Demnach würden unvollständige Oxidationen, bei denen zwar energiereiche Substanzen als Endprodukte entstehen, zugleich aber auch der Sauerstoff als Wasserstoffakzeptor fungiert, nicht unter diese Definition fallen. Es hat sich jedoch eingebürgert, den Begriff Gärung (Fermentation) im erweiterten Sinne zu benutzen.

11.4.1 Alkoholische Gärung

Die alkoholische Gärung läuft über weite Strecken der bereits behandelten Glykolyse parallel. Wir können sie deshalb leicht aus dieser ableiten.

Historisch betrachtet ist allerdings der umgekehrte Weg beschritten worden, denn die alkoholische Gärung ist der erste biochemische Prozeß gewesen, dessen Ablauf vollständig aufgeklärt werden konnte. Erst sehr viel später hat man erkannt, daß auch die ersten Schritte der biologischen Oxidation in gleicher Weise ablaufen.

Alkoholische Gärung

Glucose —Glykolyse→ $H_3C-C(=O)-C(=O)OH$ —(CO_2)→ $H_3C-C(=O)H$ —(NADH + H$^\oplus$ → NAD$^\oplus$)→ H_3C-CH_2-OH

Brenztraubensäure — **Acetaldehyd** — **Ethanol**

Die alkoholische Gärung wird von Hefen, z. B. der Bierhefe *(Saccharomyces cerevisiae)* durchgeführt. Das Substrat ist wiederum die Glucose, deren Abbau bis zur Brenztraubensäure (Pyruvat) dem Glykoloseschema folgt. Abweichend vom oxidativen Abbau wird diese nun nicht in den Citratzyklus überführt, sondern durch das Enzym Pyruvat-Decarboxylase zu Acetaldehyd decarboxyliert. Dieser wird durch NADH + H$^\oplus$, das bei der Oxidation des Glycerinaldehyd-3-phosphates entsteht, zu Ethanol reduziert. Dieser Vorgang wird durch die Alkohol-Dehydrogenase, ein zinkhaltiges Enzym, katalysiert. Es ergibt sich die folgende Bruttogleichung:

$$C_6H_{12}O_6 \longrightarrow 2\,CO_2 + 2\,C_2H_5OH \qquad \Delta G^{0'} = -234\,kJ/mol\,(-56\,kcal/mol)$$

Die Energieausbeute ist, dem anaeroben Verlauf entsprechend, gering. Sie beträgt, wie in der Glykolyse, 2 Mole ATP pro Mol Glucose. Zur Deckung ihres Energiebedarfs müssen die Hefen deshalb beträchtliche Zuckermengen umsetzen, was zu einer raschen Anreicherung des Alkohols führt. Daneben ist die Hefe allerdings auch zum oxidativen Abbau befähigt. So ist z. B. eine starke Zellvermehrung stets mit einem Umschalten auf den oxidativen Abbau verbunden (Pasteur-Effekt). Die Hefe ist also ein fakultativer Anaerobier.

11.4.2 Oxidation des Alkohols

Dem geringen Energiegewinn der alkoholischen Gärung entsprechend ist das Ethanol noch ein recht energiereiches Produkt, das von anderen Organismen unter Energiegewinn oxidativ weiter umgesetzt werden kann. Hier sind die Vertreter der Bakteriengattung *Acetobacter* zu nennen, die den Alkohol zu Essigsäure zu oxidieren vermögen.

Die Reaktion folgt im Prinzip dem Wielandschen Dehydrierungsschema und umfaßt zwei Dehydrierungsschritte. Im ersten wird der Alkohol zu Acetaldehyd dehydriert. Formal betrachtet entsteht nun unter Wasseranlagerung ein nicht beständiges Hydrat, das unter nochmaliger Dehydrierung in Essigsäure übergeht. Der abgespaltene Wasserstoff wird durch das NADH + H$^\oplus$ auf die Atmungskette übertragen, wo die Endoxidation erfolgt. Diese auch als **Essigsäuregärung** bezeichnete Oxidation des Alkohols verläuft also aerob und würde somit, der Pasteurschen Definition gemäß, nicht zu den Gärungen zählen. Ihre Energieausbeute ist mit einem $\Delta G^{0\prime}$ von $-754\,kJ/mol$ (= $-180\,kcal/mol$) entsprechend hoch. Die Essigsäuregärung wird zur industriellen Herstellung von Essig aus Wein benutzt.

Oxidation des Alkohols zur Essigsäure

Ethanol → Acetaldehyd → [Aldehydhydrat] → Essigsäure

11.4.3 Milchsäuregärung

Auch die Milchsäuregärung geht bis zur Brenztraubensäure der Glykolyse parallel. Im Gegensatz zur alkoholischen Gärung wird die Brenztraubensäure jedoch nicht zu Acetaldehyd decarboxyliert. Es findet also keine Gasentwicklung statt. Vielmehr dient die Brenztraubensäure hier selbst als Wasserstoffakzeptor und geht unter Aufnahme des während der Glykolyse abgespaltenen und durch $NADH + H^{\oplus}$ übertragenen Wasserstoffs in Milchsäure über. Diese Reaktion wird durch das Enzym Lactat-Dehydrogenase katalysiert.

Insgesamt läßt sich die Milchsäuregärung durch folgende Bruttogleichung wiedergeben:

$$C_6H_{12}O_6 \longrightarrow 2\ H_3C-\underset{\underset{\text{OH}}{|}}{CH}-COOH \qquad \Delta G^{0\prime} = -197\,kJ/mol\ (-47\,kcal/mol)$$

Die Energieausbeute dieses Vorganges ist mit einem $\Delta G^{0\prime}$ von $-197\,kJ/mol$ (= $-47\,kcal/mol$), dem anaeroben Verlauf entsprechend, gering. Es werden, wie bei der alkoholischen Gärung, 2 Mole ATP pro Mol Glucose gebildet. Zur Durchführung der Milchsäuregärung sind zahlreiche Bakterien befähigt. Hier seien nur die „reinen" Milchsäuregärer genannt, d. h. *Streptococcus lactis* sowie einige Vertreter der Gattung *Lactobacillus,* die bei der Milchverwertung sowie bei der technischen Milchsäureproduktion eine Rolle spielen.

Außerdem gibt es noch zahlreiche weitere Gärungen, z. B. die Propionsäuregärung, die Buttersäuregärung u. a., die von verschiedenen Mikroorganismen, bisweilen auch nebeneinander, durchgeführt werden. Wegen weiterer Einzelheiten sei auf die Lehrbücher der Mikrobiologie verwiesen.

Anaerobe Dissimilation kommt auch bei höheren Pflanzen vor. Unterbindet man nämlich den Zutritt des Luftsauerstoffs, so können die Pflanzen durchaus noch eine Zeitlang „weiteratmen", was die fortgesetzte Produktion von CO_2 beweist. Auch die Gärungsprodukte Ethanol und Milchsäure lassen sich im Gewebe von Pflanzen unter Anaerobiose nachweisen. Da Alkohol relativ toxisch ist und die Säurebildung zu einer Übersäuerung der Zellen führen kann, gehen die meisten höheren Pflanzen unter anaeroben Bedingungen sehr bald ein. Es gibt allerdings Pflanzen, die gegen Anaerobiose deutlich unempfindlicher sind, da sie sich an eine relativ sauerstoffarme Umgebung angepaßt haben, z. B. Wasser- und Sumpfpflanzen. Über die biochemischen Prozesse, die für diese relative Unempfindlichkeit verantwortlich sind, wissen wir noch wenig.

11.4.4 Anaerobe Atmung

Einige Mikroorganismen sind sogar in der Lage, den *oxidativen* Abbau organischer Substanzen *anaerob,* d. h. in Abwesenheit von elementarem Sauerstoff, durchzuführen, indem sie den Wasserstoff auf anorganische Elektronenakzeptoren übertragen, die hierbei reduziert werden.

Manche von ihnen verwenden als Wasserstoff- bzw. Elektronenakzeptoren Nitrate oder Nitrite, die sie zu Stickoxiden (N_2O), zu elementarem Stickstoff (N_2) oder zu Ammonium ($NH_4^{\oplus}$) reduzieren (Nitratatmung). Dieser auch als **Denitrifikation** bezeichnete Prozeß hat in schlecht durchlüfteten Böden einen Abbau der Nitrate zur Folge, die somit in erheblichem Umfange der pflanzlichen Ernährung verlorengehen. Andere Mikroorganismen verwenden Sulfate als Wasserstoff- bzw. Elektronenakzeptoren, die sie zu elementarem Schwefel (S) bzw. Schwefelwasserstoff (H_2S) reduzieren (Sulfatatmung, **Desulfurikation**). Auch $Fe^{3\oplus}$- und $Mn^{4\oplus}$-Ionen können als Elektronenakzeptoren dienen, wodurch $Fe^{2\oplus}$ bzw. $Mn^{2\oplus}$-Ionen entstehen. Schließlich kann sogar CO_2, das selbst Produkt des anaeroben Abbaus ist, als Wasserstoffakzeptor fungieren, wobei als Endprodukt Methan entsteht (methanogene Bakterien, S. 207).

11.5 Oxidativer Pentosephosphatzyklus

Außer über Glykolyse, Citratzyklus und Endoxidation kann die Glucose auch direkt oxidiert werden, wobei pro Molekül Glucose ebenfalls 6 CO_2 und 12 reduzierte Coenzyme entstehen. Allerdings fallen die letzteren in Form von NADPH + $H^{\oplus}$ an, das den Wasserstoff nicht in die Atmungskette einschleust, sondern für reduktive Synthesen bereitstellt.

Zunächst wird die Glucose zu Glucose-6-phosphat phosphoryliert, das dann durch die Glucose-6-phosphatdehydrogenase zu 6-Phosphogluconolacton dehydriert wird. Dieses geht unter Wasseraufnahme in die 6-Phosphogluconsäure (6-Phosphogluconat) über, die ebenfalls durch eine spezifische Dehydrogenase dehydriert wird. Formal entsteht hierdurch die 6-Phospho-3-oxogluconsäure, die jedoch instabil ist und unter Abspaltung von CO_2 in das

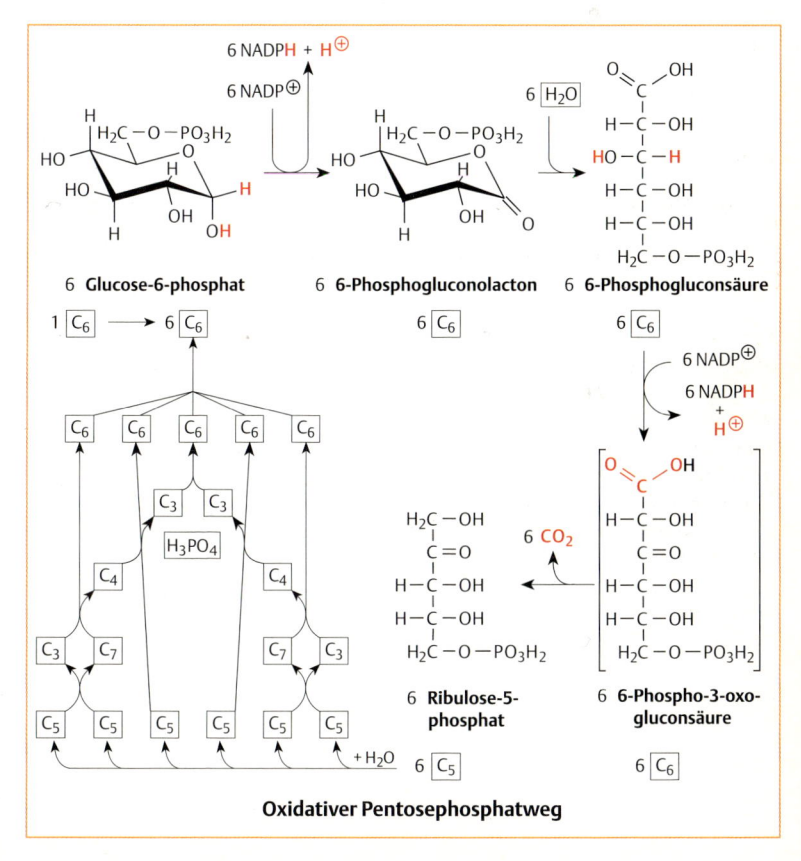

Oxidativer Pentosephosphatweg

Ribulose-5-phosphat, also einen C_5-Körper, übergeht. Der abgespaltene Wasserstoff wird von beiden Dehydrogenasen auf $NADP^\oplus$ übertragen, wodurch 2 NADPH + $H^\oplus$ pro Glucosemolekül entstehen. Multipliziert man diesen Vorgang mit 6, so erhält man aus 6 Molekülen Glucose-6-phosphat, 12 $NADP^\oplus$ und 6 H_2O bilanzmäßig 6 CO_2, 12 NADPH + $H^\oplus$ und 6 Ribulose-5-phosphat. Aus den letzteren können wieder 5 Moleküle Glucose-6-phosphat gebildet werden. Dies geschieht in dem oxidativen Pentosephosphatzyklus, der in seinen Umsetzungen dem bereits besprochenen reduktiven Pentosephosphatzyklus (Calvin-Zyklus) (S. 329) entspricht, aber in umgekehrter Richtung verläuft (s. Schema). Da hierbei ein anorganisches Phosphat entsteht, wird ein weiteres Molekül Wasser benötigt.

Der oxidative Pentosephosphatzyklus läuft nicht in den Mitochondrien ab, sondern im Cytoplasma und in den Chloroplasten, wenn hier Bedarf an NADPH + $H^\oplus$ besteht, das im Licht aus der Photosynthese angeliefert wird. Allerdings wird der oxidative Pentosephosphatzyklus nur dann vollständig durchlaufen,

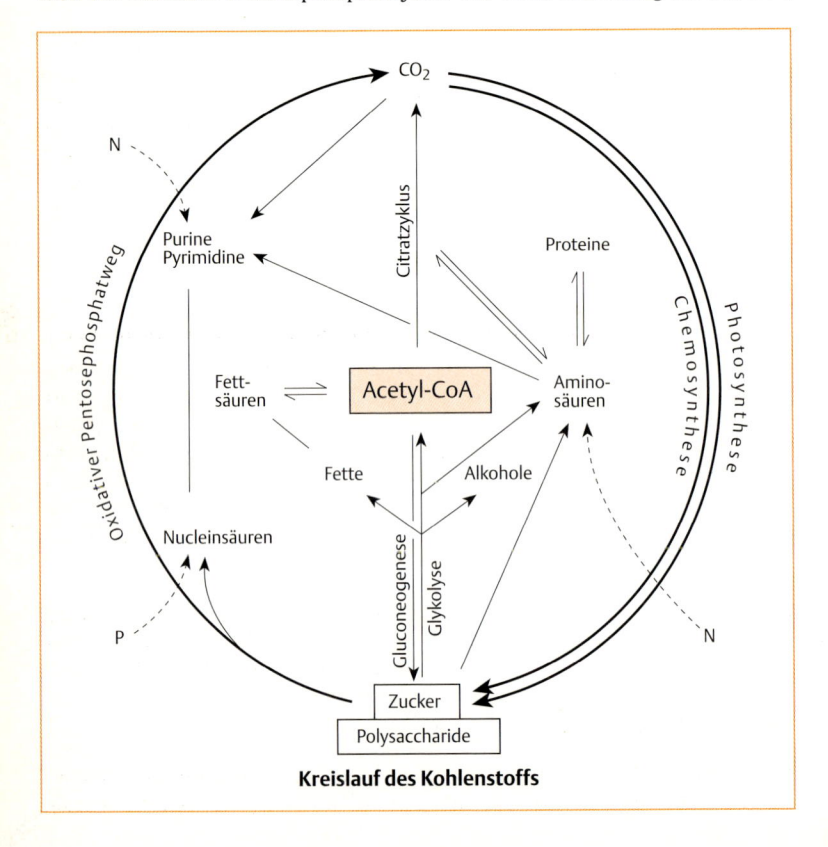

Kreislauf des Kohlenstoffs

wenn die entstehenden Zwischenprodukte nicht anderen Prozessen zugeführt werden, wie etwa die Pentosephosphate der Nucleotidsynthese (S. 380f.). Seine Hauptaufgabe ist die Bereitstellung von NADPH + H$^\oplus$ für reduktive Synthesen.

11.6 Kreislauf des Kohlenstoffs

Die vorangegangenen Abschnitte haben gezeigt, daß der Kohlenstoff in der Natur einem Kreislauf unterworfen ist. Durch die Tätigkeit der autotrophen Organismen wird er in den Prozessen der Photosynthese und der Chemosynthese aus der anorganischen Form des Kohlendioxids in Kohlenhydrate und andere organische Substanzen überführt, die in den Dissimilationsvorgängen, sei es über die Glykolyse und den Citratzyklus, sei es über den oxidativen Pentosephosphatweg, wieder zu CO_2 abgebaut werden.

Dies gilt gleichermaßen für autotrophe und heterotrophe Organismen. Von den Kohlenhydraten ausgehend werden die Kohlenstoffskelette für zahlreiche andere organische Substanzen zur Verfügung gestellt, von denen neben den Fetten und Alkoholen vor allem die Aminosäuren als Grundbausteine der Proteine und die Nucleinsäuren genannt seien. Diese Querbeziehungen sind in dem vorstehenden Schema angedeutet. Selbstverständlich ließen sich noch zahlreiche weitere Verbindungsklassen anführen, doch wurde der besseren Übersichtlichkeit wegen darauf verzichtet.

Zusammenfassung

- Der Abbau organischer Kohlenstoffverbindungen, die Dissimilation, kann aerob oder anaerob erfolgen. Bei der aeroben Dissimilation, die auch als Atmung bezeichnet wird, wird das in der Photosynthese errichtete energetische Potential zwischen Wasserstoff und Sauerstoff genutzt und in Form von ATP für endergonische Prozesse bereitgestellt. Der Wasserstoff wird aus den organischen Kohlenstoffverbindungen abgespalten und in mehreren Schritten auf den elementaren Sauerstoff übertragen. Der nicht mehr benötigte Kohlenstoff wird in Form von CO_2 frei.

- Ausgangssubstrat der biologischen Oxidation ist die Glucose. Andere Zucker müssen in diese umgewandelt werden. Liegt die Glucose in Form von Polysacchariden, z. B. Stärke, vor, so müssen diese zunächst auf hydrolytischem Wege zu Glucose oder auf phosphorolytischem Wege zu Glucose-1-phosphat abgebaut werden.

- Der oxidative Abbau der Kohlenhydrate verläuft in mehreren Teilabschnitten. In der Glykolyse wird das Glucosemolekül in 2 C_3-Bruchstücke gespalten, die zu Brenztraubensäure (Pyruvat) oxidiert werden. Bei diesem Prozeß entstehen bilanzmäßig 2 ATP und 2 NADH + H$^\oplus$ pro Molekül Glucose.

- In der oxidativen Decarboxylierung wird aus einem Molekül Brenztraubensäure 1 CO_2 abgespalten und der übrigbleibende C_2-Körper, der Acetylrest, auf das Coenzym A übertragen, wodurch Acetyl-CoA entsteht. Der bei diesem Prozeß anfallende Wasserstoff wird wiederum auf NAD$^\oplus$ übertragen, das zu NADH + H$^\oplus$ reduziert wird.

- Im Citratzyklus wird der Acetylrest unter stufenweiser Abspaltung von Wasserstoff und 2 Molekülen Kohlendioxid vollständig abgebaut. Pro Umlauf fallen 3 NADH + H$^\oplus$ und 1 $FADH_2$ an sowie ein Molekül GTP oder ATP.

- In der Endoxidation erfolgt die Vereinigung des abgespaltenen Wasserstoffs mit dem Sauerstoff über die Atmungskette. Ein Teil der hierbei freiwerdenden Energie wird in der oxidativen Phosphorylierung (Atmungskettenphosphorylierung) in Form von ATP aufgefangen, wobei 3 ATP/H_2O entstehen.

- Die Speicherfette werden zunächst in Fettsäuren und Glycerin gespalten. Der Abbau der Fettsäuren erfolgt durch β-Oxidation, wobei die Fettsäurekette jeweils um ein C_2-Bruchstück verkürzt wird, das als Acetyl-CoA anfällt. Der abgespaltene Wasserstoff wird in Form von NADH + H$^\oplus$ auf die Atmungskette übertragen. Die β-Oxidation kann sowohl in den Mitochondrien als auch in den Glyoxysomen ablaufen. Im letzteren Falle erfolgt die Verarbeitung des Acetylrestes im Glyoxylatzyklus, der zur Bildung von Succinat führt. Dieses wird entweder in den Citratzyklus eingeschleust oder dient als Ausgangsstoff für die Gluconeogenese.

- Als Gärung im engeren Sinne bezeichnet man in Abwesenheit von Luftsauerstoff ablaufende unvollständige Oxidationen, bei denen ebenfalls meist die Glucose als Ausgangssubstrat dient. Pro Molekül Glucose werden in der alkoholischen Gärung 2 Moleküle Ethanol und 2 CO_2 gebildet, in der Milchsäuregärung 2 Moleküle Milchsäure. Neuerdings werden häufig auch in Gegenwart von Sauerstoff ablaufende unvollständige Oxidationen als Gärungen bezeichnet, wie z.B. die Essigsäuregärung, bei der Ethanol zu Essigsaure oxidiert und der abgespaltene Wasserstoff in Form von NADH + H$^\oplus$ auf die Atmungskette übertragen wird. Infolgedessen ist die Energieausbeute dieses Prozesses erheblich höher als bei den vorgenannten Gärungen.

- Im oxidativen Pentosephosphatzyklus wird die Glucose nach Phosphorylierung zu Glucose-6-phosphat unter Abspaltung von CO_2 und zweimaliger Abspaltung von Wasserstoff, der auf NADP$^\oplus$ übertragen wird, zu Ribulose-5-phosphat oxidiert. In dem anschließenden Zyklus werden aus 6 Molekülen Ribulose-5-phosphat 5 Moleküle Glucose-6-phosphat zurückgewonnen.

Haushalt von Stickstoff, Schwefel und Phosphor

Die beiden vorausgegangenen Kapitel beschränken sich im wesentlichen auf die Behandlung des Stoffwechsels der Kohlenstoffverbindungen, der teils im Dienste der Energieumwandlung steht, teils dem Aufbau körpereigener Substanzen dient. Unter den molekularen Bausteinen des Pflanzenkörpers haben wir jedoch auch zahlreiche organische Verbindungen kennengelernt, die andere Nichtmetalle wie Stickstoff, Schwefel und Phosphor enthalten. So wird der Stickstoff für den Aufbau der Aminosäuren und folglich der Proteine benötigt, für die Synthese der basischen Nucleinsäurebausteine und für die Photosynthesepigmente wie Chlorophylle und Phycobiliproteine, um nur einige Beispiele zu nennen. Der Schwefel ist Bestandteil der Aminosäuren Cystein bzw. Cystin sowie Methionin und somit ebenfalls der Proteine. Darüber hinaus ist er in zahlreichen Coenzymen und in den nach ihm benannten SH-Gruppen-Enzymen enthalten. Der Phosphor schließlich ist ebenfalls Bestandteil der Nucleinsäuren und nimmt in Form organischer Phosphorverbindungen eine Schlüsselposition im Energiehaushalt ein. Wenn auch diese Elemente, verglichen mit dem Kohlenstoff, in geringerer Menge benötigt werden, ist dennoch ihre Verfügbarkeit eine unerläßliche Voraussetzung für den normalen Ablauf der Lebensvorgänge.

12.1 Stickstoffhaushalt

Da der Stickstoff, wie soeben erwähnt, Bestandteil zahlreicher Biomoleküle ist, andererseits aber manche Böden verhältnismäßig stickstoffarm sind, befindet er sich häufig im Minimum und ist damit für das Wachstum der begrenzende Faktor. Ähnlich wie beim Kohlenstoff können wir auch im Falle der Stickstoffernährung autotrophe und heterotrophe Organismen unterscheiden. Erstere vermögen anorganisch gebundenen oder sogar elementaren Stickstoff zu verwerten, während die heterotrophen Lebewesen, mit Ausnahme gewisser Mikroorganismen und Pilze, auf organisch gebundenen Stickstoff angewiesen sind, wobei Proteine bzw. Aminosäuren die wichtigsten Stickstoffquellen sind.

12.1.1 Stickstoffquellen

Schon bei der Besprechung der Ionenaufnahme wurde darauf hingewiesen, daß die grünen Pflanzen nicht nur kohlenstoffautotroph, sondern normalerweise auch stickstoffautotroph sind. Sie nehmen ihn, bevorzugt in Form des $NO_3^\ominus$-Ions, aus dem Boden auf, der somit die wichtigste, meist sogar einzige Stickstoffquelle der höheren Pflanze ist. In der Regel ist $NO_3^\ominus$ durch $NH_4^\oplus$ ersetzbar, doch bereitet die fortgesetzte Aufnahme von $NH_4^\oplus$ vielen höheren Pflanzen wegen der dadurch bedingten Ansäuerung des Bodens Schwierigkeiten. Da der Stickstoff in den meisten Böden nur in relativ geringer Menge enthalten ist, müssen landwirtschaftlich intensiv genutzte Flächen regelmäßig gedüngt werden. Demgegenüber sind die dem Boden durch Regen zugeführten, aus elektrischen Entladungen in der Atmosphäre stammenden Mengen von Stickstoffoxiden gering zu veranschlagen.

Zur Bindung des elementaren Stickstoffs, der im Wasser des Bodens gelöst ist, sind einige Bakterien und Cyanobakterien befähigt, die entweder frei im Boden leben oder mit höheren Pflanzen in Symbiose vergesellschaftet sind. Von den frei lebenden Bakterien seien *Azotobacter chroococcum* und *Clostridium pasteurianum*, die Purpurbakterien und die Actinomyceten genannt. Von den symbiotisch lebenden Stickstoffbindern kommt den Wurzelknöllchenbakterien der Fabales (Hülsenfrüchtler) aus den Gattungen *Rhizobium* und *Bradyrhizobium* die größte praktische Bedeutung zu (S. 397). Sie ermöglichen den Pflanzen auch auf stickstoffarmen Böden ein gutes Gedeihen. Die durch sie jährlich gebundenen Stickstoffmengen können bis zu 300 kg/ha betragen, sind also für den Stickstoffhaushalt des Bodens von erheblicher Bedeutung.

12.1.2 Einbau des Stickstoffs

Unabhängig davon, ob als N-Quelle der elementare Stickstoff oder das Nitrat-Ion dient, muß der Stickstoff zunächst bis zur Stufe des Ammoniaks reduziert werden, da der Einbau in Kohlenstoffverbindungen nur in der reduzierten Form erfolgen kann.

12.1.2.1 Fixierung des elementaren Stickstoffs

Die Reduktion des elementaren Stickstoffs (N_2), auch als Distickstoff oder Dinitrogen bezeichnet, erfolgt durch das Enzym **Nitrogenase** (= Dinitrogenase). Es ist ein Molybdän-Eisen-Protein mit einer Molekülmasse von 245 kDa, das aus vier Untereinheiten (zwei α und zwei β) besteht und 32 Fe-, ebensoviele S- und außerdem zwei Mo-Atome enthält.

Die Nitrogenase ist mit einer zweiten, kleineren Komponente von 64 kDa assoziiert, die aus zwei gleichartigen Untereinheiten besteht. Sie enthält vier Fe- und vier S-Atome und wird als Azoferredoxin bzw. **Nitrogenase-Reduktase** bezeichnet. Sie überträgt unter Verbrauch von einem ATP ein Elektron auf die Nitrogenase, an deren Metall-Schwefel-Zentren der Distickstoff gebunden ist. Der N_2 wird schrittweise unter Übertragung von 6 Elektronen reduziert und schließlich als NH_3 bzw. $NH_4^\oplus$ in das Cytosol der Wirtszelle entlassen und dort in eine organische Bindung überführt. Da keine Zwischenstufen gefunden wurden, ist anzunehmen, daß der Stickstoff die ganze Zeit über an das Enzym gebunden bleibt. Obwohl die Reaktion $3 H_2 + N_2 \rightarrow 2 NH_3$ exergonisch ist ($\Delta G^{0\prime} = -50$ kJ/mol = -12 kcal/mol), ist der Energiebedarf, wohl wegen der Reaktionsträgheit des elementaren Stickstoffs, sehr hoch. Es werden 16 ATP/N_2 benötigt.

Falls das bei der hydrolytischen Spaltung entstehende ADP nicht sofort wieder zu ATP phosphoryliert wird, kommt die Reaktion zum Erliegen. Der Organismus läuft also nicht Gefahr, sein verfügbares ATP ausschließlich zur N_2-Fixierung zu verwenden. Als Wasserstoffdonator dient reduziertes Ferredoxin. Bei den nicht-photosynthetischen Stickstoffbindern werden das reduzierte Ferredoxin und das ATP durch oxidative Decarboxylierung von Pyruvat gewonnen. Bei den photosynthetischen Formen stammt das ATP hauptsächlich aus der zyklischen Photophosphorylierung. Das Ferredoxin wird dagegen offenbar nicht durch die Photosynthese reduziert, sondern wahrscheinlich ebenfalls in einer Dunkelreaktion, wobei wiederum Pyruvat als Elektronendonator zu fungieren scheint.

Der enzymatische Apparat der bakteriellen Stickstoff-Fixierung und die Knöllchenbildung werden durch die nif-Gene codiert, die auf dem sogenannten Sym-Plasmid lokalisiert sind. Sie werden durch $NH_4^\oplus$ und in einigen Fällen auch durch Sauerstoff (s. unten) reprimiert, weshalb die Bakterien außerhalb des Wirtes keinen Stickstoff fixieren.

Die Nitrogenase ist gegen Sauerstoff empfindlich. Für die anaeroben Stickstoffbinder ist dies kein Problem. Bei den aeroben Formen muß jedoch dafür gesorgt werden, daß zum Zeitpunkt der Stickstoffbindung die Sauerstoffspannung in der Zelle gering ist. Besondere Probleme ergeben sich für solche Organismen, die eine oxygene Photosynthese betreiben, bei der molekularer Sauerstoff produziert wird. Bei der Mehrzahl der zur Bindung von elementarem Stickstoff befähigten Cyanobakterien erfolgt die N_2-Fixierung daher in besonderen Zellen, den Heterocysten, die nur das Photosystem I enthalten, durch das im zyklischen Elektronentransport zwar ATP erzeugt wird, nicht aber Sauerstoff.

12.1.2.2 Nitratreduktion

Für die Reduktion des Nitrat-Ions $NO_3^{\ominus}$ zum NH_3 sind acht Elektronen erforderlich. Der erste Schritt, bei dem zwei Elektronen übertragen werden, führt zum Nitrit, das in einem zweiten Schritt, der sechs Elektronen erfordert, zu NH_3 reduziert wird.

Die Reduktion des Nitrates zum Nitrit wird durch die **Nitratreduktase** katalysiert. Dieses Enzym ist im typischen Fall aus vier identischen Untereinheiten (Homotetramer) von je 100 kDa zusammengesetzt, von denen jede aus einem Protein von über 900 Aminosäureresten besteht, an das drei Wirkungsgruppen gebunden sind: FAD, Cyt b_{557} und Molybdopterin (Molybdän-Cofaktor). Bei Algen sind hiervon abweichende Typen gefunden worden. Die Bildung der Nitratreduktase wird durch Nitrat, Nitrit und durch Licht induziert, wobei offenbar Phytochrom (S. 529ff.) der Photorezeptor ist. Ammonium-Ionen dagegen hemmen die Induktion. Als Wasserstoff- bzw. Elektronendonator für die Nitratreduktion fungiert in den Blättern höherer Pflanzen $NADH + H^{\oplus}$, bei Pilzen sowie in den Wurzeln und Sprossen der meisten Holzpflanzen $NADPH + H^{\oplus}$ und bei Bakterien Ferredoxin. $NADH + H^{\oplus}$ entsteht durch Glykolyse von Triosephosphat, das aus den Chloroplasten angeliefert wird. $NADPH + H^{\oplus}$ wird im oxidativen Pentosephosphatzyklus gebildet. Da die Nitratreduktion im Cytosol erfolgt, die Nitritreduktion hingegen in den Chloroplasten bzw. bei den Wurzeln in den Leukoplasten, muß das Nitrit durch die Plastidenhülle in das Stroma transportiert werden. Hieran sind wahrscheinlich Translokatoren beteiligt.

Die zweite Komponente des Nitrat-reduzierenden Systems ist die **Nitritreduktase** mit einer M_r von 68 kDa. Sie enthält ein Häm-Eisen-Protein als prosthetische Gruppe und außerdem ein Eisen-Schwefel-Zentrum. Sie ist im Stroma der Plastiden lokalisiert. Durch Übertragung von 6 Elektronen reduziert sie $NO_2^{\ominus}$ zu NH_3. Wasserstoff- bzw. Elektronendonator ist in photosynthetisch aktiven Geweben das Ferredoxin, in Wurzeln wahrscheinlich $NADPH + H^{\oplus}$. Da bei der Nitritreduktion keine Zwischenprodukte nachgewiesen werden konnten, ist anzunehmen, daß der Stickstoff während des gesamten Prozesses an das Enzym gebunden bleibt, um sich erst als NH_3 abzulösen. Da dieses toxisch ist, muß es sofort von Glutamat gebunden werden. Auch die Bildung der Nitritreduktase ist durch Nitrat und Nitrit induzierbar.

Erfolgt die Nitratreduktion bereits in der Wurzel, so muß der reduzierte Stickstoff in Form von Aminosäuren, z. B. Arginin und Citrullin, bzw. in Form von Amiden (Glutamin, Asparagin) in den Gefäßen zu den oberen Pflanzenteilen transportiert werden. Findet die Nitratreduktion hingegen in den Blättern statt, wird der reduzierte Stickstoff in einer geeigneten Transportform über das Phloem zu den Stellen des Bedarfs geleitet. In den Blättern der C_4-Pflanzen ist die Nitratreduktion auf die Mesophyllzellen beschränkt.

12.1.2.3 Einbau des reduzierten Stickstoffs in organische Kohlenstoffverbindungen

Ammoniak NH_3 löst sich in Wasser zu NH_4OH, das z. T. in $NH_4^\oplus$ und $OH^\ominus$ dissoziiert. Wir können daher davon ausgehen, daß es in der Zelle als Ammonium-Ion in organische Kohlenstoffverbindungen eingebaut wird. Formalchemisch ist es jedoch unwesentlich, ob wir in die Gleichungen $NH_4^\oplus$ oder NH_3 einsetzen.

Der weitaus überwiegende Teil des reduzierten Stickstoffs wird über die Aminosäuren eingeschleust. Je nachdem, um welche Aminosäure es sich handelt, sind die Synthesewege allerdings verschieden und laufen häufig über zahlreiche Zwischenstufen, die zu verfolgen hier nicht unsere Aufgabe ist. Wir wollen uns deshalb auf die Besprechung einiger einfacher Beispiele beschränken. Im übrigen sei auf die Lehrbücher der Biochemie bzw. der Pflanzenphysiologie verwiesen.

Synthese der Aminosäuren: Im Gegensatz zu den Tieren, die nur einen Teil der benötigten Aminosäuren selbst synthetisieren können und die übrigen, sogenannten essentiellen, mit der Nahrung aufnehmen müssen, sind die Pflanzen normalerweise zur Synthese aller proteinogenen Aminosäuren befähigt. Sie können darüber hinaus sogar noch weitere Aminosäuren herstellen, die nicht als Bestandteile von Proteinen Verwendung finden.

Ein Weg des $NH_4^\oplus$-Einbaus ist die **reduktive Aminierung** von 2-Oxosäuren (= α-Ketosäuren). Hierbei wird unter Reduktion durch $NADH + H^\oplus$ Ammoniak angelagert, wodurch die entsprechende Aminosäure und Wasser entstehen.

$$R-\underset{\underset{O}{\|}}{C}-COOH + NH_3 \xrightarrow{NADH + H^\oplus \quad NAD^\oplus} R-\underset{\underset{NH_2}{|}}{CH}-COOH + H_2O$$

Auf diese Weise wird von den höheren Pflanzen Glutaminsäure (Glutamat) aus 2-Oxoglutarsäure (2-Oxoglutarat), die im Citratzyklus gebildet wird, synthetisiert. Das wirksame Enzym ist die Glutamat-Dehydrogenase. Ein alternativer Weg wird durch die Glutamat-Synthase katalysiert. Durch sie wird die Amido-Gruppe des Glutamins auf das 2-Oxoglutarat übertragen, wobei Ferredoxin bzw. $NADPH + H^\oplus$ als Wasserstoffdonatoren dienen. Als Reaktionsprodukt entstehen zwei Moleküle Glutamat.

Andere 2-Oxosäuren werden nicht reduktiv aminiert, sondern durch **Transaminierung.** Hierunter versteht man die Übertragung einer NH_2-Gruppe von einer Aminosäure auf eine 2-Oxosäure, wobei in der Regel Glutamat als Aminogruppendonator dient, wie im folgenden Beispiel für Brenztraubensäure (Pyruvat) und Alanin dargestellt.

$$\underset{\textbf{Brenztraubensäure}}{\underset{H_3C}{\overset{O}{\diagdown}}C-COOH} + \underset{\textbf{Glutaminsäure}}{HOOC-CH_2-CH_2-\underset{\underset{NH_2}{|}}{CH}-COOH} \longrightarrow$$

$$\underset{\textbf{Alanin}}{H_3C-\underset{\underset{NH_2}{|}}{CH}-COOH} + \underset{\textbf{2-Oxoglutarsäure}}{HOOC-CH_2-CH_2-\underset{COOH}{\overset{O}{\diagup}}C}$$

An diesem Vorgang sind als Enzyme die Aminotransferasen (= Transaminasen) beteiligt, die als prosthetische Gruppe das Pyridoxalphosphat enthalten.

Schließlich kann das Ammonium-Ion auch in Glutamat eingebaut werden, wodurch unter Verbrauch von einem ATP Glutamin entsteht. Das wirksame Enzym ist die Glutamin-Synthetase. Dieser Weg wird vor allem auch von den N_2-fixierenden Mikroorganismen benutzt, die auch aus Asparaginsäure (Aspartat) und NH_3 Asparagin bilden können. Von diesen Aminosäureamiden wird bei der Besprechung der NH_3-Entgiftung noch die Rede sein.

Proteine: Wie bereits dargelegt (S. 21), sind in den Proteinen zahlreiche Aminosäuren durch Peptidbindungen miteinander verknüpft. Da die Verknüpfung der einzelnen Aminosäuren bei der Proteinbiosynthese mit dem Problem der Einhaltung einer bestimmten Reihenfolge (Sequenz) verbunden ist, soll sie zu einem späteren Zeitpunkt (S. 472 ff.) besprochen werden.

Die Orte der Aminosäure- und Proteinsynthese sind in der höheren Pflanze vor allem die Blätter. Hierin kommt der enge Zusammenhang zwischen Kohlenhydrat- und Proteinstoffwechsel zum Ausdruck.

Synthese der Nucleinsäuren: Die Synthesen der Nucleotidbasen, d. h. also der Purin- und Pyrimidinkörper, laufen über mehrere Zwischenstufen. Sie können hier nicht im einzelnen verfolgt werden. Es sei jedoch erwähnt, daß sich die Synthese der Purinkörper an dem bereits fertig vorliegenden Ribose- oder Desoxyribosephosphat vollzieht, das als Keim der Nucleotidsynthese fungiert. An diesen wird, wie das nachstehende Schema zeigt, der Purinkörper aus relativ einfachen Molekülen wie Glycin, Ameisensäure (Formiat), CO_2 und NH_3 Zug um Zug zusammengesetzt, wobei NH_3 allerdings zunächst in der bereits besprochenen Weise als Aminogruppe in 2-Oxoglutarat eingebaut und von dem entstehenden Glutamat weiter übertragen wird. Die Frage, wie die Verknüpfung der Nucleotide zu RNA bzw. DNA erfolgt, werden wir später noch eingehender behandeln (S. 461 ff.).

Bausteine des Purinringes

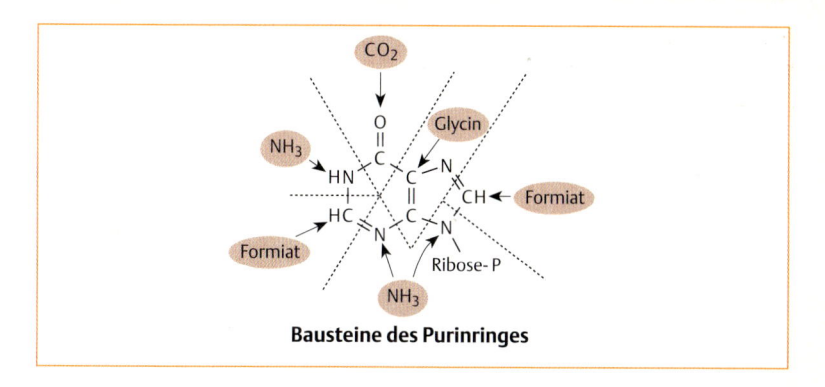

Andere Stickstoffverbindungen: Darüber hinaus ist der Stickstoff Bestandteil zahlreicher weiterer Verbindungen, die im Stoffwechsel der Pflanzen eine Rolle spielen. So ist er z. B. in den Pyrrolringen der Porphyrinringsysteme von Chlorophyllen, Cytochromen und Phytochrom, in den Alkaloiden, in einigen Phytohormonen und zahlreichen weiteren Verbindungen enthalten. Es würde jedoch zu weit führen, die Synthesewege aller dieser Stoffe hier zu besprechen.

12.1.3 Abbau der Stickstoffverbindungen

Ein Abbau der Proteine und Aminosäuren zum Zwecke der Energiegewinnung kommt bei höheren Pflanzen normalerweise nicht vor. Hier ist die Eiweißveratmung Kriterium eines pathologischen Zustandes, z. B. als Folge unzureichender Ernährung. Heterotrophe Organismen, z. B. die saprophytischen Mikroorganismen, nutzen jedoch durchaus auch die Kohlenstoffskelette der Aminosäuren zur Energiegewinnung.

Aber auch bei höheren Pflanzen kommt regelmäßig ein Abbau der Proteine vor. So ist z. B. überall dort, wo die Eiweiße als Reservestoffe Verwendung finden, die Mobilisierung der Reserven mit einem Eiweißabbau verbunden, wie auch jeglicher Transport im Pflanzenkörper die Überführung der Proteine in Aminosäuren zur Voraussetzung hat. Schließlich steht in jeder Zelle der ständigen Proteinsynthese ein fortwährender Abbau nicht mehr benötigter Proteine gegenüber.

12.1.3.1 Proteinabbau

Betrachten wir die auf S. 22 wiedergegebene Gleichgewichtsreaktion für die Bildung eines Dipeptids, so liegt das Gleichgewicht weit auf der Seite der Aminosäuren. Folglich ist zur Hydrolyse der Peptidbindung keine Energie nötig. Es wird im Gegenteil sogar ein gewisser Energiebetrag frei, der allerdings von den Organismen nicht genutzt zu werden scheint.

Wirkungsschema der Proteasen

Exopeptidasen: Aminopeptidase, Carboxypeptidase
Endopeptidasen (Proteinasen)

Die Proteasen sind definitionsgemäß Hydrolasen. Die Proteolyse wird durch Bindung von Ubiquitin (Box 12.1) an die betreffenden Zielproteine eingeleitet (Ubiquitination). Diese läuft in drei Schritten unter Mitwirkung zweier Enzyme und Verbrauch von einem ATP ab. Der Abbau der ubiquitinierten Moleküle erfolgt an einem proteolytischen Komplex mit einem Sedimentationskoeffizienten von 26 S, der aus mehreren Untereinheiten besteht und als 26 S Proteasom bezeichnet wird. Das Ubiquitin wird dabei wieder abgelöst.

Nach der Art ihres Angriffs auf die Proteine und Peptidketten können wir Endo- und Exopeptidasen unterscheiden. Wie das vorstehende Schema zeigt, greifen die Endopeptidasen, die auch als Proteinasen bezeichnet werden, in der Mitte längerer Peptidketten an, die sie in kleinere Peptide zerlegen. Demgegenüber bauen die Exopeptidasen die Peptidketten von den Enden her ab, indem sie einzelne Aminosäuremoleküle abspalten, und zwar die Carboxypeptidasen vom Carboxylende, die Aminopeptidasen vom Aminoende her. Die Wirkung der Proteasen ist nicht so streng spezifisch wie die anderer Enzyme, doch vermögen sie entweder ausschließlich oder doch bevorzugt Peptidbindungen zwischen ganz bestimmten Aminosäuremolekülen zu spalten. Die Endstufen des proteolytischen Abbaus sind stets die Aminosäuren.

12.1.3.2 Um- und Abbau der Aminosäuren

Die durch den Abbau gebildeten Aminosäuren können nun in den Siebröhren zu den Orten des Verbrauchs bzw. zu den Speicherorganen transportiert werden, oder aber sie stehen der Zelle für erneute Synthesen zur Verfügung. Werden nicht die gleichen Aminosäuren benötigt, die durch die Proteolyse entstanden sind, so hat die Zelle die Möglichkeit, die gewünschten Aminosäu-

Box 12.1　Ubiquitin

Ubiquitin ist ein in allen daraufhin untersuchten eukaryotischen Zellen vorkommendes Polypeptid aus 76–79 Aminosäuren (M_r ca. 8500), deren Sequenz hochkonservativ ist. So unterscheidet sich das Ubiquitin des Menschen von dem der Hefe nur in drei Aminosäure-Bausteinen. Es wird als Poly-Ubiquitin synthetisiert, in dem bis zu zwölf Moleküle miteinander verknüpft sind und das außerdem ribosomale Proteine enthält. Ubiquitin markiert Proteine für den intrazellulären Abbau, z. B. defekte Proteinmoleküle mit falscher Aminosäuresequenz oder (z. B. durch Hitze) geschädigte Proteine. Darüber hinaus sorgt es für den raschen Abbau regulatorischer Proteine, die nicht mehr benötigt werden, wie etwa des Cyclins nach Beendigung der Mitose.

Ubiquitin wird über seine endständige Carboxy-Gruppe enzymatisch unter Verbrauch von ATP an Lysin-Seitenketten (Isopeptid-Bindungen) und terminale Aminogruppen von Proteinen gekoppelt. Dabei hängt die Empfänglichkeit der Proteine für Ubiquitinierung von der Art ihres Amino-terminalen Aminosäurerestes ab. So ist z. B. die Halbzeitlebensdauer von Proteinen, die am Amino-terminalen Ende die Aminosäuren Methionin, Glycin, Alanin, Serin, Threonin und Valin tragen, größer als 20 Stunden, während andere Aminosäuren die Lebensdauer erheblich verkürzen, z. B. Isoleucin auf etwa 30 Minuten, Tyrosin auf ca. 10 Minuten und Arginin sogar auf 2 Minuten.

---

ren durch die bereits besprochene Transaminierung oder durch andere Reaktionen aus den Proteolyseprodukten zu synthetisieren. Besteht jedoch für die durch Proteolyse entstandenen Aminosäuren kein Bedarf, oder sollen sie zur Energiegewinnung genutzt werden, wie bei den saprophytischen Mikroorganismen, so können verschiedene Abbauwege beschritten werden:

Decarboxylierung der Aminosäuren: Ein Weg, der durch die Aminosäure-Decarboxylasen katalysiert wird, führt zu den entsprechenden biogenen Aminen. So entsteht z. B. durch die Decarboxylierung von Glycin das Methylamin:

$$H_2N-CH_2-COOH \longrightarrow H_2N-CH_3 + CO_2$$

Dieser Weg wird vor allem von den Bakterien und Pilzen beschritten, ohne daß uns die Funktion, die die gebildeten Amine für diese Organismen haben, klar wäre.

Oxidative Desaminierung: Die Desaminierung durch die Aminosäureoxidasen ergibt die entsprechende Oxosäure und Ammoniak, stellt also im Prinzip eine Umkehrung der reduktiven Aminierung dar. Der abgespaltene Wasserstoff wird vom Coenzym des jeweiligen Enzyms übernommen, im Falle der nachstehend formulierten, durch die Glutamat-Dehydrogenase katalysierten Desaminierung des Glutamats zu 2-Oxoglutarat z. B. von $NAD^{\oplus}$.

$$\text{HOOC-CH}_2\text{-CH}_2\text{-}\underset{|}{\overset{NH_2}{CH}}\text{-COOH} + H_2O \xrightarrow{\;\;NAD^{\oplus}\;\;\longrightarrow\;\;NADH + H^{\oplus}\;\;} \text{HOOC-CH}_2\text{-CH}_2\text{-}\underset{\diagdown COOH}{\overset{\diagup O}{C}} + NH_3$$

Glutaminsäure → **2-Oxoglutarsäure**

Die beim Eiweißabbau gebildeten 2-Oxosäuren können weiter zu Aldehyden decarboxyliert werden, aus denen dann durch Oxidation die entsprechenden Fettsäuren entstehen. Sowohl über diese als auch über die 2-Oxosäuren bestehen also Querverbindungen zwischen dem Eiweiß-, Kohlenhydrat- und Fettstoffwechsel, die wir jedoch nicht im einzelnen verfolgen wollen.

12.1.3.3 Ammoniakentgiftung

Das bei der oxidativen Desaminierung gebildete NH_3 ist ein starkes Zellgift, dessen Anhäufung in der Zelle zu schweren Stoffwechselschäden führen würde. Der vom tierischen Organismus eingeschlagene Weg, die Exkretion des Stickstoffs in Form von Harnstoff oder Harnsäure, wird jedoch von der Pflanze nicht beschritten. Der Grund hierfür ist wohl der bereits erwähnte Umstand, daß sich von allen lebensnotwendigen Elementen bei der autotrophen Pflanze gerade der Stickstoff in der Regel im Minimum befindet, weshalb sie sich den Luxus einer Ausscheidung stickstoffhaltiger Exkrete nicht leisten kann. Sie ist daher gezwungen, das gebildete NH_3 zu entgiften, was auf verschiedene Weise geschehen kann. Aus der Vielzahl der Möglichkeiten seien im folgenden wieder einige einfache Beispiele ausgewählt.

Der am einfachsten erscheinende Weg, nämlich die Bildung von Ammoniumsalzen, ist insofern ungünstig, als in der Gleichung $NH_3 + H_2O \rightleftharpoons NH_4OH \rightleftharpoons NH_4^{\oplus} + OH^{\ominus}$ das Gleichgewicht weit auf der linken Seite liegt. Eine NH_3-Entgiftung durch Neutralisation ist deshalb nur bei einem großen Überschuß an organischen Säuren möglich. Ein anderer relativ einfacher Weg ist die Entgiftung in Form der Säureamide Asparagin und Glutamin, gemäß der Gleichung:

$$\text{HOOC-}\underset{|}{\overset{NH_2}{CH}}\text{-CH}_2\text{-}\underset{\diagdown OH}{\overset{\diagup O}{C}} + NH_3 \longrightarrow \text{HOOC-}\underset{|}{\overset{NH_2}{CH}}\text{-CH}_2\text{-}\underset{\diagdown NH_2}{\overset{\diagup O}{C}} + H_2O$$

Asparaginsäure → **Asparagin**

Hierzu sind die entsprechenden Synthetasen sowie ATP erforderlich. Andere Möglichkeiten der Entgiftung und Speicherung bestehen in der Bildung von

Allantoin, Allantoinsäure u. a. Verbindungen, die in der Pflanze, vor allem in der Wurzel, als Stickstoffreserven gespeichert werden können. Auch Harnstoff wird von einigen Pflanzen gebildet. Aus all diesen Verbindungen kann der Stickstoff bei Bedarf verhältnismäßig leicht wieder mobilisiert werden, um für neue Synthesen Verwendung zu finden.

12.1.4 Kreislauf des Stickstoffs

Ähnlich dem Kohlenstoff, der durch die Photosynthese aus dem CO_2 in eine organisch gebundene Form und durch die Dissimilation wieder in eine anorganische Form überführt wird, durchläuft auch der Stickstoff einen Kreislauf, an dem eine Vielzahl von Prozessen beteiligt ist. Da wir diese im einzelnen bereits behandelt haben, mag das nachstehende Schema zur Erläuterung des Stickstoffkreislaufes genügen.

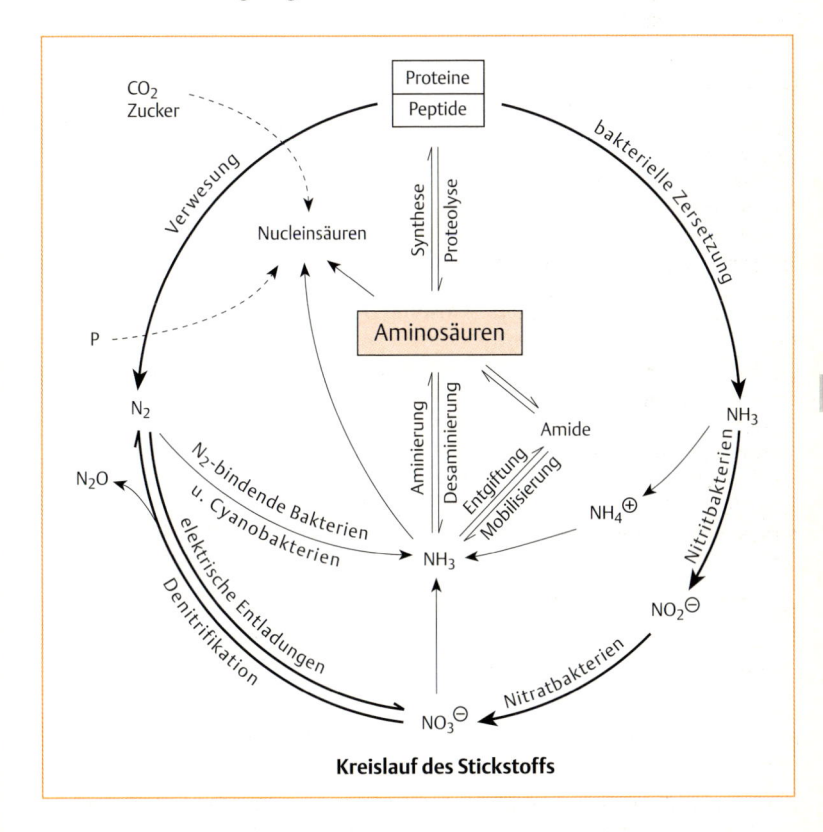

Kreislauf des Stickstoffs

12.2 Schwefelhaushalt

Das Element Schwefel ist Bestandteil zahlreicher organischer Verbindungen, die im Stoffwechsel eine wichtige Rolle spielen, z. B. der Aminosäuren Cystein, Cystin und Methionin und somit auch der Proteine. Weitere schwefelhaltige Verbindungen sind die SH-Gruppen-Enzyme, Eisen-Schwefel-Proteine (Ferredoxin), Thioredoxine, Coenzym A, Biotin, Thiamin u. a. Wie im Falle des Stickstoffs sind die grünen Pflanzen auch schwefelautotroph, d. h. sie können anorganisch gebundenen Schwefel verwerten.

Die autotrophen Pflanzen nehmen den Schwefel in der Regel als $SO_4^{2\ominus}$-Ion auf. Dieses muß vor dem Einbau in organische Verbindungen bis zur Stufe des $S^{2\ominus}$ reduziert werden, wozu acht Elektronen erforderlich sind. Diese stammen in der Regel aus der nicht-zyklischen Photosynthese und werden durch Ferredoxin übertragen, d. h. die Sulfatreduktion erfolgt überwiegend in den Chloroplasten der Laubblätter bzw. anderer grüner Pflanzenteile und nur in geringem Umfang in den Wurzeln. In diesem Falle fungiert als Elektronendonator $NADPH + H^{\oplus}$, das aus dem oxidativen Pentosephosphatzyklus stammt.

Da Sulfat reaktionsträge ist, erfolgt der Einbau des $SO_4^{2\ominus}$ über das „aktive Sulfat". In einem ersten Reaktionsschritt entsteht unter Mitwirkung einer ATP-Sulfurylase aus ATP und Sulfat unter Abspaltung von Diphosphat das **Adenosin-5′-phosphosulfat (APS)**, das einem AMP mit angehängtem Sulfatrest entspricht. Das Diphosphat wird durch eine Diphosphatase in zwei Phosphate gespalten, was die endergone APS-Bildung begünstigt. Aus diesem entsteht durch nochmalige Phosphorylierung und Mitwirkung der Adenylsulfat-Kinase das **3′-Phosphoadenosin-5′-phosphosulfat (PAPS)**, das eigentliche aktive Sulfat. Die Bildung von PAPS erfolgt in den Plastiden. Das aktive Sulfat wird an einem Sulfatreduktase-Komplex durch Übertragung von 8 Elektronen zur Stufe des $S^{2\ominus}$ reduziert. Da Zwischenprodukte bisher nicht nachgewiesen wurden, wird angenommen, daß der Schwefel, ähnlich dem Stickstoff, während der Reduktion an das Enzym gebunden bleibt. Das $S^{2\ominus}$ wird dann durch das Enzym Cystein-Synthase in Acetylserin, eingebaut, wodurch Cystein entsteht, dem somit eine zentrale Rolle bei der Einschleusung des Schwefels zukommt.

Bei der bakteriellen Zersetzung abgestorbener Pflanzenteile wird der Schwefel meist in Form des Schwefelwasserstoffs freigesetzt. Dieser wiederum kann einerseits als Wasserstoff- bzw. Elektronendonator für die Photosynthese einiger photosynthetisch aktiver Bakterien und andererseits als oxidables Substrat für die Chemosynthese der schwefeloxidierenden Bakterien dienen, wobei als Produkte elementarer Schwefel bzw. $SO_4^{2\ominus}$-Ionen entstehen. Genau der umgekehrte Weg wird dagegen bei der Desulfurikation beschritten. Diese Wechselbeziehungen sind übersichtlich in dem Schema des Schwefelkreislaufs dargestellt.

Kreislauf des Schwefels

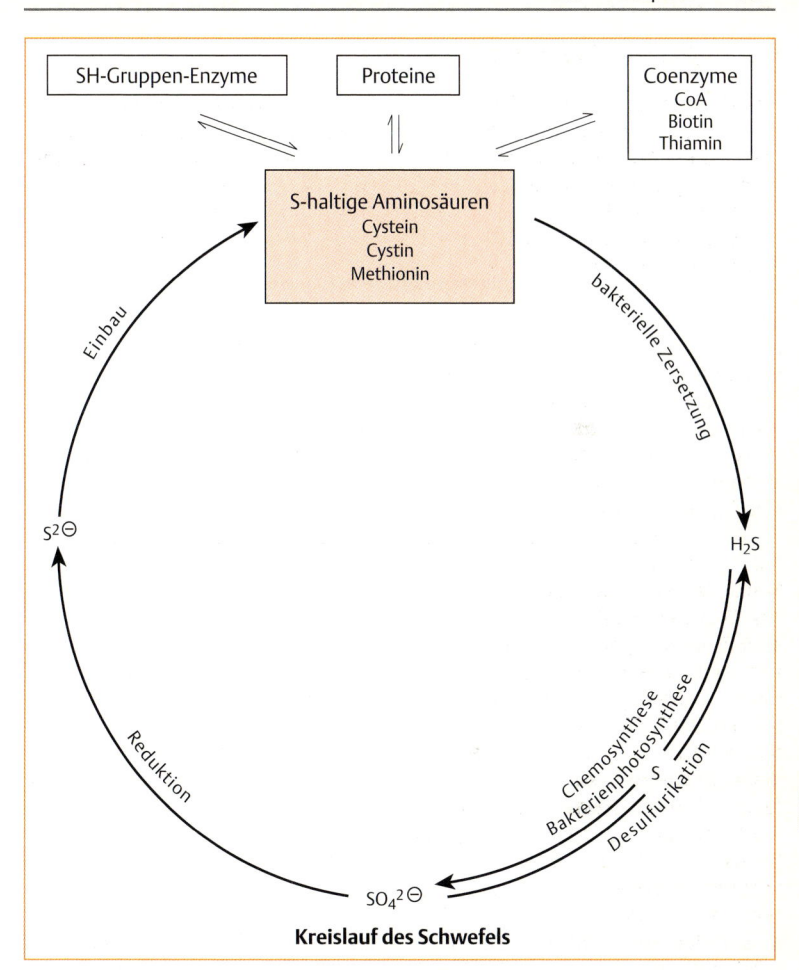

12.3 Phosphor

Die organischen Phosphorverbindungen nehmen in Form der energiereichen Phosphate eine zentrale Stellung im Energiehaushalt der Pflanze ein. Außerdem ist das Phosphat Bestandteil der Nucleotide bzw. der Nucleinsäuren. Infolgedessen gehört auch der Phosphor zu den für die Pflanze lebensnotwendigen Elementen.

Wie bereits erwähnt (S. 297), wird er in Form des $PO_4^{3\ominus}$-Ions aufgenommen. Abweichend vom Nitrat- und Sulfat-Ion wird das Phosphat-Ion jedoch nicht reduziert, sondern direkt eingebaut, z. B. über ATP, das aus ADP und anorganischem Phosphat entsteht. Speicherformen des Phosphates sind linear oder zyklisch kondensierte Phosphate, von denen die ersteren als Polyphosphate bezeichnet werden, sowie das Phytin.

Zusammenfassung

- Grüne Pflanzen sind in der Regel auch stickstoffautotroph. Als Stickstoffquellen können sowohl das Nitrat-Ion $NO_3^{\ominus}$ als auch das Ammonium-Ion $NH_4^{\oplus}$ dienen. Zur Bindung des elementaren Stickstoffs sind nur bestimmte Bakterien und Actinomyceten sowie einige photosynthetische Bakterien und Cyanobakterien befähigt.

- Die Reduktion des elementaren Stickstoffs erfolgt an einem Enzym-Komplex, der aus den Enzymen Nitrogenase und Nitrogenase-Reduktase besteht. Er ist gegen Sauerstoff empfindlich. N_2 wird an das Enzym gebunden und erst nach beendeter Reduktion als NH_3 bzw. $NH_4^{\oplus}$ freigesetzt. Hierbei werden 6 Elektronen übertragen. Außerdem ist ATP erforderlich.

- Für die Reduktion des Nitrat-Ions sind 8 Elektronen erforderlich. Der erste Schritt, der durch die Nitratreduktase katalysiert wird, führt zum Nitrit. Die Reduktion des Nitrits zum NH_3 bzw. $NH_4^{\oplus}$ erfolgt am Enzym Nitritreduktase.

- Der reduzierte Stickstoff wird in Kohlenstoffskelette eingebaut, wodurch Aminosäuren entstehen. So wird auf dem Weg der reduktiven Aminierung aus 2-Oxoglutarat Glutamat gebildet. Von diesem kann die Aminogruppe durch Transaminasen auf andere 2-Oxosäuren übertragen werden. Ein dritter Weg des Einbaus führt zum Glutamin bzw. Asparagin.

- Weitere biologisch wichtige Stickstoffverbindungen sind die Proteine, die Nucleinsäuren, die Porphyrinringsysteme von Chlorophyll und Cytochrom, die Alkaloide, einige Phytohormone u. a.

- Der Abbau der Proteine erfolgt durch Proteasen. Man unterscheidet Endo- und Exopeptidasen, je nachdem, ob sie in der Mitte oder an den Enden der Peptidketten angreifen. Die bei der Proteolyse entstehenden Aminosäuren können erneut genutzt oder weiter abgebaut werden. Im letzteren Fall wird durch oxidative Desaminierung NH_3 frei, das nicht ausgeschieden, sondern in entgifteter Form gespeichert wird. Entgiftungsformen sind Asparagin, Glutamin, Allantoin, Allantoinsäure u. a. Verbindungen.

- Der Schwefel wird in Form des Sulfat-Ions $SO_4^{2\ominus}$ aufgenommen, das über das „aktive Sulfat" eingebaut und zur Stufe des $S^{2\ominus}$ reduziert wird, wozu 8 Elektronen notwendig sind. Offenbar wird der Schwefel hauptsächlich über die Aminosäure Cystein eingebaut. Bei der bakteriellen Zersetzung abgestorbener Pflanzenteile wird er meist in Form von Schwefelwasserstoff freigesetzt.

- Der Phosphor wird in Form des Phosphat-Ions $PO_4^{3\ominus}$ aufgenommen und in den Phosphorylierungsprozessen direkt eingebaut, wobei energiereiche Phosphate entstehen.

Heterotrophie

Schon bei der Besprechung der Photosynthese hatten wir eine Scheidung der Organismen in autotrophe und heterotrophe durchgeführt und als heterotroph alle die Lebewesen bezeichnet, die den zum Aufbau ihrer Körpersubstanz benötigten Kohlenstoff aus bereits synthetisierten organischen Verbindungen beziehen, also unmittelbar oder mittelbar von den Syntheseleistungen autotropher Pflanzen abhängig sind. Außerdem sind sie bezüglich ihrer Energiegewinnung und der benutzten Wasserstoffdonatoren chemo-organotroph. Hinsichtlich des Grades der Heterotrophie herrscht im Pflanzenreich eine große Vielfalt. Zahlreiche heterotrophe Organismen benötigen sowohl den Kohlenstoff als auch den Stickstoff in organisch gebundener Form, einige nur den Kohlenstoff, da sie stickstoffautotroph sind. Manche können die verschiedensten Gruppen organischer Verbindungen als Kohlenstoff- und Wasserstoffdonatoren verwerten, andere sind auf ganz bestimmte Verbindungen, die sie nicht selbst zu synthetisieren vermögen, angewiesen.

Die Heterotrophie hat auch zu verschiedenen Formen des Zusammenlebens zwischen artverschiedenen Organismen geführt, die, je nach gegenseitigem Abhängigkeitsgrad, verschieden bezeichnet werden. Man kann folgende Typen unterscheiden:

Commensalismus: Hierunter versteht man eine Form des Zusammenlebens, bei der der Vorteil zwar eindeutig auf seiten des einen Partners liegt, Nachteile für den anderen Partner jedoch nicht erkennbar sind.

Mutualismus: Von einem mutualistischen Zusammenleben sprechen wir, wenn dieses für beide Partner von Nutzen ist, sei es nun ständig oder nur zeitweise.

Antagonismus: Zu dieser Form zählt der Parasitismus, bei dem der Nutzen ausschließlich bei dem einen Partner liegt, während der andere mehr oder weniger stark, nicht selten sogar letal geschädigt wird.

In vielen Fällen sind wir über die Art der Abhängigkeit noch nicht ausreichend informiert. Aus der Fülle der Erscheinungsformen, die die Heterotrophie im Pflanzenreich zeigt, sind im folgenden einige charakteristische Beispiele ausgewählt.

13.1 Saprophyten

Die Saprophyten können als Prototyp der heterotrophen Organismen gelten. Sie sind in der Natur als Fäulniserreger weit verbreitet und rekrutieren sich im wesentlichen aus den Gruppen der Bakterien und Pilze. Durch die Abscheidung von Enzymen überführen sie organisches Material, z. B. Teile toter Tiere und Pflanzen, in kleinere resorbierbare Moleküle, die sie nach Aufnahme in die Zellen weiterverarbeiten und in anorganische Substanzen überführen (remineralisieren). Sie erfüllen damit im Stoffkreislauf eine wichtige Funktion.

In vielen Fällen sind die Saprophyten nur auf organische Kohlenstoffverbindungen angewiesen, die sie als Bausteine und Energielieferanten für die Synthese ihrer Körpersubstanz benötigen. Derartige Organismen sind nicht sehr anspruchsvoll und wenig spezialisiert, können also eine ganze Reihe organischer Verbindungen verwerten. Dabei gibt es kaum eine organische Kohlenstoffverbindung, die nicht wenigstens einigen Arten als Energiequelle dienen kann, und seien es selbst Paraffine (Erdöl). Allerdings sind zum Abbau solcher extrem schwer angreifbaren Verbindungen im allgemeinen nur wenige hierauf spezialisierte Formen befähigt.

Andererseits gibt es unter den Saprophyten Vertreter, die nur eine begrenzte Anzahl organischer Verbindungen zu verwerten vermögen. Dies gilt insbesondere für solche Organismen, die auch organische Stickstoffverbindungen benötigen. Bisweilen handelt es sich dabei um ganz bestimmte Verbindungen, die als Wachstumsfaktoren (S. 491 ff.) eine Rolle spielen, von den betreffenden Organismen aber nicht selbst synthetisiert werden können. Solche Organismen, meist sind es Mikroorganismen, lassen sich nur schwer oder gar nicht auf künstlichen Nährböden kultivieren.

Häufig sind in der Natur mehrere Arten saprophytischer Mikroorganismen miteinander vergesellschaftet. Dabei können dann die einen die Stoffwechselprodukte der anderen weiterverwerten. Eine solche Vergesellschaftung bezeichnet man als **Parabiose.**

13.2 Parasiten

Im Gegensatz zu den Saprophyten begnügen sich die Parasiten nicht mit der organischen Substanz abgestorbener Lebewesen, sondern sie schließen sich direkt an den Stoffwechsel lebender Organismen an, indem sie ganz oder teilweise in den Wirtsorganismus eindringen und sich in einem geeigneten Organ festsetzen.

Allerdings kann der Grad der Abhängigkeit vom Wirt auch bei Parasiten ein verschiedenes Ausmaß haben. Während die **fakultativen Parasiten** ebensogut auch außerhalb des Organismus, also saprophytisch leben können, sind die **obligaten Parasiten** auf einen Wirt angewiesen. Unter den Krankheitserregern des Menschen sind fakultative Parasiten z. B. die Erreger des Wundstarrkrampfes *(Clostridium tetani)* und des Typhus *(Salmonella typhosa),* während zu den obligaten manche Spirochaeten zählen. Allerdings verwischt sich gerade bei den Bakterien die Grenze zwischen fakultativen und obligaten Parasiten immer mehr, da es immer häufiger gelingt, bisher als obligat geltende Formen in Kulturen, also saprophytisch, zu ziehen. Ist aber die Kultur geglückt, können sie, streng genommen, nicht mehr als obligate Parasiten gelten. Offensichtlich besteht der obligate Parasitismus in einem extremen Abhängigkeitsverhältnis von bestimmten Wirkstoffen, die normalerweise nur im lebenden Organismus in ausreichendem Maße zur Verfügung stehen.

> Die Schädigung des Wirtes beruht allerdings in der Mehrzahl der Fälle weniger auf einem Entzug von Nährstoffen als vielmehr auf der Bildung bestimmter Stoffwechselprodukte (Toxine), die für den Wirtsorganismus giftig sind.

Dies trifft auch für Bakterien und Pilze zu, die Pflanzenkrankheiten verursachen. Beispielhaft sei das Welketoxin **Fusicoccin** genannt, das von dem Pilz *Fusicoccum amygdali* gebildet wird. Es verursacht eine anhaltende Öffnung der Stomata und somit eine Steigerung der stomatären Transpiration, was schließlich zum Welken der Pflanze führt.

Aber auch unter den höheren Pflanzen gibt es (stets obligate) Parasiten, die mit Hilfe von Haustorien zum Zwecke des Nahrungserwerbs in lebendes Wirtsgewebe eindringen, indem sie das Zellwandmaterial durch Abscheiden von Cutinasen, Cellulasen und Pektinasen auflösen. Die Formenmannigfaltigkeit parasitischer Blütenpflanzen ist groß. Bislang war es üblich, die zur Photosynthese befähigten Halb-(Hemi-) und die nicht photosynthetischen Vollparasiten (Holoparasiten) zu unterscheiden. Es hat sich jedoch gezeigt, daß diese nur auf äußerer Anschauung beruhende Unterscheidung nicht aufrechtzuerhalten ist. Nach den Ergebnissen anatomischer Untersuchungen trifft es nämlich nicht immer zu, daß die grünen Halbparasiten nur das Xylem, die Vollparasiten dagegen sowohl das Xylem als auch das Phloem anzapfen. Die moderne Terminologie klassifiziert die Parasiten danach, aus welchem Grundorgan ihre Haustorien hervorgehen: Wurzelparasiten mit wurzelbürtigen Haustorien, Sproßparasiten mit sproßbürtigen Haustorien und Blattparasiten mit blattbürtigen Haustorien. Hinzu kommen Endoparasiten, die mit dem überwiegenden Teil ihres Vegetationskörpers im Gewebe des Wirtes leben und infolgedessen in der Regel keine Haustorien bilden.

Ein Beispiel ist die **Mistel** *(Viscum album),* die bislang den Hemiparasiten zugerechnet wurde. Sie schmarotzt teils auf Nadelhölzern (Tannen- oder Föhrenmistel), teils auf Laubhölzern (Apfel, Birne, Linde u. ä.). Ihre Früchte sind weiße Beeren, die Vögeln als Nahrung dienen. Die Samen werden mit dem Kot ausgeschieden und gelangen so auf andere Bäume, wo sie auskeimen. Die Mistel dringt zunächst mit Rindenwurzeln (Rindensaugsträngen) in die Rinde des Wirtes ein (Abb. 13.**1**). Diese treiben dann zapfenförmige Haustorien in den

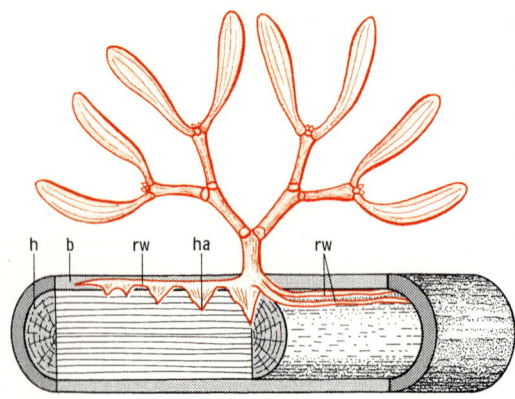

Abb. 13.1 Mistel *(Viscum album)* (rot) auf dem Ast eines Wirtes (schwarz), der links im Längsschnitt, rechts in Aufsicht mit teilweise entfernter Rinde dargestellt ist (ca. ½fach). b = Bast, h = Holzkörper, ha = Haustorien, rw = Rindenwurzeln (nach Goebel, Troll).

Holzkörper und stellen den Anschluß an die Gefäße her. Dem sekundären Dickenwachstum des Wirtes folgt die Mistel mit Hilfe eines intercalaren Meristems. Da ihre immergrünen Blätter Photosynthese betreiben, ist sie nicht eigentlich heterotroph. Die im Vergleich zu den Wirtspflanzen ungewöhnlich hohen Transpirationsraten der Misteln lassen darauf schließen, daß die erhöhte Wasserzufuhr in erster Linie der Anlieferung von Ionen dient, wie Calcium, Kalium, Phosphat und Nitrat, insbesondere des letzteren, da sich der Stickstoff meist im Minimum befindet und damit für das Wachstum zum begrenzenden Faktor (S. 337) wird. Der verschiedene Ionengehalt des im Xylem transportierten Wassers könnte ein Grund für die Spezialisierung der verschiedenen Mistelrassen auf bestimmte Wirtsarten sein.

Die **Kleeseide** *(Cuscuta europaea)* zählt zu den Sproßparasiten. Aus ihren Samen entsteht ein fadenförmiger Keim, dessen Vorderende sich über den Boden erhebt und kreisende Suchbewegungen ausführt. Erfaßt es dabei den Sproß eines geeigneten Wirtes, so umschlingt es diesen und wächst als Windenpflanze daran empor (Abb. 13.**2A**). Da die bleiche, kaum noch Chlorophyll enthaltende Sproßachse und die reduzierten schuppenförmigen Blättchen eine autotrophe Ernährung nicht mehr gewährleisten, treibt die Kleeseide zahlreiche Haustorien in das Wirtsgewebe, die sowohl an das Xylem als auch an das Phloem Anschluß gewinnen (Abb. 13.**2B,C**). Der Parasit bezieht also vom Wirt nicht nur Wasser und Salze, sondern auch organische Verbindungen, wodurch dieser nicht selten letal geschädigt wird.

Einige Parasiten, wie die *Orobanche* (Würger) und die Vertreter der bei uns nicht heimischen Gattung *Striga,* können ihre Wirte letal schädigen und vor allem in trocken-heißen Gebieten hohe Ernteverluste verursachen. Die *Orobanche* schmarotzt auf den Wurzeln ihrer Wirtspflanzen und wurde daher bisher als Wurzelparasit bezeichnet. Nach der oben gegebenen neuen Definition ist sie jedoch sowohl ein Sproß- als auch ein Wurzelparasit, da ihre Haustorien in der Regel zwar sproßbürtig sind, aber auch wurzelbürtige Hau-

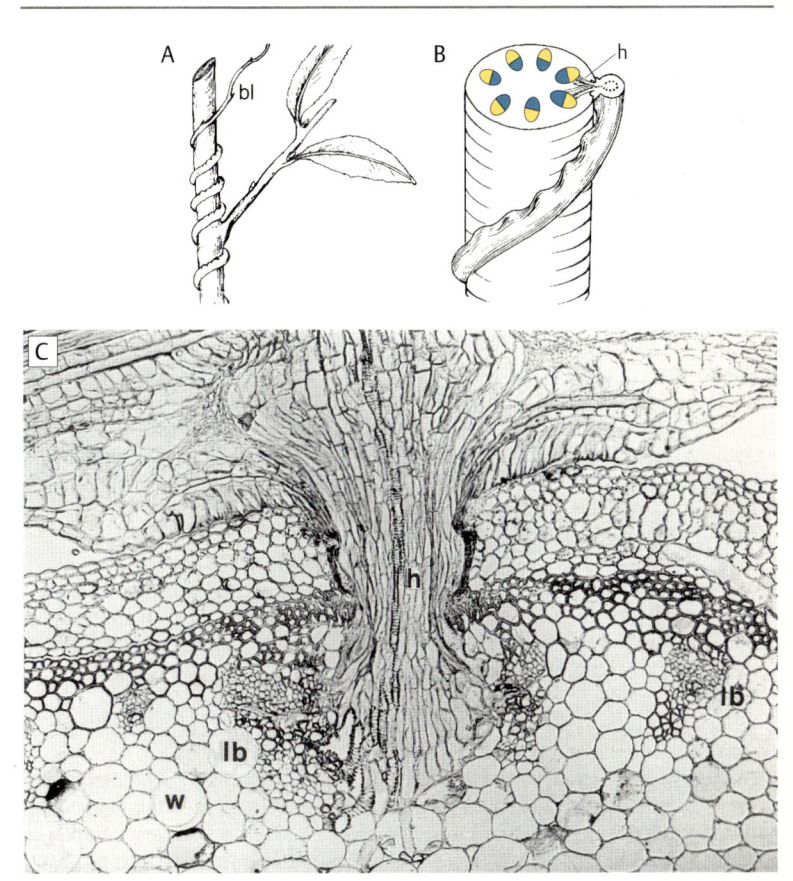

Abb. 13.2 Kleeseide *(Cuscuta europaea).* **A** Sproß, einen Weidenzweig umwindend (ca. ½ nat. Größe); **B** Sproßstück des Parasiten, mit Haustorien in den Wirt eindringend (schematisch). Im Querschnitt ist der Anschluß der Haustorien an die Leitbündel des Wirtes zu erkennen. **C** Lichtmikroskopische Aufnahme eines Längsschnittes durch ein Haustorium von *Cuscuta grandiflora* im Wirtsgewebe *(Pelargonium zonale).* bl = reduzierte Blätter, h = Haustorien, lb = Leitbündel des Wirtes (in **B** blau/gelb), w = Wirtsgewebe (**A** nach Noll; **C** Vergr. 70fach, Originalaufnahme: I. Dörr u. Ch. Glockmann).

storien vorkommen. Auch *Striga* ist ein Sproßparasit. Ihre Samen keimen nur in unmittelbarer Nähe (1–3 mm) des Wirtes. Die Keimung kann durch einige Phytohormone, insbesondere das Ethylen, ausgelöst werden, aber erst in relativ hohen Konzentrationen. Aus der Wurzel der Baumwollpflanze, die selbst gar nicht als Wirt dient, wurde eine Substanz isoliert, das Strigol, ein Nor-Sesquiterpen, das über eine Enoletherbrücke mit einer weiteren Isoprenein-

Strigol

heit verbunden ist. Es vermag noch in einer Konzentration von 10^{-11} M eine Keimung der Samen von *Striga asiatica* auszulösen. Dann wächst ein Keimschlauch aus, der bei Berührung mit der Wurzel des Wirtes ein knolliges Organ ausbildet, das Primärhaustorium, das ein hypokotyl-, also sproßbürtiges Organ ist. Auch die Bildung der Haustorien wird durch chemische Stimuli ausgelöst, deren stoffliche Natur von Fall zu Fall ganz verschieden sein kann. Bei *Striga* ist z. B. 2,6-Dimethoxy-p-benzochinon wirksam, während es sich bei *Cuscuta* um Cytokinin handelt. Der Anschluß an die Leitelemente des Wirtes erfolgt von Fall zu Fall auf verschiedene Weise. So wird bei *Cuscuta* ein direkter Phloem-Phloem-Kontakt mit Hilfe sogenannter Suchhyphen hergestellt. Auch direkter Xylem-Xylem-Kontakt kommt vor, z. B. *Orobanche,* während in anderen Fällen die Verbindung vom Xylem des Wirtes zu dem des Parasiten über parenchymatische Zellen, also möglicherweise apoplasmatisch erfolgt.

13.3 Symbiose

Unter Symbiose verstehen wir das zeitweilige oder dauernde Zusammenleben artverschiedener Organismen in enger morphologischer Verknüpfung und, insgesamt gesehen, mit wechselseitigem Nutzen. Ersteres unterscheidet sie von einem bloßen Nebeneinander, das wir oben als Commensalismus bezeichnet haben, letzteres vom Parasitismus. Die Symbiose hat somit mutualistischen Charakter.

Allerdings lassen sich die Grenzen zwischen Parasitismus und Symbiose nicht immer scharf ziehen, da uns der Nutzen, den die beiden Partner von der Symbiose haben, durchaus nicht in allen Fällen offenbar ist. Auf jeden Fall führt die Symbiose nicht zu dauernden Schädigungen oder gar zum Tode des einen Partners, was beim Parasitismus die Regel ist. Sehr häufig kommt die Symbiose zwischen einem autotrophen und einem heterotrophen Partner vor.

13.3.1 Wurzelknöllchen

Als Wurzelknöllchensymbiose bezeichnet man die Symbiose zwischen höheren Pflanzen einerseits und Bakterien bzw. Actinomyceten andererseits. Beide

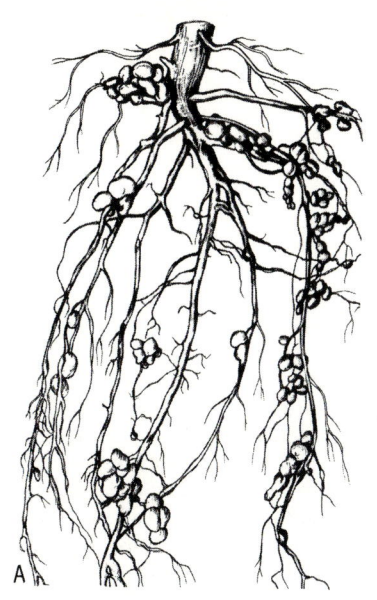

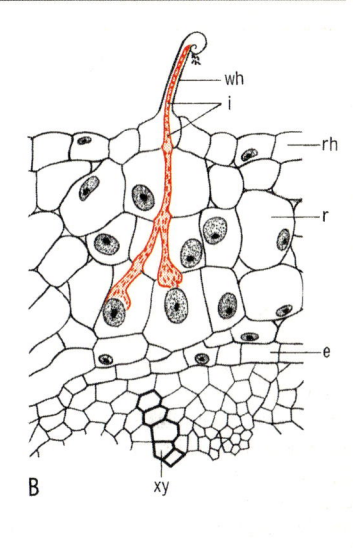

Abb. 13.**3** Wurzelknöllchen. **A** Knöllchen an der Wurzel der Erbse *(Pisum sativum)* (ca. nat. Größe). **B** Infektion einer Luzernewurzel durch *Rhizobium,* schematisch. e = Endodermis, i = Infektionsschlauch (rot), r = Rindenzellen, rh = Rhizodermis, wh = Wurzelhaar, xy = Xylem (**A** nach einer photographischen Abbildung von Schaede, **B** nach Thornton).

leben intrazellulär in den Rindenzellen der Wurzeln, wo sie charakteristische Knöllchenbildungen (Abb. 13.3A) auslösen (**Nodulation**). Wegen ihrer Fähigkeit, elementaren Stickstoff zu reduzieren (S. 376 ff.) und in reduzierter Form an die Wirtspflanze abzugeben, hat diese Symbiose eine große wirtschaftliche Bedeutung. Zu den Knöllchenbakterien zählen die rasch wachsenden, bei unseren heimischen Hülsenfrüchtlern (Fabales) verbreiteten Vertreter der Gattung *Rhizobium* und die der langsamer wachsenden Gattung *Bradyrhizobium,* zu der der Symbiont der Sojabohne *(Glycine max), Bradyrhizobium japonicum,* gehört, den wir im folgenden als Beispiel wählen.

Die im Boden freilebenden (dann jedoch nicht stickstoffbindenden) Bakterien erkennen ihre Wirte mit Hilfe bestimmter Signalproteine (Lektine, Flavone u. a.), die von den Wurzeln sezerniert werden. Die Bakterien reagieren mit der Ausschüttung von Lipo-Oligosacchariden, die als **Nodulations-(nod-) Faktoren** bezeichnet werden. Ihre Synthese erfolgt durch Enzym-Proteine, die Produkte der auf dem **Symplasmid** (S. 377) liegenden **nod-Gene** sind. Die nod-Faktoren lösen bestimmte Reaktionen des Wirtes aus: Die Wurzelhaare krümmen sich in charakteristischer Weise ein (Abb. 13.3B) und drücken die Bakterien gegen die Zellwand. Diese wird durch das pektinlösende Enzym Polygalacturonase lokal aufgelöst. Zellteilungen von Rindenzellen werden ausgelöst und die Bildung (Organogenese) der Knöllchen beginnt. Diese Vorgänge sind mit der Bildung der frühen Noduline verbunden. Noduline sind durch Expression spezifischer Nodulingene in den Knöllchenzellen gebildete Proteine, die den Prozeß der Knöllchenbildung steuern und daher zu verschiedenen Zeiten sukzessiv gebildet werden. Die frühen Noduline bestimmen die Morphogenese der Knöllchen. Unter Ausbildung eines durch eine vom Plasmalemma stammende Biomembran begrenzten Infektionsschlauches oder -fadens, der von der Wirtspflanze durch Cellulose-Auflagerungen vom Cytoplasma abgegrenzt wird, durchwachsen die Bakterien mehrere Rindenzellen, deren Wände noch cellulosearm sind, wobei sie bis zur Endodermis gelangen können. Wenn der Infektionsschlauch die neu gebildeten teraploiden Rindenzellen erreicht, verzweigt er sich und entläßt die Bakterien in diese. Die Bakterien werden sogleich von einer Biomembran, der Peribakteroid-Membran, umgeben, die vom Plasmalemma oder, nach einer anderen Vorstellung, vom Golgi-Apparat und/oder vom ER gebildet wird. Die Bakterien werden zu Bakteroiden umgewandelt, die sich in der Regel sowohl in der Größe als auch in der Gestalt von den freilebenden Bakterien unterscheiden. Zwischen Bakteroiden und der Peribakteroid-Membran befindet sich eine elektronenoptisch kontrastarme Matrix (Abb. 13.4B). Die Gesamtheit von Bakteroid, Peribakteroid-Membran und Matrix bezeichnet man als **Symbiosom**. Parallel zur Größenzunahme der Bakteroiden nimmt auch ihr DNA-Gehalt auf das Vier- bis Achtfache zu, da die Größenzunahme nicht von einer Zellteilung begleitet wird. Bei einigen Typen kommen zwischen den infizierten Zellen bakterienfreie Interstitialzellen vor (Abb. 13.4A).

Während dieser Vorgänge bildet die Pflanze unter Einfluß von Nodulinen an den infizierten Stellen Meristeme aus, deren Zellen polyploid sind (bis zu $n = 32$). Durch Teilung der Meristemzellen entstehen Wurzelknöllchen, die je nach Gattung bzw. Art eine verschiedene Gestalt haben können (sphärisch, zylindrisch, fingerförmig, korallenförmig u.a.). Die Zellen der Wurzelknöllchen zeichnen sich durch einen hohen Gehalt an Auxinen, Cytokininen und Gibberellinen aus, doch ist nicht sicher, ob diese Phytohormone von den Zellen der Wurzelknöllchen oder von den Bakterien gebildet werden. Die mit Symbiosomen vollgestopften Zellen sind nicht selten rot gefärbt, da sie **Leghämoglobin** enthalten, eine besondere Form des Hämoglobins, die zu den späten Nodulinen zählt.

Die Knöllchen werden von der Wirtspflanze mit Saccharose versorgt, die in den Amyloplasten der Zellen zu Stärke umgebaut wird. Sie ist die Kohlenstoff- und Energiereserve für die N_2-Fixierung. Der Transport in die Symbiosomen erfolgt offenbar in Form von Malat oder Succinat. Der typische Speicherstoff der Bakteroiden ist die Poly-β-hydroxybuttersäure. In den Symbiosomen erfolgt dann die Reduktion des elementaren Stickstoffs durch die Nitrogenase, die bis zu 10% der löslichen Proteine ausmachen kann, zu $NH_4^{\oplus}$-Ionen, die an die Knöllchenzelle abgegeben werden. Dort werden sie in Glutamat oder

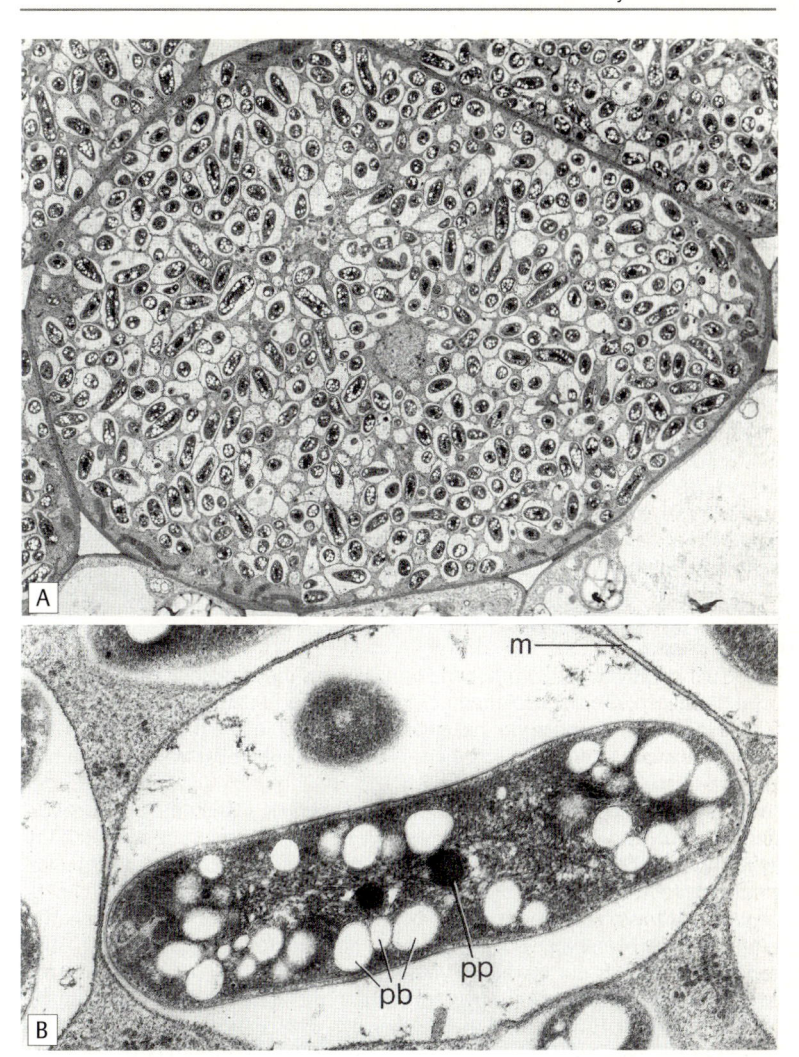

Abb. 13.4 Wurzelknöllchen von *Glycine max* (Sojabohne). **A** Schnitt durch eine Zelle 20 Tage nach der Infektion mit *Bradyrhizobium japonicum*. Die Zelle ist vollgestopft mit Symbiosomen, die meist ein, zum Teil aber auch mehrere Bakteroide enthalten. Unten nicht-infizierte Zellen (Vergr. ca. 3500fach). **B** Einzelnes Symbiosom (Vergr. ca. 33 000fach). m = Membran der Infektionsvakuole, pb = Granula aus Poly-β-hydroxybuttersäure (hell), pp = Polyphosphatgranula (schwarz). Fixierung: Glutaraldehyd; Kontrastierung: Uranylacetat/Bleicitrat (aus Werner u. Mörschel: Planta 141 [1978] 173).

Aspartat eingebaut, wodurch Glutamin bzw. Asparagin entstehen. Auch die Glutamin-Synthetase zählt zu den späten Nodulinen. Da die Nitrogenase sehr sauerstoffempfindlich ist, muß der Sauerstoffpartialdruck in den Knöllchenzellen niedrig gehalten werden. Dies geschieht einerseits durch Abschirmung der Knöllchen mittels einer äußeren Korkschicht, die als Diffusionsbarriere dient, andererseits durch die Atmung der Wirtszelle und der Bakteroiden, die Sauerstoff verbrauchen. Eine wichtige Rolle spielt dabei das Leghämoglobin, das bis zu 40% der löslichen Proteine einer Zelle ausmachen kann. Es transportiert den Sauerstoff, ohne daß die Nitrogenase Schaden nimmt, und reguliert die Sauerstoffspannung.

Die im Zuge der Alterung einsetzende Lyse der Bakteroiden führt zu deren völligem Abbau. Die Abbauprodukte werden durch leitbündelartige Stränge, die die Knöllchen durchziehen und Anschluß an die Wurzelleitbündel haben, abtransportiert, wodurch die Wirtspflanze einen erheblichen Anteil der von ihr investierten Substanzen zurückerhält. Der Profit liegt in dieser Phase also eindeutig auf Seiten der Wirtspflanze. Da jedoch nicht alle Bakteroiden verdaut werden, sondern einige sich zu normalen Bakterienformen rückdifferenzieren können, gelangen nach Absterben der Pflanze und Zerfall der Knöllchen mehr Bakterien in den Boden zurück als ursprünglich die Pflanze infiziert haben. Im ganzen gesehen ist somit die Symbiose auch für die Bakterien von Vorteil.

13.3.2 Flechten

In einer geradezu vollkommenen Form tritt uns die Symbiose bei den Flechten entgegen, die als selbständige systematische Einheiten geführt werden, obwohl sie ein Konsortium aus einem Pilz (Mycobiont) und einer Alge bzw. einem Cyanobakterium, also einem photoautotrophen Partner, darstellen.

Letzterer wurde früher als Phycobiont bezeichnet. Da jedoch die Cyanobakterien heute nicht mehr zu den Algen gezählt werden, wurde in neuerer Zeit die Bezeichnung Photobiont vorgeschlagen. Im allgemeinen wird eine Flechte von einem Myco- und einem Photobionten gebildet, doch gibt es auch Flechten, in denen zwei Mycobionten mit einem oder zwei Photobionten vergesellschaftet sind bzw. ein Mycobiont sogar mit drei Photobionten. Insgesamt sind etwa 13 500 Myco-, aber nur etwa 30 Photobionten bekannt. Von den Mycobionten sind 98% Schlauchpilze (Ascomycetes), so daß die Ständerpilze (Basidiomycetes) weit in den Hintergrund treten. Bei den Photobionten überwiegen die einzelligen Grünalgen (Chloroccocales). Einige Cyanobakterien, z. B. Vertreter der Gattung *Nostoc*, können elementaren Stickstoff binden. Myco- und Photobiont lassen sich zwar auch getrennt voneinander auf künstlichen Nährböden kultivieren, doch geht der Flechtencharakter dabei natürlich verloren. Im allgemeinen gedeihen die Pilze in Symbiose besser.

Die morphologische Verknüpfung beider Partner in der Symbiose ist hier so eng, daß gewissermaßen ein neuer „Organismus" von charakteristischer Gestalt und weitgehend konstanten, systematisch verwertbaren Merkmalen ent-

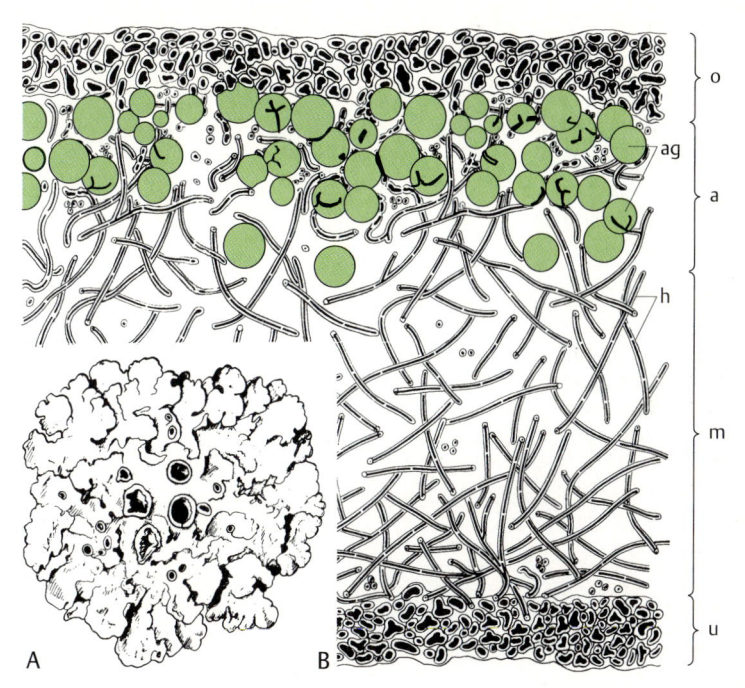

Abb. 13.**5** Flechtensymbiose. **A** *Parmelia acetabulum*, Habitusbild (ca. nat. Größe); in der Mitte einige Fruchtkörper (Apothecien). **B** Querschnitt durch den Thallus derselben Art (ca. 250fach). a = Algenschicht, ag = Algenzellen (grün), h = Pilzhyphen, m = Markschicht, o = obere, u = untere Rindenschicht (nach Reinke, Nienburg).

steht (Abb. 13.5A). Bei den heteromeren Flechten (s. unten) werden Form und Struktur des Thallus maßgeblich durch den Mycobionten bestimmt, während sie bei den homöomeren Flechten durch den Photobionten entscheidend beeinflußt werden. In jedem Falle ist jedoch die Thallusorganisation das Resultat der Symbiose zwischen beiden Partnern. Nach neueren Untersuchungen sind Flechtensymbiosen mehrmals in der Evolution entstanden. Die Bestimmung ribosomaler DNA-Sequenzen läßt darauf schließen, daß es mindetens fünf evolutionäre Ursprünge von Flechtensymbiosen gibt.

Die jeweils miteinander gepaarten Myco- und Photobionten sind für die betreffenden Flechten-„Arten" spezifisch. Durch Kombination verschiedener Pilz- und Photobiontenstämme konnte jedoch in Kulturen gezeigt werden, daß eine strenge Spezifität nicht vorliegt. Vielmehr sind auch Kombinationen mit anderen Partnern grundsätzlich, wenn auch nicht beliebig, möglich. Allerdings waren die natürlichen Partner den Neukombinationen im Wachstum deutlich überlegen. Die Flechten vermehren sich im allgemeinen vegetativ

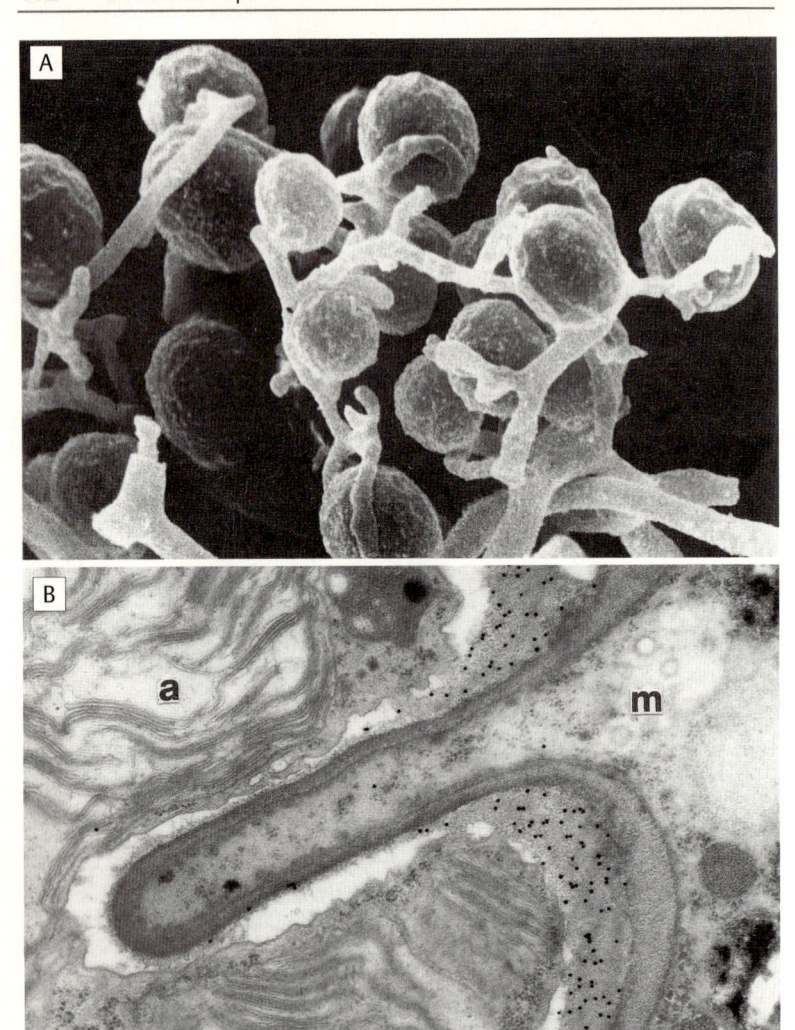

Abb. 13.6 Thallus- und Haustorienbildung bei Flechten. **A** Rasterelektronenmikroskopische Aufnahme der Anfangsstadien einer Thallusbildung bei *Crocynia membranacea*. Die Pilzhyphen umspinnen die kugeligen Algen. Vergr. 1800fach. **B** Längsschnitt durch ein intrazelluläres Haustorium eines Thallus von *Lecanora conizaeoides*. Während die Zellwand des Mycobionten (m) erhalten ist, ist bei der Alge (a) an der Stelle, wo das Haustorium eingedrungen ist, keine Cellulosewand mehr vorhanden. Fixierung: Glutaraldehyd; Kontrastierung: Osmiumtetroxid; Cellulase-Gold-Markierung. Vergr. 27 250fach (Originalaufnahmen: E. Peveling u. K. Tenberge).

durch Thallusfragmente oder durch Soredien, das sind von Pilzmycel umsponnene Algenzellen, die vom Wind verbreitet werden und auf einem geeigneten Substrat wieder zu Thalli auswachsen. Die in Abb. 13.5A zu beobachtenden Apothecien sind also Fruktifikationsorgane des Flechtenpilzes. Bei anderen Formen werden sogenannte Isidien gebildet, das sind Auswüchse der Thallusoberfläche, die abbrechen und so der Verbreitung dienen. Die Algen haben die Fähigkeit zur geschlechtlichen Fortpflanzung völlig verloren.

Bei den **homöomeren Flechten** sind die Photobionten etwa gleichmäßig im Thallus verteilt, während sie bei den **heteromeren Flechten** auf bestimmte Schichten begrenzt bleiben (Abb. 13.5B). Wie aus der gleichen Abbildung ersichtlich, umspinnen die Pilzhyphen die Algen, was sich besonders gut in den Anfangsstadien der Thallusbildung beobachten läßt (Abb. 13.6A). Die Kontaktstellen zwischen beiden Organismen können zur Erleichterung des Stoffaustausches in verschiedenem Maße verändert werden. So können Einbuchtungen des Plasmalemmas des Mycobionten zu einer Vergrößerung der Oberfläche, vergleichbar den Transferzellen (S. 166), führen, oder es werden vom Mycobionten intrazelluläre Haustorien in die Algenzelle hineingetrieben, wobei deren Zellwand an dieser Stelle aufgelöst wird, während das Plasmalemma erhalten bleibt (Abb. 13.6B).

Der Nutzen, den der Pilz von dieser Symbiose hat, besteht zweifellos in der Anlieferung von Photosyntheseprodukten aus dem Photobionten. Messungen haben ergeben, daß bis zu 90% dieser Produkte in den Mycobionten gelangen können. Im Falle der Grünalgen handelt es sich dabei vor allem um Zuckeralkohole wie Ribit, Erythrit oder Sorbit, im Falle der Cyanobakterien um Glucose. Die N_2-fixierenden Cyanobakterien versorgen den Mycobionten auch mit reduziertem Stickstoff, der überwiegend in Form von Ammonium-Ionen angeliefert wird. Der Vorteil, den der Photobiont von dieser Symbiose hat, ist dagegen noch weitgehend unklar. Die Annahme, daß er als Symbiont Areale zu besiedeln vermag, auf denen er freilebend nicht existieren könnte, trifft für die Cyanobakterien und einige Grünalgen mit Sicherheit nicht zu. Auch haben genaue Messungen ergeben, daß der Flechtenthallus den freilebenden Algen hinsichtlich der Wasserdampfaufnahme keineswegs überlegen ist. Andere Autoren vermuten, daß der Mycobiont infolge des Besitzes von Flechtenpigmenten in der Lage ist, dem Photobionten bei direkter Sonnenexposition Lichtschutz zu geben. Experimente haben jedoch gezeigt, daß der Photosyntheseapparat durch diese Pigmentierung ungleich weniger geschützt wird als erwartet. So scheint denn der Vorteil mehr auf der Seite des Mycobionten zu liegen, was dem Mutualismus der Flechtensymbiose bis zu einem gewissen Grade einen antagonistischen Charakter verleiht.

13.3.3 Mykorrhiza

Unter Mykorrhiza (Pilzwurzel) verstehen wir die Symbiose zwischen einem Pilz und einer höheren Pflanze. Sie ist im typischen Falle mutualistischer Natur, doch gibt es auch hier Fälle, in denen der Nutzen überwiegend bei

> **Box 13.1 Mykorrhiza der Ericales**
>
> In dieser Ordnung finden wir alle Mykorrhiza-Typen von der Ekto- über die Ekt-Endo- zur reinen Endomykorrhiza nebst Übergängen. Grundsätzlich können die Ericaceen auch ohne Mykorrhiza wachsen, wenn ausreichende Mengen Stickstoff und Phosphor im Boden vorhanden sind. Für die Besiedelung N-P-armer Böden benötigen sie jedoch Mykorrhiza-Pilze. Diese zum Teil hochspezialisierten Formen der Mykotrophie bei den Ericaceen sind also eine unerläßliche Voraussetzung für die Besiedelung der Heidegebiete, Hochmoore und Nadelwälder. Für die bessere Aufnahme von Stickstoff und Phosphor ist zweifelsohne die, verglichen mit den Wurzeln, bessere Durchdringung des Bodens durch die Pilzhyphen verantwortlich. Im Falle des Stickstoffs wurde außerdem eine bessere Aufnahme von $NH_4^{\oplus}$-Ionen festgestellt, die auf eine höhere Affinität des Ammoniumaufnahmesystems der Pilze im Vergleich zu dem der Pflanzen zurückzuführen ist.
>
> Eine Extremform der Mykorrhiza findet sich beim Fichtenspargel *(Monotropa hypopitys)*. Dieser chlorophyllfreie Parasit steht über Hyphen seiner obligaten Ekt-Endo-Mykorrhiza mit den Wurzeln von Waldbäumen in Verbindung. Durch diese Hyphen erfolgt ein Transport von organischen Kohlenstoffverbindungen von den Bäumen über den Pilz in den Fichtenspargel und umgekehrt von Phosphat vom Fichtenspargel über die Pilze in die Bäume.

dem einen Partner zu liegen scheint, was ihren Charakter in die Nähe des Antagonismus rückt. Wir kennen insgesamt sieben Formen der Mykorrhiza, die jedoch drei Hauptgruppen zugeordnet werden können, nämlich Ektomykorrhiza, Ekt-Endo-Mykorrhiza und Endomykorrhiza (Box 13.1).

Ektomykorrhiza: Bei dieser Form umgibt ein dichtes Pilzhyphengeflecht mantelartig die Wurzel. Dabei dringen die Hyphen ausschließlich interzellulär (daher der Name) in das Rindengewebe ein, wobei die Endodermis die Grenze darstellt. Sie umhüllen die Rindenzellen, deren Wände nicht sekundär verdickt werden, mit einem dichten Hyphengeflecht, das als **Hartigsches Netz** bezeichnet wird.

Ektomykorrhiza kommt bei etwa 3% der Samenpflanzen vor, besonders bei den Nadel- und Laubbäumen der gemäßigten und kühlen Breiten (Fichte, Lärche, Buche, Birke, Eiche u.a.). Die Pilze sind Asco- und Basidiomyceten aus über sechzig Gattungen. Einige, wie z.B. *Lactarius* (Abb. 13.7 C), leben fast ausschließlich symbiotisch. Wurzeln mit Mykorrhiza (Seitenwurzeln 2. oder höherer Ordnung) sind leicht an dem dichten Pilzmycel zu erkennen, das die häufig angeschwollenen Wurzelenden mantelartig umgibt (Abb. 13.7 A, B). Dieser Pilzmantel verhindert die Bildung sowohl der Wurzelhaube als auch der Wurzelhaare. Die Funktionen der letzteren, d.h. insbesondere die Wasser- und Ionenversorgung, übernehmen die Hyphen des sich im Boden ausbreitenden Mycels. Der Vorteil für die Pflanze besteht offenbar nicht nur in der Vergrößerung der resorbierenden Oberfläche, sondern auch in der Fähigkeit der

13.3 Symbiose

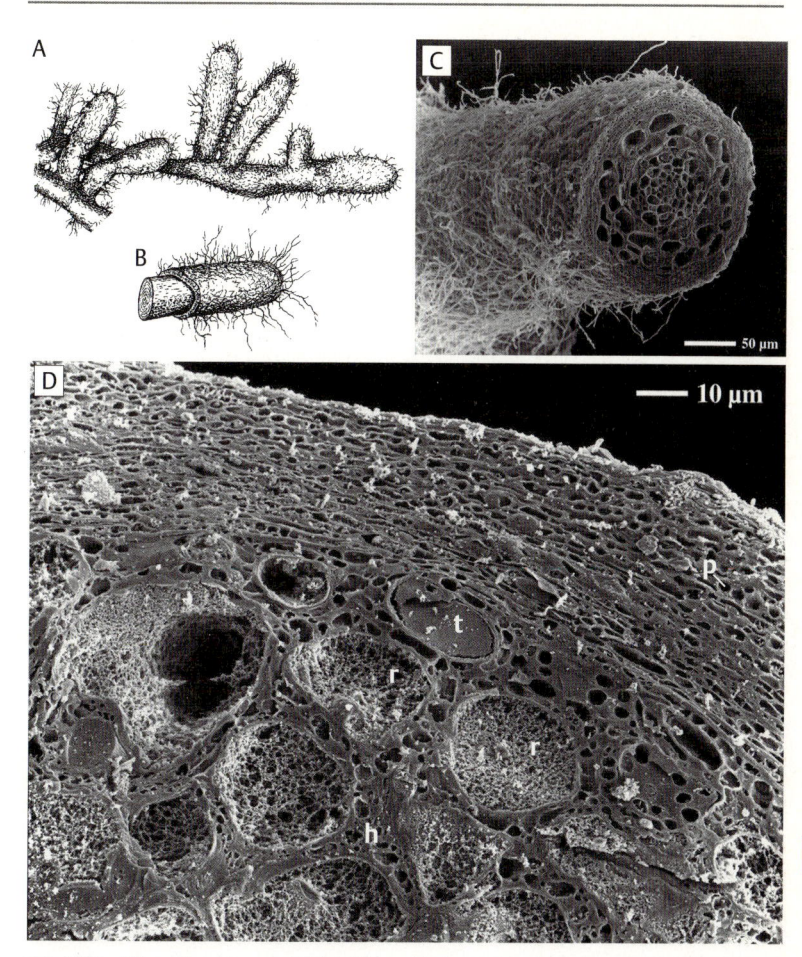

Abb. 13.7 Ektomykorrhiza. **A** Infolge Mykorrhizabefalls angeschwollene Wurzelenden der Buche (ca. 25fach), **B** Einzelne Wurzel, Pilzmantel z. T. abgelöst (ca. 30fach) **C** Angeschnittene Wurzel der Fichte mit Pilzmantel des Rißpilzes (*Inocybe* spec.). **D** Anschnitt einer Tannenwurzel mit dem Mykorrhizapilz *Lactarius salmonicolor* (Milchling). h = Hartigsches Netz, p = Pilzhyphenmantel, r = Rindenzellen, t = Tanninzellen (**A, B** nach Pfeffer, **C, D** REM-Originalaufnahmen: G. Wanner).

Mykorrhizapilze, durch Abgabe von Protonen Mineralstoffe in Lösung zu bringen und die Ionen für die Pflanze verfügbar zu machen. Außerdem scheinen auch hormonale Wechselwirkungen zwischen Pilz und Wirtspflanze zu bestehen. Als Gegenleistung erhält der Pilz von der Pflanze organische Verbindungen, vor allem Kohlenhydrate, zweifellos aber auch noch andere Substanzen, die für seine Entwicklung notwendig sind. Letzteres äußert sich u. a. darin, daß bisweilen nur ganz bestimmte Arten miteinander vergesellschaftet sind, z. B. der Birkenpilz *(Leccinum scabrum)* mit der Birke *(Betula alba)*. Allerdings ist eine so enge Spezialisierung nicht die Regel. Vielmehr können sowohl die Pilze als auch die Bäume mehrere Partner haben, die Waldkiefer *(Pinus silvestris)* bis zu 25 Pilzarten. Eine Anzucht der Bäume in pilzfreien Böden führt zu Kümmerwuchs, d. h. hier ist die Mykorrhiza für den Baum schon fast obligat.

> **Endomykorrhiza:** Im Gegensatz zur Ektomykorrhiza wachsen hier die Pilze intrazellulär. Die Wurzel ist nur von einem lockeren Hyphennetz umgeben, und da der Pilzmantel fehlt, ist auch die Wurzelhaarbildung nicht unterdrückt. Es haben sich verschiedene Formen der Endomykorrhiza entwickelt, die sich in wesentlichen Punkten unterscheiden.

Mykorrhiza der Orchideen: Als Prototyp der Endomykorrhiza kann die Orchideenmykorrhiza gelten. Die äußerst kleinen Samen vieler Orchideen keimen überhaupt nur in Anwesenheit des entsprechenden Mykorrhizapartners und sind, da sie kaum über Reservestoffe verfügen, schon bei der Keimung auf die Kohlenstoff- und Energieversorgung durch die Pilze angewiesen. Aber auch in fortgeschrittenen Entwicklungsstadien behalten die Orchideen ihre Endomykorrhiza. In den äußeren Schichten der Rindenzellen der Wurzeln (außer den Luftwurzeln) befinden sich Hyphen, die in den inneren Rindenschichten verdaut werden. Die Nestwurz *(Neottia nidus-avis)* und einige andere Orchideen, die keinen leistungsfähigen Photosyntheseapparat entwickeln, bleiben ständig vom Pilz abhängig, d. h. die Pflanze parasitiert auf dem Pilz. Dagegen dient die Endomykorrhiza bei den photosynthetisch aktiven Orchideen nicht mehr der Versorgung mit organischen Kohlenstoffverbindungen.

> **Vesiculär-arbusculäre Mykorrhiza:** Sie ist die am weitesten verbreitete Form der Endomykorrhiza und wird nach ihren charakteristischen intrazellulären Hyphenbildungen benannt, die in den Zellen der Wurzelrinde zu beobachten sind: den durch blasenförmige Erweiterung der Hyphen gebildeten Vesikeln und den stark verzweigten Arbuskeln.

Von der Pflanze ausgehende chemische Signale (z. B. Flavonoide) stimulieren die Keimung der im Boden verbreiteten Pilzsporen und lenken das Wachstum der Hyphen zur Wurzel. Die Hyphen dringen, offenbar unter Ausscheidung lytischer Enzyme, in die Rhizodermis ein, durchwachsen sie und dringen unter Verzweigung interzellulär und intrazellulär in das Rindengewebe ein, und zwar maximal bis zur Endodermis. In den Zellen bilden sie elliptische, blasenförmige Vesikel (Abb. 13.**8A**) und bäumchenartig verzweigte Arbuskel (Abb. 13.**8B**). Beim Eindringen in die Rindenzelle invaginiert, die Arbuskel umgebend, deren Plasmalemma und bildet eine perisymbiotische Membran

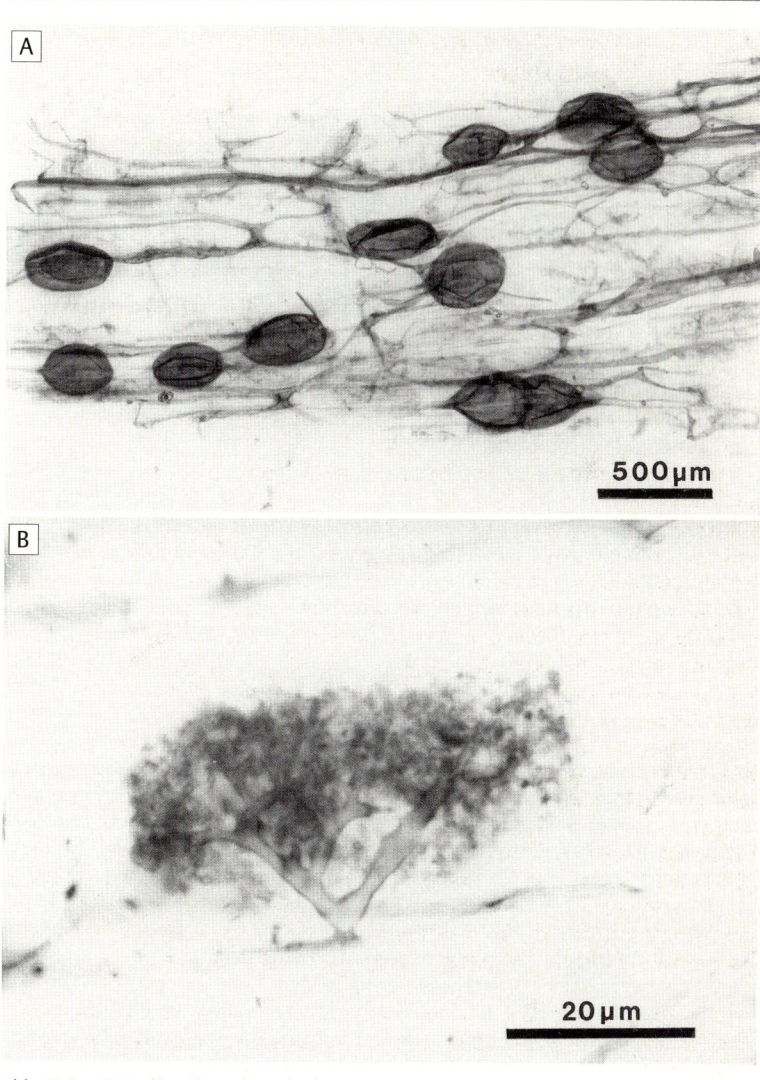

Abb. 13.**8** Vesiculär-arbusculäre (VA) Mykorrhiza des VAM-Pilzes *Glomus aggregatum*. **A** Vesikel in der Wurzelrinde von *Sonchus arvensis* (Asteraceae). Maßstab 500 µm. **B** Arbuskel in der Rinde von *Ceropegia woodii* (Asclepiadaceae). Maßstab 20 µm. (**A** Originalaufnahme: K. Demuth u. H. C. Weber. **B** aus C. Tiemann, K. Demuth, H. C. Weber: Flora 1994).

aus, die der Zellwand des Pilzes anliegt. Letztere ist stark reduziert (kein Chitin), was den Stoffaustausch erleichtert. Da die Arbuskel eine begrenzte Lebensdauer haben und ihre Abbauprodukte von der Zelle resorbiert werden, sind sich ständig wiederholende Infektionen erforderlich.

Wie bei der Ektomykorrhiza liefert der Pilz Wasser und darin gelöste Ionen, und zwar sowohl Kationen (Spurenelemente) als auch Anionen, vor allem Phosphat, das der Pilz auch in Lösung bringen kann, wenn es gebunden vorliegt. Hinzu kommen Nitrat- und Ammonium-Ionen, die dem Stickstoffhaushalt der Pflanze zugute kommen, so daß die Pflanzen in Symbiose sehr viel besser gedeihen. Da der Durchmesser der Pilzhyphen geringer ist als der der Wurzelhaare, können sie den Boden besser durchdringen. Ihr „Einzugsbereich" beträgt mehrere Zentimeter. Der Pilz erhält von der Pflanze organisches Material, hauptsächlich in Form von Hexose-Zuckern. Da diese in erheblichem Maße in Lipide umgewandelt und somit die Kohlenhydrate aus dem Gleichgewicht entfernt werden, wird der Konzentrationsgradient vom Wirt zum Symbionten ständig aufrechterhalten.

Ekt-Endo-Mykorrhiza: Wie der Name erkennen läßt, handelt es sich hier um Übergänge zwischen Ekto- und Endomykorrhiza. Sie findet sich z. B. bei einigen Kiefern und Fichten. Bei diesen ist der Pilzmantel weniger stark entwickelt als bei der Ektomykorrhiza, und die Hyphen dringen in die Rindenzellen ein, wo sie resorbiert werden können.

13.4 Carnivoren

Als Carnivoren (= Insectivoren) bezeichnet man tierfangende Pflanzen, die sich normalerweise autotroph ernähren. Die Nahrungsstoffe, die sie durch den Fang von Insekten und anderen Kleintieren erhalten, stellen also nur eine Ergänzung der Ernährung dar, nicht aber eine unerläßliche Bedingung. Insofern ist die Behandlung der Carnivoren in diesem Kapitel eigentlich nicht ganz korrekt.

Es läßt sich überhaupt nur schwer sagen, worin die Bedeutung der Carnivorie eigentlich liegt. Da die Proteine der gefangenen Tiere durch proteolytische Enzyme abgebaut und die gebildeten Aminosäuren durch die Pflanzen resorbiert werden, dürfte den Carnivoren vor allem an dem Stickstoff gelegen sein. Darüber hinaus scheinen sie jedoch auch ihren Mineralsalzbedarf weitgehend aus dem Tierfang zu decken. Dafür spricht, daß sie meist auf salzarmen Böden vorkommen und oft nur ein schwach entwickeltes Wurzelwerk besitzen. Dem Mechanismus der Fangapparate nach können wir drei Typen unterscheiden: Klebfallen, Gleit- bzw. Reusenfallen und Klappfallen.

13.4 Carnivoren **409**

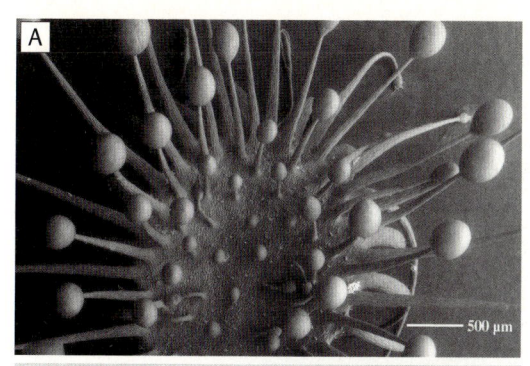

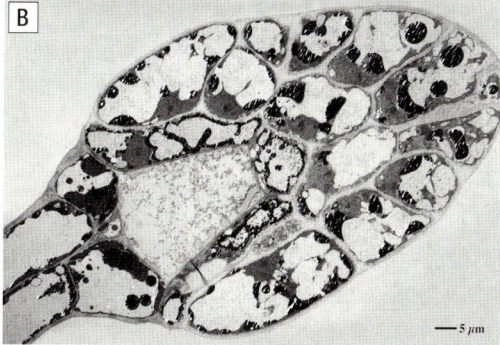

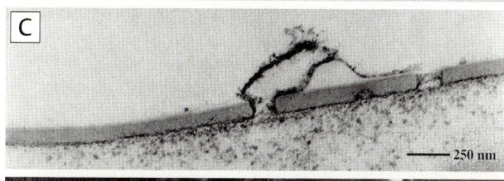

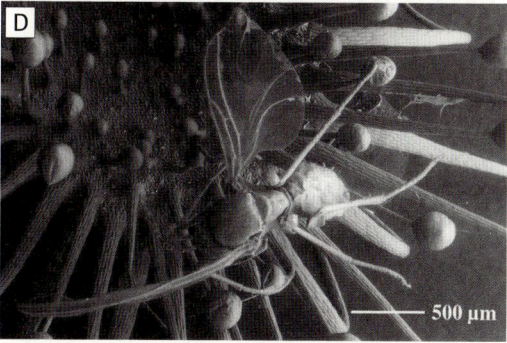

Abb. 13.**9** Sonnentau *(Drosera pygmaea)*.
A Blatt in Aufsicht. Tentakel mit Drüsenköpfchen. **B** Drüsenköpfchen eines Tentakels. An der Oberfläche liegen Drüsenzellen, die den Fangleim erzeugen. **C** Zellwand des Drüsenköpfchens mit „poröser" Cuticula und ausgetretenem Fangleim. **D** Eingefangenes Insekt, das vom Fangleim mehrerer Tentakel eingeschlossen ist.
(**A, C, D** REM-Lebendaufnahme, **B** TEM, Originale: G. Wanner, **A, B** zusammen mit E. Facher).

13 Heterotrophie

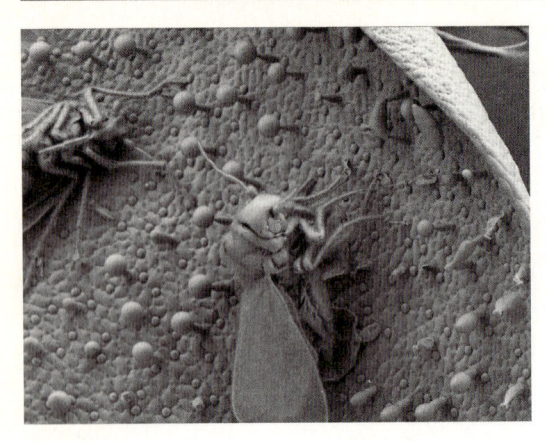

Abb. 13.10 Teil eines Blattes des Fettkrautes *(Pinguicula vulgaris)* mit Tentakeln und festgeklebten Fliegen (REM-Lebendaufnahme: E. Facher und G. Wanner).

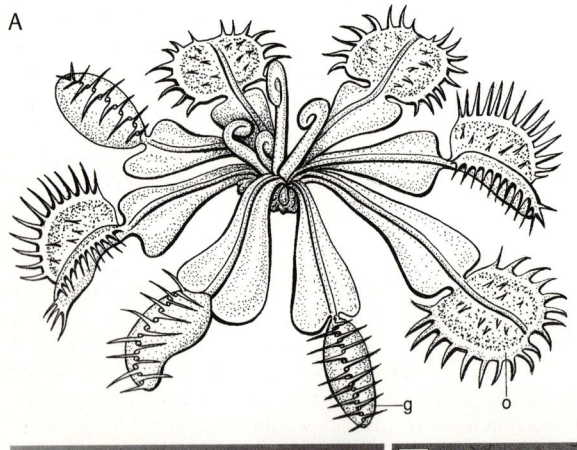

Abb. 13.11 Venusfliegenfalle *(Dionaea muscipula)*.
A Habitusbild (ca. ½ nat. Größe),
B Klappfalle mit Fühlborsten, Drüsen und gezähntem Rand,
C Detailaufnahme, stärker vergrößert (**B** und **C** REM-Lebendaufnahmen: E. Facher und G. Wanner)
g = Falle geschlossen, o = Falle offen.

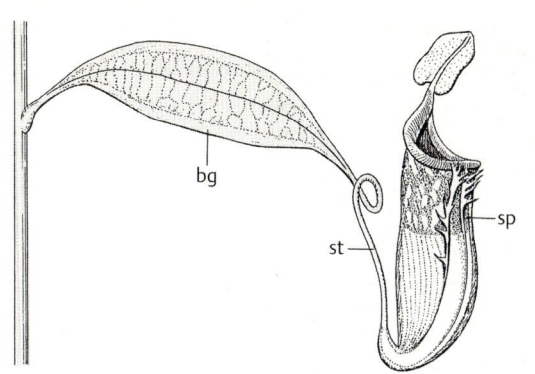

Abb. 13.12 *Nepenthes fusca.* Kannenblatt, etwa ⅓ nat. Größe; bg = Blattgrund, sp = Blattspreite, st = Blattstiel.

Klebfallentypus: Dieser Typus hat seinen Namen daher, daß er klebrige Sekrete absondert, an denen durch Duftstoffe angelockte Kleintiere kleben bleiben. Ein charakteristischer heimischer Vertreter ist der Sonnentau *(Drosera rotundifolia).* Seine Blätter tragen zahlreiche Tentakel (Abb. 13.9A), die an ihren Enden Drüsenköpfchen (Abb. 13.9B) besitzen. Durch eine in der Zellwand befindliche Pore wird das klebrige Sekret, der Fangleim, abgesondert (Abb. 13.9C). Ist ein Kleintier daran haften geblieben, krümmen sich die benachbarten Tentakel teils chemonastisch, teils chemotropisch zur Blattmitte hin, bis das ganze Tier schließlich von Sekret umhüllt ist (Abb. 13.9D) und mit Ausnahme des Chitinpanzers aufgelöst wird. Zu den Klebfallen zählt auch das Fettkraut *(Pinguicula vulgaris),* dessen Fangmechanismus der Abb. 13.10 zu entnehmen ist.

Klappfallentypus: Als Vertreter des Klappfallentypus sei die bei uns nicht heimische Venusfliegenfalle *(Dionaea muscipula)* genannt. Die beiden Hälften der Blattspreite sind hier zu einer Klappfalle umgebildet (Abb. 13.11A, B), und der Blattstiel ist flächig verbreitert. Die Blatthälften klappen bei zweimaliger Berührung einer oder einmaliger, kurz aufeinanderfolgender Berührung zweier Fühlborsten, aber auch auf chemische Reize hin, nach oben zusammen. Diese Bewegung läuft relativ rasch ab. Sie kommt durch Turgoränderungen in den quer zur Mittelrippe stehenden Mesophyllzellen zustande. Die Zähne am Blattrand schließen gitterartig (Abb. 13.11A) und machen ein Entkommen unmöglich. Die zahlreichen Drüsen auf der Blattoberseite (Abb. 13.11B, C) sondern dann ein Sekret ab, das die gefangenen Tiere auflöst. Nur das Chitin wird nicht angegriffen.

Gleitfallentypus: Die tropische Kannenpflanze *(Nepenthes)* bedient sich zum Tierfang des Gleitfallenprinzips. Ihre kannenförmig gestalteten Blätter (Abb. 13.12) haben einen glatten Rand und glatte Wände. Gelangt ein Insekt, angelockt durch Drüsensekrete, auf den Rand, fällt es in die im Unterteil der

Kanne befindliche, von Drüsen sezernierte Flüssigkeit, durch deren pepsinähnliche Enzyme es verdaut wird. Die Funktion der Blattspreite wird von dem flächig entwickelten Blattgrund übernommen.

Zusammenfassung

- Hinsichtlich des Grades der Heterotrophie herrscht bei den Pflanzen eine große Vielfalt. Als Prototyp der heterotrophen Organismen können die Saprophyten gelten. Sie scheiden Enzyme ab und überführen organisches Material abgestorbener Tiere und Pflanzen in kleinere resorbierbare Moleküle, die sie nach Aufnahme in die Zelle weiterverarbeiten. Diese benutzen sie teils zur Energiegewinnung, teils als Bausteine für körpereigene Substanzen.

- Parasiten schließen sich direkt an den Stoffwechsel eines Wirtsorganismus an, indem sie in diesen eindringen und sich an bzw. in einem geeigneten Organ festsetzen. Fakultative Parasiten können außerhalb des Organismus saprophytisch leben, während obligate Parasiten auf einen Wirt angewiesen sind. Durch Abscheidung von Toxinen können sie bei Tier und Pflanze Krankheitserscheinungen hervorrufen.

- Zahlreiche Parasiten finden sich unter den Bakterien und Pilzen. Es gibt aber auch höhere Pflanzen mit parasitischer Lebensweise. Diese können Sproß-, Wurzel- oder Blattparasiten sein, je nachdem ob ihre Haustorien, mit denen sie Anschluß an die Leitungsbahnen ihrer Wirte suchen, sproß-, wurzel- oder blattbürtig sind. Dabei ist der Grad ihrer Abhängigkeit vom Wirt unterschiedlich. Während die Mistel, deren Blätter grün sind, selbst zur Photosynthese befähigt ist, beziehen andere Parasiten, wie z. B. die Kleeseide und der Würger, alle Nährstoffe vom Wirt.

- Als Symbiose bezeichnet man das Zusammenleben artverschiedener Organismen in enger morphologischer Verknüpfung und mit wechselseitigem Nutzen (Mutualismus). Ersteres unterscheidet sie von einem bloßen Nebeneinander, dem Commensalismus, letzteres vom antagonistischen Parasitismus.

- Von großer wirtschaftlicher Bedeutung ist die Wurzelknöllchensymbiose der N_2-fixierenden Bakterien mit höheren Pflanzen, denen dadurch die Besiedlung verhältnismäßig stickstoffarmer Böden ermöglicht wird. Die in die Rindenzellen eindringenden Bakterien verändern ihre Größe und Gestalt und werden zu sogenannten Bakteroiden, die in eine elektronenoptisch kontrastarme Matrix eingebettet und von einer Peribakteroid-Membran umgeben sind. Diese Gebilde bezeichnet man als Symbiosomen. Die Bakteroiden erhalten von den Wirtspflanzen organische Kohlenstoffverbindungen und geben ihrerseits den reduzierten Stickstoff in Form von $NH_4^{\oplus}$ an die Knöllchenzellen ab.

- Flechten sind keine Individuen, sondern Consortien aus einem Pilz (Mycobiont) und einer Grünalge bzw. einem Cyanobakterium (Photobiont). Die morphologische Verknüpfung der beiden Partner ist jedoch so eng, daß hierdurch gewissermaßen ein neuer Organismus von charakteristischer Gestalt und weitgehend konstanten, systematisch verwertbaren Merkmalen entsteht. Während der Nutzen, den der Pilz von dieser Symbiose hat, zweifellos in der Anlieferung von Photosyntheseprodukten aus dem Photobionten besteht, ist der Vorteil, den der Photobiont von dieser Symbiose hat, noch weitgehend unklar.

- Als Mykorrhiza bezeichnet man die Symbiose zwischen einem Pilz und einer höheren Pflanze. Bei der Ektomykorrhiza umspinnt ein dichtes Pilzmycel, dessen Hyphen interzellulär in das Rindengewebe der Wurzel eindringen, die Wurzelenden. Sie versorgen die Pflanze mit Wasser und Ionen und erhalten im Gegenzug organisches Material. Bei der Endomykorrhiza wachsen die Pilze intrazellulär. Die am weitesten verbreitete Form der Endomykorrhiza ist die vesiculär-arbusculäre Mykorrhiza. Sie wird nach ihren charakteristischen intrazellulären Hyphenbildungen benannt, die teils die Gestalt elliptischer, blasenförmiger Vesikel haben, teils bäumchenartig verzweigte Arbuskeln darstellen, die offenbar Haustorienfunktion haben. Eine Übergangsform zwischen diesen beiden Typen ist die Ekt-Endo-Mykorrhiza, die sich bei einigen Kiefern und Fichten findet.

- Die Carnivoren sind autotrophe Pflanzen. Bei ihnen stellt der Tierfang nur eine Ergänzung der Ernährung dar, nicht aber eine unerläßliche Bedingung. Dennoch ist die zusätzliche Versorgung mit Stickstoff- und Phosphorverbindungen aus dem Tierfang von großem Nutzen für sie, da sie ihnen das Gedeihen auf Ionen-armen Böden ermöglicht.

Fortpflanzung

Bisher haben wir uns ausschließlich mit dem Bau und den Leistungen der Organe befaßt, die im Dienste der Energiekonservierung und -umwandlung sowie des Stoffauf- und -umbaus stehen. Diesen vegetativen Organen stehen die reproduktiven gegenüber, die der Fortpflanzung und Vermehrung dienen.

Die Begriffe Fortpflanzung und Vermehrung werden häufig synonym gebraucht, sind jedoch ihrem Inhalt nach keineswegs identisch. Die Bedingung der Fortpflanzung ist, prinzipiell betrachtet, erfüllt, wenn ein Organismus vor seinem Tode einen Tochterorganismus erzeugt und so die Erhaltung der Art garantiert. Demgegenüber ist der Begriff der Vermehrung gleichbedeutend mit einer Vervielfachung der Anzahl. Allerdings ist in der Natur in der Mehrzahl der Fälle die Fortpflanzung zugleich auch eine Vermehrung. Dies ist notwendig, weil viele Tochterorganismen zugrunde gehen, bevor sie sich selbst wieder fortpflanzen konnten, so daß durch die Erzeugung nur eines Tochterorganismus die Erhaltung der Art nicht garantiert ist.

Während bei den Einzellern prinzipiell jede Zelle auch die Funktion der Fortpflanzung übernehmen kann, kommt es mit steigender Organisationshöhe und zunehmender arbeitsteiliger Differenzierung der Zellen zur Ausbildung besonderer Fortpflanzungszellen oder -organe, in denen die Fortpflanzungseinheiten erzeugt werden. Dabei müssen wir zwischen ungeschlechtlicher (vegetativer, asexueller) und geschlechtlicher (generativer, sexueller) Fortpflanzung unterscheiden.

14

14.1 Vegetative Fortpflanzung

Ungeschlechtlich entstandene Fortpflanzungseinheiten sind ausschließlich das Ergebnis mitotischer Teilung. Im einfachsten Fall besteht die ungeschlechtliche Fortpflanzung in einer Teilung des Vegetationskörpers, dessen Teilstücke getrennt weiterwachsen. Diese Art der Vermehrung findet sich sowohl bei niederen als auch bei höheren Pflanzen. Viele Pflanzen bilden jedoch speziell der Vermehrung und Verbreitung dienende vegetative Fortpflanzungseinheiten aus, z. B. Sporen oder besondere Brutorgane.

Einzeller vermehren sich im typischen Fall durch einfache Zellteilungen. Bei vielen niederen Pflanzen können mehrzellige Teilstücke von Thalli, die spontan oder durch Fremdeinwirkung entstanden sind, zu selbständigen Individuen heranwachsen. Auch bei manchen höheren Pflanzen haben abgelöste Organe oder Organteile die Fähigkeit, die fehlenden Organe zu regenerieren. Hiervon macht man bei der Stecklingsvermehrung praktischen Gebrauch.

Unter Einwirkung der zellwandlösenden Enzyme Pektinase und Cellulase dissoziieren Gewebe höherer Pflanzen, z. B. Blätter von Tabak oder Kartoffeln, in Einzelzellen. Diese haben keine Zellwände mehr, sind also nackte Protoplasten. Kultiviert man sie unter geeigneten Bedingungen, so bilden sie eine neue Zellwand aus und beginnen, sich zu teilen. Hierdurch entstehen Kalli (S. 523) aus zunächst noch undifferenzierten Zellen, die sich unter geeigneten Kulturbedingungen wieder zu einer ganzen Pflanze entwickeln können. Diese Versuche beweisen, daß die ausdifferenzierten Zellen die gesamte genetische Information besitzen und daß sogar einzelne Zellen fähig sein können, auf vegetativem Wege, d. h. ausschließlich durch mitotische Teilungen, eine neue Pflanze zu bilden. Auf diese Weise kann man von bestimmten Pflanzen **Klone** erzeugen, d. h. eine Vielzahl aus dem gleichen Individuum entstandener erbgleicher Nachkommen.

Besondere vegetative Fortpflanzungseinheiten haben wir bereits in Gestalt der Tochterkugeln von *Volvox* (Abb. 5.**10A**, S. 213) kennengelernt, die durch Einstülpung der Mutterkugel entstehen und nach deren Absterben frei werden. Auch die Brutkörper der Lebermoose, z. B. *Marchantia* (Abb. 5.**16A**, S. 220), sowie die Soredien und Isidien der Flechten (S. 403) sind hier zu nennen. Weitere Beispiele sind die verschiedenen Brutorgane der höheren Pflanzen und die Mitosporen.

14.1.1 Brutorgane

Sie entstehen häufig an Seitentrieben oder anstelle von Achselsprossen. Beispiele dieser Art haben wir bereits kennengelernt, z. B. bei der Erdbeere, an deren Ausläufern sich in bestimmten Abständen Knospen bilden, die dann zu bewurzelten Pflanzen auswachsen (Abb. 6.**16E**, S. 249). Beim Brutblatt *(Bryophyllum)* finden sich in den Blattkerben Reste meristematischer Gewebe, die noch an der Pflanze zu Tochterpflänzchen austreiben (Abb. 14.**1**). Diese fallen

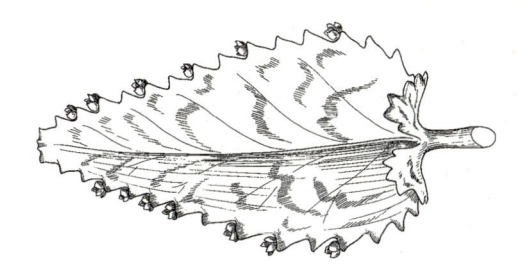

Abb. 14.1 Brutknospenbildung an einem Blatt von *Bryophyllum daigremontianum*.

schließlich zu Boden und wachsen zu selbständigen Pflanzen heran. Auch die bereits besprochenen Zwiebeln (Abb. 7.**16**, S. 267), Sproß- (Abb. 6.**16G**, S. 249) und Wurzelknollen (Abb. 8.**6A**, S. 281) dienen der vegetativen Fortpflanzung und, da sie meist zu mehreren an einer Pflanze entstehen, der Vermehrung.

14.1.2 Mitosporen

Als Mitosporen bezeichnet man durch Mitose gebildete, meist einzellige Fortpflanzungseinheiten der Algen und Pilze. Da sie sowohl von Haplonten als auch von Diplonten gebildet werden können (Abb. 14.**6**), müssen wir Haplo- und Diplomitosporen unterscheiden.

Nicht selten dienen die Mitosporen zugleich als Dauerstadien zur Überbrückung ungünstiger Vegetationsbedingungen. In diesen Fällen sind sie von einer derben, widerstandsfähigen Wand umhüllt. Bei einigen Formen stellen die Mitosporen sogar die einzige Form der Fortpflanzung dar, wie z. B. bei manchen Pilzen (Fungi imperfecti), von denen Geschlechtsformen bisher nicht bekannt geworden sind. Nach Gestalt und Bildungsweise unterscheidet man verschiedene Sporentypen. Die wichtigsten werden im folgenden kurz besprochen.

Zoosporen (Planosporen, Schwärmsporen): Hierunter versteht man begeißelte Fortpflanzungseinheiten zahlreicher Algen und einiger niederer Pilze, die in ihrem Habitus den Flagellaten ähneln (Abb. 5.**6A**, S. 209). Die Zoosporen sessiler Formen setzen sich nach einiger Zeit fest und wachsen zu neuen Thalli aus. Die Behälter, in denen die Zoosporen gebildet werden, bezeichnet man als Zoosporangien. Bei den Einzellern dient die ganze Zelle als Zoosporangium. Ihr Inhalt wird bei der Zoosporenbildung aufgeteilt. Auch bei vielen Fadenalgen werden einfache vegetative Zellen zu Zoosporangien. In anderen Fällen weichen die Sporangien in der Gestalt von den vegetativen Zellen ab.

Aplanosporen: Bei manchen Algen, z. B. *Chlorella*, sind die Sporen geißellos und somit unbeweglich. Man bezeichnet sie daher als Aplanosporen.

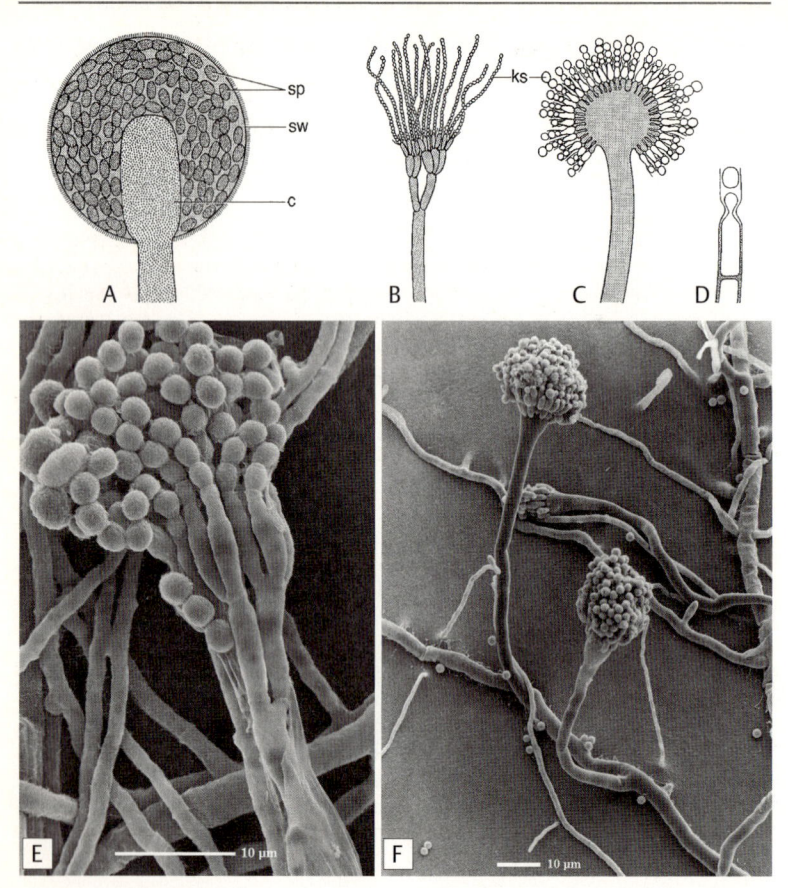

Abb. 14.2 Sporenbildung bei Pilzen. **A** Sporangium des Köpfchenschimmels *(Mucor mucedo)*, **B** Konidienträger des Pinselschimmels *(Penicillium chrysogenum)*. **C** Konidienträger des Gießkannenschimmels *(Aspergillus nidulans)*. **D** Phialide mit Sporen. **E** und **F** Rasterelektronenmikroskopische Aufnahmen von *Penicillium chrysogenum* und *Aspergillus nidulans*. c = Columella, ks = Konidiosporen, sp = Sporangiosporen, sw = Sporangienwand (**A** nach Brefeld, **E** und **F** Originalaufnahmen: G. Wanner).

Den vorgenannten Sporen, die bei wasserlebenden oder an sehr feuchte Standorte angepaßte Formen vorkommen, stehen die Luftsporen der an das Landleben bzw. relativ trockene Standorte angepaßten Organismen gegenüber. Nach ihrer Entstehungsweise unterscheidet man bei den Pilzen verschiedene Arten von Luftsporen.

Sporangiosporen: Luftsporen, die in besonderen Behältern, den Sporangien, gebildet werden, nennt man Sporangiosporen. Die Sporangien stehen meist auf Trägerhyphen, den Sporangiophoren. Die Sporen werden durch Aufreißen der Sporangienwand frei. Ein Beispiel hierfür ist der Köpfchenschimmel *Mucor* (Abb. 14.2 A). Hier ragt in das Sporangium noch der Endabschnitt der Trägerhyphe, die Columella, hinein.

Konidiosporen: Die Konidiosporen, kurz auch Konidien genannt, entstehen seitlich oder an der Spitze einfacher Hyphen bzw. besonderer, charakteristisch gestalteter Konidienträger. Sie können endogen oder exogen, durch Abschnürung, Sprossung oder durch Umwandlung von Zellen zu Dauersporen entstehen. Als Beispiele seien bekannte Schimmelpilze genannt: der Pinselschimmel *(Penicillium,* Abb. 14.2 B, E) und der Gießkannenschimmel *(Aspergillus,* Abb. 14.2 C, F). Bei diesen entstehen die Sporen in flaschenförmigen Konidienmutterzellen, die als Phialiden bezeichnet werden (Abb. 14.2 D). In anderen Fällen sind die Konidien sogar einem ganzen Sporangium homolog, z. B. bei *Peronospora*.

14.2 Sexuelle Fortpflanzung

Die sexuelle Fortpflanzung ist charakterisiert durch die Verschmelzung (Kopulation, Syngamie) zweier geschlechtsverschiedener Zellen (Gameten), deren Bildung zu irgendeinem Zeitpunkt im Entwicklungszyklus eine Reifungsteilung (Meiosis) vorangegangen ist, zu einer Zygote. Exakter formuliert müssen wir sagen, die Verschmelzung zweier geschlechtsverschiedener Kerne. Obwohl nämlich in der Mehrzahl der Fälle die Verschmelzung der Kerne (Karyogamie) der Verschmelzung des Plasmas (Plasmogamie) unmittelbar folgt, gibt es doch auch Organismen, bei denen Plasmo- und Karyogamie räumlich und zeitlich durch eine Phase mit zweikernigen Zellen (Dikaryophase) getrennt sind.

14.2.1 Meiosis

Bei der Befruchtung entsteht durch die Verschmelzung zweier haploider Gameten (1n) eine diploide Zygote (2n), die einen väterlichen und einen mütterlichen Chromosomensatz enthält. Da sich dieser Vorgang bei jeder folgenden Generation wiederholt, würde dies zu einer fortgesetzten Verdoppelung der Chromosomensätze führen, wenn nicht vorher, spätestens aber bei der Gametenbildung, die Anzahl der Chromosomen auf die Hälfte, d. h. auf einen Satz (1n), reduziert würde. Dies geschieht in der Meiosis. Im Gegensatz zur Mitosis, wo jeder Kernteilung eine Reduplikation der Chromosomen vorausgeht, folgen bei der Meiosis auf eine Reduplikation der Chromosomen zwei Kernteilungen, die als I. und II. Reifungsteilung bezeichnet werden.

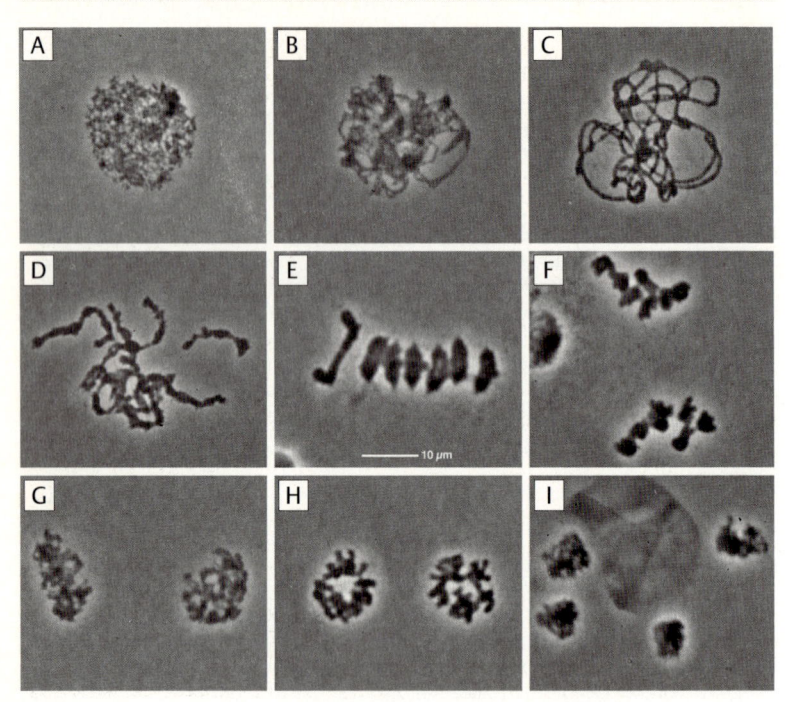

Abb. 14.3 LM-Aufnahmen der Meiosis aus der Anthere des Roggens *(Secale cereale)*. **A** Interphase, **B** Zygotän, **C** Pachytän, **D** Diplotän, **E** Metaphase I, **F** Anaphase I, **G** Interkinese, **H** Prophase II (spät), **I** Tetraden (Originalaufnahmen: J. Zoller).

Abweichend von der Mitose werden in der ersten Reifungsteilung nicht Chromatiden, sondern ganze, aus zwei Chromatiden bestehende Chromosomen auf die Tochterzellen verteilt, während die zweite Reifungsteilung wie eine Mitose abläuft, d. h. es werden die Chromatiden voneinander getrennt und auf die entstehenden Tochterzellen verteilt. Auf diese Weise entstehen aus einer diploiden Zelle (2n) in zwei Teilungsschritten vier haploide Gonen (1n).

Die Reduktion der Chromosomenzahl ist allerdings nur eine Aufgabe der Meiose. Ihre zweite, nicht minder wichtige Funktion liegt in der Durchmischung und Neukombination des in den Chromosomen lokalisierten genetischen Materials.

Dies hat zur Folge, daß sich die Meiose in ihrem Ablauf erheblich von einer Mitosis unterscheidet. Ihre Gesamtdauer kann sich über Tage oder sogar Wochen erstrecken. Während der Prophase der ersten Reifungsteilung, die wesentlich komplizierter verläuft und auch viel länger dauert als bei der Mitose, findet die für die Meiose typische Parallelkonjugation der Chromosomen statt,

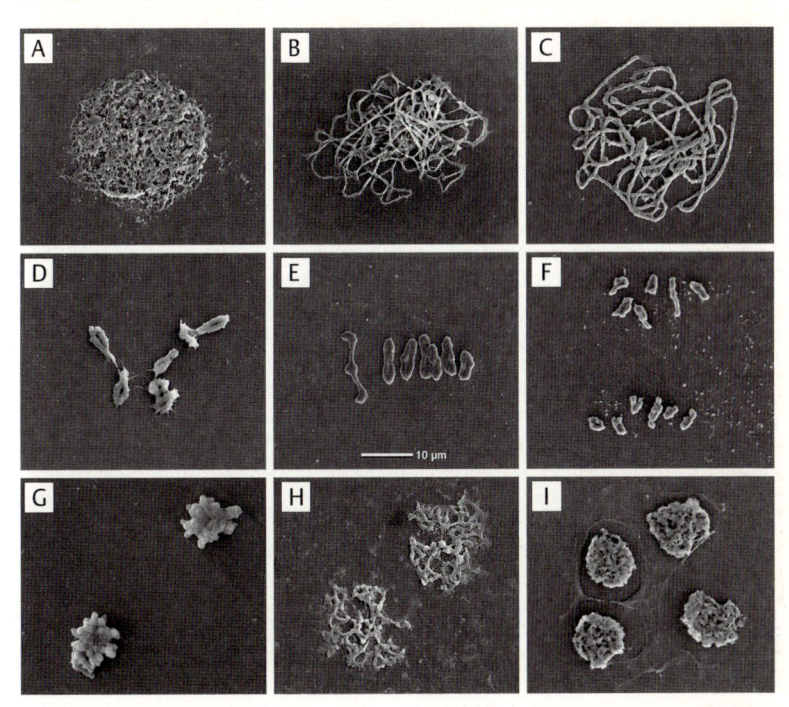

Abb. 14.4 REM-Aufnahmen der Meiosis aus der Anthere des Roggens *(Secale cereale)*. **A** Interphase, **B** Zygotän, **C** Pachytän, **D** Diplotän, **E** Metaphase I, **F** Anaphase I, **G** Telophase I, **H** Prophase II, **I** Tetraden (Originalaufnahmen: G. Wanner u. J. Zoller).

die mit einer allmählichen Kondensation der Chromosomen verbunden ist. Dies führt zu charakteristischen Bildern (Abb. 14.3, 14.4), die man mit besonderen Namen belegt hat. Wie bei der Mitosis handelt es sich jedoch auch hier gewissermaßen nur um Momentaufnahmen aus einem kontinuierlich ablaufenden Vorgang und nicht um scharf zu begrenzende Zeitabschnitte.

I. Reifungsteilung: Mit Eintritt in die **Prophase** der ersten Reifungsteilung vergrößert sich der Zellkern erheblich. Im **Leptotän** lockert sich die Chromatinstruktur auf, und die Chromosomen, die allerdings noch als scheinbar wirres Knäul vorliegen, treten als fädige Elemente deutlicher hervor. Zwar ist noch nicht zu erkennen, daß sie aus zwei Chromatiden bestehen, doch wird das Chromomerenmuster (S. 123) bereits deutlich. Im **Zygotän** (14.3 B, 14.4 B) sind die Chromosomen durch Kondensation bereits verkürzt, und das Chromomerenmuster wird noch deutlicher. In diesem Stadium beginnt die Parallelkonjugation der Chromosomen (Synapsis). Diese erfolgt so präzise, daß sich die einander entsprechenden Genorte der homologen Chromosomen, erkennbar an dem identischen Chromomerenmuster, genau gegenüberliegen. Die Enden der Chromosomen, die Telomeren, sind an der Kernhülle bzw. der Nuclearlamina verankert. Der Abstand zwischen den gepaarten Chromosomen ist konstant.

Die Parallelkonjugation der aus je zwei Chromatiden bestehenden Chromosomen erfolgt mit Hilfe des **synaptonemalen Komplexes** (auch als synaptischer Komplex bezeichnet). Bereits vor Beginn der Paarung lagern sich an bestimmte Erkennungsregionen der chromosomalen DNA als Synaptomeren bezeichnte Ribonucleoproteine an, die bei der Parallelkonjugation einander gegenüberliegen und durch Proteinkomplexe verbunden werden. So wird eine korrekte Paarung ermöglicht, die sich in der Art eines Reißverschlußmechanismus fortsetzt und eine unerläßliche Voraussetzung für das crossing over (s. unten) ist. Im Elektronenmikroskop erscheint der synaptonemale Komplex daher dreisträngig (zwei Reihen von Synaptomeren und zwischen ihnen die Proteine).

Im **Pachytän** (Abb. 14.3C, 14.4C) ist die Parallelkonjugation beendet. Die vier Chromatiden der gepaarten Chromosomen bilden, wie der Querschnitt erkennen läßt (Abb. 14.5), eine Tetrade, die man auch als **Bivalente** oder **Gemini** bezeichnet. Zwei dieser Chromatiden sind väterlicher, zwei mütterlicher Herkunft. In dieser Phase erfolgt das crossing over, indem die DNA-Stränge benachbarter Chromatiden vorübergehend aufgebrochen und die Bruchstücke wechselseitig wieder angeheftet werden. Da der synaptonemale Komplex den Segmentaustausch zwischen Schwesterchromatiden verhindert, erfolgt er ausschließlich zwischen Nicht-Schwester-Chromatiden (Abb. 14.5). Somit führt das crossing over zwangsläufig zu einer Neukombination väterlichen und mütterlichen Erbgutes (intrachromosomale Rekombination, vgl. Abb. 15.11, S. 460). Außerdem verkürzen sich die Chromosomen durch Kondensation.

Im **Diplotän** (Abb. 14.3D, 14.4D) beginnt unter Auflösung des synaptonemalen Komplexes die Trennung der konjugierten Chromosomen. Sie erfolgt jedoch nicht gleich vollständig, sondern die Chromatiden bleiben an einzelnen Stellen, an denen sie sich überkreuzen, den **Chiasmen**, noch eine Zeitlang (u. U. bis zur Metaphase) aneinander haften. Die Chiasmen sind der sichtbare Ausdruck des crossing over. Die Verkürzung der Chromosomen durch Kondensation setzt sich weiter fort und erreicht ihren höchsten Grad in der **Diakinese**. Die Telomeren lösen sich von der Kernhülle ab. Die Chiasmen werden zu den Telomeren hin verschoben und sukzedan gelöst. Die Gemini wandern in die Nähe der Kernhülle, die zerfällt. Damit ist die Prophase der ersten Reifungsteilung abgeschlossen.

In der **Metaphase** zerfällt die Kernhülle, und unter Ausbildung der Kernspindel ordnen sich die Bivalenten, wie die Chromosomen in einer Mitose, in einer Äquatorialplatte an (Abb. 14.3E, 14.4E). In der **Anaphase** trennen sich die gepaarten Chromosomen vollständig voneinander und wandern mit polwärts gerichtetem Kinetochor zu den Spindelpolen (Abb. 14.3F, 14.4F). Dabei bleibt es offenbar dem Zufall überlassen, welches der beiden homologen Chromosomen zu welchem Pol wandert, so daß sich in der Regel an jedem Pol sowohl Chromosomen des väterlichen als auch des mütterlichen Genoms finden. Es erfolgt also eine **Umordnung der Genome**. Dabei ist jedoch zu beachten, daß die Chromatiden der homologen Chromosomen wegen des erfolgten crossing

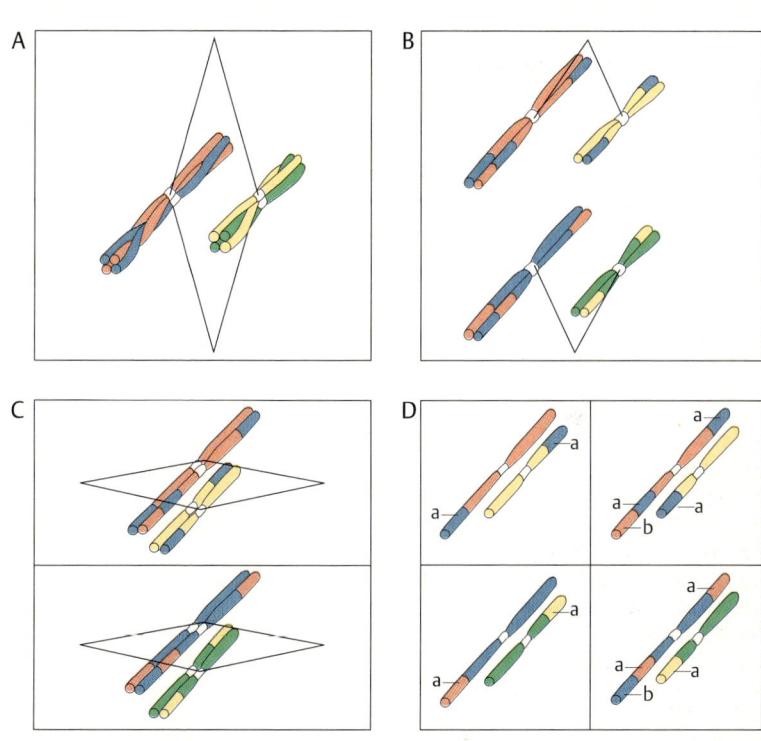

Abb. 14.**5** Schema der Meiose. Die homologen Chromosomen sind durch verschiedene Farben markiert. **A** und **B**: erste, **C** und **D**: zweite Reifungsteilung. **D** zeigt die Verteilung der Chromosomen auf die Gonen. Die nicht besonders gekennzeichneten Chromosomenabschnitte sind, wie die Kinetochore, präreduziert, die mit a bezeichneten infolge Segmentaustausches postreduziert, der mit b bezeichnete infolge Rücktausches präreduziert.

over normalerweise Segmente sowohl mütterlicher als auch väterlicher Herkunft enthalten. Die in der **Telophase** gebildeten Kerne (Abb. 14.**4**G) unterscheiden sich nicht unerheblich von den Interphasekernen der Mitosen. Die aus den beiden Chromatiden bestehenden Chromosomen zeigen nur eine relativ geringe Dekondensation (Abb. 14.**3**G) und werden auch nur eine kurze Zeitlang von einer Kernhülle umgeben. Diese kurze Zwischenphase wird als **Interkinese** bezeichnet. Von der Interphase der Mitose (S. 124) unterscheidet sie sich durch das Fehlen der S-Phase, d. h. es findet keine DNA-Replikation statt. Die Kinetochore werden jedoch verdoppelt.

II. Reifungsteilung: Die zweite Reifungsteilung läuft im Prinzip wie eine Mitose ab. In der **Prophase II** (Abb. 14.**3**H, 14.**4**H) erfolgt wiederum die Kondensation der Chromosomen, die nach Zerfall der Kernhülle und Ausbildung der Kernspindel in der **Metaphase II** in der Äquatorialebene angeordnet werden. Die Centromere werden geteilt, so daß je ein Kinetochor zu einem Pol weist. In der **Anaphase II** werden die Chromatiden voneinander getrennt, so daß nach Abschluß der **Telophase II** als Ergebnis der beiden Reifungsteilungen vier haploide Kerne vorliegen (Abb. 14.3I, 14.4I). Sie ergeben nach Ausbildung der Zellwände vier Zellen, die **Gonen** oder Tetraden, die bei den Pflanzen häufig zu Sporen werden. Da diese aus einer Meiosis hervorgegangen sind, werden sie im Unterschied zu den **Mitosporen** (S. 417) als **Meiosporen** bezeichnet.

Prinzipiell liegt also ein Verteilungsmodus vor, der nach der herkömmlichen Terminologie als Präreduktion zu bezeichnen wäre, d. h. es werden in der I. Reifungsteilung die beiden homologen Chromosomen voneinander getrennt und nicht etwa deren Chromatiden. Da jedoch infolge des Segmentaustausches die Chromatiden teils aus Abschnitten väterlicher, teils aus Abschnitten mütterlicher Herkunft bestehen, folgen solche Abschnitte, die von vornherein oder durch Rücktausch bei ihrem ursprünglichen Kinetochor geblieben sind (Abb. 14.5), dem Präreduktionsmodus, die ausgetauschten Abschnitte hingegen dem Postreduktionsmodus, vorausgesetzt, daß der entsprechende Abschnitt der Schwesterchromatide in der ursprünglichen Position geblieben ist.

14.2.2 Bildung der Gameten und Syngamie (Befruchtung)

Bei der Syngamie verschmelzen zwei haploide **Gameten** zu einer diploiden **Zygote**. Der Bildung der Gameten muß also eine Meiosis vorangegangen sein. Damit ist jedoch nicht gesagt, daß sie stets während der Gametenbildung stattfindet. Vielmehr kann sie schon wesentlich eher erfolgen und zwar bei der Keimung der Zygote, d. h. bei den ersten Teilungen des Zygotenkerns. Der Unterschied zwischen beiden Typen ist evident.

Im ersten Fall ist der Organismus diploid, also ein **Diplont,** und die haploide Phase ist auf die Gameten beschränkt (Abb. 14.6A), im zweiten Fall ist der Organismus haploid, also ein **Haplont,** und die diploide Phase auf die Zygote beschränkt (Abb. 14.6B). Bei den **Diplo-Haplonten** stehen haploide Gametophyten, die sich durch Gameten fortpflanzen, in gesetzmäßigem Wechsel mit diploiden Sporophyten, die aus der Zygote hervorgehen und Meiosporen bilden, bei deren Keimung wieder haploide Gametophyten entstehen. Alle Typen kommen bei niederen Pflanzen vor. Von den uns bereits bekannten Algen sind z. B. Chlorophyceen *Ulothrix* und *Spirogyra* Haplonten, die Kieselalgen (Diatomeen) Diplonten.

Die Gameten werden in Gametangien gebildet. Bei den Einzellern und den einfacher organisierten Formen dienen als Gametangien Zellen, deren Inhalt bei der Gametenbildung aufgeteilt wird, während bei den höher organisierten Formen die Gametangien besonders gestaltete Behälter sind. Doch nicht nur in der Gestalt der Gametangien, sondern auch in der Ausbildung der Gameten tritt mit zunehmender Entwicklungshöhe eine Differenzierung ein, die eine mit dem Verlust der Beweglichkeit verbundene Größenzunahme des weiblichen Gameten zur Folge hat. Bei den Pilzen führt die Entwicklung zur Unter-

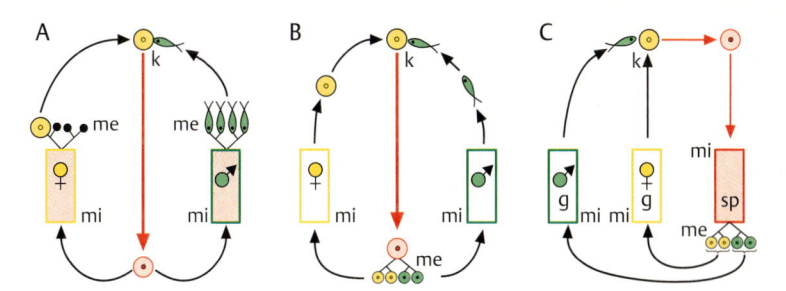

Abb. 14.6 Schema des Entwicklungsganges eines Diplonten **(A)**, eines Haplonten **(B)** und eines Diplo-Haplonten **(C)**. In allen Fällen wurden getrenntgeschlechtige Formen angenommen. Diplophase rot, Haplophase weiß, weiblich (♀) gelb, männlich (♂) grün umrandet. g = Gametophyt, k = Kopulation, me = Meiosis, mi = Mitosis, sp = Sporophyt.

drückung der Gameten- bzw. sogar der Gametangienbildung. Im einzelnen können wir die folgenden Formen der sexuellen Fortpflanzung unterscheiden:

Isogamie (Abb. 14.7 A): Die Gameten mit verschiedener Sexualpotenz sind äußerlich gleich gestaltet, lassen sich also nicht als männlich (♂) und weiblich (♀), sondern nur ihrem Paarungsverhalten nach als + und − unterscheiden (physiologische Anisogamie).

Anisogamie (Abb. 14.7 B): Die Gameten verschiedener Sexualpotenz sind von ähnlicher Gestalt, doch sind die Makrogameten größer als die Mikrogameten. Die ersteren werden deshalb auch weiblich, die letzteren männlich genannt.

Oogamie (Abb. 14.7 C): Die weiblichen Gameten, die man hier als Eier bezeichnet, sind geißellos und unbeweglich und bleiben häufig im Gametangium eingeschlossen. Sie sind in der Regel erheblich größer als die männlichen Gameten, die Spermatozoiden. Auch die Gametangien unterscheiden sich in der Gestalt, weshalb man ihnen besondere Namen gegeben hat. Die weiblichen bezeichnen wir als Oogonien, die männlichen als Spermangien. Wegen der Unbeweglichkeit des Eies sind die Spermatozoiden gezwungen, dieses aufzusuchen und gegebenenfalls in das Oogon einzudringen. Während das Oogonium aus einer Zelle besteht, in der eine oder mehrere Eizellen entstehen, haben die flaschenförmigen Eibehälter der höher entwickelten Moose und Farne (s. unten) eine besondere, zellulär gegliederte Wand, sind also vielzellig. Sie werden deshalb als Archegonien von den Oogonien unterschieden. Entsprechendes gilt für die ebenfalls vielzelligen männlichen Gametangien, die zum Unterschied von den Spermangien als Antheridien bezeichnet werden.

Gametangiogamie (Abb. 14.7 D): Unter Gametangiogamie verstehen wir einen Sonderfall der geschlechtlichen Fortpflanzung, bei dem es gar nicht mehr zur Ausbildung von Gameten kommt, sondern gleich die vielkernigen Gametan-

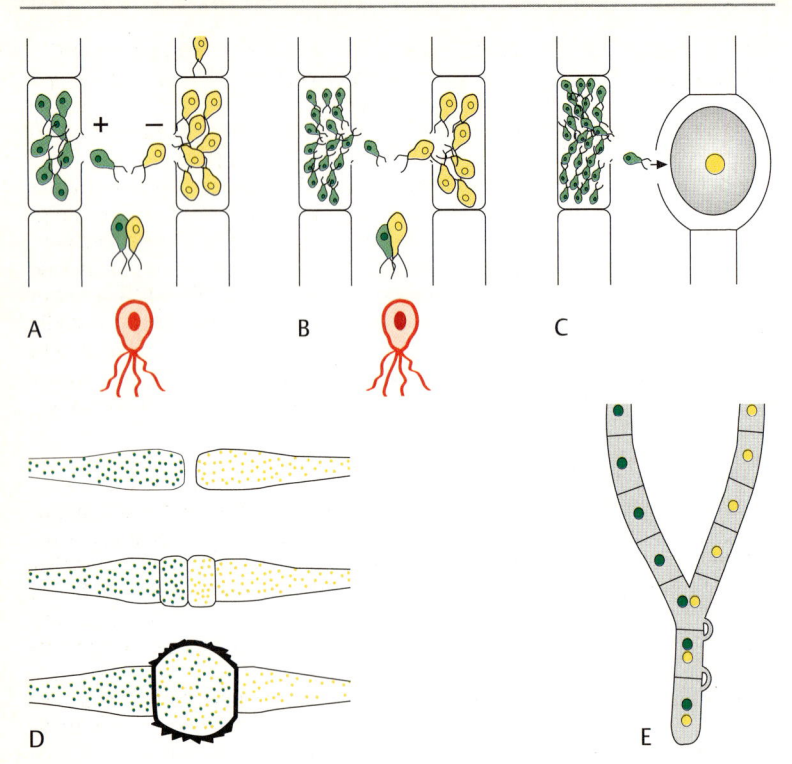

Abb. 14.7 Verschiedene Formen der Fortpflanzung, schematisch. **A** Isogamie, **B** Anisogamie, **C** Oogamie, **D** isogame Gametangiogamie, **E** Somatogamie. Männliche bzw. +Gameten bzw. Kerne grün, weibliche bzw. −Gameten bzw. Kerne gelb, diploide Zygoten rot. Weitere Erklärungen im Text.

gien miteinander verschmelzen oder doch zum mindesten miteinander fusionieren. Auch hier kann man eine isogame Gametangiogamie, bei der die Gametangien äußerlich gleich gestaltet sind (*Mucor,* Abb. 14.7 D), von einer anisogamen mit verschieden gestalteten Gametangien unterscheiden. Dieser Fall liegt bei den Ascomyceten vor (Abb. 14.**10**).

Somatogamie (Abb. 14.7 E): Der extremste Fall der Reduktion tritt uns in Gestalt der Somatogamie entgegen, die für die Basidiomyceten charakteristisch ist. Hier werden nicht einmal mehr Gametangien ausgebildet, sondern es verschmelzen Körperzellen miteinander, die äußerlich gleich gestaltet sind, sich in ihrem Paarungsverhalten aber unterscheiden. Plasmogamie und Karyogamie sind zeitlich und räumlich durch die Dikaryophase getrennt.

Auch hinsichtlich des Paarungsverhaltens und der Verteilung der Geschlechtsorgane sind mehrere Typen zu unterscheiden. Bei den getrenntgeschlechtlichen (= dioecischen) Arten sind die morphologisch wohl zu unterscheidenden männlichen und weiblichen Sexualorgane auf zwei verschiedene Individuengruppen, eben die beiden Geschlechter, verteilt. Eine Selbstbefruchtung ist somit ausgeschlossen. Liegt Isogamie, isogame Gametangiogamie oder gar Somatogamie vor, so kann man mangels morphologischer Unterscheidungsmerkmale natürlich nicht mehr von Geschlechtern sprechen, sondern nur noch von Kreuzungstypen, etwa + und – Typen, die sich allein durch ihr Paarungsverhalten unterscheiden. In diesen Fällen wird eine Befruchtung innerhalb des jeweiligen Kreuzungstypus durch sexuelle Unverträglichkeit (= **Inkompatibilität**) verhindert. Diese ist genetisch bedingt und liegt dann vor, wenn die Kerne zweier Individuen der gleichen Art die gleichen Unverträglichkeitsgene besitzen (= homogenische Inkompatibilität).

Bei gemischtgeschlechtlichen (= monoecischen) Arten, bei denen von ein und demselben Individuum sowohl weibliche als auch männliche Geschlechtszellen bzw. -organe gebildet werden, ist die Selbstbefruchtung prinzipiell möglich. Bei vielen Arten ist sie jedoch ebenfalls durch Inkompatibilität verhindert, weshalb diese Organismen trotz vorliegender Monoecie zur sexuellen Fortpflanzung einen Kreuzungspartner mit verschiedenem Unverträglichkeitsgen benötigen. Durch diese Sexualsperre wird also letztlich das gleiche erreicht wie durch die Getrenntgeschlechtlichkeit, nämlich die Verhinderung der Inzucht zugunsten einer ständigen Neukombination des genetischen Materials.

In manchen Fällen vermögen sich die Geschlechtszellen auch ohne Befruchtung, d. h. ohne Zygotenbildung, zu einem neuen Organismus zu entwickeln. Man bezeichnet ein solches Verhalten als Parthenogenese.

14.3 Generationswechsel

Als **Ontogenie** bezeichnet man im Unterschied zur Phylogenie den vollständigen Entwicklungsgang eines Lebewesens, als **Generation** einen Teilabschnitt der Ontogenie, der mit einer Keimzelle beginnt und, nach Zwischenschaltung mitotischer Teilungen, mit der Bildung eines anderen Typus von Keimzellen abschließt. In den bisher besprochenen Fällen der sexuellen Fortpflanzung finden nur in einem Abschnitt der Ontogenie Mitosen statt, und zwar im Falle der Diplonten zwischen der Zygote und der Bildung der Meiogameten (Abb. 14.6A), im Falle der Haplonten zwischen Meiosporen und der Gametenbildung (Abb. 14.6B). In beiden Fällen umfaßt die Ontogenie also nur eine Generation, der eine weitere gleiche Generation folgt, die wieder mit den gleichen Keimzellen beginnt und mit den gleichen Keimzellen abschließt wie die vorausgegangene. Dies wollen wir als eine einfache **Generationenfolge** bezeichnen. Im Gegensatz hierzu verstehen wir unter einem Generationswechsel den im typischen Falle regelmäßigen Wechsel zweier oder mehrerer Generationen innerhalb einer Ontogenie, die sich auf verschiedene Weise fortpflanzen. In der Mehrzahl der Fälle handelt es sich nur um zwei Generationen, von denen die eine, der **Gametophyt,** mit der keimenden Spore beginnt und mit der Bildung von Mitogameten abschließt, während die andere, der **Sporophyt,** mit der Zygote beginnt und mit der Bildung von Meiosporen abschließt (Abb. 14.6 B). Meist entstehen, der Zahl der Gonen entsprechend, vier Meiosporen aus einer Meiosporenmutterzelle. Bei manchen Organismen folgen jedoch auf die Meiosis noch mitotische Teilungen, so daß eine größere Anzahl von Meiosporen entsteht, im Falle der Ascomyceten z. B. acht (S. 432).

Formal läßt sich ein solcher Generationswechsel aus dem Haplontenschema (Abb. 14.6 A) ableiten, indem die Zygote durch mitotische Teilungen zu einem selbständigen Individuum heranwächst, das sich durch Meiosporen fortpflanzt, also zu einem Sporophyten wird. Die Zygote allein, und das gilt für alle Keimzellen, kann dagegen nicht als Generation bezeichnet werden, da der Generationsbegriff fordert, daß die Keimzelle zunächst eine Individualentwicklung, gekennzeichnet durch mitotische Teilungen, durchmacht, ehe die Bildung weiterer Keimzellen erfolgt.

Im Falle des Diplo-Haplonten ist der Generationswechsel mit einem Wechsel der Kernphasen verbunden. Es liegt also ein heterophasischer (= antithetischer) Generationswechsel vor. Die beiden Generationen können entweder völlig selbständige Individuen oder morphologisch eng miteinander verbunden sein. Obwohl der heterophasische Generationswechsel als der typische Fall angesehen werden kann, sind der Generations- und der Kernphasenwechsel zwei voneinander grundsätzlich unabhängige Vorgänge, die nicht notwendig miteinander gekoppelt sein müssen. Dies wird besonders deutlich, wenn der Generationswechsel, wie im Falle einiger Rotalgen (Rhodophyceen), über drei Generationen läuft, von denen zwangsläufig mindestens zwei die gleiche Kernphase haben, also homophasisch sind.

Schließlich kann der Generationswechsel auch mit einem Wechsel der Gestalt verbunden sein. In diesem Falle bezeichnen wir ihn als heteromorph. Die Verschiedenheit der Gestalt ist in manchen Fällen so stark, daß die beiden Generationen früher für selbständige Pflanzenarten gehalten und mit besonderen Namen belegt wurden (s. unten). Gleich dem Kernphasenwechsel ist jedoch auch der Gestaltwechsel keine unerläßliche Bedingung des Generationswechsels. Vielmehr kennen wir eine ganze Reihe von Fällen, in denen die beiden Generationen gleich gestaltet sind (isomorpher Generationswechsel). Für beide Typen sei je ein Beispiel aus der Gruppe der Grünalgen angeführt.

14.3.1 Isomorpher Generationswechsel

Die Chlorophycee *Cladophora,* deren Habitus bereits früher besprochen wurde (S. 214 ff.), besitzt äußerlich gleichgestaltete, + und − differenzierte Gametophyten (Abb. 14.8). Die + und −Isogameten entstehen in beliebigen Fadenzellen, die sich unter Aufteilung ihres Inhalts in Gametangien umwandeln und

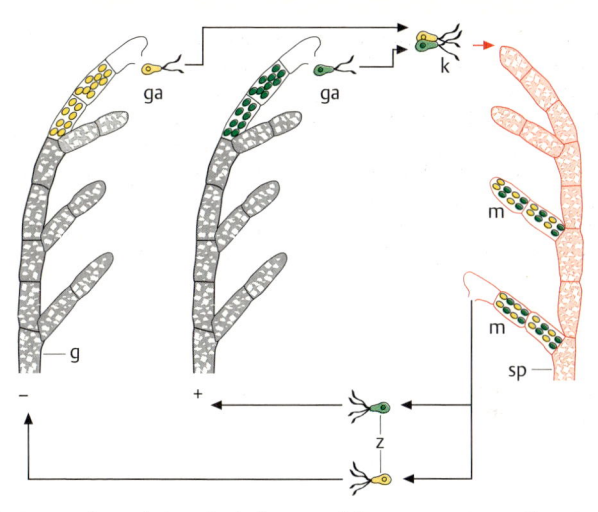

Abb. 14.8 Isomorpher, heterophasischer Generationswechsel der Grünalge *Cladophora*, schematisch. Haploide Phase schwarz, diploide Phase rot. +Kerne, Gameten und Zoosporen grün, −Kerne, Gameten und Zoosporen rot. g = Gametophyt, ga = zweigeißelige Gameten, k = Kopulation, m = Meiosis, sp = Sporophyt, z = viergeißelige Zoosporen.

eine größere Anzahl von zweigeißeligen Gameten entlassen. Diese kopulieren zur Zygote, bei deren Keimung ein diploider Sporophyt entsteht, der sich äußerlich nicht von den Gametophyten unterscheidet. Er bildet in den Sporangien, die ebenfalls einfache, nicht weiter modifizierte Fadenzellen sind, unter Meiosis Zoosporen (Meiosporen). Diese sind zu 50% +, zu 50% − differenziert und wachsen zu haploiden + bzw. −Gametophyten aus.

Bei *Cladophora* liegt also ein isomorpher, heterophasischer Generationswechsel mit Isogamie vor.

14.3.2 Heteromorpher Generationswechsel

Die beiden Generationen dieser Grünalge sind in ihrer Gestalt so grundverschieden (Abb. 14.9), daß sie früher für verschiedene Pflanzen gehalten und daher mit eigenen Namen belegt wurden: *Halicystis ovalis* und *Derbesia marina*. *Halicystis* ist der Gametophyt, der einen blasenförmigen Thallus hat und getrenntgeschlechtlich ist. Der männliche Gametophyt bildet kleine, zweigeißelige Mikrogameten, der weibliche große, ebenfalls zweigeißelige Makrogameten. Treffen zwei geschlechtsverschiedene Gameten aufeinander, verzwirnen sich ihre Geißeln miteinander, so daß sich die Zellen berühren und miteinander zur Zygote verschmelzen. Innerhalb von etwa 5 min. beginnt auch

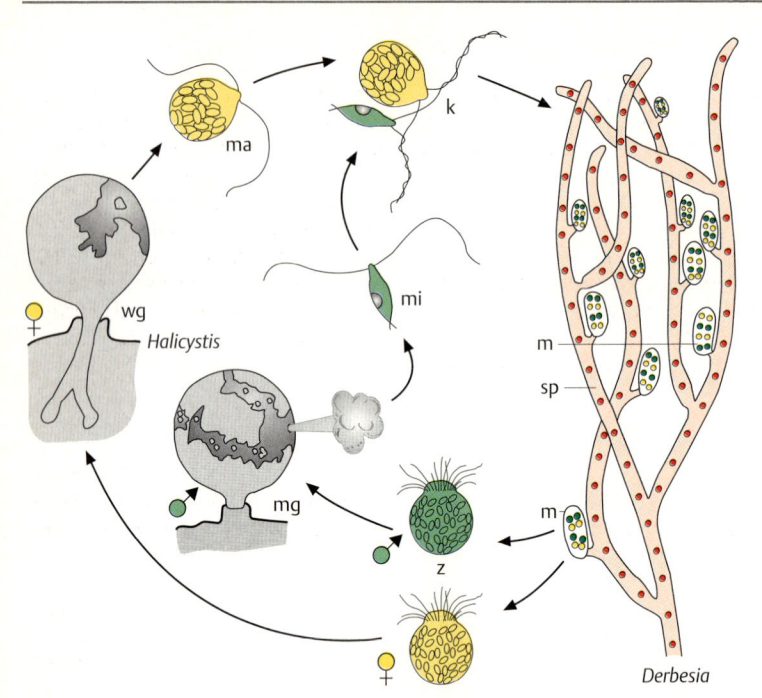

Abb. 14.9 Heteromorpher, heterophasischer Generationswechsel von *Halicystis ovalis* und *Derbesia marina*, schematisch. Haploide Phase grau, diploide Phase rot. Männliche Gameten und Zoosporen grün, weibliche Gameten und Zoosporen gelb.

k = Kopulation, m = Meiosis, ma = Makrogamet, mg = männlicher Gametophyt von *Halicystis*, mi = Mikrogamet, sp = diploider Sporophyt, wg = weiblicher Gametophyt von *Halicystis*, z = Zoosporen (nach Kornmann, Neumann).

die Verschmelzung der Kerne. Durch Keimung der Zygote entsteht ein fädiger, verzweigter Thallus coenoblastischen Charakters, der Sporophyt *Derbesia marina*. Der Zygotenkern und die durch Mitose daraus hervorgehenden Kerne des vielkernigen Thallus sind also diploid. Mit anderen Worten: entgegen der bisherigen Auffassung ist *Derbesia* ein Diplont und nicht ein Heterokaryon.

Am Sporophyten bilden sich Zoosporangien aus, in denen unter Meiosis der eingewanderten Kerne haploide Sporen (Meiosporen) entstehen, die einen Geißelkranz tragen. Sie sind sexuell differenziert und keimen zu je 50 % zu männlichen bzw. weiblichen Gametophyten aus, womit der Kreislauf geschlossen ist.

Bei *Derbesia*/*Halicystis* liegt also ein heteromorpher, heterophasischer Generationswechsel mit Anisogamie vor.

14.4 Fortpflanzung der Pilze

In der sexuellen Fortpflanzung der Pilze herrscht eine große Mannigfaltigkeit. Bei einigen Klassen der niederen Pilze kommen noch Iso- und Anisogamie sowie Generationswechsel vor. Bei den Oomycetes erfolgt die Fortpflanzung durch Oogamie. Bei den Zygomycetes und den Ascomycetes werden keine Gameten mehr gebildet, sondern es verschmelzen bzw. fusionieren die Gametangien. Es liegt also Gametangiogamie vor. Sind die Gametangien äußerlich gleich gestaltet und nur durch ihr Paarungsverhalten (+ und −) zu unterscheiden, spricht man von isogamer, sind sie verschieden gestaltet, von anisogamer Gametangiogamie. Bei den Basidiomycetes schließlich werden überhaupt keine Gametangien mehr ausgebildet, sondern es verschmelzen Körperzellen miteinander. Hier liegt also Somatogamie vor.

14.4.1 Zygomycetes

Die meisten Vertreter dieser Gruppe zeichnen sich durch isogame Gametangiogamie aus. Treffen die Mycelien zweier Kreuzungstypen (+ und −) zusammen, so wachsen die Hyphenäste aufeinander zu und schwellen zu keuligen Gametangien mit zahlreichen Kernen an. Die Gametangien der beiden Kreuzungspartner sind gleichgestaltet und verschmelzen miteinander, ohne daß Gameten ausgebildet werden (Abb. 14.7D). Da definitionsgemäß die Zygote das Kopulationsprodukt zweier einkerniger Gameten ist (S. 424), grenzt man das Verschmelzungsprodukt zweier Gametangien sprachlich hiervon ab und bezeichnet es als **Coenozygote.**

Die Kerne paaren sich, verschmelzen jedoch erst etwas später. Plasmo- und Karyogamie sind hier also bereits zeitlich, aber noch nicht räumlich getrennt. Die Coenozygote umgibt sich mit einer derben Wand und wird zur Zygospore. Die Meiosis findet sogleich beim Auskeimen der Zygosporen statt. Die Zygomycetales sind also Haplonten.

14.4.2 Ascomycetes

Die Ascomyceten (Schlauchpilze) sind im typischen Falle monoecisch, d. h. die Kerne des gleichen Mycels haben beide Geschlechtspotenzen. Infolgedessen entstehen beide Sorten von Geschlechtsorganen, die männlichen Andrangien und die weiblichen Ascogone, am gleichen Mycel. Dennoch ist Selbstbefruchtung häufig durch homogenische Inkompatibilität (S. 427) ausgeschlossen, so daß jedes Mycel einen Kreuzungspartner benötigt (Abb. 14.10). Hinsichtlich der Befruchtung liegt anisogame Gametangiogamie vor. Am Scheitel des Ascogons entsteht ein papillenförmiger Fortsatz, die Trichogyne, die zum Andrangium hinwächst und mit diesem fusioniert (Plasmogamie). Durch die Trichogyne wandern die Kerne aus dem Andrangium in das Ascogon ein, wo sie sich mit dessen Kernen paaren. Hierauf wachsen vom Ascogon die ascogenen Hyphen aus, in denen sich die beiden Kerne jeweils gleichzeitig, d. h.

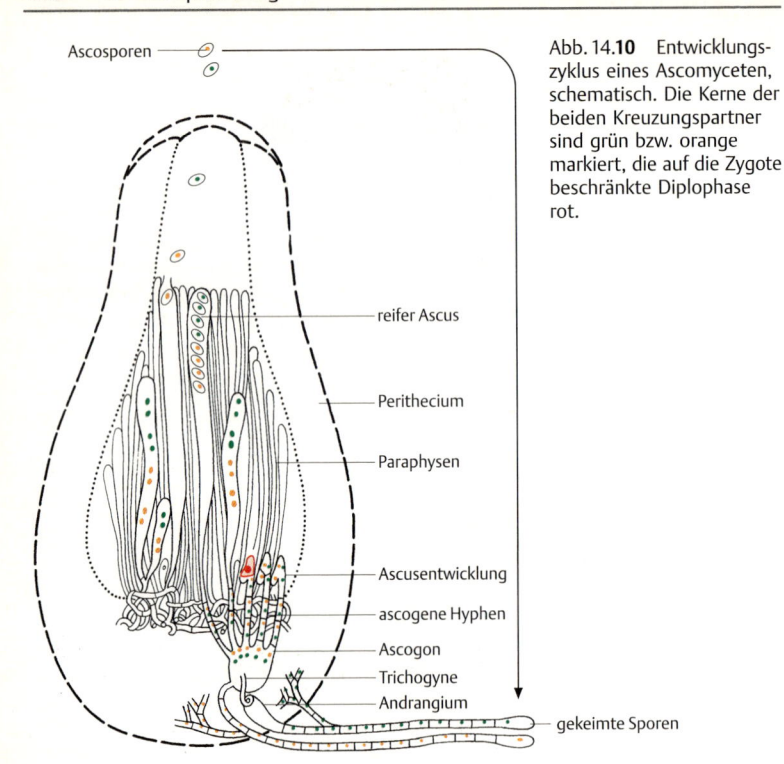

Abb. 14.10 Entwicklungszyklus eines Ascomyceten, schematisch. Die Kerne der beiden Kreuzungspartner sind grün bzw. orange markiert, die auf die Zygote beschränkte Diplophase rot.

Ascosporen — reifer Ascus — Perithecium — Paraphysen — Ascusentwicklung — ascogene Hyphen — Ascogon — Trichogyne — Andrangium — gekeimte Sporen

konjugiert teilen, so daß jede Zelle zwei Kerne enthält (Dikaryophase). Schließlich kommt es zur Ausbildung der Hakenzelle, in der sich beide Kerne noch einmal teilen. Von den entstandenen vier Kernen bleiben zwei geschlechtsverschiedene Kerne in der Hakenzelle, während der dritte in die Stielzelle und der vierte in den unteren Teil des Hakens einwandern. Nach Abgrenzung des oberen Teiles der Hakenzelle durch Zellwände findet die Verschmelzung der beiden Kerne zum Zygotenkern statt (Karyogamie). Das abgebogene Hakenende fusioniert dann mit der Stielzelle, und der Kern wandert in diese zurück, worauf es erneut zur Hakenbildung kommen kann. Die Hakenzelle wächst zum **Ascus** aus, und unter Meiose sowie einer weiteren mitotischen Teilung entstehen acht Meiosporen, die Ascosporen, die ausgeschleudert werden und zu einem haploiden Mycel auskeimen. Die diploide Phase ist also auf die Zygote beschränkt. Von dem hier beschriebenen Grundtypus gibt es zahlreiche Varianten.

Die Asci bilden zusammen mit sterilen Hyphen, den Paraphysen, das Hymenium, das an einem Fruchtkörper entsteht, und zwar entweder im Inneren desselben (Perithecium) oder auf dessen Oberfläche (Apothecium).

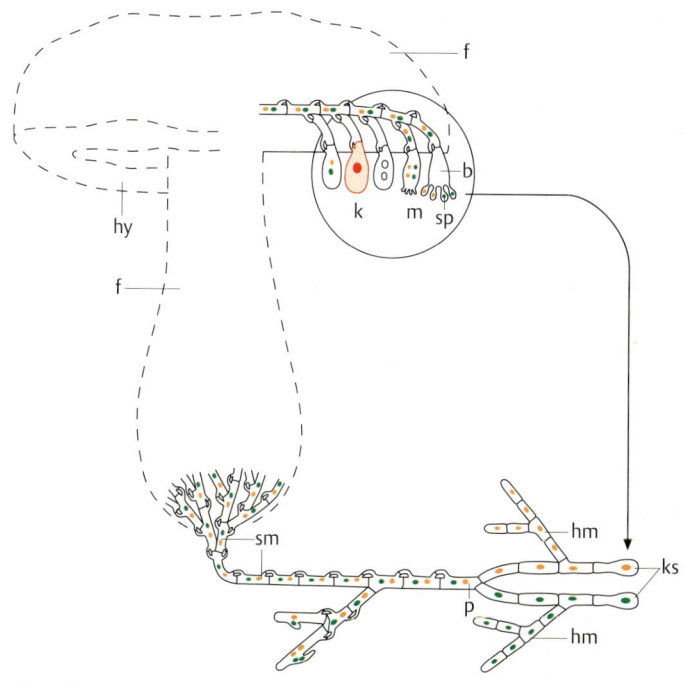

Abb. 14.11 Entwicklungszyklus eines Basidiomyceten, schematisch. Die im Kreis befindlichen Fruktifikationsorgane sowie die Hyphen sind stärker vergrößert als der Fruchtkörper. Die Kerne der beiden Kreuzungspartner sind grün bzw. orange markiert, die diploide Zygote ist rot. b = Basidienentwicklung, f = Fruchtkörper, hm = haploides Mycel, hy = Hymenium, k = Karyogamie, ks = keimende Basidiosporen, m = Meiosis, p = Plasmogamie, sm = dikaryotisches Schnallenmycel, sp = Basidiosporen.

14.4.3 Basidiomycetes

Da die Basidiomyceten (Ständerpilze) keine Geschlechtsorgane ausbilden, kann man nur von Kreuzungstypen (+ und –) sprechen. Das Zustandekommen eines Sexualaktes zwischen zwei Mycelien wird ausschließlich durch homogenische Inkompatibilität bestimmt. Die durch Keimung der Basidiosporen entstehenden haploiden Mycelien können längere Zeit vegetativ wachsen. Treffen die Hyphen zweier Kreuzungspartner aufeinander (Abb. 14.11), so verschmelzen ihre Zellen (Plasmogamie), ohne daß Gametangien ausgebildet werden (Somatogamie). Hieraus entwickelt sich ein dikaryotisches Mycel, das charakteristische Schnallen besitzt (Schnallenmycel). Bei jeder Zellteilung teilen sich die beiden Kerne konjugiert. An der Spitzenzelle bildet sich ein Haken, der sich nach rückwärts krümmt. In diesen wandert ein Kern ein, während ein weiterer, vom ersten verschiedener Kern im Basalteil der Zelle bleibt. Die beiden anderen Kerne wandern in die Spitzenregion, und die Zelle grenzt sich vom Basalteil durch eine Querwand ab. Nun fusioniert der Haken mit der unteren Zelle und entläßt seinen Kern in diese, die hierdurch ebenfalls zweikernig wird. Auch die Schnalle grenzt sich von der Spitzenzelle durch eine Wand ab.

Das Schnallenmycel wächst zu einem von Fall zu Fall verschieden gestalteten Fruchtkörper heran, an dem sich ein Hymenium bildet. In diesem schwellen die Enden des Schnallenmycels zu einer **Basidie** an, in der die Kernverschmelzung erfolgt (Karyogamie). Unter Meiosis entstehen vier Kerne. An der Spitze der Basidie stülpen sich kurze Auswüchse, die Sterigmen, aus, in deren anschwellende Enden je ein Kern einwandert. Sie schnüren sich dann als Basidiosporen ab und werden verbreitet. Von den beim Auskeimen der vier Basidiosporen entstehenden Mycelien besitzen je zwei den gleichen Faktor für sexuelle Unverträglichkeit. Sie sind also nicht miteinander, wohl aber mit einem der beiden anderen Mycelien kreuzbar.

14.5 Generationswechsel der Archegoniaten

Unter dem Begriff Archegoniaten faßt man die Moose (Bryophyten) und Farne (Pteridophyten) zusammen, die, ungeachtet der Verschiedenheit ihrer äußeren Organisation, in der Ausbildung ihrer weiblichen Geschlechtsorgane, der Archegonien, eine weitgehende Übereinstimmung zeigen. Sie sind das klassische Beispiel für einen heteromorphen, heterophasischen Generationswechsel.

14.5.1 Bryophyten

Der Einfachheit halber beschränken wir uns in Abb. 14.**12** auf die Darstellung des Generationswechsels eines monoecischen Laubmooses. Gelangen die haploiden Meiosporen eines Mooses in ein günstiges Milieu, so keimen sie zu einem aus einer einfachen Zellreihe bestehenden, mehrfach verzweigten Faden, dem **Protonema**, aus. An diesem entstehen als seitliche Auswüchse vielzellige Knospen, die dann zu den bereits besprochenen (S. 219 ff.), in Stämmchen und Blättchen gegliederten Moospflanzen auswachsen. Der Gametophyt erfährt somit einen Gestaltwechsel, ist also dimorph, ohne daß damit ein Wechsel der Generation oder der Kernphase verbunden wäre. Dies zeigt wiederum die Unabhängigkeit von Generations-, Gestalt- und Kernphasenwechsel. Auf der Moospflanze entstehen die Archegonien und Antheridien, bei dioecischen Formen auf verschiedenen Pflanzen. Sind sie herangereift, erfolgt die Befruchtung, indem die chemotaktisch angelockten Spermatozoiden in den Hals des Archegoniums eindringen. Eines verschmilzt mit der Eizelle zu einer Zygote. Diese keimt, ohne das Archegonium zu verlassen, zum diploiden Sporophyten, dem Sporogon, aus, das mit seinem Fuß in der Moospflanze verankert bleibt. Obwohl der Sporophyt hier nicht zu einem selbstän-

14.5 Generationswechsel der Archegoniaten

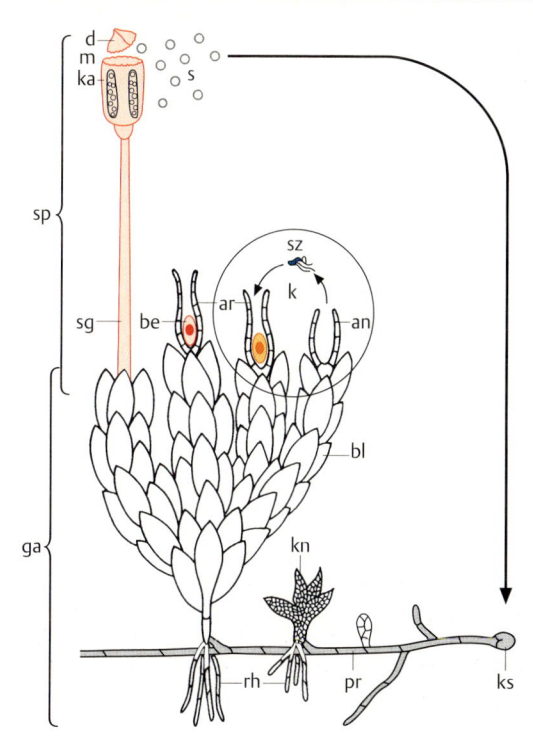

Abb. 14.12 Heteromorpher, heterophasischer Generationswechsel eines monoecischen Laubmooses, schematisch. Die im Kreis befindlichen Geschlechtsorgane sind stärker vergrößert. Haploide Phase schwarz, diploide Phase rot. an = Antheridium, ar = Archegonium, be = befruchtete Eizelle (Zygote), bl = Blättchen, d = Deckel, ga = Gametophyt, k = Kopulation, ka = Sporenkapsel, kn = Knospe am Protonema, ks = keimende Meiospore, m = Meiosis, pr = Protonema, rh = Rhizoid, s = Meiosporen, sg = Sporogon, sp = Sporophyt, sz = Spermatozoid.

digen Individuum wird, ist er doch zur Photosynthese befähigt, wird also nicht vom Gametophyten ernährt. In der Sporenkapsel bildet sich, von sterilem Kapselgewebe umgeben, das Archespor, aus dessen Zellen durch Meiosis die Meiosporen entstehen. Die nach Abwerfen des Deckels freiwerdende Öffnung ist bei den Laubmoosen durch einen Zahnkranz, das Peristom, verschlossen, dessen Zähne radial nach innen gerichtet sind (Abb. 14.13). Die Zähne sind zu hygroskopischen Bewegungen befähigt. Je nach Luftfeuchtigkeit krümmen sie sich aus- oder einwärts, indem sie die Öffnung freigeben oder verschließen. Auf diese Weise wird erreicht, daß die Sporen allmählich und nur bei günstiger Witterung ausgestreut werden.

▢ Bei den Laubmoosen liegt also ein heterophasischer, heteromorpher Generationswechsel vor, bei dem der Gametophyt die ausdauernde Pflanze ist, während der Sporophyt als unselbständiges Individuum auf dem Gametophyten verbleibt.

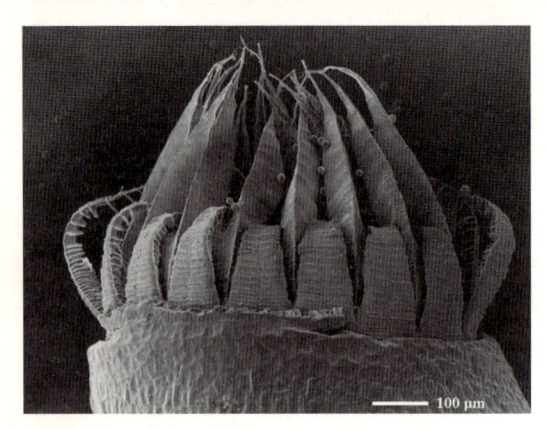

Abb. 14.**13** Peristomzähne mit Sporen des Laubmooses *Funaria hygrometrica*. REM-Aufnahme: G. Wanner.

14.5.2 Pteridophyten

Im Prinzip ist der Generationswechsel der Farne wie auch der anderen Pteridophyten dem der Moose recht ähnlich. Ein wesentlicher Unterschied liegt jedoch darin, daß die ausdauernde Pflanze hier der Sporophyt ist, während der Gametophyt, das Prothallium (Abb. 14.**14 B**), ein kleines, thallöses Gebilde von begrenzter Lebensdauer ist, das direkt aus der keimenden Meiospore hervorgeht. Bei den isosporen Farnen, die monoecisch sind, entstehen auf demselben **Prothallium** Antheridien und Archegonien (**C, D**). Nach erfolgter Befruchtung, die ähnlich wie bei den Moosen vor sich geht, entwickelt sich aus der Zygote der diploide Sporophyt, der schließlich zu einer selbständigen Farnpflanze heranwächst. Die Sporangien entstehen an Blättern, den Sporophyllen. In vielen Fällen, wie auch bei *Dryopteris,* unterscheiden sich die Sporophylle in der Gestalt nicht von den sterilen Laubblättern. Die Sporangien stehen in Gruppen (Sori) zusammengefaßt auf der Blattunterseite und sind von einem Schleier, dem Indusium, bedeckt (**F, G**). Bei manchen Gattungen haben die Sporophylle jedoch eine von den Laubblättern abweichende Gestalt. Aus dem zentralen Gewebe der Sporangien, dem Archespor, entstehen durch zahlreiche Zellteilungen die Sporenmutterzellen, aus denen unter Meiosis die Meiosporen hervorgehen. Sie werden nach Aufreißen des Sporangiums, das durch einen besonderen Kohäsionsmechanismus des Anulus bewerkstelligt wird, ausgestreut und durch den Wind verbreitet (**H, I**).

Auch bei den Pteridophyten liegt also ein heterophasischer, heteromorpher Generationswechsel vor. Zwar sind hier sowohl die Gametophyten als auch die Sporophyten selbständige Individuen, doch haben sich die Größenverhältnisse sehr zugunsten des Sporophyten verschoben. Dieser ist die ausdauernde Farnpflanze und besitzt die Organisationsform eines Kormus.

14.5 Generationswechsel der Archegoniaten

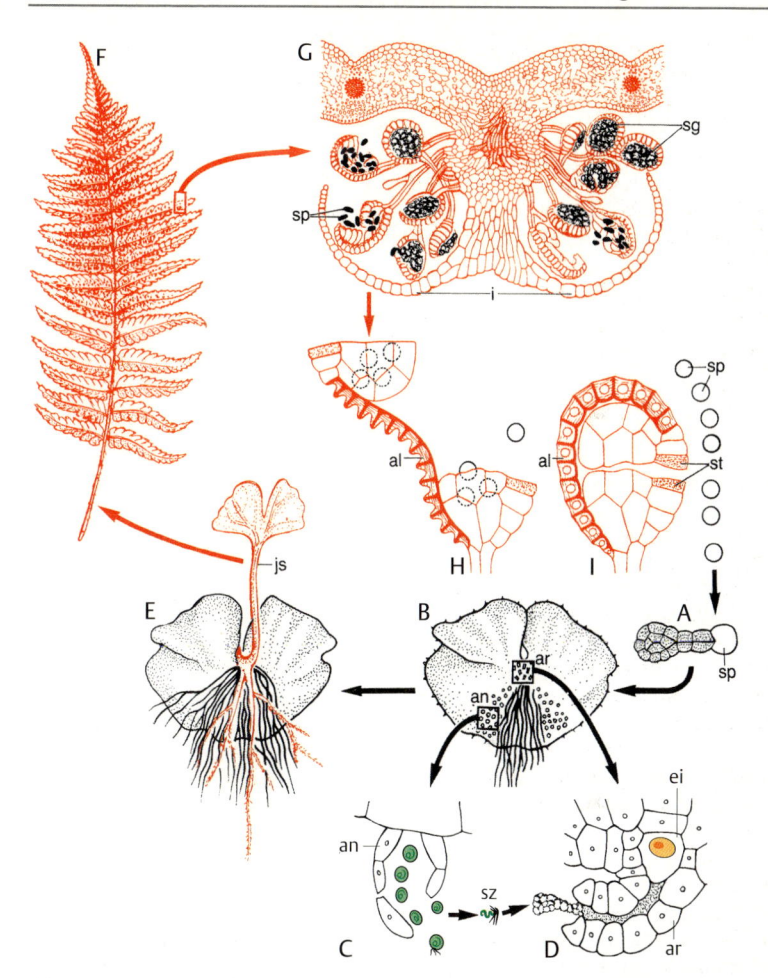

Abb. 14.**14** Heteromorpher, heterophasischer Generationswechsel eines isosporen Farnes (*Dryopteris filix-mas,* Wurmfarn), zum Teil schematisiert. Haploide Phase schwarz, diploide Phase rot. **A** Keimende Meiospore, **B** Prothallium, **C** Antheridium, **D** Archegonium, **E** Prothallium mit jungem Sporophyten, **F** mit Sori besetztes Blatt des Sporophyten, **G** Querschnitt durch einen Sorus, **H** Sporangium, durch den tangentialen Zug der Anuluszellen geöffnet, **I** Sporangienhälften nach Abreißen der Außenwand vom Wasser in die Ausgangslage unter Ausschleudern der Meiosporen zurückgeschnellt. al = Anulus, an = Antheridium, ar = Archegonium, ei = Eizelle, i = Indusium, js = junger Sporophyt, sg = Sporangium, sp = Meiosporen, st = Stomium, sz = Spermatozoiden (z. T. nach Sinnot-Wilson, Kny, Stocker).

Die hier bereits beginnende Reduktion des Gametophyten geht bei den heterosporen Pteridophyten noch weiter. Bei diesen sind die Meiosporen in Mikro- und Makrosporen differenziert, die an Mikro- bzw. Makrosporophyllen gebildet werden (vgl. S. 603). Die bei der Sporenkeimung entstehenden Mikro- und Makroprothallien bestehen nur noch aus wenigen Zellen und verlassen die Meiosporen bei der Keimung nicht mehr, sondern gehen gleich zur Bildung der Antheridien und Archegonien über. Wie bereits Hofmeister erkannte, führt also von den Moosen über die isosporen zu den heterosporen Pteridophyten eine Entwicklungslinie, die im Generationswechsel in der zunehmenden Reduktion des Gametophyten einerseits und der Höherentwicklung des Sporophyten andererseits zum Ausdruck kommt. Diese Entwicklung findet ihren Abschluß bei den Spermatophyten.

14.6 Generationswechsel der Spermatophyten

Auch bei den Spermatophyten liegt ein heterophasischer, heteromorpher Generationswechsel vor. Sowohl der weibliche als auch der männliche Gametophyt sind hier auf so wenige Zellen reduziert, daß sich das Vorhandensein eines Generationswechsels erst bei genauer Untersuchung der Fortpflanzungsverhältnisse erkennen läßt. Im Gegensatz zu den Gametophyten ist der Sporophyt mächtig entwickelt und stellt, der Organisationsform nach, einen Kormus dar.

Bei den Spermatophyten sind die Mikro- und Makrosporophylle, die hier als Staubblätter (Stamina) bzw. Fruchtblätter (Carpelle) bezeichnet werden, in Sporophyllständen zusammengefaßt, die an den Enden der Sproßachsen stehen und als Blüten bezeichnet werden. Da derartige Sporophyllstände schon bei einigen heterosporen Pteridophyten *(Selaginella)* vorkommen, sind sie also nicht für diese Pflanzengruppe allein charakteristisch. Deshalb ist die Bezeichnung Spermatophyta (Samenpflanzen) dem Namen Anthophyta (Blütenpflanzen) vorzuziehen.

In vielen Fällen sind die Sporophylle der Spermatophyten noch von einer Hülle anders gestalteter und häufig auffällig gefärbter steriler Blätter, dem **Perianth**, umgeben, das meist in Kelch (Kalyx) und Krone (Corolla) gegliedert ist. Sind die Glieder beider Blattkreise gleich, so sprechen wir von einem Perigon. Es kommen jedoch auch nackte Blüten vor, denen ein Perianth überhaupt fehlt.

Außer den vollständigen Blüten, bei denen Staub- und Fruchtblätter in einer Blüte vereint sind, kennen wir auch solche, die entweder nur Staubblätter oder nur Fruchtblätter tragen. Erstere bezeichnen wir als staminate, letztere als carpellate Blüten. Staminate und carpellate Blüten können, wie z. B. bei Kiefer und Hasel, auf dem gleichen Individuum vorkommen oder aber, wie z. B. bei Eibe und Weide, auf verschiedene Individuen verteilt sein. Bei der Esche kommen auf dem gleichen Individuum neben staminaten und carpellaten auch vollständige Blüten vor.

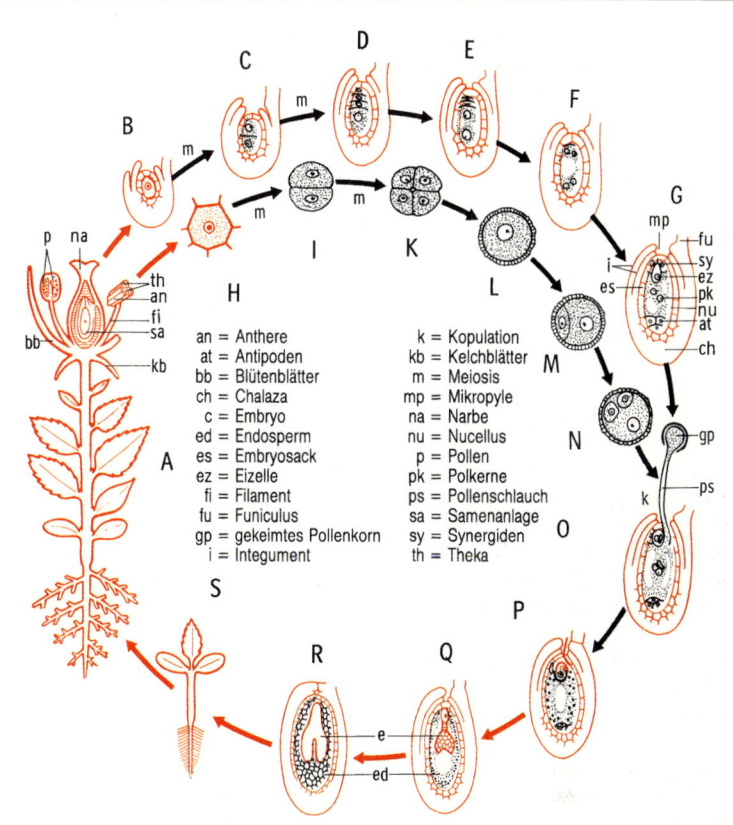

Abb. 14.15 Entwicklungsgang einer angiospermen, dikotylen Samenpflanze. Diploide Phase rot. **A** Blühende Pflanze, Sporophyt, **B** Makrosporenmutterzelle, umgeben vom Nucellus und von den Integumenten der Samenanlage, **C,D** Bildung der Makrosporen, von denen eine zum Embryosack wird, **E–G** Entwicklung des weiblichen Gametophyten zum befruchtungsfähigen Embryosack, **H** Mikrosporenmutterzelle aus einer Anthere, **I,K** Bildung der Mikrosporen (Pollenkörner), **L–N** Entwicklung des männlichen Gametophyten, **O** doppelte Befruchtung, **P–R** Entwicklung des diploiden Embryos und des triploiden Endosperms in der zum Samen werdenden Samenanlage, **S** Keimpflanze (nach Strasburger, Sharp, Melchior).

Der Entwicklungsgang einer angiospermen dikotylen Samenpflanze ist in Abb. 14.**15** dargestellt. Die Gesamtheit der Staubblätter bezeichnet man als **Androeceum**. Ein Staubblatt (A) gliedert sich in das Filament und die Anthere. Letztere besteht aus vier Pollensäcken, von denen je zwei zu einer Theka zusammengefaßt sind. Die beiden Theken sind durch das Konnektiv verbunden. Jeder Pollensack ist einem Mikrosporangium der heterosporen Farne homolog. Die aus dem Archespor hervorgehenden Pollenmutterzellen (= Mikrosporenmutterzellen) teilen sich unter Meiosis, wodurch vier Pollenkörner gebildet werden, die den Mikrosporen entsprechen (**H–L**). Ihr Kern teilt sich dann nochmals, so daß die reifen Pollen eine vegetative und eine generative Zelle enthalten (**M**).

Die Fruchtblätter, deren Gesamtheit man **Gynoeceum** nennt, tragen die Samenanlagen, die bei den Gymnospermen (Nacktsamern) frei auf der Oberfläche liegen, während sie bei den Angiospermen (Bedecktsamern) stets in ein von den Fruchtblättern gebildetes Gehäuse, den Fruchtknoten, eingeschlossen sind, aus dem sie erst als reife Samen entlassen werden. Der Fruchtknoten (**A**) läuft oben in einen dünnen Griffel aus, dessen Oberteil, wie im vorliegenden Falle, in Narbenäste aufgespalten sein kann. Die Gesamtheit von Fruchtknoten, Griffel und Narbe bezeichnet man als Stempel (Pistillum).

Die **Samenanlagen** werden von einem besonderen Bildungsgewebe der Fruchtblätter, der Placenta, hervorgebracht, mit der sie durch den Funiculus in Verbindung bleiben. Am Grunde der Samenanlage, der Chalaza, entspringen ein oder (meist) zwei Integumente, die den inneren Gewebekomplex, den Nucellus, einhüllen und an dem der Chalaza gegenüberliegenden Ende eine Öffnung, die Mikropyle, freilassen (**G**). Die Fruchtblätter sind den Makrosporophyllen, der Nucellus dem Makrosporangium der heterosporen Farne homolog. Im Nucellus führt eine Zelle, die Embryosackmutterzelle, eine Meiosis durch (**B–D**). Von den vier entstehenden Zellen gehen drei zugrunde während sich aus der vierten, der Embryosackzelle, die der Makrospore entspricht, der Gametophyt entwickelt. Dies geschieht auf folgende Weise (**E–G**): Unter Vergrößerung des Embryosackes teilt sich der Embryosackkern zunächst in zwei Kerne, die nach den entgegengesetzten Enden des Embryosackes wandern, wo sich jeder noch zweimal teilt, so daß insgesamt acht Kerne entstehen. An dem der Mikropyle zugekehrten Pol grenzen sich die Eizelle und zwei weitere Zellen, die Synergiden, als sogenannter Eiapparat vom Embryosack ab, am entgegengesetzten Pol die drei Antipoden. Die beiden übrigbleibenden Polkerne wandern dann aufeinander zu und verschmelzen zum diploiden sekundären Embryosackkern. Damit ist die Samenanlage befruchtungsreif.

Der befruchtungsfähige Embryosack entspricht einer gekeimten Makrospore, d. h. also einem Makroprothallium. Dies zeigt ein Vergleich mit den Gymnospermen, bei denen die Eizellen noch in nahezu vollständige Archegonien eingeschlossen sind, die im Embryosack liegen. Bei den Angiospermen sind auch diese noch reduziert. Es liegt nahe, die Synergiden als Reste der Archegonien zu deuten.

Noch weiter geht die Reduktion des männlichen Gametophyten. Gelangen die **Pollenkörner** auf die Narbe, so keimen sie unter Bildung des Pollenschlauches aus. Dieser durchwächst das Narben- und Griffelgewebe und dringt bis zur Mikropyle vor. Die generative Zelle teilt sich nochmals, und die beiden daraus hervorgehenden Kerne wandern durch den Pollenschlauch zur Eizelle (**N,O**). Da sie von einem schmalen plasmatischen Saum umgeben sind, werden sie besser als Spermazellen bezeichnet. Das gekeimte Pollenkorn entspricht somit dem Mikroprothallium. Auch dieser Fall extremer Reduktion ist mit den heterosporen Farnen über die Gymnospermen verbunden, bei denen noch Reste des Antheridiums nachweisbar sind. Sowohl der männliche als auch der weibliche Gametophyt sind also bei den Angiospermen auf wenige Zellen reduziert.

> Sobald der Pollenschlauch den Embryosack erreicht hat, entleert er die beiden Spermazellen in den Embryosack, meist in eine der beiden Synergiden. Man bezeichnet diesen Vorgang als **Siphonogamie**. Während die eine Spermazelle mit der Eizelle zur Zygote verschmilzt, wandert die zweite zum sekundären Embryosackkern und verschmilzt mit diesem zu einem triploiden Endospermkern (**doppelte Befruchtung**, Abb. 14.15 O). Aus diesem und dem Plasma des Embryosacks entwickelt sich dann das (ebenfalls triploide) **Endosperm** (Nährgewebe).

Aus der befruchteten Eizelle, die sich mit einer Cellulosewand umgibt, entsteht durch Teilung eine Reihe von Zellen, der Proembryo. Nur aus den vorderen Zellen des Proembryos entsteht unter mehrfacher Teilung der Embryo, während die übrigen Zellen zum Embryoträger, dem Suspensor, werden, der den **Embryo** tiefer in das Nährgewebe hineinschiebt und ihm wohl auch Nahrung zuführt. Der Embryo ist zunächst ein etwa kugeliges Gebilde, aus dem durch Differenzierung an dem der Mikropyle zugekehrten Pol die Keimwurzel (Radicula), an dem entgegengesetzten Pol das Sproßscheitelmeristem und die Kotyledonen angelegt werden (**P–R**). Bei den Dikotylen liegt der Sproßscheitel zwischen den beiden seitlich stehenden Kotyledonen, bei den Monokotylen befindet er sich seitlich an dem einzigen Kotyledo.

Same: Während der Embryonalentwicklung und der Ausbildung des Endosperms bilden sich die Integumente zur Samenschale aus. Dieses Gebilde, das aus der Samenschale, dem Endosperm und dem ruhenden Embryo besteht, ist der Same. Er ist die charakteristische Verbreitungseinheit der Spermatophyten. Erst bei der Samenkeimung setzt der Embryo, zunächst auf Kosten des Nährgewebes, seine Entwicklung fort und wächst zu einem neuen Sporophyten heran. In manchen Fällen wird allerdings kein besonderes Nährgewebe ausgebildet, sondern die Speicherung der Reservestoffe von den Kotyledonen (Speicherkotyledonen) übernommen. Bei einigen Pflanzenfamilien übernimmt das direkt aus dem Nucellus entstehende **Perisperm** die Speicherfunktion.

Frucht: Der Ausbildung der Samen geht die Umwandlung der Fruchtblätter zur Frucht parallel. Sind Samen und Früchte gereift, erfolgt die Verbreitung der Samen auf verschiedene, der Eigenart der Früchte entsprechende Weise. Die Streufrüchte (z. B. Kapsel, Schote, Hülse) öffnen sich und streuen die Samen aus. Bei den Schließfrüchten (Nuß, Steinfrucht, Beere) bleibt der Same von der Frucht umschlossen und wird mit dieser verbreitet. Gelangt der Same dabei in ein ihm zusagendes Milieu, tritt die Keimwurzel aus der Mikropyle hervor und verankert den Samen im Erdreich. Die Kotyledonen bleiben entweder unter der Oberfläche (hypogäische Keimung, Abb. 7.4A, S. 257) oder kommen, nachdem sie die Samenschale gesprengt haben, unter Streckung des Hypokotyls ebenfalls nach oben (epigäische Keimung, Abb. 7.4B), wo sie unter Umständen auch ergrünen. Die Sproßachse trägt an der Spitze eine Knospe, die Plumula, deren erste Blätter, die Primärblätter, sich rasch entfalten.

Zusammenfassung

- Unter Fortpflanzung versteht man die Erzeugung von Tochterorganismen zur Erhaltung der Art, unter Vermehrung eine Vervielfachung der Anzahl. Allerdings ist in der Natur in der Mehrzahl der Fälle die Fortpflanzung auch mit einer Vermehrung verbunden.

- Von einer ungeschlechtlichen Fortpflanzung spricht man, wenn die Fortpflanzungseinheiten ausschließlich das Ergebnis mitotischer Teilung sind. Im einfachsten Falle besteht sie in einer Teilung des Vegetationskörpers, dessen Teilstücke getrennt weiterwachsen. Vegetative Fortpflanzungseinheiten sind Brutknospen, Brutkörper, Knollen, Zwiebeln und Mitosporen.

- Eine sexuelle Fortpflanzung liegt vor, wenn durch Verschmelzung zweier geschlechtsverschiedener Zellen bzw. Kerne, deren Bildung eine Meiosis vorangegangen ist, eine Zygote gebildet wird. Die Meiosis besteht aus zwei miteinander gekoppelten Teilungsschritten, der ersten und zweiten Reifungsteilung, in denen die Chromosomenzahl von 2n auf 1n reduziert wird. Außerdem findet in der Meiosis eine Neukombination des Erbgutes statt.

- Je nachdem, ob die Meiosis erst bei der Gametenbildung stattfindet oder bereits bei der Keimung der Zygote, unterscheidet man Diplonten und Haplonten. Erstere bestehen aus diploiden Zellen mit doppeltem Chromosomensatz (2n), letztere aus haploiden Zellen mit einem einfachen Chromosomensatz (1n).

- Die Fortpflanzungszellen heißen Gameten. Man unterscheidet Isogamie, Anisogamie und Oogamie. Im ersten Falle sind Gameten äußerlich gleich gestaltet, im zweiten Fall verschieden groß, aber beweglich, während im dritten Fall der weibliche Gamet als Eizelle unbeweglich ist. Gametangiogamie liegt vor, wenn die Bildung von Gameten unterdrückt wird und ganze Gametangien verschmelzen. Bei der Somatogamie kommt es nicht mehr zur Ausbildung von Gametangien, sondern es verschmelzen Körperzellen.

- Unter einem Generationswechsel versteht man den regelmäßigen Wechsel zweier oder mehrerer Generationen, die sich in verschiedener Weise fortpflanzen. Er ist in der Regel heterophasisch, d. h. mit einem Kernphasenwechsel verbunden. Liegen nur zwei Generationen vor, so ist der Gametophyt, der sich durch Gameten fortpflanzt, haploid und der Sporophyt, der Meiosporen bildet, diploid. Sind die beiden Generationen äußerlich gleich gestaltet, nennt man den Generationswechsel isomorph, sind sie verschieden, nennt man ihn heteromorph.

- Bei den meisten Pilzen werden keine Gameten ausgebildet. Hier findet sich entweder Gametangiogamie, die isogam oder anisogam sein kann, oder Somatogamie. Die Verschmelzung der Zellen, die Plasmogamie, ist von der Verschmelzung der Kerne, der Karyogamie, in der Regel zeitlich und meist sogar auch räumlich durch die Paarkernphase, die Dikaryophase, getrennt. Die Fortpflanzung erfolgt durch Sporen.

- Die Moose, Farne und Samenpflanzen zeichnen sich durch einen heteromorphen, heterophasischen Generationswechsel aus. Bei den Moosen ist die eigentliche Pflanze der Gametophyt, auf dem der Sporophyt mit seinem Fuß verankert bleibt. Er ist also kein selbständiges Individuum. Bei den Farnen ist die ausdauernde Pflanze der Sporophyt, während der Gametophyt, das Prothallium, ein kleines, thallöses Gebilde von begrenzter Lebensdauer ist. Die männlichen Sexualorgane heißen Antheridien, die weiblichen Archegonien, weshalb Moose und Farne auch unter dem Begriff Archegoniaten zusammengefaßt werden. Bei den Samenpflanzen sind die Gametophyten so stark reduziert, daß sie äußerlich nicht mehr in Erscheinung treten. Von den Moosen über die Farne zu den Spermatophyten ist somit eine zunehmende Reduktion des Gametophyten zu beobachten.

Vererbung

Die durch die Fortpflanzung erzeugte Nachkommenschaft gleicht in ihrem äußeren Erscheinungsbild weitgehend den Elternorganismen. Auch sind die Angehörigen einer Species oder einer anderen taxonomischen Einheit einander mehr oder weniger ähnlich. Die Frage nach den Ursachen dieser Ähnlichkeit bzw. Übereinstimmung ist das Grundproblem der Vererbungslehre (Genetik).

Die ersten Vererbungsexperimente wurden im vorigen Jahrhundert von Gregor Mendel durchgeführt. Die daraus abgeleiteten Gesetzmäßigkeiten, die wir heute als Mendelsche Regeln bezeichnen, wurden 1865 veröffentlicht, blieben jedoch unbeachtet, bis sie im Jahre 1900 durch Correns, Tschermak und de Vries wiederentdeckt wurden. Seither hat die Genetik eine stürmische Entwicklung erfahren. Waren die Versuchsobjekte der „klassischen" Genetik vor allem Tiere und höhere Pflanzen, so begann mit den Experimenten an Bakterien und Viren die Ära der molekularen Genetik. Heute verfügen wir über ein recht gut begründetes Bild vom Wesen der Vererbung.

Es sind nicht nur die Nucleotidsequenzen zahlreicher Gene und die Aminosäuresequenzen der durch sie codierten Proteine aufgeklärt worden, sondern es ist sogar gelungen, bei einigen Einzellern die Struktur des gesamten Genoms zu ermitteln. Auch die Sequenzierung des gesamten Genoms höherer Pflanzen (*Arabidopsis thaliana*) ist in Angriff genommen worden, und weltweit wird in Kooperation zahlreicher Arbeitsgruppen an der Erforschung des menschlichen Genoms gearbeitet. Besondere Erwähnung verdient hier die Gentechnologie, die es ermöglicht, das Erbgut zu verändern und Pflanzen zu züchten, die sich durch besondere Eigenschaften auszeichnen, wie etwa hohe Erträge oder Resistenz gegen Parasiten. Wenn auch unser Wissen noch lückenhaft ist und manche Vorstellungen hypothetischen Charakter haben, besteht doch kein Zweifel, daß die molekulare Genetik zu den imposantesten Leistungen des menschlichen Geistes zählt.

Im Hinblick auf den einführenden Charakter dieser Darstellung bedarf es kaum der Betonung, daß aus der Fülle der Ergebnisse und Probleme eine Auswahl getroffen werden mußte, die naturgemäß subjektiv ist. Im übrigen muß auf die einschlägigen Lehrbücher der Genetik verwiesen werden.

15.1 Genbegriff der klassischen Genetik

Das äußere Erscheinungsbild eines Organismus, sein **Phänotypus,** setzt sich aus einer großen Anzahl von Merkmalen (Phänen) zusammen, die teils morphologischer Natur sind, teils physiologische Leistungen betreffen. Dabei darf natürlich nicht übersehen werden, daß auch morphologische Merkmale das Ergebnis physiologischer Prozesse sind. Die Realisierung der einzelnen Phäne wird durch Gene (Erbfaktoren) gesteuert, die Kontinuität besitzen, d. h. von Generation zu Generation weitergegeben werden. Ihre Gesamtheit bezeichnen wir als **Genotypus.** Allerdings bestimmt ein Gen nicht direkt ein Merkmal, sondern einen Reaktionsschritt, der zur Merkmalsausbildung führt (s. unten). Meist steht daher die Ausbildung eines Merkmals unter der Kontrolle vieler Gene (Polygenie). Andererseits kann ein Gen auch die Ausbildung mehrerer Merkmale beeinflussen (Pleiotropie). Das Gen ist also eine Funktionseinheit.

Die Entwicklung eines Organismus von der Keimzelle bis zum fertigen Individuum ist das Resultat einer großen Anzahl gengesteuerter Einzelreaktionen. Da diese durch innere und äußere Faktoren in verschiedener Weise gelenkt werden können, liegt es auf der Hand, daß sich auch Organismen mit gleichem Genotypus in ihrer endgültigen Ausgestaltung voneinander unterscheiden können. Derartige umweltbedingte, nichterbliche Unterschiede im äußeren Erscheinungsbild bezeichnet man als **Modifikationen.**

Die weitaus überwiegende Anzahl der Gene ist im Zellkern auf den Chromosomen lokalisiert. Wir bezeichnen die Gesamtheit der Gene eines Chromosomensatzes als **Genom** und stellen sie den extrachromosomalen Genen gegenüber, von denen später (S. 479 ff.) noch die Rede sein wird. An der Realisierung des Phänotypus sind somit bei den Haplonten ein, bei den Diplonten zwei und bei den polyploiden Organismen, dem Ploidiegrad entsprechend, mehrere Genome beteiligt.

Ein Gen kann in verschiedenen Zuständen (Konfigurationen) vorliegen, die man als **Allele** bezeichnet. Sind es, wie in der Mehrzahl der Fälle, zwei, spricht man von Diallelie, sind es mehrere, von multipler Allelie. Bei homozygoten (reinerbigen) Organismen liegen die homologen Gene in der gleichen Konfiguration vor, werden also durch das gleiche Allel repräsentiert. Bei heterozygoten (mischerbigen) Organismen sind die Allele verschieden. Die Allele werden durch von Fall zu Fall verschiedene Symbole gekennzeichnet, z. B. durch Verwendung großer und kleiner Buchstaben, also A und a, B und b usw. Bei diploiden Organismen ergeben sich somit die Kombinationsmöglichkeiten AA, aa und Aa. In den ersten beiden Fällen liegt Homozygotie, im letzteren Heterozygotie vor.

> Die Gene sind also auch die Einheiten der Rekombination, d. h. sie lassen sich in verschiedener Weise rekombinieren. Dies wird durch die folgenden Kreuzungsexperimente, die zugleich die Mendelschen Regeln belegen, demonstriert.

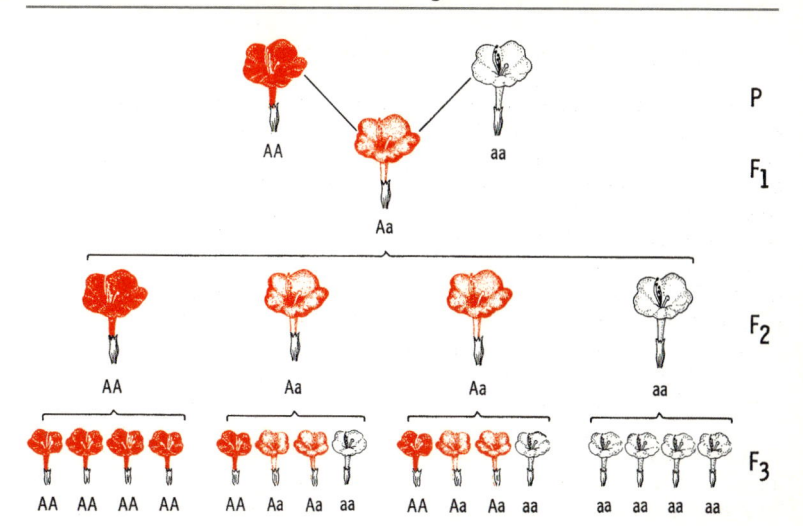

Abb. 15.1 Kreuzung einer roten und einer weißen Rasse der japanischen Wunderblume *(Mirabilis jalapa)* mit intermediärem Erbgang. AA Allele für die rote, aa für die weiße Blütenfarbe, P = Parentalgeneration, F_1, F_2, F_3 = erste, zweite und dritte Filialgeneration. Weitere Erklärungen im Text (nach Correns).

Uniformitätsregel: Im einfachsten Falle verwendet man als Eltern (Parental- oder P-Generation) Vertreter zweier Rassen, die sich in einem Gen unterscheiden, ansonsten aber homozygot sind (Einfaktoren-Kreuzung). Bezeichnet man die entsprechenden Allele des einen Kreuzungspartners mit AA, die des anderen mit aa, so enthalten die Gameten des ersteren ausschließlich das Allel A, die des letzteren das Allel a. Die aus der Kreuzung hervorgehenden Tochterorganismen (1. Filial- oder F_1-Generation) enthalten alle die Allele Aa, sind also heterozygot. Man nennt sie **Hybride** (Bastarde), beziehungsweise, da sie sich nur in einem Gen unterscheiden, genauer Monohybride. Sie sind untereinander genotypisch gleich (uniform). Beim intermediären Erbgang liegen die Hybriden in der Merkmalsausbildung zwischen den Eltern, im Falle der Blütenfarbe der japanischen Wunderblume *(Mirabilis jalapa)* also zwischen weiß und rot, d. h. rosa (Abb. 15.1).

Beim dominanten Erbgang gleichen die Hybriden dagegen alle dem Elternteil mit dem dominanten Allelpaar, während das rezessive Allel bei der Merkmalsausbildung nicht in Erscheinung tritt. So haben die Hybriden von *Urtica pilulifera* und *Urtica dodartii* alle gezähnte Blätter (Abb. 15.2), da sich das Allel für das Merkmal „ganzrandig" rezessiv verhält. Dabei ist es in der Regel gleichgültig, ob der väterliche bzw. der mütterliche Organismus der einen oder der anderen Rasse angehören, d. h. reziproke Hybride sind gleich (Reziprozitätsregel; Ausnahmen S. 479 ff.).

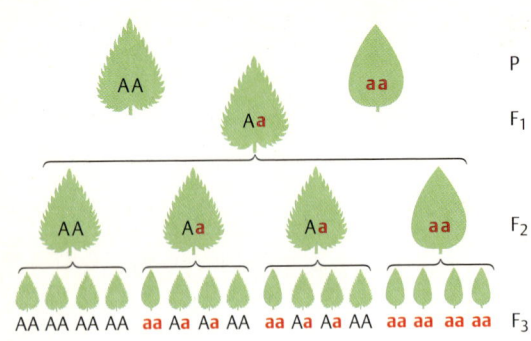

Abb. 15.2 Kreuzung zwischen *Urtica pilulifera* (Allele AA, gezähnte Blätter) und *Urtica dodartii* (Allele aa, ganzrandige Blätter) mit dominantem Erbgang. Das Allel „gezähnt" ist dominant über „ganzrandig" (nach Correns).

Das exakt intermediäre und das eindeutig dominante Verhalten von Allelen bei der Merkmalsausbildung sind allerdings Grenzfälle, zwischen denen es zahllose Übergänge gibt.

Spaltungsregel: Kreuzt man die Monohybriden der F_1-Generation untereinander, so findet in der F_2-Generation eine Aufspaltung der Genotypen im Verhältnis AA:Aa:aa wie 1:2:1 statt. Dieses Zahlenverhältnis ergibt sich statistisch aus dem Umstand, daß die Gameten, wie bereits erwähnt, jeweils nur eines der beiden Allele enthalten, also entweder A oder a. Infolgedessen entstehen bei der Zygotenbildung die Kombinationen AA, Aa, aA und aa, von denen Aa und aA gleich sind.

▎ Die Gameten können also keinen hybriden Charakter haben, weshalb man die Spaltungsregel auch als Regel von der Reinheit der Gameten bezeichnet.

Das phänotypische Ergebnis der Kreuzung ist allerdings verschieden, je nachdem, ob ein intermediärer oder ein dominanter Erbgang vorliegt. Beim intermediären Erbgang treten neben Individuen mit Bastardcharakter auch solche mit den Merkmalen der beiden Eltern auf, d. h. im Falle der *Mirabilis jalapa* neben Pflanzen mit rosa Blüten auch solche mit roten bzw. weißen Blüten, und zwar im Verhältnis rot zu rosa zu weiß wie 1:2:1 (Abb. 15.1). Beim dominanten Erbgang ergibt sich phänotypisch das Zahlenverhältnis 3:1, da in diesem Falle die Hybriden Aa in der Merkmalsausbildung dem dominanten Elternteil gleichen (Abb. 15.2).

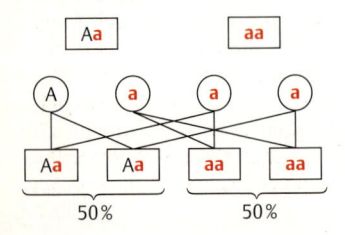

Abb. 15.3 Schema einer Rückkreuzung einer monohybriden mit der rezessiven Elternrasse. A dominantes, a rezessives Allel.

15.1 Genbegriff der klassischen Genetik

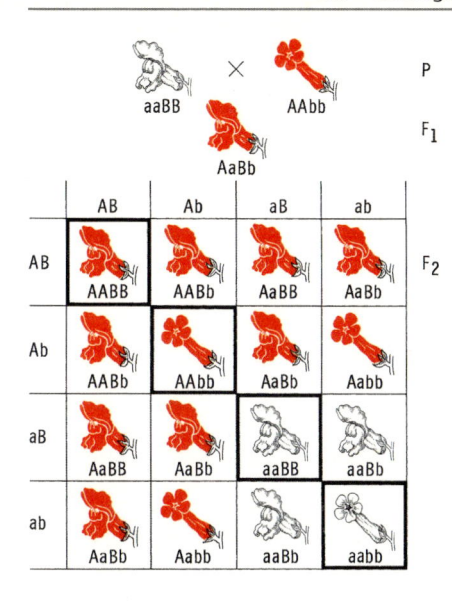

Abb. 15.4 Kreuzung zweier Rassen des Löwenmäulchens *(Antirrhinum majus)* mit folgenden Allelen: Blüten weiß (aa, rezessiv), dorsiventral (BB, dominant) und Blüten rot (AA, dominant), radiär (bb, rezessiv). Die F_1-Generation ist uniform rot-dorsiventral, die F_2-Generation spaltet in der im Rekombinationsquadrat angegebenen Weise im Verhältnis 9:3:3:1 (nach E. Baur).

Die Frage, ob es sich bei den äußerlich gleich gestalteten Individuen der F_2-Generation um reinrassige oder hybride Formen handelt, läßt sich durch **Rückkreuzung** (Testkreuzung) mit dem rezessiven Elternteil entscheiden (Abb. 15.3). Bei reinrassigen Individuen mit dem Genpaar AA ist die F_1-Generation der Rückkreuzung uniform Aa, gleicht phänotypisch also dem dominanten Elter. Liegt hingegen ein Monohybride Aa vor, so ergibt die Kreuzung nur 50 % Individuen mit dem Phänotyp des dominanten Elters, die ebenfalls Monohybride sind, während 50 % dem rezessiven Elter gleichen, also homozygot sind.

Regel von der Neukombination der Gene: Kreuzt man Rassen, die sich in zwei oder mehreren Genen voneinander unterscheiden (Di- bzw. Polyhybride), so werden die einzelnen Gene unabhängig voneinander vererbt, sofern keine Kopplung (s. unten) vorliegt. Hierbei folgt jedes Allelpaar für sich dem in der zweiten Mendelschen Regel angegebenen Spaltungsmodus, d. h. die verschiedenen Allele sind frei miteinander kombinierbar. Als Beispiel seien zwei Rassen des Löwenmäulchens *(Antirrhinum majus)* gewählt, die sich in zwei Genen unterscheiden. Die eine mit den Allelen aaBB hat weiße, dorsiventrale Blüten, die andere mit den Allelen AAbb hingegen rote, radiäre Blüten, wobei die Allele für weiß und radiär rezessiv (kleine Buchstaben), die für rot und dorsiventral dominant (große Buchstaben) sind. Die Gameten enthalten entsprechend die Allele aB bzw. Ab. Die F_1-Generation ist, der ersten Mendelschen Regel zufolge, uniform AaBb und besitzt, der Dominanzregel entsprechend, rote, dorsiventrale Blüten (Abb. 15.4). Wegen der Unabhängigkeit der Gene können die Dihybriden der F_1-Generation die folgenden Gameten bilden: AB,

Ab, aB, ab. Bei der Verschmelzung der Gameten sind insgesamt 16 Rekombinationen möglich, die teils wieder Hybride, teils aber auch homozygote Individuen ergeben. Letztere liegen im Rekombinationsquadrat der Abb. 15.**4** auf der stark umränderten Diagonale. Die 16 Rekombinanten gehören 4 verschiedenen Phänotypen an, von denen 2, nämlich weiß-dorsiventral und rot-radiär, den Eltern gleichen, während die beiden anderen, also weiß-radiär und rot-dorsiventral, Neukombinationen sind. Die 4 Phänotypen stehen in einem Zahlenverhältnis von 9 : 3 : 3 : 1. Die freie Kombinierbarkeit der Gene ermöglicht also die Züchtung neuer Rassen.

15.2 Chemische Natur der Gene

Wie bereits dargelegt (Kap. 3.5), ist die Trägerin der genetischen Information, die Erbsubstanz, im typischen Falle die DNA. Sie besitzt aufgrund ihrer molekularen Struktur die Eigenschaften, die eine unerläßliche Bedingung für die Übertragung der genetischen Information sind:
1. eine hohe Spezifität und
2. die Fähigkeit zur Selbstverdoppelung (Autoreplikation).

Grundsätzlich werden diese Voraussetzungen allerdings auch von der RNA erfüllt, wie die RNA-haltigen Viren und Bakteriophagen zeigen.

Der Beweis für die Rolle der DNA als Erbsubstanz wurde schon 1944 durch Avery erbracht, dem es gelang, bei Pneumococcen die DNA virulenter, Schleimkapseln bildender S-Formen auf avirulente, nicht zur Kapselbildung befähigte R-Formen zu übertragen und diese hierdurch in S-Formen umzuwandeln (Abb. 15.**5**). Dieser Vorgang wird als **Transformation** bezeichnet. Die transformierten Bakterien behalten die neuen Eigenschaften, also Virulenz und Kapselbildung, bei und übertragen sie auf ihre Nachkommen. Da die Transformation zwar durch eine Desoxyribonuclease, nicht aber durch Proteasen verhindert wird, war der Beweis erbracht, daß es sich bei dem transformierenden Prinzip tatsächlich um DNA und nicht etwa um ein Protein handelt.

Eine Transformation von Bakterien kann man auch durch die Übertragung fremder DNA in die Bakterienzellen mit Hilfe von Plasmiden erreichen. Dieses Verfahren verwendet man zur DNA-Klonierung (Box 15.**1**).

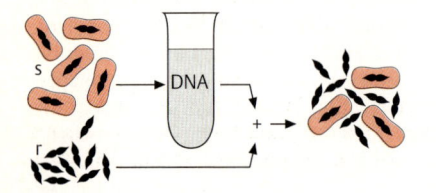

Abb. 15.**5** Transformation bei Pneumococcen, schematisch, r = Rauh-, s = Glattformen.

Box 15.1 DNA-Klonierung

Will man die Nucleotidsequenz einer DNA, zu welchem Zweck auch immer, bestimmen, steht man vor einem scheinbar unlösbaren Problem, denn die meisten DNA-Abschnitte, insbesondere die Gene, kommen in der Zelle in äußerst geringer Menge vor. Dieses Problem wurde durch die Methode der DNA-Klonierung gelöst, d. h. durch die Herstellung zahlreicher identischer Kopien, die man in Anlehnung an organismische Klone (S. 416) ebenfalls als Klone bezeichnet. Hierzu wird der zu klonierende DNA-Abschnitt durch Enzyme, sogenannte Restriktions-Endonucleasen, aus der isolierten DNA herausgeschnitten und in ein Plasmid, etwa von *Escherichia coli,* eingebaut. Nehmen die Bakterien das Plasmid auf, wird es nebst dem eingebauten DNA-Abschnitt zusammen mit der Bakterien-DNA repliziert. Verwendet man ein R-Plasmid, das die Resistenz gegen ein bestimmtes Antibiotikum bedingt, und kultiviert die Bakterien in Gegenwart dieses Antibiotikums, so vermehren sich nur die plasmidhaltigen Zellen. Schließlich werden die Plasmide aus den Bakterien isoliert und die klonierten, nunmehr in großer Zahl vorliegenden DNA-Abschnitte herausgeschnitten.

15.2.1 Primärstruktur der DNA und genetischer Code

> Die Spezifität der DNA ist in ihrer Primärstruktur, d. h. in der Sequenz ihrer Nucleotide, begründet. Dabei weisen die informationstragenden Abschnitte der DNA, von den redundanten Genen abgesehen, keinerlei Wiederholungen oder Perioden auf, d. h. jede für ein bestimmtes Protein codierende Basensequenz ist einmalig.

Bei der Proteinbiosynthese muß diese Nucleotidsequenz in eine Aminosäuresequenz übersetzt werden. Dies führt zu der Frage, wie viele und welche Nucleotide eine Aminosäure bestimmen, d. h. zu der Frage nach dem genetischen Code. Während das Morsealphabet die 26 Buchstaben unseres Alphabetes unter Anwendung dreier Symbole, nämlich Strich, Punkt und Intervall (Pause) wiedergibt, stehen für die etwa 20 proteinogenen Aminosäuren vier verschiedene Basen bzw. Nucleotide zur Verfügung. Wie schon rein rechnerische Überlegungen zeigen, sind für die eindeutige Determinierung einer Aminosäure mindestens drei Nucleotide erforderlich, da sich bei zwei Nucleotiden nur $4^2 = 16$, bei drei hingegen $4^3 = 64$ Kombinationsmöglichkeiten ergeben. Hieraus wurde schon sehr früh der Schluß gezogen, daß jeweils drei Nucleotide (Triplets) eine Codierungseinheit bilden, die eine Aminosäure determiniert.

> Eine Codierungseinheit der mRNA wird als **Codon**, die hierzu komplementäre der entsprechenden tRNA als **Anticodon** bezeichnet. Den ein Codon determinierenden, also ebenfalls hierzu komplementären Triplet-Abschnitt der DNA nennt man **Codogen**.

> **Box 15.2 DNA-Sequenzierung**
>
> Die Verfahren zur DNA-Sequenzierung setzen das Vorhandensein genügenden Materials voraus, das durch Klonierung gewonnen wird.
>
> **Chemische Methode:** Sie beruht auf der basenspezifischen Spaltung der durch Denaturierung gewonnenen Einzelstrang-DNA. Die Spaltung erfolgt durch Chemikalien, die an eine oder zwei Basen spezifisch binden, z. B. Dimethylsulfat an Guanin (G), Ameisensäure an Guanin und Adenin, Hydrazin an Cytosin und Thymin sowie Hydrazin mit 5M Kochsalz an Cytosin. Der zu sequenzierende, am Ende mit ^{32}P-Phosphat markierte DNA-Abschnitt wird in verschiedenen Ansätzen mit den genannten Chemikalien behandelt und durch Zusatz von Piperidin in Fragmente zerlegt, deren Länge von der Position der jeweiligen Base abhängt, die mit dem chemischen Agens reagiert hat. Die Trennung der Fragmente erfolgt durch Polyacrylamid-Gel-Elektrophorese, wobei die Teilstücke, ihrer Größe entsprechend, verschieden schnell wandern. Die Proben werden nebeneinander aufgetragen. Durch den Vergleich der mit den verschiedenen Reagenzien erhaltenen Bahnen wird nach Sichtbarmachung die Position der einzelnen Nucleotidbasen ermittelt und ihre Sequenz bestimmt. Zur Sichtbarmachung werden heute anstelle radioaktiver Verfahren meist Fluorochrome benutzt.
>
> **Enzymatische Methode:** Der zu sequenzierende DNA-Abschnitt wird in die DNA des Phagen M13 eingebaut, da dessen codogener Einzelstrang verhältnismäßig leicht zu isolieren ist. Diesen hybridisiert man mit einem kurzen, synthetischen DNA-Fragment, das an das 3′-Ende der eingebauten DNA bindet. Derartige Hybriden überträgt man in eine Lösung, die außer den Desoxynucleosid-Triphosphaten, dATP, dGTP, dTTP und dCTP auch DNA-Polymerase enthält, die den fehlenden zweiten Strang synthetisiert. Setzt man nun vier getrennten Proben geringe Mengen jeweils eines der vier Didesoxynucleosid-Triphosphate zu, bei denen in der Position 3 die OH-Gruppe durch ein H-Atom ersetzt ist (ddATP, ddGTP, ddTTP, ddCTP), so werden diese hier und da anstelle der entsprechenden Desoxynucleotide eingebaut. Dies führt zwangsläufig zum Abbruch der Synthese des zweiten Stranges, weil keine Verbindung von der Position 3 zum nächsten Nucleotid möglich ist. Da der Einbau der Didesoxynucleotide dem Zufall unterliegt und somit an verschiedenen Stellen erfolgt, entstehen Ketten verschiedener Länge, die, wie oben beschrieben, durch Gel-Elektrophorese leicht getrennt werden können. Durch Vergleich der nebeneinander aufgetragenen Bahnen der mit den vier Didesoxynucleotiden behandelten Ansätze kann man nach Sichtbarmachung (s. oben) die Positionen der Desoxynucleotide direkt ablesen.

Der genetische Code ist universell, d. h. bei allen Viren, Phagen, Pro- und Eukaryonten finden die gleichen Codons für die gleichen Aminosäuren Verwendung. Lediglich bei Mycoplasmen, Mitochondrien und einigen Ciliaten wurden bisher einzelne Codons gefunden, die von dem universalen Code abweichen. Die meisten Aminosäuren werden durch mehr als ein Codon determiniert, d. h. durch 2, 3, 4 oder, im Falle von Arginin und Leucin, sogar durch 6. Mit Ausnahme dieser beiden sind die ersten beiden Basen bei den verschiedenen, jeweils die gleiche Aminosäure determinierenden Codons identisch. Insgesamt sind daher von den 64 möglichen Kombinationen weit mehr als 20, nämlich 61 „sinnvoll". Man bezeichnet dies als Degeneration des Codes. Nur drei Triplets, die sogenannten „Nonsens"-Codons UAG, UGA und UAA, determinieren keine Aminosäuren, sondern haben andere Funktionen (S. 477).

Der Code wird, von dem einen Ende beginnend, kontinuierlich und lückenlos abgelesen. Eine gegenseitige Überlappung der Codewörter ist nicht möglich (Ausnahmen s. S. 457f.). Infolgedessen verändert die Einfügung oder der Fortfall schon eines einzigen Nucleotids die gesamte Information des nachfolgenden DNA-Abschnitts, da jetzt ganz andere Triplets erscheinen. Wird z. B. auf der DNA in die Nucleotidsequenz TCT ATG GTG[1], die über die Codons AGA UAC CAC der mRNA die Aminosäuresequenz Arginin-Tyrosin-Histidin bestimmt, in der dritten Position ein Guanin eingeschoben, so wird die gesamte Information in der folgenden Weise verändert: TCG TAT GGT G.., was der mRNA-Sequenz AGC AUA CAA C.. entspricht. Die sich hieraus ergebende Aminosäuresequenz lautet: Serin-Isoleucin-Prolin.

Die Ermittlung der Nucleotidsequenz einer DNA bereitet heute keine großen Schwierigkeiten mehr. Grundsätzlich stehen zwei verschiedene Verfahren zur Verfügung, die als chemische und enzymatische Methode bezeichnet werden. Heute gibt man meist der letzteren den Vorzug. Wegen weiterer Einzelheiten sei auf die Box 15.2 verwiesen.

15.2.2 Genom der Prokaryonten

Unser Wissen vom Genom der Prokaryonten basiert überwiegend auf Untersuchungen an Eubakterien, insbesondere *Escherichia coli*. Wie bereits erwähnt (S. 197), besteht das Genom von *E. coli* aus einem zirkulären DNA-Doppelstrang (Abb. 15.6A), der in der Zelle durch Ausbildung superhelikaler Schleifen aufgeknäult vorliegt (Abb. 5.3D, S. 200). Seine Länge beträgt 1360 µm. Inzwischen wurde seine Totalsequenz aufgeklärt. Danach besteht es aus 4,6 Megabasen. Insgesamt wurden 4288 Gene lokalisiert, von denen mehr als die Hälfte bekannt ist. Einige davon sind in die Abb. 15.6B eingetragen. Von etwa 1600 Genen ist die Funktion noch unbekannt.

In diesem Zusammenhang bedarf es der Erwähnung, daß das Genom von *Escherichia coli* keineswegs das erste prokaryotische Genom war, dessen Totalsequenz aufgeklärt wurde. Bereits vorher war die Totalsequenzierung bei acht Prokaryonten (u. a. *Bacillus subtilis*, dem Cyanobakterium *Synechocystis*, dem Archaebakterium *Methanococcus jannaschii* u. a.) sowie bei dem Eukaryonten *Saccharomyces cerevisiae* gelungen. Wie in der Einleitung erwähnt, werden bald weitere folgen.

Rekombinationen bei Bakterien: Obwohl eine sexuelle Fortpflanzung im Sinne der auf S. 419 gegebenen Definition bei Bakterien nicht vorkommt, sind

---

[1] A = Adenosin, C = Cytidin, G = Guanosin, T = Thymidin, U = Uridin

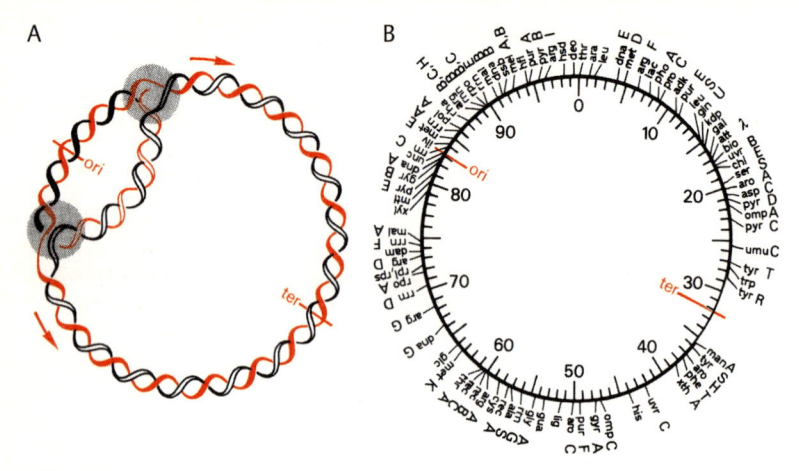

Abb. 15.6 Genom von *Escherichia coli*. **A** Schematische Darstellung des in Replikation befindlichen DNA-Doppelstranges. Die Replikation schreitet vom Ursprung (ori) bidirektional in Richtung der roten Pfeile bis zum Terminationspunkt (ter) fort. Replikationsbereiche gerastert. **B** Lokalisation der Gene mit Replikationsursprung (ori) und Replikationsende (ter). Die anderen Symbole, auf die hier nicht näher eingegangen werden kann, markieren Gene für bestimmte Enzyme sowie ribosomale und andere Proteine (**B** nach Bachmann, Low).

doch genetische Rekombinationen möglich, bei denen die DNA-Elemente durch Plasmide von einer Bakterienzelle auf die andere übertragen werden.

Bakterienstämme, die die Fähigkeit zur Synthese bestimmter Substanzen, im vorliegenden Falle der Aminosäuren Leucin (L$^-$) bzw. Methionin (M$^-$), verloren haben, bezeichnet man als auxotroph, den Wildstamm, der beide Aminosäuren synthetisiert (L$^+$, M$^+$), als protroph. Bringt man die beiden auxotrophen Stämme auf einem Minimalmedium[2], das weder Leucin noch Methionin enthält, zur Aussaat, so tritt keine Entwicklung ein (Abb. 15.**7A**). Mischt man nun beide Stämme vor der Aussaat, so entwickeln sich auf dem Minimalnährboden einige Kolonien von Bakterien, die beide Aminosäuren zu synthetisieren vermögen, also dem Wildstamm entsprechen. Dieser Versuch lehrt, daß Rekombinationen zwischen den beiden Bakterienstämmen stattgefunden haben. Im Gegensatz zur Transformation ist für die Rekombination allerdings der direkte Kontakt der Zellen beider Stämme notwendig.

---

[2] Die Anzucht der Bakterien erfolgt entweder in Flüssigkeitskulturen oder auf festen Nährböden, die durch Agar, ein aus Rotalgen gewonnenes Polysaccharid (S. 38), versteift sind. Dieses wird den Nährlösungen in geringer Menge (1–2 %) zugesetzt und durch Kochen gelöst. Bei der Abkühlung erstarrt es dann zu einem Gel, auf dem einzelne Keime isoliert voneinander zur Entwicklung gebracht werden können.

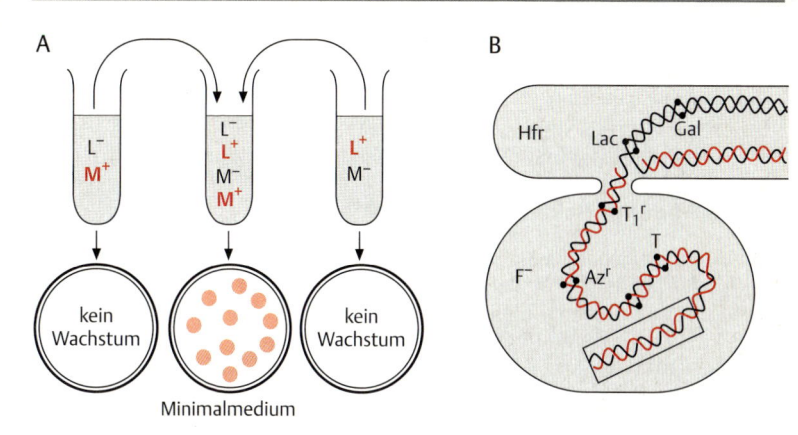

Abb. 15.7 Rekombination bei Bakterien. **A** Rekombination zwischen zwei Verlustmutanten. Der L$^-$-Stamm kann kein Leucin, aber Methionin, der M$^-$-Stamm kein Methionin, aber Leucin synthetisieren. Bei der Mischung beider Stämme treten Rekombinationen auf, die auf Minimalmedium wachsen, also beide Aminosäuren zu synthetisieren vermögen. **B** DNA-Transfer vom Spender Hfr auf den Empfänger F$^-$ bei *Escherichia coli*, Stamm K 12, schematisch. Die mit Buchstaben bzw. Zahlen bezeichneten Punkte geben die Lage einiger Gene an. Das Plasmid (umrandeter Abschnitt), das den Gentransfer eingeleitet hat, wurde zuerst übertragen.

> Wie Untersuchungen an dem Stamm K 12 von *Escherichia coli* gezeigt haben, erfolgt der DNA-Transfer nur in einer Richtung, und zwar von dem „männlichen" Spender F$^+$, der das **F-Plasmid** besitzt (F = Fertilität), auf den „weiblichen" Empfänger F$^-$. Der für die Übertragung erforderliche Zellkontakt wird durch F-Pili hergestellt, das sind röhrenförmige Proteine von 0,5– 10 µm Länge, die sich verkürzen, bis die Zellen einander berühren. Nunmehr ist der Transfer genetischen Materials möglich.

Das F-Plasmid besteht aus etwa 94 500 Nucleotidpaaren. Die Anordnung zahlreicher Gene auf dem DNA-Doppelstrang ist bekannt. Die tra-Gene sind für den DNA-Transfer verantwortlich, andere für die Bildung der F-Pili sowie für die Replikation des Plasmids. Außerdem besitzt das Plasmid Insertionssequenzen, mit deren Hilfe es sich an bestimmten Stellen in das Genom von *Escherichia coli* integrieren kann. Hierdurch entstehen sogenannte Hfr-Stämme, die sich durch eine große Häufigkeit von Rekombinanten (High Frequency of Recombinants) auszeichnen. Liegt das F-Plasmid frei in der Zelle, so wird es, im Gegensatz zur bidirektional erfolgenden Replikation der DNA des Genoms, unidirektional repliziert und auf die Empfängerzelle übertragen. Ist es jedoch, wie bei den Hfr-Zellen, in das Genom integriert, so kann es bei gleichzeitig ablaufender DNA-Replikation auch das Bakteriengenom teilweise oder ganz auf die Empfängerzelle übertragen (Abb. 15.7 B). Wird der Transfer vorzeitig zu verschiedenen Zeiten nach Konjugationsbeginn unterbrochen, so kann man durch Feststellung der bereits auf den Empfänger übertragenen Gene deren Anordnung im Bakteriengenom ermitteln (Abb. 15.6B). Die Übertragung anderer Plasmide erfolgt prinzipiell in der gleichen Weise. Sie werden in der Regel nicht in das Bakteriengenom integriert.

15.2.3 Viren und Bakteriophagen

Als Viren bezeichnet man Nucleinsäuren, die zu ihrer Reduplikation eine Wirtszelle benötigen, in der sie im typischen Falle Krankheitssymptome auslösen. Viren können Menschen, Tiere, Pflanzen und Bakterien befallen, deren Zellen sie durch Übertragung von Nucleinsäuren zu einer Änderung der Nucleinsäure- und Proteinsynthese veranlassen, die zu einer Vervielfachung der Viruspartikel führt. Bakterienpathogene Viren werden als Bakteriophagen, oder einfach als Phagen, bezeichnet.

Unter den Viren und Bakteriophagen gibt es Vertreter, die beweisen, daß neben der DNA auch RNA als Informationsüberträger fungiert. Insbesondere unter den pflanzenpathogenen Viren, die im Elektronenmikroskop entweder isodiametrisch oder stäbchenförmig erscheinen, kommt neben ein- und doppelsträngiger DNA auch ein- oder doppelsträngige RNA vor.

Im typischen Falle sind die Virusnucleinsäuren von einer als Capsid bezeichneten Proteinhülle umgeben. Eine Ausnahme machen die **Viroide**, das sind extrem kurze, einsträngige, ringförmige RNA-Moleküle, die aus wenigen (z. B. im Falle der Spindelknollensucht der Kartoffel aus 359) Nucleotiden bestehen. Diese sind teils gepaart, teils bilden sie ungepaarte Schleifen. Die Länge dieser Viroide beträgt im nativen Zustand etwa 50 nm.

Tabakmosaikvirus: Als Beispiel sei das Tabakmosaikvirus (TMV) gewählt. Das Viruspartikel (Virion) hat die Gestalt eines Stäbchens von etwa 300 nm Länge und 18 nm Durchmesser (Abb. 15.8A). Als Informationsträger dient hier eine einsträngige RNA. Sie ist von einer Proteinhülle umgeben, deren etwa 2130 gleichartige Proteinuntereinheiten (Capsomere) schraubig angeordnet sind (Abb. 15.8B). Jedes Capsomer besteht aus 158 Aminosäuren, deren Sequenz bekannt ist. Die Proteinhülle macht mengenmäßig etwa 95 % des Viruspartikels aus. Die RNA-Schraube, deren Durchmesser 8 nm beträgt, besteht aus einem einfachen, etwa 6400 Nucleotide umfassenden Strang.

Gelangt das TMV in die Zelle einer Tabakpflanze, so regt es diese zur Bildung von Virus-RNA und -protein an. Zur Replikation der RNA muß die Wirtszelle zunächst den komplementären Strang bilden, an dem die Virus-RNA synthetisiert wird. Die Virusvermehrung durch die Wirtszelle führt schließlich zur Ausbildung der charakteristischen Mosaiksymptome. Baut man die Proteinhülle durch Behandlung mit Phenol ab, so daß nur die RNA zurückbleibt, geht die Infektiosität nicht verloren. Damit ist erwiesen, daß die genetische Information allein durch die RNA übertragen wird. Die Proteinhülle hat wohl

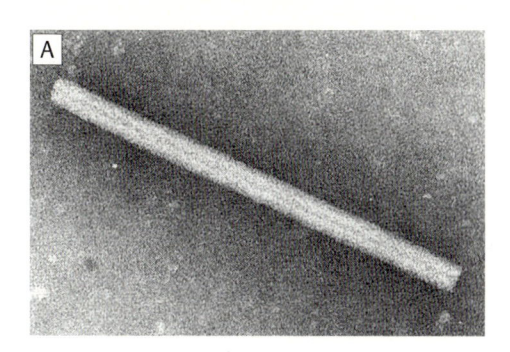

Abb. 15.8 Tabakmosaikvirus. **A** Isoliertes Viruspartikel. Präparation: 2% Phosphorwolframsäure, Negativkontrast; Vergr. 203 000-fach (Originalaufnahme: E. Mörschel). **B** Modell des TMV. RNA-Strang rot, pr = Proteinuntereinheiten (Capsomere).

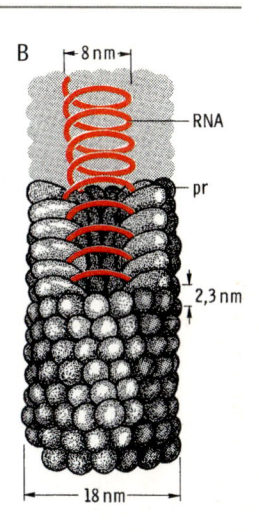

vor allem die Aufgabe, den äußerst empfindlichen Nucleinsäurefaden zu schützen und zu stabilisieren.

Bakteriophagen: Bei den Bakteriophagen liegen die Nucleinsäuren, je nach Phagentyp, als ein- oder doppelsträngige DNA, in einzelnen Fällen auch als einsträngige RNA vor. Sie sind von einem kugeligen oder polyedrischen Capsid aus Proteinen umgeben. Einige Phagen weisen einen komplizierteren Bau auf. So trägt bei manchen T-Phagen von *Escherichia coli* (Abb. 15.**9**A, 15.**10**A) der 100 nm messende Kopf einen etwa gleichlangen Schwanz. Dieser ist ein Hohlzylinder aus Proteinen, der von einer aus kontraktilen Proteinen bestehenden Scheide umgeben ist. Er schließt am unteren Ende mit einer Basalplatte ab, die sechs „spikes" trägt. Mit Hilfe der Schwanzfasern, die ebenfalls an der Basalplatte befestigt sind, heftet sich der Phage an die Bakterienzellwand an (15.**9**C,D, 15.**10**B), wobei die Spikes den Kontakt herstellen. Die Schwanzfasern sind für bestimmte Rezeptorstellen der Bakterienzellwand spezifisch, was die Spezifität der Phagen für bestimmte Bakterien erklärt. Im Schwanz der Phagen ist das Enzym Lysozym enthalten, das die glykosidischen Bindungen der Peptidoglycanmoleküle der Bakterienzellwand löst. Nun wird die DNA unter Kontraktion der Scheide in das Bakterium injiziert (15.**9**D,E).

Die DNA der Phagen T2 und T4 ist doppelsträngig und umfaßt ca. 166 000 Nucleotidpaare. Sie ist durch ihren Gehalt an 5-Hydroxymethyl-cytosin charakterisiert und folglich leicht zu identifizieren. Auf ihr wurden bisher über 100 Gene nachgewiesen. Andere Phagen sind wesentlich einfacher gebaut. So enthält z.B. die 5386 Nucleotide umfassende einsträngige und zirkuläre DNA des in Abb. 3.**19** (S. 105) dargestellten Phagen ΦX 174 nur neun Gene, die neun Proteine (A–I) codieren. Dabei handelt es sich zum Teil um „überlappende

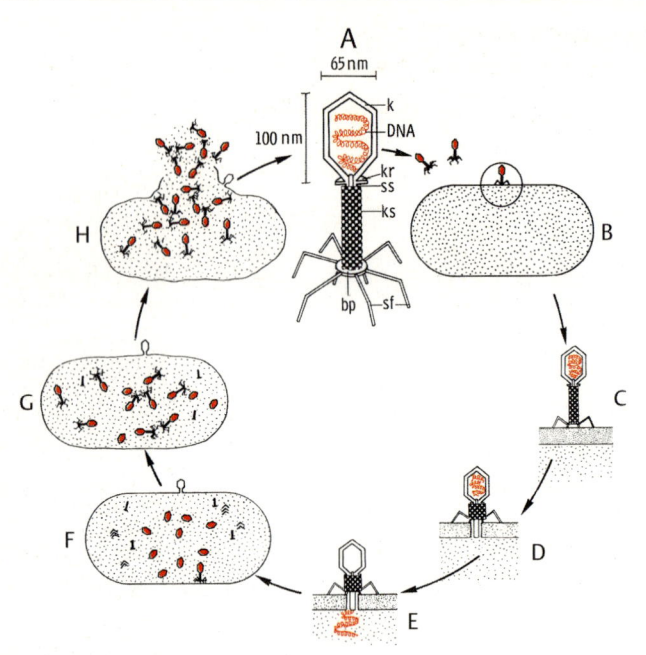

Abb. 15.9 Vermehrungszyklus des Coliphagen T2, schematisch. **A** Phage, stärker vergrößert, **B–C** Adsorption des Phagen an die Bakterienzellwand. **D** Perforation der Zellwand, **E** Injektion der DNA, **F–G** Phagensynthese, **H** Lysis. bp = Basalplatte mit Spikes, k = Kopf, kr = Kragen, ks = kontraktiler Schaft, sf = Schwanzfasern, ss = hohler Schwanzstift. DNA bzw. DNA-haltiger Kopf rot.

Gene". So ist z. B. die Information für das Protein E in der Sequenz für D enthalten und die für B in der Sequenz von A.

Bakterien, die durch virulente Phagen infiziert sind, stellen sofort die Synthese ihrer DNA und wenig später auch die ihrer Proteine ein. Durch die sogenannten „frühen Gene" der Phagen-DNA, die das Bakterium von der eigenen DNA nicht unterscheiden kann, wird die Bildung der „frühen Proteine" eingeleitet, durch die der Syntheseapparat des Bakteriums auf ausschließliche Phagenproduktion umgesteuert wird. Die Bakterien-DNA wird abgebaut, und ihre Bausteine werden zur Synthese von Phagen-DNA benutzt. Diese löst schließlich die Bildung der „späten" Phagen-Proteine aus, die den Kopf, den Schwanz und die Schwanzfasern aufbauen (Abb. 15.9F,G). In der Reifungsphase werden zunächst die Capside (Abb. 15.10C) fertiggestellt, mit DNA gefüllt und verschlossen. Anschließend werden die Schwanzelemente angefügt. Insgesamt können 100–200 Phagen pro Bakterienzelle entstehen. Nach etwa einer halben Stunde ist die Bildung der Phagen abgeschlossen. Unter Aufbre-

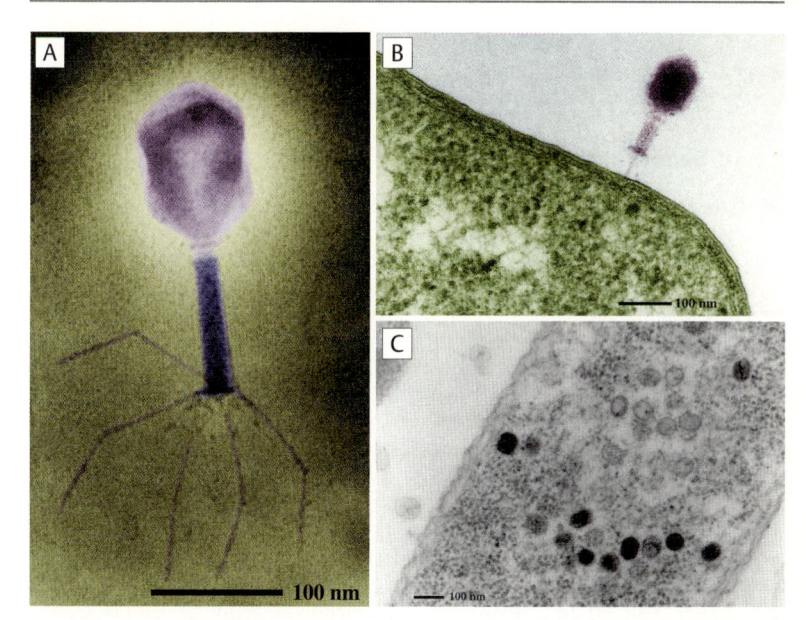

Abb. 15.**10** Bakteriophage T4. **A** T4-Phage auf Kohlefolie, negativkontrastiert mit Phosphorwolframsäure, nachträglich handcoloriert, **B** Ultradünnschnitt durch *Escherichia coli* mit einem T4-Phagen (TEM, nachträglich handcoloriert), **C** Ultradünnschnitt durch *E. coli* mit T4-Phagen in Vermehrung (Originalaufnahmen: G. Wanner).

chen des Bakteriums, dessen Zellwand durch Lysozym aufgelöst wird (Lysis), werden sie frei und können nunmehr weitere Bakterien infizieren. Da die Vermehrung der Phagen sehr schnell erfolgt und die Lysis der Bakterien infolgedessen rasch um sich greift, entstehen in dem sonst gleichmäßig wachsenden Bakterienrasen Löcher („plaques").

Bei den temperenten (gemäßigten) Phagen folgt auf die Infektion des Bakteriums nicht sogleich eine Phagenvermehrung mit anschließender Lysis. Vielmehr werden die Phagen zunächst als Prophagen in die Bakterien-DNA eingebaut, wo sie bei den folgenden Teilungen synchron vermehrt werden. Man bezeichnet solche Bakterien als lysogen. Zu den temperenten Phagen gehört der Lambda-Phage. Auf äußere Einflüsse hin (Temperaturschock, Chemikalieneinwirkung u. a.) oder, seltener, spontan kann der Phage plötzlich wieder virulent werden und das Bakterium zur Phagenproduktion mit anschließender Lysis veranlassen. Der Phage verhält sich also wie eine Gruppe von Genen, die das Merkmal „Phagensynthese" bestimmen und solange von Generation zu Generation vererbt werden, bis sie schließlich realisiert werden.

Die DNA temperenter Phagen verhält sich also ähnlich wie das F-Plasmid. Die Parallele geht sogar noch weiter, da bisweilen Bruchstücke der Bakterien-

DNA gegen Phagen-DNA ausgetauscht bzw. anstelle der Phagen-DNA in die Phagen eingebaut und auf ein anderes Bakterium übertragen werden können. Diesen Vorgang bezeichnet man als **Transduction.**

15.2.4 Genom der Eukaryonten

Wie bereits ausführlich dargelegt (S. 100 ff.), besteht das Genom der Eukaryonten aus einer bestimmten, für jede Art charakteristischen Anzahl von Chromosomen, von denen in jeder diploiden Zelle zwei Homologe vorkommen. Die freie Kombinierbarkeit der Gene erklärt sich aus der Lokalisation der betreffenden Gene in verschiedenen Chromosomen. Die Neukombination erfolgt dann jeweils in der Meiosis, in der die homologen Chromosomen ja nicht ihrer ursprünglichen Zugehörigkeit zum väterlichen oder mütterlichen Genom entsprechend, sondern offenbar ganz zufällig auf die Gonen verteilt werden. Da jedoch ein Chromosom Träger mehrerer Gene ist, sind der freien Kombination der Gene Grenzen gesetzt. Infolgedessen werden bestimmte Gene gekoppelt vererbt, wobei die Anzahl der nachweisbaren Kopplungsgruppen der Anzahl der Chromosomen eines Genoms entspricht.

Allerdings wird auch das Prinzip der Genkopplung hin und wieder durchbrochen, indem ein Gen, das bisher mit einer ganz bestimmten Gruppe von Genen gekoppelt war, plötzlich in einer anderen Kombination auftritt. Dies erklärt sich aus dem als „crossing over" bezeichneten Segmentaustausch zwischen homologen Chromosomen in der Meiosis, der bei heterozygoten Organismen zwangsläufig eine Umkombination bzw. Umkopplung von Genen zur Folge hat. Da bei linearer Anordnung der Gene auf dem Chromosom die Wahrscheinlichkeit eines Austausches zweier Gene um so größer ist, je weiter sie voneinander entfernt sind (Abb. 15.11), läßt sich mit Hilfe der Austauschhäufigkeit die Lokalisierung der Gene auf den Chromosomen bestimmen. Auf diese Weise konnten für einige Eukaryonten, z. B. *Zea mays,* zahlreiche Genorte (Loci) auf den Chromosomen ermittelt und Genkarten angefertigt werden. Die

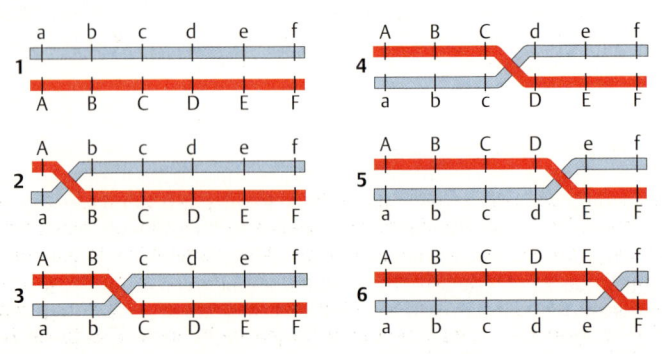

Abb. 15.11 Schema zur Erklärung der Austauschhäufigkeit einer Genkette (nach Kühn).

Anzahl der Gene eines Chromosoms hängt naturgemäß von seiner Größe ab. Als Durchschnittswert kann die Größenordnung von einigen hundert pro Chromosom angesehen werden.

Lange Zeit wurde angenommen, daß die lineare Anordnung der Gene stabil und, von Mutationen abgesehen, unveränderlich ist. Heute wissen wir, daß es hiervon Ausnahmen gibt, nämlich die **Transposons.** Hierunter versteht man kurze DNA-Sequenzen, die aus einem Chromosom herausgeschnitten und entweder in das gleiche oder in ein anderes Chromosom wieder eingebaut werden können. Sie werden deshalb auch als „springende Gene" bezeichnet. Ihre Übertragung kann Mutationen oder Änderungen in der chromosomalen Struktur hervorrufen und auf diese Weise auch die Expression anderer Gene beeinflussen.

Die Transposons wurden erstmals bei *Zea mays* entdeckt, sind aber inzwischen bei allen Organismen von den Bakterien bis zu den Tieren und Pflanzen nachgewiesen worden. Bei den Bakterien können die Transposons von einem Plasmid auf ein Bakterienchromosom, auf ein anderes Plasmid oder auf einen temperenten Phagen springen. Auf diese Weise wird z. B. die Resistenz gegen gewisse Antibiotika übertragen.

Berechnungen haben ergeben, daß die Strukturgene, die für die Codierung der Zellproteine erforderlich sind, nur 1–5 % der DNA eines Eukaryontengenoms ausmachen. Dies ist zum Teil auf den hohen Gehalt des Zellkerns an repetitiven Sequenzen zurückzuführen, die bei Prokaryonten kaum vorkommen.

> Darüber hinaus gibt es aber auch innerhalb der eukaryotischen Gene kürzere oder längere Sequenzen, die keine Information für die Proteinsynthese enthalten. Sie werden als **Introns,** und die durch sie getrennten Abschnitte des Gens als **Exons** bezeichnet. Nach der Transcription wird das überflüssige, am Intron gebildete RNA-Stück herausgeschnitten, und die übrigbleibenden, am Gen gebildeten RNA-Teilstücke werden zusammengesetzt.

Solche Mosaikgene (split genes) sind bei fast allen eukaryotischen Organismen, aber auch bei Viren und Archaebakterien, gefunden worden. Bei den übrigen Prokaryonten kommen sie offenbar nicht vor.

15.3 Replikation der DNA

Die Replikation der DNA erfolgt durch die DNA-Polymerasen nach dem semikonservativen Modus, indem die beiden Stränge der parentalen DNA-Schraube entwunden werden, worauf an jedem der komplementäre Strang ergänzt wird. Dabei werden die jeweils als spezifische Paarungspartner fungierenden Nucleotide an den Einzelsträngen aufgereiht und unter Abspaltung von Diphosphat zum jeweils komplementären Strang verbunden. Eventuelle Fehler bei der Polymerisation, die allerdings höchstens mit einer Wahrscheinlichkeit von 1:10⁴ eintreten, können durch ein Enzym korrigiert werden, die Exonuclease, die nicht gepaarte Nucleotide am 3'-Ende eines DNA-Stranges entfernt. Da die DNA-Polymerase Nucleotidstränge in der Richtung 5'→3' synthetisiert, der antiparallele DNA-Strang aber von der Replikationsgabel weg wachsen muß, verläuft die Replikation dieses Stranges ungleich komplizierter.

15.3.1 DNA-Replikation bei Prokaryonten

Nach dem gegenwärtigen Stand unseres Wissens, der überwiegend auf Untersuchungen an *Escherichia coli* basiert, beginnt die DNA-Replikation mit der Anlagerung eines Initiationsproteins an die origin-Region des ringförmigen DNA-Doppelstranges (Abb. 15.**6**). Unter Anlagerung weiterer Proteine entsteht eine Replikationseinheit, die man als **Replikon** bezeichnet. Die für die Replikation unerläßliche Entwindung der DNA-Schraube an der Replikationsgabel erfolgt durch ein als **Helikase** bezeichnetes Protein (Abb. 15.**12**). Die zahlreichen superhelicalen Schleifen würden allerdings dem Fortschreiten der Replikationsgabel bald ein Ende bereiten, was jedoch durch ein vorangehendes, als **Gyrase** bezeichnetes Protein verhindert wird. Dieses schneidet die DNA-Stränge auf und verknüpft sie nach Drehung um ihre Achse wieder miteinander. Auf diese Weise ermöglicht sie das bidirektionale Fortschreiten der Replikation, bis die beiden Replikationsgabeln am Terminationspunkt aufeinandertreffen. Der Replikationszyklus nimmt bei *Escherichia coli* 40 min in Anspruch. Durch die Helikase werden etwa 1000 Nucleotidpaare/s entwunden. Für die Öffnung eines jeden Nucleotidpaares sind 2 Moleküle ATP erforderlich. Durch die Anlagerung von DNA-Bindungsproteinen werden die entstehenden Einzelstränge in einer gestreckten Konfiguration gehalten, die eine Voraussetzung für die einwandfreie Funktion des DNA-Polymerase-III-Holoenzyms ist. Dieses ist von den drei bei Bakterien nachgewiesenen DNA-Polymerasen (I, II, III) für

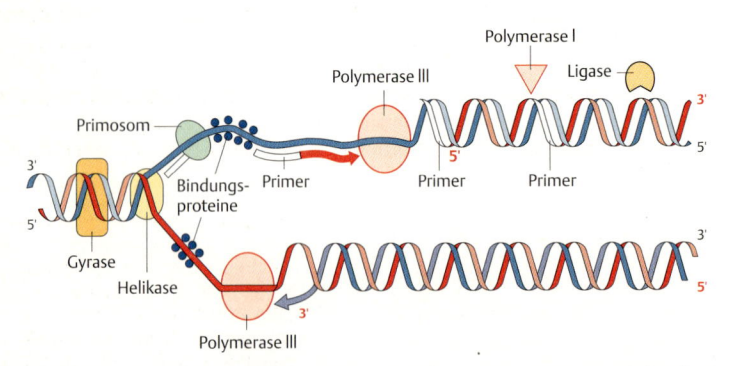

Abb. 15.**12** Vereinfachtes Schema der DNA-Replikation bei Prokaryonten. An dem unteren 5'→3'-Strang wird der komplementäre Strang kontinuierlich gebildet. Am oberen 3'→5'-Strang erfolgt die Synthese diskontinuierlich in der entgegengesetzten Richtung. Weitere Erklärungen im Text.

die DNA-Replikation verantwortlich. Es kann mehr als 10 000 Nucleotide/min aneinanderreihen. Der in 5′→3′ Richtung, d. h. zur Replikationsgabel hin wachsende Strang wird lange Zeit in ununterbrochener Folge unter fortschreitender Öffnung der Replikationsgabel synthetisiert.

Die Synthese des antiparallelen Strangs erfolgt diskontinuierlich, d. h. es werden jeweils etwa 1000 Nucleotide umfassende Teilstücke, die nach ihrem Entdecker benannten **Okazaki-Fragmente,** synthetisiert, die anschließend miteinander verknüpft werden. Auch hier erfolgt zunächst die Stabilisierung des Einzelstranges durch DNA-Bindungsproteine.

Die Synthese eines Teilstückes beginnt mit der Bildung eines RNA-Startermoleküls (Primer) unter Mitwirkung eines als **Primase** bezeichneten Enzyms. An das 3′-OH-Ende des Primers werden nun durch das DNA-Polymerase-III-Holoenzym unter Ablesung des genetischen Codes die komplementären Desoxyribonucleotide angeknüpft, was zur Bildung eines Okazaki-Fragmentes führt. Ist es fertiggestellt, wird der RNA-Primer durch die mit der **DNA-Polymerase I** assoziierte Exonuclease entfernt und die hierdurch entstehende Lücke von der DNA-Polymerase I unter Polymerisation von Desoxyribonucleotiden geschlossen. Schließlich werden die einzelnen Fragmente durch die **Ligasen** miteinander verknüpft. Das Endprodukt der Replikation sind dann zwei doppelsträngige DNA-Moleküle, von denen jedes einen parentalen und einen neu synthetisierten DNA-Strang enthält.

15.3.2 DNA-Replikation bei Eukaryonten

Obwohl sich die DNA-Replikation der Eukaryonten nicht grundsätzlich von der der Prokaryonten unterscheidet, läuft sie doch ungleich komplizierter ab. Ein Grund hierfür ist die Bindung der DNA an Histone und die zeitliche Kopplung von DNA- und Histon-Synthese, die beide während der S-Phase erfolgen.

Die Replikation einer DNA-Doppelhelix erfolgt gleichzeitig an zahlreichen Replikonen. Nimmt man für die Replikone eine durchschnittliche Länge von 30 µm an, so errechnet sich eine Anzahl von 1000 und mehr pro DNA-Doppelhelix. Jedes Replikon hat seinen eigenen Startpunkt (Initiationspunkt), von dem aus die DNA-Synthese mit zwei Replikationsgabeln in entgegengesetzter Richtung, also bidirektional, fortschreitet (Abb. 15.13), und zwar erheblich

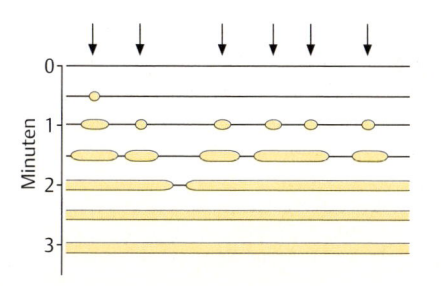

Abb. 15.13 Replikation der aus zahlreichen Replikonen bestehenden DNA der Eukaryonten, schematisch. Die Pfeile zeigen auf die Initiationspunkte (Startpunkte) der einzelnen Replikons. Die Zahlen der vertikalen Scala geben die Zeiten nach Beginn der Replikation in Minuten an.

langsamer als bei den Bakterien. Die Länge der Okazaki-Fragmente beträgt nur 100–200 Nucleotide. Die Replikone, die bei Pflanzen etwa 20–100 Kilobasenpaare umfassen können, werden dann miteinander vereinigt, so daß schließlich die gesamte DNA eines Chromosoms in Form von zwei DNA-Doppelsträngen repliziert vorliegt. Nach erfolgter Replikation muß die DNA mit den Histonen zum Chromatin zusammentreten.

15.4 Mutationen

Wie bereits erwähnt (S. 446), besitzen die Gene Kontinuität, d. h. sie werden im typischen Falle unverändert von Generation zu Generation weitergegeben. Wäre diese Unveränderlichkeit eine absolute, so wäre die Entstehung neuer Rassen wie überhaupt eine jede Evolution unmöglich. Tatsächlich können die Gene jedoch durchaus Änderungen (Mutationen) erfahren. Solche Mutationen können entweder spontan entstehen oder durch Einwirkung mutagener Chemikalien bzw. mutagener Strahlen (alle ionisierenden Strahlen sowie von den nicht-ionisierenden Strahlen das Ultraviolett) künstlich erzeugt werden. Außer den Genmutationen kennt man auch Chromosomen- und Genommutationen.

15.4.1 Genommutationen

Änderungen in der Anzahl der Chromosomen bzw. der Chromosomensätze bezeichnet man als Genommutationen. Die Chromosomen selbst bleiben hierbei in ihrem Gengehalt unverändert. Das eindrucksvollste Beispiel einer Genommutation ist die **Polyploidie**, bei der eine Vervielfachung der Chromosomensätze eintritt.

Polyploide Organismen entstehen, wenn in der Meiosis die Reduktion der Chromosomenzahl unterbleibt. Aus diploiden Eltern entstehen dann diploide Gameten, die zu einer tetraploiden Zygote verschmelzen. Auf diese Weise können Individuen mit 4, 8 und mehr Chromosomensätzen entstehen. Ist jedoch einer der beiden Gameten haploid, so entsteht ein triploider Organismus.

Polyploide Pflanzen kommen in der Natur nicht selten vor, können aber auch künstlich erzeugt werden, z. B. durch Anwendung von Metaphase- oder Spindelgiften, wie das Colchicin der Herbstzeitlosen *(Colchicum autumnale)* und das Antibiotikum Griseofulvin. Diese verhindern die Bildung der Mikrotubuli und folglich der Kernspindel, so daß die Verteilung der Chromosomen auf die Pole unterbleibt. Da die Chromosomen in der Äquatorialebene liegenbleiben, können Restitutionskerne mit doppeltem Chromosomensatz entstehen.

Von unseren Kulturpflanzen sind z. B. Weizen, Hafer, Kartoffel u. a. polyploid. Oft sind die polyploiden Formen größer, widerstandsfähiger, anpassungsfähiger und ertragreicher, weshalb sie für die Pflanzenzüchtung von großem Wert sind. Bei Pflanzen mit ungerader Anzahl von Chromosomensätzen (triploide, pentaploide usw.) kommt es in der Meiose zu einer unregelmäßigen Verteilung der Chromosomen auf die Tochterzellen (Aneuploidie), die sich dann in der Regel nicht mehr normal weiterentwickeln können. Es kann jedoch auch vorkommen, daß die Zellen eines diploiden Organismus ein Chromosom zuwenig (2n − 1) oder zuviel enthalten (2n + 1). Im ersten Falle ist also ein Chromosom nur einmal vertreten (Monosomie), im zweiten Falle dreifach (Trisomie). Ähnliche Effekte können auch durch mutagene Strahlung oder Chemikalien (s. unten) hervorgerufen werden.

15.4.2 Chromosomenmutationen

Im Gegensatz zu den Genommutationen führen Chromosomenmutationen zu einer Änderung der Chromosomenarchitektur, d. h. zu einer Änderung der Anordnung der Gene in den Chromosomen. Sie lassen sich häufig, aber keineswegs immer mikroskopisch durch einen Vergleich mit dem unveränderten homologen Chromosom erkennen.

Voraussetzungen für das Zustandekommen von Chromosomenmutationen sind Chromosomenbrüche (Fragmentationen), die spontan nur selten auftreten, aber durch mutagene Chemikalien, wie Senfgas, Ethylmethansulfonat, Ethylenimin u. a., sowie durch mutagene Strahlen herbeigeführt werden können. Wie Abb. 15.14 zeigt, können Bruchstücke verlorengehen (Deletion) oder an andere Chromosomen angeheftet werden (Translocation). Erfolgt die Anheftung in dem entsprechenden Abschnitt des homologen Chromosoms, so spricht man von Duplication. Wird dagegen das Bruchstück am gleichen Chromosom umgekehrt wieder eingesetzt, so bezeichnen wir dies als Inversion. Da es auch in den zuletzt genannten Fällen zu Änderungen der Merkmalsausbildung kommen kann, obwohl der gesamte Genbestand der Zelle unverändert

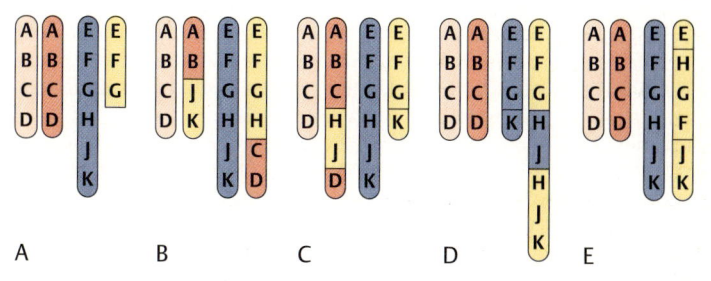

A B C D E

Abb. 15.14 Chromosomenmutationen, schematisch. Die homologen Chromosomen des einen Paares sind hell- bzw. dunkelrot, die des anderen Paares blau und gelb markiert. **A** Bruchstückverlust (Deletion), **B** wechselseitige, **C** einseitige Bruchstückverlagerung (Translocation), **D** Verdopplung eines Chromosomenabschnittes (Duplication), **E** Umkehrung eines Chromosomenabschnittes (Inversion) (nach Kühn).

ist, müssen wir schließen, daß nicht nur das Vorhandensein der Gene, sondern auch ihre Lage auf den Chromosomen die Ausbildung der Merkmale beeinflußt (Positionseffekt).

15.4.3 Genmutationen

Als Genmutationen bezeichnet man Änderungen in der molekularen Architektur der DNA eines einzelnen Gens (Box 15.3). Da sie die Chromosomenarchitektur nicht verändern, sind sie mikroskopisch nicht nachweisbar.

> Werden ganze DNA-Abschnitte verändert, spricht man von **Segment-Mutationen**. Sie sind meist letal. Ihnen stehen die **Punkt-Mutationen** gegenüber, die nur eng umschriebene Bereiche der DNA eines Gens betreffen. Schon die Änderung einer einzigen Base hat die Änderung des genetischen Informationsgehaltes zur Folge.

Da ein Gen aus einer längeren Sequenz von Nucleotiden besteht, kann die Mutation durch Veränderungen an verschiedenen Stellen zustande kommen. Es ist daher möglich, mehrere Mutanten ein und desselben Gens zu erzeugen und diese miteinander zu rekombinieren. Somit kann die Definition des Gens als Mutations- und Rekombinationseinheit nicht mehr aufrechterhalten werden. Es bleibt also von der klassischen Definition lediglich die Funktionseinheit.

Allerdings ist auch die Definition des Gens als Funktionseinheit nicht problemlos. Feinstrukturanalysen an rasch lysierenden (rapid lysis) rII-Mutanten des T4-Phagen von *Escherichia coli* haben ergeben, daß eine große Anzahl verschiedener rII-Mutanten existiert, die sich zwei verschiedenen Gruppen zuordnen lassen. Jede dieser Gruppen verhält sich im Komplementationstest wie eine funktionelle Einheit.

Der Komplementationstest wird folgendermaßen durchgeführt: Zellen von *Escherichia coli* K 12 werden mit zwei unabhängig voneinander isolierten Mutanten des T4-Phagen infiziert. Liegen die Mutationen in derselben funktionellen Region, können sich die Phagen nicht vermehren. Liegen sie jedoch in verschiedenen Funktionsbereichen, so kann die erste Mutation das Produkt der ersten und die zweite das Produkt der zweiten Region bilden, so daß komplette Phagen entstehen, die sich vermehren können.

Folglich muß man annehmen, daß für diese Mutation zwei verschiedene DNA-Abschnitte verantwortlich sind, die man als Cistrons bezeichnet. Ein **Cistron** ist also ein Abschnitt eines Gens, der sich im Komplementationstest als funktionelle Einheit verhält. Weitere Untersuchungen haben ergeben, daß es eine ganze Anzahl von Gensystemen gibt, die polycistronisch sind, d. h. aus mehreren hintereinandergeschalteten Cistrons bestehen. Im Hinblick auf diese Befunde ist also eigentlich nicht mehr das Gen, sondern das Cistron die Funktionseinheit, sofern man nicht den Begriff des Gens als Funktionseinheit dem des Cistrons gleichsetzt. In diesem Falle ist jedoch zu beachten, daß das Resultat der Genfunktion nur in Erscheinung tritt, wenn beide Gene intakt sind.

Box 15.3 Molekulare Ursachen der Genmutationen

Genmutationen können auf ganz verschiedene Art und Weise zustande kommen. Wird ein Pyrimidinnucleotid gegen ein anderes ausgetauscht, z. B. T gegen C, oder ein Purinnucleotid gegen ein anderes, z. B. A gegen G, bezeichnet man dies als Transition. Wird dagegen ein Pyrimidin- gegen ein Purinnucleotid ausgetauscht oder umgekehrt, also z. B. C gegen G oder A gegen C, spricht man von Transversion. Werden ein oder zwei Nucleotidpaare eingefügt (Insertion) bzw. eliminiert (Deletion), so ändert sich die gesamte Codonfolge und damit der Leseraster, was zur Bildung eines andersartigen Proteins führt, das die Funktion des ursprünglich codierten Proteins nicht ausüben kann. Umfassen jedoch Insertion oder Deletion drei Nucleotidpaare oder ein Vielfaches davon, kommt es zur Ausbildung eines ähnlichen Proteins, das eine oder mehrere Aminosäuren zuviel oder zuwenig hat. Von den üblicherweise in der Ketoform vorliegenden Nucleotidbasen gibt es tautomere Imino- bzw. Enol-Formen, die zwar sehr selten auftreten, aber hin und wieder in die DNA-Doppelhelix eingebaut werden können. Dies führt zu „falschen" Nucleotidpaarungen. Z. B. paart sich die Imino-Form des Cytosins nicht mit dem Guanin, sondern mit dem Adenin, die Enol-Form des Thymins nicht mit dem Adenin, sondern mit dem Guanin usw. Durch Abspaltung der Purinbasen (Depurinierung) bzw. der Pyrimidinbasen (Depyrimidierung) entstehen apurinische bzw. apyrimidinische (AP-)Lücken. Gegenüber einer solchen Lücke können beliebige Desoxyribonucleotide eingebaut werden, am häufigsten dATP. Schließlich kann durch Desaminierung aus Adenin Hypoxanthin, aus Guanin Xanthin und aus Cytosin Uracil entstehen. Da Hypoxanthin hinsichtlich seiner Wasserstoffbrücken dem Guanin ähnlicher ist als dem Adenin, tritt bei der nächsten Basenpaarung das Cytosin an die Stelle des Thymins. Uracil verhält sich dagegen wie Thymin und paart sich mit Adenin anstelle von Guanin. Lediglich die Überführung des Guanins in Xanthin scheint nicht zu lebensfähigen Mutanten zu führen.

Grundsätzlich betrachtet ist die spontane Genmutation ein seltenes Ereignis. Berechnungen haben ergeben, daß ein Nucleotidaustausch pro 10^9 bis 10^{10} Nucleotidpaare einer Generation stattfindet. Nimmt man für ein haploides Genom einer Eukaryontenzelle 10^9 Nucleotidpaare an, so würde dies im Durchschnitt einen Nucleotidaustausch pro Zellgeneration ergeben.

Die tatsächlichen Mutationsraten können hiervon aber stark abweichen. So kann einerseits wegen der Degeneration des genetischen Codes das durch einen Nucleotidaustausch entstandene Triplett sogar die gleiche Aminosäure codieren, oder es entsteht eine Aminosäure, die die andere funktionell zu ersetzen vermag, z. B. Asparaginsäure anstelle von Glutaminsäure. Schließlich kann der Nucleotidaustausch auch in einem Bereich erfolgen, der für die Funktion des Proteins nicht von vorrangiger Bedeutung ist.

Auch Genmutationen können durch Strahlung oder Chemikalien hervorgerufen werden. **Mutagene Strahlen** wirken direkt und unspezifisch auf die getroffenen Moleküle, indem sie aus der Schale eines Atoms ein Elektron herausschlagen und hierdurch das Atom in ein reaktionsfähiges Ion überführen. Auf diese Weise entstehen freie Radikale, Peroxide u. a. reaktionsfähige Verbindungen, die ihrerseits auf ihre Umgebung einwirken und so charakteristische Veränderungen hervorrufen können. Das getroffene Atom muß also nicht unbedingt auf dem DNA-Strang selbst liegen, sondern die Strahlenschäden an der DNA können gleichermaßen direkt und indirekt hervorgerufen werden. Bestrahlung mit UV führt häufig zu einer Dimerisierung der Pyrimidinbasen (Thymin-Dimere, s. unten) zu Cyclobutanderivaten oder zur Addition von Wasser an die 4,5-Doppelbindung der Pyrimidinbasen. Durch die Dimerisierung wird die Autoreplikation der DNA behindert, während die Wasseraddition an das Cytosin zu einer Veränderung der Basenpaarung bei der Autoreplikation der DNA führt.

Unter den **mutagenen Agenzien** sind vor allem die Analogen der natürlichen Nucleinsäurebasen zu nennen, z. B. das 5-Bromuracil und das 2-Aminopurin. Bromuracil wird anstelle des Thymins in die DNA eingebaut, paart sich also mit dem Adenin. Gelegentlich kommen jedoch auch Paarungen mit Guanin vor. Ist dies geschehen, so wird bei der folgenden Replikation des einen Stranges gegenüber dem Guanin anstelle des ursprünglich vorhandenen Thymins das Cytosin eingebaut, d. h. es ist eine Veränderung der Basensequenz eingetreten, die auch bei jeder weiteren Replikation der DNA weitergegeben wird. Ähnlich wirkt das 2-Aminopurin, das sich normalerweise mit Thymin paart, gelegentlich aber auch mit Cytosin. Behandlung mit Nitrit führt zur Desaminierung von Adenin, Guanin und Cytosin, deren Konsequenzen oben bereits besprochen wurden. Weitere Mutagene sind alkylierende Verbindungen, wie Alkyl-Sulfat und N-Nitroso-Verbindungen, sowie polyzyklische Kohlenwasserstoffe.

Das genetische Informationssystem ist zur Selbstkontrolle befähigt. Sowohl die Prokaryonten als auch die Eukaryonten haben Mechanismen entwickelt, mit deren Hilfe Schäden an der doppelsträngigen DNA erkannt und repariert werden können. So wird z. B. bei der **Photoreaktivierung** UV-geschädigter Bakterien durch sichtbares Licht ein Enzym, die Photolyase, aktiviert. Sie ist in der Lage, die durch UV-Bestrahlung erzeugten Thymin-Dimere (s. oben) zu spalten und damit den ursprünglichen Zustand wiederherzustellen. Nach dem derzeitigen Erkenntnisstand lösen DNA-Schäden, die durch mutagene Strahlen bzw. Agenzien verursacht wurden, sogenannte SOS-Reaktionen aus. Durch diese werden Gene bzw. Gengruppen aktiviert, deren Produkte bestimmte Reparaturmechanismen in Gang setzen, die Zellteilung verhindern oder die Aktivität DNA-abbauender Enzyme vermindern.

15.4.4 Verwendung von Mutanten

Künstlich erzeugte Mutanten haben sich als ein ausgezeichnetes Mittel zur Aufklärung von Biosynthesewegen, Signaltransduktionsketten u. a. Prozessen erwiesen. Dies sei am Beispiel der Arginin-Synthese von *Neurospora crassa*

15.4 Mutationen

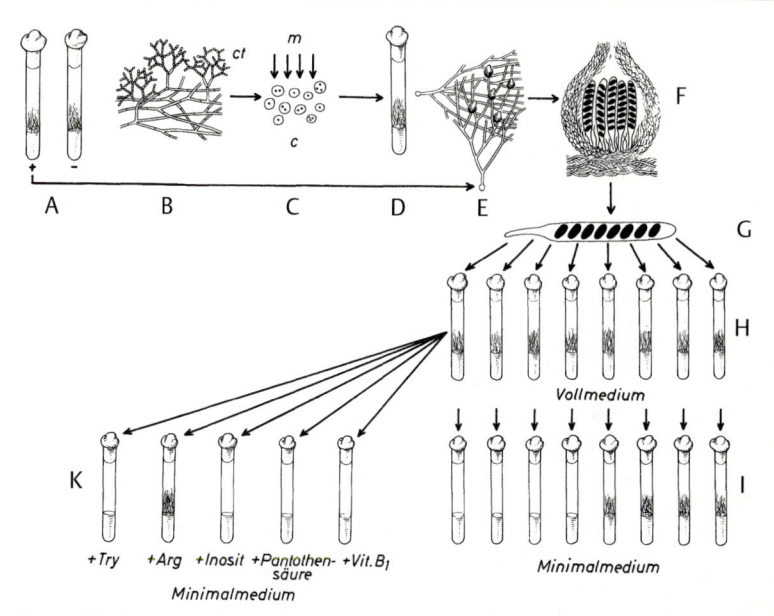

Abb. 15.15 Erzeugung und Feststellung biochemischer Verlustmutanten bei *Neurospora crassa*. **A** Ausgangsstämme, **B** Mycel mit Konidienträgern, **C** Bestrahlung der Konidien mit mutagener Strahlung, **D–E** Kreuzung mit dem Wildstamm, **F** Perithecium, **G** Ascus, **H–I** Ermittlung der Verlustmutanten, **K** Bestimmung des fehlenden Wachstumsfaktors. c = Konidien, ct = Konidienträger, m = mutagene Strahlung (nach Beadle, Kühn).

gezeigt. Die natürlich vorkommende Wildform von *Neurospora* ist zur Synthese des Arginins befähigt. Durch Behandlung der Konidiosporen mit mutagener Strahlung stellt man Verlustmutanten her, die man mit der Wildform kreuzt (Abb. 15.15). Die auf diese Weise erhaltenen Ascosporen bringt man getrennt auf einem Vollmedium zur Entwicklung, das auch die Stoffe, deren Synthese blockiert ist, im vorliegenden Falle also Arginin, enthält. Überträgt man nun von jeder Einsporenkultur etwas Mycel auf ein Minimalmedium, das kein Arginin enthält, so wachsen von den acht aus einem Ascus stammenden Einsporenkulturen vier nicht an, da sie das mutierte Allel enthalten und folglich nicht zur Argininsynthese befähigt sind. Die vier anderen enthalten das unveränderte Allel des Wildtyps und zeigen normales Wachstum (Abb. 15.15 H, I). Setzt man nun den Nährböden einzelne Aminosäuren zu, die als Vorstufen des Arginins in Frage kommen (Ornithin, Citrullin), so kann man ermitteln, an welcher Stelle jeweils der Syntheseweg unterbrochen ist (vgl. nachstehendes Schema). Bei vier der insgesamt sieben erhaltenen Mutantentypen liegt der genetische Block vor dem Ornithin, d. h. sie wachsen sowohl bei Zugabe von Ornithin als auch von Citrullin. Für den Übergang von Ornithin zum Citrullin sind zwei Gene verantwortlich, da zwei der Mutantentypen zwar auf Citrullin, nicht aber auf Ornithin wachsen. Eine Mutante wächst auch bei Zugabe von Citrullin nicht mehr, da sie das für den Übergang vom Citrullin zum Arginin erforderliche Enzym nicht bilden kann.

Die nachstehend dargestellte Reaktionskette ist auch ein Teilabschnitt der Harnstoffsynthese, da aus dem Arginin durch Arginase Harnstoff abgespalten werden kann, wodurch Ornithin zurückgebildet wird.

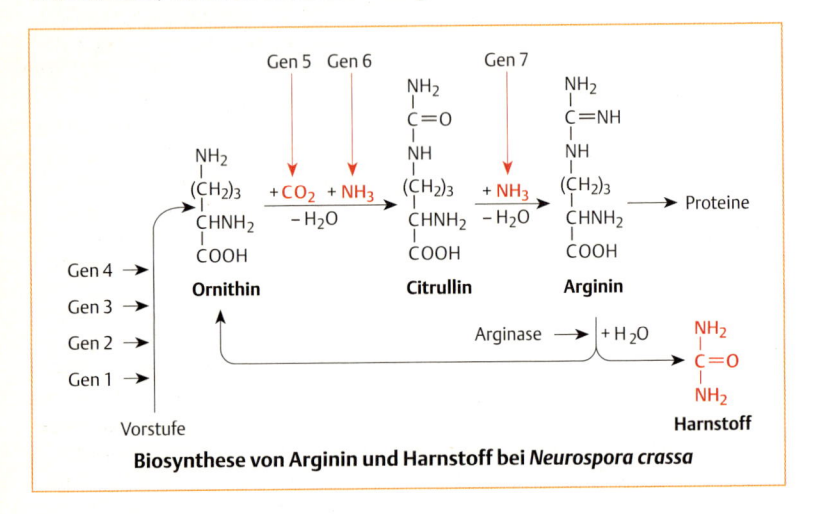

Biosynthese von Arginin und Harnstoff bei *Neurospora crassa*

15.5 Transgene Pflanzen

Für die Pflanzenzüchtung stehen heute nicht nur die klassischen Verfahren der Rekombination und Mutation zur Verfügung, sondern die Gentechnologie hat uns Mittel in die Hand gegeben, das Erbgut von Pflanzen direkt und gezielt zu verändern. Hierbei werden Gene aus Mikroorganismen oder anderen Pflanzen mit Hilfe gentechnischer Methoden in bestimmte Pflanzen übertragen, die hierdurch neue, vom Menschen gewünschte Eigenschaften erhalten, wie Steigerung von Qualität und Quantität der Erträge, Resistenz gegen Frost, Chemikalien und pathogene Organismen. Man bezeichnet solche Pflanzen als transgen.

Zur Herstellung transgener Pflanzen verwendet man meist Kallus- oder Protoplastenkulturen (S. 416), die sich von einigen dikotylen Pflanzen wie Kartoffeln, Tabak, Tomaten und Petunien besonders leicht erhalten lassen, weshalb diese oft als Versuchsobjekte Verwendung finden. Als Überträger (Vektoren) für die einzubauende Fremd-DNA verwendet man häufig Ti-Plasmide, denen man durch Deletion der onkogenen Bereiche der T-DNA die Fähigkeit zur Tumorinduktion genommen hat. Diese Plasmide können zwar die modifizierten T-DNA-Moleküle in Pflanzenzellen übertragen, lösen jedoch keine Tumorbildung aus. Auch verwendet man nicht die relativ großen Wildtyp Ti-Plasmide, sondern man hat aus der T-Region kleinere sogenannte Zwischenvektoren (IV, Intermediate Vector) entwickelt. In diese kann man nahezu jede beliebige DNA einklonieren und durch Konjugation in *Agrobacterium tumefaciens* übertragen. Eine weitere Methode ist die Mikroprojektil-Methode. Hierbei werden mit einer für diesen Zweck konstruierten Pistole kugelförmige Wolfram-Partikel mit einem Durchmesser von etwa 4 µm, die mit der betreffenden DNA beschichtet sind, in Kalluszellen oder Protoplasten eingeschossen. Mit Hilfe von Auxinen und Cytokininen werden aus den Zellen bzw. den Protoplasten transgene Pflanzen regeneriert, die eine neue Eigenschaft besitzen. Ist die Modifikation stabil, wird sie auch weitervererbt. Da es bei den Monokotylen, insbesondere den Getreidepflanzen, offenbar nicht möglich ist, aus Kulturzellen ganze Pflanzen zu regenerieren, hat man mit Erfolg Plasmid-DNA, die auch für ein fremdes Gen kodierte, in die sich entwickelnden Blütensprosse injiziert. Tatsächlich war es möglich, mit Hilfe dieser Methode transgene Roggenpflanzen zu erzeugen. Auch DNA-haltige Pflanzenviren können als Vektoren geeignet sein.

Die mit Hilfe der Gentechnik vorgenommene Transformation höherer Pflanzen hat bereits zu erstaunlichen Erfolgen geführt. Ein wichtiges Beispiel ist die Herbizid-Resistenz, die am Beispiel des Phosphinothricins (PPT) erläutert sei. Dieses hemmt die Glutamin-Synthetase irreversibel. Durch Acetylierung werden die PPT-Moleküle inaktiviert. Bringt man das für die Acetylase kodierende Enzym durch eine *Agrobacterium*-gesteuerte Transformation in Zellen der Kartoffel, der Tomate oder des Tabaks ein, entstehen PPT-resistente Pflanzen. Aprikosen konnten gegen das Pflaumen-Pocken-Virus durch Einschleusung eines Gens, das das Virus-Hüllprotein in den Zellen der Aprikose kodiert, resistent gemacht werden. Auch die Erzeugung einer Resistenz gegen Insekten ist auf gentechnischem Wege möglich. Darüber hinaus können auch andere Eigenschaften der Nutzpflanzen gentechnisch verbessert werden. Durch Unterdrückung eines Gens, das an der Ethylen-Synthese beteiligt ist, wird die Lagerfähigkeit von Tomaten auf mehr als das Doppelte verlängert. Auch die Qualität der von Pflanzen produzierten Öle läßt sich durch Einschleusen von Genen, die die beteiligten Enzyme verändern, steigern. Schließlich sei noch erwähnt, daß umfangreiche Versuche laufen, Pflanzen, die von Natur aus kein Immunsystem und somit auch keine Antikörper besitzen, mit Hilfe gentechnischer Methoden zur Bildung von Antikörpern, insbesondere gegen Viren, anzuregen. Auch auf diesem Gebiet wurden erste Teilerfolge errungen. Auf die Nennung weiterer Beispiele kann verzichtet werden, da sich die Anzahl erfolgreich transformierter Nutzpflanzen wegen ihrer enormen Bedeutung für die Weltwirtschaft sprunghaft vermehren wird.

Es sei nicht verschwiegen, daß auch Argumente gegen die Erzeugung transgener Pflanzen geltend gemacht werden. Ein Beispiel sei erwähnt. Da bei dem Einbau der erwünschten Gene aus technischen Gründen oft auch Antibiotikaresistenzen mit eingeschleust werden, besteht die Befürchtung eines sogenannten horizonten Gentransfers auf andere Bakterien und damit die Ausbreitung der Antibiotikaresistenz. Obwohl in der Regel die eingeschleusten Gene Resistenz gegen die Antibiotika Kanamycin und Hygromycin bewirken, die in der Humantherapie praktisch keine Rolle spielen, wurden Untersuchungen zur Risikoabschätzung durchgeführt. Diese zeigten, daß die Möglichkeit eines horizontalen Gentransfers unterhalb der experimentellen Nachweisgrenze liegt. Inzwischen wurden Techniken entwickelt, die auf die Verwendung von Antibiotikaresistenzgenen verzichten. Weltweit wurden bereits über 6000 Freisetzungsversuche mit transgenen Pflanzen durchgeführt. Deren Ergebnisse können Befürchtungen einer speziellen Gefährdung auf Grund gentechnischer Veränderungen nicht bestätigen. Im Hinblick auf das rasante Bevölkerungswachstum ist der Zeitpunkt sicher nicht mehr fern, zu dem die Produktion möglichst großer Mengen hochwertiger Nahrungsmittel so vordringlich sein wird, daß auf den Einsatz transgener Pflanzen nicht verzichtet werden kann.

15.6 Gen-Expression

Jedes Strukturgen enthält die Information für die Primärstruktur eines Moleküls. Dabei handelt es sich v. a. um Proteine, doch gehören natürlich auch die Ribonucleinsäuren wie die rRNAs und tRNAs bzw. als Informationsüberträger die mRNAs zu den Genprodukten. Die Umsetzung der Nucleotidsequenz der DNA in die einer RNA bezeichnet man als **Transcription** (Umschreibung, d. h. Übertragung in eine andere Schrift, nämlich die der RNA) und das Produkt als Transcript, die Übertragung in die Aminosäuresequenz eines Proteins als **Translation** (Übersetzung in eine andere „Sprache", nämlich die der Aminosäuren). Da die direkte Translation der Nucleotidsequenz der DNA in die Aminosäuresequenz eines Proteins nicht möglich ist, wird die Information von der DNA mittels einer Boten-RNA, der messenger-RNA (mRNA), zu den Produktionsstätten der Proteine, den Ribosomen, transportiert. Unterschiede zwischen den Prokaryonten und Eukaryonten ergeben sich zwangsläufig daraus, daß die eukaryotische DNA im Zellkern liegt, aus dem die Information mit Hilfe der mRNA in das Cytosol transportiert werden muß, während die prokaryotische DNA frei im Cytoplasma liegt. Außerdem ist die eukaryotische DNA mit Histonen assoziiert, die prokaryotische nicht.

15.6.1 Transcription

Die mRNA wird am codogenen Strang der DNA durch eine DNA-abhängige RNA-Polymerase aus Nucleotidbausteinen synthetisiert und erhält dabei die komplementäre Nucleotidsequenz als Information aufgeprägt. Als Paarungspartner des Adenins fungiert allerdings nicht Thymin, sondern Uracil. Die M_r der Polymerasen, die aus mehreren Untereinheiten bestehen, liegt in der Größenordnung von 500 000.

15.6 Gen-Expression

Transcription bei Prokaryonten: Bei den Prokaryonten beginnt der als **Initiation** bezeichnete erste Abschnitt der Transcription mit der Bindung der RNA-Polymerase an einen als Promotor (S. 511) bezeichneten Abschnitt der DNA, der häufig mit der Basenfolge TATAAT beginnt. Durch die Polymerase wird der Doppelstrang geöffnet und entwunden. In Gegenwart von $Mg^{2\oplus}$-Ionen werden die ersten beiden Nucleosid-triphosphate an die komplementären Nucleotide des codogenen Stranges der DNA angelagert und zum Dinucleotid verbunden, wobei die Synthese stets mit ATP oder GTP beginnt. Hierbei wird das Diphosphat des ersten Nucleotids freigesetzt, während das 5'-Ende der mRNA seine Triphosphat-Gruppe behält. Der während des Transcriptionsvorganges von der Polymerase aufgespaltene DNA-Abschnitt umfaßt etwa 15–18 Nucleotidpaare. Unter successiver Öffnung des DNA-Doppelstranges schreitet die Polymerisation der mRNA fort, indem an den codogenen 3'-5'-DNA-Strang (Abb. 1.**10**, S. 30) die komplementären Nucleosid-triphosphate unter Abspaltung von Diphosphat angelagert werden (**Elongation**). Die mRNA wird vom 5'-Ende zum 3'-Ende hin synthetisiert. Hierzu muß sich die RNA-Polymerase am DNA-Strang entlang bewegen. *In vivo* wurden Synthesegeschwindigkeiten von 28 Nucleotiden/s gemessen. Der Abschluß der Transcription, die **Termination,** wird durch ein Stopp-Signal eingeleitet, das aus einem 10–20 Nucleotide umfassenden DNA-Abschnitt mit hohem GC-Anteil besteht. Unter Mitwirkung bestimmter, als Terminations-Faktoren bezeichneter Proteine erfolgt die Dissoziation des Transcriptions-Komplexes in die Polymerase und die mRNA. Die Polymerase kann sich nun erneut an die DNA anlagern, während die mRNA als Matrize für die Proteinsynthese zur Verfügung steht.

Transcription bei Eukaryonten: Grundsätzlich erfolgt die Transcription bei den Eukaryonten auf die gleiche Weise, doch ist der Ablauf der einzelnen Schritte, der Komplexität des eukaryotischen Genoms entsprechend, ungleich komplizierter. Dies hat im wesentlichen die folgenden Gründe:
1. Da die eukaryotische DNA mit Histonen assoziiert ist, hat die Initiation deren Ablösung zur Voraussetzung. Daher ist der Initiationskomplex sehr groß. Er besteht aus ca. 20 Proteinen.
2. Abweichend von den Prokaryonten, die nur eine RNA-Polymerase besitzen, kommen bei den Eukaryonten drei Typen (I, II, III) dieses Enzyms vor.
3. Als Transcriptionsprodukte fallen jeweils nicht direkt die entsprechenden RNA-Formen an, sondern höhermolekulare Vorstufen, die in einem als „**processing**" bezeichneten Prozeß aufgearbeitet und zugeschnitten werden müssen.

Die **Polymerase I** ist im Nucleolus lokalisiert und transcribiert die ribosomalen RNAs 28 S, 18 S und 5,8 S, nicht aber die 5 S rRNA. Die drei rRNAs werden durch spezifische rDNAs codiert, die zu einer Transcriptionseinheit zusammengefaßt sind. Das primäre Transcript ist die bereits erwähnte (S. 115) 45-S-Vorstufe der ribosomalen RNA, die Prä-rRNA, aus der durch spezifische Nucleasen unter schrittweiser Spaltung die 5,8 S, die 18 S und die 28 S rRNA erst herausgeschnitten werden müssen. Im Hinblick auf den großen Bedarf an Ribosomen bei laufender Proteinsynthese liegen die codierenden Gene der rRNAs als repetitive Sequenzen mit mehreren hundert bis einigen tausend Kopien vor (S. 123 f.).

Die **Polymerase II** ist im Karyoplasma lokalisiert. Die durch sie transcribierten Strukturgene liefern zunächst eine Prä-mRNA. Hierbei handelt es sich um hochmolekulare mRNA-Vorstufen, deren Molekülmasse in der Größenordnung von 10^7 Da liegt. Da die meisten eukaryotischen Gene eine Mosaikstruktur aufweisen, enthalten die Prä-mRNA außer den durch die Exons codierten informativen RNA-Abschnitten auch nicht-informative, häufig repetitive Sequenzen, die an den Introns gebildet werden. Die Prä-mRNA muß daher vor Ausübung ihrer Funktion ebenfalls einem processing unterworfen werden. Hierbei werden die nicht-informativen Sequenzen herausgeschnitten und die informativen miteinander verspleißt (splicing). Außerdem werden die beiden Enden vieler mRNA-Moleküle zusätzlich modifiziert, und zwar das 5′-Ende durch Anhängen eines 7-Methylguanosins über die Triphosphatbrücke („capping") sowie durch Methylierung der endständigen Nucleotide, das 3′-OH-Ende durch Polyadenylierung, d.h. durch Anheftung eines aus zahlreichen (bis zu 200) Adenosinmononucleotiden bestehenden Abschnittes.

Die **Polymerase III** liegt ebenfalls im Karyoplasma. Sie synthetisiert alle tRNAs sowie die 5 S r RNA (s. oben). Ihre Gene liegen in zahlreichen Kopien im Genom der eukaryotischen Pflanzen vor, und zwar im allgemeinen als repetitive Sequenzen. Sie sind entweder über das Kerngenom verteilt oder aber in Gruppen, sogenannten Clustern, in bestimmten Chromosomenabschnitten zusammengefaßt. Sie werden von der Polymerase II nicht erkannt und folglich nicht transcribiert. Auch hier entstehen zunächst Prä-tRNAs, deren Introns durch Processing herausgeschnitten werden müssen.

15.6.2 Translation

Auch die Übersetzung der Nucleotidsequenz der mRNA in eine entsprechende Aminosäuresequenz, d.h. die Biosynthese der Proteine, läßt sich in drei als Initiation, Elongation und Termination bezeichnete Unterabschnitte gliedern. Wie in Abb. 15.**16** dargestellt, erfolgt sie an den Ribosomen. Da die DNA der Prokaryonten frei im Cytoplasma liegt, kann die Anlagerung der Ribosomen an die mRNA und somit die Translation bereits beginnen, ehe die mRNA fertiggestellt ist. Im Gegensatz hierzu sind bei den Eukaryonten Transcription und Translation räumlich voneinander getrennt, so daß die mRNA nach erfolgtem processing aus dem Kern in das Cytosol transportiert werden muß, ehe die Translation beginnen kann.

Aktivierung der Aminosäuren: Vor Eintritt in die Biosynthese müssen die Aminosäuren aktiviert werden. Dies geschieht mit Hilfe der Aminoacyl-tRNA-Synthetasen, die zwei Aufgaben erfüllen:

1. Die Aktivierung der Aminosäure durch deren Reaktion mit ATP, wordurch Aminoacyladenylat (= Aminoacyl-AMP) entsteht, das an die für die betref-

15.6 Gen-Expression

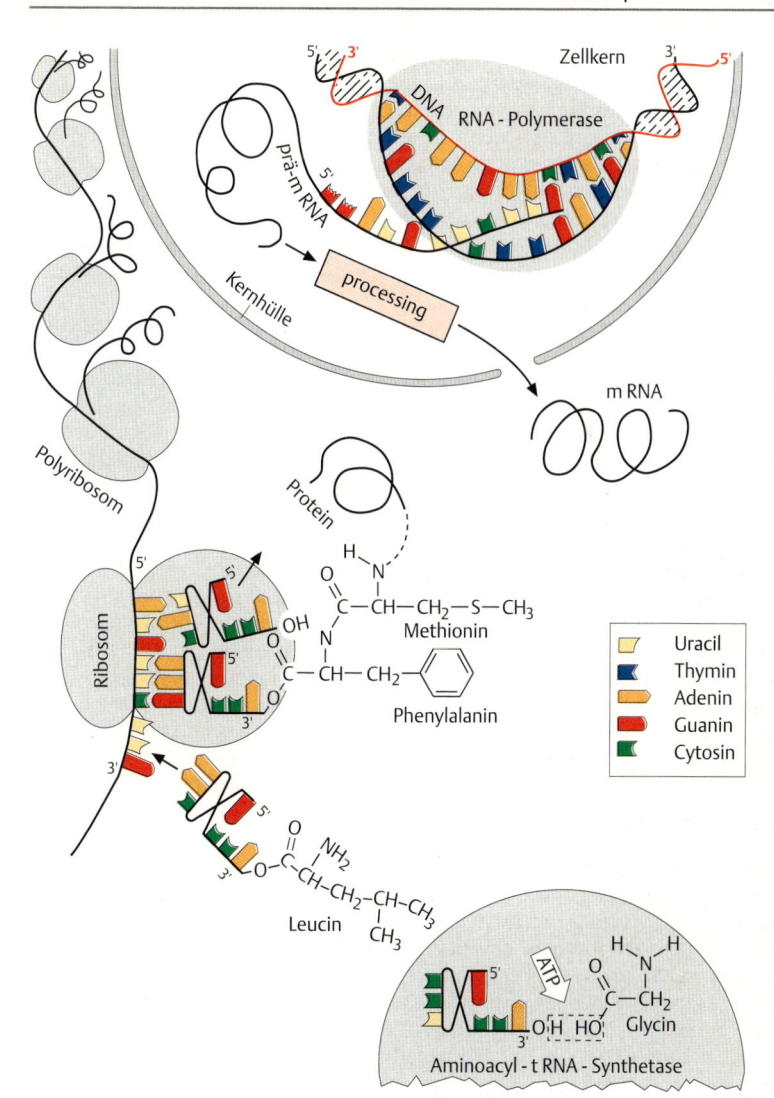

Abb. 15.16 Informationsübertragung und Proteinsynthese, schematisch. Die auf der DNA liegende Information TAC AAG AAC wird der messenger-RNA als folgender Code aufgeprägt: AUG UUC UUG. Am Ribosom reihen sich an ihr die transfer-RNA-Moleküle mit folgenden Anticodons auf: UAC, AAG und AAC, was der Aminosäuresequenz Methionin-Phenylalanin-Leucin entspricht. Der codogene Strang der DNA ist rot gezeichnet.

fende Aminosäure spezifische Aminoacyl-tRNA-Synthetase gebunden bleibt.
2. Verknüpfung des Aminoacyladenylates mit dem Ribosemolekül des 3′-endständigen Adenosins der entsprechenden tRNA unter Freisetzung von AMP. Damit ist durch das Anticodon der tRNA zugleich die Position auf der mRNA festgelegt. Da die aktivierten Aminosäuren ein hohes Gruppenübertragungspotential haben, ist bei der Knüpfung der Peptidbindung keine weitere Energiezufuhr nötig. Der Anzahl der proteinogenen Aminosäuren entsprechend existiert eine größere Zahl von Aminoacyl-tRNA-Synthetasen.

Initiation (Kettenstart): Bei den Prokaryonten sowie bei den Plastiden und Mitochondrien der Eukaryonten dient als Startsignal eine besondere Methionin-tRNA, deren Methionyl-Rest durch Formylierung in N-Formylmethionin überführt werden kann. Diese Eigenschaft unterscheidet sie von der anderen Methionin-tRNA, die bei der Translation das Methionin überträgt. Für die Bindung der N-Formylmethionin-tRNA an die mRNA sind die Triplets AUG und GUG verantwortlich, wenn sie am Beginn eines Cistrons liegen. Im Cytoplasma der Eukaryonten hingegen dient als Startsignal die Methionin-tRNA, die an das AUG-Triplet bindet, wenn dieses am Anfang, nicht aber, wenn es innerhalb des Cistrons liegt. Offensichtlich gibt es auch hier zwei Formen der Methionin-tRNA, die sich in ihrer Struktur unterscheiden, und von denen die eine die Initiation einleitet. Das terminale Methionin bzw. Formylmethionin wird meist schon vor Fertigstellung der Polypeptidkette wieder entfernt.

Für die Einleitung der Translation ist die $Mg^{2\oplus}$-Ionen-Konzentration von ausschlaggebender Bedeutung. Außerdem werden für die Initiation bei den Prokaryonten GTP sowie mindestens drei verschiedene als Initiationsfaktoren bezeichnete Proteine benötigt. Beim Kettenstart treten die N-Formylmethionin-tRNA, der Startbereich der mRNA und die 30 S Untereinheit eines Ribosoms in Gegenwart von GTP zum Initiationskomplex zusammen. An diese wird die 50 S Untereinheit angefügt, und die Initiationsfaktoren lösen sich ab. Dieser Modus der Initiation trifft auch für die Mitochondrien und die Chloroplasten zu. Der Kettenstart bei den cytoplasmatischen Ribosomen der Eukaryonten unterscheidet sich nicht grundsätzlich von den Verhältnissen bei den Prokaryonten, verläuft aber ungleich komplizierter. Die Anzahl der benötigten Initiationsfaktoren ist größer (wahrscheinlich 9), und außerdem scheint die beim „capping" gebildete Region (s. oben) für die Bindung der mRNA an die 40 S Untereinheit eine wichtige Rolle zu spielen. Außer GTP ist für die Initiation auch noch ATP nötig. Durch Anlagerung der 60 S Untereinheit entsteht das komplette Ribosom.

Elongation (Kettenverlängerung): Die aktivierten Aminosäuren werden zu den Ribosomen transportiert, wo ihre tRNA mit Hilfe des Anticodons, einer dem Codon komplementären Basensequenz, ihren Platz an der mRNA findet. In Gegenwart von GTP und zwei Elongationsfaktoren wird zwischen der Aminogruppe der hinzukommenden und der Carboxylgruppe der davor aufgereihten

Aminosäuren unter Mitwirkung einer Peptidyltransferase, die Bestandteil der 60 S Untereinheit ist, eine Peptidbindung ausgebildet, wobei sich die letztere von ihrer tRNA löst. Die freigesetzte tRNA kann nunmehr ein weiteres Aminosäuremolekül übertragen. Das Ribosom verschiebt sich entlang der mRNA um die Länge eines Tripletts in Richtung des 3′-Endes, während an das nächste Codon eine weitere Aminoacyl-tRNA mit entsprechendem Anticodon andockt. Dieser Vorgang wiederholt sich, bis der gesamte mRNA-Strang abgelesen ist. Die Verlängerung der Polypeptidkette, die jeweils nur über eine tRNA mit der mRNA verbunden ist, erfolgt also Zug um Zug. Bei *Escherichia coli* werden in einer Sekunde etwa 20 Aminosäuren aneinandergereiht, was am mRNA-Strang einer Strecke von etwa 20 nm/s entpricht. Bei den Eukaryonten erfolgt die Elongation in der Regel etwas langsamer. Für die Bildung eines Proteins durchschnittlicher Länge werden also 20–60 s benötigt.

Ist ein Teil der mRNA abgelesen, so kann sich am Startpunkt der mRNA der Vorgang der Initiation mit einem weiteren Ribosom wiederholen usw., was zur Bildung von Polysomen führt. Es werden also jeweils mehrere Proteinmoleküle gleichzeitig an einem mRNA-Strang synthetisiert. Der Abstand zwischen zwei Ribosomen beträgt etwa 80 Nucleotide.

Termination (Kettenabschluß): Nachdem der mRNA-Strang quantitativ abgelesen ist, wird die Translation durch ein Nonsens-Codon gestoppt. Zur Freisetzung der Peptidkette muß dann die Esterbindung zwischen der letzten Aminosäure und ihrer tRNA gelöst werden, wozu noch besondere Terminationsfaktoren nötig sind. Allerdings sind die freigesetzten Polypeptidketten meist noch keine funktionsfähigen Proteine. Vielmehr unterliegen sie in der Regel noch einer post-translationalen Veränderung. Wie bereits mehrfach erwähnt (S. 90, 105), benötigen solche Proteine, die in die Mitochondrien, Plastiden, Vakuole und andere Kompartimente transportiert werden, zum Passieren der Biomembranen und zu ihrer korrekten Plazierung sogenannte Transitpeptide. Diese bestehen aus überwiegend hydrophoben Aminosäureresten am aminoterminalen Ende des Moleküls. Nachdem sie ihre Aufgabe erfüllt haben, werden sie abgebaut und das Protein auf seine endgültige Größe zugeschnitten.

Die Ribosomen müssen vor Bildung eines neuen Startkomplexes in ihre Untereinheiten dissoziieren. Mit abnehmender Proteinsyntheserate können sie jedoch auch zu inaktiven 70 S oder 80 S Ribosomen zusammentreten, die nicht mehr an der Proteinsynthese teilnehmen, sondern eine Art Speicher für vorübergehend nicht benötigte Untereinheiten darstellen. Sie können jederzeit wieder mobilisiert werden. Diesen Kreislauf, d. h. Aktivität bei der Proteinsynthese, Dissoziation in Untereinheiten und Reassoziation zu inaktiven Ribosomen, bezeichnet man als Ribosomenzyklus.

Durch die mRNA wird direkt nur die Primärstruktur der Proteine festgelegt. Diese scheint jedoch, zumindest in manchen Fällen, auch eine bestimmte Sekundär- bzw. Tertiärstruktur zu bedingen, deren Ausbildung dann spontan erfolgt.

Bei den Bakterien sind die mRNA-Moleküle jeweils nur kurze Zeit aktiv, bei *Bacillus subtilis* z. B. nur etwa 2 Minuten. In dieser Zeit können an einem Strang etwa 10–20 Proteinmoleküle synthetisiert werden. Dadurch wird verhindert, daß eine einmal an das Plasma gegebene genetische Information *in infinitum* zur Produktion ein und desselben Proteins führt, d. h. daß die Produktion nur so lange stattfindet, wie das betreffende Gen aktiv ist und mRNA bildet. Im Gegensatz hierzu behält die Virus-RNA ihre Aktivität wesentlich länger bei. Aber auch bei den Eukaryonten ist die mRNA längere Zeit aktiv. Es hat den Anschein, daß die Lebensdauer der eukaryotischen mRNA durch die Länge des oben erwähnten Poly(A)-Stranges bestimmt wird, dessen Länge mit zunehmendem Alter abnimmt. Die verhältnismäßig kurze Lebensdauer der Histon-mRNA wäre dann eine logische Folge des Fehlens eines solchen Poly(A)-Stranges. Eine wesentliche Rolle für die Bestimmung der Lebensdauer von Proteinen spielt das Ubiquitin, über dessen Funktion bereits berichtet wurde (S. 383).

15.7 Geschlechtsbestimmung

Auch die Ausbildung des Geschlechts wird durch Gene gesteuert. Offensichtlich besitzen alle Organismen grundsätzlich eine bisexuelle Potenz, d. h. die genetisch bedingte Reaktionsnorm, beide Geschlechter auszubilden. Ist diese für beide Geschlechter gleich stark ausgeprägt, so entwickeln sich monoecische Individuen mit beiden Sexualpotenzen, überwiegt dagegen die eine oder die andere, so entstehen dioecische Individuen mit überwiegend oder ausschließlich einer Sexualpotenz.

Für die Geschlechtsausprägung ist ein Realisatorsystem verantwortlich. In der Regel handelt es sich um ein Gen, d. h. das Geschlecht wird monofaktoriell bestimmt. Im Prinzip folgt dann die Geschlechtsbestimmung dem Schema der Rückkreuzung zwischen einem monohybriden und dem rezessiven Elter (vgl. Abb. 15.**3**).

Häufig haben die homologen Chromosomen, auf denen die geschlechtsbestimmenden Faktoren lokalisiert sind, eine verschiedene Gestalt (Geschlechts- oder **Heterochromosomen**). Sie werden dann als X- und Y-Chromosomen unterschieden. Nicht selten fehlt sogar das eine Chromosom überhaupt, so daß bei der Paarung der Homologen in der Meiosis das Geschlechtschromosom ohne Partner bleibt.

Bei den Haplonten erfolgt die Geschlechtsbestimmung bereits während der mit einer Meiosis verbundenen Keimung der Zygote (Abb. 14.**6**, S. 425). Zwei der gebildeten vier Gonen enthalten die eine, zwei die andere Geschlechtspotenz, so daß zwei der daraus hervorgehenden Individuen dem einen, zwei dem anderen Geschlecht angehören (**haplogenotypische Geschlechtsbestimmung**).

Bei den Diplonten ist das eine Geschlecht, meist das männliche, in bezug auf die geschlechtsbestimmenden Faktoren heterozygot, besitzt also zwei verschiedene Geschlechtschromosomen (X, Y) bzw. nur eines, während das andere, in der Regel das weibliche Geschlecht, zwei gleiche Chromosomen (XX) hat. Die bei der Meiosis gebildeten Gameten (Abb. 14.6, S. 425) der männlichen Individuen sind dann Heterogameten, d. h. sie enthalten zu 50% X- und zu 50% Y- (bzw. keine) Geschlechtschromosomen, während die weiblichen Individuen nur Gameten mit X-Chromosomen hervorbringen, also homogametisch sind. Die Geschlechtsbestimmung erfolgt im Moment der Kopulation. Kopulieren X- und Y-Gameten, entsteht ein männliches, kopulieren X- und X-Gameten, ein weibliches Individuum (**diplogenotypische Geschlechtsbestimmung**).

Bei Pflanzen mit Generationswechsel und dioecischen Gametophyten, z. B. den dioecischen Moosen, findet die Geschlechtsbestimmung bei der Bildung der Meiosporen statt, aus denen zur Hälfte männliche, zur Hälfte weibliche Gametophyten entstehen. Ungleich komplizierter liegen die Verhältnisse bei zweihäusigen Blütenpflanzen, bei denen die staminaten und carpellaten Blüten auf verschiedene Individuen verteilt sind. Hier kann sowohl Diallelie als auch multiple Allelie vorliegen. Neben dem Realisator können noch Modifikationsgene vorkommen, die das dominante Realisatorallel in seiner Wirkung abschwächen. Bei polyploiden Pflanzen, die unter den höheren Pflanzen nicht selten sind, wird die Geschlechtsausprägung durch eine additive Allelwirkung bzw. eine unvollständige Dominanz beeinflußt. Die Geschlechtsbestimmung erfolgt bei der Verschmelzung der Eizelle mit der Spermazelle. Überwiegt die weibliche Sexualpotenz, so entsteht ein Makrosporophyt mit carpellaten Blüten, überwiegt die männliche, entsteht ein Mikrosporophyt mit staminaten Blüten. In diesem Falle unterscheiden sich also schon die Sporophyten in bezug auf die geschlechtsbestimmenden Faktoren insofern, als der eine nur Makrosporophylle, der andere nur Mikrosporophylle hervorbringen kann.

Bei manchen Pflanzen mit bisexueller Potenz kann die Ausprägung des Geschlechts in der einen oder in der anderen Richtung durch andere, nicht in den geschlechtsbestimmenden Genen selbst liegende Faktoren beeinflußt werden. In diesem Fall spricht man von phänotypischer Geschlechtsbestimmung. An der Geschlechtsausprägung monoecischer Pflanzen sind Phytohormone entscheidend beteiligt. So fördern bei der Gurke Auxine die Bildung carpellater, Gibberelline die Bildung staminater Blüten.

15.8 Extrachromosomale Vererbung

Nach der Reziprozitätsregel sind reziproke Hybriden gleich. Hiervon gibt es jedoch Ausnahmen, bei denen das Kreuzungsergebnis davon abhängt, welchem Geschlecht die jeweiligen Kreuzungspartner angehören. Da die Genome reziproker Hybride gleich sind, können die Merkmalsunterschiede nicht durch chromosomale Gene bedingt sein. Es wurde daher schon sehr früh erkannt, daß es auch extrachromosomale Gene geben muß, die nicht im Zellkern lokalisiert sind. Sitz dieser Gene sind die Mitochondrien und die Plastiden, die DNA und Ribosomen enthalten und somit zu einer eigenständigen, wenn auch begrenzten Proteinsynthese befähigt sind. Die in den Mitochondrien lokalisierten Gene werden auch als Chondriom, die in den Plastiden liegenden als Plastom bezeichnet.

15.8.1 Plastidengenom (Plastom)

Ein Beispiel für die Plastidenvererbung ist die Weiß-grün-Scheckung der Blätter von *Mirabilis jalapa*, deren Blütenfarbe nach den Mendelschen Regeln vererbt wird. Kreuzt man eine rein grüne Mutter mit einem gescheckten (= albomaculaten) Vater, so ist die Nachkommenschaft durchweg rein grün (Abb. 15.17). Daraus folgt, daß nur die Eizelle Plastiden enthält, die in diesem Falle normal grün sind. Kreuzt man dagegen umgekehrt eine albomaculate Mutter mit einem rein grünen Vater, so erhält man teils grüne, teils albomaculate, teils aber auch ganz weiße Nachkommen, je nachdem, ob durch die Eizelle nur normal ergrünende, normal und nicht ergrünende oder nur nicht ergrünende Plastiden übertragen worden sind. Da die weißen Pflanzen nicht photoautotroph sind, gehen sie normalerweise zugrunde.

Die cytologische Analyse hat ergeben, daß bei vielen Pflanzen die generativen Zellen der Pollen tatsächlich frei von Plastiden sind, während die vegetativen Zellen durchaus Plastiden enthalten (Abb. 15.18A). In vielen Fällen, wie z. B. bei *Gasteria verrucosa*, werden die Plastiden bereits bei der ersten Mitose der Pollen durch ein Netzwerk von Actinfibrillen im Bereich der vegetativen Zelle fixiert, so daß die generative Zelle von vornherein keine Plastiden enthält. In anderen Fällen erhält auch die generative Zelle Plastiden, die aber entweder später degenerieren oder bei der Siphonogamie abgestreift und

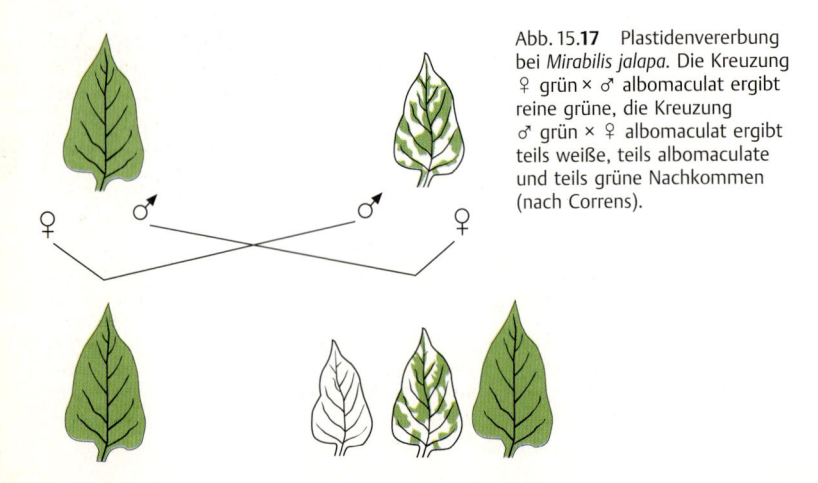

Abb. 15.17 Plastidenvererbung bei *Mirabilis jalapa*. Die Kreuzung ♀ grün × ♂ albomaculat ergibt reine grüne, die Kreuzung ♂ grün × ♀ albomaculat ergibt teils weiße, teils albomaculate und teils grüne Nachkommen (nach Correns).

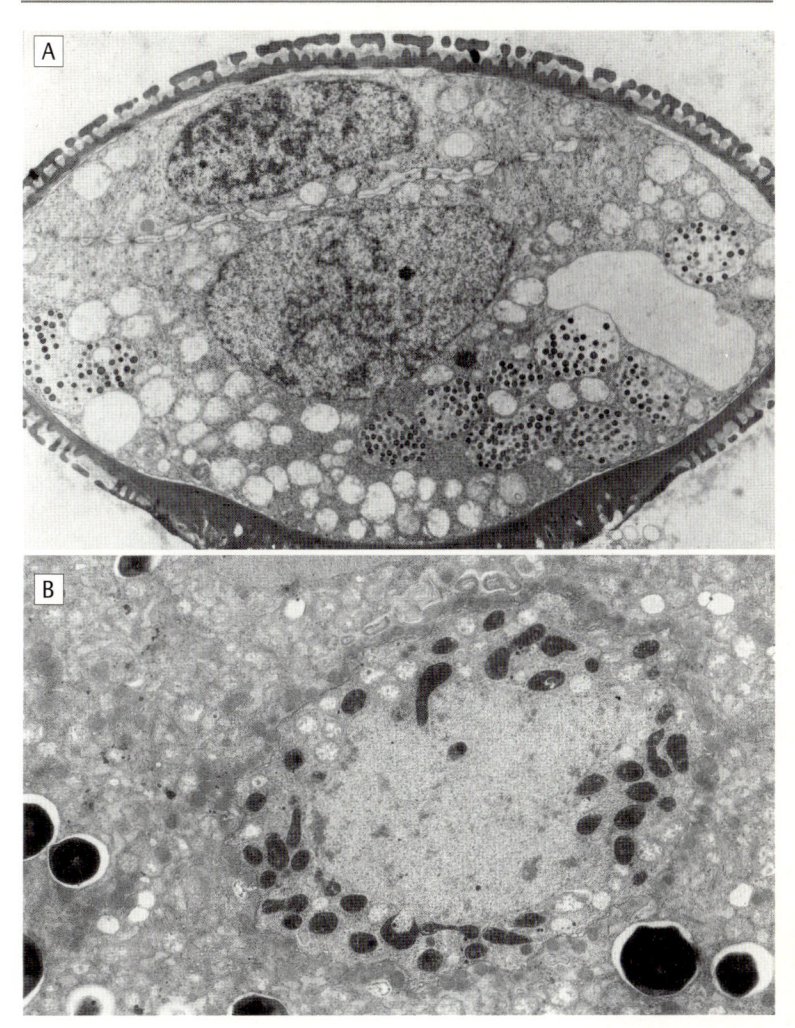

Abb. 15.**18** Pollenkörner. **A** *Gasteria verrucosa*. Die große vegetative Zelle enthält Plastiden mit stark kontrastierten Stärkekörnern, während die oben liegende, wandständige generative Zelle plastidenfrei ist. **B** *Pelargonium zonale*. Sowohl die im Zentrum befindliche generative Zelle als auch die sie umgebende vegetative Zelle enthalten Plastiden. Die der letzteren umschließen große, stark kontrastierte Stärkekörner. Fixierung: Glutaraldehyd/OsO$_4$; Kontrastierung: Uranylacetat/Bleicitrat; Vergr. **A** ca. 4000fach, **B** ca. 6000fach (Originalaufnahmen: R. Hagemann, H. Stein und M.-B. Schröder).

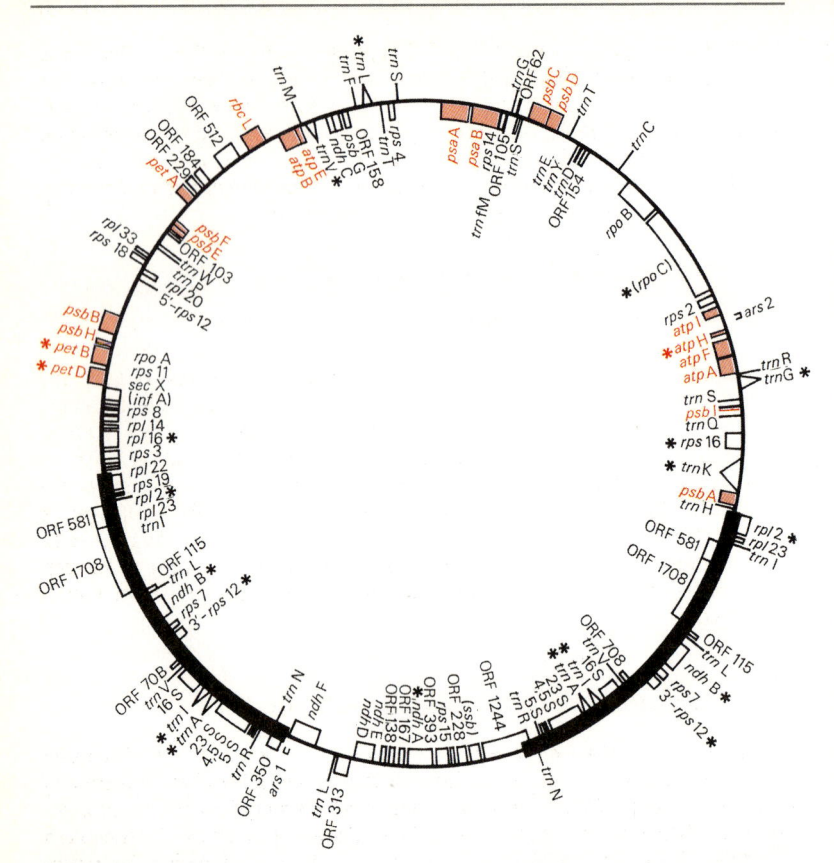

Abb. 15.19 Genkarte des Plastoms von *Nicotiana tabacum*. Die für den Photosyntheseapparat codierenden Gene (vgl. Abb. 3.18, S. 101 ff.) sind rot gezeichnet. 23 S, 16 S, 5 S und 4,5 S sind die rRNA-Gene, *trn* die tRNA-Gene, *rpo* die RNA-Polymerase-Gene und *rpl*, *rps* Gene, die für ribosomale Proteine codieren. Auf die übrigen Genbezeichnungen kann hier nicht eingegangen werden. Die Sterne markieren Gene, die Introns enthalten (nach Shinozaki et al.).

somit nicht in die Eizelle übertragen werden. Es gibt allerdings auch Pflanzen, wie z. B. *Pelargonium zonale,* bei denen auch die Spermazellen Plastiden enthalten (Abb. 15.18B). In diesem Falle werden also die Plastom-Informationen biparental, d. h. durch beide Eltern vererbt. Die Überstruktur der Chloroplasten-DNA zeigt Abb. 3.19 (S. 105) für die Alge *Derbesia marina*. Welche Proteinkomplexe der Thylakoidmembran höherer Pflanzen plastomcodiert sind, ist der Abb. 3.18 (S. 101 ff.) zu entnehmen.

Abb. 15.19 zeigt die Genkarte der Chloroplasten-DNA des Tabaks *(Nicotiana tabacum)*. Sie umfaßt 155 844 Basenpaare, deren gesamte Sequenz aufgeklärt ist. Die überwiegende Mehrzahl der Gene ist, wie bei den Bakterien, zu Operons zusammengefaßt. Diese werden gemeinsam in einen polycistronischen mRNA-Strang transkribiert, der dann im „processing" in die mRNAs zerlegt wird. Auch bei anderen Pflanzen, z. B. dem Lebermoos *Marchantia polymorpha*, ist die molekulargenetische Analyse weit fortgeschritten.

15.8.2 Mitochondriengenom (Chondriom)

Obwohl die DNA der pflanzlichen Mitochondrien ungleich mehr Basenpaare umfaßt als die der Tiere und Pilze, enthält sie doch keineswegs sehr viel mehr Gene, die für Proteine codieren. Sie liegt in Form mehrerer ringförmiger Doppelstränge verschiedener Länge vor, wobei in allen Fällen ein zirkulärer „Hauptstrang" vorhanden ist, der die gesamte Sequenz der Gene des Genoms enthält (S. 89). Die Bedeutung dieser ungewöhnlichen Organisation ist nicht bekannt. Auch scheint sie nicht für alle pflanzlichen Mitochondriengenome zuzutreffen. Sie enthält die Gene für die 26 S, 18 S, 5 S und 4,5 S ribosomale RNAs (S. 86), für einige tRNAs, für einige Komponenten der Atmungskette sowie für Komponenten der mitochondrialen ATP-Synthese. Auch Genkarten liegen bereits für einige Pflanzen vor, worauf hier jedoch nicht näher eingegangen werden kann.

15.9 Genetische Grundlagen der Evolution

Wie in den ersten Kapiteln dieses Buches dargelegt wurde, ist die Evolution vom Proto- bzw. Eobionten zum hochentwickelten Vielzeller eine zahlenmäßig kaum abschätzbare Folge von schrittweisen Veränderungen in den Eigenschaften und Leistungen der Organismen. Diese müssen einerseits zu irgendeinem Zeitpunkt als Novum aufgetreten, dann aber an die nachfolgenden Generationen weitervererbt worden sein. Eines der Grundprobleme der Evolution ist also die Frage, wie diese im Laufe der phylogenetischen Entwicklung neu auftretenden Merkmale entstanden sind, und welches die Bedingungen hierfür waren, d. h. also die Frage nach den genetischen Grundlagen der Evolution.

15.9.1 Mutation

Eine unerläßliche Voraussetzung der Evolution sind die Mutationen. Dabei ist die relativ geringe Häufigkeit von Mutationen (Mutationsrate) kein gewichtiges Argument, ihre Bedeutung für die Evolution in Zweifel zu ziehen, und zwar aus folgenden Gründen:

1. Hinsichtlich der Mutationsrate bestehen zwischen den verschiedenen Genen ein und desselben Organismus erhebliche Unterschiede, d. h. es gibt

Gene, die häufig mutieren, und andere, bei denen Mutationen sehr selten sind. Außerdem kann die Mutationsrate mancher Gene durch besondere Mutatorgene erhöht werden.
2. Sowohl die Anzahl der Gene eines Organismus als auch die Zahl der Individuen einer Population ist in der Regel sehr hoch. Deshalb kann die Häufigkeit von Mutationen, absolut betrachtet, wesentlich höher sein, als der relative Wert der Mutationsrate vermuten läßt.
3. Durch Außeneinflüsse, z.B. Strahlung und chemische Agenzien, kann die Mutationsrate erheblich heraufgesetzt werden. Da im Laufe der erdgeschichtlichen Entwicklung sowohl die physikalischen Bedingungen als auch das chemische Milieu häufigen Änderungen unterworfen waren, müssen wir davon ausgehen, daß diese auch bei der Entwicklung der Organismen einen erheblichen Einfluß hatten.

Die tatsächliche Häufigkeit von Mutationsereignissen ist insofern schwer abzuschätzen, als Schäden an der doppelsträngigen DNA mit Hilfe der bereits beschriebenen Kontrollmechanismen (S. 468) wieder repariert werden können. Nicht selten werden Mutationen durch Rückmutationen wieder beseitigt. Schließlich ist zu berücksichtigen, daß viele Punktmutationen, die nur eine Base und somit im Protein höchstens eine Aminosäure betreffen, überhaupt keine physiologischen und strukturellen Auswirkungen haben, da sie die Funktionsfähigkeit des betreffenden Proteins nicht beeinträchtigen. Derartige Mutationen können folglich überhaupt nicht erkannt werden. Ein eindrucksvolles Beispiel hierfür ist das Cytochrom c, dessen Primärstruktur im Verlaufe der phylogenetischen Entwicklung in weiten, funktionell wesentlichen Bereichen unverändert geblieben ist, während Aminosäuren in anderen Positionen ohne Funktionsbeeinträchtigung durch andere Aminosäuren ausgetauscht wurden, und zwar im Verlaufe der Evolution sogar wiederholt.

Die Hauptschwierigkeit, die stammesgeschichtliche Entwicklung durch eine zahlenmäßig kaum ausdrückbare Folge von Mutationen zu erklären, ist zweifellos die Tatsache, daß Mutationen nicht gerichtet verlaufen. Infolgedessen haben sie auf den Phänotypus meist negative Auswirkungen, vermindern die Überlebenschancen des betreffenden Organismus also eher, als daß sie sie erhöhen. Mit anderen Worten: Mutationen haben häufig einen negativen Selektionswert.

Dessen ungeachtet gibt es aber auch zahlreiche Beispiele für Mutationen, die für den betreffenden Organismus einen positiven Selektionswert haben. Von großer praktischer Bedeutung ist z.B. das häufig zu beobachtende Auftreten von Resistenz gegen Antibiotika und Sulfonamide bei bisher gegen diese Mittel empfindlichen Bakterienstämmen.

15.9.2 Rekombination

Liegen bei einer Art infolge von Mutationen mehrere Gene oder Gengruppen verschiedener Allele vor, so können diese in der Meiosis vermischt und neu miteinander kombiniert werden, was zur Bildung neuer Rassen und Arten führt (Abb. 15.**4**, S. 449). Die Neukombination des Erbgutes in der Meiosis ist somit ein weiterer wichtiger Faktor für die Evolution der Organismen.

15.9.3 Selektion

Wie bereits erwähnt, können Mutationen entweder einen negativen oder einen positiven Selektionswert haben oder aber für den Organismus bedeutungslos sein. Negative Mutationen, selbst wenn sie nicht letal sind, vermindern entweder die Überlebenschancen, etwa infolge von Stoffwechseldefekten, oder beeinträchtigen die Fortpflanzung. Infolgedessen sind Mutanten dieser Art unter natürlichen Bedingungen im Konkurrenzkampf den Wildformen unterlegen und werden wieder ausgemerzt. Aber auch der positive Selektionswert einer Mutation ist relativ, d. h. auf die Umweltbedingungen bezogen. So ist die Frosthärte mancher Bäume eine unerläßliche Voraussetzung für die Besiedlung nördlicher Breiten, während sie für die Tropen und Subtropen bedeutungslos ist. Wie bereits ausführlich dargelegt, sind C_4-Pflanzen den C_3-Pflanzen im CO_2-Einbau deutlich überlegen, erkaufen diese Überlegenheit aber durch einen höheren Energieverbrauch. Ob der C_4-Dicarbonsäureweg einen positiven oder negativen Selektionswert hat, hängt daher entscheidend von den Umweltbedingungen ab.

Schließlich treten die oben erwähnten antibiotika- und sulfonamidresistenten Stämme nur bei Anwendung dieser Mittel hervor, da nur unter diesen Bedingungen die resistenten Formen größere Überlebenschancen haben und bei der durch die Hemmstoffe bedingten Selektion übrigbleiben. Bei Abwesenheit der genannten Hemmstoffe ist die Resistenz gegen diese bedeutungslos und führt nicht zu einer Selektion. Die Anwendung der Antibiotika und Sulfonamide führt also nicht zur Entstehung, sondern lediglich zur Selektion resistenter Formen.

Die Selektion kann stabilisierend auf eine Population wirken, indem ständig die extremen Formen eliminiert werden, die Population also ziemlich einheitlich gehalten wird. Ihre Variationsbreite, d. h. Abweichungen in Größe, Farbe und Gestalt von der durchschnittlich am häufigsten vertretenen „Normalform", ist relativ gering. Die Selektion kann aber auch gerichtet sein, indem sie, etwa bei Änderung der klimatischen Bedingungen, besser angepaßte Mutanten und Rekombinanten begünstigt, was eine Verschiebung der Variationsbreite zur Folge hat.

In sehr kleinen Populationen oder bei plötzlicher starker Verminderung der Populationsgröße (z. B. durch Krankheiten, Dürreperioden u. ä.) können bestimmte Allele rein zufällig erhalten bleiben bzw. eliminiert werden, d. h. also unabhängig von ihrem Selektionswert. Man bezeichnet dies als **genetische Drift**.

15.9.4 Isolation

Die Auswirkungen von Mutationen, Rekombinationen, Selektion und genetischer Drift werden besonders dann deutlich, wenn eine Art sich über einen ganzen Kontinent oder gar von Kontinent zu Kontinent bzw. auf Inseln oder Inselgruppen verbreitet. Eine solche geographische Isolation führt bereits nach verhältnismäßig kurzer Zeit zur Ausbildung von Rassen, die sich mehr oder weniger stark von der Ursprungsart unterscheiden und sich mit dieser um so schwerer kreuzen lassen, je weiter die Rassenbildung fortgeschritten ist. Oft sind die Unterschiede so groß, daß man bereits von Unterarten spricht, die sich schließlich zu besonderen Arten entwickeln, wobei die Entscheidung, ob eine Rasse, Unterart oder neue Art vorliegt, natürlich nur von Fall zu Fall gefällt werden kann.

Auch die ökologische Isolierung als Folge der Besiedlung besonderer, vom übrigen Verbreitungsgebiet abweichender Biotope kann zur Bildung von Rassen, Unterarten und neuen Arten führen. Schließlich ist noch die sexuelle Isolation zu erwähnen. Sie ist eine Folge eingeschränkter Kreuzungsmöglichkeiten, z. B. Sterilität oder verminderte Fertilität von Hybriden. Hierdurch wird der Genaustausch zwischen Rassen und Unterarten eingeschränkt oder blokkiert.

Die vorstehenden Abschnitte zeigen, wie es durch Zusammenwirken der Evolutionsfaktoren zur Ausbildung neuer Arten kommen kann. Sehr wesentlich ist dabei ein gewisser Selektionsdruck, durch den einige Phänotypen begünstigt und andere benachteiligt werden, was zur allmählichen Auslese der ersteren führt. Es herrscht jedoch noch keineswegs Einigkeit darüber, ob diese Faktoren zur Erklärung aller Evolutionsvorgänge ausreichen. So ist die Entstehung der in Kap. 13.4 vorgestellten komplizierten Tierfangapparate kaum durch einen Selektionsdruck zu erklären, da der Tierfang für diese Pflanzen keineswegs eine unerläßliche Bedingung ist, sondern nur einen zusätzlichen Nahrungserwerb darstellt. Die phylogenetische Entwicklung und Beibehaltung von Zellen, Geweben und Organen, die den betreffenden Organismen offensichtlich keinen Selektionsvorteil verschaffen, ist zweifellos ein ungelöstes Problem der Evolutionsforschung.

Zusammenfassung

- Gene sind Erbfaktoren, die Kontinuität besitzen, d. h. von Generation zu Generation im typischen Falle unverändert weitergegeben werden. Ihre Gesamtheit bezeichnet man als Genotypus. Die Realisierung des Genotypus führt zu dem äußeren Erscheinungsbild eines Organismus, dem Phänotypus.

- Die Gesamtheit der Gene eines Chromosomensatzes heißt Genom. Außerdem sind an der Ausbildung des Phänotypus auch extrachromosomale Gene beteiligt, die auf der DNA der Plastiden (Plastom) bzw. der Mitochondrien (Chondriom) lokalisiert sind.

- Ein Gen bestimmt nicht direkt ein Merkmal, sondern einen Reaktionsschritt, der zur Merkmalsausbildung führt. Es ist somit eine Funktionseinheit. Nach den Regeln der klassischen Genetik (Mendelsche Regeln) ist es außerdem die Einheit der Rekombination und der Mutation.

- Ein Gen kann in verschiedenen Zuständen vorliegen, die Unterschiede bei der Ausbildung eines Merkmals zur Folge haben. Man bezeichnet sie als Allele. Bei homozygoten Organismen sind die Allele des betreffenden Gens gleich, bei heterozygoten Organismen verschieden.

- Träger der genetischen Information ist die DNA, die eine hohe Spezifität und auch die Fähigkeit zur Selbstverdopplung (Autoreplikation) besitzt. Die genetische Information liegt in der Sequenz der Nucleotide der DNA. Jede Aminosäure wird durch drei aufeinanderfolgende Nucleotide (Tripletts) determiniert (genetischer Code).

- Das Genom von *Escherichia coli* besteht aus einem zirkulären DNA-Doppelstrang, der im nativen Zustand durch Ausbildung superhelikaler Schleifen aufgeknäult ist. Er umfaßt 4,6 Millionen Nucleotidpaare, die die Information für 4288 Gene enthalten. Etwa die Hälfte davon ist bekannt. Zusätzlich kommen kleinere DNA-Elemente vor, die als Plasmide bezeichnet werden. Sie können von einer Bakterienzelle auf eine andere übertragen werden, wobei sie häufig auch Teile des Bakteriengenoms mit übertragen, was zu Rekombinationen führt.

- Bei einigen Viren und Bakteriophagen kann auch die RNA als Informationsüberträger dienen. Die Nucleinsäuren sind hier von einer als Capsid bezeichneten Proteinhülle umgeben, mit Ausnahme der nackten Viroide. Die Viren und Bakteriophagen veranlassen die infizierten Zellen zu einer Änderung der Nucleinsäure- und Proteinsynthese.

- Das Genom der Eukaryonten ist auf die Chromosomen verteilt, die in der diploiden Zelle in zwei homologen Sätzen vorliegen. Befinden sich Gene auf verschiedenen Chromosomen, sind sie frei kombinierbar. Liegen sie auf dem gleichen Chromosom, werden sie gekoppelt vererbt. Die Genkopplung kann allerdings durch Segmentaustausch durchbrochen werden.

- Bei vielen Organismen kommen bewegliche DNA-Sequenzen vor, die als Transposons oder springende Gene bezeichnet werden.

- Bei der Replikation wird der Doppelstrang der DNA durch Helikasen entwunden. Die entstehenden Einzelstränge werden durch Anlagerung von

DNA-Bindungsproteinen stabilisiert. Der 5′→3′-Strang, der zur Replikationsgabel hin wächst, wird lange Zeit ununterbrochen durch die Polymerase III synthetisiert. Die Synthese des antiparallelen Stranges erfolgt durch das gleiche Enzym, aber diskontinuierlich, wodurch Okazaki-Fragmente gebildet werden. Diese werden später durch Ligasen miteinander verknüpft.

- Mutationen können durch Änderung einzelner Gene, durch Änderungen des Chromosomenbaus und durch Änderung der Chromosomenzahl entstehen. Entsprechend unterscheidet man Gen-, Chromosomen- und Genommutationen. Mutationen können sowohl spontan entstehen als auch durch mutagene Agenzien bzw. Strahlung ausgelöst werden. Die Funktions- und Mutationseinheit im engeren Sinne ist das Cistron. Ein Gen kann aus mehreren Cistrons bestehen.

- Bei der auch als Genexpression bezeichneten Realisierung der genetischen Information wird zunächst die Nucleotidsequenz der DNA in die Nucleotidsequenz einer RNA übertragen. Im Falle der Proteinsynthese wird zunächst mRNA gebildet. Diese Umschreibung des Codes aus der DNA in die RNA bezeichnet man als Transcription. Die mRNA wird bei der Proteinsynthese an den Ribosomen in eine Aminosäuresequenz übersetzt (Translation). Während bei den Prokaryonten beide Prozesse im Cytoplasma stattfinden, erfolgt bei den Eukaryonten die Transcription im Zellkern, die Translation an den Ribosomen im Cytoplasma. Außerdem sind sowohl die Plastiden als auch die Mitochondrien zu einer begrenzten Proteinsynthese befähigt.

- Auch die Geschlechtsausbildung wird häufig durch Gene gesteuert (genotypische Geschlechtsbestimmung). In der Regel handelt es sich um ein Gen, d. h. das Geschlecht wird monofaktoriell bestimmt. Bei den Haplonten erfolgt die Geschlechtsbestimmung bereits bei der Meiosis (haplogenotypische Geschlechtsbestimmung), bei den Diplonten im Moment der Kopulation (diplogenotypische Geschlechtsbestimmung). Wird die Ausprägung des Geschlechtes durch andere, nicht in den geschlechtsbestimmenden Genen liegende Faktoren beeinflußt, spricht man von phänotypischer Geschlechtsbestimmung.

- Mutation und Rekombination der Gene im Verein mit natürlicher Selektion und räumlicher Isolation sind die wesentlichen evolutionsbestimmenden Faktoren.

Wachstum und Entwicklung

Als Wachstum und Entwicklung bezeichnen wir die Gesamtheit der Prozesse, die von der Keimzelle, sei sie nun auf sexuellem oder vegetativem Wege entstanden, zur endgültigen Ausgestaltung der Pflanze führen.

Allerdings sind beide Begriffe ihrem Inhalt nach nicht miteinander identisch. Als Wachstum bezeichnet man eine, im Gegensatz etwa zur Quellung, irreversible Volumen- und Substanzzunahme, die an die lebende Zelle gebunden ist. Dagegen versteht man unter Entwicklung im engeren Sinne alle die Prozesse, die zu formativen Veränderungen, d. h. Änderungen der inneren und äußeren Gestalt führen, also vor allem die Differenzierungsprozesse umfassen. Andererseits lassen sich jedoch die beiden Begriffe nicht scharf voneinander trennen, da Wachstumsprozesse in der Regel auch eine Änderung der Gestalt zur Folge haben und darüber hinaus die Voraussetzung bzw. ein integrierender Bestandteil vieler Entwicklungsprozesse sind.

Die Entwicklung des pflanzlichen, insbesondere des vielzelligen Organismus umfaßt also sowohl die Prozesse der Zellvermehrung und -vergrößerung als auch die der Differenzierung, die zur Arbeitsteilung der Zellen und somit zur Gewebe- und Organbildung führen. Da der Entwicklungsgang einerseits durch innere Faktoren gesteuert wird, die durch die von den Elternorganismen erhaltene genetische Information bedingt sind, andererseits aber innerhalb gewisser Grenzen auch durch Außenfaktoren modifiziert werden kann, stellt er ein kompliziertes Gefüge sich gegenseitig bedingender und in verschiedener Weise zu beeinflussender Vorgänge dar, das wir auch heute noch nicht annähernd übersehen.

16

16.1 Wachstum von Einzellern

Da auf der Organisationsstufe der Einzeller die einzelnen Individuen meist direkt durch einfache oder multiple Teilungen aus dem Mutterorganismus bzw. den Keimzellen hervorgehen, treten formative Effekte bei ihnen in den Hintergrund. Für das Studium der Wachstumsvorgänge sind sie jedoch wegen ihrer raschen Vermehrung und der dadurch bedingten Möglichkeit, innerhalb einer verhältnismäßig kurzen Zeit eine große Population zu erhalten, recht gut geeignet. Aus diesem Grunde sind viele unserer Kenntnisse, die das Wachstum und insbesondere die Plasmavermehrung betreffen, zuerst an Mikroorganismen gewonnen worden.

Überträgt man Mikroorganismen oder deren Keimzellen in ein geeignetes, alle notwendigen Nährstoffe enthaltendes Medium, mißt in regelmäßigen Abständen die Zellzahl und trägt deren Logarithmus gegen die Zeit auf, so erhält man die in Abb. 16.1 wiedergegebene sigmoide Wachstumskurve. Nach einer kurzen Anlaufsphase (I), in der keine Vermehrung, sondern lediglich eine Größenzunahme der Zellen erfolgt, beginnt das Zellteilungswachstum. In der Beschleunigungsphase (II) nimmt die Häufigkeit der Teilungen zu, bis eine konstante Teilungsgeschwindigkeit erreicht ist. Jetzt zeigt das Wachstum einen exponentiellen Verlauf, d. h. daß aus $1 = 2 = 4 = 8$ usw., allgemein also $a \cdot 2^n$ Zellen entstehen. Man bezeichnet diesen Abschnitt der Wachstumskurve daher als logarithmische Phase (log-Phase) des Wachstums (III). Mit zunehmendem Alter der Kultur setzt dann, wohl infolge der Erschöpfung der Nährstoffe und der Anhäufung hemmend wirkender Stoffwechselprodukte, eine Verlangsamung der Wachstumsgeschwindigkeit, die Verzögerungsphase (IV), ein, in der die Wachstumskurve allmählich in die Horizontale abbiegt und in die stationäre Phase überleitet (V). Von diesem Zeitpunkt an bleibt die Zellenzahl konstant, sofern sich nicht noch eine Abnahmephase (VI) anschließt, der ein Teil der Zellen durch Autolyse abstirbt, was zum Absinken der Keimzahl führt.

Die überwiegende Anzahl der Untersuchungen an Mikroorganismen wird während der logarithmischen Phase durchgeführt. Es wurden daher kontinu-

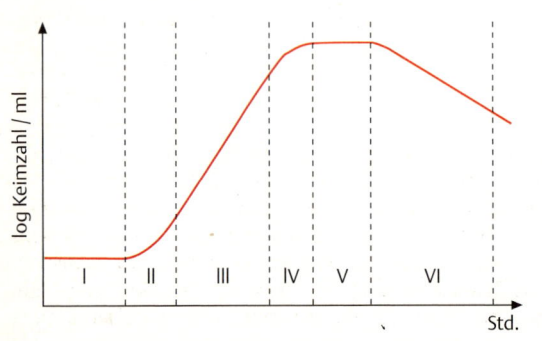

Abb. 16.1 Wachstumsphasen einer Bakterienkultur, schematisch.
I. Anlaufs-,
II. Beschleunigungs-,
III. logarithmische,
IV. Verzögerungs-,
V. stationäre,
VI. Abnahmephase.

ierliche Verdünnungsverfahren ausgearbeitet, die es gestatten, durch kontrollierte Zufuhr neuer Nährlösung die Zahl der Organismen konstant und die Kultur auf diese Weise ständig in der log-Phase zu halten. Man kann jedoch eine Kultur auch so steuern, daß sich ihre Zellen jeweils etwa zur gleichen Zeit teilen und somit das gleiche Alter haben (Synchronisation). Dadurch ist es möglich, die Eigenschaften von Mikroorganismen, z. B. ihre stoffliche Zusammensetzung oder ihre biochemischen Leistungen, in verschiedenen Altersstadien nach der Zellteilung zu erfassen. Das ist bei einer normalen Kultur, die stets Zellen aller Altersstadien enthält, nicht möglich.

16.1.1 Wachstumsfaktoren

Wie bereits erwähnt (S. 392), benötigen manche heterotrophen Organismen außer den als Nahrungs- und Energiequellen dienenden organischen Verbindungen noch ganz bestimmte Moleküle, die sie nicht selbst synthetisieren können. Man bezeichnet sie als Wachstumsfaktoren oder **Vitamine.** Von den Nährstoffen unterscheiden sie sich neben ihrer hohen Spezifität vor allem dadurch, daß sie nur in äußerst geringen Mengen benötigt werden, da sie eben nicht als Substrate der Energiegewinnung dienen, sondern ganz bestimmte Funktionen haben.

Historisch gesehen wurde die Rolle der Vitamine allerdings zuerst beim Studium der menschlichen und tierischen Mangelkrankheiten (Avitaminosen) erkannt, z. B. die Verhinderung der Beriberi durch Vitamin B_1, des Skorbutes durch Vitamin C (Ascorbinsäure) usw. Man definierte deshalb die Vitamine als Wirkstoffe, die für das normale Gedeihen des menschlichen bzw. tierischen Organismus unerläßlich sind, von diesem jedoch nicht selbst synthetisiert werden können.

Die meisten Vitamine sind Wirkungsgruppen von Enzymen. Dies gilt natürlich gleichermaßen für Mensch, Tier und Pflanze wie auch für die oben erwähnten Mikroorganismen. Der Unterschied liegt eben nur darin, daß die autotrophen Pflanzen diese Bausteine in der Regel selbst zu synthetisieren vermögen, zahlreiche heterotrophe Organismen dagegen nicht.

Das Vitamin B_1, das auch als **Thiamin** oder Aneurin bezeichnet wird, verhindert beim Menschen die Beriberi. In seiner aktiven Form als Diphosphat ist es Bestandteil verschiedener Enzyme, und zwar sowohl der Decarboxylasen als auch der C_2-Fragmente (z. B. aktiver Glykolaldehyd) übertragenden Transketolasen.

Es gibt eine verhältnismäßig große Anzahl von Mikroorganismen, die dieses Vitamin oder doch wenigstens Teile davon benötigen. So vermag der Pilz *Phycomyces blakesleeanus* auch dann noch zu wachsen, wenn ihm die beiden Komponenten Pyrimidin und Thiazol getrennt geboten werden. *Neurospora crassa* benötigt sogar nur das Thiazol, vermag das Pyrimidin also selbst zu synthetisieren. In diesem Zusammenhang sei auch die **Parabiose** der Hefe *Rhodotorula rubra* mit dem Zygomyceten *Mucor ramannianus* erwähnt. Erstere ist thiazolautotroph, benötigt also nur Pyrimidin, letzterer synthetisiert Pyrimidin, braucht aber Thiazol. Bringt man beide Organismen gemeinsam auf einem thiaminfreien Nährboden, auf dem sie allein nicht wachsen, zur Aussaat, gedeihen sie normal.

Riboflavin, Nicotinsäure, Folsäure und Pantothensäure sind die Komponenten des Vitamin-B_2-Komplexes. Das **Riboflavin**, das wir als Bestandteil der Flavinenzyme bereits kennengelernt haben (S. 313 f.), wird z. B. von *Lactobacillus casei* als Wachstumsfaktor benötigt. **Nicotinsäure** bzw. **Nicotinsäureamid**, Bestandteile der schon mehrfach erwähnten Nicotinamid-adenin-dinucleotide (S. 312 ff.), ist ein Wachstumsfaktor der Milchsäurebakterien. Die **Folsäure**, die Wirkungsgruppe des Coenzyms F, das C_1-Körper überträgt (Transformylierung), wird noch ausführlicher besprochen (s. unten). Die **Pantothensäure**, ein Bestandteil des Coenzyms A, ist ein Wachstumsfaktor für viele Hefen sowie einige *Lactobacillus*-Arten.

Das **Pyridoxin** (Vitamin B_6, Adermin) und seine Verwandten (Pyridoxal, Pyridoxamin) sind Vorstufen des Pyridoxalphosphates, des Coenzyms der Aminosäuredecarboxylasen und der Transaminasen. Manche *Lactobacillus*-Arten benötigen das Pyridoxalphosphat selbst, andere kommen mit Vorstufen aus. Das **Cobalamin** (Vitamin B_{12}), ein Abkömmling des Porphyrins mit Co als

Zentralatom, wird nicht nur von Bakterien als Wachstumsfaktor benötigt, sondern fördert auch das Wachstum zahlreicher Algen. **Biotin** (Vitamin H), das nicht mit dem Vitamin H′ (s. unten) verwechselt werden darf, vermag als Coenzym die Kohlensäure zu aktivieren (Carboxybiotin) und als Carboxylgruppe in ein Molekül einzuführen (Carboxylierung, S. 344).

Andere für den Menschen so überaus wichtige Vitamine, wie z.B. die Vitamine A und D, scheinen bei Pflanzen keine wesentliche Rolle zu spielen.

16.1.2 Antimetabolite

Die Abhängigkeit der Mikroorganismen von bestimmten Wachstumsfaktoren eröffnet die Möglichkeit, ihre Entwicklung in spezifischer Weise durch die Verabreichung von Substanzen zu hemmen, die dem betreffenden Wachstumsfaktor bis zu einem gewissen Grade ähnlich sind und an seiner Stelle von den Mikroorganismen eingebaut werden, ihn jedoch funktionell nicht vertreten können. Das hat bestimmte Ausfallserscheinungen zur Folge und führt zur Verlangsamung bzw. Einstellung des Wachstums. Derartige Substanzen bezeichnet man als Antimetabolite.

p-Aminobenzoesäure — Sulfanilamid

Aus der Vielzahl von Verbindungen dieser Art seien hier die **Sulfonamide** ausgewählt. Ein charakteristischer Vertreter ist das Sulfanilsäureamid (Sulfanilamid), das als Antagonist der p-Aminobenzoesäure (PAB, Vitamin H′) fungiert, die ein Baustein der Folsäure ist (s. unten). Aufgrund ihrer ähnlichen molekularen Struktur werden die Sulfonamide, wenn man sie den Mikroorganismen in großer Menge anbietet, anstelle der PAB in die Folsäure eingebaut, die hierdurch inaktiviert wird. Infolgedessen wird die Transformylierung und

Pteridin — p-Aminobenzoesäure — Glutaminsäure

Folsäure

```
    O    OH                         O    NH—NH₂
     \\ //                           \\ //
      C                               C
      |                               |
      CH₂                             CH₂
      |                               |
      CH₂                             CH₂
      |                               |
      NH                              NH
      |                               |
      C=O                             C=O
      |                               |
   H—C—OH                          H—C—OH
      |                               |
   H₃C—C—CH₃                       H₃C—C—CH₃
      |                               |
      H₂COH                           H₂COH
```

Pantothensäure **Pantothensäurehydrazid**

damit z. B. die Purinsynthese (S. 381) gehemmt. Dies führt zur Wachstumseinstellung, jedoch nicht zur Abtötung der Mikroorganismen. Gibt man nämlich anschließend wieder PAB im Überschuß, so verdrängt diese die Sulfonamide, und das Wachstum wird fortgesetzt. Die Sulfonamide wirken also nicht bakterizid, sondern bakteriostatisch.

Durch systematische Prüfung einer großen Anzahl der verschiedensten Verbindungen hat sich in den letzten Jahren die Zahl der bekannten Antimetabolite stark vermehrt. So fungiert z. B. als Antagonist der Pantothensäure das Pantothensäurehydrazid, als Antagonist des Pyridoxins (s. oben) das zur Tuberkulosebekämpfung verwandte Isoniazid usw. Manche dieser Antimetabolite haben, wie ja auch die Sulfonamide selbst, als Therapeutika Eingang in die Medizin gefunden. Darüber hinaus sind sie jedoch auch für den Biochemiker und Biologen von unschätzbarem Wert, da sie ihm die Möglichkeit in die Hand geben, bestimmte physiologische Vorgänge spezifisch zu blockieren, was deren Studium außerordentlich erleichtert bzw. überhaupt erst ermöglicht hat.

16.1.3 Antibiotika

Im Gegensatz zu den vorher erwähnten synthetischen Antimetaboliten bezeichnet man als Antibiotika im ursprünglichen Sinne Wachstumshemmstoffe, die von Mikroorganismen erzeugt und an ihre Umgebung abgegeben werden. Sie hemmen andere Mikroorganismen in der Entwicklung, während sie für den erzeugenden Organismus selbst innerhalb weiter Grenzen unschädlich sind.

Allerdings wurden Stoffe ähnlicher Wirkung inzwischen auch bei anderen Organismen, unter anderem bei höheren Pflanzen, gefunden, weshalb die ursprüngliche Definition nicht mehr aufrechterhalten werden kann. Letztlich handelt es sich auch hier um Antimetabolite, deren chemische Natur recht verschieden sein kann. Ob die Antibiotika auch im Konkurrenzkampf unter

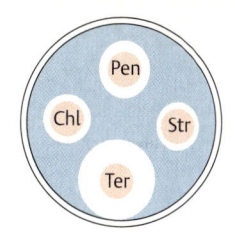

Abb. 16.2 Vergleich der Wirkung der Antibiotika Penicillin (Pen), Streptomycin (Str), Terramycin (Ter) und Chloramphenicol (Chl) gegen *Micrococcus pyogenes* var. *aureus* im Lochtest.

natürlichen Bedingungen eine Rolle spielen, ist noch strittig, da sie im Boden, wenn überhaupt, meist gebunden vorliegen. Möglicherweise werden sie nur unter Kulturbedingungen gebildet. Dessen ungeachtet haben sie in der Medizin und Biologie als spezifische Hemmstoffe, z. B. bestimmter Schritte der Genexpression wie auch zahlreicher anderer biochemischer Reaktionen, eine große Bedeutung erlangt.

Zur Prüfung auf antibiotische Wirksamkeit sind verschiedene Testverfahren entwickelt worden, die letzten Endes alle auf dem gleichen Prinzip beruhen. Man zieht den zu untersuchenden Organismus in künstlicher Kultur an und prüft nach einiger Zeit das Kulturfiltrat auf seine antibiotische Wirksamkeit. Hierzu kann man sich z. B. des Lochtests (Abb. 16.2) bedienen, bei dem man in eine mit dem Testbakterium beimpfte Nähragarplatte Löcher stanzt, in diese die zu prüfende Lösung einfüllt und nach einiger Zeit feststellt, ob in der Umgebung des Loches eine Wachstumshemmung eingetreten ist.

Penicillin: Die Entdeckung des Penicillins hat eine neue Ära in der Medizin eingeleitet. Es ist ein Produkt des Schimmelpilzes *Penicillium notatum*. Technisch wird es allerdings meist aus *Penicillium chrysogenum* gewonnen. Es gibt eine ganze Reihe von Penicillinen, die sich in ihrer Struktur nur geringfügig unterscheiden und mit großen Buchstaben (B, F, G usw.) bezeichnet werden. Die Penicilline hemmen vor allem grampositive Bakterien, z. B. Staphylococcen

Penicillin G-Na   **Streptomycin**

(*Micrococcus pyogenes* var. *aureus*), aber auch einige gramnegative Formen. Ihre Wirkung beruht darauf, daß sie die Bildung der Bakterienzellwand hemmen, indem sie die Quervernetzung der Peptidoglycanmoleküle über die Peptidseitenketten verhindern. Da die Synthese von Zellwandmaterial während des Wachstums der Bakterien erfolgt, wirken die Penicilline nur auf wachsende Bakterien. Penicillin ist wohl auch heute noch das in der Medizin am häufigsten angewandte Antibiotikum. Allerdings hat man in letzter Zeit immer häufiger das Auftreten von Penicillinresistenz festgestellt, der jedoch durch chemische Veränderungen am Molekül, z. B. veränderte Seitenketten, bis zu einem gewissen Grade begegnet werden kann. In einigen Fällen hat diese Resistenz ihre Ursache in der Bildung des Enzyms Penicillinase, das das Penicillin zerstört.

Streptomycin: Dieses Produkt des Actinomyceten *Streptomyces griseus* hemmt eine größere Anzahl von Bakterienarten als das Penicillin, z. B. auch den Erreger der Tuberkulose. Es wird an die kleineren Untereinheiten der Ribosomen gebunden, was deren Verformung zur Folge hat. Hierdurch werden Ablesefehler bei der Translation verursacht, so daß funktionell unwirksame Proteine entstehen.

Chloramphenicol: Dieses auch als Cloromycetin bezeichnete Produkt des Actinomyceten *Streptomyces venezuelae* wird heute synthetisch hergestellt. Sein Molekül ist insofern interessant, als es eine Nitrogruppe enthält, was bei Naturstoffen selten der Fall ist. Es ist gegen zahlreiche grampositive und gramnegative Bakterien sowie auch gegen manche Protozoen und große Viren wirksam. Chloramphenicol blockiert die Proteinsynthese an den 70 S Ribosomen, indem es an deren 50 S Untereinheiten bindet und die Anlagerung der mRNA an diese verhindert. Es hemmt somit die Translation nur bei Prokaryonten, Mitochondrien und Plastiden.

R^1 = H, R^2 = H : **Tetracyclin**
R^1 = H, R^2 = OH : **Terramycin**
R^1 = Cl, R^2 = H : **Aureomycin**

Chloramphenicol

Tetracyclin: Das Tetracyclin und seine Derivate **Aureomycin** und **Terramycin** sind ebenfalls Produkte von Streptomyceten. Ihre Moleküle bestehen aus vier linear anellierten sechsgliedrigen Ringen, die verschiedene Substituenten tragen können. In ihrer Wirkungsbreite werden sie nur vom Chloramphenicol übertroffen. Sie reagieren mit den 30 S Untereinheiten der Ribosomen und blockieren dadurch bei der Translation die Bindung der Aminoacyl-tRNA an die spezifische Akzeptorstelle. Auch die Proteinsynthese von Eukaryonten wird durch Tetracycline gehemmt, aber erst bei höheren Konzentrationen.

Aminoacylende der tRNA

Abschließend seien noch einige Antibiotika genannt, die für den Biologen von besonderem Interesse sind. Die **Actinomycine,** deren bekanntester Vertreter das Actinomycin D ist, haben als Inhibitoren der Proteinsynthese Bedeutung erlangt. Sie hemmen die Transcription, indem sie die DNA besetzen und als Matrize unbrauchbar machen. **Puromycin** hemmt die Translation. Infolge seiner strukturellen Ähnlichkeit mit dem Aminoacyladenosin-Ende der tRNA (CCA-Ende, S. 33) geht es bei der Proteinsynthese mit der zuletzt am Ribosom eingebauten Aminoacyl-tRNA (Abb. 15.**16**, S. 475) eine Peptidbindung ein. Da es jedoch mit der nächstfolgenden Aminosäure keine weitere Peptidbindung bilden kann, löst sich der gebildete Polypeptidstrang zusammen mit dem Puromycin vorzeitig vom Ribosom ab. **Cytochalasine** sind Stoffwechselprodukte von *Helminthosporium dematioideum*. Es wurden mehr als 20 Vertreter beschrieben, die vielfältige biologische Wirkungen entfalten. Durch Blockierung der Actin-Polymerisation hemmen sie die durch Mikrofilamente verursachten Bewegungsvorgänge.

16.2 Wachstum der höheren Pflanze

Die mit zunehmender Organisationshöhe zu beobachtende funktionelle Spezialisierung der Zellen und Gewebe eines vielzelligen Organismus macht es nötig, daß die von den Meristemen erzeugten Zellen zunächst noch eine morphologische und physiologische Umgestaltung erfahren, ehe sie ihre Funktion ausüben können. Wie bereits in Kapitel 4 ausführlich dargelegt, umfaßt diese Umgestaltung eine Vielzahl von Prozessen, die schließlich zur endgültigen Ausgestaltung der Zelle führen. Im einzelnen gehören hierzu die Größenzunahme der Zellen durch Streckungs- und/oder Weitenwachstum, das Dickenwachstum der Zellwand, gegebenenfalls begleitet bzw. gefolgt von Inkrustierung und Akkrustierung, die Ausbildung bestimmter plasmatischer Strukturen sowie die Bildung besonderer Zellinhaltsstoffe.

> Es werden drei Phasen des Zellwachstums unterschieden: Zellteilung, Zellvergrößerung und Differenzierung. Entsprechend werden die Spitzenregionen pflanzlicher Organe in eine Zellteilungs-, Streckungs- und Differenzierungszone unterteilt.

Da die Zellstreckung naturgemäß am stärksten ins Auge fällt, ist eine solche Zonierung an einem wachsenden Organ leicht nachzuweisen (Abb. 16.3). Tatsächlich lassen sich jedoch die drei Phasen des Zellwachstums nicht scharf voneinander abgrenzen. Folglich sind auch die Wachstumszonen nicht deutlich getrennt, sondern überlappen sich. Für die Wurzel zeigt dies besonders Abb. 8.1C (S. 273).

16.2.1 Phytohormone

> Die Regulation des Wachstums der höheren Pflanzen erfolgt durch die Phytohormone. Ähnlich den Hormonen des menschlichen und tierischen Organismus werden sie auch bei Pflanzen in bestimmten Geweben gebildet und von dort zu ihren Wirkungsorten transportiert.

In einzelnen Fällen können allerdings Bildungsort und Wirkungsort auch identisch sein. Der Ferntransport kann sowohl in den Leitungsbahnen des Xylems als auch des Phloems erfolgen, doch findet auch ein Transport von Zelle zu Zelle statt. Die meisten Phytohormone können bereits in sehr geringen Konzentrationen (µmol) ihre regulatorische Funktion entfalten, wobei sie die verschiedenen Wachstums- und Entwicklungsvorgänge teils antagonistisch, teils synergistisch beeinflussen.

Ob ein bestimmter Prozeß ausgelöst, gefördert oder gehemmt wird, hängt allerdings nicht allein von der absoluten Hormonkonzentration in dem betreffenden Gewebe oder Organ ab, sondern auch von dem Mengenverhältnis der verschiedenen Hormone zueinander. Hinzu kommen offenbar Änderungen in der Hormonempfindlichkeit der betreffenden Zellen und Gewebe, die mögli-

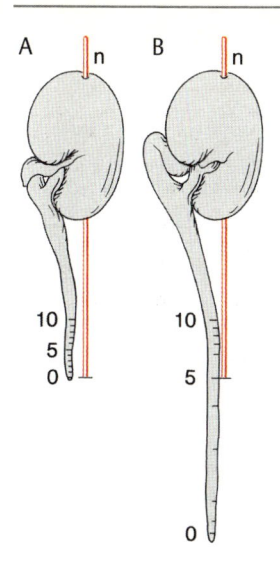

Abb. 16.3 Zuwachsverteilung an der Wurzelspitze der Ackerbohne *(Vicia faba)*. **A** Wurzelspitze durch Tuschemarken in 10 gleichgroße Abschnitte eingeteilt. **B** Dieselbe Wurzel 22 Stunden später. Die Marken sind durch das ungleiche Streckungswachstum der einzelnen Zonen verschieden weit auseinandergerückt. Die drei Wachstumszonen liegen etwa zwischen folgenden Marken: 0–2: Zone der Zellteilungen, 2–7: Streckungszone, oberhalb 7: Differenzierungszone. Die Nadel n markiert die ursprüngliche Stellung der Nullmarke (nach Sachs).

cherweise auf Änderungen der Anzahl und/oder der Bindungsaffinität spezifischer Hormonrezeptoren zurückzuführen sind. Es wird angenommen, daß die Rezeptoren integrale Proteine des Plasmalemmas sind, so daß sie die Hormonsignale von außen aufnehmen und in die Zelle weiterleiten können. Durch Bindung des Hormons wird eine intrazelluläre Signalkette in Gang gesetzt, die das Signal zum Zielort leitet, an dem es spezifische Aktivitäten auslöst, z. B. in den Zellkern, wo es spezifische Gene aktiviert, was die Synthese bestimmter Proteine zur Folge hat, die den betreffenden Entwicklungsprozeß steuern. Allerdings wissen wir über die chemische Natur der Rezeptoren wie auch über die einzelnen Glieder der Signalketten und ihre Funktion in den meisten Fällen noch recht wenig.

Die folgenden Gruppen von Phytohormonen sind bekannt und eingehender untersucht: Auxine, Gibberelline, Cytokinine, Abscisine, Jasmonate, Brassinosteroide und das Ethylen.

16.2.1.1 Auxine

Außer der Indol-3-yl-essigsäure (IES, engl. indole acetic acid, **IAA**), die auch als Auxin im engeren Sinne bezeichnet wird, gehören zu dieser Gruppe zahlreiche Verbindungen, die sich teils ebenfalls vom Indol, z. T. aber auch von anderen Molekülen ableiten, wie etwa die Naphthylessigsäure.

Darüber hinaus sind weitere Substanzen mit Auxincharakter beschrieben worden, deren chemische Natur noch nicht aufgeklärt ist. Schließlich sind den Auxinen auch gewisse synthetische Wuchsstoffe zuzurechnen, die, wie die 2,4-Dichlorphenoxyessigsäure (2,4-D), in höheren Konzentrationen das

Wachstum hemmen und deshalb zur Unterdrückung unerwünschten Pflanzenwachstums, z. B. als Unkrautbekämpfungsmittel (Herbizide), eingesetzt werden.

Die IAA wird aus Tryptophan synthetisiert, und zwar v. a. in den Laubblättern, Embryonen und Meristemen, von wo sie zu ihren Wirkungsorten transportiert wird, z. B. durch die Sproßachse zur Wurzel. Nach neueren Untersuchungen an *Arabidopsis thaliana* ist jedoch auch das Wurzelsystem in der Lage, aus Tryptophan IAA zu synthetisieren, was die Allgemeingültigkeit der vorgenannten klassischen Vorstellung in Frage stellt. Zum Transport kann die IAA an niedermolekulare Trägermoleküle gebunden werden. Beispiele hierfür sind der IAA-Inositol-ester und das Indolyl-3-acetylaspartat, doch wurden auch andere IAA-Konjugate in Pflanzen nachgewiesen. Sie werden über ein Intermediat, wahrscheinlich Indol-3-aceytl-CoA, gebildet und dienen wohl auch als IAA-Speicher, aus denen das Auxin bei Bedarf freigesetzt und somit der aktive Hormonspiegel kontrolliert werden kann.

3-Indolessigsäure

2,4-Dichlorphenoxyessigsäure

Der Transport der freien IAA kann sowohl im Phloem in verschiedenen Richtungen als auch von Zelle zu Zelle erfolgen, wie in den meristematischen und parenchymatischen Geweben. Letzterer verläuft in den Sproßachsen, Blättern und Koleoptilen basalwärts mit einer Geschwindigkeit von 2–15 mm/h. Viele Befunde sprechen dafür, daß am Auxintransport spezifische Carrier beteiligt sind, die im Plasmalemma liegen. Nach dem in Abb. 16.4 wiedergegebenen Modell liegt die IAA im Apoplasten, also in der Zellwand, bei pH 5 weitgehend undissoziiert vor (IAAH). In dieser Form wird sie durch einen im Plasmalemma der Zelloberseite lokalisierten **„Influx-Carrier"** in das Zellinnere transportiert, wo sie infolge des pH 7 in das Auxinanion IAA$^\ominus$ und H$^\oplus$ dissoziiert. Das Auxinanion wird dann durch einen auf der Unterseite der Zelle befindlichen **„Efflux-Carrier"** durch das Plasmalemma wieder in den Apoplasten befördert, wo es in die undissoziierte Form IAAH übergeht. Die für diesen Transport benötigte Energie könnte durch einen elektrogenen 2H$^\oplus$-Cotransport aufgebracht werden, der möglicherweise mit einem Ca$^{2\oplus}$-Antiport gekoppelt ist. Dies würde Beobachtungen erklären, wonach ein enger Zusammenhang zwischen Auxin- und Calciumtransport einerseits und ihren Wirkungen andererseits besteht. In den Wurzeln wird die IAA im Zentralzylinder zur Wurzelspitze transportiert. In der Wurzelhaube erfolgt offenbar eine Umverteilung zur Rhizodermis und zur Wurzelrinde, in denen sie wieder aufwärts in die Streckungszone transportiert wird, wo sie die Zellstreckung reguliert.

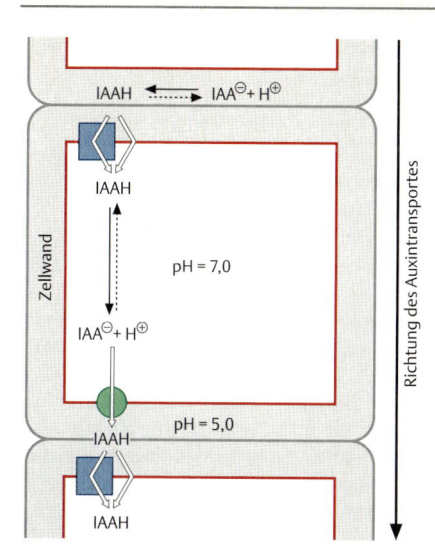

Abb. 16.4 Modellvorstellung des basalwärts gerichteten Auxintransportes von Zelle zu Zelle. IAAH = undissoziierte IAA, IAA$^\ominus$ = IAA-Anion, Plasmalemma rot, Influx-Carrier blau, Efflux-Carrier grün (nach Leyser, verändert).

Zunächst wurden die Auxine als reine Streckungswuchsstoffe angesehen, da sie in sehr geringen Konzentrationen das Streckungswachstum der Pflanzen fördern. Dieser Effekt läßt sich eindrucksvoll durch den Avena-Krümmungstest demonstrieren.

Beim *Avena*-Krümmungstest werden die Koleoptilen, das sind die das Primärblatt der Keimpflanze des Hafers (Avena) in der ersten Phase der Entwicklung allseitig umhüllenden Keimscheiden, dekapitiert (Abb. 16.5). Die Spitzen werden verworfen und die Primärblätter an der Basis abgerissen, so daß sie den Nachweis nicht stören können. Der die Testsubstanz enthaltende Agarblock wird dem Koleoptilenstumpf einseitig aufgesetzt. Hat die Testsubstanz Auxincharakter, so kommt es infolge der einseitigen Wachstumsförderung zu einer Krümmung der Koleoptilen. Die Stärke der Krümmung wird als Maß für die Wirksamkeit benutzt. Auf die zahlreichen weiteren Verfahren zur Prüfung auf Auxinwirksamkeit kann hier nicht eingegangen werden.

Darüber hinaus verursacht die IAA jedoch noch andere Effekte. Sie reguliert im Verein mit anderen Phytohormonen die Zellteilungsaktivität, z. B. im Kambium und in Gewebekulturen, fördert die Wurzelbildung, wovon man bei der Stecklingsbewurzelung praktischen Gebrauch macht, beeinflußt den Blatt- und Fruchtfall und ist die stoffliche Ursache der Apikaldominanz (S. 520).

Im Hinblick auf die Vielfalt der durch die IAA beeinflußten Prozesse ist von vornherein zu erwarten, daß sich ihre Effekte nicht auf einen einzigen Mechanismus zurückführen lassen. Nach der Dauer der Latenzzeit, das ist die Zeit zwischen der Applikation und dem ersten Erkennbarwerden der Wirkung, muß man mindestens zwei Gruppen von Auxinwirkungen unterscheiden: die schnellen, die schon nach kurzer Zeit, unter Umständen nach einer Minute

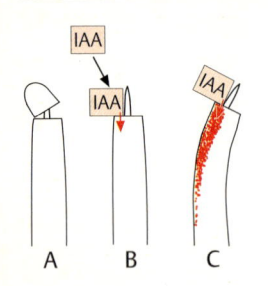

Abb. 16.5 *Avena*-Krümmungstest, schematisch.
A Dekapitierung der Koleoptile, **B** Aufsetzen des Agarblockes, der IAA (rot) enthält. **C** Krümmung der Koleoptile infolge des IAA-Einstroms und der dadurch verursachten einseitigen Wachstumsförderung.

oder weniger, zu beobachten sind, und die langfristigen, die in der Regel erst nach mehreren Stunden, häufig sogar erst nach einer vorübergehenden Hemmung des Wachstums eintreten.

Zu den Kurzzeitwirkungen zählt die Stimulation der im Plasmalemma lokalisierten Protonenpumpe, die bereits sehr bald (< 1 min) nach externer Auxin-Zugabe zu beobachten ist. Nach der Säure-Wachstumstheorie führt die Protonenabgabe nach außen zu einer Ansäuerung des Zellwandmilieus. Diese könnte z. B. die Stärke der Wasserstoffbrückenbindungen zwischen den Polysacchariden herabsetzen oder Enzyme aktivieren, die Bindungen lösen und dadurch die plastische Dehnbarkeit der Zellwand erhöhen.

Die Säure-Wachstumstheorie hat heftige Kontroversen ausgelöst, die auch heute noch nicht beigelegt sind. Sicher scheint zu sein, daß die Ansäuerung der Zellwand deren plastische Dehnbarkeit signifikant erhöht und Teil des auxininduzierten Wachstums ist. Es mehren sich jedoch die Befunde, daß außerdem Gene, die zellwandlockernde Enzyme codieren, durch Auxin aktiviert werden. Die entsprechenden Enzyme wurden isoliert und sequenziert. Sie werden als **Expansine** bezeichnet. Ihre Wirkung beruht nicht auf der hydrolytischen Spaltung glykosidischer Bindungen, sondern auf der Lösung von Wasserstoffbrückenbindungen zwischen den Zellwandpolymeren. Einige Expansin-Gene können innerhalb einer Stunde aktiviert werden. In Mais-Koleoptilen und den Sproßachsen der Erbse konnten Auxin-induzierte mRNAs schon sehr bald nach der IAA-Applikation nachgewiesen werden, in einigen Fällen sogar schon nach 10 min. Auch bestimmte, unter dem Einfluß von Auxinen gebildete Arabinogalaktanproteine werden als zellwandlockernde Proteine angesehen.

16.2.1.2 Gibberelline

Die Gibberelline, von denen die Gibberellinsäure (**GA$_3$**, engl. gibberellic acid) nachstehend formelmäßig wiedergegeben ist, sind nach dem heute als *Fusarium heterosporum* bzw. *moniliforme* bezeichneten Pilz *Gibberella fujikuroi* benannt, aus dem sie erstmals isoliert wurden. Er befällt Reispflanzen und ruft bei diesen ein abnormes Streckungswachstum hervor. Später hat sich jedoch gezeigt, daß die Gibberelline auch bei höheren Pflanzen weit verbreitet sind und zur normalen Wuchsstoffausrüstung der Pflanze gehören.

Gibberellinsäure

> Heute sind etwa einhundert Gibberelline bekannt, die einander in Struktur und Wirkung meist recht ähnlich sind, in ihrer physiologischen Wirksamkeit aber deutliche Unterschiede zeigen. Allen liegt das im typischen Fall aus 20 (in Ausnahmefällen 19) C-Atomen bestehende Gibbangerüst zugrunde, das ein tetracyclisches Diterpen darstellt. Allerdings wurden nur etwa zwei Drittel davon in höheren Pflanzen nachgewiesen.

Meist kommen in einer Pflanze bzw. einem Organ mehrere Gibberelline vor, z. B. in Reiskörnern 14, in unreifen Apfelsamen 24. Dabei können sich sowohl das Muster wie auch das gegenseitige Mengenverhältnis der einzelnen Vertreter während der Entwicklung ändern, ebenso wie die Empfindlichkeit der GA-regulierten Prozesse gegenüber den verschiedenen Gibberellinen.

Die Gibberelline werden in Meristemen, in den Plastiden junger Blätter sowie in unreifen Samen und Früchten gebildet. Ihre Synthese erfolgt über das Diterpen Geranyl-geranyl-diphosphat. Sie werden von Zelle zu Zelle, im Phloem und aufwärts auch im Xylem transportiert. Der Transport durch das Plasmalemma erfolgt mit Hilfe von Carriern und ist mit einem Cotransport von Protonen gekoppelt. Die Transportgeschwindigkeiten liegen zwischen 5 und 30 mm/h. Nicht selten liegen die Gibberelline gebunden vor, z. B. als Glucoside. Sie dienen wahrscheinlich als Speicherformen.

Die Gibberelline beeinflussen jedoch nicht nur die Zellstreckung. Im subapikalen Bereich der Sproßachse und im Kambium können sie Zellteilungen auslösen bzw. die Zellteilungsaktivität erhöhen. Im Kambium steuern sie, im Zusammenspiel mit der IAA, auch die Differenzierungsvorgänge. Eine Verschiebung des Verhältnisses beider Phytohormone zugunsten der Gibberelline fördert die Bildung von Bast, die Verschiebung zugunsten der IAA hingegen die Bildung von Holz. Auch bei der Geschlechtsausprägung monoecischer Pflanzen spielen die beiden Hormone eine Rolle. Mögen insoweit gewisse Ähnlichkeiten zwischen den beiden Phytohormongruppen vorliegen, so trifft dies für andere Gibberellinwirkungen nicht zu, z. B. für die Induktion der Blütenbildung, die Herbeiführung bzw. Aufhebung von Ruhezuständen in Samen und Knospen sowie die Normalisierung des Wachstums einiger genetischer Zwergmutanten, bei denen die Biosynthese der Gibberelline durch Genmutationen blockiert ist. Andererseits sind sie nicht in der Lage, das Auxin bei der Apikaldominanz zu ersetzen.

Die nach Gibberellin A$_3$-Anwendung zu beobachtende Steigerung der α-Amylaseaktivität in Gerstenkörnern ist offensichtlich das Resultat einer Neusynthese dieses Enzyms. Sie wird auf eine Stimulierung der DNA-abhängigen RNA-Synthese zurückgeführt und als Beweis für die Effektor-Rolle der Gibberelline gewertet. Auch die Erhöhung des RNA-Gehaltes von Erbseninternodien nach Gibberellinbehandlung wird in diesem Sinne interpretiert. Elektronenmikroskopische Untersuchungen haben gezeigt, daß der gesteigerten α-Amylasesynthese eine verstärkte Bildung von endoplasmatischem Reticulum vorausgeht. Gleichzeitig nimmt die Anzahl der ER-gebundenen Polysomen zu. Obwohl beides Voraussetzungen für eine gesteigerte Proteinsynthese sind, ist noch nicht zu entscheiden, ob die Gibberelline auf der Transcriptions- oder der Translationsebene angreifen.

16.2.1.3 Cytokinine

Die Cytokinine haben ihren Namen daher, daß sie die Zellteilung (Cytokinese) fördern. Ihr klassischer Vertreter ist das Kinetin, ein 6-Furfurylaminopurin, das erstmals aus DNA-Hydrolysaten tierischen Materials (Heringssperma) isoliert wurde. Es löst bei gleichzeitiger Anwendung mit Auxin in pflanzlichen Geweben, z. B. in isoliertem Markgewebe aus Tabaksprossen, Zellteilungen aus.

Kinetin selbst kommt in Pflanzen nicht vor, wohl aber zahlreiche Substanzen ähnlicher Wirkung, eben die Cytokinine, z. B. das aus unreifen Maiskörnern isolierte Zeatin, das Isopentenyl-adenin u. a.. Wie die nachstehend wiedergegebenen Formeln zeigen, handelt es sich auch in diesen Fällen um Derivate des 6-Aminopurins (= Adenin). Auch zahlreiche synthetische Cytokinine sind bekannt. Ein Beispiel ist 6-Benzylaminopurin.

In der Pflanze sind die Cytokinine häufig an Ribose oder Ribosephosphat gebunden, liegen also als Nucleoside bzw. Nucleotide vor, nicht selten aber auch als Glucoside. Ähnlich den Gibberellinen kommen in pflanzlichen Organen häufig mehrere Cytokinine nebeneinander vor. So wurden in unreifen

Maiskörnern außer Zeatin acht weitere Cytokinine nachgewiesen. Hauptbildungsorte der Cytokinine sind die Wurzeln, vor allem die Wurzelspitzen, und keimende Samen. Ihr Transport in den Sproß erfolgt v. a. in den Wasserleitungsbahnen, darüber hinaus aber auch ungerichtet im Phloem sowie, vermutlich ebenfalls apolar, von Zelle zu Zelle.

Über die Auslösung von Zellteilungen hinausgehend entfalten auch die Cytokinine, gleich anderen Phytohormonen, zahlreiche weitere Wirkungen. Sie fördern den Stoffwechsel, indem sie die DNA-, RNA- und Proteinsynthese steigern und die Synthese von Enzymen (z. B. Nitratreduktase, S. 378) induzieren. Sie hemmen das Wurzelwachstum und brechen die Ruhezustände von Samen und Knospen, auch von Seitenknospen, heben also die Apikaldominanz auf. Außerdem verzögern sie die Alterungsprozesse (Seneszenz) und beeinflussen die Differenzierungsprozesse. So lösen hohe Cytokinin-Konzentrationen in Kalluskulturen, die aus isolierten pflanzlichen Geweben angezogen wurden, die Bildung von Sprossen aus, hohe IAA-Konzentrationen dagegen die Bildung von Wurzeln. Auch eine fördernde Wirkung der Cytokinine auf die Anlage und die Entwicklung von Blüten und Blütenständen ist nachgewiesen worden. Ähnlich den Gibberellinen und Auxinen rufen also auch die Cytokinine recht verschiedenartige Effekte hervor und zeigen Wechselwirkungen mit anderen Phytohormonen. So wurde z. B. bei Salat nachgewiesen, daß die Cytokinine und GA_3 den Chlorophyllabbau verlangsamen, während Ethylen und Abscisinsäure antagonistisch wirken, also diesen Effekt aufheben.

Über den molekularen Wirkungsmechanismus der Cytokinine wissen wir noch wenig. Zwar wurde an einigen Objekten nachgewiesen, daß Cytokinine die Genexpression modulieren, doch schließen diese Befunde andere Wirkungsmechanismen nicht aus. So kann z. B. die Auslösung von Zellteilungen mit Sicherheit nicht einfach als das Ergebnis einer allgemeinen Steigerung der Proteinsynthese angesehen werden. Einige Cytokinine, v. a. das Isopentenyladenin, kommen in tRNA-Molekülen vor. Sie zählen zu den „seltenen Basen", deren mögliche Funktion bereits besprochen wurde (S. 32). Alle Befunde deuten jedoch darauf hin, daß sie bei der Synthese nicht als fertige Nucleotide in den wachsenden Polynucleotidstrang der tRNA eingebaut werden. Vielmehr wird der Isopentenylrest auf ein bereits eingebautes Adenin übertragen. Somit können die Cytokinine nicht, wie ursprünglich angenommen, über die tRNA eine Steigerung der Proteinsynthese bewirken, sondern sind eher als Abbauprodukte der tRNA anzusehen.

Daß die Wirkung der Cytokinine nicht ausschließlich im Zusammenhang mit der Proteinbiosynthese gesehen werden darf, zeigen auch Experimente, wonach Kinetin und andere Cytokinine die Anlieferung von Stoffen verstärken (Attraktion) bzw. den Abtransport aus bestimmten Gewebebezirken verhindern können (Retention). Als Ursache dieser Cytokininwirkung wird eine Beeinflussung des aktiven Transportes angenommen. Danach wären als Wirkungsorte die Biomembranen, im vorliegenden Falle vor allem Plasmalemma und Tonoplast, anzusehen. Hierfür spricht u. a. die Wirkung der Cytokinine auf den Transport von $K^{\oplus}$- und $Ca^{2\oplus}$-Ionen. Auch cytokininbindende Proteine sind isoliert worden, doch ist völlig offen, ob diese mit dem molekularen Wirkungsmechanismus der Cytokinine etwas zu tun haben.

16.2.1.4 Abscisine

Sie verdanken ihren Namen der Eigenschaft, schon in geringen Konzentrationen bei höheren Pflanzen das Abwerfen der Blätter und Früchte (Abscission) auszulösen. Ihr typischer Vertreter ist die **Abscisinsäure** (ABS, engl. abscissic acid, **ABA**), ein Sesquiterpen.

> Früher wurde das Abscisin auch als **Dormin** bezeichnet, da es außer seiner abscisierenden Wirkung die Keimung hemmt und Ruheperioden (Dormanz) zu induzieren vermag. Außerdem fördert es die Blütenbildung bei Kurztagpflanzen und hemmt sie bei Langtagpflanzen.

Abscisinsäure   **Jasmonsäure** $R^1 = OH$ $R^2 = OCH_3$

Die ABA ist bei höheren Pflanzen weit verbreitet und findet sich in Blättern, Knospen, Früchten, Samen und Knollen. Sie kommt aber auch bei Moosen, Pilzen, Algen und sogar bei Cyanobakerien vor, nicht aber bei allen übrigen Bakterien. Bei Moosen und Algen erfolgt eine drastische Erhöhung der ABA-Konzentration bei Wassermangel und osmotischem Streß und induziert wahrscheinlich die Austrocknungsresistenz, möglicherweise auch bei Cyanobakterien. Bei Pilzen könnte sie für die Wechselwirkung mit höheren Pflanzen von Bedeutung sein.

Hauptbildungsorte in den höheren Pflanzen sind die Blätter sowie reife Früchte und Samen. Die ABA wird sowohl aus Isopentenyl-diphosphat als auch aus Xanthophyllen synthetisiert. Ihr Transport kann von Zelle zu Zelle, in den Siebröhren und aufwärts auch in den Gefäßen erfolgen. Sie kommt auch in gebundener Form vor, z. B. als Glucosid, das wahrscheinlich als Speicherform dient. Die durch sie hervorgerufene Abscission beruht z. T. auf einer Erhöhung der Cellulaseaktivität, v. a. aber auf einer Stimulation der Bildung von Ethylen, das ebenfalls den Blattfall fördert (s. unten). Bei Wasserstreß wird die in den Wurzeln gebildete ABA als Signal in den Sproß transportiert, wo sie einen Spaltenschluß der Stomata herbeiführt (S. 555 ff.). Hier blockiert sie wahrscheinlich die Protonenpumpe im Plasmalemma. Darüber hinaus hemmt sie auch die Aufnahme von Ionen, insbesondere von Kalium- und, wenn auch in geringerem Umfang, von Chlorid-Ionen, eine Eigenschaft, die auch für ihre regulatorische Funktion bei der Spaltöffnungsbewegung von Bedeutung ist. Die Hemmung der Samenkeimung scheint in erster Linie auf einer Herabsetzung der Wasseraufnahme zu beruhen. Die Beschleunigung der Seneszenz auf einer Stimulation der RNAse und Hemmung der RNA-Synthese. Offenbar bestehen zahlreiche Wechselwirkungen zwischen ABA und anderen Phytohormonen, als deren Antagonist sie häufig wirkt. So wird die Synthese der α-Amylase der Gerste durch Gibberelline gefördert, durch ABA gehemmt. Das durch IAA induzierte Wachstum der *Avena*-Koleoptilen wird durch ABA gehemmt, obwohl sie selbst das Wuchstum der Koleoptilen nicht direkt beeinflußt. Cytokinine und ABA wirken antagonistisch auf die Nucleinsäure- und Proteinsynthese, doch sind Angriffsort und Wirkungsweise der ABA noch nicht klar.

16.2.1.5 Jasmonsäure

Die Jasmonsäure (**JA,** jasmonic acid) bzw. ihre Salze, die **Jasmonate** und ihre Derivate, z. B. ihr Methylester (s. vorstehende Formel) sind bei höheren und niederen Pflanzen weit verbreitet, einschließlich der Algen und Pilze. Chemisch handelt es sich um Cyclopentanon-Verbindungen. Ihre Biosynthese geht von der Linolensäure aus. Ihr Name leitet sich vom Jasmin *(Jasminum grandiflorum)* ab, dessen Öl als Hauptkomponente Methyljasmonat enthält.

Gleich anderen Phytohormonen kann JA recht verschiedenartige Effekte bei höheren Pflanzen hervorrufen. Sie hemmt das durch Auxin gesteuerte Streckungswachstum von Keimlingen und Wurzeln, die Samen- und Pollenkeimung und die Anlage der Blütenknospen. Andererseits fördert sie die Bildung von Ethylen, beschleunigt Blattseneszenz, Blattabwurf und Fruchtfall, induziert die Knollenbildung bei Kartoffeln und führt das Schließen der Spaltöffnungen herbei. Bei einigen Prozessen erweist sie sich als Antagonist der Gibberelline und Cytokinine. Ihre Wirkungen ähneln also bis zu einem gewissen Grade denen der ABA, sind aber nicht identisch. Bei Rankenbewegungen fungiert die JA als Signalüberträger (S. 595).

Die Bildung von JA wird u. a. durch osmotischen Streß, Verwundung und den Befall durch pflanzenpathogene Organismen ausgelöst. Sie spielt daher eine wichtige Rolle bei deren Abwehr, indem sie als Teil der Proteinasen induzierenden Signalkette fungiert (S. 523). Da der Jasmonsäuremethylester eine flüchtige Verbindung ist, kann er allelopathische Wirkungen auf benachbarte Pflanzen ausüben.

16.2.1.6 Ethylen

Das gasförmige Ethylen $H_2C=CH_2$ hat ebenfalls Hormoncharakter. Sein Transport innerhalb der Pflanze erfolgt über das Interzellularensystem, in Form seiner löslichen Vorstufen aber auch im Xylem und Phloem. Außerdem kann es nach außen abgegeben werden und Pflanzen in der näheren Umgebung beeinflussen. Die ständige Bildung geringer Ethylenmengen scheint für die normale Entwicklung höherer Pflanzen notwendig zu sein, doch wird eine verstärkte Bildung durch Verwundung, Infektionen, Wassermangel und andere äußere Einflüsse ausgelöst. Ethylen wird unter Beteiligung mehrerer Enzyme aus S-Adenosylmethionin synthetisiert. Seine Bildung kann offenbar in allen Geweben höherer Pflanzen, aber auch in Pilzen erfolgen. IAA und Cytokinine wirken synergistisch auf die Ethylenbildung, ABA antagonistisch.

Ethylen zeigt eine ähnliche Wirkungsvielfalt wie die anderen Phytohormone. Es hemmt die Synthese und den polaren Transport der IAA und damit das Längenwachstum, möglicherweise auch über eine Hemmung der Gibberellinsynthese, beeinflußt die Samenkeimung und das Austreiben von Knospen, hemmt die Blütenbildung, aber fördert die Fruchtreife. Gleich der ABA verursacht Ethylen die Abscission von Blättern und Früchten, beschleunigt die Seneszenz und steuert die Apikaldominanz, wobei enge Wechselwirkungen mit anderen Phytohormonen bestehen.

Der Wirkungsmechanismus des Ethylens auf der molekularen Ebene ist noch unklar. Einer Hypothese zufolge soll es das Enzym Cytochrom c-Oxidase hemmen, indem es an das Kupfer bindet. Die Hemmung dieses Enzyms soll sich dann auf die Genexpression auswirken. Ethylen ist, gleich JA, ein Signal für die Pflanzen, ihre Abwehrmechanismen gegen phytopathogene Mikroorganismen zu aktivieren. Dies kommt in der Bildung neuer Enzyme zum Ausdruck, die an der Abwehr beteiligt sind. Auch dies läßt darauf schließen, daß Ethylen die Genexpression reguliert.

16.2.1.7 Brassinosteroide

Die Brassinosteroide (**BR**) wurden bereits 1970 erstmals in Pollenextrakten von *Brassica napus* nachgewiesen und zunächst als „Brassine" bezeichnet. Später erkannte man, daß ihre Moleküle Steroide (S. 16) sind, die sich durch zahlreiche verschiedene Substituenten in mehreren Positionen unterscheiden. Der Hormoncharakter wurde am **Brassinolid** erkannt, das das Streckungswachstum der Sproßachsen fördert, das der Wurzel dagegen hemmt. Eine systematische Untersuchung dieser Gruppe hat erst in den letzten Jahren begonnen. Bisher sind über 40 BR identifiziert worden. Ihr Vorkommen wurde in 36 Pflanzenarten nachgewiesen: Angiospermen, Gymnospermen, einem Farn und einer Grünalge. Der BR-Gehalt der pflanzlichen Gewebe ist außerordentlich gering und bewegt sich im Bereich von ng bis µg/kg. Die höchsten Konzentrationen wurden in Samen und Pollen gefunden. Wie im Falle der Cytokinine und Gibberelline wurde das gleichzeitige Vorkommen verschiedener Vertreter in pflanzlichen Organen nachgewiesen. Auch wurden Konjugate mit Fettsäuren und Disacchariden gefunden. Schließlich scheint auch sichergestellt zu sein, daß sie in der Pflanze transportiert werden, was als Charakteristikum von Hormonen gilt.

Sowohl Hypokotyl- als auch Epikotyl-Segmente und intakte Pflanzen reagieren auf die externe Applikation nanomolarer BR-Konzentrationen. Die

Wachstumsförderung kommt durch eine Stimulation sowohl der Zellteilungen als auch der Zellstreckung zustande. An einigen Systemen wurden synergistische Wirkungen von BR und Auxinen beobachtet. Die Anzahl weiterer beschriebener Effekte ist, wie bei anderen Phytohormonen, sehr groß. Genannt seien Membranhyperpolarisation infolge von Protonenabgabe, gesteigerte ATP-Synthese, Steigerung der DNA-, RNA- und Proteinsynthese und zahlreiche weitere Wirkungen, doch steht die Bestätigung dieser Befunde in vielen Fällen noch aus.

Außerdem sind weitere Substanzen mit Hormoncharakter beschrieben worden. Allerdings wurden in der Mehrzahl der Fälle noch keine genaueren Untersuchungen durchgeführt, weshalb hier nicht näher auf diese Befunde eingegangen werden soll. Dennoch hat die Vergangenheit gelehrt, daß das Gebiet der Phytohormone ungleich vielfältiger und komplexer ist, als früher angenommen wurde. Daher muß auch in Zukunft mit der Entdeckung und Charakterisierung weiterer Phytohormone gerechnet werden.

16.2.2 Zellteilungswachstum

Obwohl die höheren Pflanzen regelrechte Zellteilungsgewebe, die Meristeme, besitzen, wie etwa die Scheitelmeristeme von Sproß und Wurzel, die Kambien u. a., können Zellteilungen auch in anderen Bereichen stattfinden. So wurde schon früher darauf verwiesen (S. 244), daß auch unterhalb des Sproßscheitels, bei der Streckung der Internodien, noch in größerem Umfang Zellteilungen ablaufen können. Bei den Gräsern haben wir sogar besondere, über eine längere Zeit hin tätige intercalare Wachstumszonen kennengelernt (Abb. 6.14, S. 245).

Jeder Teilung des Zellkerns geht eine identische Reproduktion der DNA und jeder Teilung der Zelle eine Plasmavermehrung voraus, die mit einer gewissen, wenn auch begrenzten Vergrößerung der Zelle verbunden ist. Das Plasmawachstum besteht in erster Linie in einer Synthese artspezifischer Proteine, deren Steuerung durch die DNA des Zellkernes bereits besprochen wurde. Aber auch die Synthese anderer für das Plasmawachstum erforderlicher Stoffe wird vom Zellkern durch die Bildung entsprechender Enzyme ausgelöst. Insoweit besitzen wir recht gut begründete Vorstellungen.

Wie bereits ausführlich dargestellt (S. 124), wird der Zellteilungszyklus durch Proteine, die cdc_2-Kinase und die Cycline, gesteuert. Zu den Signalsubstanzen gehören vor allem die Phytohormone, insbesondere die Auxine, Cytokinine und Gibberelline, die in bestimmten Bereichen und unter bestimmten Bedingungen Zellteilungen auslösen können. Wahrscheinlich sind jedoch an der Regulation der Zellteilungsaktivität noch weitere Faktoren beteiligt.

16.2.3 Streckungswachstum

Die Zellstreckung ist der äußerlich am meisten ins Auge fallende Abschnitt des Pflanzenwachstums. Die Lage der Streckungszonen bei Sproß und Wurzel ist den Abb. 5.**18**, S. 223, 8.**1**, S. 273, und 16.**3**, S. 499, zu entnehmen. Obwohl wir bezüglich des Mechanismus der Zellstreckung nur lückenhafte Vorstellungen haben, ist doch sicher, daß für die irreversible Vergrößerung der Pflanzenzellen zwei voneinander unabhängige physikalische Prozesse verantwortlich sind: die Wasseraufnahme und die Zellwanddehnbarkeit.

Die Wasseraufnahme führt zu einer Volumenvergrößerung der Zelle, die mit einer Vakuolenbildung verbunden ist (Abb. 4.1, S. 151). Dabei wird durch Ionenaufnahme oder durch Hydrolyse von Polysacchariden das osmotische Potential konstant gehalten. Dagegen nimmt das Druckpotential mit Zunahme der plastischen Dehnbarkeit der Zellwand ab und ermöglicht so die Zellstreckung durch osmotische Wasseraufnahme. Die plasmatische Substanz wird während der Zellstreckung nur in einem begrenzten, gemessen an der Volumenzunahme geringen Umfang vermehrt.

Bei der Regulation der Zellstreckung spielt Auxin eine entscheidende Rolle, und zwar offenbar sowohl bei der Lockerung der Bindungen zwischen den Polysaccharidmolekülen, die zur Zellwanderweichung führen, als auch bei der Stimulation der Synthese neuen Zellwandmaterials. Wegen der Einzelheiten sei auf S. 502 verwiesen. Auch Gibberelline fördern die Zellstreckung, doch ist ihr Wirkungsmechanismus noch unklar. Mit Sicherheit ist er von dem der Auxine verschieden, da Gibberelline das Wachstum auch dann noch fördern können, wenn Auxin in optimaler Konzentration vorliegt. Im Gegensatz hierzu hemmt Jasmonsäure das durch Auxin geförderte Längenwachstum von Keimlingen und Wurzeln. Auch Ethylen und die Brassinosteroide beeinflussen das Längenwachstum. Die Wirkungen der Phytohormone auf das Streckungswachstum sind also sehr komplex. Weitere Informationen sind dem Abschnitt über Phytohormone (16.2.1) zu entnehmen.

16.2.4 Differenzierungswachstum

Die Differenzierungsvorgänge beginnen schon in der Phase des Streckungswachstums, in der über die künftige Gestalt der Zelle entschieden wird (formatives Wachstum). Sie laufen jedoch auch nach Erreichen der endgültigen Zellgröße weiter und kommen erst zum Abschluß, wenn die Zelle ihrer künftigen Funktion entsprechend ausgestattet ist.

> Eine angiosperme Pflanze besteht aus etwa 70 verschiedenen Zelltypen. Die gesamte für ihre Ausbildung notwendige genetische Information muß also in der Zelle vorhanden sein. Folglich wird bei der Differenzierung jeweils nur ein begrenzter, je nach Zelltyp qualitativ und quantitativ verschiedener Anteil der genetischen Potenzen einer Zelle realisiert.

Dabei werden die in den DNA-Molekülen der Chromosomen als Nucleotidsequenzen vorliegenden genetischen Informationen durch die mRNA aus dem Zellkern in das Plasma übertragen und dort in der bereits beschriebenen Weise (S. 472 ff.) in die Aminosäuresequenzen der zu synthetisierenden Enzymproteine übersetzt. Der Vielfalt der Differenzierungsmerkmale entsprechend sind an dem Differenzierungsprozeß einer jeden Zelle zahlreiche biochemische Reaktionen und Reaktionsketten beteiligt. Da in der Regel jeder einzelne Reaktionsschritt durch ein bestimmtes Enzym gesteuert wird, muß die Synthese einer insgesamt sehr großen Zahl von Enzymen durch die Bildung einer entsprechenden Anzahl von mRNA-Molekülen in Gang gesetzt werden. Dabei kommt es jedoch nicht nur darauf an, daß die Enzyme überhaupt gebildet werden, sondern ein ungestörter Ablauf des Differenzierungsgeschehens ist nur dann gewährleistet, wenn die betreffenden Enzyme rechtzeitig und in der richtigen Reihenfolge zur Verfügung stehen, was wiederum eine strenge Koordinierung der mRNA-Produktion zur Voraussetzung hat. Das Hauptproblem der Differenzierung ist somit die Regulation der Genaktivität, d.h. die Frage, wie die Zelle darüber entscheidet, welche mRNA-Moleküle zu welchem Zeitpunkt gebildet werden.

16.2.4.1 Genregulation bei Prokaryonten

Untersuchungen über die Enzyminduktion (= enzymatische Adaptation) bei Bakterien haben zu der Erkenntnis geführt, daß bei den Prokaryonten mehrere Strukturgene, die die Information für verschiedene, funktionell miteinander kooperierende Enzyme enthalten, zu einem **Operon** zusammengefaßt sind.

Bei dem Lactose(lac)-Operon von *Escherichia coli* handelt es sich um die drei Enzyme β-Galaktosidase, Permease und Transacetylase. Die β-Galaktosidase hydrolysiert die Lactose zu Glucose und Galaktose, und die Galaktosid-Permease bewerkstelligt den Transport der Lactose durch die Cytoplasmamembran der Bakterien. Dagegen ist die physiologische Bedeutung der Thiogalaktosid-Transacetylase noch nicht bekannt. Für den Lactosestoffwechsel ist sie jedenfalls nicht essentiell.

Die drei Enzyme werden in einen gemeinsamen mRNA-Strang transcribiert. Das Operon steht unter der Kontrolle eines **Operators,** beim lac-Operon eine Sequenz von 24 Basenpaaren, die den DNA-Abschnitten der Strukturgene vorgeschaltet ist. Vor dem Operator und sich mit diesem zum Teil überlappend liegt der **Promotor,** ein DNA-Abschnitt, der als Erkennungsregion und Bindungsstelle der DNA-abhängigen RNA-Polymerase dient. Die Genaktivität wird durch **Regulatorgene** gesteuert, die die Information für die sogenannten **Repressoren** enthalten. Das sind Proteine, die an den Operator binden, wodurch die Bindung der RNA-Polymerase an den Promotor und damit die RNA-Synthese verhindert wird. Im Falle des lac-Operons sind zwei Regulatorgene beteiligt, von denen das eine für den Lac-Repressor codiert. Die Repressor-Proteine besitzen eine weitere Bindungsstelle, so daß sie mit einem kleineren Molekül, dem **Induktor,** im Falle des lac-Operons also dem Lactosemolekül, in Wechselwirkung treten können, was zu einer Konformationsänderung und dadurch zu einer Ablösung des Repressors vom Operator führt (Abb. 16.**6**).

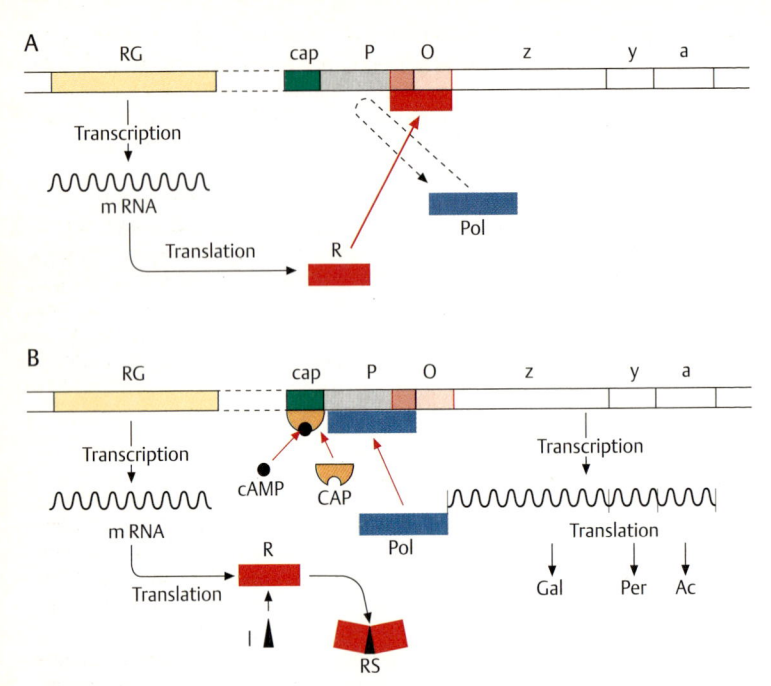

Abb. 16.6 Regulation der Aktivität des Lactose-Operons von *Escherichia coli*, schematisch. **A** Reprimierter Zustand. Das Regulatorgen RG (gelb) bildet über eine mRNA das Repressor-Protein R (rot), das den Operator O (hellrot) blockiert und hierdurch die Bindung der RNA-Polymerase Pol (blau) an den Promotor P (grau) verhindert. Infolgedessen können die Strukturgene z, y und a nicht exprimiert werden. **B** Induzierter Zustand. Die als Induktor I (schwarz) wirksame Lactose bindet an den Repressor R, wodurch ein Repressor-Substrat-Komplex RS (schwarz-rot) entsteht, der infolge der dadurch bedingten Konformationsänderung keine reprimierende Wirkung mehr hat. Nunmehr kann die RNA-Polymerase Pol an den Promotor binden und die Strukturgene z, y und a transcribieren. Durch Bindung des CAP-Proteins (orange) an die cap-Region (grün) bei gleichzeitiger Anlagerung von cAMP wird die Transcriptionsaktivität erheblich verstärkt. Schließlich wird die polycistronische mRNA in die drei Enzyme β-Galaktosidase (Gal), Permease (Per) und Transacetylase (Ac) übersetzt.

Nun ist die Bindung der RNA-Polymerase an den Promotor und somit die Transcription der Strukturgene grundsätzlich möglich.

Die volle Aktivität des lac-Operons wird allerdings nur erreicht, wenn ein zweites Regulator-Protein, das **CAP-Protein** (= **C**atabolite **A**ctivator **P**rotein) an die vor dem Promotor liegende cap-Region der DNA bindet. Zu seiner Aktivierung wird cAMP benötigt, weshalb eine entsprechend hohe cAMP-Konzentration in der Zelle notwendig ist. Da die Aktivität der Adenylatcyclase in der

Bakterienmembran durch Glucose erniedrigt wird, sinkt mit zunehmender Glucosekonzentration die cAMP-Konzentration in der Bakterienzelle. Infolgedessen unterbleibt die Aktivierung des CAP-Proteins und damit dessen Bindung an die cap-Region, was eine Repression des lac-Operons zur Folge hat. Die Glucose, das Endprodukt des Lactoseabbaus, reprimiert also das lac-Operon (**Endprodukt-Hemmung**).

Die Histidin-Synthese bei dem Bakterium *Salmonella typhimurium* wird durch ein anderes Regulationssystem gesteuert, das als **Attenuator**-Mechanismus bezeichnet wird. Wahrscheinlich ist es bei der Biosynthese aller proteinogenen Aminosäuren wirksam, die der Repression durch das Endprodukt unterliegen. Nach diesem Modell entscheidet die Sekundärstruktur des ersten Abschnittes der gerade transkribierten mRNA, der als Leader-Bereich bezeichnet wird, darüber, ob die folgenden Strukturgene des Operons transkribiert werden oder nicht. Dieser Mechanismus kann zusätzlich zu dem oben beschriebenen wirksam sein, wie das Beispiel der Tryptophan-Synthese zeigt.

16.2.4.2 Genregulation bei Eukaryonten

Die bei Prokaryonten nachgewiesenen Mechanismen zur Regulation der Genaktivität lassen sich nicht ohne erhebliche Modifikationen auf Eukaryonten übertragen. Zwar sind auch bei höheren Pflanzen einige Fälle von Substratinduktion bekannt geworden, z. B. die Induktion des Enzyms Nitratreduktase durch Nitrat, doch bedeutet diese äußere Ähnlichkeit nicht, daß der Induktion der gleiche Mechanismus wie bei den Prokaryonten zugrunde liegt. Wesentliche Unterschiede sind ja schon dadurch gegeben, daß die DNA der Eukaryonten in den Zellkern eingeschlossen, mit Histonen assoziiert und infolgedessen weitgehend inaktiv ist. Außerdem weisen zahlreiche Gene eine Mosaikstruktur aus Exons und Introns auf (S. 461).

Vor Beginn der mRNA-Synthese müssen daher zunächst die Bindungen zwischen der DNA und den Histonen gelöst oder zumindest so weit gelockert werden, daß die DNA für die RNA-Polymerase zugänglich ist. Prinzipiell sind also zwei Grundzustände der eukaryotischen DNA zu unterscheiden: der blockierte, inaktive und der exponierte, an dem die Bildung von mRNA grundsätzlich möglich ist. Damit ist für jeden Zelltyp eines Gewebes bzw. Organs ein spezifisches, sich mit fortschreitender Differenzierung änderndes Muster der Genaktivität bis zu einem gewissen Grade vorgegeben. Allerdings ist das Differenzierungsmuster mit Sicherheit nicht einfach das Resultat der durch Histonablösung verursachten Dekondensation des Chromatins. Vielmehr erfordert die im Laufe des Differenzierungsprozesses notwendig werdende Modulation der Genaktivität eine fein abgestufte Modifikation im Muster der aktiven und potentiell aktiven Gene (**differentielle Genaktivität**), d. h. die Gene müssen an- und abschaltbar sein. Die Steuerung dieser Vorgänge kann durch Außenfaktoren erfolgen, z. B. Licht (S. 427 ff), aber auch durch innere Faktoren.

Gleich den Prokaryonten besitzen auch die Eukaryonten **Regulatorgene**, die allerdings in der Regel nicht mit den von ihnen gesteuerten Strukturgenen zu Operons zusammengefaßt sind. Meist sind sie auf verschiedene Bereiche der DNA verteilt. Man bezeichnet eine solche Funktionseinheit als **Regulon**. Die RNA ist monocistronisch, enthält also nur die Information eines Gens. Bei der Transcription entstehen hochmolekulare Prä-mRNA, aus denen während des processing die nicht-informativen Introns herausgeschnitten werden (S. 473 f.). Die Transcription beginnt mit der Bindung der RNA-Polymerase an den **Promotor** der codierenden DNA, der etwa 100 vor dem Transcriptions-Startpunkt liegende Basenpaare umfaßt. Er enthält bestimmte, sogenannte **cis**-aktive DNA-Abschnitte (Boxen), die den Beginn und das Ende der Genexpression kontrollieren. Obwohl die für mRNA codierenden Promotoren sich in der Sequenz ihrer Basenpaare unterscheiden, findet man bei den meisten von ihnen sogenannte **Konsensus-Sequenzen**, die im Verlaufe der Evolution weitgehend unverändert geblieben sind. In einer 20–30 Basenpaaren betragenden Entfernung vom Transcriptions-Ursprung liegt die **TATA-Box** mit der Konsensussequenz 5′-TATAAAAT-3′, in der die Aufeinanderfolge von T und A bis zu einem gewissen Grade variieren kann. Etwa 80–90 Basenpaare von der Initiationsstelle entfernt, liegt eine zweite Konsensussequenz 5′-CCAATCT-3′, die sogenannte **CCAAT-Box**. Beide Boxen sind durch regulatorisch nicht wirksame Regionen getrennt. Mit Hilfe von Transcriptionsfaktoren (TATA-Bindungsproteine) wird der Kontakt zwischen der RNA-Polymerase und den beiden Boxen hergestellt, wobei die CCAAT-Box das Enzym bindet, während die TATA-Box für den Start der Polymerase verantwortlich ist.

Zusätzlich zu den Promotoren sind an der Bindung der RNA-Polymerase noch weitere Elemente beteiligt, die für die Expression und Regulation der Gene notwendig sind. Man bezeichnet sie als **cis-Sequenzen**, da sie nur die Aktivität ihres eigenen DNA-Moleküls beeinflussen. In vielen Fällen verstärken sie die Promotoraktivität, weshalb sie als **Enhancer** bezeichnet werden. Ihre Position in bezug auf den Promotor muß nicht fixiert sein, und sie können in jeder Richtung wirken. Ein Enhancer kann jeden Promotor, der in seiner Nachbarschaft liegt, stimulieren. Ein zweiter Typ der cis-wirksamen Sequenzen hat die entgegengesetzte Wirkung. Man bezeichnet diese Sequenzen als **Silencer.**

Trans-wirksame Sequenzen liegen auf verschiedenen DNA-Molekülen (Chromosomen) und codieren für sequenzspezifische DNA-Bindungsproteine, die mit den Enhancer- oder Silencer-Sequenzen in Wechselwirkung stehen. Man nimmt an, daß eine Vielfalt von weit entfernt gebundenen Trans-Aktivatoren die Aktivität der im Entstehen begriffenen transcriptionellen Komplexe durch Herstellung von Kontakten zu Enhancern und Promotoren moduliert. Deshab ist anzunehmen, daß die DNA-bindenen Proteine sowohl die Promotoren als auch eine Enhancer-Region erkennen. Zusammenfassend läßt sich sagen, daß die Kontrolle der Genexpression regulatorische Gene erfordert und solche, die reguliert werden. Der letztgenannte Typ enthält das cis-wirksame Modul, das auf das trans-wirksame Proteinsignal, das vom Regulatorgen ausgeht, antwortet.

Daneben gibt es offenbar einen völlig anderen Typ der Transcriptions-Kontrolle, der in einer Änderung der Gesamtstruktur eines Gens durch **DNA-Me-**

thylierung besteht. Die Methylierung des Cytosins zu 5-Methylcytosin beeinflußt die Protein-DNA-Wechselwirkungen, die für die Transcription erforderlich sind, und macht so die Gene unzugänglich, was eine Hemmung der Transcription zur Folge hat. Dieser Typ ist vor allem bei gewebespezifischen Genkontrollen beobachtet worden, d. h. daß bei der Differenzierung bestimmter Gewebe Demethylierungsprozesse nachgewiesen wurden.

Mit den heute zur Verfügung stehenden Methoden läßt sich jedoch die differentielle Genaktivität auch direkt nachweisen. Isoliert man z. B. die Protoplasten verschiedener Zelltypen aus ein und derselben Pflanze oder aber Zellen in verschiedenen Entwicklungsstadien aus demselben Gewebetyp, kann man unterschiedliche RNA- bzw. Protein-Muster nachweisen. Bei geeigneten Objekten läßt sich dieser Nachweis sogar im Gewebe direkt führen, ohne daß eine Isolierung notwendig ist. Allerdings gibt es auch Gene, die während des Differenzierungsprozesses keiner Aktivitätsänderung unterliegen, wie z. B. solche, die Enzymproteine zur Aufrechterhaltung des Stoffwechsels codieren.

Über den oben beschriebenen Mechanismus hinausgehend kann die Regulation der Genaktivität auf dem Niveau der DNA auch auf ganz andere Weise erfolgen, und zwar durch den Gebrauch generell oder differentiell vervielfachter Schablonen. Beispiele hierfür sind die Endopolyploidie, die Unterreplikation und die DNA-Amplifikation. In diesen Fällen wird die Menge der Genprodukte durch die Vervielfachung der Zahlen der DNA-Matrizen des betreffenden Produktes vergrößert. Auch die repetitiven DNA-Sequenzen spielen eine Rolle bei der quantitativen Kontrolle der Genaktivität. Außerdem ist eine Regulation der Entwicklungsvorgänge auf der Ebene der Translation und schließlich auch auf der Ebene der Enzyme möglich.

16.3 Die Steuerung der Organentwicklung

Da ein pflanzliches Organ aus verschiedenen Geweben aufgebaut ist, liegt es auf der Hand, daß an der Organentwicklung, verglichen mit der Einzelzelle, ein Vielfaches an Differenzierungsprozessen beteiligt ist, deren Ablauf koordiniert werden muß, um den Bauplan des betreffenden Organs einzuhalten. Sind schon unsere Kenntnisse von den Differenzierungsprozessen der Zelle recht begrenzt, so trifft dies in noch weit größerem Maße für unser Wissen von der Organentwicklung zu, wo wir oft noch nicht einmal die Grundphänomene befriedigend interpretieren können. Solche Grundphänomene der Organentwicklung sind u. a. die Polarität, die Determination und die Korrelationen.

16.3.1 Polarität

Unter Polarität versteht man die physiologische Verschiedenheit einander entgegengesetzter Bereiche einzelner Zellen bzw. ganzer Organe, die häufig auch in einer morphologischen Verschiedenheit der beiden Pole zum Ausdruck kommt.

Polarität kommt schon bei Prokaryonten vor, z.B. bei unipolar begeißelten Bakterien. Bei den *Volvox*-Kugeln lassen sich ein vegetativer und ein generativer Pol unterscheiden, und bei vielen fädigen Thalli finden wir eine Polarität zwischen einer apikalen, teilungsfähigen Scheitelzelle und einer basalen Rhizoidzelle (Abb. 5.**11**, S. 215). Das markanteste Beispiel ist jedoch die Ausbildung von Sproß- und Wurzelpol bei der höheren Pflanze, die ja schon in der ersten Phase der Embryonalentwicklung angelegt werden.

Meist läßt sich die Polarität auch an den einzelnen Zellen eines Organs nachweisen. Sie äußert sich u.a. in dem einseitig gerichteten, also polaren Transport bestimmter Stoffe sowie in der Unmöglichkeit, aus einem Geweberverband herausgelöste Zellen in umgekehrter Anordnung in das betreffende Organ wieder einwachsen zu lassen. Das ist meist ohne weiteres möglich, wenn die Zellen dem Gewebe in ihrer ursprünglichen Anordnung wieder eingefügt werden. Deshalb gelingen Pfropfungen bei Bäumen und Sträuchern nur, wenn der apikale Pol der Unterlage mit dem basalen Pol des Pfropfreises verbunden wird. Die molekularen und strukturellen Ursachen der Polarität sind uns noch weitgehend unbekannt. Es hat jedoch den Anschein, daß die peripheren Schichten des Protoplasten, möglicherweise die ihn begrenzenden Biomembranen, die strukturellen Träger der Polarität sind. Dies kann man u.a. daraus schließen, daß auch in Zellen mit starker Plasmaströmung die Polarität erhalten bleibt.

Die Induktion der Polarität erfolgt bei zunächst noch nicht bzw. nicht stabil polarisierten Zellen, z.B. den Meiosporen der Moose und Farne sowie den Zygoten mancher Algen *(Fucus)*, die in der ersten Phase der Entwicklung, geht also der ersten Zellteilung voraus. Die Polarität läßt sich in den genannten Fällen durch äußere Faktoren, z.B. Licht, elektrische Felder oder Ionengradienten, induzieren. Bei den Meiosporen von *Equisetum* entsteht unter einseitiger Lichteinwirkung bei der ersten, inäqual verlaufenden Teilung die kleinere, linsenförmige Rhizoidzelle an der am wenigsten belichteten Stelle der Spore, normalerweise also auf der lichtabgewandten Seite (Abb. 16.**7**). Sie wächst zum Rhizoid aus, während aus dem verbleibenden Zellanteil unter mehrfacher Teilung das Prothallium entsteht.

Die beginnende Polarisierung findet ihren Ausdruck u.a. in einem gesteigerten Einstrom von $Ca^{2\oplus}$-Ionen an dem auswachsenden, im Falle von *Equisetum* also dem Rhizoidpol, während auf der gegenüberliegenden Seite Ionen aktiv nach außen gepumpt werden. Daraus könnte man schließen, daß am Rhizoidpol bevorzugt Calciumkanäle, auf der gegenüberliegenden Seite hingegen Calciumpumpen gebildet werden. Polar wachsende Zellen sind von einem elektrischen Feld umgeben. Der Strom tritt in die wachsenden Stellen ein und an den nicht wachsenden wieder aus. Auch das Spitzenwachstum von Pollenschläuchen und Wurzelhaaren ist eingehend untersucht worden, wobei im Mittelpunkt die mögliche Rolle des Cytoskeletts beim polaren Wachstum stand. In Wurzelhaaren wurde eine Ausrichtung von F-Actin parallel zur Wachstumsrichtung festgestellt. Die Hauptaufgabe des Cytoskeletts sind jedoch offensichtlich die Aufrechterhaltung der gestreckten Gestalt der wachsenden Zellen und

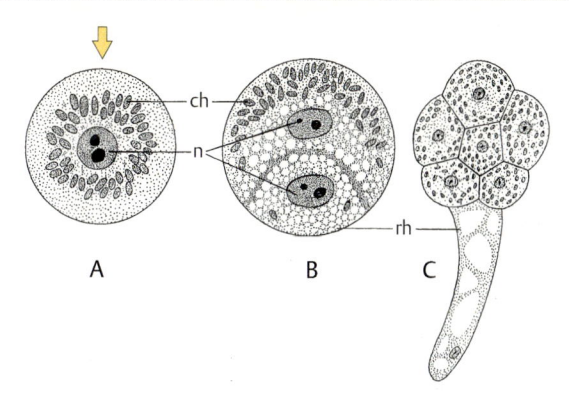

Abb. 16.7 Polaritätsinduktion bei einer Spore des Schachtelhalms (*Equisetum*) durch Licht (Lichtrichtung durch Pfeil angedeutet). **A** Bestrahlung der noch nicht polarisierten Spore, **B** Abgrenzung der linsenförmigen Rhizoidzelle am lichtabgewandten Pol, **C** Älteres Stadium mit Rhizoid und mehrzelligem Prothallium. ch = Chloroplasten, n = Zellkern, rh = Rhizoidzelle (nach Sadebeck).

die Kontrolle der Bewegung von Organellen zur Spitze. Strukturelles Element der Polarität ist es sicherlich nicht. Alle Versuche, Gene oder Genprodukte nachzuweisen, die das polare Wachstum kontrollieren, blieben bisher erfolglos.

Diese Polarität ist zunächst noch instabil und läßt sich z. B. bei *Equisetum* durch eine Belichtung aus einer anderen Richtung ändern, was natürlich auch eine Änderung des $Ca^{2\oplus}$-Einstroms bzw. -Ausstroms zur Folge hat. Allmählich wird die Polarität jedoch manifest und läßt sich durch erneute Lichteinwirkung nicht mehr ändern. Diese Befunde sind ein weiterer Hinweis darauf, daß das Plasmalemma Strukturträger der Polarität ist.

Grundsätzlich weisen alle Zellen, die aus einer bereits polarisierten Zelle durch Teilung hervorgehen, die gleiche Polarität auf wie diese. Ist die Polarität einmal manifest, bleibt sie in der Regel dauernd erhalten, und zwar sowohl in der einzelnen Zelle als auch im ganzen Organ. Außer den bereits erwähnten Pfropfungsexperimenten zeigt dies in eindrucksvoller Weise der klassische Weidenzweigversuch (Abb. 16.**8**).

Schneidet man aus einem Weidenzweig Teilstücke heraus und hängt sie in einem feuchten Raum so auf, daß das eine seine ursprüngliche Orientierung beibehält (**A**), das andere dagegen mit seinem Oberteil nach unten zeigt (**B**), so treiben, unabhängig von der augenblicklichen Lage, an dem ehemaligen oberen Ende die Seitentriebe und am unteren Ende die Seitenwurzeln aus. Dieses Verhalten ist u. a. durch den infolge des Polaritätsgefälles einseitig basalwärts erfolgenden Transport von Phytohormonen bedingt, der ausschließlich im Bast erfolgt. Unterbricht man nämlich diesen Transport durch Ringelung des Zweiges (**C**), so erhält man in physiologischer Hinsicht zwei Teilstücke, die jeweils am oberen Ende Seitensprosse, am unteren Ende Adventivwurzeln bilden.

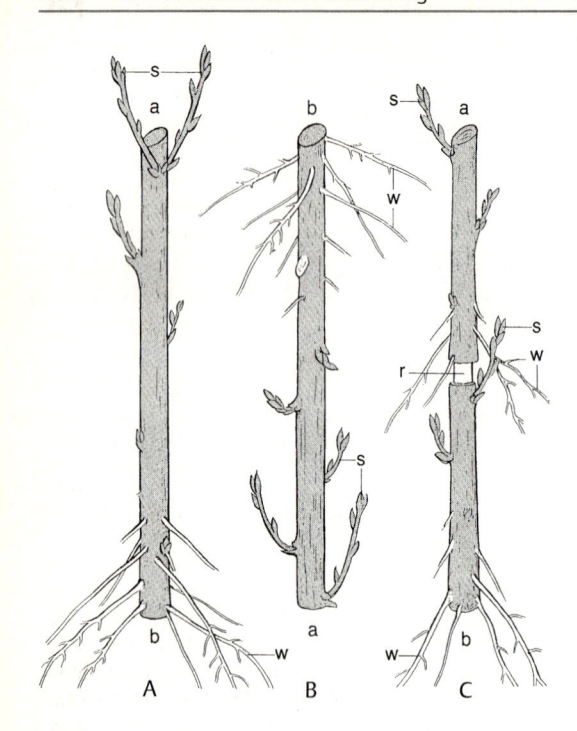

Abb. 16.8 Polarität austreibender Weidenzweige *(Salix)*.
A In normaler,
B in inverser Lage,
C in normaler Lage, geringelt.
a = apikaler,
b = basaler Pol,
r = Ringelungsstelle,
s = Seitentriebe,
w = Wurzeln
(nach Sachs, Pfeffer).

16.3.2 Determination und Differenzierung

Bei der Determination wird darüber entschieden, welche der genetischen Potenzen der Zelle bei der anschließenden Differenzierung realisiert werden. Hierbei werden die Zellen auf einen bestimmten Differenzierungsprozeß festgelegt. Da jede meristematische Zelle ein und desselben Organismus die gleiche genetische Information und damit die gleiche Entwicklungspotenz erhält, können wir die determinierenden Prinzipien wohl kaum in ihr selbst suchen.

Einen wesentlichen Faktor haben wir bereits in der Polarität kennengelernt. Zwangsläufig muß jede Zellteilung, die senkrecht zum Polaritätsgefälle erfolgt, zwei physiologisch ungleichwertige Tochterzellen erzeugen. Häufig werden Differenzierungsprozesse durch inäquale Teilungen eingeleitet, bei denen eine kleinere, plasmareiche und eine größere, plasmaarme Zelle entstehen. Ein Beispiel hierfür ist die Entstehung der Spaltöffnungsinitialen von *Iris* (Abb. 7.9, S. 262), wo die Spaltöffnungsmutterzelle immer am apikalen Ende der Epidermiszellen angelegt wird. Weitere Faktoren dürften im Gewebe auftretende stoffliche Gradienten sein. So scheint beispielsweise die Differenzierung der

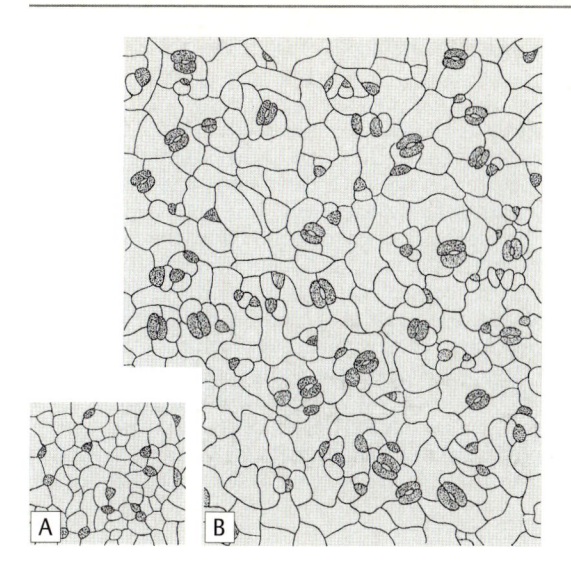

Abb. 16.9 Epidermis von *Alliaria officinalis* (Knoblauchsrauke).
A Sehr junges Blatt, auf dem nach Erlöschen der Teilungstätigkeit in bestimmten Abständen Spaltöffnungsinitialen angelegt werden.
B Älteres Blatt. Hier sind die zuerst angelegten Spaltöffnungen durch Flächenwachstum so weit auseinandergerückt, daß sich die Hemmungsbereiche nicht mehr überall berühren. In den entstandenen Lücken werden neue Initialen angelegt (nach Bünning und Sagromsky).

äußeren Tunicaschicht zur Epidermis weitgehend durch ihren direkten Kontakt mit der umgebenden Atmosphäre bestimmt zu werden, wobei es offen bleiben mag, ob das vom Inneren des Organs nach außen abnehmende Wasserpotential der Zellen oder die Konzentrationsgradienten von Sauerstoff bzw. CO_2 die entscheidende Rolle spielen. Wahrscheinlich wirken sie alle in komplizierter Weise zusammen. Diese radial verlaufenden Gradienten können natürlich auch für die tieferen Zellagen von Bedeutung sein. Die einzelnen Differenzierungsprozesse wären hiernach als Kippvorgänge aufzufassen, die innerhalb eines bestimmten Konzentrationsbereiches des modifizierenden Agens in einer bestimmten Richtung ablaufen, nach Über- bzw. Unterschreiten eines bestimmten Schwellenwertes desselben jedoch eine andere Richtung einschlagen.

Andere Differenzierungsprozesse wiederum werden entscheidend durch das Mengenverhältnis bestimmter Phytohormone gesteuert, z.B. die Differenzierung der Kambiumzellen durch das Verhältnis von IAA zu Gibberellin. Auch Salze bzw. deren Ionen können von Bedeutung sein. So hängt z.B. die Entwicklung des Mesophylls der Laubblätter ihrem Umfang nach weitgehend von dem Verhältnis von $K^{\oplus}$- und $Ca^{2\oplus}$-Ionen ab. Schließlich können aber auch stoffliche oder energetische Gradienten entscheidend sein, die ihre Ursache in einer verschiedenen Stoffwechselaktivität bestimmter Zellen und Gewebe haben.

Der letztgenannte Fall leitet zur Ausbildung von Differenzierungsmustern über, die das Ergebnis eines Sperreffektes sind. Ein **Sperreffekt** liegt dann vor, wenn eine in bestimmter Weise differenzierte Zelle den Ablauf gleichartiger Differenzierungsprozesse in ihrer näheren Umgebung verhindert. So unterdrücken in dem in Abb. 16.9 wiedergegebenen Beispiel die bei der Differenzierung der Epidermis angelegten Spaltöffnungsinitialen die Anlage weiterer Spaltöffnungen so lange, bis sie durch das Flächenwachstum der Epidermis so weit auseinandergerückt sind, daß der Sperreffekt nicht mehr wirksam ist. In den dadurch entstehenden Lücken zwischen den Hemmungszonen werden dann neue Initialen angelegt. Auch bei der Differenzierung von Idioblasten, Trichomen sowie bei der Anlage sekundärer Holz- und Baststrahlen dürften Sperreffekte eine wesentliche Rolle spielen.

Darüber hinaus lassen sich sowohl zwischen benachbarten als auch räumlich weiter voneinander entfernten Organen Wechselbeziehungen (Korrelationen) nachweisen. Ein instruktives Beispiel hierfür ist die bei vielen Pflanzen zu beobachtende **Apikaldominanz.** Hierunter verstehen wir die Unterdrückung des Austreibens der Seitenknospen einer Sproßachse durch das Apikalmeristem. Wird dieses durch Dekapitation entfernt, so treibt die nächstniedere Achselknospe aus. Bestreicht man jedoch die Spitze des dekapitierten Sprosses mit einer IAA-haltigen Paste, so wird das Austreiben der Seitenknospen auch weiterhin unterdrückt. Offenbar fließt in der unverletzten Pflanze vom Apikalmeristem ein ständiger Auxinstrom basalwärts, der das Austreiben der Seitenknospen hemmt.

16.3.3 Morphogenese

Als Morphogenese bezeichnet man die Gesamtheit der Prozesse die zur Ausbildung einer bestimmten Gestalt, sei es nun einer Zelle, eines Organs oder der ganzen Pflanze, führen. Letztlich geht es hierbei um die Frage, wie die im Zellkern lokalisierte genetische Information, die ja primär die Synthese bestimmter Proteine und anderer Substanzen steuert, zur Ausprägung einer bestimmten Gestalt führt.

Ursprünglich glaubte man an die Existenz besonderer morphogenetischer Substanzen, die spezifisch die Bildung eines ganz bestimmten Organs auslösen und seine Entwicklung und Formbildung steuern. Als Beispiel für das Vorkommen morphogenetischer Substanzen wurden die **Gallen** angesehen. Hierunter verstehen wir durch Insekten (z. B. Eichengallen), Pilze (z. B. Hexenbesen) oder Bakterien (z. B. Wurzelknöllchen) hervorgerufene Wucherungen oder Gestaltveränderungen der Pflanze. Je nach Art des Erregers zeigen die Gallen einen ganz bestimmten morphologischen und anatomischen Aufbau. Bei den **organoiden Gallen** bleibt trotz der eingetretenen Veränderungen der charakteristische Aufbau des betreffenden Grundorgans erhalten, wie z. B. bei den Hexenbesen, die aus zahlreichen, dicht gedrängten Seitenästen bestehen. Dagegen zeigen die **histoiden Gallen,** wie z. B. die Eichengallen, einen Aufbau, der nicht mehr die geringste Ähnlichkeit zu dem Grundorgan zeigt, an dem sie entstanden sind. Dies hat notwendigerweise bestimmte Differenzierungsprozesse zur Voraussetzung, die in der normalen Pflanze nicht ablaufen. Es müssen somit von den Gallenerregern Stoffe an das pflanzliche Gewebe abgegeben werden, die es zur Gallenbildung veranlassen. Bei den von gallenerzeugenden Insekten

16.3 Die Steuerung der Organentwicklung

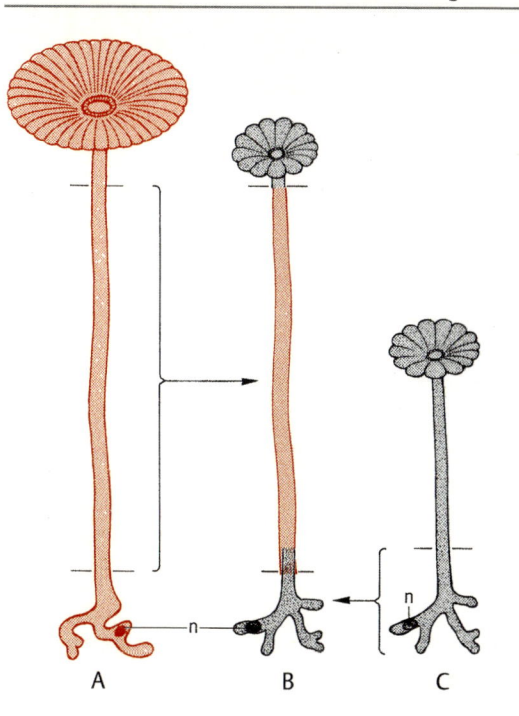

Abb. 16.**10** Transplantation bei *Acetabularia*. Ein kernloses Stielstück von *Acetabularia mediterranea* (**A** rot) wird einem kernhaltigen Rhizoidstück von *Acetabularia wettsteinii* (**C** grau) aufgepfropft. Der durch Regeneration am Stiel gebildete neue Hut entspricht dem von *A. wettsteinii* (**B**). n = Zellkern (nach Hämmerling).

abgegebenen Stoffen handelt es sich vor allem um Phytohormone sowie gewisse Aminosäuren, also um verhältnismäßig unspezifische Substanzen. Die IAA regt das Wachstum an, während die Aminosäuren die morphologisch-histologische Ausgestaltung der Gallen beeinflussen. Welche Rolle die ebenfalls an die Pflanze abgegebenen Nucleinsäuren spielen, ist noch unklar. Besondere morphogenetische Substanzen konnten jedoch nicht nachgewiesen werden.

Auch die schirmförmige Kalkalge *Acetabularia* wurde lange Zeit als Beispiel für das Vorkommen spezifisch die Hutbildung beeinflussender morphogenetischer Substanzen angesehen. Sie ist in ihrem ersten Entwicklungsabschnitt einzellig und einkernig (Abb. 16.**10**). Schneidet man nun den kernhaltigen Rhizoidteil einer Art, im vorliegenden Falle *Acetabularia wettsteinii*, ab und pfropft diesem ein kern- und hutloses Stielstück einer anderen Art, *Acetabularia mediterranea*, auf, so entwickelt sich aus dessen oberem Ende zunächst ein Hut, der in seiner Gestalt zwischen beiden Formen liegt. Entfernt man auch diesen, wird ein neuer Hut gebildet, der dem von *Acetabularia wettsteinii* entspricht. Die Hutbildung wird also durch Stoffe gesteuert, die vom Zellkern an das Cytoplasma abgegeben werden.

Dieser Versuch, der uns einen tieferen Einblick in die Beziehungen zwischen Kern und Plasma gegeben hat und die Rolle der mRNA, um die es sich

Abb. 16.11 *Micrasterias papillifera* (REM-Aufnahme: G. Wanner).

hier handelt, deutlich vor Augen führt, gibt jedoch keinen Anhaltspunkt für die Existenz spezifisch morphogenetischer Substanzen. Hierunter wären solche Stoffe zu verstehen, die bestimmte Entwicklungsprozesse in Gang setzen, d. h. die Bildung der dazu erforderlichen mRNA erst auslösen, Stoffe also, die als Induktoren fungieren.

In neuerer Zeit mehren sich Befunde, wonach den Biomembranen eine wesentliche Rolle bei der Morphogenese zukommt. Ein günstiges Objekt für derartige Untersuchungen ist die Grünalge *Micrasterias* (Abb. 16.11), die eine zierliche, ornamentale Gestalt besitzt (Zieralge). Ihre Sekundärwand zeigt ein charakteristisches Muster aus teils parallel laufenden, teils sich überkreuzenden Mikrofibrillen. Elektronenmikroskopische Untersuchungen lassen darauf schließen, daß an dieser Musterbildung die Membranen verschiedener Typen von Golgi-Vesikeln einen wesentlichen Anteil haben. Sie werden an den Dictyosomen gebildet, zur Peripherie transportiert und dort in das Plasmalemma eingebaut. Offenbar erhält die Plasmamembran auf diese Weise Strukturinformationen in Form von Membranen verschiedener molekularer Architektur. Nach den Vorstellungen über den Membranfluß erscheint es denkbar, daß diese informationstragenden Membranen unter der Kontrolle des Zellkerns am rauhen ER gebildet, von diesem an die Regenerationsseite des Dictyosoms abgegeben (Abb. 3.7B, S. 83) und nach Beladung mit Zellwandmaterial von der Sekretionsseite zum Plasmalemma transportiert und dort eingebaut werden. Wahrscheinlich sind Actin-Mikrofilamente an dem morphogenetischen Prozeß beteiligt, die als corticales Netzwerk in Erscheinung treten. Dieser Modellfall zeigt, wie genetische Information morphogenetisch wirksam werden kann.

16.3.4 Restitutionen

> Werden pflanzliche Organe verletzt, sei es nun mechanisch oder durch pathogene Organismen, setzen bereits nach kurzer Zeit Restitutionsvorgänge ein. Diese führen zum Wundverschluß durch Auslösung von Zellteilungen in bereits differenzierten Zellen, die dedifferenziert und wieder meristematisch werden. Gleichzeitig erfolgt die Bildung von Zellwandbausteinen. Hierdurch entsteht ein **Kallus** aus zunächst undifferenzierten Zellen, der die Wunde verschließt.

Nach seiner Fertigstellung setzen wieder Differenzierungsprozesse ein, durch die verlorengegangene oder funktionsunfähig gewordene Gewebeelemente oder sogar ganze Organe regeneriert werden. So wird die Regeneration von Phloem-Elementen durch die Cytokinine Kinetin und Zeatin gefördert, wobei im ersten Falle die Wirkung durch relativ hohe (1%), im zweiten Fall durch deutlich niedrigere (0,1%) IAA-Konzentrationen verstärkt wird. Allerdings ist die Fähigkeit zur Restitution nicht bei allen Pflanzen gleich stark entwickelt. In einigen Fällen ist es sogar möglich, einzelne Zellen zur Regeneration eines ganzen Individuums zu veranlassen. So kann man aus einem einzigen Blattzellen-Protoplasten wieder eine Kartoffelpflanze ziehen.

Außerdem werden Reaktionen zur Abwehr eindringender pathogener Organismen eingeleitet, wie die Bildung von antimikrobiell wirkenden **Phytoalexinen**, Alkaloiden und Proteinase-Inhibitoren, die vor allem die Proteinasen von Insekten und Mikroorganismen hemmen, z. B. die Serin-Endopeptidasen Trypsin und Chymotrypsin, die in Pflanzen nur selten gefunden werden.

Die Signalkette zur Induktion der Proteinase-Inhibitoren wird durch Oligogalakturonsäure-Abbauprodukte der Zellwandpektine sowie das aus 18 Aminosäuren bestehende Peptidhormon Systemin ausgelöst. Diese verursachen die Bildung von Ethylen und Jasmonaten, die durch Abbau von Linolensäure entstehen. Sie verursachen die Expression der die Proteinase-Inhibitoren codierenden Gene.

16.3.5 Pflanzenkrebs

Der Pflanzenkrebs wird in der Mehrzahl der Fälle durch ein Bakterium, *Agrobacterium tumefaciens,* hervorgerufen. Obwohl er sich in diesem wie auch in einigen anderen Punkten vom Humankrebs, über dessen Ursachen die Ansichten noch immer auseinandergehen, unterscheidet, bestehen zweifellos gewisse Parallelen zwischen pflanzlichem und tierischem Krebsgewebe. Hier sind zu nennen: das im Gegensatz zum Wundkallus potentiell unbegrenzte Wachstum der Geschwülste und die dadurch bedingte Bösartigkeit, die Irreversibilität, das durch Entdifferenzierung und Polaritätsverlust bedingte Fehlen der normalen histologischen Struktur und physiologischen Fähigkeiten sowie die Transplantierbarkeit, d. h. die Möglichkeit, Tumorgewebe auf gesunde Organe zu übertragen und dort zum Einwachsen zu bringen.

Box 16.1 Ti-Plasmide

Genauere Untersuchungen haben ergeben, daß es verschiedene Ti-Plasmide gibt, die ihrer genetischen Opin-Information entsprechend als Octopin- und Nopalin-Gruppe unterschieden werden. Weitere Opine sind Agropin und Agrocinopin. Die virulenten, d.h. tumorbildenden Stämme von *Agrobacterium tumefaciens* enthalten Plasmide von etwa 140–235 kb (Kilobasen). Die Virulenz kann auf nicht-virulente Bakterien durch Konjugation übertragen werden. Wie die Genkarten von Ti-Plasmiden zeigen, bestehen zwischen der Octopin- und der Nopalin-Gruppe nur geringe Homologien. Zu den homologen Regionen zählen die Virulenz-Gene und die T-DNA (s. unten).

Von der vollständigen DNA eines Ti-Plasmids wird nur ein kleiner Abschnitt, der etwa 23 kb umfaßt, in die pflanzliche Zellkern-DNA integriert. Dieser wird als T-DNA (transferred DNA) bezeichnet. Überraschenderweise kann die T-DNA an ganz verschiedenen, offenbar unspezifischen Stellen in die pflanzliche Kern-DNA integriert werden. Die Nopalin-T-DNA wird in einem Stück eingebaut, die Octopin-T-DNA meist in zwei Teilstücken.

Der Mechanismus des Ti-Plasmid-Einbaus in die pflanzliche Zellkern-DNA ist noch nicht ganz klar. Er ähnelt bis zu einem gewissen Grade der Konjugation bei Bakterien. Die den DNA-Transfer steuernden Gene liegen nicht auf der T-DNA, sondern in der virulenten Region. Die Transcription wird durch Signalmoleküle ausgelöst, beim Tabak z.B. Acetosyringon, die vom verwundeten Gewebe gebildet werden. Durch dieses Aktivierungssignal wird die Bildung einer Endonuclease, die ebenfalls vom Virulenz-Gen codiert wird, ausgelöst. Sie führt an den Enden der T-DNA jeweils einen Einzelstrangbruch herbei, worauf die einzelsträngige T-DNA übertragen wird. Im Laufe des Transfer-Vorganges wird die einzelsträngige T-DNA durch Bildung des komplementären Stranges in doppelsträngige DNA überführt, was mit Hilfe der pflanzeneigenen Enzyme geschieht. Schließlich wird die DNA in das Pflanzengenom eingebaut.

Zwei Gene der T-DNA codieren für Enzyme, die an der Biosynthese von Auxinen beteiligt sind, ein Gen für ein Enzym, das für die Cytokinin-Biosynthese, insbesondere für Zeatin, wichtig ist. Dies erklärt die Unabhängigkeit der Tumorzellen von der Phytohormon-Zufuhr, die Voraussetzung für die Virulenz ist.

Octopin-Ti-Plasmid pTiACH5: Virulenz-Gene, T-DNA, konjugativer Transfer, Octopin-Katabolismus, Agropin-Katabolismus

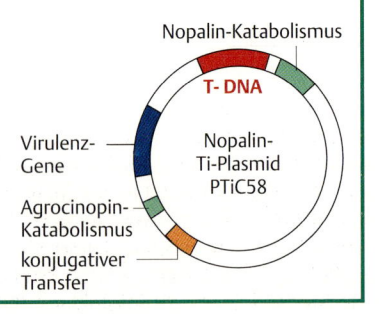

Nopalin-Ti-Plasmid PTiC58: Nopalin-Katabolismus, T-DNA, Virulenz-Gene, Agrocinopin-Katabolismus, konjugativer Transfer

Ist die Tumorbildung induziert, so sind die Bakterien für das weitere Wachstum des Tumorgewebes nicht mehr erforderlich. Bei *Vinca rosea,* einer höhere Temperaturen ertragenden Pflanze, ist es gelungen, durch Behandlung mit Temperaturen von 46–47 °C bakterienfreie Tumoren zu erhalten, die sich ungehindert weiterentwickeln und auf gesunde Pflanzen transplantieren lassen. Auch durch Behandlung mit dem Antibiotikum Carbenicillin können Tumorgewebe bakterienfrei gemacht werden.

Die Tumorisierung einer Pflanzenzelle scheint mehrere Phasen zu durchlaufen. Durch die Verletzung des Gewebes, die die unerläßliche Voraussetzung der Tumorisierung ist, werden die der Wunde benachbarten Zellen, wie auch bei der Bildung eines normalen Wundkallus, zur erneuten Produktion von Phytohormonen, insbesondere Auxin und Cytokininen, und dadurch zu erneuten Zellteilungen angeregt. Während jedoch die Wundkalluszellen nach einiger Zeit die Hormonproduktion und damit auch die Zellteilung wieder einstellen, hält beides bei den Tumorzellen unvermindert an. Sie haben die Fähigkeit zur Regulation der Wachstumsvorgänge verloren und entziehen sich damit auch der korrelativen Steuerung.

Die Agrobakterien enthalten ein großes DNA-Plasmid, das als Ti-Plasmid (tumor inducing) bezeichnet wird (Box 16.1). Ein bestimmtes Segment dieses Plasmids wird in die Pflanzenzelle übertragen. Für diesen Transfer sind mehrere Gene der sogenannten Vir-Region (Virulenz-Region) auf dem Ti-Plasmid verantwortlich. Die Pflanzenzelle realisiert nun, ähnlich wie die transformierten Bakterien, die im Plasmid enthaltene, das Tumorwachstum bestimmende genetische Information. Durch die Transformation wird die Pflanzenzelle veranlaßt, ungewöhnliche Derivate von Aminosäuren, die Opine Octopin und Nopalin, zu produzieren, die nur von den Agrobakterien als Kohlenstoff- und Stickstoffquellen benutzt werden können. Offensichtlich liegt hier eine spezielle Form des Parasitismus vor, bei der sich der Parasit nicht einfach an die im Wirt vorhandenen Bedingungen anpaßt, sondern dessen genetische Eigenschaften so spezifisch verändert, daß sie dem Parasiten adäquat sind. Diese Art von Wechselwirkung ist als „genetische Kolonisation" bezeichnet worden.

16.4 Einfluß äußerer Faktoren auf die Entwicklung

Daß neben inneren Faktoren auch Umweltfaktoren die pflanzliche Entwicklung zu beeinflussen vermögen, erscheint insofern selbstverständlich, als eine ausreichende Versorgung mit Wasser, bestimmten Ionen, CO_2 und Licht die unerläßliche Voraussetzung der pflanzlichen Ernährung und damit auch des Wachstums und der Entwicklung ist. Über diese mehr unspezifischen Einflüsse hinausgehend vermögen gewisse äußere Faktoren die pflanzliche Entwicklung jedoch auch in ganz spezifischer Weise zu beeinflussen, was zur Folge hat, daß Pflanzen mit gleichem Erbgut, die unter verschiedenen Umweltbedingungen aufgewachsen sind, sich trotz Einhaltung des Grundbauplanes in ihrem Äußeren erheblich unterscheiden können.

Abb. 16.12 Zwei Pflanzen vom Löwenzahn *(Taraxacum officinale)*, die aus einer geteilten Wurzel hervorgegangen sind, **A** im Flachland, **B** im Hochgebirge.

Teilt man z. B. den Wurzelstock eines Löwenzahns und pflanzt die eine Hälfte im Hochgebirge, die andere im Flachland aus, so erhält man Pflanzen von recht verschiedenem Aussehen (Abb. 16.12). Da die Hochgebirgsform im Flachland die Gestalt der Flachlandform annimmt und umgekehrt, handelt es sich nicht um Mutationen. Solche nichterblichen umweltbedingten Änderungen der Gestalt bezeichnet man als **Modifikationen.**

Die Wahrnehmung (Perception) bzw. Messung eines Außenfaktors, insbesondere seiner quantitativen und qualitativen Änderungen, erfolgt mit Hilfe von Rezeptoren, die ein Signal erzeugen, das zum Wirkungsort übertragen wird (vgl. Kap. 17.3).

16.4.1 Strahlung

Von allen Außenfaktoren, die die pflanzliche Entwicklung zu beeinflussen vermögen, sind die Wirkungen der Strahlung, insbesondere der sichtbaren, am besten untersucht. Wie früher bereits gezeigt wurde, ist die Strahlung bei photoautotrophen Organismen vor allem über die Photosynthese wirksam. Darüber hinaus vermag sie jedoch auch die Gestaltbildung der Pflanze in spezifischer Weise zu beeinflussen, und zwar auch bei nicht-photoautotrophen Organismen, z. B. Pilzen.

> Den Einfluß von Strahlung auf die Gestaltbildung bezeichnen wir als **Photomorphogenese,** die durch die Strahlung hervorgerufenen Effekte als **Photomorphosen.**

Da die grüne Pflanze unter natürlichen Bedingungen stets auch Licht erhält, lassen sich die morphogenetischen Effekte der Strahlung nicht ohne weiteres erkennen. Sie treten jedoch sehr deutlich hervor, wenn wir im Licht gewachsene Pflanzen mit solchen vergleichen, die im Dunkeln angezogen wurden. Das ist über längere Zeit natürlich nur bei Pflanzen möglich, die über genügend Stoffreserven verfügen und bis zu einem gewissen Grad von der Photosynthese unabhängig sind.

Das bekannteste Beispiel hierfür ist die Keimung von Kartoffelknollen. Im Licht entwickeln sich aus den Knollen normal grüne, beblätterte Sprosse (Abb. 16.13A), während im Dunkeln farblose Achsen mit langgestreckten Internodien und kleinen, fast schuppenförmigen Blättchen entstehen (Abb. 16.13B). Aus diesem Verhalten bei Lichtabschluß, das wir als **Etiolement** oder Vergeilung bezeichnen, können wir erkennen, daß das Licht für die Differenzierung der Proplastiden zu Chloroplasten, für die Chlorophyllsynthese sowie für die normale Entwicklung der Blattspreite eine unerläßliche Bedingung ist, während es die Streckung der Internodien bis zu einem gewissen Grad hemmt. Da die Kartoffelknolle genügend Reservestoffe gespeichert hat und außerdem das Etiolement schon durch relativ geringe Lichtmengen, die für die Photosynthese belanglos sind, unterdrückt werden kann, handelt es sich hier also um spezifisch photomorphogenetische Effekte.

Von weiteren Effekten, die die Strahlung auf den Entwicklungsablauf haben kann, seien genannt: die bereits besprochene Induktion der Polarität, Förderung oder Hemmung der Keimung bei Samen (Licht- und Dunkelkeimer), Anthocyanbildung, Beeinflussung der Zellteilungsaktivität, Förderung der Ausbildung von Sporangien bzw. Fruchtkörpern bei Pilzen u. a.

Da nur solche Strahlung wirksam werden kann, die absorbiert wird, ergibt sich die Frage nach den die Strahlungsabsorption vermittelnden Pigmentsystemen, den Photorezeptoren. Die früher vertretene Ansicht, daß nur der kurzwellige, also blaue Spektralbereich der sichtbaren Strahlung wirksam ist, trifft nur für Pilze zu. Bei der Ermittlung der Aktionsspektren verschiedener photomorphogenetischer Prozesse hat sich gezeigt, daß bei höheren Pflanzen verschiedene Photorezeptoren an der Photomorphogenese beteiligt sein können.

Das Phytochromsystem absorbiert vor allem die rote und infrarote Strahlung, den blauen Bereich hingegen nur in geringem Umfang. Ein seiner chemischen Natur nach unbekannter und deshalb als Cryptochrom bezeichneter Blaulichtrezeptor absorbiert UV-A mit einem Maximum bei 370 nm und Blaulicht zwischen 400 und 500 nm Schließlich wurde auch ein UV-B-Rezeptor

Abb. 16.13 Kartoffelpflanzen. A Im Licht gewachsene, normal grüne, beblätterte Pflanze. **B** In Dunkelheit angezogene, etiolierte Pflanze mit bleichem Sproß und reduzierten Blättern. Zur Verdeutlichung der Internodienstreckung bei der etiolierten Pflanze sind die einander entsprechenden Knoten durchlaufend numeriert.

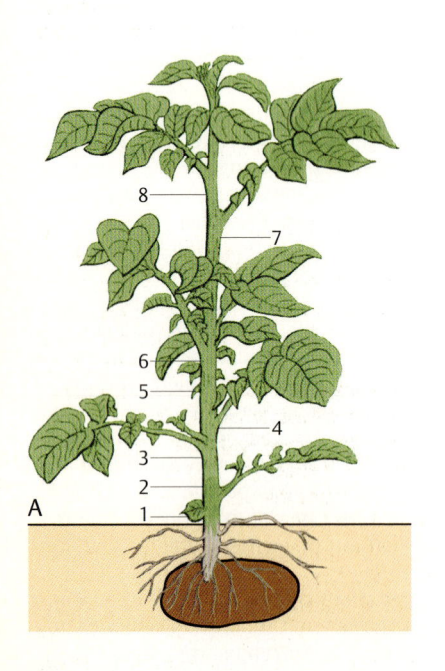

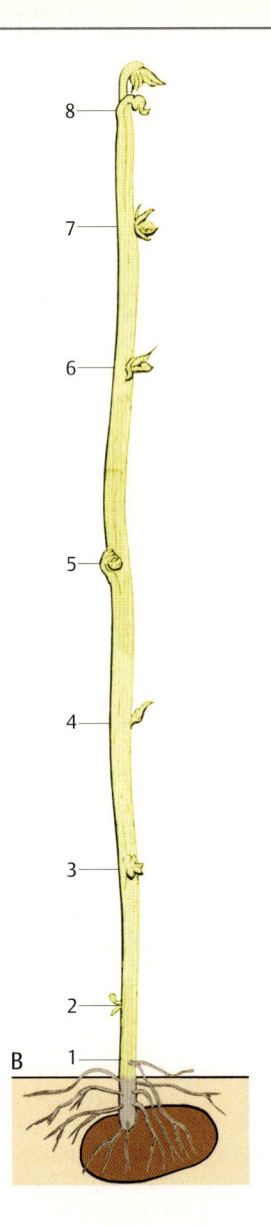

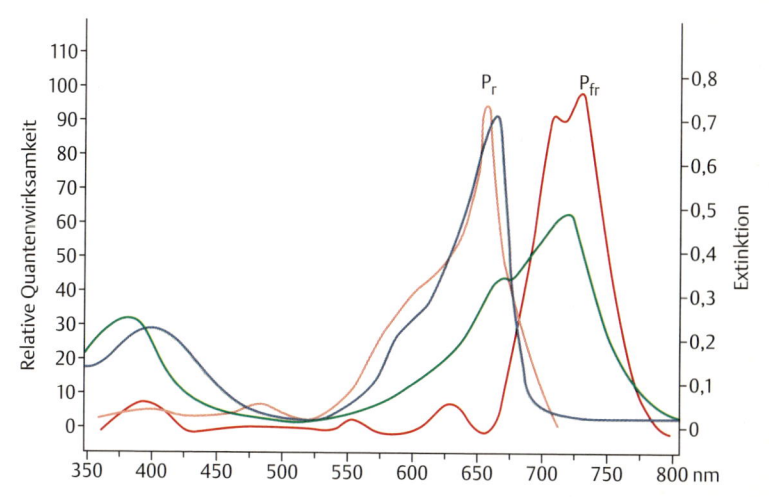

Abb. 16.14 Absorptionsspektren (P_r blau, P_{fr} grün) und photomorphogenetische Wirkungsspektren (P_r orange, P_{fr} rot) des Phytochroms. Abszisse: Wellenlänge in nm, Ordinate: relative Quantenwirksamkeit bzw. Extinktion (nach Withrow, Mumford u. Jenner, verändert).

nachgewiesen, der unterhalb 350 nm absorbiert und ein Absorptionsmaximum bei 290 nm hat.

Phytochrom: Phytochrom ist ein photochromes Pigment, das in zwei verschiedenen, durch Licht verschiedener Wellenlängen reversibel ineinander überführbaren Formen vorliegen kann. Die eine hat ihr Absorptionsmaximum bei ewa 666 nm und wird deshalb als P_r (r = rot, engl.: red) bezeichnet. Unter Hellrotbestrahlung (< 680 nm) wandelt es sich in das P_{fr} (fr = dunkelrot, engl.: far red) um, dessen Absorptionsmaximum bei etwa 730 nm liegt. Dies ist die physiologisch aktive Form. Durch Dunkelrotbestrahlung (> 700 nm) wird P_{fr} wieder in P_r überführt.

$$P_r \underset{\text{Dunkelrot}}{\overset{\text{Hellrot}}{\rightleftarrows}} P_{fr} \rightarrow \text{Photomorphosen}$$

Wie Abb. 16.14 zeigt, ist auch Licht kürzerer Wellenlängen nicht völlig unwirksam, wenn auch von sehr geringer Aktivität. Obwohl die Konzentration des Phytochroms in pflanzlichen Geweben gering ist, konnte es aus einigen Pflanzen, z. B. Mais- und Haferkeimlingen, extrahiert und gereinigt werden. Die Lösung des P_r zeigt eine blaue Färbung. Bestrahlt man sie mit Hellrot, erhält man die grünlich gefärbte Form des P_{fr}. Durch Dunkelrotbestrahlung wird diese wieder in das blau P_r überführt. Die Reversibilität des Phytochroms bleibt also auch *in vitro* erhalten. Die Absorptionsspektren beider Formen überlappen sich (Abb. 16.14), so daß sich zwischen ihnen bei Belichtung ein photostationäres Gleichgewicht einstellt, dessen Lage von der Wellenlänge abhängig ist. Allerdings ist die Quantenausbeute der zum P_{fr} führenden Reaktion größer als die der in umgekehrter Richtung verlaufenden. Deshalb liegt unter natürlichen Strahlungsverhältnissen des „weißen" Lichtes, das etwa gleiche Mengen an Hellrot und Dunkelrot enthält, überwiegend die aktive Form P_{fr} vor. Die photomorphogenetischen Prozesse laufen daher auch im Weißlicht ungehindert ab.

Untersuchungen mit Hilfe immunologischer Techniken hatten bereits gezeigt, daß die Photomorphogenese der Pflanzen durch mindestens zwei Typen von Phytochromen reguliert wird, die als Phytochrome A und B bezeichnet wurden. Die eingehende genetische Analyse an Wildtypen und Mutanten von *Arabidopsis thaliana,* aber auch an anderen dikotylen Pflanzen hat gezeigt, daß es in höheren Pflanzen fünf verschiedene Phytochrom-Gene gibt, die als *phy*A, *phy*B, *phy*C, *phy*D und *phy*E bezeichnet werden. Sie codieren die Phytochrome A–E, von denen jedoch nur Phy A und Phy B genauer untersucht wurden. Aber auch bei Moosen, Algen (*Mougeotia*, S. 578 f.) und Cyanobakterien *(Synechocystis)* kommen Phytochrome vor.

Ihrer chemischen Natur nach sind die Phytochrome Biliproteine. Alle haben als Grundstruktur ein je nach Typ aus 1110–1172 Aminosäuren bestehendes Protein von 124–129 kDa. Der Chromophor, ein offenkettiger Tetrapyrrolkörper, ist kovalent über eine Thioletherbindung an ein Cystein des Proteins gebunden. Er ist dem Chromophor des Phycocyanins sehr ähnlich. Sein Anteil an der Molekülmasse macht nur etwa 0,5 % aus. Das Phytochrom-Molekül ist ein wasserlösliches Dimer. Die Synthese des Phytochroms hat zwei Biosynthesewege zur Voraussetzung, und zwar einen für den Chromophor und den anderen für das Protein. Die Anlagerung der beiden Komponenten erfolgt offenbar autokatalytisch. Versuche haben gezeigt, daß dieses in der Lage ist, in Gegenwart von ATP und $Mg^{2\oplus}$-Ionen denaturiertes Phytochrom *in vitro* wieder in die photoaktive Form zu überführen. Wie Abb. 16.15 zeigt, unterscheidet sich die P_r- von der P_{fr}-Konfiguration dadurch, daß erstere am C_{15} in der cis-, letztere in der trans-Form vorliegt. Diese Interkonversion ist mit einer Konformationsänderung des Proteins verbunden. Die dadurch veränderte räumliche Anordnung des P_{fr} legt offenbar Bindungsstellen frei, die die photomorphogenetische Signalkette auslösen.

Alle Phytochrome werden in der P_r-Form im Cytoplasma synthetisiert. *Phy A* wird im Dunkeln stark exprimiert, während die anderen Phytochrome unabhängig von den Lichtbedingungen konstitutiv synthetisiert werden, wenn auch in relativ geringer Menge. Phytochrom A kommt daher in etiolierten Geweben in etwa hundertfach höherer Konzentration vor als Phytochrom B. In der P_r-Form ist es diffus im Cytosol verteilt. Nach Photokonversion zu P_{fr} wird die *phy A*-Transkription weitgehend unterdrückt, und ein großer Teil des Phytochrom-A-Proteins wird proteolytisch zu Aminosäuren abgebaut, während Phytochrom B und die anderen Phytochrome stabil bleiben. 1–2 s nach

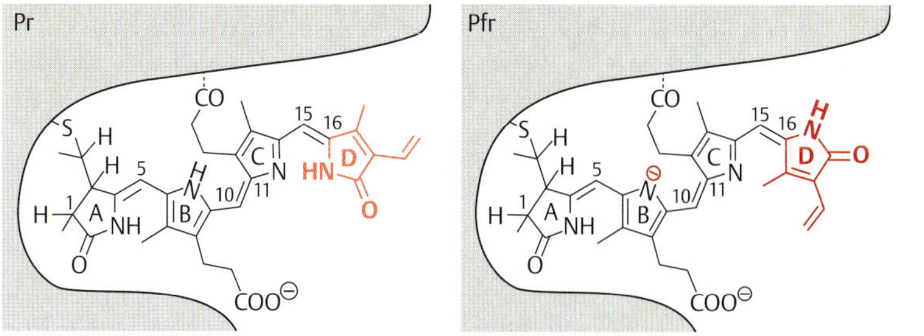

Abb. 16.15 Phytochrom-Chromophore in der P_r- und P_{fr}-Konfiguration. Die grauen Bereiche symbolisieren einen Teil des Proteins (nach Rüdiger, verändert).

Beginn der Rotlichtbestrahlung läßt sich Phy A mit Hilfe immuncytochemischer Methoden nur noch in bestimmten Bereichen des Cytosols nachweisen. Es liegt dann in Form elektronenoptisch dichter, unregelmäßig gestalteter Körper aus amorphem, granulären Material vor, was auf Proteinaggregate schließen läßt. Sie enthalten Ubiquitin (UBQ, Abb. 16.16) und sind offensichtlich Orte der Phytochrom-Destruktion. Obwohl Phy A auch in deetiolierten Pflanzen noch nachweisbar ist, überwiegt mengenmäßig Phy B.

Die verschiedenen Phytochrom-Typen haben spezifische photosensorische Funktionen. So haben Phy A und B gegensätzliche Wirkungen auf das Längenwachstum des Hypokotyls von *Arabidopsis* im Starklicht. Phy B allein ist notwendig und ausreichend für die Perzeption von Dauer-Rotlicht, Phy A allein dagegen für die Perzeption von Dauer-Dunkelrot. Phy B perzipiert Änderungen im P_r/P_{fr}-Verhältnis, Phy A perzipiert Dunkel-Licht-Übergänge. Letztlich wirken jedoch die beiden Phytochrome bei vielen photomorphogenetischen Prozessen zusammen, z. B. bei der Samenkeimung, bei der Entfaltung der Kotyledonen, bei der Ergrünung, bei der Blühinduktion, bei der Anthocyansynthese, bei der Förderung des Koleoptilen-Wachstums u. a.

Die durch die Photokonversion ausgelöste Signal-Transduktion ist noch weitgehend Gegenstand der Hypothese. Phytochrom wirkt offenbar nicht nur als Photorezeptor, sondern auch als Phototransducer. Die Signaltransduktion umfaßt alle Prozesse, die P_{fr} mit dem letzten Schritt der Signalkette, der Genexpression verbinden.

Die Regulation der Photomorphogenese erfordert eine fein abgestimmte Expression einer großen Anzahl von Genen. Das Hauptproblem ist die Aufklärung des molekularen Mechanismus, mit Hilfe dessen die Photorezeptoren das Lichtsignal in Signale umwandeln, die die Genexpression induzieren oder reprimieren. Experimentelle Befunde lassen darauf schließen, daß P_{fr} mit zellulären Proteinkinasen in Wechselwirkung tritt, wodurch zusammen mit der entsprechenden Proteinphosphatase, die dephosphoryliert, eine Kaskade von Signalproteinen mit wechselndem Phosphorylierungszustand ausgelöst wird, die zugleich der Signalverstärkung dienen kann. Diese cytosolischen Protein-

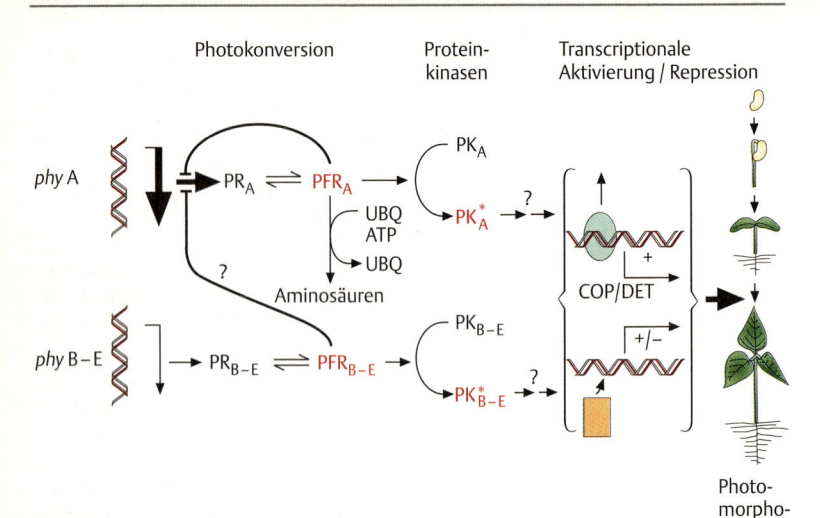

Abb. 16.16 Modellvorstellung der Phytochrom-Synthese und -Wirkung in *Arabidopsis*. Die Phytochrom-Proteine A–E werden von den Genen *phy*A–*phy* E als P_r synthetisiert. *phy*A wird im Dunkeln stark exprimiert, *phy* B–*phy* E dagegen konstitutiv in geringen Konzentrationen. Nach Photokonversion zu P_{fr} wird die *phy*A-Transkription schnell unterdrückt, und das Phytochrom A-Protein wird unter Mitwirkung von Ubiquitin (UBQ) proteolytisch zu Aminosäuren abgebaut, während die Phytochrome B–E stabil bleiben. P_{fr} aktiviert Proteinkinasen (PK), die für jede Phytochrom-Isoform spezifisch sind, was eine Änderung der Transcription (entweder positiv oder negativ) einer Vielzahl von Genen, die für die Photomorphogenese erforderlich sind, zur Folge hat. Eine der Hauptwirkungen der Proteinkinasen-Kaskade würde die Inaktivierung der DET und COP-Repressoren sein. Hierdurch wird eine normale Entwicklung der Pflanze ermöglicht (nach Vierstra).

kinasen, die Phosphatreste auf Serin-Threonin-Reste übertragen, kooperieren mit sogenannten „second messengern" wie Calcium, zyklisches GMP (cGMP) und zyklisches AMP (cAMP). Eine der Hauptwirkungen der Proteinkinasen-Kaskade wäre nach diesem Modell die Inaktivierung der DET- (= de-etioliert) und COP- (= konstitutive Photomorphogenese) Repressoren (Abb. 16.16), so daß eine normale Entwicklung der Pflanze möglich wird. Außerdem scheinen G-Proteine an der Signal-Transduktion beteiligt zu sein, das sind GTP-bindende und -hydrolysierende Proteine.

Ein hiervon recht verschiedenes Modell ergibt sich aus Befunden, wonach die pflanzlichen Phytochrome selbst Autophosphorylase-Aktivität besitzen. Im Gegensatz zu den prokaryotischen Phytochromen *(Synechocystis)* phosphorylieren sie jedoch nicht Histidin- oder Aspartat-Reste, sondern Serin und Threonin. Außerdem wurde eine lichtabhängige Translokation des Phytochroms B aus dem Cytosol in den Zellkern nachgewiesen (für Phy A steht ein solcher

Nachweis noch aus). Es ist also möglich, daß die Phosphorylierung eine Rolle bei der intrazellulären Lokalisierung spielt. Phytochrom kann jedoch nicht nur sich selbst, sondern auch zahlreiche andere Substrate phosphorylieren, doch wird keines von diesen abhängig von Änderungen des Pr/Pfr-Verhältnisses differentiell phosphoryliert. Ein als PIF3 bezeichnetes phytochrombindendes Protein wurde isoliert und kloniert. Es wurde auch nachgewiesen, daß es für die von den Phytochromen ausgehende Signalübertragung erforderlich und konstitutiv im Zellkern lokalisiert ist. In diesem Zusammenhang ist es bemerkenswert, daß negative Regulatoren der Photomorphogenese, die zu der bereits erwähnten COP/DET-Gruppe gehören, im Dunkeln im Zellkern und im Licht im Cytosol lokalisiert sind. Es wird angenommen, daß diese Teile größerer Multiproteinkomplexe sind, die die Expression lichtinduzierbarer Gene reprimieren.

Im Gegensatz zur Signaltransduction wurden bezüglich der Phytochromregulierten Genexpression deutliche Fortschritte erzielt. Hier sind vor allem die Synthesen des Chlorophylls, des LHC II-Apoproteins und der kleinen Untereinheit der RubisCO zu nennen. Das Studium der Phytochrom-kontrollierten Expression einiger Gene, die für Plastidenproteine codieren, hat gezeigt, daß Phytochrom zwar die Transcription moduliert, daß der Transcriptionsprozeß selbst jedoch lichtunabhängig ist und durch einen endogenen Faktor ausgelöst wird. Phytochrom kann also nicht etwa das genetisch bedingte Differenzierungsmuster ändern, sondern lediglich dessen Realisierung steuern.

Auf Wechselbeziehungen zwischen Phytochrom und Biomembranen deuten die sogenannten „schnellen" Phytochromreaktionen hin, für die zwei Beispiele angeführt sein mögen. Suspendierte Wurzelspitzen von Gerstenkeimlingen heften sich wenige Sekunden nach Bestrahlung mit Hellrot am Boden eines beschichteten Glasgefäßes an und lösen sich durch eine anschließende Dunkelrotbestrahlung wieder ab. Die Ursache hierfür sind wahrscheinlich phytochrominduzierte Permeabilitätsänderungen und damit verbundene Potentialänderungen des Plasmalemmas, die infolge veränderter Ladungsverhältnisse zu einer elektrostatischen Anheftung der Wurzelspitzen führen. Bei *Mimosa pudica* wird das Einsetzen der bei Verdunkelung ablaufenden Blattbewegungen (Abb. 17.**4**, S. 556) durch eine kurze Dunkelrotbestrahlung vor Beginn der Verdunkelung um mehrere Stunden verzögert. Auch dieser Effekt, der durch eine anschließende Hellrotbestrahlung rückgängig gemacht werden kann, tritt bereits nach kurzer Zeit ein. Auf die Rolle des Phytochroms bei der Chloroplastenbewegung wird später noch eingegangen werden.

Cryptochrom: Zu den durch Blaulicht zwischen 400 und 500 nm und nahes UV (UV-A) regulierten Entwicklungsvorgängen gehören die Expression verschiedener im Zellkern bzw. in den Chloroplasten lokalisierter Gene, die für Blatt-Proteine codieren, die Unterdrückung der Verlängerung der Sproßachse sowie insbesondere auch die Steuerung einiger Bewegungsvorgänge.

Aus gewissen, bisweilen allerdings geringfügigen Abweichungen in den Aktionsspektren ist zu schließen, daß es mehrere Blaulichtrezeptoren gibt. Als mögliche Chromophore werden Flavine, Pterine und Carotinoide, insbesondere Zeaxanthin, diskutiert. In *Arabidopsis thaliana* wurden zwei als *cry 1* und *cry 2* bezeichnete Genloci identifiziert, die für die Proteine Cry 1 und Cry 2 codieren. Cry 1 bindet FAD als ein Chromophor und Methenylhydrofoliat (MTHF) als ein weiteres, ist also ein dichromopher Photorezeptor und wird als **Cryptochrom 1** bezeichnet. Es beeinflußt das Längenwachstum des Hypokotyls im Blaulicht. Cry 2 bindet Flavin als Photorezeptor und trägt die Bezeichnung **Cryptochrom 2**. Es unterdrückt ebenfalls das Längenwachstum des Hypokotyls. Beide Cryptochrome sind auch an der Steuerung anderer photomorphogenetischer Prozesse beteiligt. Ein weiterer als NPH 1 oder Phototropin bezeichneter Photorezeptor wird im Abschnitt über Phototropismus (S. 571 ff.) behandelt.

16.4.2 Temperatur

Da an den Wachstums- und Entwicklungsprozessen der Pflanzen zahlreiche biochemische Umsetzungen beteiligt sind, die Q_{10}-Werte von 2 oder mehr haben, ist eine Temperaturabhängigkeit von Wachstum und Entwicklung von vornherein zu erwarten. Sie wird durch die sogenannten Kardinalpunkte, Minima, Optima und Maxima, charakterisiert.

> Außer auf diese mehr unspezifische Weise kann die Temperatur die Entwicklungsvorgänge jedoch auch ganz spezifisch beeinflussen, z.B. die Ausbildung der Gestalt (Thermomorphosen). Auch läuft die Entwicklung bei gleichbleibender Temperatur meist ganz anders ab als bei einem regelmäßigen Tag-Nacht-Temperaturwechsel (Thermoperiodismus).

Kardinalpunkte des Wachstums: Wie die in Abb. 16.**17** wiedergegebene Optimumskurve zeigt, muß zur Auslösung eines Wachstumsvorganges eine bestimmte Minimaltemperatur überschritten werden, oberhalb derer bei weiterer Temperatursteigerung eine Beschleunigung der Wachstumsgeschwindigkeit zu beobachten ist. Nach Überschreiten des Optimums machen sich dann hemmende Einflüsse bemerkbar, die schließlich zur Einstellung des Wachstums führen.

Es ist leicht einzusehen, daß die Kardinalpunkte des Wachstums bei an verschiedene Standorte angepaßten Organismen unterschiedlich sind. Bei den höheren Pflanzen liegen die Temperaturoptima meist bei 25–30°C, die Minima zwischen 5 und 15°C und die Maxima zwischen 45 und 55°C. Die höheren Pflanzen sind also **mesophil**. Eine größere Anzahl von Mikroorganismen ist an extreme Temperaturen angepaßt. So leben die **psychrophilen** Bakterien in einem Temperaturbereich von etwa –10 bis +20°C, und einige von ihnen können sogar bei 0°C noch wachsen. Im Gegensatz hierzu bevorzugen **thermophile** Mikroorganismen, je nach Art, Temperaturen zwischen 50 und 98°C. Einige wenige, meist zu den Archaebakterien gehörende Arten, die z.B. in heißen Quellen oder in submarinen Vulkanregionen leben, wachsen optimal

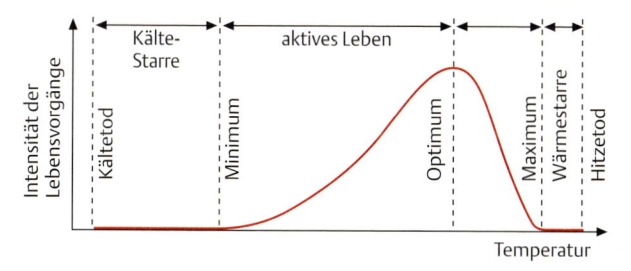

Abb. 16.17 Optimumskurve der Temperatur mit Kardinal- und Tötungspunkten.

bei 100–105 °C mit einem Maximum von 110 °C. Sie werden als hyperthermophil bezeichnet. Wasser über 100 °C bleibt nur unter sehr hohem Druck, wie er z. B. in den Vulkanen am Meeresboden herrscht, flüssig.

Da Proteine meist schon bei Temperaturen oberhalb 50 °C denaturiert und somit die Enzyme inaktiviert werden, setzt das Leben bei so hohen Temperaturen das Vorhandensein einer speziellen Proteinausstattung voraus. Wie diese aussehen könnte, zeigt ein als **Thermosom** bezeichneter, aus dem Cytoplasma des thermophilen Archaebacteriums *Pyrodictium occultum* isolierter Proteinkomplex, bei dem es sich offenbar um eine auch bei extrem hohen Temperaturen stabile ATPase handelt, die auch Chaperonin-Funktion hat. Sie besteht aus 16 Untereinheiten, von denen die Hälfte eine Mr von 56 000 und die andere Hälfte von 59 000 hat. Sie sind in Form von zwei aneinandergrenzenden Ringen aus je 8 Untereinheiten angeordnet, die einen zentralen Hohlraum von 7 nm umschließen. Dieser dient wahrscheinlich der Aufnahme von Peptidketten, die hier durch Faltung in ihre endgültige Konformation überführt werden, wobei der Mechanismus allerdings noch unklar ist.

Wohl zu unterscheiden von den Kardinalpunkten des Wachstums sind die Temperaturresistenz (Abb. 16.17). Während die Minimaltemperaturen des Wachstums in der Regel 0 °C nicht unterschreiten, vermögen zahlreiche Pflanzen eine länger dauernde Wirkung tieferer Temperaturen ohne weiteres zu überstehen. So ertragen z. B. manche Bäume der nördlichen Breiten Temperaturen bis zu –60 °C, ohne daß der Kältetod eintritt. Im Zustand des latenten Lebens kann das Plasma von Bakterien- u. a. Sporen sogar Temperaturen von –273 °C überleben. Entsprechendes gilt für die Hitzeresistenz. So werden Bakteriensporen durch Erhitzen auf 100 °C nicht abgetötet, während das Plasma im aktiven Zustand schon bei 65 °C irreversibel denaturiert wird. Daher reicht diese Temperatur auch zum Abtöten vegetativer Bakterienkeime aus (Pasteurisieren).

Hitzeschockproteine: Setzt man Pflanzen einem Hitzeschock (HS) aus, d. h. einem plötzlichen Temperaturanstieg, der je nach Art zwischen 5 und 15 °C liegen kann, so wird eine Kette von Reaktionen in Gang gesetzt, die bei allen Organismen, von den Archaebakterien über die höheren Pflanzen bis zu den

Box 16.2 Hitzeschock-Streß-System

Die durch einen Hitzeschock ausgelösten Reaktionen sind in den letzten Jahrzehnten eingehend untersucht worden. Als erste Reaktionen werden oft ein Anstieg der Protonen- und Calciumionen-Konzentrationen in der Zelle, eine Zunahme falsch gefalteter bzw. eingebauter Proteine, Proteinphosphorylierungen, die Bindung von Ubiquitin an Proteine und deren Abbau sowie weitere biochemische Veränderungen beobachtet. Vor allem die Änderung der Proteinstruktur scheint ein wichtiges Signal zu sein, das einen Hitzeschockfaktor aktiviert, der an den Promotor der Hitzeschockgene bindet und deren Transkription stimuliert.

Je nach Molekülmasse (kDa) werden verschiedene HSP-Familien unterschieden, z. B. die großmolekularen HSP 90-, HSP 70- und HSP 60-Familien, die HSP 40-Familie mittlerer Größe und die kleinen Hitzeschockproteine wie HSP 20 und HSP 8,5 (Ubiquitin). Die Zahl der großen Streßprotein-Typen innerhalb eines Organismus kann zwischen 2 und 12 variieren. Besonders vielfältig ist die HSP 70-Familie.

Viele HS-Proteine zählen zu den Chaperonen (Box 1.1, S. 27), kommen also auch bei Abwesenheit von Streß regelmäßig in den Zellen vor, wo sie vor allem regulatorische Funktionen ausüben, z. B. im Zellzyklus und bei Differenzierungsvorgängen. Dieser Umstand läßt den Schluß zu, daß der Bedarf der Zellen an HS-Proteinen in bestimmten Phasen der Entwicklung und Differenzierung verschieden ist und daß die Überproduktion nach Hitzeschock dazu beiträgt, die Stabilität der Zellen zu erhöhen und somit trotz Streßeinwirkung einen einigermaßen „normalen" Ablauf grundlegender biochemischer Prozesse zu gewährleisten. Unter Hitzeschockbedingungen treten sie vermehrt auf und schützen die neusynthetisierten Proteine vor der Ausbildung einer falschen Konformation, was bei hohen Temperaturen leicht geschehen kann, bzw. ermöglichen ihren Transport durch Membranen. Manche HSP werden im Kern akkumuliert. Ob sie eine Rolle bei der Replikation und der Genkontrolle spielen, ist noch nicht klar. Sicher ist, daß sie die Temperaturtoleranz der Zellen erhöhen und somit den Organismen gestatten, höhere, unter Umständen schon letale Temperaturen zu überleben.

Tieren, sehr ähnlich ist. Das Muster der Transcription der Gene ändert sich sofort, d. h. die jeweils aktiven Gene werden reprimiert, während die sogenannten HS-Gene angeschaltet werden. Vorhandene Polysomen dissoziieren, bilden aber sogleich neue Polysomen zum Zweck der Translation der HSmRNA. Infolgedessen akkumulieren die HS-Proteine sehr rasch. Zellteilungen und das processing der rRNA werden blockiert. Wirken die hohen Temperaturen längere Zeit ein, nimmt die Synthese der HS-Proteine ab und die Pflanze beginnt, wieder die normalen Proteine zu synthetisieren (Box 16.2).

Thermomorphosen: Über diese eigentlich eher unspezifischen Einflüsse hinausgehend kann die Temperatur jedoch auch formative Effekte auslösen, die als Thermomorphosen bezeichnet werden. Zum Beispiel können niedrige Temperaturen, ähnlich wie das Licht, die Streckung der Internodien hemmen. Kartoffeln bilden bei hohen Nachttemperaturen keine Knollen aus. Karotten werden bei niedrigen Temperaturen konisch-länglich, bei höheren Temperaturen kurz und gedrungen. Auch die Farbmuster mancher Blüten können durch die Temperaturen, die während einer bestimmten Phase der Knospenentwicklung eingewirkt haben, modifiziert werden. Die Verhältnisse werden noch dadurch kompliziert, daß die Temperaturansprüche ein und desselben Organismus während der aufeinanderfolgenden Phasen seiner Entwicklung nicht gleich sind und daß die Temperaturoptima für die Entwicklung verschiedener Organe verschieden sein können. Außerdem wirkt sich ein regelmäßiger, dem Tag-Nacht-Wechsel folgender Temperaturwechsel auf viele Entwicklungsvorgänge günstiger aus als gleichbleibend hohe Temperaturen. Dabei liegt in der Regel die optimale Nachttemperatur unter der optimalen Tagestemperatur (**Thermoperiodismus**).

Vernalisation: Ein praktisch wichtiges Beispiel für die verschiedene Temperaturabhängigkeit der einzelnen Entwicklungsphasen sind unsere Wintergetreide. Sie durchlaufen im ersten Abschnitt ihrer Entwicklung eine Phase, in der sie niedrige Temperaturen benötigen. Wirken diese nicht ein, was z.B. bei Aussaat im Frühjahr der Fall wäre, so bleiben sie in ihrer weiteren Entwicklung rein vegetativ und kommen nicht zur Blüte. Unterwirft man sie jedoch in dieser Phase einer mehrwöchigen künstlichen Kältebehandlung von etwa +5°C, so entwickeln sie sich auch bei Aussaat im Frühjahr normal. Diese Umstimmung bezeichnet man als Vernalisation. Interessanterweise kann man bei einigen Pflanzen die Kälteeinwirkung durch Behandlung mit Gibberellinen ersetzen, doch ist der Mechanismus der Gibberellinwirkung noch nicht klar.

16.4.3 Schwerkraft

Da die Schwerkraft an allen Punkten der Erdoberfläche wirksam ist, erkennt man ihren Einfluß erst, wenn man den betreffenden Organismus der einseitigen Schwerkrafteinwirkung entzieht. Abgesehen von der recht aufwendigen Möglichkeit, Experimente in Satelliten außerhalb des Schwerefeldes der Erde durchzuführen, kann man dies auch dadurch erreichen, daß man den zu untersuchenden Organismus an einer horizontal gestellten Klinostatenachse[1] rotieren läßt und dadurch gleichmäßig von allen Seiten reizt. Formative Effekte der Schwerkraft werden als **Gravimorphosen** bezeichnet. Zu ihnen gehört die Induktion der Dorsiventralität. So kann man z.B. manche Pflanzen, die normalerweise dorsiventrale Blüten bilden, durch Rotation auf dem Klinostaten zur Bildung radiärsymmetrischer Blüten veranlassen.

---

[1] Klinostaten sind mit einem Uhrwerk oder einem elektrischen Antrieb ausgerüstete Apparaturen, deren mit konstanter Geschwindigkeit rotierende Achsen in jedem beliebigen Winkel zur Richtung der Erdschwerkraftwirkung eingestellt werden können.

16.4.4 Chemische Einflüsse

Wie bereits erwähnt (S. 297), sind chemische Faktoren wie Wasser und Ionen für die Ernährung der Pflanze und somit für das Wachstum unerläßlich. Wassermangel ruft Trockenstreß hervor, ein Überangebot an Ionen Salzstreß. Darüber hinausgehend können chemische Faktoren aber auch formative Effekte (Chemomorphosen) auslösen.

Salzstreß: Eine abrupte Erhöhung der Salzkonzentration führt einerseits, dem Konzentrationsgefälle folgend, zu einem erhöhten Ioneneinstrom in die Zelle, andererseits zu einem osmotischen Wasserentzug. Salz- und Trockenstreß ähneln sich daher bis zu einem gewissen Grade. Die Streßantwort besteht in einer Verstärkung des aktiven Transportes, durch den die Ionen wieder nach außen gepumpt werden. Gleichzeitig werden die Ionen durch niedermolekulare organische Stoffe ersetzt, die für die Zelle unschädlich sind, aber das osmotische Potential aufrechterhalten. Es sind etwa 20–30 solcher Stoffe bekannt, z. B. Zucker (Saccharose), Zuckeralkohole (z. B. Mannit), Aminosäuren (z. B. Prolin) u. a. Für die Induktion der Biosynthese dieser Stoffe ist keine Genaktivierung erforderlich.

Außerdem wurde sowohl bei Einzellern als auch bei höheren Pflanzen die Synthese von Salzschockproteinen nachgewiesen, bei denen, im Gegensatz zu den Hitzeschockproteinen, die kleinermolekularen Proteine (10–40 kDa) dominieren. Hierzu zählt das vor allem bei höheren Pflanzen gefundene **Osmotin**, ein 26 kDa-Protein. Neben solchen offenbar spezifischen Salzstreßproteinen wurde auch die verstärkte Synthese einiger bekannter Hitzeschockproteine nachgewiesen, was den Schluß zuläßt, daß es möglicherweise allgemeine Streßproteine gibt, die stets, d. h. unabhängig von der Natur des Stresses, Bestandteil der Streßantwort sind. Nach Aufhebung des Salzstresses normalisiert sich der Stoffwechsel schnell.

Chelate: Eine Möglichkeit der Entgiftung von Schwermetallen ist die Bildung von Chelaten, das sind Komplexe von Schwermetallen mit schwermetallbindenden Substanzen (Chelatoren), in denen ein einzelner Ligand mindestens zwei Koordinationsstellen an einem Zentralatom besetzt. Infolgedessen werden normalerweise gestreckte Verbindungen über ein Metall-Ion zu Ringen, also krebsscherenartig geschlossen (Name). Eine wichtige Gruppe sind die **Metallothioneine.** Hierunter versteht man relativ kleine (ca. 7000 Da), cysteinreiche Proteine, die auch in Abwesenheit von Streß vorkommen, deren Bildung jedoch durch den Schwermetallstreß (Zink, Cadmium, Kupfer, Quecksilber, Silber) erheblich verstärkt wird. Offenbar werden die Schwermetallionen an die Sulfhydryl-Gruppen gebunden und hierdurch weitgehend entgiftet. Eine weitere Gruppe sind die **Phytochelatine,** das sind Peptide, die sich ebenfalls durch einen hohen Cysteingehalt auszeichnen und wohl in ähnlicher Weise wirken wie die Metallothioneine.

Chemomorphosen: Hierzu zählen z. B. die **Hydro-** und **Hygromorphosen**, die durch den Kontakt mit Wasser bzw. in feuchter Atmosphäre ausgebildet werden. Ein sehr schönes Beispiel hierfür ist der Wasserhahnenfuß (Abb. 7.5, S. 258), dessen submerse Wasserblätter zerschlitzt sind, während die über die Wasseroberfläche gelangenden und mit feuchter Luft in Berührung kommenden flächig entwickelt sind. Anderseits ruft anhaltende Trockenheit bei zahlreichen Pflanzen **Xeromorphosen** hervor. Hierzu zählen z. B. die Verminderung der Wasserdurchlässigkeit der Abschlußgewebe, etwa durch Verdikkung der Cuticula und Verstärkung der Wachsauflagerungen, die Ausbildung einer dichten Behaarung auf der Blattoberfläche, die Einsenkung von Spaltöffnungen unter die Epidermisoberfläche, die verstärkte Bildung von Leitungs- und Festigungselementen sowie gewisse Metamorphosen der Sproßachse und des Blattes.

16.5 Entwicklungsrhythmen

Der pflanzliche Organismus durchläuft in seiner Ontogenese eine Reihe von Entwicklungsphasen, die von der Keimzelle über embryonale und Jugendstadien zur Reife und schließlich zu Alterung und Tod führen. Unabhängig davon, ob die Individuen Wachstums- und reproduktive Phasen wiederholen können oder ob sie die Phasen eines Zyklus nur einmal durchlaufen, so daß jeder Zyklus mit einer neuen Keimzelle beginnt, resultiert eine rhythmische Folge von Entwicklungszyklen. Zwischen die einzelnen Entwicklungszyklen können Ruheperioden eingeschaltet sein. In diesem Falle ist der Entwicklungsrhythmus mit einem Aktivitätsrhythmus, d. h. einem regelmäßigen Wechsel zwischen aktiven Lebensphasen und Stadien der Ruhe, verbunden. Sowohl die Entwicklungs- als auch die Aktivitätsrhythmen sind endogener Natur, können jedoch durch äußere Faktoren gesteuert werden.

16.5.1 Photoperiodismus

Zu den bekanntesten Erscheinungen dieser Art gehören die vor allem in den gemäßigten Zonen verbreiteten jahresperiodischen Phänomene, z. B. der Frühjahrsaustrieb und herbstliche Laubfall vieler Bäume und Sträucher, die Jahresperiodizität des Blühens u. a. Auf den ersten Blick mag es den Anschein haben, daß diese Periodizität allein durch den Wechsel der klimatischen Bedingungen hervorgerufen wird, also ausschließlich durch äußere Faktoren bedingt ist. Daß dies nicht zutrifft, erkennt man, wenn man Pflanzen, die in unseren Breiten den jahresperiodischen Klimaschwankungen folgen, in tropische Zonen verpflanzt, die keine ausgesprochene Periodizität der Vegetationsbedingungen zeigen. Sie behalten hier nämlich ihre Entwicklungs- und Aktivitätsrhythmen bei, nur zeigen diese keinerlei Beziehungen mehr zum Wechsel der Jahreszeiten, und die Dauer der Perioden weicht meist von der ursprünglichen, 12 Monate betragenden Periodenlänge ab, weshalb man sie als circannuell bezeichnet. Daraus geht hervor, daß an dem periodischen Wechsel der Phasen eine endogene Komponente beteiligt sein kann. Unter den Bedingungen des bei uns herrschenden jahreszeitlichen Klimawechsels wird der Rhythmus der Pflanze so eingesteuert, daß die Phasen der Aktivität in die Sommer-, die der Ruhe hingegen in die Wintermonate fallen.

Diese Feststellung zieht die Frage nach sich, auf welche Weise die betreffenden Pflanzen die Jahreszeiten zu erkennen vermögen. Ursprünglich glaubte man, die jahreszeitlichen Schwankungen bestimmter klimatischer Faktoren, etwa der Temperatur oder der Wasserversorgung, hierfür verantwortlich machen zu können. Das trifft in dieser allgemeinen Formulierung sicherlich nicht zu. Zwar zeigt das Meerwasser einen einigermaßen regelmäßigen Jahresgang der Temperatur, der marinen Organismen zur Bestimmung der Jahreszeit dienen kann, doch ist die Temperatur für Landpflanzen, die bisweilen schon innerhalb weniger Tage oder gar Stunden starken Temperaturschwankungen ausgesetzt sind, kein zuverlässiges Maß der Jahreszeit. Das einzige von klimatischen Schwankungen unabhängige und damit jederzeit zuverlässige Maß der Jahreszeit ist die Tageslänge. Es hat sich nun gezeigt, daß tatsächlich viele Pflanzen in der Lage sind, die Tageslänge exakt, vielfach auf Minuten genau, zu messen und ihren Entwicklungsablauf mit Hilfe dieser „physiologischen Uhr" zeitlich zu steuern. Dieses Phänomen liegt u. a. dem **Photoperiodismus** zugrunde.

Aus der Vielzahl der physiologischen Vorgänge, die einer photoperiodischen Steuerung unterliegen, wie die Frostresistenz, die Ausbildung von Knollen, Zwiebeln, Ausläufern u. a., sei als Beispiel die photoperiodische Kontrolle der Blütenbildung ausgewählt.

Hinsichtlich des Einsetzens der Blütenbildung, d. h. des Überganges aus der vegetativen in die reproduktive Phase, unterscheiden wir **Langtagpflanzen** (LTP), **Kurztagpflanzen** (KTP) und **tagneutrale Pflanzen.** Während die Blütezeit bei den letztgenannten keiner photoperiodischen Steuerung unterliegt, kommen die LTP erst zur Blüte, wenn eine bestimmte Tageslänge, die kritische Tageslänge, überschritten wird, die KTP hingegen nur, wenn die Tagesdauer unter der kritischen Tageslänge bleibt. Ist dies nicht der Fall, bleiben sie rein vegetativ. Die Dauer der kritischen Tageslänge ist von Fall zu Fall verschieden. Meist liegt sie in der Größenordnung von 10–14 Stunden. Die Kurztagpflanzen, zu denen z. B. Reis, Hirse, Kartoffel sowie bestimmte Tabakarten gehören, stammen aus tropischen Zonen und kommen in unseren Breiten nur unter Kurztagbedingungen zur reproduktiven Entwicklung. Langtagpflanzen sind die bei uns heimischen Getreidearten, Salat, Spinat sowie ebenfalls gewisse Tabakarten.

Da im Verlauf eines Jahres jede Tageslänge, mit Ausnahme des kürzesten und längsten Tages, zweimal auftritt, müssen die Organismen zwischen zu- und abnehmender Tageslänge unterscheiden können. Daher muß die photoperiodische Steuerung mit einem zweiten Kontrollmechanismus gekoppelt sein. So sind die Herbstblüher **Lang-Kurztagpflanzen** (LKTP), d. h. sie kommen erst zur Blüte, wenn sie zunächst langen und dann kurzen Tagen ausgesetzt sind. Bei den biennen Pflanzen, die erst im zweiten Jahr blühen, liegt meist ein Temperaturblock vor. Sie kommen erst zur Blüte, wenn sie für eine längere Zeit tiefen Temperaturen ausgesetzt waren. Bei vielen Arten, z. B. bei unseren Wintergetreiden, kann dieser Block durch Behandlung mit niedrigen Temperaturen von etwa 5 °C beseitigt und der Weg für die photoperiodische Kontrolle freigegeben werden. Wir haben diese Erscheinung bereits als Vernalisation kennengelernt (S. 537).

Die Abhängigkeit der Blütenbildung von der Tageslänge könnte zu der Annahme verleiten, daß die gebotene Lichtmenge und damit die photosynthetische Tagesleistung für die photoperiodische Steuerung verantwortlich sei. Das ist jedoch nicht der Fall. Entscheidend ist lediglich die Dauer der Belichtung, während die Lichtintensität, sofern sie einen bestimmten Schwellenwert überschreitet, innerhalb weiter Grenzen ohne Einfluß ist. Dieser Schwellenwert liegt bei sehr niedrigen Intensitäten von nur wenigen Lux, interessanterweise jedoch meist über der Intensität des vollen Mondlichtes, so daß dieses die Tageslängenmessung nicht zu stören vermag. Obwohl die photoperiodisch wirksame Strahlung (s. unten) durch die Laubblätter aufgenommen wird, ist es nicht etwa ein verstärkter Strom von Assimilaten, der die Blütenbildung auslöst.

Offenbar wird nach Erreichen der geeigneten Tageslänge ein Blühimpuls von den jüngsten Laubblättern, in denen die Absorption der wirksamen Strahlung erfolgt, zum Scheitelmeristem der Sproßachse transportiert, wo er die Blütenbildung auslöst. Die Natur dieses Blühimpulses ist unklar. Man vermutet, daß es sich um ein Blühhormon, das sogenannte **Florigen**, handelt. Die Existenz eines solchen Hormons ist in der Vergangenheit immer wieder angezweifelt worden, ist es doch nicht gelungen, eine blüteninduzierende Substanz nachzuweisen, geschweige denn deren chemische Natur zu klären. Offenbar ist der Blühimpuls nicht artspezifisch, da z. B. die Langtagpflanze *Hyoscyamus niger* (Bilsenkraut) auch unter Kurztagbedingungen zur Blütenbildung übergeht, wenn man ihr das Blatt eines Kurztagtabaks, also einer ganz anderen Pflanzenart bzw. -gattung, aufpfropft. Auch ist die Übertragung des Blühimpulses von einer Pflanze auf eine andere nicht durch Diffusion, etwa durch ein die beiden Planzenteile verbindendes, mit Flüssigkeit gefülltes Röhrchen möglich. Sie gelingt nur, wenn die beiden Partner durch Pfropfung miteinander verwachsen sind. Manche Langtagpflanzen lassen sich unter Kurztagbedingungen zur Blüte bringen, wenn man sie mit Gibberellinen behandelt. Diese sind jedoch nicht mit dem „Blühhormon" identisch.

In diesem Zusammenhang sind neuere Befunde zu erwähnen, die vielleicht zur Lösung des Problems der Blühinduktion beitragen werden. In den Geleitzellen und im Plasmalemma von Kürbispflanzen *(Cucurbita maxima)* wurde ein Protein entdeckt, das offenbar den Transport pflanzeneigener mRNA aus den Geleitzellen durch die Plasmodesmen in die Siebröhren ermöglicht. Es wird als CmPP 16 (= Phloemprotein der Molekülmasse 16 kDa) bezeichnet. Der Ferntransport in den Siebröhren kann dann mit dem Assimilatstrom erfolgen. Das „Blühhormon" könnte also eine mRNA sein, die als Signalmolekül die Blütenbildung auslöst. Die Transportfunktion des CmPP 16 würde auch den Befund erklären, daß eine Verwachsung zwischen Unterlage und Pfropfreis die unerläßliche Voraussetzung für die Übertragung des Blühimpulses ist.

Neuerdings wurden durch Einsatz molekularbiologischer Techniken zwei Gene nachgewiesen, durch die CmPP 16 codiert wird. Außerdem konnten mit Hilfe von Mutanten Gene nachgewiesen werden, die an der Bildung der für die Tageslängenmessung benötigten Photorezeptoren beteiligt sind. Bei der Erbse wird die Blütenbildung sogar durch zwei Komponenten gesteuert, nämlich durch den Blühimpuls einerseits und einen als **Antiflorigen** bezeichneten Blühhemmstoff andererseits. Ersterer wird unabhängig von der Tagesperiode gebildet, während die Produktion des Hemmstoffes photoperiodisch gesteuert wird. Nach überschreiten der kritischen Tageslänge wird die Hemmstoffproduktion gedrosselt, so daß der Blühstimulus zu den Scheitelmeristemen der Sproßachse transportiert werden kann, wo er die Blütenbildung auslöst. Die Blütenbildung ist also ein recht komplexer Vorgang.

In diesem Zusammenhang sei nachdrücklich darauf hingewiesen, daß die bei der Blütenbildung ablaufenden biochemischen Reaktionen nicht mit denen gleichzusetzen sind, die dem Zeitmeßvorgang zugrunde liegen. Vielmehr handelt es sich bei dem letzteren um ein von der Blütenbildung unabhängiges und offenbar weit verbreitetes Reaktionssystem, das nach Erfüllung der erforderlichen Voraussetzung, d.h. nach Erreichen der notwendigen Tageslänge, einen physiologischen Block beseitigt, wodurch der normale Ablauf der zur Blütenbildung führenden Differenzierungsprozesse freigegeben wird.

16.5.2 Die physiologische Uhr

Über die Natur des Zeitmeßvorganges wissen wir wenig. Einen gewissen Aufschluß haben Zusatz- und Störlichtversuche (Abb. 16.**18**) gegeben. Gibt man einer Kurztagpflanze, die im 10-Stunden-Tag zur Blüte kommt (**A**), nur eine zusammenhängende Belichtung von 9 Stunden und ein einstündiges Störlicht während der Dunkelzeit, wird die Blütenbildung unterdrückt (**B**). Andererseits kann man eine Langtagpflanze, die im 7-Stunden-Tag nicht blüht (**C**), zur Blütenbildung veranlassen, wenn man ihr eine Belichtung von 6 Stunden und ein einstündiges Zusatzlicht während der Dunkelzeit gibt (**D**). Obwohl jeweils in den beiden Parallelfällen nicht nur die gebotene Lichtmenge, die ja nach unseren obigen Ausführungen unwesentlich ist, sondern auch die Gesamtbelichtungsdauer gleich war, sind die Effekte der einzelnen Belichtungsprogramme ganz verschieden. Das beweist, daß weder die Lichtmenge noch die Gesamtbelichtungsdauer entscheidend ist. Vielmehr kommt es darauf an, daß in einer bestimmten Phase Licht geboten bzw. nicht geboten wird. Da die Wirkung des Stör- bzw. Zusatzlichtes, das ja nicht unbedingt in der Mitte der Dunkelzeit gegeben werden muß, in einem bestimmten Zeitabstand nach Einsetzen der Dunkelzeit bzw. auch der vorhergehenden Belichtung am größten ist, also ein Maximum durchläuft, dürfen wir den Schluß ziehen, daß die Zeitmessung in der Pflanze mittels eines Schwingungssystems (Oszillators)

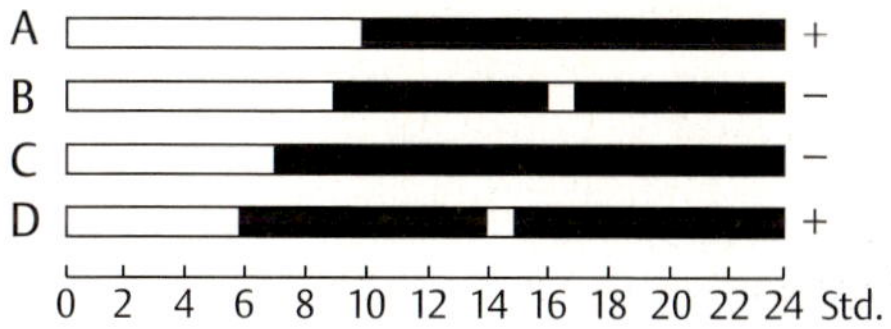

```
A  ▭▬▬▬▬▬▬▬▬▬  +
B  ▭▬▬▬▭▬▬▬▬▬  –
C  ▭▬▬▬▬▬▬▬▬▬  –
D  ▭▬▬▬▬▬▭▬▬▬  +
   0  2  4  6  8  10 12 14 16 18 20 22 24 Std.
```

Abb. 16.18 Störlichtversuche mit Lang- und Kurztagpflanzen. Belichtungszeit hell, Dunkelzeit schwarz, + Induktion der Blütenbildung, – keine Blütenbildung. **A** Kurztagpflanze kommt im 10-Stunden-Tag zur Blüte. **B** Im 9-Stunden-Tag mit einem 1-stündigen Störlicht in der Mitte der Dunkelzeit wird die Blütenbildung unterdrückt. **C** Langtagpflanze blüht im 7-Stunden-Tag nicht. **D** Langtagpflanze im 6-Stunden-Tag mit einem 1-stündigen Zusatzlicht in der Mitte der Dunkelzeit kommt zur Blüte (nach Bünning).

erfolgt, das durch einen tagesperiodischen Wechsel verschieden lichtempfindlicher Phasen charakterisiert ist. Je nachdem, ob das Störlicht im Maximum der empfindlichen Phase liegt oder weiter davon entfernt, wird seine Wirkung größer oder geringer sein. Obwohl die empfindliche Phase jeweils eine bestimmte Zeit nach dem Licht- bzw. Dunkelbeginn einsetzt, die Phasenlage also durch den Licht-Dunkel-Wechsel bestimmt wird, ist das Schwingungssystem von Außenfaktoren nahezu unabhängig, trägt also endogenen Charakter. Dafür sprechen auch die Befunde, daß im Dauerlicht bzw. Dauerdunkel der regelmäßige Wechsel verschieden empfindlicher Phasen, wenn auch mit etwas veränderter Periodenlänge, noch längere Zeit anhält. Sehr schön läßt sich dies an den tagesperiodischen Blattbewegungen demonstrieren (S. 564), die ein sichtbarer Ausdruck dieser endogenen Rhythmik sind. Die chemische Natur des Oszillators ist noch unbekannt. Da die Absorption der photoperiodisch wirksamen Strahlung, je nach Pflanzenart, über verschiedene Photorezeptoren (Phytochrom, Blaulicht-Rezeptor, Chlorophylle) erfolgt, ist der Oszillator sicherlich nicht mit dem jeweiligen Photorezeptor identisch. Dies ist auch insofern unwahrscheinlich, als man bei Mensch und Tier, denen diese Pigmente fehlen, tagesperiodische Schwankungen zahlreicher physiologischer Leistungen nachweisen kann, denen Zeitmeßvorgänge zugrunde liegen. Da sie alle eine Periodenlänge von ungefähr 24 Stunden haben, spricht man von einer **circadianen Rhythmik,** die durch die physiologische Uhr gesteuert wird.

Bei der Suche nach den molekularen Prozessen, die der physiologischen Uhr zugrunde liegen, ergab sich, daß auch die Synthese zahlreicher Proteine einem circadianen Rhythmus unterliegt. Hemmstoffe der Proteinsynthese wie Cycloheximid und Puromycin beeinflussen die physiologische Uhr, indem sie z. B. eine Phasenverschiebung verursachen. Da sich jedoch gezeigt hat, daß diese circadianen Schwankungen der Proteinsynthese zwar durch die physiologische Uhr gesteuert werden, nicht aber Teil der physiologischen Uhr selbst sind, lag der Schluß nahe, daß die Steuerung der physiologischen Uhr primär nicht auf der Transcriptions-, sondern auf Translationsebene erfolgt.

Durch die Untersuchung von Mutanten, die ein verändertes oder gar kein circadian-rhythmisches Verhalten zeigen, hat man versucht, Aufschluß über die für das physiologische Uhr verantwortlichen Genloci zu erhalten. Dabei gelang es zunächst bei der Taufliege *(Drosophila)*, die beiden Gene *per (period)* und *tim (timeless)* zu identifizieren. Da die durch sie codierten Proteine PER und TIM in Wechselwirkung mit ihrer eigenen mRNA stehen, kommt es im Tagesverlauf zu Schwankungen des Protein- und Transcriptgehalts, die sich unter konstanten Außenbedingungen fortsetzen. Die PER- und TIM-Proteine erreichen ihre maximale Konzentration nach sechs Stunden, d. h. zeitlich verschoben zu den Maxima der *per*- und *tim*-mRNA. Es liegt also eine verzögerte, negative Rückkopplung vor. Der molekulare Mechanismus dieser negativen Rückkopplung der Proteine auf die Expression ihrer eigenen Gene läßt sich wie folgt erklären. Offenbar bilden PER und TIM ein Heterodimer. Dieses wird am Ende der Lichtphase aus dem Cytoplasma in den Zellkern transportiert, wo es die Expression von *per* und *tim* hemmt. Infolgedessen können zu Beginn der Lichtphase beide Gene nicht mehr transcribiert werden. Im Licht werden die beiden Proteine abgebaut, wodurch die erneute Expression von *per* und *tim* möglich wird. Damit ist ein neuer Zyklus eingeleitet. Bei Mäusen, später aber auch bei *Drosophila,* wurde ein weiteres Zeittaktgen nachgewiesen, das *clock*-Gen, bei dem es sich offenbar um einen positiven Regulator der physiologischen Uhr handelt. Nach der aus einer Reihe von Experimenten resultierenden Modellvorstellung induziert das CLOCK-Protein die Expression der *per*- und *tim*-Gene. Bei dem Pilz *Neurospora crassa* wurde ein als *frequency* bezeichnetes Gen identifiziert, dessen mutiertes Allel, gleich dem *per*-Gen von *Drosophila*, eine Veränderung der Periodenlänge bzw. den Verlust der circadianen Rhythmik verursachen kann. Da auch bei anderen Organismen, z. B. dem Cyanobakterium *Synechococcus* und unter den höheren Pflanzen bei *Arabidopsis thaliana,* homologe DNA-Sequenzen nachgewiesen wurden, erscheint es möglich, daß dieses Modell in mehr oder weniger veränderter Form für alle Organismen gelten kann. Allerdings sind wir von einem vollen Verständnis des molekularen Mechanismus der physiologischen Uhr noch weit entfernt.

Zusammenfassung

- Unter Wachstum versteht man eine irreversible Volumen- und Substanzzunahme, die an die lebende Zelle gebunden ist, unter Entwicklung dagegen alle die Prozesse, die zu einer Änderung der inneren und äußeren Gestalt führen.

- Das Wachstum von Einzellern durchläuft verschiedene Phasen: die Anlaufs-, Beschleunigungs-, logarithmische, Verzögerungs-, stationäre und gegebenenfalls Abnahmephase. Bei graphischer Darstellung der Zellzahl einer wachsenden Kultur gegen die Zeit erhält man eine sigmoide Kurve.

- Außer Proteinen und Nucleinsäuren werden für das Wachstum auch Wachstumsfaktoren benötigt, z. B. als Wirkungsgruppen von Enzymen. Diese Substanzen, die viele heterotrophe Organismen nicht selbst synthetisieren können, bezeichnet man als Vitamine.

- Antimetabolite sind Substanzen, die das Wachstum von Mikroorganismen in spezifischer Weise hemmen, indem sie bestimmte Stoffwechselprozesse, insbesondere die Proteinsynthese, blockieren. Hierzu zählen die Sulfonamide und die Antibiotika.

- Die drei Phasen des Zellwachstums sind: Zellteilung, Zellvergrößerung und Differenzierung. Dies kommt in einer Zonierung wachsender Organe zum Ausdruck. Allerdings lassen sich die Wachstumszonen nicht scharf voneinander trennen, sondern gehen ineinander über.

- Das Wachstum der höheren Pflanzen wird durch Phytohormone gesteuert, die in bestimmten Geweben der Pflanze gebildet und von dort zu ihren Wirkungsorten transportiert werden, wo sie regulatorische Funktionen ausüben.

- Die Hauptgruppen sind: Auxine, Gibberelline, Cytokinine, Abscisine, Jasmonsäure, Brassinosteroide und das Ethylen. Alle Phytohormone zeigen multiple Wirkungen, d. h. sie können mehrere verschiedenartige Wachstums- und Entwicklungsvorgänge steuern, wobei sie teils synergistisch, teils antagonistisch wirken. Offenbar verfügen die Pflanzen über ein ausbalanciertes Phytohormonsystem, durch dessen qualitative und quantitative Änderungen Wachstum und Entwicklung gesteuert werden. Häufig liegen die Phytohormone als Konjugate, d. h. an andere Substanzen gebunden vor. Dabei kann es sich sowohl um Transport- als auch um Speicherformen handeln.

- Die Zellteilungen erfolgen bei Pflanzen überwiegend in besonderen Teilungsgeweben, den Meristemen. Sie haben eine Replikation der DNA und eine Plasmavermehrung zur Voraussetzung.

- Das Streckungs- und Weitenwachstum der Zelle erfolgt unter Wasseraufnahme, die zur Vakuolenbildung führt. Es ist mit der Synthese von Zellwandmaterial gekoppelt und wird hauptsächlich durch Auxine gesteuert.

- Im Differenzierungsprozeß erfolgt die endgültige Ausgestaltung der Zelle. Dabei wird jeweils nur ein begrenzter, je nach Funktionstyp qualitativ und quantitativ verschiedener Anteil der im Zellkern vorhandenen genetischen Information realisiert. Der Mechanismus der Genregulation ist noch weitgehend ungeklärt. Bei Mikroorganismen sind mehrere Strukturgene zu einem Operon zusammengefaßt, das unter der Kontrolle eines Operators steht, der sich zum Teil mit dem Promotor überlappt. Die Genaktivität wird durch Regulatorgene gesteuert, die über mRNA die Bildung von Repressorproteinen auslösen, die an den Operator binden und dadurch die Bindung der RNA-Polymerase an den Promotor und folglich die RNA-Synthese verhindern. Die Repressorproteine besitzen eine weitere Bindungsstelle, durch die sie mit einem kleineren Molekül, dem Induktor, in Wechselwirkung treten können, was zu einer Konformationsänderung und zur Ablösung vom Operator führt. Nun ist die Bindung der RNA-Polymerase und somit die Transcription der Strukturgene grundsätzlich möglich. Nach dem Attenuator-Modell entscheidet die Sekundärstruktur der transcribierten mRNA über die Transcription der folgenden Strukturgene des Operons.

- Bei Eukaryonten unterscheidet man inaktive, potentiell aktive und aktive Gene. Die differentielle Genaktivierung hat eine Dekondensation des Chromatins unter selektiver Entfernung der Histone zur Voraussetzung. Die Feinregulierung erfolgt auch hier durch Regulatorgene.

- Außerdem wird die Genaktivität durch bestimmte DNA-Sequenzen moduliert, die die Promotoraktivität verstärken oder abschwächen können. Ein anderer Weg der Transcriptionskontrolle ist die Änderung der Gesamtstruktur eines Gens durch DNA-Methylierung. Darüber hinaus kann die Regulation auch durch Endopolyploidie, DNA-Unterreplikation und DNA-Amplifikation sowie auf den Ebenen der Translation und der Enzyme erfolgen.

- Die Entwicklung wird durch innere und äußere Faktoren gesteuert. Zu den inneren Faktoren zählen u. a. die Determination, in der über die künftige Funktion der Zelle entschieden wird, die Korrelationen, das sind regulatorische Wechselwirkungen zwischen Zellen, Geweben und Organen, sowie die Polarität. Die Existenz besonderer gestaltbildender (morphogenetischer) Substanzen hat sich nicht nachweisen lassen. Offenbar spielen bei der Morphogenese die Biomembranen eine entscheidende Rolle.

- Außenfaktoren, die einen Einfluß auf die Entwicklung haben können, sind Strahlung, Temperatur, Schwerkraft und chemische Einflüsse. Die Perzeption der morphogenetisch wirksamen Strahlung erfolgt in vielen Fällen über das Phytochromsystem. Außerdem sind ein als Cryptochrom bezeichneter Blaulichtrezeptor sowie ein UV-B Photorezeptor nachgewiesen worden. Über den Perzeptionsmechanismus der drei anderen Außenfaktoren ist bisher wenig bekannt.

- Die Entwicklungsvorgänge zeigen häufig einen rhythmischen Verlauf (Jahresperiodik, Tagesperiodik), der unter der Kontrolle einer endogenen „physiologischen Uhr" steht. Bezüglich ihrer chemischen und physikalischen Natur gibt es nur Hypothesen, doch wurden in neuerer Zeit mehrere Gene identifiziert, die Proteine der physiologischen Uhr codieren.

Bewegungserscheinungen

Die weit verbreitete Ansicht, daß Bewegungen geradezu ein Charakteristikum des tierischen Organismus seien, trifft sicherlich nicht zu. Vielmehr zeigen die Pflanzen sowohl hinsichtlich des äußeren Erscheinungsbildes als auch der Mechanik ihrer Bewegungen eine ungleich größere Vielfalt als die Tiere, so daß es schwierig ist, sie in Kürze übersichtlich darzustellen.

Die Verhältnisse werden noch dadurch kompliziert, daß sich bei den Pflanzen Bewegungs- und Entwicklungserscheinungen keineswegs so scharf voneinander trennen lassen, wie dies bei Tieren möglich ist. Vielen pflanzlichen Bewegungen liegen Wachstumsprozesse zugrunde, die wir ja bereits als integrierenden Bestandteil der Entwicklung kennengelernt haben. Die Entscheidung, ob man einen durch Außenfaktoren hervorgerufenen Effekt als Entwicklungs- oder Bewegungsvorgang aufzufassen hat, ist in solchen Fällen nicht leicht zu treffen. Ganz allgemein wird man von einem Bewegungsvorgang immer dann sprechen, wenn er in einem relativ kurzen Zeitraum zu einer sichtbaren Orts- oder Lageveränderung eines Organs oder eines ganzen Organismus führt.

Die Einteilung der pflanzlichen Bewegungserscheinungen kann nach verschiedenen Gesichtspunkten erfolgen. Je nachdem, ob eine Bewegung durch einen äußeren Anlaß, einen Reiz, ausgelöst wird oder nicht, kann man induzierte (aitionome) und endogene (autonome) Bewegungen unterscheiden. Induzierte Bewegungen können durch eine Änderung der Reizintensität ausgelöst werden, also von der Richtung des einwirkenden Reizes unabhängig sein, oder die Richtung der Bewegung wird durch die Richtung des Reizes bestimmt. Bei den Bewegungen ortsgebundener Pflanzen und ihrer Organe unterscheiden wir entsprechend zwischen Nastien und Tropismen, bei den freien Ortsbewegungen zwischen phobischen und topischen Reaktionen. Schließlich kann die Einteilung der Bewegungserscheinungen auch nach der Bewegungsmechanik erfolgen.

17

17.1 Bewegungsmechanismen

Da bei den tierischen Organismen Bewegungen in der Regel durch das Actomyosinsystem hervorgerufen werden, sind wir gewöhnt, eine Bewegung als einen aktiven, also energieverbrauchenden Lebensvorgang anzusehen. Dies trifft auch für einen Teil der pflanzlichen Bewegungen zu. Andere Bewegungen, wie die Turgor- und Schleuderbewegungen, beruhen auf osmotischen Vorgängen und Gewebespannungen, sind also letztlich ebenfalls das Resultat plasmatischer Aktivitäten. Darüber hinaus gibt es jedoch im Pflanzenreich auch Bewegungsvorgänge, die ihre Ursache in rein physikalischen Prozessen, z. B. Quellungs- und Kohäsionsmechanismen, haben, wobei bestimmte Baueigentümlichkeiten der pflanzlichen Zellwände eine Rolle spielen. In diesen Fällen können Bewegungen auch dann noch zustande kommen, wenn der plasmatische Inhalt der Zellen abgestorben ist.

17.1.1 Quellungsbewegungen

Bei der Besprechung des Aufbaus der Zellwand wurde bereits erwähnt, daß in die intermicellären und interfibrillären Räume Wassermoleküle eingelagert sind. In der lebenden Zelle liegen die Wände also im gequollenen Zustand vor. Nach Absterben des plasmatischen Inhaltes trocknen sie meist aus, können aber jederzeit unter Wasseraufnahme wieder in den gequollenen Zustand übergehen. Da mit der Quellung bzw. Entquellung jeweils eine Volumenveränderung verbunden ist, wobei die Ausdehnung bzw. Verkürzung hauptsächlich senkrecht zur Längsrichtung der Fibrillen erfolgt, muß es zu Krümmungs- bzw. Torsionsbewegungen kommen, wenn sich in zwei miteinander verbundenen Schichten die Streichrichtung der fibrillären Elemente überschneidet. Dies läßt sich durch geeignete Modelle leicht demonstrieren (Abb. 17.1 A, B). Derartige Quellungsmechanismen stehen auch im Dienste der Verbreitung. Beispiele hierfür sind das Peristom der Laubmoose (Abb. 14.13, S. 436) sowie das Öffnen von Früchten, z. B. Hülsen (Abb. 17.1 C). Bei den Teilfrüchten des Reiherschnabels sind die Grannen, dem in Abb. 17.1 B gezeigten Mechanismus entsprechend, im trockenen Zustand schraubig eingerollt (**D**). Bei Befeuchtung strecken sie sich (**E**) und bohren, wenn ihr freies Ende auf ein Widerlager stößt, die Frucht in den Boden.

17.1.2 Turgorbewegungen

Die Turgor- oder Variationsbewegungen werden durch Turgoränderungen hervorgerufen, sind also das Ergebnis osmotischer Kräfte. Wie in Abb. 9.2 (S. 287) dargestellt, kann mit der Zu- bzw. Abnahme des Turgors eine Verlängerung bzw. Verkürzung der Zellen verbunden sein. Stellen wir uns nun vor, daß es auf den beiden gegenüberliegenden Flanken eines Organs zu entgegengesetzten Turgoränderungen kommt, so kann die dadurch bedingte Verlängerung der einen bzw. Verkürzung der anderen Flanke eine Krümmung bzw. sonstige

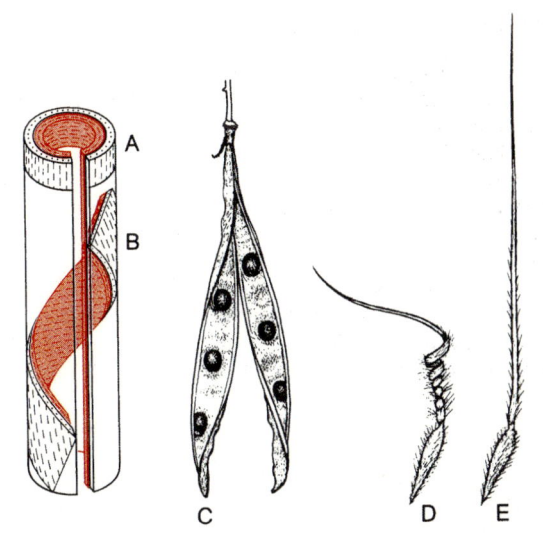

Abb. 17.1 Hygroskopische Bewegungen. **A** Modellversuch, Krümmung eines zweischichtigen Streifens mit längs und quer verlaufenden Fibrillen nach Befeuchtung. **B** wie A, jedoch mit sich kreuzenden, diagonal verlaufenden Fibrillen. Zusätzlich zur Krümmung resultiert eine Torsion. Man kann diesen Streifen als Ausschnitt aus einem Zylinder auffassen, dessen fibrilläre Textur den in A dargestellten Verhältnissen entspricht. **C** Hülse von *Cytisus laburnum* (Goldregen) in geöffnetem Zustand. **D, E** Teilfrüchte von *Erodium cicutarium* (Reiherschnabel). **D** in trockenem, **E** in feuchtem Zustand.

Lageveränderung des Organs, also eine Bewegung, hervorrufen. Grundsätzlich genügt hierzu natürlich auch schon eine Turgorzunahme bzw. -abnahme auf einer Seite.

17.1.2.1 Spaltöffnungsbewegungen

Durch Turgorveränderungen verursachte Bewegungen sind im Pflanzenreich weit verbreitet. Ein Beispiel, die Spaltöffnungsbewegungen, haben wir bereits kennengelernt. Infolge lokaler Verdickungen der Zellwände führt hier die Turgorzunahme zu einer Krümmung der Schließzellen und somit zum Öffnen des Spaltes, die Turgorabnahme zur Entkrümmung der Schließzellen und somit zum Spaltenschluß (Abb. 7.**10**B, S. 262, Abb. 7.**12**, S. 263). Der Öffnungszustand der Spaltöffnungen wird durch verschiedene Außenfaktoren, insbesondere Licht, CO_2-Spannung, Temperatur und die Wasserpotentialdifferenz zwischen Blatt und Umgebung teils gleichsinnig, teils gegensinnig beeinflußt. Da sie nur durch Änderungen der Faktorengröße ausgelöst werden und der Ablauf ihrer Bewegungen in keiner Beziehung zu der Richtung steht, aus der der betreffende Faktor einwirkt, sind sie als Nastien zu bezeichnen, d. h. definitionsgemäß als Photo-, Chemo-, Thermo- und Hydronastie. Schließlich unterliegen die Öffnungs- und Schließbewegungen der Spaltöffnungen auch einer circadianen Rhythmik, so daß sie insgesamt ein sehr komplexes Phänomen darstellen.

Molekularer Mechanismus der Spaltöffnungsbewegung: An der Osmoregulation sind vor allem zwei Osmotika beteiligt:
1. Saccharose, die entweder durch Abbau der Stärke entsteht oder von außen aufgenommen wird, und
2. $K^{\oplus}$-Ionen und die Anionen Malat$^{2\ominus}$ und $Cl^{\ominus}$.

Der Öffnungsvorgang zu Beginn des täglichen Zyklus wird im wesentlichen durch den zweiten Prozess verursacht. In der zweiten Tageshälfte nimmt die $K^{\oplus}$-Ionen-Konzentration drastisch ab, und Saccharose wird zum dominierenden Osmotikum.

Hinsichtlich der Beteiligung von im Plasmalemma bzw. im Tonoplasten lokalisierten Translokatoren an der Turgorregulation haben wir heute, insbesondere seit der Entwicklung der Patch-clamp-Methode (Box 17.**1**), recht gut begründete Vorstellungen. Durch eine im Plasmalemma befindliche Protonenpumpe, ATPase vom P-Typ (Abb. 2.**8**, S. 60), werden Protonen unter Hydrolyse von ATP aus der Zelle in den Apoplasten gepumpt. Für den Transport eines $H^{\oplus}$ wird ein ATP benötigt. Dies kann sowohl aus der Photophosphorylierung als auch aus der Atmungskettenphosphorylierung angeliefert werden. Hierdurch wird die Innenseite des Plasmalemmas negativ. Durch diese Hyperpolarisation entsteht ein elektrischer Gradient, der die treibende Kraft für die Aufnahme der positiv geladenen $K^{\oplus}$-Ionen liefert und die einwärts gerichteten, selektiven Kalium-Kanäle, die spannungsabhängig sind, aktiviert. Nun strömt Kalium in die Zelle ein, wodurch die Ladung ausgeglichen wird. Messungen haben ergeben, daß ein Kalium-Kanal bei einer Spannung von 150 mV 1,25 ms lang geöffnet ist. Durch Abscisinsäure wird seine Öffnungszeit verlängert. Außerdem hemmt ABA die Protonenpumpe.

Eine Alkalisierung des Cytoplasmas als Folge des auswärts gerichteten Protonenstromes wird dadurch verhindert, daß Phosphoenolpyruvat (PEP) durch die PEP-Carboxylase in Oxalessigsäure (Oxalacetat) überführt wird, die durch Malat-Dehydrogenase und NADPH + $H^{\oplus}$ zu Äpfelsäure (Malat) reduziert wird. Durch deren Dissoziation wird die Protonenbilanz wieder ausgeglichen. Wahrscheinlich werden außerdem durch den $H^{\oplus}$-Ausstoß im Antiport $Cl^{\ominus}$-Ionen aufgenommen. Mit Hilfe der Patch-clamp-Technik ist es gelungen, spannungsabhängige Anionen-Kanäle nachzuweisen, die außer Malat und anderen Anionen auch $Cl^{\ominus}$-Ionen transportieren können. Sie sind jedoch nicht ausschließlich spannungsabhängig, sondern stehen auch unter der Kontrolle von $Ca^{2\oplus}$. Sowohl Kalium-Ionen und Malat, aber auch Chlor-Ionen und Saccharose können in die Vakuole aufgenommen werden, was einen Anstieg des osmotischen Potentials und somit eine Wasseraufnahme in die Vakuole zur Folge hat, wodurch der Turgor steigt. Bei der Schließbewe-

Box 17.1 Patch-clamp-Methode

Der Begriff „patch clamp" bedeutet eigentlich „voltage clamp am patch", d. h. Spannungsklemme am Membranfleck, weshalb auch der deutsche Begriff Spannungsklemme oder -klammer verwendet werden kann. In zunehmendem Maße findet die ursprünglich für tierische Zellen entwickelte Methode auch bei aus Pflanzenzellen isolierten Protoplasten Anwendung. Insbesondere bei Protoplasten aus Schließzellen der Spaltöffnungen konnten mit ihrer Hilfe wesentliche Erkenntnisse gewonnen werden. Sie ermöglicht die Untersuchung kleiner Membranbereiche, indem mittels eines leichten Unterdruckes ein Stückchen (= patch) aus einer Biomembran herausgerissen und an der Spitze der benutzten Elektrode fixiert wird, wobei die ursprüngliche Innenseite nach außen weist. Auf diese Weise werden die in dem Membranstück gelegenen Kanäle der Untersuchung von beiden Seiten zugänglich. Durch Inkubation mit Ionen oder anderen Substanzen können die Ionenkanäle hinsichtlich ihrer Selektivität und Aktivierbarkeit charakterisiert werden. Ionenkanäle können durch Liganden (z. B. Hormone) oder durch das Membranpotential aktiviert werden. Beim patch-clamp-Verfahren klemmt man mit Hilfe eines elektrophysiologischen Meßaufbaus das Membranpotential des isolierten Membranflecks auf bestimmte Potentialwerte und mißt dabei den elektrischen Strom; dieser beruht auf der Permeation von Ionen durch Ionenkanäle. Aus den Fluktuationen des Stromes lassen sich Anzahl und Selektivität sowie Öffnen und Schließen der Ionenkanäle im Membranfeld ermitteln. Die Potentialabhängigkeit eines Ionenkanals ist von großem physiologischen Interesse; sie zeigt an, bei welchem Membranpotential der untersuchte Ionenkanal aktiv sein kann.

gung erfolgt ein Efflux von $K^{\oplus}$ durch auswärts gerichtete Kalium-Kanäle, der eine Turgorabnahme verursacht.

$Ca^{2\oplus}$-Ionen induzieren die Schließbewegungen der Stomata und verhindern das Öffnen. Bereits mikromolare $Ca^{2\oplus}$-Konzentrationen hemmen die Aktivität der Protonenpumpe. Infolgedessen werden die einwärts gerichteten $K^{\oplus}$-Kanäle blockiert und der Einstrom von $K^{\oplus}$-Ionen und folglich das Öffnen der Stomata verhindert. Diese Kalium-Kanäle werden auch durch ABA gehemmt, möglicherweise durch eine Permeabilitätserhöhung der Schließzellen-Membranen für $Ca^{2\oplus}$-Ionen. Interessanterweise wurden $Ca^{2\oplus}$-spezifische Kanäle bisher nicht nachgewiesen. Wahrscheinlich tritt das $Ca^{2\oplus}$ durch die einwärts gerichteten $K^{\oplus}$-Kanäle in die Zelle ein, die bis zu einem gewissen Grad für $Ca^{2\oplus}$ permeabel sind. Die Schließbewegung setzt ein, wenn die akkumulierten $K^{\oplus}$- und $Cl^{\ominus}$-Ionen sowie in Lösung vorliegende organische Substanzen aus den Schließzellen in den Apoplasten abgegeben werden. Da sie sich überwiegend in der Vakuole befinden, müssen sie sowohl den Tonoplasten als auch das Plasmalemma passieren, was ein hohes Maß an Transport-Koordination am Tonoplasten sowie zwischen beiden Membranen erfordert.

Unsere Kenntnisse des tonoplastischen Ionentransportes sind noch unvollkommen. Bisher wurden drei Typen von Kationen-Kanälen im Tonoplasten nachgewiesen. Ein spannungsabhängiger selektiver Kalium-Kanal, der durch Erhöhung der $Ca^{2\oplus}$-Konzentration aktiviert wird. Zwei weitere Kanäle werden entsprechend ihrer Schnelligkeit als SV (slow vacuolar) und FV (fast vacuolar) bezeichnet. SV ist spannungs-, $H^{\oplus}$- und $Ca^{2\oplus}$-abhängig und permeabel für $Ca^{2\oplus}$ und $K^{\oplus}$. FV ist ebenfalls spannungsabhängig und wird durch $Ca^{2\oplus}$ gehemmt. Er wird sehr schnell aktiviert bzw. deaktiviert, ist hochselektiv für $K^{\oplus}$ verglichen mit $Cl^{\ominus}$ (Verhältnis 30:1) und folglich elektrogen (S. 58). Schließlich wurde auch ein Anionen-Kanal, der selektiv für $Cl^{\ominus}$ ist, nachgewiesen.

Die circadian-rhythmischen Phänomene der Spaltöffnungsbewegungen haben ihre Ursache wahrscheinlich in der sich tagesperiodisch ändernden Fähigkeit der Schließzellen, $K^{\oplus}$- und $Cl^{\ominus}$-Ionen zu akkumulieren bzw. zurückzuhalten, was einen verstärkten Transport dieser beiden Ionen in die bzw. aus den Schließzellen zur Folge hat. Möglicherweise gibt es Zusammenhänge mit dem oben erwähnten täglichen Zyklus.

Photonastie: Die Analyse der Lichtwirkungen hat ergeben, daß die photonastischen Bewegungen der Spaltöffnungen über zwei verschiedene Photorezeptoren gesteuert werden. Der Befund, daß sowohl Rot- als auch Blaulicht wirksam sind, läßt auf eine Beteiligung der Photosynthese schließen, die sowohl ATP aus der Photophosphorylierung für die Protonenpumpe liefert als auch osmotisch wirksame Kohlenhydrate. Außerdem wird durch die CO_2-Fixierung dessen Konzentration in den Interzellularen vermindert, was ebenfalls eine Öffnung der Spalten zur Folge hat. Diese indirekte Wirkung wäre eigentlich als chemonastisch zu bezeichnen. Darüber hinaus hat Blaulicht jedoch auch eine direkte Wirkung. Dies belegen die folgenden Befunde:
1. Auch sehr starkes Rotlicht erreicht nicht die gleiche Wirksamkeit wie Weißlicht.
2. Die Öffnungsweite von Spaltöffnungen unter optimaler Rotlichtbestrahlung wird durch Blaulichtpulse vergrößert.
3. Die Spaltöffnungen von Mutanten, deren Schließzellen kein Chlorophyll enthalten, öffnen sich zwar im Blaulicht, nicht aber im Rotlicht.

Wir wissen heute, daß Blaulicht die Protonenpumpe aktiviert. Durch den erhöhten Protonenausstoß wird, wie bereits dargelegt, die Aufnahme von Kalium- und Chlor-Ionen verstärkt. Außerdem erhöht Blaulicht die intrazelluläre Malatkonzentration durch Aktivitätssteigerung der PEP-Carboxylase, die den Vorläufer des Malats, Oxalacetat, synthetisiert. Dies ist aber offenbar kein direkter Effekt des Blaulichtes auf das Enzym. Man nimmt an, daß die mit dem Protonenausstoß verbundene vorübergehende Alkalisierung des Cytosols die Aktivitätssteigerung bewirkt. Schließlich induziert Blaulicht die Hydrolyse der Stärke und erhöht durch Bildung löslicher Zucker das osmotische Potential. Als Blaulichtrezeptor wird ein Xanthophyll, das **Zeaxanthin**, angenommen. Hierfür sprechen die folgenden Befunde:
1. Das Aktionsspektrum der Reaktion rotlichtbestrahlter Spaltöffnungen auf Blaulicht hat ein Maximum bei 450 nm und zwei kleinere Maxima bei

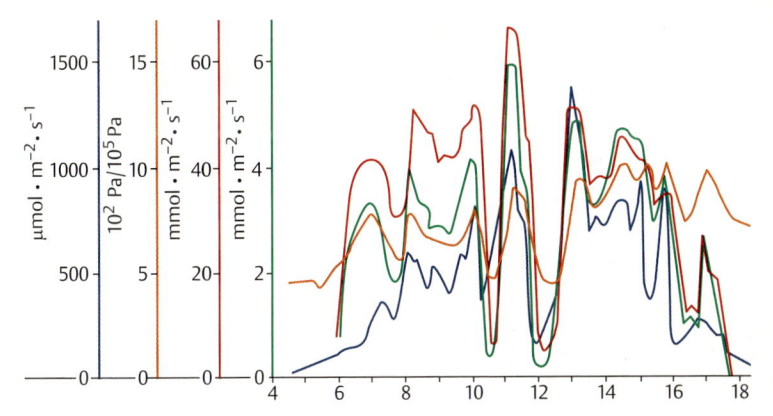

Abb. 17.2 Tagesgang der Transpiration eines jungen Blattes der Lärche *(Larix decidua)* in Abhängigkeit von der Photonenflußdichte der einfallenden Strahlung am Standort. Transpiration in mmol m^{-2}s^{-1} (grüne Linie), Leitfähigkeit der Nadeln für Wasserdampf in mmol m^{-2}s^{-1} (rote Linie), Differenz des Molenbruches von Wasserdampf zwischen Nadel und Umgebungsluft, Δ_w in 10^{2}Pa/10^{5}Pa, der den Diffusionsgradienten für die Wasserdampfmoleküle zwischen den Interzellularen der Nadel und der Umgebungsluft repräsentiert (orange Linie), Photonenflußdichte in μmol m^{-2}s^{-1} (blaue Linie). Im Gegensatz zu älteren Nadeln (vgl. Abb. 9.5, S. 292) reagiert eine junge Nadel außerordentlich empfindlich auf Änderungen der Photonenflußdichte, was durch den weitgehend parallelen Verlauf der Kurven sowohl der Transpiration als auch der Leitfähigkeit der Nadeln für Wasserdampf, der insbesondere von der Öffnungsweite der Stomata abhängt, und der Photonenflußdichte zum Ausdruck kommt. Dagegen hat die bei der Transpiration wirksam werdende Luftfeuchte einen geringeren Einfluß (nach Benecke, U., E.-D Schulze, R. Matyssek, W.M. Havranek: Oecologia [Berl.], 50: 54–61, 1981).

420 und 470 nm, entspricht somit weitgehend dem Absorptionsspektrum des Zeaxanthins.
2. Der Inhibitor der Zeaxanthin-Synthese, Dithiothreitol, hemmt die Zeaxanthinbildung und die Reaktion der Stomata auf Blaulicht im gleichen Konzentrationsbereich.
3. Der Zeaxanthingehalt der Schließzellen ist mit der Öffnungsweite der Stomata eng korreliert.
4. Eine Zeaxanthin-freie Mutante von *Arabidopsis* zeigt keine typische Reaktion auf Blaulicht.
5. Bei konstantem Licht und konstanter Temperatur verursachen Änderungen der CO_2-Konzentration im geschlossenen System linear korrelierte Änderungen der Öffnungsweite der Stomata und dem Zeaxanthin-Gehalt der Schließzellen.

Die Abhängigkeit der Spaltöffnungsbewegung vom Licht zeigt Abb. 17.2, in der ein Tagesgang der Transpiration dargestellt ist. Wie ersichtlich, reagieren die

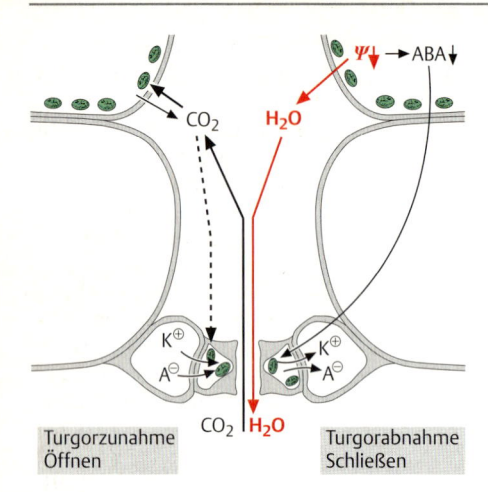

Abb. 17.3 Regulation der Spaltöffnungsbewegungen, schematisch. Links sind die durch Abnahme der CO_2-Konzentration ausgelösten Vorgänge, die zum Öffnen der Spalten führen, dargestellt, rechts die durch Absinken des Wasserpotentials ψ_w ausgelösten Prozesse, die den Spaltenschluß verursachen. Die CO_2-Konzentration wird auf der Innenseite der Schließzellen gemessen (schwarzgestrichelter Pfeil), das Wasserpotential in den Mesophyllzellen. Chloroplasten grün.

Spaltöffnungen junger Blätter der Lärche sehr empfindlich auf Änderungen der Photonenflußrate, was in dem weitgehend parallelen Verlauf der Tagesgänge von Transpiration, Leitfähigkeit der Nadeln für Wasserdampf (die ein Maß für die Öffnungsweite der Stomata ist) und der Photonenflußrate zum Ausdruck kommt.

Thermonastie: Wie früher bereits dargelegt, steigert eine Temperaturerhöhung um 10 °C die Geschwindigkeit chemischer Reaktionen auf das Doppelte oder mehr (Q_{10}-Wert, S. 339). Da an den Spaltöffnungsbewegungen chemische Reaktionen beteiligt sind, ist leicht einzusehen, daß sie auch einer thermonastischen Steuerung unterliegen. Allerdings bewirkt eine Temperaturerhöhung auch eine Steigerung der Transpiration, so daß sie über das Wasserpotential gewissermaßen hydronastisch wirksam wird.

Chemonastie: Einen ganz entscheidenden Einfluß auf den Öffnungszustand der Stomata hat die CO_2-Konzentration in den Interzellularen. Eine Abnahme der CO_2-Spannung führt zum Öffnen, eine Zunahme zum Schließen (Abb. 17.3). Während diese CO_2-Abnahme, wie oben erwähnt, infolge des photosynthetischen Einbaus normalerweise während des Tages eintritt, ist sie bei den CAM-Pflanzen nachts zu beobachten. Infolgedessen sind bei diesen Pflanzen die Stomata nachts geöffnet und am Tage geschlossen.

Der Mechanismus dieser Chemonastie ist noch unklar. Es ist anzunehmen, daß die „Chemorezeptoren", mit deren Hilfe die CO_2-Konzentration gemessen wird, in den Schließzellen selbst lokalisiert sind und daß die Messung auf der suprastomatischen Seite erfolgt. Wie die sich ändernden Konzentrationen gemessen, gegeneinander verrechnet und in Turgoränderungen umgesetzt werden, ist noch Gegenstand von Hypothesen. Nach einer dieser Hypothesen soll die Messung über Carboxylierungsreaktionen mit Hilfe von RubisCO und PEP-Carboxylase geschehen, während nach einer anderen Vorstellung Zeaxanthin als Glied des sogenannten Xanthophyll-Zyklus als CO_2-Sensor fungiert, indem es die Licht-CO_2-Wechselwirkungen moduliert. Da in beiden Fällen die CO_2-Konzentration in den Chloroplasten gemessen wird, die gesteuerten Prozesse wie z. B. die Protonenpumpe aber außerhalb der Chloroplasten ablaufen, ist ein „second messenger" erforderlich, der das Signal zum Zielort überträgt. Diskutiert werden $Ca^{2\oplus}$ oder ein Syntheseprodukt der Chloroplasten.

Hydronastie: Die hydronastischen Öffnungs- und Schließbewegungen werden über das Wasserpotential ψ_w gesteuert (Abb. 17.3). Sie können passiv durch Turgoränderungen in den Nebenzellen bzw. benachbarten Epidermiszellen oder aktiv in den Schließzellen selbst zustande kommen. Von besonderer Bedeutung für die Pflanze ist der hydroaktive Spaltenschluß, der bei Wasserstreß eintritt und alle anderen Regelmechanismen ausschaltet. Die Hydronastie wird durch das Phytohormon Abscisinsäure (ABA) kontrolliert. Sie verursacht schon in sehr geringen Konzentrationen (0,4 – 0,7 fmol/Spaltöffnungskomplex) einen schnellen Spaltenschluß. Die ABA-Konzentration in den Schließzellen ist bei völlig geschlossenen Spaltöffnungen 3 – 18-mal höher als bei offenen. ABA wird bei Wasserstreß in den Wurzeln gebildet und mit dem Transpirationsstrom in die Blätter transportiert. Dort verteilt sie sich im Apoplasten. Möglicherweise kann ABA auch in den Schließzellen synthetisiert werden. Die aktive Form der ABA ist die protonierte. Sie kann das Plasmalemma leicht passieren und in der Zelle wirksam werden. Allerdings konnte bisher noch kein ABA-Rezeptor identifiziert werden. ABA und $Ca^{2\oplus}$ wirken synergistisch beim Spaltenschluß. ABA erhöht die Konzentration von freiem $Ca^{2\oplus}$ im Cytosol der Schließzellen. Da ABA Actinfilamente zerstört, könnte sie die Aktivität der Ionenkanäle strukturell beeinflussen oder über das Cytoskelett den Transport von Signalmolekülen regulieren. Darüber hinaus reagieren die Spaltöffnungen auch auf Änderungen des Wasserpotentials der Außenluft, doch ist unklar, wie diese gemessen werden. Trockene Luft bewirkt Spaltenschluß, ein Anstieg der Luftfeuchtigkeit eine zunehmende Öffnung.

17.1.2.2 Blattbewegungen

Die durch Turgoränderungen ausgelösten Blattbewegungen erfolgen vermittels Blattgelenken (Pulvini), wie Abb. 17.4 am Beispiel von *Mimosa pudica* zeigt. Der Ablauf der Bewegung ist durch den anatomischen Bau festgelegt (Scharnierbewegung) und somit von der Richtung der Reizeinwirkung unabhängig. Es handelt sich also um eine Nastie. Die Blattbewegungen werden durch mechanische Einflüsse, z. B. Erschütterung oder Berührung, sowie durch chemische, thermische, elektrische oder Verletzungsreize ausgelöst und entsprechend als Seismo-, Thigmo-, Chemo-, Thermo-, Elektro- oder Trauma-

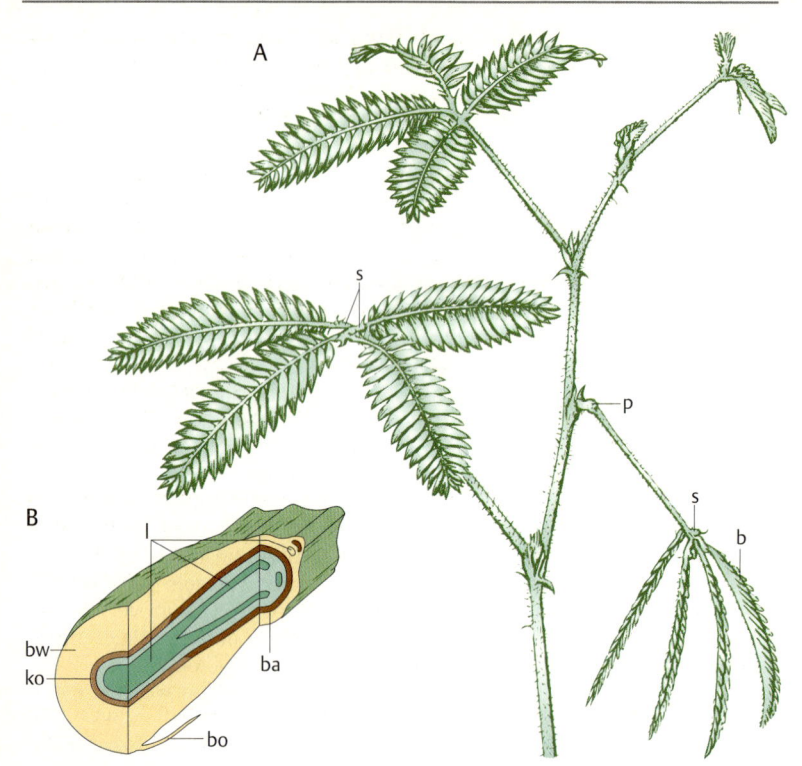

Abb. 17.4 *Mimosa pudica*. **A** Sproßteil mit einigen Fiederblättern. Das Blatt b hat bereits seismonastisch reagiert. **B** Bau eines Primärblattgelenkes, schematisch. ba = Bastscheide, bo = Fühlborste, bw = Bewegungsgewebe aus turgeszenten Zellen, ko = Kollenchym, l = Leitbündel, p = Primärgelenk, s = Sekundärgelenk (**A** nach Pfeffer).

tonastie bezeichnet. Unabhängig davon erfolgen sie auch autonom, dem tagesperiodischen Licht-Dunkel-Wechsel folgend. In diesem Falle spricht man von Nyktinastie bzw. Skotonastie.

Bei *Mimosa pudica* legen sich infolge der Reizung bzw. in der Nachtstellung die Fiederblättchen nach oben zusammen, die sekundären Blattstiele nähern sich einander und der Primärblattstiel klappt nach unten (Abb. 17.**4A**). In den Blattgelenken sind die im Blattstiel peripher angeordneten Leitbündel zu einem zentralen Strang zusammengefaßt (Abb. 17.**4B**), so daß sie die Bewegungen nicht behindern. Sie sind von relativ großen, dünnwandigen Parenchymzellen umgeben. Diese werden als motorische Zellen bezeichnet, da durch ihr koordiniertes und gleichzeitiges Anschwellen bzw. Schrumpfen in den beiden gegenüberliegenden Hälften des Pulvinus die Bewegungen hervorgebracht werden. Zellen, die während der Blatthebung anschwellen, werden als **Extensor-**, solche, die während der Blattsenkung anschwellen, als **Flexor-**Zellen bezeichnet. Je nachdem, ob die Nachtstellung durch Aufwärts- bzw. Abwärtsbewegung eingenommen wird, sind die Extensor-Zellen in der unteren oder oberen Hälfte des Pulvinus lokalisiert.

Die Mechanismen von Schwellung und Schrumpfung der motorischen Zellen ähneln denen der Schließzellen bei der Spaltöffnungsbewegung. Bei der Schwellung werden Protonen durch eine ATPase vom P-Typus nach außen gepumpt, wodurch ein Protonengradient errichtet und das Membranpotential zu negativen Werten verschoben wird. Durch diese Hyperpolarisation werden einwärts gerichtete $K^{\oplus}$-Kanäle geöffnet und $K^{\oplus}$-Ionen strömen ein. Gleichzeitig erfolgt ein Einstrom von $Cl^{\ominus}$-Ionen, der wahrscheinlich das Ergebnis eines $H^{\oplus}/Cl^{\ominus}$-Cotransportes ist. Obwohl der Transport dieser Ionen durch den Tonoplasten nicht direkt nachgewiesen ist, kann man davon ausgehen, daß die Ionen, die in die Zelle eingedrungen sind, in der Vakuole gespeichert werden. Diese Konzentrationszunahme intrazellulärer Osmotika hat eine Wasseraufnahme und somit ein Anschwellen der Zellen zur Folge.

Die Schrumpfung der motorischen Zellen ist nicht einfach eine Umkehr des Schwellungsprozesses. Die Membran-Depolarisation, die möglicherweise durch eine Aufnahme von $Ca^{2\oplus}$-Ionen und/oder durch einen $Cl^{\ominus}$-Ausstrom verursacht wird, öffnet die auswärts gerichteten $K^{\oplus}$-Kanäle und verursacht somit einen $K^{\oplus}$-Ionenausstrom, der einen Austritt von Wasser und eine Schrumpfung der Zellen zur Folge hat. Die auswärts gerichteten K-Kanäle werden auch als K_H, die einwärts gerichteten als K_D-Kanäle bezeichnet. Die motorischen Zellen geben $H^{\oplus}$ ab, wenn sie schwellen, und nehmen $H^{\oplus}$ auf, wenn sie schrumpfen. Die Aufnahme von $Cl^{\ominus}$-Ionen zum Ausgleich der durch den Protonenaustritt verursachten Änderung des Membranpotentials kann auch durch die Synthese von Malat ersetzt werden.

Die Zellen der Blattgelenke enthalten etwa viermal soviel ATP wie die anderen, nicht an den Turgorbewegungen beteiligten Parenchymzellen der Pflanze. Außerdem zeichnen sie sich durch eine erheblich höhere ATPase-Aktivität aus.

Weitere Beispiele für Turgorbewegungen sind: die Klapp- bzw. Krümmungsbewegungen der Staubblätter (Abb. 17.**12**) und Narben mancher Blüten sowie die Fangbewegungen der Venusfliegenfalle.

17.1.3 Schleuderbewegungen

Schleuderbewegungen können durch den plötzlichen Ausgleich von Gewebespannungen verursacht werden, wie bei den Früchten des Rührmichnichtan (*Impatiens*), oder turgorbedingt sein. In diesem Falle führt ein ständiger Anstieg der Turgorspannung innerhalb einzelner Zellen oder auch ganzer Gewebe dazu, daß gewisse Bereiche der Zellwände bzw. der Gewebe dem zunehmenden Druck nicht mehr standhalten. Es kommt zu einem explosionsartigen Druckausgleich. Auf diese Weise werden z. B. die Ascosporen aus dem

Ascus geschleudert (vgl. Abb. 14.**10**, S. 432), oder sogar ganze Sporangien abgeschossen, wie im Falle des Zygomyceten *Pilobolus*.

17.1.4 Kohäsionsmechanismen

Waren in den zuletzt betrachteten Fällen die Bewegungen im wesentlichen das Ergebnis positiver Wandspannungen, so kennen wir auch Fälle, in denen sie durch negative Wandspannungen ausgelöst werden können. Ein solcher Mechanismus bewirkt z. B. die Öffnung der Sporangien mancher Farne (vgl. Abb. 14.**14 H, I**, S. 437). Wie wir gesehen haben, besitzen diese einen als Anulus bezeichneten Ring von Zellen, deren Wände, mit Ausnahme der Außenwände, verdickt sind. Sie sind nach Absterben ihres plasmatischen Inhalts ganz mit Wasser gefüllt. Die Wassermenge nimmt mit zunehmender Verdunstung durch die dünnen Außenwände ständig ab. Dabei wird die Außenwand infolge der Kohäsions- bzw. Adhäsionskräfte der Wassermoleküle durch den entstehenden Unterdruck nach innen gezogen. Hierdurch wird ein tangentialer Zug auf den Anulus ausgeübt, der schließlich das Sporangium an einer präformierten Stelle, dem Stomium, aufreißen läßt, wodurch eine Verbreitung der Sporen möglich wird. Mit zunehmender Verdunstung wird der Anulus immer weiter gestreckt, bis die negative Wandspannung Werte erreicht, die die Kohäsions- bzw. Adhäsionskräfte übersteigen. Die Außenwand reißt dann bei den einzelnen Zellen sukzessiv vom Füllwasser ab, wodurch der Anulus sich schrittweise in seine Ausgangslage zurückbewegt. Bei jedem ruckartigen Zurückschnellen können noch vorhandene Sporen fortgeschleudert werden.

17.1.5 Wachstumsbewegungen

Wie schon erwähnt, können die Bewegungen mancher Organe auch durch Wachstumsvorgänge hervorgerufen werden. Meist kommen sie durch die verschiedene Wachstumsgeschwindigkeit zweier gegenüberliegender Flanken zustande. Abb. 17.**5** zeigt dies für den Fall einer sich krümmenden Ranke. Der Wachstumsbeschleunigung auf der Außenseite des sich krümmenden Organs steht hier eine entsprechende Verminderung auf der Innenseite gegenüber. Die Reaktion wird durch einen Berührungsreiz ausgelöst (s. Kap. 17.3.5).

17.1.6 Geißelbewegungen

Die freien Ortsbewegungen der Flagellaten und flagellatenartigen Schwärmer sowie mancher Bakterien werden durch Geißeln verursacht. Dabei werden Geschwindigkeiten von $50-100\,\mu m/s$, im Maximum sogar mehr als $200\,\mu m/s$ erreicht, und zwar unabhängig von der Mechanik des Geißelschlages, die eine große Vielfalt aufweist.

Bei den peritrich begeißelten Enterobakterien, z. B. *Escherichia coli*, schlagen im typischen Falle alle Geißeln entgegen dem Uhrzeigersinn und bilden hierdurch ein gemeinsames Bündel, dessen Rotation das Bakterium rasch in

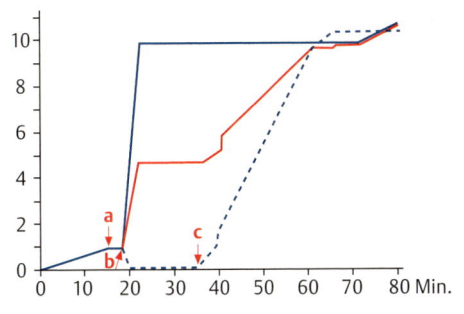

Abb. 17.**5** Graphische Darstellung des prozentualen Wachstums der Mediane (rot) sowie der beiden antagonistischen Flanken (Oberseite ausgezogene, Unterseite gestrichelte blaue Linie) einer Ranke von *Sicyos angulatus*. Abszisse: Zeit in Minuten, Ordinate: Wachstum. Die vorübergehende Berührung erfolgte nach 15 Minuten (a). b = Beginn der Krümmung, c = Beginn des Ausgleichs (nach Fitting).

gerader Richtung vorantreibt, wobei die Bakterienzelle selbst in entgegengesetzter Richtung rotiert (Abb. 17.**6**). Nach 1–2 s erfolgt autonom eine Rotationsumkehr, wobei das Geißelbündel auseinanderfliegt. Hierdurch wird eine 0,1–0,2 s dauernde Taumelbewegung ausgelöst. Nach abermaliger Rotationsumkehr der Geißeln bildet sich wieder ein Bündel, und die Bewegung wird in anderer Richtung fortgesetzt. Dieser autonome Rhythmus kann sich unter Einfluß äußerer Faktoren ändern.

Bei den amphitrich begeißelten Spirillen rotieren die Geißelbündel mit einer Geschwindigkeit von 40 Umdrehungen/s, wodurch der starre, korkenzieherartig gewundene Körper in eine gegenläufige Rotation von etwa 13 Umdrehungen/s versetzt wird (Abb. 17.**7A**). Auf diese Weise schraubt er sich gewissermaßen durch das Wasser. Durch Umkehr der Schlagrichtung wird die Rotationsrichtung des Körpers gegenläufig und eine Bewegungsumkehr ausgelöst (**B, C**). Bei monotrich begeißelten Formen ist häufig das Prinzip des Propellers verwirklicht (**D**). Bei schneller Rotation übt jeder Abschnitt der schraubig gewundenen Geißel eine dem Steigungswinkel entsprechende Kraft

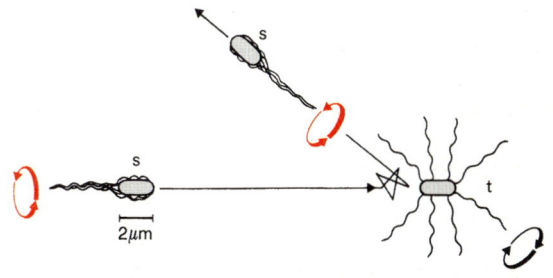

Abb. 17.**6** Schematische Darstellung der Bewegung von *Escherichia coli*. Schlagen die Geißeln entgegen dem Uhrzeigersinn (roter Pfeil), bilden sie ein Bündel. Der koordinierte Geißelschlag verursacht eine rasche Vorwärtsbewegung (s-Zustand). Durch Umkehr der Rotationsrichtung (schwarzer Pfeil) löst sich das Bündel auf, und die Geißeln fliegen auseinander. Es wird eine Taumelbewegung ausgelöst (t-Zustand). Erneute Umkehr der Rotationsrichtung führt wieder zur Bündelbildung und zur Vorwärtsbewegung.

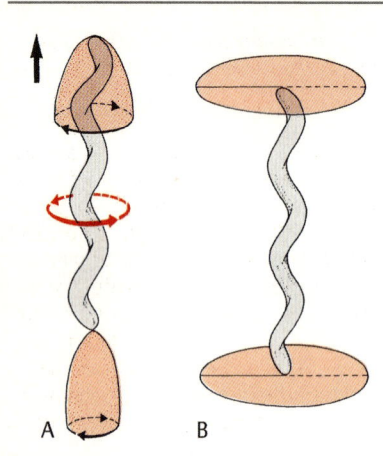

Abb. 17.7 Geißelbewegung. A–C Bewegungsmechanik und Schlagumkehr der Geißelschöpfe amphitrich begeißelter Spirillen. In **A** und **C** sind die Geißelschwingräume (rot gerastert) glockenförmig deformiert, in **B** ist das „Umschnappen" der Geißeln dargestellt. **D** Bewegungsmechanik der Schraubengeißel von *Chromatium*. Die Rotationsrichtung der Geißeln ist durch schwarze, die des Zellkörpers durch rote Pfeile gekennzeichnet (nach Metzner, Buder).

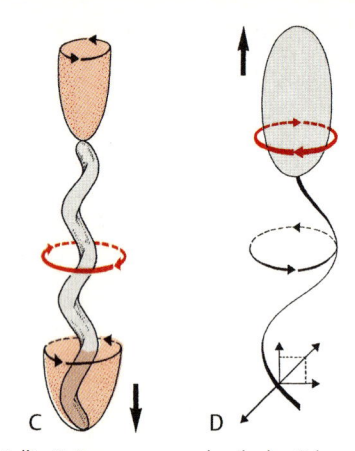

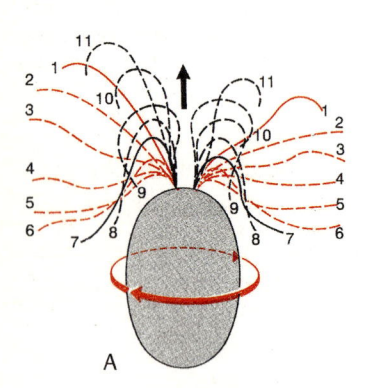

Abb. 17.8 Vorwärtsbewegung des Flagellaten *Chlamydomonas reinhardtii*. **A** Geißelschlag einer Zelle. Ruderschlag (Positionen 1–6) rot, Vorziehen der Geißel (Positionen 7–11) schwarz. Die Ausgangslagen sind jeweils durch eine durchgezogene, die Zwischenlagen durch gestrichelte Linien angedeutet. Während der Bewegung rotiert die Zelle entgegen dem Uhrzeigersinn (roter Pfeil). **B** Rotation und helikale Bahn einer Zelle. Die Zahlen geben jeweils die Positionen an, in denen die Geißeln in der Horizontalen bzw. in der Vertikalen schlagen. **C** Rückwärtsbewegung der Zelle durch undulierenden Geißelschlag nach Umschnappen der Geißel. Durch den undulierenden Geißelschlag wird auch eine laterale Hin- und Herbewegung des Zellkörpers verursacht (nach Nultsch und Rüffer).

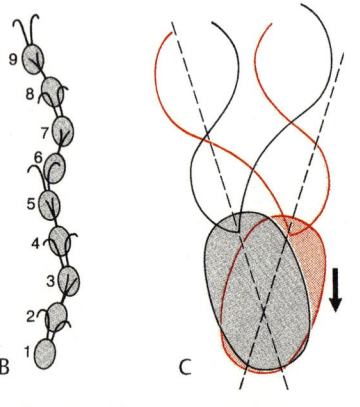

aus, die sich in eine längs- und eine quergerichtete Komponente zerlegen läßt, von denen die erste den Körper vorwärts treibt, die zweite seine Rotation um die Längsachse bewirkt. Umkehr der Propellerbewegung löst hier meist eine Taumelbewegung aus.

Bei den eukaryotischen Einzellern ist häufig das Prinzip des Ruderschlages verwirklicht, der bei zweigeißeligen Formen den Armbewegungen eines Brustschwimmers vergleichbar ist (Abb. 17.8A). Die Schläge sind im Regelfall synchron, aber stets asymmetrisch insofern, als die auf der Stigmaseite liegende cis-Geißel der gegenüberliegenden trans-Geißel immer etwas voraus ist (Abb. 17.8A, s. auch Abb. 5.6A, S. 209). Auch erfolgen die Schläge nie planar, sondern die Geißeln werden, von der Spitze ausgehend, etwas aus der Geißelebene herausgeführt. Dies hat eine Rotation der Zelle um ihre Längsachse zur Folge (1–2 Umdrehungen/s). Die Bewegungsbahn ist nicht gerade, sondern hat die Gestalt einer Helix (**B**). Spontan oder durch äußere Einflüsse können Rückwärtsbewegungen ausgelöst werden, die die Folge eines undulierenden Geißelschlages sind (Abb. 17.8C).

Ungeachtet gewisser Ähnlichkeiten oder gar Übereinstimmungen in der äußeren Mechanik der Geißelbewegungen unterscheiden sich Bakterien und Eukaryonten hinsichtlich der inneren Mechanik des Geißelschlages grundsätzlich voneinander, was im Hinblick auf den völlig verschiedenen Geißelbau (S. 204, S. 209 ff.) verständlich ist. Die rotierende Bewegung der Bakteriengeißel wird durch Rotation des Basalkörpers in der Cytoplasmamembran hervorgerufen, wodurch der Geißelhaken in eine kreisende Bewegung versetzt wird, die das nicht zu aktiven Bewegungen befähigte Filament mitnimmt. Nach gut begründeten Vorstellungen rotiert der mit dem Geißelhaken verbundene M-Ring in der Cytoplasmamembran, während der S-Ring fest verankert ist und als Widerlager fungiert.

> Die Antriebskraft wird durch einen einwärts gerichteten Protonenstrom (proton motive force) hervorgerufen (vgl. Abb. 17.24, S. 590). Rotationsrichtung und Rotationsumkehr werden durch intrazelluläre Signale gesteuert. Im Gegensatz hierzu dient als Energiequelle für die Bewegung der Eukaryontengeißel das ATP. Seine hydrolytische Spaltung erfolgt in dem durch die äußere Membran abgeschirmten Innenraum der Geißel durch die Dynein-Arme der Mikrotubuli-Dupletts des Axonemas (Abb. 5.8, S. 211, Abb. 17.9).

Diese weisen im Ruhezustand schräg nach unten. Unter ATP-Spaltung treten sie mit dem gegenüberliegenden B-Tubulus in Kontakt. Durch Bewegung des Dynein-Arms in die Waagerechte werden die Dupletts gegeneinander verschoben. Unter abermaliger ATP-Spaltung löst sich der Dynein-Arm wieder vom B-Tubulus und streckt sich nach unten. Da die beiden axialen Fibrillen als mechanisches Widerlager dienen, wandelt der Scherwiderstand zwischen den Dupletts die Gleitbewegung in eine Biegung um. Diese führt zu einer Krümmung der Geißel nach der einen oder anderen Seite oder, wenn diese Vorgänge

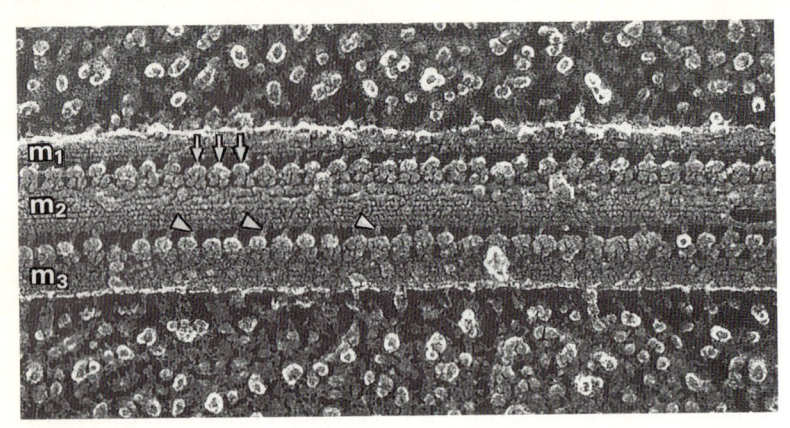

Abb. 17.9 Axonema von *Chlamydomonas reinhardtii*, dargestellt mit Hilfe der schnellen Gefrier-Tief-Ätzmethode. Abschnitte von drei äußeren Mikrotubuli-Dupletts (m_1–m_3) sind zu sehen. Entlang der oberen Ränder von m_2 und m_3 kann man die äußeren Dynein-Arme erkennen, die aus einer P- und einer D-Fuß- sowie einer Kopf-Untereinheit bestehen (Pfeile). Die untere Reihe der Arme von m_3 zeigt die B-Verbindungen (Pfeilköpfe), die jeden Arm mit dem benachbarten B-Tubulus verbinden. Vergr. 140 000fach (Originalaufnahme: G. B. Witman).

die Geißel zyklisch umlaufen, zu schraubigen bzw. Wellenbewegungen. Bei der Erzeugung einer Biegung spielen offenbar die Speichen eine wichtige Rolle, deren Verbindung zu den zentralen Tubuli wahrscheinlich gelöst und wieder geknüpft werden kann. Die Verbindung der benachbarten Mikrotubuliduplets durch die Nexine ist offenbar elastisch und läßt diese Verschiebung zu. Bei der Regulation der Geißelbewegung scheinen $Ca^{2\oplus}$-Ionen eine Rolle zu spielen. Hierfür spricht auch das Vorkommen von Calmodulin in Geißeln.

17.1.7 Amöboide Bewegungen

Sie sind für die Schleimpilze (Myxomyceten) charakteristisch, kommen aber auch sonst hier und da im Pflanzenreich vor. Auch bei diesem so einfach erscheinenden Bewegungsvorgang gibt es verschiedene Typen. Meist erfolgt die amöboide Bewegung durch Vorstrecken von **Pseudopodien** (Scheinfüßen), in die das Plasma der Zelle hineinströmt, während das Hinterende nachgezogen wird. Dabei spielen Viskositätsänderungen infolge Gel-Sol-Umwandlungen des Plasmas sowie lokale Veränderungen der Oberflächenspannung eine wichtige Rolle. Offenbar führt ein Calcium-Einstrom am hinteren Ende der Zelle zu einer Kontraktion des Actomyosinsystems, wodurch das Cytoplasma in den vorderen Teil der Zelle und in die Pseudopodien gedrückt wird.

17.1.8 Gleitbewegungen

Gleich den amöboiden Bewegungen erfolgen die gleitenden Bewegungen auf einer festen Unterlage. Sie kommen sowohl bei Bakterien als auch bei einzelligen und fädigen Algen vor. Nur in einigen Fällen (Desmidiaceen) konnte als Bewegungsursache eine gerichtete Absonderung einer Schleimsubstanz nachgewiesen werden, die verquillt und hierdurch eine Stemmwirkung auf die Zelle ausübt. In der Mehrzahl der Fälle (Cyanobakterien, Diatomeen) ist die Mechanik dieser Bewegungen noch nicht klar, doch sind auch hier auf der Zelloberfläche fibrilläre Elemente nachgewiesen worden, durch deren Kontraktion die Bewegung hervorgerufen werden könnte.

17.1.9 Intrazelluläre Bewegungen

Außer den Plasmaströmungen sind hier die Verlagerungen der Zellkerne und Plastiden innerhalb der Zelle zu nennen. In allen bisher näher untersuchten Fällen hat sich gezeigt, daß die intrazellulären Bewegungen durch das Actomyosinsystem hervorgerufen werden.

17.2 Autonome Bewegungen

Als autonom (= endonom = endogen) bezeichnet man solche Bewegungen, die nicht durch Außenfaktoren ausgelöst bzw. gerichtet werden, sondern einer endogenen Steuerung unterliegen. Sie kommen sowohl bei freien Ortsbewegungen vor, wie z. B. die autonomen Umkehrrhythmen bei Bakterien und Diatomeen, als auch bei ortsgebundenen Pflanzen, wobei es sich um Turgor- wie auch um Wachstumsbewegungen handeln kann. Die Bewegungsmechanik ist also für die Autonomie der Bewegungen nicht entscheidend. In der Mehrzahl der Fälle unterliegen die autonomen Bewegungen einer Rhythmik, die bei den tagesperiodischen Bewegungen durch die physiologische Uhr gesteuert wird, während in anderen Fällen die Periodenlängen einige Stunden bzw. bei den kurzperiodischen Bewegungen einige Minuten betragen.

17.2.1 Circumnutationen

Hierunter versteht man stetig kreisende Bewegungen von Sproßspitzen, Ranken u. a. Organen, die wir bereits in Gestalt der „Suchbewegungen" bei den *Cuscuta*-Keimlingen (S. 394) kennengelernt haben. Sie kommen durch eine die Organachse zyklisch umlaufende einseitige Wachstumsförderung zustande, so daß die Organspitzen Ellipsen oder Kreise beschreiben. Für einen Umlauf werden etwa 1–2 Stunden benötigt. Ob die Circumnutationen tatsächlich rein autonomen Charakter haben, wird von manchen Autoren bezweifelt. Nach neueren Untersuchungen sollen sowohl Auxin als auch eine gravitropische Komponente beteiligt sein.

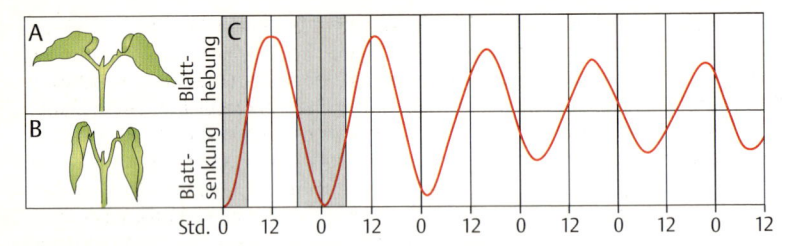

Abb. 17.10 Blattbewegungen der Feuerbohne *(Phaseolus coccineus)*. **A** Tagstellung (Blatthebung), **B** Nachtstellung (Blattsenkung). **C** Verlauf der Bewegungen, schematisiert. Im linken Teil der Kurve normale tagesperiodische Bewegungen im 12:12-Stunden-Licht-Dunkel-Wechsel (Dunkelzeiten gerastert). Anschließend Fortsetzung der Bewegungen im schwachen Dauerlicht unter allmählicher Verringerung des Gesamtausschlages (Amplitude) und Verlängerung der Perioden auf etwa 27 Stunden.

17.2.2 Tagesperiodische Bewegungen

Circadian-rhythmische (tagesperiodische) Bewegungen finden wir sowohl bei Laub- als auch bei Blütenblättern. Sie werden auch als **nyktinastische** oder **skotonastische Bewegungen** bezeichnet. Dabei kann es sich sowohl um Wachstums- als auch Turgorbewegungen handeln. Ersteres trifft für die Blüten zu, die sich am Tage öffnen und nachts schließen. Turgormechanismen liegen den Bewegungen der Laubblätter zugrunde, die mit besonderen Blattgelenken ausgestattet sind (s. S.555), wie z.B. *Mimosa* (Abb. 17.4) und *Phaseolus* (Abb. 17.10). Der regelmäßige Wechsel zwischen der Tag- (**A**) und der Nachtstellung (**B**) folgt normalerweise dem tagesperiodischen Gang (**C**). Der Beginn der Hebung bzw. Senkung der Blätter, d.h. die Phasenlage, wird durch den Licht-Dunkel-Wechsel induziert. Daß sie dennoch autonomen Charakter haben, also durch endogen-rhythmische Schwingungen gesteuert werden, erweist sich, wenn man die Pflanzen nach Induktion durch einen bestimmten Licht-Dunkel-Wechsel im Dauerlicht oder Dauerdunkel hält, wo die Bewegungen über längere Zeit hin, wenn auch mit etwas veränderter Periodenlänge, fortgesetzt werden. Wie bereits erwähnt, unterliegen auch die Spaltöffnungsbewegungen einer circadian-rhythmischen Steuerung.

17.3 Induzierte Bewegungen

Induzierte Bewegungen werden durch äußere Einflüsse hervorgerufen bzw. gesteuert, die wir ungeachtet dessen, ob sie chemischer oder physikalischer Natur sind, als Reize bezeichnen. Ein Reiz (Stimulus) besteht in der Zufuhr einer gewissen, gemessen am Effekt allerdings meist geringen Energiemenge, hat also im typischen Falle Auslösecharakter. Bei den sogenannten **Alles-oder-Nichts-Reaktionen** besteht überhaupt keine Beziehung zwischen Reizstärke und Reizerfolg. Entweder es wird ein bestimmter Schwellenwert, die Reizschwelle, überschritten, dann tritt die Reaktion ein, oder es erfolgt nichts. Es gibt jedoch auch zahlreiche Bewegungsreaktionen, bei denen quantitative Beziehungen zwischen Reiz- und Reaktionsgröße nachweisbar sind. Dabei hängt die Stärke der Reaktion nicht allein von der Intensität des Reizes ab, sondern auch von seiner Einwirkungsdauer, d.h. also von der Reizmenge = Intensität (I) · Zeit (t) (Reziprozitäts- oder **Reizmengengesetz**). Dieses „Gesetz" ist allerdings nurmehr eine Regel, da es nur innerhalb gewisser Grenzen gültig ist. Unabhängig davon, welcher Fall vorliegt, liefert der Reiz also im Regelfall nicht die Energie, die zum Ablauf der Bewegungsreaktion erforderlich ist. Vielmehr löst er in bestimmten plasmatischen Bereichen einen Zustand erhöhter Aktivität aus, der nunmehr den Ablauf der aus anderen Energiequellen gespeisten Reaktion ermöglicht.

In diesem Zusammenhang sei darauf hingewiesen, daß es sich bei der Auslösung von bestimmten Entwicklungsprozessen durch äußere Faktoren, prinzipiell gesehen, um gleichartige Vorgänge handelt. Auch hier hat ja der Reiz, wie bereits gezeigt wurde (S. 525 f.), nur Auslösecharakter, während der Entwicklungsvorgang selbst energetisch von ihm unabhängig ist. Daß die Wirkungen äußerer Faktoren auf Entwicklungs- und Bewegungsvorgänge hier in getrennten Kapiteln besprochen werden, geschieht lediglich im Interesse der Übersichtlichkeit.

Die als **Perzeption** bezeichnete Reizaufnahme setzt die Existenz spezifischer Rezeptoren voraus, das sind Moleküle, die zur Perzeption bestimmter Strahlungsbereiche, gewisser chemischer Agenzien, der Schwerkraft sowie mechanischer Reize befähigt sind und entsprechend als Photo-, Chemo-, Gravi- und Mechanorezeptoren bezeichnet werden. Diese reagieren auf den Reiz in spezifischer Weise, z.B. mit einer Konformationsänderung. In einer anschließenden, als **sensorische Transduction** bezeichneten Reaktionskette wird der Stimulus in eine übertragbare (transmittierbare) Form überführt, wie etwa Ionenströme infolge der Öffnung von Kanälen, Freisetzung oder Dissoziation von Molekülen, elektrische Potentialänderungen, Änderungen der energetischen Zustände u. a., und zum Bewegungsapparat geleitet, wo er die **Bewegungsreaktion** auslöst. Ebenso wie die Stimulusperzeption durch die Rezeptoren auf ganz verschiedene Weise erfolgt, gibt es auch verschiedene Wege der sensorischen Transduction, weshalb diese Vorgänge nur für einen bestimmten Reaktionstyp und einen bestimmten Organismus besprochen werden können.

In einigen Fällen, z.B. bei rasch ablaufenden Turgorbewegungen wie den Blattbewegungen der Mimose, dem Klappfallenmechanismus der Venusfliegenfalle und den nastischen Reaktionen mancher Staubblätter, ist die Beteiligung bioelektrischer Vorgänge an der sensorischen Transduction nachgewiesen. Hiervon wird im folgenden Abschnitt die Rede sein.

17.3.1 Auslösung von Erregungsvorgängen und Bewegungsreaktionen

Die Erregbarkeit (Irritabilität), d. h. die Fähigkeit, auf äußere Einflüsse in bestimmter Weise zu reagieren, ist eine der Grundeigenschaften des Protoplasten. Sie kommt somit allen lebenden Zellen zu und nicht nur solchen, die zu besonderen Bewegungsreaktionen befähigt sind. Bei den letzteren wird lediglich der Reizerfolg durch den Bewegungsvorgang sichtbar, während er in anderen Fällen ohne besondere Hilfsmittel nicht nachweisbar ist. Solche Hilfsmittel sind z. B. Oszillographen oder andere genügend empfindliche Meßinstrumente, mit denen sich nach einer Reizung Veränderungen der elektrischen Potentiale an den plasmatischen Grenzschichten der Zelle nachweisen lassen.

Erregungsvorgang: Wird eine Zelle, an deren Grenzfläche sich ein Ruhepotential eingestellt hat, lokal gereizt, etwa elektrisch, durch mechanische Einflüsse oder auf chemischem Wege, so wird ein Erregungsvorgang ausgelöst, sofern die Intensität des Reizes einen bestimmten Minimalwert, die Reizschwelle, überschreitet. Nach einer sehr kurzen, in der Größenordnung von 0,1 s liegenden **Latenzzeit,** in der noch keine Reaktion erkennbar ist, kommt es zu einer vorübergehenden Veränderung der Permeabilitätseigenschaften der Membran. Die Permeabilität für $Cl^{\ominus}$-Ionen steigt sprunghaft an, was einen starken $Cl^{\ominus}$-Efflux zur Folge hat. Hierdurch wird die Membran depolarisiert. Ihre Innenseite wird weniger negativ oder unter Umständen sogar positiv gegenüber der Außenseite, d. h. die bestehende Potentialdifferenz wird ausgeglichen oder es kommt sogar zu einer kurzfristigen Umladung der Membran (Abb. 17.11). Man bezeichnet diese Potentialänderung als ein **Aktionspotential.** Der sprunghafte Potentialabfall zieht einen zunehmenden $K^{\oplus}$-Efflux nach sich. Im Gipfel des Aktionspotentials sind $Cl^{\ominus}$- und $K^{\oplus}$-Efflux gleich. Durch fortgesetzten $K^{\oplus}$-Efflux wird die Membran wieder polarisiert, bis sich ein neues Ruhepotential eingestellt hat. Durch die Tätigkeit der Ionenpumpen wird der ursprüngliche Zustand wiederhergestellt.

Die Größe des Aktionspotentials ist von der Stärke des Reizes unabhängig. Der Erregungsvorgang ist also eine Alles-oder-Nichts-Reaktion. Aktionspotentiale treten nur in Gegenwart von $Ca^{2\oplus}$-Ionen ein. Mit abnehmender $Ca^{2\oplus}$-Konzentration nimmt auch das Ausmaß der Potentialänderung ab, bis die Zelle schließlich unerregbar wird.

Wird unmittelbar nach dem ersten Reiz ein zweiter gegeben, so erfolgt keine Reaktion, da die Membran noch nicht wieder polarisiert ist. Die Zelle verhält sich refraktär. An dieses sogenannte absolute **Refraktärstadium** schließt sich eine Phase verminderter Erregbarkeit, das relative Refraktärstadium, an. Dieses ist durch den Anstieg der Reizschwelle gekennzeichnet, d. h. die Intensität der Reizung muß stärker sein als beim ersten Mal, um die Erregung auszulösen. Erst nach Abklingen des relativen Refraktärstadiums ist die Zelle wieder voll erregbar.

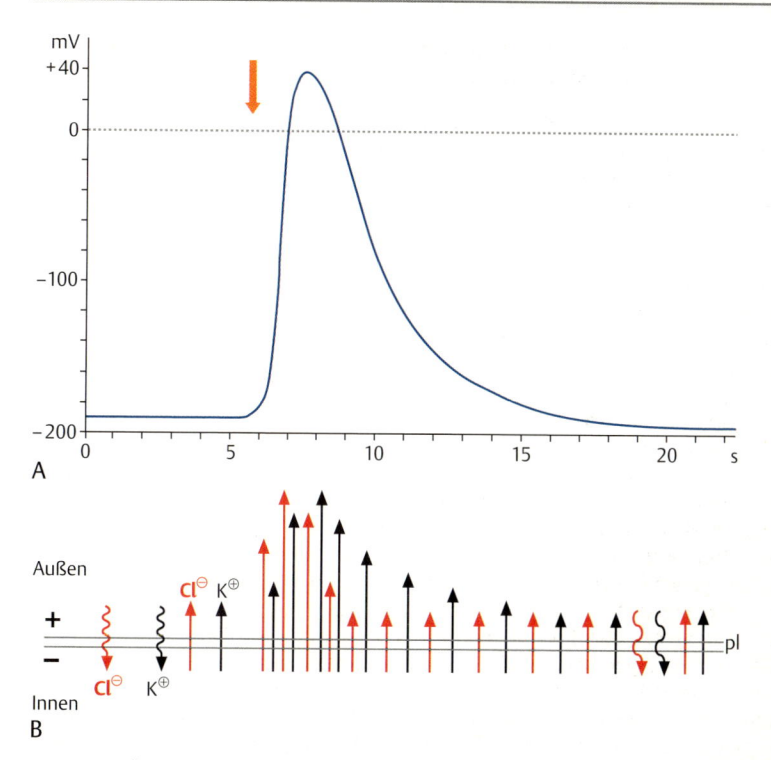

Abb. 17.11 Änderungen der Ionenflüsse und des elektrischen Potentials am Plasmalemma einer Pflanzenzelle *(Chara)* als Folge einer Reizung. **A** Aktionspotential. Das Ruhepotential beträgt – 190 mV. Durch Reizung (Pfeil) kommt es zu einer Depolarisierung der Membran, die zu einer vorübergehenden Positivierung der Innenseite führt. Anschließend wird wieder ein Ruhepotential der ursprünglichen Größe aufgebaut. **B** Erklärung der den Potentialverhältnissen entsprechenden Ionenflüsse. Im Zustand des Ruhepotentials werden $Cl^{\ominus}$- (rot) und $K^{\oplus}$-Ionen (schwarz) nach innen gepumpt (wellige Pfeile). Gleichzeitig „leckt" jedoch ein Teil der $K^{\oplus}$-Ionen und, wenn auch in erheblich geringerem Umfang, der $Cl^{\ominus}$-Ionen aus der Zelle heraus (gerade Pfeile), weshalb die Innenseite negativ gegenüber der Außenseite ist. Die Reizung führt nun zu einem sprunghaften Anstieg des $Cl^{\ominus}$-Effluxes, der die Depolarisation verursacht, aber bald wieder abklingt. Infolge der Depolarisierung der Membran treten, mit einer gewissen Zeitverzögerung, $K^{\oplus}$-Ionen aus, wodurch die Membran wieder polarisiert wird, bis das ursprüngliche Ruhepotential erreicht ist, in dem die gleichen Ionenflüsse vorliegen wie zu Beginn. Abszisse: Zeit in Sekunden; Ordinate: Membranpotential in mV. pl = Plasmalemma.

Der Erregungsvorgang der Pflanzenzelle stimmt also im Grundsätzlichen mit dem der tierischen Nerven überein. Allerdings sind die Aktionspotentiale pflanzlicher Zellen ihrem Ausmaß nach meist erheblich größer und dauern entsprechend länger als bei Tieren, wo sie in Bruchteilen von Sekunden ablaufen. Auch die Refraktärstadien sind entsprechend verlängert. Die Perfektion des Erregungsvorganges kommt also nicht in der Größe des Aktionspotentials zum Ausdruck, sondern in der hohen Geschwindigkeit sowohl der Reaktion selbst als auch der Restitutionsprozesse.

Erregungsleitung: Der Erregungsvorgang bleibt nicht auf die gereizte Stelle beschränkt, sondern breitet sich wellenförmig über die ganze Zelle aus. Er kann auf benachbarte Zellen übergreifen und sich über eine gewisse Entfernung hin fortsetzen. Wir bezeichnen dies als Erregungsleitung. Ihre Geschwindigkeit beträgt bei der Mimose 2,5 cm/s und bei der schnell reagierenden Venusfliegenfalle sogar 20 cm/s. Dies sind Werte, die an die unteren Leitungsgeschwindigkeiten mancher tierischen Nerven heranreichen.

Bei manchen Pflanzen, z. B. der Mimose, läßt sich auch eine chemische Erregungsleitung nachweisen, die mit Hilfe besonderer **Erregungssubstanzen** erfolgt. Diese werden vorwiegend in den Leitungsbahnen transportiert und können so die Erregung über eine größere Strecke leiten. Die Existenz sogenannter Turgorine, die den Zellturgor beeinflussen und die tagesperiodischen Blattbewegungen steuern sollen, konnte nicht bestätigt werden.

Bewegungsreaktionen: Erfaßt ein Erregungsvorgang Zellen oder Gewebe, die aufgrund besonderer anatomischer Voraussetzungen zur Ausführung von Bewegungen befähigt sind, z. B. Blattgelenke (Abb. 17.**4**B), kann er Bewegungsreaktionen auslösen. In diesen Fällen finden wir daher sowohl im Ablauf der Reaktion als auch in der Terminologie eine weitgehende Übereinstimmung zu den Erregungsvorgängen, wie am Beispiel der Staubblattbewegungen von *Helianthemum* gezeigt werden soll (Abb. 17.**12**). Zwischen dem Reiz und der Bewegungsreaktion liegt ein Zeitraum, in dem nichts äußerlich Erkennbares geschieht, die Latenzzeit. Sie beträgt größenordnungsmäßig 0,1 – 1 Sekunden. Dann erfolgt die Turgorbewegung, die innerhalb einer kurzen Zeit zur maximalen Bewegungslage führt.

Nun setzen die Erholungsvorgänge ein, die allmählich den ursprünglichen Zustand wiederherstellen, was eine längere, von Fall zu Fall unterschiedliche Zeit erfordert. Findet während dieser Phase eine erneute Reizung statt, so wird diese entweder mit einer schwächeren Reaktion beantwortet, oder die Reaktion bleibt ganz aus. Auch hier können wir also ein relatives und ein absolutes Refraktärstadium unterscheiden.

17.3.2 Strahlungswirkungen

Die Einflüsse der Strahlung auf pflanzliche Bewegungsvorgänge sind vielfältig: Sie kann Bewegungen auslösen, ihre Geschwindigkeit beeinflussen, eine Bewegungsumkehr verursachen oder die Bewegungsrichtung bestimmen. Dies gilt sowohl für ortsgebundene als auch für freibewegliche Organismen. Außerdem können auch intrazelluläre Bewegungen durch Strahlung ausgelöst und/oder gerichtet werden.

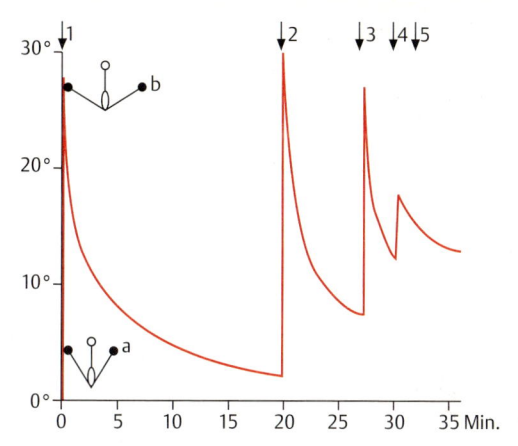

Abb. 17.12 Bewegungsreaktionen der Staubblätter von *Helianthemum* (Sonnenröschen) auf mehrfache Stoßreizung. Abszisse: Zeit in Minuten, Ordinate: Bewegungswinkel. Für die erste Reaktion sind die Ausgangs- (a) und Endpositionen (b) der Staubfäden eingezeichnet. Die Latenzzeit ist hier so kurz (etwa 1 Sekunde), daß sie nicht in das Diagramm eingezeichnet werden konnte. Der zweite Reiz lag außerhalb, der dritte und vierte lagen innerhalb des relativen Refraktärstadiums. Der fünfte lag bereits innerhalb des absoluten Refraktärstadiums, löste also überhaupt keine Reaktion mehr aus.

Strahlungsperzeption: Gleich anderen strahlungsabhängigen Prozessen werden Bewegungsvorgänge nicht nur durch sichtbare Strahlung, sondern auch durch die benachbarten Strahlungsbereiche, d. h. das UV-A und das Infrarot, ausgelöst. Die Absorption der Strahlung erfolgt durch von Fall zu Fall ganz verschiedene Photorezeptoren. Zu deren Ermittlung bedient man sich wiederum der Aktionsspektren.

Sensorische Transduction: Unter sensorischer Transduction verstehen wir alle Prozesse, die die Stimulusperzeption mit der Bewegungsreaktion verbinden, d. h. im vorliegenden Falle die Umwandlung der absorbierten Strahlungsenergie in ein intrazelluläres Signal (Stimulustransformation), gegebenenfalls eine Verstärkung des Signals (Signalamplifikation), die Übertragung des Signals vom Rezeptor zum Bewegungsapparat, sofern diese räumlich voneinander getrennt sind (Signaltransmission), sowie die Umwandlung des Signals in eine motorische Reaktion.

Die Umwandlung der absorbierten Strahlungsenergie in ein intrazelluläres Signal kann auf verschiedene Weise erfolgen. Hat das Photorezeptormolekül selbst Enzymeigenschaften, könnte es durch die aufgenommene Energie aktiviert werden und eine bestimmte Reaktion katalysieren, die einen Bewegungsvorgang hervorruft bzw. steuert. Dieser Fall könnte z. B. für Flavinenzyme zutreffen, die gelb gefärbt sind und im sichtbaren blauen sowie im angrenzenden UV-A-Bereich absorbieren. Das Photorezeptormolekül kann aber auch als Sensibilisator dienen, indem es die absorbierte Strahlungsenergie in eine transmittierbare Form überführt, etwa in chemische Energie oder elektrische Potentialänderungen. In vielen Fällen sind Ionenkanäle an der sensorischen Transduction beteiligt, durch deren Öffnung ein Influx oder Efflux von Ionen, z. B. Calcium, ausgelöst wird. Schließlich besteht noch die Möglichkeit, daß die Strahlungsabsorption über ein Lichtreaktionssystem erfolgt, das primär mit der betreffenden Bewegungsreaktion gar nichts zu tun hat, d. h. daß eine indirekte Wirkung, vorliegt. Ist z. B. ein Bewegungsvorgang mit der Photosynthese gekoppelt, so läßt das Aktionsspektrum eine Beteiligung der Photosynthesepigmente an der Strahlungsperzeption erkennen. Dies schließt nicht aus, daß die Photosynthesepigmente als Photorezeptoren eines Bewegungsvorganges dienen könnten, ohne daß dieser direkt mit der Photosynthese gekoppelt ist.

Im typischen Fall ist die Strahlungsabsorption der Auslösevorgang, weshalb nur relativ geringe Energiemengen erforderlich sind, um die Bewegungsreaktion einzuleiten. Lediglich in den Fällen, in denen der Bewegungsvorgang selbst durch die Lichtenergie gespeist wird, wie im Falle der Photokinesis, ist der Strahlungsenergiebedarf erheblich höher.

Bewegungsvorgang: Da der Bewegungsablauf sowohl durch die Lichtrichtung bestimmt als auch durch Änderungen der Photonenflußrate ausgelöst werden kann, ergeben sich wiederum die auf S. 547 dargelegten Möglichkeiten. Da außerdem die den Bewegungen zugrundeliegenden Mechanismen trotz Gleichheit oder Ähnlichkeit im Ablauf ganz verschieden sein können, muß die Einteilung nach dem äußeren Erscheinungsbild der Bewegungsvorgänge notwendigerweise unvollkommen sein. Sie ist jedoch als didaktisches Hilfsmittel unentbehrlich, solange unsere Kenntnisse von den molekularen Grundlagen der induzierten Bewegungen noch lückenhaft sind.

17.3.2.1 Richtungsbewegungen

Einseitig einfallendes Licht wird durch Absorption, Reflexion, Streuung und/oder Linsenwirkung innerhalb einer Zelle bzw. eines Organs in einen Photonengradienten umgesetzt, der für die Perzeption der Lichtrichtung genutzt wird. Dabei kann die Messung der Photonen entweder gleichzeitig an verschiedenen Stellen der Zelle bzw. des Organs unter Verwendung zweier oder mehrerer Photorezeptoren erfolgen (one instant mechanism) oder aber, bei freibeweglichen Organismen, durch Modulation, d. h. durch aufeinanderfolgende Messung mit Hilfe eines Photorezeptors, dessen Lage in bezug auf die Lichtrichtung sich regelmäßig ändert (two instant mechanism).

Phototropismus: Unter Phototropismus verstehen wir eine zur Richtung der Strahlen orientierte Krümmung oder sonstige Lageveränderung der Organe ortsgebundener Pflanzen. In der Regel krümmen sich die Sproßachsen zur

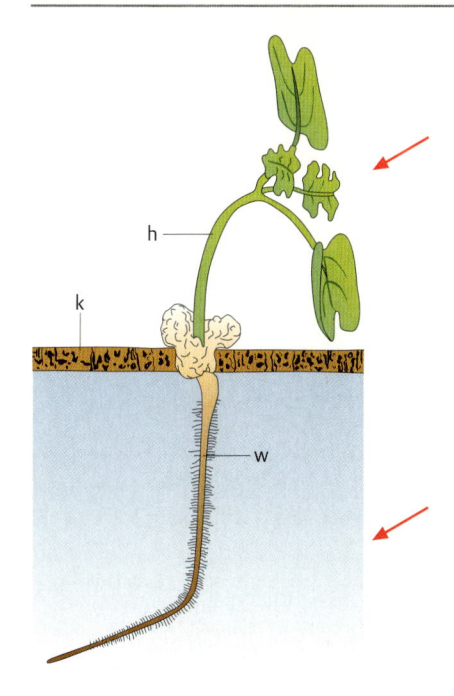

Abb. 17.13 Phototropische Reaktion eines Senfkeimlings *(Sinapis alba)*, der, in einer Korkplatte befestigt, auf der Nährlösung schwimmt. Das Hypokotyl hat positiv, die Wurzel negativ reagiert. Die Blätter haben sich transversalphototropisch eingestellt. Die Pfeile geben die Richtung der Lichtstrahlen an. h = Hypokotyl, k = Korkplatte, w = Wurzel (nach Noll).

Lichtquelle hin, also positiv. Die Wurzeln verhalten sich normalerweise indifferent oder reagieren negativ phototropisch (Abb. 17.13). Blätter stellen sich meist senkrecht zur Lichtrichtung ein, was man als Diaphototropismus (Transversalphototropismus) bezeichnet. Phototropische Krümmungen kommen in der Regel durch ungleiches Flankenwachstum zustande, doch sind in einigen Fällen auch Turgorreaktionen beteiligt. Für die Stärke der phototropischen Reaktionen ist in der Mehrzahl der Fälle innerhalb gewisser Zeit- und Intensitätsbereiche das Reizmengengesetz gültig.

Setzt man pflanzliche Objekte nur für eine begrenzte Zeit seitlicher Belichtung aus, antworten sie mit einer vorübergehenden phototropischen Krümmung, die nach Wiederherstellung der ursprünglichen Lichtverhältnisse durch eine Gegenreaktion korrigiert wird. Die Stärke der Krümmung ist von der Reizmenge abhängig, wobei allerdings sowohl für die Bestrahlungsstärke als auch die Bestrahlungsdauer Schwellenwerte nicht unter- bzw. überschritten werden dürfen. Der Phototropismus ist also ein Induktionsphänomen.

Die an verschiedenen Objekten gemessenen Aktionsspektren stimmen bemerkenswert gut überein. Wie das in Abb. 17.14 wiedergegebene Aktionsspektrum für die *Avena*-Koleoptile zeigt, ist ultraviolette, violette und blaue Strahlung wirksam. Dies läßt auf gelbe Pigmente als Photorezeptoren schließen. Wie im Falle des Cryptochroms werden Flavine, Pterine und Carotinoide

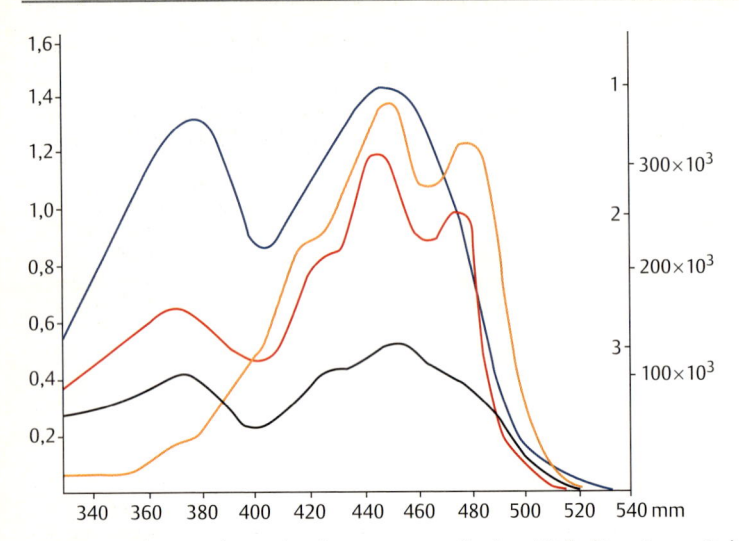

Abb. 17.14 Aktionsspektrum der phototropischen Empfindlichkeit der *Avena*-Koleoptile (rot). Zum Vergleich sind die Absorptionsspektren des β-Carotins in Hexan (orange), des Riboflavins (blau) und eines gereinigten Flavoproteins (schwarz) eingezeichnet. Abszisse: Wellenlänge in nm. Ordinate: Relative phototropische Empfindlichkeit (linke Skala) bzw. Absorption (rechte Skala) (nach Curry u. Thimann, Karrer u. Jucker, Bellin u. Holström, Williams).

als mögliche Chromophore diskutiert. In einigen Fällen, z. B. bei dunkel adaptierten Keimlingen sowie bei den Protonemen der Moose und einiger Farne *(Adiantum capillus-veneris, Dryopteris filix-mas)*, kann auch Rotlicht phototropische Krümmungen hervorrufen. Die Revertierbarkeit dieses Effektes durch dunkelrote Strahlung läßt auf Phytochrom als Photorezeptor schließen.

Schon seit längerer Zeit ist bekannt, daß ein Plasmamembranprotein von 116 kDa im Blaulicht phosphoryliert wird und daß diese lichtinduzierte Phosphorylierung in Beziehung zum Phototropismus steht. Bei einseitig belichteten Haferkoleoptilen wurde gefunden, daß der Grad der Phosphorylierung auf der belichteten Seite am höchsten ist und zur Schattenseite hin abnimmt. Den endgültigen Beweis für den Zusammenhang zwischen Phosphoprotein und Phototropismus erbrachten Studien an nicht phototropisch reagierenden Mutanten, in denen ein als *nph1* (**n**on **p**hototropic **h**ypocotyl) bezeichneter Locus nachgewiesen wurde. Die Hypokotyle dieser Mutanten reagieren nicht nur nicht phototropisch, sondern zeigen keine oder nur eine stark verminderte lichtinduzierte Phosphorylierung. Die Sequenzierung des *nph1*-Gens hat ergeben, daß sich in der C-terminalen Hälfte des NPH1-Proteins elf Domänen finden, die für Proteinkinasen charakteristisch sind. Offensichtlich ist NPH1 zur Autophosphorylierung befähigt. Wahrscheinlich liegt es als Dimer vor.

17.3 Induzierte Bewegungen

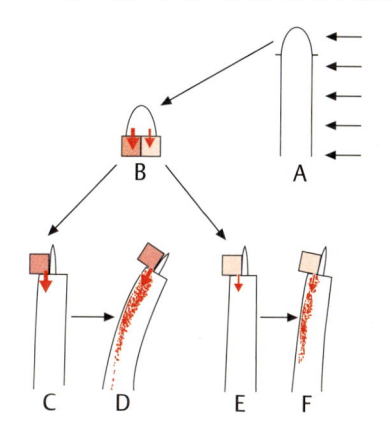

Abb. 17.15 Einfluß einseitiger Bestrahlung auf die Auxinverteilung in der *Avena*-Koleoptile. Die Koleoptile wurde nach Bestrahlung (**A**) dekapitiert und die Spitze einem Agarblock (**B**) aufgesetzt. Dabei diffundiert auf der lichtabgewandten Seite mehr Auxin (rot) in den Agar als auf der lichtzugewandten. Setzt man die beiden Hälften des Agarblockes dekapitierten Koleoptilen einseitig auf, so ergibt sich, dem verschiedenen Auxingehalt entsprechend, ein verschieden starker Auxineinstrom und somit auch eine verschieden starke Krümmung (**C–F**).

Da kaum ein Zweifel bestehen kann, daß NPH1 der Photorezeptor für den Phototropismus im Blaulicht ist, wurde es als **Phototropin** bezeichnet.

Außerdem wurden im Phototropin zwei LOV-Domänen nachgewiesen, die für Proteine mit Sensorfunktionen für Licht (**l**ight), Sauerstoff (**o**xygen) und das Redox-Potential (**v**oltage) charakteristisch sind. Sie sind als eine Unterfamilie der PAS-Domänen (**P**ER, **A**RNT, **S**IM) der Signalproteine von *Drosophila* anzusehen, die aber auch bei den Archaea, Eubakterien und Eukaryonten verbreitet sind. Bei *Avena* und *Arabidopsis* werden beide LOV-Domänen als Flavoproteine synthetisiert. Sie enthalten als Chromophor je ein Molekül FMN, das nicht kovalent gebunden ist. Phototropin ist also, gleich dem Cryptochrom 1, ein dichromophorer Photorezeptor. Beide LOV-Domänen sind jedoch nicht nur FMN-Bindungsstellen, sondern auch photochemisch aktiv. Durch Lichtaktivierung kommt es zu einer vorübergehenden kovalenten Bindung des Isoalloxazin-Rings des FMN an ein in den LOV-Domänen konserviertes Cystein, was eine Konformationsänderung der LOV-Domänen zur Folge hat. Diese Reaktion ist in Dunkelheit vollständig revertierbar. Möglicherweise reagiert Phototropin mit einem weiteren NPH-Protein (NPH2, 3 und 4 wurden gefunden), doch sind die weiteren Glieder der Transduktionskette des Phototropismus noch unbekannt.

Die einzige bisher mit Sicherheit nachgewiesene Folgereaktion einer einseitigen Bestrahlung von Koleoptilen ist eine Auxinasymmetrie, d.h. eine Veränderung des Auxingehaltes von Licht- und Schattenflanke. Sie läßt sich durch den folgenden klassischen Versuch demonstrieren (Abb. 17.15): Man dekapitiert eine einseitig belichtete *Avena*-Koleoptile, überträgt die Spitze auf einen Agarwürfel und fängt die aus der ehemaligen Licht- bzw. Schattenflanke in den Agar diffundierenden Auxine getrennt auf. Setzt man nun die beiden Agarwürfel in der bereits beim *Avena*-Krümmungstest beschriebenen Weise dekapitierten Koleoptilen einseitig auf, so verursacht der Block, der die Auxine der Schattenflanke aufgefangen hat, die stärkere Krümmung (**C, D**). Er enthält somit mehr Auxin als der andere (**E, F**). Infolgedessen muß auf der ehemaligen Schattenflanke mehr Auxin abwärts geströmt sein als auf der Lichtseite.

Für die Auxinasymmetrie gibt es verschiedene Erklärungsmöglichkeiten:
1. Querverschiebung des Auxins durch Ablenkung des Wuchsstoffstromes von der Licht- zur Schattenflanke.
2. Auxininaktivierung auf der Lichtflanke bzw. Auxinaktivierung oder Auxinsynthese auf der Schattenflanke.
3. Hemmung des abwärts gerichteten Auxinlängstransportes auf der Lichtflanke, z. B. durch Blockierung der Auxincarrier.

Bei Mais-Koleoptilen ist eine Umorientierung der corticalen Mikrotubuli, die der äußeren Zellwand der äußeren Epidermis anliegen, aus der Querrichtung in die Längsrichtung zu beobachten, und zwar sowohl nach einer phototropischen Reizung auf der belichteten Seite der Koleoptile als auch bei einer Verringerung der Auxin-Konzentration. Der Verminderung der Auxin-Konzentration auf der belichteten Seite geht eine etwa gleichgroße Zunahme der Auxinmenge auf der lichtabgekehrten Seite einher, was für eine Querverschiebung spricht. Wie diese allerdings zustandekommt, ist noch Gegenstand von Hypothesen. Diskutiert werden die Aktivierung oder Deaktivierung von Genen, die an der Regulation des Auxin-Transportes und des Wachstums beteiligt sind, eine Aktivätsänderung der Auxin-Carrier (s. S. 500) sowie eine Beeinflussung der oben erwähnten Umorientierung der Mikrotubuli durch ein durch Phototropin phosphoryliertes Protein.

Die Koleoptilen von *Avena sativa* und *Zea mays* sind bevorzugte Objekte für phototropische Studien. Deren Ergebnisse lassen sich jedoch nicht verallgemeinern. Zwar ist auch bei Sproßachsen nur Blaulicht und UV wirksam, und auch in anderen Punkten bestehen Übereinstimmungen, doch hat sich eine lichtinduzierte Auxinasymmetrie nicht mit Sicherheit nachweisen lassen. Auch bei den phototropischen Reaktionen der Sporangienträger von *Phycomyces* und anderen Pilzen spielt Auxin keine Rolle. Trotz der aus den Aktionsspektren zu schließenden Ähnlichkeit der Photorezeptoren muß daher für diese Organismen eine andere Kette von Folgereaktionen angenommen werden.

Phototaxis: Die phototaktischen Richtungsbewegungen freibeweglicher Organismen, auch als Phototopotaxis bezeichnet, führen je nach Reaktionssinn zu einer Annäherung an die Lichtquelle (positive Reaktion) oder zu einer Entfernung von dieser (negative Reaktion). In der Mehrzahl der Fälle ist wiederum nur kurzwellige Strahlung bis etwa 550 nm wirksam, doch lassen bereits die Aktionsspektren erkennen, daß hier andere Photorezeptoren wirksam sind.

Das Zustandekommen einer phototaktischen Reaktion sei am Beispiel von *Chlamydomonas* erläutert. Der Photorezeptor ist bei diesem Organismus ein Rhodopsin mit einem all-*trans*-Retinal als Chromophor, das bei Belichtung unter Isomerisierung in die 13-*cis*-Form übergeht. Das Retinal ist über die

Aminosäure Lysin an das Protein gebunden. Nach gut begründeten Vorstellungen sind die Photorezeptormoleküle in dem das Stigma bedeckenden Bereich des Plasmalemmas lokalisiert, der eine von den übrigen Bereichen dieser Biomembran abweichende Partikelstruktur zeigt (Abb. 17.**16**). Das aus mehreren übereinandergepackten Lagen von Lipidglobuli bestehende Stigma wirkt als Interferenzreflektor und verursacht eine maximale Belichtung der darüberliegenden Photorezeptormoleküle in dem Moment, in dem das Licht im rechten Winkel auf diese fällt. Da durch den Lichtreiz ein Einstrom von $Ca^{2\oplus}$-Ionen und als Folge eine lokale Membran-Depolarisation verursacht wird, ist anzunehmen, daß die Rhodopsinmoleküle direkt mit $Ca^{2\oplus}$-Kanälen gekoppelt sind. Die lokalen Änderungen des Membranpotentials breiten sich über die Zelle aus und verursachen eine Änderung des Geißelschlages, die nach Ansicht einiger Autoren die Folge einer vorübergehenden Öffnung von $Ca^{2\oplus}$-Kanälen und den hierdurch verursachten Einstrom von $Ca^{2\oplus}$-Ionen durch die Geißelmembran ist, während nach einer anderen Meinung die Öffnung von Kanälen in der Geißelmembran lediglich bei einer photophobischen Reaktion erfolgt. Fällt das Licht seitlich auf eine Zelle, so ändert sich das Schlagmuster der beiden Geißeln, indem die vorwärts gerichtete Amplitude des Brustschwimmerschlages (Abb. 17.**8A**, S. 560) bei der einen Geißel verstärkt, bei der anderen vermindert wird, bis die Zelle in die Lichtrichtung eingeschwenkt ist.

Für die negative Reaktion, die meist in höheren Intensitätsbereichen zu beobachten ist, gilt sinngemäß dasselbe, nur wird hier der Geißelschlag offenbar so verändert, daß der Körper in die entgegengesetzte Richtung gedreht wird, also von der Lichtquelle fortschwimmt.

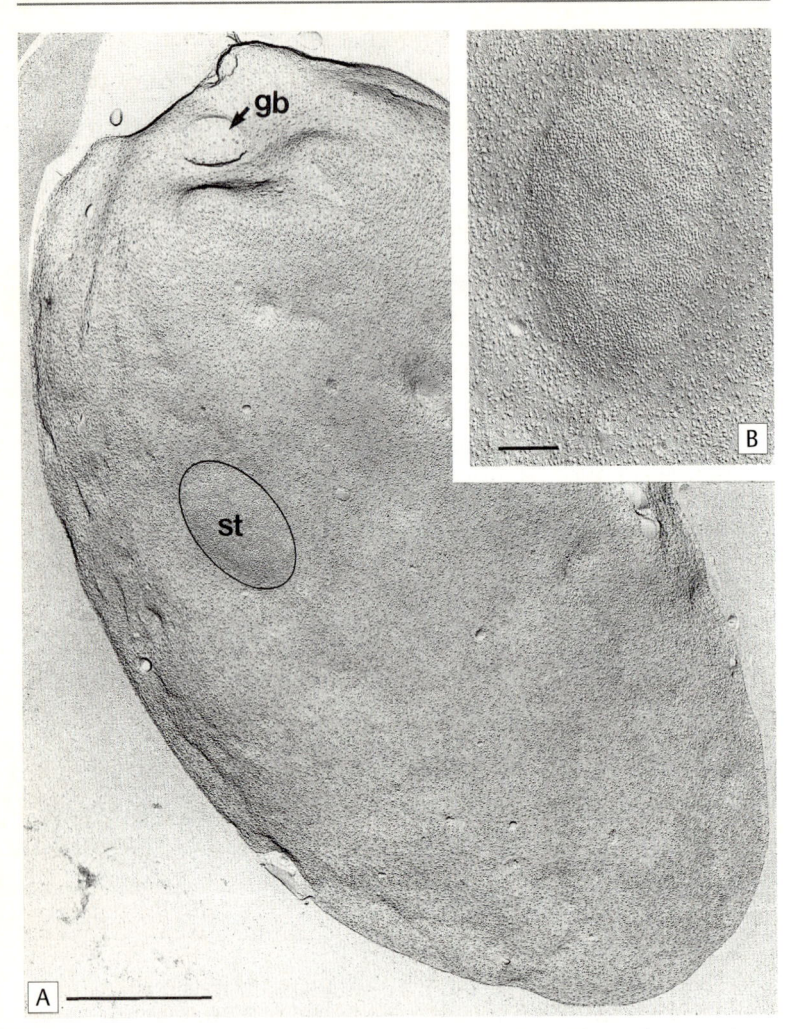

Abb. 17.**16** Partikelanordnung in der Plasmamembran und im Stigmabereich von *Chlamydomonas reinhardtii*, dargestellt im Gefrierbruch. **A** Übersicht über eine ganze Zelle, **B** Stigmabereich im Ausschnitt vergrößert. Die geringere Größe der Partikel und die höhere Dichte in ihrer Anordnung im Stigmabereich ist deutlich zu erkennen. Maßstab in **A** 1 µm, in **B** 0,2 µm. gb = Geißelbasis, st = Stigmabereich (Originalaufnahmen: M. Melkonian, H. Robenek).

17.3.2.2 Reaktionen auf zeitliche Änderungen der Strahlungsintensität

Bewegungsreaktionen, die durch zeitliche Änderungen der Strahlungsintensität ausgelöst werden, sind von der Richtung der einfallenden Strahlen unabhängig. Sie sind daher auch in diffusem Licht zu beobachten. In einigen Fällen ist es dabei wesentlich, ob die Zu- bzw. Abnahme der Strahlungsintensität plötzlich oder allmählich erfolgt.

Photonastie: Photonastisch reagieren die Blüten zahlreicher Pflanzen, z.B. vieler Asteraceae (Korbblütler), *Gentiana*-(Enzian-)Arten, Seerosen u.a., die sich im Licht öffnen und bei abnehmender Lichtintensität schließen. Allerdings verhalten sich die sogenannten Nachtblüher, wie *Silene nutans* (nickendes Leimkraut), gerade umgekehrt. Diese Bewegungen kommen durch verschieden starkes Wachstum der Ober- und Unterseite der Blütenblätter zustande. Auch Laubblätter können photonastisch reagieren, im ausgewachsenen Zustand allerdings nur dann, wenn sie Blattgelenke besitzen. Trotz der Ähnlichkeit des Erscheinungsbildes dürfen die photonastischen nicht mit den nyktinastischen Bewegungen, die dem Tag-Nacht-Wechsel folgen, verwechselt werden. Im Gegensatz zu diesen kann bei den photonastischen Bewegungen das Öffnen und Schließen am Tage wiederholt ausgelöst werden, z.B. durch vorbeiziehende Wolken. Die ebenfalls zu den Photonastien zählenden Spaltöffnungsbewegungen wurden bereits ausführlich besprochen (S. 552 ff.), ebenso wie die Mechanik der photonastischen Blattbewegungen.

Photophobische Reaktion: Bei zahlreichen freibeweglichen Organismen lösen plötzliche Änderungen der Strahlungsintensität eine Taumelbewegung, ein vorübergehendes Rückwärtsschwimmen (Abb. 17.8 C, S. 560) oder eine Bewegungsumkehr aus. Häufig geschieht dies abrupt, weshalb man von einer „Schreck"-Reaktion oder photophobischen Reaktion (Photo-phobotaxis) spricht. Wird sie durch eine Intensitätserniedrigung (step-down) ausgelöst, nennt man sie positiv, im umgekehrten Falle (step-up) negativ.

Dieses Verhalten führt in einem inhomogenen Lichtfeld, das man z.B. durch Projektion eines hellen Spaltfeldes in ein dunkles Umfeld erhält, zu einer Ansammlung der Organismen im Lichtfeld („Lichtfalle") bei positiver bzw. zu einer Entleerung desselben bei negativer Reaktion, je nachdem, ob die Organismen beim Überschreiten der Grenze von Hell nach Dunkel oder von Dunkel nach Hell umkehren.

Bei einigen photosynthetischen Bakterien, Cyanobakterien und Diatomeen stimmen die Aktionsspektren der photophobischen Reaktionen mit denen der Photosynthese überein, was für eine Kopplung dieser beiden Prozesse spricht. Es wird angenommen, daß durch plötzliche Änderungen des photosynthetischen Elektronentransportes Membranpotentialänderungen ausgelöst und zum Bewegungsapparat geleitet werden, wo sie eine Bewegungsumkehr verursachen. Ein solches Reaktionsverhalten erscheint ökologisch sinnvoll, da es die Organismen in die Lage versetzt, in Bereichen photosynthetisch günstiger Strahlungsbedingungen zu verweilen und andererseits Bereiche hoher, schädigend wirkender Intensitäten zu verlassen. Bei anderen Organismen, z. B. grünen Flagellaten, wird die photophobische Reaktion nur durch Blaulicht hervorgerufen. Hier liegt offensichtlich ein anderer Wirkungsmechanismus vor. Bei *Chlamydomonas* erfolgt die Absorption der wirksamen Strahlung wiederum über das Rhodopsin, und auch die sensorische Transductionskette scheint weitgehend mit der der Phototaxis übereinzustimmen. Die Schlagumkehr der Geißeln soll, wie bereits erwähnt, durch den Einstrom von $Ca^{2\oplus}$-Ionen durch die geöffneten Kanäle der Geißelmembran verursacht werden.

Photokinesis: Bei zahlreichen freibeweglichen Organismen induziert oder beschleunigt Licht die Bewegung (positive Photokinesis). Durch sehr hohe Lichtintensitäten kann die Bewegung jedoch verlangsamt oder zum Erliegen gebracht werden (negative Photokinesis). In den bisher untersuchten Fällen wird die Strahlung über die Photophosphorylierung wirksam, d. h. die positive Photokinesis ist entweder die Folge einer gesteigerten ATP-Produktion oder direkt das Resultat einer erhöhten proton motive force. Abweichend von den bisher besprochenen Fällen liefert hier die Strahlung also die zur Auslösung bzw. zum Ablauf der Bewegung erforderliche Energie.

17.3.2.3 Einflüsse der Strahlung auf intrazelluläre Bewegungen

Auch intrazelluläre Bewegungen, z. B. Plasmaströmungen und Orts- bzw. Lageveränderungen von Zellorganellen, insbesondere der Chloroplasten, können durch Licht hervorgerufen bzw. beeinflußt werden.

Photodinese: In den Zellen mancher Pflanzen werden durch Licht Plasmaströmungen ausgelöst, deren Intensität und Geschwindigkeit bis zu einem gewissen Grade von der Stärke und Dauer der Beleuchtung abhängig ist. Derartige Lichtwirkungen bezeichnet man als Photodinese. Allerdings können Plasmaströmungen auch durch andere Faktoren ausgelöst werden, z. B. durch Verletzung (Traumatodinese).

Chloroplastenbewegung: In den Zellen vieler Pflanzen werden durch Belichtung Verlagerungen der Chloroplasten ausgelöst, die zu charakteristischen Anordnungen dieser Organellen in der Zelle führen. Im typischen Fall unterscheiden wir eine **Schwachlichtstellung,** bei der die Chloroplasten sich in einer zur Lichteinfallsrichtung etwa senkrecht stehenden Ebene anordnen (Abb. 17.**17 A**), also einen optimalen Lichtgenuß anstreben, und eine **Starklichtstellung,** in der sie an den zur Lichtrichtung parallel verlaufenden Zellwänden angeordnet sind (Abb. 17.**17 B**). Bei der Alge *Mougeotia* kehrt der plattenförmige Chloroplast der einfallenden Strahlung in schwachem Licht die Fläche, in starkem die Kante zu (vgl. Abb. 3.**14 A**, S. 96). Während bei *Mougeotia* die

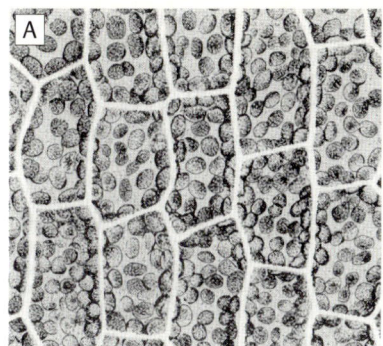

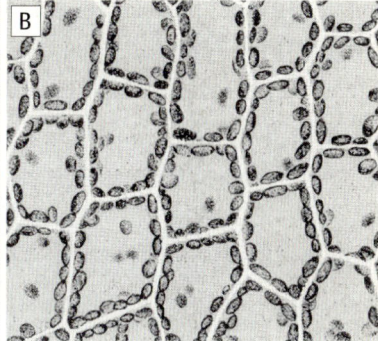

Abb. 17.17 Lichtinduzierte Chloroplastenbewegung bei dem Laubmoos *Funaria hygrometrica*. Zellen aus dem Blatt, von der Fläche gesehen. **A** Schwachlichtstellung in diffusem Tageslicht. Die Chloroplasten befinden sich an den Außenwänden (Flächenstellung). **B** Starklichtstellung. Die Chloroplasten sind in die Seitenwände gewandert (Profilstellung). Vergr. 350fach.

Absorption der wirksamen Strahlung über das Phytochromsystem erfolgt, ist in der Mehrzahl der Fälle nur kurzwellige Strahlung wirksam. Hier deuten die Aktionsspektren auf Flavine als Photorezeptorpigmente hin.

17.3.3 Einflüsse der Schwerkraft

Die Ausrichtung ortsgebundener Pflanzen bzw. ihrer Organe unter dem Einfluß der Erdschwerkraft ($g = 9{,}81 \text{ m} \cdot \text{s}^{-2}$) wurde bisher als Geotropismus bezeichnet. Da jedoch der Perzeption der Erdbeschleunigung eine allgemeine Empfindlichkeit der betreffenden Organe für eine Massenbeschleunigung zugrunde liegt, erscheint der Terminus Gravitropismus treffender. Eine Orientierung freibeweglicher Mikroorganismen in bezug auf die Schwerkraft bezeichnet man als Gravitaxis.

Gravitropismus: Die Orientierung von Organen in Richtung der durch den Erdmittelpunkt führenden Achse bezeichnet man als **Orthogravitropismus.** Hauptwurzeln reagieren meist positiv gravitropisch, d. h. sie richten sich zum Erdmittelpunkt hin, Sproßachsen negativ, also entgegengesetzt. Bildet die Längsachse der Organe einen Winkel mit der Lotlinie, wie z. B. bei Seitentrieben, Seitenwurzeln I. Ordnung und Rhizomen, so spricht man von **Plagiogravitropismus.** Ein Sonderfall des Plagiogravitropismus ist der **Transversal-** oder **Diagravitropismus,** bei dem dieser Winkel 90° beträgt.

Die Schwerkraft ist im Versuch durch Zentrifugalkräfte zu ersetzen. Läßt man z. B. Keimlinge auf einer Scheibe um eine horizontal gestellte Achse mit hinreichender Geschwindigkeit rotieren, so wachsen, der Zentrifugalwirkung entsprechend, die Wurzeln nach außen und die Sprosse nach innen. Wird die

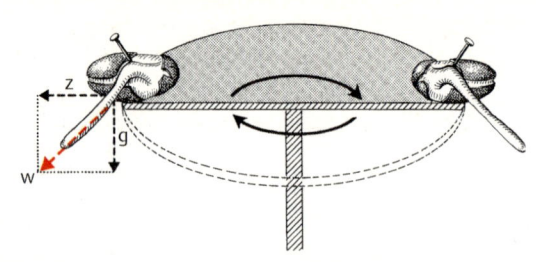

Abb. 17.18 Wachstum der Wurzeln von *Vicia faba* auf einem Zentrifugalapparat nach Knight. In diesem Falle war die Zentrifugalkraft z gleich der Erdschwerkraft g, so daß sich die Wurzeln (w) mit ihrer Längsachse (rot) in einem Winkel von 45° zur Lotlinie eingestellt haben.

Achse dagegen vertikal gestellt, so daß Zentrifugalkraft und Erdschwerkraft gleichzeitig, aber in verschiedener Richtung wirken, so stellen sich die Längsachse von Sproß und Wurzel in Richtung der Resultierenden ein, die sich aus dem Parallelogramm der Kräfte ergibt (**Resultantengesetz**). Sind, wie in Abb. 17.**18**, Zentrifugalkraft und Schwerkraft gleich, beträgt der Winkel zur Lotlinie 45°. Dieser Versuch beweist, daß dem Gravitropismus eine Empfindlichkeit des betreffenden Organs für eine Massenbeschleunigung zugrunde liegt.

Das Resultantengesetz hat innerhalb gewisser Grenzen auch für andere Reizqualitäten Gültigkeit. Belichtet man z. B. ein Organ gleichzeitig mit zwei Lichtquellen so, daß die das Organ treffenden Strahlen einen spitzen Winkel miteinander bilden, krümmt es sich phototropisch in Richtung der Resultierenden, die sich aus der Richtung der Lichtstrahlen und den beiden Beleuchtungsstärken als Vektoren nach dem Parallelogramm der Kräfte konstruieren läßt. Es gibt jedoch auch phototropisch reagierende Organe, die dem Resultantengesetz nicht folgen, z. B. die Sporangienträger des Zygomyceten *Pilobolus*.

Wie die phototropischen, kommen auch die gravitropischen Krümmungen durch ein verschieden starkes Flankenwachstum zustande. Sie können schon durch sehr kurzzeitige Reize ausgelöst werden. Bringt man orthogravitropisch wachsende Organe für wenige Minuten in eine horizontale Lage und stellt sie dann wieder vertikal, beobachtet man nach Ablauf einer von Fall zu Fall verschieden langen lag-Phase eine vorübergehende gravitropische Krümmung, die allerdings wegen der nunmehr wieder vertikalen Position bald ausgeglichen wird. Der Gravitropismus ist somit, gleich dem Phototropismus, ein Induktionsphänomen. Für die Stärke der Reaktion gilt innerhalb eines gewissen Bereiches das Reizmengengesetz I·t = const. (S. 565). Da die Reizintensität in diesem Falle die Erdschwerkraft g, also eine konstante Größe ist, hängt die Stärke der Reaktion allein von der Reizdauer ab. Bei gravitropisch sehr empfindlichen Organen, z. B. den Wurzeln der Gartenkresse *(Lepidium sativum)*, liegt die für die Graviperzeption erforderliche Zeitspanne sogar im Sekundenbereich. Setzt man pflanzliche Organe einer sehr lang dauernden Gravistimulation aus, hält die gravitropische Reaktion so lange an, bis das betreffende

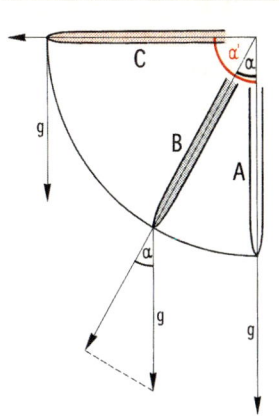

Abb. 17.**19** Sinusgesetz. Gravitropisch wirksam ist die Komponente g·sin α. In **A** ist α und somit auch sin α = 0. Es erfolgt keine gravitropische Reaktion. In **B** ist α ein spitzer Winkel, sein Sinus also kleiner als 1 und die gravitropisch wirksame Komponente entsprechend ein Bruchteil von g. In **C** beträgt der Winkel α′ = 90° (rot) und sein Sinus somit 1,0. Folglich ist die volle Erdbeschleunigung g wirksam (nach Sierp).

Organ wieder seine ursprüngliche Orientierung zum Schwerkraftvektor erreicht hat. Während bei Wurzeln hierzu schon 90 Minuten ausreichen, benötigen Sproßachsen, z.B. die Grasknoten beim Aufrichten der Gräser, mehrere Stunden. Die lag-Phase liegt in der Größenordnung von einigen Minuten.

Selbst in den Satellitenexperimenten läßt sich die Erdschwerkraft nicht vollständig ausschalten, obwohl sie in der Regel 10^{-4} g nicht überschreitet. Deshalb sollte man nicht von Schwerelosigkeit, sondern besser von Mikrogravitation sprechen.

Man sollte erwarten, daß der Einfluß der Schwerkraft auf ein orthogravitropisch wachsendes Organ um so stärker ist, je weiter dieses aus seiner normalen Lage entfernt wird. Dies ist nach dem **Sinusgesetz** g·sin α (Abb. 17.**19**) tatsächlich der Fall. Je größer der Winkel α ist, den die Längsachse des Organs mit der Lotlinie bildet, um so größer wird der Sinus, um schließlich bei 90° den Wert 1 zu erreichen. Diese Beziehung gilt jedoch nur für den Bereich der Reizschwelle. Mit steigender Einwirkungszeit des Schwerkraftreizes machen sich in zunehmendem Maße tonische, in der Längsrichtung des Organs angreifende Kräfte bemerkbar, die die gravitropische Reaktion in einer aus der Normallage weniger als 90° abweichenden Reizlage hemmen, in einer sich der inversen Lage (180°) nähernden Position über 90° hingegen fördern. Diese Kräfte haben zur Folge, daß die gravitropische Induktion in einer zwischen 125° und 135° liegenden Position am stärksten ist.

Graviperzeption: Die Perzeption einer Massenbeschleunigung setzt die Existenz entsprechend empfindlicher Strukturen, der Gravisensoren, voraus. Die **Statolithentheorie** nimmt an, daß bestimmte Zelleinschlüsse als Statolithen fungieren und unter dem Einfluß der Erd- bzw. Massenbeschleunigung einen Druck auf die hinsichtlich ihrer Natur allerdings noch unbekannten **Gravisensoren** ausüben. Jede Lageveränderung einer Zelle oder eines ganzen Organs würde in einem solchen System zu einer Änderung der Druckwirkungen führen und damit eine Graviperzeption ermöglichen.

Bei den Statolithen der Pflanzen handelt es sich in der Regel um Amyloplasten, die in den zur Graviperzeption befähigten Zellen, den **Statocyten,** zahlreich vorhanden sind. Meist kommen die Statocyten in größerer Anzahl vor und bilden regelrechte Gewebe, die **Statenchyme.** Hierzu zählen die Stärke enthaltenden Bereiche der Wurzelhauben (Abb. 5.**18**, S. 223) und die Stärkescheiden der Sproßachsen (S. 232). Entfernt man die Statenchyme, was im Falle der Wurzelhaube verhältnismäßig einfach ist, oder macht man ihre Zellen durch Behandlung mit Phytohormonen stärkefrei, geht die gravitropische Reaktionsfähigkeit verloren. Mit der Neubildung der Wurzelhaube bzw. der Amyloplasten kehrt sie zurück. Mutanten von *Zea mays* mit kleineren Amyloplasten bzw. Mutanten von *Arabidopsis thaliana,* die die Fähigkeit zur Stärkesynthese eingebüßt haben, zeigen entsprechend schwächere gravitropische Reaktionen. Da jedoch auch amyloplastenfreie Organe gravitropisch zu reagieren vermögen, dienen in diesen Fällen offenbar andere Zelleinschlüsse als Statolithen. In den Rhizoiden von *Chara* haben die sogenannten „Glanzkörper", die im wesentlichen aus Bariumsulfat bestehen, Statolithenfunktion.

Während die Ansichten über die Graviperzeption sowie die Folgereaktionen bei Sproßachsen noch weit auseinandergehen, bestehen im Falle der positiv gravitropisch wachsenden Wurzeln recht gut begründete Vorstellungen. Abb. 17.**20 A** zeigt die Verteilung der Statocyten in der Wurzelhaube der Gartenkresse *(Lepidium sativum).* Wie ersichtlich, sind die seitlich liegenden Zellen in einem Winkel zur Längsachse der Wurzel geneigt. Dies hat eine Polarität der Zellen zur Folge, die in einer Anhäufung von Membranen des rauhen ER im distalen, also unteren Teil der Zelle zum Ausdruck kommt, während sich der Kern im oberen, proximalen Bereich befindet (Abb. 17.**21**).

Überführt man die Wurzeln aus der vertikalen in die horizontale Position, so ändert sich bei längerer Exposition die Anordnung der Amyloplasten (Abb. 17.**20 B, C**). Es wurde daher zunächst angenommen, daß die Verlagerung der Amyloplasten und die dadurch verursachte Ungleichverteilung des Druckes auf die Membranen des ER die Graviperzeption verursachen. Da jedoch bei sehr empfindlichen Organen, z.B. den *Avena*-Koleoptilen und den *Lepidium*-Wurzeln, die minimale Reizdauer 0,5 Sekunden beträgt und in dieser Zeit keine sichtbare Verlagerung der Statolithen erfolgt (nach Berechnungen könnten sie in diesem Zeitraum höchstens um eine Strecke von 8 nm verlagert werden), ist eine Sedimentation auf die Membranen des ER einer Zellflanke für eine Graviperzeption offensichtlich gar nicht erforderlich.

Gravisensorische Transduction: Eine wesentliche Rolle bei der Graviperzeption und -transduction kommt dem Cytoskelett zu, das aus Mikrotubuli, Actin- und Intermediärfilamenten besteht und als dynamisches Netzwerk das Cytosol durchzieht. Seine Stränge sind am Plasmalemma, den Zisternen des ER und offensichtlich auch an den Membranen der Amyloplasten verankert. Da das Cytoskelett in der Zelle unter Spannung steht, wird bereits durch geringfügige Lageveränderungen der Statolithen dieser ursprüngliche Spannungszustand

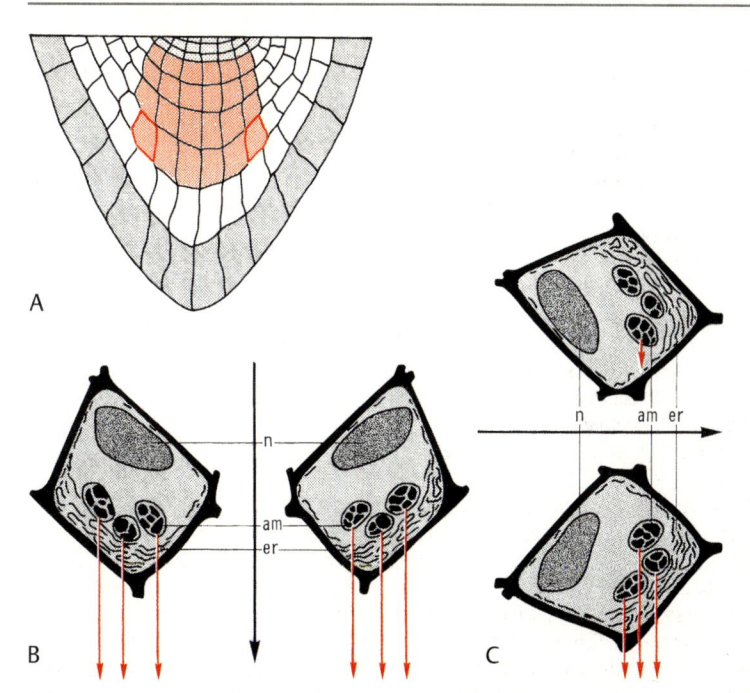

Abb. 17.20 Statocyten der Wurzel von *Lepidium sativum*. **A** Schematischer Längsschnitt durch die Wurzelhaube. Die Zellen des Statenchyms sind rot, die der äußeren, verschleimenden Schicht grau gerastert. **B** Zwei einander genau gegenüberliegende Statocyten (in **A** rot umrandet) bei vertikaler Position der Wurzel. **C** wie **B**, jedoch bei horizontaler Position der Wurzel. am = Amyloplasten, er = endoplasmatisches Reticulum, n = Zellkern. Die Länge der roten Pfeile symbolisiert die Stärke des Druckes, den die Amyloplasten auf das ER ausüben. Die schwarzen Pfeile markieren die Längsachse des Organs und zeigen zur Wurzelspitze (nach Sievers und Volkmann).

gestört und die Störung auf die Verankerungspunkte in der Peripherie übertragen (Abb. 17.**22**).

Die Interaktion zwischen Statolithen und dem Cytoskelett läßt sich dadurch beweisen, daß die Geschwindigkeit der Statolithen-Sedimentation durch Applikation von Cytochalasin und Oryzalin, von denen ersteres das Actin, letzteres die Mikrotubuli depolymerisiert, beweisen. Eine Änderung des Membranpotentials der Statocyten ist frühestens nach 2 Sekunden, im Mittel etwa nach 8 Sekunden nachzuweisen. Da sie nach Applikation von Cytochalasin geringer ist, wird angenommen, daß durch Depolymerisierung des F-Actins die Verbindungen zwischen Statolithen und Plasmalemma geschwächt worden sind. Nimmt man an, daß die Elemente des Cytoskeletts an dehnungsempfindlichen Ionen-Kanälen verankert sind, könnte die Störung

584 17 Bewegungserscheinungen

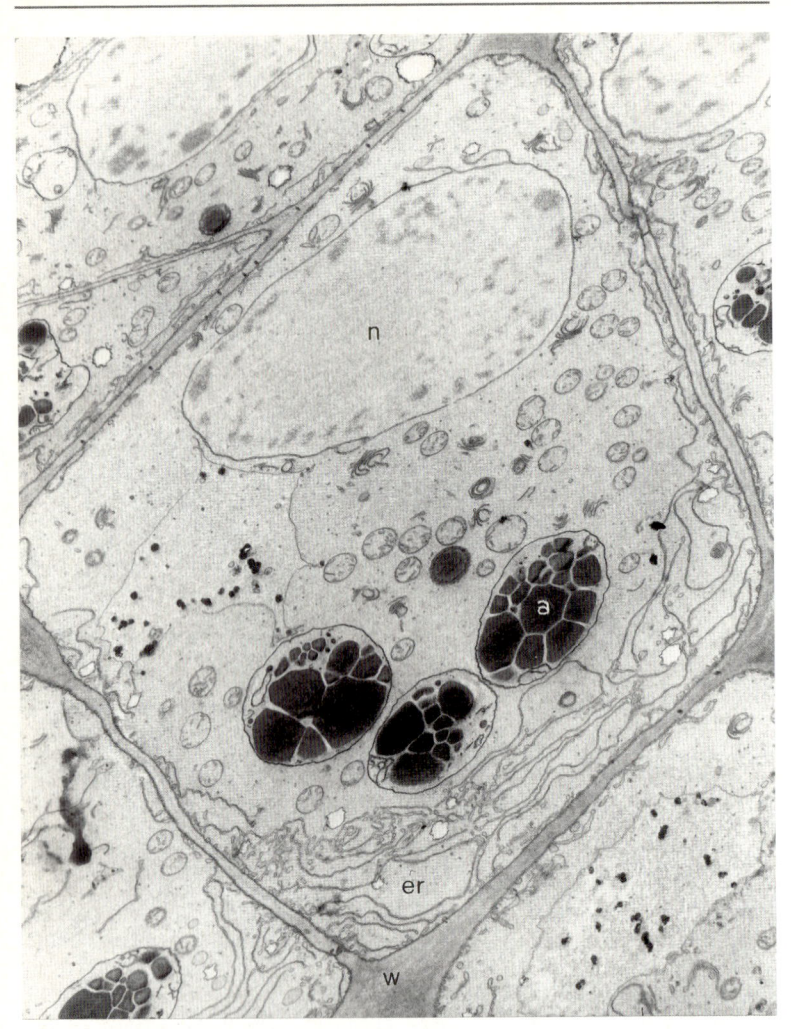

Abb. 17.21 Seitliche Statocyte aus der Wurzelhaube von *Lepidium sativum*, der rechten Zelle in Abb. 17.20B entsprechend. a = Amyloplasten, er = endoplasmatisches Reticulum, n = Zellkern, w = Zellwand. Fixierung: $KMnO_4$, Vergr. ca. 7000fach (aus Sievers u. Volkmann: Planta 102 [1972] 166).

des Spannungszustandes im Cytoskelett eine asymmetrische Aktivierung dieser Kanäle und dadurch einen gerichteten Transport von Ionen, insbesondere $Ca^{2\oplus}$, auslösen.

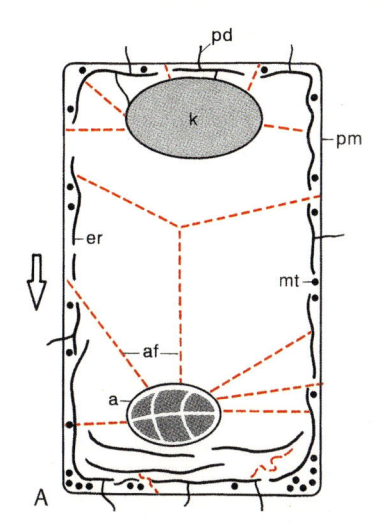

Abb. 17.22 Modell einer zentralen Wurzel-Statocyte von *Lepidium*. **A** Natürliche Vertikalorientierung mit Actinfilamenten (af) in symmetrischer Spannung. **B** Horizontale Orientierung mit Actinfilamenten, die teilweise stärker (links) bzw. schwächer (rechts) gespannt sind, da der Amyloplast verlagert worden ist. a = Amyloplast, er = endoplasmatisches Reticulum, k = Zellkern, mt = Mikrotubulus, pd = Plasmodesmos, pm = Plasmalemma. Die Pfeile geben die Richtung der Schwerkraft an (nach Sievers u. Mitarb.).

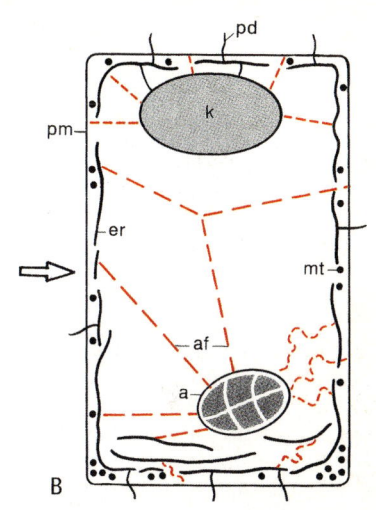

Bei gravitropischer Reizung sind Änderungen des die Wurzel umgebenden elektrischen Feldes zu beobachten. In vertikaler Position treten ständig positiv geladene Ionen, und zwar Protonen, in die Wurzelspitze ein und im Bereich der Zellstreckungszone wieder aus. Der apoplastische Strom positiv geladener Ionen von der Wurzelspitze zur Zellstreckungszone erzeugt ein die Wurzel umgebendes elektrisches Feld, dessen Vorhandensein sich mit einer hochempfindlichen Vibrationselektrode nachweisen läßt. Reizt man die Wurzel gravitropisch durch Überführen in die horizontale Lage, treten die Protonen nur noch in die untere Flanke der Wurzelspitze ein und auf der Oberseite aus, was eine entsprechende Änderung des elektrischen Feldes zur Folge hat. Obwohl damit für diesen Fall erwiesen scheint, daß bioelektrische Phänomene an der gravisensorischen Transduction beteiligt sind, läßt dieser Befund keine Verallgemeinerung zu.

Gravitropische Krümmungsreaktion: Ein unterschiedliches Flankenwachstum als Folge einer durch Schwerkraft hervorgerufenen asymmetrischen Verteilung von Auxin wird schon seit langer Zeit als Ursache der gravitropischen Krümmung angesehen. Für Sproßachsen und Koleoptilen ist dies auch bei verschiedenen Pflanzen nachgewiesen worden. Bezüglich des Zustandekommens werden dieselben Mechanismen diskutiert wie im Falle des Phototropismus. Andererseits spielt Auxin bei Dikotylenkeimlingen, z. B. von *Helianthus* (Sonnenblume) und *Phaseolus* (Bohne), offenbar eine untergeordnete Rolle. Hier scheinen an der Steuerung der Krümmungsbewegung Gibberelline beteiligt zu sein. In gravistimulierten *Avena*-Koleoptilen wurde 10 Minuten nach Reizbeginn eine Akkumulation von $Ca^{2\oplus}$-Ionen in der oberen Hälfte, und zwar vor allem im Apoplasten, nachgewiesen. Daher könnte die gravitropische Krümmung auch die Folge eines antagonistischen Effektes von $Ca^{2\oplus}$-Ionen auf die Auxin-induzierte Zellwanddehnbarkeit und somit auf die Zellstreckung in der oberen Hälfte des Organs sein. Da bei diesem Objekt die Epidermiszellen sowohl für die Graviperzeption als auch für die Krümmungsreaktion ausschlaggebend sind, entfällt die Notwendigkeit einer Signalübertragung vom Perzeptions- zum Reaktionsort.

Im Gegensatz hierzu sind bei der Wurzel der Perzeptionsort, die Wurzelhaube, und der Reaktionsort, die Zone der Zellstreckung, weit voneinander entfernt. Folglich ist eine Signalübertragung über viele Zellen erforderlich. Auch hierbei scheinen Phytohormone, insbesondere die IAA, eine wesentliche Rolle zu spielen. Da jedoch bei gravitropischer Reizung in der Wurzelhaube auch ein Quertransport von $Ca^{2\oplus}$-Ionen nach der Unterseite festgestellt wurde und Calcium außerdem auch in der Längsrichtung transportiert werden kann, wird ein gleichzeitiger Transfer von IAA und $Ca^{2\oplus}$-Ionen zur Zellstreckungszone diskutiert, wo sie differentielles Flankenwachstum auslösen könnten. Jedenfalls wurde nachgewiesen, daß die Krümmung stets zur höheren Calcium-Konzentration hin erfolgt.

Der **Plagio-** bzw. **Diagravitropismus** läßt sich durch das Gegeneinanderwirken zweier entgegengesetzter Komponenten erklären. Diese können beide gravitropischer Natur sein, also positiver und negativer Gravitropismus, oder es wirkt, wie im Falle mancher Blätter, dem negativen Gravitropismus eine ständig vorhandene stärkere Wachstumstendenz der Organoberseite entgegen, die man als **Epinastie** bezeichnet. Diese ist vom Gravitropismus unabhängig, wirkt also auch nach Aufhebung einer einseitigen Reizung durch Rotation auf dem Klinostaten weiter. Deshalb krümmen sich die Blätter von Pflanzen, die horizontal auf einem Klinostaten rotieren, infolge Fehlens der entgegengesetzt wirkenden, negativ gravitropischen Komponente bezogen auf die Sproßachse abwärts.

17.3.4 Chemische Einflüsse

Auch chemische Agenzien können Bewegungsreaktionen auslösen. Hierfür sind allerdings in der Regel nicht die absoluten Konzentrationen des betreffenden chemischen Agens ausschlaggebend, sondern räumliche oder zeitliche Konzentrationsdifferenzen.

Meist handelt es sich um eine Orientierung in einem Konzentrationsgradienten. Gradientenaufwärts gerichtete Reaktionen nennt man positiv, abwärts gerichtete negativ. Aber auch plötzliche Erhöhungen oder Erniedrigungen der Konzentrationen eines chemischen Agens im Medium können Reaktionen auslösen. Wie bei anderen Faktoren müssen wir wiederum Einflüsse auf die Bewegungen ortsgebundener und freibeweglicher Organismen sowie auf intrazelluläre Bewegungen unterscheiden.

Chemotropismus und Chemonastie: Unter Chemotropismus versteht man gerichtete Bewegungen ortsgebundener Pflanzen oder ihrer Organe in einem chemischen Gradienten. Chemotropische Krümmungen sind im Pflanzenreich weit verbreitet. Häufig stehen sie im Dienste der Sexualität, wie etwa im Falle des Wachstums der Pollenschläuche zur Mikropyle oder bei der Gametangiogamie und Somatogamie der Pilze. Auch die Krümmung der auf der Blattmitte befindlichen *Drosera*-Tentakeln erfolgt in Richtung auf das gefangene Insekt, also chemotropisch. Die Randtentakeln dagegen krümmen sich auf einen chemischen Reiz hin immer zur Blattmitte. Hier ist die Bewegungsrichtung also von vornherein festgelegt, und nur die Bewegung selbst wird durch den Reiz ausgelöst. Folglich handelt es sich in diesem Falle um eine Chemonastie. Schließlich sind noch die bereits besprochenen hydrotropischen Reaktionen der Wurzeln (S. 290) zu erwähnen.

Die chemotropischen Krümmungen sind in der Regel das Resultat einseitig geförderten oder gehemmten Wachstums, bedingt durch die auf beiden Flanken des betreffenden Organs herrschenden Konzentrationsunterschiede des wirkenden Agens. Bis heute ist jedoch weder der Mechanismus der Chemoperzeption noch die Kette der Sekundärreaktionen, die Chemorezeptoren und Wachstumsregulation miteinander verbindet, bekannt.

Chemotaxis: Unter diesem Begriff faßt man den Einfluß chemischer Agenzien auf das Bewegungsverhalten freibeweglicher Organismen zusammen. In einem Gradienten führen positive chemotaktische Reaktionen in Bereiche höherer, negative in Bereiche niedrigerer Konzentrationen. Substanzen, die eine positive Chemotaxis verursachen, werden als Attractant, solche, die eine negative Reaktion hervorrufen, als Repellent bezeichnet.

Prinzipiell kann die Chemotaxis durch eine aktive Steuerbewegung zustande kommen (Abb. 17.**23 A, B**), so daß eine topische Reaktion vorliegt. Sie kann aber auch das Ergebnis einer Reihe von chemophobischen Reaktionen sein. In diesem Falle verlaufen die Bewegungen in der „richtigen" Richtung verhältnismäßig lange ungestört, während Bewegungen in der „falschen" Richtung eine phobische Reaktion, etwa eine Bewegungsumkehr oder eine Taumelbewegung, auslösen, wobei im letzteren Falle die neue Bewegungsrichtung zufällig ist (Abb. 17.**23 C, D**).

Als Beispiel positiv chemotaktischer Reaktionen wurde bereits die Anlockung der Spermatozoiden der Moose und Farne durch gewisse Proteine und Zucker bzw. Äpfelsäure erwähnt. Hier steht die Chemotaxis im Dienste der Fortpflan-

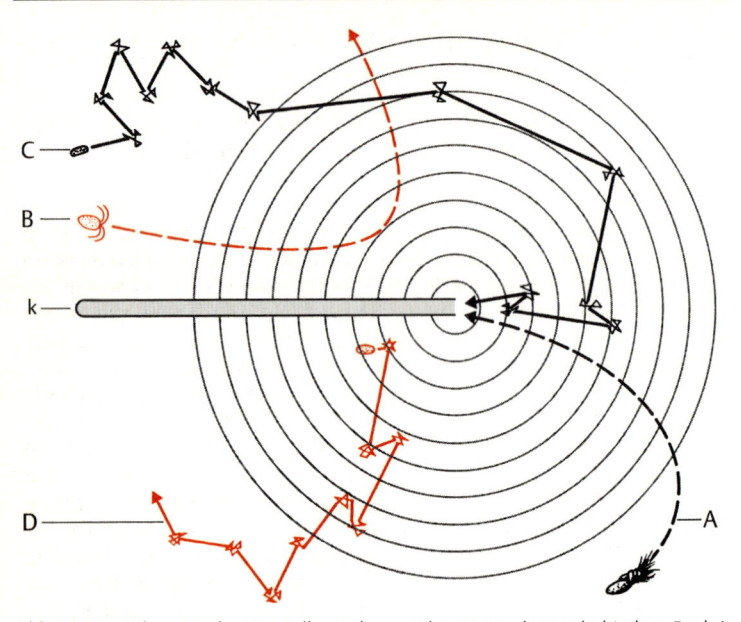

Abb. 17.23 Schematische Darstellung der Orientierung von Einzellern in chemischen Gradienten. **A** Positive Chemotaxis eines Schachtelhalm-Spermatozoids, **B** negative Chemotaxis eines farblosen Flagellaten, **C** und **D** zeigen die Orientierung eines Bakteriums im chemischen Gradienten als Folge sukzessiver chemophobischer Reaktionen, die zu einer gradientenaufwärts (positiv) bzw. gradientenabwärts (negativ) gerichteten Reaktion führen. Das jeweilige Attractant bzw. Repellent befindet sich in der Kapillare k (nach Nultsch).

zung. Einige Algen und Pilze produzieren spezifische Sexuallockstoffe (**Gamone**), die meist von den weiblichen Gameten abgegeben werden und den männlichen Gameten das Auffinden des Partners ermöglichen bzw. die Freisetzung der männlichen Gameten überhaupt erst auslösen. Als Beispiele seien die aus den weiblichen Gameten der Braunalgen *Ectocarpus* bzw. *Desmarestia* isolierten Cycloheptadien-Derivate Ectocarpen bzw. Desmaresten sowie das aus *Fucus*-Eiern isolierte Fucoserraten genannt, deren Formeln nachstehend wiedergegeben sind. Allerdings ist nach neueren Untersuchungen nicht das

Ectocarpen   **Desmaresten**   **Fucoserraten**

Ectocarpen, sondern dessen biosynthetischer Vorläufer cis-Bisalkenylcyclopropan (Prä-Ectocarpen) die wirksame Substanz.

> **Chemophobische Reaktionen:** Die Orientierung von Bakterien in chemischen Gradienten, fälschlicherweise meist als Chemotaxis bezeichnet, ist das Resultat einer Kette chemophobischer Reaktionen.

Am eingehendsten wurde *Escherichia coli* untersucht. Wie bereits erwähnt, ist bei diesem Bacterium in isotropen Medien, in denen keine signifikanten Konzentrationsunterschiede bestehen, ein autonomer Wechsel von Schwimm- (S) und Taumelbewegungen (T) zu beobachten (Abb. 17.**6**, S. 559). In chemischen Gradienten ändert sich dieser Rhythmus. Die zunehmende Konzentration eines Attractants führt zu einer Verlängerung des S-Zustandes, seine Konzentrationsabnahme erhöht die Häufigkeit des T-Zustandes, woraus eine gradientenaufwärts gerichtete Nettobewegung resultiert (Abb. 17.**23C**). Für ein Repellent gilt sinngemäß das Umgekehrte (Abb. 17.**23D**). Die Reaktionszeit zwischen Chemoperzeption und Änderung der Geißelschlagrichtung beträgt etwa 0,2 Sekunden. Die Bakterien können sehr kleine Konzentrationsgradienten wahrnehmen. Sie messen jedoch nicht die Konzentrationsdifferenzen zwischen den beiden Zellenden, sondern zwischen zwei etwa 200-mal soweit voneinander entfernten Punkten einer Strecke, die sie schnell durchschwimmen. Gemessen wird also nicht ein intrazellulärer räumlicher Gradient, sondern die Zelle als Ganzes mißt einen zeitlichen Gradienten. Übertragung der Bakterien aus einem Medium „günstiger" in ein Medium „ungünstiger" Konzentration eines Chemotaktikums erhöht ebenfalls die Häufigkeit des T-Zustandes. Innerhalb einiger Sekunden bis Minuten adaptieren sich jedoch die Bakterien an die neue Konzentration und zeigen wieder ihr normales Schwimmverhalten.

> Die **Chemorezeptoren** der Bakterien sind Proteinmoleküle, die für ein oder zwei Substanzen spezifisch sind, mit geringerer Affinität aber auch andere Substanzen binden können. Bei *Escherichia coli* wurden bisher etwa 20 Attractant- und 10 Repellent-Rezeptoren nachgewiesen.

Attractants sind gewisse Aminosäuren, Zucker und deren Derivate, einige organische Säuren sowie gewisse Ionen. Phenol ist ein Repellent. Der biologische Sinn der positiven Reaktion liegt sicherlich darin, daß die Bakterien auf diese Weise Bereiche höherer Konzentrationen von Stoffen, die im Stoffwechsel umgesetzt werden können, aufzusuchen vermögen. Andererseits ermöglichen ihnen die negativen Reaktionen, sich der Einwirkung toxischer Substanzen zu entziehen. Dennoch wirkt nicht jeder Nahrungsstoff als Attractant und nicht jedes schädigende Agens als Repellent. Für die chemotaktische Wirksamkeit ist es also unwesentlich, ob das betreffende Chemotaktikum eine Wirkung im Stoffwechsel entfaltet oder nicht.

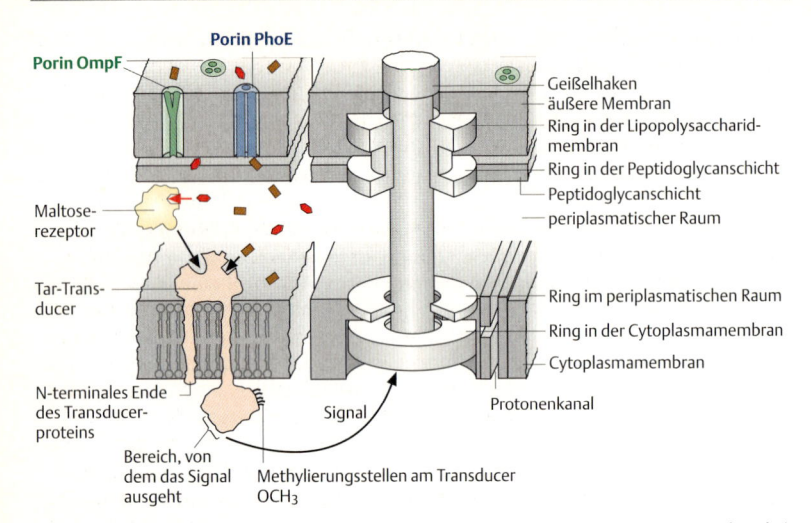

Abb. 17.24 Schematische Darstellung von Chemoperzeption, sensorischer Transduction und Bewegungsapparat von *Escherichia coli*. Maltose (rote Sechsecke) wird durch den Maltoserezeptor gebunden, der seinerseits mit dem Tar-Transducer in Wechselwirkung tritt. Aspartat (braune Rechtecke) reagiert direkt mit dem Tar-Transducer. Dieser überträgt das Signal zur Geißelbasis, wodurch eine Rotationsumkehr der Geißeln und damit eine Taumelbewegung ausgelöst wird.

Die Chemorezeptoren für Zucker (Maltose, Ribose, Galaktose) sind induzierbar und werden nur bei Bedarf gebildet. Sie befinden sich in dem zwischen der Cytoplasmamembran und der äußeren Membran liegenden periplasmatischen Raum (Abb. 5.3F, S. 201). Ihre Molekülmassen liegen in der Größenordnung von 30 000 Da. Die Zucker können die äußere Membran infolge des Vorhandenseins von Porinen (S. 203) leicht passieren und dort mit den Zuckerrezeptoren reagieren (Abb. 17.24).

Die Umsetzung des perzipierten zeitlichen chemischen Gradienten in ein internes Anregungssignal erfolgt mit Hilfe der **Transducer,** von denen vier (Tsr, Tar, Tap, Trg) nachgewiesen wurden.

Die Primärstruktur dieser Proteine, die eine M_r von etwa 60 000 haben, weist zwei hydrophobe Bereiche auf, die die Cytoplasmamembran quer durchsetzen. Tsr und Tar dienen zugleich als Chemorezeptoren für die Aminosäuren Serin bzw. Aspartat, die die stärkste Attractant-Wirkung entfalten. Die Funktion der Transducer ist am Beispiel des Tar-Proteins erläutert (Abb. 17.24). Man nimmt an, daß die Besetzung einer Aspartat-Bindungsstelle eine Konformationsänderung im Transmembranprotein verursacht. Hierdurch wird im Inneren der Zelle ein Signal erzeugt, das zum Geißelapparat übertragen wird und dort die entsprechende Bewegungsreaktion auslöst. Das Tar-Protein kann auch mit dem Maltose-Rezeptor in Wechselwirkung treten, sofern dieser mit Maltose besetzt ist. Hierdurch wird wahrscheinlich ein ähnliches Signal hervorgerufen wie bei der direkten Bindung des Aspartates.

Erstes Glied der Signalkette ist das phosphorylierte Protein CheA, eine an den Rezeptor gekoppelte Kinase. Dieses wird durch Repellents aktiviert und überträgt eine Phosphatgruppe auf das den Geißelapparat steuernde Protein CheY, das für die Rotation der Geißeln im Uhrzeigersinn verantwortlich ist. Das phosphorylierte CheY bindet an den sogenannten „switch complex", der aus drei Proteinen besteht und an der Basis des Geißelapparates lokalisiert ist. Hierdurch wird die Richtung des Geißelschlages umgekehrt und die Taumelbewegung ausgelöst. Anschließend wird CheY schnell wieder dephosphoryliert, woran wahrscheinlich ein weiteres Protein, das CheZ, beteiligt ist, was eine Umkehr der Schlagrichtung entgegen dem Uhrzeigersinn zur Folge hat. Im Gegensatz hierzu deaktivieren Attractants CheA und vermindern damit den Phosphorylierungsgrad von CheY, so daß die Schlagrichtung entgegen dem Uhrzeigersinn länger beibehalten und somit die Schwimmbewegung nicht unterbrochen wird. Die Informationsübertragung vom Transducer zum Geißelapparat ist somit ein Phosphat-Transfer, der eine vorübergehende Aktivitätsänderung der die Geißelbewegung steuernden Proteine bewirkt. Bezüglich weiterer Einzelheiten sei auf die Lehrbücher der Mikrobiologie verwiesen.

> Bei der **Adaptation** spielen Methylierungsprozesse eine Rolle. Adaptation an eine Attractant-Zunahme bzw. Repellent-Abnahme besteht in einer Zunahme der Methylierung, Adaptation an einer Attractant-Abnahme oder Repellent-Zunahme in einer Demethylierung.

Die Änderungen des Methylierungszustandes erfolgen durch die CheB-Methylesterase, die offenbar ebenfalls über einen Phosphattransfer vom CheA aktiviert wird. Als Methylgruppendonator fungieren das S-Adenosylmethionin, als Methylakzeptorstellen, von denen etwa vier bis sechs pro Transducer vorhanden sind, Glutaminsäurereste im Molekül. Die Besetzung von Rezeptorstellen mit einem Chemotaktikum ist also ein Maß für dessen augenblickliche Konzentration, während der Methylierungszustand die Konzentration widerspiegelt, die kurze Zeit vorher geherrscht hat. Durch den Vergleich dieser beiden Parameter am Transducer kann die schwimmende Zelle ermitteln, ob sich ihre chemische Umgebung während der Vorwärtsbewegung verändert hat oder nicht und ob diese Änderung, über alles gemessen, günstig oder ungünstig ist, was zu einer Taumelunterdrückung bzw. einer Taumelauslösung führt.

Chemodinese: Nicht nur das Licht, sondern auch Chemikalien können Plasmaströmungen auslösen bzw. beschleunigen, ein Phänomen, das man als Chemodinese bezeichnet. Ein Beispiel ist die Auslösung von Plasmaströmungen durch L-Histidin, Methylhistidin u. a. Aminosäuren. Der molekulare Wirkungsmechanismus ist unbekannt.

592 17 Bewegungserscheinungen

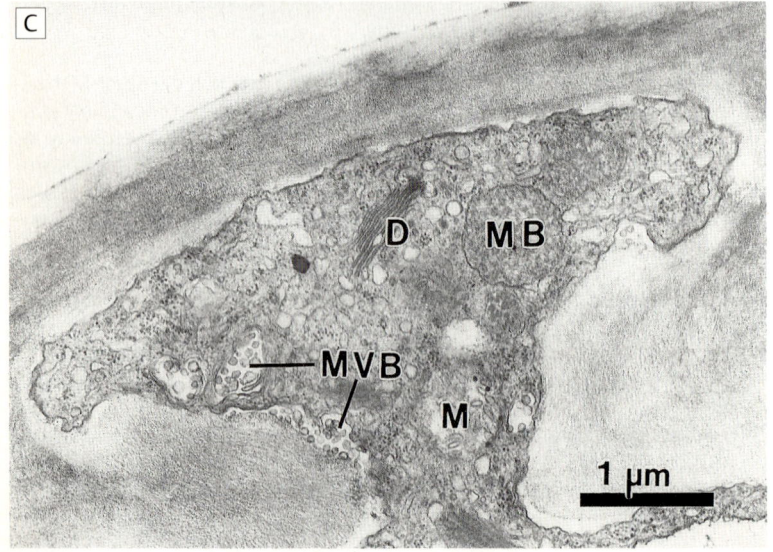

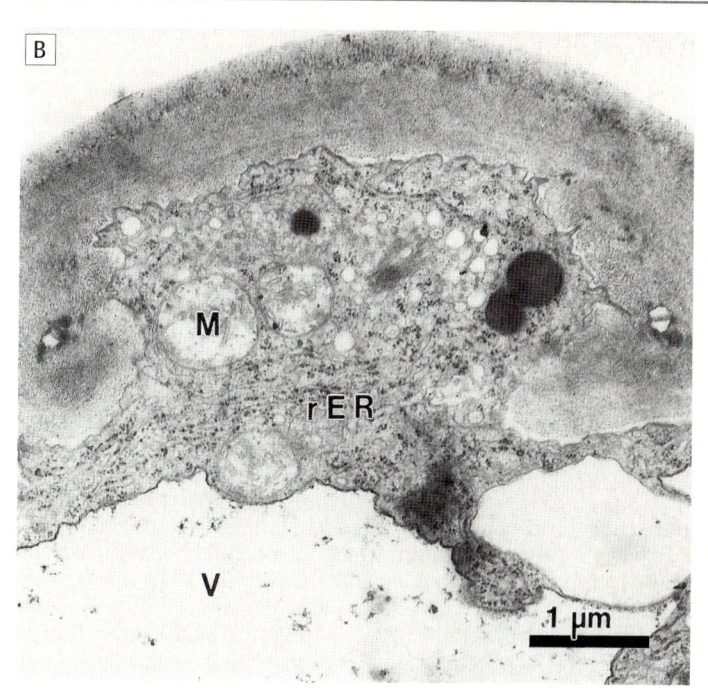

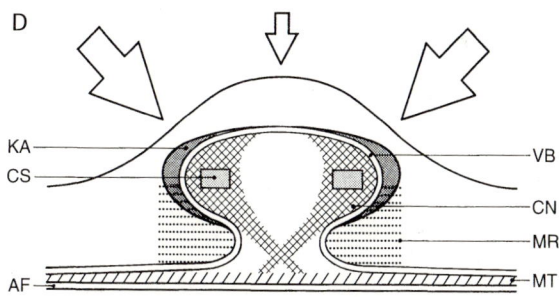

Abb. 17.**25** Fühltüpfel von *Bryonia dioica* (Zaunrübe). **A** Rasterelektronenmikroskopische Aufnahme der Epidermis. Die über die Epidermis herausragenden Fühltüpfel sind deutlich zu erkennen, **B** Querschnitt, **C** Längsschnitt durch einen Fühltüpfel, **D** Modell der mechanosensorischen Perzeption und Transduction. AF = Actinfibrillen, CN = Cytoskelett-Netzwerk, CS = Calcium-Speicher, D = Dictyosom, rER = rauhes endoplasmatisches Reticulum, KA = Kallose-Ablagerungen, M = Mitochondrion, MB = Microbody, MR = Mikrofibrillen-Ring, MT = corticale Mikrotubuli, MVB = multivesikulärer Körper, V = Vakuole, VB = Verbindung zwischen Zellwand und Plasmalemma (aus Engelberth, J., G. Wanner, B. Groth, E. W. Weiler: Planta 196 [1995] 539).

17.3.5 Mechanische Reize

Auch durch mechanische Reize können Bewegungen ausgelöst werden. Ist hierzu eine direkte Berührung erforderlich, wird der Reaktionstyp mit der Vorsilbe Thigmo- (Synonym: Hapto-) bezeichnet. Genügt hingegen schon eine Erschütterung ohne direkte Berührung der Pflanze, verwendet man die Vorsilbe Seismo-.

Die Krümmungsbewegungen der Ranken (Abb. 17.**5**, S. 559) erfolgen ausschließlich auf eine Berührung mit festen Körpern, die eine rauhe Oberfläche besitzen und beim Reiben eine Folge von Druckänderungen auslösen. Perzipiert wird also nicht der Druck an sich, sondern die Druckdifferenz. In der Mehrzahl der Fälle krümmen sich die Ranken zu ihrer morphologischen Unterseite hin, also thigmonastisch. In diesen Fällen führt nur die Berührung mit der Unterseite zu einer Krümmung. Radiär gebaute Ranken können sich hingegen nach allen Seiten krümmen. Bei ihnen erfolgt also die Krümmungsbewegung stets zum Reiz hin, d. h. es liegt ein Thigmotropismus vor. Bei der Mimose (Abb. 17.**4**, S. 556) werden die Blattbewegungen außer durch Berührung auch durch Erschütterung der Pflanze ausgelöst. Es liegt also eine Seismonastie vor. Auch die durch Berührung oder Erschütterung verursachten Bewegungen der reizbaren Staubblätter und Narben (Abb. 17.**12**, S. 569) sind hier zu nennen.

Die Perzeption des mechanischen Reizes erfolgt bei den Ranken im typischen Falle vermittels sogenannter Fühltüpfel, das sind lokale, in die Außenwände der Epidermiszellen vorspringende Plasmafortsätze. Bei manchen Objekten erheben sie sich papillenartig über die Epidermisoberfläche (Abb. 17.**25 A**). In Aufsicht erscheinen die Fühltüpfel rund, so daß die Quer- und Längsschnitte im wesentlichen das gleiche Bild ergeben (Abb. 17.**25 B, C**). Sie enthalten eine sackförmige Ausstülpung des Cytoplasmas, das reich an rauhem und glattem ER, Dictyosomen, Mitochondrien und Microbodies ist. Es ist stark vesikulär und enthält multivesikuläre Körper. Mikrotubuli sind an der nach außen gerichteten Seite des Fühltüpfels ringförmig angeordnet und stehen mit den etwa senkrecht zur Längsrichtung parallel zur Zelloberfläche laufenden Mikrotubuli der Epidermiszelle in Verbindung. Das corticale Cytoplasma der Fühltüpfel ist reich an Actin, dessen Filamente zu einem zentralen Strang zusammenlaufen, der in die Zelle führt und dort mit den parallel zur Längsachse der Epidermiszelle verlaufenden Actin-Strängen in Verbindung steht. Schließlich sind die Fühltüpfel auch reich an membrangebundenem Calcium.

Unsere Vorstellungen von der **mechanosensorischen Perzeption** und **Transduction** sind z. Zt. noch weitgehend hypothetisch, doch bietet das in Abb. 17.**25 D** wiedergegebene Modell eine gute Grundlage für deren Verständnis. Streicht ein Gegenstand mit rauher Oberfläche seitlich über einen Fühltüpfel, kommt es zu Deformationen der hier relativ dünnen Zellwand, die sich zum Fühltüpfel hin fortsetzen. Welche Rolle dabei der Ring aus Kallose spielt,

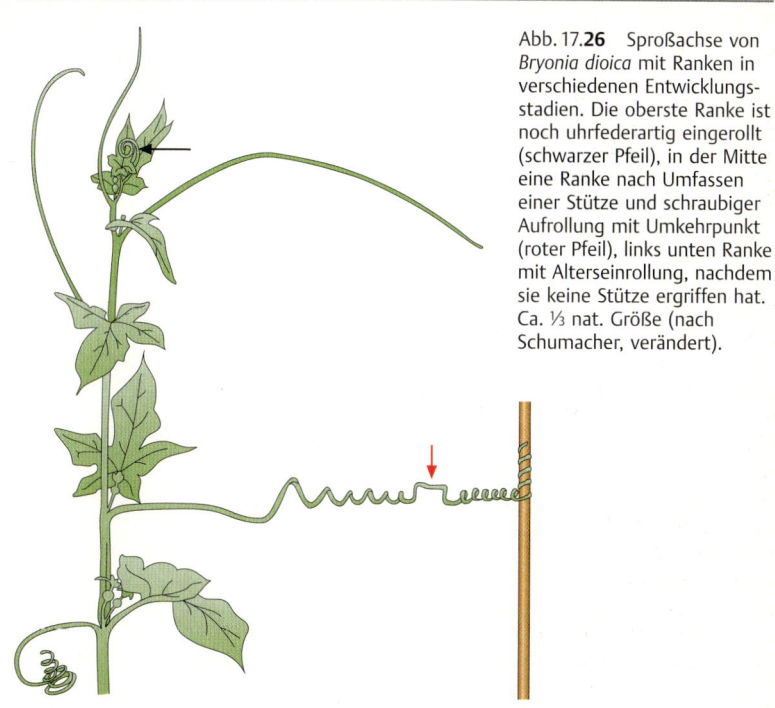

Abb. 17.26 Sproßachse von *Bryonia dioica* mit Ranken in verschiedenen Entwicklungsstadien. Die oberste Ranke ist noch uhrfederartig eingerollt (schwarzer Pfeil), in der Mitte eine Ranke nach Umfassen einer Stütze und schraubiger Aufrollung mit Umkehrpunkt (roter Pfeil), links unten Ranke mit Alterseinrollung, nachdem sie keine Stütze ergriffen hat. Ca. ⅓ nat. Größe (nach Schumacher, verändert).

ist noch unklar. Nach den Ergebnissen neuerer Untersuchungen werden durch die mechanische Reizung in den Fühltüpfeln geringe, aber signifikante Calciumströme erzeugt. Wahrscheinlich öffnen sich auf den Reiz hin Calciumkanäle, so daß $Ca^{2\oplus}$-Ionen aus einem Ionenspeicher, wahrscheinlich dem ER, in das Cytosol ausströmen. Sie werden anschließend durch eine Calciumpumpe unter ATP-Verbrauch in den Speicher zurückgepumpt. Da $Ca^{2\oplus}$ die Aktivität zahlreicher Enzyme, u.a. die der Proteinkinasen und Phosphoproteinphosphatasen, reguliert, ändert sich das Phosphorylierungsmuster der Proteine in den Ranken nach Berührung sehr schnell. Infolgedessen kommt es nach einer Kontaktreizung zu einer Signalverstärkung, die innerhalb weniger Minuten zu einer lokal begrenzten Krümmung der Ranken durch differentielles Flankenwachstum und somit zum Umfassen der Stütze führt. Dieses differentielle Flankenwachstum kann jedoch mehrere Stunden anhalten und eine schraubenfederartige Aufrollung der Ranken verursachen, so daß das pflanzliche Organ federnd mit der Stütze verbunden ist (Abb. 17.26). Aus mechanischen Gründen treten bei der Einrollung der Ranke ein oder mehrere „Umkehrpunkte" auf. Die Signalübertragung vom Reizort auf die gesamte Ranke erfolgt durch Jasmonsäure (S. 507) bzw. ihren biosynthetischen Vorläufer, die 12-Oxo-

Box 17.2 Magnetotaxis

Sowohl aus Süßwasser als auch aus dem Meer wurden begeißelte Bakterien (Spirillen, Stäbchen, Kokken) isoliert, die ferromagnetisches Eisenoxid (Magnetit, Fe_3O_4) enthalten, das 3 bis 4% des Trockengewichtes ausmachen kann. Es liegt in Form von **Magnetosomen** vor, das sind elektronendichte, häufig würfelförmige Granula, die von einer Biomembran umgeben sind. Diese ähnelt in ihrer Zusammensetzung der Cytoplasmamembran mit Ausnahme von zwei Proteinen, bei denen es sich möglicherweise um Enzyme handelt, die Eisen in den Vesikeln akkumulieren und in Magnetit-Vorstufen umwandeln. Meist sind die Magnetosomen in Mehrzahl vorhanden und in Reihen so angeordnet, daß das magnetische Dipolmoment parallel zur Achse der Bewegung ausgerichtet ist. Es kommt aber auch eine zerstreute Anordnung der Magnetosomen vor. Infolge des Besitzes dieser magnetischen Dipole werden die Zellen, einer Kompaßnadel vergleichbar, in Richtung der magnetischen Feldlinien der Erde orientiert. Auf der Nordhalbkugel schwimmen sie nordwärts, auf der Südhalbkugel südwärts. Da die geomagnetischen Feldlinien nach unten geneigt sind, schwimmen die Bakterien also abwärts in die sauerstoffarmen Sedimente. Hierin sieht man die ökologische Bedeutung, da die überwiegende Mehrzahl der Vertreter anaerob bzw. an niedrige Sauerstoffkonzentrationen angepaßt, also microaerophil ist. Daher führt eine „falsche" Polarität zum Absterben. Die einheitliche Polarität auf der Nord- bzw. Südhalbkugel entsteht also durch Selektion. In Brasilien im Bereich des geomagnetischen Äquators wurden sowohl nordwärts als auch südwärts strebende Bakterien im Verhältnis 1:1 beobachtet, die horizontal schwimmen. In der Wassersäule bilden sich häufig horizontale Platten dieser Bakterien aus, deren Position offenbar von der Verfügbarkeit löslichen Eisens sowie von der Schwefel- und Sauerstoffkonzentration abhängt.

Die Orientierung dieser Bakterien im Magnetfeld wird als Magnetotaxis bezeichnet. Die Wahl dieses Terminus ist nicht ganz glücklich, da es sich nicht, wie bei den anderen Taxien, um eine sensorische Reaktion handelt. Die Zellen werden ja durch das Magnetfeld orientiert und schwimmen, da sie begeißelt sind, in die nunmehr vorgegebene Richtung. Es gibt jedoch keinen „Magnetorezeptor", der den „magnetischen Stimulus" in ein Signal transformiert, und auch keine sensorische Transductionskette, die das Signal zum Bewegungsapparat weiterleitet und diesen zu einer die Bewegungsrichtung ändernden Reaktion veranlaßt. Die Orientierung erfolgt also rein passiv, was unter anderem auch daraus hervorgeht, daß sich die Bakterien nach Abtötung und Einstellung der Geißelbewegung weiterhin im magnetischen Feld orientieren, was bei einer sensorischen Reaktion undenkbar wäre.

---

phytodiensäure (12-OPDA). Der Rezeptor dieser Substanz, der zur Umsteuerung der Wachstumsprozesse des Organs führt, ist noch nicht bekannt, doch lassen die intensiven Forschungen auf diesem Gebiet eine baldige Vertiefung unserer Erkenntnisse erhoffen.

Bezüglich der sogenannten „Magnetotaxis" sei auf die Box 17.2 verwiesen.

Zusammenfassung

- Pflanzliche Bewegungen können entweder ohne äußeren Reizanlaß, also autonom (endogen), erfolgen oder durch Reize, d.h. Einflüsse chemischer oder physikalischer Natur, hervorgerufen werden (induzierte oder aitionome Bewegungen). Letztere werden entweder durch eine Änderung der Reizintensität ausgelöst, oder sie werden durch die Richtung des Reizes bestimmt. Bei ortsgebundenen Pflanzen unterscheidet man entsprechend zwischen Nastien und Tropismen, bei freibeweglichen Organismen zwischen phobischen und topischen Reaktionen.

- Hinsichtlich der Mechanismen, die pflanzliche Bewegungen hervorrufen, herrscht eine große Vielfalt. Man unterscheidet: Quellungsbewegungen, Turgorbewegungen, Schleuderbewegungen, Kohäsionsbewegungen, Wachstumsbewegungen und Bewegungen, die auf das Actomyosinsystem zurückzuführen sind, z.B. die amöboiden und intrazellulären Bewegungen. Grundsätzliche Unterschiede bestehen zwischen den Geißelbewegungen der Prokaryonten und der Eukaryonten.

- Zu den autonomen Bewegungen zählen die Circumnutationen, bei denen die Periodenlänge ein bis zwei Stunden, und die tagesperiodischen (circadianen) Bewegungen, bei denen sie etwa 24 Stunden beträgt.

- Induzierte Bewegungen sind entweder von der Stärke des Reizes, sofern die Reizschwelle überschritten wird, unabhängig (Alles-oder-Nichts-Reaktionen), oder die Reizstärke hängt von der Reizmenge $I \cdot t$ ab (Reizmengengesetz).

- Auch bei Zellen, die nicht zu Bewegungen befähigt bzw. nicht an Bewegungsvorgängen beteiligt sind, kann ein Reiz einen Erregungsvorgang auslösen. Dieser verursacht eine Permeabilitätsänderung der cytoplasmatischen Membranen und somit eine Depolarisation (Aktionspotential). Anschließend wird durch die Ionenpumpen der ursprüngliche Zustand (das Ruhepotential) wiederhergestellt. Bei manchen Pflanzen läßt sich eine Erregungsleitung über kürzere bzw. auch längere Strecken nachweisen. Bei vorliegenden cytologischen bzw. anatomischen Voraussetzungen können derartige Erregungsvorgänge Bewegungsreaktionen auslösen. In diesem Fall zeigt der Bewegungsablauf eine gewisse Ähnlichkeit zu den Erregungsvorgängen.

- Licht bzw. auch dem sichtbaren Bereich benachbarte Strahlung (UV und Infrarot) kann sowohl bei ortsgebundenen als auch bei freibeweglichen Pflanzen entweder gerichtete oder durch Intensitätsänderungen verursachte Bewegungsreaktionen auslösen. Entsprechend unterscheidet man bei den ortsgebundenen Pflanzen Phototropismus und Photonastien, bei den freibeweglichen Organismen phototaktische und photophobische Reaktionen. Der Einfluß des Lichtes auf die Bewegungsgeschwindigkeit freibeweglicher Organismen heißt Photokinesis. Schließlich können auch intrazelluläre Bewegungen durch Licht ausgelöst bzw. gerichtet werden, z. B. Plasmaströmungen und die Verlagerung von Plastiden. In vielen Fällen ist nur kurzwellige Strahlung wirksam, was auf gelbe Pigmente als Photorezeptoren schließen läßt. In anderen Fällen, wie etwa bei den photophobischen Reaktionen der photosynthetischen Bakterien und der Cyanobakterien, besteht ein Zusammenhang mit der Photosynthese. Bei den Farn- und Moosprotonemen erfolgt die Strahlungsperzeption offensichtlich über das Phytochrom.

- Die Ausrichtung von Pflanzen und ihren Organen unter dem Einfluß der Schwerkraft bezeichnet man als Gravitropismus. Er setzt eine Empfindlichkeit für Massenbeschleunigung voraus. Sie ist bei den höheren Pflanzen auf die Statocyten beschränkt, die meist in Statenchymen zusammengefaßt sind (Wurzelhaube, Stärkescheide). Offenbar registriert die Pflanze die Druckverteilung von Statolithen auf als Gravisensoren fungierende Biomembranen, z. B. das rauhe endoplasmatische Reticulum in der Wurzel. Als Folgereaktionen werden Veränderungen der intrazellulären $Ca^{2\oplus}$-Konzentrationen sowie Änderungen des von der Wurzelspitze zur Streckungszone gerichteten Protonenstroms und des dadurch bedingten elektrischen Feldes beobachtet. An der Signaltransmission von der Wurzelspitze zur Zellstreckungszone scheinen das Phytohormon IAA und $Ca^{2\oplus}$-Ionen beteiligt zu sein. Bei Sproßachsen ist eine Signaltransmission nicht notwendig, da Strahlungsperzeption und Wachstumsregulation durch die gleichen Zellen erfolgt. Durch die Auxinasymmetrie wird ein verschieden starkes Flankenwachstum verursacht, das eine Krümmung der Organe zur Folge hat.

- Orientierungsbewegungen in chemischen Gradienten bezeichnet man bei ortsgebundenen Pflanzen bzw. ihren Organen als Chemotropismus, bei freibeweglichen Organismen als Chemotaxis. Entsprechend bezeichnet man Reaktionen auf Konzentrationsänderungen als Chemonastie bzw. chemophobische Reaktionen. Am weitesten ist die Kausalanalyse bisher im Falle der chemophobischen Reaktionen von Bakterien, insbesondere *Escherichia coli*, gediehen. Die als Attractants bzw. Repellents wirksamen Moleküle werden an Chemorezeptoren gebunden, das sind Proteinmoleküle, die sich im periplasmatischen Raum befinden und nach Bindung des Liganden mit dem Transducer in Wechselwirkung treten. Letzterer kann auch direkt als Chemorezeptor fungieren. Transducer sind Proteine, die die Cytoplasmamembran quer durchsetzen und das Signal zum Geißelapparat übertragen. Dieser reagiert auf Konzentrationszunahme eines Attractants mit einer verlängerten Vorwärtsbewegung, auf die Konzentrationszunahme eines Repellents mit einer Umkehr des Geißelschlages, die zu einer Taumelbewegung führt. Anschließend wird die Bewegung im typischen Fall in einer anderen Richtung fortgesetzt. Die Wiederholung derartiger chemophobischer Reaktionen führt zu einer Orientierung im chemischen Gradienten. Die Informationsübertragung vom Transducer zum Geißelapparat beruht auf einem Phosphattransfer, während bei der Adaptation an die herrschenden Konzentrationen eines chemischen Agens Methylierungsprozesse eine wichtige Rolle spielen.

- Auch mechanische Reize können Bewegungsreaktionen auslösen. Erfolgen diese auf eine Berührung mit einem festen Körper, so spricht man von Thigmo-Reaktionen, z. B. Thigmonastie und Thigmotropismus, werden sie hingegen durch eine Erschütterung ohne direkte Berührung ausgelöst, von Seismo-Reaktionen, z. B. Seismonastie. Die Perzeption der Berührung erfolgt vermittels sogenannter Fühltüpfel. Auch thermische und traumatische Reize können Reaktionen auslösen.

Anhang

Erklärung der in den Legenden der mikroskopischen Abbildungen genannten mikroskopisch-technischen Verfahren.

Die Vergrößerungen sind entweder in der Legende angegeben oder dem in die Abbildung eingezeichneten Maßstab zu entnehmen.

LM: Lichtmikroskopische Aufnahme. Bei gefärbten Präparaten ist der Farbstoff angegeben.

TEM: Transmissions-elektronenmikroskopische Aufnahme. Falls nicht anders angegeben, wurden die Objekte mit Glutaraldehyd + OsO_4 fixiert und mit Uranylacetat + Bleicitrat kontrastiert.

REM: Raster-elektronenmikroskopische Aufnahme.

Kryobruch nach Tanaka: Die Proben wurden mit Glutaraldehyd + OsO_4 fixiert, dann bei −190 °C gebrochen und anschließend entwässert. Im REM erhält man einen Einblick in die fixierten Zellen. Vorteil dieser Methode ist, daß das Präparat bei Raumtemperatur mikroskopiert wird und daß die Brüche in der Regel nicht in den Membranen verlaufen.

Kryo-REM „frozen hydrated" bedeutet, daß das Objekt ohne chemische Fixierung bei −190 °C eingefroren und gebrochen (meist auch geätzt) und dann im gefrorenen Zustand im REM mikroskopiert wird. Der Vorteil des Verfahrens ist, daß keine Chemikalien benutzt werden und daß man erkennen kann, was mit Luft gefüllt ist. Die Präparate sind jedoch hochempfindlich, so daß dieses Verfahren mit erheblichen Risiken verbunden ist.

„Lebend"-REM heißt, daß in einer Probenkammer bei schlechtem Vakuum und moderater Kühlung (ca. 0–5 °C) eine Wasserdampfsättigung erreicht wird und die Proben etwa 10 min lang voll hydratisiert untersucht werden können. Nachteil: Man kann nur das Rückstreusignal verwenden, das aus größerer Tiefe kommt. Außerdem ist wegen des schlechten Vakuums die Auflösung erheblich schlechter.

Glossarium

In das Glossarium wurden in alphabetischer Reihenfolge Fachausdrücke aufgenommen, die einen fremdsprachlichen Ursprung haben. Für jeden dieser Fachausdrücke ist in Klammern der sprachliche Ursprung mit Übersetzung angegeben, wobei A = Arabisch, E = Englisch, F = Französisch, G = Griechisch und L = Lateinisch bedeuten. Dabei wurde für Arabisch und Griechisch die phonetische Schreibweise gewählt. Es muß jedoch mit Nachdruck darauf hingewiesen werden, daß die Übersetzung der Fachausdrücke mit dem Sinn, in dem sie heute benutzt werden, keineswegs immer übereinstimmt. Viele von ihnen haben im Laufe der historischen Entwicklung, häufig aufgrund von Mißverständnissen und infolge sprachlicher Unzulänglichkeiten, einen Bedeutungswandel erfahren. Dies sei an einem Beispiel, das für alle sprechen mag, belegt: Der Begriff *Perigon* umfaßt im ursprünglichen Sinne alle Blütenteile, die die fertilen Teile, d. h. die Staubblätter und die Fruchtblätter, umgeben, also die gesamte Blütenhülle. Dagegen wurde der Begriff *Perianth* ursprünglich nur für den Kelch benutzt, der die Blüte einschließlich der Blütenblätter umgibt. Später wurde, was unlogisch und sprachlich falsch ist, der Begriff *Perianth* auf die gesamte Blütenhülle, also Kelch und Krone, ausgedehnt und der Begriff *Perigon* nur für solche Blüten benutzt, bei denen die Glieder beider Blütenblattkreise gleichgestaltet sind. Allein aus der sprachlichen Ableitung der Begriffe heraus sind diese Bezeichnungen also nicht zu verstehen.

Ein Wort noch zu den Vorsilben mega- und makro-. Es war sicherlich keine sehr gute Idee, in der botanischen Terminologie die Vorsilbe makro- durch mega- zu ersetzen, also Megasporen statt Makrosporen usw. Nach dem Mege-Güthling, Enzyklopädisches Wörterbuch der griechischen und deutschen Sprache, bedeutet megas = groß, geräumig, tief, weit, breit, dick; makros = lang, groß, gewaltig. Der Unterschied der Bedeutung beider Wörter ist also gering, weshalb man sich fragen muß, warum denn diese Änderungen überhaupt vorgenommen wurden, wo sie doch letztlich nur Verwirrung stiften. Nach wie vor verwenden wir die Wörter Makrokosmos, makroskopisch, Makromoleküle u. a., ohne daß jemand daran Anstoß nimmt, obwohl wir dann konsequenterweise auch Megakosmos, megaskopisch, Megamoleküle usw. sagen müßten. Es ist daher kaum zu verstehen, warum gerade die Botaniker auf dieser abweichenden Sprachregelung bestehen.

Ein weiteres Problem ist die Schreibweise einiger aus dem Griechischen abgeleiteten Begriffe. So ist die heute verbreitete Schreibweise „Eukaryoten" mit Sicherheit falsch, denn das Wort setzt sich wie folgt zusammen: ἐύ = gut, κάρυον = Kern, τὸ ὄν, Gen. ὄντος = das Seiende, Wesen, also „Eukaryonten". Ein Adjektiv ist natürlich kein Wesen, also heißt es „eukaryotisch". Entsprechendes gilt für Prokaryont, prokaryotisch, Symbiont, symbiotisch etc.. Diese Schreibweise wurde in der vorliegenden Auflage eingehalten.

Außer der sprachlichen Ableitung werden die deutschen Bezeichnungen sowie meist auch Kurzdefinitionen gegeben, die jedoch die ausführlichen Erklärungen und Ableitungen im Text nicht ersetzen sollen und können. Es ist daher zu empfehlen, in jedem Falle über das Sachregister auch die Stelle im Text aufzusuchen, wo der Begriff eingeführt und erklärt wird.

A-, vor Vokalen **An-** (G a-, an- = verneinende Vorsilbe) Im Sinne von „ohne" bzw. der deutschen Vorsilbe „un-" benutzt.

Abscisin (→ Abscission) → Phytohormon, das u. a. den Blattabwurf herbeiführt. Synonym: → Dormin.

Abscission (L abscissio = das Abschneiden, Trennung) Blattabwurf.

Absorption (L absorbere = verschlukken, verschlingen) Aufnahme, z. B. von Ionen, Photonen u. a.

Acidität (L acidus = sauer) Säuregrad.

Adsorption (L ad = zu, an; L sorbere = saugen) Bindung eines gasförmigen oder gelösten Stoffes an die Oberfläche eines Festkörpers.

Adventiv (L advenire = ankommen, erscheinen, ausbrechen) In zusammengesetzten Wörtern, z. B. Adventivsprosse = zusätzliche Sprosse, die meist an ungewöhnlichen Stellen entstehen. Ebenso Adventivwurzeln.

Aër-, Aëro- (G aër = Luft) In zusammengesetzten Wörtern mit den Bedeutungen „Abhängigkeit vom Luftsauerstoff ", oder „Luft-", „Durchlüftungs-" benutzt.

Aërenchym (→ Aër-; G enchyma = das Eingegossene) Gewebe mit großen Interzellularräumen, die eine intensive Durchlüftung ermöglichen (Durchlüftungsgewebe).

Aërobier, Aërobiont (→ Aër-; G bios = Leben) In Gegenwart von Luftsauerstoff (Aerobiose) lebender Oragnismus.

Agglutination (L agglutinare = ankleben) Verklebung, Verklumpung, z. B. von Zellen.

Aggregatverband (L aggregare = hinzuscharen, beigesellen) Zellverband, der durch nachträgliche (postgenitale) Zusammenlagerung von Zellen entsteht.

Aglykon (→ A-; G glykys = süß) Komponente eines Glykosids, die nach Abspaltung der Zucker zurückbleibt.

Aitionom (G aitia = Ursache, Grund; G nomos = Brauch, Recht, Gesetz, Regel) Durch äußere Ursachen hervorgerufen. Kennzeichnet biologische Vorgänge, die durch einen äußeren Einfluß (Reiz) hervorgerufen werden (Synonym: → induziert).

Akkrustierung (L ad = zu, auf, darauf; L crusta = Rinde, Schale) Auflagerung neuer Schichten, z. B. beim Zellwandwachstum.

Akkumulation (L accumulare = anhäufen) Anhäufung, Anreicherung.

Akroplast (G akros = spitz, äußerst; G plastos = gebildet, geformt) Mit der Spitze wachsend

Aktionspotential (L actio = Handlung, Tätigkeit, physikalisch im Sinne von Wirkung benutzt: L potentia = Vermögen, Kraft, Wirksamkeit) Durch Reizung an Plasmamembranen hervorgerufene elektrische Potentialänderung.

Aktionsspektrum (L actio = Handlung, Tätigkeit, Wirkung; → Spektrum) Wirkungsspektrum. Zu seiner Ermittlung bestimmt man für verschiedene Wellenlängen die Zahl der Quanten, die eingestrahlt werden muß, um den gleichen physiologischen Effekt hervorzurufen.

Aktiv (L activus = tätig, eifrig, tatkräftig) Sowohl für besonders reaktionsfähige Formen von chemischen Substanzen („aktive Glucose", „aktives Sulfat") benutzt, als auch zur Kennzeichnung energieverbrauchender Vorgänge, z. B. „aktiver Transport" im Gegensatz zur rein passiv verlaufenden Diffusion.

Aktivierungsenergie (→ Aktiv; G energeia = Wirkung, Kraft, Macht) Energiebetrag, der einer metastabilen Verbindung zur Ingangsetzung einer chemischen Reaktion zugeführt werden muß.

Aktivitätsrhythmus (→ Aktiv; G rhythmos = Zeitmaß, Takt) Sich in regelmäßigen Zeitabständen ändernde Aktivität der Lebensvorgänge.

Akzeptor (L acceptor = Empfänger) Empfänger, z. B. Bindungsstelle.

Albomaculat (L albus = weiß; L macula = Flecken) weiß-grün gescheckt.

Aleuron (G aleuron = Weizenmehl) Typus von Speicherproteinen.

Alkaloide (A al-kalij = Pottasche; G eides = gestaltet, ähnlich) Sammelbezeichnung für organische Stickstoffverbindungen basischen (alkalischen) Charakters.

Allele (G allelon = einander, gegenseitig) Einander entsprechende → Gene → homologer Chromosomen.

Allelopathie (G allelon = einander, gegenseitig; G pathos = Leiden) Ausscheidung organischer Verbindungen (z. B. Phenole, Alkaloide, Glykoside) durch eine Pflanze zur Unterdrückung anderer, artfremder Pflanzen.

Allorhiz (G allos = anders beschaffen, verschieden; G rhiza = Wurzel, Ursprung) Aus Haupt- und Nebenwurzeln bestehendes Wurzelsystem, im Gegensatz zu → homorhiz.

Alternanz (L alternare = abwechseln) Bezeichnung für eine Blattstellung, bei der die Blätter eines jeden aufeinanderfolgenden Wirtels über den Lücken des vorhergehenden stehen.

Amöboide Bewegung (G amoibe = Wechsel, Veränderung; G -eides = gestaltet, ähnlich) Durch Plasmaströmungen verursachte Fließbewegung, die zu einer ständigen Gestaltveränderung führt.

Amphistomatisch (G amphi = auf beiden Seiten, ringsum; G stoma = Mund, Öffnung) Bezeichnung für Blätter, die auf beiden Seiten Spaltöffnungen (Stomata) haben.

Amphitrich (G amphi = beidseitig; G triches = Haar) An beiden Polen begeißelt.

Amplifikation (L amplificare = erweitern, vergrößern) Vervielfachung, z. B. von bestimmten DNA-Abschnitten.

Amygdalin (G amygdale = Mandel) In Mandeln enthaltenes Glykosid mit dem charakteristischen Bittermandelgeruch.

Amylose (G amylon = Kraftmehl, Stärke) Stärkeform mit unverzweigten Makromolekülen, bei der die Glucosebausteine ausschließlich in α-1→4-glykosidischer Bindung vorliegen.

Ana-, An- (G ana = auf, hinauf) Als Vorsilbe mit folgenden Bedeutungen benutzt: aufwärts, auseinander, zusammen, wieder, gegen, entsprechend.

Anabolismus (→ Ana-; G bole = Wurf, Schuß) Gesamtheit der aufbauenden Phasen des Stoffwechsels. Adjektiv: anabol.

Anaërobier, Anaërobiont (→ A-, An-; → Aër-; G bios = Leben) Organismus, speziell Mikroorganismus, der auch in Abwesenheit von Sauerstoff (Anaërobiose) leben kann (fakultativer Anaërobier) bzw. nur in Abwesenheit von freiem Sauerstoff zu existieren vermag (obligater Anaërobier).

Analoge Organe (G analogos = entsprechend) Organe ähnlicher Gestalt, die jedoch auf verschiedene Grundorgane zurückzuführen sind.

Anaphase (→ Ana-, → Phase) Phase des Auseinanderweichens der Chromosomen bei der Kernteilung.

Anastomose (G anastomoun = eine Mündung öffnen, erweitern) Herstellung von Verbindungen zwischen Hohlräumen.

Andrangium (G aner, Genitiv andros = Mann; G angeion = Gefäß, Kanne) Männliches Geschlechtsorgan der → Ascomyceten.

Androeceum (G aner, Genitiv andros = Mann; G oikos = Haus) Gesamtheit der Staubblätter einer Blüte. Auch als Androecium (G oikeios = Hausgenosse) bezeichnet.

Aneuploidie (→ A, → Euploidie) Vorliegen unvollständiger Chromosomensätze als Folge einer unregelmäßigen Verteilung der Chromosomen auf die Tochterzellen.

Angiospermen (G angeion = Gefäß, Krug; G sperma = Samen, Keim) Bedecktsamige Pflanzen.

Anisogamie (G anisos = ungleich; G gamein = heiraten) Verschmelzung ungleich großer → Gameten.

Anisophyllie (G anisos = ungleich; G phyllon = Blatt) Ausbildung ungleich großer Blätter im gleichen Sproßabschnitt bzw. am gleichen Knoten.

Antagonist (G antagonistaes = Feind, Gegenspieler) Substanz, die die Wirkung einer anderen Substanz aufhebt bzw. Organismen, die gegeneinander wirken (Subst. Antagonismus).

Anthere (G antheros = blühend) Staubbeutel.

Antheridium (G antheros = blühend; G idios = eigentümlich, besonderer) Männliche Gametangien der Moose und Farne.

Anthocyane (G anthos = Blume, Blüte; G kyanos = Lasurstein, blaue Farbe) Zellsaftlösliche, blau, violett oder rot gefärbte Farbstoffe, die aus Zuckern und einem → Aglykon, den Anthocyanidinen, bestehen.

Anthophyta (G anthos = Blüte, Blume; G phyton = Pflanze, Gewächs) Blütenpflanzen.

Anthoxanthine (G anthos = Blüte, Blume; G xanthos = gelb) Den → Anthocyanen ähnliche, aber gelb gefärbte zellsaftlösliche Farbstoffe.

Anti (G anti = gegen) In zusammengesetzten Wörtern mit den Bedeutungen: gegen, wider, gegenüber.

Antibiotikum (→ Anti-; G bios = Leben) Von Organismen erzeugte organische Verbindung, die das Wachstum von Mikroorganismen hemmt.

Anticodon (→ Anti-, → Codon) Drei Nucleotide umfassender Abschnitt der tRNA zum Auffinden der komplementären Nucleotidsequenz der mRNA, des → Codons.

Antiklin (→ Anti-; G klinein = neigen, biegen) Senkrecht zur Oberfläche verlaufend.

Antimetabolit (→ Anti; G metabole = Umsatz, Veränderungen, Wechsel) Chemisches Agens, das Stoffwechselvorgänge hemmt.

Antipoden (→ Anti-; G pous, Genitiv podos = Fuß) Gegenfüßler. Hier die Zellen des Embryosackes, die der Eizelle gegenüberliegen.

Antiport (→ Anti-; L portare = tragen) Transport eines Ions oder Moleküls durch eine Biomembran im Austausch gegen ein anderes, in entgegengesetzter Richtung transportiertes Substrat.

Anulus (L anulus = Ring) Bei Farnen das Sporangium umfassende Zellreihe mit verdickten Radial- und inneren Tangentialwänden, deren Funktion die Öffnung der Sporangien mit Hilfe eines Kohäsionsmechanismus ist.

Apex (L apex = Spitze) Allgemein für Spitzenregionen, besonders für die Spitze der Sproßachse verwendet.

Apikaldominanz (L apex, Genitiv apicis = Spitze; L dominari = herrschen) Unterdrückung des Auswachsens von Achselknospen durch den Sproßscheitel.

Aplanosporen (→ A-; G planos = umherirrend; G sporos = Säen, Aussaat) Nicht aktiv bewegliche → Sporen.

Apo-, Ap- (G apo = von, weg, ab, entfernt von) In zusammengesetzten Wörtern in einer der angegebenen Bedeutungen benutzt.

Apoenzym (→ Apo-, → Enzym) Proteinanteil eines Enzyms, der zusammen mit dem → Coenzym das vollständige → Holoenzym bildet.

Apoplast (→ Apo-; G plastos = gebildet, geformt) Außerhalb des Cytoplasmas liegende Räume eines vielzelligen pflanzlichen Organismus, z. B. die kapillaren Räume der Zellwand und Ausscheidungen des Cytoplasmas.

Apothecium (→ Apo-; G theke = Behältnis) Pilzfruchtkörper, bei dem die Fruchtschicht, das → Hymenium, auf der Oberfläche entsteht.

Apposition (L ad = auf, darauf; L ponere, positus = setzen, stellen, legen) Auflagerung, z. B. von Zellwandschichten.

Äquidistanz (L aequus = gleich; L distantia = Abstand) Gleicher Abstand, z. B. zwischen den Blättern eines Wirtels.

Äquifaziales Blatt (L aequus = gleich; L facies = Aussehen, Antlitz) Blatt, bei dem Ober- und Unterseite gleich gestaltet sind.

Arbuskel (L arbuscula = Bäumchen) Bäumchenartige Verzweigungen, z. B. die büschelig verzweigten Haustorien der VAM-Pilze in der Wirtszelle.

Arche- (G arch[a]e = Anfang) In zusammengesetzten Wörtern im Sinne von Anfang, oft mit der Bedeutung der Vorsilbe „Ur-".

Archegonium (→ Arche-; G gone = Erzeugung, Nachkommenschaft) Weibliche Gametangien der Moose und Farne.

Archespor (→ Arche; → Spore) Gewebe in den Sporangien der Moose und Farne, aus dem die Sporenmutterzellen und später die → Meiosporen hervorgehen.

Ascogon (→ Ascus; G gone = Erzeugung) Weibliches Sexualorgan der Ascomyceten, an dem nach der Bildung der Zygotenkerne die → Asci entstehen.

Ascomycetes (→ Ascus; G mykes = Pilz) Schlauchpilze.

Ascus (G ascos = Schlauch) Schlauchartiger Sporenbehälter der Ascomyceten.

Assimilation (L assimilare = ähnlich machen, angleichen) Im allgemeinen Umwandlung körperfremder in körpereigene Stoffe, im speziellen Fall Synthese organischer Substanzen aus Kohlendioxid und Wasser bei der Photosynthese bzw. → Chemosynthese.

Aster-Mikrotubuli (G astär = Stern, Gestirn; → Mikrotubulus) Mikrotubuli, die sternförmig ausstrahlen, also weder zu Kinetochoren Kontakt haben noch in die Überlappungszone reichen.

Attenuator (L attenuare = abschwächen) Ein Attenuator-Mechanismus ist ein Regulationssystem, bei dem die Biosynthese der Repression durch das Endprodukt unterliegt.

Attractant (L attrahere, attractus = anlocken) Chemisches Agens, das frei bewegliche Mikroorganismen anlockt (→ Chemotaxis).

Auto- (G autos = selbst, eigen) In zusammengesetzten Wörtern mit der angegebenen Bedeutung.

Autolyse (→ Auto; → Lysis) Selbstauflösung von Zellen.

Autonom (→ auto-; G nomos = Brauch, Recht, Gesetz, Regel) Selbständig, unabhängig. Kennzeichnet biologische Vorgänge, die ohne erkennbaren äußeren Anlaß (Reiz) erfolgen (Synonyme; → endogen, → endonom).

Autoreplikation (→ Auto-; L replicare = entfalten, erwidern) Allgemein für die Selbstverdopplung der DNA benutzt. Synonym: Autoreduplikation (→ Replikation, → Reduplikation).

Autotrophie (→ Auto-; G trophos = Ernährer) Selbsternährung, verwendet als Bezeichnung für die Fähigkeit zur Synthese organischer Substanzen aus anorganischen. → Assimilation.

Auxine (G auxano, auxo = wachsen) Bezeichnung für pflanzliche Hormone, die vor allem das Streckungswachstum fördern.

Auxotrophie (G auxo = wachsen; G trophe = Ernährung) Ernährung von Mikroorganismen bzw. Mutanten, die zum Wachstum zusätzliche Wachstumsfaktoren oder Nährstoffe benötigen.

Bakterien (G bakteria = Stab, Stock) Gruppe von → Prokaryonten.

Bakteriostatisch (→ Bakterien; G stasis = Stillstehen) Reversible Hemmung des Wachstums von Bakterien.

Bakterizid (→ Bakterien; Umlaut von L caedere = töten, vernichten) bakterientötend.

Bakteroide (→ Bakterien; G eides = gestaltet, ähnlich) Korrekt: Bakterioide. Unregelmäßige Wuchsformen (Involutionsformen) von Bakterien, die z. B. bei der Wurzelknöllchensymbiose entstehen.

Bakteriophagen (→ Bakterien; G phagein = fressen) Bezeichnung für Bakterien befallende → Viren.

Basal (G basis = Grundlage) Die Grundlage bildend bzw. sich im unteren Bereich eines Organs befindend.

Basiplast (→ basal; G plastos = gebildet, geformt) mit einem basalen Meristem wachsend.

Basidie (G Verkleinerungsform von basis = Grundlage, Sockel) Trägerzelle der Basidiomyceten, an der distal vier Sporen abgegliedert werden.

Basidiomycetes (→ Basidie; G mykes = Pilz) Ständerpilze.

Bastard (F bastard = uneheliches Kind) Kreuzungsprodukt von Partnern, die sich in einem oder mehreren → Allelen unterscheiden. Synonym: → Hybrid.

Bi-, Bis- (L bi = zwei, doppelt, vor Vokalen bis) In zusammengesetzten Wörtern in der angegebenen Bedeutung.

Bifaziales Blatt (→ Bi-; L facies = Aussehen, Antlitz) Blatt, das eine Ober- und eine Unterseite aufweist. → unifaziales Blatt.

Biogenese (G bios = Leben; G genesis = Erzeugung, Entstehung) Entstehung des Lebens.

Biomembran (G bios = Leben; L membrana = Häutchen, Haut) Aus einer bimolekularen Lipidschicht und Proteinen bestehende plasmatische Grenzschicht.

Bivalente (→ Bi-; L valere, valens = wert sein) Zweiwertig. In der Meiose gepaarte Chromosomen (Synonyme: → Gemini, → Tetraden).

Bryophyta (G bryein = üppig sprossen; G phyton = Gewächs, Pflanze) Moose.

Capsid (L capsa = Kapsel) Proteinhülle von Viren und Bakteriophagen.

Capsomer (→ Capsid, G meros = Teil) Untereinheit eines Capsids.

Carnivoren (L carnis = Fleisch; L vorare = fressen, verschlingen) Fleischfressende Pflanzen (→ Insectivoren).

Carotine (L carota = Möhre) In Plastiden enthaltene gelbe Pigmente.

Carotinoide (→ Carotin; G eides = gestaltet, ähnlich) Carotinartige Verbindungen. Oberbegriff für Carotine und → Xanthophylle.

Carpell (G karpein = Frucht tragen) Fruchtblatt.

Carrier (E carry = tragen) Träger.

Cellulose (L cellulosus = zellig, aus Zellen bestehend) Im Pflanzenreich verbreitete Zellwandsubstanz.

Centriole (L Verkleinerungsform von centrum = Mittelpunkt) Zentralkörperchen bei der Kernteilung, überwiegend bei tierischen Zellen vorkommend (Synonym: → Centrosom).

Centromer (L centrum = Mittelpunkt; G meros = Teil) primäre Einschnürung der Chromosomen. → Kinetochor.

Centrosom (L centrum = Mittelpunkt; G soma = Körper) Zentralkörperchen (Synonym: → Centriole).

Cerebrosid (L cerebrum = Gehirn) Ein Glykosphingolipid, das ursprünglich aus Hirnsubstanz isoliert wurde, aber auch bei Pflanzen weit verbreitet ist.

Chalaza (G chalaza = Hagel, Schloßen) Bezeichnung für den basalen Bereich der Samenanlage, von dem die → Integumente ausgehen.

Chaperone (E chaperon = Anstandsdame) Hilfsproteine, die bei der Ausbildung der räumlichen Gestalt von Proteinen mitwirken.

Chelate (L, G chelae = Schere von Krebstieren) Sammelbezeichnung für zyklische organische Verbindungen, bei denen ein einzelner Ligand, z.B. ein Metall, mehr als eine Koordinationsstelle am Zentralatom besetzt. Dadurch werden die normalerweise gestreckten Verbindungen über dem Metallatom zu Ringen geschlossen.

Chemo- (durch chemische Substanzen hervorgerufen bzw. auf chemische Substanzen bezogen) In zusammengesetzten Wörtern in diesem Sinne.

Chemolithotrophie (→ Chemo-; G lithos = Stein; trophe = Ernährung) → Chemosynthese.

Chemodinese (→ Chemo-; → Dinese) Auslösung bzw. Beschleunigung von Plasmaströmungen durch Chemikalien.

Chemomorphose (→ Chemo-; → Morphose) Formativer Effekt chemischer Faktoren auf pflanzliche Organe.

Chemonastie (→ Chemo-; → Nastie) Durch chemische Reize ausgelöste, aber nicht gerichtete Bewegung pflanzlicher Organe.

Chemoorganotrophie (→ Chemo-; G trophe = Ernährung) Form des chemotrophen Stoffwechsels, bei dem, im Gegensatz zur Chemolithotrophie, nicht anorganische, sondern organische Verbindungen als Wasserstoffdonatoren dienen.

Chemoperzeption (→ Chemo-; → Perzeption) Aufnahme chemischer Reize duch pflanzliche Zellen bzw. Organe.

Chemophobische Reaktion (→ Chemo-; → phobische Reaktion) Phobische Reaktion eines freibeweglichen Mikroorganismus, die durch eine plötzliche Änderung der Konzentration eines Attractants oder Repellents ausgelöst wird.

Chemosynthese (→ Chemo; → Synthese) Aufbau organischer Substanzen unter Verwendung von Energie, die durch die Oxidation anorganischer Substanzen gewonnen wurde.

Chemotaxis (→ Chemo; → Taxis) Orientierung freibeweglicher Mikroorganismen in chemischen Gradienten.

Chemotropismus (→ Chemo; → Tropismus) Orientierung ortsgebundener Pflanzen bzw. ihrer Organe in chemischen Gradienten.

Chiasma (G chiasmos = Überkreuzung in der Art des griechischen Buchstaben χ) Überkreuzungen von Chromatiden.

Chloro- (G chloros = hellgrün, gelb, fahl, bleich) In zusammengesetzten Wörtern sowohl für grün als auch für bleich benutzt.

Chlorophyceae (→ Chloro-; G phykos = Tang, Seegras) Grünalgen.

Chlorophylle (→ Chloro-; G phyllon = Blatt, Laub) Blattgrün, Gruppe grüner, photosynthetisch aktiver Farbstoffe.

Chloroplast (→ Chloro-; G plastos = gebildet, geformt) Zu den → Plastiden gehörende, grün gefärbte, photosynthetisch aktive Zellorganelle.

Chlorosomen (→ Chloro-; G soma = Körper) Lichtsammlerkomplexe der grünen Chlorobiaceae.

Chondriom (G chondros = Stückchen, Körnchen) Gesamtheit der in den → Mitochondrien enthaltenen genetischen Information.

Chrom-, Chroma-, Chromo- (G chroma, Genitiv chromatos = Haut, Hautfarbe, Farbe) In zusammengesetzten Wörtern entweder für farbige oder spezifisch zu färbende Substanzen.

Chromatide (→ Chroma-) Chromosomenspalthälften, aus denen bei der Mitose die Tochterchromosomen werden. Sie enthalten → Chromatin.

Chromatin (→ Chroma-) Aus DNA, RNA und Protein bestehender Nucleoproteinkomplex des Zellkerns bzw. der Chromosomen, der sich mit bestimmten basischen Farbstoffen stärker anfärbt als das Karyoplasma.

Chromatophor (→ Chroma-; G phoros = tragend) Farbstoffträger. Bezeichnung für die Gesamtheit der gefärbten → Plastiden.

Chromomer (→ Chromo-; G meros = Teil) Wegen ihres Gehaltes an → Chromatin stark färbbare, mit dem Lichtmikroskop erkennbare, körnchenartige Struktur auf dem → Chromonema.

Chromonema (→ Chromo-; G nema = Faden, Garn) Während der Mitose lichtmikroskopisch gerade noch erkennbares, schraubig aufgerolltes Fadenelement des Chromosoms.

Chromophor (→ Chromo-; G phoros = tragend) Die aufgrund ihrer Elektronenkonfiguration bestimmte Strahlungsbereiche absorbierende und somit den Farbstoffcharakter bedingende Gruppe eines → Pigmentes.

Chromoplast (→ Chromo-; G plastos = gebildet, geformt) Durch Carotinoide gelb, orange oder rot gefärbte, photosynthetisch inaktive → Plastiden, die in Blüten und Früchten vorkommen und für deren Färbung verantwortlich sind.

Chromosaccharid (→ Chromo-; → Saccharide) Gefärbte Zuckerverbindung, z. B. → Anthocyane.

Chromosom (→ Chromo-; G soma = Körper) Wegen ihres Gehaltes an → Chromatin stark färbbare, während der Mitose in charakteristischer Form in Erscheinung tretende Bestandteile des Zellkerns, die in artspezifischer Anzahl und Form vorhanden sind.

Chrysolaminarin (G chrysos = Gold; L lamina = Platte, Blatt, Tafel) Bei gelbbraun gefärbten Algengruppen, z. B. → Chrysophyceae und → Phaeophyceae, vorkommendes Polysaccharid.

Chrysophyceae (G chrysos = Gold; G phykos = Tang, Seegras) Goldalgen, die ihre Färbung dem hohen Gehalt an Fucoxanthin verdanken.

Cilie (L cilium = Augenlid, Wimper) Bei einigen Einzellern und → Spermatozoiden vorkommende, der Fortbewegung dienende Wimpern.

Circadiane Rhythmik (L circa = ungefähr; L dies = Tag; G rhythmos = Zeitmaß, Takt) Regelmäßige Änderungen biologischer Aktivitäten, deren Schwingungen einem etwa 24stündigen Rhythmus folgen.

Circannuelle Rhythmik (L circa = ungefähr; L annus = Jahr; G rhythmos = Zeitmaß) Regelmäßige Änderung biologischer Aktivitäten, die etwa dem Jahresrhythmus folgen.

Circumnutation (L circum = um, herum; L nutare = nicken, schwanken) Stetig kreisende Bewegung von Sproßspitzen, Ranken und anderen Organen, die durch eine die Organachse zyklisch umlaufende, einseitige Wachstumsförderung zustande kommt.

Clathrin (L clatri = Gitter) Das die coated vesicles (CCV) umgebende Protein mit Käfigstruktur.

Cluster (E cluster = Schwarm, Haufen) Nach dem Clustermodell der Wasserstruktur durch Vernetzung von Wassermolekülen entstehende Schwärme.

Codon (F code = funktelegraphischer Schlüssel) Drei Nucleotide umfassender Abschnitt der mRNA, der die Information für eine Aminosäure enthält, die in der Nucleotidsequenz begründet ist. → Anticodon.

Coenoblast (G koinos = gemeinsam, gemeinschaftlich; G blastos = Sproß, Keim, Trieb, Wuchs, Ursprung) Vielkernige Plasmamasse einer Alge oder eines Pilzes.

Coenozygote (G koino = gemeinsam, gemeinschaftlich; G zygos = Joch, Steg, Brücke) Durch Verschmelzung von Gametangien und zahlreichen Kernen verschiedener Geschlechtspotenz entstandene → Zygote.

Coenzym (L co-, con- = zusammen, mit; → Enzym) Die Wirkungsgruppe enthaltender Bestandteil eines Enzyms, der zusammen mit dem → Apoenzym das vollständige → Holoenzym bildet.

Commensalismus (L com-, Umlaut cum- = zusammen, mit; L mensa = Tisch) Lebensgemeinschaft, aus der nur der eine Partner Nutzen zieht, ohne dem anderen zu schaden.

Congenital (L con-, Umlaut von cum = zusammen, mit; L gignere, genitum = zeugen, gebären) Angeboren, von Geburt an vorhanden.

Coniferen (L conifer = zapfentragend) Nadelhölzer.

Corolla (L corolla = Kränzchen) Blütenkrone.

Corpus (L corpus = Körper, Leib, Kern) Zentraler Gewebeanteil des Scheitelmeristems einer Sproßachse.

Cortical (L cortex = Rinde) In der Rinde, im weiteren Sinne in der Peripherie liegend.

Crossing over (E) Überkreuzung von Chromosomen, die zu einem Segmentaustausch führt.

Cryptochrom (G Kryptos = verborgen; G chroma = Haut, Hautfarbe, Farbe) UV-A und Blaulicht absorbierendes Pigment (Pigmente?), das Entwicklungs- und Bewegungsvorgänge steuert. Der Name wurde gewählt, weil seine chemische Natur noch unklar ist.

Cuticula (L cuticula = Häutchen, Verkleinerungsform von cutis) Aus → Cutin bestehender wachsartiger Überzug oberirdischer Pflanzenteile.

Cutin (→ Cutis) Dem → Suberin verwandtes Gemisch aus gesättigten und ungesättigten Fettsäuren bzw. Hydroxyfettsäuren, die untereinander zu hochpolymeren Makromolekülen vernetzt sind.

Cutis (L cutis = Haut) Pflanzliche Zellen und Gewebe mit cutinisierter Zellwand, die als Abschlußgewebe fungieren.

Cyanobakterien (G kyanos = Lasurstein, blaue Farbe; G bakteria = Stab, Stock) Auch als Cyanophyceae oder blaugrüne Algen bezeichnete Prokaryonten, die infolge ihres Gehaltes an → Phycobiliproteinen blaugrün bzw. schmutzig violett gefärbt und zur oxygenen Photosynthese befähigt sind.

Cyto- (G kytos = Höhlung, Wölbung, Urne) „Zelle" in zusammengesetzten Wörtern.

Cytochrome (→ Cyto-; G chroma = Haut, Hautfarbe, Farbe) Gelblich gefärbte Häminverbindungen der Zellen, die als Redoxsysteme in den Elektronentransport eingeschaltet sind.

Cytokinine (→ Cyto-; G kinein = bewegen) → Phytohormone, die u. a. die Zellteilungen (Cytokinesen) steuern.

Cytoplasma (→ Cyto-; G plasma = Gebilde) Hauptsächlich aus Proteinen bestehende Grundsubstanz der Zellen.

Cytosom (→ Cyto-; G soma = Körper) Sammelbezeichnung für vesikuläre und partikuläre Zelleinschlüsse.

De- (L de = von, weg) In zusammengesetzten Wörtern Vorsilbe mit der Bedeutung; weg, von, ab, ent-, herab.

Deletion (L deletio = Vernichtung) Chromosomenmutation, bei der Bruchstücke, mindestens aber ein Basenpaar eines Chromosoms verlorengehen.

Denitrifikation (→ De-; A, G nitrogenium = Stickstoff, L ficare durch Umlaut aus facere = machen) Nitratatmung.

Deplasmolyse (→ De-; → Plasmolyse) Rückgängigmachen der Plasmolyse durch Übertragen der Zellen in Wasser bzw. ein hypotonisches Medium.

Desmotubuli (G desmos = Band, Binde; L tubuli = kleine Röhrchen) Plasmodesmen durchsetzende, jedoch nicht röhrenförmige Strukturen, die an ER-Zisternen benachbarter Zellen grenzen.

Desulfurication (→ De; L sulfur = Schwefel; L ficare durch Umlaut aus facere = machen) Sulfatatmung.

Determination (L determinatio = Abgrenzung, Schluß) Entscheidung über die Realisierung genetischer Potenzen einer Zelle bei der Entwicklung.

Di- (G dis, di = zweimal, doppelt) In zusammengesetzten Wörtern Vorsilbe mit der Bedeutung zweifach.

Dia- (G dia = auseinander, entzwei, durch, hindurch) In zusammengesetzten Wörtern Vorsilbe mit einer der angegebenen Bedeutungen.

Diagravitropismus (→ Dia-; → Gravitropismus) Orientierung pflanzlicher Organe senkrecht zur Schwerkraft. Auch als Diageotropismus bezeichnet.

Diakinese (→ Dia-; G kinein = bewegen) Abschnitt in der Prophase der → Meiose, in dem die → Gemini in die Nähe der Kernhülle wandern, die sich auflöst.

Diaphototropismus (→ Dia-; → Phototropismus) Orientierung pflanzlicher Organe senkrecht zur Lichtrichtung.

Dichasium (G dichazein = in zwei Teile teilen, trennen) Verzweigungstypus der Sproßachse, bei dem die Hauptachse ihr Wachstum einstellt und zwei Seitensprosse gleichwertig auswachsen.

Dichotomie (G dichotomos = zweigeteilt, gegabelt) Gabelige Verzweigung durch Längsteilung der Scheitelzelle bzw. des Scheitelmeristems.

Dictyosom (G diktyon = Netz; G soma = Körper) Aus paketartig übereinander geschichteten, abgeflachten Zisternen bestehendes Zellorganell mit synthetischen Funktionen. An den Rändern sind die Zisternen häufig von einem Netzwerk anastomosierender Tubuli umgeben.

Differenzierung (L differentia = Verschiedenheit) Entwicklung meristematischer Zellen zu Dauerzellen verschiedener Gestalt und Funktion.

Diffusion (L diffundere, diffusus = ausgießen, verbreiten, zerstreuen) Ausbreitung von Gasen bzw. gelösten Molekülen, bis eine gleichmäßige Verteilung in dem zur Verfügung stehenden Raum bzw. Lösungsmittel erreicht ist.

Dikaryophase (→ Di-; G karyon = Nuß, Kern; → Phase) Paarkernphase. Der Abschnitt zwischen → Plasmogamie und → Karyogamie.

Dikotyle, Dikotyledone (→ Di-; → Kotyledonen) Zweikeimblättrige Pflanze.

Dilatation (L dilatare = ausdehnen, erweitern) Erweiterungswachstum in tangentialer Richtung durch Einziehen radial verlaufender Wände.

Dinese (G dinein = sich im Kreise drehen, umherwandern) Auslösung bzw. Beschleunigung von Plasmaströmungen durch Reize.

Dioecie (→ Di-; G oikos = Haus) Zweihäusigkeit. Getrenntgeschlechtigkeit. Wird auch für Kormophyten benutzt, bei denen staminate und pistillate Blüten auf verschiedenen Sporophyten einer Art gebildet werden.

Diplo-, dipl- (G diploos = doppelt) In zusammengesetzten Wörtern Vorsilbe mit der Bedeutung doppelt, zwiefach.

Diploid (→ Diplo-; G -eides = gestaltet, ähnlich) Mit einem doppelten Chromosomensatz ausgestattet.

Diplont (→ Dipl-; G on, ontos = Sein) Organismus, dessen Körperzellen mit diploiden Chromosomensätzen ausgestattet sind.

Diplotän (→ Diplo-; G tainia = Kopfbinde, Band) Abschnitt der Prophase der 1. Reifungsteilung, in dem die Trennung der konjugierten Chromosomen beginnt.

Dissimilation (L dissimulare, dissimilare = unähnlich machen) Abbau organischer Verbindungen im Stoffwechsel zum Zwecke der Energiegewinnung.

Distal (L distare = getrennt sein, entfernt sein) Weiter von der Körpermitte entfernt liegend als andere Teile. Gegensatz zu → proximal.

Divergenz (L divergens, divergentis, 1. Partizip von divergere = auseinanderstreben, auseinanderlaufen) Auseinanderlaufen, Abweichung.

Dominant (L dominans, dominantis = 1. Partizip von dominari = herrschen, gebieten) Vorherrschend, überdeckend. Beim Erbgang im Gegensatz zu → rezessiv.

Donator (L donator = Geber) Bezeichnung für Verbindungen, die bei chemischen Reaktionen Atome, Atomgruppen oder Elektronen abgeben.

Dormin (L dormire = schlafen) Ältere Bezeichnung für das Phytohormon → Abscisin, da dieses bei Samen und Knospen auch Ruheperioden zu induzieren vermag.

Dorsiventral (L dorsum = Rücken; L venter = Bauch) Symmetrie von Organen oder Organismen, bei denen Ober- und Unterseite verschieden gebaut sind, die aber nur eine Symmetrieebene haben.

Duplication (L duplicatio = Verdopplung) Chromosomenmutation, die in der Verdopplung eines Chromosomenabschnittes besteht.

Dynein (G dyn, Kurzform von dynamis = Kraft) ATPase-Aktivität besitzendes Protein der Eukaryontengeißeln.

Effektor (L effector = Schöpfer, Urheber) Substanzen, die bei der Genregulation die Aktivität der → Repressoren steuern.

Ektomykorrhiza (G ektos = außen, außerhalb; → Mykorrhiza) Form der Mykorrhiza, bei der das Hyphengeflecht die Wurzel mantelartig umgibt und die Hyphen ausschließlich interzellulär in das Rindengewebe eindringen.

Elaioplast (G elaion = Öl, Fett; G plastos = gebildet, geformt) Fettspeichernder → Leukoplast.

Elektro- (G elektron = Bernstein) Allgemein für elektrische Phänomene benutzte Vorsilbe, die sich daraus erklärt, daß die Reibungselektrizität erstmals bei Bernstein beobachtet wurde.

Elektronastie (→ Elektro-; → Nastie) Durch elektrische Reize ausgelöste, aber nicht gerichtete Bewegung pflanzlicher Organe.

Elementar (L elementum = Grundstoff, Urstoff) Grundlegend, ursprünglich.

Elementarfibrille (→ Elementar; L fibrilla = Verkleinerungsform von fibra = Faser) Aus 50–100 Cellulosemolekülen bestehende, fädige Elemente von 3,5–5 nm Durchmesser, die die Mikrofibrillen der Zellwand aufbauen.

Elementarmembran (→ Elementar; L membrana = Häutchen, Haut) → Biomembran.

Elongation (L e, ex = aus, heraus; L longare = verlängern [Spätlatein]) Verlängerung wachsender Makromoleküle.

Embryo (G embryon = neugeborenes Lamm, ungeborene Leibesfrucht) Im Anfangsstadium der Entwicklung befindlicher Keim vielzelliger Organismen.

Emergenz (L emergere = auftauchen, zum Vorschein kommen) Auswuchs pflanzlicher Organe, an dem außer der Epidermis auch die darunterliegenden Gewebeschichten beteiligt sind.

Endergonisch (→ Endo-; G ergon = Werk, Wirksamkeit) Bezeichnung für

Stoffwechselvorgänge, die nur unter Energiezufuhr ablaufen. Gegensatz → exergonisch.

Endo-, End- (G endon = innen, innerhalb) In zusammengesetzten Wörtern als Vorsilbe mit der angegebenen Bedeutung.

Endocytose (→ Endo-; G kytos = Höhlung, Wölbung, Urne) Aufnahme von festem oder gelöstem extrazellulären Material in die Zelle unter gleichzeitiger Umhüllung mit einer Biomembran.

Endodermis (→ Endo-; G derma = Haut, Fell) Innerste Rindenschicht der Wurzel, die die Rinde vom Zentralzylinder abgrenzt.

Endogen (→ Endo-; G -genes = hervorbringend, verursachend) Durch innere Faktoren verursacht (Synonym; → autonom, → endonom).

Endomitose (→ Endo-; → Mitose) Bei Angiospermen häufig zu beobachtende, wiederholte Verdoppelung der Chromosomen ohne Auflösung der Kernhülle.

Endomykorrhiza (G endon = innen; → Mykorrhiza) Im Gegensatz zur → Ektomykorrhiza wachsen hier die Pilze intrazellulär.

Endonom (→ Endo-; G nomos = Brauch, Recht, Gesetz, Regel) Durch innere Faktoren gesteuert (Synonym: → autonom, → endogen).

Endoplasmatisches Reticulum (→ Endo-; G plasma = Gebilde; L reticulum = Netz) Ein das → Cytoplasma durchziehendes, von → Biomembranen begrenztes, vielfach kommunizierendes System von Zisternen und Kanälen, das als intrazelluläres Transportsystem fungiert.

Endopolyploidie (→ Endo-; → Polyploidie) Ausbildung von Kernen mit zahlreichen Chromosomensätzen als Resultat von → Endomitosen und → Endoreduplikationen.

Endoreduplikation (→ Endo-; → Reduplikation) Verdoppelung der Chromosomensätze innerhalb des Zellkerns ohne Auftreten mitoseähnlicher Stadien.

Endosperm (→ Endo-; G sperma = Samen, Keim) Nährgewebe der Pflanzensamen.

Endosporen (→ Endo-; → Sporen) Innerhalb von Sporenbehältern (→ Sporangien) gebildete Sporen.

Energide (G energeia = Wirksamkeit, Wirkung, Kraft) Wirkungssphäre eines Zellkerns in einem → Coenoblasten.

Enthalpie (G en = in, darin, hinein; G thalpos = Wärme, Hitze) Energieartige thermodynamische Zustandsgröße H, definiert als Summe aus innerer Energie E und Verdrängungsenergie pV eines Systems vom Volumen V unter dem Außendruck p: $H = E + pV$. Entsprechend wird die „freie Enthalpie" G durch die „freie Energie" F definiert: $G = F + pV$.

Entropie (G entrepein = umwandeln, umkehren) Zustandsgröße S für den Grad der Nichtumkehrbarkeit thermodynamischer Prozesse und die dabei erfolgende Energieentwertung. Ihre Dimension ist $J \cdot K^{-1}$ (Joule/Grad Kelvin).

Enzym (G en = in, hinein; G zyme = Sauerteig, Hefe) Von der Zelle gebildete, aus → Apoenzym und → Coenzym bestehende Moleküle, die als Katalysatoren von Stoffwechselreaktionen fungieren.

Enzyminduktion (→ Enzym; L inductio = das Einführen) Anregung zur Bildung von Enzymen durch das jeweilige Substrat.

Eobiont (G eos = Morgenröte; G bious, Genitiv biontos, 1. Partizip von bioun = leben) Urzelle, zelluläre Vorstufe der → Procyte.

Epi-, Ep- (G epi = auf, darauf, über, darüber) In zusammengesetzten Wörtern Vorsilbe mit einer der angegebenen Bedeutungen.

Epidermis (→ Epi-; G derma = Haut, Fell) Oberirdische Pflanzenteile überziehendes, im Regelfall einschichtiges Abschlußgewebe.

Epigäisch (→ Epi-; G ge = Erde) Überirdisch.

Epikotyl (→ Epi-; → Kotyledo) Zwischen den Kotyledonen und dem Ansatz der ersten Primärblätter liegender Sproßabschnitt

Epinastie (→ Epi-; → Nastie) Von der Schwerkraft unabhängige, ständig vorhandene stärkere Wachstumstendenz der Organoberseite.

Epiphyt (→ Epi-; G phyton = Pflanze, Gewächs) Auf einer Wirtspflanze nichtparasitisch lebende Pflanze.

Episom (→ Epi-; G soma = Körper) Übertragbares DNA-Element der Bakterien.

Epistomatisch (→ Epi-; G stoma = Mund, Öffnung) Bezeichnung für Blätter, die ausschließlich auf der Oberseite Spaltöffnungen (Stomata) tragen.

Etiolement (F etioler = verkümmern, dahinsiechen) Vergeilung von Pflanzen bei fehlender oder unzureichender Belichtung.

Euchromatin (G eu = gut; → Chromatin) Ein normales Färbeverhalten zeigendes Chromatin, im Gegensatz zum → Heterochromatin.

Eucyte (G eu = gut; G kytos = Höhlung, Wölbung, Urne) Eukaryotische Zelle.

Eukaryont (G eu = gut; G karyon = Kern; G on, Gen. ontos = das Seiende, Wesen) Organismus, dessen Zellen im Gegensatz zu den → Prokaryonten echte Zellkerne besitzen.

Eukaryotisch (G eu = gut; G karyon = Kern) einen echten Zellkern besitzend.

Euploidie (G eu = gut; → -ploid analog zu → haploid) Vorliegen vollständiger Chromosomensätze.

Eustele (G eu = gut; stele = Säule, Pfeiler) Leitbündelanordnung, bei der die Leitbündel auf einem Zylinder angeordnet und untereinander durch Querverbindungen vernetzt sind.

Evolution (L evolvere, evolutus = entwickeln, enthüllen) Entwicklung, und zwar sowohl für chemische Evolution, d. h. Entwicklung von den Atomen zu den Biopolymeren, als auch für die Entwicklung vom Ureinzeller zu den heutigen Organismen (Stammesgeschichte) benutzt.

Ex- (L, G ex = aus, heraus) In zusammengesetzten Wörtern Vorsilbe mit der angegebenen Bedeutung.

Exergonisch (→ Ex-; G ergon = Werk, Wirksamkeit) Bezeichnung für Stoffwechselvorgänge, bei deren Ablauf Energie frei wird. Gegensatz: → endergonisch.

Exine (L eximere = ausscheiden) Äußere Schicht des → Sporoderms.

Exkret (L excernere, excretus = ausscheiden, aussondern) Ausgeschiedenes Stoffwechselprodukt, für das die Pflanze keine Verwendung mehr hat.

Exo- (G exo = außen, außerhalb, nach außen) In zusammengesetzten Wörtern Vorsilbe mit einer der angegebenen Bedeutungen.

Exocytose (→ Exo-; → Cyto-) Verschmelzung der Membranen der Golgi-Vesikel mit dem Plasmalemma, wobei der Inhalt nach außen abgegeben wird.

Exodermis (→ Exo-; G derma = Haut, Fell) Aus einer oder mehreren subrhizodermalen Rindenschichten entstehendes Abschlußgewebe der Wurzel.

Extensor-Zellen (L extendere, extensus = ausdehnen) Motorische Zellen der Blattgelenke, die während der Blatthebung anschwellen.

Extra- (L extra = außerhalb, äußerlich, besonders) In zusammengesetzten Wörtern Vorsilbe mit einer der angegebenen Bedeutungen.

Extrachromosomal (→ Extra-; → Chromosom) Außerhalb der Chromosomen liegend.

Extrafasciculär (→ Extra-; L fasciculum = Verkleinerungsform von fascis = Bündel) Außerhalb der Leitbündel liegend bzw. erfolgend.

Fasciculär (L fasciculum = Verkleinerungsform von fascis = Bündel) Innerhalb der Leitbündel liegend bzw. erfolgend.

Ferment (L fermentum = Sauerteig, Gärung) Synonym: → Enzym.

Filament (L filamentum = Fadenwerk) Fadenförmiges Gebilde, fädiger Abschnitt des Staubblattes bzw. einer Bakteriengeißel.

Flagellin (L flagellum = Peitsche, Geißel) Die Bakteriengeißel aufbauendes Protein.

Flagellum (L flagellum = Peitsche, Geißel) Der Fortbewegung von Einzellern (Flagellaten) und → Spermatozoiden dienende Geißel.

Flavin (L flavus = gelb) Sammelbezeichnung für gelbe Farbstoffe, die ein Isoalloxazin-Ringsystem enthalten und in der Zelle u. a. als Wasserstoffüberträger dienen.

Flavon (L flavus = gelb) Synonym für → Anthoxanthin.

Flexor-Zellen (L flectere, flexus = biegen, beugen) Motorische Zellen der Blattgelenke, die während der Blattsenkung anschwellen.

Folsäure (L folium = Blatt) Zum Vitamin B-Komplex gehörendes Vitamin, das u. a. auch in grünen Blättern vorkommt und danach benannt wurde.

Fossil (L fossilis = ausgegraben) im Gestein erhaltene Reste früherer Lebewesen.

Fragmentation (L fragmentum = Bruchstück) Chromosomenbruch.

Fructose (L fructus = Frucht) Fruchtzucker.

Funiculus (L funiculus = dünnes Seil) Gewebestrang, der die Samenanlage mit der Placenta verbindet.

Galaktose (G gala, Genitiv galaktos = Milch) Bestandteil des Milchzuckers (→ Lactose).

Gamet (G gamete, gametes = Gattin, Gatte) Sexuell differenzierte Keimzelle.

Gametangiogamie (→ Gametangium; G gamein = heiraten) Verschmelzung der Gametangien zweier Kreuzungspartner.

Gametangium (→ Gamet; G angeion = Gefäß, Kanne) Behälter, in dem die → Gameten gebildet werden.

Gametophyt (→ Gamet; G phyton = Gewächs, Pflanze) Gametenbildende Generation im → Generationswechsel.

Gemini (L geminus = doppelt, Zwilling) Gepaarte → Chromosomen. Synonyme: → Bivalente, → Tetraden.

Gen (G genos = Geschlecht, Gattung, Nachkommenschaft) Erbfaktor.

Generationswechsel (L generatio = Sippe, Generation) Regelmäßiger Wechsel zweier oder mehrerer Generationen, die sich auf verschiedene Weise fortpflanzen.

Genom (G genos = Geschlecht, Gattung, Nachkommenschaft) Gesamtheit der Gene eines haploiden Chromosomensatzes.

Genotypus (→ Gen; G typos = Gepräge, Muster, Modell) Gesamtheit der genetischen Potenz.

Geo- (G ge = Erde, Erdboden) In zusammengesetzten Wörtern für „Erd-";. Häufig auch für Erdschwerkraft benutzt, heute in diesem Falle jedoch meist durch → „Gravi-" ersetzt.

Geophyten (→ Geo-; G phytos = Pflanze, Gewächs) Mehrjährige Pflanzen, die ausschließlich mit unterirdischen Organen überwintern.

Gerontoplast (G geron, Genitiv gerontos = Greis; G plastos = gebildet, geformt) Durch Alterung entstandene Plastiden → Chromoplast.

Globoid (L globus = Kugel; G -eides = gestaltet, ähnlich) Aus Phytin bestehende, kugelige Einschlüsse der → Aleuronkörner.

Gluconeogenese (→ Glucose; G neos = neu; G genesis = Entstehen, Werden) Vom Oxalacetat ausgehende Neubildung von Glucose.

Glucose (G glykys = süß) Traubenzukker.

Glyko- (G glykys = süß) In zusammengesetzten Wörtern Vorsilbe mit der Bedeutung süß, Zucker.

Glykokalyx (→ glyko-; G kalyx = Kelch, Kapsel, Knospe) Aus Oligosacchariden bestehende Hüllschichten auf der Außenseite der Zellen.

Glykogen (→ Glyko-; G -genes = hervorbringend) Aus α-1,4-Glucose bestehendes → Polysaccharid.

Glykolyse (→ Glyko-; G lysis = Auflösung, Lösung) Abbau der Glucose bis zu Brenztraubensäure.

Glykosid (→ glyko-) Verbindung von Zuckern mit anderen Molekülen der verschiedensten Stoffklassen, die allgemein als → Aglykone bezeichnet werden.

Glyoxysomen (G glykys = süß; G oxys = sauer; G soma = Körper), auch Glyoxisomen. Microbodies, die die Enzyme des Glyoxylsäurezyklus enthalten.

Gonen (G gone = Erzeugung, Nachkommenschaft) Die vier durch Meiosis gebildeten haploiden Zellen, die bei den Archegoniaten als → Meiosporen bezeichnet werden.

Granathylakoide (L granum = Korn; → Thylakoide) Geldrollenartig übereinandergestapelte Thylakoide, die lichtmikroskopisch als Grana in den Chloroplasten erkennbar sind.

Gravi- (L gravis = schwer) In zusammengesetzten Wörtern Vorsilbe für Wirkungen der Schwerkraft. Synonym: → Geo-.

Gravimorphose (→ Gravi-; → Morphose) Formativer Effekt der Schwerkraft auf pflanzliche Organe.

Graviperzeption (→ Gravi-; → Perzeption) Fähigkeit zur Wahrnehmung von Massenbeschleunigung, insbesondere der Erdbeschleunigung.

Gravisensor (→ Gravi-; L sensus = Gefühl, Empfindlichkeit) Hypothetische Struktur zur Wahrnehmung der Massen- bzw. Erdbeschleunigung.

Gravitropismus (→ Gravi-; → Tropismus) Orientierung ortsgebundener Pflanzen bzw. ihrer Organe in bezug auf die Massen- bzw. Erdbeschleunigung.

Guttation (L gutta = Tropfen) Abscheidung von Wasser in Tropfenform durch → Hydathoden.

Gymnospermen (G gymnos = bloß, nackt; G sperma = Samen, Keim) Nacktsamige Pflanzen.

Gynoeceum (G gyne = Frau; G oikos = Haus) Gesamtheit der Fruchtblätter. Auch als Gynaeceum (G gynekeion = Frauengemach) bzw. Gynoecium (G gyne = Frau; G oikeios = Hausgenosse) bezeichnet.

Gyrase (L gyrare = sich im Kreise drehen) Enzym, das durch Aufschneiden eines Stranges der DNA deren Rotation um die Längsachse ermöglicht und hierdurch Knäulbildung verhindert.

Halophyten (G hals, Genitiv halos = Salz; G phyton = Pflanze, Gewächs) Salzpflanzen.

Haploid (G haploos = einfach; G -eides = gestaltet, ähnlich) Mit einem einfachen Chromosomensatz ausgestattet.

Haplont (G haploos = einfach; G on, Genitiv ontos = Sein) Organismus, dessen Körperzellen einen → haploiden Chromosomensatz aufweisen.

Haustorium (L haurire, haustus = schöpfen) Auswüchse parasitischer Zellen bzw. Gewebe, die in die Wirtspflanze eindringen und dieser Wasser und darin gelöste Stoffe entziehen.

Hemikryptophyten (G hemi- in zusammengesetzten Wörtern = halb; G kryptos = verborgen, versteckt; G phyton = Pflanze, Gewächs) Pflanzen, die dem Erdboden dicht anliegen und von Schnee bedeckt überwintern.

Hepaticae (G hepar, Genitiv hepatos = Leber) Lebermoose.

Herbizid (L herba = Kraut, Pflanze; L cid- Umlaut von caedere = töten) Unkrautbekämpfungsmittel.

Hetero- (G heteros = der andere von beiden, anders beschaffen, fremd) In zusammengesetzten Wörtern Vorsilbe mit einer der angegebenen Bedeutungen.

Heterochromatin (→ Hetero-; → Chromatin) Sich im Gegensatz zum → Euchromatin mit basischen Farbstoffen sehr viel stärker anfärbendes Chromatin.

Heterochromosomen (→ Hetero-; → Chromosom) Sich in ihrer Gestalt unterscheidende Geschlechtschromosomen.

Heterogen (→ Hetero-; G -genes = hervorbringend) Aus verschiedenartigen Bestandteilen bestehend.

Heteroglycan (→ Hetero-; G glykys = süß) Aus verschiedenen Zuckerbausteinen aufgebautes → Polysaccharid.

Heteromorph (→ Hetero-; G morphe = Gestalt) Verschiedengestaltig.

Heterophasischer Generationswechsel (→ Hetero-; → Phase) Generationswechsel, der mit einem Kernphasenwechsel verbunden ist.

Heterophyllie (→ Hetero-; G phyllon = Blatt, Laub) Ausbildung verschieden gestalteter Blätter in verschiedenen Sproßabschnitten.

Heterosporie (→ Hetero-; → Spore) Ausbildung von verschieden großen → Meiosporen bei den danach benannten Farnen.

Heterotrophie (→ Hetero-; G trophos = Ernährer) Im Gegensatz zur → Autotrophie Ernährung durch Abbau aufgenommener organischer Substanzen.

Heterozygotie (→ Hetero-; G zygos = Joch, Steg, Brücke) Mischerbigkeit, d. h. Vorliegen von Allelpaaren mit ungleichen → Allelen.

Hexose (G hex = sechs) Aus 6 C-Atomen bestehendes Zuckermolekül.

Histologie (G histos = Webebaum, Gewebe; G logos = Wort, Lehre) Gewebelehre.

Holoenzym (G holos = ganz; → Enzym) Vollständiges, aus Apo- und Coenzym bestehendes Enzym.

Homo- (G homos = gemeinsam, gleich) In zusammengesetzten Wörtern mit der Bedeutung: gleichartig, entsprechend.

Homoglycan (→ Homo-; G glykys = süß) Aus gleichartigen Zuckerbausteinen aufgebautes → Polysaccharid.

Homologe Chromosomen (G homologos = übereinstimmend, entsprechend; → Chromosomen) Die einander entsprechenden Chromosomen eines diploiden oder polyploiden Zellkerns.

Homologe Organe (G homologos = übereinstimmend, entsprechend; → Organ) Organe, die sich auf dasselbe Grundorgan zurückführen lassen.

Homorhiz (→ Homo-; G rhiza = Wurzel, Ursprung) Im Gegensatz zum → allorhizen Wurzelsystem aus zahlreichen sproßbürtigen Wurzeln bestehendes Wurzelsystem.

Homozygotie (→ Homo-; G zygos = Joch, Steg, Brücke) Reinerbigkeit. Gegensatz: → Heterozygotie.

Hybrid (L hybrida = Mischling) Aus einer Kreuzung artverschiedener Eltern hervorgegangenes Individuum. Synonym: → Bastard.

Hydathode (G hydor, Genitiv hydatos = Wasser; G hodos = Weg, Straße) Wasserspalte, durch die das Wasser in Tropfenform abgeschieden wird (→ Guttation).

Hydr-, Hydro- (G hydro- = Wasser-) In zusammengesetzten Wörtern mit der Bedeutung „Wasser-", „im Wasser lebend", „durch Wasser verursacht".

Hydratation (→ Hydr-) Anlagerung von Wassermolekülen an Ladungen oder Dipole, die zur Ausbildung von Hydrathüllen führt.

Hydrolyse (→ Hydro-; G lysis = Lösung, Auflösung) Spaltung einer chemischen Verbindung unter Anlagerung von Wasser.

Hydrophil (→ Hydro-; philein = lieben) Wasseranziehend, mit Wasser mischbar.

Hydrophob (→ Hydro-; G phobos = Furcht) Wasserabweisend, nicht mit Wasser mischbar.

Hydrophyten (→ Hydro-; G phyton = Pflanze, Gewächs) Wasserpflanzen.

Hygro- (G hygros = feucht, naß) In zusammengesetzten Wörtern mit dieser Bedeutung.

Hygromorphose (→ Hygro-; G morphe = Gestalt) Formative Effekte der Luftfeuchtigkeit auf pflanzliche Organe.

Hygronastie (→ Hygro-; → Nastie) Durch Feuchtigkeitsänderung ausgelöste, aber nicht gerichtete Bewegungen pflanzlicher Organe.

Hygrophyten (→ Hygro-; G phyton = Pflanze, Gewächs) Feuchtigkeit liebende Pflanzen.

Hygroskopisch (→ Hygro-; G skopein = beobachten, prüfen) Wasseranziehend, wasserbindend.

Hymenium (G hymen = Haut, Häutchen) Fruchtschicht der Ascomyceten- und Basidiomyceten-Fruchtkörper.

Hypertonisch (G hyper = über, über hinaus; G tonos = das Spannen, Anspannung) Einen höheren potentiellen osmotischen Druck aufweisend als eine Bezugslösung, z. B. der Zellsaft. Gegensatz: → hypotonisch.

Hyphe (G hyphe = das Weben, das Gewebte) Fadenförmige Pilzzellen bzw. Zellreihen.

Hypo- (G hypo = unter, unterhalb) In zusammengesetzten Wörtern Vorsilbe mit der Bedeutung „unter" „darunterliegend".

Hypodermis (→ Hypo-; G derma = Haut, Fell) Unter der Epidermis entstehendes Abschlußgewebe.

Hypogäisch (→ Hypo-; G ge = Erde) Unterirdisch, z. B. hypogäische Keimung.

Hypokotyl (→ Hypo-; → Kotyledo) Zwischen Wurzelhals und Kotyledonen liegender Sproßabschnitt.

Hypostomatisch (→ Hypo-; G stoma, Genitiv stomatos = Mund, Öffnung) Bezeichnung für Blätter, die nur auf der Unterseite Spaltöffnungen (Stomata) tragen.

Hypotonisch (→ Hypo-; G tonos = das Spannen, Anspannung) Einen geringeren potentiellen osmotischen Druck aufweisend als eine Bezugslösung, z. B. der Zellsaft. Gegensatz: → hypertonisch.

Idioblast (G idios = eigen, eigentümlich, besonderer; G blastos = Sproß, Keim, Wuchs) In ein Gewebe eingestreute Zellen abweichenden morphologischen und physiologischen Charakters.

Induziert (L inducere = hineinführen, einführen) Durch äußere Faktoren bzw. Reize ausgelöst (Synonym: → aitionom).

Inkompatibilität (L in- mit der Bedeutung ohne, nicht; L compati = mitleiden) Unverträglichkeit.

Inkrustierung (L in- mit der Bedeutung in, hinein; L crusta = Rinde, Schale) Einlagerung von Substanzen, z. B. von Lignin, in die Zellwand.

Insectivoren (L insecare, insectus = einschneiden; L vorare = fressen, verschlingen) Insektenfressende Pflanzen (→ Carnivoren).

Insertion (L inserere, insertus = einfügen) Einfügung eines oder mehrerer Nucleotidpaare in einen DNA-Doppelstrang.

Integument (L integumentum = Bedeckung, Hülle) Den Nucellus umgebende Hülle der Samenanlage.

Inter- (L inter = zwischen, dazwischen, in der Mitte von) In zusammengesetzten Wörtern mit einer der angegebenen Bedeutungen.

Intercalar (L intercalare = einschalten, einschieben) Eingeschaltet, dazwischengeschaltet.

Interfasciculär (→ Inter-; L fasciculum = Verkleinerungsform von fascis = Bündel) Zwischen den Leitbündeln liegend.

Interfibrillär (→ Inter-; L fibrilla = Verkleinerungsform von fibra = Faser) Zwischen den Fibrillen befindlich.

Interkinese (→ Inter-; G kinein = bewegen) Zeitabschnitt zwischen der 1. und 2. Reifungsteilung.

Intermediär (L intermedius = zwischen etwas befindlich) Dazwischenliegend.

Intermicellär (→ Inter-; L Verkleinerungsform von mica = Krümchen, Körnchen, kleiner Bissen) Zwischen den → Micellen liegend.

Internodium (→ Inter-; L nodus = Knoten) Zwischenknotenstück.

Interzellulare (→ Inter-; → Zelle) Zwischen den Zellen liegender lufterfüllter Hohlraum.

Intine (L intimus = innerster) Innere Schicht des → Sporoderms.

Intrazellulär (L intra = innerhalb, im Innern; → Zelle) im Innern der Zellen befindlich.

Invagination (L in = in, hinein; L vagina = Scheide) Einscheidung, d.h. Einstülpung einer Oberfläche, z.B. einer Membran, in den von ihr begrenzten Innenraum.

Inversion (L = inversio = Umkehrung) Chromosomenmutation durch Umkehrung eines Chromosomenabschnittes.

Ion (G ienai = gehen) Elektrisch geladenes Teilchen, eigentlich (im elektrischen Feld) wanderndes Teilchen.

Ionenantagonismus (→ Ion; G antagonistes = Nebenbuhler) Gegenseitige Beeinflussung der Wirkung ein- und zweiwertiger Ionen, insbesondere $K^{\oplus}$ und $Ca^{2\oplus}$.

Irritabilität (L irritabilis = reizbar) Reizbarkeit.

Iso- (G isos = gleich) In zusammengesetzten Wörtern Vorsilbe mit dieser Bedeutung.

Isogamie (→ Iso-; G gamein = heiraten) Verschmelzung gleich großer Gameten.

Isomorph (→ Iso-; G morphe = Gestalt) Gleichgestaltet, z.B. isomorpher Generationswechsel, bei dem → Gametophyt und → Sporophyt gleich gestaltet sind.

Isosmotisch (→ Iso-; → Osmose) Lösungen mit gleichem potentiellen osmotischen Druck, die unter Osmometerbedingungen den gleichen osmotischen Druck erzeugen.

Isosporie (→ Iso-; → Spore) Im Gegensatz zur → Heterosporie Ausbildung nur einer Sorte gleich großer → Meiosporen bei den danach benannten Farnen.

Isotonisch (→ Iso-; G tonos = das Spannen, Anspannung) Synonym: → isosmotisch.

Kallus (L callum = dicke Haut, Schwiele) Meist durch Verwundung ausgelöste Gewebewucherung, die zu Wundverschluß führt.

Kalyptra (G kalyptra = Decke, Schleier, Umhüllung) Wurzelhaube.

Kalyptrogen (→ Kalyptra; G -genes = hervorbringend, verursachend) Die Kalyptra erzeugendes → Meristem.

Kalyx (G kalyx = Kelch, Knospe) Blütenkelch.

Kambium (L cambiare = wechseln, tauschen) Meristematisches Gewebe der Sproßachse, das im sekundären Dickenwachstum nach innen Holz und nach außen Bast bildet.

Karyo- (G karyon = Kern) In zusammengesetzten Wörtern mit der Bedeutung „Zellkern".

Karyogamie (→ Karyo-; G gamein = heiraten) Verschmelzung zweier geschlechtsverschiedener Kerne.

Karyolymphe (→ Karyo-; L lympha = klares Wasser) Kernflüssigkeit.

Karyoplasma (→ Karyo-; G plasma = Gebilde) Kernplasma. Synonym: → Karyolymphe.

Katabol, Katabolismus (G kata = herab, abwärts; G bole = Wurf, Schuß) Gesamtheit der abbauenden Phasen des Stoffwechsels.

Katalysator (G katalysis = Auflösung) Reaktionsbeschleunigender Stoff, der in kleinsten Mengen große Umsätze bewirkt, ohne selbst im Reaktionsprodukt zu erscheinen oder eine dauernde Umwandlung zu erfahren.

Kinesin (G kinein = bewegen) Mikrotubuli-assoziierte Motorproteine, die Bewegungen entlang der Mikrotubuli verursachen.

Kinesis (G kinein = bewegen) Auslösung bzw. Beschleunigung von Bewegungen freibeweglicher Mikroorganismen durch Außenfaktoren.

Kinetin (G kinein = bewegen) 8-Furfurylaminopurin, eine Substanz mit → Cytokininwirkung.

Kinetochor (G kinein = bewegen; G chora = Ort, Platz, Stelle) Spindelfaseransatzstelle am Centromer, Bewegungszentrum des Chromosoms.

Klinostat (G klinein = neigen; G statos = stehend, eingestellt) Gerät, dessen mit konstanter Geschwindigkeit rotierende Achse senkrecht oder in einem anderen Winkel zur Erdschwerkraft eingestellt werden kann. Durch die Rotation wird die einseitige Schwerkraftwirkung aufgehoben.

Klon (G klon = Zweig, Trieb) Durch ungeschlechtliche Vermehrung aus einer Zelle oder einem Individuum entstandene erbgleiche Nachkommenschaft.

Koazervat (L coacervatio = Anhäufung) Vermutlich während der → Biogenese im Urmeer durch tropfenförmige Entmischung entstandene Anhäufungen organischer Substanzen.

Kohäsion (L cohaerere, cohaesi = zusammenhängen, verbunden sein) Wirkung anziehender Kräfte zwischen den Atomen oder Molekülen eines Stoffes.

Koleoptile (G koleos = Schwertscheide; G ptilon = Feder) Keimscheide. Das Primärblatt eines Grases schützende Hülle, die bei der Keimung die Bodenoberfläche durchbricht und später vom Primärblatt durchstoßen wird.

Kollenchym (G kolla = Leim; G enchyma = das Eingegossene) Noch wachstums- und dehnungsfähiges Festigungsgewebe, bei dem die aus Cellulose und Pektinstoffen bestehenden Verdickungen auf die Kanten bzw. auf einzelne Wände der Zellen beschränkt sind.

Kolloid (G kolla = Leim; G -eides = gestaltet, ähnlich) Verteilungszustand von Stoffen mit Teilchengrößen zwischen 1 und 100 nm.

Kompartiment (L comparare = vergleichen, unter sich aufteilen) Von Biomembranen begrenzte Reaktionsräume der Zelle.

Kompensation (L compensatio = Ausgleich) Ausgleich zwischen zwei Kräften, Wirkungen u. a.

Kompetitiv (L competere = gemeinsam erstreben) Um etwas konkurrieren, z. B. um das Reaktionszentrum eines → Enzyms bei der kompetitiven Hemmung.

Komplementär (L complementum = Ergänzungsmittel) Ergänzend, sich gegenseitig ergänzend.

Konidiosporen (G konia = Staub; → Spore) Durch die Luft verbreitete Sporen.

Konjugation (L coniugare = verbinden, vereinigen) Herstellung eines direkten Kontaktes zwischen Zellen.

Konnektiv (L con[n]ectere = verbinden, vereinigen) Die beiden Theken verbindendes Gewebe der → Anthere.

Konvergenz (L convergere = sich hinneigen) In Anpassung an die Umweltbedingungen entwickelte Ähnlichkeit der äußeren Gestalt bei Vertretern systematisch verschiedener Gruppen.

Kopulation (L copulare = verknüpfen, zusammenkoppeln) Verschmelzung zweier geschlechtsverschiedener Keimzellen bei der Befruchtung.

Kormophyta (→ Kormus; G phyton = Pflanze, Gewächs) Gesamtheit aller Pflanzen, die einen Kormus besitzen.

Kormus (G kormos = Baumstumpf, Klotz) In Sproßachse, Blatt und Wurzel gegliederter Vegetationskörper der Kormophyten.

Korrelation (L con, abgewandelt vor r in cor = zusammen, mit; L relatio = Beziehung, Verhältnis) Funktionelle Wechselwirkungen zwischen verschiedenen Organen einer Pflanze.

Kotyledonen (G kotyledon = Vertiefung, Saugnapf, Saugwarze) Keimblätter.

Lactose (L lac, Genitiv lactis = Milch) Milchzucker. Disaccharid, aus je einem Molekül Glucose und Galaktose bestehend.

Lamina (L lamina = Platte, Blatt) Blattspreite.

Latent (L latens, Genitiv latentis = verborgen, heimlich) Zustand bzw. Zeitabschnitt, in dem bereits ablaufende Vorgänge äußerlich nicht erkennbar sind.

Lectin (L legere, lectus = auslesen, auswählen) Vor allem bei Pflanzen verbreitete Glykoproteine, die spezifische Bindungen mit an der Zelloberfläche lokalisierten Oligosacchariden eingehen und die Zellen agglutinieren.

Lenticelle (L lenticula, Verkleinerungsform von lens = Linse) Wegen ihrer Linsenform so bezeichnete Korkwarze.

Leptotän (G leptos = dünn, fein; G tainia = Kopfbinde, Band) Abschnitt der → Prophase der 1. Reifungsteilung, in dem die Chromosomen als dünne Fäden deutlich sichtbar werden.

Leukoplast (G leukos = hell, weiß; G plastos = gebildet, geformt) Ungefärbte → Plastiden.

Lichenes (G leichenes = Flechten) Flechten.

Ligase (L ligare = verbinden, vereinigen) Enzym, das unter Abspaltung von Diphosphat Bindungen herstellt, z. B. zwischen Nucleotiden.

Lignin (L lignum = Holz) Aus Phenylpropanen bestehender Holzstoff.

Lineom (L linea = Richtschnur, Linie) Korrektere Bezeichnung für das Bakterien-„chromosom".

Lipid (G lipos = Fett) Sammelbezeichnung für Fette und fettähnliche Substanzen. → Lipoid.

Lipoid (G lipos = Fett; G -eides = gestaltet, ähnlich) Uneinheitliche Gruppe fettähnlicher Substanzen, die u. a. an der Bildung der Biomembranen beteiligt sind.

Lutein (L luteus = goldgelb) Zu den → Carotinoiden zählender gelber Blattfarbstoff.

Lysigen (→ Lysis; G genes = hervorbringend, verursachend) Durch Auflösung entstanden.

Lysis (G lysis = Lösung, Auflösung, Trennung) Auflösung, auch für den Zerfall von Zellen benutzt.

Lysozym (→ Lysis; → Enzym) Ein die glykosidischen Bindungen der Peptidoglycanmoleküle der Bakterienzellwand lösendes Enzym.

Makro- (G makros = groß, lang) In zusammengesetzten Wörtern meist für „Groß-" benutzt.

Makrofibrille (→ Makro-; L fibrilla = Verkleinerungsform von fibra = Faser) Lichtmikroskopisch auflösbare faserige Strukturelemente der Zellwand mit einem Durchmesser von etwa 0,5 µm.

Makrogamet (→ Makro-; → Gamet) Bezeichnung für Gameten mit weiblicher Sexualpotenz bei Vorliegen von → Anisogamie.

Makrosporen (→ Makro-; → Spore) Bei Vorliegen von → Heterosporie Bezeichnung für die großen → Meiosporen, aus denen sich die weiblichen Gametophyten entwickeln. Auch als Megasporen bezeichnet.

Matrix (L matrix = Mutterstamm) U.a. als Bezeichnung für „Grundsubstanz" benutzt.

Mazeration (L macerare = einweichen, mürbe machen) Trennung der Zellen eines Gewebes durch Auflösung des Protopektins der Zellwand mit einem Gemisch von Kaliumchlorat und Salpetersäure oder dem Enzym Pektinase.

Meiose (G meiosis = das Verringern, das Verkleinern) Bezeichnung für die 1. und 2. Reifungsteilung wegen der dabei erfolgenden Reduktion der Chromosomenzahl.

Meiospore (→ Meiose; → Sporen) Durch Meiose entstandene Spore.

Meristem (G meristes = Teiler, Erbteiler) Bildungsgewebe.

Meristemoide (→ Meristem; G -eides = gestaltet, ähnlich) In Dauergeweben vereinzelt liegende Zellen mit Meristemcharakter.

Mesophil (G mesos = mitten, mittlerer; G philein = lieben) Organismen, die an mittlere Temperaturen angepaßt sind. Ihre Temperaturoptima liegen meist bei 25 bis 30 °C.

Mesophyll (G mesos = mitten, mittlerer; G phyllon = Blatt) Das zwischen oberer und unterer Epidermis liegende Blattgewebe.

Meta- (G meta = zwischen, nach, hinter) In zusammengesetzten Wörtern Vorsilbe mit einer der angegebenen Bedeutungen, auch im Sinne von „Ver-".

Metabolismus (G metabole = das Umwerfen, Veränderung) Stoffwechsel.

Metabolit (G metabole = das Umwerfen, Veränderung) Im Stoffwechsel umzusetzende chemische Verbindung.

Metachromatisch (→ Meta-; G chroma = Haut, Hautfarbe, Farbe) Eigenschaft einiger Zelleinschlüsse, an gewissen Farbstoffen charakteristische Farbänderungen hervorzurufen.

Metamorphose (G metamorphosis = Umgestaltung, Verwandlung) Gestaltveränderung pflanzlicher Organe in Anpassung an die Lebensweise bzw. die Umweltbedingungen.

Metaphase (→ Meta-; → Phase) Phase der Kernteilung, in der sich die Chromosomen in der Äquatorialplatte anordnen.

Metaphloem (→ Meta-; → Phloem) Das nach dem → Protophloem gebildete Phloem.

Metastabil (→ Meta-; L stabilis = feststehend, dauerhaft) Nicht stabil, aber dennoch nicht ohne Einfluß von außen (z. B. Energiezufuhr) in einen anderen Zustand übergehend.

Metaxylem (→ Meta-; → Xylem) Das nach dem → Protoxylem gebildete Xylem.

Micelle (L Verkleinerungsform von mica = Krümchen, Körnchen, kleiner Bissen) Molekülaggregat, z. B. aus Cellulosemolekülen, das durch Nebenvalenzen zusammengehalten wird.

Microbodies (→ Mikro-; E bodies = die Körper) Sammelbezeichnung für submikroskopische Zelleinschlüsse.

Mikro- (G mikros = klein) In zusammengesetzten Wörtern für „Klein-" benutzt.

Mikrofibrillen (→ Mikro-; → Fibrille) Aus Cellulose bestehende fädige Elemente der Zellwand mit einem Durchmesser von 10–30 nm, die aus etwa 20 → Elementarfibrillen bestehen.

Mikrofilament (→ Mikro-; L filamentum = Fadenwerk) Aus Actin bestehendes fädiges Element des Cytoplasmas mit einem Durchmesser von 4–6 nm.

Mikrogamet (→ Mikro-; → Gamet) Bei → Anisogamie gebildeter, verglichen mit den → Makrogameten kleinerer Gamet mit männlicher Sexualpotenz.

Mikropyle (→ Mikro-; G pyle = Tor, Tür, Pforte) Kleine Öffnung zwischen den → Integumenten der Samenanlage.

Mikrosphäre (→ Mikro-; G sphaira = Kugel) Durch Abkühlung von → Proteinoidlösungen entstehende zellähnliche Strukturen.

Mikrosporen (→ Mikro-; → Sporen) Bei Vorliegen von → Heterosporie Bezeichnung für die kleineren → Meiosporen, aus denen sich die männlichen Gametophyten entwickeln.

Mikrotubulus (→ Mikro-; L tubulus = kleine Röhre) Aus Tubulin bestehende röhrenförmige Ultrastrukturen des Cytoplasmas mit einem Durchmesser von etwa 25 nm.

Mitochondrion (G mitos = Faden; G chondros = Stückchen, Körnchen) Kugelige bis fädige Zellorganelle, die u. a. Träger der Atmungsenzyme sind.

Mitose (G mitos = Faden, Schlinge) Zell- und Kernteilung, bei der im Gegensatz zur → Meiose jede Tochterzelle die gleiche Anzahl von Chromosomen erhält wie die sich teilende Mutterzelle.

Mitospore (→ Mitose; → Spore) Durch Mitose entstandene Spore.

Modifikation (L modificatio = richtige Abmessung) Nicht erbliche, umweltbedingte Änderung der Gestalt.

Mono- (G monos = allein, einzig) In zusammengesetzten Wörtern Vorsilbe mit dieser Bedeutung.

Monochasium (→ Mono-; G chazein = weichen, sich zurückziehen) Verzweigungstypus der Sproßachse, bei dem die Hauptachse ihr Wachstum einstellt und nur eine Seitenknospe das Wachstum fortsetzt.

Monoecie (→ Mono-; G oikos = Haus) Einhäusigkeit, Gemischtgeschlechtigkeit. Wird auch für Kormophyten benutzt, bei denen staminate und pistillate Blüten auf dem gleichen Sporophyten gebildet werden.

Monokotyle, Monokotyledone (→ Mono-; → Kotyledonen) Einkeimblättrige Pflanze.

Monomer (→ Mono-; G meros = Teil) Monomolekulare Einheit eines Proteins.

Monopodium (→ Mono-; G pous, Genitiv podos = Fuß) Verzweigungstypus der Sproßachse, bei dem die Seitenzweige in ihrem Wachstum der Hauptachse untergeordnet bleiben.

Monosaccharid (→ Mono-; → Saccharid) Nur aus einem Zuckerbaustein bestehendes Saccharid, z. B. Pentose, Hexose.

Monosomie (→ Mono-; G soma = Körper) Vorkommen eines unpaaren Chromosoms in einem → diploiden Chromosomensatz.

Monotrich (G monos = allein, einzig; G triches = Haar) Eingeißelig

Morphogenese (G morphe = Gestalt; G genesis = Erzeugung, Hervorbringen) Gestaltbildung.

Morphose (G morphosis = das Gestalten) Formativer Effekt eines Außenfaktors auf pflanzliche Organe.

Motilität (L movere, motus = bewegen, sich in Bewegung setzen) Beweglichkeit, Bewegungsaktivität.

Multiple Allelie (L multiplex = vielfältig, zahlreich; → Allele) Vorliegen mehrerer Konfigurationen eines Gens.

Mutagen (L mutare = ändern, verwandeln, umschlagen; G -genes = hervor-

bringend, verursachend) Erbänderungen verursachend.
Mutation (L mutatio = Veränderung, Wechsel) Erbänderung.
Mycel (G mykes = Pilz; G helos = Nagel) aus → Hyphen bestehendes Pilzgeflecht.
Mycobiont (G mykes = Pilz; G bios = Leben; G on, Gen.ontos = das Seiende, Wesen) Pilz-Partner bei der Flechtensymbiose.
Mykorrhiza (G mykes = Pilz; G rhiza = Wurzel) → Symbiose von Pflanzenwurzeln mit Pilzen.
Myosin (G mys, Gen.myos = Maus, Muskel) Durch Actin aktivierte ATPase, die an der Erzeugung plasmatischer Bewegungen beteiligt ist.
Nastie (G nastos = festgedrückt) Durch Reize ausgelöste Bewegung eines Organs einer ortsgebundenen Pflanze, deren Richtung unabhängig von der Richtung des auslösenden Reizes ist.
Nodus (L nodus = Knoten, Mehrzahl Nodi) Ansatzstellen der Blätter an den Sproßachsen.
Nonsens Codon (L nonsens = Unsinn; → Codon) Codon, das keine Aminosäure bestimmt, sondern die Ablösung des gebildeten Proteinmoleküls vom Ribosom verursacht.
Nucellus (L nucella = kleine Nuß) Dem Makrosporangium der heterosporen Farnpflanzen homologer Gewebekern der Samenanlage höherer Pflanzen.
Nucleolus (L Verkleinerungsform von nucleus = Kern) Kernkörperchen.
Nucleosom (→ Nucleus; G soma = Körper) Untereinheit des → Chromatins.
Nucleus (L nucleus = Kern) Zellkern.
Nyktinastie (G nyx, Gen. nyktos = Nacht; → Nastie) Circadian-rhythmisch gesteuerte, durch den Tag-Nacht-Wechsel synchronisierte Blüten- und Laubblattbewegungen, wobei sich die Tag- und die Nachtstellung charakteristisch unterscheiden.
Oktett (L octo = acht) Anordnung zu acht, im speziellen Fall Anordnung der vier Elektronenpaare in einer Schale.
Oligosaccharid (G oligos = wenig; L sacchara = Zucker) Aus 2 bis etwa 10 Monosacchariden bestehendes Zuckermolekül.
Ontogenie, Ontogenese (G on, Genitiv ontos = Wesen, Sein; G genesis = Erzeugung, Entstehung) Entwicklungsgang eines Lebewesens.
Oogamie (G oon = Ei; G gamein = heiraten) Befruchtung des Eies durch eine männliche Keimzelle.
Oogonium (G oon = Ei; G gone = Erzeugung, Geburt) → Gametangium, in dem die Eizelle gebildet wird.
Operator (L operator = Arbeiter) Unter der Kontrolle eines → Regulatorgens stehendes, die Funktion der Strukturgene eines → Operons steuernder DNA-Abschnitt.
Optimum (L optimum = das Beste) Für Lebensvorgänge günstigster Bereich.
Organ (G organon = Werkzeug) Teil eines mehrzelligen Lebewesens mit bestimmter Funktion.
Organelle (G Verkleinerungsform von organon = Werkzeug) Die Organelle, auch das Organell. Sammelbezeichnung für durch Biomembranen begrenzte Reaktionsbereiche der Zelle, die Kontinuität besitzen.
Orthogravitropismus (G orthos = gerade, aufrecht; → Gravitropismus) Ausrichtung ortsgebundener Pflanzen bzw. ihrer Organe in Richtung der Erdschwerkraft, d.h. entweder zum

Erdmittelpunkt hin (positiv) oder vom Erdmittelpunkt weg (negativ).
Orthostiche (G orthos = gerade, aufrecht; G stichos = Reihe, Zeile) Geradzeile.
Osmometer (→ Osmose; G metron = Maß) Instrument zur Messung des osmotischen Druckes.
Osmose (G ältere Form: Diosmose von G diosmos = das Hindurchstoßen, das Durchbrechen) Eindringen des Lösungsmittels durch eine → semipermeable Membran in eine Lösung höherer Konzentration.
Pachytän (G pachys = dick, plump; G tainia = Kopfbinde, Band) Abschnitt der Prophase der 1. Reifungsteilung, in dem die Chromosomen infolge schraubiger Aufrollung der → Chromonemen stark verkürzt sind und relativ dick erscheinen.
Para-, Par- (G para = daneben, neben, bei, zur Seite) In zusammengesetzten Wörtern mit einer der angegebenen Bedeutungen.
Parabiose (→ Para-; G bios = Leben) Vergesellschaftung von Mikroorganismen mit gegenseitiger Stoffwechselabhängigkeit, jedoch im Gegensatz zur → Symbiose ohne enge morphologische Verknüpfung.
Parallelkonjugation (→ Par-; G allelon = einander, gegenseitig; → Konjugation) Paarung → homologer Chromosomen während der 1. Reifungsteilung.
Paramylon (→ Par-; G amylon = Stärke, Kraftmehl) Stärkeähnliches → Polysaccharid, in dem die Glucosemoleküle jedoch in β-1→ 3-Bindungen vorliegen.
Paraphysen (G paraphyomai = an der Seite herauswachsen) Im → Hymenium der Pilzfruchtkörper neben den Asci und Basidien wachsende sterile → Hyphen.
Parasit (G parasitos = mit jemandem essend) Schmarotzer.
Parenchym (→ Par-; G enchyma = das Eingegossene) Grundgewebe, in das die anderen Gewebe eingebettet sind.
Parthenogenese (G parthenos = Jungfrau; G genesis = Entstehung) Jungfernzeugung. Fortpflanzung durch unbefruchtete Keimzellen.
Pektine (G pektos = festgeworden, geronnen) Gelierende → Polysaccharide aus Pflanzenteilen, vor allem Früchten.
Pentose (G pente = fünf) Aus 5 C-Atomen bestehendes Zuckermolekül.
Pepsin (G pepsis = das Verdauen) → Proteine spaltendes Enzym des Magensaftes.
Peptid (G peptos = verdaut, verdaulich) Aus zwei oder mehreren Aminosäuren bestehende Verbindung.
Peri- (G peri = um, herum) In zusammengesetzten Wörtern Vorsilbe mit dieser Bedeutung.
Perianth (→ Peri-; G anthos = Blüte) Blütenhülle.
Periderm (→ Peri-; G derma = Haut) Sekundäres Abschlußgewebe der Sproßachse.
Perigon (→ Peri-; G gone = Erzeugung, Entstehung) Blütenhülle, in der alle Blätter gleichgestaltet sind.
Perikambium (→ Peri-; → Kambium) Äußere, an die → Endodermis grenzende Zellschicht des Zentralzylinders. Synonym: → Perizykel.
Periklin (→ Peri-; G klinein = neigen, biegen) Parallel zur Oberfläche verlaufend.
Peristom (→ Peri-; G stoma = Öffnung) Die Öffnung der Sporenkapseln der Moose umgebender Zahnkranz, der durch hygroskopische Bewegun-

gen das Ausstreuen der Sporen kontrolliert.

Perithecium (→ Peri-; G theke = Behältnis) Pilzfruchtkörper, bei dem die Fruchtschicht, das Hymenium, im Innern des Fruchtkörpers entsteht.

Peritrich (→ Peri-; triches = Haar) Zahlreich peripher begeißelt.

Perizykel (→ Peri-; G kyklos = Kreis, Kreislauf) Äußere, an die → Endodermis grenzende Zellschicht des Zentralzylinders. Synonym: → Perikambium.

Permeabilität (L permeare = durchgehen) Durchlässigkeit, z.B. einer Biomembran, für das Lösungsmittel und den gelösten Stoff.

Peroxisom (L per = durch, völlig; G oxys = scharf, sauer; G soma = Körper) Oxidasen enthaltende Microbodies, die Wasserstoff aus spezifischen Substraten abspalten und auf elementaren Sauerstoff übertragen. Das entstehende Wasserstoffperoxid wird durch das Enzym Katalase in Sauerstoff und Wasser zerlegt.

Perzeption (L perceptio = Aufnahme, Wahrnehmung) Reizaufnahme.

Petiolus (L petiolus = Füßchen) Blattstiel.

Phaeophyceae (G phaios = braun; G phykos = Tang, Seegras) Braunalgen.

Phaeoplast (G phaios = braun; G plastos = gebildet, geformt) Durch → Carotinoide braun gefärbte, photosynthetisch aktive → Plastide, z.B. der Phaeophyceen.

Phän (G phainesthai = erscheinen) Merkmal.

Phänotypus (→ Phän; G typos = Gepräge, Muster, Modell) Erscheinungsbild eines Individuums.

Phase (G phasis = Anzeige, Erscheinung) Abschnitt eines Vorganges, z.B. der → Mitose. Auch für Aggregatzustand eines chemischen Stoffes benutzt.

Phellem (G phellos = Kork) Korkgewebe, das vom → Phellogen nach außen erzeugt wird.

Phelloderm (G phellos = Kork; G derma = Haut) Vom → Phellogen nach innen erzeugtes Gewebe.

Phellogen (G phellos = Kork; G -genes = hervorbringend, verursachend) Korkkambium, das nach außen → Phellem und nach innen → Phelloderm erzeugt.

Phloem (G phloios = Bast, Rinde) Dem Stofftransport dienende Elemente eines Leitbündels.

Phobische Reaktion (G phobos = Flucht, Furcht, Schrecken) Durch Änderung der Reizstärke hervorgerufene Bewegungsreaktion freibeweglicher Organismen, die von der Richtung des auslösenden Reizes unabhängig ist. Sie kann so abrupt erfolgen, daß der Eindruck einer „Schreckreaktion" entsteht.

Photo- (G phos, Genitiv photos = Licht) In zusammengesetzten Wörtern im Sinne von „Licht-" bzw. „durch Licht verursacht".

Photobiont (→ Photo-; G bios = Leben; g on, Gen.ontos = das Seiende, Wesen) Photosynthetischer Partner (Alge, Cyanobakterium) bei der Flechtensymbiose.

Photodinese (→ Photo; → Dinese) Auslösung bzw. Beschleunigung von Plasmaströmungen durch Licht.

Photokinese (→ Photo-; G kinein = bewegen) Auslösung bzw. Beschleunigung von Bewegungen freibeweglicher Organismen durch Licht.

Photomorphogenese (→ Photo-; → Morphogenese) Einfluß von Licht auf die Gestaltbildung der Pflanze.

Photomorphose (→ Photo-; → Morphose) Formativer Effekt des Lichtes auf pflanzliche Organe.

Photonastie (→ Photo-; → Nastie) Durch Licht ausgelöste, aber nicht gerichtete Bewegung pflanzlicher Organe.

Photoperiodismus (→ Photo-; G periodos = Umgang, Kreislauf) Einfluß der Tageslänge auf die Entwicklung der Pflanze.

Photophobische Reaktion (→ Photo-; G phobos = Flucht, Furcht, Schrecken) Durch Änderung der Beleuchtungsstärke bei freibeweglichen Organismen hervorgerufene Bewegungsumkehr, die bisweilen so abrupt erfolgt, daß der Ausdruck „Schreckreaktion" zutrifft.

Photorespiration (→ Photo-; → Respiration) Lichtatmung. Nach Einsetzen der Photosynthese unter bestimmten Bedingungen zu beobachtende starke CO_2-Abgabe.

Photorezeptor (→ Photo-; L receptio = Aufnahme) Licht bzw. im weiteren Sinne Strahlung absorbierende Pigmentmoleküle.

Photosynthese (→ Photo-; → Synthese) Aufbau organischer Substanzen aus Kohlendioxid und Wasser unter Verwendung von Strahlungsenergie.

Phototaxis (→ Photo-; → Taxis) Durch Licht orientierte Bewegung freibeweglicher Organismen.

Phototropismus (→ Photo-; → Tropismus) Orientierung ortsgebundener Pflanzen bzw. ihrer Organe zur Lichtrichtung.

Phragmoplast (G phragmos = Verschluß, Scheidewand; G plastos = gebildet, geformt) Aus fibrillären Elementen bestehender, zylinder- bis tonnenförmiger Körper, der in der → Mitose zwischen den auseinanderweichenden Chromosomen entsteht.

Phyco- (G phykos = Tang, Seegras) In zusammengesetzten Wörtern für „Algen-".

Phycobiliproteine (→ Phyco-; L bilis = Galle; → Protein) Photosynthetisch aktive Pigmente der → Cyanobakterien und → Rhodophyceen, deren → chromophore Gruppen eine Verwandtschaft zu den Gallenfarbstoffen zeigen.

Phycobilisomen (→ Phyco-; L bilis = Galle; soma = Körper) Zwischen den → Thylakoiden der Cyanobakterien und Rhodophyceen liegende, aus → Biliproteinen bestehende Granula.

Phycocyanin (→ Phyco-; G kyanos = Lasurstein, blaue Farbe) Bei Cyanobakterien und Rhodophyceen vorkommendes, blaues Photosynthesepigment.

Phycoerythrin (→ Phyco-; G erythros = rot) Bei Cyanobakterien und Rhodophyceen vorkommendes, rötlich-violettes Photosynthesepigment.

Phyllodium (G phyllon = Blatt) Blattartig verbreiterter Blattstiel.

Phyllokladium (G phyllon = Blatt; G klados = Zweig, Sproß) Blattartig verbreiterter Kurztrieb.

Phylogenie, Phylogenese (G phylon = Stamm, Geschlecht; G genesis = Entstehung) Stammesgeschichte der Lebewesen.

Phytoalexine (G phyton = Pflanze, Gewächs; alexein = abwehren, sich verteidigen) Antimikrobiell wirkende Substanzen, die von Pflanzen nach Infektion durch Mikroorganismen gebildet werden.

Phytochelatine (G phyton = Pflanze; → Chelate) Cysteinreiche Proteine, die der Entgiftung von Schwermetallen dienen.

Glossarium 631

Phytochrom (G phyton = Pflanze, Gewächs; G chroma = Haut, Hautfarbe, Farbe) Photoreversibles, im Hellrot bzw. Dunkelrot absorbierendes Pigmentsystem, das Entwicklungs- und Bewegungsvorgänge steuert.

Phytohormon (G phyton = Pflanze, Gewächs; G horman = antreiben, erregen) Körpereigener Wirkstoff der Pflanze, der spezifisch auf bestimmte Organe wirkt und deren biochemische und physiologische Funktion reguliert.

Pigment (L pigmentum = Farbe, Farbstoff) Infolge Absorption bestimmter Strahlungsbereiche dem Auge farbig erscheinende Substanz.

Pistillum (L pistillum = Mörserkeule) Stempel der Blüte.

Placenta (L placenta = Kuchen) Bildungsgewebe der Fruchtblätter, das die Samenanlagen erzeugt.

Plagiogravitropismus (G plagios = schief, quer, schräg; → Gravitropismus) Orientierung pflanzlicher Organe in einem Winkel zur Schwerkraft. Synonym: Plagiogeotropismus.

Plasma (G plasma = Gebilde) Häufig für Cytoplasma bzw. Protoplasma benutzte Kurzform.

Plasmalemma (G plasma = Gebilde; G lemma = Rinde, Schale, Hülle) Die das Cytoplasma einer Zelle nach außen begrenzende Biomembran.

Plasmodesmos (→ Plasma; G desmos = Band, Fessel) Feine plasmatische Verbindung zwischen benachbarten Zellen.

Plasmodium (→ Plasma; G -eides = gestaltet, ähnlich) Vielkernige Plasmamasse der Schleimpilze.

Plasmogamie (→ Plasma; G gamein = heiraten) Plasmaverschmelzung bei der → Kopulation.

Plasmolyse (→ Plasma; → Lysis) Abhebung des Protoplasten von der Zellwand nach Übertragen der Zelle in ein → hypertonisches Medium.

Plastiden (G plattein, plasso = bilden, ich bilde; G -eides = gestaltet, ähnlich) Den Pflanzen eigene Zellorganellen, die Kontinuität besitzen, d. h. von Zelle zu Zelle weitervererbt werden. Sie können gefärbt oder ungefärbt sein.

Plastocyanin (G plastos = gebildet, geformt; G kyanos = Lasurstein, blaue Farbe) Blaugefärbtes Redoxsystem der photosynthetischen Elektronentransportkette.

Plastom (G plastos = gebildet, geformt) Gesamtheit der in den → Plastiden lokalisierten Erbfaktoren.

Platykladium (G platys = platt, flach, breit; G klados = Zweig, Sproß) Blattartig verbreiterter Langtrieb.

Pleiochasium (G pleion = mehr; G chazein = weichen, sich zurückziehen) Verzweigungstypus der Sproßachse, bei dem die Hauptachse ihr Wachstum einstellt und mehr als zwei Seitenknospen das Wachstum fortsetzen.

Pleiotropie (G pleion = mehr; G trope = Wendung) Beeinflussung der Ausbildung mehrerer Merkmale durch ein → Gen.

Plektenchym (G plektos = geflochten; G enchyma = das Eingegossene) Flechtgewebe.

Plumula (L Verkleinerungsform von pluma = Flaumfeder) Apikalknospe der Sproßachse eines Keimlings.

Polarität (G polos = Drehpunkt, Achse) Physiologische Ungleichwertigkeit einander entgegengesetzter Bereiche von Zellen, Organen und Organismen.

Pollen (L pollen = Staubmehl) Mikrosporen der Samenpflanzen.

Poly- (G polys = viel) In zusammengesetzten Wörtern Vorsilbe mit der angegebenen Bedeutung.

Polyenergid (→ Poly-; → Energide) Zahlreiche Energiden enthaltend.

Polygenie (→ Poly-; → Gen) Ausbildung eines Merkmals unter der Kontrolle vieler Gene.

Polykondensation (→ Poly-; L condensus = sehr dicht) Zusammenlagerung zahlreicher Moleküle zu Makromolekülen unter Abspaltung von Wasser.

Polymerisation (→ Poly-; G meros = Teil) Zusammenlagerung zahlreicher Moleküle zu einem Makromolekül ohne Abspaltung von Wasser.

Polypeptid (→ Poly-; → Peptid) aus zahlreichen Aminosäuren aufgebaute Verbindung.

Polyploid (→ Poly-; G ploid Ableitung von → haploid) Vorliegen von mehr als zwei Chromosomensätzen in einem Zellkern.

Polysaccharid (→ Poly-; → Saccharid) Aus zahlreichen Zuckerbausteinen aufgebautes Makromolekül.

Polysom (→ Poly-; soma = Körper) Aufreihung mehrerer Ribosomen an einem mRNA Faden (Polyribosom).

Polytänie (→ Poly-; G tainia = Kopfbinde, Band) Vielsträngigkeit von Chromosomen.

Pore (G poros = Durchgang, Ausgang, Öffnung) Vorübergehende oder dauernde Öffnung, z.B. in Biomembranen.

Postgenital (L post = hinten, nach, hinterher; L gignere, genitum = zeugen, gebären) Nach der Erzeugung entstanden, nicht angeboren.

Potometer (L potus = das Trinken, Trunk; G metron = Maß) Gerät zur Messung der Wasseraufnahme von Pflanzen.

Praecursor, Precursor (L praecursor = Vorläufer) Vorstufe eines Stoffwechselproduktes.

Pro- (L pro = vor, für, bzw. G pro = vor, für, anstelle von) In zusammengesetzten Wörtern Vorsilbe mit den Bedeutungen: vor (zeitlich und räumlich) bzw. für, zugunsten.

Procyte (→ Pro-; G kytos = Höhlung, Wölbung, Urne) Zelle eines → Prokaryonten.

Proembryo (→ Pro-; → Embryo) In der befruchteten Samenanlage entstehende Vorstufe des Embryos.

Prokaryont (→ Pro-; G karyon = Kern; G on, Gen.ontos = das Seiende, Wesen) Organismus, dem im Gegensatz zum → Eukaryonten ein echter Zellkern fehlt.

Prokaryotisch (→ Pro-; G karyon = Kern) Keinen echten Zellkern besitzend.

Promitochondrion (→ Pro-; → Mitochondrion) Mitochondrienvorstufe.

Promotor (L promotio = Förderung) Am Anfang eines → Operons liegender DNA-Abschnitt, der als Erkennungsregion und Ansatzstelle der DNA-abhängigen RNA-Polymerase dient.

Prophagen (→ Pro-; G phagein = essen, fressen) Temperente → Bakteriophagen, die in das Bakterienchromosom eingebaut werden, ohne das Bakterium sogleich zur Lysis zu bringen.

Prophase (→ Pro-; → Phase) Einleitender Abschnitt der Kernteilung.

Proplastide (→ Pro-; → Plastide) Plastidenvorstufe.

Prosenchym (G proso = vorwärts, weiter; G enchyma = das Eingegossene) Gewebe aus in einer Richtung langgestreckten Zellen, im Gegensatz zu den isodiametrischen Zellen des → Parenchyms.

Prosthetische Gruppe (G prosthesis = das Zusammensetzen, Hinzusetzen) Funktionelle Gruppe eines → Enzyms.

Protein (G protos = erster, wichtigster) Aus einer größeren Anzahl von Aminosäuren aufgebauter Eiweißkörper.

Proteinoid (→ Protein; G -eides = gestaltet, ähnlich) Durch Erhitzen von Aminosäuregemischen hergestellte proteinähnliche Polymere.

Prothallium (→ Pro-; → Thallus) → Gametophyt der Farne.

Proto- (G protos = erster, wichtigster) In zusammengesetzten Wörtern mit beiden Bedeutungen.

Protobiont (→ Proto-; G bious, Genitiv biontos, 1. Partizip von bioun = leben) Vorstufe des → Eobionten, der jedoch noch keine Zellstruktur im eigentlichen Sinne besitzt.

Protonema (→ Proto-; G nema = Faden) Vorkeim der Moose.

Protopektin (→ Proto-; → Pektin) Durch Vernetzung von Pektinsäuremolekülen mit Calcium- und Magnesium-Ionen gebildete Grundsubstanz der Mittellamelle.

Protophloem (→ Proto-; → Phloem) Bei der Differenzierung der Sproßachse zuerst gebildete stoffleitende Elemente des Leitbündels.

Protophyta (→ Proto-; G phyton = Pflanze, Gewächs) Einzeller.

Protoplasma (→ Proto-; → Plasma) Grundplasma, → Cytoplasma.

Protoxylem (→ Proto-; → Xylem) Die bei der Differenzierung zuerst gebildeten wasserleitenden Elemente des Leitbündels.

Proximal (L proximus = der nächste) Der Körpermitte näher liegend als andere Teile. Gegensatz: → distal.

Pseudoparenchym (G pseudes = unwahr, falsch; → Parenchym) Im Querschnitt wie Parenchym aussehendes → Plektenchym.

Psychrophil (G psychros = kalt; G philein = lieben) Organismen, die an Biotope mit niedrigen Temperaturen (von etwa -10 bis $+20\,°C$ angepaßt sind.

Pteridophyta (G pteron = Feder, Flügel; G phyton = Pflanze, Gewächs) Farnpflanzen.

Pulvinus (L pulvinus = Kissen) Der auch als Blattgelenk bezeichnete, meist etwas verdickte basale Abschnitt von Blattstielen, bei *Mimosa* z. B. Primär- und Sekundär-Blattstielen und Blattfiedern. Pulvini finden sich bei Pflanzen, die zu Turgorbewegungen befähigt sind. Sie bestehen aus relativ großen, dünnwandigen Zellen, die sich ausdehnen oder kontrahieren können.

Pyrenoid (G pyren = Kern; G -eides = gestaltet, ähnlich) Ausschließlich bei Algen vorkommende, nicht durch eine Membran abgegrenzte Bereiche der Chromatophoren, an deren Grenze häufig Stärke bzw. stärkeähnliche Substanzen abgelagert werden. Wegen ihres Gehaltes an Ribulose – 1,5 – bisphosphatcarboxylase werden sie auch als Bereiche der CO_2-Fixierung und des Stärkestoffwechsels angesehen.

Radicula (L radicula = Würzelchen) Keimwurzel.

Raphide (G raphis = Nadel) Nadelförmiger Calciumoxalatkristall.

Re- (L re = zurück, wieder, wiederholt, entgegen) In zusammengesetzten

Wörtern in einer der angegebenen Bedeutungen.

Redundante Gene (L redundantia = Überfülle) In großer Zahl vorhandene Gene.

Refraktärstadium (L refrangere, refractus = hemmen) Auf einen Erregungsvorgang bzw. eine Bewegungsreaktion folgender Zeitabschnitt, in dem die Zelle bzw. das Organ nicht erregbar ist.

Regeneration (L regenerare = wiedererzeugen) Ersatz zugrundegegangener Zellen und Gewebe.

Regulatorgen (L regulare = schulen; → Gen) Die Genaktivität mit Hilfe eines → Repressors steuerndes Gen.

Repellent (L repellein = zurückstoßen, abweisen) Chemisches Agens, das im Gegensatz zum → Attractant frei bewegliche Mikroorganismen abschreckt (→ Chemotaxis).

Repetitive Sequenzen (L repetitio = Wiederholung; L sequentia = Aufeinanderfolge) Sich ständig wiederholende, gleichartige Nucleotidfolgen auf der DNA.

Replikation (L replicare = entfalten, erwidern) Bildung einer Nucleotidsequenz an einem als Matrize dienenden Nucleotidstrang.

Repressor (L repressor = Unterdrükker) Vom → Regulatorgen gebildetes Protein, das die Aktivität des → Operators steuert.

Reprimiert (L reprimere = zurückhalten, hemmen) Gehemmt, unterdrückt.

Respiration (L respiratio = Atmung, das Atmen) Atmung.

Restitution (L restituere = wiederherstellen, erneuern) Wiederherstellung des erregbaren Zustandes.

Rezent (L recens = frisch, jung) Im Gegensatz zum → Fossil in der Gegenwart lebend.

Rezeption (L recipere = einnehmen, aufnehmen) Reizaufnahme → Perzeption.

Rezessiv (L recedere, recessus = zurücktreten, zurückweichen) Nicht in Erscheinung tretend, verdeckt. Beim Erbgang im Gegensatz zu → dominant.

Reziprozitätsregel (L reciprocus = auf demselben Wege zurückkehrend, gegenseitig) Nach der Reziprozitätsregel sind reziproke Bastarde gleich.

Rhexigen (G rhexis = das Zerreißen, Riß; G genes = hervorbringend, verursachend) Durch Zerreißen entstanden.

Rhizodermis (G rhiza = Wurzel; G derma = Haut) Äußere Zellschicht der Wurzel.

Rhizoid (G rhiza = Wurzel; G -eides = gestaltet, ähnlich) Ein- oder mehrzellige, der Befestigung der Thalli und z. T. der Wasseraufnahme dienender Zellfaden bei Algen und Moosen.

Rhizom (G rhiza = Wurzel) Erdsproß.

Rhodophyceae (G rhodon = Rose; phykos = Tang, Seegras) Rotalgen.

Rhodoplast (G rhodon = Rose; G plastos = gebildet, geformt) Durch → Biliproteine rot-violett gefärbte, photosynthetisch aktive → Plastide der Rhodophyceen.

Rotation (L rotare = im Kreis herumdrehen, sich drehen) In einer Richtung um die Zelle herumlaufende Protoplasmaströmung.

Saccharid (L sacchara = Zucker; G -eides = gestaltet, ähnlich) Aus Zuckermolekülen bestehende Verbindung.

Saccharose (L sacchara = Zucker) Rohrzucker.

Saprophyten (G sapros = faul, verfault; G phyton = Pflanze, Gewächs) Fäulnisbewohner.

Schizogen (G schizein = spalten; G genes = hervorbringend, verursachend) Durch Spaltung entstanden.

Seismonastie (G seismos = Erdbeben; → Nastie) Durch Erschütterung ausgelöste pflanzliche Bewegungsreaktion.

Sekret (L secretus = abgesondert) Ausscheidungsprodukt einer Pflanze, das für ihr Zusammenleben mit der Umwelt noch eine Bedeutung hat.

Selektion (L seligere, selectum = auslesen, auswählen) Auswahl, z. B. natürliche Auswahl bei der Evolution. Adj.: Selektiv = auswählend, z. B. selektive Permeabilität.

Semipermeabilität (L semi = halb; → Permeabilität) Halbdurchlässigkeit von Membranen, d. h. Durchlässigkeit für das Lösungsmittel, aber Undurchlässigkeit für den gelösten Stoff.

Seneszenz (L senescere = alt werden) Alterung.

Sessil (L sessilis = zum Sitzen geeignet) Festsitzend, nicht zur Fortbewegung befähigt.

Siphonogamie (G siphon = Röhre; G gamein = Heiraten) Mit Hilfe des Pollenschlauches erfolgende Befruchtung der höheren Pflanzen.

Sklereide (G skleros = trocken, hart, starr; G -eides = gestaltet, ähnlich) Steinzelle.

Sklerenchym (G skleros = trocken, hart, starr; G enchyma = das Eingegossene) Festigungsgewebe, dessen Zellen allseitig gleichmäßig verdickte und oft auch verholzte Zellwände haben.

Skotonastie (G skotos = dunkel; → Nastie) Synonym mit → Nyktinastie.

Somatogamie (G soma, Genitiv somatos = Körper; G gamein = heiraten) Verschmelzung von Körperzellen zweier Kreuzungspartner.

Sorus (G soros = Urne, Sarg) Von einer Hülle bedeckte Gruppe von Sporangien der Farne.

Spektrum (L spectrum = Schemen, Erscheinung) Im engeren Sinne Farbskala, die durch Brechung weißen Lichtes nach Passieren eines Prismas entsteht. Wird auch im erweiterten Sinne benutzt für die Angabe von Häufigkeits- oder Intensitätsverteilungen der Bestandteile von Gemischen usw.

Sperma (G sperma, Genitiv spermatos = Same) Same.

Spermangium (→ Sperma; G angeion = Gefäß, Kanne) Männliches Sexualorgan, in dem die → Spermatozoiden gebildet werden.

Spermatophyten (→ Sperma; G phyton = Pflanze, Gewächs) Samenpflanzen.

Spermatozoid (→ Sperma; G zoon = Tier; G -eides = gestaltet, ähnlich) Begeißelte männliche Fortpflanzungszelle bei Vorliegen von → Oogamie.

Sphäroprotein (G sphaira = Kugel; → Protein) Protein von zusammengeknäulter, kugeliger Gestalt.

Sporangiophor (→ Sporangium; G phora = das Tragen) Sporangienträger.

Sporangiosporen (→ Sporangium; → Spore) In Sporangien gebildete Sporen.

Sporangium (→ Spore; G angeion = Gefäß, Kanne) Sporenbehälter.

Spore (G sporos = Same, Saat) Durch → Mitose oder → Meiose entstandene Verbreitungseinheit.

Sporoderm (→ Spore; G derma = Haut) Die → Pollen außen überziehende Wandschicht.

Sporogon (→ Spore; G gone = Erzeugung) Die Sporenkapsel tragender → Sporophyt der Moospflanzen.

Sporophyll (→ Spore; G phyllon = Blatt) Mit Sporangien besetztes Blatt der Farnpflanzen.

Sporophyt (→ Spore; G phyton = Pflanze) Sporenbildende Generation im → Generationswechsel.

Statenchym (→ Stato-; G enchyma = das Eingegossene) Aus → Statocyten bestehendes, zur → Graviperzeption befähigtes Gewebe.

Stato- (G statos = stehend, eingestellt) In zusammengesetzten Wörtern Vorsilbe mit der Bedeutung „die Perzeption der Schwerkraft betreffend".

Statocyte (→ Stato-; G kytos = Höhlung, Urne, Zelle) Zur → Graviperzeption befähigte Pflanzenzelle.

Statolithen (→ Stato-; G lithos = Stein) Zelleinschlüsse, die sich unter dem Einfluß der Schwerkraft verlagern und auf diese Weise die → Graviperzeption ermöglichen.

Stele (G stele = Säule, Pfeiler) Allgemeine Bezeichnung für die Leitbündelsysteme in den Sproßachsen.

Stigma (G stigma = Punkt) Augenfleck.

Stipel (L stipula = Halm, Stroh) Nebenblatt.

Stolon (L stolo = Wildling) Ausläufer.

Stoma (G stoma, Genitiv stomatos = Mund, Öffnung) Spaltöffnung. Mehrzahl: Stomata.

Stromathylakoide (G stroma = Lager, Unterlage, Grundlage; → Thylakoide) Die Chloroplasten in ihrer ganzen Länge durchziehende Thylakoide.

Suberin (L suber, Genitiv suberis = Korkeiche, Kork) Korkstoff. → Cutin.

Substituent (L substituere = an die Stelle setzen) Atom oder Atomgruppe, durch die ein anderes Atom bzw. eine andere Atomgruppe ersetzt wird.

Sukkulenz (L succulentus = saftvoll, kräftig) Ausbildung fleischig-saftiger Wasserspeichergewebe.

Suspensor (L suspendere, suspensus = aufhängen, schweben lassen) Embryoträger.

Symbiont (→ Syn-; G bios = Leben; G on, Gen.ontos = das Seiende, Wesen) In → Symbiose lebender Organismus.

Symbiose (→ Syn-; G bios = Leben) Zusammenleben zweier artverschiedener Organismen in enger morphologischer Verknüpfung.

Symbiotisch (→ Syn-; G bios = Leben) In Symbiose lebend.

Symplast (→ Syn-; G plastos = gebildet, geformt) Gesamtheit der Protoplasten eines vielzelligen pflanzlichen Organismus, die durch → Plasmodesmen untereinander verbunden sind.

Sympodium (→ Syn-; G pous, Genitiv podos = Fuß) Verzweigungstypus der Sproßachse, bei dem im Gegensatz zum → Monopodium die Hauptachse ihr Wachstum einstellt und das weitere Wachstum von Seitenzweigen I. Ordnung übernommen wird.

Symport (→ Syn-; L portare = tragen) Gleichgerichteter, gekoppelter Transport eines Ions oder Moleküls durch eine Biomembran. → Antiport.

Syn- (G syn = zugleich, zusammen mit; vor b, n und p angeglichen zu sym-) In zusammengesetzten Wörtern mit der Bedeutung: mit, zusammen, gemeinsam, gleichzeitig, gleichartig.

Synaptonemaler Komplex (G synapsis = Verbindung; G nema = Faden) Bei der in der → Meiose erfolgenden Chromosomenpaarung zwischen Nicht-Schwesterchromatiden ausgebildete Struktur. Wird auch als synaptischer Komplex bezeichnet.

Synchronisation (→ Syn-; G chronos = Zeit) Steuerung einer Kultur von Mikroorganismen durch geeignete Kulturbedingungen, so daß alle Zellen sich etwa zur gleichen Zeit teilen und somit das gleiche Alter haben.

Synergiden (G synergos = Mitarbeiter, Gehilfe; G -eides = gestaltet, ähnlich) Im Embryosack neben der Eizelle liegende Zellen.

Syngamie (→ Syn-; G gamein = heiraten) Verschmelzung zweier → Gameten zu einer → Zygote.

Synthese (G synthesis = das Zusammenlegen, die Zusammensetzung) Aufbau einer chemischen Verbindung aus einfacheren Stoffen.

Taxis (G taxis = Ordnung, Aufstellung) Orientierung freibeweglicher Organismen zur Richtung des einwirkenden Reizes.

Telophase (G telos = Ende; → Phase) Letzter Abschnitt der Kernteilung.

Temperenter Phage (L temperare = zügeln, mäßigen) Über längere Zeit nicht → virulenter → Bakteriophage.

Tentakel (L tentare = betasten, berühren, angreifen, zu erreichen suchen) Schlanker, beweglicher Auswuchs eines Organs, oft zum Beutefang eingerichtet, z. B. bei den → Insectivoren.

Termination (L terminatio = Begrenzung) Beendigung der Biosynthese von Makromolekülen, z. B. Nucleinsäuren und Proteinen.

Tetraden (G tetra, Genitiv tetrados = vier) Aus vier Einheiten bestehend, z. B. Chromosomentetraden in der Meiose. Synonyme → Gemini, → Bivalente.

Tetraeder (G tetraedron = Vierflächner) Von vier (meist gleichseitigen) Dreiecken begrenzter Körper.

Tetrakaidekaeder (G tetrakaideka = vierzehn; G edra = Sitz, Fläche) Vierzehnflächner.

Textur (L textura = Weben, Gewebe) Anordnung der Cellulosefibrillen in der Zellwand.

Thallophyten (→ Thallus; G phyton = Pflanze, Gewächs) Lagerpflanzen.

Thallus (G thallos = Zweig, Laub, Lager) Vielzelliger Vegetationskörper der → Thallophyten, der im Gegensatz zum → Kormus nicht in Sproßachse, Blatt und Wurzel gegliedert ist. Wegen Fehlens von Festigungselementen fällt er nach Herausnehmen aus dem wäßrigen Milieu meist zusammen und bildet ein Lager (deshalb die Bezeichnung „Lagerpflanzen").

Theka (L theca = Kapsel, Büchse, Behälter) Je zwei Pollensäcke enthaltende, durch das Konnektiv verbundene Hälften der → Anthere.

Thermo- (G thermos = warm, heiß) In zusammengesetzten Wörtern Vorsilbe mit der Bedeutung „Wärme-", allgemeiner im Sinne von „abhängig von der Temperatur" bzw. „durch Temperatureinflüsse verursacht".

Thermomorphosen (→ Thermo-; → Morphosen) Formative Effekte der Temperatur auf pflanzliche Organe.

Thermonastie (→ Thermo-; → Nastie) Durch Temperatureinflüsse ausgelöste, aber nicht gerichtete Bewegung pflanzlicher Organe.

Thermophil (→ Thermo-; G philein = lieben) Organismen, die an Temperaturen zwischen 50 und 98 °C, in Extremfällen sogar über 100 °C angepaßt sind.

Thigmotropismus (G thigma = Berührung; → Tropismus) Durch Berührungsreize ausgelöste Bewegung pflanzlicher Organe mit vom Ort der Berührung abhängiger Richtung.

Thylakoid (G thylakos = Sack, Beutel; G -eides = gestaltet, ähnlich) Die Photosynthesepigmente tragende Biomembran der photosynthetisch aktiven → Plastiden.

Thylle (G thyllis = Sack, Beutel, Vorratsbehälter. Die von G tylos bzw. tyle = Wulst abgeleitete Schreibweise Tyle hat sich nicht durchgesetzt) Die Gefäße verschließende, unter blasenartiger Auftreibung der Tüpfelschließhäute einwachsende Holzparenchymzelle.

Tonoplast (G tonos = das Spannen, die Anspannung; G plastos = gebildet, geformt) Innere, den Protoplasten gegen die Zellsaftvakuole abgrenzende Biomembran.

Topische Reaktion (G topos = Ort, Stelle, Raum) Durch einen Reiz ausgelöste Bewegungsreaktion eines freibeweglichen Organismus, die in Beziehung zur Richtung des einwirkenden Reizes steht, z. B. zur Reizquelle hin (positiv) oder von der Reizquelle weg (negativ) gerichtet ist.

Torus (L torus = Wulst, Polster) Verdickung in der Mitte der Schließhaut der Hoftüpfel vieler Nadelhölzer.

Totipotenz (L totus = ganz, völlig; L potentia = Vermögen, Kraft, Macht) Fähigkeit einer Zelle, das gesamte genetische Potential zu realisieren bzw. alle artspezifischen Funktionen auszuüben.

Toxin (G toxikon = zum Bogen gehörig, Pfeilgift) Allgemeine Bezeichnung für Gifte, die von Mikroorganismen, Pflanzen oder Tieren ausgeschieden werden bzw. bei deren Zerfall entstehen.

Trachee (G tracheia = Luftröhre, weibl. Form von trachys = rauh, uneben) Gefäß. Wegen der Ähnlichkeit insbesondere der Ringgefäße mit den Tracheen der Insekten wurden sie ursprünglich irrtümlich als dem Gasaustausch dienendes Röhrensystem angesehen.

Tracheiden (→ Trachee; G -eides = gestaltet, ähnlich) Langgestreckte Zellen, die gleich den Tracheen der Wasserleitung dienen.

Transcription (L transcribere = umschreiben) Umschreiben der Nucleotidsequenz der DNA in die Nucleotidsequenzen der mRNA.

Transduction (L transducere = hinüberführen) Genübertragung durch → Bakteriophagen. Auch die Signalübertragung vom Rezeptor zum Effektor wird als (sensorische) Transduction bezeichnet.

Transferasen (L transferre = übertragen) Gruppenübertragende Enzyme.

Transferzellen (L transferre = übertragen) Zellen, die sich bevorzugt an den Übergangsstellen vom Grund- zum Leitgewebe finden und die durch Vergrößerung der Innenfläche der Zellwand und die damit einhergehende Vergrößerung der Fläche des Plasmalemmas für Transportfunktionen besonders geeignet sind.

Transformation (L transformare = umgestalten, verwandeln) Umwandlung von R-Formen der Bakterien in S-Formen durch DNA-Übertragung.

Transfusionsgewebe (L transfundere = sich ergießen, übertragen) Die Verbindung zum umgebenden Armpalisadenparenchym herstellendes, die

Leitbündel der Coniferennadel umgebendes Gewebe.

Transition (L transire = hinübergehen) Austausch eines Pyrimidinnucleotids gegen ein anderes, z. B. T gegen C, bzw. eines Purinnucleotids gegen ein anderes, z. B. A gegen G.

Translation (L transferre, translatus = übertragen, übersetzen) Übersetzung der Nucleotidsequenz der mRNA in die Aminosäuresequenz eines Proteins.

Translocation (L trans = über, jenseits; L locare = stellen, legen) Chromosomenmutation durch einseitige Bruchstückverlagerung.

Transpiration (L trans = jenseits, über, über – hin; L spirare = blasen, hauchen, ausatmen) Wasserabgabe der Pflanzen in Form von Wasserdampf.

Transposon (L transponere, -positus = hinüberbringen) Bewegliche DNA-Sequenz.

Transversal- (L transversus = quer, schief) In zusammengesetzten Wörtern in der angegebenen Bedeutung, z. B. Transversalphototropismus, Transversalgravitropismus.

Traumatonastie (G trauma, Genitiv traumatos = Wunde, Verletzung; → Nastie) Durch Verletzung hervorgerufene, nicht gerichtete Bewegung pflanzlicher Organe.

Trichoblast (→ Trichom; G blastos = Sproß, Trieb) Wurzelhaarbildende Zelle.

Trichogyne (→ Trichom; G gyne = Frau) Der Befruchtung dienender papillenförmiger Fortsatz des → Ascogons.

Trichom (G thrix, Genitiv trichos = Haar) Bezeichnung für pflanzliche Haare.

Trisomie (G treis, tria = drei; G soma = Körper) Dreifaches Vorkommen eines Chromosoms in einem diploiden Satz.

Tropismus (G tropos = Wendung, Richtung) Durch einen Reiz ausgelöste Bewegung einer ortsgebundenen Pflanze bzw. eines ihrer Organe, deren Richtung in Beziehung zur Richtung des einwirkenden Reizes steht.

Tropophyten (G tropos = Wendung, Richtung; G phyton = Pflanze, Gewächs) An den jahresperiodischen Klimarhythmus angepaßte wandlungsfähige Pflanzen.

Tubulin (L tubulus = kleine Röhre) Die → Mikrotubuli aufbauendes Protein.

Tunica (L tunica = Hemd, Hülle) Die sich nur antiklin teilenden peripheren Zellschichten des Scheitelmeristems der Sproßachse der Angiospermen.

Turgor (L turgere = strotzen, aufgeschwollen sein) Flüssigkeitsinnendruck einer Zelle.

Uni- (L unus = einer) In zusammengesetzten Wörtern Vorsilbe mit der Bedeutung: einzig, nur einmal vorhanden, einheitlich.

Unifaziales Blatt (→ Uni-; L facies = Aussehen, Antlitz) Blatt, bei dem infolge der Reduktion der Oberseite die Blattoberfläche von der morphologischen Unterseite gebildet wird. → Bifaziales Blatt.

Uniformitätsregel (L uniformis = einförmig) Erste Mendelsche Regel, nach der alle Individuen der durch Einfaktorenkreuzung entstandenen ersten Filialgeneration gleich sind.

Valenz (L valere = wert sein) Wertigkeit.

Vakuole (L vacuus = leer) Mit Zellsaft erfüllter, von Protoplasma umgebener Innenraum der Pflanzenzelle.

Vakuom (L vacuus = leer) Gesamtheit der Vakuolen einer Zelle.

Variationsbewegung (L varius = mannigfach, verschiedenartig, wechselnd)

Auf Turgoränderungen beruhende Bewegung pflanzlicher Organe.

Vegetation (L vegetabilia = Pflanzenreich) Pflanzenbewuchs.

Vegetativ (L vegetare = lebhaft erregen, beleben) Ungeschlechtlich, nicht mit der geschlechtlichen Fortpflanzung im Zusammenhang stehend.

Vektor (L vector = Fahrer) Übertrager. Z. B. Plasmide oder Phagen zur Übertragung von DNA-Abschnitten.

Vernalisation (L vernare = Frühling machen, sich verjüngen) Ersatz der Winterperiode durch eine künstliche Kältebehandlung.

Vesikel (L vesicula = Bläschen) Bläschenförmige, meist von einer Membran umschlossene Kompartimente oder Strukturen bzw. bei den VAM-Pilzen Anschwellungen der Hyphen.

Virulenz (L virulentia = Gestank, Giftigkeit) Schädliche Aktivität von Krankheitserregern.

Virus (L virus = Schleim, Gift) Aus Nucleinsäuren und Proteinen bestehende, submikroskopische, infektiöse Partikel.

Vitamin (L vita = Leben) Sammelbezeichnung für verschiedenartige organische Verbindungen, die zur Aufrechterhaltung der Lebensvorgänge unerläßlich sind, von den betreffenden Organismen jedoch nicht selbst synthetisiert werden können.

Volutin (L volutare = wälzen, drehen) Nach *Spirillum volutans* benannte Substanz, die aus Polyphosphaten besteht.

Xanthophylle (G xanthos = gelb; G phyllon = Blatt) Sauerstoffhaltige → Carotinoide.

Xenobiotikum (G xenos = fremd; G bios = Leben) Körperfremder Stoff, der von einem Organismus nicht selbst gebildet, sondern aus der Umgebung aufgenommen wird. Viele dieser Stoffe blockieren bestimmte physiologische Vorgänge und wirken daher giftig.

Xero- (G xeros = trocken) In zusammengesetzten Wörtern Vorsilbe mit der Bedeutung: „trocken" bzw. „durch Trockenheit verursacht".

Xeromorphosen (→ Xero-; → Morphose) Durch Trockenheit verursachte Gestaltveränderungen pflanzlicher Organe.

Xerophyten (→ Xero-; G phyton = Pflanze, Gewächs) Trockenpflanzen.

Xylem (G xylos = Holz) Der Wasserleitung dienende Elemente eines Leitbündels.

Zirkulation (L circulus = Kreisbahn, Kreislauf) Plasmaströmung, die im Gegensatz zur Rotation in verschiedenen Bereichen des plasmatischen Wandbelages verschieden gerichtet ist und ihre Richtung häufig ändert.

Zisterne (L cisterna = Wasservorratsbehälter) Sowohl für den durch engen Zusammenschluß der Blattbasen gebildeten Wasservorratsbehälter der Zisternenepiphyten als auch allgemein für erweiterte, von Biomembranen umschlossene → Kompartimente der Zelle benutzt.

Zoosporangium (→ Zoospore; G angeion = Gefäß, Kanne) Behälter, in dem die Zoosporen gebildet werden.

Zoosporen (G zoon = Tier, Lebewesen; → Spore) Mit Hilfe von Geißeln bewegliche Sporen.

Zygotän (G zygos = Joch, Steg, Brücke; G tainia = Kopfbinde, Band) Stadium in der Prophase der Meiose, in dem die Parallelkonjugation der homologen Chromosomen beginnt.

Zygote (G zygos = Joch, Steg, Brücke) Verschmelzungsprodukt zweier geschlechtsverschiedener Gameten.

Literatur

Es wurde eingangs bereits darauf hingewiesen, daß das vorliegende Buch lediglich als eine erste Einführung in die Allgemeine Botanik gedacht ist. Für Studenten, die sich eingehender mit den hier behandelten Problemen beschäftigen wollen, sind im folgenden einige ausführlichere Lehrbücher aufgeführt. Aus der Fülle des vorliegenden Schrifttums wurden nur deutschsprachige Bücher ausgewählt, die selbst wieder eine größere Anzahl weiterführender Literaturhinweise enthalten. Eine Wertung ist mit dieser Auswahl nicht verbunden.

Lüttge, U., M. Kluge, G. Bauer: Botanik, 3. Aufl. Wiley-VHC, Weinheim 1999
Sitte, P., H. Ziegler, E. Ehrendorfer, A. Bresinsky: Lehrbuch der Botanik für Hochschulen, 34. Aufl. Fischer, Stuttgart 1998

Morphologie, Anatomie

Esau, K.: Pflanzenanatomie, Fischer, Stuttgart 1969
Franke, W.: Nutzpflanzenkunde, 6. Aufl. Thieme, Stuttgart 1997
Jurzitza, G.: Anatomie der Samenpflanzen, Thieme, Stuttgart 1987
Kaussmann, B., U. Schiewer: Funktionelle Morphologie und Anatomie der Pflanzen, Fischer, Stuttgart 1989
Nultsch, W.: Mikroskopisch-Botanisches Praktikum, 10. Aufl., Thieme, Stuttgart 1995
Troll, W.: Allgemeine Botanik, 4. Aufl. Enke, Stuttgart 1973

Pflanzenphysiologie

Häder, D.-P. (hrsg): Photosynthese, Thieme, Stuttgart 1999
Haupt, W.: Bewegungsphysiologie der Pflanzen, Thieme, Stuttgart 1977
Hess, D.: Pflanzenphysiologie, 10. Aufl. Ulmer, Stuttgart 1999
Lawlor, D. W.: Photosynthese, Thieme, Stuttgart 1990
Libbert, E.: Lehrbuch der Pflanzenphysiologie, 5. Aufl. Fischer, Stuttgart 1993
Mengel, K.: Ernährung und Stoffwechsel der Pflanze, 7. Aufl. Fischer, Stuttgart 1991
Richter, G.: Stoffwechselphysiologie der Pflanzen, 6. Aufl. Thieme, Stuttgart 1998
Schopfer, P., A. Brennike: Pflanzenphysiologie (begründet von H. Mohr) 5. Aufl. Springer, Berlin 1999
Taiz, L., E. Zeiger: Physiologie der Pflanzen, Spektrum, Heidelberg 1999
Westhoff, P., H. Jeske, G. Jürgens, K. Kloppstech, G. Link: Molekulare Entwicklungsbiologie, Thieme, Stuttgart 1996

Systematische Botanik

Frohne, D., U. Jensen: Systematik des Pflanzenreiches, 5. Aufl. Wiss. Verl. Ges. Stuttgart 1998

Henssen, A., H. M. Jahns: Lichenes. Eine Einführung in die Flechtenkunde, Thieme, Stuttgart 1973

Hoek van den, Chr., H. M. Jahns, D. G. Mann: Algen, Einführung in die Phykologie, 3. Aufl. Thieme, Stuttgart 1993

Kramer, K. U., J. J. Schneller, E. Wollenweber: Farne und Farnverwandte, Thieme, Stuttgart 1995

Müller, E., W. Loeffler: Mykologie, 5. Aufl. Thieme, Stuttgart 1992

Rohweder, O., P. K. Endress: Samenpflanzen, Thieme, Stuttgart 1983

Weberling, F., H. O. Schwantes: Pflanzensystematik, 7. Aufl. Ulmer, Stuttgart 2000

Ökologie

Fent, K.: Ökotoxikologie, Thieme, Stuttgart 1998

Gisi, U., R. Schenker, R. Schukin, F. X. Stadelmann, H. Sticher: Bodenökologie, 2. Aufl. Thieme, Stuttgart 1997

Lampert, W., U. Sommer: Limnoökologie, 2. Aufl. Thieme, Stuttgart 1999

Larcher, W.: Ökophysiologie der Pflanzen, 5. Aufl. Ulmer, Stuttgart 1994

Odum, E. P.: Ökologie, 3. Aufl. Thieme, Stuttgart 1999

Steubing, L., H. O. Schwantes: Ökologische Botanik, 3. Aufl. Quelle & Meyer, Heidelberg 1984

Tischler, W.: Einführung in die Ökologie, 4. Aufl. Fischer, Stuttgart 1993

Willert, D. J. v., R. Matyssek, W. Herppich: Experimentelle Pflanzenökologie, Thieme, Stuttgart 1995

Wilmanns, O.: Ökologische Pflanzensoziologie, 6. Aufl. Quelle & Meyer, Heidelberg 1998

Biochemie

Held, H. W.: Pflanzenbiochemie, 2. Aufl. Spektrum, Heidelberg 1999

Karlson P., D. Doenecke, J. Koolman: Kurzes Lehrbuch der Biochemie für Mediziner und Naturwissenschaftler, 14. Aufl. Thieme, Stuttgart 1994

Kindl, H., G. Wöber: Biochemie der Pflanzen, 4. Aufl. Springer, Berlin 1994

Kinzel, H.: Stoffwechsel der Zelle, 2. Aufl. Ulmer, Stuttgart 1989

Koolman, J., K. H. Röhm: Taschenatlas der Biochemie, 2. Aufl. Thieme, Stuttgart 1998

Lehninger, A. L.: Biochemie, 2. Aufl. VCH, Weinheim 1977

Richter, G.: Biochemie der Pflanzen, Thieme, Stuttgart 1996

Stryer, L.: Biochemie, 3. Aufl. Spektrum, Heidelberg 1991

Genetik, Molekularbiologie

Gottschalk, W.: Allgemeine Genetik, 4. Aufl. Thieme, Stuttgart 1994
Hagemann, R.: Allgemeine Genetik, 3. Aufl. Fischer, Stuttgart 1991
Hemleben, V.: Molekularbiologie der Pflanzen, Fischer, Stuttgart 1990
Kaudewitz, F.: Genetik, 2. Aufl. Ulmer, Stuttgart 1992
Knippers, R.: Molekulare Genetik, 8. Aufl. Thieme, Stuttgart 2001
Passarge, E.: Taschenatlas der Genetik, Thieme, Stuttgart 1994
Seyffert, W. (hrsg): Lehrbuch der Genetik, Fischer, Stuttgart 1998

Spezialdisziplinen

Frey, W., R. Lösch: Geobotanik, Fischer, Stuttgart 1998
Klee, O.: Angewandte Hydrobiologie, 2. Aufl. Thieme, Stuttgart 1991
Kleinig, H., P. Sitte: Zellbiologie, 4. Aufl. Fischer, Stuttgart 1999
Kreeb, K. H.: Vegetationskunde, Ulmer, Stuttgart 1983
Plachter, H.: Naturschutz, Fischer, Stuttgart 1991
Plattner, H., J. Hentschel: Taschenlehrbuch Zellbiologie, Thieme, Stuttgart 1997
Schlegel, H. G.: Allgemeine Mikrobiologie, 7. Aufl. Thieme, Stuttgart 1992
Süßmuth, R., J. Eberspächer, R. Haag, W. Springer: Mikrobiologisch-Biochemisches Praktikum, 2. Aufl. Thieme, Stuttgart 1999
Tardent, P.: Meeresbiologie, 2. Aufl. Thieme, Stuttgart 1993
Tevini, M., D.-P. Häder: Allgemeine Photobiologie, Thieme, Stuttgart 1985
Walter, H.: Allgemeine Geobotanik, 3. Aufl. Ulmer, Stuttgart 1986
Weber, H. Chr.: Parasitismus von Blütenpflanzen, Wiss. Buchges., Darmstadt 1993
Werner, D.: Pflanzliche und mikrobielle Symbiosen, Thieme, Stuttgart 1987

Sachverzeichnis

A

ABA s. Abscisinsäure
ABS s. Abscisinsäure
Abschlußgewebe 149, 166
Abscisine **506** f., 604
Abscisinsäure 506, 550, 555
Abscission 506, 508, **604**
Absorption **149**, 604
Absorptionsgewebe **149**
Absorptionshaare **288**
Absorptionsspektrum des Phytochroms 529
Acacia heterophylla 266
Acetabularia 181, 521
– *mediterranea* 521
– *wettsteinii* 521
Acetaldehyd 10 f., 368 f.
Acetobacter 368
Acetyl-Carrier-Protein 343
Acetyl-CoA 342 ff., 357
Acetyl-CoA-Carboxylase 344
Acetylase 471
Acetylserin 386
Achselknospen 245 f.
Achselsprosse 245 f.
Acidität 298, **604**
Actin **65** ff., 522, 582 f.
Actin-assoziierte Proteine 66
Actinomyceten 396
Actinomycine 497
Actomyosinsystem 66, 562
Acyl-CoA 344, 364
Acyl-CoA-Synthetase 364
Adaptation 591
Adenin **17**, 28 ff.
Adenosin 28, 310
Adenosin-3',5'-diphosphat 29, **310** f., 342, 388
Adenosin-5'-phosphosulfat 386
Adenosinmonophosphat 29
Adenosintriphosphat **28**, 67, 301, **310** f., 331, 336, 355 ff., 377, 388, 561
Adenylat-Cyclase 29
Adermin s. Vitamin B$_6$

ADP s. Adenosindiphosphat
ADP-Glucose 314
Adsorption 298, **604**
Adventiv **604**
Adventivsprosse 246
Adventivwurzeln 278
Aerenchym 165, **604**
Aërobier, Aërobiont 73, 353, **604**
Agar 38, 454
Agglutination 50, **604**
Aggregatverband 213, **604**
Aglykon 345 ff., **604**
Agrobacterium tumefaciens 471, 523 ff.
Agrocinopin 524
Agropin 524
Aitionome Bewegungen 547, **604**
Akkrusten **179**
Akkrustierung **179** ff., **604**
Akkumulation 41, **604**
Akroplast 254, **604**
Aktionspotential 61, **566** ff., **604**
Aktionsspektrum **318** f., 527 ff., 552, 569, 571, **604**
Aktiv **605**
Aktive Glucose 314
Aktiver Transport **57** ff.
Aktives Sulfat 386
Aktives Zentrum 314
Aktivierungsenergie **311** f., **605**
Aktivitätsrhythmus 539, **605**
Akzeptor 310, 321, **605**
Alanin **18** f., 202, 204, 358, 380
Albomaculat 480, **605**
Aldehyd **10** f.
Aldosen **10** ff.
Aleuron 154 f., **605**
Algenpilze s. Phycomyceten
Alginsäure 38
Alkaloide **348** f., 381, **605**
Alkane 5
Alkene 5

Alkine 5
Alkohol **9** f.
Alkohol-Dehydrogenase 368
Alkoholische Gärung **367** f.
All-trans-Retinal 574 f.
Allantoin 385
Allantoinsäure 385
Allele **446** ff., **605**
Allelopathie 80, **605**
Alles-oder-Nichts-Reaktion 564
Allium cepa 120, 268
Allium fistulosum 286
Allium sativum 267 f., 272
Allorhizie 278, **605**
Allosterische Hemmung 315
Alternanz 256, **605**
Ameisensäure **14** f., 41
Aminoacyl-tRNA-Synthetasen 474 ff.
Aminoacyladenylat 474 ff.
p-Aminobenzoesäure s. Vitamin H'
Aminogruppe **17** ff.
Aminopeptidase 382
2-Aminopurin 468
Aminosäure-Decarboxylasen 383
Aminosäuren **18** ff., **21** ff., 41, 379 ff., 382 ff., 451 ff.
– Aktivierung **474**
– proteinogene 18 f., 32
Aminotransferasen 380
Ammoniak 8, 21, 376 ff.
Ammoniakentgiftung **384** f.
Ammoniumion 376 ff.
Amöboide Bewegungen 562, **605**
AMP s. Adenosinmonophosphat
Amphistomatisch 260, **605**
Amphitrich 205, **605**
Amplicon 131
Amplifikation 131, **605**
Amygdalin 345 f., **605**
Amylase 314, 354
Amylopektin 36 f., 153, 354

Halbfette Ziffern verweisen auf wichtige Erklärungen und Erläuterungen
Rote Ziffern verweisen auf das Glossarium

Amyloplasten **108**, 152 f., 272
Amylose 36 f., 153, **605**
Anabolismus 307, **605**
Anaërobier, Anaërobiont 73, 353, **605**
Analog 247, **606**
Anaphase **128**, 422, 424, **606**
Anastomosen 84, 179, **606**
Andrangium 431, **606**
Androeceum 439, **606**
Aneuploidie 465, **606**
Aneurin s. Vitamin B₁
Angeregter Zustand 320
Angiospermen 222 ff., 238, 440 f., **606**
Anisogamie **425**, 430, **606**
Anisophyllie 257 f., **606**
Anregung 8
Antagonismus **391**, **606**
Antennenkomplex 324 ff., 335
Anthere 439, **606**
Antheridium 425, 434 ff., **606**
Anthoceros 96
Anthocyane 157 f., 346, **606**
Anthocyanidine 346
Anthophyta 438, **606**
Anthoxanthine **606**
s. Flavone
Antibiotika **494** ff., **606**
Anticodon 32 f., **451**, 476, **606**
Antiflorigen 542
Antigen 203
Antiklin 222 ff., **606**
Antikörper 203
Antimetabolite **493** f., **606**
Antiport **56** ff., **606**
Antirrhinum majus 449 f.
Anulus 436, 558, **607**
Apex 148, **607**
Äpfelsäure **14** f., 331 f., 336, 365 f., 550 f.
Apikaldominanz 501, 505, 508, 520, **607**
Apikalmeristeme 148, 222, 228
Aplanosporen **417**, **607**
Apoenzym 312, **607**
Apoplast 75, 299, **607**
Apothecium 432, **607**
Apposition 159, **607**
APS s. Adenosin-5′-phosphosulfat
Aquaporine **57** f.

Äquatorialplatte 128, 422
Äquidistanz 255, **607**
Äquifazial 258 f., **607**
Arabinose **12** f., 133 ff.
Arbuskel 406 f., **607**
Archaea 193, 195, 206
Archaebakterien 72, **206** f.
Archegoniaten **434** ff.
Archegonium 425, 434 ff., **607**
Archespor 436, 440, **607**
Arginin **18** f., 118, 206, 378
Argininsynthese 469 f.
Armpalisaden 265
Arum maculatum 131
Ascogon 431, **607**
Ascomycetes 216, 400, 404, 431, **607**
Ascorbinsäure s. Vitamin C
Ascosporen 432, 557
Ascus 432, **607**
Asparagin **19**, 378, 380, 384, 400
Asparaginsäure **18** f., 118, 206, 358, 384
Aspergillus nidulans 418 f.
Assimilate 307, **341** ff.
Assimilation 307, 329, **607**
Assimilationsquotient 317
Assimilationsstärke 96, 317, 341
Aster-Mikrotubuli 126 f., **607**
Atemwurzeln 280
Atmung 353
– anaërobe **370**
– cyanidresistente 362
Atmungskette 88, **360** ff.
Atmungskettenphosphorylierung **362** ff.
ATP s. Adenosintriphosphat
ATP-Synthase 58, **101**, 327, 336, 363
ATP-Synthese 89
ATPase **58** ff., 550, 557
Attenuator 513, **608**
Attractant 587 ff., **608**
Aureomycin **496**
Ausläufer s. Stolonen
Austauschadsorption **298** f.
Autokatalyse 312
Autolyse 490, **608**
Autonome Bewegungen 547, **563** f., **608**
Autoreplikation 450, **608**
Autotrophie 307, 376, **608**
Auxin 125, 398, **499** ff., 510, 525, 586, **608**

Auxin-Carrier 574
Auxinasymmetrie 573 f.
Auxotroph 454, **608**
Avena-Koleoptile 571, 573
Avena-Krümmungstest 501, 505, f., 573
Axonema **209** ff., 561 f.
Azotobacter chroococcum 376

B

Bakterien **196** ff., 392 f., **608**
– eisenoxidierende 340
– gramnegative **202**
– grampositive **204** f.
– grüne 337
– halophile 207
– methanogene 72, 207, 370
– photosynthetische 199
– schwefeloxidierende 340
– thermo-acidophile 207
Bakterienphotosynthese **335** ff.
Bakterienzellwand 202
Bakteriochlorophyll **93**
– a 93 f., 335
– b 335
– c 337
– d 337
Bakteriophagen **456** ff., **608**
Bakteriopheophytin 335
Bakteriostatisch 494, **608**
Bakterizid 494, **608**
Bakteroide 398 ff., **608**
Balsam 158
Basalkörper 63, 204, 209 f., **608**
Basen, seltene 17, 32
Basidie 434, **608**
Basidiomycetes 216, 400, 404, 433, **608**
Basiplast 254, **608**
Bast **235** f., **241**, 279
Bastard **608** s. Hybride
Bastfaser 172, 235, 241
Bastparenchym 241
Baststrahlen 235, 241
Baststrahlparenchym 241
Bäume 227
B-DNA 29
Bedecktsamer s. Angiospermen
Befruchtung **424** ff.
Beggiatoa 340
Berberis vulgaris 266 f.
Berberitze 266 f.

Bernsteinsäure **14**f., 336, 365
Bewegungen
- amöboide 562
- autonome **563**f.
- endogene 547
- induzierte 547, **564**ff.
- intrazelluläre 563
- tagesperiodische **564**
Bewegungserscheinungen **547**ff.
Bewegungsmechanismen **548**ff.
Bewegungsreaktionen 568
Bierhefe s. *Saccharomyces cerevisiae*
Bifazial 258, **608**
Bildungsgewebe s. Meristeme
Biliproteine 530
Bindung
- energiereiche 310
- hydrophobe **25**f.
- ionische 5, **25**
- kovalente 5, **24**f.
Biogenese **40**ff., **608**
Biokatalyse **311**ff.
Biomembran **48**ff., 522, **609**
Biomonomere 9, **21**
Biopolymere **20**f., 41
Biotin 344, **493**
Bivalente 422, **609**
Blatt 222, **253**ff.
Blattanlagen 228, 254
Blattbewegungen **555**ff., 564
Blattdornen 266
Blattdüngung 297
Blattentwicklung **254**ff.
Blattfiederranken 268
Blattfolge **257**f.
Blattgelenk s. Pulvinus
Blattgrund 254
Blattparasiten 393
Blattranken 268
Blattscheide 254
Blattspreite s. Lamina
Blattspur 232, 264
Blattspurstränge 231 f.
Blattstellung **255**ff.
Blattstiel s. Petiolus
Blattsukkulenten 268
Blaulichtrezeptor 552
Blühhormon 541
Blüten
- carpellate 438
- staminate 438

Blütenbildung 540
Blütenpflanze 438
Blutungsdruck 289
Boehmeria nivea 142, 162
Boletus edulis 216
Bor 4, 298
Borke **242**ff.
BR s. Brassinosteroide
Bradyrhizobium japonicum 376, 397 ff.
Brassica napus 141, 508
Brassinolid 508
Brassinosteroide **508** f.
Braunalgen s. Phaeophyceen
Brennhaare 170
Brenztraubensäure **14** f., 331, 357, 368 f., 380
- oxidative Decarboxylierung **357**f.
5-Bromuracil 468
Brownsche Molekularbewegung 53
Brutblatt s. *Bryophyllum*
Brutorgane 416 f.
Bryonia dioica 593 ff.
Bryophyllum 416
Bryophyta 219 ff., **434** f., **609**
Bündelscheiden-Chloroplasten 330
Bündelscheidenzellen 330 f.
Buttersäure **14** f.

C

C_3-Pflanzen 329 ff.
C_4-Dicarbonsäure-Zyklus **330** ff.
C_4-Dicarbonsäurewege **329** ff.
C_4-Pflanzen 329 ff., 338, 378
C-Atom, glykosidisches **12** f.
Calcium 4, 88, 297, 516 f., 550 ff., 586
Calcium-Kanäle 575
Calciumbisulfit 180
Calciumcarbonat 157, 181
Calciumoxalat 156, 181
Calmodulin 63, 128
Caloglossa leprieurii 217 f.
Calvin-Zyklus **329**, 336
CAM s. Crassulacean Acid Metabolism
cAMP s. cyclo-AMP
Canavalia ensiformis 50
CAP-Protein 512 f.
Capping 474
Capsid 457 ff., **609**

Capsomer 456, **609**
Carboxylgruppe **14** f.
Carboxypeptidase 382
Carboxysomen 96, 199, 206
Cardiolipin 88
Carnivoren **408**ff., **609**
- Drüsen der 159
α-Carotin 94
β-Carotin **94** f., 208
Carotine 93, **609**
Carotinoide **93** ff., 106, 209, 318 ff., 571, **609**
Carpellate Blüten 438
Carpelle 438, **609**
Carrier 56, **609**
Casparyscher Streifen **188**, 265, 276, 289
Cavitation 295 f.
CCAAT-Box 514
cdc_2-Kinase 124 f., 509
CDP s. Cytidindiphosphat
Cellobiase 135
Cellobiose **13**, 35, 135
Cellulase 135, 416
Cellulosane 82, **134**, 140
Cellulose **35**, 135 ff., 140, **609**
Cellulosesynthese 160 ff.
Centaurea 346
Centrine **67**
Centriole 126, **609**
Centromer **116**, 128, **609**
Centrosom 63, 126, **609**
Ceratium horridum 99
Cerebrosid **16**, **609**
Chalaza 440, **609**
Chaperon **27**, 536, **609**
Chaperonin 27, 535
Chelate **538**, **609**
Chelatoren 538
Chemiosmotische Theorie 327, 362
Chemische Kopplung 59
Chemodinese 591, **609**
Chemolithoautotrophie **340**, **609**
Chemomorphosen **539**, **609**
Chemonastie **554** f., **587**, **609**
Chemoorganotrophie 307, **609**
Chemoperzeption 589, **610**
Chemophobische Reaktionen 589, **610**
Chemorezeptoren 204, **587**f., 589 ff.
Chemosynthese 307, **340**ff., **610**
Chemotaxis **587**ff., **610**

Sachverzeichnis

Chemotaxonomie 194
Chemotroph 307
Chemotropismus **587**, 610
Chiasma 422, **610**
Chinin 349
Chitin **35** f.
Chlamydomonas 80, 96, 136, 562, 574 ff.
Chlor 4, 298, 324, 550 ff.
Chloramphenicol **496**
Chlorella vulgaris 209
Chlorenchyme 165
Chlorobium 337
Chloroccocales 400 f.
Chlorophyceae 215, **610**
Chlorophyll **92** ff., 381, **610**
- a **93**, 206 f., 318 ff.
- b **93** f., 207 f., 318 ff.
- c 320
- c_1 93
- c_2 93
- d 93, 320
Chlorophytum comosum 171
Chloroplasten **92** ff., 108, 334, 378, **610**
Chloroplasten-DNA **104** ff., 482 f.
Chloroplastenbewegung 578 f.
Chloroplastenhülle **97** ff.
Chlorosomen 337, **610**
Chlorzinkjod 135, 167
Cholesterin 16, 49, 88
Cholin **15** f.
Chondriom 89, **483**, **610**
Chromatiden 125 ff., 420 ff., **610**
Chromatin 111 f., **118** ff., **610**
Chromatinfibrille 120
Chromatophor 91, **610**
Chromatosomen 120
Chromomer **123**, 421 f., **610**
Chromonema **123** f., **610**
Chromophor **28**, 95, 530, **610**
Chromoplasten **106** ff., **610**
Chromoprotein 28, 95
Chromosaccharide 346, **611**
Chromosomen **116** ff., 420 ff., 460 f., **611**
- homologe **116**, 421 f.
- Parallelkonjugation 421 f.
Chromosomenfeinbau **119** ff.
Chromosomenformwechsel **116**
Chromosomenmutationen **465** f.
Chromozentren 118

Chrysolaminarin 37, **611**
Chrysophyceae 94, **611**
Cilie 64, **611**
Cinchona succirubra 349
Cinnamomum camphora 347
Circadiane Rhythmik **543**, 552 ff., 564, **611**
Circannuelle Rhythmik 539, **611**
Circumnutationen **563**, **611**
cis-Sequenz 514
Cistron 466
Citrat s. Citronensäure
Citratzyklus 88, **358** ff.
Citronensäure **14** f., 358, 366
Citrullin 378, 469 f.
Cladophora 115, 214 f., 428 f.
Clathrin-Vesikel 85, **611**
Clivia miniata 167
Closterium 161
Clostridium 72
- *pasteurianum* 376
- *tetani* 393
Cluster 44, **611**
CMP s. Cytidinmonophosphat
CO_2 s. Kohlendioxid
CoA s. Coenzym A
Coated Vesicles **85**
Coatprotein-Vesikel 85
Cobalamin s. Vitamin B_{12}
Cobalt 4
Cocain 349
Codogen **451**
Codon **451** ff., **611**
Coenoblast **115**, **214** ff., 430, **611**
Coenocyte s. Coenoblast
Coenozygote 431, **611**
Coenzym 312, **611**
Coenzym A **342** ff., 357, 364 ff., 492
Coenzym F 492
Colchicin 63, 464
Colchicum autumnale 464
Commelina communis 109
Commensalismus **391**, **611**
Concanavalin A 50
Congenital 212, **611**
Coniferen 265, **611**
Coniferylalkohol 180
Convallaria majalis 184, 264
Corolla 438, **611**
Corpus **222** f., **612**
Cortical **612**
Crassulacean Acid Metabolism 332

Crassulaceen-Säurestoffwechsel **332**
Cristae 89
Crossing over 422, 460, **612**
Cryptochrom **533** f., **612**
Cryptophyceen 95
CTP s. Cytidintriphosphat
Cumarylalkohol 180
Cuscuta europaea **394** f.
Cuticula 167 f., **181**, **612**
Cuticularleiste 182, 263
Cuticularschicht 167 f., **182** f.
Cutin **181** ff., **612**
Cutinasen 182
Cutis 187, **612**
Cutisgewebe 276
Cutiszellen **187** ff.
Cyanidin 346
Cyanobakterien 73, 95, **205** f., 376 ff., 400 f., **612**
Cyanophyceen s. Cyanobakterien
Cyanophycinkörnchen 206
Cyanwasserstoff 8
Cyclin 124, 509
cyclo-AMP **29**, 512
Cyclohexan 6 f.
Cycloheximid 543
Cyclopentan 6
Cystein **19** f., 25, 386
Cystein-Synthase 386
Cystin **19** f.
Cytidin 28
Cytidindiphosphat 29, 310
Cytidinmonophosphat 29, 310
Cytidintriphosphat 29, 310
Cytochalasin 66, **497**, 583
Cytochrom 381, **612**
- a 362
- a_3 362
- b 361 f.
- b_6 101
- b_{557} 378
- b_{559} 100
- b_{563} 324
- b, c_1-Komplex 335
- b, f-Komplex **101**, **324** ff.
- c 361 f.
- c_1 335, 361
- c_2 336
- f 101
Cytochromoxidase 362
Cytochrom P 450 80
Cytokinese 130
Cytokinine 396, 398, **504** ff., 523, 525, **612**

Cytoplasma **74** ff., **612**
Cytoplasmamembran 199 f.
Cytosin **17**, 28 ff., 310
Cytoskelett **61** ff., 582 ff.
Cytosol 74, 378

D

Dalton **22**
Dattelpalme 134
Daucus carota 106, 278
Dauergewebe **148** f.
Decarboxylasen 491
Dehydrierung 10
Dehydrogenasen **312** ff.
Deletion 465, **612**
Delphinidin 346
Delphinium 346
Denitrifikation 370, **612**
Deplasmolyse 287, **612**
Depurinierung 467
Depyrimidierung 467
Derbesia marina 104 f., 429 f.
Desaminierung, oxidative 383
Desmotubulus **75** ff., **612**
Desoxyribonucleinsäure **28** ff., 118 ff., 196 ff., 205 f., **450** ff., 456 ff., 473 ff., 511 ff.
Desoxyribose **12** f., 28
Desulfurikation 370, **612**
Determination **518** ff., **612**
Dextrine 153
Diagravitropismus 579, 586, **613**
Diakinese 422, **613**
Diallelie **446** ff.
Diaminopimelinsäure 202
Diaphototropismus 571, **613**
Diatomeen 93 f., 181
Dicarbonsäuren 14
Dichasium 246, **613**
2,4-Dichlorphenoxyessigsäure 499
3(3,4-Dichlorphenyl)-1,1-dimethylharnstoff 328
Dichotomie 217 ff., 245, **613**
Dickenwachstum
– Monokotyle 244
– primäres 231
– sekundäres **233** ff.
Dictyosom **80** ff., 133, 154, **613**
Dictyota dichotoma 217 ff.
Differentielle Genaktivität **513**

Differenzierung **147** ff., 219, **518** ff., **613**
Differenzierungswachstum **510** f.
Differenzierungszone 228, 274
Diffusion **53** ff., **613**
Digitalis-Glykoside 346
Digitalis 346
Dihydroxyaceton **10**
Dihydroxyacetonphosphat 357
Dikaryophase 419, 426, 432 f., **613**
Dikotyle s. Dikotyledonen
Dikotyledonen **257**, 264, 441, **613**
Dilatation 235, 241, **613**
Dinese 578, **613**
Dioecie 427, **613**
Dionaea muscipula 410 f.
Dipeptid 22
Diplo-Haplont **424** f., **428**
Diploid **116**, **613**
Diplont **116**, **424** f., **613**
Diplotän 422, **613**
Dipol **25**, 44
Disaccharid **13** f.
Dissimilation **353** ff., **613**
Disulfidbrücke 24 f.
Diurnaler Säurerhythmus **332**
Divergenzwinkel 256 f., **614**
DNA s. Desoxyribonucleinsäure
– Primärstruktur **451** ff.
DNA-Amplifikation 131 f., 515
DNA-Klonierung 450 f.
DNA-Methylierung 514 f.
DNA-Polymerasen **461** ff.
DNA-Replikation 124, **461** ff.
– bei Eukaryonten **463** f.
– bei Prokaryonten **462** f.
DNA-Sequenzierung 452
Dominant 447, **614**
Donator 310, 321, **614**
Dormin 506, **614**
Dorsiventral 258, **614**
Douglasie s. *Pseudotsuga menziesii*
Drosera 587
– *pygmaea* 409
– *rotundifolia* 411
Druckpotential **284** ff.
Druse 156
Drüsenhaar 158 f., 170

Drüsenzelle 158 f., 409
Dryopteris filix-mas 437
Dulcit 301
Dunkelkeimer 527
Dunkelreaktionen 318
Duplication 465, **614**
Durchlaßzellen 189, 276
Durchlüftungsgewebe 165
Dynein **64**, 117, 561, **614**

E

Eau de Javelle 180
Effektor 56, **614**
Ei 434
Eibe s. *Taxus baccata*
Eichengallen 520
Einstein 7
Einzeller 208
Eis 44
Eisen 4, 41, 297
Eisenoxidierende Bakterien 340
Eiweiß s. Protein
Eizelle 440
Ekt-Endo-Mykorrhiza **408**
Ektomykorrhiza **404** ff., **614**
Elaioplasten **108**, **614**
Elatostema repens 96
Elektrisches Feld 585
Elektrische Kopplung 59
Elektronastie 555, **614**
Elektronentransport 310
– nicht-zyklischer **321** ff.
– zyklischer **327**, 335 f.
Elektronenübergang 310
Elementarfibrillen 137, 160, **614**
Elodea canadensis 316 f.
Elongation 473, 476 f., **614**
Embolie 295 f.
Embryo 441, **614**
Embryosackkern, sekundärer 440
Embryosackmutterzelle 440
Embryosackzelle 440
Emergenz 170 f., **614**
Endergonisch 308, **614**
Endocytose 84, 106, **615**
Endodermin 188
Endodermis **188** ff., 232, 265, **274** ff., 289, 299, **615**
Endogen 277, 539 ff., **615**
Endogene Bewegungen 547
Endogene Rhythmik 543
Endomitose 130, **615**
Endomykorrhiza **406** ff., **615**

Endoparasiten 393
Endopeptidase 382
Endoplasmatisches
  Reticulum **76**ff., 154, **615**
Endopolyploidie **131**, 515, **615**
Endoreduplikation 131, **615**
Endosperm 153 f., 441, **615**
Endospermkern 441
Endosymbiontenhypothese **73**, 90, 105 f.
Endoxidation **360**ff.
Endprodukt-Hemmung 513
Energetische Kopplung 308
Energide 115, **615**
Energie, freie 340
Energieäquivalente 327
Energiereiche Bindungen 310
Energietransfer 321
Energieübertragung **308**ff.
Engelmannscher Bakterienversuch 319
Enhancer 514
Enthalpie 309, **615**
Entropie **39**, 309, **615**
Entwicklung **489**ff.
Entwicklungsrhythmen 539 f.
Enzyme 41, **312**ff., **615**
Enzyminduktion 511, **615**
Eobiont 72, **616**
Epicuticulare Wachse **182**ff.
Epidermis **166**ff., 228, 259 ff., 265, **616**
Epigäische Keimung 257 f., 442, **616**
Epikotyl 244, 257, **616**
Epinastie 586, **616**
Epiphyten 280, **616**
Episom 198, **616**
Epistomatisch 260, **616**
Epoxygruppe **10**
Equisetum 516
ER s. endoplasmatisches Reticulum
Erbgang
  – dominanter 447 f.
  – intermediärer 447
Erbse s. *Pisum sativum*
Erdsproß s. Rhizom
Erregungsleitung **568**
Erregungssubstanzen 568
Erregungsvorgang **566**ff.
Erythroxylum coca 349
Esche 257

Escherichia coli 32 f., 86, 197 ff., 453 ff., 462, 558, 589
Essigsäure **14** f.
Essigsäuregärung 368 f.
Ester **9** f.
Ethan 5
Ethanol **9** f., 368
Ethylen 471, **507** f., 523
Ethylenimin 465
Ethylmethansulfonat 465
Etiolement 527, **616**
Etioplasten 100
Eubacteria 72, 193, 195
Eucalyptus globulus 347
Eucalyptusöl 347
Eucarya 195
Euchromatin **118**, **616**
Eucyte 73, **616**
Euglena 80, 96, 99, 195
Eukaryonten **115**, 193, **463** f., 473, **616**
Eukaryotisch 115, **616**
Eukaryotische Einzeller 561 f.
Euphorbia 158, 173
Euploidie 465, **616**
Eustele 231, **616**
Evaporation **291**ff.
Evolution **483**ff., **616**
 – chemische **8** f.
 – der Strukturen **40**ff.
 – der Zelle 72 f.
Excitonen **321**
Exergonisch 308, **616**
Exine 185, **616**
Exkrete **156**, **616**
Exocytose 82, 85, **616**
Exodermis **276**, 290, **617**
Exon 461, 474
Exonuclease 462 f.
Exopeptidase 382
Expansine 502
Exportin 114
Extensin 135 ff., 140
Extensor 557
Extrachromosomale
  Vererbung **479**ff., **617**
Extrafasciculär **617**

F

F-Plasmid 455
FAD s. Flavin-adenin-dinucleotid
Fadenthallus **214**ff.

Farnpflanzen s. Pteridophyten
Fasciculär 234, **617**
Fasertextur 142
Ferment **617** s. Enzyme
Ferredoxin **325**ff., 377 f.
Ferredoxin-NADP-Reduktase **325**
Ferrobacillus 340
Festigungsgewebe 149
Fettabbau **364**ff.
Fette 14 f., 154 f.
Fettkraut s. *Pinguicula vulgaris*
Fettsäure 15, 49, **342**ff.
 – Biosynthese **342** ff.
 – β-Oxidation 85, **364**
Fettsäureabbau 89
Fettsäuresynthase 314, **342** ff.
Fettsynthese **341** ff.
Feuerbohne s. *Phaseolus coccineus*
Ficksches Diffusionsgesetz 53
Ficus elastica 347
Filament 439, **617**
Flagellin 204, 207, **617**
Flagellum **617**
Flavan 346 f.
Flavin 571, **617**
Flavin-adenin-dinucleotid 313 f., 325, 358 ff., 364, 378
Flavinmononucleotid **314**
Flavone 157, 346 f., **617**
Flavonoide 347
Flechten **400** ff.
 – heteromere 401 f.
 – homöomere 401 f.
Flechtthallus **216** ff.
Flexor 557
Fließgleichgewicht 309
Flippase 52
Florigen 541
Fluid-mosaic-Modell **50** ff.
Fluoreszenz 320 f.
Fluoreszenzspektrum 320 f.
FMN s. Flavinmononucleotid
Folgeblätter 257 f.
Folsäure **492** f., **617**
Fontinalis antipyretica 221
Fortpflanzung **415** ff.
 – der Pilze **431** ff.
Fossilien 194, **617**
Fragmentation 465, **617**
Fransenmicelle 137
Fraxinus excelsior 257

Sachverzeichnis

Freie Energie **308** ff., 340
Freier Raum 299
Frucht 441
Fruchtblatt 438, 440
Fruchtknoten 440
Fruchtkörper 217, **432** ff.
Fructose **11**, 37, 354, **617**
Fructose-1,6-bisphosphat 329, 357
Fructose-6-phosphat 355 f.
Frühholz 238
Fucoxanthin 94, 320
Fühltüpfel 593 ff.
Fumarat 366
Funaria hygrometrica 220 f.
Fungi imperfecti 417
Funiculus 440, **617**
Funktionelle Gruppen **9** ff.
Furanose **11**
Furcellaria fastigiata 216 f.
6-Furfurylaminopurin 504
Fusarium heterosporum 502
Fusicoccin 393
Fusicoccum amygdali 393

G

G_1-Phase 124
G_2-Phase 124
GA_3 s. Gibberellinsäure
Gabelnervatur 264
Galaktan 34
Galaktose 10, 49, 133 ff., **617**
Galakturonsäure 14, 38, 133
Gallen **520** f.
– histoide 520
– organoide 520
Gallotannine 348
Gallussäure 348
Gametangien 424 ff., **617**
Gametangiogamie **425**, **617**
– anisogame 426, 431
– isogame 426, 431
Gameten 419, 424 f., **617**
Gametophyt 424, **428** ff., **617**
Gamone 588
Gärung 353, **367** ff.
Gasvakuolen 206
GDP s. Guanosindiphosphat
GDP-Glucose 314
Gefäße **175** ff., 229, 236 ff., 276, 294 ff., 300 f.
Gefrierätzung 76
Gefrierbruchtechnik 76
Geißel 64
– der Bakterien 204 f., 558 ff.
– der Eukaryonten **208** ff.

Geißelbewegungen **558** ff.
Geißelmembran 575
Geißelwurzeln 209
Gel 48
Geleitzellen 174 f., 229, 241, 301
Gemini 422, **617**
Gen-Expression **472** ff., 531 ff.
Genaktivität, differentielle **513**
Gene 111, **446** ff., **617**
– redundante **123**
– springende 461
– überlappende 457 f.
Generation 427 ff.
Generationswechsel **427** ff., **617**
– der Archegoniaten **434** ff.
– der Spermatophyten **438** ff.
– heteromorpher 428 ff., 434 ff., **619**
– heterophasischer 428 ff., 434 ff., **619**
– isomorpher 428 f., **622**
Genetik 445 ff.
Genetische Drift 485
Genetischer Code **451** ff.
Genkarten 460
Genmutation **466** ff.
Genom 111, **446** ff., **618**
– der Eukaryonten **460** ff.
– der Prokaryonten **453** ff.
Genome, Umordnung 422
Genommutationen **464** ff.
Genotypus **446** ff., **618**
Genregulation
– Eukaryonten **513** ff.
– Prokaryonten **511** ff.
Geophyten 227, 268, **618**
Gerbstoffe 180, 239, **348**
Gerontoplasten 108, **618**
Gerste 119
Geschlechtsbestimmung **478**
– diplogenotypische 479
– haplogenotypische 478
– phänotypische 479
Gesetz der begrenzenden Faktoren **337**
Gewebe **148** ff.
Gewebespannung **285** f., **557** f.
Gewebesystem **148** f., 229
Gewebethallus **217** ff.
Gibberella fujikuroi 502

Gibberelline 398, **502** ff., 510, 541, 586
Gibberellinsäure 502
Ginkgo biloba 264
Gleichgewichtszustand 308
Gleitbewegungen 563
Globoide 154 f., **618**
Globuline 153 f.
Glucan 34 f.
Gluconeogenese 366, **618**
Gluconsäure 14
Glucose **10** ff., 34 ff., 82, 134, 354 ff., **618**
Glucose-1-phosphat 354
Glucose-6-phosphat 311, 354 ff., 371 f.
Glucose-6-phosphatdehydrogenase 371
Glucose-Isomerase 355
Glucuronsäure 14
Glutamat 378 ff., 383 f.
Glutamat-Dehydrogenase 379, 383
Glutamat-Synthase 379
Glutamin **19**, 378, 380, 384, 400
Glutamin-Synthetase 104, 380, 400, 471
Glutaminsäure 18 f., 118, 202, 358
Gluteline 154
Glycane 34
Glycerid 15
Glycerin **9** f., 15 f., 344
Glycerin-3-Phosphat 344
Glycerinaldehyd **10**
Glycerinaldehyd-3-phosphat 357, 368
Glycerinphosphorsäure 204
Glycerophosphatide 344
Glycin 18 f., 333 f., 383
Glycine max 397
Glykogen 37, 199, 206, **618**
Glykoglycerolipid 49
Glykokalyx 50, **618**
Glykolat s. Glykolsäure
Glykolat-Oxidase 333
Glykolipide **16**, 50, 82, 344
Glykolsäure 333
Glykolyse 355 f., **618**
Glykoproteine 28, 50, 74, 137, 154
Glykoside **345** ff., **618**
Glykosidisches C-Atom **12** f.
Glyoxylat s. Glyoxylsäure
Glyoxylatzyklus 85, 360, **364** ff.

Glyoxylsäure 333, 365
Glyoxysomen **85**, 89, 365, **618**
GMP s. Guanosinmonophosphat
Golgi-Apparat **80** ff.
Golgi-Vesikel **82** ff., 130, 140, 154
Gonen 420, 424, 428, **618**
Gram-Färbung 199
Grana **100**, 330
Granathylakoide 100 f., **618**
Gravimorphosen **537**, **618**
Graviperzeption 272, 580 ff., **618**
Gravisensoren 581, **618**
Gravisensorische Transduction 582 ff.
Gravitropismus **579** ff., **618**
Grenzplasmolyse 285 ff.
Griffel 440
Griseofulvin 464
Grünalgen 400 f.
Grundgewebe 149, 165
Grundorgan 222, 247, 253, 280
Grundspirale 256
Grundzustand 320
GTP s. Guanosintriphosphat
Guanin **17**, 28 ff.
Guanosin 28, 310
Guanosindiphosphat 29, 310
Guanosinmonophosphat 29, 310
Guanosintriphosphat 29, 310, 358, 476
Guluronsäure 38
Guttation **294**, 297, **619**
Gymnospermen 222 ff., 238, 257, 440 f., **619**
Gynoeceum 440, **619**
Gyrase 462, **619**

H

Haare **169** f.
Haftwasser 288
Haftwurzeln 280
Halicystis ovalis 429 f.
Halobacterium 207
Halobakterien 72
Halophyten 4, 247, 285, 303, **619**
Haploid **116**, **619**
Haplont **116**, **424** f., **619**
Haplopappus gracilis 116
Harnstoff 470

Hartbast 241
Hartigsches Netz 404 f.
Harz 158
Harzkanal 238, 265
Hauptvalenz **5**, **24** f.
Haustorium 393 ff., **619**
Hechtsche Fäden 287
Hefe 114
Helianthus annuus 87
Helikase 462
α-Helix **23** f.
Helleborus niger 167, 261 ff.
Helminthosporium dematioideum 497
Hemicellulosen s. Cellulosane
Hemikryptophyten 227, **619**
Hepaticae 219, **619**
Herbizid 500, **619**
Hesperidin 347
Heterochromatin **118**, **619**
Heterochromosomen 478, **619**
Heterocysten 73, 193, 377
Heterogen **619**
Heteroglycane 34 f., 134, **619**
Heterophyllie 258, **619**
Heterosporie 438, **619**
Heterotrophie 307, 376, **391** ff., **619**
Heterozygotie 446 ff., **619**
Heterozyklisch 5
Hevea brasiliensis 179, 347
Hexenbesen 520
Hexit 9
Hexokinase 311
Hexosane 134
Hexosen 10, 134, 341, **619**
Histidin **18** f., 135
Histologie **620**
Histon-Acetyl-Transferasen 118
Histon-Deacetylasen 118
Histone **118** ff., 463 f., 473 f., 513
Hitzeschock-Proteine 27, **535** f.
Hochblätter 258
Hoftüpfel 144, 177
Holoenzym 312, **620**
Holz **235** ff., 279
– ringporiges 239, 295
– zerstreutporiges 239, 295
Holzfasern 172, 236 ff.
Holzparenchym 236 ff.
Holzstrahlen 236, 279
Holzstrahlparenchym 236 ff.

Holzverzuckerung 135
Homoglycane 34, **620**
Homolog 247
Homologe Chromosomen **116**, 421, **620**
Homologe Organe 247, **620**
Homorhizie 278, **620**
Homozygotie 446 ff., **620**
Hordeum vulgare 119
Hybride 447 ff., **620**
Hydathoden 159, **294**, **620**
– aktive 294
– passive 294
Hydratation **44** ff., **620**
Hydrenchym 166
Hydrogenomonas 340
Hydroide 220 f.
Hydrolasen **314**
Hydrolyse 28, **620**
Hydromorphosen 539
Hydronastie **555**
Hydroniumion 46
Hydrophil 16, **620**
Hydrophob 16, **620**
Hydrophobe Bindung **25** f.
Hydrophyten 246, **620**
Hydrotropisch 587
Hydroxyapatit 21
Hydroxylgruppe **9** f.
Hydroxyprolin 18, 135 ff.
Hygromorphosen 539, **620**
Hygromycin 472
Hygronastie **620**
Hygrophyten 246, **620**
Hygroskopische Bewegungen **620** s. Quellungsbewegungen
Hymenien 432 ff., **620**
Hyperpolarisation 550, 557
Hyperthermophil 535
Hypertonisch 286, **620**
Hyphe 231 ff., **621**
Hypodermis 265, **621**
Hypogäische Keimung 257, 442, **621**
Hypokotyl 244, 257, 281, 442, **621**
Hypostomatisch 260, **621**
Hypotonisch 284, **621**
Hypoxanthin 467

I

IAA s. Indol-3-yl-essigsäure
Idioblast 148, **621**
IES s. Indol-3-yl-essigsäure
Impatiens 557

Impermeabilität 53
Importin 114
Inäquale Teilungen 518
Indol-3-yl-essigsäure **499** ff., 523
Induktor 511
Indusium 436 f.
Induzierte Bewegungen 547, **564** ff., **621**
Infrarot 335
Initialzelle 217, 222, 224, 272
Initiation 473, 476
Initiationskomplex 473, 476
Inkompatibilität 427, 431 ff., **621**
Inkrusten **179**, 188
Inkrustierung **179** ff., **621**
Innerer Raum 299
Insectivoren **621**
s. Carnivoren
Insertion 467, **621**
Integument 440, **621**
Intercalares Wachstum 244 f., 254, **621**
Interfasciculär 234, **621**
Interfibrilläre Räume 137, **621**
Interkinese 423, **621**
Intermediär 447, **621**
Intermicelläre Räume 137, **621**
Internodium 244, **621**
Interphase 73, **124**
Interzellularen 138 ff., 165, 259 f., **621**
Intine 187, **621**
Intrachromosomale Rekombination 422
Intracytoplasmatische Membran 199, 335 f.
Intrazelluläre Bewegungen 563, **621**
Introns 461, 474
Inulin 37
Invagination 89, **622**
Inversion 465, **622**
Ion 5, 297 ff., **622**
Ionenantagonismus 48, 297, **622**
Ionenbindungen 5, **25**
Ionenpermeabilität, selektive **53**
Ionentransport **300**
– apoplasmatisch 299 ff.
– symplasmatisch 299 ff.
Irritabilität 566, **622**
Isidien 403

Isoamylase 354
Isocitrat 365
Isoelektrischer Punkt 18, 28
Isoenzyme **314**
Isogameten 428
Isogamie **425**, **622**
Isolation 486
Isoleucin **18** f.
Isomerasen **314**
6-Isopentenyladenin 504 f.
Isopentenyldiphosphat 347
Isopren 347
Isosmotisch 54, **622**
Isosporie 436, **622**
Isotonisch 54, **622**
Isozyklisch 5

J

JA s. Jasmonsäure
Jahresperiodizität 238, 539
Jahresringe 238
Jasminum grandiflorum 507
Jasmonsäure **507**, 523, 595
Jod 4
Jod-Jodkaliumlösung 153
Jodstärkereaktion 317

K

Kalium 4, 297, 550 ff.
Kalium-Kanäle 550 ff., 557
Kallose 37 f., 74, 173 ff.
Kallus **523**, **622**
Kalluskulturen 470
Kalyptra **223** f., **272**, **622**
Kalyptrogen 272, **622**
Kalyx 438, **622**
Kambium 230, **234** ff., 279 ff., **622**
– fasciculäres 234
– interfasciculäres 234
Kampfer 347
Kanäle **56** ff.
Kanamycin 472
Kannenpflanze s. *Nepenthes fusca*
Kapillarwasser 288
Kapuzinerkresse 109
Kardinalpunkte des Wachstums 534
Kartoffel 527 f.
Karyogamie 419, 426, 431 ff., **622**
Karyogramm 116
Karyokinese 125
Karyolymphe **622**

Karyopherine **113** f.
Karyoplasma **111** ff., **622**
Katabolismus 307, **622**
Katalase 84, 333
Katalysator **622**
Katalytische Permeation **56** f.
Kautschuk 347
Keimblätter s. Kotyledonen
Keimung
– epigäische 257 f., 442
– hypogäische 257, 442
Keimwurzel 441
Kelch 438
Kern-Plasma-Relation 111
Kerngenom 111
Kernholz 239
Kernhülle **111** f., 127 ff., 422
Kernphasenwechsel 428
Kernporenkomplexe 113
Kernskelett s. Nuclearmatrix
Kernzyklus **124** ff.
Keton **10** f.
Ketosen **11** ff.
Kieselsäure 181
cdc_2-Kinase 124
Kinesine **64**, **622**
Kinesis 578, **622**
Kinetin 504, **623**
Kinetochor **116** f., 128, 422 ff., **623**
Kleber 154
Kleeseide s. *Cuscuta europaea*
Klinostat 537, **623**
Klon 416, **623**
Knallgasbakterien 340
Knoblauch 267, 272
Knopsche Nährlösung 297
Knospen 246, 442
Knoten s. Nodus
Koazervate **40** ff., **623**
Kohäsion 44, **623**
Kohäsionsmechanismen **558**
Kohäsionstheorie des Wassertransportes **295** ff.
Kohlendioxid 8, 316 f., 339, 554
– Reduktion **329** ff., 336
Kohlenhydrate **10** ff., 49 f., 133 ff., **152** ff., 317 f., 341
– oxidativer Abbau **355** ff.
Kohlenmonoxid 8
Kohlenstoff **4** ff.
– Kreislauf 373
Kohlenwasserstoffe **5** ff.
Koleoptile 502, 573, **623**

Kollenchym 165, **171**, 233, **623**
Kolloid 47, **623**
Kompartiment **52**, **623**
Kompensation **623**
Kompetitive Hemmung 315, **623**
Komplementär **623**
Komplementationstest 466
Konformation **27**
Konidiosporen **419**, **623**
Konjugation 524, **623**
Konkavplasmolyse 287
Konnektiv 439, **623**
Konsensus-Sequenzen 514
Kontraktile Vakuolen 209
Konvergenz **248**, **623**
Konvexplasmolyse 286 f.
Kopplungsfaktor 88, 327
Kopplungsgruppe 460
Kopulation 419, **623**
Kork s. Phellem
Korkkambium s. Phellogen
Kormophyten **222**, **623**
Kormus **222** ff., **623**
Kornblume s. *Centaurea*
Korrelationen 520, **624**
Kotyledonen **257** f., 441, **624**
Kovalente Bindungen 5, **24** f.
Krampfplasmolyse 287
Kräuter **227**
Kreuzungstypen 427, 431 ff.
Kristallsand 156
Kritische Tageslänge 540
Krone 438
Küchenzwiebel 120, 268
Kupfer 4, 298, 325
Kurztagpflanzen 540
Kurztrieb 246

L

Lactarius 404
Lactat-Dehydrogenase 369
Lactobacillus 370
Lactobacillus casei 492
Lactose 511 ff., **624**
Lamina 254, **624**
Laminarin 37
Lang-Kurztagpflanzen 540
Langtagpflanzen 540
Langtrieb 246
Latenzzeit 501, 566, **624**
Laubblatt, anatomischer Bau **259** ff.
Laubmoose s. Musci
Lebermoose s. Hepaticae

Lecithin **15**
Lectin **50**, **624**
Leghämoglobin 398
Leitbündel 228 ff., 264
Leitsystem **228** ff.
Leitungsgewebe 149
Lenticellen 242, **624**
Lepidium sativum 580 ff.
Leptoide 221 f.
Leptotän 421, **624**
Leucin **18** f., 454
Leukoplasten **108** f., 378, **624**
Leukosin 37
LHC s. light-harvesting-complex
Lichenes **624** s. Flechten
Licht 337 f.
Lichtkeimer 527
Lichtkompensationspunkt 338
Lichtreaktionen 318, **320** ff.
Ligasen **314**, 463, **624**
Light-harvesting-complex **100**, 208, 320, 324 f.
Lignine **180**, 188, **624**
Lilium martagon 267
Lineom **624**
Linker 120
Linum usitatissimum 171
Lipasen 155, 364
Lipide **15**, 154 f., 199, **624**
Lipoide **15** f., 41, 49 ff., **624**
Lipopolysaccharide 203
Lipoproteine 28, 82
Lithotroph 307
Logarithmische Phase des Wachstums 490 f.
Lösungsströmung **301** f.
Lotus-Effekt 185 f.
Luftfeuchtigkeit 339
Luftwurzeln 276, 280
Lutein **94** f., 208, **624**
Lyasen **314**
Lysigen 158, **624**
Lysin **18** f., 118, 135
Lysis 459, **624**
Lysogen 459
Lysozym 457 ff., **624**

M

M-Phase 124
Macrocystis pyrifera 219
Magnesium 4, 92, 297
Magnetotaxis **596**
Makroelement 4
Makrofibrillen 137, **624**

Makrogameten 425, 429, **624**
Makromoleküle **20** ff.
– Evolution **20** f.
Makroprothallien 438
Makrosporen 438, **624**
Malaria 349
Malat s. Apfelsäure
Malatdehydrogenase 331 f.
Malonyl-CoA 344
Maltase 354
Maltose **13**, 36, 354
Mammutbaum s. *Sequoia sempervirens*
Mangan 4, 298, 324
Mangrove 280
Mannan 35, 134
Mannit **9**, 301
Mannose 10, 35, 134
Mannuronsäure 38
MAPs s. Mikrotubuli-assoziierte Proteine
Marchantia polymorpha 219 f.
Mark 232
Markgewebe 219
Markstrahlen s. Parenchymstrahlen
Matrix 89, 134, **625**
Matrixpotential **284** f.
Maturation promoting factor 124
Mazeration 134, **625**
Mechanische Reize **594** ff.
Mechanosensorische Perzeption 594
Meiosis **419** ff., 428 ff., 460, **625**
Meiosporen 424, 428 ff., 435, **625**
Membranfluß 83 f.
Membranpotential 59
Membrantransport **55** ff.
Mendelsche Regeln 446 ff.
Mentha piperita 347
Menthol 347
Meristeme **148** f., **625**
– laterale 148
Meristemoide 149, **625**
Meristemzylinder 228, 234
Mesophil 534, **625**
Mesophyll 259, **625**
Mesophyllzellen 330 f.
Messenger-RNA **32** f., 472 ff., 511 ff., 521 f., 541
Metabolismus 307, **625**
Metabolit 307, **625**

Sachverzeichnis

Metachromatisch 199, **625**
Metallothioneine 298, 538
Metamorphose **625**
– Blatt **266** ff.
– Sproßachse **246** ff.
– Wurzel **280** f.
Metaphase **128**, 422, 424, **625**
Metaphloem 228, **625**
Metastabil 311, **625**
Metaxylem 228, **625**
Methan 8, 21
Methanogene Bakterien 72, 370
Methanol **9**
Methionin **19** f., 454
Methylamin 383
5-Methylcytosin **17**, 104
Methyljasmonat 507
Micellarstränge s. Elementarfibrillen
Micelle 137, **625**
Micrasterias 161, 164
Micrasterias papillifera 522
Microbodies **84** f., **625**
Micrococcus pyogenes var. aureus 495 f.
Mikroelemente 4, 298
Mikrofibrillen 137, 140, 159 ff., **625**
Mikrofilamente **65** ff., 127 f., **625**
Mikrogameten 425, 429, **626**
Mikrogravitation 581
Mikroprojektil-Methode 471
Mikroprothallien 438
Mikropyle 440, **626**
Mikrosphäre 40 ff., **626**
Mikrosporen 438, **626**
Mikrotubuli **61** ff., 117, 126 f., 209 ff., 464, 561, 582 f., **626**
Mikrotubuli-assoziierte Proteine **64**
Mikrotubulus-organisierende Centren **63**, 126, 209
Milchröhren 158
– gegliederte **179**
– ungegliederte **173**
Milchsaft 158
Milchsäure **14** f.
Milchsäuregärung **369** f.
Mimosa pudica 555 f., 568, 594
Mimose s. *Mimosa pudica*
Mineralsalzaufnahme **297** ff.
Mirabilis jalapa 447 f., 480
Mistel s. *Viscum album*

Mitochondrien **88** ff., 333 f., 357 ff., **626**
Mitochondrien-DNA 89 f.
Mitochondriengenom s. Chondriom
Mitogameten 428
Mitoribosomen 86, 89
Mitose **125** ff., **626**
Mitosporen **417** ff., **626**
Mittellamelle **138** ff.
Modifikation 446, 526, **626**
Mohrenhirse 97, 141
Molekülmasse 20, **22**
Molybdän 4, 298
Molybdopterin 378
Monocarbonsäuren 14
Monochasium 246, **626**
Monoecisch 427, 431, 434, **626**
Monokotyle s. Monokotyledonen
Monokotyledonen **257** f., 264, 441, **626**
Monokotylen, Dickenwachstum 244
Monomer 204, **626**
Monopodium 246, **626**
Monosaccharid **13**, **626**
Monosomen 86
Monosomie 465, **626**
Monotrich **626**
Montmorillonit 21
Moose s. Bryophyta
Morphin 348
Morphogenese **520** ff., **626**
Morphose 527, **626**
Mosaikgene 461
Motilität **626**
Mougeotia 96, 578
MPF s. maturation promoting factor
mRNA s. Messenger-RNA
mtDNA s. Mitochondrien-DNA
MTOC s. Mikrotubulus-organisierende Centren
Mucor mucedo 418 f.
Mucor ramannianus 491
Multienzymkomplex. **314**
Multinetzwachstum 159
Multiple Allelie 446, **626**
Murein **202** f.
Musci 219 ff.
Mutagen **626**
Mutagene Agenzien 465, 468

Mutagene Strahlen 465, 467 f.
Mutation **464** ff., 483 f., **627**
Mutualismus **391**
Mycel 404, **627**
Mycobiont **400** ff., **627**
Mycota 193
Mykorrhiza **403** ff., **627**
– der Ericales 404
– der Orchideen 406
– vesiculär-arbusculäre **406** ff.
Myosin 66 f., **627**

N

N-Acetyl-glucosamin **14**, 35, 202
N-Acetylmuraminsäure 202
Nacktsamer s. Gymnospermen
NAD s. Nicotinamid-adenindinucleotid
Nadelblätter **265**
NADH-Ubichinon-Reduktase 360
NADP s. Nicotinamid-adenindinucleotidphosphat
Nährgewebe 441
Naphthylessigsäure 499
Narbe 440
Narcissus spec. 109
Nastie 547, 549 ff., **627**
Natrium 4
Nebenblattdornen 266
Nebenblätter s. Stipulae
Nebenvalenz **24** f.
Nektarien 159
Nelumbo nucifera 185
Nepenthes fusca 411
Netzgefäße 177
Neurospora crassa 468 ff., 491
Neutralfette 341
Nexine 209, 562
Nicht-Histonproteine **118**
Nicotiana tabacum 175, 349
Nicotin 349
Nicotinamid-adenin-dinucleotid **312** ff., 336 f., 344, 357 ff., 368 f., 372, 378 f., 383
Nicotinamid-adenin-dinucleotidphosphat **312** ff., 329, 331 f., 344, 372, 378 f., 386
Nicotinsäure **492**
Nicotinsäureamid 312, 492

Niederblätter 258, 267 f.
nif-Gene 199, 377
Nitrat 376 ff.
Nitratbakterien 340
Nitratreduktase **378**
Nitratreduktion **378**
Nitrit 378
Nitritbakterien 340
Nitritreduktase **378**
Nitrobacter 340
Nitrogenase **377**, 398 ff.
Nitrogenase-Reduktase **377**
Nitrosomonas 340
nod-Gene 397 f.
Nodulation 397
Noduline 398
Nodus 244 f., **627**
Nonsens Codon 453, 477, **627**
Nopalin 524 f.
NOR s. Nucleolus-organisierende Regionen
Nucellus 440, **627**
Nuclearlamina 112, 422
Nuclearmatrix **111**
Nucleinsäuren **28** ff.
– Synthese 380
Nucleofilamente 120
Nucleoide 115
Nucleolus **113** ff., 127 ff., 473, **627**
Nucleolus-organisierende Regionen 113 ff., 117
Nucleonemen 111
Nucleoside **28**
Nucleosomen **120**, **627**
Nucleotide **28** ff., 111, 380, 451 ff., 462 f., 473 ff.
Nucleus **627** s. Zellkern
Nyktinastie 556, **627**
Nyktinastische Bewegungen s. Tagesperiodische Bewegungen

O

Oberblatt 254 f.
Octopin 524 f.
Okazaki-Fragmente 463
Oktett 5, **627**
Ölbehälter
– lysigene 158
– schizogene 158
Öle, etherische 158 f.
Oleosomen 155
Oligopeptid 22

Oligosaccharid 13, 50, 82, **627**
Ölsäure 14 f.
Ontogenie, Ontogenese 427, **627**
Oocystis solitaria 160
Oogamie **425**, **627**
Oogonium 425, **627**
Operator **511**, **627**
Operon **511**
Opium 348
Optimum 534, **627**
Organ 515, **627**
Organelle 71 ff., **627**
Organentwicklung **515** ff.
Organotroph 307
Ornithin 469 f.
Orobanche **394** ff.
Orthogravitropismus 579, **627**
Orthostichen 220, 256 f., **628**
Oryzalin 583
Osmolarität 55
Osmometer 46, **54**, **628**
Osmose **53** ff., **628**
Osmotin 538
Osmotischer Druck 46, **54** f.
Osmotisches Potential **54**, 151, **284** ff.
Oszillator 542 f.
Oxalacetat s. Oxalessigsäure
Oxalessigsäure 331, 358 f., 365 f.
Oxidant 321
Oxidation des Wassers 324
Oxidationen, unvollständige 367
Oxidative Phosphorylierung s. Atmungskettenphosphorylierung
Oxidoreduktasen **314**
2-Oxoglutarat s. Oxoglutarsäure
2-Oxoglutarsäure **14** f., 333, 379, 383 f.
Oxogruppe **10** f.
Oxosäure 14
2-Oxosäuren 379
Oxysäure 14

P

P 680 **324** ff.
P 700 **325** ff.
P 840 **337**
P 870 **335**
P-Protein s. Phloemprotein

Pachytän 422, **628**
Palisadenparenchym 259 ff.
Palmitinsäure 14 f.
Pandorina morum 212
Pantethein 342 f.
Pantothensäure **492** f.
Pantothensäurephosphat 342
Papaver somniferum 179, 348
Parabiose 340, **392**, 491, **628**
Parallelkonjugation der Chromosomen 421 f., **628**
Paralleltextur 140
Paramylon 37, 96, **628**
Paraphysen 432, **628**
Parasiten **392** ff., **628**
– fakultative 392 f.
– obligate 392 ff.
Parenchym 162 ff., **628**
Parenchymstrahlen 232
Parmelia acetabulum 401
Parthenogenesis 427, **628**
Pasteur-Effekt 368
Pasteurisieren 535
Patch-clamp-Methode **550**
Pediastrum granulatum 212
Pektinase 134, 416
Pektine 38, **628**
Pektinsäure 133
Penicillin **495** f.
Penicillinase 496
Penicillium chrysogenum 418 f., 495
Penicillium notatum 495
Pentit 9
Pentosen 12, 28, 134, **628**
Pentosephosphatzyklus
– oxidativer **371**
– reduktiver 329
PEP s. Phosphoenolpyruvat
PEP-Carboxylase 331 f.
Peptid 22, **628**
Peptidbindung 22, 381
Peptidoglycane 18, 202 ff., 206 f., 496
Perianth 438, **628**
Periderm **241**, 280, **628**
Perigon 438, **628**
Perikambium 277, **628**
Periklin 222 ff., **628**
Perimitochondrialer Raum 89
Perinuclealzisterne 112
Periplasmatischer Raum 204
Perisperm 441
Peristom 435 f., **628**
Perithecium 432, **629**

Peritrich 205, **629**
Perizykel **629** s. Perikambium
Permeabilität **55** ff., **629**
Peroxisom **84** f., 334, **629**
Perzeption 565, **629**
- mechanosensorische 594
Petiolus 254 f., 264, **629**
Pfefferminze s. *Mentha piperita*
Pfeffersche Zelle **54** f.
Pflanzenkrebs **523** ff.
Pflanzenstoffe, sekundäre **344** ff.
pH-Wert **18**, 298
Phaeophyceen 93 f., 217, **629**
Phaeoplasten 94, **629**
Phän 446, **629**
Phänotypus **446** ff., **629**
Phase 543, **629**
Phaseolus coccineus 131, 257, 564
Phellem 190, 242, **629**
Phelloderm 242, **629**
Phellogen 241 f., 280, **629**
Phenylalanin **18** f.
Phenylpropane 180
Pheophytin a 324
Phlobaphene 348
Phloem **229** ff., 236, 276, **629**
Phloemparenchym 230, 301
Phloemprotein **173** f.
Phloroglucin 180
Phobische Reaktionen 547, **629**
Phoenix dactylifera 134
Phosphat 310, 388
Phosphatase 329, 333
Phosphatid **15** f., 49, 88
Phosphatidsäure 344
Phosphatidylcholin **15** f., 49
Phosphinothricin 471
3'-Phosphoadenosin-5'-phosphosulfat 386
Phosphodiesterase 29
Phosphoenolpyruvat 331, 357, 366
6-Phosphogluconat 371
6-Phosphogluconolacton 371
3-Phosphoglycerat s. 3-Phosphoglycerinsäure
Phosphoglycerinsäure 329, 357
Phosphoglykolat s. Phosphoglykolsäure

Phosphoglykolsäure 329, 333
Phosphokinase 328
Phospholipide 203
Phosphor 4, 375, **387** f.
Phosphorylasen 354
Phosphorylierung **311** f.
- oxidative 88, 362
Photo-phobotaxis 577
Photobiont **400** ff., **629**
Photodinese **578**, **629**
Photoelektrischer Effekt 8
Photokinesis **578**, **629**
Photokonversion 530
Photomorphogenese **527** ff., **629**
Photomorphosen 527, **630**
Photon **7** f.
Photonastie **552** ff., **577**, **630**
Photoperiodismus **539** ff., **630**
Photophobische Reaktion **577** f., **630**
Photophosphorylierung **327** f.
Photoreaktivierung 468
Photorespiration **333** f., **630**
Photorezeptor 527 ff., 569 ff., **630**
Photosynthese 92, 307, **316** ff., 552, **630**
- anoxygene 72, 336
- oxygene 73, 206 f.
Photosynthesegewebe 165
Photosystem I **100**, **325** ff., 377
Photosystem II **100**, **324** ff.
Phototaxis **574** f., **630**
Phototopotaxis 574
Phototroph 307
Phototropin 573
Phototropismus **570** ff., **630**
Phragmoplast 130, **630**
Phycobilin 95
Phycobiliproteine **95**, 206, 320 f., **630**
Phycobilisomen **206**, 321, **630**
Phycocyanin 95, 206, **630**
Phycocyanobilin 95
Phycoerythrin 95, 206, **630**
Phycoerythrobilin 95
Phycomyces 574
Phycomyces blakesleeanus 491
Phycomycetes 214
Phyllodium 266 f., **630**

Phyllokladium 248, **630**
Phylogenie, Phylogenese 194, **630**
Physiologische Uhr **542** ff.
Phytin 154, 388
Phytoalexine 523, **630**
Phytochelatine 298, 538, **630**
Phytochrom 381, **529** ff. 572, 579, **631**
- Absorptionsspektrum 529
Phytohormone **498** ff., **631**
Phytosphingosin 16
Phytosterole 16
Pigment **631**
Pilze 392, 403 ff., **431** ff.
Pinguicula vulgaris 410 f.
Pinus silvestris 238, 265
Pistillum 440, **631**
Pisum sativum 166, 268
Placenta 440, **631**
Plagiogravitropismus 579, 586, **631**
Planosporen 417
Plantago media 256
Plasma **631**
Plasmalemma 49, **74** ff., 299, **631**
Plasmaströmung 150, 300
Plasmide **198** f., 450 f., 454 ff.
Plasmodesmos **74** ff., 130, 142, 174 f., 213, 221, **631**
Plasmodium **631**
Plasmogamie 419, 426, 431 ff., **631**
Plasmolyse **286** f., **631**
Plasmolyserückgang 287
Plastiden **91** ff., **631**
Plastiden-DNA **104**
Plastidengenom s. Plastom
Plastidenhülle 91
Plastochinon 324 ff.
Plastocyanin **325**, **631**
Plastoglobuli 101
Plastom 104, **480** ff., **631**
Plastoribosomen 86, 101
Platykladium 248, **631**
Pleiochasium 246, **631**
Pleiotropie 446, **631**
Plektenchym 217, **631**
Plumula 442, **631**
pmf s. proton motive force
Polarität 214, **515** ff., **631**
Polaritätsinduktion 516
Polkappe 63, 126
Pollen 440, **632**
Pollenanalyse 187

658 Sachverzeichnis

Pollenkorn 440
Pollenmutterzelle 440
Pollensack 439
Pollenschlauch 440
Poly-β-hydroxybuttersäure 199, 206, 398 f.
Polyadenylierung 474
Polyenergid 115, **632**
Polygenie 446, **632**
Polygonatum multiflorum 249
Polykondensation 21, **632**
Polymerisation 21, **632**
Polynucleotid **28**
Polypeptid 21 f., **632**
Polyphenole 348
Polyphosphate 199, 206, 388
Polyploidie **116**, 464, **632**
– generative 131
– somatische **130** f.
Polyribosomen s. Polysomen
Polysaccharid 13, **34** ff., 82, 203, **632**
Polysomen 76, **86** f., **632**
Polysulfide 199, 336
Polytänie 132, **632**
Pore 113, **632**
Porenareal 293
Porine 57, 88, 97, **203** f.
Porphyrinring 92 ff., 381
Positionseffekt 466
Postgenital 213, **632**
Postreduktion 424
Potometer 293, **632**
Prä-mRNA 474
Prä-rRNA 473
Prä-tRNA 474
Praecursor, Precursor 115, **632**
Präprophase-Band 127 ff.
Präreduktion 424
Präribosomen 115
Primärblätter 257 f., 442
Primärstruktur der DNA 31, **451** ff.
Primärstruktur der Proteine **23**
Primärstruktur der tRNA 32
Primärvesikel 82
Primärwand 135, **140**, 159 ff.
Primase 463
Processing 115, 473 ff.
Prochlorococcus marinus 207 f.
Prochloron didemni 207 f.
Prochlorophyta **207** f.

Prochlorothrix hollandica 207 f.
Procyte 72, **632**
Proembryo 441, **632**
Prokambiumstränge 228
Prokaryonten **115**, 193, **196** ff., 462 f., 473, **632**
Prokaryotisch 115, **632**
Prolamellarkörper 100
Prolamine 154
Prolin **18** f.
Promitochondrion **632**
Promotor 473, **511** ff., **632**
Propan 5
Prophagen 459, **632**
Prophase **125** ff., 421 ff., **632**
Proplastiden **92** f., **632**
Prorocentrum micans 31
Prosenchym 162, **169** ff., **632**
Prosthetische Gruppe 28, 41 f., 312, **633**
Proteasen 382
Proteinabbau **381** f.
Proteinase 382
Proteinbiosynthese 32, 86, 89, 105, 474 ff.
Proteine **21** ff., 47, 49 ff., 140, 153 f., 173 ff., 380, **633**
– integrale 50 f.
– periphere 50 f.
Proteinkomplexe 28
Proteinogene Aminosäuren 18 f., 32
Proteinoide 40, **633**
Proteinoplasten **108**
Proteolyse 382
Prothallium 436 f., **633**
Protobiont 43, 72, **633**
Proton motive force **58** ff., 327, 363
Protonema 434, **633**
Protonen 550
Protonengradient **326** ff., 336, 363, 557
Protonenmotorische Kraft s. proton motive force
Protonenpumpe **58** ff., 327, 332, 363, 552
Protonenstrom 561
Protonentransport 46
Protopektin 82, **133** f., **633**
Protophloem 228, **633**
Protophyten 208 ff., **633**
Protoplasma 39, **47** f., **633**
Protoplast **71**, 416
Protoplastenkulturen 470
Protoxylem 228, **633**

Protroph 454
Provitamin A 94
Proximal **633**
Prunus amygdalus 345
PS I s. Photosystem I
PS II s. Photosystem II
Pseudomurein 207
Pseudoparenchym 217, **633**
Pseudopodien 562
Pseudotsuga menziesii 295
Psychrophil 534, **633**
ptDNA s. Plastiden-DNA
Pteridophyten 222, **436** ff., **633**
Pterine 571
Pulvinus 555 ff., 564, **633**
Punkt-Mutation 466
Purin **17**, 28 f., 380
Puromycin **497**, 543
Purpurbakterien **335** f.
Pyranose **11**
Pyrenoide **96** ff., **633**
Pyridoxal 492
Pyridoxalphosphat **492**
Pyridoxamin 492
Pyridoxin s. Vitamin B$_6$
Pyrimidin **17**, 28 f., 380, 491 f.
Pyrodictium occultum 207, 535
Pyruvat s. Brenztraubensäure
Pyruvat-Decarboxylase 368
Pyruvat-Dehydrogenase 357
Pyruvat-Phosphat-Dikinase 331

Q

Q_{10}-Wert 339
Quant **7** f., 320
Quartärstruktur **27**
Quellung **47**
Quellungsbewegungen **548**
Quellungsdruck 47
Quellungspotential 47, 284
Quellungswärme 47
Quellungswasser 288
Quercetin 347
Quertracheiden 238

R

R-Formen 203
Radiales Leitsystem 229, 276
Radicula 441, **633**
Raffinose 14, 301
Ramiefaser 142, 171

Sachverzeichnis

Ranken 594
Ranunculus aquatilis 258
Raphide 156 f., **633**
Raps 141
Reaktionszentrum 100, 320 f., 324 ff., 335
Redoxpotential 309 f.
Reduktant 321
Reduktionsäquivalente 327
Reduktive Aminierung 379
Redundante Gene **123**, **634**
Refraktärstadium **566** ff., **634**
Regel von der Neukombination der Gene 449
Regeneration 523, **634**
Regulatororgane **511** ff., **634**
Regulon 514
I. Reifungsteilung **421** ff.
II. Reifungsteilung **423** f.
Reizaufnahme s. Perzeption
Reizmengengesetz 565, 571, 580
Reizschwelle 566
Rekombination 453 ff., 484 f.
– intrachromosomale 422
Repellent 587 ff., **634**
Repetitive DNA **123**
Repetitive Sequenzen 123, 461, 515, **634**
Replikation **461** ff., **634**
Replikon 462 f.
Repressor 511, **634**
Reprimiert 512, **634**
Reproduktive Gewebe 149
Reservecellulose 134
Reservestärke 96
Reservestoffe **152** ff.
Resonanzübertragung **321**
Respiration 73, **634**
Restitutionen 523, **634**
Restmeristeme 148
Resultantengesetz 580
Rezent **634**
Rezeptor 565, **634**
Rezessiv 447, **634**
Reziprozitätsregel 447, **634**
Rhamnose 10, 133
Rhexigen 165, 232, **634**
Rhizobium 376, 397
Rhizodermis 224, 274, 288, **634**
Rhizoide 219 ff., **634**
Rhizome 248, **634**
Rhizosphäre 299
Rhodophyceen 93, 95, 216, **634**
Rhodoplasten 95, **634**

Rhodopsin 574 f.
Rhodospirillum rubrum 202
Rhodotorula rubra 491
Ribit **9**
Ribitphosphorsäure 204
Riboflavin **492**
Ribonuclease **26**
Ribonucleinsäure **28**, **32** ff., 86, 456 ff.
Ribose **12** f., 28, 310
Ribosomale RNA **33**, 473
Ribosomen 76, **86** f., 199, 206, 476 f.
Ribosomenzyklus 477
Ribozyme **33** f., 43
Ribulose **12** f.
Ribulose-1,5-bisphosphatcarboxylase/Oxygenase s. RubisCO
Ribulose-1,5-bisphosphat 329, 331 ff.
Ribulose-5-phosphat 329, 371
Richtungsbewegungen **570** f.
Ricinus communis 154
Riesenchromosomen **122** f., 131
Rinde 224, 276
Rindengewebe 219
Ringborke 242
Ringgefäße 177
Ringporige Hölzer 239, 295
Ringtextur 142
Rittersporn s. *Delphinium*
RNA s. Ribonucleinsäure
RNA-Polymerase 472 ff., 512 ff.
Robinia pseudo-acacia 266, 268
Robinie 266, 268
Roggen 126
Rohrzucker 14
Rotalgen s. Rhodophyceen
Rotation 150, **634**
rRNA s. ribosomale RNA
Rüben 280 f.
RubisCO 96, **104**, 199, 206, 329, 331 f.
Rückkopplung 315 f., 364
Rückkreuzung 449
Ruhendes Zentrum 224, 272
Ruhepotential 59 ff.
Ruscus hypoglossum 249
Rutin 347

S

S-Formen 203
S-Phase 124
Saccharase 301
Saccharid 13, **634**
Saccharomyces cerevisiae 114, 368
Saccharose 13, 301, 341, 550, **634**
Saccharum officinarum 171
Sacculi 89
Sakkoderm 133
Salmonella typhosa 393
Salzausscheidungen 302
Salzdrüsen 303
Salzkristalle **156** f.
Salzschockproteine 538
Salzstreß 538
Same 441
Samenanlage 440
Samenpflanze 438
Samenschale 441
Saponine 346
Saprophyten **392**, **635**
SAT-Chromosom 117
Satelliten 117
Sauerstoff 4, 316 ff., 324
Säurerhythmus, Diurnaler **332**
Schalennarzisse 109
Schattenblätter 259
Schattenpflanzen 338
Scheitelmeristeme s. Apikalmeristeme
Scheitelzelle 217
– dreischneidige 220, 222
– einschneidig **214**
– vierschneidige **223** f.
– zweischneidige 219
Schizogen 140, **635**
Schlafmohn s. *Papaver somniferum*
Schlauchalgen s. Siphonales
Schlauchpilze s. Ascomycetes
Schleuderbewegungen **557** f.
Schließfrüchte 441
Schließhaut 142
Schließzelle **262** ff.
Schließzellenmutterzelle 262
Schraubengefäße 177
Schraubentextur 142
Schulzesches Gemisch 134
Schuppenborke 243
Schwammparenchym 259 ff.
Schwefel 4, 375, 386 f.

Schwefelhaushalt **386** f.
Schwefelkreislauf **386** f.
Schwefeloxidierende Bakterien 340
Schwefelwasserstoff 8, 386
Schweizers Reagens 135
Schwerkraft **537, 579** ff.
Schwimmblätter 260
Secale cereale 126, 420 f.
Sedimentationskoeffizient 32
Segment-Mutation 466
Seismonastie 555, 594, **635**
Seitensprosse 245 f.
Seitenwurzeln **277** f.
Sekrete 155 f., **635**
Sekretionsgewebe 149
Sekundäre Pflanzenstoffe **344** ff.
Sekundärstruktur der Proteine **23**
Sekundärwand **140**
Selektion 485, **635**
Selen 4
Semiautonomie 90, 105 f.
Semipermeabilität 41, **54, 635**
Seneszenz 108, 505, 507, **635**
Senfgas 465
Sensorische Transduction 565, **569**
Sequenzierungstechnik 194
Sequoia sempervirens 295
Serin **19**, 135, 334
Sessil 194, **635**
Sexuelle Fortpflanzung **419** ff.
Siebplatte 173 ff.
Siebporen 173
Siebröhren **173** ff., 229, 241, 296, 300 ff.
Siebzellen **173** ff., 241, 301 f.
Signalamplifikation 569
Signalproteine 531 f.
Signaltransduktion 531 ff.
Signaltransmission 569
Silencer 514
Silicium 4
Silikat 157
Sinapylalkohol 180
Singulettsauerstoff 320
Singulettzustand 320
Sink 301
Sinusgesetz 581
Siphonales **214** ff.
Siphonogamie 441, **635**
Sklereide 168, **635**

Sklerenchym 162 ff., 233, **635**
Sklerenchymfaser **171** f.
Skleroproteine 27
Skotonastie 564, **635**
Skotonastische Bewegungen s. Tagesperiodische Bewegungen
Sojabohne s. *Glycine max*
Sol 48
Solanum lycopersicum 97
Solenoid 120
Solitärkristall 156
Somatische Polyploidie **130** ff.
Somatogamie **426** f., 433, **635**
Sonnenblätter 259
Sonnenpflanzen 338
Sonnentau s. *Drosera rotundifolia*
Soredien 403
Sorghum bicolor 97, 141
Sorus 436 f., **635**
Source 301
Spacer 123
Spaltöffnungen **260** ff., 265, 292 ff.
Spaltöffnungsapparat 262 f.
Spaltöffnungsbewegung, molekularer Mechanismus 550 ff.
Spaltöffnungsbewegungen **549** ff.
Spaltungsregel 448
Spätholz 238
Speichergewebe 166
Spektrum **635**
Sperma 438, **635**
Spermangium 425, **635**
Spermatophyten **438** ff., **635**
Spermatozoiden 425, 434, **635**
Spermazelle 440
Sperreffekt 519
Sphäroproteine 27, **635**
Sphingolipid **16**
Sphingosin 16
Spiegelbildisomerie **12**
Spinacia oleracea 97
Spinat 97
Spindelapparat 126 ff.
Spindelfasern 117
Spindelgifte 464
Spirilloxanthin 335
Spirillum 559
Spirogyra 161

Splintholz 239
Sporangiophor 419, **635**
Sporangiosporen **419, 635**
Sporangium 436, **635**
Spore 428, **635**
Sporenkapsel 435
Sporoderm **185** ff., **636**
Sporogon 434, **636**
Sporophyll **436** ff., **636**
Sporophyt 424, **428** ff., 434, **636**
Sporopollenine **187**
Springbrunnentypus 216
Sproßachse 222, **227** ff.
Sproßdornen 248
Sproßknollen 250
Sproßparasiten 393 f.
Sproßranken 248
Sproßscheitel 441
Spurenelemente s. Mikroelemente
Squalen 348
Stachel 248
Stachyose 301
Stamina 438
Staminate Blüten 438
Stammbaum **194** ff.
Ständerpilze s. Basidiomycetes
Stärke **36** f., **152** f.
– Hydrolyse 354
– Phosphorolyse **354** f.
Stärkekörner 108 f., 152 f.
Stärkenachweis 153
Stärkescheide 232
Stärkesynthase 341
State transitions **328**
Statenchym 272, 582, **636**
Stationäre Phase 490
Statocyten 272, 582, **636**
Statolithen 581 f., **636**
Statolithentheorie **581**
Staubblatt 438
Stauden **227**
Steady state 309
Stearinsäure 14
Steinpilz s. *Boletus edulis*
Steinzellen **168** f.
Stele **636**
Stelzwurzeln 280
Stempel 440
Stereide 220 f.
Sterole 16, 49, 348
Stickstoff 4, **376** ff.
– Einbau **376** ff.
– elementarer 376 ff.
– Fixierung **377**, 398
– Kreislauf **385**

Stickstoffhaushalt 375 ff.
Stickstoffquellen **376**
Stiefmütterchen 109
Stigma **209**, 575, **636**
Stigmasterin **16** f.
Stimulustransformation 569
Stipulae 254 f., **636**
Stoffausscheidungen **302** f.
Stofftransport **300** ff.
Stolonen 250, **636**
Stoma 292, 332, **636**
Störlichtversuche 542
Strahlung **526** ff.
Strahlungsabsorption **318** ff.
Strahlungsperzeption 569
Strasburger-Zelle **175** f.
Sträucher 227
Streckungswachstum **509** f.
Streifenborke 243
Streptococcus lactis 369
Streptomyces griseus 496
Streptomyces venezuelae 496
Streptomycin **495** f.
Streufrüchte 441
Streuungstextur 140
Striga **394** ff.
Strigol **395** f.
Stroma **101** ff.
Stromathylakoide 100 f., **636**
Strophanthin 346
Strophanthus 346
Strukturen 511
Suberin **181**, **636**
Substituent 12, **636**
Substratkettenphosphorylierung **357**
Substratspezifität 314
Succinat s. Bernsteinsäure
Succinat-Ubichinon-Reduktase 360
Sukkulenten 332
Sukkulenz **247** f., **636**
Sulfanilamid 493
Sulfatreduktase 386
Sulfatreduktion 386
Sulfitablauge 180
Sulfonamid 493
Suprastomatische Kammer 262
Suspensor 441, **636**
Svedberg **32**
Sym-Plasmid 199, 377, 397
Symbiont **396** ff., **636**
Symbiose **396** ff., **636**
Symbiosom **398** f.
Symbiotisch **396** ff., **636**
Symplast 75, 299, **636**

Sympodium 246, **636**
Symport **56** ff., **636**
Synapsis 421
Synaptomeren 422
Synaptonemaler Komplex 422, **637**
Synchronisation 491, **637**
Synergiden 440, **637**
Syngamie 419, **424**, **637**
Systemin 523

T

T-DNA 524
Tabak s. *Nicotiana tabacum*
Tabakmosaikvirus 456
Tageslänge 540 f.
Tagesperiodische Bewegungen **564**
Tagneutrale Pflanzen 540
Tannine 348
Taraxacum officinale 158, 286, 526
TATA-Box 514
Taumelbewegung 559
Taxis 574, **637**
Taxol 63
Taxus baccata 296
Teichonsäuren 204
Telomer 123, 422
Telophase **128**, 423 f., **637**
Temperatur 339, **534** ff.
Temperaturresistenz 535
Temperent 459, **637**
Tentakel 409 ff., **637**
Termination 473, 477, **637**
Terpene 158, **347** f.
Terramycin 496
Tertiärstruktur der Proteine **24** ff.
Tertiärwand 142
Tetracyclin **496** f.
Tetraden 424, **637**
Tetraeder 6, **637**
Tetrakaidekaeder **637**
Tetrapyrrol 530
Textur 142, **637**
Thallophyten 212 ff., **637**
Thallus **212** ff., **637**
Theka 439, **637**
Thermomorphosen **536** f., **637**
Thermonastie **554** f., **637**
Thermoperiodismus 537
Thermophil 339, 534, **637**
Thermosom **535**
Thiamin s. Vitamin B₁

Thiazol 491 f.
Thigmonastie 555, 594
Thigmotropismus 594, **638**
Thiobacillus 340
Thioethanolamin 342
Thioredoxine **104**
Threonin **19**
Thylakoide 92, **100** ff., 199, 202, 206, 324 ff., **638**
Thyllen 239, **638**
Thymidin 29
Thymin **17**, 28 ff.
Thymin-Dimere 468
Ti-Plasmid 199, 470 f., **524** f.
Tomate 97
Tonoplast **150**, **638**
Topische Reaktionen 547, **638**
Torus 144, **638**
Totipotenz 212, **638**
Toxine 393, **638**
Tracheen **638** s. Gefäße
Tracheiden **172**, 229, 236 ff., 294 ff., 300, **638**
Tragblätter 245
Trans-Sequenz 514
Transaminasen s. Aminotransferasen
Transaminierung 379
Transcription 33, **472** ff., 512 ff., **638**
– bei Eukaryonten 473 f.
– bei Prokaryonten 473
Transducer 590
Transduction 594, **638**
– gravisensorische 582 ff.
– sensorische 565, **569**
Transfer-RNA **32**, 474
Transferasen **314**, **638**
Transferzelle **166**, 276, **638**
Transformation 450, 471, 525, **638**
Transfusionsgewebe 265, **638**
Transgene Pflanzen **470** ff.
Transition 467, **639**
Transitpeptide 90, 105, 477
Transketolasen 491
Translation **474** ff., **639**
Translocation 465, **639**
Translokator **56** ff., 74, 100, 299
Transpiration **290** ff., **639**
– cuticuläre 290 ff.
– stomatäre 292 ff.
– Tagesgang 292 f., 553
Transpirationsstrom 296

Transport organischer Substanzen **300** ff.
Transportin 114
Transposons 461, **639**
Transversalgravitropismus 579
Transversion 467
Traumatonastie 555 f., **639**
Tricarbonsäuren 14
Trichoblasten 274, **639**
Trichogyne 431, **639**
Trichome 169, **639**
Triglycerid 15, 341, 344
Triose-3-phosphat 329, 341, 344, 357
Triosephosphat-Isomerase 357
Tripeptid 22
Trisaccharid 14
Trisomie 465, **639**
tRNA s. Transfer-RNA
Trockenstreß 538
Tropaeolum majus 109
Tropismus 547, **639**
Tropophyten 247, **639**
Tryptophan **19**
Tubuli 89
Tubulin **62** f., 117, **639**
Tumoren 525
Tunica **222** f., **639**
Tüpfel 74, 142 ff.
Tüpfelgefäße 177 f., 230
Turgor **150** f., **284** f., **639**
Turgorbewegungen 548 ff.
Turgorspannung 557
Türkenbundlilie 267
Tyrosin **19**, 135, 324

U

Ubichinon 335 f., 360
Ubihydrochinon-Cytochrom c-Reduktase 360 f.
Ubiquitin 382 f., 536
UDP s. Uridindiphosphat
UDP-Arabinose 136
UDP-Galaktose 136
UDP-Glucose 160 f., 314
Ulothrix zonata 214 f.
Umordnung der Genome 422
UMP s. Uridinmonophosphat
Unifaziales Blatt 258, **639**
Uniformitätsregel 447 f., **639**
Uniport **56** ff.
Unterblatt 254 f.
Unterreplikation 131 f., 515

Uracil **17**, 28
Uridin 310
Uridindiphosphat 29, 310
Uridinmonophosphat 29, 310
Uridintriphosphat 29, 310
Urmark 228
Uronsäuren 38
Urrinde 228
Urtica dodartii 447 f.
Urtica pilulifera 447 f.
UTP s. Uridintriphosphat
UV 468
UV-B-Rezeptor 527 ff.

V

Vakuole 149 ff., **639**
Vakuolen, kontraktile 209
Vakuom 149, **639**
Valenz 5, **639**
Valin **18** f., 135
Valonia 140
Variationsbewegung **639** s. Turgorbewegungen
Vegetative Fortpflanzung **416** ff., **640**
Vektor 470, **640**
Venusfliegenfalle s. *Dionaea muscipula*
Vererbung 445 ff.
– extrachromosomale 479 ff.
Verholzung **180**
Vermehrung **415** ff.
Vernalisation **537**, 541, **640**
Verseifung 15
Verzweigung **245** f.
Vesiculär-arbusculäre Mykorrhiza **406** ff.
Vesikel **406** f., **640**
Vesikeltransport 83
Vielzeller 73
Vinca rosea 525
Viola tricolor 109
Violaxanthin 208
Viroide 456
Virulenz 458, **640**
Virus **456** f., **640**
Viscum album **393** f.
Vitamin B_1 **491** f.
Vitamin B_6 **492**
Vitamin B_{12} **492**
Vitamin C 491
Vitamin H s. Biotin
Vitamin H' **493**
Vitamin-B_2-Komplex **492**

Vitamine 491, **640**
Volutin 199, 206, **640**
Volvox globator 213

W

Wachse **181**
– epicuticulare **182** ff.
Wachstum **489** ff.
– Einzeller **490**
– höhere Pflanzen **498** ff.
– intercalares 244 f., 254
Wachstumsbewegungen **558**
Wachstumsfaktoren **491** ff.
Wachstumswasser 296
Wanddruck **285**
Wasser **43** ff., **283** ff.
Wasser-oxidierender Komplex 324
Wasserabgabe **290** ff.
Wasseraufnahme **288** ff.
Wasserpest s. *Elodea canadensis*
Wasserpotential **284** ff., 555
Wasserpotentialdifferenz 290 ff.
Wasserpotentialgefälle 301
Wasserpotentialgleichung 285
Wasserspeichergewebe 166 f., 280
Wasserstoff 4 f.
Wasserstoffbrückenbindung **23** ff., 44, 137
Wasserstoffperoxid 333
Wasserstreß 555
Wassertransport **294** ff.
– apoplasmatischer 289 ff.
– symplasmatischer 288 ff.
Watson-Crick-Modell **30** f.
Weichbast 241
Weidenzweigversuch 517 f.
Würger s. *Orobanche*
Wurmfarn s. *Dryopteris filix-mas*
Wurzel 222, **271** ff., 288 ff., 297 ff.
– Metamorphose **280** f.
– primärer Bau **274** ff.
– sekundäres Dickenwachstum **279** ff.
Wurzeldornen 280
Wurzeldruck **289** f., 296 f.
Wurzelhaare **274** ff., 288 ff.
Wurzelhaube s. Kalyptra
Wurzelknöllchen 376 f., **396** ff.

Wurzelknollen 280
Wurzelparasiten 393
Wurzelranken 280
Wurzelscheitel **223** f., **272** f.
Wurzelsukkulenten 280

X

Xanthin 467
Xanthophylle 93 f., **640**
Xenobiotikum 80, **640**
Xeromorphosen 539, **640**
Xerophyten 246, **640**
Xylan 35
Xylem **229** ff., 236, 276, 294 ff., **640**
Xylemparenchym 230, 276
Xylose **12** f., 35, 134
Xylulose 13

Z

Z-DNA **31**
Zäpfchenrhizoide 219 f.
Zeatin 504 f.
Zea mays 278, 491
Zeaxanthin 208, 552 f.
Zeitmeßvorgang 542 ff.
Zelle **71** ff.
– Differenzierung **147** ff.
Zellfusionen **173** ff.
Zellinhaltsstoffe **151** ff.
Zellkern **111** ff.
Zellkolonie **212** ff.
Zellkompartimentierungshypothese **73**
Zellmembran s. Plasmalemma
Zellplatte 130, 140
Zellsaftvakuole **149** ff.
Zellstreckungszone 274
Zellteilungswachstum **509**
Zellteilungszyklus 509
Zellwand 74, **133** ff., 202
Zellwandproteine **135** ff.
Zellwandwachstum **159** ff.
Zellzyklus **124** ff.
Zentralfadentypus 217
Zentralgranulum 113
Zentralspalt 262
Zentralzylinder 224, **276** f.
Zentrifugalkraft 580
Zerstreutporigen Hölzer 239, 295
Zink 4, 298
Zirkulation 150, **640**
Zisternenepiphyten 288, **640**
Zisternenprogression 82
Zoosporangium 417, **640**
Zoosporen **417**, **640**
Zucker **10** ff.
Zuckersäuren 14
Zwiebeln 268
Zwitterionen 18
Zygomycetes 431
Zygotän 421, **640**
Zygote 419, 424 f., 428, **640**